97/00294-006
K.8220

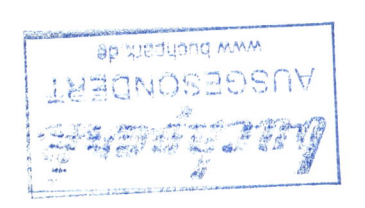

Handbuch der Molekularen Medizin **Band 6**

Herausgeberbeirat

Adriano Aguzzi, Zürich
Heinz Bielka, Berlin
Falko Herrmann, Greifswald
Florian Holsboer, München
Stefan H. E. Kaufmann, Berlin
Peter C. Scriba, München
Günter Stock, Berlin
Harald zur Hausen, Heidelberg

Springer

*Berlin
Heidelberg
New York
Barcelona
Hongkong
London
Mailand
Paris
Singapur
Tokio*

Detlev Ganten Klaus Ruckpaul (Hrsg.)

Monogen bedingte Erbkrankheiten 1

Mit Beiträgen von

Karin Buiting, Bärbel Dittrich, Thilo Dörk, Jörg T. Epplen,
Gabriele Gillessen-Kaesbach, Holger Grehl, Tiemo Grimm,
Markolf Hanefeld, Andrea Haupt, Georg F. Hoffmann,
Bernhard Horsthemke, Gisela Jacobasch, Ulrich Julius,
Manuela C. Koch, Thomas Kolter, Andreas E. Kulozik,
Clemens R. Müller-Reible, Peter Nielsen, Konrad Oexle,
Petro E. Petrides, Jens Pietzsch, Bernd W. Rautenstrauß,
Sabine Rudnik-Schöneborn, Konrad Sandhoff, Peter Seibel,
Astrid Speer, Peter Steinbach, Manfred Stuhrmann, Kurt Ullrich,
Ronald J. A. Wanders, Manfred Wehnert, Udo Wendel,
Brunhilde Wirth, Klaus Zerres, Johannes Zschocke

Mit 180 Abbildungen und 70 Tabellen

 Springer

Prof. Dr. Detlev Ganten
Prof. Dr. Klaus Ruckpaul
Max-Delbrück-Centrum
für Molekulare Medizin (MDC)
Robert-Rössle-Str. 10
D-13122 Berlin-Buch

ISBN 3-540-65529-8 Springer-Verlag Berlin Heidelberg New York

Die Deutsche Bibliothek – CIP-Einheitsaufnahme
Handbuch der molekularen Medizin / Detlev Ganten; Klaus Ruckpaul (Hrsg.). – Berlin; Heidelberg; New York; Barcelona; Budapest; Hongkong; London; Mailand; Paris; Santa Clara; Singapur; Tokio: Springer
  Bd. 6. Ausgewählte monogen bedingte Erbkrankheiten
    Teil 1. – (1999)
Ausgewählte monogen bedingte Erbkrankheiten / Hrg.: Detlev Ganten; Klaus Ruckpaul. – Berlin; Heidelberg; New York; Barcelona; Hongkong; London; Mailand; Paris; Singapur; Tokio: Springer
  (Handbuch der molekularen Medizin; Bd. 6)
    Teil 1 (1999)
    ISBN 3-540-65529-8

Dieses Werk ist urheberrechtlich geschützt. Die dadurch begründeten Rechte, insbesondere die der Übersetzung, des Nachdrucks, des Vortrags, der Entnahme von Abbildungen und Tabellen, der Funksendung, der Mikroverfilmung oder der Vervielfältigung auf anderen Wegen und der Speicherung in Datenverarbeitungsanlagen, bleiben, auch bei nur auszugsweiser Verwertung, vorbehalten. Eine Vervielfältigung dieses Werkes oder von Teilen dieses Werkes ist auch im Einzelfall nur in den Grenzen der gesetzlichen Bestimmungen des Urheberrechtsgesetzes der Bundesrepublik Deutschland vom 9. September 1965 in der jeweils geltenden Fassung zulässig. Sie ist grundsätzlich vergütungspflichtig. Zuwiderhandlungen unterliegen den Strafbestimmungen des Urheberrechtsgesetzes.

© Springer-Verlag Berlin Heidelberg 2000
Printed in Germany

Die Wiedergabe von Gebrauchsnamen, Handelsnamen, Warenbezeichnungen usw. in diesem Werk berechtigt auch ohne besondere Kennzeichnung nicht zu der Annahme, daß solche Namen im Sinne der Warenzeichen- und Markenschutz-Gesetzgebung als frei zu betrachten wären und daher von jedermann benutzt werden dürften.

Produkthaftung: Für Angaben über Dosierungsanweisungen und Applikationsformen kann vom Verlag keine Gewähr übernommen werden. Derartige Angaben müssen vom jeweiligen Anwender im Einzelfall anhand anderer Literaturstellen auf ihre Richtigkeit überprüft werden.

Herstellung: PRO EDIT GmbH, D-69126 Heidelberg
Umschlaggestaltung: Design & Production, D-69121 Heidelberg, unter Verwendung der Abbildung von Philippe Plailly/Science Photo Library/Agentur/Focus
Satz: K+V Fotosatz GmbH, D-64743 Beerfelden-Airlnbach

SPIN 10559239   27/3136-5 4 3 2 1 0 – Gedruckt auf säurefreiem Papier

Vorwort

Das Anliegen dieser Buchreihe mit Übersichten zu spezifischen Themen der molekularen Medizin besteht darin, die durch molekularbiologische und molekulargenetische Erkenntnisse möglich gewordene Bestimmung molekularer Ursachen von Krankheiten und daraus ableitbare diagnostische Analysen und therapeutische Interventionen darzustellen. Dieser Fortschritt kommt in diesem und den folgenden Bänden, die sich, mit monogen bedingten Erbkrankheiten im allgemeinen aber auch mit sporadischen und erblichen Tumorerkrankungen im besonderen befassen, in paradigmatischer Weise zum Ausdruck.

Die Erkenntnis, bestimmte Krankheiten auf eine genetische Ursache zurückzuführen, ist nicht neu. Schon A. Garrod[1] wies um die Jahrhundertwende nach, daß eine Stoffwechselstörung auf eine rezessive Mutation zurückzuführen ist. Der durch die Einführung molekularbiologischer Techniken ausgelöste umwälzende Fortschritt in der Mitte unseres Jahrhunderts, der eine Medizin auf molekularer Ebene überhaupt erst ermöglichte, liegt darin, daß es mit bisher in der Biomedizin unerreichter Präzision und Schnelligkeit möglich ist und in Zukunft in weit größerem Umfang möglich sein wird, die molekularen Ursachen von Krankheiten zu analysieren. Die Bedeutung dieser Entwicklung wird durch die Tatsache unterstrichen, daß um die Jahrtausendwende die gesamte menschliche Erbinformation, die in etwa 3 Mrd. Basenkodons verschlüsselt ist, aufgeklärt sein wird. Damit werden bis heute kaum vorstellbare Möglichkeiten zu einer molekularen Diagnostik und einer sich darauf stützenden kausalen Therapie von Erkrankungen zugänglich, die bisher nur phänomenologisch beschreibbar waren. Es bedarf jedoch noch intensiver Forschung, um z. Z. noch weitgehend im Grundlagenbereich angesiedelte Forschung in eine kausale Therapie zu überführen. Traditionelles Denken und Vorurteile stehen einer schnellen Umsetzung in weiten Bereichen noch entgegen.

Die wissenschaftlichen Grundlagen dieses atemberaubenden Fortschritts sind Molekularbiologie und molekulare Genetik. Die bahnbrechenden biochemischen Entdeckungen zu Beginn des Jahrhunderts und insbesondere in den 20er und 30er Jahren sowie die aufsehenerregenden Forschungsergebnisse in der Mitte des Jahrhunderts über die Aufklärung von Zusammenhängen zwischen der molekularen Struktur und der Funktion von Biomakromolekülen lieferten die Voraussetzungen für ein Verständnis biochemischer Zusammenhänge des Zellstoffwechsels und damit die Grundlage für eine Biologie auf molekularer Ebene. Biologie und Medizin verschmelzen in der Forschung zunehmend zu einer einheitlichen Wissenschaft. Die praktische Medizin wird davon mit erheblichem Gewinn beeinflußt.

In ähnlicher Weise hat sich die molekulare Genetik als zweite entscheidende Disziplin der Molekularbiologie entwickelt. Schon zu Beginn des Jahrhunderts wiesen T. Boveri und W. S. Sutton auf die Chromosomen als Träger genetischer Information hin (1903) und ordneten die Vererbung zellulären Strukturen zu. Zusammen mit der Aufdeckung der chemischen Natur der Gene durch T. H. Morgan wurden die entscheidenden wissenschaftlichen Voraussetzungen auch für eine Genetik auf molekularer Ebene geschaffen. Beide – Molekularbiologie und molekulare Genetik – bilden die wissenschaftliche Grundlage der molekularen Medizin.

Es würde den Rahmen eines Vorworts sprengen, Einzelbefunde darzustellen, die zu diesen biowissenschaftlichen Umwälzungen beigetragen haben. Eine kurze Darstellung einiger ausgewählter Entdeckungen, die für die molekulare Medizin besondere Bedeutung erlangt haben, soll aber verdeutlichen, wie sich diese neue Medizin definiert und wo sie ihre Wurzeln hat.

Der erste Hinweis auf eine genetische Ursache einer Krankheit stammt von A. Garrod: Um die Jahrhundertwende berichtete er darüber, daß eine

---

[1] Am Ende des Bandes befindet sich eine Zeittafel mit biographischen Daten und kurzen Anmerkungen zum Lebenswerk der Wegbereiter der molekularen Medizin.

Störung im Stoffwechsel von Tyrosin und Phenylalanin (Alkaptonurie), die zu einer Arthritis führt, auf eine rezessive Mutation zurückzuführen ist. Die Zeitspanne von dieser Entdeckung bis zum heutigen Stand der Erkenntnis ist gekennzeichnet durch eine Fülle revolutionierender Entdeckungen, die dieses Jahrhundert zu Recht als das der Biologie kennzeichnen.

Aus Kreuzungsexperimenten mit *Drosophila melanogaster* fand T.H. Morgan um 1910 Genkopplungen im Chromosom, intrachromosomale Rekombination und eine lineare Anordnung von Genen. Zusammen mit dem Nachweis der an Geschlechtschromosomen gebundenen Vererbung bildete dieser Befund die Grundlage für die zusammen mit Bridges, Sturtevant und Muller entwickelte Chromosomentheorie, wodurch Morgan zum Begründer der modernen Genetik wurde. Durch Einwirkung von Röntgenstrahlen bewies H.J. Muller die Mutagenität von Chromosomen und unterstützte damit die Gültigkeit der von Morgan gemachten Entdeckung der Vererbung durch Chromosomen. In späteren Arbeiten entwickelte Muller Vorstellungen über Eugenik, indem er vorschlug, zur „Menschenverbesserung" Frauen durch den Samen genialer Männer befruchten zu lassen. Dieses brachte ihn in geistige Nähe zu den Rassengesetzen der Nationalsozialisten und weist auf die möglichen Gefahren des Mißbrauchs der Wissenschaft und der Genetik hin.

Zu Beginn der 40er Jahre erweiterten G.W. Beadle, J. Lederberg und E.L. Tatum die von Morgan entwickelte Chromosomentheorie durch die Entdeckung der genetischen Kontrolle der Proteinsynthese. Aus der Punktmutation eines einzelnen Gens, die mit der Störung eines einzelnen Stoffwechselschritts verknüpft war, schlossen Beadle und Tatum, daß ein einzelnes Gen für die Synthese eines einzelnen Enzyms verantwortlich ist. Dieser Erkenntnis waren Untersuchungen über Beziehungen zwischen genetischen und biochemischen Defekten an *Drosophila melanogaster* und *Neurospora crassa* vorausgegangen, woraus sie die „1-Gen-1-Enzym-Hypothese" ableiteten.

Weitere Entdeckungen in den 40er und 50er Jahren halfen dann der Molekularbiologie endgültig zum Durchbruch. Bereits 1928 berichtete F. Griffiths über eine In-vivo-Transformation nichtpathogener Streptokokken (*Streptococcus pneumoniae*) in pathogene und schloß auf ein in Bakterien vorkommendes „genetisches transformierendes Prinzip", ohne dieses näher kennzeichnen zu können. Mitte der 40er Jahre wies J. Lederberg die Genübertragung in *E. coli* nach, indem er zeigte, daß Bakteriophagen DNA von einem Bakterium auf ein anderes übertragen können (Transduktion) und beschrieb 1946 genetische Rekombinationen bei Bakterien sowie die Organisation von Genen in Bakterien. Er bereitete damit den Weg für eine vertiefte Charakterisierung der Natur des Gens durch O. Avery, C. MacLeod und M. McCarthy. Diese bewiesen 1944 durch Transformationsversuche an Pneumokokken die Bedeutung der DNA als genetisches Material (sie übertrugen die kapselbildenden Eigenschaften einer Pneumokokkenart auf kapselfreie Pneumokokken und schafften damit neue dauerhafte Erbanlagen beim Empfänger). Vorstellungen von F. Griffiths wurden damit auf die molekulare Ebene verlagert. 1952 bestätigte A.D. Hershey mit seinen Arbeiten zur Bakteriophagenvermehrung die Versuche von Avery.

Als geistige Väter der molekularen Genetik und der Molekularbiologie gelten M. Delbrück, A.D. Hershey und S.E. Luria, die 1969 für die Entdeckung der genetischen Strukturen von Bakteriophagen als Modellsystem der molekularen Biologie mit dem Nobelpreis ausgezeichnet wurden. Während Delbrück als Physiker und Luria als Mediziner die theoretischen Grundlagen für die Virusreplikation legten, trug Hershey als biochemisch orientierter Experimentator entscheidende Erkenntnisse über die genetische Kontrolle der Lebensprozesse bei. 1935 beschrieben N.W. Timofeeff-Ressovsky, K.G. Zimmer und M. Delbrück als Ergebnis ihrer durch Röntgenstrahlen hervorgerufenen Mutationen bei *Drosophila melanogaster* die Natur der Genmutation und der Genstruktur. 1942 führten M. Delbrück und S. Luria die Bakteriophagen als genetische Forschungsobjekte ein (Phagenclub), an denen sie die genetische Rekombination und den Vermehrungszyklus nachwiesen. Ihre grundlegenden Arbeiten machen sie zu Mitbegründern der Bakteriengenetik und der Molekularbiologie.

Die moderne Ära der Molekularbiologie beginnt mit der Aufklärung der Doppelhelixstruktur der DNA Anfang der 50er Jahre durch F.H.C. Crick, J.D. Watson und M.H.F. Wilkins auf der Grundlage der von M. Wilkins und R. Franklin durchgeführten Kristallstrukturanalysen der DNA (1950/1952). Entscheidende Vorarbeiten hierfür trugen E. Chargaff und W.T. Astbury bei. Chargaff fand 1949 eine Gesetzmäßigkeit in der Basenzusammensetzung der DNA (Adenin: Thymin = 1; Guanin: Cytosin = 1; Purine: Pyrimidine = 1), die als Chargaff-Regel der Basenkomplementarität der DNA (Basenpaarung) bekannt wird. 1938 führte Astbury im Rahmen von Untersuchungen fibrillärer Strukturen erste Röntgenbeugungsuntersuchungen an DNA durch. Nicht zuletzt lieferte auch L. Pauling für das Strukturmodell der Doppelhelix entscheidende Anstöße. 1931 definierte er die chemische Natur der Peptidbindung und postulierte helikale Strukturen in Peptidketten, die ihre experimentelle Bestätigung durch die Aufklärung der dreidimensionalen Struktur des Myoglobins und des Hämoglobins durch M. Perutz und J. Kendrew (1952) fanden.

Der mit der Beschreibung der Doppelhelixstruktur der DNA erreichte Erkenntnisfortschritt erlaubte es, die strukturellen Voraussetzungen für die Informationsübertragung zu verstehen. Allerdings fehlte als entscheidender Baustein noch die Kenntnis darüber, auf welche Weise die Information für die Proteine in dieser Struktur verschlüsselt ist. Mit der Aufklärung des genetischen Kodes durch M.W. Nirenberg, H.G. Khorana, R.W. Holley und S. Ochoa und den Nachweis der Biosynthese in vitro gelang es dann bis zur Mitte der 60er Jahre, diesen bahnbrechenden Schritt zu vollziehen.

Die Frage nach dem Mechanismus der Umschreibung von DNA-gespeicherten Informationen in Aminosäuresequenzen blieb aber noch ungelöst. 1941/42 schlossen J. Brachet und T. Caspersson auf die Beteiligung RNA-haltiger Strukturen bei der Proteinsynthese und ebneten damit den Weg zur Erkennung des Umschreibungsmechanismus bei der Proteinsynthese. 1961 berichteten S. Brenner und F. Jacob über eine instabile RNA (mRNA), welche die genetische Information von der DNA auf das Ribosom überträgt. Chantrenne, Burny und Marbaix gelang dann einige Jahre später in Brachets Institut die Isolierung der mRNA.

Durch Isolierung, Charakterisierung und Aufklärung vieler Einzelschritte der DNA-Replikation und -Reparatur legten S. Ochoa und A. Kornberg die Grundlagen für eine Enzymologie der DNA und damit für den Vererbungsmechanismus. 1956 entdeckte Kornberg die DNA-Polymerase I. Zur gleichen Zeit gelang ihm die erste enzymatische In-vitro-Synthese und zusammen mit Ochoa der Nachweis der Template-Funktion der DNA. Wenige Jahre später wiesen P.C. Zamecnik und M.B. Hoagland die Transfer-RNA (tRNA) als Überträger von aktivierten Aminosäuren bei der Proteinbiosynthese nach. Die Totalsynthese einer tRNA und der Hinweis auf deren Kleeblattstruktur gelang 1964 R.W. Holley.

J. Monod, F. Jacob und A. Lwoff waren es dann, denen die Aufdeckung des Mechanismus der Genexpression gelang. Die Entdeckung einer Reihe von Struktur- und Regulatorgenen, die in den Biosyntheseprozeß einbezogen sind, lieferte die enzymatischen Grundlagen für das Operon, aus dem das Jacob-Monod-Modell der Genexpression abgeleitet wurde, das unser Wissen über die Steuerung fundamentaler Prozesse der lebenden Materie wesentlich bereicherte. Mit diesen Entdeckungen konnte dann ein Bild zusammengefügt werden, das als biologisches Dogma die entscheidende Grundlage für Biologie und Genetik auf molekularer Ebene bildet.

Umwälzende methodische Entwicklungen in der Molekularbiologie in den 70er und 80er Jahren schafften einerseits die methodischen Voraussetzungen für eine Biochemie der Nukleinsäuren und lieferten gleichzeitig die Grundlagen für die molekulare Medizin. F. Sanger, W. Gilbert und A. Maxam entwickelten Methoden für die Sequenzanalyse von DNA. Von besonderer Bedeutung für die Gentechnologie war die Entdeckung der Restriktionsenzyme durch W. Arber, D. Nathans und H.O. Smith (1968–1970). Diese Enzyme zerschneiden an bestimmten Stellen die DNA und ermöglichen so die Lokalisation von Genen und die Anlage von Genkarten: Sie erst machten die Sequenzierung großer Genabschnitte und letztendlich des gesamten genetischen Kodes von lebenden Organismen möglich.

Ein Durchbruch zum Verständnis des Mechanismus der Wechselwirkung von Tumorviren mit dem genetischen Material der Wirtszelle gelang mit dem Nachweis eines Enzyms, das die RNA in die DNA rückübersetzen kann und damit das bis dahin bestehende Dogma des Informationsflusses von DNA zu RNA umkehrte. Die Entdecker, D. Baltimore, R. Dulbecco und H.M. Temin, bezeichneten dieses Enzym als Reverse Transkriptase. Zusammen mit der Entwicklung der DNA-Rekombinationstechnologie durch P. Berg, S. Cohen und H. Boyer waren damit die wesentlichen Werkzeuge für die Gentechnologie geschaffen. Weitere Meilensteine dieser Entwicklung waren die Aufdeckung der Exon-Intron-Struktur von Genen durch P.A. Sharp und R.J. Roberts sowie auch die Entwicklung von Techniken zur ortgerichteten Mutagenese durch M. Smith. Mit der Entwicklung der Polymerasekettenreaktion (PCR) eröffnete zu Beginn der 80er Jahre K.B. Mullis den Zugang zur gentechnischen und biochemisch-funktionellen Erschließung geringster Mengen DNA.

Anfang der 80er Jahre machten T. Cech und S. Altman die wichtige Entdeckung, daß Ribonukleinsäuren auch katalytische Eigenschaften besitzen und DNA-Sequenzen an bestimmten Stellen spalten können. Sie erschlossen damit nicht nur ein neues biochemisches Arbeitsgebiet, indem sie die bis dahin gültige Lehrmeinung widerlegten, daß nur Proteine biologisch-chemische Reaktionen katalysieren können. Vielmehr bildete die Entdeckung der Ribozyme auch ein neues Prizip für zukünftige gentherapeutische Maßnahmen.

Der analytische Zugang zum genetischen Apparat und zu den ihn steuernden Molekülen erschloß in bisher nicht gekanntem Maß diagnostische Möglichkeiten. Eine neue Generation von therapeutischen Angriffspunkten erweitert den Wirkungsbereich der Arzneimitteltherapie und macht die Gentherapie zu einem Bestandteil neuer therapeutischer und diagnostischer Möglichkeiten. So wird es vorstellbar, die traditionelle Anwendung einer chemischen Substanz als Arzneimittel zu ergänzen z. B. durch die Transplantation von Molekülen, welche als Informationsträger den Körper befähigen, seine eigenen therapeutischen Substanzen zu synthetisieren.

Im vorliegenden Band der monographischen Buchreihe „Molekulare Medizin" werden einige ausgewählte monogen bedingte hereditäre Erkrankungen vorgestellt, deren Ursache heute mit Hilfe gendiagnostischer Verfahren festgestellt werden kann und die damit neuen medizinischen Entscheidungen zugänglich sind. Autoren, Herausgeber und Verlag möchten mit diesem 6. Band der Buchreihe „Molekulare Medizin" ebenso wie mit den vorausgegangenen Bänden das Interesse an einer der faszinierendsten medizinischen Entwicklungen vertiefen, die den medizinisch therapeutischen Fortschritt bis weit in das nächste Jahrhundert bestimmen wird.

Berlin, im Juli 1999

Detlev Ganten
Klaus Ruckpaul

Inhaltsverzeichnis

1 Molekulargenetik hereditärer neuromuskulärer Erkrankungen

1.1 **Muskeldystrophien** 3
Astrid Speer und Konrad Oexle

1.2 **Myotone Syndrome** 31
Manuela C. Koch

1.3 **Spinale Muskelatrophien** 60
Sabine Rudnik-Schöneborn, Brunhilde Wirth, Tiemo Grimm und Klaus Zerres

1.4 **Hereditäre motorische und sensible Neuropathien** 92
Bernd W. Rautenstrauß und Holger Grehl

1.5 **Kongenitale und Mitochondriale Myopathien** . 124
Clemens R. Müller-Reible und Peter Seibel

2 Molekulargenetik ausgewählter genetisch bedingter Stoffwechseldefekte

2.1 **Aminoazidopathien** 151
Kurt Ullrich und Udo Wendel

2.2 **Mukoviszidose (Zystische Fibrose, CF)** 173
Thilo Dörk und Manfred Stuhrmann

2.3 **Sphingolipidosen** 195
Thomas Kolter und Konrad Sandhoff

2.4 **Peroxisomale Krankheiten** 235
Ronald J. A. Wanders

2.5 **Organoazidopathien** 253
Johannes Zschocke und Georg F. Hoffmann

2.6 **Störungen des Purin- und Pyrimidinstoffwechsels** 278
Manfred Wehnert

2.7 **Störungen des Lipid- und Lipoproteinstoffwechsels** 334
Ulrich Julius, Jens Pietzsch und Markolf Hanefeld

3 Molekulargenetik von Membrandefekten, Enzymopathien und Hämoglobinopathien

3.1 **Hämoglobinopathien** 369
Andreas E. Kulozik

3.2 **Hereditäre Membrandefekte und Enzymopathien roter Blutzellen** 393
Gisela Jacobasch

3.3 **Akute intermittierende Porphyrie** 442
Petro E. Petrides

3.4 **Gendiagnostische Möglichkeiten der hereditären Hämochromatose** 454
Peter Nielsen

4 Repeat-Sequenz-Expansions-Syndrome

4.1 **Molekulargenetische Grundlagen des fra(X)-Syndroms – Diagnostik und therapeutische Hilfen** 479
Peter Steinbach

4.2 **Molekulare Grundlagen neurologischer Trinukleotidblockexpansionssyndrome** 512
Jörg T. Epplen und Andrea Haupt

5 Mikrodeletionssyndrome

5.1 **Prader-Willi-Syndrom und Angelman-Syndrom** . 547
Bernhard Horsthemke, Karin Buiting, Bärbel Dittrich und Gabriele Gillessen-Kaesbach

Übersicht über wesentliche Beiträge zur Molekularen Medizin Band 6 563

Sachverzeichnis 573

Autorenverzeichnis

Dr. Karin Buiting
Institut für Humangenetik
Universitätsklinikum Essen, Hufelandstraße 55
45122 Essen

Dr. Bärbel Dittrich
Institut für Humangenetik
Universitätsklinikum Essen, Hufelandstraße 55
45122 Essen

Priv.-Doz. Dr. Thilo Dörk
Abteilung Humangenetik OE 6300
Zentrum Kinderheilkunde und Humangenetik
Medizinische Hochschule Hannover
Carl-Neuberg-Straße 1, 30625 Hannover
E-mail: doerk.thilo@mh-hannover.de

Prof. Dr. Jörg T. Epplen
Abteilung für Molekulare Humangenetik
Medizinische Fakultät, Ruhr-Universität Bochum
Gebäude MA 5 Nord, Universitätsstraße 150
44780 Bochum

Dr. Gabriele Gillessen-Kaesbach
Institut für Humangenetik
Universitätsklinikum Essen, Hufelandstraße 55
45122 Essen

Dr. Holger Grehl
Institut für Humangenetik, Universität Erlangen-Nürnberg, Schwabachanlage 10, 91054 Erlangen
und *Neurologische Universitätsklinik
Ernst-Grube-Straße 40, 06097 Halle/Saale*

Prof. Dr. Tiemo Grimm
Abteilung für Medizinische Genetik
Institut für Humangenetik, Universität Würzburg
Biozentrum, Am Hubland, 97074 Würzburg

Prof. Dr. Markolf Hanefeld
Institut und Poliklinik
für Klinische Stoffwechselforschung
Medizinische Fakultät Carl Gustav Carus
Technische Universität Dresden, Fetscherstraße 74
01307 Dresden

Dr. Andrea Haupt
Abteilung für Molekulare Humangenetik
Medizinische Fakultät, Ruhr-Universität Bochum
Gebäude MA 5 Nord, Universitätsstraße 150
44780 Bochum

Prof. Dr. Georg F. Hoffmann
Klinik für Neuropädiatrie
und Stoffwechselkrankheiten
Klinikum der Philipps-Universität
Deutschhausstraße 12, 35033 Marburg

Prof. Dr. Bernhard Horsthemke
Institut für Humangenetik, Universitätsklinikum
Hufelandstraße 55, 45122 Essen

Prof. Dr. Gisela Jacobasch
Abteilung Präventiv-medizinische
Lebensmittelforschung, Deutsches Institut
für Ernährungsforschung Potsdam-Rehbrücke
Arthur-Scheunert-Allee 114–116
14558 Bergholz-Rehbrücke

Prof. Dr. Ulrich Julius
Institut und Poliklinik für Klinische
Stoffwechselforschung
Medizinische Fakultät Carl Gustav Carus
Technische Universität Dresden, Fetscherstraße 74
01307 Dresden

Prof. Dr. Manuela C. Koch
Fachbereich Humanmedizin
Medizinisches Zentrum für Humangenetik
Philipps-Universität Marburg, Bahnhofstraße 7
35033 Marburg
E-mail: koch2@mailer.uni-marburg.de

Dr. Thomas Kolter
Kekulé-Institut für Organische Chemie
und Biochemie der Universität Bonn
Gerhard-Domagk-Straße 1, 53121 Bonn

Prof. Dr. Dr. Andreas E. Kulozik
Klinik für Allgemeine Pädiatrie, Charité
Humboldt-Universität, Augustenburger Platz 1
13353 Berlin

Prof. Dr. Clemens R. Müller-Reible
Institut für Humangenetik, Biozentrum
Universität Würzburg, Am Hubland
97074 Würzburg
E-mail: crm@biozentrum.uni-wuerzburg.de

Dr. Dr. Peter Nielsen
Abteilung Molekulare Zellbiologie
Institut Medizinische Biochemie
und Molekularbiologie
Eisenstoffwechselambulanz
Universitäts-Krankenhaus Eppendorf
Martinistraße 52, 20246 Hamburg
E-mail: nielsen@uke.uni-hamburg.de

Dr. Konrad Oexle
Kinderklinik, Medizinische Hochschule Hannover
Carl-Neuberg-Straße 1, 30625 Hannover

Prof. Dr. Petro E. Petrides
Abteilung Hämatologie und Onkologie
Medizinische Klinik, Universitätsklinikum
Campus Charité Mitte, Schumannstraße 20/21
10098 Berlin
E-mail: petrides@charite.de

Dr. Jens Pietzsch
Institut und Poliklinik für Klinische
Stoffwechselforschung
Medizinische Fakultät Carl Gustav Carus
Technische Universität Dresden
Fetscherstraße 74, 01307 Dresden

Priv.-Doz. Dr. Bernd W. Rautenstrauss
Institut für Humangenetik
Universität Erlangen-Nürnberg
Schwabachanlage 10, 91054 Erlangen

Priv.-Doz. Dr. Sabine Rudnik-Schöneborn
Institut für Humangenetik
Rheinische Friedrich-Wilhelms-Universität
Wilhelmstraße 31, 53111 Bonn

Dr. Konrad Sandhoff
Kekulé-Institut für Organische Chemie
und Biochemie der Universität Bonn
Gerhard-Domagk-Straße 1, 53121 Bonn

Dr. Peter Seibel
Wissenschaftliche Nachwuchsgruppe
Biozentrum Universität Würzburg, Am Hubland,
97074 Würzburg und *Neurologische Universitäts-klinik, Universitätsklinikum Carl Gustav Carus
Technische Universität Dresden, Fetscherstraße 74
01307 Dresden*

Prof. Dr. Astrid Speer
Biotechnologie, Fachbereich 3, Labor MZG,
Technische Fachhochschule Berlin, Seestraße 64
13347 Berlin und *Kinderklinik Neuropädiatrie
Universitätsklinikum Charité und Virchow
Humboldt-Universität Berlin, Augustenburger Platz 1
13353 Berlin*

Prof. Dr. Peter Steinbach
Abteilung Medizinische Genetik, Universität Ulm
Klinikum, Parkstraße 11, 89073 Ulm

Dr. Manfred Stuhrmann
Abteilung Humangenetik OE 6300
Medizinische Hochschule Hannover
Carl-Neuberg-Straße 1, 30625 Hannover

Prof. Dr. Kurt Ullrich
Klinik und Poliklinik für Kinder-
und Jugendmedizin
Universitäts-Krankenhaus Eppendorf
Martinistraße 52, 20246 Hamburg

Prof. Dr. Ronald J. A. Wanders
Emma Children's Hospital
University Hospital Amsterdam
Academic Medical Centre
Meibergdreef 9 (Room F0–224)
NL-1105 AZ Amsterdam
E-mail: wanders@amc.uva.nl

Prof. Dr. Manfred Wehnert
Institut für Humangenetik, Medizinische Fakultät
Ernst-Moritz-Arndt-Universität
Fleischmannstraße 42/44, 17487 Greifswald

Prof. Dr. Udo Wendel
Heinrich-Heine-Universität Düsseldorf
Zentrum für Kinderheilkunde
Medizinische Einrichtungen
Moorenstraße 5, 40225 Düsseldorf

Priv.-Doz. Dr. Brunhilde Wirth
Institut für Humangenetik
Rheinische Friedrich-Wilhelms-Universität
Wilhelmstraße 31, 53111 Bonn

Prof. Dr. Klaus Zerres
Institut für Humangenetik, Universität Bonn
Wilhelmstraße 31, 53111 Bonn

Dr. Dr. Johannes Zschocke
Klinik für Neuropädiatrie
und Stoffwechselkrankheiten
Klinikum der Philipps-Universität
Deutschhausstraße 12, 35033 Marburg
E-mail: zschocke@mailer.uni-marburg.de

Abkürzungen und Erläuterungen

A	Adenin, Purinbase	AMPD1	Myoadenylatdesaminase
a.d., AD	Autosomal-dominant	Antizipation	Verschlechterung eines Krankheitsbilds von Generation zu Generation
a.r., AR	Autosomal-rezessiv		
ABL	Abetalipoproteinämie: Erkrankung, die durch das Fehlen ApoB-haltiger Lipoproteine (VLDL, IDL und LDL) gekennzeichnet ist	Apo	Apolipoprotein: Proteinanteil von Lipoproteinen
		ApoB/E-Rezeptor (LDL-Rezeptor)	Spezifischer Rezeptor, der hochaffin und sättigbar den ApoB100- und den ApoE-Anteil von LDL und LDL-Präkursoren bindet und zu deren Internalisation führt
ACAT	Acyl-Koenzym-A(Acyl-CoA)-Cholesterol-Acyltransferase: Intrazelluläres Enzym, das den Transfer einer Acyl-Gruppe (in der Regel Oleat) von Acyl-CoA auf verschiedene Akzeptoren katalysiert		
		APRT	Adenin-Phosphoribosyl-Transferase
		Arcus corneae	(auch Arcus lipoides corneae) Ringförmige weißlich-gelbe Trübung der Hornhautperipherie, die durch Cholesteroleinlagerung verursacht wird
ACC	Azetyl-CoA-Karboxylase		
AD	Autosomal-dominant		
ADA	Adenosindesaminase	Arteriosklerose	Wenig spezifischer Begriff für pathologische Verhärtungen von Arterienwänden, der häufig als Synonym für Atherosklerose gebraucht wird: Chronisch progrediente, diffuse oder fleckförmige Veränderungen der Arterienwand, die von der Intima ausgehen. Kennzeichnend ist die atheromatöse (später fibrotische, kalzifizierte) Läsion, auch Plaque genannt, die das Gefäßlumen einengen oder gar verschließen kann
ADPD	Alzheimer's disease and Parkinsons's disease, Alzheimer- und Parkinson-Erkrankung		
ADR	Arrested development of righting response: Spontane Mausmutante mit gestörter Entwicklung des Aufrichtereflexes, der eine Übererregbarkeit des Muskels (Myotonie) zugrundeliegt, symptomauslösend sind Mutationen im Clc1-Gen		
AEP	Akustisch evozierte Potentiale	AS	Aminosäure
AIP	Akute intermittierende Porphyrie	ASA	American standard apostilp
Allel	Kopie eines Gens oder einer DNA-Sequenz am gleichen Ort homologer Chromosomen	ATC	Aspartattranscarbamylase
		Atherome	Bezeichnung für einen atheromatös veränderten Bereich der Arterienwand
Allosterie	Durch die Proteinstruktur festgelegte Möglichkeit zur Konformationsveränderung meist tetramerer Proteine unter dem Einfluß akitivierender und hemmender Effektoren	Atherosklerose	Chronisch progrediente, diffuse oder fleckförmige Veränderungen der Arterienwand, die von der Intima ausgehen. Kennzeichnend ist die atheromatöse (später fibrotische, kalzifizierte) Läsion, auch Plaque genannt, die das Gefäßlumen einengen oder gar verschließen kann, z.T. wird auch der
ALS	Amyotrophe Lateralsklerose		
AMP	Adenosinmonophosphat		
AMP, ADP, ATP	Mononukleotide der Purinbase Adenin mit 1, 2 oder 3 Phosphatmolekülen		

	weniger spezifische Begriff Arteriosklerose verwendet	CDP	Cytidindiphosphat
ATP	Adenosintriphosphat	cenSMN	Zentromerische Kopie des *SMN*-Gens
Autosomen	Zu ihnen zählen alle Chromosomen, außer den Geschlechtschromosomen	CESD	Cholesterol ester storage disease: Cholesterolesterspeicherkrankheit
		CETP	Cholesterolestertransferprotein
BAC	Bacterial artificial chromosome: Ähnlich wie YAC zur Klonierung in Bakterien, allerdings mit etwas geringerer Aufnahmekapazität für Fremd-DNA	CGG	Cytosin-Guanin-Guanin-Triplett: Sich wiederholende Basenfolge in der DNA-Sequenz, die bei Expansion mit Erkrankungen assoziiert sein kann, z. B. fra(X)-Syndrom
Bassen-Kornzweig-Syndrom	Selten benutzte Bezeichnung für Abetalipoproteinämie, die 1950 von Bassen und Kornzweig erstmalig beschrieben wurde	Chylomikronen	Lipoproteine, die v. a. dem Transport von Nahrungsfetten aus der Darmmukosa zur Leber dienen
		CID	Kombinierte Immundefizienz
BCA	Bacterial artificial chromosome: Ähnlich wie YAC zur Klonierung in Bakterien eingesetzt, allerdings mit etwas geringerer Aufnahmekapazität für Fremd-DNA	CK	Kreatinkinase bzw. Kreatinphosphokinase: Das muskelspezifische Isoenzym CKMM kann im Serum von Muskelkranken erhöht sein, z. B. bei der Muskeldystrophie vom Typ Duchenne-Becker
BCKDH	Verzweigtkettige Ketosäurendehydrogenase	CLC	Bezeichnung für eine der 3 strukturellen Untergruppen der Chloridkanäle, die spannungsregulierten Chloridkanäle
Bcl-2	Protein, welches Apoptose hemmt		
bp	Basenpaar, Maßeinheit für die Länge einer DNA-Frequenz	*Clc1*	Gen für den muskelspezifischen Chloridkanal bei der Maus: Mutationen in dem Gen führen zu dem Muskelsymptom Myotonie, betroffene Mäuse zeigen den ADR-Phänotyp
C	Cytosin, Pyrimidinbase, Grundbaustein in RNA und DNA		
C282Y	Punktmutation im HFE-Gen, die wahrscheinlich ursächlich für die Erbliche Eisenspeicherkrankheit in der Nordeuropäischen Bevölkerung ist	*CLCN1*	Gen für den muskelspezifischen Chloridkanal beim Menschen: Mutationen in diesem Gen führen zu den Erkrankungen Myotonia congenita oder generalisierte Myotonie, das Genprodukt CLC-1 ist ein spannungsregulierter Chloridkanal der CLC-Gruppe
CAC	Karnitin-Acylkarnitin-Carrier (Translokase)		
CAG	Cytosin-Adenin-Guanin-Triplett; Kodon für die Aminosäure Glutamin: Sich wiederholende Basenfolge in der DNA-Sequenz, die bei Expansion mit Erkrankungen assoziiert sein kann, z. B. Huntington-Krankheit	CMCT	Central motor conduction time, Syn: magnetisch evozierte Potentiale
		CMP	Cytidinmonophosphat
		CMT	Charcot-Marie-Tooth-Erkrankung (HMSN1 oder 2)
c-AMP	Zyklisches 3'-5'-Adenosinmonophosphat	CMT1A-REP	Repetitive Elemente, welche die 1,5 Mb umfassende CMT1A-Region in Chromosom 17p11.2 flankieren
CCD-Kamera	Charge-coupled-device-Kamera; gekühlter, ladungsgekoppelter Bildsensor	Compound heterozygot	Proteine, die aus 2 unterschiedlich mutierten Polypeptidketten aufgebaut sind. Sie resultieren aus der Vererbung von unterschiedlich mutierten Allelen der heterozygoten Eltern und erscheinen phänotypisch als homozygot
CCG	Cytosin-Cytosin-Guanin-Triplett: Sich wiederholende Basenfolge in der DNA-Sequenz, die bei Expansion mit Erkrankungen assoziiert sein kann		
cDNA	Komplementäre DNA		

CoQ	Cytochrom Q, Cytochrom Y	DM	Myotone Dystrophie (Morbus Curschmann-Steinert): Autosomal-dominant vererbte Multisystemerkrankung, die mit einer CTG-Triplettexpansion im DMPK-Gen assoziiert ist
CPEO	Chronic progressive external ophthalmoplegia; chronisch progrediente externe Ophthalmoplegie		
CpG-Insel	Kleine DNA-Abschnitte, die normalerweise nicht methyliert werden	DMAHP	DM locus associated homeodomain protein: In unmittelbarer Nachbarschaft zum *DMPK*-Gen liegendes Gen
CPS	Carbamoylphosphatsynthetase		
CPT-I	Karnitin-Palmitoyl-Transferase I (Leber)	DML	Distal motorische Latenz
CPT-II	Karnitin-Palmitoyl-Transferase II	DMPK	Gen für eine Proteinkinase auf Chromosom 19, dessen CTG-Trinukleotid eine Assoziation zu der Erkrankung myotone Dystrophie aufweist
CTG	Cytosin-Thymin-Guanin-Triplett: Sich wiederholende Basenfolge in der DNA-Sequenz, die bei Expansion mit Erkrankungen assoziiert sein kann, z. B. myotone Dystrophie		
		DNA	Desoxyribonukleinsäure mit polymerer doppelhelikaler Struktur, Träger der genetischen Information
CTP	Cytidintriphosphat		
CUG BP	Cytosin-Uracil-Triplett bindendes Protein	Domänen	Spezifisch strukturierte Abschnitte in Proteinen, Ribosomen und Membranen
Cx32	Connexin32: Ein Gap-Junction-Protein notwendig für den Zell-Zell-Kontakt, synonym GJB1		
		DSS	Déjérine-Sottas-Syndrom (HMSN3)
		dTDP	Desoxythymidindiphosphat
dATP	Desoxyadenosintriphosphat	dTMP	Desoxythymidinmonophosphat
dCDP	Desoxycytidindiphosphat	dTTP	Desoxythymidintriphosphat
DCT1 (DMT1)	Divalenter Kationentransporter (divalenter Metallionentransporter) der Ratte: Dieses Protein ist in der Bürstensaummembran von Enterozyten lokalisiert und stellt sehr wahrscheinlich den lange gesuchten Absorptionsmechanismus für ionisches Nahrungseisen dar	dUDP	Desoxyuridindiphosphat
		dUMP	Desoxyuridinmonophosphat
		EGR2	Early growth response gene 2: Ein zum *Krox20*-Gen der Maus homologer Transkriptionsfaktor, welcher bei der Regulation der Expression von Genen, die an der Myelinisierung beteiligt sind, eine zentrale Rolle spielt
dCTP	Desoxycytidintriphosphat		
DEAF	Maternally inherited DEAFness or aminoglycoside-induced DEAFness; matern ererbte DEAF-Krankheit oder Aminoglykosid-induzierte DEAF-Krankheit	Elliptozyt	Elliptisch geformte rote Blutzelle
		EMBL	Europäisches Laboratorium für Molekularbiologie
Deletion	Nukleotidverlust in der DNA	EMG	Elektromyographie: Untersuchungsmethode bei Verdacht auf Muskelerkrankungen
DGGE	Denaturierende Gradientengelelektrophorese		
dGTP	Desoxyguanosintriphosphat	Enhancer	DNA-Element, das die Transkriptionsinitiation stimuliert
DH	Dehydrogenase	Enzymmutante	Enzyme, die sich aus 2 unterschiedlich mutierten Polypeptidketten zusammensetzen (vgl. compound heterozygot)
2,8-DHA	2,8-Dihydroxyadenin		
DHO	Dihydroorotase		
DHODH	Dihydroorotatdehydrogenase	Enzymopathie	Mutation in einem enzymkodierenden Gen mit strukturellen und funktionellen Konsequenzen des Proteins
DHP	Dihydropyrimidinase		
DHPDH	Dihydropyrimidindehydrogenase		
Diabetes mellitus	Stoffwechselerkrankung, die aus dem Mangel an Insulin resultiert	Enzymvariante	Die Polypeptidketten, aus denen sich das Enzym zusammensetzt, tragen dieselbe Mutation

EST	Expressed sequence tag: Ein aus RNA durch reverse Transkription erzeugtes cDNA-Fragment	H63D	Punktmutation im HFE-Gen, die diagnostische Bedeutung bei der Abklärung einer Eisenüberladung hat. Führt allein nicht zur klassischen Hämochromatose. Compound-Heterozygote, die Träger für C282Y und H63D auf verschiedenen Allelen sind, bilden z. T. auch eine Eisenüberladung aus
ETF	Elektronentransferflavoprotein		
ETF-QO	ETF-Ubiquinon-Oxidoreduktase		
Exon	DNA-Abschnitt, der in der mRNA erhalten bleibt		
FAD	Flavinadenindinukleotid		
FDB	Familiär defektes Apolipoprotein B100	Hämozoin	Spezifisches kristallines Endprodukt des Hämabbaus, das beim intraerythrozytären Hämoglobinabbau durch Malariaparasiten entsteht
FED	Fish-eye disease; Fischaugenkrankheit		
		HBL	Hypobetalipoproteinämie
Fenton-Reaktion	Eisenkatalysierte Bildung von hochreaktiven Hydroxylradikalen	HCS	Holokarboxylasesynthetase
		HDL	High-density-Lipoproteine: Lipoproteine hoher Dichte, die in der Ultrazentrifuge im Dichtebereich von 1,063–1,21 g/ml flotieren
FHC	Familiäre Hypercholesterolämie		
Fibrate	Lipidsenkende Wirkstoffgruppe, die sich vom Clofibrat [Ethyl-2-(4-Chlorphenoxy)-2-Methylpropionat] ableitet		
		HEK-Zellen	Human embryonic kidney cells; menschliche embryonale Nierenstammzellen: In-vitro-Expressionssystem zur Funktionsüberprüfung von Ionenkanälen
FISH	Fluoreszenz-in-situ-Hybridisierung: Technik zum Nachweis von Nukleinsäuren (DNA, RNA) in Geweben und Chromosomen durch Markierung der Sonde mit Fluoreszenzfarbstoffen		
		Hemizygot	Mutationen in Genen, die nicht als Allelpaar, sondern in der Einzahl vorliegen, z. B. das Y- und X-Chromosom bei männlichen Individuen. Bezeichnung des Erbgangs von Mutationen in X- und Y-Chromosomen bei männlichen Nachkommen
FLD	Familiäre LCAT-Defizienz		
Frameshift	Leseraster der Kodonsequenzen in der DNA		
Frataxin	Protein in der Membran von Mitochondrien. Mutationen im Frataxingen führen zu einer mitochondrialen Eisenüberladung und sind Ursache für die Friedreich-Ataxie		
		Hereditär	Über die Keimbahn an die nächste Generation weitergegebene genetische Informationen
		Heterozygotie	Vorhandensein von 2 unterschiedlichen Allelen in 1 Gen aufgrund einer Mutation in 1 Allel der diploiden Zellen
G	Guanin, Purinbase		
GAA	Guanin-Adenin-Adenin-Triplett: Sich wiederholende Basenfolge in der DNA-Sequenz, die bei Expansion mit Erkrankungen assoziiert sein kann, z. B. Friedreich-Ataxie	HFE-Gen	Menschliches Gen auf Chromosom 6, das in mutierter Form zur erblichen Eisenspeicherkrankheit (hereditäre Hämochromatose) führt
		HLA-H	Ursprüngliche, inzwischen überholte Bezeichnung für das HFE-Gen
GCDH	Glutaryl-CoA-Dehydrogenase	HMG-CoA	3-Hydroxy-3-Methylglutaryl-CoA
Gen	DNA-Abschnitt eines Chromosoms, der die Information zur Synthese spezifischer Proteine enthält	HMG-CoA-Reduktase	Hydroxy-3-Methylglutaryl-Koenzym-A(HMG-CoA)-Reduktase: Die HMG-CoA-Reduktase reduziert HMG-CoA zu Mevalonsäure und ist das geschwindigkeitsbestimmende Enzym der Cholesterolbiosynthese
Gen-Cluster	Gruppe oder Familie von Genen		
GM	Generalisierte Myotonie: Autosomalrezessiv vererbte Muskelerkrankung, die durch Mutationen im *CLCN1*-Gen verursacht ist		
		HMSN	Hereditäre motorische und sensible Neuropathie (Typ 1–7)
GMP	Guanosinmonophosphat		
GTP	Guanosintriphosphat		

HNA	Hereditäre amyotrophe Neuropathie		Rezeptor-mRNA stimuliert die zelluläre Eisenaufnahme
Homozygotie	Beide Allele eines Gens tragen in diploiden Zellen dieselbe Mutation	Iron responsive element (IRE)	Sequenzmotiv in der 5′-nichttranslatierten mRNA von humanem Ferritin bzw. in der 3′-nichttranslatierten mRNA des Transferrinrezeptors, an die IRPs (iron regulatory proteins) binden
HPRT	Hypoxanthin-Guanin-Phosphoribosyl-Transferase		
HTGL	Hepatische Triglyzeridlipase		
Hyperlipidämie	Unspezifische Sammelbezeichnung für eine Erhöhung der Blutfette. Einer Hyperlipidämie liegt stets eine Hyperlipoproteinämie zugrunde		
		IRP	Iron regulatory protein
		ISH	In-situ-Hybridisierung
Hyperlipoproteinämie	Störung des Lipoproteinstoffwechsels, gekennzeichnet durch die Konzentrationserhöhung eines oder mehrerer Lipoproteine im Blut	Isoenzym	Enzyme, die identische enzymatische Reaktionen katalysieren, deren Synthese aber von verschiedenen Genen kodiert wird
HyperPP	Hyperkalämische periodische Paralyse: Autosomal-dominant vererbte Muskelerkrankung, die durch Mutationen im SCN4A-Gen verursacht ist	kb	Kilobasen: Einheit für die Länge eines DNA-Abschnitts (1000 Basenpaare)
		kbp	Kilobasenpaare
		K_i	Hemmkonstante von Enzymen
Hypolipidämie	Unspezifische Sammelbezeichnung für verringerte Blutfettwerte. Einer Hypolipidämie liegt stets eine Hypolipoproteinämie zugrunde	K_M	Michaelis-Menten-Konstante, bei [S]= K_M entspricht die Substratkonzentration der Hälfte der Maximalgeschwindigkeit des Enzyms
Hypolipoproteinämie	Unspezifische Bezeichnung für niedrige Lipoproteinwerte	Konservierte DNA und Proteinregionen	DNA und Proteinabschnitte, die in der Evolution erhalten bleiben. Mutationen in diesen Bereichen sind überwiegend mit funktionellen Veränderungen des Enzyms bzw. Proteins verbunden
IAP	Inhibitor of apoptosis protein: Proteine, die den programmierten Zelltod hemmen		
ICD	Isovaleryl-CoA-Dehydrogenase		
IDL	Intermediate-density-Lipoproteine: Lipoproteine geringer Dichte, die in der Ultrazentrifuge im Dichtebereich von 1,006–1,019 g/ml flotieren	Kodon	Folge von 3 Nukleotiden in einer Nukleinsäure, die gemäß dem genetischen Kode für eine Aminosäure kodiert
		Koronare Herzkrankheit	Atherosklerose an den Herzkranzgefäßen
IEF	Isoelektrische Fokussierung: Empfindliche elektrophoretische Methode zur Proteintrennung in einem pH-Gradienten		
		3-KT	3-Ketothiolase, mitochondriale Azetoazetyl-CoA-Thiolase
IMP	Inosinmonophosphat	LCAD	Langkettige Acyl-CoA-Dehydrogenase
Insertion	Einbau von Nukleotiden in eine DNA-Sequenz	LCAT	Lecithin-Cholesterol-Acyltransferase: Plasmaenzym, das die Übertragung einer Fettsäure (meist Linolsäure) aus der sn-2-Position des Lecithins auf freies Cholesterol katalysiert
Intron	Sequenzbereich in Genen, der beim Spleißen der DNA zur mRNA aus dem Transkript entfernt wird		
IRE	Iron responsive element	LCHAD	Langkettige Hydroxyacyl-CoA-Dehydrogenase
Iron regulatory protein-1 und -2 (IRPs)	Wesentlicher Bestandteil der Regulation der intrazellulären Eisenhomöostase. Im Eisenmangel Bindung an Ferritin-RNA, was zur Hemmung der Ferritinsynthese führt (Eisenspeicherung); die Bindung an Transferrin-		
		LDL	Low-density-Lipoproteine: Lipoproteine geringer Dichte, die in der Ultrazentrifuge im Dichtebereich von 1,019–1,063 g/ml flotieren

LDL-Aphorese	Extrakorporales Dialyseverfahren zur selektiven Elimination von LDL aus dem Blut		pathie, Laktatazidose und Schlaganfall-ähnliche Symptome
LDYT	Leber's hereditary optic neuropathy and dystonia; erbliche optische Neuropathie und Dystonie	MERRF	Myoclonic epilepsy and ragged red muscle fibers; Myoklonusepilepsie mit ragged-red fibers
Leberzirrhose	Bindegewebige Degeneration des Leberparenchyms bei chronischen Lebererkrankungen	Mikrosatelliten Motive	Sequenzen, die sich in der DNA unterschiedlich oft aneinandergereiht wiederholen, sie treten häufiger in Introns als in Exons auf. Diese repetitiven Sequenzen haben einen hohen diagnostischen Wert
Lecithin	1,2-Diacyl-sn-Glyzero-3-Phosphocholin: Häufigstes extrazelluläres Phospholipid im Blut, das besonders in Lipoproteinen hoher Dichte und in den Blutzellmembranen vorkommt		
		Missense-Mutation	Genmutation, die den Ersatz einer Aminosäure durch eine andere im Genprodukt (Protein) bewirkt
LHON	Leber hereditary optic neuropathy: Leber-Optikusatrophie	MITE	Mariner like transposon element: Mobiles genetisches Element, welches in den CMT1A-REP-Einheiten lokalisiert ist und ursprünglich aus Insekten stammt
Lipoprotein	Komplexes Makromolekül, das sich aus Lipiden (Phospholipiden, Triglyzeriden, freiem und verestertem Cholesterol) und Apolipoproteinen zusammensetzt. Lipoproteine dienen dem Transport der hydrophoben Lipide im wässrigen Plasmamilieu. Lipoproteine werden nach physikalischen Kriterien eingeteilt, wobei die Einteilung nach Dichtebereichen die bekannteste ist		
		MK	Mevalonatkinase
		MM	Mitochondriale Myopathie
		MMC	Materne Myopathie und Kardiomyopathie
		mRNA	Messenger-RNA
		mRNP	mRNA-Proteinpartikel
		MRT	Magnetresonanztomographie
		MTP	Mikrosomales Triglyzeridtransferprotein oder mitochondriales trifunktionelles Protein
Lipoproteinsubfraktionen	Unterfraktionen der Lipoproteine, die durch Anwendung verfeinerter Methoden auf der Basis der Ultrazentrifugation, Immunadsorption oder Elektrophorese isoliert werden können		
		Multicopymarker C212 und Ag1-CA	Genetische Marker, die dem SMN-Gen benachbart liegen und bei größeren Deletionen mitbeteiligt sein können
LPL	Lipoproteinlipase: Enzym, das in Muskel- und Fettzellen gebildet wird und die Triglyzeride der Chylomikronen und VLDL hydrolysiert		
		Mutagenese	Gezielte Veränderung der Basensequenz in der DNA
MAP	Motorisches Antwortpotential	Mutation	Veränderung der normalen Basenordnung von Nukleotiden in der DNA, verursacht durch exogene oder endogene Faktoren
MC	Myotonia congenita: Autosomal-dominant vererbte Muskelerkrankung verursacht durch Mutationen im *CLCN1*-Gen		
		Myotonie	Verzögerte Erschlaffung des quergestreiften Muskels nach einer willkürlichen Muskelanstrengung: Das Symptom macht sich bei Betroffenen durch eine Störung im Bewegungsablauf bemerkbar
MCAD	Mittelkettige Acyl-CoA-Dehydrogenase		
MCC	3-Methylcrotonyl-CoA-Karboxylase		
MCM	Methylmalonyl-CoA-Mutase		
MDM	Myopathie und Diabetes mellitus		
MELAS	Mitochondrial encephalomyopathy, lactic acidosis, and stroke-like episodes; mitochondriale Enzephalomyo-	NAD	Nikotinsäureamidadenindinukleotid oxidiert: Koenzym der Wasserstoffübertragung bei biologischen Oxidationen

NADH	Nikotinsäureamidadenindinukleotid reduziert		verursacht durch Mutationen im SCN4A-Gen
NADP	Nikotinamidadenindinukleotidphosphat	PCC	Propionyl-CoA-Carboxylase
		PCR	Polymerasekettenreaktion
NADPH	Dihydronikotinamidadenindinukleotidphosphat	PD	Pränataldiagnostik
		PDI	Proteindisulfidisomerase
NAIP-Gen	Neuronal apoptosis inhibitory protein: Apoptose-hemmendes Protein	Plaque	Arteriosklerotische Plaque, atheromatöse Plaque: Pathologische Verdickung der Gefäßwand, die durch intra- und extrazelluläre Lipideinlagerung sowie die Anhäufung von Schaumzellen, die von Blutmonozyten oder glatten Gefäßmuskelzellen abstammen, charakterisiert ist
NARP	Neurogenic muscle weakness, ataxia, and retinitis pigmentosa (Leigh-Disease); Neurogene Muskelschwäche, Ataxie und Retinitis pigmentosa (Leigh-Erkrankung)		
NCBI	National Center for Biotechnology Information		
NLG	Nervenleitgeschwindigkeit	PLP	Proteolipidprotein, Bestandteil des Myelins im Zentralnervensystem
NMRT	Nuclear magnetic resonance Tomographie: Kernspinresonanztomographie	PMP22	Peripheres Myelinprotein mit einem MG von 22 000, synonym zu GAS3, growth arrest specific gene 3
Nonsense-Mutation	Genmutation, die durch Bildung eines Stoppkodons den vorzeitigen Kettenabbruch während der Translation bewirkt	PNP	Purinnukleosidphosphorylase
		PNS	Peripheres Nervensystem
		Poikilozyt	Rote Blutzellen, die vielfältige Formveränderungen und eine verminderte mechanische Resistenz aufweisen
nt	Nukleotid		
Nukleotid	Verbindung, bestehend aus einer N-haltigen heterozyklischen Base (Purin- oder Pyrimidinbase, Nikotinsäureamid, Flavin), Ribose und 1–3 Phosphatresten	Polymorphismus	Mutationen, die in lokalen Populationen Häufigkeiten von >1% erreichen
		Prämatur	Zeitiger als dem Lebensalter entsprechend
		PRKCG	Gen für die Proteinkinase Cγ
ODC	Orotidin-5'-Monophosphatdekarboxylase	PROMM	Proximale myotone Myopathie: Autosomal-dominant vererbte Multisystemerkrankung mit phänotypischer Ähnlichkeit zur Erkrankung myotone Dystrophie
OMP	Orotidin-5'-Monophosphat		
OPCA	Olivopontozerebelläre Hypoplasie		
OPRT	Orotat-Phosphoribosyl-Transferase		
ORF	Open reading frame: Offener Leserahmen eines Gens, der durch Start- und Stoppkodons begrenzt wird	Promotor	DNA-Bereich eines Gens, durch den der Initiationspunkt und die Initiationshäufigkeit der Transkription im Zusammenwirken mit Transkriptionsfaktoren festgelegt werden
P0	Myelinprotein Zero, MPZ		
P5N	Pyrimidin-5'-Nukleotidase	PRPP	Phosphoribosyl-1-Pyrophosphat
Palindrom	DNA-Abschnitt, der in beiden Strängen in entgegengesetzter Richtung orientiert jeweils die gleiche Basensequenz enthält	Pseudo-dominant	Autosomal-rezessiver Erbgang mit Betroffenen in mindestens 2 Generationen aufgrund mehrerer rezessiver Mutationen
PBG	Porphobilinogen	Punktmutationen	Austausch einer einzigen Base in einem Nukleotid der DNA
PBG-D	Porphobilinogendesaminase		
PC	Paramyotonia congenita: Autosomal-dominant vererbte Muskelerkrankung	q	Langer Arm eines Chromosoms (z. B. 5q)

Regulatorgene	Gene, die Regulatorproteine kodieren, die die Transkription kontrollieren		tionen in dem Gen verursachen die Erkrankungen HyperPP und PC
Repeats (auch Repetitiv)	Eigenschaft von Sequenzen, in zahlreichen Kopien pro Genom vorzukommen	SD	Standard deviation: Standardabweichung
		SEP	Sensibel evozierte Potentiale
Restriktionsanalyse	Methode zum Nachweis von Mutationen unter Einsatz spezifischer Restriktionsenzyme, anhand der Längen der resultierenden Restriktionsfragmente. Letztere können elektrophoretisch identifiziert werden. Restriktonsenzyme spalten die DNA-Bindung an spezifischen Schnittstellen. Befindet sich an dieser Stelle eine Mutation, kommt die Spaltung nicht zustande, das Fragment ist länger. Die Methode wird auch zur Analyse unbekannter DNA-Sequenzen verwendet	SIP1	SMN interacting protein 1: Protein, das mit SMN im Zellkern einen Komplex bildet
		SJS	Schwartz-Jampel-Syndrom: Autosomal-rezessiv vererbte Multisystemerkrankung des Kindesalters
		SMA	Spinale Muskelatrophie
		SMN-Gen	Survival-motor-neuron-Gen: Wichtigstes Kandidatengen bei der infantilen SMA
		SNAP	Sensibles Nervenaktionspotential
		snRNPs	Small nuclear ribonucleoproteins: Bestandteile der Spleißosomen, welche für die Bildung von prä-mRNA verantwortlich sind
Rezeptoren	Membranständige (Membranrezeptoren) oder intrazelluläre Proteine, die einen oder mehrere Liganden (z.B. Peptidhormone, Apolipoproteine) spezifisch erkennen und binden können		
		Somatische Mutationen	Mutationen, die außerhalb der Keimbahn auftreten
Rezeptorvermittelte Endozytose	Allgemeiner Mechanismus, durch den Zellen große Moleküle durch einen spezifischen Rezeptor aufnehmen können	Sphärozyt	Runder Erythrozyt, der die diskoide Form verloren hat
		SSAD	Sukzinatsemialdehydrogenase
		SSCA	Single strand conformation analysis: Einzelstrangkonformationsanalyse
RISH	Radioaktive In-situ-Hybridisierung: Verwendet wie FISH, aber radioaktiv meist mittels ^{35}S-markierter Sonde	SSR	Sympathic skin response
		SSW	Schwangerschaftswoche(n)
RNA	Ribonukleinsäure	Statin	Gruppe von Lipidsenkern, die intrazellulär eine kompetitive Inhibition der HMG-CoA-Reduktase bewirken
RT-PCR	Reverse transcriptase polymerase chain reaction: Kombination der reversen Transkription von mRNA und PCR Technik		
		Stomatozyt	Kugelförmige rote Blutzelle mit schlitzförmiger Einstülpung
SCAD	Kurzkettige Acyl-CoA-Dehydrogenase	Stoppkodon	Nukleotidtriplett, dessen Information die Synthese einer Polypeptidkette beendet
Scavenger-Rezeptor	Dient der Aufnahme veränderter Protein- und Lipoproteinbestandteile des Bluts in verschiedene Zellsysteme. Im Gegensatz zum spezifischen ApoB/E-Rezeptor ist der Scavenger-Rezeptor nicht für bestimmte Liganden spezifisch. Besondere Bedeutung erlangt der Scavenger-Rezeptor bei den Makrophagen, die über ihn modifizierte LDL aufnehmen können	Strukturgene	Gene, die für tRNA, rRNA oder über mRNA-Proteinketten kodieren
		Stumme Mutation	Mutationen, die aufgrund des degenerativen genetischen Kodes keinen Aminosäureaustausch in der Polypeptidkette bewirken
		Suppression	Mechanismen, die zur Unterdrückung eines Phänotyps führen, entweder über Suppressorgene oder durch Mutationen in proteinbindenden Genen, die das Leseraster verschieben
SCHAD	Kurzkettige Hydroxyacyl-CoA-Dehydrogenase		
SCN4A	Gen für die α-Untereinheit des muskelspezifischen Natriumkanals, Mutationen		

T	Thymin, 5-Methyluracil, Pyrimidinbase	VLDL	Very-low-density-Lipoproteine: Lipoproteine geringer Dichte, die in der Ultrazentrifuge im Dichtebereich <1,006 flotieren
Tangier-Krankheit	HDL-Mangelsyndrom, das 1961 erstmalig bei einer Familie beschrieben wurde, die auf der Insel Tangier in der Chesapeake Bay vor Baltimore lebte		
		v_{max}	Geschwindigkeit einer enzymatischen Reaktion bei vorgegebener Enzymkonzentration unter Substratsättigungsbedingungen
TCRB	Tcrb-Gen für den T-Zell-Rezeptor b		
telSMN	Telomerische Kopie des SMN-Gens		
Transkription	Transkribierung der DNA-Sequenz in eine entsprechende RNA, katalysiert durch DNA-abhängige RNA-Polymerasen	WHHL-Kaninchen	Watanabe-heritable-hyperlipidemic-Kaninchen: Kaninchenrasse mit angeborener Hyperlipoproteinämie, die auf einem Defekt des LDL-Rezeptors beruht
Transkriptionsfaktoren	DNA-bindende Proteine, die aktivierend und hemmend die Transkription regulieren. Sie werden bevorzugt in der Region eines Promotors, Enhancers oder Silencers gebunden	Wolman-Krankheit	1946 von Wolman beschriebene Speicherkrankheit, die auf einem Mangel an lysosomaler saurer Lipase beruht
		Xanthelasmen	Xanthome im Bereich der Lidwinkel, des Ober- und des Unterlids
		Xanthomatose	Anhäufungen von Xanthomen in bestimmten Hautarealen bei verschiedenen schweren familiären Hyperlipoproteinämien
tRNA	Transfer-RNA, kurzkettige RNA-Abschnitte, durch die der programmierte Einbau der einzelnen Aminosäuren bei der Polypeptidsynthese erfolgt		
TTC	Thymin-Thymin-Cytosin-Triplett: Sich wiederholende Basenfolge in der DNA-Sequenz, die bei Expansion mit Erkrankungen assoziiert sein kann	Xanthom	Benigne epidermale Neubildung aus Fibroblasten und Histiozyten mit schaumigem Zytoplasma, das durch Speicherung von Lipiden charakterisiert ist
Typ-I-Fasern	Muskelfasern, die langsam kontrahieren und mit oxidativen Farbstoffen reagieren	XD	X-chromosomal-dominant
		XDH	Xanthindehydrogenase
		XMP	Xanthosinmonophosphat
Typ-II-Fasern	Muskelfasern, die schnell kontrahieren und eine glykolytische Aktivität aufweisen	XO	Xanthinoxidase
		XR	X-chromosomal-rezessiv
UDP	Uridindiphosphat	YAC	Yeast artificial chromosome: Künstliches Chromosom der Hefe *Saccharomyces cerevisiae*, welches zur Klonierung großer genomischer Abschnitte der menschlichen Erbsubstanz verwendet wird
Ultrazentrifugation	Trennung von Partikeln (Lipoproteinen) und Molekülen (RNA, DNA oder Proteine) unter Einwirkung hoher Zentrifugalkräfte nach ihrer Dichte (isopyknische Zentrifugation) oder nach ihrer Größe bzw. ihrem Sedimentationskoeffizienten (zonale Zentrifugation)		
		ZNS	Zentralnervensystem
		Zytoskelett	Proteinnetzwerk, das an der zytoplasmatischen Seite mit der Plasmamembran verknüpft ist
UMP	Uridinmonophosphat		
UMPS	UMP-Synthetase (Multienzym)		
UTP	Uridintriphosphat		
UV	Ultraviolett		
VEP	Visuell evozierte Potentiale		
VLCAD	Überlangkettige Acyl-CoA-Dehydrogenase		

1 Molekulargenetik hereditärer neuromuskulärer Erkrankungen

1.1 Muskeldystrophien

ASTRID SPEER und KONRAD OEXLE

Inhaltsverzeichnis

1.1.1	Einleitung	3
1.1.2	Aspekte von Klinik und Pathogenese	4
1.1.2.1	Dystrophinopathien	4
1.1.2.2	Gliedergürteldystrophien	6
1.1.2.3	Kongenitale Muskeldystrophien	7
1.1.2.4	Andere Muskeldystrophien	8
1.1.2.4.1	Myotone Dystrophie	8
1.1.2.4.2	Facioskapulohumerale Dystrophie	8
1.1.2.4.3	Weitere Muskeldystrophien	9
1.1.3	Molekulare Grundlagen	9
1.1.3.1	Dystrophingen	9
1.1.3.2	Dystrophinprotein	11
1.1.3.3	Dystrophin-assoziierte Proteine	11
1.1.3.4	Dystrophin-verwandte Poteine	12
1.1.4	Molekulare Pathologie von Dystrophino- und Sarkoglykanopathien	12
1.1.4.1	Exondeletionen und -insertionen im Dystrophingen	13
1.1.4.2	Punktmutationen im Dystrophingen	13
1.1.4.3	Mutationen in Dystrophin-assoziierten Genen	14
1.1.5	Tiermodelle	14
1.1.6	Diagnostik	15
1.1.6.1	Differentialdiagnostik	15
1.1.6.1.1	Klinische Untersuchung	15
1.1.6.1.2	Nukleinsäureanalyse	16
1.1.6.1.3	Muskelbioptische Befunde	20
1.1.6.2	Erbanlageträgerinnendiagnostik	21
1.1.6.2.1	Nukleinsäureanalyse	21
1.1.6.2.2	Muskelbioptische Befunde	22
1.1.6.3	Vorgeburtsdiagnostik	22
1.1.7	Therapiemöglichkeiten	22
1.1.7.1	Palliative Maßnahmen	22
1.1.7.2	Medikamentöse Therapieversuche	23
1.1.7.3	Myoblastentransfer	23
1.1.7.4	Ansätze einer korrigierenden oder kompensierenden Gentherapie	23
1.1.7.4.1	Zusätzliche Expression von Dystrophin oder Utrophin	24
1.1.7.4.2	Synthese eines verkürzten Dystrophins mit Hilfe von Antisense-Oligonukleotiden	24
1.1.8	Literatur	24

1.1.1 Einleitung

Die Muskeldystrophien bilden eine heterogene Untergruppe der primären Myopathien. Ihr Name verweist auf das „dystrophe" histologische Bild mit gestörter Gewebearchitektur und mesenchymaler Proliferation (Duchenne 1868, Erb 1884). Zur Klassifizierung der Muskeldystrophien wurden phänotypische Merkmale wie charakteristische Lokalisation, Krankheitsverlauf und Erbgang herangezogen. Als häufigste und dramatischste Form erlangte die Muskeldystrophie vom Typ Duchenne (DMD) paradigmatische Bedeutung. Daher gehen auch wir in den folgenden Abschnitten insbesondere auf die DMD ein und lassen uns von dort aus über bestehende Verbindungen oder offensichtliche Unterschiede zu den anderen Formen der Muskeldystrophie führen.

Wesentliche Erkenntnisse über die molekulare Genese der Muskeldystrophien wurden erst vor wenigen Jahren erzielt, insbesondere nach der Entdeckung des Dystrophingens. Dem sich seither anbahnenden Übergang von der phänotypischen zur molekularbiologischen Charakterisierung schließen wir uns an. Zunächst vermitteln wir einen Überblick über die Klinik und die molekulare Pathogenese der Muskeldystrophien, dann gehen wir am Beispiel des Dystrophins und der damit assoziierten Proteine im Detail auf die Methoden und Ergebnisse der molekularbiologischen Forschung ein. Letztere hat neue diagnostische Möglichkeiten und interessante therapeutische Ansätze erbracht. Diese sind in den beiden abschließenden Kapiteln dargestellt.

1.1.2 Aspekte von Klinik und Pathogenese

1.1.2.1 Dystrophinopathien

Kaum zu verkennen ist das Erscheinungsbild (Abb. 1.1.1) der X-chromosomal-rezessiv vererbten DMD, wenn ein betroffener Knabe beim Arzt vorgestellt wird, weil er trotz scheinbar gut ausgebildeter oder hypertrophierter Muskulatur („Gnomenwaden") durch Schwierigkeiten beim Laufen und Treppensteigen aufgefallen ist. Das Gowers-Manöver (Zuhilfenahme der Arme beim Aufrichten) und das beidseitige Trendelenburg-Zeichen mit entsprechendem Watschelgang (Abkippen der Hüfte beim 1-Bein-Stand) sind klassische Symptome, die eine symmetrische Schwäche der proximalen Muskulatur anzeigen. Mit dem Nachweis einer massiv erhöhten Aktivität der Kreatinkinase (CK) im Plasma läßt sich die Diagnose sichern. CK-Werte in dieser Höhe (im Frühstadium bis zum 100fachen des Normalwerts) werden ansonsten nur bei einigen der weit selteneren, autosomal vererbten Muskeldystrophien, akuter Polymyositis und Rhabdomyolyse erreicht. Eine vollständige Diagnostik schließt heutzutage die molekulargenetische Untersuchung des Dystrophingens und, falls letztere erfolglos ist, den nadelbioptischen Nachweis des Dystrophinmangels ein. Dann kann auch eine adäquate genetische Beratung erfolgen.

Die DMD betrifft weltweit etwa 1 von 4000 männlichen Neugeborenen (Emery 1993). Im Haldane-Gleichgewicht läßt sich leicht berechnen, daß 1/3 dieser Fälle durch Neumutationen bedingt ist. Wird die Möglichkeit von Keimzellmosaiken berücksichtigt, bleibt immer noch ein Anteil von ungefähr 23% sporadischer Fälle (Janka und Grimm 1991). Diese Mutationshäufigkeit wird z.T. auf die ungewöhnliche Größe des Dystrophingens (s. Kapitel 1.1.3.1 „Dystrophingen") zurückgeführt. Histologische Zeichen der Muskelschädigung und eine vermehrte plasmatische CK-Aktivität sind schon im Fetalstadium nachweisbar (Emery 1993). Trotzdem wurden nur wenige Fälle von konnataler DMD beschrieben (Prelle et al. 1992, Kyriakides et al. 1994). Typischerweise handelt es sich um eine progrediente Erkrankung, die im Alter von 2–4 Jahren diagnostiziert wird, zu Kontrakturen und Skoliose führt, im Alter von etwa 10–12 Jahren die Gehfähigkeit nimmt und im 2. oder 3. Lebensjahrzehnt bei respiratorischer Insuffizienz mit dem Tod endet (Emery 1993). Neben der Skelettmuskulatur können auch andere Gewebe, die normalerweise Dystrophin exprimieren (s. Kapitel 1.1.3.1 „Dystrophingen"), mehr oder weniger deutliche Funktionsstörungen aufweisen. Die normale Verteilung des Intelligenzquotienten ist nach links verschoben, so daß bei 1/3 aller Patienten eine nicht-progrediente mentale Retardierung mit einem Wechsler-Intelligenzquotienten unter 75 besteht (Bresolin et al. 1994). Beeinträchtigt ist dabei insbesondere der verbale IQ. Eine Herzbeteiligung läßt sich durch sorgfältige Untersuchung bei über 90% aller Patienten feststellen (Nigro et al. 1994). Zum Zeitpunkt der Diagnosestellung wird diese meist nicht bemerkt. 1/3 der Patienten entwickelt jedoch eine schwere Form der Kardiomyopathie und/oder Arrhythmie, die dann auch zur primären Todesursache werden kann (Nigro et al. 1994). Funktionsstörungen der glatten Muskulatur innerer Organe stehen nicht im Vordergrund des Krankheitsbilds, manifestieren sich aber beispielsweise als Magenentleerungsstörungen (Barohn et al. 1988). Das Elektroretinogramm weist bei einigen Patienten eine Veränderung auf (Fehlen der B-Welle), die auch bei Nachblindheit gefunden wird (Cibis et al. 1993, Pillers et al. 1993). Sehstörungen ließen sich jedoch bisher nicht verifizieren.

Eine membranständige Ursache der DMD-Muskelzellschädigung wurde schon relativ früh aufgrund elektronenmikroskopisch beobachteter Membrandefekte („delta lesions") vermutet. Tat-

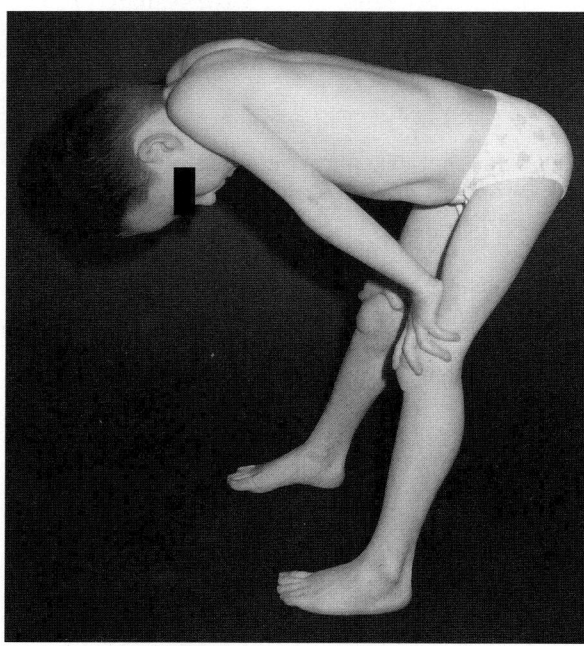

Abb. 1.1.1. Patient mit X-chromosomal-rezessiv vererbter DMD

sächlich bildet das submembranös lokalisierte Dystrophin ein Netzwerk (Straub et al. 1992), das sowohl mit dem intrazellulären Zytoskelett als auch mit der extrazellulären Matrix verbunden ist. Letzteres wird von den sog. Dystrophin-assoziierten Proteinen vermittelt (Ibraghimov-Beskrovnaya et al. 1992). Mehrere Studien deuten auf eine Membran-stabilisierende Funktion des Dystrophins hin (Pasternak et al. 1995). Dazu nicht zwingend im Widerspruch wurde bei Dystrophinmangel auch eine Überaktivität mechanosensitiver Kalziumkanäle gefunden (Franco und Lansman 1990, Fong et al. 1990). Ob nun bedingt durch eine Membranläsion oder durch eine Kanaldysfunktion, die Kalziumkonzentration in DMD-Muskelzellen ist schon pränatal massiv erhöht (Emery und Burt 1980). Es wurde vermutet, daß dadurch Proteasen unkontrolliert aktiviert werden und so der Zelluntergang zu erklären ist (Turner et al. 1988). Unterdessen wurde aber auch die Apoptose als Ursache der Zelldegeneration im dystrophen Muskel angeführt (Matsuda et al. 1995, Tidball et al. 1995). Die möglichen Zusammenhänge zwischen gestörter transmembranöser Stabilisierung, erhöhter intrazellulärer Kalziumkonzentration und Apoptose verdienen weitere Aufmerksamkeit.

Im zentralen Nervensystem (ZNS) wird Dystrophin im postsynaptischen Bereich zerebraler, zerebellärer und retinaler Neuronen gefunden (Lidov et al. 1990, Kim et al. 1992, Lidov et al. 1993, Schmitz et al. 1993, Kim et al. 1995). Welche Funktion es dort hat, ist noch offen. Die B-Welle des Elektroretinogramms wird getriggert durch Signaltransmission von den Photorezeptoren auf Glutamatrezeptoren (L-AP4) der Bipolarzellen in der äußeren Netzschicht. Dort wurde auch das Dystrophin lokalisiert (Pillers et al. 1993, Schmitz et al. 1993). Eine Störung der Signaltransmission bei DMD wurde dementsprechend vermutet (Cibis et al. 1993). Das C-terminale Ende des Dystrophins bindet an membranständige Proteine (s. Kapitel 1.1.3.2 „Dystrophinprotein"), und möglicherweise besteht eine Beziehung zwischen der mentalen Retardierung und Mutationen in diesem Bereich (Lenk et al. 1993b, Lenk et al. 1996). Eine Zuordnung der verschiedenen neuronal exprimierten Dystrophinisoformen zu speziellen, membranständigen Transmittersystemen wurde bisher jedoch nicht gesichert; ebensowenig wurde bisher ein eindeutiges pathologisch-anatomisches oder neurophysiologisches Korrelat der mentalen Retardierung bei DMD identifiziert. Die Expression des Dystrophins in den zerebellären Purkinje-Zellen könnte in Anbetracht der neuerdings erkannten Rolle des Kleinhirns bei kognitiven Funktionen von besonderem Interesse sein (Fiez 1996). Auch in den Gliazellen des ZNS wurde Dystrophin gefunden. Seine Funktion dort ist ebenfalls noch unbekannt.

Auch andere entscheidende Punkte in der Pathogenese der DMD sind noch ungeklärt (Emery 1994): Dazu gehören

- die Tatsache, daß nicht alle Muskeln gleichermaßen betroffen sind, und manche, etwa die äußeren Augenmuskeln, permanent funktionsfähig bleiben (neue Untersuchungen hierzu in Porter und Baker 1996),
- die muskuläre Pseudohypertrophie sowie andere gut dokumentierte Befunde wie Makroglossie, Thymushyperplasie oder Hyperöstrogenämie, und insbesondere
- die Ursache der Progredienz.

Für letztere wurde die Erschöpfung des proliferativen Potentials der myoblastischen Vorläuferzellen verantwortlich gemacht (Lipton 1979, Blau et al. 1983). Verschiedene Befunde sind aber mit dieser Hypothese nicht vereinbar (Oexle et al. 1997), und andere Ursachen der Progression wie zunehmende Fibrose und/oder Differenzierungsstörungen der Vorläuferzellen (Lee et al. 1994, Brenman et al. 1995, Megeney et al. 1996) müssen bedacht werden.

Auch die 10mal seltenere Muskeldystrophie vom Typ Becker-Kiener (BMD) geht auf Mutationen des Dystrophingens zurück (s. Kapitel 1.1.4 „Molekulare Pathologie von Dystrophino- und Sarkoglykanopathien"). Sie wurde von Becker u. Kiener (1955) bei verschiedenen Mitgliedern in Kieners eigener Familie beschrieben. Die BMD kann als abgemilderte Phänokopie der DMD betrachtet werden. Sie beginnt später, verläuft langsamer, geht seltener mit kognitiver Beeinträchtigung einher und zeigt eine nur mäßige Reduktion der Dystrophinexpression (Bushby et al. 1992, 1993a). Dementsprechend wird die Prognose häufig vom Grad der Herzbeteiligung bestimmt (Nigro et al. 1994). Die Ausprägung der BMD ist sehr variabel (Bushby 1992). Bei relativ schwerem Verlauf (Verlust der Gehfähigkeit vor dem 16. Lebensjahr) spricht man auch vom Intermediärtyp der Dystrophinopathie. Andererseits sind Übergänge zu subklinischen Formen möglich, die nur als Myoglobinurie, Myalgie oder Hyperkreatinkinaseämie in Erscheinung treten (Angelini et al. 1994). Noch nicht erklärt ist die Variabilität der BMD innerhalb einer Familie und/oder bei identischer Mutation (Medori et al. 1989, Angelini et al. 1994). Die phänotypische

Vielfalt der Dystrophinopathien ist also groß. Hier muß auch die Möglichkeit einer isolierten Kardiomyopathie erwähnt werden, u.a. bedingt durch eine Mutation des Promotors der kardialen Dystrophinisoform (Muntoni et al. 1995). Schließlich gehören symptomatische Mutationsträgerinnen zum Spektrum der Dystrophinopathien. Bei diesen findet sich meist eine einseitige Inaktivierung des X-Chromosoms. Außerdem wurden Patientinnen mit Turner-Syndrom (45,X) (Chelly et al. 1986) und in jüngster Zeit 1 Fall mit uniparentaler Disomie des X-Chromosoms beschrieben (Quan et al. 1997). Einseitige X-Inaktivierung wird üblicherweise durch stochastische Variation erklärt, sofern keine X;Autosom-Translokation (Boyd et al. 1996) nachgewiesen werden kann. Andere, noch nicht bekannte genetische Ursachen für einen einseitigen Inaktivierungsprozeß scheinen aber vorzuliegen (Moser und Emery 1974, Azofeifa et al. 1995). Eine einfache Korrelation zwischen Phänotyp, Dystrophinexpression und Inaktivierungsstatus besteht nicht (Bushby et al. 1993b, Azofeifa et al. 1995). Auch ist der progressive Verlauf der Erkrankung beim Mosaikstatus schwer zu verstehen (Emery 1994).

1.1.2.2 Gliedergürteldystrophien

Die Diagnose „Gliedergürteldystrophie" (limb girdle muscular dystrophy, LGMD) wurde bisher dann gestellt, wenn eine Dystrophie der großen proximalen Muskeln vorlag und andere Ursachen, insbesondere X-chromosomale Dystrophien oder metabolische Myopathien ausgeschlossen werden konnten (Beckmann und Bushby 1996). Bei einem von 8 Patienten mit sporadisch auftretender, DMD-artiger Muskeldystrophie liegt eine schwer verlaufende Form der Gliedergürteldystrophie vor. Es handelt sich um eine heterogene Gruppe von Erkrankungen, deren variables Erscheinungsbild dem der Dystrophinopathien ähnelt, aber autosomal vererbt wird. Der Phänotyp der dominant vererbten Fälle ist meist milder, unterscheidet sich qualitativ jedoch nicht von den rezessiven Formen. Nach der Identifizierung des Dystophin-assoziierten Proteinkomplexes konnten einige rezessive Formen auf Mutationen einiger dieser Proteine zurückgeführt werden. Es wurde seither eine neue Einteilung der LGMD vorgeschlagen, die dominanten Formen werden nun mit LGMD1A (mit Chromosom 5q31 assoziiert; Yamaoka et al. 1994) und LGMD1B (mit Chromosom 1 assoziiert; McNally et al. 1995) bezeichnet, während die rezessiven Formen die Nummern 2A–2F erhalten haben. Es ist zu vermuten, daß diese Liste noch nicht abgeschlossen ist (van der Kooi et al. 1996).

4 der rezessiven Formen (LGMD2C–2F) werden durch Mutationen der Sarkoglykane verursacht (Roberds et al. 1994, Bönnemann et al. 1995, Lim et al. 1995, Nogushi et al. 1995, Nigro et al. 1996), welche zusammen eine gesonderte Einheit innerhalb des Dystrophin-assoziierten Proteinkomplexes bilden (s. Kapitel 1.1.4.3 „Mutationen in Dystrophin-assoziierten Genen"). Bei jeder dieser 4 Formen findet sich eine weitgehend normale Dystrophinexpression, während die Expression aller Sarkoglykane deutlich reduziert ist.

Die Genotyp-Phänotyp-Korrelation scheint bei den Sarkoglykanopathien mehr oder weniger komplex zu sein: Während für die LGMD2D eine Korrelation zwischen Mutationstyp, Ausmaß der Sarkoglykandefizienz und Schwere der Erkrankung beschrieben wurde (Piccolo et al. 1995), zeigte sich bei der LGMD2C, daß identische Mutationen sowohl zu milden als auch zu schweren Verläufen führen können (McNally et al. 1996). Sekundäre genetische Faktoren müssen also bedacht werden. Die mentale Retardierung ist wohl kein LGMD-typisches Symptom (Nigro et al. 1996), und α-Sarkoglykan wird dementsprechend muskelspezifisch exprimiert (Roberds et al. 1994); andere Sarkoglykane wurden aber im Nagergehirn nachgewiesen (Jung et al. 1996). Auch im Elektroretinogramm von LGMD-Patienten konnten wir bei unseren Untersuchungen keine Veränderungen feststellen (Oexle et al. 1995). Dagegen fanden wir bei einem Geschwisterpaar mit LGMD2C eine beidseitige Innenohrschwerhörigkeit (Oexle et al. 1996). Letzteres ist von besonderem Interesse, da der Genort zweier Formen von Innenohrschwerhörigkeit in unmittelbarer Nähe des Genorts der LGMD2C lokalisiert wurde (Chab et al. 1994, Guilford et al. 1994). Zur sicheren phänotypischen Eingrenzung der verschiedenen LGMD-Typen – wenn überhaupt möglich – müssen weitere Ergebnisse von Studien an größeren Patientengruppen abgewartet werden.

2 genetisch gut definierte, autosomal-rezessive LGMD-Formen (2A und 2B) zeigen keine Veränderungen des Sarkoglykankomplexes. LGMD2B wurde auf Chromosom 2p13 lokalisiert (Bashir et al. 1996). Das Genprodukt ist noch nicht bekannt. Interessanterweise ergab sich kürzlich, daß die proximale Muskeldystrophie bei LGMD2B und die distale Muskeldystrophie bei der Miyoshi-Myopathie allele Störungen sind (Beckmann und Bushby 1996). Grenzen der phänotypischen Einteilung der

Muskeldystrophien werden hier besonders deutlich. Die LGMD2A wird durch Mutationen im Calpain-3-Gen verursacht (Richard et al. 1995). Calpain 3 ist eine kalziumabhängige Protease der quergestreiften Muskulatur. Freies Calpain 3 ist einer raschen Autolyse unterworfen, die aber durch Bindung an Connectin inhibiert wird, ein großes Strukturprotein, das die M- und Z-Linien des Sarkomers verbindet. Verschiedene regulative Funktionen des Calpains 3 wurden diskutiert. In-vitro-Befunde aus jüngster Zeit zeigen, daß Calpain 3 bei der Genese und Stabilisierung der Myofibrillen und insbesondere der Z-Linien eine Rolle spielt (Poussard et al. 1996). Der einzige bisher vorliegende Genotyp-Phänotyp-Vergleich hat die Schwere der LGMD2A mit dem Nachweis von Nullmutationen auf beiden Chromosomen korreliert, d.h. mit Mutationen, die zur vorzeitigen Translationstermination führen (Fardeau et al. 1996). Wir fanden bei 2 Schwestern mit deutlich ausgeprägter Symptomatik eine heterozygote Kombination einer Nullmutation mit einer kleinen, den Leserahmen nicht verschiebenden Deletion der Proteaseregion (Häffner et al. 1997). Die Relation von Genotyp und Phänotyp bei LGMD2A muß sicher noch eingehender differenziert werden (Beckmann und Bushby 1996).

1.1.2.3 Kongenitale Muskeldystrophien

Kongenitale Muskeldystrophien (CMDs; Überblick in Arahata et al. 1995) sind autosomal-rezessive Störungen, die sich schon bei der Geburt oder kurz danach manifestieren. Die Inzidenz wurde in Europa mit etwa 5:100 000 angegeben (Mostacciuolo et al. 1996). Nosologisch müssen sie unterschieden werden von den anderen Muskeldystrophien, auch wenn diese – wie etwa die myotone Dystrophie (s. unten) – ebenfalls so früh in Erscheinung treten können, und von den kongenitalen Myopathien (Goebel 1996), welche eine heterogene Gruppe nicht-dystropher Muskelerkrankungen darstellen. Die klassische Form der CMD äußert sich als neonatale Muskelschwäche und -hypotonie mit Kontrakturen der Gelenke bis hin zur Arthrogryposis, mehr oder weniger deutlicher CK-Erhöhung, ausgeprägter Bindegewebsvermehrung im Muskel und verzögerter motorischer Entwicklung bei normaler Intelligenz. Bei der in Japan häufigen Fukuyama-Form (FCMD) finden sich außerdem Hirnentwicklungs- und -funktionsstörungen (Polymikrogyrie oder Makrogyrie). Ausgeprägtere Dysmorphien wie Pachy- bis Agyrie, Mikro- oder Hydrozephalus, sowie zerebelläre, spinale und okuläre Fehlbildungen treten beim Walker-Warburg-Syndrom (WWS) auf. Als weitere Form der CMD ist davon schließlich noch die in Finnland beschriebene „muscle-eye-brain disease" zu unterscheiden. Die phänotypische Abgrenzung dieser 4 Formen untereinander fällt nicht immer leicht.

Bei etwa der Hälfte der europäischen Patienten mit klassischer CMD ist das Laminin-α_2-Gen mutiert und das entsprechende, bisweilen Merosin genannte Protein wird vermindert oder gar nicht exprimiert (Sewry et al. 1996). Auch bei der FCMD ist die muskuläre Merosinexpression reduziert, wobei es sich aber um ein sekundäres Phänomen handelt, da der Genort der FCMD (9q31–33; Toda et al. 1993) nicht dem Laminin-α_2-Genort (6q2; Vuolteenaho et al. 1994) entspricht. Dieser molekulare Aspekt der CMD ist von großem Interesse, denn Laminin-α_2 ist diejenige extrazelluläre Komponente, an die der membranständige Dystrophin-assoziierte Komplex bindet (Ibraghimov-Beskrovnaya et al. 1992). Die ein Molekulargewicht (MG) von etwa 850 000 aufweisenden Laminine sind heterotrimere Strukturproteine der Basalmembranen und bestehen aus je einer α-, β- und γ-Untereinheit. Im quergestreiften Muskel, in der Schwann-Scheide der peripheren Nerven, im Trophoblasten des Embryos und in der Basalmembran zwischen Dermis und Epidermis befindet sich die α_2-Untereinheit (Leivo und Engvall 1988). Einige Symptome, die mit der Merosin-defizienten klassischen CMD assoziiert sind (Kardiomyopathie, Verzögerung der peripheren Nervenleitgeschwindigkeit), können dadurch erklärt werden, über die Ursache der Marklagerveränderungen, die trotz normaler Intelligenzentwicklung immer nachzuweisen sind, herrscht jedoch noch keine Einigkeit (Sewry et al. 1996). Eine Merosindefizienz bedingt einen schwereren Verlauf der klassischen CMD: Patienten mit (nahezu) vollständiger Defizienz erreichen auch mit Hilfsmitteln selten die Gehfähigkeit (Sewry et al. 1996); bei relativer Defizienz scheint der Verlauf entsprechend günstiger zu sein (Herrmann et al. 1996).

Es liegt nahe, die Ursache der Muskelzellschädigung bei Merosindefizienz mit derjenigen bei DMD zu vergleichen, da der extrazelluläre Ligand des Dystrophin-assoziierten Komplexes fehlt. Die bisher bekannten Merosindefekte erlauben jedoch noch keine sicheren Rückschlüsse. Im Muskel haben die Basalmembranen neben ihrer mechanischen Funktion auch Einfluß auf zelluläre Prozesse wie Migration, Differenzierung, Apoptose, Synapsenbildung und Regeneration. Die CMD-Forschung wird also wahrscheinlich sowohl Beiträge als auch Unterschiede zu den pathophysiologischen Modellen von DMD und LGMD erbringen. Zu den Unterschieden gehört insbesondere die neuronale Migrationsstörung, die zur Fehlgyrierung bei den nicht-klassischen Formen der CMD führt.

1.1.2.4 Andere Muskeldystrophien

Verschiedene andere Formen der Muskeldystrophie, bei denen keine direkte molekulare Verbindung zur DMD gefunden wurde, können wir hier aus Platzgründen nur kursorisch behandeln. Damit soll aber keinesfalls die Bedeutung dieser Erkrankungen in Klinik und Forschung gewertet werden. Leser mit speziellen Fragestellungen seien auf Standardwerke der Myologie (z. B. Engel und Franzini-Armstrong 1994) und – in Anbetracht der raschen Fortschritte – auf die aktuelle Literatur verwiesen.

1.1.2.4.1 Myotone Dystrophie

Die myotone Dystrophie (MD) ist eine autosomaldominante Erkrankung mit einer Inzidenz von etwa 1:8000. Der Phänotyp ist sehr variabel (Überblick in Johnson et al. 1996). Bei der adulten Form werden als charakteristische Erscheinungen Muskelatrophie im Gesichts-, Hals- und distalen Extremitätenbereich sowie die namensgebende Myotonie, die sich an den Hand- und Unterarmmuskeln, u. U. schon beim Händedruck, verifizieren läßt, gefunden. Zur Erkrankung gehören verschiedene nicht-muskuläre Symptome wie Stirnglatzenbildung, Katarakt, Innenohrschwerhörigkeit, mehr oder weniger ausgeprägte zerebrale Störungen, periphere Neuropathie, primäre Hodenatrophie, periphere Insulinresistenz, atrioventrikuläre Überleitungsstörungen und gastroenterologische Probleme. Die CK ist nicht oder nur marginal erhöht. Linsentrübung kann alleiniges Symptom sein. Andererseits wird bei der konnatalen Form ein schweres Krankheitsbild gefunden, das mit einer generalisierten muskulären Hypotonie und mentaler Retardierung einhergeht. Wie das Fragile-X-Syndrom oder der Morbus Huntington gehört die MD zu den „trinucleotide repeat disorders" (Timchenko und Caskey 1996). Bei MD-Patienten wird eine verlängerte $(CTG)_n$-Sequenz im 3'-untranslatierten Bereich einer Proteinkinase, die auf Chromosom 19q13 lokalisiert ist, gefunden (Brook et al. 1992, Timchenko und Caskey 1996). Betroffene Individuen haben mindestens 50, u. U. aber auch mehrere 1000 solcher CTG-Wiederholungen. Der Phänotyp korreliert mit der Länge der $(CTG)_n$-Sequenz. In den meisten Fällen nimmt diese bei der Übertragung durch betroffene Eltern zu, was die Antizipation, d. h., den früheren Krankheitsbeginn bei deren Kindern, erklärt (Ashizawa et al. 1994). Der Grund für die Instabilität einer verlängerten $(CTG)_n$-Sequenz ist jedoch noch nicht gesichert (Timchenko und Caskey 1996). Nur die mütterliche Übertragung geht mit einer konnatalen MD einher (Ashizawa et al. 1994). „Genomic imprinting" wird dafür verantwortlich gemacht, konnte aber nicht wie beim Fragilen-X-Syndrom auf eine DNA-Methylierung zurückgeführt werden. Auch über die molekulare Pathophysiologie der MD herrscht noch keine Einigkeit. Offen blieb bisher, ob die Proteinkinase der entscheidende Faktor ist, wie deren Expression gestört wird und ob nicht auf DNA- oder RNA-Ebene andere zelluläre Proteine beeinträchtigt werden.

1.1.2.4.2 Facioskapulohumerale Dystrophie

Die Facioskapulohumerale Dystrophie (FSHD) ist eine autosomal-dominante Erkrankung mit einer Prävalenz von etwa 1–5 auf 100 000 (Lunt und Harper 1991). Sie beginnt meist in der Adoleszenz mit einem asymmetrischen Befall der Gesichts- oder Schultergürtelmuskulatur, führt relativ früh zur Fußheberschwäche und kann schließlich auch die Hüftgürtelmuskulatur einschließen. Die Zungen- und Schlundmuskeln, die äußeren Augenmuskeln sowie das Myokard sind typischerweise nicht betroffen. Oft, aber nicht immer wird eine mäßige CK-Erhöhung gefunden (Überblick in Padberg et al. 1991). Die Variabilität der Erkrankung ist groß, so daß sowohl milde Phänotypen (Patient kann nicht mit einem Röhrchen trinken) als auch schwere Verläufe mit konnatalem Beginn vorkommen. Innenohrschwerhörigkeit ist ein typisches Zeichen und kann bei 2/3 aller Patienten nachgewiesen werden; außerdem liegt bei der Hälfte der Patienten eine vaskuläre Retinopathie vor (Padberg et al. 1995). Mentale Retardierung findet sich ebenfalls gehäuft. Die FSHD korreliert mit einer Deletion im subtelomeren Bereich von Chromosom 4q (Wijmenga et al. 1992, Goto et al. 1995). Diese Deletion umfaßt eine mehr oder weniger große Zahl von Wiederholungen einer 3,2 kb langen Sequenz (van Deutekom et al. 1993). Transkripte des bei FSHD deletierten Bereichs ließen sich aber nicht identifizieren, daher werden positionale Effekte auf proximal gelegene Gene vermutet, deren Stärke von der mehr oder weniger großen Distanz zum telomeren Heterochromatin bestimmt wird (Grewal et al. 1996). Tatsächlich beeinflußt die Größe des deletierten Bereichs die Schwere und den Beginn der Krankheit (Goto et al. 1995). Andererseits zeigte der Sequenzvergleich bei verschiedenen Primaten jedoch, daß die 3,2-kb-Einheit evolutionär konserviert ist, was für eine eigenständige funktionelle Rolle spricht. Abschließend sei angemerkt, daß auch bei der FSHD Antizipation beobachtet wurde (Goto et al. 1995).

1.1.2.4.3 Weitere Muskeldystrophien

Interessante molekulare Einblicke wurden auch bei verschiedenen anderen Muskeldystrophien gewonnen. Die Xq28-chromosomale Emery-Dreifuss-Muskeldystrophie ist gekennzeichnet durch langsam progrediente Muskelatrophie des Schultergürtels und der distalen Beinmuskeln, frühzeitige Kontaktur der Ellbogen und der Archillessehne sowie durch atrioventrikuläre Überleitungsstörung. Im Gegensatz zur Defizienz von Zellmembran-assoziierten Proteinen bei der DMD und bei den Sarkoglykanopathien wurde bei der Emery-Dreifuss-Dystrophie überraschenderweise der Mangel eines Kernmembran-assoziierten Proteins mit noch ungeklärter Funktion gefunden (Manilal et al. 1996). Das McLeod-Syndrom ist eine Neuroakanthozytose, deren Genort demjenigen der DMD benachbart ist. Es handelt sich um eine komplexe Erkrankung, die sich in der 2. Lebenshälfte durch neurologische Defekte (Areflexie, Dystonie, kognitive Insuffizienz, Atrophie des Nucleus caudatus), Muskeldystrophie und Kardiomyopathie manifestiert und außerdem durch Akanthozytose der Erythrozyten charakterisiert ist. Das McLeod-Gen kodiert ein membranständiges Transportprotein, dessen Sequenz der des natriumabhängigen Glutamattransporters ähnelt (Ho et al. 1994). Bei einer autosomal-rezessiven Kombination von Muskeldystrophie und Epidermolysis bullosa simplex wurde eine Plectindefizienz als Ursache der Erkrankung nachgewiesen (Smith et al. 1996). In Muskelzellen wird Plectin im Bereich der Zellmembran und der Z-Linien gefunden. Es verbindet verschiedene Komponenten des Zytoskeletts untereinander und möglicherweise auch mit der Zellmembran. Die Plectindefizienz füllt eine pathophysiologische Lücke, da sowohl Muskeldystrophien als auch Epidermolysen auf Störungen der Verbindung zwischen Zytoskelett und extrazellulärer Matrix zurückgehen können. Mutationen im Typ-VI-Kollagen, von dem ebenfalls angenommen wird, daß es

die Zellen mit der extrazellulären Matrix verbindet, verursachen die Bethlem-Myopathie (Jöbis et al. 1996). Letztere gehört eigentlich zur Gruppe der kongenitalen Myopathien (Goebel 1996). Auf molekularer Ebene läßt sich die nosologische Abgrenzung der dystrophen Myopathien also nicht unbedingt aufrechterhalten.

1.1.3 Molekulare Grundlagen

1.1.3.1 Dystrophingen

Das Dystrophingen wurde vom Prinzip her mit molekularbiologischen Methoden, die unter dem Begriff der „reversen Genetik" oder des „positional clonings" zusammengefaßt werden, isoliert.

Die „reverse Genetik" oder das „positional cloning" umfaßt molekulare Kopplungsanalysen, die Isolierung zusammenhängender klonierter chromosomaler DNA, sog. „DNA-contigs", und die Identifizierung von transkribierten Bereichen (Gene) innerhalb der „DNA-contigs".

Molekulare Kopplungsanalysen
Unter genetischer Kopplung versteht man die in hohem Prozentsatz gemeinsame Vererbung von 2 DNA-Abschnitten, die in einem Chromosom eng beieinander liegen. Der Prozentsatz der gemeinsamen Vererbung ist um so höher, je geringer der Abstand der 2 DNA-Abschnitte zueinander ist, da dadurch die Wahrscheinlichkeit einer Trennung durch ein meiotisches Cross-over verringert wird. Das Cross-over, die Paarung, der Bruch und das Überkreuzen homologer Chromosomenabschnitte während der ersten meiotischen Reifeteilung der Gametogenese, führt zum Austausch dieser korrespondierenden Chromosomenabschnitte. Die Cross-over-Rate zwischen 2 DNA-Abschnitten wird als Maß für den genetischen Abstand derselben benutzt und in Zentimorgan (cM) angegeben. 1 cM entspricht einer 1%igen Cross-over-Rate und einer DNA-Länge von durchschnittlich 1 Megabase.

In der molekularen Kopplungsanalyse handelt es sich bei den 2 DNA-Abschnitten einmal um das gesuchte Gen, d.h. phänotypisch um die Erkrankung, und zum anderen um einen mit molekularbiologischen Methoden nachweisbaren DNA-Abschnitt, der auf homologen Chromosomen nicht identisch ist. Solche differierenden DNA-Abschnitte homologer Chromosomen sind u.a. DNA-Abschnitte, die Wiederholungen von Dinukleotiden („CA-repeats") enthalten. Die molekularen Kopplungsanalysen schließen mit der Identifizierung und Isolierung eines DNA-Abschnitts ab, der mit der Erkrankung (dem für die Erkrankung verantwortlichem Gen) in einem hohen Prozentsatz gemeinsam vererbt wird.

Isolierung von „DNA-contigs"
Der am Ende der Kopplungsanalysen identifizierte, mit der Erkrankung gekoppelt vererbte DNA-Abschnitt dient als Ausgangspunkt zur Isolierung angrenzender DNA-Abschnitte. Die Isolierung weiterer jeweils angrenzender DNA-Abschnitte, das „Chromosomenwandern", wird soweit fortgesetzt, bis es anhand erneut durchgeführter Kopplungsana-

lysen als gesichert gelten kann, daß das gesuchte Gen sich in den isolierten DNA-Abschnitten befindet.

Identifizierung transkribierter Bereiche im „DNA-contig"

In den isolierten DNA-Abschnitten erfolgt u. a. über eine Reaktion mit mRNAs aus unterschiedlichsten Geweben die Identifizierung von transkribierten Bereichen. Unter diesen befinden sich auch die für die entsprechende Erkrankung relevanten Kandidatengene. Der Nachweis von Mutationen durch den DNA-Sequenz-Vergleich zwischen gesunden und erkrankten Personen ermöglicht die abschließende Identifizierung des für eine Erkrankung verantwortlichen Gens.

Während die Kopplungsanalysen wie oben allgemein dargestellt auch für das Dystrophingen erfolgten und das Gen im kurzen Arm des X-Chromosoms, in der Bande Xp21 lokalisierten (Davies et al. 1983, 1985), wich jedoch die weitere Vorgehensweise von der oben beschriebenen ab. Zugriff zu Genabschnitten schufen 2 Arten zytogenetisch nachweisbarer Veränderungen: eine große Deletion im Bereich Xp21 bei einem DMD-Patienten (Franke et al. 1985) und X;Autosom(Xp21/21)-Translokationen bei Frauen, die an DMD oder BMD erkrankt waren (Dubowitz, 1986). Die kompetitive Hybridisierungsreaktion der DNA mit der zytogenetisch nachweisbaren Deletion gegen DNA ohne eine solche Deletion und die Klonierung des nach der Hybridisierung übrig bleibenden DNA-Abschnitts bzw. die Klonierung des Translokationsbruchpunkts führten zur Isolierung von DNA, die Bestandteil des Dystrophingens sein mußte, da sie bei ungefähr 10% aller DMD-BMD-Patienten deletiert war (Kunkel et al. 1986, Ray et al. 1985). Die so gewonnenen DNA-Abschnitte waren Ausgangspunkt für die Bestimmung der Größe des Dystrophingens mittels Pulsfeldgelelektrophoresetechnik (Kenwrick et al. 1987) sowie für die Identifizierung der Dystrophin-mRNA in Muskel-cDNA-Banken (Monaco et al. 1986, Burghes et al. 1987) und ermöglichten letztlich auch die Isolierung des gesamten Gens in Form von YAC-Klonen (Coffey et al. 1992, Den Dunnen et al. 1992).

Das Dystrophingen umfaßt einen Bereich von 2,4 Mbp, auf dem 79 Exons verteilt sind (Roberts et al. 1993), von denen u. a. die 14-kbp-mRNA transkribiert wird. Bislang sind 7 verschiedene Promotoren bekannt, die die Expression verschiedener Genprodukte regulieren (Abb. 1.1.2). Diese Genprodukte werden nach ihrem Hauptexpressionsort oder nach ihrem Molekulargewicht benannt. Man unterscheidet zwischen

- M-Dystrophin (Expressionsort Muskel) (Hoffmann et al. 1987),
- C-Dystrophin (Kortex) (Nudel et al. 1989),
- P-Dystrophin (Purkinje-Zellen) (Gorecki et al. 1992),
- Dp260 (Retina) (D'Souza et al. 1995),
- Dp140 (Hirn, Niere) (Lidov et al. 1995),
- Dp116, auch S-Dystrophin oder Apo-Dystrophin-2 genannt, (Schwann-Zellen der peripheren Nerven) (Byers et al. 1993) und
- Dp71, auch als G-Dystrophin oder Apo-Dystrophin-1 bezeichnet, (ubiquitär exprimiert) (Lederfein et al. 1992).

Der Promotor des Dp71 reguliert außerdem die Expression eines weiteren Genprodukts, des Apo-Dystrophins-3, das ebenfalls ubiquitär vorkommt

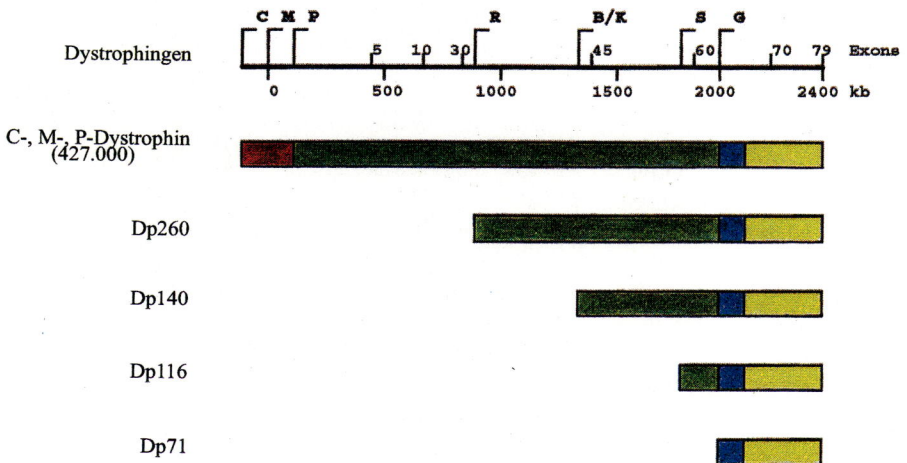

Abb. 1.1.2. Schematische Darstellung des Dystrophingens und seiner Genprodukte, *C* Kortex, *M* Muskel, *P* Purkinje-Zellen, *R* Retina, *B/K* brain/kidney, *S* Schwann-Zellen und *G* general symbolisieren die 7 Promotoren im Dystrophingen. Die Domänen der Genprodukte sind mit *rot* für die aminoterminale, *grün* für die mittlere, *blau* für die Cystein-reiche und *gelb* für die karboxyterminale Domäne farbig unterlegt

(Tinsley et al. 1993). Kürzlich gab es Hinweise für die Existenz eines 750 kb stromaufwärts vom Muskelpromotor gelegenen Promotors (Nishio et al. 1994). Weitere Isoformen des Dystrophins können durch alternatives Spleißen hauptsächlich am 3'-Ende (Feener et al. 1989), aber auch am 5'-Ende (Torelli & Muntoni 1996) des Gens entstehen.

Experimentelle Daten zum Transkriptionsniveau und der Muskelpromotoraktivität weisen darauf hin, daß neben den Promotoren noch weitere Elemente an der Dystrophingenexpression im Muskel beteiligt sein müssen. Sie wurden durch den Nachweis eines Enhancers im Intron 1 des menschlichen Dystrophingens durch Klamut et al. (1996) teilweise bestätigt. Die Existenz weiterer Enhancer wird vermutet.

1.1.3.2 Dystrophinprotein

Die Struktur der 3 großen Dystrophine (M, C und P) wurde von Koenig et al. (1988) charakterisiert. Demnach besteht M-Dystrophin aus 3685 Aminosäuren und hat ein MG von 427 000. C- und P-Dystrophin unterscheiden sich nur im 1. Exon. Das Protein ist durch 4 Domänen gekennzeichnet, den aminoterminalen, den mittleren, den Cystein-reichen und den karboxyterminalen Bereich (Abb. 1.1.3). Der 240 Aminosäuren umfassende aminoterminale Bereich hat eine globuläre Struktur und ist in der Lage, Aktin zu binden (Hammonds 1987). Der mittlere Bereich besteht aus 2840 Aminosäuren. Er weist 24 homologe Sequenzwiederholungen (repeats), die durchschnittlich 109 Aminosäuren umfassen, auf. Jeweils 2 benachbarte Hälften dieser „repeats" bilden zusammen eine Tripelhelix, so daß die gesamte Domäne eine stabförmige Struktur annimmt. Der Cystein-reiche Bereich von 150 Aminosäuren und der karboxyterminale Bereich von 420 Aminosäuren haben globuläre Gestalt. Der karboxyterminale und Teile des Cystein-reichen Bereichs binden zusammen an integrale Membranproteine, die sog. Dystrophin-assoziierten Proteine. Außerdem wurde kürzlich die Verbindung mit dem GLGF-Aminosäure-Motiv der N-terminalen Domäne der sarkolemmalen nNO-Synthase beschrieben (Brenman et al. 1995).

Dystrophin enthält verschiedene Sequenzabschnitte, die für spezielle Regulations- und Bindungsfunktionen taugen könnten. Dazu zählen Phosphorylierungssequenzen, ein WW-Motiv für Protein-Protein-Interaktionen, eine „EF-Hand" für Kalziumbindung und ein ZZ-Motiv für Zinkfingerformation (Blake et al. 1996). Die physiologische Relevanz dieser Sequenzmotive ist noch nicht ausreichend geklärt.

Die kleineren Dystrophinisoformen Dp260, Dp140, Dp116 und Dp71 weisen nur Teile der 4 beschriebenen Domänen auf (Abb. 1.1.2).

1.1.3.3 Dystrophin-assoziierte Proteine

Dystrophin ist mit verschiedenen Proteinen, den sog. Dystrophin-assoziierten Proteinen, verbunden. Diese lassen sich in den Glykoprotein-, den Syntrophin- und den nicht-klassifizierten Komplex unterteilen (Übersicht Ozawa et al. 1995) (Abb. 1.1.3). Der Glykoproteinkomplex gliedert sich noch einmal in den Dystroglykan- und den Sarkoglykankomplex.

Die beiden Dystroglykane α und β (MG 156 000 und 43 000/A3a) sind posttranslational glykosylierte Produkte eines Vorläuferproteins mit einem MG von 97 000. α-Dystroglykan ist ein extrazellulär lokalisiertes Protein, das eine Verbindung zu Merosin (α_2-Laminin) herstellt. β-Dystroglykan ist ein transmembranöses Protein und bindet einmal an das α-Dystroglykan und zum anderen mit seinem C-Terminus an die Cystein-reiche und die erste Hälfte der C-terminalen Domäne des Dystrophins bzw. an das Utrophin. α-Dystroglykan ist außerdem ein Rezeptor für Agrin.

Der Sarkoglykankomplex mit seinen 4 Komponenten α (MG 50 000, ursprünglich als Adhalin oder A2 bezeichnet), β (MG 43 000, A3b), γ (MG 35 000, A4) sowie δ (MG 35 000) kommt in der Skelett-, Herz- und glatten Muskulatur vor. Bei allen 4 Sarkoglykanen handelt es sich um Transmembranproteine.

Zusätzlich ist ein hydrophobes Protein mit einem MG von 25 000 biochemisch als Bestandteil der Dystrophin-assoziierten Glykoproteine identifiziert worden (Yoshida et al. 1994).

Der Syntrophinkomplex besteht aus dem muskelspezifischen α-Syntrophin (MG 58 000), dem ubiquitär exprimierten β_1-Syntrophin (MG 58 000) und dem an neuromuskulären Verbindungen lokalisierten β_2-Syntrophin (MG 58 000). Es handelt sich bei ihnen um intrazelluläre Proteine. α_1- und β_1-Syntrophin binden an die Aminosäuren des Dystrophins, die durch die Exons 73 und 74 kodiert werden (Suzuki et al. 1995). Diese Exons werden in manchen Dystrophinisoformen durch alternatives Spleißen entfernt, was darauf schließen läßt, daß die Syntrophine spezielle gewebe- bzw. entwicklungsbezogene Funktionen haben.

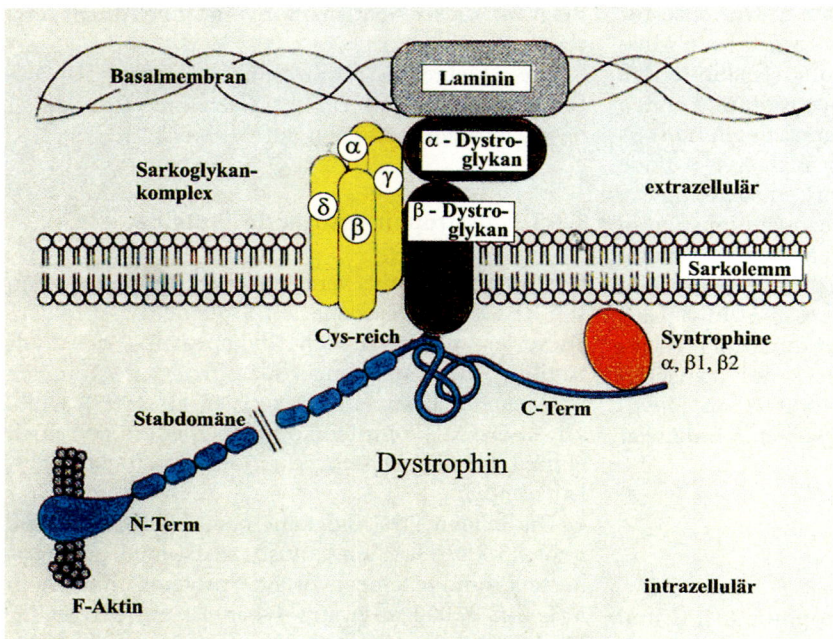

Abb. 1.1.3. Modell der Lokalisation des Dystrophins und der Dystrophin-assoziierten Proteine

1.1.3.4 Dystrophin-verwandte Poteine

Dystrophin gehört zur Familie der Spektrine, die aus 3 Klassen von Proteinen, den α-Aktininen, den Dystrophinen und den Spektrinen besteht (Davison und Critchley 1988). Proteine dieser Familie sind sich in ihrem Aufbau, ihrer Struktur und damit auch ihrer Funktion sehr ähnlich. Sie weisen typischerweise eine Aktin-bindende Region im N-terminalen Bereich und eine stabförmige zentrale Domäne auf. Dank ihrer Interaktion mit Membranproteinen tragen sie zur Ausbildung und Verankerung des Zytoskeletts bei.

Die Klasse der Dystrophine umfaßt das Dystrophin selbst und ein Dystrophin-verwandtes Protein, Utrophin, welches auch dystrophin related protein (DRP) genannt wird (Love et al. 1989). Das Gen, das für Utrophin kodiert, ist im Chromosom 6q24 lokalisiert und hat eine Größe von ungefähr 1 Megabase. Die korrespondierende mRNA von 13 kb kodiert für ein Protein mit einem MG von 395 000 (Tinsley et al. 1992). Neben der zu erwartenden Ähnlichkeit von Dystrophin und Utrophin differieren beide aber auch in interessanter Weise in einem Teil ihrer Eigenschaften. Dazu gehören die gewebespezifischen und embryonalen Expressionsmuster sowie die subzelluläre Lokalisation. Bei Patienten mit Muskeldystrophie Duchenne oder Becker-Kiener wurden sowohl eine normale (Chevron et al. 1994) als auch eine vermehrte Utrophinexpression beschrieben (Blake et al. 1996). Es gibt Vermutungen, daß Utrophin ein Fehlen von Dystrophin bei der BMD durch die Bindung an β-Dystroglykan kompensieren kann (Kawajiri et al. 1996), wodurch es für Therapieansätze interessant wird (Tinsley et al. 1996) (s. Kapitel 1.1.7.4.1 „Zusätzliche Expression von Dystrophin oder Utrophin").

G-Utrophin ist eine Isoform des Utrophins, die am gleichen Genort kodiert ist und in ihrer Größe dem Dp116 entspricht (Blake et al. 1996). Weitere dystrophinartige Proteine sind das DRP2 (Roberts et al. 1996) sowie das Protein mit einem MG von 87 000, welches zunächst bei *Torpedo californica* identifiziert wurde (Sadoulet-Puccio et al. 1996).

1.1.4 Molekulare Pathologie von Dystrophino- und Sarkoglykanopathien

Die Entstehung der Muskeldystrophie sowohl von Typ Duchenne als auch vom Typ Becker-Kiener ist auf Mutationen im Dystrophingen zurückzuführen. Bisher wurden alle Arten von Mutationen, jedoch mit unterschiedlicher Häufigkeit, beobachtet.

1.1.4.1 Exondeletionen und -insertionen im Dystrophingen

In ungefähr 2/3 aller Fälle von DMD oder BMD treten Deletionen vom Umfang mehrerer Exons auf (Forrest et al. 1987, Liechti-Gallati et al. 1989, Speer et al. 1993). 2 Regionen des Dystrophingens sind davon besonders betroffen. Ein Bereich umfaßt die Exons 44–52. Der andere Bereich erstreckt sich von Exon 3–19. Obwohl die verschiedenen Deletionen nicht direkt einzelnen klinischen Symptomen zugeordnet werden können, lassen sich doch gewisse Vorhersagen zum Krankheitsverlauf machen (Koenig et al. 1989, Beggs et al. 1991, Gangopadhyay et al. 1992). Deletionen, die die ersten bzw. die letzten Exons des Gens und damit die funktionell wichtigen amino- bzw. karboxyterminalen Abschnitte des Proteins betreffen, führen zum Intermediärtyp bzw. zur DMD. Deletionen des mittleren Genbereichs dagegen können sowohl zur DMD als auch zur BMD führen. Eine molekulare Erklärung dafür wurde mit der Hypothese vom offenen Leserahmen gegeben (Monaco et al. 1988). Alle Deletionen, die nicht aus einem Vielfachen von 3, d. h. von einem für eine Aminosäure kodierenden Triplett bestehen, verschieben den Leserahmen für die Proteinsynthese. Dadurch kommt es stromabwärts zu Stoppkodons und damit zum Abbruch der Proteinsynthese. Auch gibt es Hinweise dafür, daß bereits eine derart veränderte mRNA instabil ist (Maquat 1995, Häffner et al. 1997). Beim Vorliegen von Deletionen, die den offenen Leserahmen zerstören, muß mit dem Auftreten eines schweren Krankheitsbilds gerechnet werden. Leserahmen-erhaltende Deletionen im mittleren Genbereich führen zwar zum Verlust von Abschnitten aus der stabförmigen Proteindomäne, sind aber nach allen bisherigen Erfahrungen nicht so schwerwiegend, daß mit einer DMD gerechnet werden muß. So wurde 1990 von England et al. ein BMD-Patient beschrieben, der mit 61 Jahren trotz eines Verlusts von 46% der mittleren Region des Dystrophingens immer noch voll bewegungsfähig war. Wenn auch in den meisten Fällen der Schweregrad der Erkrankung mit der angeführten Hypothese erklärt werden kann, so existieren doch Ausnahmen (Baumbach et al. 1989, Speer et al. 1989, Prior et al. 1996). Es ist vorstellbar, daß diese Ausnahmen dadurch hervorgerufen werden, daß Mutationen in anderen Genen, wie solchen für Regulationsproteine des Zellzyklus oder für Proteine der Skelettmuskeldifferenzierung, den Phänotyp modifizieren. Damit könnte die Bandbreite der Dystrophinopathien von klassisch monogenen Formen über eine Kombination von Mutationen im Dystrophingen und in anderen Genen bis zu phänotypisch die Dystrophinopathie imitierenden Erkrankungen reichen, bei denen zwar nicht das Dystrophingen mutiert ist, wohl aber das Dystrophin selbst durch das Fehlen von interagierenden Proteinen herunterreguliert wird.

Als weitere molekulare Ursachen von DMD-BMD kommen Insertionen mehrerer Exons (Bettecken et al. 1989, Hu et al. 1991) und Punktmutationen in Frage.

1.1.4.2 Punktmutationen im Dystrophingen

Das verbleibende Drittel der Fälle von DMD-BMD wird durch kleine Mutationen, sog. Punktmutationen, hervorgerufen. Sie umfassen Deletionen und Insertionen von wenigen Nukleotiden sowie den Austausch von Basen und sind über das gesamte Gen verteilt. Ein repräsentativer Überblick über die Art und die Lokalisation von Punktmutationen im Dystrophingen wird im Artikel von Roberts et al. (1994) gegeben.

Hinsichtlich der Auswirkungen von innerhalb von Exons vorkommenden Deletionen und Insertionen gilt wiederum die Hypothese vom offenen Leserahmen. Basenaustauschmutationen in Exons können prinzipiell 4 Konsequenzen für die Proteinsynthese haben.

1. Basenaustauschmutationen können Tripletts, die für Aminosäuren kodieren, in solche umwandeln, die zum Abbruch der Proteinsynthese führen. Diese Mutationen werden als Nonsense-Mutationen bezeichnet. Nonsense-Mutationen führen zum schweren Krankheitsverlauf der DMD.
2. Durch Basenaustauschmutationen kann eine Umwandlung in ein Triplett erfolgen, das für eine andere Aminosäure kodiert. Es handelt sich dann um eine Missense-Mutation. Die Folgen von Missense-Mutationen sind unterschiedlich. Sie hängen davon ab, ob strukturell ähnliche oder differente Aminosäuren gegeneinander ausgetauscht werden und welche Position und damit auch Funktion im Protein alte und neue Aminosäure einnehmen. Dementsprechend können Missense-Mutationen wertvolle Informationen über die Struktur und die Funktion des Proteins geben. Bisher wurden aber nur wenige solcher Mutationen beschrieben (Roberts et al. 1994, Lenk et al. 1996).
3. Durch Basenaustauschmutationen kann das Spleißen der prä-mRNA beeinflußt werden. Damit können auch Mutationen wirksam werden,

die aufgrund der Degeneration des genetischen Kodes keine direkte Auswirkung auf die Proteintranslation haben.
4. Auch Punktmutationen in Introns können sich auswirken. Betreffen sie nämlich sog. Consensus-Sequenzen, die für das korrekte Spleißen der prä-mRNA in die reife mRNA notwendig sind, kommt es zu Deletionen von ganzen Exons, in seltenen Fällen auch zur Insertion von Intronabschnitten, und dadurch zu einem veränderten Protein.

1.1.4.3 Mutationen in Dystrophin-assoziierten Genen

Mutationen in Genen, die für Dystrophin-assoziierte Proteine kodieren, können Krankheitsbilder hervorrufen, die von der schweren Duchenne-ähnlichen autosomal-rezessiven Muskeldystrophie bis zu milderen Formen der Gliedergürtelmuskeldystrophie reichen (s. Kapitel 1.1.2.2 „Gliedergürteldystrophien"). So entstehen durch Mutationen in den Genen für α-, β-, γ- und δ-Sarkoglykan Muskeldystrophien (Roberds et al. 1994, Bönnemann et al. 1995, Lim et al. 1995, Noguchi et al. 1995, Nigro et al. 1996), die als Gliedergürteldystrophien 2D, 2E, 2C bzw. 2F bezeichnet werden (Beckmann und Bushby 1995). Der Vollständigkeit halber sollen an dieser Stelle auch die Gliedergürteldystrophien 2A und 2B erwähnt werden. Der Typ 2A wird durch Mutationen im Calpain-3(p94)-Gen hervorgerufen (Richard et al. 1995, Fardeau et al. 1996, Häffner et al. 1997). Das für den Typ 2B verantwortliche Gen wurde dem Chromosomenabschnitt 2p13 zugeordnet, ist aber noch nicht identifiziert (Bashir et al. 1996).

1.1.5 Tiermodelle

Dystrophin kommt nicht nur im Menschen, sondern auch in anderen Wirbeltieren vor. Bislang sind 3 Tiermodelle bekannt, die aufgrund von Spontanmutationen im Dystrophingen die Dystrophinisoformen mit einem MG von 427000 nicht exprimieren. Es handelt sich dabei um die muskeldystrophe Maus (mdx-Maus), den muskeldystrophen Hund (CXMD) und die muskeldystrophe Katze (mdx-Katze). In allen 3 Fällen wird die Muskeldystropie X-chromosomal vererbt.

Die ursprüngliche mdx-Maus weist eine spontan entstandene Nonsense-Mutation im Exon 23 auf. Cytosin 3185 ist durch Thymin ersetzt worden, was ein Stoppkodon und den vorzeitigen Abbruch der Proteinsynthese zur Folge hat (Sicinski et al. 1989). Zusätzlich wurden durch chemische Mutagenese 4 weitere mdx-Maus-Stämme (mdx$^{2cv-5cv}$) geschaffen, die Punktmutationen in Form von Spleiß- oder Nonsense-Mutationen im Dystrophingen tragen (Chapman et al. 1989, Cox et al. 1993, Im et al. 1996). Aufgrund der unterschiedlichen Lage der Mutationen zu den 7 Promotoren exprimieren die verschiedenen mdx-Stämme unterschiedliche Isoformen des Dystrophins. Die mdx-Mäuse können jedoch nur eingeschränkt als DMD- oder BMD-Modell herangezogen werden, da sie trotz der gleichen molekularen Grundlage deutliche histologische und klinische Unterschiede aufweisen. So fiel die mdx-Maus mit der Spontanmutation im Exon 23 nicht aufgrund einer Muskelschwäche, sondern durch erhöhte Werte der Muskelpyruvatkinase und Muskelkreatinkinase auf. Bei den Tieren setzt nach einer vorübergehenden Periode der geringen Muskelschwäche ein erhöhtes Muskelwachstum ein, und die Tiere haben eine weitgehend normale Lebenszeit. Eine Ausnahme bildet das Diaphragma, das eine Duchenne-ähnliche Histopathologie aufweist (Stedman et al. 1991). Allerdings existieren Hinweise, daß die Muskelschwäche der mdx-Maus durch die Ernährung beeinflußt wird (Hübner et al. 1996).

Die Muskeldystrophie des Hunds (Kornegay et al. 1988, Valentine et al. 1990) ist der des Menschen ähnlicher. Jedoch fallen eine sehr frühe, z.T. schon konnatale Manifestation, ein schnelleres Fortschreiten der Erkrankung sowie eine größere Variabilität des Phänotyps auf. Die molekulare Ursache dieser sog. „Golden Retriever Muscular Dystrophy" (GRMD) ist eine Punktmutation in der 3'-Spleißstellen-Consensus-Sequenz des Introns 6, wodurch Exon 7 herausfällt, und es im Exon 8 zu einem Stoppkodon kommt (Sharp et al. 1992).

Die muskeldystrophe Katze hat in ihren Symptomen wenig Ähnlichkeit mit dem Krankheitsbild der Duchenne-Muskeldystrophie. Die beiden männlichen Katzen in Nantucket-Island, USA, wurden durch steife Muskeln auffällig. Histologisch wurden das Fehlen von Dystrophin sowie eine starke Hypertrophie nachgewiesen (Carpenter et al. 1989).

Abschließend soll erwähnt werden, daß Dystrophin auch im elektrischen Organ des *Torpedo californica* gefunden wurde (Chang et al. 1989).

1.1.6 Diagnostik

1.1.6.1 Differentialdiagnostik

Die Diagnose einer Muskeldystrophie impliziert, daß neurogen, endokrin, metabolisch oder chronisch entzündlich bedingte Störungen sowie primäre, aber nicht-dystrophe Myopathien ausgeschlossen sind. Vielfach kann dies mit Mitteln erreicht werden, die dem Kliniker zur Verfügung stehen. Diese Mittel helfen zuweilen auch bei der genauen Typisierung der Muskeldystrophie, bzw. sind dabei entscheidend, wenn die histologischen und molekularbiologischen Analysen ohne Befund bleiben und/oder die Nosologie noch dem klinischen Erscheinungsbild verhaftet ist (s. Kapitel 1.1.1 „Einleitung"). Oft ist der klinische Befund sogar so eindeutig (z. B. familiäre Fälle von DMD), daß die Differentialdiagnostik entfällt. Isoliert auftretende Fälle von Muskeldystrophie können jedoch ein erhebliches differentialdiagnostisches Problem darstellen, und entsprechend häufig werden Dystrophinopathien und Gliedergürteldystrophien als spinale Muskelatrophie, Polymyositis oder FSHD verkannt. Im folgenden soll auf die diagnostische Vorgehensweise bei isoliert auftretenden Fällen mit DMD-BMD-artigem Erscheinungsbild eingegangen werden.

1.1.6.1.1 Klinische Untersuchung

Ein wesentlicher Teil der klinischen Untersuchung besteht in der Anamneseerhebung. Auch wenn die Familienanamnese angeblich leer ist, können genaue Befragung und Untersuchung evtl. subtile Symptome bei Familienangehörigen aufdecken (subjektive Zeichen wie Müdigkeit und mangelnde Ausdauer, orthopädische Probleme, Myalgien, Hyperkreatinkinaseämie, Herzerkrankungen sowie Symptome, die mit den differentialdiagnostisch zu erwägenden Erkrankungen assoziiert sind). Bei der Einzelanamnese sollte retrospektiv eingegrenzt werden, wann erstmals verdächtige Zeichen auftraten. DMD-Patienten sind nur ganz vereinzelt schon gleich postnatal symptomatisch, Störungen der motorischen Entwicklung werden aber von vielen Eltern beobachtet. BMD- und LGMD-Patienten befinden sich zuweilen mit mehr oder weniger unspezifischen Zeichen zunächst in orthopädischer, kardiologischer oder, bei unklarer Transaminasenerhöhung, sogar hepatologischer Betreuung.

Bei der körperlichen Untersuchung des Patienten muß auf Symptome geachtet werden, die auf eine nicht primär myopathische Genese hinweisen (z. B. Hautveränderungen bei Dermatomyositis oder Hepatomegalie bei Glykogenose), besonders wichtig ist selbstverständlich jedoch der neurologische Befund. Verminderte Intelligenz kann mit Dystrophinopathien und anderen Dystrophien (s. Kapitel 1.1.2 „Aspekte von Klinik und Pathogenese") assoziiert sein. Die Muskeleigenreflexe sind bei primären Myopathien erhalten, aber mehr oder weniger abgeschwächt. Areflexie spricht für eine primär neurogene Ursache. Die Verteilung der Muskelschwäche (besondere Lokalisation?, asymmetrisch?, distal oder proximal?) muß genau dokumentiert werden. Semiquantitative Kraftmessungen einzelner Muskeln sind auf die Kooperation des Patienten angewiesen. Insbesondere bei Kindern sind funktionelle Tests daher meist erfolgreicher: Laufen auf Zehen und Hacken, Stehen und Hüpfen auf einem Bein, Aufstehen vom Boden ohne Unterstützung, Aufsitzen aus liegender Position, Kraft beim Faustschluß um 2 Finger des Untersuchers, Heben der Arme über die Horizontale, Fixation der Schulterblätter bei dieser Armbewegung, Kopfkontrolle, Fähigkeit die Backen aufzublasen, aus einem Röhrchen zu trinken oder zu pfeifen, Störungen der Augen- oder Schluckmotorik. Geachtet werden muß auch auf die Form und die Konsistenz der Muskulatur (Atrophie?, Pseudohypertrophie?). Weitere wichtige Untersuchungen, die sowohl differentialdiagnostische Hinweise geben als auch notwendige palliative Maßnahmen anzeigen, betreffen den orthopädischen Status (Kontrakturen?, Skoliose?), das Innenohr, die Atemfunktion und das Herz.

Verschiedene muskelständige Enzyme und Proteine (Transaminasen, Myoglobin) können im Blut von muskeldystrophen Patienten mehr oder weniger deutlich erhöht sein. Zu diagnostischen Zwecken wird die Aktivität der Kreatinkinase (CK) bestimmt. Bei DMD-Patienten im Frühstadium findet man außerordentlich hohe Werte (100fache der oberen Normgrenze). Bei BMD- and LGMD-Patienten kann die CK ähnliche Werte erreichen, liegt jedoch meist niedriger (Engel und Franzini-Armstrong 1994). Andere Laboruntersuchungen (Laktat, Elektrolyte, Entzündungsparameter, Autoantikörper, Schilddrüsenhormone) können in seltenen Fällen differentialdiagnostischen Wert haben. Elektrophysiologische Untersuchungen zeigen ein unspezifisches myogenes Schädigungsbild an, können aber beim Ausschluß einer neurogenen Ursache oder bei der Diagnose einer Myotonie hilfreich sein. Durch bildgebende Verfahren (z. B. Muskelsonographie) läßt sich der dystrophe Umbau der Muskulatur demonstrieren. Die Sonographie kann bei der Konduktorinnendiagnostik oder bei der Auswahl einer Biopsiestelle sinnvoll zum Einsatz gebracht werden (Nägele et al. 1989).

Der Verdacht auf eine isolierte DMD-BMD-LGMD-artige Erkrankung ergibt sich also dann, wenn eine symmetrische Muskelschwäche im Bekkengürtelbereich begonnen hat und sich im weiteren Verlauf auf den Schultergürtel und schließlich auch auf die distale Muskulatur und das Gesicht ausdehnt. Die CK ist mehr oder weniger massiv angehoben. Eine Pseudohypertrophie der Waden und anderer Muskeln kann vorhanden sein oder auch fehlen (Überblick in Emery 1993). Handelt es sich um einen männlichen Patienten, wird dann das Dystrophingen analysiert, während bei Patientinnen zunächst ein Muskelbiopsat auf Dystrophin- oder Sarkoglykandefizienz untersucht werden sollte.

1.1.6.1.2 Nukleinsäureanalyse

Ziel der Nukleinsäureanalyse ist der Nachweis von Mutationen, die zu einem quantitativ oder qualitativ veränderten Protein führen.

DNA-Analyse

Deletionen. Wie in Kapitel 1.1.4.1 „Exondeletionen und -insertionen im Dystrophingen" ausgeführt, weisen ungefähr 2/3 aller DMD-BMD-Patienten Deletionen mehrerer Exons auf. Diese lassen sich mittels der Technik der Polymerasekettenreaktion (PCR) bzw. der Southern-Transfer-Hybridisierung dadurch nachweisen, daß im Vergleich zu einer Kontroll-DNA keine Amplifikationsprodukte nach Gelanfärbung darstellbar sind (Abb. 1.1.4) bzw. Hybridisierungsbanden im Autoradiogramm fehlen (Abb. 1.1.5). In seltenen Fällen treten dadurch, daß eine Deletion im Exon (bzw. im Exon-flankierenden Intronbereich) und nicht, wie gewöhnlich, weit innerhalb des Introns beginnt oder aufhört, bereits bei der herkömmlichen Gelelektrophorese in der Größe veränderte Hybridisierungsbanden auf. Mit diesen wird dann der „Bruchpunkt" einer Deletion nachgewiesen (Abb. 1.1.6). Durch die Anwendung der Pulsfeldgelelektrophorese kann die Wahrscheinlichkeit des Bruchpunktnachweises stark erhöht werden. Denkbar wäre auch eine zytogenetische Deletionssuche mittels In-situ-Hybridisierung, wozu Deletionen jedoch eine gewisse Mindestgröße aufweisen und deshalb meist 2 Exons mit 1 dazwischen liegenden Intron umfassen müssen.

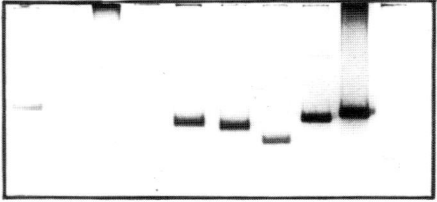

Abb. 1.1.4. PCR-Produkte nach Auftrennung in einem Agarosegel und Anfärbung mit Ethidiumbromid. Promotor und Exons des Dystrophingens von einem Patienten mit einer Deletion der Exons 3, 4 und 6

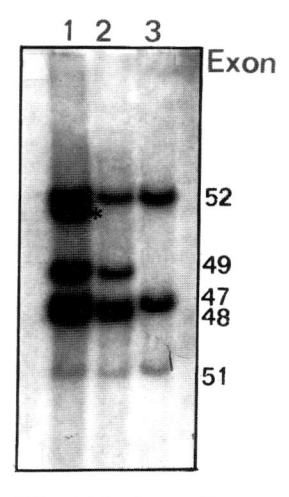

Abb. 1.1.5. Autoradiogramm von PstI-gespaltener genomischer DNA nach Southern-Transfer und Hybridisierung mit der Dystrophin-cDNA-Sonde cf56a, Bahn *1* und *2*: weibliche bzw. männliche Kontrollperson (*Stern* RFLP Exon 51), Bahn *3*: DMD-Patient mit einer Deletion der Exons 48 und 49

Polymerasekettenreaktion (PCR)

DNA-Gewinnung. Die DNA wird gewöhnlich aus den kernhaltigen Zellen des peripheren Bluts gewonnen. Sie wird durch Zell- und Kernaufschluß, anschließende Deproteinisierung, evtl. Entfernung der RNA und Ausfällen mit Äthanol isoliert. Es können Isolierungskits zahlreicher Firmen Anwendung finden. Außerdem sollte angemerkt werden, daß sich DNA auch aus auf Filterpapier getrocknetem Blut gewinnen läßt, was den Versand an diagnostische Labors vereinfacht.

DNA-Amplifikation. Die DNA-Amplifikation entspricht im Prinzip dem in vivo ablaufenden Vorgang der semikonservativen Replikation, d.h. der Neusynthese der DNA mittels einer DNA-Polymerase. Diese verlängert spezifisch mit der

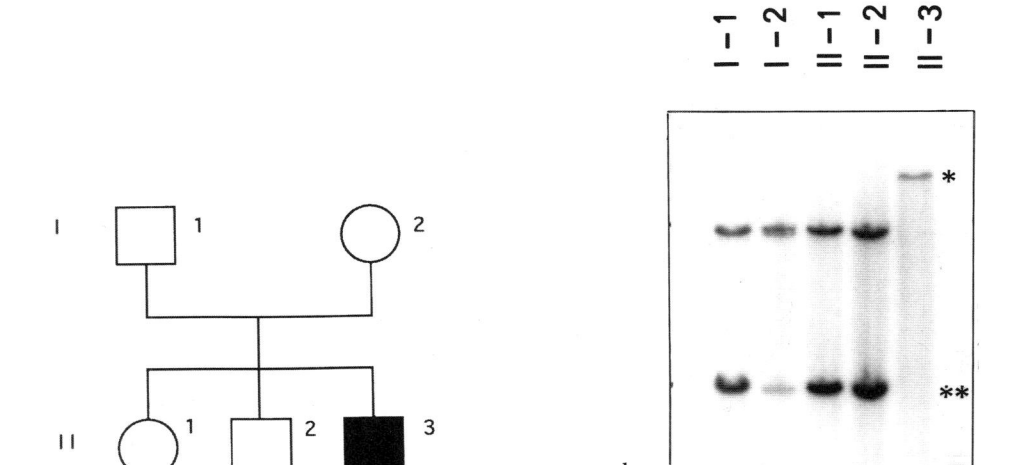

Abb. 1.1.6. a Stammbaum einer Familie mit einem DMD-Patienten (*II-3*), **b** Autoradiogramm von PstI-gespaltener genomischer DNA nach Southern-Transfer und Hybridisierung mit einer Bruchpunktsonde, *Doppelstern* Exon 51-Deletion, *Stern* Deletionsbruchpunktnachweis durch Fragmentgrößenveränderung

einzelsträngigen genomischen DNA hybridisierende kurze DNA-Abschnitte (Oligonukleotide, Primer) durch die Verbindung von Nukleotiden, deren Basen der Matrizen-DNA komplementär sind. Durch Zyklen von Aufschmelzen der DNA zu Einzelsträngen, Hybridisierung der Oligonukleotide mit einzelsträngiger DNA und Verlängerung der Oligonukleotide durch eine thermostabile DNA-Polymerase wird eine exponentielle Anreicherung von Exons des Dystrophingens erreicht.

Nachweis der amplifizierten DNA. Die amplifizierte DNA wird elektrophoretisch in einem Agarose- oder Polyacrylamidgel aufgetrennt und durch eine Ethidiumbromid- oder Silberfärbung nachgewiesen.

Southern-Transfer-Hybridisierung

DNA-Gewinnung. Die DNA-Gewinnung entspricht dem Vorgehen bei der PCR. Allerdings sollte die DNA i. allg. ein Molekulargewicht von mindestens 50 kbp aufweisen (für spezielle Verfahren sogar einige 100) und die für die Southern-Transfer-Hybridisierungstechnik benötigte DNA Menge liegt im Mikrogrammbereich im Gegensatz zum Nanogrammbereich bei der PCR. Diese Kriterien können bei einer DNA-Isolierung aus auf Filterpapier getrocknetem Blut nicht erzielt werden.

DNA-Spaltung. Die DNA-Spaltung erfolgt mit spezifischen Enzymen, den Restriktionsendonukleasen. Diese erkennen sequenzspezifische Schnittstellen in der doppelsträngigen DNA und spalten diese dort.

Elektrophoretische Auftrennung der gespaltenen DNA und Transfer auf eine Membran. Die Auftrennung der gespaltenen DNA erfolgt mittels Agarosegelelektrophorese nach dem Molekulargewicht der einzelnen Fragmente. Durch deren Vielzahl entsteht eine kontinuierliche Verteilung über die gesamte Trennstrecke, worin sich einzelne Banden nicht unterscheiden lassen. Um ein individuelles Fragment, das ein oder mehrere Exons des Dystrophingens beinhaltet, sichtbar zu machen, wird die DNA erst mittels einer der verschiedenen Transfertechniken auf die Oberfläche einer festen Membran übertragen. In der Originalmethode wird nach einer alkalischen Denaturierung der DNA diese durch das Auflegen einer bindenden Nitrozellulose- oder Nylonmembran und Zellstofflagen durch die Kapillarkräfte aus dem Gel herausgesogen und an der Membran fixiert.

Nachweis von Exons des Dystrophingens mittels Hybridisierungsreaktion. Der Nachweis spezifischer DNA-Sequenzen beruht auf der Eigenschaft von Einzelstrangnukleotidketten, d. h. Nukleotidketten nach Denaturierung, sich im neutralen Milieu bzw. bei niedrigen Temperaturen durch die Ausbildung von Wasserstoffbrücken zwischen den Nukleotidbasen Adenosin und Thymin bzw. Guanosin und Cytosin wieder zu komplementären Doppelstrangmolekülen zusammenzulagern (Renaturierung). Wird bei der Renaturierung eine komplementäre Nukleinsäure anderer Herkunft, z. B. Dystrophin-cDNA, im Überschuß zugegeben, so verdrängt diese den natürlichen komplementären DNA-Strang in der Basenreaktion (Hybridisierung). Die Hybridisierung läuft auch dann ab, wenn ein Reaktionspartner trägerfixiert ist, wie nach dem Southern-Transfer. Bei dem Reaktionspartner handelt es sich um eine radioaktiv oder mit Fluoreszenzfarbstoff markierte Nukleinsäure aus dem Dystrophingen (Sonde). Sie bindet genau in der Position des komplementären DNA-Fragments an die auf dem Filter fixierte DNA und imponiert auf dem Röntgenfilm als eine Bande.

Insertionen

Insertionen machen sich in der PCR nur durch eine doppelte Gendosis bemerkbar. Die quantitative Auswertung von Gelen ist jedoch schwierig und Aussagen sind somit problematisch. Diese Feststellung trifft auch für die Southern-Transfer-Hybridisierung unter Benutzung herkömmlicher Gele zu. Nur in seltenen Fällen imponieren Insertionen in diesen Gelen durch veränderte Bandengröße und

Punktmutationen

Für den Nachweis von Punktmutationen im Dystrophingen stehen zahlreiche Techniken zur Verfügung: „single strand conformation polymorphism"-Analyse (PCR-SSCP), „denaturing gradient gel electrophoresis" (DGGE), „genomic DGGE", „constant denaturant gel electrophoresis", „amplification refractory mutation system" (ARMS), „RNase A cleavage", „chemical modification", Sequenzierung, „protein truncation"-Test. Eine Analyse der 70 von Roberts et al. 1994 in einer Veröffentlichung zusammengefaßten Punktmutationen im Dystrophingen zeigt, daß davon über 1/3 mittels PCR-SSCP nachgewiesen und anschließend durch Sequenzierung bestätigt und charakterisiert wurden. In Abb. 1.1.7 ist ein Beispiel für den Nachweis einer Punktmutation mittels PCR-SSCP und Sequenzierung gegeben.

Aufgrund der technischen Parameter der PCR-SSCP erfordert diese auf der DNA-Ebene die Amplifikation jedes einzelnen der 79 Exons des Dystrophingens, einschließlich der Spleißstellen-Consensus-Sequenzen. Die Auswirkung von im Exon auftretenden Punktmutationen auf die Dystrophinproteinsynthese (s. Kapitel 1.1.4.2 „Punktmutationen im Dystrophingen") kann anhand der sich anschließenden direkten Sequenzierung der PCR-Produkte ermittelt werden.

PCR-SSCP

Der Nachweis von Punktmutationen mittels SSCP-Analyse basiert auf der Tatsache, daß die Sekundärstruktur von einzelsträngiger DNA von ihrer Basenzusammensetzung bestimmt wird. Eine Basenaustauschmutation kann damit zu einer veränderten Sekundärstruktur einzelsträngiger DNA führen, die sich u. U. in einer Änderung der Wanderungsgeschwindigkeit in einem nicht-denaturierenden Polyacrylamidgel zeigt (Abb. 1.1.8). Die Sensitivität des Punktmutationsnachweises mittels SSCP hängt neben den Elektrophoresebedingungen wie Gelkonzentration und Temperatur vor allen Dingen von der Länge der PCR-Produkte ab. Es sollten PCR-Produkte einer Größe von 150 bis zu maximal 350 bp verwendet werden, wodurch 70–95% aller Mutationen detektierbar sind. Mit zunehmender Größe der PCR-Produkte sinkt die Sensitivität der Methode drastisch ab.

Direkte Sequenzierung von PCR-Produkten

Die direkte Sequenzierung von vorher von anderen Bestandteilen des PCR-Reaktionsansatzes gereinigten PCR-Produkten wird mittels der Kettenabbruchreaktion nach Sanger durchgeführt. Hierbei erfolgt eine DNA-Synthese mit einem Oligonukleotid, das einem Primer der PCR entspricht, Nukleotiden und einer DNA-Polymerase an dem denaturierten einzelsträngigen PCR-Produkt als Matrize. Dem Reaktionsansatz werden zusätzlich auch unterschiedlich markierte Didesoxynukleotide zugeführt, die keine Kettenverlängerung zulassen. Dadurch wird die DNA-Synthese statistisch verteilt nach jedem Nukleotid der Matrize abgebrochen, und es

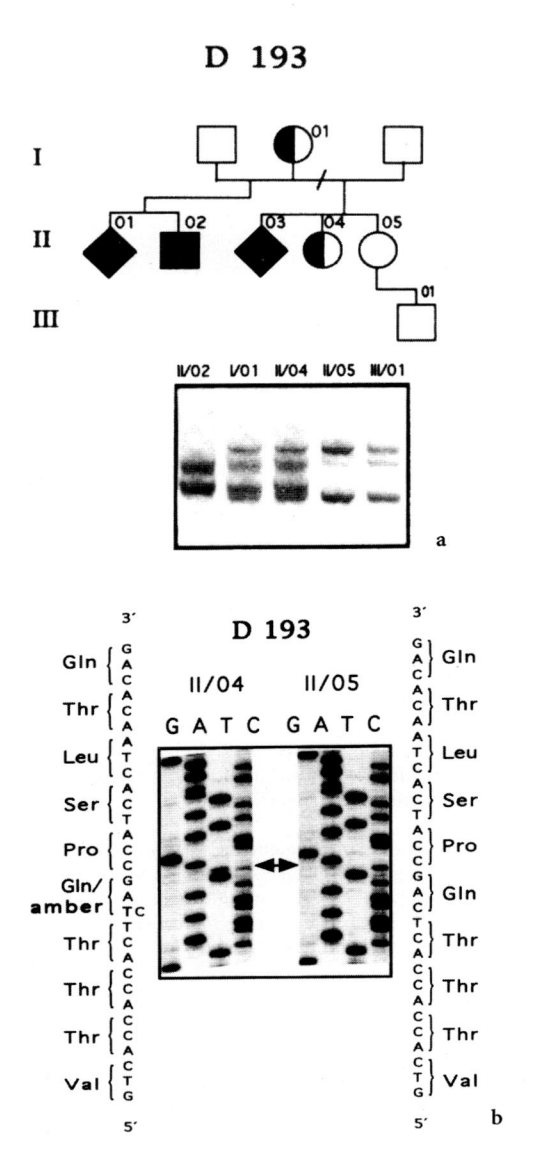

Abb. 1.1.7. a SSCP-Analyse für Exon 17 des Dystrophingens in einer DMD-Familie. Verändertes Laufverhalten für den DMD-Patienten *II/02* und die Anlageträgerinnen *I/01* und *II/04* im Vergleich zu einer gesunden männlichen *III/01* und weiblichen *II/05* Person, **b** DNA-Sequenzausschnitt von Exon 17 des Dystrophingens für *II/04* und *II/05*, die Umwandlung von Cytosin zu Thymin führt zu einem Stoppkodon in Position 673 des Dystrophingens

erlauben somit die Bruchpunktidentifikation. Die Methode der Wahl zum Insertionsnachweis ist die Pulsfeldgelelektrophorese. Bei entsprechender Größe der Insertionen kann auch die In-situ-Hybridisierung hilfreich sein.

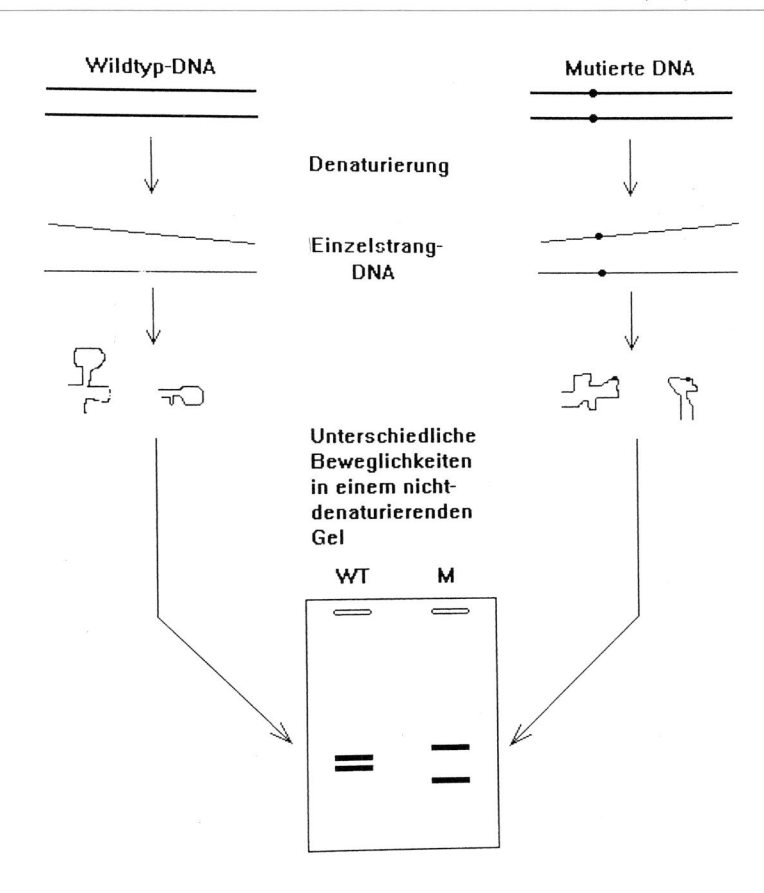

Abb. 1.1.8. Schematische Darstellung des Prinzips der SSCP-Analyse

entstehen DNA-Fragmente unterschiedlicher Länge, die elektrophoretisch aufgetrennt und dargestellt werden. Wie bei der PCR wird der Vorgang von Denaturierung, Primeranlagerung und Synthese mehrfach wiederholt, allerdings nimmt die Produktmenge hier nur linear zu, da nur ein Primer Verwendung finden kann.

Auswirkungen von Mutationen der Spleißstellen-Consensus-Sequenzen sind aus der DNA-Sequenzierung allein nicht ableitbar. Hierzu muß erst die mRNA untersucht werden.

RNA-Analyse

Zur RNA-Gewinnung sollte auf Muskelgewebe zurückgegriffen werden. Das Vorliegen illegitimer Transkripte in Blutzellen (Chelly et al. 1991) ließ zwar die Hoffnung auf neue diagnostische Möglichkeiten aufkommen, es gibt jedoch einerseits Hinweise darauf, daß die illegitimen Transkripte von denen des Muskels abweichen (Lenk et al. 1993b), und andererseits ist eine erfolgreiche Dystrophin-mRNA-Gewinnung durch die sehr geringen Mengen illegitimer Transkripte häufig nicht möglich. Die aus dem Muskel gewonnene RNA wird z.B. mittels dystrophingenspezifischer Oligonukleotide aus dem interessierenden Sequenzbereich, Nukleotiden und Reverser Transkriptase in cDNA umgeschrieben und anschließend durch PCR, sog. RT-PCR, amplifiziert. Die gelelektrophoretische Auftrennung dieser PCR-Produkte und ihre Sequenzierung geben Auskunft über eine veränderte Zusammensetzung der Dystrophin-mRNA. Möglich wäre das Fehlen des betroffenen Exons, das sog. Exon-skipping, jedoch können auch weitere, das betroffenen Exon flankierende Exons mit entfernt werden, um u. U. den Leserahmen wieder herzustellen, was als alternatives Spleißen bezeichnet wird. Es können außerdem normalerweise nicht benutzte Spleißstellen-Consensus-Sequenzen aktiviert und dadurch Teile eines Introns in die mRNA aufgenommen werden.

Korrelation zwischen Nukleinsäureanalyse und Phänotyp

Wenn auch i. allg. ein offener Leserahmen mit partieller Dystrophinexpression und mildem Phänotyp korreliert (s. Kapitel 1.1.4.1 „Exondeletionen und -insertionen im Dystrophingen"), so ist davon abzuraten, im Einzelfall den milden Krankheitsverlauf vorherzusagen. Dies gilt auch für den umgekehrten Fall. Prior et al. (1997) beschrieben DMD-

Patienten mit nachweisbarem Dystrophin und, andererseits, Patienten mit sehr milder Verlaufsform, bei denen dennoch kein Dystrophin nachweisbar war. Ganz offensichtlich können im Einzelfall der genetische Hintergrund eines Patienten bzw. bisher unbekannte Umweltfaktoren den Phänotyp wesentlich beeinflussen.

1.1.6.1.3 Muskelbioptische Befunde

Die klassische Histologie hat eine enorme Datenmenge über die Veränderungen im DMD-Muskel erbracht (Überblick in Emery 1993, Engel und Franzini-Armstrong 1994). Frühe Zeichen wie Fasereosinophilie und Vermehrung des intrazellulären Kalziums finden sich schon im fetalen Muskel. Die Kalziumvermehrung geht der Fasernekrose voraus. Meist einzeln stehend, machen nekrotische Fasersegmente etwa 1,5–3,5% aller im Querschnitt sichtbaren Fasern aus. Dementsprechend werden auch regenerierende Fasern gefunden. Unvollständige Myotubenfusion während der Faserregeneration ist möglicherweise Ursache der Faserverzweigung im dystrophen Muskel. Letztere wird u. a. dafür verantwortlich gemacht, daß bisweilen mehrere benachbarte Faserquerschnitte gleichzeitig de- oder regenerieren. Eine meist spärliche Leukozyteninfiltration steht ebenfalls im Zusammenhang mit den Fasernekrosen. Die Variabilität der Faserquerschnitte ist ein weiteres unübersehbares Zeichen der Dystrophie. Schließlich zeichnet sich der dystrophe Muskel durch zunehmende Proliferation von endo- und perimysialem Binde- und Fettgewebe aus. Im BMD- und LGMD-Muskel sind die Veränderungen qualitativ ähnlich, aber meist weniger ausgeprägt. Besonders frühzeitige Bindegewebsvermehrung findet man bei der CMD. Bei der FSHD und der myotonen Dystrophie sind signifikante pathologische Veränderungen im Muskelbiopsat bisweilen nicht nachweisbar.

Entscheidend für die histologische Begutachtung des dystrophen Muskels ist der immunhistologische Befund (Überblick in Beckmann und Bushby 1996). Monoklonale Antikörper gegen den stabförmigen Abschnitt (DYS1), den karboxy- (DYS2) und den aminoterminalen Bereich (DYS3) des Dystrophins, gegen Utrophin, Dystro- und Sarkoglykane sowie gegen Merosin sind kommerziell verfügbar. Im DMD-Muskel ist, abgesehen von wenigen Ausnahmen, Dystrophin nicht oder nur in Spuren nachweisbar (<3%). Bedingt durch somatische Mutationen können vereinzelt Dystrophin-positive Fasern auftreten („revertants"). Möglicherweise kompensatorisch ist die Utrophinexpression im DMD-Muskel vermehrt und auf das gesamte Sarkolemm ausgedehnt. Die Expression der Dystro- und Sarkoglykane ist dagegen deutlich reduziert, während die Merosinexpression nicht beeinträchtigt wird. Auch im BMD-Muskel ist die Expression von Dystrophin, Dystro- und Sarkoglykanen eingeschränkt. Zur sicheren Beurteilung der Dystrophinexpression muß hier jedoch häufig ein Western-Blot durchgeführt werden. DMD-Konduktorinnen zeigen erwartungsgemäß ein Mosaik von Dystrophin-positiven und -negativen Fasern. Sarkoglykanopathien (LGMD2C–2F) zeichnen sich durch eine verminderte Expression des Sarkoglykankomplexes aus, während die Dystrophin- und Dystroglykanexpression nicht beeinträchtigt sind. Das Maß der Reduktion der einzelnen Sarkoglykane kann Hinweise auf den vorliegenden Subtyp geben (Beckmann und Bushby 1996). Bei den übrigen LGMD-Formen konnte bisher keine typische immunhistologische Veränderung identifiziert werden. Eine primäre bzw. sekundäre Störung der Merosinexpression wird bei einem Teil der Patienten mit klassischer CMD bzw. bei Fukuyama-Patienten gefunden (s. Kapitel 1.1.2.3 „Kongenitale Muskeldystrophien"). Die anderen, mehr oder weniger direkt mit Dystrophin in Verbindung stehenden oder verwandten Proteine (s. Kapitel 1.1.3.4 „Dystrophin-verwandte Proteine") haben bisher keine Bedeutung für die Diagnostik der Muskeldystrophien.

Methode

Muskelgewebe wird heutzutage vorzugsweise per Nadelbiopsie entnommen. Eine sonographische Untersuchung des zu biopsierenden Muskels (meist M. quadriceps femoris) kann insbesondere bei fortgeschrittenem Krankheitsstadium helfen, die Entnahme aus solchen Bereichen zu vermeiden, die nur noch Bindegewebe enthalten. Die Bergström-Biopsienadel ist innen hohl, vorne spitz und geschlossen und seitlich mit einer Öffnung versehen, in die nach dem Einstechen der Nadel Muskelgewebe hineingedrängt wird, um es dann mit einem in der Nadel vorzuschiebenden und ebenfalls hohlen Rundmesser abzuschneiden. Das Biopsat befindet sich anschließend im Messer, aus dem es mit einem passenden Stab entfernt werden kann. Durch Verschieben der Nadel lassen sich mehrere Fragmente in einer Sitzung gewinnen. Ausreichende Lokalanästhesie muß gewährleistet sein. Verletzung großer Gefäße und Nervenstränge sowie Wundinfektionen müssen vermieden werden.

Zur weiteren Aufarbeitung wird das entnommene Gewebe in flüssigem Isopentan tiefgefroren und in Stickstoff gelagert. Kryostatschnitte transversal aufgeblockter Fragmente können immunhistologisch analysiert und herkömmlich gefärbt werden, nicht aufgeblockte Fragmente dienen der Western-Blot- und RNA-Untersuchung. Für die Immunhistologie wird häufig die indirekte Fluoreszenzdarstellung gewählt. Im Detail verschiedene Verfahren sind möglich. Beispielsweise kann der zur Antigenerkennung eingesetzte primäre Antikörper (z. B. DYS2 von der Maus; s. oben) mit einem sekundären Antikörper lokalisiert werden (z. B. anti-Maus-Ig vom Schaf), der mit Biotin markiert ist, an welches schließlich das mit dem Fluoreszenzfarbstoff markierte Streptavidin bindet. Ein wichtiger Vorteil der indirekten Fluoreszenzdarstellung liegt in der Signalamplifikation. Anstelle der Fluoreszenzmarker können auch Enzyme eingesetzt werden, deren Reaktionsprodukte dann den Ort des gesuchten Antigens anzeigen. Letzteres Verfahren findet auch beim Immuno- oder Western-Blot Anwendung. Dabei werden die Proteine eines Gewebshomogenats durch denaturierende Gelelektrophorese (SDS-PAGE: sodium dodecylsulfate polyacrylamide gel electrophoresis) der Größe nach aufgetrennt und danach (ebenfalls per Elektrophorese) ortstreu auf eine Nitrozellulosemembran übertragen. Der Western-Blot eignet sich besonders zur Bestimmung der Größe und der Menge von Antigenen.

1.1.6.2 Erbanlageträgerinnendiagnostik

Die Erbanlageträgerinnendiagnostik bei DMD-BMD erfolgt in den betroffenen Familien routinemäßig über die Bestimmung der CK. Diese ist jedoch nur bei ungefähr 70% aller obligatorischen DMD-Anlageträgerinnen und noch seltener bei obligatorischen BMD-Anlageträgerinnen erhöht. Während Frauen mit erhöhten CK-Werten als sichere Anlageträgerinnen gelten können, tragen Frauen mit normalen CK-Werten ein mindestens 30%iges Restrisiko, doch Erbanlageträgerinnen zu sein. Diese Zahl kann durch Nukleinsäureanalyse sowie durch Muskelbiopsie gesenkt werden.

1.1.6.2.1 Nukleinsäureanalyse

DNA-Analyse. Direkter Nachweis. Die DNA-Analyse hat das Ziel, die beim Bezugspatienten gefundene molekulare Veränderung, Deletion, Insertion oder Punktmutation, bei der betreffenden Frau nachzuweisen oder auszuschließen. Diese Form der Erbanlageträgerinnendiagnostik wird als direkter Nachweis bezeichnet.

Deletionen und Insertionen können mittels PCR oder Southern-Transfer-Hybridisierung über die Bestimmung der Gendosis oder des Bruchpunkts detektiert werden. Ebenfalls möglich ist die Anwendung der In-situ-Hybridisierung auf zytogenetischer Ebene (Ried et al. 1990). Punktmutationen sind mittels PCR-SSCP und Sequenzierung (s. Kapitel 1.1.6.1.2 „Nukleinsäureanalyse") eindeutig nachzuweisen, wobei sich die SSCP- und Sequenzbilder aus den Mustern des unmutierten und mutierten X-Chromosoms zusammensetzen (Abb. 1.1.7) (Lenk et al. 1994).

Gendosis
Erbanlageträgerinnen, die ein X-Chromosom mit einer Deletion und ein normales X-Chromosom besitzen, weisen nach Gelfärbung oder Autoradiographie zwar den entsprechenden Genabschnitt, imponierend als eine Bande, auf, jedoch ist dieser theoretisch nur halb so intensiv wie bei einer weiblichen Kontrollperson. Anlageträgerinnen mit einer Deletion besitzen eine halbe Gendosis. Dagegen weisen Anlageträgerinnen mit einer Insertion eine doppelte Gendosis auf. Unterschiedliche Bandenintensitäten können jedoch auch auf technisch/methodische Gründe bei der PCR oder der Southern-Transfer-Hybridisierung zurückzuführen sein. Aus diesem Grund sind falsche Aussagen möglich, deren Anteil von Labor zu Labor variiert, je nach dem, wie gut die Methoden etabliert sind.

Bruchpunkt
Der Nachweis von Bruchpunkten basiert auf dem Auftreten von in ihrer Größe veränderten Banden nach Spaltung der genomischen DNA mit Restriktionsendonukleasen und der Southern-Transfer-Hybridisierung. Mit Restriktionsendonukleasen, die Fragmente bis zu einer Größe von 30 kbp erzeugen, und cDNA-Hybridisierungssonden lassen sich Bruchpunkte aufgrund ihrer Lokalisation überwiegend weit innerhalb der Introns nur in Ausnahmefällen nachweisen (Speer et al. 1989). Es bietet sich deshalb der Einsatz der Pulsfeldgelelektrophorese in einem Bereich von 50–500 kbp (Huschenbett et al. 1991) oder der Einsatz von Intronsonden an.

Indirekter Nachweis, Kopplungsanalyse

Die Kopplungsanalyse (s. Kapitel 1.1.3.1 „Dystrophingen") ist die Methode der Wahl, wenn ein Mutationsnachweis auf DNA-Ebene für den Bezugspatienten nicht möglich war (methodische Gründe oder Indexpatient verstorben), die klinische Diagnose Duchenne oder Becker/Kiener jedoch eindeutig ist. Kopplungsanalysen können prinzipiell unter Zuhilfenahme von Restriktionsfragmentlängenpolymorphismen (RFLP) oder Dinukleotidwiederholungen (z. B. CA-repeats) durchgeführt werden. Da RFLP-Analysen mittels Southern-Transfer-Hybridisierung erfolgen, Dinukleotidwiederholungsanalysen jedoch mittels PCR, werden heute fast nur noch letztere durchgeführt. Während die direkte Erbanlageträgerinnenbestimmung nur durch Neumutationen eingeschränkt wird, unterliegt jede Kopplungsanalyse dem Risiko der Entkopplung. Es wird bestimmt durch den Abstand zwischen der krankheitsauslösenden Mutation und dem CA-repeat und kann im Dystrophingen bis zu 5% betragen.

RNA-Analyse

Die Amplifikation und Analyse von Dystrophin-mRNA ermöglicht den Nachweis von normalen und veränderten (Deletion, Insertion, Punktmutationen in den Spleißstellen-Consensus-Sequenzen mit Exon-skipping oder anderen mRNA-Veränderungen) mRNA-Fragmenten im selben Untersuchungsverfahren (Lenk et al. 1993a). Jedoch sind auch hier die oben unter RNA-Analyse (S. 19) gegebenen Hinweise zu beachten.

Auch Keimzellmosaike kommen vor. Dann sind weder in der Blutzell-DNA noch in der Muskel-mRNA Mutationen nachweisbar. Daher darf bei negativem Befund nicht unbedingt von einer Neumutation ausgegangen werden. In 20% der Familien, in denen nur ein Erkrankter vorkommt, bei dessen Mutter die Mutation aber nicht nachweisbar ist, liegt ein Keimzellmosaik vor (van Essen et al. 1991).

1.1.6.2.2 Muskelbioptische Befunde

Im Muskelbiopsat von Anlageträgerinnen wird häufig ein Mosaik von Dystrohin-positiven und -negativen Fasern gefunden (Azofeifa et al. 1995) (s. auch Kapitel 1.1.6.1.3 „Muskelbioptische Befunde").

1.1.6.3 Vorgeburtsdiagnostik

Eine Vorgeburtsdiagnostik kann nach genetischer Beratung auf Wunsch der Schwangeren erfolgen. Ergibt die zytogenetische Diagnostik ein männliches Geschlecht, ist eine DNA-Diagnostik möglich, wenn die krankheitshervorrufende Mutation in der Familie anhand des Indexpatienten bzw. asservierter Proben vom Indexpatienten identifiziert wurde. Das methodische Vorgehen entspricht dem in der Differentialdiagnostik beschriebenen. Ist die Mutation entsprechend den heutigen Analysemöglichkeiten nicht nachweisbar, besteht die Möglichkeit der Kopplungsanalyse. Sie wird aufgrund des Risikos der Entkopplung und damit einer Fehldiagnose jedoch äußerst selten in Anspruch genommen. Dystrophinbestimmungen aus fetalen Muskelbiopsien zur pränatalen Diagnostik (Evans et al. 1991) und aus aktivierten Amniozyten bzw. Chorionzotten (Sancho et al. 1993) wurden beschrieben.

1.1.7 Therapiemöglichkeiten

Bisher gibt es noch keine Möglichkeiten einer kausalen Therapie der Muskeldystrophie Duchenne/Becker-Kiener. Physiotherapeutische und orthopädische Maßnahmen haben v. a. zum Ziel, so lange wie möglich die Gehfähigkeit des Patienten zu erhalten sowie die Atmungs- und Herz-Kreislauf-Funktion zu unterstützen. Mit dem Ziel der allgemeinen Kräftigung der Muskulatur und der Verlangsamung des muskeldystrophischen Prozesses kamen in der Vergangenheit auch verschiedene medikamentöse Therapien zur Anwendung, die jedoch nicht den erhofften Erfolg zeigten. Seit der Entdeckung des Dystrophingens sind zu diesen konventionellen Therapiestrategien neue theoretische Überlegungen und erste praktische Untersuchungen einer korrigierenden bzw. kompensierenden Gentherapie hinzugekommen. Auch soll nicht unerwähnt bleiben, daß sich aus beobachteten Diskrepanzen zwischen dem Dystrophingenotyp und dem klinischen Phänotyp über phänotyp-modifizierende Gene und Proteine evtl. neue therapeutische Ansatzpunkte ergeben.

1.1.7.1 Palliative Maßnahmen

Mit palliativen Maßnahmen können die Lebensqualität und auch die Lebenserwartung des Patienten erheblich verbessert werden. Dazu gehören die psychosoziale Betreuung, d.h., die Vermittlung einer behindertengerechten Wohnung, die Empfehlung einer der Intelligenz und Prognose des Patienten angemessenen Ein- bzw. Umschulung sowie die Anbindung an Selbsthilfegruppen (Bundesgeschäftsstelle der Deutschen Gesellschaft für Muskelkranke e. V., D-79232 Freiburg-March, Tel.: 07665–94470). Muskeldystrophien führen zu Kontrakturen und bei schwerem Verlauf zu respiratorischer Insuffizienz. Deshalb wird regelmäßig Krankengymnastik eingesetzt. Bei DMD-Patienten läßt sich die Entwicklung von Kontrakturen dadurch aber nicht verzögern. Vorsicht bei der Anwendung von – insbesondere exzentrischer – Muskelbelastung gebieten außerdem das gängige molekulare Modell der Faserschädigung bei Dystrophindefizienz (verminderte mechanische Stabilität der Plasmamembran; s. Kapitel 1.1.2.1 „Dystrophinopathien") sowie die Tatsache, daß Denervierung oder Immobilisierung im Tierversuch den dystrophen Prozeß verzögern (Karpati et al. 1983, Moschella und Ontell 1987). Über die langfristige Wirkung verschiedener Muskeltrainings- und -stimulationsverfahren besteht noch keine Einigkeit (Elder 1992). Insbesondere ein Training der Atemmuskulatur wird dennoch angestrebt (Vilozni et al. 1994). Aus dem selben Grund setzen viele Zentren Ventilationshilfen ein, zunächst als nächtliche Sauerstoffgabe, später u. U. als ganztägige Heimbeatmung (Lyager et al. 1995). Die Verfügbarkeit nichtinvasiver Techniken hat die Akzeptanz und damit den Einsatz von Ventilationshilfen gesteigert. Die Insuffizienz der Atemmuskulatur beeinträchtigt auch die Selbstreinigungsfunktion der Lunge. Entsprechende Hilfsmaßnahmen (Lagerung, Bronchialdrainage, Absaugen der oberen Atemwege) müssen im fortgeschrittenen Stadium konsequent durchgeführt werden. Unzureichende respiratorische Funktion und progrediente Skoliose können eine sekundäre kardiale Insuffizienz (Cor pulmonale) bedingen. Hinzukommt die durch den Dystrophinmangel verursachte primäre Kardiomyopathie. Daher ist eine adäquate kardiologische Behandlung der sich entwickelnden Herzinsuffizienz unabdingbar. Bei Patienten mit BMD oder LGMD kann eine Herztransplantation indiziert sein (Piccolo et al. 1994, Bittner et al. 1995, Fadic et al. 1996). Die orthopädische Betreuung ist für die Lebensqualität und auch die Prognose von Muskeldystrophiepatienten von großer Bedeutung. Durch Orthesen (z. B. „swivel walker", Stallard et al. 1992) und Kontrakturlösende Operationen kann die Gehfähigkeit der Patienten um mehrere Jahre verlängert werden. Besonderheiten von Statik und Dynamik der Bewegungsstörung bei Muskeldystrophie müssen jedoch berücksichtigt werden. So kann beispielsweise die Verlängerung nur der Achillessehnen negative Wirkungen haben. Früh- und gleichzeitige Kontrakturlösung in verschiedenen Etagen und eine Stabilisierung der Wirbelsäule noch vor dem Auftreten einer progredienten Skoliose sind dagegen erfolgreich (Glorion und Rideau 1984, Forst et al. 1991, Goertzen et al. 1995). Bei Operationen an muskelkranken Patienten muß immer der Gefahr einer malignen Hyperthermie vorgebeugt werden (Forst et al. 1991).

1.1.7.2 Medikamentöse Therapieversuche

Die Geschichte der DMD umfaßt eine lange Reihe frustraner medikamentöser Therapieversuche (Überblick in Emery 1993). In den letzten Jahren zeigte sich jedoch, daß der Einsatz von Glukortikoiden (0,75–1,5 mg/kg Prednison) die Progredienz der Muskelschwäche verzögern und die Dauer der Gehfähigkeit um durchschnittlich mehr als 3 Jahre verlängern kann (Fenichel et al. 1991). Typische Nebenwirkungen einer solchen Langzeittherapie (cushingoider Habitus, Übergewicht, Kataraktentwicklung, Verhaltensstörungen, etc.) müssen dabei aber in Kauf genommen werden. In derzeit noch nicht abgeschlossenen Studien wird geprüft, ob auch Glukokortikoide mit relativ geringer Nebenwirkungsrate (Deflazacort) wirkungsvoll genug sind (Reitter 1995). Glukokortikoide führen bei DMD-Patienten zum Rückgang der 3-Methylhistidin-Ausscheidung (Kawai et al. 1993). Letzteres spricht dafür, daß, anders als im Normalmuskel, der Nettoproteinabbau reduziert wird. Der molekulare und der zelluläre Effekt von Glukokortikoiden im dystrophen Muskel sind jedoch noch nicht ausreichend geklärt. Die immunsuppressive Wirkung auf infiltrierende Leukozyten scheint nicht entscheidend zu sein (Kissel et al. 1993). Einflüsse auf Myogenese, Apoptosis, freie Radikale, Protein- und Kalziumhaushalt sowie mögliche Langzeiteffekte wurden diskutiert (Sklar und Brown 1991, Hardiman et al. 1992, Khan 1993, Oexle 1989 und 1994, Metzinger et al. 1993, 1994 und 1995). Die Vermutung, daß der Glukokortikoideffekt bei der Dystrophindefizienz auf einer Steigerung der Utrophinexpression beruht, hat sich nicht bestätigt (Pasquini et al. 1995)

1.1.7.3 Myoblastentransfer

Die Transplantation von normalen oder genetisch veränderten Myoblasten gehörte zu den ersten molekularen Therapieansätzen der DMD und wird bis heute weiter verfolgt (Patridge et al. 1989, Blau et al. 1993, Rando et al. 1994, Mendell et al. 1995). Doch obwohl die ersten Versuche mit Muskel von der Maus positiv verliefen, hat es sich als schwierig herausgestellt, diese Ergebnisse auf den Menschen zu übertragen. So konnte u. a. nach 300 Injektionen von mehr als 6×10^8 Zellen keine eindeutiges Anwachsen der transferierten Myoblasten nachgewiesen werden (Morgan et al. 1994, Mendell et al. 1995). Außerdem sei noch auf das Problem der Antikörperbildung, u. a. auch gegen Dystrophin hingewiesen, wie sie nach Herztransplantation bei einem BMD-Patienten beobachtet wurde (Bittner et al. 1995), aber auch nach Transplantation von normalem Muskel auf mdx-Mäuse.

1.1.7.4 Ansätze einer korrigierenden oder kompensierenden Gentherapie

In fast allen Fällen von DMD liegt eine Dystrophindefizienz vor, und nur ganz vereinzelt ruft eine Missense-Mutation ein funktionsloses oder in seiner Funktion stark eingeschränktes Protein hervor. Die Expression eines solchen funktionslosen

Proteins hat aber keine zusätzlichen pathologischen Effekte, und müßte deshalb im Rahmen einer Gentherapie nicht unterdrückt werden. Als gentherapeutischer Ansatz wären sowohl eine Korrektur der krankheitsauslösenden Mutation als auch die Zufuhr normalen Dystrophins denkbar. Zu erwägen ist auch die Kompensation des fehlenden Dystrophins durch die zusätzliche Expression von Utrophin.

Die für die Substitutionsgentherapie der Muskeldystrophie Duchenne zu lösenden Probleme entsprechen im wesentlichen den allgemeinen und umfassen die Herstellung des zuzuführenden DNA-Konstrukts, den In-vivo- oder Ex-vivo-Transfer in die Zielzellen und die Regulation der Proteinexpression (Svensson et al. 1996, Strauss et al. 1996).

1.1.7.4.1 Zusätzliche Expression von Dystrophin oder Utrophin

Gegenwärtig stehen für eine zusätzliche Expression eine Vielzahl von Konstrukten zur Verfügung. Sie reichen von Abschnitten des Dystrophingens, wie z.B. den für das Dp71 kodierenden (Cox et al. 1994), über sog. Minigene, die sich an cDNAs von BMD-Patienten orientieren (Dunckley et al. 1992), bis zu Minichromosomen, die die Expression des kompletten Dystrophins erlauben (Kumar-Singh und Chamberlain 1996). Für den Transfer der Konstrukte in die Muskelzellen sind prinzipiell 2 Wege denkbar: der Ex-vivo-Transfer mit anschließender Myoblastentransplantation und der In-vivo-Transfer. Der In-vivo-Transfer in die Muskelzellen erfolgte anfangs durch direkte Injektion (Wolff et al. 1990, Ascadi et al. 1991) oder mit Hilfe von Retroviren (Dunckley et al. 1992). Heute werden Adenoviren favorisiert, da sie eine hohe Muskelzellaffinität haben und nicht in das Wirtsgenom integriert werden (Quantin et al. 1992, Ragot et al. 1993, Kumar-Singh und Chamberlain 1996). Alle diese Transfermethoden haben jedoch Nachteile. Die intramuskuläre Injektion erreicht nur 1–3% der Myofibrillen, retrovirale Vektoren infizieren nur sich teilende Zellen, was die Effizienz des Transfers auf die postmitotischen Myofibrillen limitiert. Die Gabe von Adenovirusvektoren ruft entzündliche Prozesse hervor.

Um festzustellen, inwiefern die Expression der aufgeführten Konstrukte die Muskeldystrophie beeinflußt, wird in den meisten Fällen auf das mdx-Modell (Kapitel 1.1.5 „Tiermodelle") zurückgegriffen (Vincent et al. 1993, Phelps et al. 1995, Wells et al. 1995). Wenn auch Erfolge zu verzeichnen sind, so sind jedoch die Effektivität und die Wirkungsdauer noch nicht zufriedenstellend (Patridge und Davies 1995, Morgan 1994). Probleme der Antikörperbildung bzw. der Immunsuppression treten auch hier auf (Tremblay et al. 1993).

Alternativ wird aus diesen Gründen an einer Hochregulation der Utrophinexpression gearbeitet (Tinsley et al. 1996). Erste Versuche zeigten eine deutliche Korrektur der Muskeldystrophie in Skelettmuskel und Diaphragma von mdx-Mäusen, die ein transgenes Utrophin exprimierten. Nebenwirkungen dieser erhöhten Expression wurden bisher nicht berichtet. Nächstes Ziel wird das Auffinden von Substanzen sein, die die normale Utrophinexpression im Muskel erhöhen.

1.1.7.4.2 Synthese eines verkürzten Dystrophins mit Hilfe von Antisense-Oligonukleotiden

Die molekulare Analyse des Dystrophins „Kobe" ergab eine 52 bp umfassende Deletion im Exon 19, wodurch dieses beim Spleißen entfernt wurde, obwohl die 5'- und 3'-Spleißstellen-Consensus-Sequenzen keine Veränderungen aufwiesen (Matsuo et al. 1990). Diese Daten ließen vermuten, daß von der Deletion ein „cis-Element" betroffen war, das für ein genaues Spleißen notwendig ist. Die Hypothese wurde in einem In-vitro-Spleißversuch bestätigt. Durch Anwendung eines aus der Deletionssequenz entnommenen Antisense-Oligonukleotids wurde Exon 19 auch aus einer unmutierten Dystrophin-prä-mRNA entfernt (Takeshima et al. 1995). Diese Entdeckung könnte Ausgangspunkt einer neuen Therapiestrategie werden, bei der mittels Antisense-Oligonukleotiden Dystrophinexons beim Spleißen entfernt werden und eine Umwandlung eines schweren Phänotyps „Duchenne" in einen leichten Phänotyp „Becker-Kiener" erfolgt (Matsuo 1996).

1.1.8 Literatur

Angelini C, Fanin M, Pegoraro E, Freda MP, Cadaldini M, Martinello F (1994) Clinical-molecular correlation in 104 mild X-linked muscular dystrophy patients: characterization of subclinical phenotypes. Neuromuscul Disord 4: 349–358

Arahata K, Ishii H, Hayashi YK (1995) Congenital muscular dystrophies. Curr Opin Neurol 8: 385–390

Ascadi G, Dickson G, Love DR et al. (1991) Human dystrophin expression in mdx mice after intramuscular injection of DNA constructs. Nature 352: 815–818

Ashizawa T, Dunne PW, Ward PA, Seltzer WK, Richards CS (1994) Effects of the sex of myotonic dystrophy patients on the unstable triplet repeat in their affected offspring. Neurology 44: 120–122

Azofeifa J, Voit T, Hübner C, Cremer M (1995) X-chromosome methylation in manifesting and healthy carriers of dystrophinopathies: concordance of activation ratios among first degree female relatives and skewed inactivation as cause of the affected phenotypes. Hum Genet 96: 167–176

Barohn RJ, Levine EJ, Olson JD, Mendell JR (1988) Gastric hypomotility in Duchenne's muscular dystrophy. N Engl J Med 319: 15–18

Bashir R, Keers S, Strachan T et al. (1996) Genetic and physical mapping at the limb-girdle muscular dystrophy locus (LGMD2B) on chromosome 2p. Genomics 33: 46–52

Baumbach LL, Chamberlain JS, Ward PA, Farwell NJ, Caskey CT (1989) Molecular and clinical correlation of deletions leading to Duchenne and Becker muscular dystrophies. Neurology 39: 465–474

Becker PE, Kiener F (1955) Eine neue X-chromosomale Muskeldystrophie. Arch Psychiatr J Neurol 193: 427–448

Beckmann JS, Bushby KMD (1996) Advances in the molecular genetics of the limb-girdle type of autosomal recessive progressive muscular dystrophy. Curr Opin Neurol 9: 389–393

Beggs AH, Hoffman EP, Snyder JR et al. (1991) Exploring the molecular basis for variability among patients with Becker muscular dystrophy: dystrophin gene and protein studies. Am J Hum Genet 49: 54–67

Bettecken Th, Müller CR (1989) Identification of a 220-kb insertion into the Duchenne gene in a family with an atypical course of muscular dystrophy. Genomics 4: 592–596

Bittner RE, Shorny S, Streubel B, Hübner C, Voit T, Kress W (1995) Serum antibodies to the deleted dystrophin sequence after cardiac transplantation in a patient with Becker's muscular dystrophy. N Engl J Med 333: 732–733

Blake DJ, Tinsley JM, Davies KE (1996) Utrophin: a structural and functional comparison to dystrophin. Brain Pathol 6: 37–47

Blau HM, Webster C, Pavlath GK (1983) Defective myoblasts identified in Duchenne muscular dystrophy. Proc Natl Acad Sci USA 1983: 4856–4860

Blau HM, Dhawan J, Pavlath GK (1993) Myoblasts in pattern formation and gene therapy. Trends Genet 9: 269–274

Bönnemann CG, Passos-Bueno MR, McNally EM et al. (1996) Genomic screening for beta-sacroglycan gene mutations: missense mutations may cause severe limb-girdle muscular dystrophy type 2E (LGMD 2E). Hum Mol Genet 5: 1953–1961

Boyd Y, Buckle V, Holt S, Munro E, Hunter D, Craig I (1986) Muscular dystrophy in girls with X;autosome translocations. J Med Genet 23: 484–490

Brenman JE, Chao DS, Xia H, Aldape K, Bredt DS (1995) Nitric oxide synthase complexed with dystophin and absent from skeletal muscle sarcolemma in Duchenne muscular dystrophy. Cell 82: 743–752

Bresolin N, Castelli E, Comi GP et al. (1994) Cognitive impairment in Duchenne muscular dystrophy. Neuromuscul Disord 4: 359–369

Brook JD, McCurrach ME, Harley HG et al. (1992) Molecular basis of myotonic dystrophy: expansion of a trinucleotide (CTG) repeat at the 3'end of a transcript encoding a protein kinase family member. Cell 68: 799–808

Burghes AHM, Logan C, Hu X, Belfall B, Worton RG, Ray PN (1987) A cDNA clone from the Duchenne/Becker muscular dystrophy gene. Nature 328: 434–437

Bushby KMD, Gardner-Medwin D (1992) The clinical, genetic and dystrophin characteristics of Becker muscular dystrophy. I. Natural history. J Neurol 240: 98–104

Bushby KMD, Gardner-Medwin D, Nicholson LVB et al. (1993a) The clinical, genetic and dystrophin characteristics of Becker muscular dystrophy. II. Correlation of phenotype with genetic and protein abnormalities. J Neurol 240: 105–112

Bushby KMD, Goodship JA, Nicholson LVB, Johnson MA, Haggerty ID, Gardner-Medwin D (1993b) Variability in clinical, genetic and protein abnormalities in manifesting carriers of Duchenne and Becker muscular dystrophy. Neuromuscul Disord 3: 57–64

Byers TJ, Lidov HGW, Kunkel LM (1993) An alternative dystrophin transcript specitic to peripheral nerve. Nat Genet 4: 77–81

Carpenter JL, Hoffman EP, Romanul FCA et al. (1989) Feline muscular dystrophy with dystrophin defiency. Am J Pathol 135: 909–919

Chab H, Lina-Granade G, Guilford P, Plauchu H, Levilliers J, Morgon A, Petit C (1994) A gene responsible for a dominant form of neurosensory nonsyndromic deafness maps to the NSRD1 recessive deafness gene interval. Hum Mol Genet 3: 2219–2222

Chang HW, Bock E, Bonilla E (1989) Dystrophin in electric organ of *Torpedo californica* homologous to that in human muscle. J Biol Chem 264: 20831–20834

Chapman VM, Miller DR, Armstrong D, Caskey CT (1989) Recovery of induced mutations for X chromosome-linked muscular dystrophy in mice. Proc Natl Acad Sci USA 86: 1292–1296

Chelly J, Marlhens F, Le Marec B et al. (1986) De novo DNA microdeletion in a girl with Turner syndrome and Duchenne muscular dystrophy. Hum Genet 74: 193–196

Chelly J, Gilgenkrantz, Hugnot JP et al. (1991) Illegimate transcription. Application to the analysis of truncated transcripts of the dystrophin gene in nonmuscle cultured cells from Duchenne and Becker patients. J Clin Invest 88:1161–1166

Chevron M-P, Echenne B, Demaille J (1994) Absence of dystrophin and utrophin in an boy with severe muscular dystrophy. N Engl J Med 331: 1162–1163

Cibis GW, Fitzgerald KM, Harris DJ, Rothberg PG, Rupani M (1993) The effects of dystrophin gene mutations on the ERG in mice and humans. Invest Ophthalmol Vis Sci 34: 3646–3652

Coffey AJ, Roberts RG, Green ED et al. (1992) Construction of a 2.6-Mb contig in yeast artificial chromosomes spanning the human dystrophin gene using an STS-based approach. Genomics 12: 474–484

Cox GA, Phelps SF, Chapman VM, Chamberlain JS (1993) New mdx mutation disrupts expression of muscle and nonmuscle isoforms of dystrophin. Nat Genet 4: 87–93

Cox GA, Sunada Y, Campbell KP, Chamberlain JS (1994) Dp71 can restore the dystrophin-associated glycoprotein complex in muscle but fails to prevent dystrophy. Nat Genet 8: 333–339

Davies KE, Pearson PL, Harper PS, Murray JM, O'Brien T, Sarfarazi M, Williamson R (1983) Linkage analysis of the two cloned DNA sequences flanking the Duchenne muscular dystrophy locus on the short arm of the human X chromosome. Nucleic Acids Res 11: 2303–2312

Davies KE, Speer A, Herrmann F et al. (1985) Human X chromosome markers and Duchenne muscular dystrophy. Nucleic Acids Res 13: 3419–3426

Davison MD, Critchley DR (1988) Alpha actinin and the DMD protein contain spectrin-like repeats. Cell 52: 159–160

Den Dunnen JT, Grootscholten PM, Dauwerse JG (1992) Reconstruction of the 2.4 Mb human DMD-gene by homologous YAC recombination. Hum Mol Genet 1: 19–28

D'Souza VN, thi Man N, Morris GE, Karges W, Pillers DM, Ray PN (1995) A novel dystrophin isoform is required for normal retinal electrophysiology. Hum Mol Genet 4: 837–842

Dubowitz V (1986) X-autosome translocations in females with Duchenne or Becker muscular dystrophy. Nature 322: 291–292

Duchenne GBA (1868) Recherches sur la paralysie musculaire pseudohypertrophique ou paralysie myo-sclerosique. Arch Gen Med 11: 2–25

Dunckley MG, Love DR, Davies KE, Walsh FS, Morris GE, Dickson G (1992) Retroviral-mediated transfer of a dystrophin minigene into mdx mouse myoblasts in vitro. FEBS Lett 296: 128–134

Elder GCB (1992) Beneficial effects of training on developing dystrophic muscle. Muscle Nerve 15: 672–677

Emery AEH (1993) Duchenne muscular dystrophy, 2nd edn. Oxford University Press, Oxford

Emery AEH (1994) Some unanswered questions in Duchenne muscular dystrophy. Neuromuscul Disord 4: 301–303

Emery AEH, Burt D (1980) Intracellular calcium and pathogenesis and antenatal diagnosis of Duchenne muscular dystrophy. BMJ 48: 355–361

Engel AG, Franzini-Armstrong C (1994) Myology, vol II, 2nd edn. McGraw-Hill, New York

England SB, Nicholson LVB, Johnson MA et al. (1990) Very mild muscular dystrophy associated with the deletion of 46% of dystrophin. Nature 343: 180–182

Erb W (1884) Über die „juvenile Form" der progressiven Muskeldystrophie und ihre Beziehung zur sog. Pseudohypertrophie der Muskeln. Dtsch Arch Klin Med 34: 467–591

Evans MI, Grebs A, Kunkel LM et al. (1991) In utero fetal muscular biopsy for the diagnosis of Duchenne muscular dystrophy. Am J Obstet Gynecol 165: 728–732

Fadic R, Sunada Y, Waclawik AJ et al. (1996) Brief report: deficiency of a dystrophin-associated glycoprotein (adhalin) in a patient with muscular dystrophy and cardiomyopathy. N Engl J Med 334: 362–366

Fardeau M, Hillaire D, Mignard C et al. (1996) Juvenile limb-girdle muscular dystrophy: clinical, histopathological and genetic data from a small community living in the RÈunion Island. Brain 119: 295–308

Feener CA, Koenig M, Kunkel LM (1989) Alternative splicing of human dystrophin mRNA generates isoforms at the carboxy terminus. Nature 338: 509–511

Fenichel GM, Florence JM, Pestronk A et al. (1991) Long-term benefit from prednisone therapy in Duchenne muscular dystrophy. Neurology 41: 1874–1877

Fiez JA (1996) Cerebellar contributions to cognition. Neuron 16: 13–15

Fong P, Turner PR, Denetclaw WF, Steinhardt RA (1990) Increased activity of calcium leak channels in myotubes of Duchenne human and mdx mouse origin. Science 250: 673–675

Forrest SM, Cross GS, Speer A, Gardner-Medwin D, Davies KE (1987) Preferential deletion of exons in Duchenne and Becker muscular dystrophies. Nature 329: 638–640

Forst R, Krönchen-Kaufmann A, Forst J (1991) Duchenne-Muskeldystrophie – kontraktur-prophylaktische Operationen der unteren Extremitäten unter besonderer Berücksichtigung anästhesiologischer Aspekte. Klin Padiatr 203: 24–27

Franco A, Lansman JB (1990) Calcium entry through stretch-inactivated ion channels in mdx myotubes. Nature 344: 670–673

Franke U, Ochs HD, Martinville B et al. (1985) Minor Xp21 chromosome deletion in a male associated with expression of Duchenne muscular dystrophy, chronic granulomatosis disease, retinitis pigmentosa, and Mc Leod syndrome. Am J Hum Genet 37: 250–267

Gangopadhyay SB, Sherratt TG, Heckmatt JZ et al. (1992) Dystrophin in frameshift deletion patients with Becker muscular dystrophy. Am J Hum Genet 51: 562–570

Glorion B, Rideau Y (1984) La chirurgie orthopédique précoce dans la dystrophie musculaire de Duchenne de Boulogne. Ann Pédiatr 31: 154–160

Goebel HH (1996) Congenital myopathies. Semin Pediatr Neurol 3: 152–161

Goertzen M, Baltzer A, Voit T (1995) Clinical results of early orthopaedic management in Duchenne muscular dystrophy. Neuropediatrics 26: 257–259

Gorecki D, Monaco AP, Derry JMJ, Walker A, Barnard E, Barnard P (1992) Expression of four alternative dystrophin transcripts in brain regions regulated by different promoters. Hum Mol Genet 1: 505–510

Goto K, Lee JH, Matsuda C et al. (1995) DNA rearrangements in Japanese facioscapulohumeral muscular dystrophy patients: clinical correlations. Neuromuscul Disord 5: 201–208

Grewal PK, Deutekom JCT van, Frants RR, Hewitt JE (1996) A search for genes in the facioscapulohumeral muscular dystrophy. Biochem Soc Trans 24: S282

Guilford P, Ben Arab S, Blanchard S, Levilliers J, Weissenbach J, Belkahia A, Petit C (1994) A non-syndromic form of neurosensory, recessive deafness maps to the pericentromeric region of chromosome 13q. Nat Genet 6: 24–28

Häffner K, Speer A, Hübner C, Voit T, Oexle K (1997) A small in-frame deletion within the protease domain of muscle-specific calpain, p94, causes early onset limb-girdle muscular dystrophy 2A. Hum Mutat #109 Online

Hammonds RJ (1987) Protein sequence of DMD gene is related to actin-binding domain of alpha actinin. Cell 51: 1

Hardiman O, Brown Jr RH, Beggs AH, Specht L, Sklar RM (1992) Differential glucocorticoid effects on the fusion of Duchenne/Becker and control muscle cultures. Neurology 42: 1085–1091

Herrmann R, Straub V, Meyer K, Kahn T, Wagner M, Voit T (1996) Congenital muscular dystrophy with laminin alpha 2 chain deficiency: identification of a new intermediate phenotype and correlation of clinical findings to muscle immunohistochemistry. Eur J Pediatr 155: 968–976

Ho M, Chelly J, Carter N, Danek A, Crocker P, Monaco AP (1994) Isolation of the gene for McLeod syndrome that encodes a novel membrane transport protein. Cell 77: 869–880

Hoffman EP, Brown RH Jr, Kunkel LM (1987) Dystrophin: the protein product of the Duchenne muscular dystrophy locus. Cell 51: 919–928

Hu X, Ray PN, Worton RG (1991) Mechanisms of tandem duplication in the Duchenne muscular dystrophy gene include both homologous and non homologous interchromosomal recombination. EMBO J 10: 2471–2477

Hübner C, Lehr H-A, Bodlaj R et al. (1996) Wheat kernel ingestion protects from progression of muscle weakness in mdx mice, an animal model of Duchenne muscular dystrophy. Pediatr Res 40: 444–449

Huschenbett J, Volz A, Pfeifer L, Speer A (1991) Possibilities and limitations of carrier diagnosis in families with Duchenne muscular dystrophy caused by deletions in the major hot spot region using pulsed field gel electrophoresis. Biomed Biochem Acta 50: 1205–1212

Ibraghimov-Beskrovnaya O, Ervasti JM, Leveille CJ, Slaughter CA, Sernett SW, Campbell KP (1992) Primary structure of dystrophin-associated glycoproteins linking dystrophin to the extracellular matrix. Nature 355: 696–702

Im WB, Phelps SF, Copen EH, Adams EG, Slightom Jl, Chamberlain JS (1996) Differential expression of dystrophin isoforms in strains of mdx mice with different mutations. Hum Mol Genet 5: 1149–1153

Janka M, Grimm T (1991) Bedeutung des Keimzellmosaiks für die genetische Beratung von Familien mit Muskeldystrophie Duchenne und Becker. Klin Padiatr 203: 354–358

Jöbis GJ, Keizers H, Vreijling JP et al. (1996) Type VI collagen mutations in Bethlem myopathy, an autosomal dominant myopathy with contractures. Nat Genet 14: 113–115

Johnson KJ, Boucher CA, King SK, Winchester CL, Bailey MES, Hamiton GM, Carey N (1996) Is myotonic dystrophy a single-gene disorder? Biochem Soc Trans 24: 510–513

Jung D, Leturcq F, Sunada Y et al. (1996) Absence of γ-sarcoglycan (35 DAG) in autosomal recessive muscular dystrophy linked to chromosome 13q12. FEBS Lett 381: 15–20

Karpati G, Armani M, Carpenter S, Prescott S (1983) Reinnervation is followed by necrosis in previously denervated skeletal muscle of dystrophic hamsters. Exp Neurol 82: 358–365

Kawai H, Adachi K, Nishida Y, Inui T, Kimura C, Saito S (1993) Decrease in urinary excretion of 3-methylhistidine by patients with Duchenne muscular dystrophy during glucocorticoid treatment. J Neurol 240: 181–186

Kawajiri M, Mitsui T, Kawai H, Kobunai T, Tsuchihashi T, Saito S (1996) Dystrophin, utrophin and beta-dystroglycan expression in skeletal muscle from patients with Becker muscular dystrophy. J Neuropathol Exp Neurol 55: 896–903

Kenwrick S, Patterson M, Speer A, Fischbeck K, Davies KE (1987) Molecular analysis of the Duchenne muscular dystrophy region using pulsed field gel electrophoresis. Cell 48: 351–357

Khan MA (1993) Corticoid therapy in Duchenne muscular dystrophy. J Neurol Sci 120: 8–14

Kim TW, Wu K, Xu JL, Black IB (1992) Detection of dystrophin in the postsynaptic density of rat brain and deficiency in a mouse model of Duchenne muscular dystrophy. Proc Natl Acad Sci USA 89: 11642–11644

Kim TW, Wu K, Black IB (1995) Deficiency of brain synaptic dystrophin in human Duchenne muscular dystrophy. Ann Neurol 38: 446–449

Kissel JT, Lynn DJ, Rammohan KW et al. (1993) Mononuclear cell analysis of muscle biopsies in prednisone- and azathioprine-treated Duchenne muscular dystrophy. Neurology 43: 532–536

Klamut HJ, Bosnoyan-Collins LO, Worton RG, Ray PN, Davis HL (1996) Identification of a transcriptional enhancer within muscle intron 1 of the human dystrophin gene. Hum Mol Genet 5: 1599–1606

Koenig M, Monaco A P, Kunkel L M (1988) The complete sequence of dystrophin predicts a road-shaped cytoskeletal protein. Cell 53: 219–228

Koenig M, Beggs AH, Moyer M et al. (1989) The molecular basis for Duchenne versus Becker muscular dystrophy: correlation of severity with type of deletion. Am J Hum Genet 45: 498–506

Kornegay JN, Tuler SM, Miller DM, Levesque DC (1988) Muscular dystrophy in a litter of golden retriever dogs. Muscle Nerve 11: 1056–1964

Kumar-Singh R, Chamberlain JS (1996) Encapsidated adenovirus minichromosomes allow delivery and expression of a 14 kb dystrophin cDNA to muscle cells. Hum Mol Genet 5: 913–921

Kunkel L M, Heijtmancik JF, Caskey CT et al. (1986) Analysis of deletions in DNA from patients with Becker and Duchenne muscular dystrophy. Nature 322: 73–77

Kyriakides T, Gabriel G, Drousiotou A, Meznanic-Petrusa M, Middleton L (1994) Dystrophinopathy presenting as congenital muscular dystrophy. Neuromuscul Disord 4: 387–392

Lederfein D, Levy Z, Augier N, Mornet D, Morries G, Fuchs O, Yaffe D (1992) A 71 kD protein is a major product of the Duchenne muscular dystrophy gene in brain and other nonmuscle tissues. Proc Natl Acad Sci USA 89: 5346–5350

Lee KH, Back MY, Moon KY, Song WK, Chung CH, Ha DB, Kang M-S (1994) Nitric oxide as a messenger molecule for myoblast fusion. J Biol Chem 269: 14371–14374

Leivo I, Engvall E (1988) Merosin, a protein specific for basement membranes of Schwann cells, striated muscle, and trophoblast, is expressed late in nerve and muscle development. Proc Natl Acad Sci USA 85: 1544–1548

Lenk U, Demuth S, Kräft U, Hanke R, Speer A (1993a) Alternative splicing of dystrophin mRNA complicates carrier determination: report of a DMA family. J Med Genet 30: 206–209

Lenk U, Hanke R, Thiele H, Speer A (1993b) Point mutations at the carboxy terminus of the human dystrophin gene: implications for an association with mental retardation in DMD patients. Hum Mol Gent 2: 1877–1881

Lenk U, Hanke R, Speer A (1994) Carrier detection in DMD families with point mutations, using PCR-SSCP and direct sequencing. Neuromuscul Disord 4: 411–418

Lenk U, Oexle K, Voit T, Ancker U, Hellner K-A, Speer A, Hübner C (1996) A cystein 3340 substitution in the dystroglycan-binding domain of dystrophin associated with Duchenne muscular dystrophy, mental retardation and absense of the ERG b-wave. Hum Mol Genet 5: 973–975

Lidov H, Byers TJ, Watkins SC, Kunkel LM (1990) Localization of dystrophin to postsynaptic regions of central nervous system cortical neurons. Nature 348: 725–728

Lidov HG, Byers TJ, Kunkel LM (1993) The distribution of dystrophin in the murine central nervous system: an immunocytochemical study. Neuroscience 54: 167–187

Lidov H G W, Selig S, Kunkel L M (1995) Dp 140: a novel 140 kDa CNS transcript from the dystrophin locus. Hum Mol Genet 4: 329–335

Liechti-Gallati S, Koenig M, Kunkel L M et al. (1989) Molecular deletion patterns in Duchenne and Becker type muscular dystrophy. Hum Genet 81: 343–348

Lim LE, Duclos F, Broux O et al. (1995) Beta-sarcoglycan: characterization and role in limb-girdle muscular dystrophy linked to 4q12. Nat Genet 11: 257–265

Lipton BH (1979) Skeletal muscle regeneration in muscular dystrophy. In: Mauro A (ed) Muscle regeneration. Raven Press, New York, pp 493–507

Love DR, Hill DF, Dickson G et al. (1989) An autosomal transcript in skeletal muscle with homology to dystrophin. Nature 339: 55–58

Lyager S, Steffensen B, Juhl B (1995) Indicators of need for mechanical ventilation in Duchenne muscular dystrophy and spinal muscular atrophy. Chest 108: 779–785

Manilal S, thi Man N, Sewry CA, Morris GE (1996) The Emery-Dreifuss muscular dystrophy protein, emerin, is a nuclear membrane protein. Hum Mol Genet 5: 801–808

Maquat LE (1995) When cells stop making sense: effects of nonsense codons on RNA metabolism in vertebrate cells. RNA 1: 453–465

Matsuda R, Nishikawa A, Tanaka H (1995) Visualization of dystrophic muscle fibers in mdx mouse by vital staining with evans blue: evidence of apoptosis in dystrophin-deficient muscle. J Biochem (Tokyo) 118: 959–964

Matsuo M (1996) Duchenne/Becker muscular dystrophy: from molecular diagnosis to gene therapy. Brain Dev 18: 167–172

Matsuo M, Masumura T, Nakajima T et al. (1990) A very small frame-shifting deletion within exon 19 of the Duchenne muscular dystrophy gene. Biochem Biophys Res Commun 170: 963–967

McNally EM, Passos-Bueno MR, Bönnemann CG et al. (1996) Mild and severe muscular dystrophy caused by a single -sarcoglycan mutation. Am J Hum Genet 59: 1040–1047

Medori R, Brooke MH, Waterston RH (1989) Two dissimilar brothers with Becker's dystrophy have an identical genetic defect. Neurology 39: 1493–1496

Megeney LA, Kablar B, Garrett K, Anderson JE, Rudnicki MA (1996) MyoD is required for myogenic stem cell function in adult skeletal muscle. Genes Dev 10: 1173–1183

Mendell JR, Kissel JT, Amato AA et al. (1995) Myoblast transfer in the treatment of Duchenne's muscular dystrophy. N Engl J Med 333: 832–838

Metzinger L, Passaquin A-C, Warter J-M, Poindron P (1993) α-methylprednisolone promotes skeletal myogenesis in dystrophin-deficient and control mouse cultures. Neurosci Lett 155: 171–174

Metzinger L, Passaquin A-C, Vernier A, Thiriet N, Warter J-M, Poindron P (1994) Lazaroids enhance skeletal myogenesis in primary cultures of dystrophin-deficient mdx mice. J Neurol Sci 126: 138–145

Metzinger L, Passaquin A-C, Leijendekker WJ, Poindron P, Rüegg UT (1995) Modulation by prednisolone of calcium handling in skeletal muscle cells. Br J Pharmacol 116: 2811–2816

Monaco A P, Neve R L, Colletti-Feener C, Kurnit D M, Kunkel L M (1986) Isolation of candidate cDNAs for portions of the Duchenne muscular dystrophy gene. Nature 32: 646–650

Monaco AP, Bertelson CJ, Liechti-Gallati S, Moser H, Kunkel LM (1988) An explanation for phenotypic differences between patients bearing partial deletions of the DMD locus. Genomics 2: 90–95

Morgan JE (1994) Cell and gene therapy in Duchenne muscular dystrophy. Hum Gene Ther 5: 165–173

Moschella MC, Ontell M (1987) Transient and chronic neonatal denervation of murine muscle: a procedure to modify the phenotypic expression of muscular dystrophy. J Neurosci 7: 2145–2152

Moser H, Emery AEH (1974) The manifesting carrier of Duchenne muscular dystrophy. Clin Genet 5: 271–284

Mostacciuolo ML, Miorin M, Martinello F, Angelini C, Perini P, Trevisan CP (1996) Genetic epidemiology of congenital muscular dystrophy in a sample from north-east Italy. Hum Genet 97: 277–279

Muntoni F, Wilson L, Marrosu G et al. (1995) A mutation in the dystrophin gene selectively affecting dystrophin expression in the heart. J Clin Invest 96: 693–699

Nägele M, Reimers CD, Fenzl G et al. (1989) Wertigkeit bildgebender Verfahren in der Myologie. Bildgebung 56: 172–178

Nigro G, Politano L, Nigro V, Petretta VR, Comi LI (1994) Mutation of dystrophin gene and cardiomyopathy. Neuromuscul Disord 4: 371–379

Nigro V, de S Moreira E, Piluso G et al. (1996) Autosomal recessive limb-girdle muscular dystrophy, LGMDF, is caused by a mutation in the δ-sarcoglycan gene. Nat Genet 14: 195–198

Nishio H, Takeshima Y, Narita N et al. (1994) Identification of a novel first exon in the human dystrophin gene and of a new promoter located more than 500 kb upstream of the nearest known promoter. J Clin Invest 94: 1037–1042

Nogushi S, McNally EM, Ben Othmane K et al. (1995) Mutations in the dystrophin-associated protein gamma-sarcoglycan in chromosome 13 muscular dystrophy. Science 270: 819–822

Nudel U, Zuk D, Einat P, Zeelon E, Levy Z, Neuman S, Yaffe D (1989) Duchenne muscular dystrophy product is not identical in muscle and brain. Nature 337: 76–78

Oexle K (1989) Prednisone therapy for Duchenne's muscular dystrophy. N Engl J Med 21: 1481–1482

Oexle K (1994) Steroids in Duchenne muscular dystrophy. Neurology 44: 1558–1559

Oexle K, Reimann J, Hübner C (1995) Electroretinographic differentiation between severe childhood autosomal-recessive muscular dystrophy (SCARMD) and Duchenne muscular dystrophy (DMD). Dev Med Child Neurol Suppl 72 37: S94–S95

Oexle K, Herrmann R, Dodé C et al. (1996) Neurosensory hearing loss in secondary adhalinopathy. Neuropediatrics 27: 32–36

Oexle K, Zwirner A, Freudenberg K, Kohlschütter A, Speer A (1997) Examination of muscular telomere lengths casts doubt on replicative aging as cause of progression in Duchenne muscular dystrophy. Pediatr Res 42: 226–231

Ozawa E, Yoshida M, Suzuki A, Mizuno Y, Hagiwara Y, Nogushi S (1995) Dystrophin-associated proteins in muscular dystrophy. Hum Mol Genet 4: 1711–1716

Padberg GW, Lunt PW, Koch M, Fardeau M (1991) Workshop report: diagnostic criteria for facioscapulohumeral muscular dystrophy. Neuromuscul Disord 1: 231–234

Padberg GW, Frants RR, Brouwer OF, Wijmenga C, Bakker E, Sandkuijl LA (1995) Fascioscapulohumeral muscular dystrophy in the Dutch population. Muscle Nerve 2: S81–S84

Pasquini F, Guérin C, Blake D, Davies K, Karpati G, Holland P (1995) The effect of glucocorticoids on the accumulation of utrophin by cultured normal and dystrophic human skeletal muscle satellite cells. Neuromuscul Disord 5: 105–114

Pasternak C, Wong S, Elson EL (1995) Mechanical function of dystrophin in muscle cells. J Cell Biol 128: 355–361

Patridge TA, Davies KE (1995) Myoblast-based gene therapies. Br Med Bull 51: 123–137

Patridge TA, Morgan JE, Coulton GR, Hoffman EP, Kunkel LM (1989) Conversion of mdx myofibers from dystrophin-negative to -positive by injection of normal myoblasts. Nature 337: 176–179

Phelps SF, Hauser MA, Cole NM, Rafael JA, Hinkle RT, Faulkner JA, Cahmberlain JS (1995) Expression of full-length and truncated dystrophin mini-genes in transgenic mdx mice. Hum Mol Genet 4: 1251–1258

Piccolo G, Azan G, Tonin P et al. (1994) Dilated cardiomyopathy requiring cardiac transplantation as initial manifestation of Xp21 Becker type muscular dystrophy. Neuromuscul Disord 4: 143–146

Piccolo F, Roberds SL, Jeanpierre M et al. (1995) Primary adhalinopathy: a common cause of autosomal recessive muscular dystrophy of variable severity. Nat Genet 10: 243–245

Pillers DM, Bulman DE, Weleber RG et al. (1993) Dystrophin expression in the human retina is required for normal function as defined by electroretinography. Nat Genet 4: 82–86

Porter JD, Baker RS (1996) Muscles of a different color: the unusual properties of the extraocular muscles may predispose or protect them in neurogenic and myogenic disease. Neurology 46: 30–37

Poussard S, Duvert M, Balcerzak D, Ramassamy S, Brustis JJ, Cottin P, Ducastaing A (1996) Evidence for implication of muscle specific calpain (p94) in myofibrillar integrity. Cell Growth Differ 7: 1461–1469

Prelle A, Medori R, Moggio M, Chan HW, Gallanti A, Scarlato G, Bonilla E (1992) Dystrophin deficiency in a case of congenital myopathy. J Neurol 239: 76–78

Prior TW, Bartolo C, Papp AC et al. (1997) Dystrophin expresssion in a Duchenne muscular dystrophy patient with a frame shift deletion. Neurology 48: 486–488

Quan F, Janas J, Toth-Fejel S, Johnson DB, Wolford JK, Popovich BW (1997) Uniparental disomy of the entire X chromosome in a female with Duchenne muscular dystrophy. Am J Hum Genet 60: 160–165

Quantin B, Perricaudet LD, Tajbakhsh S, Mandel JL (1992) Adenovirus as an expression vector in muscle cells in vivo. Proc Natl Acad Sci USA 89: 2581–2584

Ragot T, Vincent N, Chafrey P et al. (1993) Efficient adenovirus mediated transfer of a human minidystrophin gene to skeletal muscle of mdx mice. Nature 361: 647–650

Rando TA, Blau HM (1994) Primary mouse myoblast purification, characterization, and transplantation for cell mediated gene therapy. J Cell Biol 125: 1275–1287

Ray PN, Belfall B, Duff C et al. (1985) Cloning of the breakpoint of an X;21 translocation associated with Duchenne muscular dystrophy. Nature 318: 672–675

Reitter B (1995) Deflazacort vs. prednisone in Duchenne muscular dystrophy: trends of an ongoing study. Brain Dev [Suppl] 17: S39–S43

Richard I, Broux O, Allamand V et al. (1995) Mutations in the proteolytic enzyme calpain 3 cause limb-girdle muscular dystrophy type 2A. Cell 81: 27–40

Ried T, Mahler V, Vogt P, Blonden L, Ommen GJB van, Cremer T, Cremer M (1990) Direct carrier detection by in situ suppression hybridisation with cosmid clones of the Duchenne/Becker muscular dystrophy locus. Hum Genet 85: 581–586

Roberds SL, Leturcq FAV, Piccolo F et al. (1994) Missense mutations in the adhalin gene linked to autosomal recessive muscular dystrophy. Cell 78: 625–633

Roberts RG, Coffey AJ, Bobrow M, Bentley DR (1993) Exon structure of the human dystrophy gene. Genomics 16: 536–538

Roberts RG, Gardner RJ, Bobrow M (1994) Searching for 1 in 2400000: a review of dystrophin gene point mutations. Hum Mutat 4: 1–11

Roberts RG, Freeman TC, Kendall E et al. (1996) Characterization of DRP2, a novel human dystrophin homologue. Nat Genet 13: 223–226

Sadoulet-Puccio HM, Khurana TS, Cohen JB, Kunkel LM (1996) Cloning and characterization of the human homologue of a dystrophin related phosphoprotein found at the *Torpedo* electric organ post-synaptic membrane. Hum Mol Genet 5: 489–496

Sancho S, Mongini T, Tanji K et al. (1993) Analysis of dystrophin expression after activation of myogenesis in amniocytes, chorionic-villus cells, and fibroblasts – a new method for diagnosing Duchenne muscular dystrophy. N Engl J Med 329: 915–920

Schmitz F, Holbach M, Drenckhahn D (1993) Colocalization of retinal dystrophin and actin in postsynaptic dendrites of rod and cone photoreceptor synapses. Histochemistry 100: 473–479

Sewry CA, Naom I, D'Alessandro M et al. (1996) The protein defect in congenital muscular dystrophy. Biochem Soc Trans 24: S281

Sharp NJH, Kornegay JN, Van Camp SD et al. (1992) An error in dystrophin mRNA processing in Golden Retriever Muscular Dystrophy, an animal homologue of Duchenne muscular dystrophy. Genomics 13: 115–121

Sicinski P, Geng Y, Ryder-Cook AS, Barnard EA, Darlison MG, Barnard PJ (1989) The molecular basis of muscular dystrophy in the mdx mouse: a point mutation. Science 244: 1578–1580

Sklar RM, Brown Jr RH (1991) Methylprednisolone increases dystrophin levels by inhibiting myotube death during myogenesis of normal human muscle in vitro. J Neurol Sci 101: 73–81

Smith FJ, Eady RA, Leigh IM et al. (1996) Plectin deficiency results in muscular dystrophy with epidermolysis bullosa. Nat Genet 13: 450–457

Speer A, Fleischhack G (1993) Molekulare Grundlagen. In: Speer A (Hrsg) Muskeldystrophie im Kindesalter. Ullstein Mosby, Berlin, S 19–35

Speer A, Spiegler AWJ, Hanke R et al. (1989) Possibilities and limitations of prenatal diagnosis and carrier determination for Duchenne and Becker muscular dystrophy using cDNA probes. J Med Genet 26: 1–5

Stallard J, Henshaw JH, Lomas B, Poiner R (1992) The ORLAU VCG (variable center of gravity) swivel walker for muscular dystrophy patients. Prosthet Orthot Int 16: 46–48

Stedman H, Sweeney L, Shrager J et al. (1991) The mdx mouse diaphragm reproduces the degenerative changes of Duchenne muscular dystrophy. Nature 352: 536–539

Straub V, Bittner RE, Léger JJ, Voit T (1992) Direct visualization of dystrophin network on skeletal muscle fiber membrane. J Cell Biol 119: 1183–1191

Strauss M (1996) Strategien in der Gentherapie. Ann Nestle 54: 1–16

Suzuki A, Yoshida M, Ozawa E (1995) Mammalian alpha1- and beta1-synthrophin bind to the alternative splice-

prone region of the dystrophin COOH terminus. J Cell Biol 128: 373–381
Svensson EC, Tripathy SK, Leiden JM (1996) Muscle-based gene therapy: realistic possibilities for the future. Mol Med Today 2: 166–172
Takeshima Y, Nishio H, Sakamoto H, Nakamura H, Matsuo M (1995) Modulation of in vitro splicing of the upstream intron by modifying an intra-exon sequence which is deleted from the dystrophin gene in dystrophin kobe. J Clin Invest 95: 515–520
Tidball J, Albrecht D, Lockensgard B, Spencer M (1995) Apoptosis precedes necrosis of dystrophin-deficient muscle. J Cell Sci 108: 2197–2204
Timchenko LT, Caskey CT (1996) Trinucleotide repeat disorders in humans: discussions of mechanisms and medical issues. FASEB J 10: 1589–1597
Tinsley JM, Blake DJ, Roche A et al. (1992) Primary structure of dystrophin-related protein. Nature 360: 591–593
Tinsley J M, Blake DJ, Davies KE (1993) Apo-dystrophin 3: a 2.2 kb transcript from the DMD locus encoding the dystrophin glycoprotein binding site. Hum Mol Genet 2: 521–524
Tinsley JS, Potter AC, Phelps SR, Fisher R, Trickett JI, Davies KE (1996) Amelioration of the dystrophic phenotype of mdx mice using a truncated utrophin transgene. Nature 384: 349–353
Toda T, Segawa M, Nomura Y et al. (1993) Localization of a gene for Fukuyama type congenital muscular dystrophy to chromosome 9q31–33. Nat Genet 5: 283–286
Torelli S, Muntoni F (1996) Alternative splicing of dystrophin exon 4 in normal human muscle. Hum Genet 97: 521–523
Tremblay JP, Malouin F, Roy R, Huard J, Bouchard JP, Satoh A, Richards CL (1993) Results of a triple blind clinical study of myoblast transplantations without immunosuppressive treatment in young boys with Duchenne muscular dystrophy. Cell Transplant 2: 99–112
Turner PR, Westwood T, Regen CM, Steinhardt RA (1988) Increased protein degradation results from elevated free calcium levels found in muscle from mdx mice. Nature 335: 735–738

Valentine BA, Cooper BJ, Cummings JF, Lahunta A de (1990) Canine X-linked muscular dystrophy: morphologic lesions. J Neurol Sci 97: 1–23
Van der Kooi AJ, Ledderhof TM, DeVoogt WG et al. (1996) A newly recognized autosomal dominant limb girdle muscular dystrophy with cardiac involvement. Ann Neurol 39: 636–642
Van Deutekom JCT, Wijmenga C, van Tienhoven EAE et al. (1993) FSHD associated DNA rearrangements are due to deletions of integral copies of a 3.2 kb tandemly repeated unit. Hum Mol Genet 2: 2037–2042
Van Essen, Abbs S, Baiget M et al. (1992) Parental origin and germ line mosaicism of deletions and duplications of the dystrophin gene: an European study. Hum Genet 88: 249–257
Vilozni D, Bar-Yishay E, Gur I, Shapira Y, Meyer S, Godfrey S (1994) Computerized respiratory muscle training in children with Duchenne muscular dystrophy. Neuromuscul Disord 4: 249–255
Vincent N, Ragot T, Gilgenkrantz H et al. (1993) Long-term correction of mouse dystrophic degeneration by adenovirus-mediated transfer of a minidystrophin gene. Nat Genet 5: 130–134
Vuolteenaho R, Nissinen M, Sainio K et al. (1994) Human laminin M chain (merosin): complete primary structure, chromosomal assignment, and expression of the M and A chain in human fetal tissues. J Cell Biol 124: 381–394
Wells DJ, Wells KE, Asante EA et al. (1995) Expression of human full-length and minidystrophin in transgenic mdx mice: implications for gene therapy of Duchenne muscular dystrophy. Hum Mol Genet 4: 1245–1250
Wijmenga C, Hewitt JE, Sandkuijl LA et al. (1992) Chromosome 4q DNA rearrangements associated with facioscapulohumeral muscular dystrophy. Nat Genet 2: 26–30
Wolff JA, Malone RW, Williams P, Chong W, Acsadi G, Jani A, Felgner PL (1990) Direct gene transfer into mouse muscle in vivo. Science 247: 1465–1468
Yoshida M, Suzuki A, Yamamoto H, Noguchi S, Mizuno Y, Ozawa E (1994) Dissociation of the complex of dystrophin and its associated proteins in several unique groups of n-octyl beta D-glucoside. Eur J Biochem 222: 1055–1061

1.2 Myotone Syndrome

Manuela C. Koch

Inhaltsverzeichnis

1.2.1	Einleitung	31
1.2.2	**Dystrophe Myotonien (Multisystemerkrankungen)**	32
1.2.2.1	Myotone Dystrophie (DM, Curschmann-Steinert-Erkrankung)	32
1.2.2.1.1	Klinisches Bild, Diagnostik, Prognose	32
1.2.2.1.2	Therapeutische Maßnahmen	34
1.2.2.1.3	Differentialdiagnosen	34
1.2.2.1.4	Formale Genetik	34
1.2.2.1.5	Molekulargenetik	36
1.2.2.1.6	Erkrankungen mit instabilen Trinukleotidsequenzen	39
1.2.2.1.7	Molekulare Diagnostik	40
1.2.2.2	Proximale myotone Myopathie (PROMM)	41
1.2.2.2.1	Krankheitsbild	41
1.2.2.2.2	Vererbung, genetische Epidemiologie	42
1.2.2.2.3	Molekulargenetik	42
1.2.2.2.4	Genetische Beratung	42
1.2.2.3	Schwartz-Jampel-Syndrom (SJS, Myotonia chondrodystrophica)	43
1.2.2.3.1	Krankheitsbild	43
1.2.2.3.2	Vererbung, genetische Epidemiologie	43
1.2.2.3.3	Molekulargenetik	43
1.2.2.3.4	Genetische Beratung	44
1.2.3	**Nicht dystrophe Myotonien (primäre Muskelerkrankungen)**	44
1.2.3.1	Myotonia congenita Thomsen (MC) und generalisierte Myotonie Becker (GM)	44
1.2.3.1.1	Klinisches Bild (MC und GM)	45
1.2.3.1.2	Vererbung, genetische Epidemiologie	46
1.2.3.1.3	Molekulargenetik	46
1.2.3.1.4	Genetische Beratung	50
1.2.3.2	Paramyotonia congenita Eulenburg (PC) und hyperkaliämische periodische Paralysen (HyperPP)	50
1.2.3.2.1	Krankheitsbild Paramyotonia congenita Eulenburg und Unterformen	51
1.2.3.2.2	Hyperkaliämische periodische Paralyse und Unterformen	51
1.2.3.2.3	Vererbung und genetische Epidemiologie	52
1.2.3.2.4	Molekulargenetik	52
1.2.3.2.5	Genetische Beratung	55
1.2.4	**Zusammenfassung und Ausblick**	56
1.2.5	**Literatur**	57

1.2.1 Einleitung

Erkrankungen mit dem Symptom Myotonie wurden erstmals Ende des 19. Jahrhunderts beschrieben. Differentialdiagnostische Schwierigkeiten bei der Unterscheidung der einzelnen myotonen Erkrankungen sind durch Ähnlichkeiten im Phänotyp, insbesondere durch das gemeinsame Muskelsymptom Myotonie zu erklären. Dieses Symptom wird bei verschiedenen autosomal-dominant und autosomal-rezessiv vererbten Erkrankungen beobachtet. Es ist durch eine verzögerte Relaxation des quergestreiften Muskels nach einer willkürlichen Muskelanstrengung (aktive Myotonie) oder nach einer mechanischen Stimulation (passive Myotonie, Perkussionsmyotonie) charakterisiert. Von Erkrankten wird die Myotonie als eine vorübergehende Steife des Muskels empfunden, die sich durch wiederholte Muskelbewegungen wegarbeiten läßt (Aufwärmphänomen). Die paradoxe Myotonie (Paramyotonie) zeigt ebenfalls eine Muskelsteife, diese nimmt aber bei wiederholten Muskelbewegungen im Gegensatz zur einfachen Myotonie noch zu. Die Ableitung eines Elektromyogramms aus der Skelettmuskulatur zeigt bei Betroffenen charakteristische, myotone Entladungen in Form kurzdauernder Serien von Aktionspotentialen.

Eine Klassifikation der myotonen Erkrankungen in dystrophe und nicht dystrophe Formen gelang erst in den letzten 30 Jahren (Tabelle 1.2.1). Für die myotonen Erkrankungen hat sich wie für andere Krankheiten gezeigt, daß die konventionellen Methoden der Gewebeuntersuchung wie histologische und biochemische Analysen nicht ausreichen, um die pathogenetischen Mechanismen der Krankheitsentstehung bis zur Ebene des Proteins aufzuklären. Entscheidende Fortschritte zum Ver-

Tabelle 1.2.1. Klassifikation vererbbarer Erkrankungen mit dem Symptom Myotonie

Erkrankung	Gen/Lokalisation	Protein	Vererbung	MIM
Dystrophe Myotonien (Multisystemkrankheiten)				
Myotone Dystrophie	DMPK1/19q13	DMPK?	AD	160 900
Myotone Dystrophie, Typ 2	?/3q	?	AD	602 668
Proximale myotone Myopathie	?/3q	?	AD	600 109
Schwartz-Jampel-Syndrom	?/1p36–p34	?	AR	255 800
Nicht dystrophe Myotonien (primäre Muskelkrankheiten)				
Myotonia congenita (Thomsen)	CLCN1/7q35	Chloridkanal	AD	118 425, 160 800
Generalisierte Myotonie (Becker)			AR	118 425, 255 700
Myotonia levior			AD	118 425
Paramyotonia congenita (Eulenburg)	SCN4A/17q23–25	Natriumkanal	AD	168 300, 170 500
Paramyotonia ohne Kältelähmung			AD	168 350, 170 500
Myotonia fluctuans			AD	170 500
Hyperkaliämische periodische Paralyse (Gamstorp)			AD	170 500
Normokaliämische periodische Paralyse			AD	170 500, 170 600

AD autosomal-dominanter Erbgang, *AR* autosomal-rezessiver Erbgang, *MIM* Katalognummer Mendelian Inheritance in Man (http://www3.ncbi.nlm.nih.gov/omim).

ständnis der Pathophysiologie dieser Erkrankungen sind in den letzten Jahren mit den Methoden der Molekulargenetik erzielt worden. Die wesentlichen Vorgehensweisen zur Lokalisation und Identifizierung menschlicher Krankheitsgene lassen sich anhand der molekularbiologischen Aufklärung der myotonen Erkrankungen modellhaft nachvollziehen. Eine chromosomale Lokalisation mit Hilfe von Kopplungsanalysen in betroffenen Familien und nachfolgende positionelle Klonierung führte zur Identifizierung von Genen, die bei der Erkankung Myotone Dystrophie (DM) eine Rolle spielen. Die genetische Aufklärung und Charakterisierung der verantwortlichen Gene für die nicht dystrophen Myotonien erfolgten durch einen kombinierten Ansatz aus positionellem und positionsunabhängigem Kandidatengenverfahren. Die klinische Heterogenität der myotonen Erkrankungen kann nach Aufklärung ihrer molekularbiologischen Grundlagen sowohl durch eine Multilocusheterogentität (verschiedene Gene mit unterschiedlichen chromosomalen Lokalisationen) als auch durch eine allelische Heterogenität (unterschiedliche Mutationen im selben Gen) erklärt werden. Die molekulare Analyse der Erkrankungen Myotonia congenita Thomsen und generalisierte Myotonie Becker hat auch gezeigt, daß Mutationen in ein und demselben Gen zu einem autosomal-dominanten oder autosomal-rezessiven Erbgang führen können. Dadurch wird verdeutlicht, daß das Vererbungskonzept von Dominanz und Rezessivität nicht eine Eigenschaft von Genen ist, sondern sich auf Phänotypen bezieht.

1.2.2 Dystrophe Myotonien (Multisystemerkrankungen)

1.2.2.1 Myotone Dystrophie (DM, Curschmann-Steinert-Erkrankung)

Die Erkrankung Myotone Dystrophie (DM) wurde zu Beginn des 20. Jahrhunderts von den deutschen Neurologen H. Steinert (1909) und H. Curschmann (1912) sowie den englischen Ärzten F. E. Batten und H. P. Gibb (1909) als eigenständige Erkrankung gegenüber der Myotonia congenita Thomsen abgegrenzt. Schon in den ersten Kasuistiken wurden die wesentlichen Symptome der Erkrankung DM hervorgehoben: myopathische Fazies, Schwäche der vorderen Halsmuskeln, distal betonte Schwäche und Atrophie der Extremitätenmuskulatur und myotone Muskelsteife. Ausgedehnte Familienstudien in verschiedenen Populationen erweiterten das klinische Bild und zeigten, daß es sich um eine autosomal-dominant vererbte Multisystemerkrankung mit variabler Expressivität und Penetranz des Krankheitsgens handelt. Auch das Phänomen Antizipation wurde in DM-Familien schon sehr früh von klinisch erfahrenen Ärzten beschrieben.

1.2.2.1.1 Klinisches Bild, Diagnostik, Prognose

Klassische Verlaufsform

Das klinische Bild und der Verlauf der Erkrankung variieren intra- und interfamiliär und sind abhängig vom Manifestationsalter (Abb. 1.2.1, Tabelle 1.2.2). Im klassischen Fall manifestiert sich die Er-

Tabelle 1.2.2. Klassifikation der Erkrankung Myotone Dystrophie nach Manifestationsalter und Phänotyp

Verlaufsform	Manifestationsalter	Phänotyp
Kongenital	12 Monate	Meist intrauterine und neonatale Manifestation, respiratorische Insuffizienz, Muskelhypotonie, Extremitätenkontrakturen, Gedeihstörungen, psychomotorische Retardierung
Kindlich	Etwa 1–10 Jahre	Säuglingsalter noch unauffällig, verspätetes Laufenlernen, Muskelhypotonie, Gedeihstörung, allgemeine Entwicklungsverzögerung
Jugendlich	Etwa 10–20 Jahre	Muskelschwäche und distale Atrophien, aktive Myotonie, Multisystemerkrankung, häufig allgemeine Entwicklungsverzögerung
Adult	Etwa 20–40 Jahre	Klassisches Krankheitsbild, Muskelschwäche und distale Atrophien, aktive Myotonie, Multisystemerkrankung, Katarakte
Mild	>40 Jahre – hohes Alter	Präsenile Katarakte, keine typische Muskelschwäche, möglicherweise Episoden von aktiver Myotonie, myotone Entladungen im EMG nicht obligat

krankung im späten Jugend- und frühen Erwachsenenalter. Patienten zeigen als Leitsymptome eine fortschreitende Schwäche der Skelettmuskulatur mit ausgeprägter Atrophie der distalen und später auch proximalen Arm- und Beinmuskeln. Diagnostisch hinweisend sind außerdem eine myopathische Fazies mit einer Ptose, eine undeutliche Sprache sowie eine Atrophie der Schläfen- und vorderen Halsmuskeln. Eine aktive Myotonie kann durch festen Augen- oder Faustschluß mit verzögertem Wiederöffnen von Augen oder Händen nachgewiesen werden. Zusätzlich betroffen sind bei dieser Multisystemerkrankung die glatte Muskulatur (Schluckstörungen, Obstipation, Diarrhöen), das endokrine System (Diabetes mellitus, Hypogonadismus), das Herz (Herzrhythmusstörungen), das periphere und zentrale Nervensystem (Polyneuropathie, subkortikale Läsionen der weißen Hirnsubstanz), die Augen (polychromatische Linsentrübungen, Katarakte) sowie die Haut und ihre Anhangsgebilde (frühzeitige Glatzenbildung). Im Elektromyogramm (EMG) finden sich vorwiegend in den Handmuskeln (Thenar, Hypothenar) myotone Entladungsserien. Die pathophysiologischen Phänomene, die zum Symptom Myotonie und dem typischen Entladungsmuster im EMG führen, sind bisher nicht erklärt. Die Muskelhistologie ist nicht pathognomonisch. Sie kann neben dystrophen Zeichen eine Zunahme zentraler Kerne und Ringfibrillen zeigen. Mit zunehmender Progression der Erkrankung ist ein Nachlassen der intellektuellen Leistungsfähigkeit zu beobachten. Die Lebenserwartung ist reduziert. Plötzliche Todesfälle in der 6. bis 7. Dekade aufgrund von unerkannten kardialen Rhythmusstörungen (z. B. AV-Block) werden beobachtet. Detaillierte Ausführungen zum klinisches Bild und weiteren Aspekten der Erkrankung DM wurden in der Monographie von P. S. Harper (1989) ausführlich dargestellt.

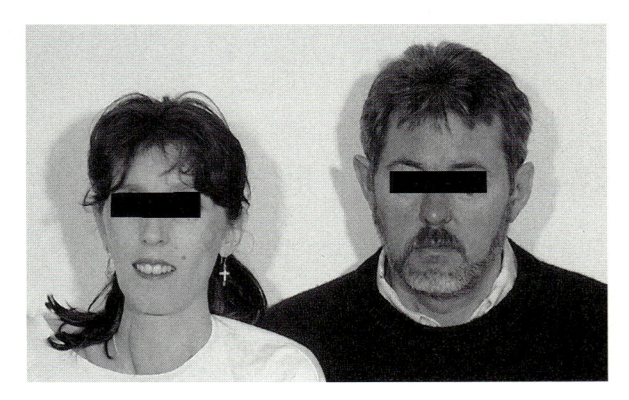

Abb. 1.2.1. Vater (45 Jahre) und Tochter (25 Jahre) mit adulter bzw. jugendlicher Form der Myotonen Dystrophie. Der Vater zeigt in der Leukozyten-DNA eine Expansion von ungefähr 500 CTG-Kopien und die Tochter von 500–1000 CTG-Kopien

Milde Verlaufsform

Familienmitglieder mit der milden Form der Erkrankung DM können als einzige Krankheitssymptomatik polychromatische Linsentrübungen oder präsenile Katarakte aufweisen. Manchmal berichten Patienten auf gezieltes Nachfragen über gelegentlich aufgetretene Probleme beim Wiederöffnen der Finger nach festem Zufassen (z. B. nach Koffertragen). Eine sorgfältig durchgeführte EMG-Ableitung aus Thenar oder Hypothenar kann auch bei diesen milden Verlaufsformen myotone Entladungsserien nachweisen. Familienmitglieder können aber auch lebenslang ohne subjektive Symptome und objektive Krankheitszeichen bleiben, obwohl sie Träger der Erbanlage sind. Die Lebenserwartung bei der milden Form der DM ist nicht reduziert.

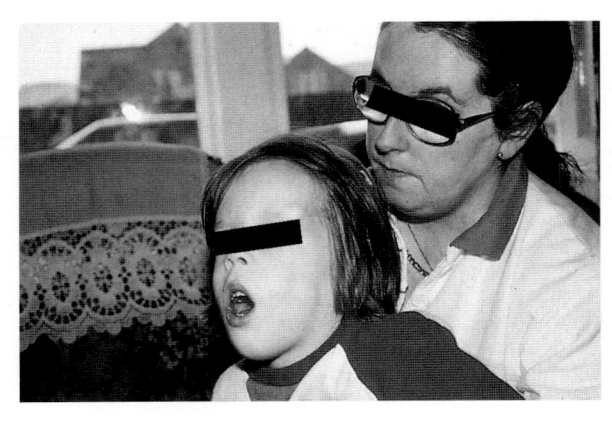

Abb. 1.2.2. Mutter (25 Jahre) mit jugendlicher Form der Myotonen Dystrophie und ihr kongenital erkrankter Sohn im Alter von 3 Jahren. CTG-Expansionen in der Leukozyten-DNA von 500–1000 CTG-Kopien bei der Mutter und von 1000–1500 CTG-Kopien beim Sohn

Kongenitale Verlaufsform

Die schwerste Ausprägung des klinischen Bilds findet sich im Neugeborenen-, Säuglings- und Kindesalter. Die kongenitale Myotone Dystrophie manifestiert sich bereits intrauterin. Betroffen sind bis auf wenige Ausnahmen Kinder manifest erkrankter Mütter (Koch et al. 1991, de Die-Smulders et al. 1997). Das klinische Bild der kongenitalen und kindlichen Form der Erkrankung ist von einer allgemeinen Muskelhypotonie bestimmt, insbesondere von einer Schwäche der mimischen Muskulatur, einer Gedeihstörung und Extremitätenkontrakturen. Für kongenital erkrankte Neugeborene, die eine schwere Ateminsuffizienz überleben, ist die Prognose quoad vitam gut. Bei fast all diesen Kindern besteht aber später eine wesentliche psychomotorischen Retardierung (Abb. 1.2.2, Tabelle 1.2.2). Typische myotone Entladungsserien im EMG und die Entwicklung einer Katarakt sind im Kindesalter selten. Während der Phänotyp beim Säugling und Kleinkind der klassischen Verlaufsform des Jugend- und Erwachsenenalters noch wenig gleicht, wird das klinische Bild mit zunehmendem Alter der betroffenen Kinder der adulten Form ähnlicher. Die Erfahrung hat gezeigt, daß die Diagnose einer kongenitalen Myotonen Dystrophie beim Kind vorwiegend über eine klinische Untersuchung der manifest erkrankten Mutter gestellt wird. Je weiter die Erkrankung bei einer Frau fortgeschritten ist, desto häufiger finden sich in ihrer Anamnese auch Fehl- und Totgeburten.

1.2.2.1.2 Therapeutische Maßnahmen

Eine regelmäßige Betreung der chronisch kranken DM-Patienten durch einen Kinderarzt, Neurologen, Internisten oder ein multidiziplinär ausgerichtetes Muskelzentrum sollte angestrebt werden. Eine spezifische Therapie der Erkrankung ist bisher nicht möglich, und die Progression kann nicht aufgehalten werden. Symptomatische Behandlungen wie beispielsweise Kataraktoperationen oder Schrittmacherimplantationen sind die Regel. Das Symptom Myotonie wird von DM-Patienten im Gegensatz zu Erkrankten mit nicht dystrophen Myotonien als nicht sehr störend empfunden. Eine Behandlung der Myotonie mit membranstabilisierend wirkenden Medikamenten (z. B. Mexiletin, Tocainid) erübrigt sich daher meist. Alle klinisch manifesten Formen der Erkrankung DM haben ein erhöhtes Narkoserisiko. Daher ist unbedingt darauf zu achten, daß eine Gabe von depolarisierend wirkenden Muskelrelaxanzien im Rahmen von Narkosen vermieden wird (Brahams 1989, Slater et al. 1993). Symptome einer malignen Hyperthermie werden bei DM unter Narkose nicht beobachtet.

1.2.2.1.3 Differentialdiagnosen

In die Differentialdiagnose sollten andere Erkrankungen mit dem Symptom Myotonie wie die Myotonia congenita Thomsen, die generalisierte Myotonie Becker und das erst unlängst beschriebene Krankheitsbild der proximalen myotonen Myopathie (PROMM) einbezogen werden. Keines der genannten Krankheitsbilder ist mit einer CTG-Sequenz-Expansion im 3′-Bereich des *DMPK*-Gens assoziiert (s. Kapitel 1.2.2.1.5 „Molekulargenetik"). Die Differentialdiagnose der kongenitalen Myotonen Dystrophie unter dem Blickwinkel einer Hypotonie beim Neugeborenen wird in pädiatrischen Lehrbücher abgehandelt.

1.2.2.1.4 Formale Genetik

Vererbung

Die Vererbung der Erkrankung DM ist autosomal-dominant. Die klassische Definition von Dominanz in der Humangenetik besagt, daß ein Gen, das den Phänotyp des Heterozygoten bestimmt, dominant ist (Wilkie 1994, Zlotogora 1997). Entsprechend dieser Definition sind Merkmalsträger für DM in der Regel heterozygot, und homozygote Merkmalsträger sind nicht schwerer betroffen als heterozygote. Seitdem eine molekulare Analyse der Erkrankung möglich ist, wurde bei verschiedenen Patienten ein homozygoter Genträgerstatus nachgewiesen. Erwartungsgemäß sind diese Patienten nicht schwerer betroffen als ihre heterozygoten Familienangehörigen (Martorell et al. 1996).

Antizipation

Kennzeichnend für Familien mit DM sind eine intrafamiliär unterschiedliche Ausprägung im Phänotyp (variable Expressivität) und ein unterschiedliches Manifestationsalter (variable Penetranz). Außerdem nimmt in den meisten Familien über die Generationenfolge die Schwere des Krankheitsbilds zu und das Manifestationsalter wird geringer. Dieses Phänomen wird als Antizipation bezeichnet (Abb. 1.2.3). Genträger in der Großelterngeneration weisen beispielsweise häufig als alleinige Manifestation polychromatische Linsentrübungen oder präsenile Katarakte auf, während die Elterngeneration einen Phänotyp im Sinn der Multisystemerkrankung mit einer Manifestation im Jugend- oder Erwachsenenalter hat. Enkelkinder können kongenital betroffen sein. Über viele Jahre bestand Uneinigkeit, ob es sich bei der Antizipation um ein biologisch zu erklärendes Phänomen oder um einen statistischen Erfassungsfehler handelt (Höweler et al. 1989, Harper et al. 1992). Erst die Analyse von Genen für die Erkrankung DM konnte die Antizipation als molekulares Phänomen erklären (s. Kapitel 1.2.2.1.5 „Molekulargenetik").

Genetische Epidemiologie

Die Multisystemerkrankung DM ist bei weitem die häufigste aller myotonen Erkrankungen. Die Prävalenz der klassischen Form der Erkrankung mit einer Manifestation im Jugend- und Erwachsenenalter liegt in der europäischen Population bei ungefähr 1:8000. Die milde Form der DM und asymptomatische Genträger werden in dieser Zahl nicht erfaßt, so daß über die Genträgerhäufigkeit keine Zahlenangaben vorliegen. Höhere Prävalenzzahlen werden in ortsständigen Populationen gefunden, die von einem Gründer abstammen. So erklärt sich z. B. die hohe Prävalenz von 1:475 in der französisch-kanadischen Population der Saguenay-Lac-St. Jean-Region (Provinz Quebec) durch einen gemeinsamen Urahn aus der Normandie. Die Inzidenz der kongenitalen Myotonen Dystrophie im Neugeborenenalter wird auf 1:3500–1:16000 geschätzt (Harper 1989). Über die Häufigkeit der kindlichen Form liegen keine Zahlenangaben vor.

Die Neumutationsrate für die Erkrankung DM wird als äußerst gering eingeschätzt. Ob es sich bei Einzelfällen ohne lebende Familienangehörige um Neumutationen oder um eine Vererbung über ein klinisch nicht zu manifestierendes Elternteil handelt, wird meist nicht zu entscheiden sein. Die Zusammenhänge zwischen normalen $(CTG)_n$-Allelen, expandierten Allelen und Haplotypen in verschiedenen ethnischen Population und in DM-Familien werden unter „Genetische Epidemiologie des $(CTG)_n$-Polymorphismus" besprochen.

Genetische Heterogenität

Patienten, die die klinischen Kriterien des DM-Phänotyps erfüllen, zeigen alle eine CTG-Expansion im 3′-Bereich des *DMPK*-Gens. Einen Hinweis für eine genetische Heterogenität von DM gibt ein inzwischen entdeckter 2. Genort (DM2-Locus). Kopplungsanalysen mit Mikrosatellitenmarkern lokalisieren den DM2-Phänotyp in einer 5-Genera-

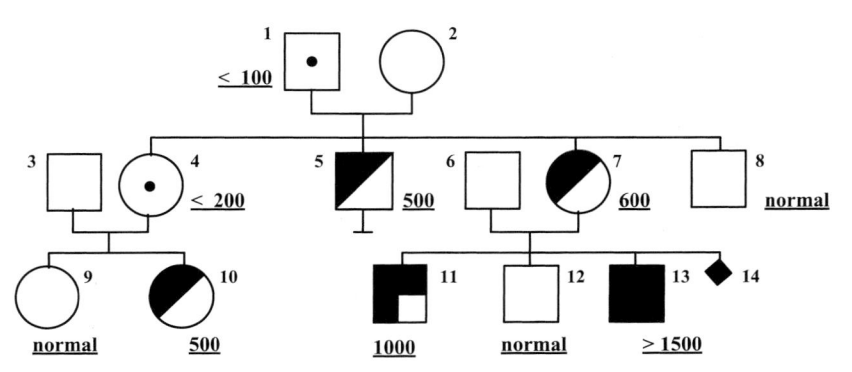

Abb. 1.2.3. Stammbaum einer Familie mit Myotoner Dystrophie und Antizipation. Personen *1* und *4* mit milder Verlaufsform, Personen *5*, *7* und *10* jugendliche und adulte Verlaufsform, Person *11* kindliche Form und Person *13* kongenitale Form, Nr. *14* Fehlgeburt. Die Zahlen neben den Personensymbolen geben die CTG-Expansionen in der Leukozyten-DNA an, *Kreise* weiblich, *Vierecke* männlich

tionen-Familie aus den USA auf den langen Arm von Chromosom 3 (Ranum et al. 1998). Betroffene aus dieser Familie zeigen ein klinisches Bild wie bei DM, weisen aber zusätzlich Symptome einer proximalen Muskelschwäche auf [s. auch Kapitel 1.2.2.2 „Proximale myotone Myopathie (PROMM)"]. Eine CTG-Expansion im *DMPK*-Gen fand sich bei den Erkrankten nicht. Das krankheitsverursachende Gen oder ein Kandidatengen konnten für den DM2-Locus bisher nicht identifiziert werden.

1.2.2.1.5 Molekulargenetik

Kopplungsanalysen, positionelle Klonierung

Kopplungsanalysen in Familien mit DM lokalisierten das Krankheitsgen auf dem langen Arm von Chromosom 19 (19q13.2–q13.3). Ein Hinweis auf eine Locusheterogenität ergab sich aus den weltweiten Kopplungsdaten nicht.

Physikalische und genetische Karten der chromosomalen Region 19q13 führten zur genaueren Bestimmung der Position des Krankheitslocus. Mehrere Kandidatengene aus der chromosomalen Region 19q13, wie das Gen für die muskelspezifische Kreatinkinase (CKM), die Proteinkinase Cγ(PRKCG) und die α-3-Isoform der Na$^+$-K$^+$-ATPase konnten als krankheitsverursachend ausgeschlossen werden. Ein wesentlicher Schritt zur Genidentifizierung erfolgte durch den Nachweis eines Kopplungsungleichgewichts zwischen proximal (D19S63) und distal (D19S112) gelegenen polymorphen DNA-Markern und dem Phänotyp DM. Die allelische Assoziation zwischen dem seltenen Allel 3 des anonymen DNA-Markers D19S63 in der europäischen Population und dem Krankheitsgen ließ bereits die Vermutung zu, daß die DM-Mutation nur in einer Subpopulation von Haplotypen zu finden ist. Die originäre Mutation ist wahrscheinlich von einem oder einigen wenigen Haplotypen ausgegangen [s. „Genetische Epidemiologie des (CTG)$_n$-Polymorphismus"].

Schließlich wurden DNA-Klone identifiziert, die patientenspezifische DNA-Fragmente aufwiesen (Brook et al. 1992). In der Normalbevölkerung findet sich mit den DNA-Sonden pM10M6 oder p5B1.4 ein Restriktionsfragmentlängenpolymorphismus (RFLP) mit EcoRI-DNA-Fragmentlängen von 10 kb (Allel A1) und 9 kb (Allel A2). Dieser RFLP ist durch einen 1-kb-Insertionspolymorphismus in Intron 8 des DM-Proteinkinasegens (*DMPK*-Gen) bedingt. Bei Erkrankten mit Myotoner Dystrophie sind nur eines der beiden normalen Allele und zusätzlich ein krankheitsspezifisches expandiertes Fragment von mehr als 10 kb vorhanden. Die Fragmentexpansion geht immer vom Allel A1 (10 kb Allel) aus (Abb. 1.2.4).

DMPK-Gen, (CTG)$_n$-Sequenz

Eine weitere Charakterisierung der polymorphen DNA-Sonden hat gezeigt, daß das krankheitsspezifisch expandierte Fragment im letzten Exon (Exon 15) innerhalb der 3'-nichttranslatierten Region des DM-Proteinkinase-Gens (*DMPK*-Gen) liegt. Das DMPK-Gen erstreckt sich über eine genomische Sequenz von ungefähr 13 kb, enthält 15 Exons und ergibt ein RNA-Transkript von ungefähr 3 kb. Das Gen kodiert für ein Protein von 624 Aminosäuren. Gesunde Individuen aus der europäischen Allgemeinbevölkerung weisen im 3'-nichttranslatierten Bereich eine hochpolymorphe Cytosin-Thymin-Guanin-Trinuleotidsequenz (CTG-Sequenz) auf. Gesunde haben zwischen 5 und 35 Kopien dieser CTG-Sequenzwiederholungen auf beiden Chromosomen (Allelen). Bei Erkrankten findet sich ein normales Allel mit 5–35 Kopien und ein mutiertes Allel mit einer expandierten CTG-Sequenz von 50 bis zu mehreren 1000 Trinukleotidkopien. Bisher wurde kein typischer DM-Patient ohne diese spezifische Mutation beschrieben. Auch eine Krankheits-assoziierte Punktmutation im *DMPK*-Gen wurde bisher nicht gefunden. Die Homogenität der Mutation bestätigt die anfänglichen Haplotypanalysen mit Kopplungsungleichgewichten zu definierten Haplotypen.

Phänotyp-Genotyp-Korrelationen

Die Größe der expandierten CTG-Sequenz variiert intra- und interfamiliär. Es besteht eine weitgehende Korrelation zwischen dem Ausprägungsgrad des Krankheitsbilds und der Vergrößerung der

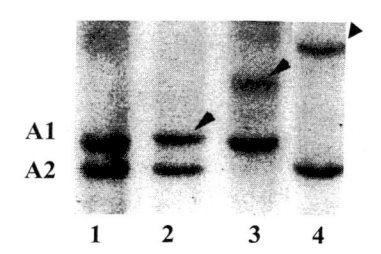

Abb. 1.2.4. Southern-Blot-Analyse aus Leukozyten-DNA (RFLP EcoRI, Sonde pM10M6), *Spur 1* gesunde heterozygote Kontrollperson mit den Allelen A1 (10 kb) und A2 (9 kb), *Spur 2–4* Patienten-DNA mit den normalen Allelen A1 bzw. A2 und expandierten EcoRI-Fragmenten (*Pfeile*)

CTG-Sequenz (Damian et al. 1994, Harley et al. 1993). Individuen mit minimalen Expansionen der CTG-Sequenz (etwa 50–80 CTGs) haben häufig als einziges Symptom eine präsenile Katarakt oder sind asymptomatisch. Im jugendlichen und jungen Erwachsenenalter Erkrankte zeigen meist eine CTG-Anzahl von 200–1000, während Kinder mit der kongenitalen Form über 3000 CTG-Trinukleotide aufweisen können. Die Aussage zur Korrelation zwischen CTG-Vergrößerung und klinischem Bild gilt nicht uneingeschränkt. Internationale klinische Studien haben gezeigt, daß es zu einem Überlappen der CTG-Größen bei den verschiedenen Manifestationsformen der Erkrankung kommt. So können CMD-Kinder eine etwa gleich große expandierte Sequenz in der Leukozyten-DNA aufweisen wie ihre erst im Jugend- oder Erwachsenenalter erkrankte Mutter.

Da in der Regel die Bestimmung der Trinukleotidsequenz nur in der Leukozyten-DNA des Patienten erfolgt, können im Einzelfall aufgrund der molekularen Analyse keine Rückschlüsse auf den Krankheitsverlauf vorgenommen werden (s. „Somatische Heterogenität, mitotische Instabilität der (CTG)$_n$-Sequenz"). Für die Beratung und prognostische Beurteilung des Krankheitsverlaufs eines Patienten ist weiterhin der Phänotyp entscheidend. Daher sollte auch keine prognostische Voraussage über den Phänotyp eines Kinds aufgrund einer pränatal bestimmten expandierten (CTG)$_n$-Sequenz aus Chorion- oder Amnionzellen-DNA gemacht werden.

Antizipation, meiotische Instabilität der (CTG)$_n$-Sequenz

Bei der Vererbung der mutierten Erbanlage an die nachfolgende Generation kommt es in den meisten Familien zu einer Expansion der CTG-Sequenz (Abb. 1.2.3, Abb. 1.2.5). Das bedeutet, die Sequenz ist meiotisch instabil. Parallel dazu nimmt der Ausprägungsgrad der Krankheitssymptome zu, und das Manifestationsalter wird verringert (Antizipation). Im Gegensatz zu Erkrankungen mit stabilen Mutationen im Krankheitsgen (z. B. Mukoviszidose, spinale Muskelatrophie, Muskeldystrophie Typ Duchenne/Becker) sind Familienmitglieder aus DM-Familien genetisch nicht identisch für die mutierte Erbanlage (instabile Mutation), obwohl sie das Gen von einem gemeinsamen Urahn ererbt haben. In einem geringen Prozentsatz der DM-Familien kommt es bei der Vererbung der mutierten Sequenz über männliche Genträger zu einer Reduktion der expandierten Sequenz. Ob einer geringeren Sequenzexpansion bei Nachkommen ein elterliches Gonadenmosaik, eine meiotische Instabilität oder ein somatisch postzygotisches Geschehen zugrundeliegt, ist ungeklärt. Eine Voraussage über die zu erwartende CTG-Größe der zukünftigen Nachkommen eines Genträgers sowie deren Manifestationsalter und über den klinischen Verlauf kann daher nicht gemacht werden.

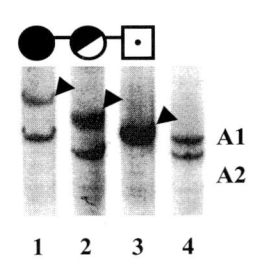

Abb. 1.2.5. Southern-Blot-Analyse aus Leukozyten-DNA (RFLP EcoRI, Sonde pM10M6) einer Familie mit Antizipation. *Spur 3* Großvater mit milder Verlaufsform und Expansionsfragment (Doppelbande A1/E=200 CTGs), *Spur 2* Mutter mit jugendlicher Form und Expansionsfragment (A2/E=500–1000 CTGs), *Spur 1* Enkeltochter mit kongenitaler Form und Expansionsfragment (A1/E>1000 CTGs)

Somatische Heterogenität, mitotische Instabilität der (CTG)$_n$-Sequenz

Verschiedene Organe weisen unterschiedliche Expansionen der Trinukleotidsequenz auf (Wong et al. 1993). Diese meist nicht zu erfassende somatische Heterogenität der Organe bezüglich der CTG-Sequenzexpansion kann aber für den Verlauf der Erkrankung entscheidend sein. Bei verschiedenen Patienten wurde in der DNA des Skelettmuskels eine größere Trinukeotidsequenz als in der Leukozyten-DNA gefunden. Die CTG-Vergrößerung in der Leukozyten-DNA muß also nicht repräsentativ für andere Organe sein, insbesondere nicht für die Gonaden. Besonders bei Patienten mit der klassischen Form der DM findet sich eine Heterogenität der CTG-Sequenz nicht nur in verschiedenen Organen, sondern auch innerhalb eines Organs (Gewebemosaik). Gewebemosaike erscheinen auf der Autoradiographie als verbreitetes DNA-Fragment, das auf eine mitotische Instabilität hinweisend ist (Abb. 1.2.4, Spur 3).

Als Ausdruck der mitotischen Instabilität verlängert sich bei Erkrankten die Sequenz in den Geweben im Lauf ihres Lebens (Martorell et al. 1998). Wahrscheinlich ist dies aber nicht allein ausreichend, um eine Progression der Erkrankung mit zunehmendem Alter zu erklären. Welcher molekulare Mechanismus zu einer Expansion der Trinukleotidsequenz in Meiose und Mitose führt, ist

bisher nicht geklärt. Mögliche genetische Mechanismen sind:
- ungleiches Cross-over,
- ungleicher Austausch zwischen Schwesterchromatiden,
- Fehlpaarungen durch Strangverschiebungen und Genkonversion (Gordenin et al. 1997).

Genetische Epidemiologie des (CTG)$_n$-Polymorphismus

Zahlreiche ethnisch unterschiedliche Populationen sind auf eine Allelverteilung des (CTG)$_n$-Polymorphismus im *DMPK*-Gen untersucht worden. Die Variationsbreite liegt zwischen 5 und 35 CTG-Wiederholungen. In den westeuropäischen Populationen finden sich neben seltenen Einzelallelen 3 Verteilungsgipfel der Normalallele:
- (CTG)$_5$,
- (CTG)$_{9-17}$ (mittlere Normalallele),
- (CTG)$_{>18}$ (große Normalallele).

Die prozentuale Verteilung dieser 3 Allelgruppen in der deutschen Bevölkerung ähnelt mit 41%, 49% und 9% (eigene Daten) der anderer europäischer Populationen.

Es besteht in den unterschiedlichen Populationen eine positive Korrelation zwischen der Häufigkeit der großen Normalallele (CTG)$_{>18}$ und der Prävalenz für DM. Diese großen Normalallele finden sich besonders häufig in Westeuropa und Japan, wo auch die Erkrankung DM am häufigsten ist. Yemenitische Juden haben mit 1,7:10 000 die höchste DM-Prävalenz und parallel dazu eine (CTG)$_{>18}$-Allel-Frequenz von 15%. Diese großen (CTG)$_{>18}$-Allele sind mit <1% in zentralafrikanischen Populationen äußerst selten. Dies geht parallel mit einem praktisch fehlenden Auftreten von DM in diesen Bevölkerungen.

Haplotypanalysen mit polymorphen 19q13-Markern, die die (CTG)$_n$-Sequenz 5′ und 3′ flankieren, haben gezeigt, daß alle CTG-Expansionschromosomen, (CTG)$_{n \geq 50}$, in der nordeurasischen DM-Population von einem oder wenigen Gründerchromosomen abstammen. Diese expandierten Gründerchromosomen entstammen wahrscheinlich dem Genpool der großen Normalallele (CTG)$_{>18}$. Die Theorie ist, daß große Normalallele aus mittleren Normalallelen (CTG)$_{9-17}$ entstehen und dann weiter expandieren (Imbert et al. 1993). Im Vergleich mit anderen Populationen aus Zentralafrika, die weder diesen Gründerhaplotyp noch mittlere Normalallele aufweisen, hat man geschlossen, daß die CTG-Expansion mit der Auswanderung des modernen Menschen aus Afrika entstanden ist (Tishkoff et al. 1998).

DMPK-Genprodukt, Hypothesen zur Pathophysiologie

Das *DMPK*-Gen zeigt Sequenzhomologien zur Familie der Serin-Threonin-Proteinkinasen. Verwandte Proteinkinasen in anderen Organismen (*Drosophila melanogaster*, *Saccharomyces cerevisiae*) spielen eine Rolle in der Zellzyklusregulation und als Tumorsuppressorgene.

Durch alternatives Spleißen des *DMPK*-Gens liegt das Protein, die DM-Proteinkinase, in verschiedenen Isoformen in Herz- und Skelettmuskel, im Gehirn, in Lunge und Pankreas vor. Das Molekulargewicht (MG) der verschiedenen Isoformen liegt zwischen 53 000 und 80 000. In Geweben von Patienten wurden ein unterschiedlicher mRNA-Gehalt und sowohl eine erhöhte als auch eine erniedrigte Proteinexpression gefunden. Diese Diskrepanzen können durch unterschiedliche Faktoren (Alter des Patienten, Ausprägungsgrad der Erkrankung, Art des untersuchten Gewebes, experimentelle Methoden) bedingt sein.

Insgesamt konnten Studien über das *DMPK*-Gen und sein Genprodukt nicht klären, welchen Einfluß eine verlängerte CTG-Sequenz auf RNA, Protein und Phänotyp hat. Daher bleibt weiterhin offen, wie die dominante Vererbung des Phänotyps zu erklären ist (Haploinsuffizienz? Funktionsverlustmutation mit dominant-negativem Effekt? Funktionszugewinnmutation?). Möglicherweise sind auch epigenetische Faktoren in die Krankheitsentstehung involviert. So sind Proteine beschrieben, die spezifisch RNA binden und durch eine verlängerte CUG-Sequenz in ihrer Funktion eingeschränkt werden. Eine Inhibition solcher CUG-bindenden Proteine (CUG-BP) könnte zur Folge haben, daß der *DMPK*-mRNA oder auch der mRNA anderer Transkripte nicht die nötige Stabilität gegeben wird. Dadurch könnte es wiederum zu einer Fehlregulation des alternativen Spleißens verschiedener Transkripte kommen, wie bereits für das kardiale Troponin T nachgewiesen (Philips et al. 1998). Über welche weiteren Mechanismen eine RNA-Instabilität zu einer Akkumulation von posttranskriptionaler mRNA führen kann, wie sie in Muskelgewebe von Betroffenen beobachtet wurde, ist noch nicht geklärt (Timchenko et al. 1996). Eine weitere Hypothese zur Krankheitsentstehung erörtert, ob die expandierte CTG-Sequenz die lokale Chromatinstruktur ändert und so zu einer reduzierten Expression des *DMPK*-Gens und benachbarter Gene führen kann (Wang et al. 1995).

Abb. 1.2.6. Schematische Darstellung der DM-Region mit dem *DMPK*-Gen und den in unmittelbarer Nachbarschaft liegenden Genen (Gen 59 und *DMAHP*-Gen)

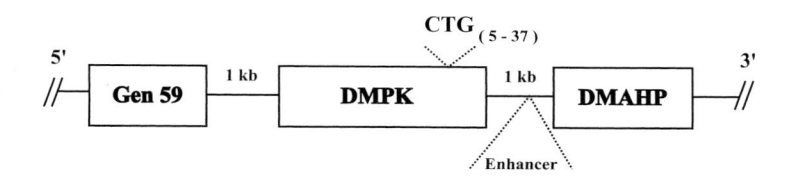

Assoziierte Gene

Inzwischen sind in der 5'- und 3'-Region des *DMPK*-Gens in einem Abstand von nur 1 kb weitere Gene entdeckt worden (Abb. 1.2.6). Strangaufwärts liegt das menschliche Gen 59, das eine 93%ige Aminosäurenhomologie und strukturelle Ähnlichkeiten zu dem *DMR-N9*-Gen der Maus zeigt (Jansen et al. 1995). Bei Mensch und Maus sind Gen 59 bzw. *DMR-N9*-Gen u.a. in Gehirn, Testes und Herz exprimiert. Strangabwärts des *DMPK*-Gens liegt das *DMAHP*-Gen (DM locus-associated homeodomain protein). Es besteht aus 3 Exons und kodiert einen Transkriptionsfaktor (Boucher et al. 1995, Heath et al. 1997). Die Organexpression ist ähnlich wie beim *DMPK*-Gen (Skelettmuskel, Herzmuskel, Gehirn u.a.). Die Transkription des *DMAHP*-Gens wird durch eine 700 bp strangabwärts von der CTG-Sequenz gelegene Enhancer-Sequenz reguliert. Diese Enhancer-Sequenz scheint auf expandierten DM-Chromosomen funktionsunfähig zu sein. Widersprüchlich sind die Ergebnisse zur *DMAHP*-Expression in Skelettmuskel, Herzmuskel und Gehirn bei einer CTG-Trinukleotidsequenzexpansion des *DMPK*-Gens. Es wurden sowohl gleichbleibende als auch reduzierte Expressionsmuster gefunden (Hamshere et al. 1997, Klesert et al. 1997, Thornton et al. 1997). Zumindest muß nach diesen Resultaten diskutiert werden, daß auch das *DMAHP*-Gen in die Pathophysiologie der Erkrankung involviert sein kann. In diesem Fall würde es sich bei der DM um eine polygene Erkrankung handeln (Harris et al. 1996).

Mausmodelle

Eine natürlich vorkommende Mausmutante, die zu einem DM-ähnlichen Phänotyp führt, ist nicht bekannt. Es sind daher transgene und Knockout-Mausstämme etabliert worden, um Auswirkungen einer Überexpression bzw. einer Inaktivierung des *DMPK*-Gens auf den Phänotyp der Maus zu analysieren. Es hat sich gezeigt, daß weder die transgenen noch die Knockout-Mäuse dem DM-Phänotyp beim Menschen ähneln (Hamshere u. Brook 1996). Transgene Mäuse mit einer Überexpression des *DMPK*-Gens wiesen lediglich eine hypertrophische Kardiomyopathie auf. $DMPK^{+/-}$-Mäuse zeigten keinerlei Abweichungen zum Wildtyp. $DMPK^{-/-}$-Mäuse entwickelten im fortgeschrittenen Alter eine Schwäche der quergestreiften Muskulatur mit histologischen Auffälligkeiten. Die konstruierten Mausmodelle haben somit noch nicht die erhofften neuen Erkenntnisse zur Klärung der Pathomechanismen der Erkrankung DM beim Menschen erbracht. Neue Versuche mit Mausstämmen, die die DM-assoziierten Gene (Gen 59, *DMAHP*-Gen) überexprimieren oder für diese haploinsuffizient sind, könnten vielleicht das Verständnis für die pathophysiologischen Zusammenhänge erweitern.

Transgene Mäuse, die humane DNA der gesamten DM-Region mit assoziierten Genen und moderaten CTG-Expansionen transferiert bekamen, zeigten eine mäßiggradig ausgeprägte meiotische und mitotische Instabilität der $(CTG)_n$-Sequenz. Insbesondere fand sich in den Geweben dieser Mäuse eine Expansion des $(CTG)_n$-Allels mit zunehmenden Lebensalter wie beim Menschen (Lia et al. 1998).

1.2.2.1.6 Erkrankungen mit instabilen Trinukleotidsequenzen

Inzwischen sind mehr als ein Dutzend Erkrankungen mit instabilen (dynamischen) Mutationen beim Menschen beschrieben worden. Beispiele sind in Tabelle 1.2.3 genannt. Interessanterweise konnten in den Genen von *Drosophila melanogaster* und der Maus bisher keine dynamischen Mutationen nachgewiesen werden.

Die Trinukleotiderkrankungen werden heute üblicherweise in 2 Gruppen eingeteilt. Alle Typ-1-Erkrankungen zeigen eine ähnliche klinische Symptomatik mit Störungen der Körperkoordination und einem degenerativen Krankheitsprozeß mit Abbau von Nervenzellen im Gehirn. Die polymorphe, instabile CAG-Trinukleotidsequenz liegt bei allen involvierten Genen im kodierenden Bereich.

Die Typ-2-Erkrankungen zeigen klinisch-neurologisch eine sehr unterschiedliche Symptomatik und Prognose. Wesentlich ist, daß sich hier die ex-

Tabelle 1.2.3. Erkrankungen mit instabilen Trinukleotidsequenzen

Erkrankung	Gen/Lokalisation	Antizipation	Triplett	Triplettzahl Normal/Mutation	Vererbung/MIM
Typ 1					
Huntington-Krankheit	Huntingtin/4p16.3	+	5' CAG	11–34/40–100	AD/143 100
Spinozerebelläre Ataxie 1	Ataxin-1/6p23	+	5' CAG	19–36/45–80	AD/164 400
Kennedy-Syndrom	Androgenrezeptor/Xq11–q12	–	5' CAG	18–28/40–60	XR/313 200
Typ 2					
Friedreich-Ataxie	FRDA/9q13–q21	–	5' GAA	10–21/200–900	AR/229 300
Myotone Dystrophie	DMPK/19q13.2–q13.3	+	3' CTG	5–37/50–>1000	AD/160 900
Fragiles X-Syndrom	FRAXA/Xq27.3	+	5' CGG	2–52/60–>1000	XR/309 550

AD autosomal-dominanter Erbgang, *AR* autosomal-rezessiver Erbgang, *MIM* Katalognummer Mendelian Inheritance in Man (http://www3.ncbi.nlm.nih.gov/omim).

pandierende Sequenz im 5'- oder 3'-nichttranslatierten Bereich des betroffenen Gens findet. Von 10 möglichen repetitiven Trinukleotiden sind beim Menschen bisher nur 3 (CGG/CCG, CTG/CAG, GAA/TTC) beschrieben worden (Hofferbert et al. 1997). Die überwiegende Zahl der Erkrankungen zeigt eine CTG/CAG-Expansion in der 5'-Region des involvierten Gens, lediglich bei der Erkrankung DM liegt die Wiederholungssequenz im 3'-nichttranslatierten Bereich. Die starke Größenzunahme der $(CTG)_n$-Sequenz bei der DM ist mit der Situation beim FRAXA- und FRAXE-Syndrom vergleichbar. Dynamische Mutationen der Erkrankungen Morbus Huntington und Kennedy-Syndrom zeigen hingegen nur eine Verdreifachung der Wiederholungssequenz. Zu weiteren klinischen und molekulargenetischen Aspekten der Trinukleotiderkrankungen sei auf die entsprechenden Kapitel dieses Buchs verwiesen.

1.2.2.1.7 Molekulare Diagnostik

Genetische Beratung

Die genetische Beratung einer Familie mit DM entspricht den Kriterien eines autosomal-dominanten Erbgangs mit variabler Expressivität und Penetranz des Krankheitsgens. Kinder von heterozygoten Merkmalsträgern haben eine Wahrscheinlichkeit von 50%, das Krankheitsgen zu erben. Familienmitglieder können bis ins hohe Alter ohne Symptome sein, obwohl sie Genträger sind. Das bedeutet, die Penetranz des Gens bleibt im reproduktionsfähigen Alter unvollständig. Symptomfreien Fragestellern aus DM-Familien kann daher auch nach einem unauffälligen klinischen Untersuchungsbefund einschließlich EMG-Ableitung und Spaltlampenuntersuchung keine altersabhängig reduzierte Genträgerwahrscheinlichkeit gegeben werden.

Direkte Genotypanalyse zur Diagnosesicherung

Eine direkte Genotypanalyse für die Erkrankung DM ist seit der Identifizierung der CTG-Trinukleotidsequenz im 3'-Bereich des *DMPK*-Gens möglich. Die Analyse kann wegen der Größe der expandierten CTG-Trinukleotidsequenz nur mit Hilfe einer Southern-Blot-Analyse zuverlässig durchgeführt werden. Die PCR-Methode eignet sich für diesen direkten Gentest nicht, da sich eine so stark verlängerte Wiederholungssequenz nicht mit dem routinemäßig eingesetzten Enzym Taq-Polymerase amplifizieren läßt. Die PCR dient lediglich der routinemäßigen Überprüfung der Nichtgenträger, deren CTG-Sequenz auf beiden Allelen unter 35 Kopien liegt.

Bei Erkrankten kommt es zu einer Vermehrung der CTG-Zahl und immer zu einer Vergrößerung des 10-kb-EcoRI-DNA-Fragments (Allel A1). Die Größenabschätzung der expandierten Fragmente erfolgt im Vergleich zu den gesunden Allelen und standardisierten DNA-Fragmenten. Eine genaue Größenbestimmung der expandierten Fragmente kann aufgrund von Gewebemosaiken im Einzelfall schwierig sein. Findet sich bei einem Patienten in der Leukozyten-DNA eine verlängerte CTG-Sequenz im *DMPK*-Gen, so erübrigen sich weitere invasive und kostenaufwendige diagnostische Maßnahmen wie z.B. eine Muskelbiopsie oder auch eine Magnetresonanztomographie einzelner Organe. Bisher sind außer der CTG-Expansion im *DMPK*-Gen keine anderen Mutationen für die Erkrankung DM beschrieben worden. Eine direkte Genotypanalyse ohne genetische Beratung wird meist bei einer manifesten Erkrankung zur Absicherung der Diagnose und zur Abgrenzung von anderen myotonen Syndromen angestrebt. Auch in diesen Fällen empfiehlt es sich, Patienten und deren Familien auf die Möglichkeit einer genetischen Beratung hinzuweisen.

Differentialdiagnosen

Die Erfahrung zeigt, daß nicht alle klinisch gestellten DM-Diagnosen auch molekulargenetisch bestätigt werden können. Sollte sich bei einem Patienten keine CTG-Expansion zeigen, müssen andere myotone Krankheiten differentialdiagnostisch in Erwägung gezogen werden. Insbesondere ist als Differentialdiagnose die proximale myotone Myopathie zu erwähnen [s. Kapitel 1.2.2.2 „Proximale myotone Myopathie (PROMM)"].

Prädiktive Diagnostik

Internationale Richtlinien zur prädiktiven Testung von Risikopersonen wie bei der Huntington-Krankheit sind für die DM nicht entwickelt worden. Wenn gesunde Familienangehörige einen prädiktiven Test wünschen, so sollte vorher eine ausführliche genetische Beratung durch einen Facharzt für Humangenetik durchgeführt werden. Zur Absicherung der molekularen Diagnose sollte auch immer eine sicher erkrankte Person aus der Familie mitgetestet werden. Zurückhaltung sollte bei der präsymptomatischen Testung von Kindern geübt werden.

Pränatale Diagnostik

Nach einer pränatalen Diagnostik fragen insbesondere Frauen mit der klassischen Form der Erkrankung, da bei ihnen die Wahrscheinlichkeit hoch ist, ein kongenital erkranktes Kind zu gebären (Koch et al. 1991). Beim Nachweis eines expandierten DNA-Fragments in Chorionvilluszotten oder Amnionzellen ist eine Korrelation zwischen dessen Größe bzw. dessen CTG-Expansion und dem postnatalen Verlauf aus den oben angeführten Gründen nicht möglich (s. „Phänotyp-Genotyp-Korrelation").

1.2.2.2 Proximale myotone Myopathie (PROMM)

Erst der Nachweis einer Assoziation zwischen einer dynamischen Mutation im *DMPK*-Gen und der Erkrankung Myotone Dystrophie (DM) im Jahr 1992 ermöglichte die Abgrenzung einer weiteren eigenständigen myotonen Erkrankung. Die erstmals 1994 beschriebene Multisystemerkrankung proximale myotone Myopathie (PROMM) ähnelt der DM klinisch, ist aber nicht mit einer CTG-Trinukleotidexpansion im *DMPK*-Gen assoziiert (Ricker et al. 1994, 1995). Die autosomal-dominant vererbte Erkrankung PROMM umfaßt als wichtigste Symptome proximale Muskelschwäche, Myotonie, Muskelschmerz und Katarakt. Da die Prognose der Erkrankung PROMM günstiger ist als die bei DM, ist eine Unterscheidung der beiden Erkrankungen für Patienten und deren Familien von Bedeutung.

1.2.2.2.1 Krankheitsbild

Klinischer Verlauf, Prognose, Therapie

Die Symptomatik beginnt im jüngeren bis mittleren Erwachsenenalter mit einer Myotonie in Händen und Beinen. Charakteristisch sind weiterhin Muskelschmerzen, die in Ruhe bevorzugt in den Oberschenkeln auftreten (Ricker et al. 1994, 1995). Eine zunehmende Schwäche der proximalen Beinmuskeln (erschwertes Treppensteigen, Gower-Phänomen beim Aufrichten aus der Hocke) wird von Patienten im mittleren Alter bemerkt. Später kommen eine Schwäche der Halsmuskeln und der Schultermuskeln hinzu, während eine Schwäche der Gesichts- und Handmuskeln für PROMM untypisch ist. Katarakte können bereits im 3. Lebensjahrzehnt, aber auch erst im hohen Lebensalter auftreten. Kardiale Rhythmusstörungen sind selten. Eindeutige neurologische und psychische Symptome mit Nachlassen der intellektuellen Leistungsfähigkeit werden nicht beobachtet. Dennoch fand sich bei einigen Patienten eine zentralnervöse Beteiligung mit geringer Hirnatrophie und pathologischen Signalen im Marklager in der T_2-gewichteten kranialen Magnetresonanztomographie (Hund et al. 1997). Eine kongenitale Form der Erkrankung konnte bisher nicht beobachtet werden.

Der Krankheitsverlauf bei PROMM scheint nach den bisher beschriebenen Patienten milder zu sein als bei DM und variiert intra- und interfamiliär. Eine milde Progredienz ist anhand der zunehmenden proximalen und später auch distalen Muskelschwäche zu beobachten.

Eine kausale Therapie für die Erkrankung gibt es nicht. Eine symptomatische Therapie mit den membranstabilisierenden Medikamenten Mexiletin und Tocainid wie bei Erkrankten mit anderen myotonen Erkrankungen scheint bei diesen Patienten nicht erfolgreich zu sein. Vorsichtsmaßnahmen bei Vollnarkosen entsprechen denen bei DM, und eine Gabe von depolarisierenden Muskelrelaxanzien sollte vermieden werden.

Klinische Diagnostik, Differentialdiagnosen

Myotone Entladungsserien finden sich meist, aber nicht immer, bei einer EMG-Ableitung aus den proximalen und distalen Muskeln. Die Muskelhistologie zeigt Kalibervariationen der Muskelfasern mit vereinzelt atrophischen Fasern und zentralständigen Zellkernen. Die Leberwerte, insbesondere die γ-GT, können leicht bis deutlich erhöht sein. Die CK im Serum kann normal oder bis auf das 10fache erhöht sein. Bei jedem Patienten mit der Verdachtsdiagnose PROMM sollte zur Abgrenzung gegenüber DM eine CTG-Expansion im *DMPK*-Gen ausgeschlossen werden.

Differentialdiagnostisch sind neben der DM v. a. die nicht dystrophen Myotonien, eine Myopathie bei Mangel der sauren Maltase (Glykogenose Typ 2) oder eine Myositis auszuschließen. Ob Patienten, bei denen primär eine Schwäche der distalen Muskulatur im Vordergrund steht oder bei denen zusätzlich eine Schwerhörigkeit beobachtet wurde, PROMM zuzuordnen sind, bleibt abzuwarten (Abruzzese et al. 1996, Udd et al. 1997).

1.2.2.2.2 Vererbung, genetische Epidemiologie

Die Vererbung der Erkrankung ist wie bei der DM autosomal-dominant. Phänotyp und Manifestationsalter (Expressivität und Penetranz) variieren intra- und interfamiliär. Wie bei der DM gibt es mild betroffene Familienmitglieder, die nur eine Katarakt, aber keine Muskelsymptomatik aufweisen. Auch scheint sich die Erkrankung wie bei der DM von Generation zu Generation früher und ausgeprägter zu manifestieren (Antizipation). Über die Prävalenz und die Neumutationsrate von PROMM liegen keine Angaben vor. Auch ist noch nichts über die zahlenmäßige Relation zwischen der Häufigkeit von DM und PROMM bekannt. Weltweit sind inzwischen etwa 100 Familien mit dem Phänotyp PROMM beschrieben worden.

1.2.2.2.3 Molekulargenetik

Ein Gen oder ein Kandidatengen für die Erkrankung PROMM wurde bisher nicht identifiziert. Nachgewiesen werden konnte aber eine Kopplung zwischen dem Phänotyp PROMM und dem Genort DM2 auf dem langen Arm von Chromosom 3 in deutschen Familien (Ricker et al. 1999). Da der Phänotyp der Erkrankung DM2 auf Chromosm 3q der klassischen Form von DM ähnlicher ist als PROMM, bleibt abzuwarten, ob es sich bei PROMM und DM2 um eine allelische Heterogenität oder 2 eng gekoppelte Gene (Multilocusheterogenität) handelt. Auch für DM2 wurde das verantwortliche Gen bisher nicht identifiziert (Ranum et al. 1998).

Nicht in allen Familien mit der Erkrankung PROMM ist der Phänotyp zu dem Genort auf Chromosom 3q gekoppelt. Es muß daher mindestens ein weiterer Genort existieren. In zahlreichen PROMM-Familien wurden die Genorte für den muskulären Chloridkanal (CLCN1) und den muskulären Natriumkanal (SCN4A) durch Kopplungsanalysen ausgeschlossen (s. Tabelle 1.2.1).

CTG-Sequenzexpansionen im *DMPK*-Gen, wie für die DM typisch, konnten bisher in keiner der beschriebenen PROMM-Familien nachgewiesen werden. Nicht in allen Familien sind durch Kopplungsanalysen der DM-Locus auf Chromosom 19q13 und die DM-assoziierten Gene (*DMPK*, *DMAHP*, Gen 59) als Krankheitslocus ausgeschlossen. Daher bleibt die Möglichkeit, daß es ein DM-ähnliches Krankheitsbild gibt, das durch Mutationen in DM-assoziierten Genen, die jedoch nicht die CTG-Sequenz im *DMPK*-Gen betreffen, ausgelöst werden kann. Überschneidungen in der Symptomatologie der beiden Erkrankungen können durch gemeinsame Pathomechanismen auf Proteinebene erklärt werden, wie z. B. durch homo- oder heterotypische Protein-Protein-Assoziationen. So können Proteine, die von unterschiedlichen Genen auf verschiedenen Chromosomen kodiert werden, funktionell gemeinsam agieren und beim Ausfall eines Partners ein phänotypisch ähnliches Krankheitsbild verursachen (Qian et al. 1997). Erst wenn der Pathomechanismus der DM mit den involvierten Genen und ein Gen für den Phänotyp PROMM identifiziert sind, werden Erklärungen zu phänotypischen Ähnlichkeiten der Krankheitsbilder möglich sein.

1.2.2.2.4 Genetische Beratung

Die genetische Beratung einer Familie mit PROMM entspricht den Regeln eines autosomal-dominanten Erbgangs mit variabler Expressivität und Penetranz des Krankheitsgens. Das Wiederholungsrisiko für Kinder eines Erkrankten beträgt demnach 50%. Zur Differenzierung gegenüber DM sollte bei einem typisch erkrankten Familienmitglied eine CTG-Expansion in der 3′-Region des *DMPK*-Gens ausgeschlossen werden. Ob gesunde Familienmitglieder im Erwachsenenalter nach unauffälliger klinischer Untersuchung eine reduzierte Genträgerwahrscheinlichkeit haben, ist z. Z. nicht zu beantworten.

1.2.2.3 Schwartz-Jampel-Syndrom (SJS, Myotonia chondrodystrophica)

Das seltene Schwartz-Jampel-Syndrom (SJS) soll zur Vervollständigung der Beschreibung der dystrophen myotonen Erkrankungen besprochen werden. Dieses autosomal-rezessiv vererbte Syndrom wurde bei einem Geschwisterpaar in den Jahren 1962 und 1965 erstmals beschrieben (Aberfeld et al. 1965). Inzwischen sind in der Literatur mehr als 100 Einzelfälle dokumentiert.

1.2.2.3.1 Krankheitsbild

Klinischer Verlauf, Prognose, Therapie

Das Krankheitsbild ist durch die Symptomatik Minderwuchs, Skelettanomalien, Myotonie und faziale Dysmorphien (Mikrognathie, Blepharospasmus, Mikrostomie) charakterisiert. Das Auftreten von zusätzlichen Symptomen wie Katarakt, Herzrhythmusstörung, Hypogonadismus und psychomotorische Retardierung lassen an eine Multisystemerkrankung denken. Der Phänotyp ist intra- und interfamiliär variabel, insbesondere in bezug auf die Skelettanomalien. Eine Progression der Erkrankung zeigt sich im Kindesalter durch zunehmende Gelenkkontrakturen, die sich dann im späteren Lebensalter nicht mehr verschlechtern.

Eine Klassifikation des SJS in 3 Untergruppen, die das Erkrankungsalter, die Ausprägung der Myotonie und der Skelettanomalien berücksichtigt, erscheint sinnvoll (Giedion et al. 1997).
- Im Typ1A (klassischer Typ) werden Patienten mit einer Krankheitsmanifestation im Kindesalter, mit leichten Skelettanomalien und dem Symptom Myotonie zusammengefaßt.
- Typ 1B manifestiert sich im Neugeborenenalter mit Skelettanomalien ähnlich der Kniest-Dysplasie, und erst später kommt das Symptom Myotonie hinzu.
- Typ 2 zeigt schon bei der Geburt eine Myotonie und Skelettauffälligkeiten im Sinn einer metaphysären Dysplasie Pyle.

Die beiden neonatalen Manifestationsformen haben eine schlechtere Prognose quoad vitam.

Eine kausale Therapie gibt es nicht. Wie bei anderen myotonen Erkrankungen sollten auf die Membran depolarisierend wirkende Muskelrelaxanzien in der Narkose vermieden werden.

Klinische Diagnostik, Differentialdiagnosen

Die Blickdiagnose des SJS wird durch die differenzierten röntgenologischen Befunde und das EMG unterstützt. Das EMG zeigt myotone Entladungsserien und eine konstante elektrische Aktivität. Im Gegensatz zu den übrigen erblichen myotonen Syndromen handelt es sich beim SJS nicht um eine myogene, sondern eine neurogene Myotonie. Der äußere Aspekt der Muskulatur kann hypo- oder hypertroph sein. Die Muskelhistologie ist unspezifisch. Differentialdiagnostisch sind insbesondere das Freeman-Sheldon-Syndrom, andere myotone Erkrankungen und Syndrome mit Gelenkkontrakturen abzugrenzen.

1.2.2.3.2 Vererbung, genetische Epidemiologie

Erkrankte Geschwister beiderlei Geschlechts mit phänotypisch gesunden Eltern sind wiederholt dokumentiert worden. Außerdem sind aus arabischen Ländern zahlreiche Familien mit SJS und einer Blutsverwandtschaft der Eltern beschrieben. Daher kann am ehesten von einer autosomal-rezessiven Vererbung des Syndroms ausgegangen werden. Es sind auch einzelne Familien mit autosomal-dominanter Vererbung beschrieben worden. Differentialdiagnostisch könnte es sich hier um Erkrankungen handeln, die den autosomal-dominanten Myotonien zuzuordnen sind. Zuverlässige Zahlen zur Prävalenz, Genhäufigkeit und Neumutationsrate liegen zu dem heterogenen Phänotyp SJS nicht vor.

1.2.2.3.3 Molekulargenetik

Durch Kopplungsanalysen in mehreren blutsverwandten Familien arabischer Herkunft (Homozygotenkartierung) konnte ein Genort für den Typ 1A des SJS auf dem kurzen Arm von Chromosom 1 (1p34–p36.1) lokalisiert werden (Nicole et al. 1995). Ein Kandidatengen für die Erkrankung gibt es in dieser chromosomalen Region nicht, so daß die Genidentifizierung über den aufwendigen Weg einer Positionsklonierung führt. 2 arabische und 1 europäische Familie mit dem neonatalen Typ 2 des SJS zeigten keine Kopplung zu dem Genort auf Chromosom 1 (Brown et al. 1997, Giedion et al. 1997). Somit muß für das SJS sowohl eine klinische als auch eine genetische Heterogenität angenommen werden. In einigen Familien mit SJS wurde eine Kopplung zu den muskelspezifischen Ionenkanalgenen *CLCN1*, *SCN4A* und *RYR1* ausgeschlossen (s. Tabelle 1.2.1).

1.2.2.3.4 Genetische Beratung

Die genetische Beratung sollte primär den autosomal-rezessiven Erbgang berücksichtigen, auch wenn die Eltern des betroffenen Kinds nicht miteinander verwandt sind. Die Wiederholungswahrscheinlichkeit für weitere Kinder von Eltern mit einem erkrankten Kind beträgt 1/4 (25%). Gesunde Geschwister sind mit einer Wahrscheinlichkeit von 2/3 (66,6%) Genträger für die Erkrankung. Da bisher kein Gen für das SJS identifiziert wurde, ist für eine pränatale Diagnostik nur eine indirekte molekulargenetische Diagnostik zu dem 1p34-Locus möglich. Die Zuverlässigkeit der Diagnostik ist jedoch insbesondere in kleinen Familien durch die genetische Heterogenität eingeschränkt.

1.2.3 Nicht dystrophe Myotonien (primäre Muskelerkrankungen)

1.2.3.1 Myotonia congenita Thomsen (MC) und generalisierte Myotonie Becker (GM)

Eine erste Kurzbeschreibung eines Patienten mit einer myotonen Erkrankung gab der Neurologe E. Leyden im Jahr 1874 in seinem Lehrbuch über die Rückenmarkkrankheiten. Die Familienanamnese des Patienten (nicht betroffene Eltern, ein erkrankter Bruder) spricht für eine autosomal-rezessive Vererbung des Phänotyps.

Als der Erstbeschreiber einer myotonen Erkrankung gilt aber der dänisch-deutsche Arzt Dr. Asmus Julius Thomsen. Im Jahr 1876 veröffentlichte er eine Kasuistik seiner Familie, in der er die Symptome „tonische Krämpfe in willkürlich bewegten Muskeln" detailliert darstellt (Thomsen 1876). Er selbst, seine Söhne und zahlreiche andere Familienangehörige (Abb. 1.2.7) waren von dieser autosomal-dominant vererbten Muskelkrankheit betroffen, die später nach ihm benannt wurde (Myotonia congenita Thomsen). Eine autosomal-rezessiv vererbte Myotonie wurde erst 100 Jahre später durch eine genetisch-epidemiologische Studie abgegrenzt (Becker 1977). Dieses Krankheitsbild wird als generalisierte Myotonie Becker bezeichnet und ist damit auch in der Nomenklatur eindeutig von der autosomal-dominant vererbten Myotonia congenita Thomsen unterschieden. Die Pathophysiologie und die molekularbiologischen Grundlagen dieser Erkrankungen sind inzwischen aufgeklärt.

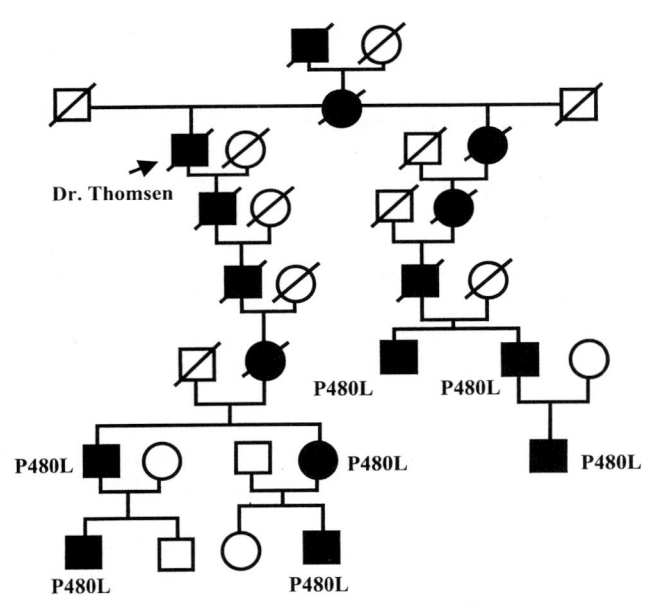

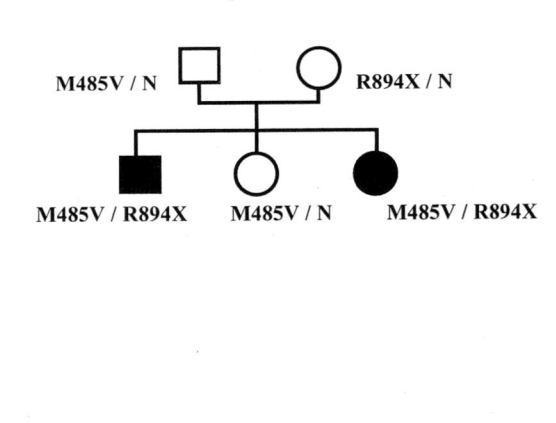

Abb. 1.2.7. Stammbaum der Familie Thomsen (*links*) mit Myotonia congenita und der krankheitsverursachenden Missense-Mutation Phe480Leu im *CLCN1*-Gen. Stammbaum einer Familie mit generalisierter Myotonie Becker (*rechts*) und einer Compound-Heterozygotie für die Missense-Mutation Met485Val und die Stoppmutation Arg894Stopp. *N* normales Allel

1.2.3.1.1 Klinisches Bild (MC und GM)

Klinischer Verlauf, Prognose, Therapie

Hinweisend auf die autosomal-dominant vererbte Erkrankung Myotonia congenita (MC) sind ein frühkindlicher Beginn der myotonen Bewegungsstörung, ein deutliches Aufwärmphänomen, eine fehlende generalisierte Schwäche oder Paralyse der Muskulatur, eine Toleranz gegenüber oraler Kaliumbelastung und eine Kälteunempfindlichkeit der Symptomatik. Die Myotonie besteht lebenslang. Häufig berichten Betroffene über eine Besserung im Alter. Die myotone Steife tritt in allen quergestreiften Muskeln auf, besonders in Beinen und Händen. Die Patienten haben Schwierigkeiten bei der Ausführung von schnellen abrupten Bewegungen (Treppe hochlaufen nach längerem Sitzen, Loslaufen aus dem Tiefstart), sind jedoch häufig gute Ausdauersportler.

Das klinische Bild der autosomal-rezessiv vererbten generalisierten Myotonie (GM) ist sehr ähnlich. Der Erkrankungsgipfel liegt im späten Kleinkind- und frühen Schulalter. Die myotone Symptomatik wird von den Betroffenen als progressiv wahrgenommen, da klassischerweise über Kindheit-, Jugend- und Erwachsenenalter zunehmend mehr Muskelgruppen betroffen sind. Typisch ist eine ausgeprägte Muskelhypertrophie (Abb. 1.2.8). Im Gegensatz dazu steht eine passagere Muskelschwäche zu Beginn der Muskelarbeit, die besonders deutlich in der Unterarmmuskulatur und in den Händen auftritt (transitorische Schwäche). Durch Adaptation an die Krankheitssymptomatik wird im Alter eine Abschwächung der myotonen Bewegungsstörung empfunden.

Eine symptomatische Therapie der myotonen Steife gelingt bei beiden Erkrankungen mit den membranstabilisierenden Medikamenten Mexiletin oder Tocainid. Die antimyotone Wirkung dieser Medikamente erklärt sich durch eine Spannungsänderung des Membranpotentials, die über eine Funktion der Natriumkanäle gesteuert wird. Auf die Gabe von depolarisierenden Muskelrelaxanzien im Rahmen von Vollnarkosen sollte verzichtet werden, da diese Medikamente eine generalisierte myotone Steife hervorrufen können. Interessanterweise zeigte sich, daß der Mausstamm ADR mit dem autosomal-rezessiv vererbten Symptom Myotonie wie der Mensch auf eine Behandlung mit dem Medikament Tocainid anspricht. Daher verstärkte sich der Eindruck, daß diese ADR-Mausmutante ein Tiermodell für die Erkrankung GM beim Menschen ist.

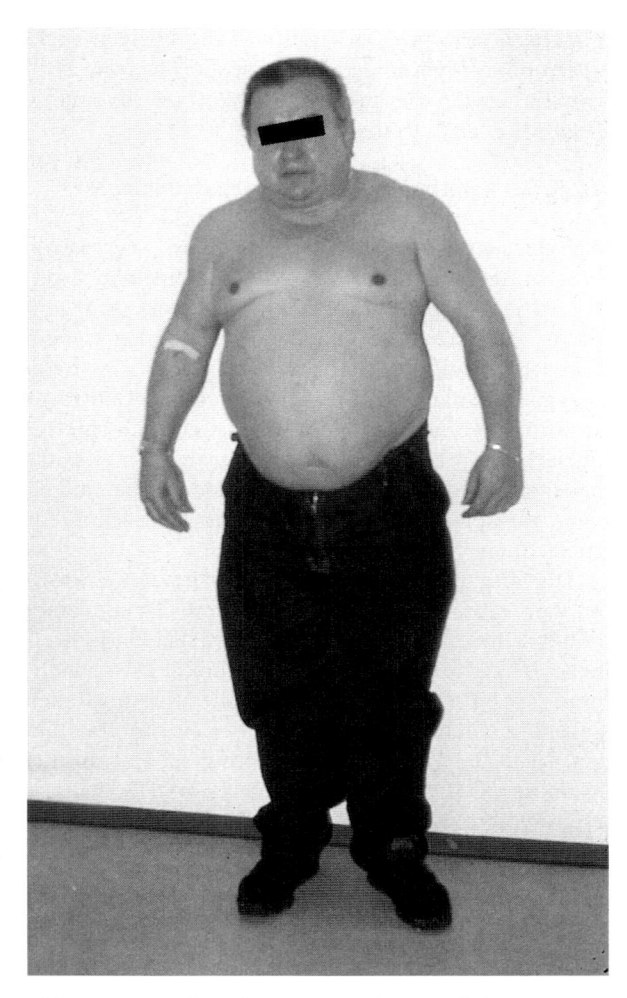

Abb. 1.2.8. 50 Jahre alter Patient mit generalisierter Myotonie Becker. Auffällig ist eine ausgeprägte Muskelhypertrophie. Die Analyse des *CLCN1*-Gens ergab eine Compound-Heterozygotie für Mutationen in Exon 13 (14-bp-Deletion) und Exon 23 (Arg894Stopp)

Klinische Diagnostik, Differentialdiagnosen

Bei der klinischen Untersuchung von Patienten mit MC und GM zeigt sich meist eine gut entwickelte Muskulatur. Nach kräftigem Faust- oder Augenschluß können Betroffene Hände und Augen nur langsam wieder öffnen (aktive Myotonie). Als Zeichen der passiven Myotonie läßt sich durch starkes Beklopfen eines Muskels (z. B. Thenar) eine umschriebene Eindellung für Sekunden beobachten. Im EMG finden sich in allen Muskeln myotone Entladungsserien. Die Kreatinkinase im Serum kann leicht erhöht oder normal sein. Die Muskelhistologie ist nicht pathognomonisch und daher diagnostisch nicht hilfreich. Differentialdiagnostisch sind von MC und GM die übrigen nicht dystrophen Myotonien und auch die Myotone Dystrophie sowie die proximale myotone Myopathie (PROMM) abzugrenzen.

1.2.3.1.2 Vererbung, genetische Epidemiologie

An der autosomal-dominanten bzw. -rezessiven Vererbung der Krankheitsbilder besteht kein Zweifel. Patienten mit GM sind homozygote Anlagenträger, Heterozygote für das Krankheitsgen sind klinisch unauffällig. Betroffene mit MC sind heterozygote Anlagenträger, homozygote Genträger sind für MC bisher nicht beschrieben. Für eine reduzierte Expressivität und Penetranz der Krankheitsgene gibt es keinen Anhalt, jedoch ist mit einem variablen Phänotyp intra- und interfamiliär zu rechnen.

Die Angaben zur Prävalenz der beiden Erkrankungen müssen Schätzwerte bleiben, da von einer hohen Dunkelziffer auszugehen ist. Fehlende ärztliche Diagnosestellung und Krankheitswahrnehmung des Patienten oder bewußtes Nichtmitteilen gegenüber dem Arzt mögen dabei eine Rolle spielen. Nach der klinischen Erfahrung scheint die Erkrankung GM häufiger zu sein als MC. Prävalenzraten von 1:50 für GM und von 1:100 für MC könnten realistisch sein. Die Neumutationsrate ist als gering einzuschätzen (Becker 1977).

1.2.3.1.3 Molekulargenetik

Elektrophysiologie, Kandidatengen muskelspezifischer Chloridkanal

Studien an Muskelbiopsien von Ziege, Maus und Mensch haben schon sehr früh vermuten lassen, daß das Symptom Myotonie durch Funktionsstörungen der quergestreiften Muskelfasermembran bedingt ist. Elektrophysiologische Untersuchungen zeigen eine elektrisch instabile Muskelzellmembran, die auf geringe äußere Reize mit Faserkontraktionen und repetitiven Entladungen reagiert. Myotone Steife (aktive Myotonie), Perkussionsmyotonie (passive Myotonie) und die typischen myotonen Entladungsserien im EMG beruhen auf dieser elektrischen Instabilität.

Das Ruhemembranpotential der Muskelmembran wird im adulten Skelettmuskel zu 70–80% durch die Chloridleitfähigkeit kontrolliert und aufrechterhalten. Eine Blockierung der muskulären Chloridkanäle kann durch chemische Agenzien induziert werden. Die Membran reagiert auf diese Manipulation mit einer elektrischen Instabilität, wie an Muskelbiopsaten von Patienten und Tieren mit Myotonie beobachtet worden war. Folgerichtig wurde daher postuliert, daß die Membraninstabilität durch eine verminderte Leitfähigkeit der sarkolemmalen Chloridkanäle verursacht wird. Bestätigt wurde dies an Muskelbiopsaten von Ziege, Maus und Mensch mit dem Symptom Myotonie (Bryant u. Morales-Aguilera 1971, Rüdel et al. 1988). Somit gaben elektrophysiologische Untersuchungen einen ersten Hinweis auf den Pathomechanismus, das involvierte Protein und das Kandidatengen. Aber erst die Klonierung des Gens für den spannungsregulierten Chloridkanal aus dem elektrischen Organ beim Zitterrochen (*Torpedo marmorata*), das aus modifiziertem Skelettmuskelgewebe besteht, ermöglichte aufgrund von Sequenzhomologien auch die Isolation des Gens für den muskelspezifischen Chloridkanal bei Maus und Mensch (Jentsch et al. 1990, Steinmeyer et al. 1991a, Koch et al. 1992). Das Gen des muskelspezifischen Chloridkanals der Maus (*Clc-1*) wurde durch Kosegregation mit der ADR-Mausmutante (Phänotyp Myotonie) auf dem Mauschromosom 6 lokalisiert, distal vom Genort *Tcrb* (Gen für den T-Zell-Rezeptor *β*) (Steinmeyer et al. 1991b). Das Mauschromosom 6 zeigt in diesem Bereich eine starke Konservierung zu Kopplungsgruppen des langen Arms von Chromosom 7 beim Menschen (Abb. 1.2.9).

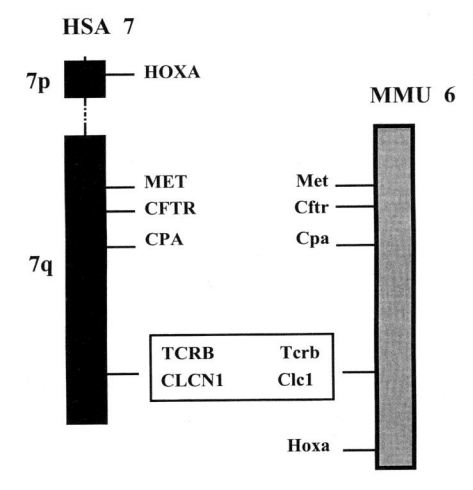

Abb. 1.2.9. Homologe Regionen von Chromosom 7 beim Menschen (HSA 7) und Chromosom 6 bei der Maus (MMU 6). Die Position der Gene für den Chloridkanal des Skelettmuskels (*CLCN1/Clc-1*) und das enggekoppelte *TCRB/Tcrb*-Gen sind *hervorgehoben*

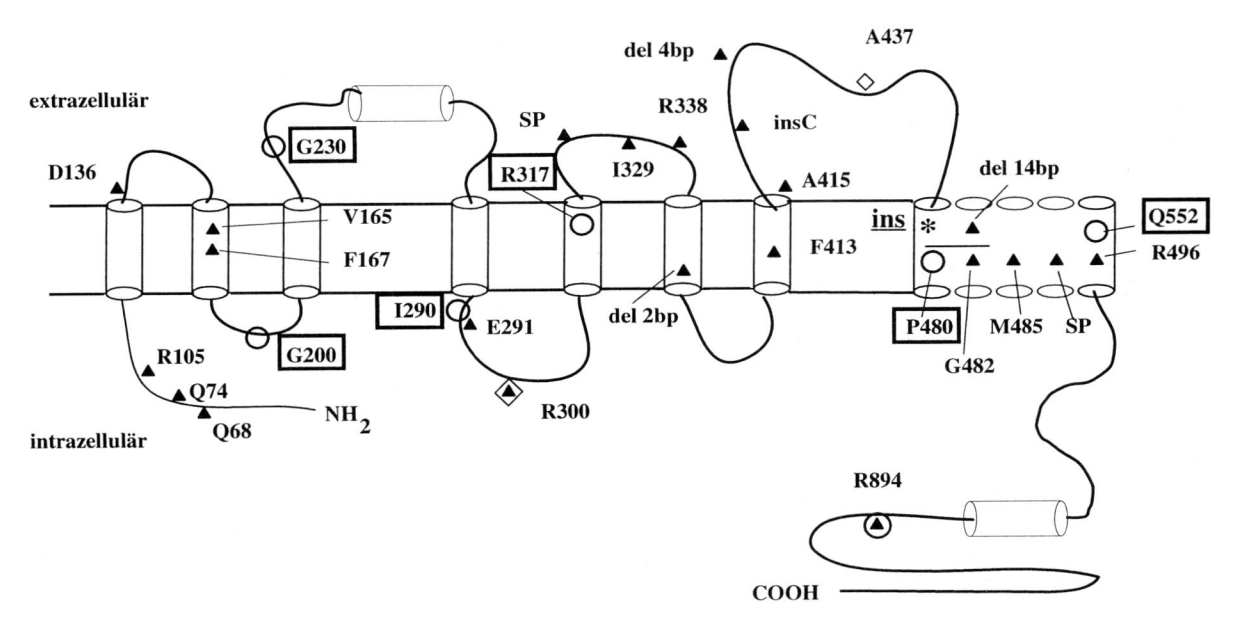

Abb. 1.2.10. Schematische Darstellung des muskulären Chloridkanals CLC-1 mit Positionen von Aminosäureaustauschen, Deletionen und Insertionen im *CLCN1*-Gen bei Familien mit Myotonia congenita (*Kreise*) und generalisierter Myotonie Becker (*Dreiecke*), *ins** Transposoninsertion der ADR-Maus, modifiziert nach Meyer-Kleine et al. (1995)

CLCN1-Gen

Die Kenntnis über die konservierte Syntänie von chromosomalen Segmenten bei Mensch und Maus ermöglichte eine gezielte physikalische und genetische Kartierung des Gens für den muskelspezifischen Chloridkanal beim Menschen (*CLCN1*) in der Region 7q35 distal zum *TCRB*-Locus (Koch et al. 1992). Das aufgrund von Sequenzhomologien identifizierte *CLCN1*-Gen hat eine genomische Länge von etwa 40 kb. Die kodierende Sequenz besteht aus 2964 bp und ist in 23 Exons organisiert. Das Genprodukt, der muskelspezifische Chloridkanal CLC-1, besteht aus 988 Aminosäuren mit einem geschätzten MG von 110000. Die hypothetische Struktur des Kanals ist in Abb. 1.2.10 als zweidimensionales Modell dargestellt. Für das Kanalprotein werden 13 Domänen propagiert, von denen 10 oder 12 aufgrund der Hydropathieanalyse die Membran durchspannen (Transmembrandomänen). Postuliert wird für die Domäne D4 eine extrazelluläre und für die Domäne D13 eine intrazelluläre Lage. Sowohl das amino- als auch das karboxyterminale Ende liegen intrazellulär (Ludewig et al. 1996, Middleton et al. 1996).

Multigenfamilie CLC-Chloridkanäle

Die Multigenfamilie der spannungsregulierten CLC-Chloridkanäle hat keine strukturellen Ähnlichkeiten zu anderen Chloridkanälen wie den extrazellulär ligandengesteuerten GABA- und Glyzinrezeptoren oder zur Familie der ABC-Transporter (Tabelle 1.2.4). Bei Säugetieren sind bisher 10 verschiedene Gene der *CLC*-Familie bekannt, die gewebsspezifisch exprimiert werden. CLC-Chloridkanäle werden auch in anderen Organismen wie Hefen und Bakterien gefunden. Neben dem CLC-1-Kanal konnten 2 weitere Mitglieder dieser Genfamilie Krankheiten zugeordnet werden. Mutationen im Gen für den CLC-5-Chloridkanal führen zum Dent-Syndrom (hyperkalziurische Nephrolithiasis), das X-chromosomal-rezessiv vererbt wird (Lloyd et al. 1996). Mutationen im Gen für den CLC-Kb-Chloridkanal (*CLCNKB*-Gen) werden beim autosomal-rezessiv vererbten klassischen Bartter-Syndrom (tubuläre Nephropathie) gefunden (Simon et al. 1997).

Mutationen im Clc-1-Gen bei Maus und Ziege

Mäuse mit dem autosomal-rezessiv vererbten Symptom Myotonie (ADR-Phänotyp, *adr/adr*-Genotyp) weisen 2 spontan entstandene Mutationen (*adr*, *adr^{mto}*) und eine chemisch induzierte *ENU*-Mutati-

Tabelle 1.2.4. Erkrankungen mit Mutationen in Chloridkanalgenen

Chloridkanäle	Erkrankung	Gen/Lokalisation	Vererbung	MIM
Extrazellulär ligandengesteuerte Cl⁻-Kanäle				
Glyzinrezeptor α-1-Untereinheit (Gehirn)	Startle-Syndrom	GLRA1/5q33–q35	AR/AD	138491 149400
ABC-Transporter				
CFTR (Lunge, Pankreas etc.)	Mukoviszidose	CFTR/7q31.2	AR	219700
Spannungsregulierte Cl⁻-Kanäle				
CLC-1 (Skelettmuskel)	Myotonia congenita, generalisierte Myotonie	CLCN1/7q35	AD AR	118425, 160800 255700
CLC-Kb (Niere)	Bartter-Syndrom	CLCNKB/1p36	AR	602023
CLC-5 (Niere)	Dent-Syndrom	CLCN5/Xp11.22	XR	300008, 300009

AD autosomal-dominanter Erbgang, *AR* autosomal-rezessiver Erbgang, *MIM* Katalognummer Mendelian Inheritance in Man (http://www3.ncbi.nlm.nih.gov/omim).

on (adr^K) auf. Die *Clc-1*-Gen-Analyse ergab für das *adr*-Allel eine *ETn*-Transposoninsertion, die die kodierende Sequenz der Transmembrandomäne D9 des Proteins zerstört (Steinmeyer et al. 1991b, Schnülle et al. 1997). Die Allele adr^{mto} und adr^K zeigen Nonsense- und Missense-Mutationen (Gronemeier et al. 1994). Alle phänotypisch auffälligen Mäuse sind homozygote Anlagenträger und haben identische Mutationen auf beiden Allelen. Ziegen mit Myotonie weisen nur Spontanmutationen auf. Bei einem Ziegenstamm wurde am karboxyterminalen Ende des CLC-1-Kanalproteins ein Aminosäureaustausch gefunden, bei dem ein hochkonserviertes Alanin durch ein Prolin substituiert ist (Ala885Pro). Alle untersuchten Ziegen mit dem Symptom Myotonie waren homozygot für diese Mutation (Beck et al. 1996).

Mutationen im CLCN1-Gen

Genetische Analysen in Familien mit den Erkrankungen Myotonia congenita (MC) und generalisierter Myotonie (GM) ergaben, daß sowohl die dominante als auch die rezessive Form der Myotonie beim Menschen zum Genort 7q35 und zum *CLCN1*-Gen des menschlichen muskelspezifischen Chloridkanals (CLC-1-Chloridkanal) gekoppelt sind (Koch et al. 1992). Mutationsanalysen des *ClCN1*-Gens beweisen, daß die beiden phänotypisch ähnlichen Krankheitsbilder MC und GM durch verschiedene Mutationen im selben Gen verursacht werden (allelische Heterogenität).

Inzwischen sind für beide Erkrankungen über 40 verschiedene Mutationen im *CLCN1*-Gen beschrieben worden (Abb. 1.2.10). Wie in den meisten menschlichen Genen überwiegen Punktmutationen mit Substitutionen einzelner Basen (Missense-, Nonsense-, Spleißstellenmutationen). Es werden aber auch kleine Deletionen und Insertionen beobachtet. Ob es sich bei einer Einzelbasensubstitution um einen Polymorphismus oder um eine krankheitsverursachende Mutation handelt, muß für jeden einzelnen Basenaustausch neu entschieden werden. Für das Vorliegen einer Mutation spricht, daß die Basensubstitution nur bei Erkrankten und nicht bei gesunden Kontrollpersonen auftritt. Führt die Einzelbasensubstitution zu einem Austausch einer stark konservierten Aminosäure in einer funktionell wichtigen Region des Kanals, ist dies immer verdächtig auf das Vorliegen einer Mutation.

Es gibt keine Prädilektionsstellen für Mutationen im CLC-1-Kanal. Die Mutationen sind gleichmäßig über die Innen- und Außenseite des Kanalproteins verteilt, einschließlich der NH_2- und COOH-terminalen, intrazellulär gelegenen Abschnitte. Alle Mutationen, die das Leseraster verschieben (Deletionen, Insertionen, Spleißstellenmutationen), führen zu einem verfrühten Stoppkodon und damit zu einem verkürzten Kanalprotein, dem Transmembrandomänen und das karboxyterminale Ende fehlen. Diese Mutationen haben einen Funktionsverlust des Kanalproteins zur Folge und zeigen, wie bei den Mausmutanten, einen rezessiven Phänotyp (Funktionsverlustmutation). Das bedeutet, die Krankheit manifestiert sich nur bei Individuen, die homozygote Anlagenträger sind. Aber auch Missense-Mutationen im *CLCN1*-Gen können beim Menschen zu einem autosomal-rezessiv vererbten Phänotyp führen. Für die dominant vererbte Erkrankung MC sind im Gegensatz zur GM nur Missense-Mutationen beschrieben (George et al. 1993, Steinmeyer et al. 1994). Die Art des Aminosäureaustauschs und die Lokalisation im

Kanalprotein können keinen Aufschluß darüber geben, ob die zugrundeliegende Missense-Mutation zu einem dominanten oder rezessiven Phänotyp führt. Auch konnte kein Zusammenhang zwischen der klinischen Symptomatik und der Lage der Mutation im Gen gefunden werden, d.h. es besteht keine Phänotyp-Genotyp-Korrelation.

Die überwiegende Zahl der Mutationen im *CLCN1*-Gen sind individuelle Mutationen in Familien. So wurde die Mutation Phe480Leu nur in der Familie von A. J. Thomsen und bei keiner anderen Familie mit dem MC-Phänotyp beobachtet. Interessanterweise ist die Aminosäure an der Stelle 480 im Protein extrem konserviert und findet sich auch noch bei Hefen und Bakterien. Weltweit werden die Mutationen Phe413Cys, Arg894Stopp und eine 14-bp-Deletion in Exon 13 am häufigsten bei GM-Patienten beobachtet (Meyer-Kleine et al. 1995).

Im Gegensatz zur myotonen Ziege und myotonen Maus zeigen homozygote Anlageträger beim Menschen nicht zwingend eine identische Genveränderung auf beiden Allelen. Wenn Eltern eines Erkrankten nicht miteinander verwandt sind, liegen bei ihm meist 2 unterschiedliche Mutationen auf beiden Allelen vor. Der Patient ist compoundheterozygot. Eine solche Situation ist in Abb. 1.2.7 im rechten Stammbaum dargestellt. Die Erkrankten in der Familie sind Compound-Heterozygote für Punktmutationen, die zu dem Aminosäureaustausch Met485Val bzw. der Stoppmutation Arg894Stopp führen. Es sind aber auch andere Compound-Heterozygote beschrieben, z.B. mit einer Kombinationen von Deletion und Missense-Mutation. In seltenen Fällen wird bei Erkrankten eine „wahre" Homozygotie mit 2 identischen Mutationen auf beiden Allelen beobachtet. Häufig sind die Eltern dann miteinander verwandt. Eine Zusammenstellung der weltweit gefundenen Mutationen und Fälle von Compound-Heterozygotie gaben Meyer-Kleine et al. (1995).

CLCN1-Mutationen mit dominant und rezessiv vererbtem Phänotyp

Bei allen bisher untersuchten Mausstämmen mit dem Phänotyp Myotonie liegt eine autosomal-rezessive Vererbung vor. Es handelt sich bei den beobachteten DNA-Sequenzveränderungen im *Clc-1*-Gen um Missense-, Nonsense- oder Insertionsmutationen. Im Gegensatz zur Maus kann die Vererbung von Mutationen im *CLCN1*-Gen beim Menschen aber dominant oder rezessiv sein. Für den dominanten Phänotyp sind nur Missense-Mutationen bekannt, während für den rezessiven Phänotyp verschiedene DNA-Sequenz-Änderungen beschrieben sind.

Heterozygote Anlagenträger für die Erkrankung GM zeigen wie heterozygote Mäuse keine Anzeichen von Myotonie. Offenbar ist ein funktionstüchtiger Kanal, kodiert vom gesunden, nicht mutierten Allel, ausreichend, um die Membranstabilität aufrechtzuerhalten. Wahrscheinlich interagieren in diesem Fall nur nicht mutierte Genprodukte miteinander, und eine Komplexbildung mit mutierten Proteinen findet nicht statt. Man muß daher davon ausgehen, daß es sich bei dem mutierten Allel um ein Nullallel handelt, da das Genprodukt offensichtlich keine Funktion mehr zeigt (Funktionsverlustmutation). Nur wenn beide Allele wie bei homozygoten Genträgern mutiert sind, fehlt jegliche Aktivität der Chloridkanäle, und es kommt zum Symptom Myotonie.

Diese Überlegungen werden durch funktionelle In-vitro-Studien bestätigt. Elektrophysiologische Untersuchungen mit der Patch-clamp-Technik haben gezeigt, daß die Koexpression eines Wildtypallels und eines mutierten Allels (Missense-Mutation eines rezessiv vererbten Phänotyps) in Krallenfroschoozyten (*Xenopus laevis*) die Chloridleitfähigkeit der Membran um 50% reduziert. Erst bei einem Verlust von mehr als 50% der Chloridleitfähigkeit wird die Membran instabil. In vitro wurde dies nur bei einer Koexpression von 2 mutierten Allelen, in vivo nur bei homozygoten Genträgern beobachtet (Pusch et al. 1995).

Da eine Kombination von einem Nullallel und einem gesunden Allel zu einem symptomfreien Genträger führt, ist bei Heterozygoten mit manifester MC eine Haploinsuffizienz als Erklärung ausgeschlossen. Ergebnisse aus In-vitro-Koexpressionsstudien in Froschoozyten führten zu der Hypothese, daß es sich bei dem CLC-1-Chloridkanal strukturell um ein Homomultimer mit wahrscheinlich 4 Untereinheiten handelt. Unter Annahme eines solchen Proteinmodells können Mutationen, die im heterozygoten Zustand einen myotonen Phänotyp aufweisen, mit einer dominant negativen Auswirkung auf das Genprodukt erklärt werden. Eine Interaktion von normalen und mutierten Allelen würde zu einer fehlerhaften Zusammenlagerung von Genprodukten und damit zu einem inaktiven Kanalkomplex führen (Steinmeyer et al. 1994). Funktionelle Analysen stützen diese Hypothese. Wird die Mutation Ile290Met (dominanter Phänotyp beim Menschen) gemeinsam mit Wildtypuntereinheiten koexprimiert, ändert sich das Öffnungsverhalten des Chloridkanals. Der ab-

Tabelle 1.2.5. Dominant und rezessiv vererbte Formen von Erkrankungen durch verschiedene Mutationen im selben Gen

Erkrankung	Protein/Gen/Lokalisation	MIM
Epidermolysis bullosa dystrophica	Kollagen/COL7A1/3p21.3	120 120
Myotonia congenita	Chloridkanal/CLCN1/7q35	118 425, 160 800
Generalisierte Myotonie		255 700
Retinitis pigmentosa	Rhodopsin/RHO/3q21–24	180 380
Startle-Syndrom	Glyzinrezeptor/GLRA1/5q32	138 491, 149 400
Stickler-Syndrom	Kollagen/COL11A2/6p21.3	120 290
Osteogenesis imperfecta, Typ III	Kollagen/COL1A2/7q22.1	120 160, 259 420
QT-Syndrom, LQT1	Kaliumkanal/KVLQT1/11p15.5	192 500
Romano-Ward-Syndrom		192 500
Jervell-Lange-Nielsen-Syndrom		220 400

MIM Katalognummer Mendelian Inheritance in Man (http://www3.ncbi.nlm.nih.gov/omim).

norme Kanalkomplex nimmt nicht an der Repolarisation der Membran teil, da er zu lange geschlossen bleibt. Seine Chloridleitfähigkeit ist um mindestens 70% reduziert, Membraninstabilität und Myotonie sind die Folge. Eine Koexpression der unmittelbar benachbarten Mutation Glu291Lys mit Wildtypuntereinheiten zeigt hingegen noch 50% der Chloridleitfähigkeit. Das ist mit dem Modell eines rezessiven Erbgangs und mit einem Funktionsverlust von einem Allel vereinbar (Pusch et al. 1995). Entsprechend sind Heterozygote mit dieser Missense-Mutation symptomfrei.

Die beiden benachbart liegenden Missense-Mutationen Ile290Met und Glu291Lys zeigen nicht nur verschiedene Erbgänge, sondern auch verschiedene Phänotypen. Patienten mit dem dominant vererbten Phänotyp MC und der Mutation Ile290Met waren so leicht betroffen, daß bei einer einfachen neurologischen Untersuchung nicht alle Genträger der Familie identifiziert wurden. Hingegen weisen Betroffene mit einer Compound-Heterozygotie Glu291Lys/Arg894Stopp eine Manifestation im Kindesalter und eine transiente Muskelschwäche auf.

Der mildere Verlauf der dominanten Form der Myotonie könnte dadurch erklärt werden, daß nicht alle Wildtypallele durch Komplexbildung mit dem mutierten Allel inaktiviert werden. Ein Rest funktionstüchtiger Wildtypkomplexe könnte eine geringe Chloridleitfähigkeit der Membran erhalten. Möglich wäre auch, daß es partiell funktionstüchtige mutierte Kanalkomplexe gibt. Ob eine Mutation eine dominante oder rezessive Vererbung zeigt, hängt nicht in erster Linie von der Art der DNA-Sequenz-Änderung ab, sondern davon, wie die Mutation in den strukturellen Aufbau des Proteins eingreift. Weitere Beispiele für Erkrankungen mit unterschiedlichem Erbgang aufgrund von Mutationen im selben Gen gibt Tabelle 1.2.5.

1.2.3.1.4 Genetische Beratung

Die genetische Beratung in Familien mit Myotonia congenita Thomsen entspricht den Kriterien eines autosomal-dominanten Erbgangs. Kinder und Geschwister von Erkrankten haben eine Erkrankungswahrscheinlichkeit von 50%. Die genetische Beratung für die Erkrankung generalisierte Myotonie Becker richtet sich nach dem autosomal-rezessiven Erbgang. Nach einem erkrankten Kind besteht für weitere Kinder derselben Eltern eine Wiederholungswahrscheinlichkeit von 25%. Geschwister eines Erkrankten haben eine Wahrscheinlichkeit von 2/3, heterozygoter Genträger zu sein. Heterozygotenmanifestationen sind äußerst selten. Kinder von Erkrankten mit GM sind alle heterozygote Genträger für die Erkrankung. Bei der Seltenheit des Gens in der Bevölkerung ist nicht davon auszugehen, daß ein homozygoter Anlagenträger auf einen heterozygoten Partner für eine *CLCN1*-Mutation trifft. Daher liegt die statistische Wahrscheinlichkeit für einen an GM Erkrankten, ein betroffenes Kind zu haben, unter 1%.

Da die meisten Familien mit den Erkrankungen GM und MC ihre individuellen Mutationen haben, ist die Durchführung eines molekulargenetischen Screenings bei diesen Erkrankungen mit den heute zur Verfügung stehenden technischen Methoden zu arbeits- und kostenintensiv für eine Routineanwendung.

1.2.3.2 Paramyotonia congenita Eulenburg (PC) und hyperkaliämische periodische Paralysen (HyperPP)

Erstbeschreiber der autosomal-dominant vererbten Erkrankung Paramyotonia congenita (PC) ist der Neurologe A. Eulenburg, der den Phänotyp 1886 in einer 7-Generationen-Familie aus Rostock ausführlich dargestellt hat. In seiner Kasuistik wies Eulenburg auf die Unterschiede zur Myotonia congenita Thomsen hin und grenzte beide Erkrankungen klar voneinander ab (Eulenburg 1886).

Die klinische Symptomatik einer periodischen Lähmung der Skelettmuskulatur wurde erstmals durch den Neurologen C. Westphal 1885 überzeugend beschrieben. Bei der inzwischen nach ihm benannten autosomal-dominant vererbten familiären periodischen Lähmung handelt es sich um eine hypokaliämische Paralyse ohne Myotonie. Der Nachweis einer hyperkaliämischen periodischen Paralyse (HyperPP) wurde durch umfassende Familienstudien in Skandinavien durch I. Gamstorp 1956 geführt (Gamstorp 1956). Heute wird die HyperPP klinisch in 3 Untergruppen geteilt:
- HyperPP mit Myotonie,
- HyperPP ohne Myotonie und
- HyperPP mit Paramyotonie.

Die normokaliämische periodische Paralyse wird nicht als eigene Entität von der HyperPP mit Myotonie abgegrenzt. Die pathophysiologischen und molekularbiologischen Zusammenhänge der genannten Erkrankungen sind inzwischen aufgeklärt.

1.2.3.2.1 Krankheitsbild Paramyotonia congenita Eulenburg und Unterformen

Klinischer Verlauf, Prognose und Therapie

Charakteristisch für die autosomal-dominant vererbte Paramyotonia congenita ist eine kälte- und bewegungsabhängige myotone Steife der quergestreiften Muskulatur mit nachfolgender Schwäche. Durch wiederholte Kontraktionen der abgekühlten Muskulatur verstärken sich die myotonen Symptome, ein Aufwärmphänomen tritt nicht auf. Durch ein Wiedererwärmen der Muskulatur verliert sich die Muskelsteife, eine Muskelschwäche ist aber noch über Stunden vorhanden. Das Symptom Kältesteife ist schon beim Neugeborenen nachweisbar: Nach Waschen des Gesichts mit kaltem Wasser können die Augenlider nicht sofort wieder geöffnet werden, das Gesicht erscheint maskenartig. Im späteren Leben treten die Symptome weiterhin hauptsächlich im Gesicht, aber auch an Händen und Beinen auf. Selten haben Patienten eine generalisierte Muskelschwäche wie bei HyperPP. Betroffene beobachten eine Abschwächung der Symptome im höheren Lebensalter.

Eine medikamentöse Behandlung mit den Antiarrhythmika Mexiletin und Tocainid führt über eine direkte Wirkung auf die Natriumkanäle zu einer Milderung der kältebedingten Steife und Schwäche. Bei Allgemeinnarkosen sollte eine Auskühlung des Patienten unbedingt vermieden werden, um Kältelähmungen in der Aufwachphase zu vermeiden. Depolarisierende Muskelrelaxanzien sollten, wie bei allen myotonen Erkrankungen, in der Narkose nicht eingesetzt werden.

Klinische Diagnostik, Differentialdiagnosen

Bei der Untersuchung der Patienten ist die Muskulatur in der Regel unauffällig. Myotone Reaktionen (aktive Myotonie, Perkussionsmyotonie) finden sich bei Zimmertemperatur meist nicht. Durch Auflegen von Eisstücken auf die Lider kann die myotone Steife provoziert werden. Nach wiederholtem festem Zukneifen der Augen öffnen sich die Lider nur zögernd (paradoxe Myotonie). Im EMG finden sich auch bei nicht abgekühlten Muskeln myotone Entladungsserien. Bei Abkühlung von Hand- und Armmuskulatur in 15°C kühlem Wasser kommt es zu einer zunehmenden paramyotonen Steife, die sich in einer erschwerten Handöffnung äußert. Im EMG zeigt sich in diesem Zustand eine fibrillationsartige Spontanaktivität, die im Verlauf der Kühlung kontinuierlich zurückgeht, bis sie völlig sistiert und eine elektrische Stille eintritt. Die Muskelhistologie ist, wie bei anderen myotonen Erkrankungen, untypisch und wenig aufschlußreich für eine Diagnosestellung.

Klinische Varianten der PC sind die Erkrankungen Myotonia fluctuans und PC ohne Kältelähmung. Bei beiden Erkrankungen zeigen Betroffene nur eine gering kälteabhängige Steife. Dafür kann es nach Muskelarbeit in Wärme zur myotonen Steife kommen, während Muskelschwäche in diesen Familien nicht beobachtet wird. Differentialdiagnostisch sind insbesondere die Erkrankungen HyperPP und hypokaliämische periodische Paralyse voneinander abzugrenzen.

1.2.3.2.2 Hyperkaliämische periodische Paralyse und Unterformen

Klinisches Bild und Prognose

Die Erkrankung hyperkaliämische periodische Paralyse mit oder ohne Myotonie wird autosomal-dominant vererbt und ist von episodischen Schwächeanfällen einzelner Muskelgruppen oder der gesamten quergestreiften Muskulatur geprägt. Die Muskelschwäche kann kurz dauernd sein oder auch über Stunden, seltener über Tage andauern.

Die paralytischen Attacken können durch Hunger, Streß oder kaliumreiche Diät ausgelöst werden. Ein wesentlicher auslösender Mechanismus ist eine Muskelanstrengung mit nachfolgender Ruhepause.

Generalisierte schwere Paralysen treten insbesondere nachts auf. Der Patient kann dann Arme und Beine nicht mehr bewegen. Eine Rückbildung braucht mehrere Stunden bis Tage. Nächtliche Anfälle können durch Umhergehen („weglaufen") oder Nahrungsaufnahme („wegkauen") abgemildert werden. Treten solche Schwächeattacken häufiger auf, kann es zu einer fortschreitenden Myopathie mit permanenter Schwäche der Muskulatur kommen. Der Beginn der Erkrankung liegt vorwiegend im 1. Lebensjahrzehnt. In einigen Familien haben Betroffene neben HyperPP Symptome mit Kältesteife wie bei PC. In diesen Fällen spricht man von HyperPP mit Paramyotonie.

Klinische Diagnostik, Therapie und Differentialdiagnosen

Klinische Zeichen einer Myotonie können im symptomfreien Intervall fehlen. Zu Beginn eines paralytischen Anfalls kann das Gefühl einer allgemeinen Muskelsteife bestehen. Im EMG zeigen sich in diesen Fällen myotone Entladungsserien. Einige Familien haben weder klinisch eine myotone Symptomatik noch myotone Entladungsserien im EMG (HyperPP ohne Myotonie). Die Muskelhistologie ist nicht aufschlußreich und trägt nicht zur Diagnosestellung bei.

Der Serumkaliumspiegel ist während eines paralytischen Anfalls erhöht, im Intervall normal. Eine diagnostische Provokation der Attacken durch orale Kaliumgaben oder durch 30minütige Muskelarbeit (Fahrradergometer) und anschließende Ruhepause sollte nur unter strenger Überwachung des Patienten durchgeführt werden. Patienten lernen durch kaliumreduzierte Diät, ausreichende Muskelbewegung und Vermeidung von längeren Ruhepausen nach Muskelarbeit paralytische Zustände zu verhindern. Kaliumsenkende Diuretika (Hydrochlorothiazid, Azetazolamid) können vorbeugend wirken. Kaliumsenkende Maßnahmen während der Attacken sollten vermieden werden, da sie zu gefährlichen Hypokaliämien führen können. Klingt die Schwäche bei HyperPP ab, so sind die Serumkaliumspiegel durch eine Gegenregulation der Niere normal oder erniedrigt. Dies kann zu differentialdiagnostischen Schwierigkeiten gegenüber hypokaliämischen Lähmungen führen und fälschlicherweise zu einer Therapieempfehlung mit Kaliumgaben.

1.2.3.2.3 Vererbung und genetische Epidemiologie

Die autosomal-dominante Vererbung von PC und HyperPP ist durch zahlreiche Familienstudien gut belegt. Neumutationen sind wahrscheinlich selten. Es besteht vollständige Penetranz des Gens in beiden Geschlechtern in der 1. Lebensdekade. Die Expressivität ist intrafamiliär weitgehend einheitlich, während interfamiliär eine erhebliche Symptomvariabilität auffällt.

Zahlenangaben zur Häufigkeit der HyperPP und ihrer Varianten liegen nicht vor. Die Prävalenz von PC wird in der deutschen Bevölkerung auf 1:350 000–1:180 000 geschätzt. Ähnlich wie bei anderen myotonen Erkrankungen kann diese Zahlenangabe durch seltene Diagnosestellung zu niedrig sein.

Ungewöhnlich und einzigartig ist die geographische Verteilung von PC in einem Gebiet nördlich von Bielefeld, im Ravensberger Land (Becker 1970). In diesem Landstrich sind mindestens 13 große Familien mit PC bekannt. Geburts- und Wohnorte dieser Familien liegen in einem so eng begrenzten Gebiet, daß schon früh von einer gemeinsamen Gründermutanten in allen dort ansässigen Familien ausgegangen worden ist. Dies ist durch molekulargenetische Studien in den letzten Jahren bewiesen worden (s. „Mutationen im *SCN4A*-Gen"). Wahrscheinlich hat eine Reihe von Faktoren zu dieser Gendrift geführt. Mitentscheidend ist sicher ein fehlender Selektionsnachteil für das Krankheitsgen gewesen. Aber auch eine geringe Fluktuation dieser Population in benachbarte Regionen und eine ständige Zunahme der Bevölkerung durch bereits im 17. Jahrhundert günstige Lebensumstände im wohlhabenden Ravensberger Land haben die Ausbreitung der Mutation gefördert. Die Genfrequenz der Erkrankung im Ravensberger Land wird zu Beginn und Mitte des 20. Jahrhunderts am höchsten gewesen sein. Inzwischen hat sie durch Abwanderung und geändertes Reproduktionsverhalten der Bevölkerung wieder abgenommen. Alle Erkrankten aus den Ravensberger Familien sind heterozygote Anlagenträger. Ein betroffenes Familienmitglied mit einer Homozygotie für die Genveränderung fand sich nicht.

1.2.3.2.4 Molekulargenetik

Elektrophysiologie, Kandidatengen muskelspezifischer Natriumkanal

Elektrophysiologische Studien an Muskeleinzelfaserpräparaten von Patienten mit HyperPP und PC haben gezeigt, daß ein Defekt im Verschlußmechanismus der muskulären Natriumkanäle vorliegt. Durch ein verlängertes Öffnungsstadium der Kanäle kommt es nicht zur schnellen Inaktivierung der Membran. Folglich wird das Aktionspotential nicht limitiert, eine Repolarisation der Membran kann nicht stattfinden. Durch die Membrandepolarisation wird die Muskelfaser zunächst übererregt (myotone Steife), schließlich kommt es durch Inaktivierung der Natriumkanäle zur Paralyse (Lehmann-Horn et al. 1987a, 1987b). Während der verlängerten Öffnungsphase des Kanals strömt vermehrt Natrium in die Zelle, und Kalium tritt in den Extrazellulärraum aus. Um Natrium wieder aus der Muskelfaser herauszutransportieren, wird die Natrium-Kalium-Pumpe aktiviert. Das extrazellulär erhöhte Kalium wird durch die Niere eliminiert. Durch diese Gegenregulationen kommt es zu einer Wiederherstellung von Ruhemembranpotential und Kanalfunktion. Nach diesen in vitro erhaltenen Ergebnissen bot sich der adulte muskuläre Natriumkanal als Kandidat für den zugrundeliegenden Pathomechanismus von HyperPP und PC an.

SCN4A-Gen

Eine Klonierung des Gens für die α-Untereinheit des Natriumkanals (*SCN4A*-Gen) zunächst bei der Ratte und dann beim Menschen ermöglichte es, diese Hypothese zu testen (Fontaine et al. 1990). Eine physikalische und genetische Kartierung lokalisierte das *SCN4A*-Gen auf dem langen Arm von Chromosom 17 (17q23–25).

Der adulte Natriumkanal besteht aus einem Heterodimer mit den beiden Untereinheiten α und β1. Die α-Untereinheit formt die Pore des Kanals. Die kodierende Sequenz der α-Untereinheit, das *SCN4A*-Gen, hat 24 Exons mit einer genomischen Sequenz von ungefähr 35 kb. Das Glykoprotein mit einem MG von 260 000 ist aus 1800 Aminosäuren mit 4 homologen Domänen (I–IV) aufgebaut, von denen jede aus 225–325 Aminosäuren besteht. Jede der 4 Domänen hat 6 hydrophobe Segmente (S1–S6), die die Membran durchspannen (Abb. 1.2.11). Elektrophysiologische Studien zeigten, daß die hydrophoben membrandurchspannenden Segmente S4 der Domänen I–IV den Spannungsfühler bilden. Für die schnelle Inaktivierung des Kanals ist die intrazelluläre Schleife zwischen den Segmenten S6 der Domäne III und S1 der Domäne IV verantwortlich (Abb. 1.2.11). Das Gen für die kleinere β1-Untereinheit (38 000) des Kanals liegt auf Chromosom 19q13.1. Bisher konnten keine Erkrankungen an diesen Genort gekoppelt werden.

Multigenfamilie spannungsregulierter Natriumkanäle

Die Multigenfamilie der spannungsregulierten Natriumkanäle zeigt eine hochgradige Interspezieskonservierung in den funktionell wichtigen Regionen (Spannungsfühler, Inaktivierungspforte). Ähnlichkeiten zu den Kalziumkanälen betreffen die DNA- und Aminosäuresequenz und sind am ehesten durch einen gemeinsamen evolutionären Ursprung zu erklären. Mindestens 10 Mitglieder dieser Multigenfamilie sind bisher bekannt und in verschiedenen Organen (Gehirn, Herz, Muskel, periphere Nerven, Uterus) exprimiert. Mutationen im *SCN5A*-Gen, das den spannungsregulierten Na$^+$-Kanal des Herzens kodiert, sind krankheits-

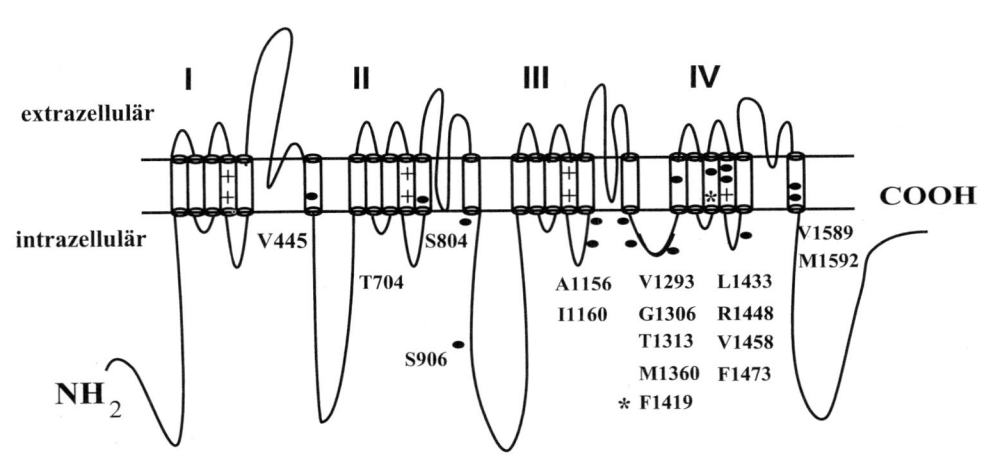

Abb. 1.2.11. Schematische Darstellung der α-Untereinheit des muskulären Natriumkanals mit Positionen für Aminosäureaustausche bei Patienten mit Paramyotonia congenita, hyperkaliämischer periodischer Paralyse und Varianten. * Aminosäureaustausch beim Quarter-Horse, ++ hydrophobe S4-Segmente, die den Spannungsfühler ausbilden

Tabelle 1.2.6. Erkrankungen mit Mutationen in Natriumkanalgenen

Natriumkanal	Erkrankung	Gen/Lokalisation	Vererbung	MIM
Spannungsregulierte Na⁺-Kanäle				
α-Untereinheit (Skelettmuskel)	Paramyotonia congenita	SCN4A/17q23–25	AD	168 300
	Hyperkaliämische periodische Paralyse			170 500
α-Untereinheit (Herzmuskel)	QT-Syndrom, LQT3	SCN5A/3p24–21	AD	600 163
Nicht spannungsregulierter epithelialer Na⁺-Kanal (Niere)				
α-Untereinheit	Pseudohypoaldosteronismus	SCNN1A/12p13	AR	600 228
β-Untereinheit	Liddle-Syndrom	SCNN1B/16p13–12	AD	177 200, 600 760
γ-Untereinheit	Liddle Syndrom	SCNN1G/16p13–12	AD	177 200, 600 761

AD autosomal-dominanter Erbgang, *AR* autosomal-rezessiver Erbgang, *MIM* Katalognummer Mendelian Inheritance in Man (http://www3.ncbi.nlm.nih.gov/omim).

Abb. 1.2.12. Herkunftsorte von Familien mit Paramyotonia congenita. Im Ravensberger Land bei Bielefeld (*Stern*) findet sich die SCN4A-Aminosäureaustauschmutation Arg1448His in 9 Familien auf einem Haplotyp (Gründermutante). 2 Familien aus Mittelhessen (*Pyramide*) zeigen die Mutation Arg1448Cys auf einem Gründerhaplotyp. Die SCN4A-Mutationen der übrigen 7 Familien sind unabhängig voneinander entstanden

verursachend für das QT-Syndroms Typ 3 (Tabelle 1.2.6).

Mutationen im SCN4A-Gen

Haplotypstudien in Familien mit HyperPP und PC ergaben, daß beide Erkrankungen und verwandte Phänotypen zum Genort *SCN4A* auf dem langen Arm von Chromosom 17 (17q23) gekoppelt sind. Der Nachweis von Mutationen im *SCN4A*-Gen bei beiden Erkrankungen beweist ihre allelische Heterogenität (Abb. 1.2.11). Inzwischen sind mehr als 20 verschiedene Missense-Mutationen in diesem Gen beschrieben (Cannon 1997). In allen Fällen handelt es sich um Substitutionen von zwischen den Spezies hochkonservierten Aminosäuren. Die entsprechende DNA-Sequenz-Änderung wurde nur bei betroffenen Familienmitgliedern gefunden. Andere Mutationen wie Deletionen und Insertionen sind nicht beschrieben.

Fast alle Missense-Mutationen liegen in funktionell wichtigen Bereichen des Proteins. Bisher ist nur eine Mutation (Val445Met) in der Domäne I gefunden worden. In der Domäne III finden sich Mutationen nur in den zytoplasmatischen Schleifen, insbesondere in der Schleife DIII-S6:DIV-S1, die für die schnelle Inaktivierung der Membran verantwortlich ist. Dort liegt an Position 1306 die Aminosäure Glyzin, deren Substitution durch Alanin, Valin oder Glutaminsäure einen unterschiedlich schweren myotonen Phänotyp verursacht. In einem Abschnitt des Spannungsfühlers (DIV/S4) scheint der Austausch der Aminosäure Arginin 1448 durch Cystein, Histidin oder Prolin zu einem Phänotyp mit unterschiedlich starker Kälteempfindlichkeit zu führen. Zwischen den Phänotypen HyperPP und PC sowie der Lage der Aminosäureaustauschmutation im Kanal besteht im wesentlichen keine Beziehung.

In Familien mit HyperPP sind am häufigsten die Austauschmutationen Thr704Met (DII:S5) und Met1592Val (DIV/S6) beschrieben, während für PC überwiegend die Mutationen Thr1313Met (DIII-S6:DIV-S1) und Arg1448Cys (DIV:S4) gefunden wurden. In allen Ravensberger Familien fand sich die Mutation Arg1448His auf einem identischen Chromosom-17-Haplotyp. Somit konnte die historisch gut belegte Gründermutante auch molekulargenetisch bestätigt werden (Abb. 1.2.12). Alle übrigen in der deutschen Population untersuchten Arg1448His-Mutationen sind auf dem Hintergrund eines anderen Haplotyps entstanden. In 2 mittelhessischen Familien mit Wohnorten im Umkreis von 30 km konnte die Mutation Arg1448Cys auf eine gemeinsame Gründermutante durch Haplotypanalysen zurückgeführt werden (Meyer-Kleine et al. 1994).

SCN4A-Mutationen und dominanter Phänotyp

Zahlreiche Aminosäureaustauschmutationen des *SCN4A*-Gens wurden experimentell in verschiedenen heterologen Systemen (HEK-Zellen, *Xenopus laevis*-Oozyten) exprimiert (Cannon 1997). Es zeigte sich eine veränderte Inaktivierung des Kanals, wie nach den Ergebnissen an Muskeleinzelfaserpräparaten von Erkrankten zu erwarten war. Die ausschließlich dominante Wirkung der Missense-Mutationen auf den Phänotyp kann als Funktionszugewinnmutation erklärt werden. Der veränderte Kanal verursacht einen zusätzlichen späten Einstrom von Natrium in die Zelle. Ob phänotypisch eine Myotonie durch Übererregbarkeit oder eine Paralyse durch Hypoexzitabilität der Muskelfaser vorherrscht, scheint von der graduellen Membrandepolarisation abzuhängen. Eine milde Depolarisation führt zur Myotonie, eine gravierendere Depolarisation zur Paralyse. Vorstellbar wäre, daß Mutationen, die den Natriumeinstrom in die Zelle reduzieren, im Sinn einer Funktionsverlustmutation wirken und einen rezessiv vererbten Phänotyp bewirken. Eine entsprechende Beobachtung wurde bisher noch nicht gemacht.

Hyperkaliämische periodische Paralyse beim Quarter-Horse

Bisher wurde der HyperPP-Phänotyp nur bei einem Säugetier, dem Quarter-Horse, beobachtet. Bereits seit einigen Jahren sind in den USA Nachkommen eines Quarter-Horse-Hengsts bekannt, die eine besonders gut entwickelte Muskulatur haben. Nach kaliumreichem Futter oder nach forcierter Muskelarbeit entwickeln diese Pferde die Symptome einer hyperkaliämischen periodischen Paralyse. Wie beim Menschen finden sich in der EMG-Ableitung myotone Potentiale, und die Vererbung des Phänotyps ist autosomal-dominant. Diese klinische, elektrophysiologische und erbliche Übereinstimmung führte zur Annahme, daß eine identische Erkrankung bei Mensch und Quarter-Horse vorliegen könnte. Dies ließ sich durch Kopplung des Quarter-Horse-Phänotyps zum *SCN4A*-Gen und durch den Nachweis einer Mutation im Gen bestätigen. An der Stelle 1419 im Natriumkanalprotein (DIII:S3) ist die zwischen verschiedenen Spezies gut konservierte Aminosäure Phenylalanin durch Leucin ausgetauscht (Rudolph et al. 1992). Interessanterweise zeigte ein homozygot betroffenes Fohlen einen schweren Krankheitsverlauf mit 3 paralytischen Episoden innerhalb der ersten 5 Lebensmonate. Heterozygote Pferde hingegen zeigen erst sehr viel später die charakteristischen Lähmungsattacken.

1.2.3.2.5 Genetische Beratung

Die genetische Beratung der Erkrankungen PC und HyperPP einschließlich ihrer Varianten entspricht den Kriterien eines autosomal-dominanten Erbgangs mit Wiederholungswahrscheinlichkeiten von 50% für Kinder und Geschwister von Erkrankten. Expressivität und Penetranz sind in betroffenen Familien ähnlich, interfamiliär bestehen jedoch Unterschiede. Die Prognose der Erkrankungen ist gut. Betroffene selbst sehen sie als Muskelanomalie und lernen mit ihr umzugehen. Daher suchen Betroffene selten einen Arzt auf und fragen i. allg. nicht nach einer genetischen Beratung. Differentialdiagnostisch ist die Erkrankung HyperPP von der hypokaliämischen periodischen Paralyse abzugrenzen, die ebenfalls autosomal-dominant vererbt wird. Verursacht ist die hypokaliämische Paralyse durch Mutationen im Gen eines spannungsregulierten Kalziumkanals (CACNL1A3a_{1S}-Untereinheit) auf dem langen Arm von Chromosom 1 (Ptacek et al. 1994).

Für die allelischen Erkrankungen HyperPP und PC sind zahlreiche Mutationen im *SCN4A*-Gen beschrieben. Nur wenige dieser Mutationen wurden in mehr als einer Familie nachgewiesen. Es ist arbeits- und kostenaufwendig, in jeder Familie nach der individuellen Mutation zu suchen. Daher wird eine molekulargenetische Untersuchung nicht als routinemäßige Diagnostik angeboten.

1.2.4 Zusammenfassung und Ausblick

Die Charakterisierung von Genen für die myotonen Syndrome hat eine Abgrenzung der Erkrankungen untereinander und eine zweifelsfreie Diagnosestellung ermöglicht. Die häufigste Krankheit in dieser Gruppe, die autosomal-dominant vererbte Multisystemerkrankung Myotone Dystrophie, kann heute durch eine direkte molekulargenetische Analyse aus der Leukozyten-DNA mit hoher Nachweisempfindlichkeit diagnostiziert werden. Die Notwendigkeit einer genetischen Diagnostik im Familienverband (indirekte Genotypanalyse) ist damit entfallen. Jedes Familienmitglied kann individuell für sich entscheiden, ob eine Diagnostik gewünscht wird.

Bei allen Erkrankten findet sich eine CTG-Expansion im 3'-nichttranslatierten Bereich des *DMPK*-Gens auf Chromosom 19. Andere Mutationen als diese sind für die typische Form der Erkrankung DM nicht bekannt. Findet sich bei einem Patienten mit einem DM-ähnlichen Phänotyp keine CTG-Expansion im *DMPK*-Gen ist differentialdiagnostisch an die Multisystemerkrankung proximale myotone Myopathie zu denken. Inwieweit sich der PROMM-Phänotyp vom DM2-Phänotyp unterscheidet und ob es sich um allelische Erkrankungen handelt, werden weitere Beobachtungen zeigen.

Welcher kausale Zusammenhang zwischen der CTG-Expansion im *DMPK*-Gen und der Erkrankung DM bestehen, ist z.Z. noch ungeklärt. Gene in unmittelbarer Nachbarschaft (z.B. Gen 59, *DMAHP*-Gen) könnten in ihrer Transkription von der CTG-Expansion beeinflußt und so an der Ursache der Erkrankung beteiligt sein. Somit steht zwar für Erkrankte ein molekularer Test zur Krankheitsdiagnose zur Verfügung, es fehlt aber weiterhin das Verständnis für die ätiopathogenetischen Zusammenhänge dieser Multisystemerkrankung. Solche Erkenntnisse sind jedoch notwendige Voraussetzung für eine kausale Therapie, insbesondere auch im Sinn einer Gentherapie. Erkrankten sollten daher keine zu großen Hoffnungen auf kausale Therapiekonzepte in unmittelbarer Zukunft gemacht werden. Trotz neuer molekulargenetischer Erkenntnisse besteht somit ein Mißverhältnis zwischen exakten diagnostischen Möglichkeiten und der von Patienten und Familien erhofften kausalen Therapie.

Die Situation für die weitaus selteneren, nicht progressiven myotonen Muskelerkrankungen stellt sich etwas anders dar. Die Identifizierung und Charakterisierung von Genen und Mutationen für diese Erkrankungen hat ihre Pathophysiologie einwandfrei geklärt und zu neuen Erkenntnissen über die elektrische Erregbarkeit von Muskelmembranen beigetragen. Eine molekulare Diagnostik dieser Erkrankungen ist möglich, aber aufwendig, da die meisten Erkrankten ihre individuelle krankheitsverursachende Mutation haben. Die konventionelle klinische Diagnostik bleibt daher weiterhin Methode der Wahl. Die Weiterentwicklung der Technologie zur schnellen und einfachen Diagnostik (z.B. DNA-Chips) von individuellen Mutationen könnte in nicht allzuferner Zukunft eine Änderung dieser Situation herbeiführen. Eine Therapie dieser Myotonieformen steht nicht so sehr im Vordergrund, da es sich um nicht dystrophe Muskelerkrankungen handelt. Erkrankte lernen, mit den durch das Symptom Myotonie verursachten Bewegungsstörungen umzugehen. Inzwischen sind weitere Erkrankungen, die auf Mutationen in Ionenkanälen beruhen, beschrieben. Denkbar ist, daß eine Neuentwicklung von Therapien für diese Erkrankungen auch einen Einfluß auf die medikamentöse Therapie der nicht dystrophen Myotonien hat.

Die schnelle Weiterentwicklung der molekularen Forschung macht es notwendig, daß sich der interessierte Leser über die neuesten Erkenntnisse aktiv selbst informiert. Die Zusammenstellung von Internetadressen in Tabelle 1.2.7 ermöglicht einen schnellen Zugriff auf klinisch-genetisch ausgerichtete Datenbanken mit aktualisierten Forschungsergebnissen, insbesondere unter dem Blickwinkel der molekularen Aufklärung von Erkrankungen und Einsichten in ihre Pathogenese.

Tabelle 1.2.7. Klinisch-genetische Datenbanken mit WWW-Adressen

Datenbank	www-Adresse
Advanced PubMed Search	http://www4.ncbi.nlm.nih.gov/ENTREZ/medline.html
GeneCards: encyclopedia of genes, proteins and diseases	http://bioinformatics.weizmann.ac.il/car ds/
National Center for Biotechnology Information	http://www.ncbi.nlm.nih.gov/
Neuromuscular Home Page	http://www.neuro.wustl.edu/neuromuscular/
OMIM Home Page – Online Mendelian Inheritance in Man	http://www3.ncbi.nlm.nih.gov/omim/
The database GENATLAS	http://www.infobiogen.fr/

1.2.5 Literatur

Abbruzzese C, Krahe R, Liguori M, Tessarolo D, Siciliano MJ, Ashizawa T, Giacanelli M (1996) Myotonic dystrophy phenotype without expansion of (CTG)n repeat: an entity distinct from proximal myotonic myopathy (PROMM)? J Neurol 243:715–721

Aberfeld DC, Hinterbuchner LP, Schneider M (1965) Myotonia, dwarfism, diffuse bone disease and unusual ocular and facial abnormalities (a new syndrome). Brain 88:313–322

Batten FE, HP Gibb (1909) Myotonia atrophica. Brain 32:187–205

Beck CL, Fahlke C, George AL (1996) Molecular basis for decreased muscle chloride conductance in the myotonic goat. Proc Natl Acad Sci USA 93:11 248–11 252

Becker PE (1970) Paramyotonia congenita (Eulenburg), Fortschritte der allgemeinen und klinischen Humangenetik, Bd III. Thieme, Stuttgart New York

Becker PE (1977) Myotonia congenita and syndromes associated with myotonia, topics in human genetics, vol III. Thieme, Stuttgart New York

Boucher CA, King SK, Carey N et al. (1995) A novel homeodomain-encoding gene is associated with a large CpG island interrupted by myotonic dystrophy unstable (CTG)n repeat. Hum Mol Genet 4:1919–1925

Brahams D (1989) Postoperative monitoring in patients with muscular dystrophy. Lancet II:1053–1054

Brook JD, McCurrach ME, Harley HG et al. (1992) Molecular basis of myotonic dystrophy: expansion of a trinucleotide (CTG) repeat at the 3′end of a transcript encoding a protein kinase family member. Cell 68:799–808

Brown KA, Al-Gazali LI, Moynihan LM, Lench NJ, Markham AF, Mueller RF (1997) Genetic heterogeneity in Schwartz-Jampel syndrome: two families with neonatal Schwartz-Jampel syndrome do not map to human chromosome 1p34-36.1. J Med Genet 34:685–687

Bryant SH, Morales-Aguilera A (1971) Chloride conductance in normal and myotonic muscle fibres and the action of monocarboxylic aromatic acids. J Physiol 219:367–383

Cannon SC (1997) From mutation to myotonia in sodium channel disorders. Neuromuscul Disord 7:241–249

Curschmann H (1912) Über familiäre atrophische Myotonie. Dtsch Z Nervenheilkd 45:161–202

Damian MS, Bachmann G, Koch MC, Schilling G, Stöppler S, Dorndorf W (1994) Brain disease and molecular analysis in myotonic dystrophy. Neuroreport 5:2549–2552

De Die-Smulders CEM, Smeets HJM, Loots W, Anten HBM, Mirandolle JF, Geraedts JPM, Höweler CJ (1997) Paternal transmission of congenital myotonic dystrophy. J Med Genet 34:930–933

Eulenburg A (1886) Über eine familiäre, durch 6 Generationen verfolgbare Form kongenitaler Paramyotonie. Neurol Zentralbl 5:265–272

Fontaine B, Khurana TS, Hoffman EP et al. (1990) Hyperkalemic periodic paralysis and the adult muscle sodium channel alpha-subunit gene. Science 250:1000–1003

Gamstorp I (1956) Adynamia episodica hereditaria. Acta Paediatr Suppl 108 45:1–126

George AL, Crackower MA, Abdalla JA, Hudson AJ, Ebers GC (1993) Molecular basis of Thomsen's disease (autosomal dominant myotonia congenita) Nat Genet 3:305–309

Giedion A, Boltshauser E, Briner J et al. (1997) Heterogeneity in Schwartz-Jampel chondrodystrophic myotonia. Eur J Pediatr 156:214–223

Gordenin DA, Kunkel TA, Resnik MA (1997) Repeat expansion – all in a flap. Nat Genet 16:116–118

Gronemeier M, Condie A, Prosser J, Steinmeyer K, Jentsch TJ, Jockusch H (1994) Nonsense and missense mutations in the muscular chloride channel gene CLC-1 of myotonic mice. J Biol Chem 269:5963–5967

Hamshere MG, Brook JD (1996) Myotonic dystrophy, knockouts, warts and all. Trends Genet 12:332–334

Hamshere MG, Newman EE, Alwazzan M, Athwal BS, Brook DJ (1997) Transcriptional abnormality in myotonic dystrophy affects DMPK but not neighboring genes. Proc Natl Acad Sci USA 94:7394–7399

Harley HG, Rundle SA, MacMillan JC et al. (1993) Size of the unstable CTG repeat sequence in relation to phenotype and parental transmission in myotonic dystrophy. Am J Hum Genet 52:1164–1174

Harper PS (1989) Myotonic dystrophy, 2nd edn. Saunders, Philadelphia

Harper PS, Harley HG, Reardon W, Shaw DJ (1992) Anticipation in myotonic dystrophy: new light on an old problem. Am J Hum Genet 51:10–16

Harris S, Moncrieff C, Johnson K (1996) Myotonic dystrophy: will the real gene please step forward! Hum Mol Genet 5:1417–1423

Heath KS, Carne S, Hoyle C, Johnson KJ, Wells DJ (1997) Characterisation of expression of mDMAHP, a homeodomain-encoding gene at the murine DM locus. Hum Mol Genet 6:651–657

Hofferbert S, Schanen NC, Chehab F, Francke U (1997) Trinucleotide repeats in the human genome: size distributions for all possible triplets and detection of expanded disease alleles in a group of Huntington disease individuals by the repeat extension method. Hum Mol Genet 6:77–83

Höweler CJ, Busch HFM, Geraedts JPM, Niermeijer MF, Staal A (1989) Anticipation in myotonic dystrophy: fact or fiction. Brain 112:779–797

Hund E, Jansen O, Koch MC et al. (1997) Proximal myotonic myopathy with MRI white matter abnormalities of the brain. Neurology 48:33–37

Imbert G, Kretz C, Johnson K, Mandel JL (1993) Origin of the expansion mutation in myotonic dystrophy. Nat Genet 4:72–76

Jansen G, Bächner D, Coerwinkel M, Wormskamp N, Hameister H, Wieringa B (1995) Structural organisation and developmental expression pattern of the mouse WD-repeat gene DMR-N9 immediatly upstream of the myotonic dystrophy locus. Hum Mol Genet 4:843–852

Jentsch TJ, Steinmeyer K, Schwarz G (1990) Primary structure of *Torpedo marmorata* chloride channel isolated by expression cloning in *Xenopus* oocytes. Nature 348:510–514

Klesert TR, Otten AD, Bird TD, Tapscott SJ (1997) Trinucleotide repeat expansion at the myotonic dystrophy locus reduces expression of DMAHP. Nat Genet 16:402–406

Koch MC, Grimm T, Harley HG, Harper PS (1991) Genetic risks for children of women with myotonic dystrophy. Am J Hum Genet 48:1084–1091

Koch MC, Steinmeyer K, Lorenz C et al. (1992) The skeletal muscle chloride channel in dominant and recessive myotonia. Science 257:797–800

Lehmann-Horn F, Küther G, Ricker K, Grafe P, Ballanyi K, Rüdel R (1987a) Adynamia episodica hereditaria with myotonia: a non-inactivating sodium current and the effect of exracellular pH. Muscle Nerve 10:363–374

Lehmann-Horn F, Rüdel R, Ricker K (1987b) Membrane defects in paramyotonia congenita (Eulenburg). Muscle Nerve 10:633–641

Leyden E (1874) Klinik der Rückenmarkskrankheiten. Teil I:128–129

Lia AS, Seznec H, Hofmann-Radvanyi H et al. (1998) Somatic instability of the CTG repeat in mice transgenic for the myotonic dystrophy region is age dependent. Hum Mol Genet 7:1285–1291

Lloyd SE, Pearce SHS, Fisher SE et al. (1997) A common molecular basis for three inherited kidney stone diseases. Nature 379:445–449

Ludewig U, Pusch M, Jentsch TJ (1996) Two physically distinct pores in the dimeric CLC-0 chloride channel. Nature 383:340–343

Martorell L, Illa I, Rosell J, Benitez J, Sedano MJ, Baiget M (1996) Homozygous myotonic dystrophy: clinical and molecular studies of three unrelated cases. J Med Genet 33:783–785

Martorell L, Monckton DG, Gamez J, Johnson K, Gich I, Munain AL, Baiget M (1998) Progression of somatic CTG repeat length heterogeneity in the blood cells of myotonic dystrophy patients. Hum Mol Genet 7:307–312

Meyer-Kleine C, Otto M, Zoll B, Koch MC (1994) Molecular and genetic characterisation of German families with paramyotonia congenita and demonstration of founder effect in the Ravensberg families. Hum Genet 93:707–710

Meyer-Kleine C, Steinmeyer K, Ricker K, Jentsch TJ, Koch MC (1995) Spectrum of mutations in the major human skeletal muscle chloride channel gene (CLCN1) leading to myotonia. Am J Hum Genet 57:1325–1334

Middleton RE, Pheasant DJ, Millner C (1996) Homodimeric architecture of a CLC-type chloride ion channel. Nature 383:337–340

Nicole S, Ben Hamida C, Beighton P et al. (1995) Localisation of the Schwartz-Jampel syndrome (SJS) locus to chromosome 1p34–p36.1 by homozygosity mapping. Hum Mol Genet 4:1633–1636

Philips AV, Timchenko LT, Cooper TA (1998) Disruption of splicing regulated by a CUG-binding protein in myotonic dystrophy. Science 280:737–741

Ptacek LJ, Tawil R, Griggs RC et al. (1994) Dihydropyridine receptor mutations cause hypocalemic periodic paralysis. Cell 77:863–868

Pusch M, Steinmeyer K, Koch MC, Jentsch TJ (1995) Mutations in dominant human myotonia congenita drastically alter the voltage dependence of the CLC-1 chloride channel. Neuron 15:1455–1463

Qian F, Germino FJ, Cai Y, Zhang X, Somlo S, Germino GG (1997) PKD1 interacts with PKD2 through a probable coiled-coil domain. Nat Genet 16:179–183

Ranum LPW, Rasmussen PF, Benzow KA, Kob MD, Day JW (1998) Genetic mapping of a second myotonic dystrophy locus. Nat Genet 19:196–198

Ricker K, Grimm T, Koch MC et al. (1999) Linkage to chromosome 3q in proximal myotonic myopathy (PROMM). Neurology 52:170–171

Ricker K, Koch MC, Lehmann-Horn F, Pongratz D, Otto M, Heine R, Moxley RT (1994) Proximal myotonic myopathy (PROMM), a new dominant disorder with myotonia, muscle weakness, and cataracts. Neurology 44:1448–1452

Ricker K, Koch MC, Lehmann-Horn F et al. (1995) Proximal myotonic myopathy: clinical features of a multisystem disorder similar to myotonic dystrophy. Arch Neurol 52:25–31

Rüdel R, Ricker K, Lehmann-Horn F (1988) Transient weakness and altered membrane characteristic in recessive generalised myotonia (Becker). Muscle Nerve 11:202–211

Rudolph JA, Spier SJ, Byrns G, Rojas CV, Bernoco D, Hoffman EP (1992) Periodic paralysis in Quarter horses: a sodium channel mutation disseminated by selective breeding. Nat Genet 2:144–147

Schnülle V, Antropova O, Gronemeier M, Wedemeyer N, Jockusch H, Bartsch JW (1997) The mouse clc1/myotonia gene: Etn insertion, a variable AATC repeat, and PCR diagnosis of alleles. Mamm Genome 8:718–725

Simon DB, Bindra RS, Mansfield TA et al. (1997) Mutations in the chloride channel gene, *CLCNKB*, cause Bartter's syndrome type III. Nat Genet 17:171–178

Slater SJ, Kingsley JA, Cox JV et al. (1993) Inhibition of proteinkinase C by alcohols and anaesthetics. Nature 364:82–84

Steinert H (1909) Über das klinische und anatomische Bild des Muskelschwundes der Myotoniker. Dtsch Z Nervenheilkd 37:58–104

Steinmeyer K, Klocke R, Ortland C, Gronemeier M, Jockusch H, Gründer S, Jentsch TJ (1991a) Inactivation of muscle chloride channel by transposon insertion in myotonic mice. Nature 354:304–308

Steinmeyer K, Ortland C, Jentsch TJ (1991b) Primary structure and functional expression of a developmentally regulated skeletal muscle chloride channel. Nature 354:301–304

Steinmeyer K, Lorenz C, Pusch M, Koch MC, Jentsch TJ (1994) Multimeric structure of CLC-1 chloride channel revealed by mutations in dominant myotonia congenita (Thomsen). EMBO J 13:737–743

Thomsen J (1876) Tonische Krämpfe in willkürlich bewegligen Muskeln in Folge von ererbter psychischer Disposition (Ataxia muscularis?). Arch Psychiatr 6:702–718

Thornton CA, Wymer JP, Simmons Z, McClain C, Moxley RT (1997) Expansion of the myotonic dystrophy CTG repeat reduces expression of the flanking *DMAHP* gene. Nat Genet 16:407–409

Timchenko LT, Timchenko NA, Caskey CT, Roberts R (1996) Novel proteins with binding specificity for DNA CTG repeats and RNA CUG repeats: implications for myotonic dystrophy. Hum Mol Genet 5:115–121

Tishkoff SA, Goldman A, Calafell F et al. (1998) A global haplotype analysis of the myotonic dystrophy locus: implications for the evolution of modern humans and for the origin of myotonic dystrophy mutations. Am J Hum Genet 62:1389–1402

Udd B, Krahe R, Wallgren-Pettersson C, Falck B, Kalimo H (1997) Proximal myotonic dystrophy – a family with autosomal dominant muscular dystrophy, cataracts, hearing loss and hypogonadism: heterogeneity of proximal myotonic syndromes? Neuromuscul Disord 7:217–228

Wang YH, Griffith J (1995) Expanded CTG triplet blocks from the myotonic dystrophy gene create the strongest known natural nucleosome positioning elements. Genomics 25:570–573

Westphal C (1885) Über einen merkwürdigen Fall von periodischer Lähmung aller vier Extremitäten mit gleichzeitigem Erlöschen der elektrischen Erregbarkeit während der Lähmung. Berlin Klin Wochenschr 31:489–511

Wilkie AOM (1994) The molecular basis of dominance. J Med Genet 31:89–98

Wong LJC, Ashizawa T, Monckton DG, Caskey CT, Richards CS (1995) Somatic heterogeneity of CTG repeat in myotonic dystrophy is age and size dependent. Am J Hum Genet 56:114–122

Zlotogora J (1997) Dominance and homozygosity. Am J Med Genet 68:412–416

1.3 Spinale Muskelatrophien

SABINE RUDNIK-SCHÖNEBORN, BRUNHILDE WIRTH, TIEMO GRIMM und KLAUS ZERRES

Inhaltsverzeichnis

1.3.1	**Einleitung**	60
1.3.1.1	Häufigkeit	60
1.3.1.2	Epidemiologie	61
1.3.2	**Krankheitsbild**	61
1.3.2.1	Diagnostik	61
1.3.2.2	Klinische Klassifikation und Prognose	62
1.3.2.2.1	SMA I (Synonym: Schwere infantile SMA, Typ Werdnig-Hoffmann)	63
1.3.2.2.2	SMA II (Synonym: Intermediäre SMA, chronic childhood SMA)	64
1.3.2.2.3	SMA III (Synonym: Juvenile SMA, Typ Kugelberg-Welander)	65
1.3.2.2.4	SMA IV (Adulte SMA)	66
1.3.2.3	Therapeutische Maßnahmen	66
1.3.2.4	Differentialdiagnose der proximalen SMA, Abgrenzung von SMA-Sonderformen	66
1.3.2.5	Sonderformen der SMA (SMA plus)	68
1.3.2.5.1	Diaphragmatische SMA	68
1.3.2.5.2	SMA mit olivopontozerebellärer Atrophie (OPCA)	69
1.3.2.5.3	SMA mit Arthrogryposis multiplex congenita	69
1.3.2.5.4	SMA mit weiteren Organfehlbildungen	69
1.3.3	**Genetik der proximalen SMA**	70
1.3.3.1	Autosomal-dominante proximale SMA	70
1.3.3.2	Autosomal-rezessive SMA	70
1.3.3.2.1	Intrafamiliäre Variabilität	70
1.3.3.2.2	Heterogenie	71
1.3.4	**Molekulargenetische Grundlagen, pathophysiologische Zusammenhänge**	72
1.3.4.1	Kandidatengene	72
1.3.4.2	*NAIP*-Gen	73
1.3.4.3	*SMN*-Gen und seine Funktion	73
1.3.4.3.1	Molekulargenetische Diagnostik	73
1.3.4.3.2	Proteinstruktur und Funktion	74
1.3.4.3.3	Genotyp-Phänotyp-Korrelationen	75
1.3.4.3.4	Hybridgene als Hinweis auf einen milderen Phänotyp	76
1.3.4.3.5	Seltene, ungewöhnlich schwere Manifestationen einer kongenitalen SMA mit ZNS- und axonalen Veränderungen	77
1.3.4.3.6	Molekulargenetische Befunde in Familien mit betroffenen Personen in 2 Generationen	78
1.3.4.3.7	Rezessive Neumutationen	78
1.3.4.3.8	Mausmodell	79
1.3.5	**Nicht-proximale SMA und Varianten**	79
1.3.5.1	Distale SMA	80
1.3.5.1.1	Juvenile distale SMA Typ Hirayama	82
1.3.5.2	Skapuloperoneale/skapulohumerale SMA	82
1.3.5.3	Progressive Bulbärparalyse	83
1.3.5.4	Spinobulbäre Atrophie Typ Kennedy	83
1.3.6	**Genetische Beratung bei proximaler SMA**	84
1.3.6.1	Diagnosestellung bei klinischem Verdacht auf eine proximale SMA	84
1.3.6.2	Heterozygotentest	84
1.3.6.3	Pränataldiagnostik	85
1.3.6.3.1	Eltern eines betroffenen Kindes, Nachweis der homozygoten *SMN*-Deletion beim Indexpatienten	85
1.3.6.3.2	Eltern eines betroffenen Kindes, kein Nachweis der homozygoten *SMN*-Deletion beim Indexpatienten	85
1.3.6.3.3	Eltern eines verstorbenen Kindes, DNA steht nicht mehr zur Verfügung	85
1.3.6.3.4	Betroffene, die eine Familie gründen wollen	85
1.3.6.3.5	Entferntere Anverwandte von Patienten mit der Diagnose SMA wünschen den Ausschluß einer SMA in einer Schwangerschaft	86
1.3.7	**Ausblick**	86
1.3.8	**Literatur**	87

1.3.1 Einleitung

1.3.1.1 Häufigkeit

Spinale Muskelatrophien (SMA) umfassen eine klinisch und genetisch heterogene Gruppe erblicher neuromuskulärer Erkrankungen, die nach heutiger Vorstellung durch einen selektiven, chronisch progredienten Untergang von Vorderhornzellen im Rückenmark und z. T. auch der motorischen Hirnnervenkerne des Hirnstamms charakterisiert ist. Die autosomal-rezessiven spinalen Muskelatrophien stellen die zweithäufigste autosomal-rezessiv erbliche Erkrankung nach der Zystischen Fibrose und eine wesentliche Ursache für Tod im frühen Kindesalter dar.

Je nach der anatomischen Lokalisation des Manifestationsschwerpunkts werden proximale und distale Muskelatrophien unterschieden, darüber hinaus existieren Formen mit anderen speziellen Verteilungsmustern (z.B. progressive Bulbärparalysen, Formen mit bevorzugter Beteiligung des Schultergürtels) und Sonderformen mit Beteiligung anderer Strukturen (z.B. SMA mit Stimmbandlähmung, SMA mit Mikrozephalie und geistiger Behinderung). Die proximale SMA des Kindes- und Jugendalters stellt mit etwa 80–90% die große Mehrzahl aller spinalen Muskelatrophien und wird deshalb im folgenden besonders hervorgehoben.

1.3.1.2 Epidemiologie

Die proximale SMA folgt in der Mehrzahl der Familien einem autosomal-rezessiven Erbgang, während der dominante Erbgang im Kindesalter eine Rarität darstellt. Epidemiologische Daten für die SMA des Kindes- und Jugendalters sind von Emery (1991) zusammengestellt worden und zeigen, daß die autosomal-rezessive Form insgesamt eine Inzidenz von mindestens 1:10000 Geburten beträgt. Die Inzidenzen bzw. Prävalenzen wurden in Abhängigkeit von der Verlaufsform getrennt berechnet und variieren zwischen 1:25000 und 1:10000 für die schwere infantile SMA (Typ Werdnig-Hoffmann) (Pearn 1973a, Spiegler et al. 1990) und 1:25000 und 1:83000 für die chronischen Verlaufsformen (intermediäre SMA und milde SMA Typ Kugelberg-Welander) (Pearn 1978a, Spiegler et al. 1990). In Regionen mit hohem Anteil an blutsverwandten Ehen liegt die Inzidenz deutlich höher. Ausgehend von einer Häufigkeit von 1:10000 läßt sich als Basis für die genetische Beratung eine Heterozygotenfrequenz in der Bevölkerung von etwa 1:50 hochrechnen.

Die SMA mit Beginn im Erwachsenenalter (adulte SMA) wird mit einer Prävalenz von etwa 0,32:100000 angegeben und macht damit nur einen Anteil von unter 10% aller SMA-Formen aus (Pearn et al. 1978a). Die autosomal-dominante SMA spielt im Kindesalter praktisch keine Rolle, während sie in Familien mit spätem Beginn (>30 Jahre) überwiegt. In Studien, die auch die adulten Formen berücksichtigt haben, ließ sich abschätzen, daß etwa 2/3 der Fälle einem autosomal-dominanten Erbgang folgen (Pearn 1978c, eigene Daten).

1.3.2 Krankheitsbild

1.3.2.1 Diagnostik

Die klinischen Diagnosekriterien für die SMA des Kindes- und Jugendalters (Tabelle 1.3.1) sind vom Internationalen SMA-Konsortium Anfang der 90er Jahre definiert worden, um für die geplanten Kopplungsstudien von einer klar definierten Entität ausgehen zu können (International SMA Consortium 1992). Mit dem molekulargenetischen Nachweis von Veränderungen in der Region auf dem Chromosom 5, die das Gen für die autosomal-rezessive SMA I–III enthält, ist es erforderlich, die Ein- und Ausschlußkriterien in Einzelfällen zu revidieren (s. unten). Die klinische Zuordnung einer proximalen SMA ist jedoch in den meisten Fällen problemlos und basiert auf dem typischen klinischen Bild, charakteristischen elektrophysiologischen und muskelbioptischen Befunden in Kombination mit normalen oder nur geringgradig erhöhten CK-Werten. Zu beachten ist, daß typische Veränderungen der genannten Untersuchungen bei sehr frühem Krankheitsbeginn bzw. in frühen oder sehr späten Krankheitsstadien weniger eindeutig sein können. Bei der akuten infantilen SMA ist deshalb v.a. das klinische Bild eines floppy infant mit Zungenfibrillationen und Handtremor, der für Patienten mit einem Krankheitsbeginn nach dem 3. Lebensmonat sehr charakteristisch ist, diagnostisch richtungsweisend.

Elektrophysiologische Befunde entsprechen denjenigen anderer Vorderhornzellerkrankungen. Der Verlust von Aktionspotentialen bei zunehmender

Tabelle 1.3.1. Diagnostische Kriterien proximaler spinaler Muskelatrophien (Internationale SMA-Kooperation zur Diagnostik spinaler Muskelatrophien 1992)

Einschlußkriterien	Ausschlußkriterien
Muskelschwäche Symmetrisch Proximal>distal	ZNS-Beteiligung Arthrogryposis Beteiligung anderer Organe (z.B. Ohren und Augen)
Beine>Arme Rumpf- und Interkostalbeteiligung	Sensibilitätsstörungen Augenmuskelbeteiligung
Denervation	Deutliche Gesichtsmuskelbeteiligung
Im EMG	Kreatinkinaseaktivität>10fach der oberen Norm
In der Muskelbiopsie	Motorische Nervenleitgeschwindigkeit <70% der Norm
Faszikulationen	

Kontraktion und der Nachweis pathologischer Spontanaktivität (Fibrillationspotentiale) sind typische Befunde. Während das gelichtete Interferenzmuster sowie die Amplitudenvergrößerung von Aktionspotentialen weitgehend konstante Merkmale sind, werden Fibrillationspotentiale nicht immer nachgewiesen. Sie finden sich v. a. bei Personen mit späterem Krankheitsbeginn. Faszikulationen sind im Kindesalter seltener als bei Erwachsenen mit Vorderhornerkrankungen. Die motorischen Nervenleitgeschwindigkeiten (NLG) liegen in der Regel im Normbereich, jedoch kann es in Fällen mit einer rasch fortschreitenden Atrophie zu deutlichen Verzögerungen der motorischen NLG kommen. Die sensiblen Nervenleitgeschwindigkeiten sind, von Ausnahmen bei der SMA I abgesehen, normal.

In der Muskelbiopsie läßt sich als typische Folge der akuten Denervierung weitgehend unabhängig vom Krankheitsbeginn die Gruppenatrophie nachweisen. Daneben werden Muskelfasern von normalem Kaliber oder hypertrophierte Fasern gefunden (Typ-I-Fasern), da nicht alle Vorderhornzellen gleichzeitig betroffen sind. Bei den atrophischen Fasern handelt es sich sowohl um Typ-I- als auch Typ-II-Fasern. Bei milderen Verläufen wird das Bild eher durch eine Fasertypengruppierung als Folge von Reinnervationsvorgängen sowie durch sekundär myopathische Veränderungen bestimmt. Die histologischen Befunde korrelieren insgesamt jedoch nur wenig mit dem klinischen Bild und können praktisch nicht als prognostisch wegweisend betrachtet werden. Im Rückenmark ist die Zahl der motorischen Vorderhornzellen sowie im Hirnstamm der Hirnnervenkerne reduziert. Vorhandene Zellen zeigen unterschiedliche degenerative Veränderungen.

Die biochemischen Untersuchungen des Serums zeigen in der Regel keine typischen Auffälligkeiten. In der überwiegenden Zahl der Fälle mit frühem Erkrankungsbeginn (SMA I und II) ist die Kreatinphosphokinaseaktivität (CK) im Serum allenfalls geringgradig erhöht, wogegen mehr als 90% der Patienten mit einer milden Verlaufsform (SMA IIIb) erhöhte CK-Werte (>2 SD) zeigen, die die differentialdiagnostische Abgrenzung zu Myopathien erschweren können (Rudnik-Schöneborn et al. 1998). Die höchsten Werte finden sich bei Patienten mit einer SMA IIIb in einem Alter von 15–30 Jahren, wobei massiv erhöhte Werte (>500–1000 U/l) wie bei den Muskeldystrophien nur in Ausnahmefällen vorliegen. Insgesamt spricht die Verteilung der CK-Werte bei den verschiedenen Verlaufsformen dafür, daß nicht der Schweregrad der SMA oder die erhaltene Funktion der Muskulatur, sondern eher das Ausmaß der aufgebauten Muskelmasse für den CK-Ausstrom aus den Muskelzellen verantwortlich ist (Rudnik-Schöneborn et al. 1998).

1.3.2.2 Klinische Klassifikation und Prognose

Das klinische Bild der proximalen spinalen Muskelatrophien umfaßt ein breites Spektrum von Formen mit intrauterinem Beginn bis zu einem Krankheitsbeginn im Erwachsenenalter. Der weitaus größte Teil wird jedoch im Neugeborenen- bzw. Kindesalter klinisch manifest und geht namentlich auf die Erstbeschreiber Werdnig (1891) und Hoffmann (1893) zurück. Die milde Verlaufsform mit Beginn zwischen dem 2. und 17. Lebensjahr wurde erst wesentlich später von Kugelberg und Welander (1954, 1956) als Abgrenzung zur progressiven Muskeldystrophie beschrieben. Die erhebliche Variabilität der SMA hat in der Vergangenheit zu zahlreichen Diskussionen zwischen „splitters" und „lumpers" und zu unterschiedlichen Klassifikationssystemen geführt (Dubowitz 1991). Das Internationale-SMA-Konsortium hat sich zur Vereinheitlichung auf eine gemeinsame Klassifikation verständigt, die sich im wesentlichen an Erkrankungsbeginn, Lebenserwartung und erreichten motorischen Meilensteinen orientiert (International SMA Consortium 1992). Eine von uns vorgeschlagene Modifikation dieser Klassifikation beruht im wesentlichen auf der Definition erworbener Funktionen (freies Sitzen, Gehen) und verzichtet weitgehend auf die Angabe fester Altersangaben zu Erkrankungsbeginn und Lebenserwartung (Tabelle 1.3.2, nach Zerres und Rudnik-Schöneborn 1995). Für die Praxis sind die Kenntnis der Variabilität und die Berücksichtigung prognostischer Aspekte wichtiger als die Zuordnung zu den z. T. unterschiedlich definierten Typen der in der Literatur verwendeten Klassifikationen. Der sehr variable Krankheitsverlauf erlaubt keine Vorhersage der individuellen Prognose, die auch bei frühem Krankheitsbeginn oft zu ungünstig eingeschätzt wird. Die ursprüngliche Diagnose „Typ Werdnig-Hoffmann" wird in diesen Fällen mit zunehmender Überlebensdauer verändert in „intermediärer Typ" und nicht selten in „Typ Kugelberg-Welander".

Tabelle 1.3.2. Klassifikation und prognostische Parameter der autosomal-rezessiven proximalen SMA, Daten nach Kaplan-Meier-Überlebenskurven auf der Basis von 445 Patienten, nach Zerres u. Rudnik-Schöneborn (1995)

SMA-Typ Definition		Alter [Jahre]				
		2 Jahre	4 Jahre	10 Jahre	20 Jahre	40 Jahre
Überlebenswahrscheinlichkeit nach Alter [%]						
I	Sitzen nicht möglich	32	18	8	0	0
II	Sitzen erlernt, freies Gehen nicht möglich	100	100	98	77	–
Wahrscheinlichkeit für den Erhalt der Gehfähigkeit nach Erkrankungsbeginn [%]						
IIIa	Gehen möglich, Beginn ≤3 Jahre	98	95	73	44	34
IIIb	Normale Entwicklung, Beginn 3–30 Jahre	100	100	97	89	67
IV	Beginn >30 Jahre	(Daten nicht verfügbar)				

1.3.2.2.1 SMA I (Synonym: Schwere infantile SMA, Typ Werdnig-Hoffmann)

Die ersten Symptome zeigen sich bei dieser schweren Verlaufsform meist kurz nach der Geburt in Form von Muskelhypotonie und ausbleibender motorischer Entwicklung. Die Muskelschwäche wird bei praktisch allen Fällen in den ersten 6 Lebensmonaten manifest, bei etwa 1/3 der Patienten geben die Mütter verminderte Kindsbewegungen in der Schwangerschaft an (Pearn 1973b). Symptome, die zur Verdachtsdiagnose führen, sind meist Bewegungsarmut, Probleme beim Kopfheben und eine unzulängliche Sitzbereitschaft (Abb. 1.3.1). Die Kinder erlernen selten, sich herumzudrehen, und können nicht frei sitzen. Die faziale und extraokuläre Muskulatur bleibt ausgespart, so daß die Patienten bei normaler mentaler Entwicklung im Kontrast zu ihren körperlichen Möglichkeiten durch einen auffällig wachen Blick charakterisiert sind. Da die Interkostalmuskeln betroffen sind, führt die reine Zwerchfellatmung zum Bild der sog. paradoxen Atmung, bei der sich die Rippen bei der Inspiration senken, statt sich zu entfalten. Respiratorische Probleme beherrschen schließlich den klinischen Verlauf in Verbindung mit Ernährungsschwierigkeiten. Viele Patienten benötigen eine Magensonde aufgrund einer erheblichen Schluckschwäche, welches ein Hinweis auf eine bulbäre Beteiligung ist. Die Muskelschwäche ist meist rasch progredient, so daß die Mehrzahl der Patienten innerhalb der ersten 2 Lebensjahre verstirbt. Nach unseren Verlaufsbeobachtungen leben nur 8% der SMA-I-Patienten länger als 10 Jahre (Zerres u. Rudnik-Schöneborn 1995). Die Prognose korreliert mit dem Erkrankungsbeginn und ist dann als einheitlich schlecht einzustufen, wenn der Beginn der ersten Symptome auf die ersten 3 Lebensmonate datiert werden kann (Thomas u. Dubowitz 1994, Zerres et al. 1997a). Liegt bis zum 4. Lebensmonat eine weitgehend unauffällige Entwicklung vor, so ist eher mit einer Lebenserwartung von einigen Jahren zu rechnen. Eine ausgeprägte respiratorische Insuffizienz bzw. rezidivierende Pneumonien oder Ernährungsprobleme bis hin zu einer erforderlichen Sondierung in den ersten Lebensjahren können jedoch als prognostisch ungünstige Zeichen gedeutet werden.

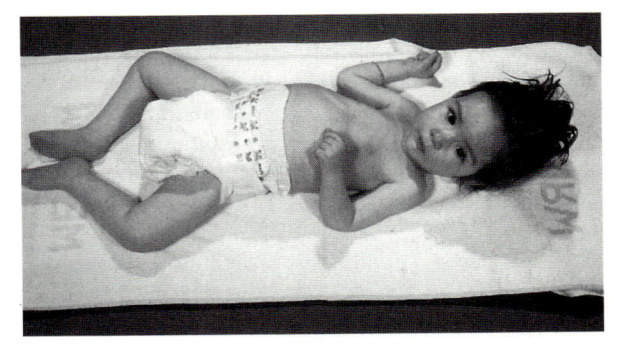

Abb. 1.3.1. 10 Monate altes Mädchen mit spinaler Muskelatrophie Typ I (Werdnig-Hoffmann), typische Stellung der Beine bei generalisierter Muskelhypotonie, Thoraxdeformität, wacher Blick

Die Verdachtsdiagnose läßt sich klinisch rasch durch einen erfahrenen Neuropädiater stellen. Neben einer generalisierten Muskelschwäche bei fast normaler Mimik sind Zungenfibrillationen und fehlende Muskeleigenreflexe entscheidende diagnostische Wegweiser. Während Hüftgelenkluxationen bei SMA I gehäuft vorkommen und sich mit der Zeit eine deutliche ulnare Deviation der Handgelenke abzeichnet, sind ausgeprägte Gelenkkontrakturen nicht typisch. Insbesondere sollte eine neurogen bedingte Arthrogryposis multiplex congenita differentialdiagnostisch von einer klassischen SMA abgegrenzt werden (Vuopala et al. 1994), obgleich wenige Fälle mit molekulargenetisch gesicherter SMA beschrieben wurden, die bereits intrauterin eine Bewegungsarmut mit Kontrakturen aufwiesen (Devriendt et al. 1996, Van Maldergem et al. 1997, Bingham et al. 1997).

1.3.2.2.2 SMA II (Synonym: Intermediäre SMA, chronic childhood SMA)

Während sich der Erkrankungsbeginn bei der chronischen SMA II in vielen Fällen nicht von dem bei der SMA I unterscheidet (30–40% erkranken ebenfalls vor dem 6. Lebensmonat), ist diese Verlaufsform durch unterschiedlich lange Stillstandsphasen gekennzeichnet, womit auch die insgesamt wesentlich bessere Prognose zusammenhängt. Bis spätestens zum 18. Lebensmonat bzw. in einem mittleren Alter von 8 Monaten (Median) werden die Kinder durch Muskelhypotonie und unzureichende motorische Entwicklung auffällig (Zerres u. Rudnik-Schöneborn 1995). Im Unterschied zu SMA-I-Patienten erlernen die SMA-II-Patienten, ohne Unterstützung frei zu sitzen, ein Meilenstein, der für die Definition dieser Gruppe entscheidend ist. Das klinische Spektrum ist sehr breit und reicht von Kindern, die nur für kurze Zeit frei sitzen können, über solche, die krabbeln erlernen, bis hin zu Übergangsformen zur SMA III, d. h. Patienten, die mit Hilfe stehen oder einige Schritte laufen können. Dementsprechend ist der Grad der Einschränkung, gemessen z. B. an Problemen mit der Hand- und Fingermotorik oder dem Ausmaß respiratorischer Funktionsstörungen innerhalb von 5 Jahren nach Beginn bei den Patienten, die kurzzeitig mit Hilfe stehen können, deutlich geringer als bei den Patienten, die nur sitzen erlernt haben. Dennoch ist der Anteil der Patienten, die innerhalb der ersten 5 Lebensjahre Pneumonien entwickeln, bei beiden Gruppen mit etwa 24–28% gleich, auch im Hinblick auf die Lebenserwartung ist innerhalb der SMA II keine weitere Unterteilung sinnvoll (Zerres et al. 1997 b). Ein entscheidender klinischer Befund, der eine sorgsame Kontrolle erfordert, ist die regelhafte Entwick-

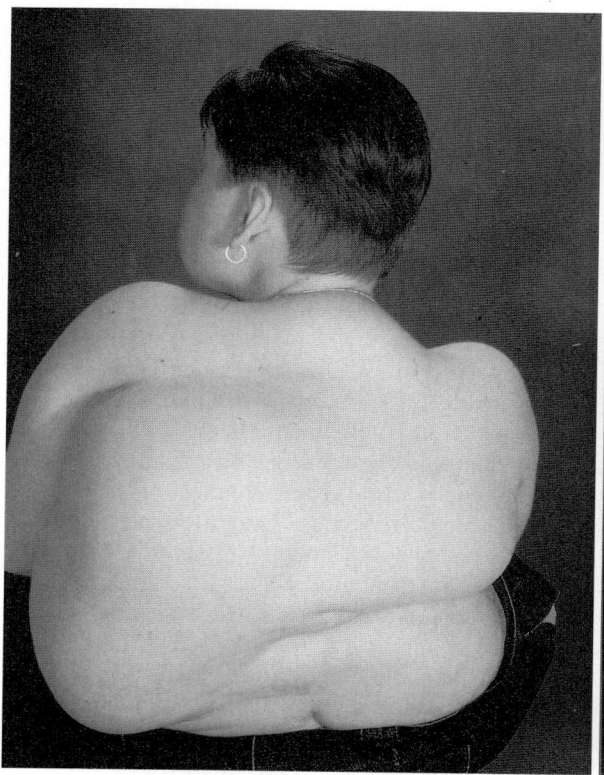

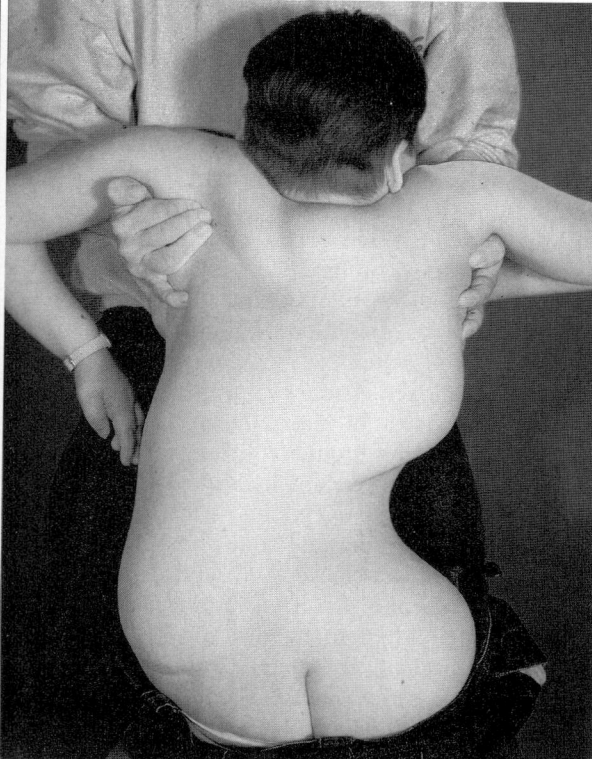

Abb. 1.3.2 a, b. Patientin mit SMA Typ II im Alter von 25 Jahren. Erhebliche Skoliose führt zu vermindertem Lungenvolumen und Ventilationsstörungen. Gute passive Streckbarkeit der Wirbelsäule

lung einer Kyphoskoliose (Abb. 1.3.2), deren operative Korrektur in vielen Fällen einen günstigen Einfluß auf die respiratorische Kapazität und damit auf die Lebenserwartung hat. Statistische Berechnungen der Lebenswartung sind deshalb schwierig, weil die den Studien zugänglichen Patienten bisher nur selten jenseits des jungen Erwachsenenalters erfaßt werden. Nach Kaplan-Meier-Überlebenskurven in unserem Patientengut überleben mehr als 90% der SMA-II-Patienten die erste Dekade (Tabelle 1.3.2), so daß die Gesamtprognose deutlich besser ist als in vielen Lehrbüchern ausgewiesen. Da die mentale Entwicklung nicht gestört ist, sondern – im Gegenteil – eher eine überdurchschnittliche sprachliche Leistungsfähigkeit beobachtet wird, sollte besonderes Augenmerk auf die schulische Bildung und eine den Fähigkeiten angepaßte Ausbildung gerichtet werden.

1.3.2.2.3 SMA III (Synonym: Juvenile SMA, Typ Kugelberg-Welander)

Das klinische Spektrum der milden SMA III, die wie die SMA I und II auf dem Chromosom 5 lokalisiert wurde, ist im Hinblick auf den Erkrankungsbeginn (0–30 Jahre) so variabel, daß es in Anbetracht der erheblichen prognostischen Unterschiede sinnvoll ist, innerhalb dieser Gruppe eine weitere Unterteilung vorzunehmen (Tabelle 1.3.2). Definitionsgemäß werden Patienten nur dann als SMA III eingeordnet, wenn sie ohne Hilfe gehen gelernt haben (Internationales SMA Consortium 1992). Für die Bewältigung von Schule und Beruf ist es jedoch von entscheidender Bedeutung, ob die Patienten bereits in jungen Jahren auf den Rollstuhl angewiesen sind oder ob die Erkrankung erst später, mit 10–20 Jahren, beginnt und die Gehfähigkeit für Jahrzehnte erhalten bleibt. Aus diesem Grund hat sich die Einteilung in SMA IIIa (Beginn in den ersten 3 Lebensjahren, Aufstehen und Treppensteigen nur unter Schwierigkeiten erlernt) und SMA IIIb (Beginn mit 3–30 Jahren, nor-

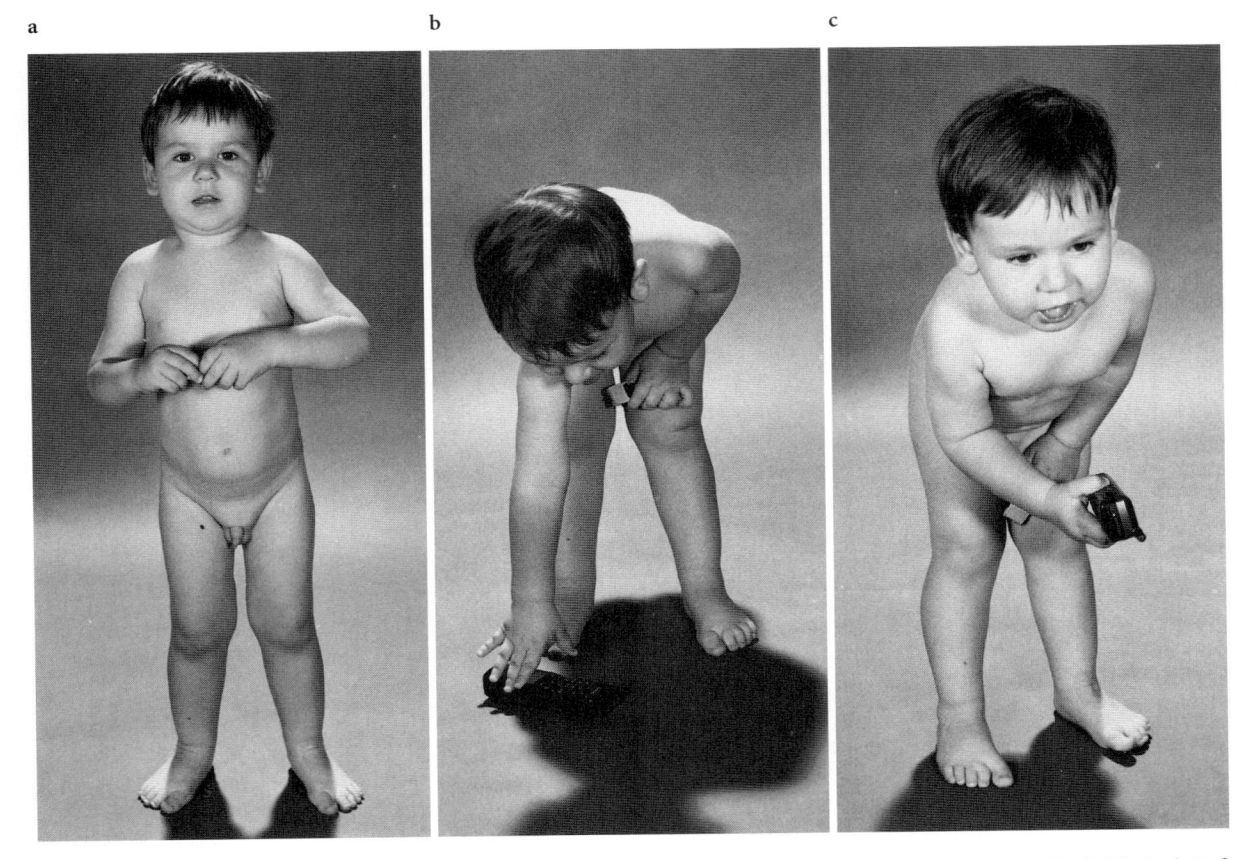

Abb. 1.3.3 a–c. 3jähriger Junge mit früh beginnender SMA Typ III. Auffälliges Muskelrelief der Beine mit Knick-Senk-Fuß und Eversion der Füße zur besseren Stabilisierung (**a**). Gower-Manöwer beim Aufstehen aus der Hocke (**b, c**)

male motorische Entwicklung, Prognose um so günstiger, je später der Erkrankungsbeginn) bewährt (Zerres u. Rudnik-Schöneborn 1995, Zerres et al. 1997b). Erste Symptome entwickeln sich aufgrund einer Becken- bzw. Beinmuskelschwäche in Form von Problemen bei Laufbelastung oder Sport, beim Aufstehen (Gower-Zeichen, Abb. 1.3.3) oder Treppensteigen. Die Lebenserwartung ist bei der SMA III nach bisherigen Daten nicht nennenswert eingeschränkt, der Krankheitsverlauf ist meist gutartig mit langen Stillstandsphasen. Der individuelle Verlauf ist bei der Diagnosestellung meist nicht vorhersehbar, jedoch ist ein Großteil der Patienten mit einer SMA IIIa innerhalb von 15–20 Jahren auf den Rollstuhl angewiesen, während die Hälfte der Patienten mit einer SMA IIIb nach Kaplan-Meier-Statistik noch 45 Jahre nach Erkrankungsbeginn gehfähig bleibt (Tabelle 1.3.2). Handtremor und Faszikulationen werden häufig beschrieben, die faziale Muskulatur und die Fingermotilität bleiben praktisch ausgespart, Befunde, die für differentialdiagnostische Überlegungen bedeutsam sind.

1.3.2.2.4 SMA IV (Adulte SMA)

Die Spätform der proximalen SMA spielt im Vergleich zu den Formen mit Beginn im Kindesalter nur eine untergeordnete Rolle. Patienten werden dann als SMA IV klassifiziert, wenn die Symptomatik nach dem 30. Lebensjahr beginnt und eine fehlende Familienanamnese auf einen autosomal-rezessiven Erbgang hindeutet. Der Verlauf ist ähnlich wie bei der SMA III mit Problemen beim Treppensteigen oder sportlicher Belastung. Die Gehfähigkeit bleibt meist lange erhalten, die Lebenserwartung ist praktisch nicht reduziert (Zerres u. Rudnik-Schöneborn 1995). Die geringe Progredienz, das deutlich proximale Verteilungsmuster und fehlende Hinweise auf eine Beteiligung des 1. Motoneurons lassen eine Diagnosestellung oft erst nach längerem Krankheitsverlauf zu (Zerres et al. 1995a). Inwieweit die adulte SMA durch Veränderungen in der SMA-Region auf Chromosom 5q zurückzuführen ist, ist derzeit Gegenstand kontroverser Diskussionen. Während sich in unserem Krankengut bei der SMA IV keine molekulargenetischen Veränderungen im *SMN*-Gen (s. unten) finden lassen, sind einzelne Patienten beschrieben worden, die bei einem Erkrankungsbeginn in der 4. bis 6. Dekade homozygote Deletionen im *SMN*-Gen aufwiesen und damit zum Spektrum der infantilen SMA mit Lokalisation auf Chromosom 5q gerechnet wurden (Brahe et al. 1995, Clermont et al. 1995). Welche kompensatorischen Mechanismen diesen unterschiedlichen Phänotyp bewirken, ist bis zum heutigen Zeitpunkt noch weitgehend unbekannt.

1.3.2.3 Therapeutische Maßnahmen

Eine kausale Therapie der SMA ist bis heute nicht möglich, obgleich einige Substanzen (neurotrophe Faktoren, Glutamatantagonisten) zumindest im Labor vielversprechende Ergebnisse gezeigt haben. Therapiestudien an SMA-Patienten sind bislang nicht systematisch durchgeführt worden und werfen methodische Probleme auf, so daß kurzfristig eine medikamentöse Therapie der SMA nicht zur Verfügung stehen wird. Aufgrund der z.T. sehr spezifischen Problematik sollten symptomatische Therapiemaßnahmen wie Physiotherapie, orthopädische Hilfen und Operationen sowie ggf. assistierte Beatmung in enger Absprache mit spezialisierten Zentren eingesetzt werden (Zerres et al. 1995b). Passive and aktive Bewegungsübungen haben das Ziel, Kontrakturen zu mildern und vorhandene Funktionsausfälle mit Hilfe der intakten Muskulatur zu kompensieren. Sitz-, Steh- und Gehhilfen bis hin zum Rollstuhl helfen, Funktionen zu erhalten und die Mobilität zu verbessern. Bei Trink- und Schluckschwäche ist bei schweren Verlaufsformen eine Sondenernährung unumgänglich. Einer Verschlechterung der respiratorischen Funktion sollte durch Atemübungen und konsequente Infektbehandlung (Sekretdrainage, Antibiose) entgegengewirkt werden. Bei Hinweisen auf eine Sauerstoffmangelsituation sollte bei chronischen Verlaufsformen eine nichtinvasive Heimbeatmung erwogen werden.

1.3.2.4 Differentialdiagnose der proximalen SMA, Abgrenzung von SMA-Sonderformen

Die systematische Differentialdiagnose wird zunächst durch den unscharfen Gebrauch zahlreicher Synonyme bzw. Eigennamen (z.B. „Myotonia congenita" oder „Amyotonia congenita", „Atrophia musculorum pseudomyopathica") erschwert. Diese Bezeichnungen gelten heute als obsolet, die verschiedenen Formen der spinalen Muskelatrophie werden vielmehr nach den vorherrschend betroffenen Muskelgruppen benannt.

Im Kindesalter kommt die umfangreiche Differentialdiagnose des „floppy infant" in Betracht, hier sollte v.a. an kongenitale Myopathien gedacht

Tabelle 1.3.3. Wichtige Sonderformen der infantilen SMA (SMA plus) als Differentialdiagnose zur klassischen SMA 5q

Bezeichnung	Klinische Merkmale	Genetik	Ausgewählte Referenzen
Diaphragmatische SMA	Initiale respiratorische Insuffizienz Später Muskelschwäche und Hypotonie Zwerchfellparese nachweisbar	Autosomal-rezessiv (nicht gekoppelt mit 5q)	Schapira u. Swash (1985) Bertini et al. (1989) Novelli et al. (1995)
SMA und olivopontozerebelläre Atrophie	Muskelschwäche und Hypotonie meist seit Geburt Zerebelläre Zeichen (Nystagmus, Blickparese, Ataxie) Mentale Retardierung Progredienter Verlauf (Tod meist <2 Jahre)	Autosomal-rezessiv (nicht mit 5q gekoppelt)	Chou et al. (1990) Rudnik-Schöneborn et al. (1995) Dubowitz et al. (1995)
SMA und Arthrogryposis congenita mit Frakturen	Muskelschwäche und Hypotonie seit Geburt Multiple Kontrakturen und Knochenbrüche Gering mineralisierte Knochen	Autosomal-dominant Autosomal-rezessiv (meist nicht mit 5q gekoppelt, nur in wenigen Fällen *SMN*-deletiert) X-chromosomal	Fleury u. Hageman (1985) Borochowitz et al. (1991) Lunt et al. (1992) Rudnik-Schöneborn et al. (1996a) Greenberg et al. (1988) Kobayashi et al. (1995)

werden (z. B. kongenitale Muskeldystrophien unter Einschluß der Merosinopathie, die kongenitale Form der myotonischen Dystrophie, Myasthenie, Strukturmyopathien), die sich klinisch und histologisch von einer infantilen SMA unterscheiden lassen. Bei ausgeprägter muskulärer Hypotonie ohne neurogene Veränderungen kommen u. a. das Prader-Willi-Syndrom sowie die hypotone Zerebralparese in Betracht. Auch das X-chromosomale Pelizaeus-Merzbacher-Syndrom kann klinisch wie eine infantile SMA imponieren, eine Diagnose ist dann nur durch den Nachweis von Hypomyelinisierungen im MRT oder durch den Mutationsnachweis im *PLP*-Gen möglich (Kaye et al. 1994). Darüber hinaus ist es wichtig, die Sonderformen der SMA (s. unten) als eigenständige Entitäten abzugrenzen, welche schon mit der Möglichkeit der indirekten Genotypanalyse als Formen mit unterschiedlicher genetischer Basis definiert werden konnten. Diese Befunde ließen sich dann für einige atypische Verlaufsformen durch den Ausschluß einer *SMN*-Deletion (s. unten) bestätigen. Zu diesen Formen zählen die SMA mit kongenitaler Arthrogryposis, die SMA mit zerebellärer Hypoplasie sowie die diaphragmatische SMA (Tabelle 1.3.3) (Rudnik-Schöneborn et al. 1996a, Zerres et al. 1997a).

Im Kindes- und Jugendalter sollten in erster Linie die Muskeldystrophien (Muskeldystrophie Typ Becker oder Gliedergürtelmuskeldystrophie) differentialdiagnostisch berücksichtigt werden. Der Nachweis von Deletionen im Dystrophingen bei einzelnen Patienten mit der klinischen Diagnose einer SMA zeigt, daß im Einzelfall die Diagnosestellung mit Schwierigkeiten verbunden sein kann. Aus diesem Grund ist es sinnvoll, bei männlichen Patienten mit SMA-Verdacht v. a. mit späterem Erkrankungsbeginn und ggf. erhöhter CK-Aktivität routinemäßig ein Deletions-Screening im Dystrophingen bzw. eine Dystrophinbestimmung der Muskelbiopsie zu veranlassen, wenn keine Deletion des *SMN*-Gens nachgewiesen werden konnte. In jüngster Zeit wurden auch für Patienten mit einer Gliedergürtelmuskeldystrophie immunhistochemische Nachweismethoden entwickelt, die es erlauben, in einem Teil der Fälle eine spezifische Diagnose zu stellen. Die fazioskapulohumerale Muskeldystrophie wird bei nur geringer fazialer Beteiligung oftmals als SMA eingeordnet, insbesondere, da die CK nicht massiv erhöht ist und sich in EMG und Biopsie nicht selten neurogene Befunde erheben lassen. Eine positive Familienanamnese und betonte Schultergürtelschwäche sind diagnostisch wegweisend, in Zweifelsfällen ist eine molekulargenetische Diagnostik im Hinblick auf die fazioskapulohumerale Muskeldystrophie auf Chromosom 4 sinnvoll. Bei männlichen Patienten mit von Muskelkrämpfen begleiteten Paresen, bulbärer Beteiligung und Gynäkomastie sollte an eine bulbospinale Atrophie Typ Kennedy (s. Kapitel 1.3.5.4 „Spinobulbäre Atrophie Typ Kennedy") gedacht werden, für die ebenfalls eine molekulargenetische Testung zur Verfügung steht.

Obwohl sich Stoffwechselstörungen je nach dem zugrundeliegenden Defekt bei genauer Analyse klinisch in der Regel von einer proximalen SMA unterscheiden, kann die Abgrenzung im Einzelfall Schwierigkeiten bereiten. Aus der Gruppe der denkbaren metabolischen Myopathien können u.a. Hexosaminidase-A-Defizienz, GM2-Gangliosidose sowie der Saure-Maltase-Mangel genannt werden.

Im Erwachsenenalter sind neurogene Atrophien aufgrund einer Amyotrophen Lateralsklerose (ALS) oder einer peripheren Neuropathie wesentlich häufiger als die spinale Muskelatrophie, weshalb hier meist längere Verlaufsbeobachtungen für die Diagnosestellung entscheidend sind. Da die ALS ausschließlich mit Symptomen einer Muskelatrophie beginnen kann, ist eine Zuordnung oft erst dann möglich, wenn sich Hinweise auf eine Beteiligung des 1. Motoneurons und der Pyramidenbahn ergeben. Auch das Postpoliomyelitissyndrom kann diagnostische Schwierigkeiten bereiten (Dalakas et al. 1986), wofür eine in der Jugend durchgemachte Poliomyelitis diagnostisch wegweisend ist.

1.3.2.5 Sonderformen der SMA (SMA plus)

Die SMA-plus-Formen stellen wichtige Differentialdiagnosen zur infantilen SMA mit Lokalisation auf Chromosom 5 dar, da sie in der neurologischen Diagnostik als neurogene Gewebssyndrome identifiziert und deshalb oft mit der klassischen SMA gleichgesetzt werden (Rudnik-Schöneborn et al. 1996a). Molekulargenetische Daten belegen, daß diese Formen als eigenständige Krankheitsbilder einzuordnen sind.

1.3.2.5.1 Diaphragmatische SMA

Patienten mit einer diaphragmatischen SMA zeigen initial eine respiratorische Insuffizienz, bevor muskuläre Hypotonie und Bewegungsarmut auf eine neuromuskuläre Erkrankung hindeuten. Das Verteilungsmuster der betroffenen Muskelgruppen weicht auch insoweit von einer klassischen SMA ab, als bei einigen Fällen vornehmlich die distalen Extremitätenmuskeln paretisch sind, wodurch sich distale Kontrakturen zeigen. Der Beginn der Symptomatik ist meist auf die ersten Lebensmonate zu datieren, ein Überleben ist nur mit assistierter Beatmung möglich (Bertini et al. 1989). Röntgenuntersuchungen des Thorax ergeben Hinweise auf einen Zwerchfellhochstand, welcher das Leitsymptom für diese Sonderform ist und oftmals operativ behandelt wird. Neurogene Veränderungen zeigen sich bei elektrophysiologischen Untersuchungen und in der Muskelbiopsie. Pathoanatomisch wird eine Vorderhornzelldegeneration mit nachfolgender Muskelatrophie unter Betonung des

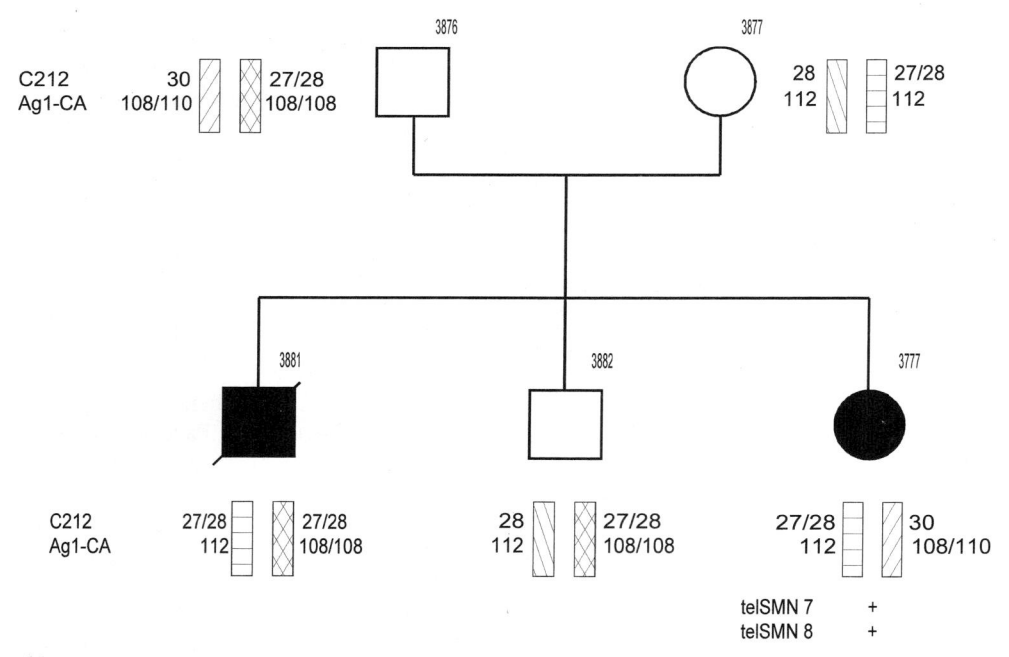

Abb. 1.3.4. Stammbaum einer Familie mit diaphragmatischer SMA, molekulargenetische Kopplungsanalyse mit Chromosom-5q-Markern. Das *SMN*-Gen zeigte keine homozygote Deletion bei den betroffenen Geschwistern. Die erkrankten Geschwister haben jeweils einen anderen väterlichen Haplotyp (*schräg gestreift* bzw. *Rautenmuster*) geerbt, deshalb kommt der *SMA*-Gen-Ort als Ursache für die Erkrankung bei den Geschwistern nicht in Betracht

Zwerchfells nachgewiesen (Novelli et al. 1995). Betroffene Geschwister unterschiedlichen Geschlechts legen einen autosomal-rezessiven Erbgang nahe, wobei durch Kopplungsanalysen mit Chromosom-5q-Markern der Genort für die infantile SMA auf Chromosom 5q ausgeschlossen werden konnte (Novelli et al. 1995, eigene Familie, Abb. 1.3.4).

1.3.2.5.2 SMA mit olivopontozerebellärer Atrophie (OPCA)

Ein Teil der Patienten mit einer frühinfantilen zerebellären Atrophie imponiert klinisch zunächst mit einer ausgeprägten Muskelhypotonie und Bewegungsarmut. Nachfolgend stellen sich Symptome ein, die auf eine Kleinhirnbeteiligung (Nystagmus, Koordinationsstörungen) und auf eine übergeordnete ZNS-Fehlfunktion (mentale Retardierung) schließen lassen (Chou et al. 1990). Bei schweren Verlaufsformen mit postnatalem Beginn versterben die Kinder innerhalb der ersten beiden Lebensjahre. Oftmals führt erst eine bildgebende Darstellung des Schädels zu einer Korrektur der Diagnose „Werdnig-Hoffmann-Erkrankung", insbesondere, da EMG und Muskelbiopsie auf eine neurogene Läsion hinweisen. Ein autosomal-rezessiver Erbgang ist durch betroffene Geschwister gesichert; die komplexen Neuronenverluste in Kleinhirn, Rückenmark, Basalganglien und Hirnstamm legen, auch unter Berücksichtigung der verschiedenen Krankheitsverläufe der OPCA, heterogene Basismechanismen nahe. Molekulargenetische Kopplungsanalysen haben bei einigen Familien die Abgrenzung von der infantilen SMA bestätigt (Rudnik-Schöneborn et al. 1995, Dubowitz et al. 1995).

1.3.2.5.3 SMA mit Arthrogryposis multiplex congenita

Arthrogryposis multiplex wird meist als das Vorhandensein multipler Gelenkkontrakturen infolge mangelnder intrauteriner Bewegung definiert, wobei sich die große Mehrzahl der Fälle mit letalem Verlauf (80–90%) auf eine neurogene Muskelatrophie zurückführen läßt (Vuopala et al. 1994). Klinisch imponiert das Bild des „floppy infant", neurologische Befunde deuten auf eine spinale Muskelatrophie hin. Im Rückenmark läßt sich bei vielen Patienten eine Vorderhornzelldegeneration nachweisen, die von einer klassischen SMA nicht zu unterscheiden ist. Dennoch wird die kongenitale neurogene Arthrogryposis, die oftmals mit Frakturen der langen Röhrenknochen und einer erhöhten Knochenbrüchigkeit einhergeht, in der Regel als eigenständige Entität eingestuft. Die Diskussion, ob eine schwere kongenitale SMA auch mit multiplen Gelenkkontrakturen vergesellschaftet sein kann, wird derzeit kontrovers diskutiert (s. Genotyp-Phänotyp-Beziehungen). Die neurogene Arthrogryposis ist heterogen und mit unterschiedlicher Beteiligung zentralnervöser Strukturen verbunden. Eine X-chromosomale Form, die als X-chromosomale SMA beschrieben wurde und mit Gesichtsdysmorphien und Genitalanomalien vergesellschaftet ist (Greenberg et al. 1988), konnte 1995 der Region Xp11.3–q11.2 zugeordnet werden (Kobayashi et al. 1995). Auch dominante Formen mit mildem Verlauf ohne nennenswerte Progredienz der Muskelatrophie sind bekannt (Fleury u. Hageman 1985, Frijns et al. 1994). Der Genort für die von Fleury u. Hageman (1985) beschriebene Familie mit kongenitaler Muskelatrophie der unteren Extremität und Arthrogryposis wurde in die Region 12q23–24 kartiert (Van der Vleuten et al. 1998).

Für Familien mit rezessivem Erbgang bei schwerer neurogener Muskelatrophie (floppy infant) mit Arthrogryposis und meist letalem Ausgang innerhalb der 1. Lebensmonate wurde auf der Ebene der Kopplungsanalyse der Genort auf Chromosom 5q ausgeschlossen (Lunt et al. 1992). Während Bürglen et al. (1996a) berichteten, daß 6/12 Patienten mit einer Arthrogryposis multiplex eine *SMN*-Deletion aufwiesen, ließen sich in unserem Patientenkollektiv in der Mehrzahl der Fälle keine Veränderungen im *SMN*-Gen aufzeigen (Zerres et al. 1997a). Eine neurogene Arthrogryposis mit rezessivem Erbgang aufgrund einer peripheren Neuropathie aus einer konsanguinen Familie aus dem israelisch-arabischen Raum wurde vor kurzem ebenfalls dem langen Arm von Chromosom 5 zugeordnet, jedoch in großem Abstand zur Region für die infantile SMA (Shohat et al. 1997).

1.3.2.5.4 SMA mit weiteren Organfehlbildungen

Organfehlbildungen in Verbindung mit einer infantilen SMA werden entsprechend der Häufigkeit der Fehlbildungen bei bis zu 3% der SMA-Patienten beobachtet. Am häufigsten kommen Herzfehler in Assoziation mit einer SMA vor, bei denen sich in der Mehrzahl der Fälle eine *SMN*-Deletion nachweisen läßt, die damit eine SMA mit Lokalisation auf Chromosom 5q bestätigt und die genetische Einordnung erleichtert (Bürglen et al. 1995, Zerres et al. 1997a). Das Gleiche gilt für andere Fehlbildungen, die sich zufällig zu einem SMA-Phänotyp addieren. Lediglich eine Geschwisterschaft mit 3 Betroffenen, bei denen neben einer infantilen SMA mit Kontrakturen auch jeweils ein Herzfehler (meist Septumdefekte) vorlag, deutet auf eine eigenständige Entität hin (Møller et al. 1990). Da die Patienten insgesamt eher einer neurogenen Arthrogryposis mit komplexer ZNS-Beteiligung und Herzfehler entsprachen, wird das Krankheitsbild nicht als gesonderte SMA-plus-Form eingestuft.

1.3.3 Genetik der proximalen SMA

Unterschiedliche Erbgänge sind bei der proximalen spinalen Muskelatrophie bekannt, wobei der autosomal-rezessive Erbgang bei weitem überwiegt und nur selten eine autosomal-dominante Form vorliegt. Eine Zuordnung des klinischen Bilds des Einzelfalls zu einem bestimmten Erbgang ist nicht möglich. Ein geschlechtsgebundener Erbgang ist bei der proximalen SMA nicht bekannt, die als X-chromosomal beschriebenen Familien sind aufgrund einer atypischen Symptomatik nicht als klassische SMA einzustufen (Paulson et al. 1980, Greenberg et al. 1988). In zahlreichen SMA-III-Fällen mit mildem Verlauf konnte darüber hinaus eine X-chromosomale Muskeldystrophie Typ Becker diagnostiziert werden. Dennoch liegt gerade bei den milden Verlaufsformen ein bislang ungeklärter Geschlechtseinfluß vor und spricht möglicherweise für die Beteiligung geschlechtsspezifischer Faktoren bei der Genexpression (s. unten).

1.3.3.1 Autosomal-dominante proximale SMA

Die autosomal-dominanten Formen mit proximal betonter Muskelatrophie sind im Kindesalter eine Rarität (Häufigkeit <1:200000), machen jedoch etwa 2/3 der Fälle mit einem Erkrankungsbeginn im Erwachsenenalter aus (Pearn 1978c, eigene Daten). Die dominante spinale Muskelatrophie wird generell in eine juvenile und eine adulte Form eingeteilt, obgleich diese strikte Zweiteilung wegen der großen Variabilität heute nicht mehr aufrechtzuerhalten ist (Rietschel et al. 1992). Eine als SMA Typ Finkel bezeichnete Spätform des Erwachsenenalters (mittleres Erkrankungsalter 48,8 Jahre) wird aufgrund einer besonderen Symptomatik (Muskelkrämpfe, Handmyotonie, Erstickungsanfälle) als eine eigenständige Entität eingeordnet und bezieht sich auf 2 große Familien in Brasilien (Finkel 1962, Richieri-Costa et al. 1981).

Der Verlauf der dominanten SMA ist i. allg. milde mit lang erhaltener Gehfähigkeit der Betroffenen. Inwieweit eine Antizipation im Schweregrad von Generation zu Generation vorliegt, wie von Cao et al. (1976) und Barois et al. (1989) dargestellt, ist aufgrund eines möglichen Erfassungsfehlers und unter Berücksichtigung pseudodominanter Stammbäume (Rudnik-Schöneborn et al. 1996b) ohne molekulargenetische Daten nur schwer zu entscheiden. Das Wiederholungsrisiko für Kinder einer betroffenen Person liegt bei 50%. Unter den sporadischen Fällen mit spätem Krankheitsbeginn ohne Familienanamnese befinden sich wahrscheinlich ebenfalls autosomal-dominante Neumutationen. Eine molekulargenetische Diagnostik steht für die dominante SMA noch nicht zur Verfügung, der für die rezessive SMA verantwortliche Genort auf Chromosom 5q konnte durch Kopplungsanalysen ausgeschlossen werden (Kausch et al. 1991).

1.3.3.2 Autosomal-rezessive SMA

Die autosomal-rezessiv erblichen Formen sind unabhängig vom Erkrankungsalter genetisch wahrscheinlich einheitlich. Patienten mit einer autosomal-rezessiv erblichen SMA sind homozygot für 2 SMA-Mutationen, welche sie i. allg. von ihren gesunden (heterozygoten) Eltern erben. Das Wiederholungsrisiko für Geschwister eines betroffenen Kinds liegt bei 25%. Formalgenetische Befunde zeigen jedoch, daß v. a. für die chronische spinale Muskelatrophie des Kindes- und Jugendalters die Zahl der betroffenen Geschwister von der Annahme autosomal-rezessiver Vererbung abweicht. Vor allem für Nachkommen von Patienten mit milden Formen, die keine spezifischen molekulargenetischen Veränderungen (s. unten) aufweisen, muß jedoch von einem erhöhten Wiederholungsrisiko für die Geburt eines Kindes mit SMA unter der Annahme einer autosomal-dominanten Vererbung ausgegangen werden.

1.3.3.2.1 Intrafamiliäre Variabilität

Eine große Ähnlichkeit des klinischen Bilds bei betroffenen Geschwistern ist bei den früh beginnenden Formen der SMA I und II in vielen Patientenserien ausreichend belegt, weshalb für Eltern von gesunden Geschwistern von SMA-I- oder -II-Patienten bereits nach den ersten 2–3 Lebensjahren eine ausreichende Sicherheit besteht, daß diese nicht mehr an einer SMA erkranken werden. Innerhalb von SMA-I- und -II-Geschwisterschaften sind zwar Erkrankungsbeginn und erworbene motorische Funktionen sehr ähnlich, bei chronischen Verlaufsformen kann bei betroffenen Geschwistern jedoch nicht auf die Lebenserwartung geschlossen werden. Hier zeigt sich eine relativ große Streuung ausgehend von einem Indexpatienten, der vor dem 20. Lebensjahr verstorben war (Rudnik-Schöneborn et al. 1994a). Eine größere Variabilität im Gesamtbild der SMA kann bei einem relativ großen Teil der SMA-III-Geschwisterschaften beobachtet werden. In einer Serie von 13 SMA-III-Familien wiesen 3 Geschwisterschaften eine erhebliche Schwankung im Krankheitsbeginn (5–15 Jahre Differenz) und Schweregrad auf (Rudnik-Schöneborn et al. 1994a). Jüngste Berichte von praktisch symptomlosen Erwachsenen in Familien mit klassischer SMA III, die ebenfalls homozygote SMN-Deletionen tragen und bei denen sich erst durch gezielte Untersuchungen neurogene Gewebsläsionen feststellen lassen (Clermont et al. 1995, DiDonato et al. 1997, eigene Familien), legen den Verdacht nahe, daß die SMA ein sehr breites Spektrum von asymptomatischen Verläufen oder Erwachsenenformen bis zu Frühformen des Kindesalters einnehmen kann.

In diesem Zusammenhang könnte ein möglicher Geschlechtseinfluß bei der milden SMA von Bedeutung sein. In Studien, die in großer Zahl auch chronische Verlaufsformen berücksichtigt haben, fällt ein Überwiegen des männlichen Geschlechts bei der SMA III auf, welches bei einem Erkrankungsbeginn nach der Pubertät besonders deutlich ist. In einigen Familien wurde darüber hinaus bei weiblichen Angehörigen ein erheblich milderer Verlauf als bei den männlichen Anverwandten beobachtet, weshalb die Frage möglicher geschlechtsspezifischer Faktoren bei der Genexpression derzeit von großem Interesse ist (Hahnen et al. 1995, Wirth et al. 1997a).

1.3.3.2.2 Heterogenie

Die Frage der Heterogenie der proximalen SMA hat in den vergangenen 50 Jahren zahlreiche Studien beschäftigt (Tabelle 1.3.4). Während die SMA I eine homogene Gruppe mit durchgehend gesichertem autosomal-rezessivem Erbgang darstellt, kamen 6 von 7 Studien zu dem Schluß, daß bei den chronischen Formen ein Abweichen von einer rezessiven Vererbung vorliegt. In diesen Studien zeigten sich bei Segregationsanalysen verminderte Aufspaltungsziffern bei Geschwistern von Patienten, ein Effekt, der am deutlichsten in einer Gruppe mit einem Erkrankungsbeginn zwischen 10 und 36 Monaten war. Es wurde angenommen, daß insbesondere innerhalb der SMA III autosomal-dominante Neumutationen für die verminderten Segregationsraten verantwortlich sind, wodurch sich für Kinder von SMA-III-Patienten ein höheres Erkrankungsrisiko berechnen ließ (Rudnik-Schöneborn et al. 1994b). Diese Daten haben sich mit dem Nachweis von *SMN*-Gen-Deletionen (s. unten) als Beweis für einen rezessiven Erbgang etwas geändert (s. Genetische Beratung), dennoch bleibt für Patienten ohne Deletion die Beurteilung genetischer Risiken schwierig.

Tabelle 1.3.4. Ergebnisse genetischer Studien zur chronischen SMA des Kindesalters

Studie	Zahl der Patienten	Interpretation der Ergebnisse
Brandt (1951)	52 Familien	Überwiegend autosomal-rezessive Fälle mit einigen dominanten Spontanmutationen
Winsor et al. (1971)	60 Familien	Autosomal-rezessiv
Bundey u. Lovelace (1975)	33 Familien	Die meisten Fälle autosomal-rezessiv, Einzelfälle autosomal-dominante Neumutationen, i. allg. in der Gruppe mit späterem Erkrankungsbeginn
Emery et al. (1976) (International collaborative study)	376 Familien	Autosomal-rezessiv, Möglichkeit, daß einige „sporadische" Fälle auf dominante Neumutationen zurückzuführen sind
Pearn et al. (1978a) Pearn (1978b)	124 Indexpatienten	Autosomal-rezessiv in 75% der Fälle, Spontanmutationen oder Phänokopien bei Patienten mit spätem Erkrankungsbeginn
Hausmanowa-Petrusewicz et al. (1985)	354 Fälle	Beginn der Symptomatik 3–9 Monate: autosomal-rezessiv Beginn der Symptomatik 10–36 Monate: autosomal-dominante Neumutationen oder Phänokopien Beginn der Symptomatik 37 Monate–18 Jahre: autosomal-rezessiv
Rudnik-Schöneborn et al. (1994b)	333 Familien	Überwiegend autosomal-rezessiv Erbgang, autosomal-dominant Neumutationen meist unter chronischen Verlaufsformen (Patienten, die ohne Hilfe gehen erlernen)

Für nicht genetisch bedingte Phänokopien der proximalen SMA gibt es bislang keine Hinweise, auch ließ sich kein 2. Genort für die SMA I–III ausfindig machen. Nur wenige gesicherte SMA-Familien sind nicht auf Chromosom 5q lokalisiert (Cobben et al. 1994, MacKenzie et al. 1994), wobei die genetische Basis der nicht-deletierten Fälle weiterhin unklar bleibt. Eine Evidenz für mögliche Heterozygoteneffekte oder einen anderen Genort ist in einer Familie gegeben, in der eine Patientin mit adulter SMA nicht auf eine homozygote *SMN*-Deletion zurückzuführen ist, obwohl erstgradig Anverwandte an einer klassischen SMA erkrankt sind (Wirth et al. 1997a). Da insbesondere bei milden Verlaufsformen verminderte Segregationsraten vorliegen, ist es wahrscheinlich, daß weitere modifizierende Faktoren zur Ausprägung des Phänotyps von Bedeutung sind.

1.3.4 Molekulargenetische Grundlagen, pathophysiologische Zusammenhänge

Für die autosomal-rezessive proximale SMA des Kindesalters wurde 1990 eine Kopplung mit genetischen Markern auf Chromosom 5q (5q11.2–13.3) nachgewiesen, die sich entgegen der ersten Erwartung sowohl für die akuten als auch milderen Formen des Jugendalters bestätigte (Brzustowicz et al. 1990, Gilliam et al. 1990, Melki et al. 1990 a,b). Ein weiterer wichtiger Schritt war die Identifizierung hochpolymorpher, eng gekoppelter Mikrosatellitenmarker (C212 und Ag1-CA) (Abb. 1.3.5) sowie der Nachweis sog. „large scale deletions" mit dem heterozygoten Verlust der genannten Mikrosatellitenmarker bei Patienten. Derartige Deletionen finden sich in unserem Material bei etwa 15% der SMA-Typ-I- und 6% der Typ-II-Patienten, jedoch nicht bei SMA Typ III (Wirth et al. 1995).

1.3.4.1 Kandidatengene

Zu Beginn des Jahrs 1995 wurden gleichzeitig von mehreren Arbeitsgruppen mögliche Kandidatengene für die SMA identifiziert, die sich offenbar in einer etwa 500 kb großen Region befinden, die dupliziert und wahrscheinlich invertiert ist (s. Abb. 1.3.5). Hierbei handelt es sich um die eng benachbarten Gene *SMN* (survival motor neuron gene) (Lefebvre et al. 1995), *NAIP* (neuronal apoptosis inhibitory protein gene) (Roy et al. 1995) und *p44*-Gen (Carter et al. 1997). Deletionen im Bereich dieser in mehreren Kopien vorkommenden Gene konnten bei SMA-Patienten nachgewiesen werden, sind bisher jedoch nur im homozygoten Zustand erkennbar. Von untergeordneter Bedeutung ist das *p44*-Gen, das eine Untereinheit des basalen Transkriptionsfaktors TFIIH kodiert (Humbert et al. 1994) und bei 14% (Carter et al. 1997) bzw. 73% der SMA-I-Patienten (Bürglen et al. 1997) Deletio-

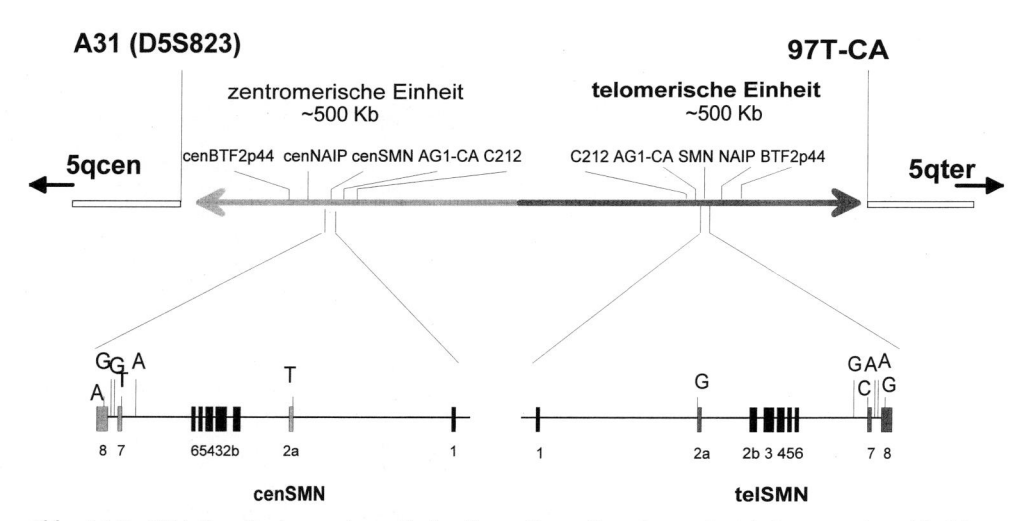

Abb. 1.3.5. *SMA*-Gen-Region, schematische Darstellung Es existiert ein duplizierter und wahrscheinlich invertierter Bereich von etwa 750 kb, der mindestens 2 Kopien des *SMN*(survival motor neuron)-, des *NAIP*(neuronal apoptosis inhibitory protein)- und des *BTF2p4* (basal transcription factor 2p44)-Gens sowie zahlreiche Marker enthält. Unterschiede der Basensequenz im Bereich der Exons 7 und 8 zwischen der telomerischen und zentromerischen Kopie des *SMN*-Gens ermöglichen den Nachweis der für die spinale Muskelatrophie charakteristischen Deletion (s. Text)

nen zeigt. Da die Struktur und Funktion des TFIIH-Proteins auch bei Patienten mit homozygoten Deletionen nicht von der Norm abweichen (Bürglen et al. 1997), wird dem *p44*-Gen keine entscheidende pathognomonische Rolle bei der SMA zugewiesen.

1.3.4.2 NAIP-Gen

Zeitgleich mit dem *SMN*-Gen wurde von Roy et al. (1995) in Kanada das *NAIP*-Gen identifiziert, das sich zwischen dem *SMN*- und dem *p44*-Gen befindet (Abb. 1.3.5). Dieses Gen weist partielle Homologien mit 2 baculoviralen Apoptoseinhibitorproteinen auf (IAP = „inhibitor of apoptosis protein": Cp-IAP und Op-IAP). In der Zellkultur konnte gezeigt werden, daß NAIP tatsächlich den apoptotischen Zelluntergang von Säugerzellen durch eine Reihe von Signalen hemmt (Liston et al. 1996). Das NAIP-Protein ist in motorischen Nervenzellen, nicht aber in sensiblen Neuronen exprimiert, wie durch Immunfluoreszenzdarstellungen deutlich wurde. Diese Daten bestätigen die Hypothese, daß das NAIP-Protein die Motoneuronapoptose supprimiert. Die Funktion weiterer humaner IAP-Proteine im Zusammenhang mit dem Vorderhornzellabbau ist noch ungeklärt und Gegenstand intensiver Forschungen.

Im menschlichen Genom liegt das *NAIP*-Gen nur in einer einzigen intakten Kopie und in Form mehrerer Pseudogene innerhalb der Region auf 5q vor. Die NAIP-Kopie, die bei einem Teil der SMA-Patienten homozygot deletiert ist, unterscheidet sich von den anderen Kopien dadurch, daß sie Exon 5 enthält (Roy et al. 1995). Dieser Unterschied wird für die Diagnostik genutzt, jedoch hat die Analyse des *NAIP*-Gens in der klinischen Praxis eine allenfalls untergeordnete Bedeutung, weil einerseits der Anteil der im *SMN*-Gen deletierten Patienten wesentlich höher ist als derjenigen, die eine Deletion im *NAIP*-Gen zeigen (50% bei SMA I, <20% bei SMA II und III) und weil alle Patienten mit einer Deletion im *NAIP*-Gen immer auch eine Deletion im *SMN*-Gen aufweisen (Hahnen et al. 1995). Andererseits wurde auch deutlich, daß die Deletion im *NAIP*-Gen allein nicht zur Entwicklung einer SMA ausreicht, da bei etwa 2% der heterozygoten Eltern ebenfalls homozygote *NAIP*-Gen-Deletionen gefunden werden können.

1.3.4.3 SMN-Gen und seine Funktion

1.3.4.3.1 Molekulargenetische Diagnostik

Das *SMN*-Gen kommt in 2 funktionellen Kopien (*telSMN* und *cenSMN=cBCD541*) vor, die sich durch insgesamt 5 Nukleotide voneinander unterscheiden (Abb. 1.3.5). Zwei der Basenpaarunterschiede befinden sich am 3'-Ende in den Exons 7 und 8 und erlauben so die Zuordnung der Kopien durch Einzelstrangkonformationsanalyse (SSCA) oder Restriktionsverdau von PCR-Produkten. Die Basenpaardifferenzen haben keinen Einfluß auf die Proteinstruktur, jedoch wird vom *telSMN* nur vollständige mRNA transkribiert, während *cenSMN* neben vollständigen Transkripten durch alternatives Spleißen auch zur Bildung eines verkürzten Transkripts ohne Exon 7 führt (Lefebvre et al. 1995).

Als pathognomonisch und diagnostisch beweisend für die infantile SMA der Typen I–III gilt das Vorliegen einer homozygoten Deletion oder Mutation des *telSMN*-Gens. Während mehr als 90% aller Patienten eine homozygote Deletion des

Tabelle 1.3.5. Mutationen des *telSMN*-Gens bei nicht-deletierten Patienten (Literatur bis 1997)

SMA-Typ	Mutierter *telSMN*-Abschnitt	Mutationstyp	Anzahl der Indexpatienten	Referenzen
I–III	Exon 3	4-bp-Deletion	3	Bussaglia et al. (1995)
I	Exon 3	5-bp-Deletion	1	Brahe et al. (1996)
I	Exon 4	1-bp-Insertion	1	Clermont et al. (1997)
I	Exon 6	11-bp-Duplikation	3	Parsons et al. (1996), Clermont et al. (1997)
I	Exon 6	Kodon 279 G:V	1	Talbot et al. (1997)
II/III	Exon 6	Kodon 279 G:T	1	Wang et al. (1997)
I	Exon 6	Kodon 272 Y:C	2	Lefebvre et al. (1995), Rochette et al. (1997)
III	Exon 6	Kodon 245 P:L	1	Rochette et al. (1997)
III	Exon 6	Kodon 274 T:I	1	Hahnen et al. (1997)
III	Exon 6	Kodon 262 S:I	2	Hahnen et al. (1997), McAndrew et al. (1997)
III	Exon 6	Kodon 275 G:S	1	Bürglen et al. (1996)

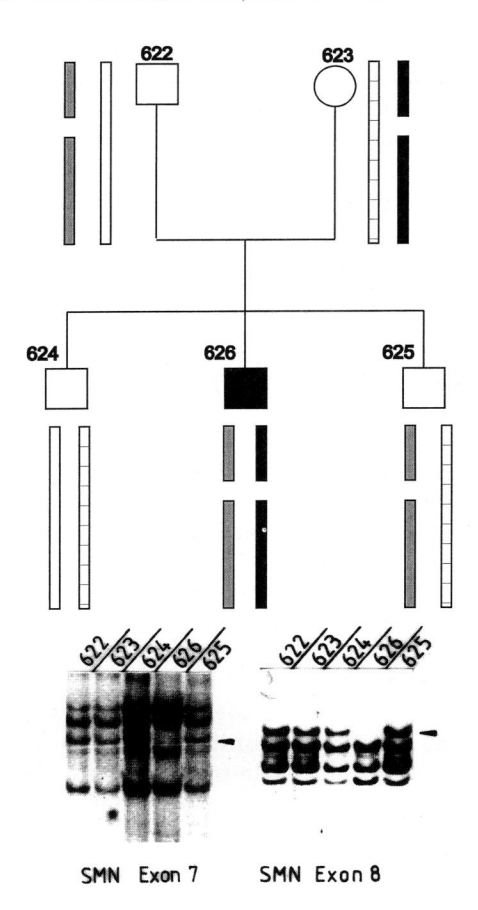

Abb. 1.3.6. Stammbaum einer Familie mit SMA III. Das Ergebnis des SMN-Deletions-Screenings mittels SSCA zeigt beim Patienten *626* eine homozygote Deletion (*Pfeil*) sowohl in Exon 7 als auch in Exon 8 des *telSMN*-Gens. Über eine Kopplungsanalyse mit Chromosom-5q-Markern wurden die für die SMA verantwortlichen Haplotypen (*graue* bzw. *schwarze Balken*) ermittelt. Der jüngere Bruder *625* ist wie seine Eltern heterozygot und zeigt bei der Analyse des *SMN*-Gens die gleichen Banden für Exons 7 und 8 wie der homozygot gesunde Bruder *624*

und 8 (Abb. 1.3.6), wobei es durch das Routineverfahren nicht möglich ist, heterozygote Anlageträger von gesunden Kontrollpersonen zu unterscheiden. Quantitative PCR-Verfahren erlauben es, die Zahl der *telSMN*- und *cenSMN*-Kopien genauer einzugrenzen und stellen erste Ansätze für ein Heterozygoten-Screening dar (McAndrew et al. 1997, Wirth et al. 1999). Da die Zahl der *cenSMN*- und *telSMN*-Kopien bei gesunden Kontrollpersonen durch die duplizierte Region zwischen 0 und 2 auf jedem Chromosom betragen kann, ist die Identifikation von Anlageträgern sehr schwierig. Methoden, die auf einem standardisierten Verhältnis zwischen *telSMN* und *cenSMN* basieren, sind durch die unterschiedliche Kopienzahl für eine Heterozygotentestung nur begrenzt auswertbar (Matthijs et al. 1996, Schwartz et al. 1997). Erst kompetitive PCR-Verfahren, die einen externen Standard (CFTR) zur dosimetrischen Bestimmung der Kopienzahl von *telSMN* und *cenSMN* einsetzen (McAndrew et al. 1997), ergeben verläßliche Resultate und werden nunmehr für die weitere Analyse von nicht-deletierten Patienten und in der Familiendiagnostik herangezogen. Dennoch ist ein Heterozygoten-Screening mit einer diagnostischen Unsicherheit behaftet, da etwa 3–4% der Anlageträger 2 *telSMN*-Kopien auf einem Chromosom tragen und damit nicht als heterozygot erkannt werden. Insgesamt muß derzeit mit einer falschnegativen Einordung von heterozygoten Anlageträgern über die quantitative Analyse der *SMN*-Kopien in einer Größenordnung von ungefähr 10% gerechnet werden (Wirth et al. 1999).

1.3.4.3.2 Proteinstruktur und Funktion

Das SMN-Protein hat eine Masse von 38 000 und wird von beiden *SMN*-Kopien (*telSMN* und *cenSMN*) kodiert. Immunhistochemische Analysen mit SMN-Antikörpern haben gezeigt, daß das SMN-Protein sowohl im Zytoplasma als auch im Zellkern lokalisiert ist. Im Zellkern nimmt das Protein bestimmte Strukturen an, die als ‚gems' (gemini of the coiled bodies) bezeichnet werden (Liu u. Dreyfuss 1996). Jüngste immunhistochemische Analysen konnten zeigen, daß das SMN-Protein mit einem weiteren Protein, genannt SIP1 (SMN interacting protein), einen Komplex im Zellkern bildet, welcher eine entscheidende Rolle bei der Biosynthese bestimmter Ribonukleoproteine (Sm class of small nuclear ribonucleoproteins=snRNP) spielt (Liu et al. 1997). Diese snRNPs sind Bestandteile der Spleißosomen, den

telSMN-Gens aufweisen, spielen Punktmutationen nur eine untergeordnete Rolle (Tabelle 1.3.5). Bislang ist nur bei einer kleinen Anzahl der klinisch gesicherten Fälle (etwa 10–20% ohne *SMN*-Deletion) eine Punktmutation im *SMN*-Gen als Ursache identifiziert worden (Hahnen et al. 1997). Nach Entwicklung einer quantitativen Analyse der *SMN*-Kopien werden heterozygot deletierte Patienten bei typischer Klinik nunmehr sicher als SMA 5q eingeordnet, wodurch die Identifikation von Patienten mit anderen Mutationen im *telSMN*-Gen auf dem 2. Chromosom deutlich verbessert worden ist (Wirth et al. 1999). In der Praxis erfolgt die Analyse des *SMN*-Gens z. Z. mittels SSCA bzw. durch Restriktionsverdau der PCR-Produkte der Exons 7 katalytischen Zentren für die prä-mRNA-Spleißreaktion. Über 2 Domänen bindet SMN einerseits an SIP1 und andererseits an die snRNP (Fischer et al. 1997). Die snRNP-Bindungstelle des SMN-Proteins befindet sich in der Region, die durch die Exons 6 und 7 des *SMN*-Gens kodiert wird (Liu et al. 1997), wodurch sich der Pathomechanismus bei Patienten mit *SMN*-Deletionen oder auch Punktmutationen im Exon 6 (Hahnen et al. 1997) erklären ließe. Darüber hinaus konnten Untersuchungen bei Patienten mit Punktmutationen in Exon 6, die einen unterschiedlichen SMA-Typ aufweisen, zeigen, daß bei diesen Patienten ein deutlicher Oligomerisationsdefekt des SMN-Proteins vorliegt, welcher mit dem Schweregrad korreliert ist (Lorson et al. 1998).

Die chromosomale Zuordnung des SIP1-Proteins ist z. Z. noch unbekannt, darüber hinaus gibt es weitere Proteine, die an dem Proteinkomplex beteiligt sind. In diesem Zusammenhang ist möglicherweise eine gemeinsame antiapoptotische Aktivität von SMN und Bcl-2 von Bedeutung (Iwahashi et al. 1997), obgleich die gezeigten Interaktionsstudien einer synergistischen antiapoptotischen Aktivität von SMN und Bcl-2 bislang von keiner anderen Arbeitsgruppe bestätigt werden konnten.

1.3.4.3.3 Genotyp-Phänotyp-Korrelationen

Molekulargenetische Untersuchungen ergaben bei 90–98% aller SMA-Patienten homozygote Deletionen des *SMN*-Gens, die sich durch den Verlust der Exons 7 und 8, seltener auch nur an Exon 7 in der telomerischen Kopie des *SMN*-Gens nachweisen lassen. Patienten mit einer schwer verlaufenden SMA I zeigen in etwa 98% der Fälle eine *SMN*-Deletion, der Anteil der deletierten Patienten ist fast so hoch bei der SMA II (etwa 95%), wogegen die Studien, die eine nach SMA-Formen getrennte Analyse vorgenommen haben, zu dem Schluß kommen, daß von den milden SMA-III-Patienten möglicherweise bis zu 10% keine Deletion im *SMN*-Gen zeigen. Von den insgesamt 5–10% der Patienten mit zweifelsfreier klinischer Diagnose einer proximalen SMA, bei denen keine homozygote Deletion vorliegt, wurden über SSCP-Screening lediglich bei Einzelfällen (10–20% der klinisch gesicherten Fälle) Mutationen im *SMN*-Gen beschrieben (Hahnen et al. 1997). Von den Patienten mit einer SMA IV konnten wir bisher in keinem Fall eine Deletion des *SMN*-Gens nachweisen (Zerres et al. 1995). Andere Studien kommen zu weitgehend gleichen Ergebnissen, wohingegen sich bei Patienten mit einem Krankheitsbeginn zwischen dem 20. und 30. Lebensjahr z. T. eine spezifische Deletion findet, wodurch das Spektrum der SMA mit Lokalisation auf Chromosom 5q möglicherweise auch diese milden Verlaufsformen mit einschließt (Brahe et al. 1995). Die genetische Basis der Fälle mit einem Beginn nach dem 30. bis 40. Lebensjahr bleibt derzeit ungeklärt.

Während der Nachweis einer Deletion im *SMN*-Gen mithin ein entscheidendes Instrument für die Diagnosesicherung einer SMA darstellt, ist noch ungeklärt, welche Veränderungen letztlich für die erhebliche klinische Variabilität der SMA verantwortlich sind. Neuere Untersuchungen konnten zeigen, daß bei milderen Verlaufsformen keine Deletionen der Exons 7 und 8 im *telSMN*-Gen, sondern gehäuft Genkonversionen von *telSMN* nach *cenSMN* stattfinden (s. Hybridgene), so daß der Schweregrad der SMA offenbar durch die genetische Expression der zentromerischen *SMN*-Kopie mitbestimmt wird (Hahnen et al. 1996, DiDonato et al. 1997, Campbell et al. 1997, Coovert et al. 1997, Lefebvre et al. 1997). Die Größe des deletierten Chromosomenabschnitts bzw. die Zahl der *SMN*-Kopien auf beiden Chromosomen liefern Informationen zum Schweregrad der SMA, obgleich sich bei sehr unterschiedlichen Phänotypen z. T. gleiche molekulargenetische Veränderungen nachweisen lassen.

Untersuchungen an Geweben von SMA-Patienten haben ergeben, daß die Zahl der gems invers mit dem Schweregrad der SMA korreliert (Coovert et al. 1997), und bei Personen mit Deletionen von *cenSMN* nicht reduziert ist. Western-Blot-Analysen haben ergeben, daß das *SMN*-Gen am stärksten in Rückenmark, Niere, Leber und Gehirn exprimiert ist, während sich in Fibroblasten und Lymphozyten nur eine geringfügige *SMN*-Expression darstellt (Coovert et al. 1997). Die densitometrisch bestimmbare Menge an SMN-Protein, welches bei Patienten mit einer *telSMN*-Deletion von der zentromerischen Kopie transkribiert wird, ist in lymphoblastoiden Zellinien am deutlichsten bei SMA-I-Patienten vermindert (5–20% gegenüber der Norm), während sich bei SMA-III-Patienten keine Reduktion zeigt. Bei SMA-II-Patienten wurden meist ein verminderter SMN-Gehalt im Bereich von 26–82%, aber auch normale Werte ermittelt (Lefebvre et al. 1997). Die stärkste Reduktion des SMN-Proteins, die bei allen Geweben von 3 untersuchten Feten (2 SMA-I-, ein SMA-III-Fetus) pathologische Werte (<39%) zeigte, fand sich in Leber und Rückenmark der Feten (Lefebvre et al. 1997).

Die Motoneuronen im Rückenmark weisen einen besonders hohen Anteil an SMN- und SIP1-

Proteinen auf. Es wird angenommen, daß Motoneuronen einen entsprechend hohen Bedarf an diesen Proteinen haben, wodurch sie besonders empfindlich auf eine Proteinmangelsituation reagieren (Liu et al. 1997). Diese Daten sprechen dafür, daß ein Funktionsverlust des *telSMN*-Gens tatsächlich mit einer Degeneration von Motoneuronen im Rückenmark zusammenhängt.

Trotz der großen Bedeutung des *SMN*-Gens für die Entstehung der SMA existieren Hinweise für die Beteiligung weiterer Faktoren bei der Pathogenese. Es gibt z.B. seltene Beobachtungen einzelner gesunder Geschwister oder Elternteile meist von SMA-III-Patienten, die ebenfalls eine homozygote Deletion des *SMN*-Gens aufweisen, ohne an einer SMA zu erkranken (Cobben et al. 1995, Hahnen et al. 1995, Wang et al. 1996). Die Tatsache, daß die *SMN*-Deletion bei Patienten mit sehr unterschiedlichem Schweregrad auftritt, betroffene Geschwister jedoch meist einen ähnlichen Krankheitsverlauf aufweisen, legt nahe, daß modifizierende genetische Faktoren für die Entstehung der SMA verantwortlich sind (Scharf et al. 1998). In diesem Zusammenhang ist auch die modifizierende Rolle der zentromerischen *SMN*-Kopie zu berücksichtigen (Burghes 1997). Da ein vollständiges Fehlen aller *SMN*-Kopien wahrscheinlich embryonal letal wirkt, wird davon ausgegangen, daß bei einer Deletion von *telSMN* die Funktion von der zentromerischen Kopie übernommen wird (Lefebrvre et al. 1997).

1.3.4.3.4 Hybridgene als Hinweis auf einen milderen Phänotyp

Der Funktionsverlust des *telSMN*-Gens wird in der großen Mehrzahl der Patienten durch eine Deletion, bei einem kleinen Teil (5–10%) jedoch durch eine Genkonversion von *telSMN* zu *cenSMN* verusacht. Diese Patienten zeigen eine Deletion von Exon 7, nicht aber von Exon 8 des *telSMN*-Gens. Durch ein 2-Schritt-PCR-Verfahren (Abb. 1.3.7) konnte gezeigt werden, daß die telomerische Kopie bei Patienten, bei denen das Exon 8 des *telSMN* erhalten ist, unter Einschluß der Exons 1–7 eine Konversion zur zentromerischen Kopie durchläuft. Dadurch bildet sich ein Hybridgen, das aus zentromerischen Exons 1–7 und telomerischem Exon 8 besteht. Haplotypanalysen konnten zeigen, daß die Hybridgene nur in Einzelfällen durch ein ungleiches Cross-over oder eine intrachromosomale Deletion entstehen, während den meisten Patienten eine Genkonversion zugrundeliegt (Hahnen et al. 1996, Talbot et al. 1997). Hybridgene fanden sich bei 42 Patienten in unserem Kollektiv (14 SMA-I-, 13 SMA-II- und 15 SMA-III-Patienten), wobei die Verteilung darauf hindeutet, daß eine Verschiebung zugunsten milderer Verlaufsformen vorliegt (Hahnen et al. 1996). Weitere SMN-Analysen konnten zeigen, daß die Zahl der *cenSMN*-Kopien bei SMA-II- und -III-Patienten gegenüber SMA-I-Patienten und Normalpersonen erhöht ist (Velasco et al. 1996, Campbell et al. 1997, McAndrew et al. 1997). Es wird nunmehr angenommen, daß bei

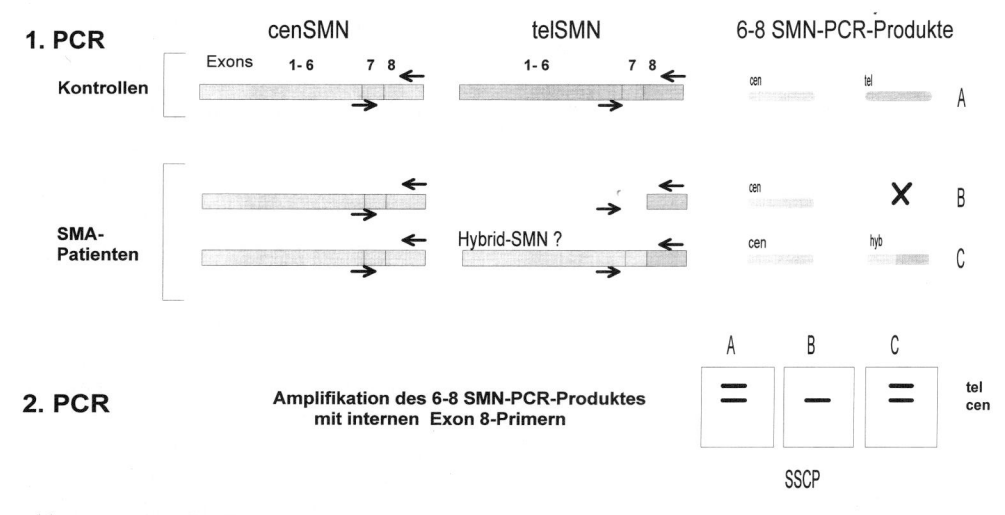

Abb. 1.3.7. Graphische Darstellung der 2-Schritt-PCR zur Identifikation von Hybridgenen bei Patienten mit einer homozygoten Deletion von Exon 7, nicht aber Exon 8 des *telSMN*-Gens. *Pfeile* Primer-Positionen (R111 und 541C1120) der 1. PCR. In der 2. PCR wurden 250 pg des ersten PCR-Produkts verwendet und mit den Primern 541C960 und 54C1120 (interne Exon-8-Primer) amplifiziert, aus Hahnen et al. (1996)

der Mehrzahl der SMA-II- und -III-Patienten nicht Deletionen von *telSMN*, sondern Genkonversionen von *telSMN* zu *cenSMN* stattfinden, die damit zu einer gesteigerten Proteinsynthese und so zu einem milderen Phänotyp führen (Burghes 1997).

1.3.4.3.5 Seltene ungewöhnlich schwere Manifestationen einer kongenitalen SMA mit ZNS- und axonalen Veränderungen

Bereits vor der Entwicklung molekulargenetischer Nachweisverfahren wurde angenommen, daß die schwere SMA pathoanatomisch über den reinen Vorderhornzellabbau hinausgeht (Towfighi et al. 1985, Osawa u. Shishikura 1991). Mit Hilfe des Deletionsnachweises im *SMN*-Gen konnten inzwischen einzelne Patienten bzw. betroffene Geschwister identifiziert werden, die neben den klassischen Manifestationen einer SMA zusätzliche Auffälligkeiten aufwiesen. Der von Devriendt et al. (1996) beschriebene Patient zeigte neben einer sehr schweren Muskelatrophie mit respiratorischer Insuffizienz seit der Geburt eine Arthrogryposis und verstarb mit 25 Tagen. Pathoanatomische Untersuchungen ergaben einen Neuronenverlust nicht nur in den Vorderhörnern des Rückenmarks, sondern auch in zahlreichen anderen Hirnabschnitten (Thalamus, Kleinhirn, Hirnstamm). In einer weiteren Geschwisterschaft mit ähnlich letalem Verlauf lagen zusätzlich eine faziale Diplegie, externe Ophthalmoplegie, zerebrale Atrophie sowie axonale Veränderungen vor (Abb. 1.3.8a), so daß das Krankheitsbild klinisch als kongenitale Hypomyelinisierung eingestuft wurde (Korinthenberg et al. 1997). Erst die molekulargenetische Analyse bestätigte das Vorliegen einer infantilen SMA (Abb. 1.3.8b). Eine vergleichbare axonale Beteiligung wurde bei 2 betroffenen Brüdern nachgewiesen, die bei einem pränatalen Beginn klinisch wie eine klassische SMA I imponierten (Omran et al. 1998). Die Mehrzahl der Patienten mit einer kongenitalen Form und ungewöhnlicher Beteiligung anderer Strukturen des Nervensystems wies neben einer

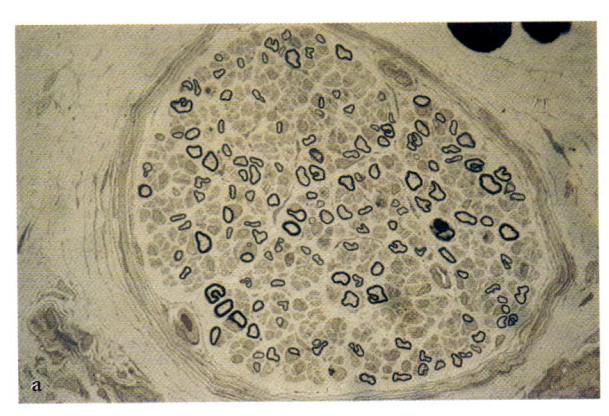

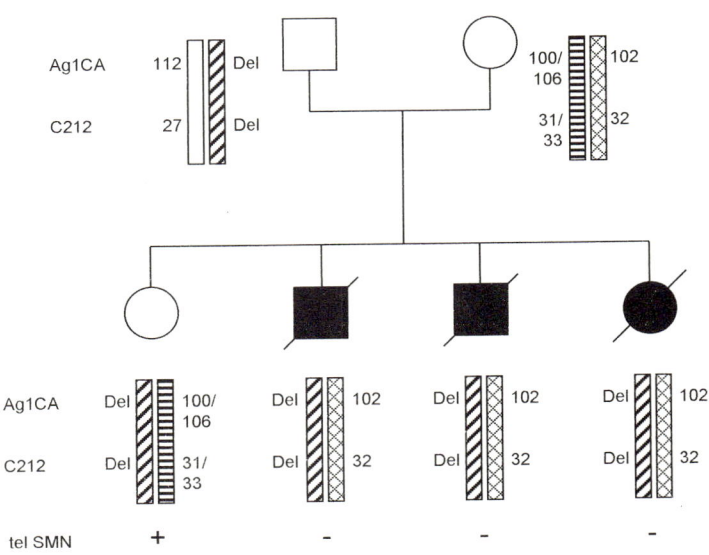

Abb. 1.3.8 a, b. Schwere kongenitale SMA. **a** Axonale Neuropathie in der peripheren Nervenbiopsie (N. suralis). **b** Stammbaum der Familie mit Daten der molekulargenetischen Analyse. Diagnose einer SMA bestätigt durch das Vorliegen einer homozygoten Deletion im *SMN*-Gen, aus Korinthenberg et al. (1997), mit freundlicher Genehmigung

homozygoten Deletion des *SMN*- und *NAIP*-Gens eine große Deletion der Multicopymarker Ag1-CA und C212 auf. Weitere systematische Daten sind jedoch notwendig, um das Spektrum der infantilen SMA mit Lokalisation auf Chromosom 5q sowohl für die frühinfantile als auch die milden Verlaufsformen genauer einzugrenzen.

1.3.4.3.6 Molekulargenetische Befunde in Familien mit betroffenen Personen in 2 Generationen

In Familien mit erkrankten Personen in 2 Generationen konnten wir in 4 von 6 Familien die spezifische Deletion im *SMN*-Gen bei dem betroffenen Elternteil und dem erkrankten Kind nachweisen (Abb. 1.3.9), wodurch die autosomal-rezessive Vererbung auf der Basis von 3 verschiedenen Mutationen bestätigt werden konnte (Rudnik-Schöneborn et al. 1996b). In diesen Fällen liegt Pseudodominanz mit einem Wiederholungsrisiko von 50% vor, im Unterschied zur autosomal-dominanten Form kann diesen Familien jedoch bei entsprechendem Wunsch eine pränatale Diagnostik angeboten werden. Daneben gibt es Stammbäume mit gleichem klinischen Bild, die keine Deletion zeigen und für die die genetische Basis zunächst ungeklärt bleibt. Autosomal-dominante Vererbung kann in diesen Fällen jedoch nicht ausgeschlossen werden.

1.3.4.3.7 Rezessive Neumutationen

Durch eine umfangreiche Kopplungsanalyse mit den Multicopymarkern Ag1-CA und C212 in 340 SMA-Familien mit mindestens 2 Kindern hat sich bei 7 Indexpatienten (2%) eine autosomal-rezessive Neumutation in einem elterlichen Haplotyp nachweisen lassen (Wirth et al. 1997b). Die Neumutationen entstanden durch chromosomale Umbauvorgänge, die im wesentlichen auf ungleiche Cross-over oder interchromosomalen Umgruppierungen basierten, die nicht nur zu einer Deletion des *telSMN*-Gens, sondern auch zu einem vollständigen oder partiellen Verlust von Markerkopien bei den Patienten führten (Abb. 1.3.10). Diese Neumutationen werden nur im Rahmen einer indirekten Genotypdiagnostik (meist bei der Pränataldiagnostik) aufgedeckt, da sich eine neu entstandene Deletion des *SMN*-Gens auf einem Haplotyp derzeit nicht darstellen läßt. Die Umbauvorgänge sind in allen Familien, bei denen die elterliche Herkunft der Mutation bestimmt werden konnte

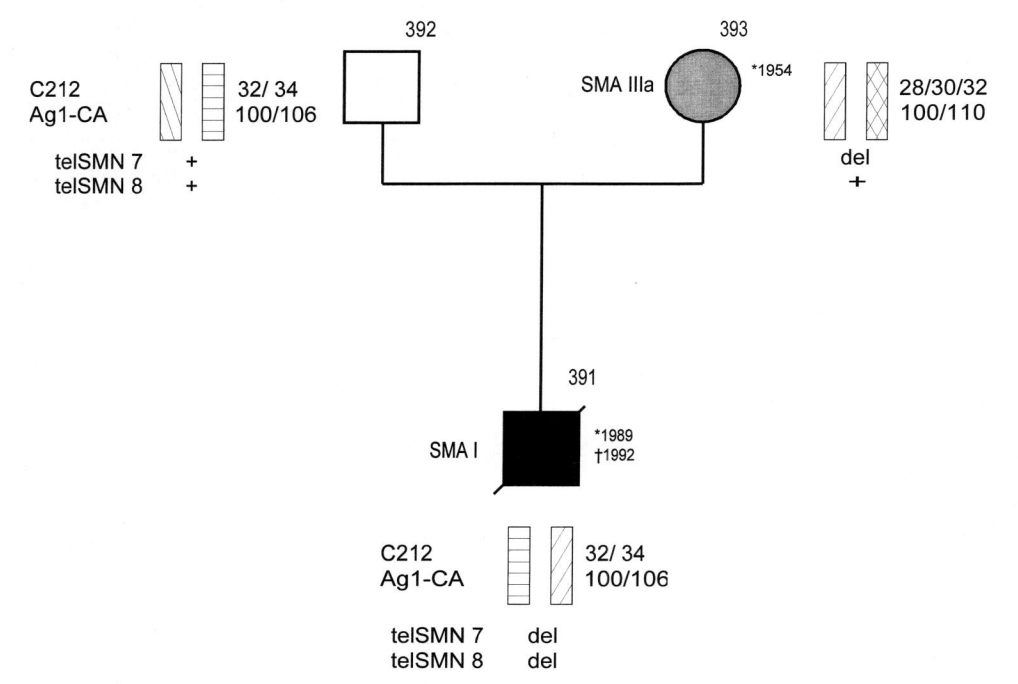

Abb. 1.3.9. Nachweis autosomal-rezessiv erblicher proximaler SMA in Familien mit Betroffenen in 2 Generationen. Erst der Befund einer homozygoten *SMN*-Deletion erlaubt eine Abgrenzung gegenüber dominanter Vererbung und deckt die pseudodominante Familiensituation auf. Das Vorkommen dreier unterschiedlicher Mutationen in den betroffenen Familien erklärt den verschiedenen Schweregrad zwischen Mutter und Sohn, Familie 2 aus Rudnik-Schöneborn et al. (1996)

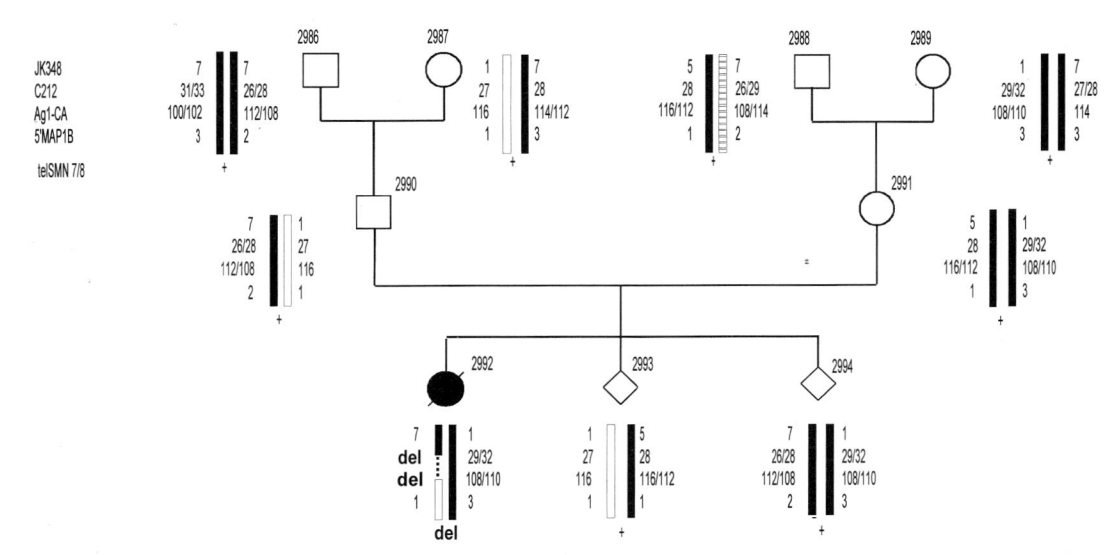

Abb. 1.3.10. Identifikation einer rezessiven Neumutation bei einer SMA-Patientin (Familie D aus Wirth et al. 1997b) durch eine Kopplungsanalyse. Bei der verstorbenen Patientin zeigte sich eine „large deletion" unter Einschluß der Multicopymarker *C212* und *Ag1-CA* im väterlichen Haplotyp. Die weiterführende Analyse der väterlichen Familie ergab eine Neumutation im väterlichen Haplotyp, die durch eine Rekombination entstanden ist. Die nachfolgenden Geschwister, bei denen eine Pränataldiagnostik erfolgte, haben jeweils einen vollständigen väterlichen Haplotyp geerbt und zeigen keine *SMN*-Deletion

(6/7), beim Vater entstanden und deuten auf eine erhöhte Mutationsneigung in der väterlichen Meiose hin. Der direkte Mutationsnachweis erlaubte es erstmalig, die Mutationsrate für eine rezessive Erkrankung zu errechnen. Sie liegt bei der SMA in einer Größenordnung von $1,1 \times 10^4$ und damit in einem Bereich, der bei einem Mutations-Selektions-Gleichgewicht zu erwarten ist (Wirth et al. 1997b). In Familien, bei denen eine Neumutation vorliegt, mindert sich das Wiederholungsrisiko deshalb von 25% auf Werte, die sich möglicherweise nicht von denen der Normalbevölkerung unterscheiden und deshalb eine entscheidende Bedeutung für die genetische Beratung betroffener Familien haben (s. auch Genetische Beratung).

1.3.4.3.8 Mausmodell

Mit Hilfe von Knockout-Mäusen ist es möglich, die Auswirkungen des *SMN*-Gens am Tiermodell zu testen. Das Mausgenom enthält im Gegensatz zum menschlichen Genom nur ein *SMN*-Gen. Eine kürzlich entwickelte Knockout-Maus, bei der das *SMN*-Gen ausgeschaltet wurde, zeigte einen massiven Zelluntergang in der frühen Embryonalentwicklung. Die Daten sprechen dafür, daß mindestens eine *SMN*-Kopie vorhanden sein muß, um ein Überleben des Organismus zu gewährleisten (Schrank et al. 1997).

1.3.5 Nicht-proximale SMA und Varianten

Auch für die SMA mit nicht-proximalem Verteilungsmuster sind nach den bisherigen Daten andere genetische Ursachen verantwortlich. Eine Sonderstellung nimmt die geschlechtsgebundene erbliche spinobulbäre Atrophie Typ Kennedy ein, deren molekulargenetische Basis aufgeklärt ist und für die deshalb eine sichere genetische Diagnostik zur Verfügung steht (s. Kapitel 1.3.5.4 „Spinobulbäre Atrophie Typ Kennedy"). Da die Genorte für die nicht-proximalen Formen bis auf eine autosomal-dominante Form der distalen und der skapuloperonealen SMA nicht bekannt sind (Tabelle 1.3.6), kann die genetische Zuordnung derzeit nur nach der klinischen Einordnung unter Berücksichtigung der Familienanamnese erfolgen. Von den zahlreichen Formen sollen 2 häufig gestellte Diagnosen speziell erwähnt werden. Als Muskelatrophie Typ Vulpian-Bernhardt wird eine neurogene Atrophie mit bevorzugter Beteiligung des Schultergürtels und als Typ Duchenne-Aran mit Betonung der Handmuskulatur bezeichnet. Es besteht heute kein Zweifel, daß es sich bei diesen Krankheitsgruppen nicht um Entitäten, sondern allenfalls um neurogene Atrophien mit speziellem Verteilungsmuster handelt. Im Einzelfall sind unter diesen Bezeichnungen distale SMA-Formen, fazioskapulohumerale Muskeldystrophien, Polymyositis, Frühstadien

Tabelle 1.3.6. Wichtige Formen der nicht-proximalen SMA und ihre Varianten

Bezeichnung	Klinische Merkmale	Genetik	Ausgewählte Referenzen
Distale SMA	Distal betonte Muskelatrophie mit normalen Nervenleitgeschwindigkeiten, keine Sensibilitätsstörungen Beginn variabel von der Geburt bis zum Erwachsenenalter	Autosomal-rezessiv (etwa 75%) Autosomal-dominant (etwa 25%), eine Form auf Chromosom 7p lokalisiert	Pearn u. Hudgson (1979) Frequin et al. (1991) Boylan et al. (1995) Christodoulou et al. (1995)
Juvenile distale SMA Typ Hirayama (monomele juvenile SMA, juvenile segmentale SMA)	Asymmetrische Muskelschwäche, meist auf die obere Extremität begrenzt Beginn überwiegend in der pubertären Wachstumsphase (10–20 Jahre) Stillstand nach 2- bis 4jährigem Krankheitsverlauf	In der Mehrzahl nicht-genetische Kompression des Zervikalmarks (Autosomal-dominant?) Deutliches Überwiegen des männlichen Geschlechts	Hirayama et al. (1987) Biondi et al. (1989) Yamamoto et al. (1992) Liu u. Specht (1993) Kao u. Tsai (1994) Toma u. Shiozawa (1995)
Distale SMA mit Myoklonusepilepsie	Chronisch-progrediente distale Muskelschwäche ab Kindheit/Jugend Myoklonus und Anfallsleiden, Ataxie und Dysarthrie Normale mentale Entwicklung, z. T. Hörstörungen	Autosomal-dominant Sporadisch/autosomal-rezessiv	Jankovic u. Rivera (1979) Lance u. Evans (1984) Melo u. Ferro (1989) Marjanovic et al. (1993)
Distale SMA mit Stimmbandlähmung	Distale Muskelschwäche ab Kindheit bis Erwachsenenalter, betont in den Armen Heisere Stimme, Stridor, Stimmbandlähmung z. T. Hörstörungen beschrieben	Autosomal-dominant	Young u. Harper (1980) Boltshauser et al. (1989) Pridmore et al. (1992)
Skapuloperoneale Muskelatrophie (Typ Stark-Kaeser)	Variable Muskelschwäche der Fußheber-, Schultergürtel- und Armmuskeln z. T. Stimmbandlähmung (Chromosom 12q) Beginn in Jugend-/Erwachsenenalter, langsam progredient	Autosomal-dominant (eine Form auf 12q24 lokalisiert) Autosomal-rezessiv (X-chromosomal)	Kaeser (1965) De Long u. Siddique (1992) Isozumi et al. (1996) Emery (1971) Mercelis et al. (1980)
Progressive Bulbärparalyse	Rasch progrediente Hirnnervenausfälle (Faziale Schwäche, Dysphagie, Dysarthrie, Atemstörungen), später distale Muskelatrophie (Differentialdiagnose: ALS) Beginn im Kindesalter (Typ Fazio-Londe) oder im Erwachsenenalter, Tod meist innerhalb von 2 Jahren	Autosomal-dominant Autosomal-rezessiv	Lowell (1932) Albers et al. (1983) Schiffer et al. (1986)
	Vialetto-Van-Laere-Syndrom: Hirnnervenausfälle mit Innenohrtaubheit und skapulohumeral betonter Muskelschwäche	Autosomal-rezessiv (eine Familie autosomal-dominant)	Gallai et al. (1981) Hawkins et al. (1990)

der ALS und weitere Krankheitsbilder zusammengefaßt. Aus diesem Grund ist es nicht sinnvoll, diese Eigennamen zur Bezeichnung von Entitäten zu verwenden.

1.3.5.1 Distale SMA

Patienten, bei denen die Muskelatrophie primär in der Hand- und Fußmuskulatur (Abb. 1.3.11) beginnt, stellen mit etwa 10% nur einen kleinen Anteil an der Gesamtheit der SMA-Patienten (Pearn u. Hudgson 1979). Das klinische Spektrum ist wie bei der proximalen Form sehr weit gefaßt und schließt autosomal-dominante und -rezessive Erb-

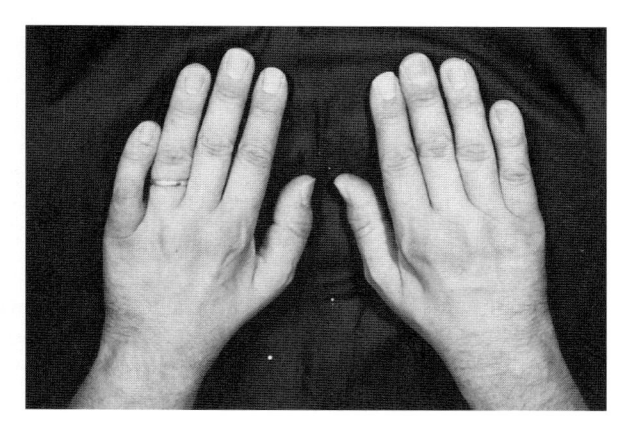

Abb. 1.3.11. Distale SMA bei 37jährigem Mann, deutliche Handmuskelatrophie

das gilt insbesondere für die distale SMA mit Beginn im Erwachsenenalter, bei der neben einer Handmuskelschwäche eine peroneale Beteiligung im Vordergrund steht.

Patienten mit einer autosomal-rezessiven Vererbung überwiegen deutlich (etwa 75%), weshalb bei den selteneren dominanten Familien differentialdiagnostisch zunächst an die wesentlich häufigere hereditäre motorische sensorische Neuropathie (HMSN) gedacht werden sollte. Bei Hinweisen auf eine demyelinisierende Neuropathie ist in etwa 70% der Fälle der molekulargenetische Nachweis einer Duplikation auf Chromosom 17 diagnostisch beweisend (s. Kapitel 1.4 „Hereditäre motorische und sensible Neuropathien"). Der Ausschluß einer peripheren Neuropathie durch Messung der Nervenleitgeschwindigkeit und ggf. durch eine Nervenbiopsie ist vor Diagnosestellung einer distalen SMA entscheidend. Inwieweit axonale Veränderungen im Sinn eines „dying back" zu einem Vorderhornzellabbau bei der distalen SMA führen (Frequin et al. 1991), bleibt zum heutigen Zeitpunkt noch ungeklärt, erhält durch die jüngsten morphologischen Daten bei der kongenitalen SMA aber neue Aktualität. Klinisch werden bei der distalen SMA weder sensorische Störungen noch abnorme

gänge ein. Die distale SMA mit Beginn im frühen Kindesalter ist durch muskuläre Hypotonie und distale Atrophien mit Pes planus gekennzeichnet. In schweren Fällen tritt schon in der Kindheit eine Skoliose hinzu. Trotz einer erheblichen Einschränkung im Bereich der Fingerfertigkeit können sich die Kinder relativ gut an die Muskelschwäche adaptieren und eine normale Ausbildung wahrnehmen. Die Progredienz ist i. allg. nur geringgradig,

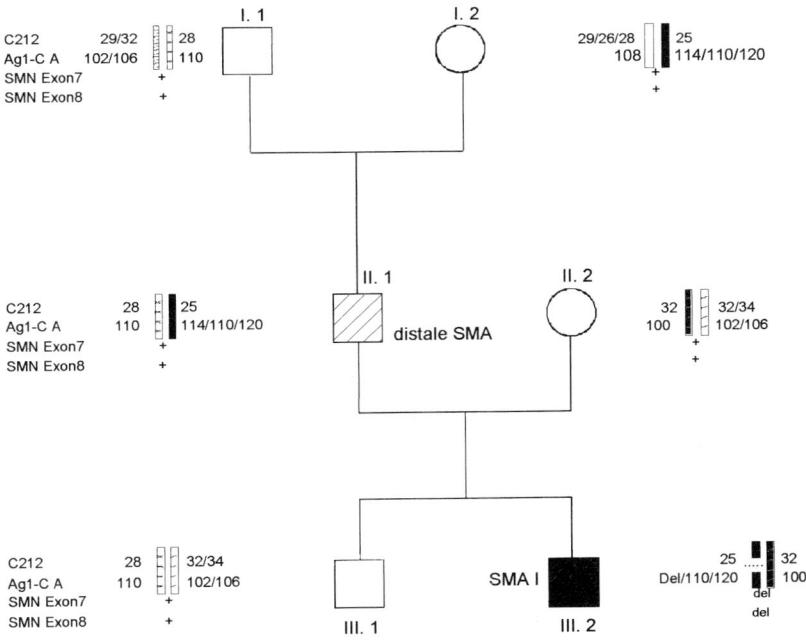

Abb. 1.3.12. Vorkommen von distaler SMA beim Vater (Beginn mit 30 Jahren) und schwerer infantiler SMA I beim zweitgeborenen Sohn. Bestätigung der Diagnose beim Sohn durch eine Deletion des *telSMN*-Gens. Der Vater ist nicht heterozygoter Anlageträger für die SMA, da sich in dem Haplotyp, den er an seinen betroffenen Sohn weitergegeben hat, eine Neumutation mit Verlust des *SMN*-Gens und der Markerkopie *114* des Multicopymarkers *Ag1-CA* ereignet hat. Damit steht seine distale SMA mit großer Sicherheit nicht in einem Zusammenhang mit der infantilen SMA, aus Spranger et al. (1997)

Nervenleitgeschwindigkeiten festgestellt, so daß die Abgrenzung von peripheren Neuropathien bzw. lokalen Rückenmarkprozessen i. allg. keine Schwierigkeiten bereitet.

Eine autosomal-dominante Form mit Betonung der oberen Extremität wurde 1995 auf dem kurzen Arm von Chromosom 7 lokalisiert (Christodoulou et al. 1995), während die für die rezessive Form verantwortlichen Gene bisher nicht bekannt sind. In seltenen Fällen kommen die proximale und die distale SMA in einer Familie vor, wobei verschiedene Erbgänge in einigen Familien eine Koexistenz verschiedener Entitäten nahelegten (Boylan u. Cornblath 1992, eigene Beobachtung). Die molekulargenetische Bestätigung für die Existenz zweier unabhängiger Genorte für die infantile SMA und die distale SMA wurde durch eine Familie gegeben (Abb. 1.3.12), bei der der von einer SMA I betroffene Sohn eine Neumutation im väterlichen Allel für die autosomal-rezessive SMA zeigte und der Vater an einer distalen SMA erkrankt war (Spranger et al. 1997). Erwartungsgemäß konnten bisher bei Patienten mit distaler SMA keine *SMN*-Deletionen nachgewiesen werden.

1.3.5.1.1 Juvenile distale SMA Typ Hirayama

Diese Form der distalen Muskelatrophie nimmt bei der SMA eine Sonderstellung ein, da es sich in erster Linie um eine nicht-erbliche segmental begrenzte Muskelschwäche handelt, die sich häufig auf eine Kompression im Zervikalmark zurückführen läßt. Die ersten Beschreibungen dieser auch monomele juvenile SMA oder juvenile segmentale SMA Typ Hirayama genannten distal betonten Atrophie gehen auf japanische Patienten zurück und weisen neben einem charakteristischen Krankheitsverlauf eine deutliche Betonung des männlichen Geschlechts auf. Betroffen sind in erster Linie Männer im Alter zwischen 15 und 20 Jahren mit plötzlicher Schwäche und Atrophie einer Extremität, die meist asymmetrisch bleibt und nur selten auf die kontralaterale Seite oder die untere Extremität übergeht. Der Verlauf ist sehr gutartig mit einem Stillstand nach initialer Krankheitsprogression über 2–4 Jahre. Eine bulbäre Symptomatik besteht nicht, auch lassen sich keine Sensibilitätsstörungen nachweisen. Die segmentale Begrenzung wird durch lokale Abbauvorgänge im Bereich des unteren Zervikalmarks erklärt, für die sich Korrelate bei bildgebenden Darstellungen des Rückenmarks gezeigt haben (Biondi et al. 1989, Yamamoto et al. 1992). Als Pathogenese wird angenommen, daß eine chronische Rückenmarkkompression zu Zirkulationsstörungen im Bereich der vertebralen Venenplexus führt (Hirayama et al. 1987). Unterstützt wird diese Hypothese durch die Kombination von Handfehlbildung (Oligodaktylie, Syndaktylie) und juveniler distaler SMA bei einem Patienten, der eine erhebliche Zervikalmarkatrophie aufwies (Liu u. Specht 1993). Da spezifische Merkmale fehlen, ist die Diagnosestellung einer distalen SMA Typ Hirayama oftmals erst nach längerem Krankheitsverlauf möglich, falls keine Kompression des Rückenmarks sichtbar gemacht werden kann. Nur selten ergeben sich bei der juvenilen distalen SMA familäre Häufungen oder progrediente Krankheitsverläufe, die wahrscheinlich eigenständige Entitäten darstellen (Serratrice 1991).

1.3.5.2 Skapuloperoneale/skapulohumerale SMA

Die Existenz einer skapuloperonealen oder skapulohumeralen SMA wird kontrovers diskutiert, da ein Teil der Patienten der (fazio)-skapulohumeralen Muskeldystrophie zugeordnet werden mußte (Siddique et al. 1989, Upadhyaya et al. 1990, Jardine et al. 1994). Die faziale Beteiligung kann bei der fazioskapulohumeralen Muskeldystrophie so diskret sein, daß sie klinisch nur als skapuloperoneale Myopathie imponiert (Jardine et al. 1994). Eine molekulargenetische Testung zum Ausschluß einer fazioskapulohumeralen Muskeldystrophie erscheint deshalb bei allen Patienten mit deutlichem skapulohumeralen Verteilungsmuster sinnvoll.

Die klinischen Merkmale der skapuloperonealen Muskelatrophie Typ Stark-Kaeser schließen Zehen- und Fußheberschwächen mit nachfolgender Schultergürtelbeteiligung ein. Die Muskeleigenreflexe sind abgeschwächt, Faszikulationen werden beobachtet. Die elektromyographischen Befunde sind nicht immer eindeutig und spiegeln die Probleme bei der Einordnung wider. Autosomal-dominante und -rezessive Erbgänge sind beschrieben, wobei der Erkrankungsbeginn bei der dominanten Form meist auf das junge Erwachsenenalter zu datieren ist (Kaeser 1965, Serratrice et al. 1976, Gharbi Ben Ayed et al. 1993). Die beschriebenen rezessiven Familien zeigen einen früheren Beginn, z. T. in der Kindheit und einen progredienteren Verlauf (Emery 1971, Mercelis et al. 1980). Eine X-chromosomale klassische skapuloperoneale Muskelatrophie ist bislang nicht gesichert, in der von Skre et al. (1978) beschriebenen Familie befanden sich nur 2 bioptisch gesicherte Brüder mit fazioskapuloperonealer Muskelschwäche, deren Vater ebenfalls eine Schultergürtelatrophie aufwies. Ein

Vetter hatte darüber hinaus eine klassische SMA II, die sich vollständig vom Phänotyp der Indexpatienten abgrenzen ließ. Die von Mawatari u. Katayama (1973) berichtete Familie war durch rapid fortschreitende Muskelschwäche mit Kardiomyopathie gekennzeichnet und legt eine Sonderform nahe, die sich möglicherweise in das Spektrum der Emery-Dreyfuss-Muskeldystrophie einordnen läßt.

Für die gesamte Gruppe gilt, daß die Abgrenzung von der skapuloperonealen Muskeldystrophie bei peronealer Beteiligung schwierig ist, insbesondere, da eine neurogene Form des skapulohumeralen Syndroms mit dominantem Erbgang wie die skapuloperoneale Muskeldystrophie auf dem langen Arm von Chromosom 12 lokalisiert wurde (Isozumi et al. 1996, Wilhelmsen et al. 1996). Diese Familie mit skapuloperonealer Atrophie nimmt deshalb eine Sonderstellung ein, da sie sich durch charakteristische Symptome (Aplasie von Muskeln, Stimmbandlähmung, progrediente skapuloperoneale und distale Muskelatrophie) von der SMA Typ Stark-Kaeser unterscheidet (DeLong u. Siddique 1992).

1.3.5.3 Progressive Bulbärparalyse

Im Unterschied zur spinalen Muskelatrophie beginnt die seltene Bulbärparalyse mit Ausfällen von motorischen Hirnnerven, die meist rasch zu einer Atemlähmung führen. Generell wird eine juvenile von einer adulten Form unterschieden. Die Erstbeschreibung des sog. Fazio-Londe-Syndroms geht auf 1892 zurück und wird heute für eine autosomal-rezessive Form mit Beginn im Kindesalter verwendet. Erste Zeichen mit mimischer Schwäche, Ophthalmoplegie und Dysarthrie zeigen sich bei der juvenilen Form zwischen 2 und 14 Jahren und bei der adulten Form im Erwachsenenalter. Es folgen Dysphagie, andere Hirnnervenausfälle und respiratorische Funktionseinschränkungen. Der Tod tritt in der Mehrzahl der Fälle innerhalb weniger Jahre nach Beginn der Symptomatik ein.

Einige autosomal-dominante Familien sind beschrieben worden (Lowell 1932, Schiffer et al. 1986), wobei die Abgrenzung von der familiären ALS im Einzelfall problematisch ist, insbesondere, wenn sich zu der bulbären Symptomatik Paresen an den Extremitäten entwickeln.

Ein distinktes Syndrom bestehend aus Bulbärparalyse, Innenohrschwerhörigkeit und zunehmender skapulohumeraler Muskelschwäche bildet das Vialetto-van-Laere-Syndrom, das durch Ausfälle der motorischen Hirnnerven VII, IX–XII in Verbindung mit dem Hörverlust verursacht wird. Die Hörminderung tritt meist plötzlich im Kindes- oder jungen Erwachsenalter auf und ist gefolgt von fazialer Schwäche und Zungenatrophie sowie von respiratorischen Störungen durch Zwerchfelllähmung. Unterschiedliche Paresen der Extremitäten weisen auf eine Mitbeteiligung spinaler Neurone im Zervikalmark hin (Hawkins et al. 1990). Die Prognose ist sehr unterschiedlich und reicht vom Tod im Kindesalter bis zu einem jahrzehntelangen Verlauf. Die überwiegende Mehrzahl folgt offenbar einem autosomal-rezessiven Erbgang, obgleich ein Überwiegen von betroffenen Frauen und ein schwererer Verlauf bei männlichen Angehörigen eine X-chromosomal-dominante Vererbung in die Diskussion kommen ließ (Hawkins et al. 1990). Die von Hawkins et al. (1990) beschriebene Familie legt einen autosomal-dominanten Erbgang mit unterschiedlicher Expressivität nahe, wobei nur die Innenohrtaubheit ein konstantes Merkmal war.

Eine molekulargenetische Diagnostik steht bei den verschiedenen Formen der Bulbärparalyse noch nicht zur Verfügung.

1.3.5.4 Spinobulbäre Atrophie Typ Kennedy

Die spinobulbäre Atrophie Typ Kenendy nimmt eine Sonderstellung bei den spinalen Muskelatrophien ein, da die Muskelschwäche Teil einer Multisystemerkrankung ist, welche auf einem Defekt des Androgenrezeptorgens auf dem X-Chromosom beruht (Trinukleotidrepeaterkrankung) (La Spada et al. 1991). Der Erkrankungsbeginn ist variabel in der 3. bis 5. Lebensdekade mit einem Gipfel um das 20. Lebensjahr. Im Vordergrund stehen bei den betroffenen Männern langsam progrediente Paresen mit belastungsabhängigen Muskelkrämpfen, Faszikulationen und Tremor (Kennedy et al. 1968). Eine bulbäre Beteiligung äußert sich in Form von Zungenatrophie, Dysarthrie und Dysphagie. Die Androgenresistenz führt zu einer Gynäkomastie, die häufig Leitsymptom ist, sowie zu Impotenz, Hodenatrophie und Sterilität. Auch weitere metabolische Störungen (Diabetes mellitus, Hyperlipoproteinämie) und eine Beteiligung des sensiblen Nervensystems gehören zum Krankheitsbild. Neurologische Untersuchungen zeigen neurogene Gewebsläsionen, die Diagnose läßt sich im Unterschied zu anderen SMA-Varianten bei klinischem Verdacht durch eine molekulargenetische Testung klären. Wie bei anderen Trinukleotidrepeaterkrankungen findet sich bei Patienten im Androgenrezeptorgen auf Xq13–q22 ein verlängerter

DNA-Abschnitt durch den Einbau von CAG-Repeats (Norm 20–29 Repeats, bei Kennedy-Syndrom >40 Repeats), wobei der Schweregrad der Erkrankung in einigen Familien mit der Länge des eingebauten DNA-Abschnitts korreliert ist (Doyu et al. 1992).

1.3.6 Genetische Beratung bei proximaler SMA

Während der Nachweis der homozygoten *SMN*-Deletion inzwischen ein fester Bestandteil in der Diagnostik bei klinischem Verdacht auf eine SMA I–III ist, sollten weiterführende Familienuntersuchungen nur nach einer genetischen Beratung veranlaßt werden. In Anbetracht der Komplexität der molekulargenetischen Untersuchungsmöglichkeiten stellt eine humangenetische Beratung sowohl bei der Identifikation von Anlageträgern als auch insbesondere im Rahmen der Pränataldiagnostik einen unverzichtbaren Bestandteil der ärztlichen Begleitung dar.

1.3.6.1 Diagnosestellung bei klinischem Verdacht auf eine proximale SMA

- Der Nachweis der homozygoten Deletion der Exons 7 bzw. 7 und 8 der telomerischen Kopie des *SMN*-Gens (*SMN*-Deletion) beweist bei klinischem Verdacht die Diagnose einer proximalen spinalen Muskelatrophie I–III. Eine weiterführende invasive Diagnostik ist in diesen Fällen nicht mehr notwendig. Der Nachweis der *SMN*-Deletion sichert die autosomal-rezessive Vererbung, wodurch die Basis für eine Risikozuordnung in betroffenen Familien gegeben ist.
- In den seltenen Fällen, in denen eine Punktmutation in der telomerischen Kopie des *SMN*-Gens nachgewiesen werden kann (5% der klinisch gesicherten Fälle), ist bei typischem klinischem Bild die Diagnose einer proximalen SMA ebenfalls gesichert.
- Autosomal-rezessive Neumutationen sind für etwa 2% der Patienten verantwortlich und können praktisch nur über ergänzende Kopplungsanalysen mit den Multicopymarkern Ag1-CA und C212 aufgedeckt werden. Das Wiederholungsrisiko sinkt in diesen Fällen von 25% auf <1%, woraus sich für die pränatale Diagnostik erhebliche Konsequenzen ergeben.
- Der fehlende Nachweis einer *SMN*-Deletion schließt das Vorliegen einer SMA nicht aus, sollte jedoch bei untypischer Symptomatik an der Diagnose zweifeln lassen. Eine *SMN*-Deletion kann derzeit bei insgesamt mehr als 90% aller Patienten nachgewiesen werden, wobei der Anteil der nicht-deletierten Fälle bei milderen Verlaufsformen zunimmt. Deletionen finden sich in etwa 98% bei SMA Typ I, 95% bei SMA Typ II sowie etwa 80–90% bei SMA Typ III. Die genetische Basis nicht-deletierter Fälle ist bisher mit Ausnahme derjenigen Fälle mit nachgewiesenen Punktmutationen unklar.
- Da ein kleiner Teil (etwa 10–15%) klinisch unauffälliger Geschwister von SMA-III-Patienten ebenfalls eine homozygote *SMN*-Deletion aufweist, sollte der Nachweis einer *SMN*-Deletion in diesen Fällen ohne klinischen Hinweis auf eine SMA nicht zur prädiktiven Diagnostik verwendet werden.
- Eine molekulargenetische Diagnostik steht derzeit weder für die überwiegende Zahl der SMA-plus-Formen des Kindesalters noch für die autosomal-dominante SMA oder Formen mit nicht-proximalem Verteilungsmuster zur Verfügung.

1.3.6.2 Heterozygotentest

- Ein Heterozygotentest bei Nichtbetroffenen wird bisher meist über eine indirekte Genotypanalyse bei Verwandten betroffener Personen vorgenommen; ein direkter Test befindet sich in der Entwicklung und wird für die weiterführende Abklärung nicht-deletierter Patienten mit typischem klinischen Bild einer infantilen SMA eingesetzt (McAndrew et al. 1997, Wirth et al. 1999). Die molekulargenetische Kopplungsanalyse setzt meist die Einbeziehung weiterer Personen (Eltern und Geschwister von Patienten) aus der Verwandtschaft voraus. Eine Heterozygotendiagnostik sollte nur bei erwachsenen Anverwandten veranlaßt werden, falls sich hieraus Konsequenzen für die eigene Familienplanung ergeben.
- Die Heterozygotenfrequenz in der Bevölkerung liegt bei etwa 1:50, wobei ein Heterozygoten-Screening für die SMA bisher nicht zur Verfügung steht. Nach Etablierung eines direkten SMN-Tests wird es möglich sein, etwa 85–90% der heterozygoten Anlageträger in Familien ohne positive Anamnese zu identifizieren. Eine entscheidende diagnostische Restunsicherheit verbleibt durch das Vorkommen von 2 *telSMN*-Kopien auf einem Chromosom, welches eine

falsch-negative Zuordnung von Heterozygoten zur Folge hat.
- Zur Einordnung von genetischen Risiken und zur Frage der pränatalen Diagnostik auch bei entfernteren Anverwandten von Betroffenen sollte in jedem Fall eine humangenetische Beratung in Anspruch genommen werden.

1.3.6.3 Pränataldiagnostik

Die Möglichkeit einer Pränataldiagnostik stellt in Anbetracht der von Betroffenen und deren Familien selbst beschriebenen Schwere der Erkrankung für viele Familien einen gangbaren Weg dar (Zerres et al. 1993). Je nach Risikokonstellation werden verschiedene Vorgehensweisen im Fall einer Schwangerschaft unterschieden:

1.3.6.3.1 Eltern eines betroffenen Kindes, Nachweis der homozygoten *SMN*-Deletion beim Indexpatienten

Eltern eines betroffenen Kindes haben ein 25%iges Wiederholungsrisiko für weitere Kinder, vielfach wird in diesen Familien eine frühe Pränataldiagnose (PD) angestrebt. Auch bei klinisch eindeutigen Fällen sollte nach Möglichkeit eine molekulargenetische Vorklärung beim erkrankten Kind erfolgen, da eine PD nur dann angeboten werden sollte, wenn der Patient eine Deletion im *SMN*-Gen zeigt. Zur DNA-Analyse können neben EDTA-Blutproben auch Muskelbiopsate, Paraffinblöcke, mikroskopische Schnitte, Guthrie-spots etc. herangezogen werden, falls der Patient bereits verstorben ist. In einer weiteren Schwangerschaft wird wegen des hohen Wiederholungsrisikos i. allg. eine CVS in der 10. bis 12. SSW durchgeführt. Anhand der fetalen DNA erfolgt zunächst eine Analyse des *SMN*-Gens. Zur Bestätigung der Diagnose und zum Ausschluß einer mütterlichen Kontamination wird darüber hinaus eine indirekte Genotypdiagnostik mit den Multicopymarkern C212 und Ag1-CA (C272) durchgeführt. Stellt sich wider Erwarten eine nicht informative Familiensituation mit diesen Markern dar, werden weitere Marker aus der Region herangezogen. Mit diesem Verfahren ergibt sich eine diagnostische Sicherheit von praktisch 100% im Hinblick auf den Ausschluß eines betroffenen Kindes. Es ist bislang kein Fall bekannt geworden, bei dem sich trotz fehlender Deletion eine SMA entwickelt hat, wenn zuvor die Diagnose einer SMA bei einem Geschwisterkind durch den Nachweis einer *SMN*-Deletion bestätigt werden konnte.

In einzelnen Familien mit der vorwiegend milden SMA Typ III konnten SMN-Deletionen auch bei gesunden Anverwandten nachgewiesen werden, wodurch sich ein kleines Risiko einer falsch-positiven Diagnose bei einer PD ergibt. Im allgemeinen kommt eine PD in Familien mit einer SMA III jedoch nicht in Betracht.

1.3.6.3.2 Eltern eines betroffenen Kindes, kein Nachweis der homozygoten *SMN*-Deletion beim Indexpatienten

Nach gegenwärtiger Übereinkunft kann Eltern eines Kindes, bei dem weder eine *SMN*-Deletion noch eine andere Mutation vorliegt, keine Pränataldiagnostik angeboten werden, selbst wenn das klinische Bild für eine spinale Muskelatrophie spricht. Wie erwähnt, konnten bis heute nur in Einzelfällen andere Mutationen im *SMN*-Gen nachgewiesen werden, wodurch die Wahrscheinlichkeit einer anderen genetischen Entität v. a. bei nicht-deletierten SMA-I-Patienten in den Vordergrund tritt. Obwohl der Anteil der nicht-deletierten SMA-III-Patienten relativ groß ist, ist auch in diesen Familien deutliche Zurückhaltung gegenüber einer möglichen PD geboten, solange die Frage der Locusheterogenie bei der SMA nicht zweifelsfrei geklärt ist.

1.3.6.3.3 Eltern eines verstorbenen Kindes, DNA steht nicht mehr zur Verfügung

Während Eltern eines verstorbenen Kindes bis 1995 keine PD in Anspruch nehmen konnten, ist heute eine vorgeburtliche Testung dann möglich, wenn aufgrund klinischer Informationen davon ausgegangen kann, daß der Patient tatsächlich an einer infantilen SMA erkrankt war. Hierzu wird die fetale DNA ausschließlich im Hinblick auf das Vorliegen einer homozygoten Deletion im *SMN*-Gen hin überprüft. Unter der Voraussetzung, daß mindestens 95% der Patienten mit einer klassischen SMA I und II eine *SMN*-Deletion aufweisen, liegt das Risiko für eine Fehlinterpretation auf der Basis einer *SMN*-Gen-Analyse bei einer weiteren Schwangerschaft nur bei maximal 5%.

1.3.6.3.4 Betroffene, die eine Familie gründen wollen

Patienten, die selbst Kinderwunsch haben, gehören i. allg. zur milden Verlaufsform SMA III, denn nur in Ausnahmefällen gründen SMA-II-Patienten eine Familie. Sind beide Partner an einer gesicherten autosomal-rezessiven SMA erkrankt, werden alle

Kinder dieser Verbindung ebenfalls an einer SMA erkranken. Das Erkrankungsrisiko für eigene Kinder mit einem nicht betroffenen Partner ist im Fall der autosomal-rezessiven Vererbung in einer Größenordnung von mindestens 1% einzustufen, unter der Annahme, daß mindestens jeder 50. in der Normalbevölkerung eine SMA-Mutation trägt und dann jedes 2. Kind erkranken würde. Viele Patienten nehmen keine PD in Anspruch. Sollte in Zukunft durch eine differenzierte Mutationsanalyse der Schweregrad genauer vorhergesagt werden können, könnte sich bei Vorhersage eines hohen Risikos für die Geburt eines Kindes mit einer schweren Verlaufsform diese Einstellung ändern.

In der genetischen Beratung dieser Familien wird zunächst durch den Nachweis einer *SMN*-Deletion (oder anderen Mutation) geprüft, ob es sich bei dem Patienten um eine zweifelsfreie autosomal-rezessive SMA mit Lokalisation auf Chromosom 5q handelt. Wenn ja, kann eine PD durch *SMN*-Gen-Analyse mit einer diagnostischen Unsicherheit je nach SMA-Typ von max. 5-20% angeboten werden. Das statistische Erkrankungsrisiko für das ungeborene Kind verringert sich nach dem Ausschluß einer Deletion im *SMN*-Gen von etwa 1% auf etwa 1:2000 für die schwer verlaufende SMA I und auf etwa 1:500 für die milde SMA III. Gerade der weitgehend sichere Ausschluß einer schweren SMA I ist für Ratsuchende in dieser Situation eine große Beruhigung. Sobald ein Heterozygotentest für die jeweiligen Partner zur Verfügung steht, läßt sich das Wiederholungsrisiko für Nachkommen weiter eingrenzen, so daß dann vielfach auf eine PD verzichtet werden kann.

Patienten, die selbst keine Deletion (oder andere Mutation) zeigen, kann derzeit keine PD angeboten werden, weil in diesen Fällen die *SMN*-Gen-Analyse ein hohes Risiko einer Fehlinterpretation birgt.

1.3.6.3.5 Entferntere Anverwandte von Patienten mit der Diagnose SMA wünschen den Ausschluß einer SMA in einer Schwangerschaft

Die Verbesserung der direkten molekulargenetischen Diagnostik von SMA-Patienten hat zur Folge, daß zunehmend zweit- und drittgradige Anverwandte von Patienten eine PD in Anspruch nehmen möchten. Das Erkrankungsrisiko für Nachkommen von Geschwistern von Patienten liegt bei 1:300, für Kinder von Geschwistern von heterozygoten Elternteilen bei 1:400, solange keine Blutsverwandtschaft zwischen den Partnern vorliegt und keine SMA-Patienten in der Familie des Partners bekannt sind.

Um das Risiko für Anverwandte genauer einordnen zu können, sollte eine Heterozygotendiagnostik für die mit dem SMA-Patienten verwandten Ratsuchenden weiterhin über eine Kopplungsanalyse erfolgen. Bis eine Testung von Anlageträgern in der Normalbevölkerung zur Verfügung steht, läßt sich ein Erkrankungsrisiko für Kinder von möglichen Heterozygoten durch den Ausschluß einer Deletion im *SMN*-Gen in der Schwangerschaft je nach SMA-Typ auf den Faktor 1/20–1/5 reduzieren, weshalb sich viele Familien auch bei kleinen Ausgangsrisiken für eine PD entscheiden. In diesen Fällen sollte die Möglichkeit einer Amniozentese erwogen werden, da mit der frühen CVS meist ein höheres Untersuchungsrisiko verbunden ist, welches bei kleinem Ausgangsrisiko für die Erkrankung im Grunde nicht gerechtfertigt erscheint.

1.3.7 Ausblick

Der direkte molekulargenetische Nachweis von Deletionen in der SMA-Region eröffnet neue Möglichkeiten der diagnostischen Einordnung und der Risikoermittlung in betroffenen Familien. Die Aussagefähigkeit der Pränataldiagnostik hat sich damit entscheidend verbessert, darüber hinaus ist sie nun auch für die Personen zugänglich, denen z. Z. der Kopplungsanalyse keine Interpretation im Fall einer Schwangerschaft angeboten werden konnte. Sobald eine sichere Heterozygotendiagnostik zur Verfügung steht, wird die Zahl der Pränataldiagnosen zum Ausschluß einer infantilen SMA bei kleinen Ausgangsrisiken erheblich abnehmen. Auch für die Frage von Genotyp-Phänotyp-Beziehungen ergeben sich damit neue Perspektiven.

Die Erforschung der Genstruktur des *SMN*-Gens und seiner Funktion ist Gegenstand intensiver nationaler und internationaler Bemühungen. Mit der Aufklärung der für die SMA verantwortlichen genetischen Mechanismen wird unser Verständnis für die Pathogenese der Erkrankung wachsen, wodurch auch die Chancen zukünftiger Therapieansätze besser beurteilt werden können.

1.3.8 Literatur

Albers JW, Zimnowodzki S, Lowrey CM, Miller B (1983) Juvenile progressive bulbar palsy. Arch Neurol 40:351–353

Barois A, Estournet-Mathiaud B, Duval-Beaupére G, Bataille J, Leclair-Richard D (1989) Amyotrophie spinale infantile. Rev Neurol 145:299–304

Bertini E, Gadisseux JL, Palmieri G, Ricci E, DiCapua M, Ferriere G, Lyon G (1989) Distal infantile spinal muscular atrophy associated with paralysis of the diaphragm: a variant of infantile spinal muscular atrophy. Am J Med Genet 33:328–335

Bingham PM, Shen N, Rennert H et al. (1997) Arthrogryposis due to infantile neuronal degeneration associated with deletion of the SMNt gene. Neurology 49:848–851

Biondi A, Dormont D, Weitzner I, Bouche P, Chaine P, Bories J (1989) MR imaging of the cervical cord in a juvenile amyotrophy of distal upper extremity. Am J Neuroradiol 10:263–268

Boltshauser E, Lang W, Spillmann T, Hof E (1989) Hereditary distal muscular atrophy with vocal cord paralysis and sensorineural hearing loss: a dominant form of spinal muscular atrophy. J Med Genet 26:105–108

Borochowitz Z, Glick B, Blazer S (1991) Infantile spinal muscular atrophy (SMA) and multiple congenital bone fractures in sibs: a lethal new syndrome. J Med Genet 28:345–348

Boylan KB, Cornblath DR (1992) Werdnig-Hoffmann disease and chronic distal spinal muscular atrophy with apparent autosomal dominant inheritance. Ann Neurol 32:404–407

Boylan KB, Cornblath DR, Glass LD et al. (1995) Autosomal dominant distal spinal muscular atrophy in four generations. Neurology 45:699–704

Brahe C, Servidei S, Zappata S et al. (1995) Genetic homogeneity between childhood-onset and adult-onset autosomal recessive spinal muscular atrophy. Lancet 346:741–742

Brahe C, Clermont O, Zappata S, Tizinao F, Melki J, Neri G (1996) Frameshift mutation in the survival motor neuron gene in a severe case of SMA type I. Hum Mol Genet 5:1971–1976

Brandt S (1951) Werdnig-Hoffmann's infantile progressive muscular atrophy. Munksgaard, Kopenhagen

Brzustowicz LM, Lehner T, Castilla LH et al. (1990) Genetic mapping of chronic childhood-onset spinal muscular atrophy to chromosome 5q11.2-13.3. Nature 344:540–541

Bürglen L, Spiegel R, Ignatius J et al. (1995) SMN gene deletion in variants of spinal muscular atrophy. Lancet 346:316–317

Bürglen L, Amiel J, Viollet L et al. (1996a) Survival motor neuron gene deletion in the arthrogryposis multiplex congenita – spinal muscular atrophy association. J Clin Invest 98:1130–1132

Bürglen L, Patel S, Dubowitz V, Melki J, Muntoni F (1996b) A novel point mutation is in the SMN gene in a patient with type III spinal muscular. 1st Congress of the World Muscle Society. Elsevier, Amsterdam New York, Abstract S39

Bürglen L, Seroz T, Miniou P et al. (1997) The gene encoding p44, a subunit of the transcription factor TFIIH, is involved in large-scale deletions associated with Werdnig-Hoffmann disease. Am J Hum Genet 60:72–79

Bundey S, Lovelace RE (1975) A clinical and genetic study of chronic spinal muscular atrophy. Brain 98:455–472

Burghes AHM (1997) When is a deletion not a deletion? When it is converted. Am J Hum Genet 61:9–15

Bussaglia E, Clermont O, Tizzano E et al. (1995) A frameshift deletion in the survival motor neuron gene in Spanish spinal muscular atrophy patients. Nat Genet 11:335–337

Cao A, Cianchetti C, Calisti L, Tangheroni W (1976) A family of juvenile proximal spinal muscular atrophy with dominant inheritance. J Med Genet 13:131–135

Campbell L, Potter A, Ignatius J, Dubowitz V, Davies K (1997) Genomic variation and gene conversion in spinal muscular atrophy: implications for disease process and clinical phenotype. Am J Hum Genet 61:40–50

Carter TA, Bonnemann C, Wang CH et al. (1997) A multicopy transcription-repair gene BTF2p44 maps to the SMA region and demonstrates SMA associated deletions. Hum Mol Genet 6:229–236

Chou SM, Gilbert EF, Chun RWM et al. (1990) Infantile olivopontocerebellar atrophy with spinal muscular atrophy (infantile OPCA$^+$ SMA). Clin Neuropathol 9:21–32

Christodoulou K, Kyriakides T, Hristova AH et al. (1995) Mapping of a distal form of spinal muscular atrophy with upper limb predominance to chromosome 7p. Hum Mol Genet 4:1629–1632

Clermont O, Burlet P, Lefebvre S, Bürglen L, Munnich A, Melki J (1995) SMN gene deletions in adult-onset spinal muscular atrophy. Lancet 346:1712–1713

Clermont P, Burlet C, Cruaud C et al. (1997) Mutation analysis of the SMN gene in undeleted individuals. Am J Hum Genet [Suppl] 61:A329

Cobben JM, Scheffer H, De Visser M et al. (1994) Apparent SMA I unlinked to 5q. J Med Genet 31:242–244

Cobben JM, Steege G van der, Grootscholten P, Visser M de, Scheffer H, Buys CHCM (1995) Deletions of the survival motor neuron gene in unaffected siblings of patients with spinal muscular atrophy. Am J Hum Genet 57:805–808

Coovert DD, Le TT, McAndrew PE, Strasswimmer J et al. (1997) The survival motor neuron protein in spinal muscular atrophy. Hum Mol Genet 6:1205–1214

Dalakas MC, Elder G, Hallert M et al. (1986) A long-term follow up study of patients with post-poliomyelitis neuromuscular symptoms. N Engl J Med 314:959–963

Darwish H, Sarnat H, Archer C, Brownell K, Kotagal S (1981) Congenital cervical spinal muscular atrophy. Muscle Nerve 4:106–110

DeLong R, Siddique T (1992) A large New England kindred with autosomal dominant neurogenic scapuloperoneal amyotrophy with unique features. Arch Neurol 49:905–908

Devriendt K, Lammens M, Schollen E et al. (1996) Clinical and molecular genetic features of congenital spinal muscular atrophy. Ann Neurol 40:731–738

DiDonato CJ, Ingraham SE, Mendell JR et al. (1997) Deletion and conversion in spinal muscular atrophy patients: is there a relationship to severity? Ann Neurol 41:230–237

Doyu M, Sbue G, Mukai E et al. (1992) Severity of X-linked recessive bulbospinal neuropathy correlates with size of the tandem CAG repeat in androgen receptor gene. Ann Neurol 32:707–710

Dubowitz V (1991) Chaos in classification of spinal muscular atrophies in childhood. Neuromuscul Disord 1:77–80

Dubowitz V, Daniels RJ, Davies KE (1995) Olivopontocerebellar hypoplasia with anterior horn cell involvement

(SMA) does not localize to chromosome 5q. Neuromuscul Disord 5:25–29
Emery AEH (1971) The nosology of the spinal muscular atrophies. J Med Genet 8:481–495
Emery AEH (1991) Population frequencies of inherited neuromuscular diseases – a world survey. Neuromuscul Disord 1:19–29
Emery AEH, Davie AM, Holloway S, Skinner R (1976) International collaborative study of the spinal muscular atrophies. Part II. Analysis of genetic data. J Neurol Sci 30:375–384
Finkel N (1962) A forma pseudomyopatica tardia da atrofia muscular progressiva heredofamilial. Arq Neuropsiquiatr 20:307–322
Fischer U, Liu Q, Dreyfuss G (1997) The SMN-SIP1 complex has an essential role in spliceosomal snRNP biogenesis. Cell 90:1023–1029
Fleury P, Hageman G (1985) A dominantly inherited lower motor neuron disorder presenting at birth associated with arthrogryposis. J Neurol Neurosurg Psychiatry 48:1037–1048
Frequin ST, Gabreels FJ, Gabreels-Festen AA, Joosten EM (1991) Sensory axonopathy in hereditary distal spinal muscular atrophy. Clin Neurol Neurosurg 93:323–326
Fried K, Mundel G (1977) High incidence of spinal muscular atrophy type I (Werdnig-Hoffmann disease) in the Karaite community in Israel. Clin Genet 12:250–251
Frijns CJM, Van Deutekom J, Frants RR, Jennekens FGI (1994) Dominant congenital benign spinal muscular atrophy. Muscle Nerve 17:192–197
Gallai V, Hockaday JM, Hughes JT, Lane DJ, Oppenheimer DR, Rushworth G (1981) Ponto-bulbar palsy with deafness (Brown-Vialetto-Van Laere syndrome). J Neurol Sci 50:259–275
Gharbi Ben Ayed A, Samoud A, Ben Dridi MF (1993) Amyotrophie scapulo-peroniere d'origine neurogene type Stark-Kaeser. Etude d'une observation familiale. Arch Fr Pediatr 50:135–137
Gilliam TC, Brzustowicz LM, Castilla LH, Lehner T, Penchaszadeh GK, Daniels R (1990) Genetic homogeneity between acute and chronic forms of spinal muscular atrophy. Nature 336:271–273
Greenberg F, Fenolio KR, Hejtmancik JF et al. (1988) X-linked infantile spinal muscular atrophy. Am J Dis Child 142:217–219
Hageman G, Ramaekers VT, Hilhorst BG, Rozeboom AR (1993) Congenital cervical spinal muscular atrophy: a non-familial, non-progressive condition of the upper limbs. J Neurol Neurosurg Psychiatry 56:365–368
Hahnen E, Forkert R, Marke C, Rudnik-Schöneborn S, Schönling J, Zerres K, Wirth B (1995) Molecular analysis of candidate genes on chromosome 5q13 in autosomal recessive spinal muscular atrophy: evidence of homozygous deletions of the SMN gene in unaffected individuals. Hum Mol Genet 4:1927–1933
Hahnen E, Schönling J, Rudnik-Schöneborn S, Zerres K, Wirth B (1996) Hybrid survival motor neuron genes in patients with autosomal recessive spinal muscular atrophy: new insights into molecular mechanisms responsible for the disease. Am J Hum Genet 59:1057–1065
Hahnen E, Schönling J, Rudnik-Schöneborn S, Raschke, H, Zerres K, Wirth B (1997) Missense mutations in exon 6 of the survival motor neuron gene in patients with spinal muscular atrophy (SMA). Hum Mol Genet 6:821–825

Hausmanowa-Petrusewicz I, Zaremba J, Borkowska J (1985) Chronic spinal muscular atrophy of childhood and adolescence: problems for classsification and genetic counselling. J Med Genet 22:350–353
Hawkins SA, Nevin NC, Harding AE (1990) Pontobulbar palsy and neurosensory deafness (Brown-Vialetto-Van Laere syndrome) with possible autosomal dominant inheritance. J Med Genet 27:176–179
Hirayama K, Tomonaga M, Kitano K, Yamada T, Kojima S, Arai K (1987) Focal cervical poliopathy causing juvenile muscular atrophy of distal extremity: a pathological study. J Neurol Neurosurg Psychiatry 50:285–290
Hoffmann J (1893) Über chronische spinale Muskelatrophie im Kindesalter, auf familiärer Basis. Dtsch Z Nervenheilkd 3:427–470
Humbert S, Vuuren H van, Lutz Y, Hoeijmakers JHJ, Egly JM, Moncollin V (1994) P44 and p34 subunits of the BTF2/TFIIH transcription factor have homologies with SSL1, a yeast protein involved in DNA repair. EMBO J 13:2393–2398
International SMA Consortium (1992) Meeting report. Neuromuscul Disord 2:423–428
Isozumi K, DeLong, R, Kaplan J et al. (1996) Linkage of scapuloperoneal spinal muscular atrophy to chromosome 12q24.1–q24.31. Hum Mol Genet 5:1377–1382
Iwahashi H, Eguchi Y, Yasuhara N, Hanafusa T, Matsuzawa Y, Tsujimoto Y (1997) Synergistic anti-apoptotic activity between *Bcl-2* and *SMN* implicated in spinal muscular atrophy. Nature 390:413–417
Jankovic J, Rivera VM (1979) Hereditary myoclonus and progressive distal muscular atrophy. Ann Neurol 6:227–231
Jardine PE, Upadhyaya M, Maynard J, Harper P, Lunt PW (1994) A scapular onset muscular dystrophy without facial involvement: possible allelism with facioscapulohumeral muscular dystrophy. Neuromuscul Disord 4:477–482
Kaeser HE (1965) Scapuloperoneal muscular atrophy. Brain 88:407–418
Kao KP, Tsai CP (1994) Muscle biopsy in juvenile distal spinal muscular atrophy. Eur Neurol 34:103–106
Kausch K, Müller CR, Grimm T et al. (1991) No evidence for linkage of autosomal dominant proximal spinal muscular atrophies to chromosome 5q markers. Hum Genet 86:317–318
Kaye EM, Doll RF, Narowicz MR, Smith FI (1994) Pelizaeus-Merzbacher disease presenting as spinal muscular atrophy: clinical and molecular studies. Ann Neurol 36:916–919
Kobayashi H, Baumbach L, Matise TC, Schiavi A, Greenberg F, Hoffman EP (1995) A gene for a severe lethal form of X-linked arthrogryposis (X-linked spinal muscular atrophy) maps to chromosome Xp11.3–q11.2. Hum Mol Genet 4:1213–1216
Kennedy WR, Alter M, Sung JH (1968) Progressive proximal spinal and bulbar atrophy of late onset: a sex-linked recessive trait. Neurology 18:671–680
Korinthenberg R, Sauer M, Ketelsen UP et al. (1997) Congenital axonal neuropathy caused by deletions in the spinal muscular atrophy region. Ann Neurol 42:364–368
Kugelberg E, Welander L (1954) Familial neurogenic (spinal?) muscular atrophy simulating ordinary proximal dystrophy. Acta Psychiatr Scand 29:42–43
Kugelberg E, Welander L (1956) Heredofamilial juvenile muscular atrophy simulating muscular dystrophy. Arch Neurol Psychiatry 75:500–509

Lance JW, Evans WA (1984) Progressive myoclonus epilepsy, nerve deafness and spinal muscular atrophy. Clin Exp Neurol 20:141–151

La Spada AR, Wilson EM, Lubahn DB, Harding AE, Fischbeck KH (1991) Androgen receptor gene mutation in X-linked spinal and bulbar atrophy. Nature 352:77–79

Lefebvre S, Bürglen L, Reboullet S et al. (1995) Identification and characterization of spinal muscular atrophy-determining gene. Cell 80:155–165

Lefebvre S, Burlet P, Liu Q et al. (1997) Correlation between severity and SMN protein level in spinal muscular atrophy. Nat Genet 16:265–269

Liston P, Roy N, Tamai K, Lefebvre C et al. (1996) Suppression of apoptosis in mammalian cells by NAIP and a related family of IAP genes. Nature 379:349–353

Liu Q, Dreyfuss G (1996) A novel nuclear structure containing the survival of motor neurons protein. EMBO J 15:3555–3565

Liu GT, Specht LA (1993) Progressive juvenile segmental spinal muscular atrophy. Pediatr Neurol 9:54–56

Liu Q, Fischer U, Wang F, Dreyfuss G (1997) The spinal muscular atrophy disease gene product, SMN, and its associated protein SIP1 are in complex with spliceosomal snRNP proteins. Cell 90:1013–1021

Lorson CL, Strasswimmer J, Yao L-M et al. (1998) SMN oligomerization defect correlates with spinal muscular atrophy severity. Nat Genet 19:63–67

Lowell HW (1932) Familial progressive bulbar paralysis. Arch Neurol Psychiatry 28:394–398

Lunt PW, Cumming WJK, Kingston H et al. (1989) DNA probes in differential diagnosis of Becker muscular dystrophy and spinal muscular atrophy. Lancet I:46–47

Lunt PW, Mathew C, Clark S et al. (1992) Can prenatal diagnosis be offered in neonataly lethal spinal muscular atrophy (SMA) with arthrogryposis and fractures? J Med Genet 29:282

MacKenzie AE, Jacob P, Surh L, Besner A (1994) Genetic heterogeneity in spinal muscular atrophy: a linkage analysis-based assessment. Neurology 44:919–924

Marjanovic B, Todorovic S, Dozic S (1993) Association of progressive myoclonic epilepsy and spinal muscular atrophy. Pediatr Neurol 9:147–150

Matthijs G, Schollen E, Legius E et al. (1996) Unusual molecular findings in autosomal recessive spinal muscular atrophy. J Med Genet 33:469–474

Mawatari S, Katayama K (1973) Scapuloperoneal muscular atrophy with cardiomyopathy: an X-linked recessive trait. Arch Neurol 28:55–59

McAndrew PE, Parsons DW, Simard LR et al. (1997) Identification of proximal spinal muscular atrophy carriers and patients by analysis of *SMNt* and *SMNc* gene copy number. Am J Hum Genet 60:1411–1422

Melki J, Abdelhak S, Sheth P et al. (1990a) Gene for chronic proximal spinal muscular atrophies maps to chromosome 5q. Nature 344:767–768

Melki J, Sheth P, Abdelhak S et al. (1990b) Mapping of acute (type 1) spinal muscular atrophy to chromosome 5q12–q14. Lancet 336:271–273

Melo PT, Ferro MJ (1989) Autosomal dominant cerebellar ataxia with deafness, myoclonus and amyotrophy. J Neurol Neurosurg Psychiatry 52:1448–1449

Mercelis R, Demeester J, Martin JJ (1980) Neurogenic scapuloperoneal syndrome in childhood. J Neurol Neurosurg Psychiatry 43:888–896

Møller P, Moe N, Saugstad OD et al. (1990) Spinal muscular atrophy type I combined with atrial septal defect in three sibs. Clin Genet 38:81–83

Novelli G, Capon F, Tamisari L, Grandi E et al. (1995) Neonatal spinal muscular atrophy with diaphragmatic paralysis is unlinked to 5q11.2–q13. Neuromuscul Disord 2:423–428

Omran H, Ketelsen UP, Heinen F et al. (1998) Axonal neuropathy and predominance in type II myofibres in SMA 1. J Child Neurol 13:327–331

Osawa M, Shishikura K (1991) Werdnig-Hoffmann disease and variants. In: De Jong JMBV (ed) Handbook of clinical neurology, vol 15, Diseases of the motor system. Elsevier, Amsterdam New York, pp 51–80

Parsons DW, McAndrew PE, Monani UR, Mendell JR, Burghes AHM, Prior TW (1996) An 11 base pair duplication in exon 6 of the *SMN* gene produces a type I spinal muscular atrophy (SMA) phenotype: further evidence for *SMN* as the primary SMA-determining gene. Hum Mol Genet 5:1727–1732

Pascalet-Guidon MJ, Bois E, Feingold J, Mattei JF, Combes JC, Hamon C (1984) Cluster of acute infantile spinal muscular atrophy (Werdnig-Hoffmann disease) in a limited area of Reunion Island. Clin Genet 26:39–42

Paulson GW, Liss L, Sweeney PJ (1980) Late onset spinal muscular atrophy – a sex linked variant of Kugelberg-Welander. Acta Neurol Scand 61:49–55

Pearn J (1973a) Gene frequency of acute Werdnig-Hoffmann disease (SMA type 1): a total population survey in North-East England. J Med Genet 10:260–265

Pearn J (1973b) Fetal movements and Werdnig-Hoffmann disease. J Neurol Sci 18:373–379

Pearn J (1978a) Incidence, prevalence, and gene frequency studies of chronic childhood spinal muscular atrophy. J Med Genet 15:409–413

Pearn J (1978b) Segregation analysis of chronic childhood spinal muscular atrophy. J Med Genet 15:414–417

Pearn J (1978c) Autosomal dominant spinal muscular atrophy. J Neurol Sci 38:263–275

Pearn J, Hudgson P (1979) Distal spinal muscular atrophy: a clinical and genetic study of eight kindreds. J Neurol Sci 43:183–191

Pearn J, Hudgson P, Walton JN (1978a) A clinical and genetic study of adult-onset spinal muscular atrophy: the autosomal recessive form as a discrete disease entity. Brain 101:591–606

Pearn J, Bundey S, Carter CO, Wilson J, Gardner-Medwin D, Walton JN (1978b) A genetic study of subacute and chronic spinal muscular atrophy in childhood. J Neurol Sci 37:227–248

Pridmore C, Baraitser M, Brett EM, Harding AE (1992) Distal spinal muscular atrophy with vocal cord paralysis. J Med Genet 29:197–199

Richieri-Costa A, Rogatko A, Finkel N, Frota-Pessoa O (1981) Autosomal dominant late adult spinal muscular atrophy type Finkel. Am J Med Genet 9:119–128

Rietschel M, Rudnik-Schöneborn S, Zerres K (1992) Clinical variability of autosomal dominant spinal muscular atrophy. J Neurol Sci 107:65–73

Rochette C, Surgh LC, Ray PN et al. (1997) Molecular diagnosis of non-deletion SMA patients using quantitative PCR of SMA exon 7. Neurogenet 1:141–147

Roy N, Mahadevan MS, McLean M et al. (1995) The gene for neuronal apoptosis inhibitory protein is partially deleted in individuals with spinal muscular atrophy. Cell 80:167–178

Rudnik-Schöneborn S, Morgan G, Röhrig D, Wirth B, Zerres K (1994a) Autosomal recessive proximal spinal muscular atrophy in 101 sibs out of 48 families: clinical picture, influence of gender and genetic implications. Am J Med Genet 51:70–76

Rudnik-Schöneborn S, Wirth B, Zerres K (1994b) Evidence of autosomal dominant mutations in childhood-onset proximal spinal muscular atrophy. Am J Hum Genet 55:112–119

Rudnik-Schöneborn S, Wirth B, Röhrig D, Saule H, Zerres K (1995) Exclusion of the gene locus for spinal muscular atrophy on chromosome 5q in a family with olivopontocerebellar atrophy (OPCA) and anterior horn cell degeneration. Neuromuscul Disord 5:19–23

Rudnik-Schöneborn S, Forkert R, Hahnen E, Wirth B, Zerres K (1996a) Clinical spectrum and diagnostic criteria of infantile spinal muscular atrophy: further delineation on the basis of SMN gene deletion findings. Neuropediatrics 27:8–15

Rudnik-Schöneborn S, Zerres K, Hahnen E et al. (1996b) Apparent autosomal recessive inheritance in families with proximal spinal muscular atrophy affecting individuals in two generations. Am J Hum Genet 59:1163–1165

Rudnik-Schöneborn S, Lützenrath S, Borkowska J, Karwanska A, Hausmanowa-Petrusewicz I, Zerres K (1998) Analysis of creatine kinase (CK) activity in 504 patients with proximal spinal muscular atrophy (SMA) types I–III from the point of view of progression and severity. Eur Neurol 39:154–162

Schapira D, Swash M (1985) Neonatal spinal muscular atrophy presenting as respiratory distress: a clinical variant. Muscle Nerve 8:661–663

Schiffer D, Brignolio F, Chio A, Giordana MT, Migheli A (1986) Clinical-anatomic study of a family with bulbospinal muscular atrophy in adults. J Neurol Sci 73:11–22

Schrank B, Gotz R, Gunnersen JM, Ure JM, Toyka KV, Smith AG, Sendtner M (1997) Inactivation of the survival motor neuron gene, a candidate gene for human spinal muscular atrophy, leads to massive cell death in early mouse embryos. Proc Natl Acad Sci USA 94:9920–9925

Schwartz M, Sorensen N, Hansen FJ, Hertz JM, Norby S, Tranebjaerg L, Skovby F (1997) Quantification, by solid-phase minisequencing, of the telomeric and centromeric copies of the survival motor neuron gene in families with spinal muscular atrophy. Hum Mol Genet 6:99–104

Serratrice G (1991) Spinal monomelic amyotrophy. Adv Neurol 56:169–173

Serratrice G, Gastaut JL, Pellissier JF, Pouget J (1976) Amyotrophies scapulo-peronieres chroniques de type Stark-Kaeser (a propos de 10 observations). Rev Neurol 132:823–832

Shohat M, Lotan R, Magal N et al. (1997) A gene for arthrogryposis multiplex congenita-neuropathic type is linked to D5S394 on chromosome 5qter. Am J Hum Genet 61:1139–1143

Siddique T, Roper H, Pericak-Vance MA et al. (1989) Linkage analysis in the spinal muscular atrophy type of facioscapulohumeral disease. J Med Genet 26:487–489

Skre H, Mellgren SI, Bergsholm P, Slagsvold JE (1978) Unusual type of neural muscular atrophy with a possible X-chromosomal inheritance pattern. Acta Neurol Scand 58:249–260

Spiegler AWJ, Hausmanowa-Petrusewicz I, Borkowska J, Klopocka A (1990) Population data on acute infantile and chronic childhood spinal muscular atrophy in Warsaw. Hum Genet 85:211–214

Spranger S, Rudnik-Schöneborn S, Spranger M, Schächtele M, Zerres K, Wirth B (1997) Proximal and distal spinal muscular atrophy in one family: molecular genetic studies provide further evidence for the non-allelic origin of both diseases. J Med Genet 34:340–342

Takahashi K, Nakamura H, Nakashima R (1974) Scapuloperoneal dystrophy associated with neurogenic changes. J Neurol Sci 23:575–583

Talbot K, Rodrigues NR, Ignatius J, Muntoni F, Davis KE (1997) Gene conversion at the SMN locus in autosomal recessive spinal muscular atrophy does not predict a mild phenotype. Neuromuscul Disord 7:198–201

Thieme A, Spiegler AWJ (1993) First epidemiological data on chronic forms of spinal muscular atrophy in childhood (CSMA) in Germany (West-Thuringia). Med Genet 5:115

Thieme A, Mitulla B, Schulze F, Spiegler AWJ (1993) Epidemiological data on Werdnig-Hoffmann disease in Germany (West-Thüringen). Hum Genet 91:295–297

Thomas NH, Dubowitz V (1994) The natural history of type I (severe) spinal muscular atrophy. Neuromuscul Disord 4:497–502

Toma S, Shiozawa Z (1995) Amyotrophic cervical myelopathy in adolescence. J Neurol Neurosurg Psychiatry 58:56–64

Towfighi J, Young RSK, Ward RM (1985) Is Werdnig-Hoffmann disease a pure lower motor neuron disorder? Acta Neuropathol (Berl) 65:270–280

Upadhyaya M, Lunt PW, Sarfarazi M, Broadhead W, Daniels J, Owen M, Harper PS (1990) DNA marker applicable to presymptomatic and prenatal diagnosis of facioscapulohumeral disease. Lancet 336:1320–1321

Van der Vleuten AJW, Van Ravenswaaij-Arts CMA, Frijns CJM, Smits APT, Hageman G, Padberg GW, Kremer H (1998) Localisation of the gene for a dominant congenital spinal muscular atrophy predominantly affecting the lower limbs to chromosome 12q23–q24. Eur J Hum Genet 6:376–382

Van Ravenswaaij CMA, Van der Vleuten AJW, Smits APT, Padberg GW, Kremer H (1997) Localization of the gene for a congenital non-progressive spinal muscular atrophy affecting the lower limbs to chromosome 12q23–q24. Am J Hum Genet [Suppl] 61:Abstract 7181

Velasco E, Valero C, Moreno F, Hernandez-Chico C (1996) Molecular analysis of the SMN and NAIP genes in Spanish spinal muscular atrophy (SMA) families and correlation between number of copies of cBCD541 and SMA phenotype. Hum Mol Genet 5:257–263

Vuopala K, Leisti J, Herva R (1994) Lethal arthrogryposis in Finland – a clinico-pathological study of 83 cases during thirteen years. Neuropediatrics 25:308–315

Wang CH, Xu J, Carter TA et al. (1996) Characterization of survival motor neuron (SMNT) gene deletions in asymptomatic carriers of spinal muscular atrophy. Hum Mol Genet 5:359–365

Wang CH, Bruinsma P, Papendick BD, Days JK (1997) Identification of a novel mutation of the SMNT gene in two siblings. Am J Hum Genet [Suppl] 61:A349

Werdnig G (1891) Zwei frühinfantile hereditäre Fälle von progressiver Muskelatrophie unter dem Bilde der Dystrophie, aber auf neurotischer Grundlage. Arch Psychiatrie 22:437–481

Winsor EJ, Murphy EG, Thompson MW, Reed TE (1971) Genetics of childhood spinal muscular atrophy. J Med Genet 8:143–148

Wilhelmsen KC, Blake DM, Lynch T et al. (1996) Chromosome 12-linked autosomal dominant scapuloperoneal muscular dystrophy. Ann Neurol 39:507–520

Wirth B, Hahnen E, Morgan et al. (1995) Allelic association and deletions in autosomal recessive proximal spinal muscular atrophy: association of marker genotype with disease severity and candidate cDNAs. Hum Mol Genet 4:1273–1284

Wirth B, Tessarolo D, Hahnen E et al. (1997 a) Different entities of proximal spinal muscular atrophy within one family. Hum Genet 100:676–680

Wirth B, Schmidt T, Hahnen E et al. (1997 b) De novo rearrangement found in 2% index patients with spinal muscular atrophy: mutational mechanisms, parental origin, mutation rate and implications for genetic counseling. Am J Hum Genet 61:1102–1111

Wirth B, Herz M, Wetter A et al. (1999) Quantitative analysis of SMN copies: identification of subtle *SMNt* mutations in SMA patients, genotype-phenotype correlation and implications for genetic counseling. Am J Hum Genet 64:1340–1356

Yamomoto K, Takase Y, Morimatsu M (1992) Monomelic juvenile spinal muscular atrophy of the arm: magnetic resonance imaging. J Neuroimaging 2:86–90

Young ID, Harper PS (1980) Hereditary distal spinal muscular atrophy with vocal cord paralysis. J Neurol Neurosurg Psychiatry 43:412–418

Zerres K, Rudnik-Schöneborn S (1995) Natural history in proximal spinal muscular atrophy (SMA): clinical analysis of 445 patients and suggestions for a modification of existing classifications. Arch Neurol 52:518–523

Zerres K, Quast M, Rudnik-Schöneborn S, Rietschel M (1993) Die psychosoziale Situation von Familien mit spinaler Muskelatrophie. Med Genetik 5:264–268

Zerres K, Rudnik-Schöneborn S, Forkert R, Wirth B (1995 a) Genetic basis of adult-onset autosomal recessive spinal muscular atrophy. Lancet 346:741–742

Zerres K, Rudnik-Schöneborn S, Dubowitz V et al. (1995 b) Guidelines for symptomatic therapy in spinal muscular atrophy SMA. Acta Cardiomiol 7:61–66

Zerres K, Wirth B, Rudnik-Schöneborn S (1997 a) Spinal muscular atrophy – clinical and genetic correlations. Neuromuscul Disord 7:202–207

Zerres K, Rudnik-Schöneborn S, Forrest E, Lusakowska A, Borkowska J, Hausmanowa-Petrusewicz I (1997 b) A collaborative study on the natural history of childhood and juvenile onset proximal spinal muscular atrophy (type II and III SMA): 569 patients. J Neurol Sci 146:67–72

1.4 Hereditäre motorische und sensible Neuropathien

Bernd W. Rautenstrauss und Holger Grehl

Inhaltsverzeichnis

1.4.1	Hereditäre motorische und sensible Neuropathien (HMSN)	92
1.4.1.1	Klassifikation der HMSN	92
1.4.1.2	Epidemiologie der hereditären Neuropathien	94
1.4.2	Klinisches Erscheinungsbild und Krankheitsverlauf	94
1.4.2.1	HMSN1	94
1.4.2.1.1	Verlauf der klinischen Symptomatik	95
1.4.2.2	Autosomal-rezessive HMSN1 (CMT4)	95
1.4.2.3	HMSNX (CMTX, McKusick 302.800)	95
1.4.2.4	HMSN2 (McKusick 118.210)	96
1.4.2.5	HMSN3 (McKusick 145.900)	97
1.4.2.6	HNPP	97
1.4.2.7	Weitere Formen der HMSN	98
1.4.2.7.1	Morbus Refsum (HMSN4)	98
1.4.2.7.2	HMSN5 mit Spastik	98
1.4.2.7.3	HMSN6 mit Optikusatrophie	98
1.4.2.7.4	HMSN7 mit Retinitis pigmentosa	98
1.4.2.7.5	Kongenitale Hypomyelinisierungsneuropathie (CH)	99
1.4.2.7.6	Amyelinisierungsneuropathie	99
1.4.3	Morphologie	99
1.4.3.1	HMSN1	99
1.4.3.2	Autosomal-rezessive HMSN1 (CMT4)	100
1.4.3.3	HMSN2	100
1.4.3.4	HMSN3	100
1.4.3.5	HNPP	101
1.4.3.6	Kongenitale Hypomyelinisierungsneuropathie (CH)	101
1.4.4	Genetik der HMSN und Tiermodelle	101
1.4.4.1	Gendosiseffekte für PMP22	102
1.4.4.1.1	DNA-Duplikation als Hauptursache der HMSN1A-Erkrankung	102
1.4.4.1.2	DNA-Deletion als Hauptursache der tomakulösen Neuropathie	103
1.4.4.1.3	Ungleiches Cross-over in einem Rekombinations-Hot-Spot als Ursache der CMT1A-Duplikation und der HNPP-Deletion	103
1.4.4.2	X-gekoppelte HMSN1 (McKusick 302.800)	103
1.4.4.3	Genetik der HMSN2	106
1.4.4.4	Genetik der HMSN3	106
1.4.4.5	Rezessive Formen der HMSN1 (CMT4)	107
1.4.4.6	Die Gene *PMP22*, *MPZ* und *Cx32*, ihre Produkte und Mutationen	107
1.4.4.6.1	Peripheres Myelinprotein 22 (PMP22)	107
1.4.4.6.2	Myelinprotein Zero (MPZ, P0)	108
1.4.4.6.3	Struktur und Funktion von Connexin 32	110
1.4.4.7	Genotyp-Phänotyp-Korrelation	111
1.4.5	Therapeutische Möglichkeiten	111
1.4.5.1	Genetische Beratung	112
1.4.6	Molekulare Diagnostik	112
1.4.6.1	Southern-Hybridisierungen zum Nachweis der CMT1A-Duplikation und HNPP-Deletion	112
1.4.6.2	Fluoreszenz-in-situ-Hybridisierung an Interphasekernen und Metaphasen zum Nachweis der Chromosom-17p11.2–12-Tandem-Duplikation und HNPP-Deletion	113
1.4.6.3	Nachweis von Punktmutationen mittels der Einzelstrangkonformationspolymorphismusanalyse (single strand conformation polymorphism, SSCP) der Heteroduplexanalyse (HA) sowie der DNA-Sequenzierung	114
1.4.7	Molekularbiologisch basierte Therapieansätze – Ausblick	115
1.4.8	Literatur	115

1.4.1 Hereditäre motorische und sensible Neuropathien (HMSN)

1.4.1.1 Klassifikation der HMSN

Charcot u. Marie in Paris beschrieben 1886 erstmals das Syndrom der „peronäalen Muskelatrophie", das durch langsam progrediente, distal symmetrische, schlaffe Paresen zunächst der unteren Extremitäten bei nur geringen sensiblen Ausfällen gekennzeichnet war (Charcot u. Marie 1886). Die Beschwerden begannen meist im Kindesalter und traten familiär gehäuft auf. Zusätzlich wurden Faszikulationen, eine Neigung zu Muskelkrämpfen und vasomotorische Störungen beobachtet. Dasselbe Syndrom beschrieb wenige Monate später auch Tooth in London (Tooth 1886) als „peronäale, progressive Muskelatrophie", die er als Erkrankung der peripheren Nerven auffaßte und in Kontrast zu den bekannten progressiven Muskelerkrankungen setzte. Déjérine u. Sottas (Déjérine u. Sottas 1893) berichteten dann 1893 von Zwillingen mit autosomal-rezessiv vererbter, hypertrophischer, progressiver Neuritis, bei denen bereits im frühen Kindesalter eine deutliche Verdickung der Nervenstämme vorlag, daneben auch Pupillenstörungen und weitere Zusatzsymptome, die als Ausdruck einer leichten zusätzlichen zerebellären Funktionsstörung aufgefaßt wurden.

Durch neurophysiologische und morphologische Untersuchungsmethoden konnten später zusätzliche Informationen gewonnen werden, die eine weitere Unterteilung möglich machten. In der Folgezeit entstanden zahlreiche unterschiedliche Einteilungen [Übersicht bei Harding u. Thomas (1980), Brust et al. (1978) und Neundörfer (1987)], die aber aufgrund der Inhomogenität des klinischen Bilds und des Erbgangs innerhalb der jeweiligen Gruppen umstritten blieben.

Die Klassifikation nach Dyck u. Lambert (1968 a, b), die verschiedene Formen der „hereditären motorisch-sensiblen Neuropathie" (HMSN) unterscheidet, hat in der neurologischen Literatur der letzten Jahre die weiteste Verbreitung gefunden und wird daher auch in dieser Arbeit im wesentlichen benutzt. 7 Typen wurden von den Autoren unterteilt (HMSN1–7), von denen im wesentlichen die Typen 1–3 relevant sind.

Eine weitere genetische Unterteilung der HMSN1 ist seit der Charakterisierung verschiedener Mutationen möglich geworden. In den folgenden Abschnitten sind, wenn möglich, die Nummern des Katalogs hereditärer Phänotypen nach McKusick angegeben (McKusick 1992).

Zur Nomenklatur ist anzufügen, daß im französischen Schrifttum sowie in der genetischen Literatur weiterhin häufig die Bezeichnungen „Charcot-Marie-Tooth-Syndrom" (CMT) bzw. „Déjérine-Sottas-Syndrom" (DSS) verwendet werden. Die Gruppen dieser Einteilungen sind nicht immer zur Deckung zu bringen: So wird die X-chromosomale Form der HMSN als CMTX und auch als CMT2, eine autosomal-rezessiv vererbte HMSN, die sowohl als demyelinisierende als auch als axonale Variante vorkommt, als CMT4 bezeichnet. Diese Abkürzungen (CMT1, DSS) werden auch als international gültige genetische Krankheitsbezeichnungen (McKusick 1992) benutzt, die nach molekulargenetischen Befunden dann weiter ergänzt werden (CMT1A, CMTX1, DSS1 etc.). Dabei werden Untergruppen bei autosomalen Mutationen mit A, B, C usw. bezeichnet, X-chromosomale Mutationen dagegen beispielsweise mit X oder X2 (Tabelle 1.4.1).

Tabelle 1.4.1. Genorte der HMSN-Erkrankung sowie verwandter Neuropathien

HMSN-Gruppe	Erbgang	Locus	Chromosom	Mutation
HMSN1A	AD	CMT1A	17p11.2	*PMP22*-Duplikation
HMSN1A	AD	CMT1A	17p11.2	*PMP22*-PM
HMSN1B	AD	CMT1B	1q22–23	*MPZ(P0)*-PM
HMSN1C	AD	CMT1C	?	?
HMSN1	AR	CMT4A	8q13–21	?
HMSN1	AR	CMT4B	11q23	?
HMSN1	AR	CMT4?	5q23–q33	?
HMSNX	XD	CMTX	Xq13.1	*Cx32*-PM
HMSNX2	XR	CMTX2	Xp22.2	?
HMSNX3	XR	CMTX3	Xq24–26	?
HMSN2A	AD	CMT2A	1p35–36	?
HMSN2B	AD	CMT2B	3q13–22	?
HMSN2C	AR	CMT2C	?	?
HMSN2D	AD	CMT2D	7p14	?
HMSN3	AD/AR?	DSS	17p11.2	*PMP22*-PM
HMSN3	AD/AR	DSS	1q22–23	*MPZ(P0)*-PM
HMSN3	AD	DSS	8q23–q24	?
CH	?	CH	1q22–23	*MPZ(P0)*-PM
			10q21.1–22.1	EGR2
HNPP	AD	?	17p11.2	*PMP22*-Deletion
HNPP	AD	?	17p11.2	*PMP22*-PM
HNPP	AD?	?	?	?
HNA	?	?	17q24–25	?

AD autosomal-dominanter, *AR* autosomal-rezessiver, *X* X-chromosomaler Erbgang; *PM* Punktmutation, *HNA* hereditäre neuralgische Amyotrophie, *CH* kongenitale Hypomyelinisierung; *HMSN* hereditäre motorische und sensible Neuropathie; *HNPP* hereditary neuropathy with liability to pressure palsies, tomakulöse Neuropathie.

Aufgrund neuerer genetischer Befunde muß in diesem Zusammenhang noch die ebenfalls hereditäre Neuropathie mit Neigung zu Druckläsionen (hereditary neuropathy with liability to pressure palsies, HNPP) erwähnt werden, die auch als „tomakulöse Neuropathie" bezeichnet wird. Diese Neuropathie wurde erstmals 1947 von de Jong beschrieben (De Jong 1947) und ist gekennzeichnet durch eine erhöhte Empfindlichkeit der peripheren Nerven, nach minimalen mechanischen Traumen vorübergehende sensomotorische Funktionsausfälle im entsprechenden Versorgungsgebiet zu entwickeln.

1.4.1.2 Epidemiologie der hereditären Neuropathien

Zusammengefaßt betragen die Prävalenzangaben in den vorliegenden Studien für die HMSN insgesamt etwa 10–30/100000 Einwohner. Die HMSN ist damit die häufigste hereditäre Neuropathie des Menschen [Übersicht bei Emery (1991)].

Für den häufigsten Typ der HMSN, die meist autosomal-dominante HMSN1, beschrieb Holmberg in Nordschweden (Holmberg 1993) eine Prävalenz von 16,2 auf 100000 Einwohner. Demgegenüber fand sich in dem untersuchten Kollektiv nur 1 Patientin mit dem Phänotyp einer HMSN3.

Die HMSN2 ist wesentlich seltener als die HMSN1. In einem Kollektiv von 227 Patienten mit HMSN fanden Harding u. Thomas (1980) nur 54 Fälle mit Typ 2.

Die HNPP wird allgemein seltener diagnostiziert als die HMSN1, genauere epidemiologische Angaben fehlen aber. Bei Familienuntersuchungen fällt die interindividuell sehr unterschiedliche Ausprägung der Symptomatik auf, so daß noch unklar ist, ob die Erkrankung tatsächlich seltener als die HMSN ist oder nur seltener diagnostiziert wird.

1.4.2 Klinisches Erscheinungsbild und Krankheitsverlauf

1.4.2.1 HMSN1

Die hereditäre motorische und sensible Neuropathie Typ 1 (HMSN1, CMT1) in der Einteilung nach Dyck entspricht der hypertrophischen Form der peronäalen Muskelatrophie (Charcot-Marie-Tooth). Klinisch besteht bei Patienten mit HMSN1 typischerweise eine vorwiegend motorische Polyneuropathie mit distalen atrophischen Paresen, zunächst der unteren Extremitäten. Der Erbgang ist meist autosomal-dominant mit nahezu vollständiger Penetranz, bei sehr variabler klinischer Ausprägung (Bird u. Kraft 1978; Berciano et al. 1989). Eine homozygote Expression des dominanten Gens bewirkt einen schwereren Verlauf (Killian u. Kloepfer 1979). Bei 228 Patienten mit HMSN1 und 2 wurde nur in 8 Fällen ein autosomal-rezessiver Erbgang beschrieben (Harding u. Thomas 1980). Stammbäume, die für einen X-chromosomal rezessiven oder X-chromosomal dominanten Vererbungsgang sprachen, sind ebenfalls bekannt [Übersicht bei De Recondo (1975)].

In einem von Bird beschriebenen Kollektiv von 109 Risikopersonen für eine HMSN aus 15 Familien manifestierte sich die Erkrankung bei nahezu allen Patienten bis zur Mitte der 3. Dekade. Das mittlere Erkrankungsalter betrug 12,2 Jahre (SD 7,3 Jahre) (Bird u. Kraft 1978). Klinische Manifestationen in frühester Kindheit kommen vor (Vanasse u. Dubowitz 1981; Gabreëls-Festen et al. 1992), bei diesen Patienten ist die klinische Abgrenzung gegenüber der HMSN3 aber schwierig (Vanasse u. Dubowitz 1981; Ouvrier et al. 1987). Bei einzelnen Patienten können die ersten Symptome zwar auch erst während der 3. oder sogar 4. Dekade auftreten, nach Bird beträgt allerdings für Angehörige von HMSN1-Patienten, die nach dem 27. Lebensjahr noch klinisch gesund sind, das Risiko, zu erkranken, weniger als 3% (Bird u. Kraft 1978). Bei 80 in Erlangen untersuchten HMSN1-Patienten betrug das mittlere Erkrankungsalter 22 Jahre.

Die atrophischen Paresen beginnen normalerweise an den kleinen Fußmuskeln und greifen langsam auf die Unterschenkelmuskulatur über, so daß häufig die typischen „Storchenbeine" beobachtet werden können. Die motorischen Ausfälle sind typischerweise symmetrisch (Dyck et al. 1989; Dyck et al. 1993). Später treten auch Paresen der intrinsischen Handmuskeln auf. Selten kommen auch Patienten mit proximalen Paresen vor (Dawidenkow 1927; Davidenkow 1939). Die Muskeleigenreflexe der unteren Extremitäten fehlen früh, an den Armen können sie aber noch über Jahre erhalten bleiben. Sensibilitätsstörungen sind gegenüber den motorischen Defiziten meist deutlich geringer ausgeprägt und betreffen häufig nur die Zehen oder Füße, schmerzhafte Dysästhesien können vorkommen.

Autonome Störungen kommen bei der HMSN1 vor, sind aber nur vereinzelt klinisch relevant

(Jammers 1972; Bird et al. 1984; Ingall u. McLeod 1991). Ulzerazionen der Haut sind selten, vasomotorische Störungen mit Kältegefühl der Beine oder livide Marmorierungen der Haut werden jedoch häufiger beobachtet. Selten kommt auch eine Zwerchfellparese mit Veränderung der Lungenfunktionsparameter oder klinisch manifesten Atemstörungen vor (Hardie et al. 1990; Carter et al. 1992; Carter 1995; Ionasescu 1995), die in Ausnahmefällen bis zur Ruhedyspnoe und nächtlichen Atemstörungen führen kann (Hardie et al. 1990).

Wesentliche Grundlage zur Unterscheidung der demyelinisierenden Formen – HMSN1 und 3 – von der HMSN2 ist die Bestimmung der Nervenleitgeschwindigkeit (NLG) (Myrianthopoulos et al. 1964; Kerschensteiner u. Schenck 1969; Thomas u. Calne 1974; Harding u. Thomas 1980). Als bester Differenzierungsparameter hat sich dabei in der Mehrzahl der Studien die motorische NLG im N. medianus herausgestellt (Bouché et al. 1983). Nach Thomas et al. gilt als obere Grenze für die HMSN1 eine motorische NLG im N. medianus von 38 m/s (Thomas u. Lascelles 1967; Thomas et al. 1974), wenn auch bei Betroffenen aus Familien mit typischer HMSN1 etwas schnellere Leitgeschwindigkeiten vorkommen können. Dieser Grenzwert zur Unterscheidung zwischen HMSN Typ 1 und 2 wird aber nicht von allen Autoren akzeptiert. So beschrieben Bradley et al. 1977 einen Grenzwert von 25 m/s für die „hypertrophische Form" und definierten einen „Intermediärtyp" mit einer NLG im N. medianus zwischen 25 und 45 m/s (Bradley et al. 1977; Davis et al. 1978). Als unterer Grenzwert der HMSN1 gilt eine motorische NLG im N. medianus von 10 m/s bzw. 6 m/s (Ouvrier et al. 1987; Benstead et al. 1990; Nicholson 1991; Gabreëls-Festen et al. 1992).

Die NLG ist bei der Geburt altersentsprechend normal (Gutmann et al. 1983) – lediglich die distal motorische Latenz kann verlängert sein – erreicht aber im Alter zwischen 6 Monaten und 5 Jahren – möglicherweise auch schon bereits innerhalb der ersten Lebensjahre – nahezu die endgültigen Werte (Combarros et al. 1983; Gutmann et al. 1983; Berciano et al. 1989; Lupski et al. 1991). Bei allen Betroffenen sind schon vor der klinischen Erstmanifestation die Nervenleitgeschwindigkeiten deutlich reduziert (Earl u. Johnson 1963; Dyck u. Lambert 1968a,b; Berciano et al. 1989; Kaku et al. 1993; Berciano et al. 1994). Diese Reduktion ist diffus in allen Nerven und Nervensegmenten nachweisbar (Lupski et al. 1991). Die meisten Untersuchungen (Dyck u. Lambert 1968a,b; Harding u. Thomas 1980; Bouché et al. 1983; Combarros et al. 1987; Berciano et al. 1989) sprechen gegen eine Korrelation zwischen der Verzögerung der NLG und der Schwere der klinischen Symptomatik, nur in der Studie von Dyck et al. (1989) wurde ein solcher Zusammenhang beschrieben.

1.4.2.1.1 Verlauf der klinischen Symptomatik

Der Verlauf der Erkrankung ist meist sehr langsam und gutartig, so daß in den von Dyck et al. (1993) untersuchten Familien zuvor nur etwa 10% der Betroffenen wegen Neuropathiesymptomen einen Arzt aufgesucht hatten. Während eines Beobachtungszeitraums von bis zu 5 Jahren konnte Lindeman bei 13 HMSN1-Patienten keine Verschlechterung der motorischen Funktionen messen, im Gegensatz zu Patienten mit Myotonischer Dystrophie (Lindeman et al. 1995). Die Lebenserwartung ist nicht beeinträchtigt, bis zu 20% der Patienten werden zwar durch die Erkrankung deutlich behindert (Harding u. Thomas 1980), nur wenige benötigen aber einen Rollstuhl.

1.4.2.2 Autosomal-rezessive HMSN1 (CMT4)

Bei der klinischen Untersuchung sind die Patienten mit autosomal-rezessiver Form der demyelinisierenden HMSN nicht von denjenigen mit autosomal-dominanter HMSN1 zu unterscheiden, der Verlauf ist aber meist schwerer. Fußdeformitäten und Skoliose sind häufig, die Behinderung der Patienten ist deutlicher als bei der dominanten HMSN1, einige Patienten benötigen frühzeitig einen Rollstuhl. Die NLG liegt zwischen 7 und 35 m/s, nur selten darunter (Gabreëls-Festen et al. 1990).

1.4.2.3 HMSNX (CMTX, McKusick 302.800)

Auch die X-chromosomal vererbte HMSN entspricht klinisch weitgehend der HMSN1 (Fischbeck et al. 1986; Hahn et al. 1990). Weibliche Familienmitglieder sind meist betroffen, in der Regel aber weniger als männliche (Fairweather et al. 1994) (Abb. 1.4.1). Nach einigen Fallberichten stellte erstmals Woratz 1964 eine eingehende klinische und genetische Untersuchung an einer großen Familie mit X-chromosomal vererbter HMSN vor (Woratz 1964). Eine Übersicht über Klinik und Elektrophysiologie der HMSNX findet sich auch bei Nicholson u. Nash (1993). Männliche Patienten sind in der Regel deutlicher betroffen als weibliche zunehmender Schweregrad →

- Kongenitale Hypomyelinisierung   *MPZ*-Mutationen
- Dejerine-Sottas-Syndrom   *PMP-22-*, *MPZ-* Mutationen
- Schwere HMSN1A   Homozygote Duplikation
- HMSN1A und HMSN1B   *PMP-22-*, *MPZ*-Mutationen
- HMSNX (Frauen<Männer)   *Cx32*-Mutationen
- HMSN1A   1,5-Mb-Duplikation
- Tomakulöse Neuropathie   1,5-Mb-Deletion

Abb. 1.4.1. Genotyp-Phänotyp-Korrelation. Für die dominanten HMSNX-Fälle ist zu beachten, daß Frauen oftmals leichter als Männer betroffen sein können. Dies geht auf eine quasi zufällige Inaktivierung des X-Chromosoms zurück. Der mildeste Verlauf wird für die tomakulöse Neuropathie angegeben, die bislang schwerste Erkrankung im Zusammenhang mit Mutationen im *MPZ*-Gen ist eine kongenitale Hypomyelinisierung

und erkranken meist in der 1. oder zu Beginn der 2. Dekade. Klinisch betroffene Frauen weisen erste Symptome am Ende der 2. Dekade oder später auf. Allerdings bestand auch bei 20% der von Woratz (1964) untersuchten Frauen ein schwerer Phänotyp. Sensible Defizite scheinen häufiger als bei der autosomal-dominanten HMSN1 zu sein und können auch bei leicht betroffenen Patienten gesehen werden (Hahn 1993). Die NLG ist nur gering vermindert oder normal, die Muskelaktionspotentiale sind aber meistens deutlich verkleinert, so daß die Patienten zuweilen als Grenzfall zwischen HMSN Typ 1 und Typ 2 erscheinen (Cowchock et al. 1985; Hahn et al. 1990). Bei einzelnen Familien wurde ein infantiler Beginn mit Taubheit und mentaler Retardierung beschrieben (Cowchock et al. 1985). Bei einer anderen X-gekoppelten Form (HMSNX2) erkranken in der Regel nur männliche Patienten, meist in der 1. Lebensdekade, so daß ein X-chromosomal rezessiver Erbgang angenommen wurde. Als HMSNX3 (McKusick 302.900) wird in einzelnen Familien das Auftreten einer HMSN in Familien mit Friedreich-Ataxie beschrieben. Der Erbgang der HMSN war mit einem X-chromosomalen Muster vereinbar, so daß ein größerer Gendefekt diskutiert wurde, der beide Genorte betreffen kann. Voraussetzung dafür wäre eine enge Nachbarschaft des „Friedreich-" und des „HMSNX3-Gens" (McKusick 1992).

1.4.2.4 HMSN2 (McKusick 118.210)

Typ 2 der HMSN (HMSN2) umfaßt die „neuronale Form der peronäalen Muskelatrophie Charcot-Marie-Tooth", ist klinisch dem Typ 1 ähnlich, imponiert morphologisch und neurophysiologisch aber als axonale Neuropathie. Der Vererbungsmodus ist mehrheitlich ebenfalls autosomal-dominant, seltener auch rezessiv. Die HMSN2 ist seltener als die HMSN1. In einem Kollektiv von Harding u. Thomas (1980) waren unter 227 Patienten mit HMSN nur 54 Fälle mit Typ 2. Wie erwähnt, gleicht die HMSN2 der HMSN1 klinisch weitgehend. Leichte Unterschiede ergaben sich bei den von Dyck et al. untersuchten Patienten durch einen etwas späteren Beginn, das Fehlen verdickter Nervenstämme sowie durch weniger ausgeprägte Paresen der intrinsischen Handmuskulatur bei stärkerer Parese und Atrophie der Plantarflexoren (Dyck u. Lambert 1968b; Dyck et al. 1993). Der Verlauf war langsamer als bei der HMSN Typ 1. Eine Hohlfußbildung scheint etwas seltener (51%) vorzukommen als beim Typ 1 (70%) (Bouché et al. 1983). Auch Bouché et al. (1983) beschrieben in ihrem Kollektiv von 144 HMSN-Patienten bei 64 HMSN2-Patienten ein signifikant späteres Erkrankungsalter von 26 Jahren (SD 17,7) gegenüber 14,7 Jahren (SD 14,1) bei HMSN1; die Erstmanifestation trat bei einzelnen Patienten erst in der 7. Dekade auf. Die Muskeleigenreflexe an den Armen sind oft auslösbar, sensible und motorische Ausfälle etwas weniger ausgeprägt als beim Typ 1 (Hahn 1993). Der Erbgang ist meist autosomal-dominant, seltener auch rezessiv (Harding u. Thomas 1980; Bouché et al. 1983; Hahn 1993).

Die Unterscheidung zwischen den HMSN Typen 1 und 2 ist im Einzelfall aber nicht klinisch, sondern ausschließlich neurophysiologisch und morphologisch möglich. Entsprechend den oben genannten Autoren sollte bei HMSN2 die NLG im N. medianus >38 m/s sein. Allgemein sind die Nervenleitgeschwindigkeiten aber normal oder nur sehr diskret verzögert (Dyck u. Lambert 1968a,b; Kerschensteiner u. Schenck 1969; Thomas u. Calne 1974; Thomas et al. 1974; Buchthal u. Behse 1977; Bouché et al. 1983). Bei unsicherer Familienanamnese kann die Abgrenzung der HMSN2 gegenüber toxischen und anderen symptomatischen Neuropathien, die sich ebenfalls meist als axonale Neuropathien manifestieren, schwierig sein.

Auch bei diesem Typ der HMSN wurden Zusatzsymptome beschrieben wie Tremor [15% (Bouché et al. 1983; Holmberg 1993)], Skoliose [15% (Holmberg 1993), aber nur 3% nach (Bouché et al. 1983)] oder Beteiligung der Atem- und Stimmuskulatur (Hardie et al. 1990; Dyck et al. 1994), die jedoch möglicherweise eigene Subgruppen der Neuropathie darstellen. Auch einige Patienten mit X-chromosomalem Erbgang würden bei grenzwertig verlangsamten NLG klinisch wohl dem Typ 2 zugeordnet (Hahn et al. 1990). Patienten mit autosomal-rezessiv ererbter HMSN2 erkranken überwiegend im Kindesalter, die Progredienz ist langsam, aber als Erwachsene benötigen viele die Hilfe eines Rollstuhls (Hahn 1993).

1.4.2.5 HMSN3 (McKusick 145.900)

Die von Dejerine und Sottas beschriebene hypertrophische Neuritis entspricht der HMSN3. Der Erbgang wurde aus Stammbaumuntersuchungen als autosomal-rezessiv beschrieben. Heterozygote Träger sind daher nicht betroffen (Dyck u. Lambert 1968b). Allerdings wurde über klinisch nahezu asymptomatische Neuropathien bei Geschwistern der Patienten berichtet (Benstead et al. 1990). Bei diesen waren die NLG nur leicht vermindert.

Die HMSN3 ist, wie der Typ 1, durch eine demyelinisierende hypertrophische Neuropathie charakterisiert. Als Unterschied zum Typ 1 beginnt die Erkrankung in der 1. Dekade und besteht bei vielen Patienten bereits von Geburt an. Die motorische Entwicklung ist deutlich verzögert, häufig wird keine Gehfähigkeit erreicht oder diese schon im Kindesalter wieder verloren (Dyck u. Lambert 1968b). Neben distal betonten Paresen zunächst bevorzugt der unteren Extremitäten mit generalisiertem Reflexverlust (Déjérine u. Sottas 1893; Déjérine 1896; Ouvrier et al. 1987; Haverkamp u. Behring 1995) sind ausgeprägte Sensibilitätsstörungen an den Extremitäten, seltener auch am Rumpf, typisch. Häufiger kommen auch heftige Schmerzen vor, ebenso wie Pupillenstörungen, Skoliosen und andere Skelettveränderungen. Vereinzelt wurde auch hier eine Beteiligung des N. phrenicus beschrieben (Felice et al. 1994). Das Liquoreiweiß ist oft erhöht, rezidivierende Verläufe wurden mehrfach beschrieben. Bei diesen Fällen ist die Abgrenzung gegenüber einer entzündlichen Neuropathie, zumindest im Sinn einer Zusatzerkrankung, kaum möglich (Baba et al. 1995). Eine entzündliche Neuropathie beschrieben Dyck et al. (1982) auch bei bestehender HMSN1 und warfen die Frage auf, ob hereditäre Neuropathien entzündliche Nervenveränderungen begünstigen könnten.

Der Verlauf der HMSN3 ist meist rasch progredient, so daß es auch bei den Patienten, die primär gehfähig sind, durch die Schwere der neurologischen Defizite und das Ausmaß der Skelettveränderungen zu einer Invalidisierung kommen kann. Die Lebenserwartung ist vermindert.

Wenn sich das dargestellte klinische Bild auch deutlich von der HMSN1 abhebt, so ist doch im Einzelfall die diagnostische Unterscheidung schwierig. Mehrfach wurde daher in Frage gestellt, ob es sich bei der HMSN3 um ein eigenständiges Krankheitsbild handelt oder lediglich um die schwere Verlaufsform einer HMSN1. Bisher gibt es aber keinen Bericht einer eindeutigen HMSN3 in Familien mit HMSN Typ 1 (Ouvrier et al. 1987), sofern nicht beide Eltern unter einer HMSN1 leiden (Killian u. Kloepfer 1979).

Die motorischen NLG sind noch deutlicher verlangsamt als beim Typ 1 und betragen weniger als 10 m/s, meist weniger als 6 m/s (Benstead et al. 1990; Gabreëls-Festen et al. 1994). Die distal motorischen Latenzen (DML) sind auf das 3fache der Norm verlängert, die Stimulusschwelle ist deutlich erhöht (Benstead et al. 1990).

1.4.2.6 HNPP

Die hereditäre Neuropathie mit Neigung zu Druckläsionen (HNPP, Tomakulöse Neuropathie) ist eine wesentlich seltener als die HMSN1 diagnostizierte Neuropathie, die ebenfalls mit Veränderungen des peripheren Myelins einhergeht (Madrid u. Bradley 1975; Windebank 1993). Der Erbgang ist autosomal-dominant. Die Erkrankung muß gegenüber der hereditären Armplexusamyotrophie (hereditary neuralgic amyotrophy, HNA) abgegrenzt werden, die ein eigenständiges klinisches und genetisches Krankheitsbild mit autosomal-dominantem Erbgang darstellt (Windebank 1993; Chance et al. 1994a,b; Gouider et al. 1994). Die Erstbeschreibung der HNPP erfolgte durch De Jong 1947. In der Weltliteratur finden sich seither Berichte über mehr als 300 Patienten, sichere Angaben über die Häufigkeit der Erkrankung fehlen aber. In einer schweizerischen Studie an 81 jungen Patienten mit spontaner Armplexuslähmung konnte bei zweien eine HNPP aufgrund typischer morphologischer

Veränderungen bioptisch gesichert werden (Meier u. Moll 1982; Meier et al. 1989). Die Erstmanifestation der Symptomatik ist häufig in der 2. und 3. Lebensdekade zu beobachten, hängt aber wesentlich von der individuellen mechanischen Belastung ab. Klinisch sind rezidivierende Drucklähmungen, auch nach minimalen mechanischen Irritationen peripherer Nerven, typisch [Übersicht bei Windebank (1993) und Grehl et al. (1987)]. Nach der akut aufgetretenen Läsion bilden sich die sensomotorischen Ausfälle im Versorgungsgebiet eines peripheren Nervs oder Plexus meist innerhalb von Tagen bis Wochen vollständig zurück, besonders nach wiederholten Traumen können aber auch Restsymptome persistieren (Straube et al. 1996). Oft entstehen die Druckparesen an präformierten Engstellen, es kommen aber auch andere Lokalisationen vor (Felice 1995). Zusätzlich wurden auch Zeichen einer deutlichen generalisierten Neuropathie gesehen, seltener außerdem Hohlfüße mit Hammerzehenbildung (Behse et al. 1972; Roos u. Thygesen 1972; Madrid u. Bradley 1975; Bosch et al. 1980; Mancardi et al. 1995). Klinisch können dann auch Bilder einer demyelinisierenden Mononeuropathie oder einer Schwerpunktneuropathie vorliegen (Oh et al. 1989). Seltener wurden bei einigen Mitgliedern von HNPP-Familien mit typischen morphologischen Veränderungen klinisch ausschließlich die Symptome einer solchen generalisierten sensomotorischen Neuropathie beschrieben (Pellissier et al. 1987; Joy u. Oh 1989; Malandrini et al. 1992; Verhagen et al. 1993; Windebank 1993; Felice et al. 1994). Schmerzhafte Sensationen werden nur selten beobachtet. Die NLG ist in den betroffenen Nerven verzögert, es finden sich häufig Leitungsblockierungen in physiologisch bestehenden Engpaßregionen. Darüber hinaus sind oft die sensiblen Nervenleitgeschwindigkeiten distal betont in allen Nerven vermindert (Behse et al. 1972) und die distal motorischen Latenzen verlängert (Dubi et al. 1979; Amato et al. 1996).

1.4.2.7 Weitere Formen der HMSN

Der Vollständigkeit halber sollen die weiteren Typen der HMSN kurz erwähnt werden:

1.4.2.7.1 Morbus Refsum (HMSN4)

Bei der auch als Morbus Refsum bezeichneten HMSN4 konnte inzwischen ein Defekt im Abbau verzweigtkettiger Fettsäuren mit der Speicherung von Phythansäure nachgewiesen werden, so daß diese Erkrankung nun zutreffender den Neuropathien mit bekannten Stoffwechseldefekten zugeordnet wird.

1.4.2.7.2 HMSN5 mit Spastik

Die Erkrankung kann als schwere Paraspastik mit distalen atrophischen Paresen der Beine oder auch der Arme ohne Sensibilitätsstörungen imponieren. Die motorische NLG ist nicht wesentlich vermindert, die Nervenaktionspotentiale sind verkleinert oder fehlen, das EMG weist Denervierungszeichen auf (Dyck et al. 1993; Izumi et al. 1994). Der Erbgang ist meist autosomal-dominant, seltener autosomal-rezessiv (Cavanagh et al. 1979; Thomas et al. 1994). Bei anderen Patienten liegt dagegen nur das Bild einer HMSN mit Pyramidenzeichen, aber ohne wesentliche spastische Tonuserhöhung vor (Claus et al. 1990; Frith et al. 1994). Da in diesen Familien auch Patienten mit HMSN ohne Zeichen der Pyramidenbahnbeteiligung vorkommen, und neurophysiologische und morphologische Befunde denen bei Typ 1 oder 2 entsprechen, sollten diese eher als „HMSN1 (oder 2) mit Spastik" bezeichnet und diesen Gruppen zugeordnet werden (Claus 1989).

1.4.2.7.3 HMSN6 mit Optikusatrophie

Im Jahr 1889 beschrieb Vizioli eine Familie mit 3 betroffenen männlichen Patienten aus 2 Generationen, die das klinische Bild einer peronäalen Muskelatrophie mit klinisch manifester Optikusatrophie aufwiesen. Das Erkrankungsalter differierte deutlich. Seither gibt es in der Literatur immer wieder Berichte über ähnliche Erkrankungen [Übersicht bei Dyck et al. (1993)]. Auch diese Krankheitsgruppe ist heterogen, eine Zuordnung zur HMSN vom Typ 1 oder Typ 2 oder zu einer unabhängigen Erkrankung wird in der Regel möglich sein (McLeod et al. 1978).

1.4.2.7.4 HMSN7 mit Retinitis pigmentosa

Sie wurde in einzelnen Familien beschrieben, trat aber dort nicht bei allen Patienten mit Neuropathie auf (Khoubesserian et al. 1979). Auch zusätzliche andere Symptome wie sensoneurale Hörstörungen oder zerebelläre Ataxie wurden bei solchen Patienten beobachtet (Tuck u. McLeod 1983).

Wie bereits erwähnt, weisen die oben dargestellten, klinisch und neurophysiologisch definierten HMSN-Typen 5–7 in sich kein einheitliches klinisches Bild und keinen einheitlichen Vererbungsmodus auf, so daß anzunehmen ist, daß es sich nicht um homogene Entitäten handelt. Die Patienten sollten daher – wo möglich – den Typen 1–3 zugeordnet und als HMSN1+ bis 3+ bezeichnet werden.

22 weitere Formen hereditärer demyelinisierender Neuropathien sollen erwähnt werden, deren Einordnung in die bisher genannten Systeme ungeklärt ist:

1.4.2.7.5 Kongenitale Hypomyelinisierungsneuropathie (CH)

Sie umfaßt Patienten mit einer vor dem 2. Lebensjahr beginnenden Neuropathie, die klinisch durch muskuläre Hypotonie, Störungen beim Schlucken und seltener auch Atemstörungen gekennzeichnet ist. Mehrfach wurde auch eine Arthrogryposis multiplex congenita berichtet (Charnas et al. 1988; Boylan et al. 1992). Die NLG sind meist langsamer als 5 m/s (Guzzetta et al. 1982). Eine Progredienz der Symptome scheint nur selten beobachtet zu werden (Lyon 1969; Kennedy et al. 1977; Guzzetta et al. 1982), ein fluktuierender Verlauf ist ebenso möglich wie eine leichte Besserung der Symptomatik (Karch u. Urich 1975).

1.4.2.7.6 Amyelinisierungsneuropathie

Neben der kongenitalen Hypomyelinisierungsneuropathie finden sich aber auch Fälle einer Amyelinisierungsneuropathie, bei denen das Myelin vollständig fehlt und keine Zwiebelschalenformationen nachweisbar sind (Karch u. Urich 1975; Palix u. Coignet 1978; Charnas et al. 1988; Guzzetta et al. 1995). Häufig bestehen hier Schluck- und Atemstörungen, ebenso eine Arthrogryposis multiplex (Gabreëls-Festen et al. 1994). Diese Neuropathie zeigt einen rasch progredienten Verlauf und kann innerhalb von wenigen Monaten zum Tod führen. Möglicherweise stellen diese Patienten aber nur eine besonders früh beginnende und schwer verlaufende Form der Hypomyelinisierungsneuropathie dar (Guzzetta et al. 1982; Gabreëls-Festen et al. 1994).

1.4.3 Morphologie

1.4.3.1 HMSN1

Morphologisch finden sich bei der HMSN1 Veränderungen im Sinn einer chronischen und segmentalen Demyelinisierung (Dyck u. Lambert 1968a, b; Combarros et al. 1983; Gherardi et al. 1983). Bei Behse u. Buchthal (1977) wiesen in 6 Nn. surales 30–100% der Fasern im „*teased fibre*"-Präparat eine segmentale Demyelinisierung und Zeichen der Remyelinisierung auf. Typisch sind schalenartig um Axone herum gelagerte Schwann-Zell-Fortsätze, die sog. Zwiebelschalenkonfigurationen bilden (Meier u. Tackmann 1982; Calore et al. 1994; Schröder 1995). Bei hypertrophischer HMSN konnten bis zu 3600 dieser Formationen im Querschnitt des N. suralis gezählt werden (Behse u. Buchthal 1977), die häufiger um große Fasern herum auftreten (Gherardi et al. 1983). Die Anzahl der Zellkerne ist deutlich erhöht, vorwiegend bedingt durch die proliferierenden Schwann-Zellen, weniger auch durch Fibroblasten, die ebenfalls die Zwiebelschalenformationen umgeben können (Thomas u. Lascelles 1967; Gherardi et al. 1983). Zwiebelschalenkonfigurationen sind aber ein unspezifisches Zeichen fortgesetzter De- und Remyelinisierung (Thomas u. Lascelles 1967) und werden auch bei anderen chronisch demyelinisierenden Polyneuropathien beobachtet (Webster et al. 1967; Weller 1967; Matsuda et al. 1996).

Die Zunahme von Schwann-Zellen und endoneuralem Kollagen führt zu einer Hypertrophie der Nerven, dadurch bei manchen Patienten tastbar verdickt sind (Schröder 1995). Die Demyelinisierung scheint in der Kindheit am ausgeprägtesten zu sein: vereinzelt finden sich hier auch Myelinabbauprodukte (Gabreëls-Festen et al. 1992). Zwiebelschalenformationen sind dagegen in diesem Alter seltener und weniger ausgeprägt (Ouvrier et al. 1987; Gabreëls-Festen et al. 1992). Nach weiteren 1,5 bzw. 9,5 Jahren waren dann in erneuten Biopsien bei denselben Patienten typische schalenartig angeordnete Schwann-Zell-Fortsätze häufiger zu beobachten (Meier et al. 1976). Aufgrund des sehr langsamen Verlaufs der Neuropathie sind akut demyelinisierte Fasern nur noch vereinzelt nachweisbar (Guzzetta et al. 1995).

Gegenüber einem Normalkollektiv kann die Dichte der Nervenfasern auf etwa 20% vermindert sein (Nukada et al. 1983). Da besonders die kleinen und großen markhaltigen Fasern reduziert sind, entsteht ein unimodales Faserspektrum mit einem Gipfel zwischen den beiden Gipfeln des normalen bimodalen Spektrums. Bradley et al. (1977) wiesen in ihrem Kollektiv axonale Degeneration und demyelinisierende Veränderungen nebeneinander nach. Sie fanden aber keine Relation zwischen den Scores der axonalen und demyelinisierenden Veränderungen. Dyck et al. (1974) beobachteten bei Stufenbiopsien an 2 HMSN1-Patienten in 1 Fall deutlich zunehmende Zeichen der Demyelinisierung, aber auch der axonalen Degeneration im distalen Biopsat gegenüber dem proximal entnommenen Gewebe. Da außerdem die Anzahl der großen markhaltigen Nervenfasern bereits im Kindesalter vermindert ist, auch unbemarkte Axone Degenerationszeichen aufweisen und mehrere Autoren deren Dichte vermindert fanden, favorisieren mehrere Autoren sogar eine primär axonal/neuronale Läsion als Ursache (Brimijoin et al. 1973; Dyck et al. 1974; Behse u. Buchthal 1977; Buchthal u. Behse 1977; Low et al. 1978; Smith et al. 1980; Nukada et al. 1983).

1.4.3.2 Autosomal-rezessive HMSN1 (CMT4)

Morphologisch sind einige Besonderheiten beobachtet worden: So ist eine Form durch klassische Zwiebelschalenformationen gekennzeichnet. Die Abgrenzung gegenüber der HMSN3 ist kaum möglich. 22 weitere Untergruppen weisen morphologisch Basalmembranzwiebelschalenformationen (CMT4A, McKusick 214.400) (Gabreëls Festen et al. 1992) oder fokale Myelinduplikationen (CMT4B) (Ohnishi et al. 1989; Gabreëls-Festen et al. 1990) auf. Ob diese Unterschiede Ausdruck genetisch distinkter Gruppen sind, ist unklar.

1.4.3.3 HMSN2

Morphologisch imponiert bei der HMSN2 ein Verlust markhaltiger Nervenfasern (Schröder 1995). Überwiegend sind hier die großen Fasern betroffen, so daß ein unimodales Faserspektrum mit einem Gipfel im Bereich der kleinen markhaltigen Axone resultiert (Behse u. Buchthal 1977). Zahlreiche Gruppen regenerierender Axone können vorkommen (Schröder 1995), so daß der Anteil der kleineren Fasern dadurch weiter ansteigt (Behse u. Buchthal 1977). Einige dieser Gruppen sind von „zwiebelschalenähnlichen" Formationen umgeben, typische Zwiebelschalenbildungen fehlen aber (Hahn 1993). Auch bei einigen Familien mit X-chromosomal vererbter HMSN wurde morphologisch eine primäre Axonopathie bei deutlichem Verlust myelinisierter, aber auch markloser Nervenfasern mit Regenerationszeichen beschrieben (Hahn et al. 1990). Das endoneurale Bindegewebe ist normal oder nur leicht vermehrt, Zeichen der De- und Remyelinisierung fehlen aber (Buchthal u. Behse 1977; Madrid et al. 1977; Gherardi et al. 1983) oder sind zumindest nicht häufiger als in Kontrollnerven.

1.4.3.4 HMSN3

Morphologisch finden sich Zeichen einer ausgeprägten Demyelinisierung mit Zwiebelschalenformationen bei deutlich reduzierter Faserdichte. Trotz der Remyelinisierungszeichen kommen nahezu ausschließlich hypomyelinisierte Axone vor. Zwischen den Schwann-Zell-Schichten der Zwiebelschalenformationen finden sich massenhaft Kollagenablagerungen, die wesentlich für die Nervenhypertrophie verantwortlich sind (Weller 1967; Dyck u. Gomez 1968; Lyon 1969; Dyck et al. 1970; Joosten et al. 1974; Guzzetta et al. 1982). Diese Hypertrophie ist noch deutlicher ausgeprägt als bei der HMSN1 (Schröder 1995).

Gegenüber der HMSN1 sind die Zwiebelschalenformationen häufiger und ausgeprägter, der Verlust der Fasern mit einem Durchmesser von mehr als 8 µm ist höher (Ouvrier et al. 1987). Die Unterscheidung gegenüber einer kongenitalen Hypomyelinisierungsneuropathie ist umstritten (Joosten et al. 1974; Karch u. Urich 1975; Palix u. Coignet 1978; Guzzetta et al. 1982; Charnas et al. 1988; Gabreëls-Festen et al. 1994; Sabatelli et al. 1994). Gabreëls-Festen u. Gabreëls (1993) sowie Gabreëls-Festen et al. (1994) schlugen aufgrund eigener Untersuchungen an 5 Patienten und unter Berücksichtigung der in der Literatur berichteten Fälle eine Änderung der HMSN3-Einteilung vor: Grundsätzlich sollten nur Patienten mit Beginn einer sensomotorischen, demyelinisierenden Neuropathie kongenital oder in der frühen Kindheit und einer motorischen NLG im N. medianus von unter 6 m/s berücksichtigt werden. Morphologisch schlugen sie 3 Unterformen der HMSN3 vor:
- mit klassischen Zwiebelschalenformationen,
- mit Basalmembranzwiebelschalenformationen (Lyon 1969; Joosten et al. 1974; Kennedy et al. 1977) und
- mit Amyelinisierung (Karch u. Urich 1975; Palix u. Coignet 1978; Charnas et al. 1988).

Die Patienten der 1. Gruppe [s. u. a. Anderson et al. (1973)] könnten dabei unter einer erworbenen Neuropathie leiden, da sicher familiäre Fälle bisher nicht bekannt sind. Gruppe 2 entspricht – auch klinisch – weitgehend der kongenitalen Hypomyelinisierungsneuropathie. Diese morphologischen Unterscheidungen sind aber nicht immer eindeutig (Madrid et al. 1977; Smith et al. 1980).

1.4.3.5 HNPP

Morphologisch finden sich neben segmentalen De- und Remyelinisierungszeichen typische tomakulöse („würstchenförmige") Myelinverdickungen, die durch Auffaltungen und Schlingenbildung des Mesaxons zustandekommen (Madrid u. Bradley 1975). Obwohl schon Madrid u. Bradley (1975) eine Spezifität der Tomakula anzweifelten und 1 Fall mit diffuser Neuropathie ohne Neigung zu Druckläsionen, der aber typische tomakulöse Fasern aufwies, beschrieben, wurden diese Veränderungen zunächst als pathognomonisch für die HNPP angesehen (Behse et al. 1972; Madrid u. Bradley 1975; Dubi et al. 1979; Grehl et al. 1987). Tomakulöse Fasern oder sehr ähnliche Myelinveränderungen wurden aber, wenn auch in geringerem Ausmaß, inzwischen bei HMSN1 (Madrid et al. 1977; Said 1980; Ohnishi et al. 1989), bei autosomal-rezessiver demyelinisierender Neuropathie des Kindesalters (Gabreëls-Festen et al. 1990), bei Neuropathie im Rahmen einer Gammopathie (Madrid et al. 1977; Nardelli et al. 1981; Vital et al. 1985; Rebai et al. 1989) oder auch bei einer HTLV-1-assoziierten Myeloneuropathie (Sugimura et al. 1990) beschrieben. Zwiebelschalenformationen sind bei HNPP seltener. Die Faserdichte kann im Bereich der Norm sein (Behse et al. 1972).

Mehrere Befunde sprechen für eine primäre Myelinisierungsstörung: So sind Tomakula häufiger in früheren Krankheitsstadien vorhanden und können bei fortgeschrittener HNPP mit einem deutlichen Faserverlust und hochgradiger Demyelinisierung fehlen (Earl et al. 1964; Behse et al. 1972; Castaigne et al. 1976). Auffällig ist darüber hinaus, daß bei einigen Patienten an zahlreichen remyelinisierten Fasern die *major dense line* der inneren Myelinlamellen nicht kompaktiert ist (Jacobs u. Gregory 1991; Yoshikawa u. Dyck 1991). Die Signifikanz dieses nicht kompakten Myelins und der Zusammenhang mit den tomakulösen Veränderungen ist bisher nicht geklärt.

1.4.3.6 Kongenitale Hypomyelinisierungsneuropathie (CH)

Morphologisch ist eine ausgeprägte Hypomyelinisierung mit atypischen Zwiebelschalenformationen vorhanden: Um die unverhältnismäßig dünn oder gar nicht myelinisierten Axone sind hier häufiger als bei der HMSN3 mehrere Basalmembranschichten angeordnet, deren Schwann-Zell-Fortsätze offensichtlich zugrundegegangen sind (Lyon 1969; Anderson et al. 1973; Joosten et al. 1974; Kennedy et al. 1977; Guzzetta et al. 1982; Guzzetta et al. 1995; Schröder 1995). Auch Patienten mit tomakulösen Myelinveränderungen wurden beschrieben (Lütschg et al. 1985; Gabreëls-Festen et al. 1990).

Kürzlich konnte bei Patienten mit kongenitaler Hypomyelinisierung und Basalmembranzwiebelschalenformationen eine verminderte Expression des P2-Proteins nachgewiesen werden; möglicherweise handelt es sich dabei aber um einen sekundären Effekt, da die kodierende Region des P2-Gens keine Mutationen aufwies (Sawaishi et al. 1995). In einer anderen Familie fanden sich Hinweise für die Koexistenz von 22 verschiedenen Mutationen (Kennedy et al. 1977). Warner et al. (1996, 1998) beschrieben eine homozygote MPZ-Mutation und Mutationen im „early growth response gene 2" (EGR2) als Ursache der CH. EGR2 gehört zu den Cys_2-His_2-Zinkfinger-Proteinen und ist als Transkriptionsfaktor möglicherweise für die Regulation der Expression von einigen Myelingenen verantwortlich.

1.4.4 Genetik der HMSN und Tiermodelle

Für die HMSN lassen sich alle Formen der Mendel-Vererbung finden. Durch Kopplungsanalysen konnten für die HMSN Typ 1 zunächst 3 genetische Subtypen (A, B, C wie eingangs erläutert) definiert werden, in der Folge konnten dann die 3 Kandidatengene identifiziert werden. Das Gen des peripheren Myelinproteins 22 (PMP22) liegt in 17p11.2–12, das Myelinprotein-Zero-Gen (MPZ, P0) in 1q22–23, und für die X-gekoppelten Formen wurde bislang das Connexin32-Gen (Cx32) in Xq13.1 identifiziert. In einer aktuellen Übersicht von DeJonghe et al. (1997) wurden mittlerweile mindestens 17 Genorte kartiert, wobei die Identifizierung der krankheitsverursachenden Gene großteils noch aussteht (vgl. Tabelle 1.4.1). Lange Zeit galten die Trembler(Tr)- und die Trembler-J(Tr-J)-Mäuse als einziges Tiermodell der HMSN Typ 1 (Suter et al. 1992a,b). Mittlerweile gelang auch die Konstruktion von Knockout-Mäusen für diese Gene (Giese et al. 1992; Adlkofer et al. 1995; Martini et al. 1995). Die $PMP22^{+/-}$-Maus entwickelt tatsächlich einen Phänotyp ähnlich zu einer tomakulösen Neuropathie (Adlkofer et al. 1995), die $P0^{+/-}$-Maus entwickelt demgegenüber relativ spät einen HMSN-ähnlichen Phänotyp (Martini et al. 1995). Darüber hinaus war es auch möglich, PMP22-

überexprimierende Ratten und Mäuse zu konstruieren, die tatsächlich einen HMSN-ähnlichen Phänotyp ausbilden (Huxley et al. 1996; Sereda et al. 1996).

1.4.4.1 Gendosiseffekte für PMP22

1.4.4.1.1 DNA-Duplikation als Hauptursache der HMSN1A-Erkrankung

Die HMSN1A-Erkrankung ist die häufigste der genetischen Subtypen (Lupski et al. 1991; Nelis et al. 1996) und gewöhnlich mit einer stabilen Tandemduplikation von 1,5 Mb in 17p11.2–12 assoziiert (Lupski et al. 1991; Raeymaekers et al. 1991; Lupski et al. 1992; Pentao et al. 1992) (vgl. Abb. 1.4.2). In dieser sog. CMT1A-Duplikation liegt das *PMP22*-Gen (Matsunami et al. 1992; Patel et al. 1992; Timmerman et al. 1992; Valentijn et al. 1992). Die mit Chromosomenbänderungstechniken nicht nachweisbare CMT1A-Duplikation konnte durch eine Reihe molekularer Methoden gezeigt werden: Nachweis von 3 Allelen einer polymorphen $(GT)_n$-Repetition (D17S122) in vollinformativen Patienten, Nachweis von Dosisdifferenzen von 2-Allel-RFLPs für heterozygote Patienten, Fluoreszenz-in-situ-Hybridisierung (FISH) mit Proben aus der duplizierten Region sowie der Nachweis von 500-kb-*SacII*-Bruchpunktfragmenten durch Pulsfeldgelelektrophorese (Lupski et al. 1991; Patel u. Lupski 1994; Liehr et al. 1995, 1996). Mittlerweile ist auch der Nachweis von 3,2-kb-Bruchpunktfragmenten geglückt (Kiyosawa u. Chance 1996; Reiter et al. 1996; Timmerman et al. 1997). Diese Bruchpunktfragmente lassen sich auch mittels PCR-Amplifikation darstellen.

Die CMT1A-Duplikation ist vollständig mit dem neuropathologischen Phänotyp der HMSN1-Erkrankung gekoppelt (Lupski et al. 1991; Raeymaekers et al. 1991). Die ursächliche Rolle der CMT1A-Duplikation wurde mittlerweile durch eine Vielzahl von Berichten deutlich gemacht (Hoogendijk et al. 1992; Raeymaekers et al. 1992; Wise et al. 1993). Die Gegenwart der CMT1A-Duplikation wurde in verschiedenen Populationen von HMSN-Typ-1-Patienten nachgewiesen, so für Amerika (Lupski et al. 1991; Chance et al. 1992, 1994a; Reiter et al. 1996), Australien (Nicholson et al. 1992), Großbritannien (Hallam et al. 1992), Belgien und die Niederlande (Raeymaekers et al. 1992), Frankreich (Brice et al. 1992), Italien (Bellone et al. 1992), Wales (MacMillan et al. 1992) sowie für weitere Länder Europas in Studien des europäischen CMT-Konsortiums (Nelis et al. 1996; Timmerman et al. 1997).

Die Häufigkeit der CMT1A-Duplikation unter nicht-verwandten CMT1-Patienten wird in 3 unabhängigen, umfangreichen Studien auf 70–85% geschätzt (Ionasescu et al. 1993; Wise et al. 1993; Nelis et al. 1996). Die De-novo-Duplikationen werden für bis zu 90% der sporadischen CMT1-Fälle ver-

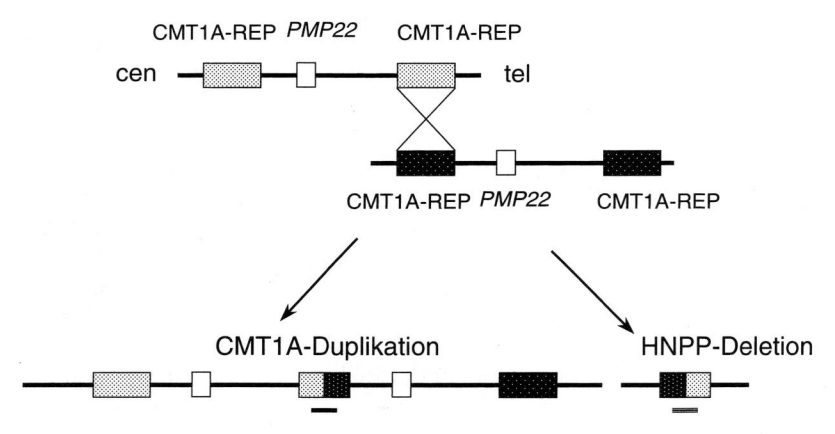

Abb. 1.4.2. Schematische Darstellung von 2 Chromosom-17p11.2-Abschnitten, die die *CMT1A*-monomere Einheit umfassen, *gekreuzte Linien* ungleiches Cross-over zwischen einem distalen (*tel*) und einem proximalen CMT1A-REP-Element (*cen*). Dieses ist bei den meisten Patienten die Ursache der CMT1A-Duplikation und der hierzu reziproken HNPP-Deletion. In der Regel findet ein Nicht-Schwesterchromatidaustausch während der Meiose, hauptsächlich der Spermatogenese, statt. Die ausgeprägte Sequenzhomologie zwischen den zentromer- (*cen*) und telomernahen (*tel*) CMT1A-REP-Elementen begünstigte diese Rekombinationsmutation. Die dadurch entstehenden Bruchpunkte und daraus resultierende Restriktionsfragmente sind schematisch angegeben: *einfache Linie* 3,2-kb-*EcoRI/SacI*-Fragment (CMT1A-Duplikation), *dreifache Linie* 7,8-kb-*EcoRI/EcoRI*-Fragment (HNPP-Deletion) aus dieser Rekombinations-Hot-Spot-Region

antwortlich gemacht (Hoogendijk et al. 1992; Nelis et al. 1996). Selten werden kleinere Duplikationen oder partielle Trisomien beobachtet, die aber dennoch das *PMP22*-Gen einschließen (Valentijn et al. 1993). Damit kann eine erhöhte Gendosis des *PMP22*-Gens als Hauptursache dieser Erkrankung angenommen werden.

1.4.4.1.2 DNA-Deletion als Hauptursache der tomakulösen Neuropathie

Ursächlich für die tomakulöse Neuropathie konnte inzwischen bei der Mehrzahl der Patienten eine zu der CMT1A-Duplikation reziproke Deletion des *PMP22*-Genes nachgewiesen werden (Chance et al. 1993; Mariman et al. 1993) (Abb. 1.4.1). HMSN1A und HNPP sind somit die ersten Erkrankungen beim Menschen, die sich durch Duplikation und Deletion zueinander reziprok verhalten (Pentao et al. 1992; Chance et al. 1994a). Nach jüngeren Studien weisen ca. 85% der HNPP-Patienten eine Deletion des *PMP22*-Gens auf (Patel u. Lupski 1994; Nelis et al. 1996). Damit wird eine erniedrigte Gendosis als Ursache der erblichen HNPP-Erkrankung angenommen. Beide Mutationen werden durch ein ungleiches Cross-over hervorgerufen (Chance et al. 1994a) (Abb. 1.4.2). Auch bei der HNPP konnten De-novo-Mutationen als Ursache „sporadischer" Fälle nachgewiesen werden (Chance et al. 1993; Mandich et al. 1995). Inzwischen wurden auch andere Mutationen im *PMP22*-Gen als Ursache einer HNPP beschrieben (Mariman et al. 1994; Nicholson et al. 1994). Keine dieser Mutationen wurde bisher bei der hereditären Armplexusamyotrophie nachgewiesen (Windebank et al. 1995), wobei mittlerweile ein Genort in 17q24–25 kartiert wurde (De Jonghe et al. 1997).

Es ist aufgrund der zugrundeliegenden Mutation jedoch anzunehmen, daß die tomakulöse Neuropathie mindestens so häufig ist wie die HMSN1A-Erkrankung, wie bereits erwähnt.

1.4.4.1.3 Ungleiches Cross-over in einem Rekombinations-Hot-Spot als Ursache der CMT1A-Duplikation und der HNPP-Deletion

Die CMT1A-Region in 17p11.2–p12 wird von repetitiven, sog. CMT1A-REP-Elementen flankiert, die ca. 24 kb lang sind. Abb. 1.4.2 gibt sowohl diese Situation wieder als auch einen schematischen Überblick über die Rekombinationsmutationen, die zur CMT1A und zur HNPP führen. Das distale und das proximale CMT1A-REP-Element sind nach Sequenzanalysen direkte Sequenzrepetitionen mit bis zu 98% untereinander Sequenzhomolog (Kiyosawa et al. 1995; Kiyosawa u. Chance 1996; Reiter et al. 1996). Eine Analyse der Bruchpunktverteilung innerhalb der CMT1A-REP-Elemente ergab eine Region von 1,7 kb, innerhalb der ca. 76% der ungleichen Cross-over stattfinden (Reiter et al. 1996; Timmerman et al. 1997; Yamamoto et al. 1997). Durch Reiter et al. (1996) sowie Kiyosawa u. Chance (1996) wurde in den CMT1A-REP-Elementen ein sog. „mariner transposon like element" (MITE) identifiziert. Dieses ursprünglich in Insekten vorgefundene Transposon ist möglicherweise in mehr als 100 Kopien auch im menschlichen Genom enthalten, allerdings noch ohne Nachweis einer Funktion (Kiyosawa u. Chance 1996). In diesem Zusammenhang ist es von besonderem Interesse, daß nahezu alle CMT1A-Duplikationen und HNPP-Deletionen paternalen Ursprungs sind (Palau et al. 1993; Nelis et al. 1996), nur ausnahmsweise wird ein maternaler Ursprung nachgewiesen (Mancardi et al. 1994; Blair et al. 1996). Kiyosawa u. Chance (1996) konnten zeigen, daß das MITE-Element nur in Testis, nicht aber in Ovargewebe exprimiert wird. Dies könnte die Bevorzugung der paternalen Neumutation in Zusammenhang mit der HMSN- und HNPP-Erkrankung erklären, eindeutige Beweise hierfür konnten allerdings noch nicht erbracht werden. Die CMT1A-REP-Elemente lassen sich interessanterweise in der Gruppe der Säugetiere nur für Menschenaffen nachweisen (Kiyosawa u. Chance 1996). Mit Ausnahme des Schimpansen haben alle anderen Menschenaffen nur eine CMT1A-REP-Kopie je haploidem Karyotyp. Somit kann sich ein natürliches Modell dieser Neuropathien spontan nur beim Schimpansen entwickeln. Damit sind die beiden CMT1A-REP-Elemente je haploidem Karyotyp eine typische, nahezu exklusive Eigenschaft des menschlichen Genoms. Dies mag auch erklären, warum die CMT1A-Duplikation unabhängig vom ethnischen Hintergrund in allen bislang untersuchten Populationen quasi gleich häufig auftritt (MacMillan et al. 1992; Nelis et al. 1996).

Auch somatische Mosaike wurden berichtet, so daß möglicherweise auch eine somatische Reversion der CMT1A-Duplikation eintreten kann. (Sorour et al. 1995; Liehr et al. 1996; Grehl et al. 1997).

1.4.4.2 X-gekoppelte HMSN1 (McKusick 302.800)

Die HMSNX1 konnte auf dem proximalen Abschnitt des langen Arms des X-Chromosoms und

Tabelle 1.4.2. Pathogene Mutationen in den Myelingenen *PMP22*, *MPZ* und *Cx32*

Krankheit	Gen	Kodon	Mutation	Typ	Effekt
1. Transmembrandomäne					
CMT1	*PMP22*	7	–	Frameshift	–
		12	–	Missense	His:Gln
HNPP		IVS1	GCgt:GCtt	5'-Spleißstelle	–
2. Transmembrandomäne					
CMT1	*PMP22*	69	–	Missense	Met:Lys
		72	–	Missense	Ser:Leu
		72	–	Missense	Ser:Trp
		76	–	Missense	Ser:Ile
		79	–	Missense	Ser:Cys
		79	–	Missense	Ser:Pro
		80	–	Missense	Leu:Pro
Intrazelluläre Schleife					
CMT1	*PMP22*	94	–	Frameshift	–
3. Transmembrandomäne					
CMT1	*PMP22*	100	–	Missense	Gly:Arg
		IVS3	TGgt:TGat	5'-Spleißstelle	–
		107	–	Missense	Gly:Val
		118	–	Missense	Thr:Met
4. Transmembrandomäne					
CMT1	*PMP22*	147	CTG:CGG	Missense	Leu:Arg
Extrazelluläre Schleife					
CMT1	*MPZ*	30	–	Missense	Ile:Met
		34	–	Missense	Thr:Ile
		63	TCC:TTC	Missense	Ser:Phe
DSS CMT1		63	–	Missense	Ser:Cys
		63	–	Deletion	Ser:del
		64	–	Deletion	Phe:del
		78	TCG:TTG	Missense	Ser:Leu
		81	CAC:CGC	Missense	His:Arg
		82	–	Missense	Tyr:Cys
		86–89	8 bp ersetzt durch 5 andere bp		
		90	–	Missense	Asp:Glu
		96	–	Missense	Lys:Glu
		98	–	Missense	Arg:His
		98	–	Missense	Arg:Cys
		98	–	Missense	Arg:Pro
		98	–	Missense	Arg:Ser
		101	TGG:TGC	Missense	Trp:Cys
		102	–	Frameshift	–
		122	AAT:AGT	Missense	Asn:Ser
		130	–	Missense	Lys:Arg
		134	GAC:AAC	Missense	Asp:Glu
		134	GAC:GAA	Missense	Asp:Asn
		135	–	Missense	Ile:Thr
		135	–	Missense	Ile:Leu
		137	–	Missense	Gly:Ser
		–		3'-Spleißstelle	–
Transmembrandomäne					
DSS CMT1	*MPZ*	154	TAC:TAA	Nonsense	Tyr:Stopp
		163	GGG:AGG	Missense	Gly:Arg
		167	GGG:AGG	Missense	Gly:Arg
DSS		167	–	Frameshift	–
		174	–	Frameshift	–

Tabelle 1.4.2 (Fortsetzung)

Krankheit	Gen	Kodon	Mutation	Typ	Effekt
C-Terminus (intrazellulär)					
CMT1	MPZ	181	TAC:TAG	Nonsense	Tyr:Stopp
		185	–	Frameshift	–
		204	–	Frameshift	–
CH		215	C:T	Nonsense	Gln:Stopp
DSS		221	–	Frameshift	–
CMT1		223	4-bp-Deletion	Frameshift	Ser233:del
N-Terminus					
CMT1	Cx32	12	GGC:AGC	Missense	Gly:Ser
		13	GTG:TTG	Missense	Val:Leu
		15	CGG:TGG	Missense	Arg:Trp
		15	CGG:CAG	Missense	Arg:Gln
1. Transmembrandomäne					
CMT1	Cx32	22	CGA:CAA	Missense	Arg:Gln
		22	CGA:TGA	Stop	Arg:Stopp
		25	CTC:TTC	Missense	Leu:Phe
		26	TCG:TTG	Missense	Ser:Leu
		30	ATC:AAC	Missense	Ile:Asn
		34	ACG:ATG	Missense	Met:Thr
		35	GTG:ATG	Missense	Val:Met
		38	GTG:ATG	Missense	Val:Met
1. Extrazelluläre Schleife					
CMT1	Cx32	40	CGA:GTA	Missense	Ala:Val
		56	CTC:TTC	Missense	Leu:Phe
		60	TGC:TTC	Missense	Cys:Phe
		63	GTT:ATT	Missense	Val:Ile
		65	TAT:TGT	Missense	Tyr:Cys
		72–73	C-Deletion	Frameshift	Stop
2. Transmembrandomäne					
CMT1	Cx32	75	CGG:CAG	Missense	Arg:Gln
		80	CAG:CGG	Missense	Gln:Arg
		87	CCA:GCA	Missense	Pro:Ala
		89	CTC:CCC	Missense	Leu:Pro
Intrazelluläre Schleife					
CMT1	Cx32	93	ATG:GTG	Missense	Met:Val
		95	GTG:ATG	Missense	Val:Met
		102	GAG:GGG	Missense	Glu:Gly
		111–116	18-bp-Deletion		6-AS-Deletion
3. Transmembrandomäne					
CMT1	Cx32	133	TGG:CGG	Missense	Trp:Arg
		137	ATC:AC	Frameshift	–
		139	GTG:ATG	Missense	Val:Met
		142	CGG:TGG	Missense	Arg:Trp
		143	TTG-Deletion		Leu-Deletion
2. Extrazelluläre Schleife					
CMT1	Cx32	156	CTC:CGC	Missense	Leu:Arg
		158	CCT:GCT	Missense	Pro:Ala
		164	CGG:TGG	Missense	Arg:Trp
		172	CCC:TCC	Missense	Pro:Ser
		175	AAC:AAAC	Frameshift	–
		182	TCC:ACC	Missense	Ser:Thr
		185	G-Insertion	Frameshift	–
		186	GAG:TAG	Nonsense	Glu:Stopp

Tabelle 1.4.2 (Fortsetzung)

Krankheit	Gen	Kodon	Mutation	Typ	Effekt
C-Terminus					
CMT1	Cx32	208	GAG:AAG	Missense	Glu:Lys
		211	TAC:TAA	Nonsense	Tyr:Stopp
		215	CGG:TGG	Missense	Arg:Trp
		217	TGT:TGA	Nonsense	Cys:Stopp
		220	CGA:TGA	Nonsense	Arg:Stopp
		238	CGC:CAC	Missense	Arg:His
		264–272		29-bp-Deletion	Deletion
		281	TCG:TAG	nonsense	Ser:Stopp

IVS intervening sequence. Soweit möglich, ist die genaue Mutation und deren Position im jeweiligen Gen angegeben.

dem Genlocus Xq13 lokalisiert werden (Gal et al. 1985; Fischbeck et al. 1986; Bergoffen et al. 1993b; Cochrane et al. 1994). Innerhalb dieser Region liegt der Genort eines Gap-Junction-Proteins, des Connexins 32 (Cx32) (Bergoffen et al. 1993a). Nachdem von verschiedenen Autoren bei 24 von 27 Familien mit HMSNX Mutationen im *Cx32*-Gen nachgewiesen werden konnten (Bergoffen et al. 1993a; Fairweather et al. 1994; Ionasescu et al. 1994; Orth et al. 1994; Patel u. Lupski 1994), kann der Zusammenhang zwischen der Erkrankung und der Mutation als gesichert gelten (Tabelle 1.4.2). Inzwischen sind mehr als 36 Cx32-Mutationen in 44 Familien beschrieben, die nahezu über das gesamte Gen des Moleküls verteilt sind (De Jonghe et al. 1997) (Tabelle 1.4.2). Die Mutationen weisen häufig einen dominanten Erbgang auf, da auch weibliche heterozygote Individuen erkranken (Orth et al. 1994; De Jonghe et al. 1997). Aufgrund der vorliegenden Kopplungsuntersuchungen sind darüber hinaus weitere Genloci auf dem X-Chromosom anzunehmen, die genetisch als HMSNX2–X3 (CMTX2–X3) bezeichnet werden (Iselius u. Grimby 1982; Ionasescu et al. 1991). Möglicherweise liegen bei einem Teil dieser Patienten, bei denen Mutationen im Connexin-32-Gen selbst fehlten, auch Mutationen in nicht-kodierenden Regionen des Gens vor (Bergoffen et al. 1993a) und haben regulatorische Störungen des Connexins zur Folge. In Kopplungsanalysen wurde bei einer Familie mit HMSNX2 ein Zusammenhang mit dem Genort Xp22.2 (Ionasescu et al. 1991) bzw. bei 2 anderen Familien mit dem Genort Xq26 (McKusick 302.802) beschrieben (Ionasescu et al. 1991).

1.4.4.3 Genetik der HMSN2

Eine genetische Kopplung der HMSN2 an die von der HMSN1A und HMSN1B her bekannten Genloci konnte in 3 großen Familien ausgeschlossen werden (Hentati et al. 1992; Loprest et al. 1992). Eine Kopplung an den kurzen Arm des Chromosoms 1 (1p36) wurde 1993 beschrieben und mit HMSN2A bezeichnet (Ben Othmane et al. 1993b), andere Patienten zeigten jedoch keine Kopplung zu diesem Chromosomenbereich, so daß eine genetische Heterogenität auch der HMSN2 angenommen wurde. Ein 2. Genort (HMSN2B) wurde 1995 von Kwon et al. auf Chromosom 3 (3q13–q22) beschrieben. Diese Patienten wiesen jedoch ausgeprägte autonome Störungen auf, so daß die Zuordnung zur hereditären sensorischen autonomen Neuropathie (HSAN) Typ 1 vorgeschlagen wurde (Vance et al. 1996).

Eine HMSN mit Zwerchfell- und Stimmbandparese (Dyck et al. 1994) wurde als HMSN2C bezeichnet und eine weitere Form (HMSN2D) mit Kopplung an Chromosom 7p14 von Ionasescu et al. 1996 beschrieben.

1.4.4.4 Genetik der HMSN3

Molekulargenetisch fanden sich bisher bei der HMSN3 Punktmutationen im *PMP22*-Gen (Roa et al. 1993; Valentijn et al. 1995), aber auch im *P0*-Gen (Hayasaka et al. 1993; Warner et al. 1996). Interessanterweise lagen die Mutationen bei diesen Patienten heterozygot vor, so daß auch dominant wirkende Defekte vorkommen müssen (Chance u. Fischbeck 1994; Rautenstrauß et al. 1994; Valentijn et al. 1995; Bird et al. 1996; Warner et al. 1996). Zumindest in einigen Fällen konnten De-novo-Mutationen nachgewiesen werden, die die leere Familienanamnese erklären könnten (Rautenstrauß et al. 1994; Valentijn et al. 1995). Bei 22 Kindern bestanden eine demyelinisierende Neuropathie mit Skelettabnormalitäten, motorischer NLG im N. medianus von 3 m/s sowie Hypomyelinisierung und

Zwiebelschalenformationen in der Suralisbiopsie. Mehrere Familienangehörige wiesen klinisch eine diskrete Neuropathie vom axonalen Typ auf, eine X-chromosomale Vererbung und eine 17p11.2-Duplikation konnten genetisch ausgeschlossen werden (Sghirlanzoni et al. 1992). Von den Autoren wurde eine homozygote Mutation mit rezessivem Erbgang angenommen, welche dann bei heterozygoter Anlage offensichtlich eine axonale Neuropathie hervorriefe.

1.4.4.5 Rezessive Formen der HMSN1 (CMT4)

Kürzlich konnte bei einigen Patienten mit autosomal-rezessiver HMSN1 (CMT4A) eine Kopplung an Chromosom 8q13–q21.1 nachgewiesen werden (Ben Othmane et al. 1993a).

Bei einer anderen Familie (CMT4B) wurde eine Kopplung an Chromosom 11q23 beschrieben (Bolino et al. 1996; Quattrone et al. 1996). In diese Gruppe ist formalgenetisch auch die kürzlich beschriebene HMSN-Lom (HMSNL) einzuordnen, da sie einem autosomal-rezessiven Erbgang folgt. Die Bezeichnung leitet sich vom Namen der bulgarischen Ortschaft ab, in der der Indexfall beobachtet wurde. Die Erkrankung tritt in verschiedenen Zigeunersippen auf und weist eine Kopplung zu Chromosom 8q24 auf. Klinisch manifestieren sich meist bereits vor dem 10. Lebensjahr sensomotorische Defizite mit deutlichen Gangstörungen, später treten auch Paresen der Arme sowie, etwa in der 3. Dekade, Hörstörungen hinzu. Die stark verlangsamten Nervenleitgeschwindigkeiten belegen ebenso wie die morphologischen Veränderungen den zugrundeliegenden demyelinisierenden Prozeß (Kalaydjieva et al. 1998).

1.4.4.6 Die Gene *PMP22*, *MPZ* und *Cx32*, ihre Produkte und Mutationen

1.4.4.6.1 Peripheres Myelinprotein 22 (PMP22)

Das Gen für das periphere Myelinprotein mit einem Molekulargewicht (MG) von 22 000 (PMP22, synonym: SR13, CD25, PASII, gas-3) wurde ursprünglich mittels einer differentiellen Hybridisierungsstrategie kloniert, die cDNA-Sequenzen identifizieren sollte, welche in ihrer Expression nach experimenteller Verletzung des Rattenischiasnervs hochreguliert werden (De Leon et al. 1991; Spreyer et al. 1991; Welcher et al. 1991). Die DNA-Sequenzierung ergab einen einzelnen offenen Leserahmen, der ein Protein von 160 Aminosäuren mit einem MG von 18 000 kodiert. Computergestützte Hydrophobizitätsprofile und In-vitro-Translationsexperimente legten die Annahme nahe, daß es sich um ein stark hydrophobes, integrales Protein der Membran mit 4 Transmembrandomänen handelt (Manfioletti et al. 1990; Suter et al. 1992 a, b). Eine Glykosylierungsstelle in Asp41 konnte in vitro und in vivo bestätigt werden (Kitamura et al. 1976; Manfioletti et al. 1990; Welcher et al. 1991; Pareek et al. 1993), was letztlich mit dem beobachteten MG von 22 000 in der SDS-Gel-Elektrophorese völlig konsistent ist.

Northern-Blot, RNase-protection-Analysen und In-situ-Hybridisierungen zeigten, daß *PMP22*-Transkripte vorwiegend in myelinisierenden Schwann-Zellen des peripheren Nervensystems gefunden werden, wobei die *PMP22*-mRNA-Expression wohl durch axonalen Kontakt reguliert wird (Spreyer et al. 1991; Welcher et al. 1991; Snipes et al. 1992). Eine Expression geringeren Umfangs wird auch im Zentralnervensystem beobachtet, besonders in den Motoneuronen des ventralen Horns des Rückenmarks (Parmantier et al. 1995). Eine nicht-neuronale *PMP22*-Expression wurde in verschiedenen Geweben und zu verschiedenen Zeitpunkten der Embryonalentwicklung der Maus beobachtet (Baechner et al. 1995). Demnach spielt PMP22 eine wichtige Rolle bei der Myelinisierung, aber auch bei Wachstum und Entwicklung. Die Identifizierung von 2 gewebsspezifischen Promotoren bei der Ratte unterstützte die Hypothese einer dualen, aber noch unbekannten Funktion dieses Transmembranproteins (Spreyer et al. 1991; Welcher et al. 1991; Bosse et al. 1994). Suter et al. (1994) fanden ähnliches für das menschliche *PMP22*-Gen: Exon 1A (CD25) wird v.a. im PNS (80% Exon-1A-, 20% Exon-1B-Transkript), Exon 1B außerhalb des PNS exprimiert. Nach diesen Autoren besteht das menschliche Gen aus 4 translatierten Exons und erstreckt sich über etwa 40 kb. Mögliche Bindestellen für Transkriptionsfaktoren (NF1, AP-2, SP-1, M1) sowie ein Enhancer-ähnliches Element wurden zwar in der 5'-UTR identifiziert, ergaben aber bislang noch keinen Hinweis auf eine Beteiligung in bekannten Regulationskaskaden der Myelinisierung oder der Wachstumsregulation.

PMP22 macht ca. 2–5% des Gesamtproteins im Myelin des PNS aus, es wird in vielen Geweben außerhalb des PNS exprimiert und hat ein für Adhäsionsmoleküle typisches L2/HNK1-Epitop (Spreyer et al. 1991; Welcher et al. 1991; Hammer et al. 1993). Dennoch ist die Funktion des Proteins in den verschiedenen Geweben Gegenstand der Spekulation:

- Eine strukturelle Verwandtschaft von PMP22 zu Proteinen, die als adhäsive Pore wirken, ist bekannt, und eine solche Aufgabe bei der Myelinisierung, aber auch in Geweben außerhalb des PNS wurde diskutiert (Suter u. Snipes 1995)
- Unter den Myelinproteinen des ZNS gibt es ein strukturell ähnliches Protein, das Proteolipidprotein (PLP), das dort allerdings 50% des Gesamtproteins im Myelin ausmacht (Ellis u. Malcolm 1994). Obwohl PLP ebenfalls ein 4-Transmembrandomänen-Protein darstellt, gehört es nicht zur selben Genfamilie wie *PMP22* (Taylor et al. 1995). Duplikation, Deletion und Punktmutationen des PLP-Gens führen zu einer zentralnervösen Erkrankung, der Pelizäus-Merzbacher-Krankheit (PME) (Raskind et al. 1991; Ellis u. Malcolm 1994; Inoue et al. 1996 a, b).
- Fabretti et al. (1995) fanden bei Überexpression von *PMP22* in NIH3T3-Fibroblasten einen „Apoptose-ähnlichen" Phänotyp, nicht jedoch für Überexpression in anderen Zelltypen.
- Schneider et al. (1988) und Zoidl et al. (1995) zeigten, daß *PMP22*-Expression im Zusammenhang mit negativer Wachstumsregulation steht (growth arrest specific gene 3, gas-3).
- Seit kurzem ist bekannt, warum PMP22$^{0/0}$–Mäuse überhaupt lebensfähig sind und außerhalb des PNS keine Abnormitäten aufweisen (Adlkofer et al. 1995): *PMP22* gehört zu einer Genfamilie, deren Mitglieder sich vermutlich in ihrer Funktion, zumindest teilweise, substituieren können. Mindestens 7 weitere Mitglieder sind mittlerweile bekannt geworden: CL-20 (Marvin et al. 1995), ein oligodendrozytenspezifisches Protein (OSP) (Bronstein et al. 1996), ein Linsenmembranprotein 20 (MP20), das epitheliale Membranprotein 1 (EMP1) (Taylor et al. 1995) sowie EMP2 und EMP3 (Lobsiger et al. 1996; Taylor u. Suter 1996) und ein Tumor-assoziiertes Membranprotein (TMP) (Ben-Porath u. Benvenisty 1996). Über ihre Funktion ist allerdings ebenfalls nichts bekannt.
- *PMP22*-überprimierende Ratten und Mäuse entwickeln einen HMSN1-Phänotyp und machen damit nochmals die entscheidende Rolle von PMP22 bei der Pathogenese deutlich (Huxley et al. 1996; Sereda et al. 1996). Diese Tiermodelle erlauben eine intensive Langzeitbeobachtung und möglicherweise eine (Gen)-Therapieentwicklung.

Lupski (1998) faßte unser Wissen über die PMP22-Funktion folgendermaßen zusammen:

„*The exact biological function of PMP22 (still) remains unknown!*"

Punktmutationen im PMP22-Gen

In der autosomal-dominanten Trembler(Tr)-Maus wurde eine *PMP22*-Punktmutation (Gly150Asp) als Ursache des Phänotyps identifiziert (Suter et al. 1992). In einer Maus ähnlichen Phänotyps (Trembler-J, Tr-J) wurde eine weitere Punktmutation im *PMP22*-Gen gefunden (Leu16Pro) (Suter et al. 1992). In der Folge wurde die Tr-J-Mutation in einer Familie mit HMSN1A-Erkrankung, aber unter Ausschluß der typischen 1,5-Mb-Duplikation gefunden (Valentijn et al. 1992). Das *PMP22*-Gen der Maus ist darüber hinaus in Chromosom 11 in einer zu Chromosom 17p11.2–12 homologen Region lokalisiert [Review bei Suter u. Snipes (1995)]. Mittlerweile sind einige verschiedene Missense-Punktmutationen sowie ein Frameshift in *PMP22* beschrieben worden, die alle mit dem HMSN1- oder HMSN3(DSS)-Phänotyp kosegregieren [Übersicht bei De Jonghe et al. (1997)]. Eine 2-bp-Deletion im ersten translatierten Exon von *PMP22* ist mit der HNPP-Erkrankung assoziiert (Nicholson et al. 1994). Weitere Mutationen sind in Tabelle 1.4.2 angegeben. Warner et al. (1996) berichteten über den Ausschluß von Punktmutationen für CMT1A-Patienten, die die Duplikation tragen. Damit kann sowohl der postulierte Zusammenhang der HMSN- und HNPP-Pathogenese sowohl mit dem Gendosiseffekt von *PMP22* als auch mit Punktmutationen als gesichert betrachtet werden.

1.4.4.6.2 Myelinprotein Zero (MPZ, P0)

Die erste Kopplungsanalyse eines CMT1-Locus führte zur Identifizierung des Duffy-Genorts auf Chromosom 1 (Bird et al. 1982). Dieser Befund wurde bestätigt, dennoch war nach kurzer Zeit klar, daß der Hauptgenort der HMSN auf Chromosom 17 zu suchen sein wird. Dementsprechend war schon früh anzunehmen, daß der HMSN-Phänotyp nur in seltenen Fällen an Chromosom 1 (CMT1B) gekoppelt ist (Ionasescu, Ionasescu et al. 1993). Hayasaka et al. konnten 1993 zeigen, daß das MPZ-Gen im CMT1B-Locus lokalisiert ist (Chromosom 1q22–q23), und in der Folge wurden mehrere Punktmutationen entdeckt [Übersicht bei Warner et al. (1996)]. MPZ macht 40–50% des Gesamtproteins im PNS aus (Lemke u. Chao 1988). Eine aus Ischiasnerven isolierte cDNA ergab nach der Sequenzierung, daß P0 ein Membranglykoprotein darstellt, das erst nach Prozessierung eines Präkursors aktiviert wird (Lemke u. Axel 1985). Diese Hypothese wurde durch Sequenzierung des gesamten reifen P0-Proteins bestätigt (Sakamoto et al. 1987). Demnach besteht P0 aus einer einzigen extrazellulären, einer Transmembran- und einer intrazellulären Domäne. Der extrazelluläre Teil enthält eine Immunglobulin-ähnliche Domäne. Dies ist ein Motiv, das von einer großen Familie von Zelladhäsionsmolekülen geteilt wird; hierher gehören z. B. auch das Myelin-assoziierte Glykoprotein (MAG) und das Neurale Zelladhäsionsmolekül (NCAM). Durch Aufklärung der 3D-Struktur der Extrazellulärdomäne war die Zuordnung der adhäsiven Stellen möglich geworden (Baringa 1996; Shapiro et al. 1996). Demnach bildet das MPZ-Protein Homotetramere, die praktisch den Klebstoff des Myelins darstellen. Mit beteiligt an der Zell-Zell-Adhäsion ist eine Kohlenhydratseitenkette, die das L2-HNK1-Epitop trägt (Bollensen u. Schachner 1987). Es wurde ebenfalls vorgeschlagen, daß auch die stark positiv geladene intrazelluläre Domäne an der adhäsiven Wirkung mittels elektrostatischer Interaktionen mit den Kopfgruppen saurer Lipide im kompakten Myelin beteiligt ist (Lemke 1988; Lemke et al. 1988). Durch einen In-vitro-Adhäsionstest ließ sich mittlerweile zeigen, daß neben der extrazellulären auch diese intrazelluläre Domäne tatsächlich an der Adhäsion beteiligt ist (Filbin et al. 1990; Wong u. Filbin 1996; Zhang et al. 1996). Der beste Beweis für eine entscheidende Rolle des P0-Proteins bei der Myelinisierung im PNS wurde durch Disruption des P0-Gens in transgenen Mäusen erbracht (Giese et al. 1992; Martini et al. 1995). P0$^{-/-}$-Mäuse zeigen Schwierigkeiten bei der motorischen Koordination begleitet von Tremor und konvulsivischen Zuckungen. Eine mikroskopische Untersuchung der peripheren Nerven homozygoter P0$^{-/-}$-Mäuse zeigt einen deutlichen, aber unvollständigen Verlust des Myelins im PNS, ähnlich zu Tr-Mäusen. Initial baut sich ein korrektes Schwann-Zell-Axon-Verhältnis von 1:1 auf, der nachfolgende Prozeß des Aufbaus von kompaktem Myelin wird jedoch erheblich gestört. Obwohl der pathologische Phänotyp in P0$^{-/-}$-Mäusen im Hinblick auf die Myelinisierung sehr heterogen erscheint, führt die Gesamtinterpretation doch zu einer kritischen Rolle von P0 bei der Entstehung der kompakten Struktur von intaktem Myelin. Reguläre intraperiodische Linien fehlen, was eine Funktion der extrazellulären Domäne beim Aufbau dieser Struktur verdeutlicht. In manchen Fasern kann auch eine axonale Degeneration beobachtet werden. Ähnlich wie die Tr- und die Tr-J-Maus zeigen auch die P0$^{-/-}$-Mäuse eine paradoxe Proliferation nicht-myelinisierender Schwann-Zellen (Martini et al. 1995). Eine deutliche Hypomyelinisierung, gefolgt von Myelindegeneration und Zwiebelschalenformation beginnt bereits am 4. Lebenstag.

Die heterozygoten P0$^{+/-}$-Mäuse zeigen erst im fortgeschrittenen Alter von 4 Monaten leichte Zeichen einer Demyelinisierung, selten werden Zwiebelschalenformationen beobachtet. Eine Deletion des *P0*-Gens wurde demgegenüber bislang bei HMSN-Patienten nicht beobachtet, allenfalls Nonsense-Mutationen könnten hier zum Vergleich herangezogen werden, wie beispielsweise bei der kongenitalen Hypomyelinsierung oder einigen HMSN1B- bzw. HMSN3(DSS)-Fällen (Warner et al. 1996) (Tabelle 1.4.2). Bei dem Vergleich zwischen P0-Knockout-Maus und den Symptomen der Patienten darf nicht vergessen werden, daß CMT eine pleotrophe Erkrankung mit spätem Eintrittsalter ist. Daher kann ein potentieller Phänotyp in heterozygoten P0$^{+/-}$-Mäusen subtil bleiben und sich, wie von Martini et al. (1995) beobachtet, in einer Untergruppe etwas gealterter Tiere manifestieren. Alternativ können sich die mit HMSN1B, HMSN3 (DSS) und CH assoziierten Mutationen auch über einen dominant-negativen Mechanismus manifestieren. Eine solche Hypothese impliziert, daß das P0-Protein mit sich selbst oder anderen Proteinen in einer *cis*- oder *trans*-Konfiguration komplexiert.

Punktmutationen im MPZ-Gen

Das *P0*-Gen der Ratte, der Maus und des Menschen hat eine genomische Größe von etwa 7 kb und jeweils 6 kodierende Exons, die in etwa den funktionellen Domänen entsprechen (Lemke et al. 1988). Mittlerweile wurde ein große Zahl an Mutationen gefunden und die Phänotypen klinisch als HMSN1B, HMSN3 (DSS) und kongenitale Hypomyelinisierung (CH) definiert. Eine Übersicht ist in Tabelle 1.4.2 gegeben. Die DNA-Veränderungen reichen vom Missense-Typ über Frameshift- bis zu Nonsense-Mutationen. Ursprünglich sind v. a. Mutationen in der Extrazellulärdomäne identifiziert worden, mittlerweile ist jedoch auch eine große Zahl an Mutationen in der intrazellulären Domäne bekannt. Hier ist die CH-verursachende Mutation besonders interessant, denn die homozygote Nonsense-Mutation GLN215Stopp führt zum völligen Verlust des intrazellulären P0-Protein-Anteils mit gleichzeitig dem schwersten Phänotyp als Folge (Warner et al. 1996). Eine früher beobachtete 2-bp-Insertion mit Frameshift führte zu einem DSS-

Phänotyp (Rautenstrauß et al. 1994), während eine andere 2-bp-Insertion 4 Nukleotide näher am 3'-Ende lediglich einen HMSN1B-Phänotyp zur Folge hat (Warner et al. 1996). Dies unterstreicht die bislang wenig untersuchte Bedeutung der intrazellulären Domäne von P0 für die Adhäsionsfunktion.

In einer HMSN1B-Familie wurde gefunden, daß die allererste Aminosäure des reifen P0-Proteins verändert ist [Ile30Met, (Hayasaka et al. 1993)]. Diese Mutation interferiert möglicherweise direkt mit der Reifung des P0-Vorläufermoleküls, indem sie das Abtrennen der Signalsequenz verhindert. Ein solcher Mechanismus könnte potentiell sowohl die dominante Vererbung als auch das frühe Eintrittsalter in dieser Familie erklären. Für eine andere HMSN1B-Familie wurde eine 3-bp-in-frame-Deletion nachgewiesen, die zum Verlust des Ser34 führt (Kulkens et al. 1993). In einem sporadischen Fall ist genau dieses Ser34 in ein Cys umgewandelt worden, diese Mutation hat den schweren HMSN3(DSS)-Phänotyp zur Folge (Hayasaka et al. 1993). Die Einführung eines zusätzlichen Cysteinrests führt möglicherweise zur Ausbildung aberranter Disulfidbrücken mit allen Konsequenzen für die Ausbildung einer nicht-funktionsfähigen Extrazellulärdomäne. Ein weiterer HMSN3(DSS)-Fall zeigte einen Gly167Arg-Austausch in der einzigen Transmembranregion des P0-Proteins (Hayasaka et al. 1993b). Diese Mutation kann die Membranverankerung des P0-Proteins beeinflussen, da eine geladene Aminosäure in einen hydrophoben Abschnitt eingeführt wurde. Diese Mutation erinnert an die Tr-Mutation im *PMP22*-Gen in der 4. Transmembrandomäne. Mittlerweile sind auch rezessive Mutationen im *P0*-Gen bekannt geworden, die dem formalgenetisch als rezessiv eingestuften DSS auch molekulargenetisch gerecht werden. Überraschend ist jedoch, daß die meisten der DSS-Mutationen in heterozygoten Anlageträgern identifiziert wurden (Warner et al. 1996).

1.4.4.6.3 Struktur und Funktion von Connexin 32

Cx32 ist ein Mitglied einer Familie homologer Proteine, die in hochgeordneten Hexamerstrukturen in der Zellmembran beobachtet werden. Diese Hexamere werden Connexone genannt. Solche Connexone interagieren mit anderen Connexonen auf der Oberfläche benachbarter Zellen oder verschiedener Regionen derselben Zelle (Bennett et al. 1991). Das resultierende Dodecamer ist die kleinste Einheit einer Gap Junction, welche als potentiell regulierbare Pore funktioniert, die den Durchtritt von Ionen und anderen kleinen Molekülen erlaubt. Die Anwendung von morphologischen Techniken führte zur Identifzierung von Gap Junctions in vielen verschiedenen Zelltypen. Biochemische Studien haben ergeben, daß elektrisch gekoppelte Zellen Connexine exprimieren. Es sind häufig mehrere verschiedene, die mittels Immunfluoreszenztechniken in der Region der Gap Junction lokalisiert werden können (Bennett et al. 1991). Es konnte experimentell gezeigt werden, daß solche funktionellen Dodecamere auch vollständig aus einem einzigen Connexin bestehen können (Swenson et al. 1989). Es können aber auch in den gegenüberliegenden Connexonen nicht-identische, aber individuell homogene Connexone vorliegen (Werner et al. 1989). Nicholson et al. (1987) warfen die Frage auf, ob auch hexamere Connexone aus mehreren verschiedenen Typen von Connexin bestehen können.

Connexinfamilie der Gap-Junction-Proteine

Über Cx32 hinaus wurden mindestens 9 verschiedene Connexin-cDNAs kloniert (Dermietzel u. Spray 1993). Das *Cx32*-Gen der Ratte und der Maus trägt den gesamten offenen Leserahmen in einem einzelnen Exon. Dies ist ein strukturelles Merkmal, das konserviert bei allen bislang isolierten Connexinen gefunden wurde. Das *Cx32*-Gen enthält zumindest 1, möglicherweise 2 5'-UTR mit jeweils eigenem Promotor (Miller et al. 1988). Diese Struktur der regulatorischen Region erinnert an das *PMP22*-Gen. Connexinproteine sind relativ kleine Moleküle mit MG von 20000–50000. Strukturell erinnern Connexine an PMP22 insofern, als sie ebenfalls 4 Transmembrandomänen (TM) mit 2 extrazellulären Schleifen enthalten, die TM1 mit TM2 (ES1) und TM3 mit TM4 (ES2) verbinden (Milks et al. 1988). Der Amino- sowie der Karboxyterminus sind intrazellulär angeordnet. Ein Sequenzvergleich zwischen verschiedenen Connexinen erbrachte eine signifikante Sequenzkonservierung sowie einige gemeinsame strukturelle Motive. Dies trifft insbesondere auf die extrazelluläre und die Transmembrandomänen zu (Bennett et al. 1991). Speziell die Transmembrandomäne 3 enthält konservierte amphipatische Aminosäuren, die den Zentralbereich des hexameren Connexons formen sollen und dabei eine hydrophile Pore bilden (Milks et al. 1988). Darüber hinaus konnte die TM2-Region mit spannungsabhängigen Kanälchen in Verbindung gebracht werden (Suchyna et al. 1993). ES1 und ES2 werden als wichtig für die Verbindung von 2 Connexonen in benachbarten Plasmamembranen angesehen. Interessanterweise enthält sowohl ES1 als auch ES2 3 Cysteinreste in konservierten Positionen, die wohl intramolekulare Disulfidbrücken bilden und für die Kanalfunktion wichtig sind (Rahman et al. 1993). Der intrazelluläre Aminoterminus ist mit etwa 50% Aminosäureidentität zwischen den verschiedenen Connexinen relativ konserviert. Er ist für die korrekte Membraninsertion und -orientierung verantwortlich (Bennett et al. 1991). Die Länge und Aminosäuresequenz der intrazellulären C-Termini divergieren stark zwischen verschiedenen Connexinen. Sie sind evtl. für die Heterogenität der Permeabilitäten und „gating"-Eigenschaften individueller Gap Junctions in verschiedenen Zelltypen verantwortlich (Saez et al. 1990). Dies ist jedoch nicht unumstritten (Werner et al. 1989).

Mutationen des Cx32-Gens bei der HMSN1

Betrachtet man die große Zahl funktioneller Domänen im *Cx32*-Gen, so ist es keine große Überraschung, daß viele verschiedene Mutationen identifiziert wurden. Punktmutationen, Rasterschubmutationen sowie Deletionen wurden gefunden (De Jonghe et al. 1997) (Tabelle 1.4.2). Offen bleibt, ob diese Mutationen in einen „gain-of-function", „loss-of-function" oder eine generelle Störung der intrazellulären Prozessierung, Insertion bzw. Aufbau der Connexone münden.

Obwohl *Cx32* in vielen verschiedenen Geweben, wie Leber, Testis, Niere, Pankreas, Uterus und Gehirn exprimiert wird (Dermietzel u. Spray 1993), ist es überraschend, daß *Cx32*-Mutationen exklusiv das periphere Nervensystem schädigen. Im peripheren Nervensystem ist der Nachweis von Gap Junctions noch nicht gelungen, wohl aber der Nachweis von signifikanten Mengen an Cx32 (Bergoffen et al. 1993 a). Cx32 konnte mittels Immunfluoreszenztechniken in den Schmidt-Lanterman-Inzisuren sowie den seitlichen Begrenzungen der Myelinscheide lokalisiert werden (Bergoffen et al. 1993 a). Diese Myelinsubdomänen ähneln sich insofern, als sich hier größere Mengen Zytoplasma zwischen den einzelnen Myelinschichten befinden. Einige Zelltypen können mehrere verschiedene Connexine exprimieren. Dies scheint die Ursache für die exklusive Schädigung des peripheren Nervensystems durch *Cx32* Mutationen zu sein. Denkbar ist aber auch, daß Cx32 eine einzigartig wichtige Rolle in den Schwann-Zellen und der Myelinbiologie spielt. Eine naheliegende Funktion für Cx32 ist der schnelle Transport von Ionen, Nährstoffen oder Signalmolekülen zwischen dem Hauptkörper der Schwann-Zellen und den vielen Schichten der Myelinmembran, möglicherweise auch von und zum Axon. Hierfür spricht die Beobachtung von X-gekoppelter HMSN-Erkrankung mit eher axonaler Schädigung und kaum reduzierter NLG (Timmerman et al. 1996).

1.4.4.7 Genotyp-Phänotyp-Korrelation

In Abb. 1.4.1 ist der Schweregrad der HMSN-Erkrankungen korreliert mit der jeweiligen Mutation angegeben. Die mildeste der mit PMP22 in Zusammenhang stehenden Neuropathien ist die HNPP. Die *PMP22*-Gendosis-Erniedrigung scheint die Myelinisierung am wenigsten zu stören. Allerdings wurde auch schon 2 mal eine potentiell rezessive Thr118Met-*PMP22*-Mutation beobachtet, die zusammen mit einer *HNPP*-Deletion durchaus einen HMSN-ähnlichen Phänotyp erzeugt (Roa et al. 1993; Bathke et al. 1996). Eine heterozygote *PMP22*-Duplikation führt zur HMSN Typ 1A, der am häufigsten beobachteten Form dieser Neuropathien. *Cx32*-Mutationen werden zwischen CMT1A und der an *MPZ*-Mutationen gebundenen CMT1B eingestuft. Bei der X-gekoppelt dominanten Form sind Frauen häufig geringer betroffen als Männer, denn die X-Inaktivierung erfolgt quasi zufällig, so daß ein somatischer Mosaikzustand eintritt. Vom Verlauf her ähnlich wie die CMT1B ist die an *PMP22*-Punktmutationen gekoppelte Form, homozygote *PMP22*-Duplikationen sind noch schwerer, gefolgt von der HMSN3 (DSS) und der kongenitalen Hypomyelinisierung (CH).

1.4.5 Therapeutische Möglichkeiten

Wesentlicher Teil einer sinnvollen Therapie ist die sichere Diagnose der Erkrankung. Hier konnte, wie dargestellt, bei einem hohen Prozentsatz der Patienten mit HMSN Typ 1 und 3 durch die molekulargenetischen Untersuchungen eine deutliche Verbesserung erreicht werden, so daß sequentiell eine möglichst umfangreiche molekulargenetische Diagnostik erfolgen sollte, bevor invasive Methoden wie eine Nervenbiopsie erwogen werden.

Bisher ist eine kausale Therapie der dargestellten Erkrankungen nicht möglich. Um so wichtiger ist es daher, zusätzliche Schädigungen der peripheren Nerven zu vermeiden, Muskelkraft und Beweglichkeit weitmöglichst zu erhalten und sekundären Schäden vorzubeugen.

Die Vermeidung zusätzlicher Schäden der peripheren Nerven steht besonders bei der HNPP im Vordergrund. Hier müssen Patienten und betroffene Angehörige auf die sorgfältige Vermeidung einer mechanischen Traumatisierung peripherer Nerven hingewiesen werden. Aber auch bei der HMSN besteht eine erhöhte Empfindlichkeit des peripheren Nervensystems gegenüber Umwelteinflüssen, wie klinisch anhand der Vincristinneuropathie beschrieben wurde (Igarashi et al. 1995). Daher sollten bei den Patienten auf eine ausgewogene Ernährung und die Vermeidung neurotoxischer Substanzen geachtet werden (Dyck 1990). Durch regelmäßiges Training kann die Muskelkraft mäßiggradig, aber signifikant verbessert werden (Lindeman et al. 1995). Daher bleibt derzeit die regelmäßige Physiotherapie der wichtigste therapeutische Ansatz. Die orthopädische Therapie sollte durch Korrektur von vorhandenen Fehlstellungen der Ausbildung weiterer Deformitäten vorbeugen und so die Funktion verbessern (Oatis 1990). Dabei spielt ggf. auch die frühzeitige Versorgung mit Hilfsmitteln eine wichtige Rolle.

1.4.5.1 Genetische Beratung

Entsprechend den Richtlinien des Berufsverbands Humangenetik muß die molekulargenetische Untersuchung von Kindern sehr genau abgewogen werden. Sinnvoll erscheint dies in Familien mit schwerem Verlauf und Skelettdeformitäten, da dann eine engmaschige orthopädische und neurologische Überwachung notwendig ist, die bei nicht betroffenen Kindern unnötig wäre. Andernfalls sollte bei asymptomatischen Kindern die Volljährigkeit abgewartet werden, um diesen die Möglichkeit einer eigenen Entscheidung zu geben.

Bisher asymptomatischen Familienangehörigen von HNPP-Patienten sollte jedoch die genetische Diagnostik nahegelegt werden, damit mechanische Traumen peripherer Nerven möglichst verhindert werden können.

Die Mutationssuche im Connexingen kann zum Nachweis des Konduktorinnenstatus besonders wichtig sein. Aufgrund der aufwendigen Untersuchungsverfahren sollte aber zuvor eine „male-to-male"-Vererbung im Stammbaum ausgeschlossen werden. Besonders wahrscheinlich ist eine HMSNX bei ausgeprägtem Phänotyp und nur mäßiger Verlangsamung der NLG.

Auch die Pränataldiagnostik bei HMSN1A (Lebo et al. 1993) und in Familien mit anderen bekannten Mutationen der HMSN ist möglich, über den Sinn solcher Untersuchungen bestehen jedoch geteilte Meinungen.

1.4.6 Molekulare Diagnostik

Für die molekulare Diagnostik der HMSN- und HNPP-Erkrankungen haben sich im großen und ganzen 3 Methoden durchgesetzt:
- Die Pulsfeldelektrophorese von hochmolekularer DNA erlaubt den Nachweis von großen Bruchpunktfragmenten (500–820 kb),
- Southern-Hybridisierungen mit restringierter DNA wurden ursprünglich zum Nachweis von Dosisunterschieden verwendet, hiermit lassen sich mittlerweile jedoch auch niedermolekulare Bruchpunktfragmente (3,2 kb und 7,8 kb) zeigen.
- Auch Fluoreszenz-in-situ-Hybridisierungen zum direkten Nachweis einer Änderung der *PMP22*-Gendosis werden routinemäßig durchgeführt.

Zur Punktmutationssuche in den Kandidatengenen *PMP22*, *MPZ* und *Cx32* selbst werden molekulargenetische Standardmethoden, wie Single-strand-conformation-Polymorphismusanalyse (SSCP) und DNA-Sequenzierung, verwendet, was im folgenden näher erläutert wird.

1.4.6.1 Southern-Hybridisierungen zum Nachweis der CMT1A-Duplikation und HNPP-Deletion

Die Pulsfeldelektrophorese wird routinemäßig v. a. in kommerziellen Labors der USA zur HMSN- und HNPP-Diagnostik eingesetzt (Roa et al. 1995). Lymphozyten werden, evtl. nach Immortalisierung mittels EBV-Infektion, in Agaroseblöckchen eingegossen und dann sog. „rare cuttern" ausgesetzt. Diese Restriktionsenzyme schneiden selten in genomischer DNA und erlauben daher die Restriktionskartierung auch so komplexer Genome wie dem menschlichen. Durch ungleiches Cross-over in Chromosom 17p11.2 entsteht ein hybrides CMT1A-REP-Element mit sowohl proximalen als auch distalen Anteilen. Leichte Sequenzunterschiede, die zu Restriktionspolymorphismen führen, lassen die Darstellung von Bruchpunktfragmenten zu (Abb. 1.4.2). Für die CMT1A-Duplikation entsteht so ein 500-kb-*SacII*-Fragment, für die HNPP-Deletion 2 Fragmente von 820 kb und 770 kb Größe (Roa u. Lupski 1994; Roa et al. 1995).

Verschiedene andere Methoden zur Southernhybridisierung haben sich etabliert:
- Restriktion der genomischen DNA mit *MspI* und Hybridisierung mit polymorphen Markern aus der CMT1A-Region. Hierbei hat sich besonders die Sonde pVAW409R3a bewährt, die im günstigsten Fall 3 Allele von 1,9, 2,7 und 2,8 kb erkennt. Weit häufiger werden allerdings Dosisunterschiede der 2,7-kb- und 2,8-kb-Fragmente beobachtet. Geeignet für diese *MspI*-Blots sind auch die Sonden pVAW412 und pEW401 [Übersicht bei Patel u. Lupski (1994)].
- Restriktion der genomischen DNA mit *EcoRI/ HincII* und Verwendung einer *PMP22*-cDNA zum direkten Nachweis der *PMP22*-Dosis. Aufgrund der erforderlichen Doppelverdauung ohne entscheidende Verbesserung des Nachweises durch Dosisunterschiede hat sich diese Methode für die Routine nicht durchgesetzt.
- Nachweis von Dosisunterschieden aufgrund der Rekombinationsmutation in den CMT1A-REP-Elementen selbst durch *EcoRI*-Verdau und Hybridisierung mit der Sonde pNEA102. Diese Methode weist eine leichte Dosiserhöhung von *EcoRI*-Fragmenten für die CMT1A-Duplikation und eine Erniedrigung für die HNPP-Deletion nach, sie bietet aber keine eindeutige diagnostische Sicherheit (Vandenberghe et al. 1996).
- Durch den Nachweis von Bruchpunktfragmenten spezifisch für die CMT1A-Duplikation (3,2 kb) bzw. die HNPP-Deletion (7,8 kb) nach *EcoRI/SacI*-Verdau und Hybridisierung mit der Sonde pLR7.8 steht jetzt eine Methode zur Verfügung, die zumindest bei einer Rekombination im Hot-Spot-Bereich (ca. 70% der Duplikationen und Deletionen) eine eindeutige Aussage erlaubt (Reiter et al. 1996; Timmerman et al. 1997).

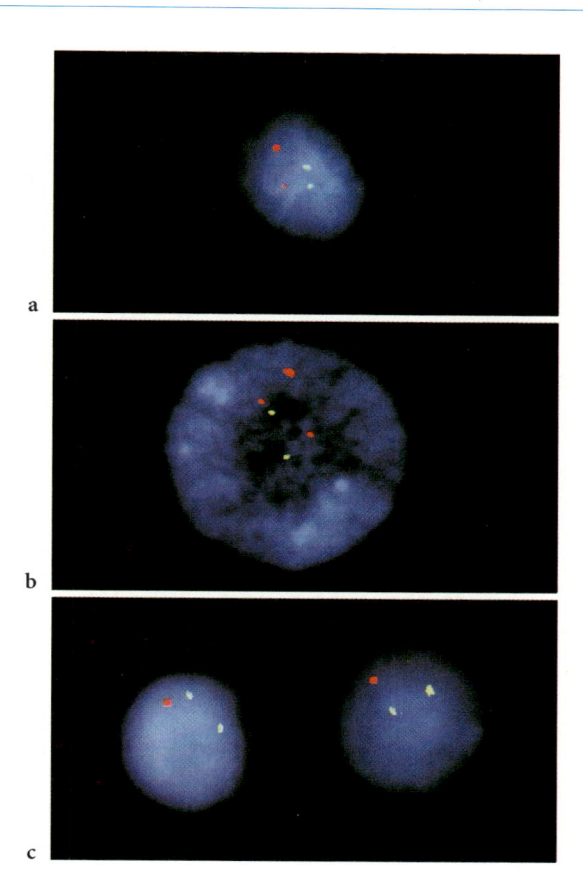

Abb. 1.4.3 a–c. Fluoreszenz-in-situ-Hybridisierung an Interphasekernen aus Lymphozyten zum Nachweis der *PMP22*-Dosis. Die Kerne sind mit 4′6-Diamidino-2-Phenylindol (DAPI) *blau* gegengefärbt. *Rot PMP22*-Gen (Cosmid c132G8, digoxigeniert, Nachweis mit Anti-Digoxigenin-Rhodamin), *grün* interner Standard (cRCNeul, biotinyliert, Nachweis mit Avidin–FITC, Fluoresceinisothiocyanat) zur Feststellung des Zellzykluszustands. **a** Normalfall: 2 *rote* PMP22- und 2 *grüne* Kontrollsignale; **b** CMT1A-Duplikation mit 3 PMP22- und 2 Kontrollsignalen; **c** HNPP-Deletion mit 1 PMP22- und 2 Kontrollsignalen. Die Fotos wurde mit einem Zeiss-Axiophot-Mikroskop, ausgerüstet mit einer CCOD-Kamera und der MetaSystems-Software, aufgenommen

1.4.6.2 Fluoreszenz-in-situ-Hybridisierung an Interphasekernen und Metaphasen zum Nachweis der Chromosom-17p11.2–12-Tandem-Duplikation und HNPP-Deletion

Die Fluoreszenz-in-situ-Hybridisierung wurde in den letzten Jahren auch für die CMT1A-Duplikation und die HNPP-Deletion soweit entwickelt, daß sie für die Routinediagnostik anwendbar ist (Abb. 1.4.3). Nachdem es sich um Mikroduplikations- bzw. Mikrodeletionssyndrome handelt, sind, wie immer für solche „contiguos gene"-Syndrome, mehrere Gene von der Mutation betroffen (Murakami u. Lupski 1996). Nachdem aber *PMP22* gesichert als krankheitsverursachend gelten kann, bietet die FISH die Möglichkeit, direkt und ausschließlich nach einer Änderung der *PMP22*-Dosis zu suchen. Hierfür hat sich ein Cosmid c132G8, das die gesamte genomische *PMP22*-Region einschließt, in der Praxis sehr gut bewährt (Patel et al. 1992; Patel u. Lupski 1994). Eine Duplikation von 1,5 Mb ist lichtmikroskopisch an Metaphasechromosomen nicht nachweisbar, da hier die Signaldistanz unterhalb des Auflösungsvermögens liegt. Daher muß für den CMT1A-Duplikationsnachweis eine Interphase-FISH an intakten Zellkernen durchgeführt werden. Zum Nachweis des Zellzykluszustands ist eine zusätzliche, Chromosom-17-spezifische Probe notwendig, beispielsweise cRCNeu1 (Kallioniemi et al. 1992) (vgl. Abb. 1.4.3). Diese Methode ist auf eine Vielzahl von Geweben, auch paraffin- und kryofixiertes Material, anwendbar und erlaubt auch den Nachweis von somatischen Mosaiken der CMT1A-Duplikation (Liehr et al. 1996). Durch die Anwendung der FISH-Technik auf etwas gestreckte Chromosomen war es auch möglich, die CMT1A-Duplikation und -Deletion erstmals sichtbar zu machen (Rautenstrauss et al. 1997).

1.4.6.3 Nachweis von Punktmutationen mittels der Einzelstrangkonformationspolymorphismusanalyse (single strand conformation polymorphism, SSCP) der Heteroduplexanalyse (HA) sowie der DNA-Sequenzierung

Es wurden einige Methoden entwickelt, um in so komplexen Genomen wie dem menschlichen nach submikroskopischen Mutationen zu suchen (vgl. hierzu Laborhandbücher wie „Current protocols in human genetics"). Insbesondere Mutationen in den kodierenden Exons sind hier von Interesse. Für die Gene *PMP22*, *MPZ* und *Cx32* ist die Exon-Intron-Struktur bekannt, und damit ist eine Amplifikation dieser Exons mittels PCR-Technik und intronischen Primern möglich (Nelis et al. 1996). SSCP-Analysen zeigen ca. 79% der Mutationen für DNA-Fragmente unterhalb 212 bp Länge (Sheffield et al. 1993), die HA liegt bei 80–90% Nachweis für Fragmente <300 bp (Grompe 1993). Nachdem es sich bei allen 3 Genen um kleine, zu amplifizierende Abschnitte handelt (<300 bp), sind einfach anzuwendende Standardmethoden, wie die Suche nach Einzelstrangpolymorphismen (SSCP) oder die Suche nach Heteroduplex-DNA sehr gut geeignet, um potentielle Mutationen zu identifizieren.

Die SSCP-Analyse basiert auf der Komplementarität des DNA-Doppelstranges, wobei nach Denaturierung jedem Einzelstrang gestattet wird, entsprechend seiner Nukleotidsequenz Faltungen zu spezifischen Sekundärstrukturen einzunehmen. Diese gefalteten Einzelstränge haben im nicht-denaturierenden Polyacrylamidgel typische Wanderungseigenschaften. Ist nun eines der beiden Allele in der diploiden Zelle mutiert, so wird dieses DNA-Molekül aufgrund der veränderten Sequenz auch eine andere Einzelstrangfaltung einnehmen. Dies hat in der Elektrophorese zur Folge, daß nicht nur die 2 Banden des Wildtyps zu sehen sind, sondern, im Idealfall, 2 weitere für die mutierten Einzelstränge (Orita et al. 1989). Eine Heteroduplexanalyse erlaubt nach der Denaturierung zusätzlich eine Renaturierung, wobei hier dann nicht nur Wildtyp und Mutation zueinander finden, sondern auch hybride Doppelstränge mit Basenfehlpaarungen entstehen (Heteroduplex DNA). Diese Doppelstränge wandern wiederum abweichend von den Homoduplex-DNA, so daß auch hiermit Mutationen gefunden werden können (White et al. 1992; Grompe 1993). Nelis et al. (1996) stellten 1996 eine Vergleichstudie dieser beiden Methoden, angewandt auf die Gene *PMP22*, *MPZ* und *Cx32* vor. Insgesamt 73 DNA von Patienten mit einer demyelinisierenden Neuropathie ohne CMT1A-Duplikation wurden auf Mutationen in den Genen *PMP22*, *MPZ* und *Cx32* mittels SSCP und HA untersucht. Alle PCR-Fragmente mit auffälligem Muster in der Elektrophorese wurden sequenziert und wiesen Sequenzvariationen auf. Für *PMP22* wurden so 2 Missense-Mutationen gefunden. Für das *MPZ*-Gen wurden isgesamt 13 Sequenzvariationen nachgewiesen, hiervon 2 nur mittels der SSCP-Technik, für *Cx32* schließlich wurden 5 Sequenzvariationen gefunden, davon eine nur mittels der HA-Technik (Übersicht Mutationen s. Tabelle 1.4.2). Damit sind beide Techniken ähnlich sensitiv in der Anwendung auf diese Gene. Nachdem die Punktmutationen selten sind, ist eine Vorselektion vor der direkten Sequenzierung notwendig, falls im Labor keine entsprechende Automatisierung vorhanden ist. Die direkte Sequenzierung erlaubt den Nachweis von allen Mutationen, stellt aber eine Kostenfrage dar.

Die Methoden zur DNA-Sequenzierung haben sich enorm schnell weiterentwickelt. Zumeist wird die Didesoxynukleotidterminationsmethode nach Sanger zugrundegelegt und mit verschiedenen Methoden zur Markierung kombiniert. Die ursprünglich angewandte radioaktive α-^{32}P-Markierung wird heute häufig durch Fluoreszenzmarkierungen und automatisierte Verfahren zur Computeranalyse ersetzt. Grundlage ist der Abbruch der DNA-Polymerisation beim Einbau von Didesoxynukelotiden. Die Terminationsreaktion kann damit spezifisch für die 4 DNA-Bausteine, Adenin, Thymin, Guanosin und Cytosin, erfolgen und ermöglicht so das exakte Ablesen der Basenfolge. Dominante Erkrankungen erschweren die Interpretation etwas, da in einem experimentellen Ansatz sowohl das Wildtyp- als auch das mutierte Allel durch die PCR amplifiziert werden, in der Regel ist hier eine selektive Amplifikation nicht möglich. Die Sequenzierung ergibt daher immer beide Resultate gleichzeitig, die einander überlagern können. Hier können durch die Mutation neu entstehende Restriktionsschnittstellen helfen, das Ergebnis abzusichern. Ein Beispiel hierfür ist die T118M-Mutation im Exon 4 von *PMP22*, die auch durch *NlaIII*-Verdau nachgewiesen werden kann (Roa et al. 1993). Mit dieser Methode lassen sich auch Mutationen nachweisen, die durch SSCP oder HA nicht erkennbar waren. Die zukünftige Entwicklung wird, bei immer stärkerer Automatisierung und damit Kostensenkung, zur direkten Sequenzierung der PCR-Produkte mit Computerauswertung ohne zwischengeschaltete Screening-Methoden führen.

1.4.7 Molekularbiologisch basierte Therapieansätze – Ausblick

Mit der zunehmenden Aufklärung der genetischen Ursachen werden auch immer mehr die Mechanismen der Mutationsenstehung verstanden. Diese vertiefte Verständnis schafft eine der Voraussetzungen für die Entwicklung molekularbiologisch basierter Therapieansätze, die die bereits diskutierten Therapien ergänzen könnten. Die Konstruktion von Tiermodellen wie PMP22-überexprimierende Mäuse und Ratten, PMP22-Knockout-Mäusen, P0-Knockout-Mäusen und Cx32-Knockout-Mäusen erlaubt grundsätzlich die Entwicklung und Erprobung neuer therapeutischer Methoden. Bislang erfolgreich wurde der Transfer eines retroviralen Reportergens in Schwann-Zellen berichtet (Zoidl et al. 1995). Dieser Transfer öffnet möglicherweise die Tür für eine somatische Gentherapie. Alle diese Ansätze stehen allerdings noch am Anfang der Forschung, und es ist noch ein langer Weg bis zur molekularbiologischen Therapie zurückzulegen.

1.4.8 Literatur

Adlkofer K, Martini R, Aguzzi A, Zilasek J, Toyka K V, Suter U (1995) Hypermyelination and demyelinating peripheral neuropathy in *Pmp22*-deficient mice. Nat Genet 11:274–286

Amato A A, Gronseth G S, Callerame K J, Kagan-Hallet K S, Bryan W W, Barohn R J (1996) Tomaculous neuropathy: a clinical and electrophysiological study in patients with and without 1.5-Mb deletions in chromosome 17p11.2. Muscle Nerve 19:16–22

Anderson R M, Dennett X, Hopkins I J, Shield L K (1973) Hypertrophic interstitial polyneuropathy in infancy. Clinical and pathologic features in two cases. J Pediatr 82:619–624

Baba M, Takada H, Miura H, Okushima T, Matsunaga M (1995) „Pseudo" hypertrophic neuropathy of childhood. J Neurol Neurosurg Psychiatry 58:236–237

Baechner D, Liehr T, Hameister H, Altenberger H, Grehl H, Suter U, Rautenstrauß B (1995) Widespread expression of the peripheral myelin protein 22 gene (*pmp22*) in neural and non-neural tissues during murine development. J Neurosci Res 42:733–741

Baringa M (1996) Glimpsing myelin's protein glue [news]. Science 273:1657–1658

Bathke K D, Ekici A, Liehr T, Grehl H, Lupski J R, Neundörfer B, Rautenstrauß B (1996) The hemizygous Thr118Met amino acid exchange in peripheral myelin protein 22: recessive Charcot-Marie-Tooth (CMT) disease type 1 mutation or polymorphism? Am J Hum Genet 59:1429

Behse F, Buchthal F (1977) Peroneal muscular atrophy (PMA) and related disorders. II. Histological findings in sural nerves. Brain 100:67–85

Behse F, Buchthal F, Carlsen F, Knappeis G G (1972) Hereditary neuropathy with liability to pressure palsies. Electrophysiological and histopathological aspects. Brain 95:777–794

Bellone E, Mandich P, Mancardi G L et al. (1992) Charcot-Marie-Tooth (CMT) 1a duplication at 17p11.2 in Italian families. J Med Genet 29:492–493

Ben Othmane K, Hentati F, Lennon F et al. (1993a) Linkage of a locus (CMT4A) for autosomal recessive Charcot-Marie-Tooth disease to chromosome 8q. Hum Mol Genet 2:1625–1628

Ben Othmane K, Middleton L T, Loprest L J et al. (1993b) Localization of a gene (CMT2A) for autosomal dominant Charcot-Marie-Tooth disease type 2 to chromosome 1p and evidence of genetic heterogeneity. Genomics 17:370–375

Ben-Porath I, Benvenisty N (1996) Characterization of a tumor-associated gene, a member of a novel family of genes encoding membrane glycoproteins. Gene 183:69–75

Bennett M V, Barrio L C, Bargiello T A, Spray D C, Hertzberg E, Saez J C (1991) Gap junctions: new tools, new answers, new questions. Neuron 6:305–320

Benstead T J, Kuntz N L, Miller R G, Daube J R (1990) The electrophysiologic profile of Dejerine-Sottas disease (HMSN III). Muscle Nerve 13:586–592

Berciano J, Calleja J, Combarros O (1994) Charcot-Marie-Tooth disease. Neurology 44:1985–1986

Berciano J, Combarros O, Calleja J, Polo J M, Leno C (1989) The application of nerve conduction and clinical studies to genetic counseling in hereditary motor and sensory neuropathy type 1. Muscle Nerve 12:302–306

Bergoffen J, Scherer S S, Wang S et al. (1993a) Connexin mutations in X-linked Charcot-Marie-Tooth disease. Science 262:2039–2042

Bergoffen J, Trofatter J, Pericak-Vance M A, Haines J L, Chance P F, Fischbeck K H (1993b) Linkage localization of X-linked Charcot-Marie-Tooth disease. Am J Hum Genet 52:312–318

Bird T D, Kraft G H (1978) Charcot-Marie-Tooth disease: data for genetic counseling relating age to risk. Clin Genet 14:43–49

Bird T, Ott J, Giblett E (1982) Evidence for linkage of Charcot-Marie-Tooth neuropathy to the Duffy locus on chromosome 1. Am J Hum Genet 34:338–394

Bird T D, Reenan A M, Pfeifer M (1984) Autonomic nervous system function in genetic neuromuscular disorders: hereditary motor-sensory neuropathy and myotonic dystrophy. Arch Neurol 41:43–46

Bird S J, Yum S, Fischbeck K H, Lynch D R (1996) Dejerine-Sottas disease (hereditary motor and sensory neuropathy type III) as a dominant inherited disorder. Muscle Nerve 19:1208

Blair I P, Nash J, Gordon M J, Nicholson G A (1996) Prevalence and origin of de novo duplications in Charcot-Marie-Tooth disease type 1A: first report of a de novo duplication with a maternal origin [see comments]. Am J Hum Genet 58:472–476

Bolino A, Brancolini V, Bono F et al. (1996) Localization of a gene responsible for autosomal recessive demyelinating neuropathy with focally folded myelin sheaths to chromosome 11q23 by homozygosity mapping and haplotype sharing. Hum Mol Genet 5:1051–1054

Bollensen E, Schachner M (1987) The peripheral myelin glycoprotein P0 expresses the L2/HNK-1 and L3 carbohydrate structures shared by neural adhesion molecules. Neurosci Lett 82:77–82

Bosch E P, Chui H C, Martin M A, Cancilla P A (1980) Brachial plexus involvement in familial pressure-sensitive neuropathy: electrophysiological and morphological findings. Ann Neurol 8:620–624

Bosse F, Zoidl G, Wilms S, Gillen C P, Kuhn H G, Müller H W (1994) Differential expression of two mRNA species indicates a dual function of peripheral myelin protein PMP22 in cell growth and myelination. J Neurosci Res 37:529–537

Bouché P, Gherardi R, Cathala H P, Lhermitte F, Castaigne P (1983) Peroneal muscular atrophy. Part 1. Clinical and electrophysiological study. J Neurol Sci 61:389–399

Boylan K B, Ferriero D M, Greco C M, Sheldon R A, Dew M (1992) Congenital hypomyelination neuropathy with arthrogryposis multiplex congenita. Ann Neurol 31:337–340

Bradley W G, Madrid R, Davis C J F (1977) The peroneal muscular atrophy syndrome. Clinical, genetic, electrophysiological and nerve biopsy studies. Part 3. Clinical, electrophysiological and pathological correlations. J Neurol Sci 32:123–136

Brice A, Ravise N, Stevanin G et al. (1992) Duplication within chromosome 17p11.2 in 12 families of French ancestry with Charcot-Marie-Tooth disease type 1A. J Med Genet 29:807–812

Brimijoin S, Capek P, Dyck P J (1973) Axonal transport of dopamine-β-hydroxylase by human sural nerves in vitro. Science 180:1295–1297

Bronstein J M, Popper P, Micevych P E, Farber D B (1996) Isolation and characterization of a novel oligodendrocyte-specific protein. Neurology 47:772–778

Brust J C M, Lovelace R E, Devi S (1978) Clinical and electrodiagnostic features of Charcot-Marie-Tooth syndrome. Part 1: Uncomplicated cases. Acta Neurol Scand 58:1–60

Buchthal F, Behse F (1977) Peroneal muscular atrophy (PMA) and related disorders. I. Clinical manifestations as related to biopsy findings, nerve conduction and electromyography. Brain 100:41–66

Calore E E, Alonso Neto J L, Cavaliere M J et al. (1994) Hypertrophic motor and sensory neuropathy type I (Charcot-Marie-Tooth disease): ultrastructural study of sural nerve biopsy in members of a family. Pathologica 86:279–283

Carter G T (1995) Phrenic nerve involvement in Charcot-Marie-Tooth. Muscle Nerve 18:1215–1216

Carter G T, Kilmer D D, Bonekat H W, Lieberman J S, Fowler W M J (1992) Evaluation of phrenic nerve and pulmonary function in hereditary motor and sensory neuropathy, type 1. Muscle Nerve 15:459–462

Castaigne P, Cathala H P, Brunet P, Hauw J J, Sicard J P (1976) Paralysies tronculaires récidivantes et neuropathie chronique concomitante. J Neurol Sci 30:65–82

Cavanagh N P, Eames R A, Galvin R J, Brett E M, Kelly R E (1979) Hereditary sensory neuropathy with spastic paraplegia. Brain 102:79–94

Chance P F, Fischbeck K H (1994) Molecular genetics of Charcot-Marie-Tooth disease and related neuropathies. Hum Mol Genet 1503–1507

Chance P F, Matsunami N, Lensch W, Smith B, Bird T D (1992) Analysis of the DNA duplication 17p11.2 in Charcot-Marie-Tooth neuropathy type 1 pedigrees: additional evidence for a third autosomal CMT1 locus. Neurology 42:2037–2041

Chance P, Alderson M, Leppig K et al. (1993) DNA deletion associated with hereditary neuropathy with liability to pressure palsies. Cell 72:143–151

Chance P F, Abbas N, Lensch M W, Pentao L, Roa B B, Patel P I, Lupski J R (1994a) Two autosomal dominant neuropathies result from reciprocal DNA duplication/deletion of a region on chromosome 17. Hum Mol Genet 3:223–228

Chance P F, Lensch M W, Lipe H, Brown R H Sr., Brown R H Jr., Bird T D (1994b) Hereditary neuralgic amyotrophy and hereditary neuropathy with liability to pressure palsies: two distinct genetic disorders. Neurology 44:2253–2257

Charcot J, Marie P (1886) Sur une forme particulière d'atrophie musculaire progressive, souvent familiale, débutant par les pieds et les jambes et atteignant plus tard les mains. Rev Méd Paris 6:97–138

Charnas L, Trapp B, Griffin J (1988) Congenital absence of peripheral myelin: abnormal Schwann cell development causes lethal arthrogryposis multiplex congenita. Neurology 38:966–974

Claus D (1989) Die Untersuchung der zentralen motorischen Leitungszeit bei Nervenkrankheiten. EEG Labor 11:136–148

Claus D, Waddy H M, Harding A E, Murray N M F, Thomas P K (1990) Hereditary motor and sensory neuropathies and hereditary spastic paraplegia: a magnetic stimulation study. Ann Neurol 2:43–49

Cochrane S, Bergoffen J, Fairweather N D et al. (1994) X linked Charcot-Marie-Tooth disease (CMTX1): a study of 15 families with 12 highly informative polymorphisms. J Med Genet 31:193–196

Combarros O, Calleja J, Figols J, Cabello A, Berciano J (1983) Dominantly inherited motor and sensory neuropathy type 1. Genetic, clinical, electrophysiological and pathological features in four families. J Neurol Sci 61:181–191

Combarros O, Calleja J, Polo J M, Berciano J (1987) Prevalence of hereditary motor and sensory neuropathy in Cantabria. Acta Neurol Scand 75:9–12

Cowchock F S, Duckett S W, Streletz L J, Graziani L J, Jackson L G (1985) X-linked motor-sensory neuropathy type-II with deafness and mental retardation: a new disorder. Am J Med Genet 20:307–315

Davidenkow S (1939) Scapuloperoneal amyotrophy. Arch Neurol Psychiatry 41:694–701

Davis C J, Bradley W G, Madrid R (1978) The peroneal muscular atrophy syndrome: clinical, genetic, electrophysiological and nerve biopsy studies. I. Clinical, genetic and electrophysiological findings and classification. J Genet Hum 26:311–349

Dawidenkow S (1927) Über die neurotische Muskelatrophie Charcot-Marie: Klinisch-genetische Studien. Z Ges Neurol Psychiatry 107:259–320

De Jong J G Y (1947) Over families met hereditaire dispositie tot het optreden van neuritiden, gecorreleerd met migraine. Psychiatr Neurol Bl 50:60–76

De Jonghe P, Timmerman V, Nelis E, Martin J-J, Van Broeckhoven C (1997) Charcot-Marie-Tooth disease and related neuropathies. J Peripheral Nervous Syst 4:370–387

De Leon M, Welcher A A, Suter U, Shooter E M (1991) Identification of transcriptionally regulated genes after sciatic nerve injury. J Neurosci Res 29:437–48

De Recondo J (1975) Hereditary neurogenic muscular atrophies. In: Vinken, Bruyn (eds) Handbook of clinical neurology. Amsterdam, pp 271–317

Déjérine J (1896) Névrite interstitielle hypertrophique et progressive de l'enfance. Rev Méd Paris 16:881–925

Déjérine J, Sottas J (1893) Sur la névrite interstitielle, hypertrophique et progressive de l'enfance. C R Soc Biol 45: 63–96

Dermietzel R, Spray D C (1993) Gap junctions in the brain: where, what type, how many and why? Trends Neurosci 16:186–192

Dubi J, Regli F, Bischoff A, Schneider C, De Crousaz G (1979) Recurrent familial neuropathy with liability to pressure palsies. Report of two cases and ultrastructural nerve study. J Neurol 220:43–45

Dyck P J (1990) History, heterogeneity, classification, and treatment of inherited neuropathy. In: Lovelace, Shapiro (eds) Charcot-Marie-Tooth disorders: pathophysiology, molecular genetics, and therapy. Wiley-Liss, New York, pp 1–15

Dyck P J, Gomez M R (1968) Segmental demyelinization in Dejerine-Sottas disease: light, phase – contrast, and electron microscopic studies. Mayo Clin Proc 43:280–296

Dyck P J, Lambert E H (1968a) Lower motor and primary sensory neuron diseases with peroneal muscular atrophy: I. Neurologic, genetic, and electrophysiologic findings in hereditary polyneuropathies. Arch Neurol 18:603–618

Dyck P J, Lambert E H (1968b) Lower motor and primary sensory neuron diseases with peroneal muscular atrophy: II. Neurologic, genetic, and electrophysiologic findings in various neuronal degenerations. Arch Neurol 18:619–625

Dyck P J, Ellefson R D, Lais A C, Smith R C, Taylor W F, Van Dyke R A (1970) Histologic and lipid studies of sural nerves in inherited hypertrophic neuropathy: preliminary report of a lipid abnormality in nerve and liver in Dejerine-Sottas disease. Mayo Clin Proc 45:286–327

Dyck P J, Lais A C, Offord K P (1974) The nature of myelinated nerve fiber degeneration in dominantly inherited hypertrophic neuropathy. Mayo Clin Proc 49:34–39

Dyck P J, Swanson C J, Low P A, Bartleson J D, Lambert E H (1982) Prednisone-responsive hereditary motor and sensory neuropathy. Mayo Clin Proc 57:239–246

Dyck P J, Karnes J L, Lambert E H (1989) Longitudinal study of neuropathic deficits and nerve conduction abnormalities in hereditary motor and sensory neuropathy type 1. Neurology 39:1302–1308

Dyck P, Chance P, Lebo R, Carney J (1993) Hereditary motor and sensory neuropathies. In: Dyck, Thomas, Griffin, Low, Poduslo (eds) Peripheral neuropathies. Saunders, Philadelphia, pp 1094–1136

Dyck P J, Litchy W J, Minnerath S, Bird T D, Chance P F, Schaid D J, Aronson, A E (1994) Hereditary motor and sensory neuropathy with diaphragm and vocal cord paresis. Ann Neurol 35:608–615

Earl W C, Johnson E W (1963) Motor nerve conduction velocity in Charcot-Marie-Tooth disease. Arch Phys Med 44:247–252

Earl C J, Fullerton P M, Wakefield G S, Schutta H S (1964) Hereditary neuropathy with liability to pressure palsies. QJM 33:481–498

Ellis D, Malcolm S (1994) Proteolipid protein gene dosage effect in Pelizaeus-Merzbacher disease [letter]. Nat Genet 6:333–334

Emery A E H (1991) Population frequencies of inherited neuromuscular diseases – A world survey. Neuromuscul Disord 1:19–29

Fabbretti E, Edomi P, Brancolini C, Schneider C (1995) Apoptotic phenotype induced by overexpression of wild-type gas3/PMP22: its relation to the demyelinating peripheral neuropathy CMT1A. Genes Dev 9:1846–1856

Fairweather N, Bell C, Cochrane S et al. (1994) Mutations in the connexin 32 gene in X-linked dominant Charcot-Marie-Tooth disease (CMTX1). Hum Mol Genet 3:29–34

Felice K J (1995) Acute anterior interosseous neuropathy in a patient with hereditary neuropathy with liability to pressure palsies: a clinical and electromyographic study. Muscle Nerve 18:1329–1331

Felice K J, Fratkin J D, Feldman E L, Sima A A (1994a) Phrenic nerve involvement in Dejerine-Sottas disease: a clinicopathological case study. Pediatr Pathol 14:905–911

Felice K J, Poole R M, Blaivas M, Albers J W (1994b) Hereditary neuropathy with liability to pressure palsies masquerading as slowly progressive polyneuropathy. Eur Neurol 34:173–176

Filbin M T, Walsh F S, Trapp B D, Pizzey J A, Tennekoon G (1990) Role of myelin P0 protein as a homophilic adhesion molecule. Nature 344:871–872

Fischbeck K H, ar-Rushdi N, Pericak-Vance M, Rozear M, Roses A D, Fryns J P (1986) X-linked neuropathy: gene localization with DNA probes. Ann Neurol 20:527–532

Frith J A, McLeod J G, Nicholson G A, Yang F (1994) Peroneal muscular atrophy with pyramidal tract features (hereditary motor and sensory neuropathy type V): a clinical, neurophysiological, and pathological study of a large kindred. J Neurol Neurosurg Psychiatry 57:1343–1346

Gabreëls Festen A, Gabreëls F (1993) Hereditary demyelinating motor and sensory neuropathy. Brain Pathol 3:135–146

Gabreëls-Festen A A W M, Joosten E M G, Gabreëls F J M, Stegeman D F, Vos A J M, Busch H F M. (1990) Congenital demyelinating motor and sensory neuropathy with focally folded myelin sheaths. Brain 113:1629–1643

Gabreëls Festen A A W M, Gabreëls F J M, Jennekens F G, Joosten E M G, Janssen van Kempen T W (1992a) Autosomal recessive form of hereditary motor and sensory neuropathy type I. Neurology 42:1755–1761

Gabreëls-Festen A A W M, Joosten E M, Gabreëls F J, Jennekens F G, Janssen van Kempen T W (1992b) Early morphological features in dominantly inherited demyelinating motor and sensory neuropathy (HMSN type I). J Neurol Sci 107:145–154

Gabreëls-Festen A A W M, Gabreëls F J, Jennekens F G, Janssen van Kempen T W (1994) The status of HMSN type III. Neuromuscul Disord 4:63–69

Gal A, Mücke J, Theile H, Wieacker P F, Ropers H H, Wienker T F (1985) X-linked dominant Charcot-Marie-Tooth disease: suggestion of linkage with a cloned DNA sequence from the proximal Xq. Hum Genet 70:38–42

Gherardi R, Bouché P, Escourolle R, Hauw J J (1983) Peroneal muscular atrophy. Part 2. Nerve biopsy studies. J Neurol Sci 61:401–416

Giese K P, Martini R, Lemke G, Soriano P, Schachner M (1992) Mouse P0 gene disruption leads to hypomyelination, abnormal expression of recognition molecules, and degeneration of myelin and axons. Cell 71:565–576

Gouider R, LeGuern E, Emile J et al. (1994) Hereditary neuralgic amyotrophy and hereditary neuropathy with liability to pressure palsies: two distinct clinical, electrophysiologic, and genetic entities. Neurology 44:2250–2252

Grehl H, Moll C, Meier C (1987) Hereditäre Neuropathie mit Neigung zu Druckläsionen. Dtsch Med Wochenschr 112:254–258

Grehl H, Rautenstrauß B, Liehr T, Bickel A, Ekici A, Bathke K D, Neundörfer B (1997) Clinical and morphological phenotype of HMSN 1A mosaicism. Neuromuscul Disord 7:27–31

Grompe M (1993) The rapid detection of unknown mutations in nucleic acids. Nat Genet 5:111–7

Gutmann L, Fakadej A, Riggs J (1983) Evolution of nerve conduction abnormalities in children with dominant hypertrophic neuropathy of the Charcot-Marie-Tooth type. Muscle Nerve 6:515–519

Guzzetta F, Ferrire G, Lyon G (1982) Congenital hypomyelination polyneuropathy. Pathological findings compared with polyneuropathies starting later in life. Brain 105:395–416

Guzzetta F, Rodriguez J, Deodato M, Guzzetta A, Ferriere G (1995) Demyelinating hereditary neuropathies in children: a morphometric and ultrastructural study. Histol Histopathol 10:91–104

Hahn A F (1993) Hereditary motor and sensory neuropathy: HMSN type II (neuronal type) and X-linked HMSN. Brain Pathol 3:147–155

Hahn A F, Brown W F, Koopman W J, Feasby T E (1990) X-linked dominant hereditary motor and sensory neuropathy. Brain 113:1511–1525

Hallam P J, Harding A E, Berciano J, Barker D F, Malcolm S (1992) Duplication of part of chromosome 17 is commonly associated with hereditary motor and sensory neuropathy type I (Charcot-Marie-Tooth disease type 1). Ann Neurol 31:570–572

Hammer J A, O'Shannessy D J, De Leon M, Gould R, Zand D, Daune G, Quarles R H (1993) Immunoreactivity of PMP-22, P0, and other 19 to 28 kDa glycoproteins in peripheral nerve myelin of mammals and fish with HNK1 and related antibodies. J Neurosci Res 35:546–558

Hardie R, Harding A E, Hirsch N, Gelder C, Macrae A D, Thomas P K (1990) Diaphragmatic weakness in hereditary motor and sensory neuropathy. J Neurol Neurosurg Psychiatry 53:348–350

Harding A E, Thomas P K (1980a) The clinical features of hereditary motor and sensory neuropathy types I and II. Brain 103:259–280

Harding A E, Thomas P K (1980b) Genetic aspects of hereditary motor and sensory neuropathy (type I and II). J Med Genet 17:329–336

Haverkamp F, Behring B (1995) Hereditare motorisch-sensible Neuropathie Typ III. Fallbericht und Literaturübersicht. Klin Padiatr 207:24–27

Hayasaka K, Himoro M, Sato W et al. (1993a) Charcot-Marie-Tooth neuropathy type 1B is associated with mutations of the myelin P0 gene. Nat Genet 5:31–34

Hayasaka K, Himoro M, Sawaishi Y et al. (1993b) De novo mutation of the myelin Po gene in Dejerine-Sottas disease (hereditary motor and sensory neuropathy type III). Nat Genet 5:266–268

Hayasaka K, Ohnishi A, Takada G, Fukushima Y, Murai Y (1993c) Mutation of the myelin Po gene in Charcot-Marie-Tooth neuropathy type 1. Biochem Biophys Res Commun 194:1317–1322

Hayasaka K, Takada G, Ionasescu V V (1993d) Mutation of the myelin Po gene in Charcot-Marie-Tooth neuropathy type 1B. Hum Mol Genet 2:1369–1372

Hentati A, Lamy C, Melki J, Zuber M, Munnich A, De Recondo J (1992) Clinical and genetic heterogeneity of Charcot-Marie-Tooth disease. Genomics 12:155–157

Holmberg B H (1993) Charcot-Marie-Tooth disease in northern Sweden: an epidemiological and clinical study. Acta Neurol Scand 87:416–422

Hoogendijk J E, Hensels G W, Gabreels Festen A A et al. (1992) De-novo mutation in hereditary motor and sensory neuropathy type I. Lancet 339:1081–1082

Huxley C, Passage E, Manson A, Putzu G, Figarella-Branger D, Pellissier J F, Fontes M (1996) Construction of a mouse model of Charcot-Marie-Tooth disease type 1A by pronuclear injection of human YAC DNA. Hum Mol Genet 5:563–569

Igarashi M, Thompson E I, Rivera G K (1995) Vincristine neuropathy in type I and type II Charcot-Marie-Tooth disease (hereditary motor sensory neuropathy). Med Pediatr Oncol 25:113–116

Ingall T, McLeod J (1991) Autonomic function in hereditary motor and sensory neuropathy (Charcot-Marie-Tooth disease). Muscle Nerve 14:1080–1083

Inoue K, Osaka H, Sugiyama N et al. (1996a) A duplicated PLP gene causing Pelizaeus-Merzbacher disease detected by comparative multiplex PCR. Am J Hum Genet 59:32–39

Inoue Y, Kagawa T, Matsumura Y, Ikenaka K, Mikoshiba K (1996b) Cell death of oligodendrocytes or demyelination induced by overexpression of proteolipid protein depending on expressed gene dosage. Neurosci Res 25:161–72

Ionasescu V V (1995) Charcot-Marie-Tooth neuropathies: from clinical description to molecular genetics. Muscle Nerve 18:267–275

Ionasescu V V, Trofatter J, Haines J L, Summers A M, Ionasescu R, Searby C (1991) Heterogeneity in X-linked recessive Charcot-Marie-Tooth neuropathy. Am J Hum Genet 48:1075–1083

Ionasescu V V, Ionasescu R, Searby C (1993) Screening of dominantly inherited Charcot-Marie-Tooth neuropathies. Muscle Nerve 16:1232–1238

Ionasescu V, Searby C, Ionasescu R (1994) Point mutations of the connexin32 (GJB1) gene in X-linked dominant Charcot-Marie-Tooth neuropathy. Hum Mol Genet 3:355–358

Ionasescu V, Searby C, Sheffield V C, Roklina T, Nishimura D, Ionasescu R (1996) Autosomal dominant Charcot-Marie-Tooth axonal neuropathy mapped on chromosome 7p (CMT2D). Hum Mol Genet 5:1373–1375

Iselius L, Grimby L (1982) A family with Charcot-Marie-Tooth's disease, showing a probable X-linked incompletely dominant inheritance. Hereditas 97:157–158

Izumi Y, Fukuuchi Y, Koto A, Ishihara N, Tachibana H (1994) Spastic paraplegia with amyotrophy of the legs: a

rare case of motor and sensory neuropathy. Keio J Med 43:206–210
Jacobs J M, Gregory R (1991) Uncompacted lamellae as a feature of tomaculous neuropathy. Acta Neuropathol (Berl) 83:87–91
Jammers J L (1972) The autonomic nervous system in peroneal muscular atrophy. Arch Neurol 27:213–220
Joosten E, Gabreels F, Gabreels-Festen A, Vrensen G, Korten J, Notermans S (1974) Electron-microscopic heterogeneity of onion-bulb neuropathies of the Dejerine-Sottas type. Two patients in one family with the variant described by Lyon (1969). Acta Neuropathol (Berl) 27:105–118
Joy J L, Oh S J (1989) Tomaculous neuropathy presenting as acute recurrent polyneuropathy. Ann Neurol 26:98–100
Kaku D, Parry G, Malamut R, Lupski J, Garcia C (1993) Nerve conduction studies in Charcot-Marie-Tooth polyneuropathy associated with a segmental duplication of chromosome 17. Neurology 43:1806–1808
Kalaydjieva L, Nikolova A, Turnev I et al. (1998) Hereditary motor and sensory neuropathy-Lom, a novel demyelinating neuropathy associated with deafness in gypsies. Brain 121:399–408
Kallioniemi O P, Kallioniemi A, Kurisu W et al. (1992) ERBB2 amplification in breast cancer analyzed by fluorescence in situ hybridization. Proc Natl Acad Sci USA 89:5321–5325
Karch S B, Urich H (1975) Infantile polyneuropathy with defective myelination: an autopsy study. Dev Med Child Neurol 17:504–511
Kennedy W R, Sung J H, Berry J F (1977) A case of congenital hypomyelination neuropathy. Clinical, morphological, and chemical studies. Arch Neurol 34:337–345
Kerschensteiner M, Schenck E (1969) Untersuchung der Nervenleitung bei neuraler Muskelatrophie und Friedreichscher Heredoataxie. Dtsch Z Nervenheilkd 195:166–186
Khoubesserian P, Regemorter N van, Ohrn-Deguel-Dre O, Toussaint D, Telerman-Toppet N, Coërs C (1979) Charcot-Marie associated with retinal pigment dystrophie and protanopia. J Neurol 222:1–10
Killian J M, Kloepfer H W (1979) Homozygous expression of a dominant gene for Charcot-Marie-Tooth neuropathy. Ann Neurol 5:515–522
Kitamura K, Suzuki M, Uyemura K (1976) Purification and partial characterization of two glycoproteins in bovine peripheral nerve myelin membrane. Biochim Biophys Acta 455:806–816
Kiyosawa H, Chance P F (1996) Primate origin of the CMT1A-REP reapeat and analysis of a putative transposon-associated recombinational hotspot. Hum Mol Genet 5:745–753
Kiyosawa H, Lensch M W, Chance P F (1995) Analysis of the CMT1A-REP repeat: mapping crossover breakpoints in CMT1A and HNPP. Hum Mol Genet 4:2327–2334
Kulkens T, Bolhuis P A, Wolterman R A et al. (1993) Deletion of the serine 34 codon from the major peripheral myelin protein P0 gene in Charcot-Marie-Tooth disease type 1B. Nat Genet 5:35–39
Kwon J M, Elliott J L, Yee W C, Ivanovich J, Scavarda N J, Moolsintong P J, Goodfellow P J (1995) Assignment of a second Charcot-Marie-Tooth type II locus to chromosome 3q. Am J Hum Genet 57:853–858
Lebo R V, Martinelli L, Su Y et al. (1993) Prenatal diagnosis of Charcot-Marie-Tooth disease type 1A by multicolor *in situ* hybridization. Am J Med Genet 47:441–450

Lemke G (1988) Unwrapping the genes of myelin. Neuron 1:535–43
Lemke G, Axel R (1985) Isolation and sequence of a cDNA encoding the major structural protein of peripheral myelin. Cell 40:501–508
Lemke G, Chao M (1988) Axons regulate Schwann cell expression of the major myelin and NGF receptor genes. Development 102:499–504
Lemke G, Lamar E, Patterson J (1988) Isolation and analysis of the gene encoding peripheral myelin protein zero. Neuron 1:73–83
Liehr T, Thoma K, Kammler K et al. (1995) Direct preparation of uncultured EDTA-treated or heparinized blood for interphase FISH analysis. Appl Cytogenet 21:185–188
Liehr T, Rautenstrauss B, Grehl H, Bathke K D, Ekici A, Rauch A, Rott H D (1996) Mosaicism for the CMT1A duplication suggests somatic reversion. Hum Genet 98:22–28
Lindeman E, Leffers P, Spaans F, Drukker J, Reulen J (1995) Deterioration of motor function in myotonic dystrophy and hereditary motor and sensory neuropathy. Scand J Rehabil Med 27:59–64
Lobsiger C S, Magyar J P, Taylor V, Wulf P, Welcher A A, Program A E, Suter U (1996) Identification and characterization of a cDNA and the structural gene encoding the mouse epithelial membrane protein-1. Genomics 36:379–387
Loprest L J, Pericak Vance M A, Stajich J et al. (1992) Linkage studies in Charcot-Marie-Tooth disease type 2: evidence that CMT types 1 and 2 are distinct genetic entities. Neurology 42:597–601
Low P, McLeod J, Prieas J (1978) Hypertrophic Charcot-Marie-Tooth disease. Light and electronmicroscope studies of the sural nerve. J Neurol Sci 35:93–115
Lupski J R (1998) Charcot-Marie-Tooth disease and related peripheral neuropathies. In: Jameson JL (ed) Principles of molecular medicine. Humana Press, Totawa, NJ, pp 921–926
Lupski J R, De Oca-Luna R M, Slaugenhaupt S et al. (1991a) DNA duplication associated with Charcot-Marie-Tooth disease type 1A. Cell 66:219–232
Lupski J R, Garcia C A, Parry G J, Patel P I (1991b) Charcot-Marie-Tooth polyneuropathy syndrome: clinical, electrophysiological and genetic aspects. Curr Neurol 11:1–25
Lupski J R, Wise C A, Kuwano A et al. (1992) Gene dosage is a mechanism for Charcot-Marie-Tooth disease type 1A. Nat Genet 1:29–33
Lütschg J, Vassella F, Boltshauser E, Dias K, Meier C (1985) Heterogeneity of congenital motor and sensory neuropathies. Neuropediatrics 16:33–38
Lyon G (1969) Ultrastructural study of a nerve biosy from a case of early infantile chronic neuropathy. Acta Neuropathol (Berl) 13:131–142
MacMillan J C, Upadhyaya M, Harper P S (1992) Charcot-Marie-Tooth disease type 1a (CMT1a): evidence for trisomy of the region p11.2 of chromosome 17 in south Wales families. J Med Genet 29:12–3
Madrid R, Bradley W (1975) The pathology of neuropathies with focal thickening of the myelin sheath (tomaculous neuropathy). Studies on the formation of the abnormal myelin sheath. J Neurol Sci 25:415–448
Madrid R, Bradley W G, Davis C J F (1977) The peroneal muscular atrophy syndrome. Clinical, genetic, electrophysiological and nerve biopsy studies. II. Observations on pathological changes in sural nerve biopsies. J Neurol Sci 32:91–122

Malandrini A, Guazzi G C, Federico A (1992) Sensory-motor chronic neuropathy in two siblings: atypical presentation of tomaculous neuropathy. Clin Neuropathol 11:318–322

Mancardi G L, Mandich P, Nassani S et al. (1995) Progressive sensory-motor polyneuropathy with tomaculous changes is associated to 17p11.2 deletion. J Neurol Sci 131:30–34

Mancardi G L, Uccelli A, Bellone E et al. (1994) 17p11.2 duplication is a common finding in sporadic cases of Charcot-Marie-Tooth type 1. Eur Neurol 34:135–139

Mandich P, James R, Nassani S et al. (1995) Molecular diagnosis of hereditary neuropathy with liability to pressure palsies (HNPP) by detection of 17p11.2 deletion in Italian patients. J Neurol 242:295–298

Manfioletti G, Ruaro M, Del Sal G, Philipson L, Schneider C (1990) A growth-arrest specific (*gas*) gene codes for a membrane protein. Mol Cell Biol 10:2924–2930

Mariman E C M, Gabreels-Festen A A W M, Van Beersum S E C, Jonghen P J H, Ropers H H, Gabreels F J M (1993) Gene for hereditary neuropathy with liability to pressure palsies (HNPP) maps to chromosome 17 at or close to the locus for HMSN type 1. Hum Genet 92:87–90

Mariman E C, Gabreëls-Festen A A W M, Van Beersum S E et al. (1994a) Evidence for genetic heterogeneity underlying hereditary neuropathy with liability to pressure palsies. Hum Genet 93:151–156

Mariman E C M, Gabreels-Festen A A W M, Van Beersum S E C et al. (1994b) Prevalence of the 1.5-Mb 17p deletion in families with hereditary neuropathy with liability to pressure palsies. Ann Neurol 36:650–655

Martini R, Zielasek J, Toyka K V, Giese K P, Schachner M (1995) Protein zero (P0)-deficient mice show myelin degeneration in peripheral nerves characteristic of inherited human neuropathies. Nat Genet 11:281–286

Marvin K W, Fujimoto W, Jetten A M (1995) Identification and characterization of a novel squamous cell-associated gene related to PMP22. J Biol Chem 270:28.910–28.916

Matsuda M, Ikeda S, Sakurai S, Nezu A, Yanagisawa N, Inuzuka T (1996) Hypertrophic neuritis due to chronic inflammatory demyelinating polyradiculoneuropathy (CIDP): a postmortem study. Muscle Nerve 19:163–169

Matsunami N, Smith B, Ballard L et al. (1992) Peripheral myelin protein-22 gene maps in the duplication in chromosome 17p11.2 associated with Charcot-Marie-Tooth 1A. Nat Genet 1:176–179

McKusick V A (1992) Mendelian inheritance in man. Catalogs of autosomal dominant, autosomal recessive and X-linked phenotypes. Johns Hopkins University Press, Baltimore London

McLeod J G, Low P A, Morgan J A (1978) Charcot-Marie-Tooth disease with Leber optic atrophy. Neurology 28:179–184

Meier C, Moll C (1982) Hereditary neuropathy with liability to pressure palsies. J Neurol 228:73–95

Meier C, Tackmann W (1982) Die hereditären motorisch-sensiblen Neuropathien. Fortschr Neurol Psychiatr 50:349–365

Meier C, Maibach R, Isler W, Bischoff A (1976) Dynamic aspects of peripheral nerve changes in progressive neural muscular atrophy. Light- and electronmicroscopic studies of serial nerve biopsies. J Neurol 211:111–124

Meier C, Schüpbach D H, Oettli M, Mumenthaler M (1989) Rucksacklähmung im Militärdienst. Katamnestische Untersuchung an 81 schweizerischen Wehrmännern. Wehrmed Monatsschr 245–251

Milks L C, Kumar N M, Houghten R, Unwin N, Gilula N B (1988) Topology of the 32-kd liver gap junction protein determined by site-directed antibody localizations. EMBO J 7:2967–2975

Miller T, Dahl G, Werner R (1988) Structure of a gap junction gene: rat connexin-32. Biosci Rep 8:455–64

Murakami T, Lupski J R (1996) A 1.5-Mb cosmid contig of the CMT1A duplication/HNPP deletion critical region in 17p11.2–p12. Genomics 34:128–133

Myrianthopoulos N C, Lane M H, Silberger D H, Vincent B L (1964) Nerve conduction and other studies in families with Charcot-Marie-Tooth disease. Brain 87:589–608

Nardelli E, Pizzighella S, Tridente G, Rizzuto N (1981) Peripheral neuropathy associated with immunoglobulin disorders. An immunological and ultrastructural study. Acta Neuropathol (Berl) [Suppl] 7:258–261

Nelis E, Van Broeckhoven C, De Jonghe P et al. (1996a) Estimation of the mutation frequencies in Charcot-Marie-Tooth disease type 1 and hereditary neuropathy with liability to pressure palsies: a European collaborative study. Eur J Hum Genet 4:25–33

Nelis E, Warner L E, Vriendt E D, Chance P F, Lupski J R, Van Broeckhoven C (1996b) Comparison of single-strand conformation polymorphism and heteroduplex analysis for detection of mutations in Charcot-Marie-Tooth type 1 disease and related peripheral neuropathies. Eur J Hum Genet 4:329–33

Neundörfer B (1987) Hereditär bedingte Polyneuropathien. In: Polyneuritiden und Polyneuropathien. VCH, Weinheim, S 464–505

Nicholson G A (1991) Penetrance of the hereditary motor and sensory neuropathy Ia mutation: assessment by nerve conduction studies. Neurology 41:547–552

Nicholson G, Nash J (1993) Intermediate nerve conduction velocities define X-linked Charcot-Marie-Tooth neuropathy families. Neurology 43:2558–2564

Nicholson B, Dermietzel R, Teplow D, Traub O, Willecke K, Revel J P (1987) Two homologous protein components of hepatic gap junctions. Nature 329:732–734

Nicholson G A, Kennerson M L, Keats B J, Mesterovic N, Churcher W, Barker D, Ross D A (1992) Charcot-Marie-Tooth neuropathy type 1A mutation: apparent crossovers with D17S122 are due to a duplication. Am J Med Genet 44:455–460

Nicholson G A, Valentijn L J, Cherryson A K et al. (1994) A frame shift mutation in the PMP22 gene in hereditary neuropathy with liability to pressure palsies. Nat Genet 6:263–266

Nukada H, Dyck P J, Karnes J L (1983) Thin axons relative to myelin spiral length in hereditary motor and sensory neuropathy type 1. Ann Neurol 14:648–655

Oatis C A (1990) Conservative management of the functional manifestations of Charcot-Marie-Tooth disease. In: Lovelace, Shapiro (eds) Charcot-Marie-Tooth disorders: pathophysiology, molecular genetics, and therapy. Wiley-Liss, New York, pp 417–427

Oh S J, Joy J L, Nam Sunwoo I (1989) Tomaculous neuropathy presenting as demyelinating mononeuropathy. Ann Neurol 26:168–169

Ohnishi A, Murai Y, Ikeda M, Fujita T, Furuya H, Kuroiwa Y (1989) Autosomal recessive motor and sensory neuropathy with excessive myelin outfolding. Muscle Nerve 12:568–575

Orita M, Suzuki Y, Sekiya T, Hayashi K (1989) Rapid and sensitive detection of point mutations and DNA poly-

morphisms using the polymerase chain reaction. Genomics 5:874–879
Orth U, Fairweather N, Exler M C, Schwinger E, Gal A (1994) X-linked dominant Charcot-Marie-Tooth neuropathy: valine-38-methionine substitution of connexin 32. Hum Mol Genet 3:1699–1700
Ouvrier R A, McLeod J G, Conchin T E (1987) The hypertrophic forms of hereditary motor and sensory neuropathy. A study of hypertrophic Charcot-Marie-Tooth disease (HMSN type I) and Dejerine-Sottas disease (HMSN type III) in childhood. Brain 110:121–148
Palau F, Lofgren A, De Jonghe P et al. (1993) Origin of the de novo duplication in Charcot-Marie-Tooth disease type 1A: unequal nonsister chromatid exchange during spermatogenesis. Hum Mol Genet 2:2031–2035
Palix C, Coignet J (1978) A case of neonetal peripheral polyneuritis due to demyelination. Pediatrie 33:201–207
Pareek S, Suter U, Snipes G J, Welcher A A, Shooter E M, Murphy R A (1993) Detection and processing of peripheral myelin protein PMP22 in cultured Schwann cells. J Biol Chem 268:10.372–10.379
Parmantier E, Carbon F, Braun C, D'Urso D, Müller H W, Zalc B (1995) Peripheral myelin protein-22 is expressed in rat and mouse brain and spinal cord motoneurons. Eur J Neurosci 7:1080–1088
Patel P I, Lupski J R (1994) Charcot-Marie-Tooth disease: a new paradigm for the mechanism of inherited disease. Trends Genet 10:128–132
Patel P I, Roa B B, Welcher A A et al. (1992) The gene for the peripheral myelin protein PMP-22 is a candidate for Charcot-Marie-Tooth disease type 1A. Nat Genet 1:159–165
Pellissier J F, Pouget J, De Victor B, Serratrice G, Toga M (1987) Neuropathie tomaculaire. Étude histopathologique et corrélations électrocliniques dans 10 cas. Rev Neurol 143:263–278
Pentao L, Wise C A, Chinault A C, Patel P I, Lupski J R (1992) Charcot-Marie-Tooth type 1A duplication appears to arise from recombination at repeat sequences flanking the 1.5 Mb monomer unit. Nat Genet 2:292–300
Quattrone A, Gambardella A, Bono F et al. (1996) Autosomal recessive hereditary motor and sensory neuropathy with focally folded myelin sheaths: clinical, electrophysiologic, and genetic aspects of a large family. Neurology 46:1318–1324
Raeymaekers P, Timmerman V, Nelis E et al. (1991) Duplication in chromosome 17p11.2 in Charcot-Marie-Tooth neuropathy type 1a (CMT 1a). The HMSN Collaborative Research Group. Neuromuscul Disord 1:93–97
Raeymaekers P, Timmerman V, Nelis E, Van Hul W, De Jonghe P, Martin J J, Van Broeckhoven C (1992) Estimation of the size of the chromosome 17p11.2 duplication in Charcot-Marie-Tooth neuropathy type 1a (CMT1a). HMSN Collaborative Research Group. J Med Genet 29:5–11
Rahman S, Carlile G, Evans W H (1993) Assembly of hepatic gap junctions. Topography and distribution of connexin 32 in intracellular plasma membranes determined using sequence-specific antibodies. J Biol Chem 268: 1260–1265
Raskind W H, Williams C A, Hudson L D, Bird T D (1991) Complete deletion of the proteolipid protein gene (PLP) in a family with X-linked Pelizaeus-Merzbacher disease. Am J Hum Genet 49:1355–1360
Rautenstrauß B, Nelis E, Grehl H, Pfeiffer R A, Van Broeckhoven C (1994) Identification of a de novo insertional mutation in P_0 in a patient with a Déjérine-Sottas phenotype. Hum Mol Genet 3:1701–1702
Rautenstrauß B, Fuchs C, Liehr T, Grehl H, Murakami T, Reiter L, Lupski J R (1997) Visualization of the CMT1A duplication and HNPP deletion by FISH on stretched chromosome fibers. J Peripheral Nervous Syst 4:319–322
Rebai T, Mhiri C, Heine P, Charfi H, Meyrignac C, Gherardi R (1989) Focal myelin thickenings in a peripheral neuropathy associated with IgM monoclonal gammopathy. Acta Neuropathol (Berl) 79:226–232
Reiter L T, Murakami T, Koeuth T, Pentao L, Muzny D M, Gibbs R A, Lupski J R (1996) A recombination „hot spot" responsible for two inherited peripheral neuropathies is located near a mariner transposon-like element. Nat Genet 12:288–297
Roa B B, Lupski J R (1994) Molecular genetics of Charcot-Marie-Tooth neuropathy. Adv Hum Genet 22:117–152
Roa B B, Dyck P J, Marks H G, Chance P F, Lupski J R (1993a) Dejerine-Sottas syndrome associated with point mutation in the peripheral myelin protein 22 (PMP22) gene. Nat Genet 5:269–273
Roa B B, Garcia C A, Pentao L et al. (1993b) Evidence for a recessive PMP22 point mutation in Charcot-Marie-Tooth disease type 1A. Nat Genet 5:189–194
Roa B B, Ananth U, Garcia C A, Lupski J R (1995) Molecular diagnosis of CMT1A and HNPP. Labmed Int 12:22–24
Roos D, Thygesen P (1972) Familial recurrent polyneuropathy. A family and a survey. Brain 95:235–248
Sabatelli M, Mignogna T, Lippi G et al. (1994) Autosomal recessive hypermyelinating neuropathy. Acta Neuropathol (Berl) 87:337–342
Saez J C, Nairn A C, Czernik A J, Spray D C, Hertzberg E L, Greengard P, Bennett M V (1990) Phosphorylation of connexin 32, a hepatocyte gap-junction protein, by cAMP-dependent protein kinase, protein kinase C and Ca^{2+}/calmodulin-dependent protein kinase II. Eur J Biochem 192:263–273
Said G (1980) A clinicopathologic study of acrodystrophic neuropathies. Muscle Nerve 3:491–501
Sakamoto Y, Kitamura K, Yoshimura K, Nishijima T, Uyemura K (1987) Complete amino acid sequence of PO protein in bovine peripheral nerve myelin. J Biol Chem 262:4208–4214
Sawaishi Y, Hayasaka K, Goto A et al. (1995) Congenital hypomyelination neuropathy: decreased expression of the P2 protein in peripheral nerve with normal DNA sequence of the coding region. J Neurol Sci 134:150–159
Schneider C, King R M, Philipson L (1988) Genes specifically expressed at growth arrest of mammalian cells. Cell 54:787–793
Schröder J M (1995) Pathologie des peripheren Nervensystems. In: Pfeiffer, Schröder (eds) Neuropathologie. Springer, Berlin Heidelberg New York, S 347–402
Sereda M, Griffiths I, Pühlhofer A et al. (1996) A transgenic rat model of Charcot-Marie-Tooth disease. Neuron 16:1049–1060
Sghirlanzoni A, Pareyson D, Balestrini M R et al. (1992) HMSN III phenotype due to homozygous expression of a dominant HMSN II gene. Neurology 42:2201–2204
Shapiro L, Doyle J P, Hensley P, Colman D R, Hendrickson W A (1996) Crystal structure of the extracellular domain from P0, the major structural protein of peripheral nerve myelin. Neuron 17:435–449
Sheffield V C, Beck J S, Kwitek A E, Sandstrom D W, Stone E M (1993) The sensitivity of single-strand conformation

polymorphism analysis for the detection of single base substitutions. Genomics 16:325–332

Smith T W, Bhawan J, Keller R B, DeGirolami U (1980) Charcot-Marie-Tooth disease associated with hypertrophic neuropathy: a neuropathologic study of two cases. J Neuropathol Exp Neurol 39:420–440

Snipes G J, Suter U, Welcher A A, Shooter E M (1992) Characterization of a novel peripheral nervous system myelin protein (PMP-22/SR13). J Cell Biol 117:225–238

Sorour E, Thompson P, MacMillan J, Upadhyaya M (1995) Inheritance of CMT 1A duplication from a mosaic father. J Med Genet 32:483–485

Spreyer P, Kuhn G, Hanemann C O et al. (1991) Axon-regulated expression of a Schwann cell transcript that is homologous to a „growth arrest-specific" gene. EMBO J 10:3661–3668

Straube A, Mai N, Walther E, Mayer M (1996) Persisting „writer's cramp" as a result of compensation of a temporary palsy due to a hereditary neuropathy with liability to pressure palsies. Mov Disord 11:576–579

Suchyna T M, Xu L X, Gao F, Fourtner C R, Nicholson B J (1993) Identification of a proline residue as a transduction element involved in voltage gating of gap junctions. Nature 365:847–849

Sugimura K, Takahashi A, Watanabe M, Mano K, Watanabe H (1990) Demyelinating changes in sural nerve biopsy of patients with HTLV-I-associated myelopathy. Neurology 40:1263–1266

Suter U, Snipes G J (1995) Biology and genetics of hereditary motor and sensory neuropathies. Annu Rev Neurosci 18:45–75

Suter U, Moskow J J, Welcher A A et al. (1992a) A leucine to proline mutation in the putative first transmembrane domain of the 22-kDa peripheral myelin protein in the trembler-J mouse. Proc Natl Acad Sci USA 89:4382–4386

Suter U, Welcher A A, Ozcelik T et al. (1992b) Trembler mouse carries a point mutation in a myelin gene. Nature 356:241–244

Suter U, Snipes G J, Schoener-Scott R et al. (1994) Regulation of tissue-specific expression of alternative peripheral myelin protein-22 (PMP22) gene transcripts by two promoters. J Biol Chem 269:25.795–25.808

Swenson K I, Jordan J R, Beyer E C, Paul D L (1989) Formation of gap junctions by expression of connexins in Xenopus oocyte pairs. Cell 57:145–55

Taylor V, Suter U (1996) Epithelial membrane protein-2 and epithelial membrane protein-3: two novel members of the peripheral myelin protein 22 gene family. Gene 175:115–120

Taylor V, Welcher A A, Program A E, Suter U (1995) Epithelial membrane protein-1, peripheral myelin protein 22, and lens membrane protein 20 define a novel gene family. J Biol Chem 270:28.824–28.833

Thomas P K, Lascelles R G (1967) Hypertrophic neuropathy. QJM 36:223–238

Thomas P K, Calne D B (1974a) Motor nerve conduction velocity in peroneal muscular atrophy: evidence for genetic heterogeneity. J Neurol Neurosurg Psychiatry 37:68–75

Thomas P K, Calne D B, Stewart G (1974b) Hereditary motor and sensory polyneuropathy (peroneal muscular atrophy). Ann Hum Genet 38:111–153

Thomas P K, Misra V P, King R H et al. (1994) Autosomal recessive hereditary sensory neuropathy with spastic paraplegia. Brain 117:651–659

Timmerman V, Nelis E, Van Hul W et al. (1992) The peripheral myelin protein gene PMP-22 is contained within the Charcot-Marie-Tooth disease type 1A duplication. Nat Genet 1:171–175

Timmerman V, De Jonghe P, Spoelders P et al. (1996) Linkage and mutation analysis of Charcot-Marie-Tooth neuropathy type 2 families with chromosomes 1p35–p36 and Xq13. Neurology 46:1311–1318

Timmerman V, Rautenstrauß B, Reiter L T et al. (1997) Detection of the CMT1A/HNPP recombination hotspot in unrelated patients of European descent. J Med Genet 34:43–49

Tooth H (1886) The peroneal type of progressive muscular atrophy. HK Lewis & Co, London

Tuck R R, McLeod J G (1983) Retinitis pigmentosa, ataxia and peripheral neuropathy. J Neurol Neurosurg Psychiatry 46:206–213

Valentijn L J, Baas F, Wolterman R A et al. (1992a) Identical point mutations of PMP-22 in Trembler-J mouse and Charcot-Marie-Tooth disease type 1A. Nat Genet 2:288–291

Valentijn L J, Bolhuis P A, Zorn I et al. (1992b) The peripheral myelin gene PMP-22/GAS-3 is duplicated in Charcot-Marie-Tooth disease type 1A. Nat Genet 1:166–170

Valentijn L J, Baas F, Zorn I, Hensels G W, De Visser M, Bolhuis P A (1993) Alternatively sized duplication in Charcot-Marie-Tooth disease type 1A. Hum Mol Genet 2:2143–2146

Valentijn L J, Ouvrier R A, Van den Bosch N H, Bolhuis P A, Baas F, Nicholson G A (1995) Dejerine-Sottas neuropathy is associated with a de novo PMP22 mutation. Hum Mutat 5:76–80

Vanasse M, Dubowitz V (1981) Dominantly inherited peroneal muscular atrophy (hereditary motor and sensory neuropathy type I) in infancy and childhood. Muscle Nerve 4:26–30

Vance J M, Speer M C, Stajich J M et al. (1996) Misclassification and linkage of hereditary sensory and autonomic neuropathy type 1 as Charcot-Marie-Tooth disease, type 2B. Am J Hum Genet 59:258–260

Vandenberghe A, Latour P, Chauplannaz G et al. (1996) Molecular diagnosis of Charcot-Marie-Tooth 1A disease and hereditary neuropathy with liability to pressure palsies by quantifying CMT1A-REP sequences: consequences of recombinations at variant sites on chromosomes 17p11.2–12. Clin Chem 42:1021–5

Verhagen W I, Gabreëls-Festen A A W M, Van Wensen P J, Joosten E M, Vingerhoets H M, Gabreels F J, De Graaf R (1993) Hereditary neuropathy with liability to pressure palsies: a clinical, electroneurophysiological and morphological study. J Neurol Sci 116:176–184

Vital C, Pautrizel B, Lagueny A, Vital A, Bergouignan F X, David B, Loiseau P (1985) Hypermyélinisation dans un cas de neuropathie périphérique avec gammapathie monoclonale bénigne a IgM. Rev Neurol (Paris) 141:729–734

Vizioli F (1889) Dell'atrofia muscolare progressiva neurotica. Boll Acad Medicochir Napoli 1:173–183

Warner L E, Hilz M J, Appel H et al. (1996a) Clinical phenotypes of different mpz (P0) mutations may include Charcot-Marie-Tooth type 1B, Dejerine-Sottas, and congenital hypomyelination. Neuron 17:451–460

Warner L E, Roa B B, Lupski J R (1996b) Absence of PMP22 coding region mutations in CMT1A duplication patients: further evidence supporting gene dosage as a

mechanism for Charcot-Marie-Tooth disease type 1A. Hum Mutat 8:362-5
Warner L E, Mancias P, Butler I J, Mcdonald C M, Keppen L, Koob K G, Lupski J R (1998) Mutations in the early growth repsonse 2 (EGR2) gene are associated with hereditary myelinopathies. Nat Genet 18:382-384
Webster H D, Schröder J M, Asbury A K, Adams R D (1967) The role of Schwann cells in the formation of „onion bulbs" found in chronic neuropathies. Neuropathol Exp Neurol 26:276-299
Welcher A A, Suter U, De Leon M, Snipes G J, Shooter E M (1991) A myelin protein is encoded by the homologue of a growth arrest-speciftc gene. Proc Natl Acad Sci USA 88:7195-7199
Weller R O (1967) An electronmicroscopic study of hypertrophic neuropathy of Dejerine and Sottas. J Neurol Neurosurg Psychiatry 30:111-125
Werner R, Levine E, Rabadan-Diehl C, Dahl G (1989) Formation of hybrid cell-cell channels. Proc Natl Acad Sci USA 86:5380-5384
White M B, Carvalho M, Derse D, O'Brian S J, Dean M (1992) Detecting single base substitutions as heteroduplex polymorphisms. Genomics 12:301-306
Windebank A J (1993) Inherited recurrent focal neuropathies. In: Dyck, Thomas, Griffin, Low, Poduslo (eds) Peripheral neuropathies. Saunders, Philadelphia, pp 1137-1148
Windebank A J, Schenone A, Dewald G W (1995) Hereditary neuropathy with liability to pressure palsies and inherited brachial plexus neuropathy - two genetically distinct disorders. Mayo Clin Proc 70:743-746
Wise C A, Garcia C A, Davis S N, Heju Z, Pentao L, Patel P I, Lupski J R (1993) Molecular analyses of unrelated Charcot-Marie-Tooth (CMT) disease patients suggest a high frequency of the CMTIA duplication. Am J Hum Genet 53:853-863
Wong M H, Filbin M T (1996) Dominant-negative effect on adhesion by myelin Po protein truncated in its cytoplasmic domain. J Cell Biol 134:1531-1541
Woratz G (1964) Neurale Muskelatrophie mit dominantem X-chromosomalem Erbgang. Klinisch-genetische Untersuchung einer Sippe in Sachsen. In: Abhandl Dtsch Akad Wissensch Klasse Med Akademie Verlag, Berlin, S 1-99
Yamamoto M, Yasuda T, Hayasaka K et al. (1997) Locations of crossover breakpoints within the CMT1A-REP repeat in Japanese patients with CMT1A and HNPP. Hum Genet 99:151-154
Yoshikawa H, Dyck P J (1991) Uncompacted inner myelin lamellae in inherited tendency to pressure palsy. J Neuropathol Exp Neurol 50:649-657
Zhang K, Merazga Y, Filbin M T (1996) Mapping the adhesive domains of the myelin Po protein. J Neurosci Res 45:525-533
Zoidl G, Blass-Kampmann S, D'Urso D, Schmalenbach C, Muller H W (1995) Retroviral-mediated gene transfer of the peripheral myelin protein PMP22 in Schwann cells: modulation of cell growth. EMBO J 14:1122-1128

1.5 Kongenitale und Mitochondriale Myopathien

CLEMENS R. MÜLLER-REIBLE und PETER SEIBEL

Inhaltsverzeichnis

1.5.1	**Kongenitale Myopathien**	124
1.5.1.1	Central core disease	125
1.5.1.1.1	Einführung, Historie	125
1.5.1.1.2	Klinik und Verlauf	125
1.5.1.1.3	Morphologie	125
1.5.1.1.4	Ätiologie und Pathomechanismus	126
1.5.1.1.5	Klassische Therapie	126
1.5.1.1.6	Genetik und molekulare Ursachen	126
1.5.1.1.7	Molekulare Diagnostik	127
1.5.1.1.8	Ausblick	127
1.5.1.2	Nemaline-Myopathie	127
1.5.1.2.1	Einführung, Historie	127
1.5.1.2.2	Klinik und Verlauf	127
1.5.1.2.3	Morphologie	128
1.5.1.2.4	Ätiologie und Pathomechanismus	128
1.5.1.2.5	Klassische Therapie	129
1.5.1.2.6	Genetik und molekulare Ursachen	129
1.5.1.2.7	Molekulare Diagnostik	129
1.5.1.3	Zentronukleäre Myopathien	129
1.5.1.3.1	Einführung, Historie	129
1.5.1.3.2	Klinik und Verlauf	130
1.5.1.3.3	Morphologie	130
1.5.1.3.4	Ätiologie und Pathomechanismus	130
1.5.1.3.5	Klassische Therapie	131
1.5.1.3.6	Genetik und molekulare Ursachen	131
1.5.1.4	Myotubuläre Myopathie (fulminante, X-chromosomale Form)	131
1.5.1.4.1	Einführung, Historie	131
1.5.1.4.2	Klinik und Verlauf	131
1.5.1.4.3	Morphologie	131
1.5.1.4.4	Ätiologie und Pathomechanismus	131
1.5.1.4.5	Genetik und molekulare Ursachen	132
1.5.1.4.6	Molekulare Diagnostik	132
1.5.2	**Mitochondriale Myopathien**	133
1.5.2.1	Mitochondrien	133
1.5.2.2	Energiegewinnung	133
1.5.2.3	Mitochondriales Genom	133
1.5.2.4	Erkrankungen des aeroben Energiestoffwechsels	135
1.5.2.4.1	Einteilung	136
1.5.2.4.2	Mitochondriale Gendefekte: Die häufigsten Krankheiten	137
1.5.2.5	Genetik der Stoffwechselerkrankungen	138
1.5.2.6	Therapie der Stoffwechselerkrankungen	141
1.5.3	**Literatur**	142

1.5.1 Kongenitale Myopathien

In der klinischen Praxis erleichtert eine Einteilung der Myopathien nach dem typischen Erkrankungsalter häufig die differentialdiagnostische Weichenstellung. Die Klassifizierung der kongenitalen Myopathien nach dem Beginn der Symptome war jedoch von Anfang an problematisch, da sie neben den typischen konnatalen Formen auch seltene Sonderformen sonst spät manifestierender Erkrankungen umfaßte (z.B. die kongenitale Form der Myotonischen Dystrophie) und ebenso adulte Myopathien mit einschloß, deren konnataler Beginn oft erst retrospektiv erkannt wird. Da für viele der kongenitalen Myopathien feingewebliche Strukturveränderungen der Muskulatur charakteristisch sind, haben morphologisch orientierte Autoren auch eine Zusammenfassung als „Strukturmyopathien" vorgeschlagen. In neuerer Zeit ist zudem eine Einteilung nach genetischen Gesichtspunkten möglich geworden, die wiederum den Vorteil bietet, sich auf gemeinsame oder verwandte pathogenetische Mechanismen stützen zu können. Naturgemäß können alle diese Einteilungen trotz starker Überlappung nicht kongruent sein, so daß ihre Koexistenz im jeweilgen Zusammenhang des Fachgebiets weiterhin ihre Berechtigung hat.

In einem Handbuch der Molekularen Medizin liegt es auf der Hand, die molekularen Ursachen einer Erkrankung in den Vordergrund zu stellen. Aus diesem Grund werden die kongenitalen Sonderformen von Myopathien mit bekannter Pathogenese im jeweiligen Zusammenhang abgehandelt, so z.B. die kongenitalen Muskeldystrophien im Kapitel 1.1 (Kapitel 1.1 „Muskeldystrophien"), die kongenitale Myotonische Dystrophie im Kapitel 1.2 (Kapitel 1.2 „Myotone Syndrome"). Viele der Strukturmyopathien sind Rara und Rarissima, die sich bisher – auch aus diesem Grund – einer genetischer Analyse entzogen haben. Für diese Formen wird auf die einschlägigen Handbücher verwiesen (z. B. Mair u. Tomé 1972; Fardeau u. Tomé 1994). Die folgende Darstellung beschränkt sich auf die häufigeren kongenitalen Myopathien, bei denen wenigstens ansatzweise Kenntnisse über die molekularen Ursachen vorliegen.

1.5.1.1 Central core disease

1.5.1.1.1 Einführung, Historie

Die Central core disease (CCD; OMIM #117.000), im Deutschen gelegentlich auch als Zentralfibrillenerkrankung bezeichnet, war die erste der kongenitalen Strukturmyopathien, die als eigenständige Entität erkannt worden ist (Shy u. Magee 1956). Die Autoren konnten 5 Patienten aus 3 Generationen einer Familie untersuchen, die von Geburt an durch allgemeine Hypotonie und Muskelschwäche aufgefallen waren. Obwohl die Hypotonie im Lauf der Kindheit abklang, verlief die motorische Entwicklung verzögert, und es blieb eine symmetrische Muskelschwäche v. a. der proximalen unteren Extremitäten, die sich als nicht progressiv erwies. Die Muskelbiopsie zeigte auffällige, scharf begrenzte, amorphe Areale inmitten der Mehrzahl der Muskelfasern, die später von Greenfield (1958) als „central cores" bezeichnet wurden und der Erkrankung schließlich den Namen gaben.

1.5.1.1.2 Klinik und Verlauf

Charakteristische Merkmale der ersten Lebensjahre bei CCD-Patienten sind eine allgemeine Muskelhypotonie und -schwäche sowie eine z. T. deutliche Verzögerung der motorischen Entwicklung. In der Regel können aber alle Bewegungen gegen die Schwerkraft ausgeführt werden. Im Jugend- und Erwachsenenalter überwiegt eine Schwäche der Extremitätenmuskulatur, die an den Beinen meist stärker ausgeprägt ist als an den Armen. Die proximalen Muskeln sind dabei stärker betroffen als die distalen. Die meisten Patienten haben ein schmächtiges Muskelprofil, ausgeprägte Atrophie ist aber eher selten. Faszikulationen und Kontrakturen sind untypisch, die Reflexe in der Regel vermindert. Die fazialen und extraokularen Muskeln sind meist nicht, allenfalls leicht betroffen, ebenso ist die Herzmuskelfunktion im Regelfall normal. Die intellektuelle Entwicklung ist nicht beeinflußt.

Häufig kommt es zu assoziierten Skelettveränderungen, wie kongenitaler Hüftluxation, Skoliosen und Deformationen des Thorax und der Füße.

Die instrumentelle neurologische Untersuchung und die Laborbefunde sind nicht wegweisend. Das EMG ist meist normal, in Einzelfällen leicht myopathisch, der Serum-CK-Wert kann mäßig erhöht sein.

Das Ausmaß der Behinderung reicht von einer leichten Einschränkung beim Laufen und Treppensteigen bis hin zu seltenen Fällen von dauernder Immobilität. Dabei kann die Schwere der Erkrankung auch innerhalb einer Familie stark variieren. Die Symptome sind i. allg. nicht progressiv, eine langsame Verschlechterung wird gelegentlich beschrieben.

Denborough et al. (1973) beobachteten erstmals das Auftreten einer Malignen Hyperthermie (MH) während der Narkose eines CCD-Patienten. Obwohl MH-ähnliche Narkosezwischenfälle auch bei anderen neuromuskulären Grunderkrankungen immer wieder beschrieben worden sind, erschien die Assoziation zwischen CCD und MH besonders strikt (Harriman u. Ellis 1973; Eng et al. 1978; Frank et al. 1980; Shuaib et al. 1987; Krivosic-Horber u. Krivosic 1989). Sie bildete denn auch den Ausgangspunkt für die genetische Analyse der CCD (s. unten). Erst in jüngerer Zeit wurde über CCD-Patienten berichtet, die die Disposition zur Malignen Hyperthermie nicht tragen (Romero et al. 1993; Islander et al. 1995; Halsall et al. 1996).

1.5.1.1.3 Morphologie

Angesichts der recht unspezifischen klinischen Symptomatik kommt der histopathologischen Beurteilung des Muskelbioptats entscheidende differentialdiagnostische Bedeutung zu. In der Übersicht finden sich eine mäßige Kalibervariation mit hypertrophen und atrophen Muskelfasern sowie eine Prädominanz der Typ-I-Fasern, die gelegentlich sehr ausgeprägt sein kann. Der Anteil zentralständiger Kerne ist erhöht, Fasernekrose und -regeneration werden jedoch typischerweise nicht beobachtet. Herausstechendes morphologisches Merkmal sind die zentralen „cores", die mit allen Standardfärbungen erkannt werden können, besonders deutlich aber durch das Fehlen oxidativer Enzymaktivitäten hervortreten (NADH-Dehydrogenase- oder Sukzinatdehydrogenasefärbung). Die Cores sind meist scharf begrenzt, einzeln und zentral im Querschnitt der Faser gelegen (Abb. 1.5.1).

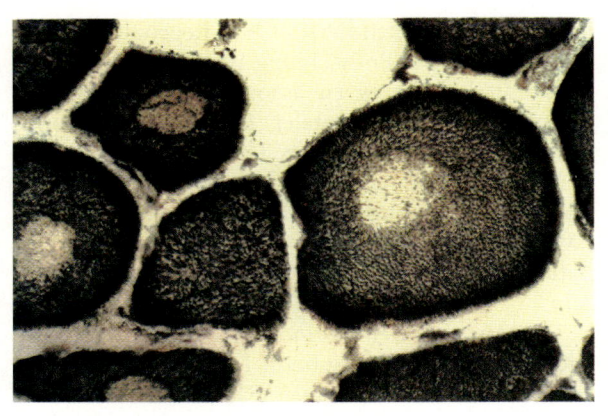

Abb. 1.5.1. Central core disease. Querschnitt durch ein Muskelbiopsat (NADH-Oxidase-Färbung). Die hellen zentralen Areale entsprechen den namengebenden „cores"

Längsschnitte zeigen, daß sie sich über die ganze Länge einer Faser erstrecken können.

Bei elektronenmikroskopischer Untersuchung erscheinen die Cores mit Myofilamenten dicht gepackt und scharf abgegrenzt gegen die umliegenden, normalen Myofibrillen. Innerhalb der Cores kann die Myofilamentstruktur erhalten („structured cores") oder unterbrochen sein („unstructured cores"). Die Zahl der Mitochondrien in den Cores ist deutlich vermindert in Übereinstimmung mit dem Fehlen der oxidativen Enzymaktivitäten. Im allgemeinen bringt die ultrastrukturelle Analyse – abgesehen von der Histochemie – wenig zusätzlichen Informationsgewinn.

Die Cores an sich sind noch kein spezifisches Merkmal, da sie immer wieder auch in anderen pathologischen Muskelbiopsien gefunden werden. Diese „unspezifischen" Cores sind jedoch in der Tendenz kleiner, diffus begrenzt, und häufig sind mehrere Cores pro Muskelfaser zu finden. Die Diagnose einer CCD ist demnach nur in der Zusammenschau mit der Klinik zu stellen und kann histologisch nur dann als gesichert gelten, wenn eine deutliche Prädominanz der Typ-I-Fasern vorliegt und die große Mehrzahl dieser Fasern typische „central cores" aufweist.

1.5.1.1.4 Ätiologie und Pathomechanismus

Über Ätiologie und Pathomechanismus der CCD herrscht weitgehend Unklarheit. Zeitpunkt und Mechanismus der Entstehung der Cores sind ebenso unbekannt wie ihre biochemische Zusammensetzung. Eine Ähnlichkeit mit „target fibres", wie sie sich bei einer Reinervation nach experimenteller Denervation finden, ist diskutiert worden und hat an eine neurogene Komponente denken lassen (Resnick u. Engle 1967; Mair u. Tomé 1972). Es überwiegen jedoch die Hinweise auf einen myogenen Ursprung (EMG, Histologie), ohne daß diese Frage endgültig geklärt wäre.

1.5.1.1.5 Klassische Therapie

Eine kausale Therapie der CCD steht nicht zur Verfügung. Die Behandlung beschränkt sich derzeit auf die orthopädische Korrektur allfälliger Skelettfehlbildungen und auf erhaltende physiotherapeutische Übungen.

1.5.1.1.6 Genetik und molekulare Ursachen

Bereits die Erstbeschreiber hatten den autosomal-dominanten Erbgang vermerkt, und nahezu alle familiären Fälle sind mit diesem Vererbungsmodus vereinbar. Allerdings sind wiederholt „sporadische" Fälle beschrieben worden, deren Eltern klinisch völlig unauffällig waren. In Einzelfällen fanden sich in der Muskelbiopsie solcher asymptomatischen Genträger die typischen Cores. Es ist derzeit nicht klar, ob die anscheinend nicht-familiären Fälle durch solche blanden Verläufe des dominanten Erbgangs, durch eine rezessive Form der CCD oder durch Neumutationen zu erklären sind.

Die Assoziation mit der Malignen Hyperthermie (MH) gab den Anstoß zur chromosomalen Kartierung des CCD-Locus, nachdem ein erster Locus für die Disposition zur MH auf Chromosom 19q13.1 lokalisiert worden war (McCarthy et al. 1990). Genetische Kopplungsstudien in einer australischen und 3 deutschen CCD-Familien konnten den Genort für CCD derselben Chromosomenregion zuweisen und damit die Vermutung einer engen Beziehung zur MH auch genetisch stützen (Kausch et al. 1990, 1991; Haan et al. 1991). Parallel dazu konnte das Gen für den sog. Ryanodinrezeptor (RYR1) innerhalb des fraglichen Genomabschnitts kartiert werden (MacLennan et al. 1990). Der Ryanodinrezeptor vermittelt nach entsprechendem Impuls den Ausstrom von intrazellulär gespeicherten Kalziumionen aus dem Sarkoplasmatischen Retikulum (SR). Das Protein ist in den terminalen Zisternen des SR gegenüber den transversen Tubuli lokalisiert. Es interagiert vermutlich direkt mit dem Dihydropyridinrezeptor, der seinerseits in der Membran der transversen Tubuli verankert ist und als Spannungssensor fungiert. Das RYR1-Gen besteht aus 106 Exons, die für ein Polypeptid aus 5038 Aminosäuren kodieren. Der funktionelle Rezeptor bildet ein Homotetramer.

Biochemische und physiologische Untersuchungen an Schweinen mit dem sog. „porcine stress syndrome", einer Relaxationsstörung des Skelettmuskels, die große Ähnlichkeit zur MH beim Menschen aufweist, machten RYR1 zu einem plausiblen Kandidaten für den molekularen Defekt. In der Tat konnten Mutationen dieses Gens sowohl bei Menschen als auch bei Schweinen mit dem MH-Phänotyp nachgewiesen werden (Fujii et al. 1991; Gillard et al. 1991; Quane et al. 1993, 1994 a, b; Keating et al. 1994; Phillips et al. 1994; Lynch et al. 1996; Keating et al. 1997). Auch in 3 Familien mit CCD wurden Mutationen des RYR1-Gens beschrieben (Quane et al. 1993, 1994 a; Zhang et al. 1993). Die meisten dieser Mutationen konnten in vitro exprimiert werden und zeigten durchweg eine erhöhte Sensitivität für die Auslösung der Kalziumfreisetzung (Treves et al. 1994; Otsu et al. 1994; Richter et al. 1997; Tong et al. 1997). Unterschiedliche Auswirkungen von verschiedenen Mutationen ein und desselben Gens sind gerade von Ionenkanälen gut bekannt (vgl. die Myotonien des muskulären Choridkanals, Übersicht bei Koch et al. 1992). Allerdings erklären die In-vitro-Daten nicht, wie einerseits die Übererregbarkeit des Muskels bei der Malignen Hyperthermie und andererseits die permanente Muskelschwäche bei CCD aus der Funktion des mutierten Ryanodinrezeptors zu erklären seien.

1.5.1.1.7 Molekulare Diagnostik

Bisher sind 3 Mutationen des RYR1-Gens in CCD-Familien beschrieben worden, alle wurden nur in jeweils einer Familie beobachtet. Für die große Mehrzahl der CCD-Patienten konnte noch kein ursächlicher Gendefekt nachgewiesen werden. Eine systematische Mutationssuche gestaltet sich wegen der Größe des RYR1-Gens sehr aufwendig (15 kb mRNA, 106 Exons). Es ist daher zum gegenwärtigen Zeitpunkt nicht klar, ob die lückenhafte Datenlage auf eine unvollständige Analyse oder auf genetische Heterogenität der CCD zurückzuführen ist. Eine routinemäßige molekulare Diagnostik wird derzeit nicht angeboten.

1.5.1.1.8 Ausblick

Die gegenwärtigen Bemühungen gelten v.a. der Identifizierung neuer Mutationen und der experimentellen Überprüfung der pathologischen Auswirkung der bereits beschriebenen Sequenzvarianten. Von besonderem Interesse ist die potentielle Allelie mit der Malignen Hyperthermie. Es existiert derzeit keine überzeugende Hypothese, die einerseits die Übererregbarkeit des Muskels in einer Narkosekrise und andererseits die chronische Muskelschwäche bei CCD als Wirkung allelischer Mutationen erklären könnte.

1.5.1.2 Nemaline-Myopathie

1.5.1.2.1 Einführung, Historie

Im Jahr 1963 beschrieben die Arbeitsgruppen von Shy und Conen unabhängig voneinander eine neue Form der kongenitalen Myopathien, die histologisch durch die massenhafte Ablagerung stäbchenförmiger Strukturen („rods") in den Muskelfasern gekennzeichnet ist. Shy et al. (1963) schlugen den Namen „nemaline" Myopathie vor (von griech. νεμα: Faden), der sich gegen Conens Begriff „myogranules" durchgesetzt hat. Eine Literatursuche vermittelt den Eindruck, daß es sich um die häufigste und am sorgfältigsten untersuchte kongenitale Myopathie handelt, die weltweit beobachtet wird.

1.5.1.2.2 Klinik und Verlauf

Es werden 3 Verlaufsformen unterschieden, die nicht alle notwendigerweise perinatal auffällig sein müssen:
- die „klassische", kongenitale, nicht oder langsam progressive Nemaline-Myopathie,
- eine schwere, neonatale, meist fatale Form und
- eine Erwachsenenform.

Die meisten Fallberichte beziehen sich auf die „klassische" Form, die bereits von Geburt an durch eine generalisierte Hypotonie und Muskelschwäche gekennzeichnet ist; dazu kommt häufig eine ausgeprägte Trinkschwäche. Die motorische Entwicklung ist deutlich verzögert, die Muskelschwäche konzentriert sich auf die proximalen Extremitäten, so daß die typischen Gangstörungen und Gowers-Manöver beobachtet werden. Zusätzlich sind meist die Gesichtsmuskulatur (mit Ausnahme der extraokulären Muskeln) und die Kiefermuskulatur betroffen. Daraus resultieren eine Facies myopathica sowie Sprach- und Schluckstörungen. Die Sehnenreflexe fehlen oder sind stark vermindert, Sensibilität und geistige Entwicklung sind normal.

Assoziierte dysmorphe Zeichen werden häufig beschrieben: hoher Gaumen, Mikrognathie und Prognathie, Thoraxdeformationen, Klinodaktylien, Pes cavus und Talipes equinovarus.

Die Symptome sind in der Regel nicht oder nur langsam progressiv, so daß die meisten Patienten relativ gut mobil bleiben. Allerdings kann es zu sekundären Skelettfehlbildungen (z. B. Kyphoskoliosen) kommen, die u. U. die Atemkapazität deutlich einschränken können. Herzfehler sind nicht selten und können auch plötzlich auftreten. Die Mortalität bis zum 6. Lebensjahr wird mit 20% angegeben.

Deutlich seltener tritt die schwere, neonatale Form auf, bei der meist schon Geburtskomplikationen beschrieben werden. Die allgemeine Hypotonie ist stark ausgeprägt, kongenitale Kontrakturen sind häufig, ebenso erhebliche Trink- und Schluckschwächen. Bronchopulmonale Infektionen, Atemversagen oder dilative Kardiomyopathie führen bei den meisten betroffenen Kindern zum Tod innerhalb weniger Monate, wenige überleben die Säuglingsperiode.

Am wenigsten einheitlich präsentieren sich die Fälle mit Beginn im Erwachsenenalter. Retrospektiv hat sich bei einigen dieser Patienten eine minimale kongenitale Schwäche erst im Lauf der Jahre zu subjektiven Beschwerden entwickelt, andere werden erst im Rahmen von Familienuntersuchungen auffällig. Es bleibt weiteren genetischen Studien vorbehalten, zu klären, ob die typischen „nemaline rods" durch die in diesen Fällen die Diagnose gestellt wird (s. unten), eine eigenständige Untergruppe rechtfertigen.

1.5.1.2.3 Morphologie

Wie bei anderen kongenitalen Myopathien ist die Beurteilung der Muskelbiospie entscheidend für die Differentialdiagnose. Vor allem in der modifizierten Gomori-Trichromfärbung sind auf dem blau-grünen Hintergrund der Myofibrillen die abundanten purpurroten „nemaline rods" gut zu erkennen, deren Länge sich zwischen 1 und 7 μm bei einem Durchmesser von 0,5–2 μm bewegt (Abb. 1.5.2). Sie können parallel zu den Myofibrillen liegen, oft wird auch eine fokale Anhäufung unterhalb des Sarkolemms beobachtet.

Elektronenmikroskopisch imponieren kleinere rods oft als Verdickungen der Z-Streifen (Abb. 1.5.3). Im Querschnitt zeigen sie eine regelmäßige Gitterstruktur wie die normalen Z-Scheiben, wirken jedoch im direkten Vergleich wie komprimiert und dichter gepackt.

Anzahl, Größe und Lokalisation der rods lassen keine Korrelation mit dem Schweregrad des klinischen Bilds erkennen. Andere morphologische Veränderungen sind unspezifisch und treten gegenüber den rods in den Hintergrund.

1.5.1.2.4 Ätiologie und Pathomechanismus

Die strukturellen Untersuchungen lassen den Defekt der Nemaline-Myopathie zunächst im Sarkomer vermuten. Damit kommen alle strukturellen Komponenten des Sarkomers sowie die am Turnover der Strukturproteine beteiligten Enzyme als

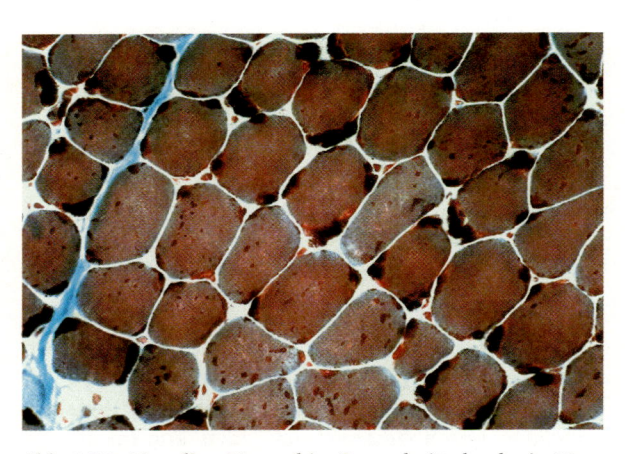

Abb. 1.5.2. Nemaline-Myopathie. Querschnitt durch ein Muskelbioptat. In der modifizierten Gomori-Trichromfärbung sind die dunklen peripheren „rods" in vielen Muskelfasern gut zu erkennen

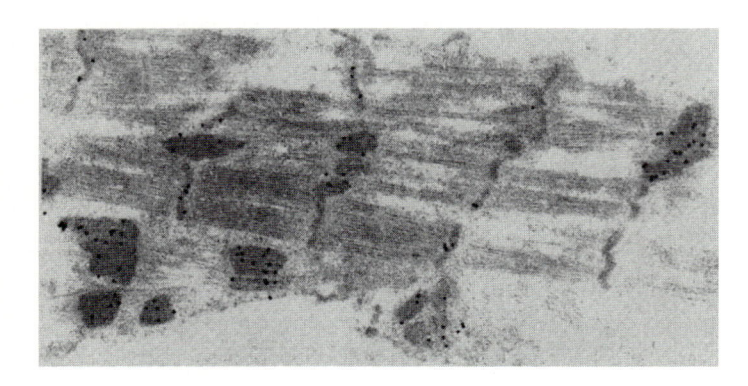

Abb. 1.5.3. Nemaline-Myopathie. Immungolddarstellung von α-Aktinin in einem elektronenmikroskopischen Präparat. Die amorphen „rods" imponieren z. T. als Verdickung der Z-Scheiben und zeigen eine Anhäufung von α-Aktinin

Ziele der primären Störung in Frage. Immunhistologische Untersuchungen haben gezeigt, daß die rods große Mengen an α-Aktinin enthalten (Sugita et al. 1974; Jockusch et al. 1980; Wallgren-Petterson 1995b). Aus Abb. 1.5.3 wird auch die strukturelle Verwandtschaft der rods mit den Z-Scheiben deutlich. Biochemische Analysen lassen jedoch keinen quantitativen Unterschied im Gehalt an α-Aktinin erkennen. Es könnte daher an eine Störung der α-Aktinin-Verteilung oder des Turn-overs gedacht werden, wozu auch die genetischen Befunden passen könnten (s. unten).

1.5.1.2.5 Klassische Therapie

Auch für die Nemaline-Myopathie ist keine ursächliche, spezifische Therapie verfügbar, so daß sich die Behandlung auf konservative Maßnahmen beschränken muß.

1.5.1.2.6 Genetik und molekulare Ursachen

In den ersten beschriebenen Fällen wurde eine autosomal-dominante Vererbung mit variabler Penetranz angenommen (Shy et al. 1963; Spiro u. Kennedy 1965; Hopkins et al. 1966; Arts et al. 1978). Nicht selten sind jedoch Anlageträger klinisch asymptomatisch und erst durch die Muskelbiopsie zu identifizieren. Wallgren-Petterson et al. (1990) konnten in einer sehr sorgfältigen Studie an 10 finnischen Familien nachweisen, daß für die schwere, kongenitale und die klassische Form auch ein autosomal-rezessiver Erbgang hochwahrscheinlich ist. Genetische Kopplungsanalysen haben die genetische Heterogenität definitiv bestätigt. In einer großen australischen Familie mit autosomal-dominanter Vererbung in 5 Generationen konnte der Genort auf Chromosom 1q22–q23 kartiert werden (NEM1, OMIM #161.800; Laing et al. 1992); für die rezessiven Formen konnte ein unabhängiger Locus auf Chromosom 2q gefunden werden (NEM2, OMIM #256.030; Wallgren-Petterson et al. 1995b). Nachträglich wurden 1 der 4 Gene für α-Tropomyosin (TPM3) in der NEM1-Region auf Chromosom 1q kartiert und eine Mutation gefunden, die mit der Erkrankung segregiert (Laing et al. 1995). Die Mutation betrifft das Methionin 9 im ersten Exon des TPM3-Gens. Dieses Exon wird vorwiegend in muskelspezifischen Transkripten verwendet. In allen bisher sequenzierten TPM3-Genen steht an dieser Position ein Methionin. Durch die NEM1-Mutation wird es durch Arginin ersetzt. Die N-terminale Domäne ist für die Dimerisierung je eines α- und β-Tropomyosins vermutlich essentiell (Reinach 1995). Eine Störung dieses Bereichs könnte zu einer verstärkten Bindung des Aktinins an α-Tropomyosin führen und damit möglicherweise die Akkumulation von α-Aktinin in den „nemaline rods" erklären.

Alle 4 TPM-Gene werden durch alternatives Spleißen in mehreren Isoformen translatiert, so daß ein gewebespezifisches Muster an Tropomyosinen entsteht. Mutationen in einer prävalenten Isoform des Herz- und schnellen Skelettmuskels, TPM1, werden als Ursache einer seltenen Form der familiären hypertrophen Kardiomyopathie angesehen (Thierfelder et al. 1994).

Interessanterweise deckt sich die chromosomale Position des rezessiven NEM2-Locus mit der des Nebulingens (Pelin et al. 1997). Nebulin ist eine essentielle Strukturkomponente des Sarkomers und daher ebenso wie α-Tropomyosin eine guter Kandidat für die Nemaline-Myopathie.

1.5.1.2.7 Molekulare Diagnostik

Mutationen des TPM3-Gens wurden bislang nur in der australischen Familie von Laing et al. (1995) beschrieben. Dieselben Autoren haben ohne Erfolg auch andere Patienten mit Nemaline-Myopathie untersucht. Es steht also noch eine Bestätigung des kausalen Zusammenhangs zwischen der Mutation und der Erkrankung aus. Eine molekulare Diagnostik ist daher zum jetzigen Zeitpunkt nicht verfügbar.

1.5.1.3 Zentronukleäre Myopathien

1.5.1.3.1 Einführung, Historie

Mitte der 60er Jahre dieses Jahrhunderts wurden die ersten Fälle von kongenitalen Myopathien beschrieben, die histologisch durch eine große Anzahl zentralständiger Kerne in den Muskelfasern charakterisiert waren (Spiro et al. 1966; Sher et al. 1967). Diese morphologische Auffälligkeit, die bei zahlreichen Patienten mit ganz unterschiedlicher klinischer Präsentation beobachtet wurde, hat zu der Bezeichnung „zentronukleäre Myopathie" geführt (Abb. 1.5.4). Später wurde erkannt, daß die Muskulatur der am schwersten betroffenen Kinder viele Anzeichen einer mangelhaften Ausdifferenzierung aufweist, wie sie auch in fetalen Muskelzellen beobachtet werden. Darauf stützt sich der Namensvorschlag „myotubuläre Myopathie". Beide Begriffe werden bis heute synonym gebraucht, ohne daß eine verbindliche Zuordnung zu den Un-

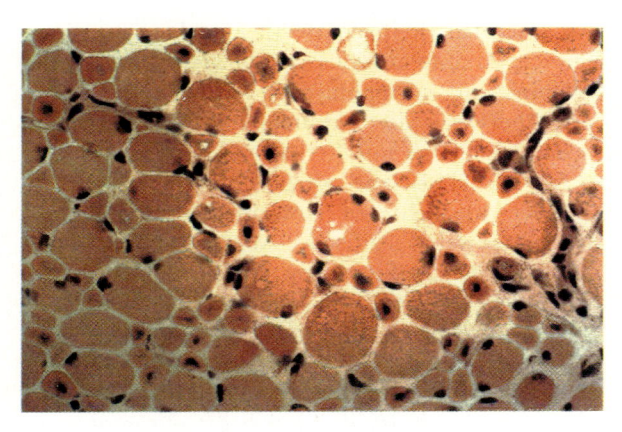

Abb. 1.5.4. Zentronukleäre Myopathie. Querschnitt durch ein Muskelbioptat. Bereits in der Standard-HE-Färbung tritt die große Anzahl zentralständiger Kerne (v. a. in den kleineren Fasern) deutlich hervor

terformen des heterogenen Krankheitsbilds allgemein akzeptiert wäre. Fardeau u. Tomé (1994) haben den sinnvollen Vorschlag gemacht, den Begriff „myotubuläre Myopathie" auf die fulminante, X-chromosomale Form zu beschränken und den Terminus „zentronukleäre Myopathie" nur auf die autosomalen Formen anzuwenden. Die Gliederung dieses Kapitels folgt diesem Vorschlag und behandelt die schwerste, infantile Verlaufsform in einem separaten Unterkapitel.

1.5.1.3.2 Klinik und Verlauf

Nach dem klinischen Verlauf können 2 Formen der zentronukleären Myopathie unterschieden werden, wobei die Übergänge fließend sind (De Angelis et al. 1991).
- Die kongenitale oder infantile Form scheint die häufigste Variante der zentronukleären Myopathie darzustellen. Sie beginnt mit Muskelschwäche und allgemeiner Hypotonie bei der Geburt oder in der frühen Kindheit, Ateminsuffizienz und Trinkschwäche. Die motorische Entwicklung ist deutlich verzögert, viele Kinder erreichen nie die körperlichen Leistungen ihrer Altersgenossen. Obwohl die Symptome typischerweise nur langsam fortschreiten, führen Skoliosen, Lordosen und verminderte Vitalkapazität zu einer deutlichen Einschränkung der Lebensqualität, viele Patienten werden schon in jugendlichem Alter rollstuhlabhängig. Als eine Besonderheit dieser Form sind eine eingeschränkte Beweglichkeit der Augen, Ptosis und Ophthalmoplegie zu erwähnen, die für andere kongenitale Myopathien eher ungewöhnlich sind. Die Sprache ist häufig nasal.

Die Sehnenreflexe sind deutlich vermindert oder fehlen völlig. Es bestehen keine Empfindungsstörungen. Viele Patienten entwickeln ein Anfallsleiden, das sich jedoch meist gut medikamentös einstellen läßt. Die Laborwerte sind unauffällig, gelegentlich werden mäßig erhöhte CK-Werte gesehen. Im EMG sind unspezifische myopathische Reaktionen zu sehen, die jedoch diagnostisch nicht wegweisend sind.

Deutlich seltener wird eine spät manifestierende Form mit Beginn im frühen oder sogar hohen Erwachsenenalter beschrieben. Die atrophische Muskelschwäche betrifft vorwiegend die Gliedergürtel und den Nacken, seltener die distalen Muskeln, Hypertrophien und Beteiligung der Augenmuskeln sind selten.

1.5.1.3.3 Morphologie

Wie bei anderen Strukturmyopathien erfordert die definitive Diagnose eine histopathologische Beurteilung eines Muskelbioptats. Die charakteristische, namengebende Veränderung ist die große Anzahl zentralständiger Kerne, sowohl in Typ-I- als auch in Typ-II-Fasern. Zudem ist eine deutliche Prädominanz der Typ-I-Fasern zu beobachten. Da zentrale Kerne bei nahezu allen myopathischen Bioptaten – unabhängig von der Ätiologie – beobachtet werden können, hängt die Spezifität der Diagnose vom Anteil der betroffenen Fasern (>30%), von der gleichzeitigen Prädominanz der Typ-I-Fasern und vom *Fehlen anderer struktureller Veränderungen* ab.

Die Expression fetalen Myosins ist benutzt worden, um die hier besprochenen autosomalen von der schweren X-chromosomalen Form abzugrenzen (Sawchak et al. 1991). Autoptische Untersuchungen haben gezeigt, daß alle Muskeln einen hohen Anteil zentraler Kerne aufweisen, wohingegen sowohl das zentrale als auch das periphere Nervensystem unauffällig sind.

1.5.1.3.4 Ätiologie und Pathomechanismus

Die molekulare Ätiologie der zentronukleären Myopathien ist unbekannt. Da auch in unreifen, fetalen Myotuben die Kerne zunächst eine zentrale Position einnehmen und erst am Ende des 2. Trimenons an die Peripherie wandern, ist spekuliert worden, ob die zentrale Lokalisation der Kerne ein Ausdruck der Unreife der Muskelfasern, eines strukturellen Defekts des Zytoskeletts oder einer Störung in der Signalübertragung sei. Für die fulminante, X-chromosomale myotubuläre Myopathie ist durch die Identifizierung des Gens die 3. Hypothese wahrscheinlich geworden (s. unten). Alle 3 Störungen könnten in einer permanenten Schwäche der Muskeln resultieren.

1.5.1.3.5 Klassische Therapie

Ateminsuffizienz und Trinkschwäche können eine vorübergehende instrumentelle Versorgung erfordern. Bei fortgeschrittener Muskelschwäche sind die üblichen orthetischen Hilfen indiziert. Eine spezifische Therapie steht nicht zur Verfügung.

1.5.1.3.6 Genetik und molekulare Ursachen

Die Formalgenetik ist nicht zufriedenstellend geklärt. Bei den früh beginnenden Formen sind wiederholt Geschwisterfälle und Konsanguinität der Eltern beschrieben worden, was einen autosomalrezessiven Erbgang nahelegt (z. B. Schochet et al. 1972). Für die adulten Formen ist eine autosomaldominante Vererbung in großen Familien dokumentiert (z. B. MacLeod et al. 1972). Die verantwortlichen Gene sind nicht bekannt. Autosomale Homologe des Myotubularingens (s. unten) kommen als Kandidaten in Betracht.

1.5.1.4 Myotubuläre Myopathie (fulminante, X-chromosomale Form)

1.5.1.4.1 Einführung, Historie

Innnerhalb der Myopathien mit einer Prädominanz zentralständiger Kerne kann eine fulminante, konnatale Form klar abgegrenzt werden, die einem X-chromosomal-rezessiven Erbgang folgt und typischerweise nur neugeborene Jungen betrifft. Seit der Erstbeschreibung (van Wijngaarden et al. 1969; Barth et al. 1975) sind zahlreiche weitere Familien identifiziert worden. Da hier die relative Unreife der Muskelfasern am deutlichsten zutage tritt, erscheint es sinnvoll, den Begriff der „myotubulären" Myopathie auf diese Form zu beschränken.

1.5.1.4.2 Klinik und Verlauf

Bereits während der Schwangerschaft sind verminderte Kindsbewegungen und Hydramnion auffällig. Bei der Geburt zeigen die Kinder eine massive Ateminsuffizienz, die der sofortigen Intervention bedarf. Sie sind extrem hypoton und schwach, Ptose und faziale Muskelschwäche sind meist deutlich. In Folge der ausgebliebenen intrauterinen Bewegung kommt es zu Fehlstellungen der großen Gelenke (Arthrogryposis). Die Mortalität in der ersten Lebensphase ist sehr hoch, die Prognose hängt davon ab, ob es gelingt, die Kinder zu selbständiger Atmung zu bringen. Die wenigen überlebenden Patienten stablisierten sich, und die motorischen Funktionen wurden besser (Wallgren-Pettersson et al. 1995a).

Das klinische Bild kann einer kongenitalen myotonischen Dystrophie stark ähneln, so daß eine Bestimmung der CTG-Repeats des Myotoninkinasegens differentialdiagnostisch hilfreich sein kann (vgl. Kapitel 1.2 „Myotone Syndrome").

1.5.1.4.3 Morphologie

Sowohl in der Muskelbiopsie als auch in der postmortalen Untersuchung zeigt sich, daß alle Skelettmuskeln betroffen sind. Neben dem hohen Anteil zentraler Kerne fällt die geringe Größe der Muskelfasern auf, die mit wenigen übergroßen Fasern durchsetzt sind. Die myofibrillären Filamente erscheinen im Zentrum der Fasern (noch) nicht ausgebildet (negative Areale in der ATPase-Färbung). Diese Befunde, zusammen mit dem immunhistologischen Nachweis fetaler Muskelproteine (fetales Myosin, Vimentin, Desmin) lassen den Schluß zu, daß es sich um eine Reifungsstörung der Muskulatur handeln könnte (Sarnat et al. 1990; Sawchak et al. 1991; Fidzianska et al. 1994).

1.5.1.4.4 Ätiologie und Pathomechanismus

Die Differenzierung der Muskelfasern in höheren Vertebraten erfolgt in 2 Schüben: Nach der Fusion „früher" Myoblasten bilden sich primäre Myotuben, denen nach einiger Zeit eine zweite Fusion „später" Myoblasten zu sekundären Myotuben folgt, aus denen sich die meisten reifen Muskeln entwickeln, nachdem die Kerne an die Peripherie gewandert sind (Übersicht bei Donoghue u. Sanes 1994). Dieser letzte Vorgang erscheint bei der myotubulären Myopathie blockiert zu sein. Nach der Klonierung des „Myotubularin" genannten Gens (s. unten) ergaben sich interessante Hypothesen zur Pathogenese. Myotubularin (MTM1) gehört zu einer neuen Familie von intrazellulären Proteintyrosinphosphatasen (PTP), die typischerweise Bestandteile von Signaltransduktionsketten sind. Es erscheint daher denkbar, daß Myotubularin die Wirkung von Faktoren moduliert, die für die späteren Stadien der myogenen Differenzierung wichtig sind, und daß der Ausfall von MTM1 zu einem vorzeitigen Arrest der Myogenese führt. Bisher liegen keine experimentellen Daten zu dieser Hypothese vor.

1.5.1.4.5 Genetik und molekulare Ursachen

Der X-chromosomal rezessive Erbgang ist schon in den Erstbeschreibungen dokumentiert worden: Es sind nur männliche Neugeborene betroffen. In familiären Fällen sind die Patienten stets über ihre Mütter, niemals über ihre Väter verwandt. Ein hoher Anteil der Fälle erscheint jedoch sporadisch, so daß formal zunächst keine Aussage über den Erbgang gemacht werden kann. Wie bei anderen letalen X-chromosomalen Erkrankungen, so z.B. bei der Muskeldystrophie Duchenne oder der Hämophilie A, ist auch hier eine hohe Mutationsrate anzunehmen.

Kopplungsanalysen in größeren Familien führten zu einer Kartierung des Gens in die Region Xq28 (Thomas et al. 1990; Darnfoss et al. 1990; Lehesjoki et al. 1990; Starr et al. 1990; Liechti-Gallati et al. 1991). Mehrere partielle Deletionen dieses Chromosomenabschnitts konnten die Kandidatenregion auf etwa 430 kb eingen (Dahl et al. 1995; Hu et al. 1996). Eine systematische Analyse von Transkripten aus diesem Bereich führte schließlich zur Identifizierung eines Gens, das bei mehreren Patienten Mutationen aufwies (Laporte et al. 1996). Dieses „Myotubularin" (MTM1) genannte Gen umfaßt 15 Exons, die für 603 Aminosäuren kodieren. MTM1 repräsentiert eine neue Klasse von Proteintyrosinphosphatasen (PTP) und zeigt hohe Sequenzähnlichkeit mit Genen aus den niedrigen Eukaryoten *Saccharomyces* und *Caenorhabditis,* deren Funktion jedoch nicht bekannt ist. Auch im menschlichen Genom fanden sich 3 homologe Gene noch unbekannter Funktion. PTPs sind i. allg. Glieder von Signaltransduktionsketten, bei denen Proteinphosphorylierung und -dephosphorylierung erforderlich sind. MTM1 weist keine Transmembrandomäne auf, so daß es zur Untergruppe der intrazellulären PTPs zu rechnen ist. Die hohe phylogenetische Konservierung läßt auf eine basale und ubiquitäre Funktion schließen, die nicht auf Muskelzellen beschränkt ist. Dem entspricht auch das breite Expressionsmuster des Gens: Transkripte wurden in allen untersuchten Geweben gefunden, ein kleineres, muskelspezifisches Transkript scheint sich nur durch die Verwendung eines alternativen Polyadenylierungssignals zu unterscheiden.

Inzwischen wurden die Gene von über 100 Patienten untersucht (Laporte et al. 1996, 1997; de Gouyon et al. 1997), nur bei etwa der Hälfte konnten Mutationen gefunden werden, kleine Deletionen und Insertionen sowie Missense- und Nonsense-Substitutionen in allen Exons des Gens. Knapp 2/3 der Mutationen lassen erwarten, daß kein Protein gebildet werden kann, die übrigen Mutationen führen zum Austausch einzelner Aminosäuren. Nur 5 der Mutationen konnten wiederholt bei nicht verwandten Patienten beobachtet werden. Sie machen zusammen etwa 1/4 aller Mutationen aus, so daß Hot spots für Mutationen vorzuliegen scheinen. Viele der Mutationen waren de novo entstanden.

Für den hohen Anteil an Patienten ohne Mutation im MTM1-Gen bieten sich folgende Erklärungen an:
- eine geringe Sensitivität der Detektionsmethode,
- ein signifikanter Anteil von Mutationen außerhalb der kodierenden Regionen,
- genetische (Locus-)Heterogenität der X-chromosomalen myotubulären Myopathie.

Im Zusammenhang mit Punkt 3 ist es interessant, daß eines der MTM1-verwandten Gene in unmittelbarer Nachbarschaft lokalisiert ist, allerdings konnten hier noch keine krankheitsrelevanten Mutationen entdeckt werden. Die anderen MTM1-homologen Gene bieten sich als Kandidaten für die autosomalen Formen der zentronukleären Myopathie an.

1.5.1.4.6 Molekulare Diagnostik

Die Kenntnis des molekularen Defekts liefert die Basis für eine molekulare Diagnostik im Rahmen der genetischen Familienberatung. Dabei ist jedoch zu bedenken, daß ein hoher Anteil (theoretisch 1/3) aller Patienten auf Neumutationen zurückgeht. Laporte et al. (1997) konnten in der Tat bei 7 von 28 untersuchten Müttern die Mutation des Indexpatienten *nicht* nachweisen (De-novo-Mutationen), ein Anteil, der der theoretischen Erwartung nahekommt. Gleichwohl muß in solchen Fällen nach dem Beispiel anderer X-chromosomaler letaler Erkrankungen davon ausgegangen werden, daß auch ein Keimzellmosaik vorliegen kann. Für die Mutter eines Patienten ist daher eine Pränataldiagnostik immer indiziert, wenn die ursächliche Mutation bekannt ist. Kann die ursächliche Mutation des Indexpatienten nicht (mehr) ermittelt werden, ist derzeit vor einer indirekten Diagnostik mit Hilfe intragener Polymorphismen zu warnen, da die Frage einer möglichen genetischen Heterogenität noch nicht geklärt ist.

1.5.2 Mitochondriale Myopathien

1.5.2.1 Mitochondrien

Das Mitochondrium ist bei Eukaryoten der Ort des oxidativen Energiestoffwechsels. Typischerweise unterscheiden sich Mitochondrien je nach Herkunft und Stoffwechselzustand beträchtlich in Form und Größe. Mit einem Durchmesser von etwa 0,5 μm und einer Länge von 1,0 μm bilden sie ellipsoide Organellen innerhalb der Zelle und sind in ihrer Größe Bakterien vergleichbar. Aufgrund des ähnlichen Aufbaus von Bakterien und Mitochondrien geht man heute davon aus, daß Mitochondrien aus Archaebakterien hervorgegangen sind, die endosymbiotisch in primitiven Wirtszellen lebten (Ernster u. Schatz 1981). Aufgebaut ist das Mitochondrium aus 2 ungleichen Membransystemen, einem glatten äußeren und einem stark gefalteten inneren (Abb. 1.5.5), die sich zudem in ihrer Lipidzusammensetzung unterscheiden. Die Anzahl der Membranfaltungen, die als Cristae bezeichnet werden, hängt stark vom oxidativen Energiestoffwechsel des Zelltyps ab. Da die Enzyme und Enzymkomplexe des sauerstoffabhängigen Energiemetabolismus (Atmungskette, Enzyme der Elektronentransportkette) mit der inneren Mitochondrienmembran assoziiert sind, wird folgerichtig in Zellen und Geweben mit einem hohen oxidativen Energiestoffwechsel eine erhöhte Anzahl von Cristae gefunden, so daß ein vergrößertes inneres Mitochondrienmembransystem mehr Atmungskettenenzyme aufnehmen kann.

1.5.2.2 Energiegewinnung

Die eigentliche Atmungskette (Elektronentransportkette) besteht aus 4 Multiproteinenzymen. Durch einen 5. Komplex, die ATP-Synthase, wird das oxidative Phosphorylierungssystem vervollständigt. Die endergonische mitochondriale ATP-Synthese aus ADP und P_i wird von der ATP-Synthase (Komplex V) katalysiert. Diese wird von einem elektrochemischen Gradienten angetrieben, der durch die Enzyme der Atmungskette erzeugt wird. Bereits 1966 konnte Peter Mitchell mit seiner chemiosmotischen Hypothese die Kopplung von Atmung und ATP-Synthese hinreichend erklären. Er postulierte, daß die Freie Enthalpie des Elektronentransports dadurch gespeichert wird, daß Protonen aus der mitochondrialen Matrix in den Intermembranraum transloziert (gepumpt) werden und dadurch ein elektrochemischer Gradient über der inneren Mitochondrienmembran erzeugt wird. Das elektrochemische Potential des Gradienten wird dann zur Synthese von Adenosintriphosphat herangezogen (Abb. 1.5.6). Tatsächlich ist diese Hypothese bis heute das Modell, das mit den experimentellen Befunden am besten im Einklang steht. Nach der Synthese in der mitochondrialen Matrix muß das ATP ins Zytoplasma transportiert werden. Im Austausch gegen ADP gelangt es über die ADP-ATP-Translokase in den Intermembranraum der Mitochondrien. Ein porenbildendes Protein (Porin) in der äußeren Mitochondrienmembran stellt die Verbindung zum Zytoplasma her und ermöglicht den Stoffaustausch niedrigmolekularer Verbindungen (<5–10.000) zwischen den beiden Kompartmenten. Über einen diffusionskontrollierten Transport gelangt ATP bis in das Zytoplasma der Zelle, wo es in erster Linie als Energielieferant in endergonischen Prozessen Verwendung findet.

1.5.2.3 Mitochondriales Genom

Während über 95% der mitochondrialen Proteine durch das Kerngenom kodiert werden, werden wichtige Proteingene des oxidativen Phosphorylierungssystems kodiert auf dem mitochondrialen Genom vorgefunden. Das mitochondriale Genom des Menschen ist zirkulär und umfaßt 16.569 Basenpaare. Bereits 1981 gelang Anderson et al. die

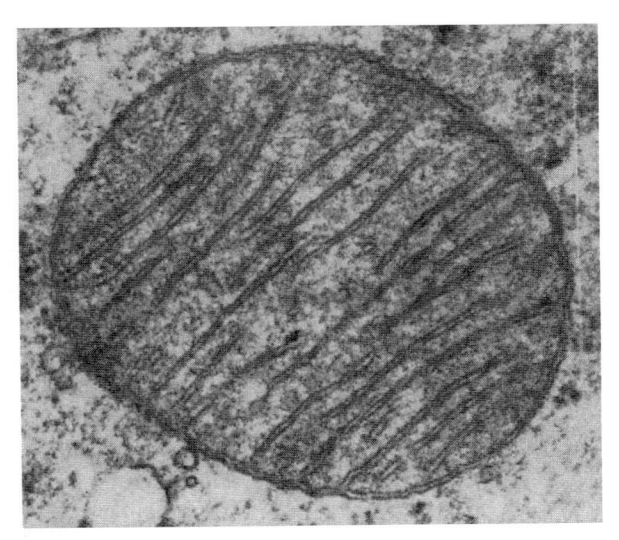

Abb. 1.5.5. Elektronenmikroskopische Aufnahme eines Mitochondriums

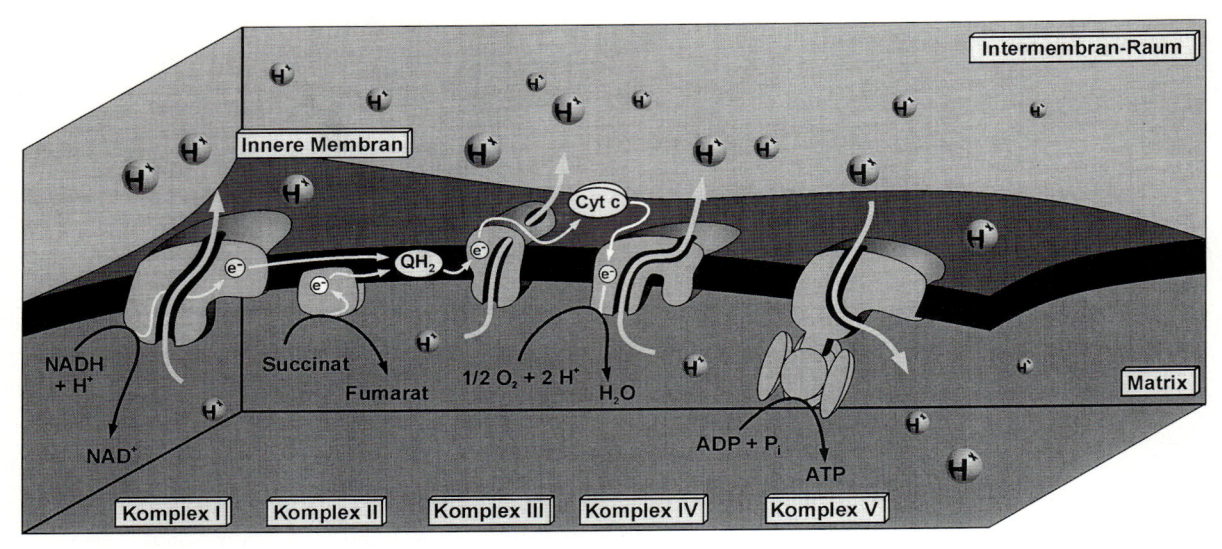

Abb. 1.5.6. Oxidatives Phosphorylierungssystem der Mitochondrien. Das oxidative Phosphorylierungssystem setzt sich aus 5 Enzymkomplexen mit mehreren Proteinuntereinheiten zusammen. Dieses Enzymsystem ist in der inneren Mitochondrienmembran lokalisiert und katalysiert die terminalen Reaktionsschritte im sauerstoffabhängigen (aeroben) Energiestoffwechsel. Sog. Reduktionsäquivalente werden als kurzlebige Zwischenprodukte in Form von Nikotinamidadenindinukleotid (*NADH*) durch *Komplex I* (NADH-Dehydrogenase) oxidiert. Über eine Elektronentransportkette, die aus 2 Transportmolekülen (QH_2 Ubichinon; *Cyt c* Cytochrom c) sowie den Redoxzentren der *Komplexe I, III* (Cytochrom b) und *IV* (Cytochrom-c-Oxidase) besteht, werden die Elektronen auf molekularen Sauerstoff übertragen. Es entsteht Wasser. Die bei dieser kontrollierten Knallgasreaktion freiwerdende Energie wird von Teilen der Atmungskette dazu benutzt, Protonen aus der Matrix in den Intermembranraum der Mitochondrien zu transportieren, so daß sich ein Membranpotential über der inneren Mitochondrienmembran ausbilden kann. *Komplex V* (ATP-Synthase) der Atmungskette kann den entstandenen Protonengradienten dazu benutzten, um aus *ADP* und Phosphat (*P*) *ATP* zu synthetisieren

vollständige Sequenzanalyse. In den folgenden Jahren konnte die Sequenzinformation Proteinen, rRNAs und tRNAs zugeordnet werden (Chomyn et al. 1981). Insgesamt kodiert das mitochondriale Genom für 13 Polypeptide, die alle integrale Bestandteile des oxidativen Phosphorylierungssystems sind (Abb. 1.5.7). Ferner beinhaltet das Genom die Information für die 12S und 16S ribosomale RNA sowie die Gene von 22 essentiellen tRNAs, die für die Expression der Proteingene benötigt werden. Durch eine ungleiche Verteilung der Purin- und Pyrimidinbasen besitzen die beiden DNA-Stränge unterschiedliche Molekulargewichte. Mit den Bezeichnungen Heavy-Strand und Light-Strand wurden die Molekulargewichtsunterschiede in die Namensgebung mit einbezogen.

Das mitochondriale Genom beinhaltet außerdem einige Besonderheiten, die es vom nukleären Genom unterscheidet:
- bis zu 10 Kopien des Genoms kommen pro Organelle vor (Shmookler u. Goldstein 1983),
- die mtDNA besitzt keine Introns und nur 3 nicht-kodierende Regionen (Anderson et al. 1981),
- die Transkription wird durch 3 Promotoren polycistronisch gesteuert (Clayton 1984),
- die DNA ist nicht mit Histonen assoziiert,
- die Mutationsrate ist 10- bis 20fach höher als die des Kerngenoms (Wallace et al. 1987),
- die DNA-Replikation verläuft verzögert bidirektional (Clayton 1982),
- zur Translation wird ein eigener genetischer Kode verwendet (Barrell et al. 1980),
- die mitochondriale DNA wird maternal vererbt (Hutchison et al. 1974).

Eine Ausnahme wurde von Gyllensten (1991) beschrieben. Er berichtete, daß bei Mäusen die mitochondriale DNA auch paternal weitervererbt werden kann, wenn auch mit einer sehr niedrigen Frequenz ($<10^{-4}$).

Die Replikation und Transkription des Genoms werden durch einen 1123 bp langen Bereich reguliert (Clayton 1991). Dieser Abschnitt des Genoms ist wahrscheinlich über Proteine mit der inneren Membran der Mitochondrien verbunden und liegt zeitweise in einer Tripel-DNA-Struktur vor, die als Displacement-Loop bezeichnet wird. Sie stellt eine

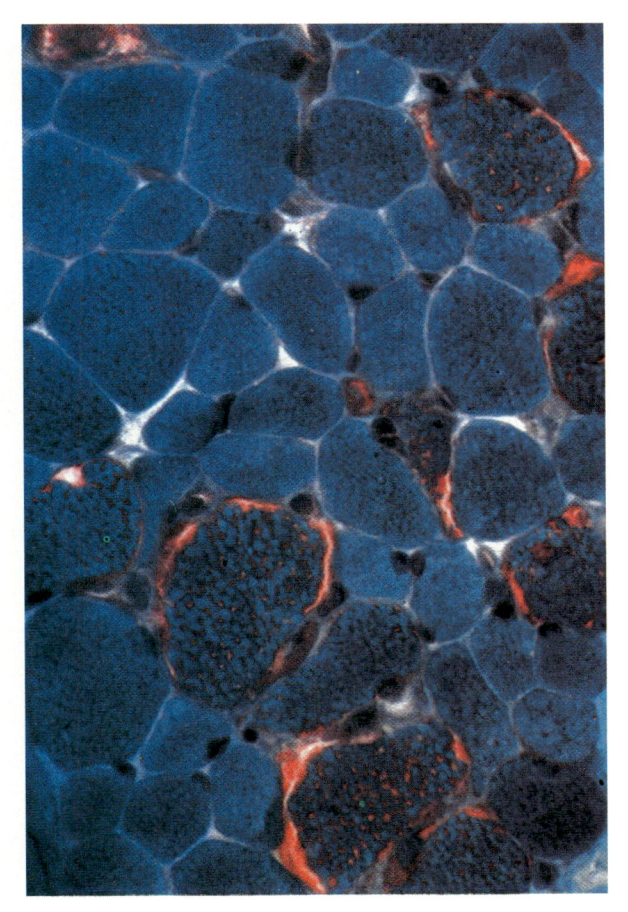

Abb. 1.5.7. Ragged-red fibers. Ein Muskelbiopsiepräparat eines Patienten mit MERRF-Syndrom wurde über die modifizierte Gomori-Trichrom-Methode angefärbt. Defekte Muskelfasern treten charakteristisch als sog. ragged-red fibers hervor

isolierbare Zwischenstufe der DNA-Replikation dar. Die Transkription wird durch 3 Promotoren gesteuert, die selbst Bestandteile dieses Genombereichs sind. Die polycistronischen Primärtranskripte werden prozessiert und polyadenyliert. Die Spaltung der Transkripte erfolgt dabei über einen RNase-ähnlichen Mechanismus. Hierbei erkennt das Enzym die Tertiärstruktur der tRNAs im Primärtranskript und leitet nach ihrer Erkennung die Prozessierung ein (Ojala et al. 1981). Ähnlich wie im Zytoplasma unterliegen die maturierten RNAs einem ständigen Turnover (Gelfand u. Attardi 1981). Um bei einer polycistronischen Transkription einen erhöhten Anteil an 12S und 16S-rRNA-Transkripten zu erzielen, wird die durch P_{H1} und P_{H2} induzierte Transkription durch einen Transkriptionsterminationsfaktor nach dem 16S-rRNA-Gen z.T. unterbunden. Dieser Mechanismus gewährleistet die Synthese einer ausreichenden Menge ribosomaler RNAs, die für den Aufbau der Ribosomen und die Translation der mRNAs benötigt werden.

1.5.2.4 Erkrankungen des aeroben Energiestoffwechsels

Es ist keineswegs unerwartet, daß eine Störung in der Energieversorgung einer Zelle zu biochemischen und physiologischen Veränderungen führen und schwere Funktionsstörungen zellulärer Systeme induzieren kann. Folgerichtig gelang Luft et al. im Jahr 1962 der Nachweis von morphologischen und biochemischen Veränderungen in Muskelmitochondrien von Patienten mit einem Energiemangelsyndrom. Er definierte die Erkrankungsform als *Mitochondriale Myopathie*. Seiner Definition folgend gehören zur Diagnose einer *Mitochondrialen Myopathie*:

- ein typisches klinisches Erscheinungsbild, das sich durch eine mitochondriale Dysfunktion hinreichend erklären läßt (z.B. Ausdauerschwäche und proximale Muskelschwäche),
- morphologisch veränderte Mitochondrien,
- ein charakteristischer biochemischer Defekt des mitochondrialen Metabolismus (im Idealfall nachgewiesen an isolierten Mitochondrien).

In Anlehnung an die betroffene Zellorganelle werden Erkrankungen des aeroben Energiestoffwechsels deshalb auch allgemeiner als *Mitochondriopathien* bezeichnet. Die große Anzahl klinisch heterogener Krankheitsbilder der Neurologie, der Pädiatrie, der Ophthalmologie und der inneren Medizin, die auf Defekten des oxidativen Energiestoffwechsels beruhen, manifestieren sich durch klinische Symptome in der Muskulatur und im zentralen Nervensystem. Daß sich die Symptome in diesen Organen manifestieren, ist nicht unerwartet, wird doch die energetische Grundversorgung dieser Gewebe zu einem großen Teil durch die oxidative Phosphorylierung gedeckt.

Mit der Entdeckung der ragged-red fibers im Jahr 1963 stand erstmals eine histochemische Methode zur Verfügung, mit der die klinische Diagnose auch morphologisch nachgewiesen und verifiziert werden konnte. Mit Hilfe der modifizierten Gomori-Trichromfärbung stellen sich die defekten und proliferierenden Mitochondrien als rotgefärbte subsarkolemmale Anhäufungen in den betroffenen und erkrankten Muskelfasern dar (Abb. 1.5.8). Die Muskelfaser erscheint dadurch zerrissen.

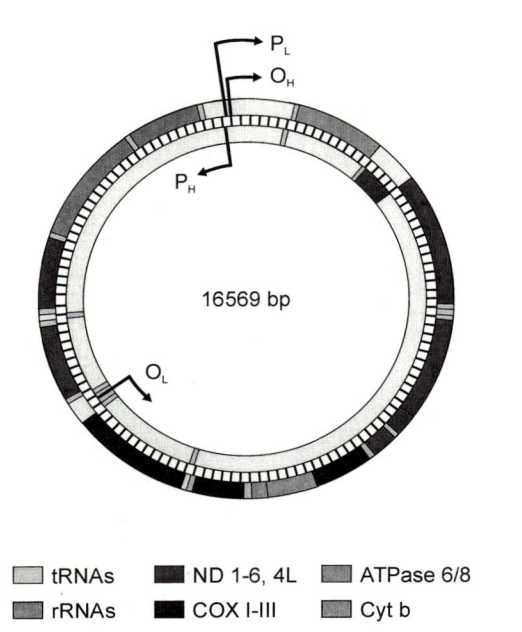

Abb. 1.5.8. Die Genkarte des mitochondrialen Genoms des Menschen. Der äußere Strang wird aufgrund der geringeren Molmasse als Light-Strand, der innere als Heavy-Strand bezeichnet. Die Gene ND 1, ND 2, ND 3, ND 4, ND 4L, ND 5 und ND 6 kodieren für Untereinheiten von *Komplex I* der Atmungskette, Cyt b für Cytochrom b von *Komplex III*, COX I, II und III für die 3 großen Untereinheiten der Cytochrom-c-Oxidase (*Komplex IV*) und ATPase 8/6 für 2 Untereinheiten des F_0-Teils der ATP-Synthase (*Komplex V*). P_L L-Strang-Promotor; P_{H1} und P_{H2} H-Strang-Promotoren; O_L Replikationsursprung des L-Strangs; O_H Replikationsursprung des H-Strangs

Tabelle 1.5.1. Biochemische Klassifizierung mitochondrialer Störungen

Erkrankungsgruppen	Untergruppen
Störungen der oxidativen Phosphorylierung	Atmungskettendefekte Defekte der Energietransduktion Defekte der mitochondrialen Biogenese
Störungen mitochondrialer Dehydrogenasen	Defekte in ETF-abhängigen Acyl-CoA-Dehydrogenasen Aktivitätserniedrigung der Ketosäurendehydrogenasen Erniedrigung anderer Dehydrogenasen
Störungen mitochondrialer Transportprozesse	Defekt des Karnitinsystems Störungen anderer Transportprozesse
Störungen der oxidativen Substratsynthese	Defekt der mitochondrialen Karboxylase Erniedrigung CoA-abhängiger mitochondrialer Enzyme Andere Defekte
Störungen im Hormonstoffwechsel	Steroidhormonabhängige Enzymdefekte Erniedrigungen in anderen hormonabhängigen Enzymen
Andere Defekte	Defekte der Zitrullinsynthese Defekte der mitochondrialen Hämbiosynthese Andere Enzymdefekte

Der Begriff der *Mitochondrialen Enzephalomyopathie* wurde 1977 von Shapira et al. (1977) für eine Gruppe von Erkrankungen mit strukturell oder funktionell abnormen Mitochondrien im Gehirn oder der Muskulatur eingeführt. Dabei stehen Ausfälle aufgrund von Defekten im Nervensystem im Vordergrund. Nachdem Egger et al. (1981) berichteten, daß neben Gehirn und Skelettmuskulatur auch eine Vielzahl weiterer Organe betroffen sein können, wurde die Erweiterung *Mitochondriale Zytopathie* als Überbegriff eingeführt. Neben einer allgemeinen Muskelschwäche beschrieb Egger et al. (1981) zusätzlich progrediente neurologische Dysfunktionen im Extrapyramidalen System, im Vestibularen System sowie der Retina und der Motorneuronen. Zusätzlich können Beeinträchtigungen der Herztätigkeit (Kardiopathie), Hörstörungen, eine Augenmuskelschwäche, progredienter Sehkraftverlust bis hin zur Erblindung sowie Entwicklungsstörungen und epileptische Anfälle mit kognitiven Fehlfunktionen (Demenz), Kleinwuchs und Diabetes mellitus auftreten. Von Bardosi et al. wurde 1987 auch über die Beteiligung von Leber, Herz, Niere, Retina, peripheren Nerven und des Verdauungstrakts bei einem Patienten berichtet.

1.5.2.4.1 Einteilung

Die Klassifizierung *Mitochondrialer Zytopathien* kann nach morphologischen oder klinischen Gesichtspunkten erfolgen. Eine exakte Gruppierung ist aber aufgrund der sehr heterogenen Krankheitsbilder und der unterschiedlichen Kombination von Ursachen nicht möglich. Die biochemische Klassifizierung erlaubt eine kausale Einteilung nach der Ätiologie der Erkrankung. Eine Aufspaltung in mehrere Hauptgruppen wurde vorgeschlagen (DiMauro et al. 1987; Ogier et al. 1988) (Tabelle 1.5.1). Die am besten charakterisierte Gruppe umfaßt dabei die Defekte der oxidativen Phosphorylierung. Zu den wichtigsten Veränderungen zählen hier Defekte der Komplexe I und IV der Atmungskette. Das diese beiden Komplexe an der

Entstehung von Defekten des oxidativen Phosphorylierungssystems entscheidend beteiligt sein können, ist nicht ganz unerwartet, bilden sie doch den Anfangs- und den Endpunkt in der Elektronentransportkette. Insbesondere Komplex IV, der sich aus entwicklungs- und gewebsspezifischen Isoformen zusammensetzt, besitzt als terminales Glied in der Elektronentransportkette eine Schlüsselfunktion. DiMauro et al. (1986) berichteten in diesem Zusammenhang von Patienten, die mit einem schweren Cytochrom-c-Oxidase-Mangel geboren wurden. Abhängig vom Typ der Erkrankung (fatal oder benigne) kann sich der Enzymdefekt reversibel darstellen (DiMauro et al. 1983), so daß sich die enzymatische Aktivität der Cytochrom-c-Oxidase bis zum 2. oder 3. Lebensjahr des Patienten normalisiert. Im Einklang mit einer Beobachtung von Kuhn-Nentwig u. Kadenbach (1985) wurde die Hypothese aufgestellt, daß eine neonatale Isoform der Cytochrom-c-Oxidase den Defekt des Enzyms auslösen könnte (DiMauro et al. 1986, 1987). Nach der Umschaltung der Genexpression auf die adulte Isoform würde dann der Enzymdefekt abklingen und eine Normalisierung der Enzymaktivität eintreten. Als alternative Erklärung wurde vorgeschlagen, daß auch die Beteiligung eines mitochondrialen Gendefekts nicht auszuschließen sei. Während Gendefekte des mitochondrialen Genoms mit biochemischen Defekten der Atmungskette assoziiert werden konnten, wurde bisher noch kein Kerngendefekt der Atmungskettenkomplexe nachgewiesen.

1.5.2.4.2 Mitochondriale Gendefekte: Die häufigsten Krankheiten

Kearns-Sayre Syndrom (KSS)

Das Kearns-Sayre Syndrom ist eine progressiv verlaufende neuromuskuläre Erkrankung, die durch eine Ophthalmoplegie, Herzblock und Retinitis pigmentosa charakterisiert ist. Sie gilt als eine spezielle klinische Variante der chronisch progredienten externen Ophthalmoplegie (CPEO). Die Krankheit bricht in der Regel vor dem 20. Lebensjahr aus und ist bei den einzelnen Patienten unterschiedlich stark ausgeprägt, verläuft progredient und führt in der Regel zu einem frühen Tod. Als molekulare Ursache werden heterogene Deletionen im mitochondrialen Genom gefunden. In allen Fällen werden heteroplasmatische Populationen von normaler und deletierter DNA nachgewiesen, wobei der Anteil an mutierter DNA in verschiedenen Geweben eines Patienten unterschiedlich groß sein kann. Die auftretenden Deletionen sind häufig von sog. Direct Repeats flankiert. Es handelt sich dabei um kurze DNA-Sequenzen von 13–18 Basen Länge, die den deletierten Bereich umgeben.

Chronisch progrediente externe Ophthalmoplegie (CPEO)

Patienten mit CPEO zeigen als Leitsymptom eine Lähmung der Augenmuskulatur (Ophthalmoplegie). Die Krankheit tritt vorwiegend im Erwachsenenalter auf und verläuft progredient. Als genetische Ursache können entweder Deletionen des mitochondrialen Genoms oder Punktmutationen in tRNA-Genen beobachtet werden.

Pearson-Syndrom (PS)

Das Pearson Syndrom ist eine fatale Erkrankung im Kindesalter, die durch Deletionen der mitochondrialen DNA verursacht wird. Das klinische Erscheinungsbild dieser Erkrankung zeigt eine starke Verminderung der Blutzellen aller Systeme (Panzytopenie) mit makrozytärer Anämie sowie eine exokrine Pankreasinsuffizienz. Einen hohen Anteil an mutierter mtDNA wird im blutbildenden System.

Mitochondriale Enzephalomyopathie, Laktatazidose und Schlaganfall-ähnliche Symptome (MELAS)

Patienten mit MELAS leiden an wiederholt auftretenden Schlaganfällen und an einer Mitochondrialen Myopathie mit *ragged-red fibers*. Die ersten klinischen Symptome manifestieren sich nach normaler Entwicklung im Kindesalter. Das zentrale Nervensystem ist bei MELAS-Patienten am meisten betroffen. Als genetische Ursache dieser matern vererbten Krankheit ist eine Punktmutation im mitochondrialen Genom [tRNA$^{Leu(UUR)}$] ermittelt worden.

Myoklonusepilepsie mit ragged-red fibers (MERRF)

Das MERRF-Syndrom äußert sich, je nach Schwere der Erkrankung, durch Symptome, die von elektrophysiologischen Veränderungen über eine Mitochondriale Myopathie bis hin zur Demenz, Atmungsstörungen sowie Kardiomyopathie reichen. Zusätzlich werden häufig Schwerhörigkeit des Patienten sowie Kleinwuchs beobachtet. Histochemisch sind unregelmäßig geformte, degenerierte Muskelfasern vom Typ I (seltener auch Typ II) mit abnormen Mitochondrienaggregationen charakteristisch, die elektronenmikroskopisch parakristalline Einschlußkörper aufweisen. In der modifizierten Gomori-Trichromfärbung stellen sich die betroffenen Muskelfasern histologisch als ragged-red fibers dar.

Leber-Optikusatrophie (LHON)

Die Leber-hereditäre Optikusatrophie ist eine Erkrankung, die in der Regel innerhalb der 2. Lebensdekade auftritt. Interessanterweise sind männliche Patienten 2fach häufiger betroffen als weibliche. Eine progrediente Verschlechterung der Sehkraft führt oft innerhalb kürzester Zeit (einige Tage bis wenige Wochen) zum vollständigen Visusverlust und damit zur Erblindung des Patienten. Die Leber-Optikusatrophie war die erste Erkrankung, die mit einer mitochondrialen DNA-Veränderung assoziiert werden konnte. In 80% aller Fälle betrifft die Mutation die Position 11.778 des mitochondrialen Genoms.

Neurogene Muskelschwäche, Ataxie und Retinitis pigmentosa (NARP)

Bei dieser zuerst von Holt et al. (1988) beschriebenen Krankheit ist eine Punktmutation im mitochondrialen Genom Auslöser der Erkrankung. Die Patienten zeigen klinisch eine retardierte Entwicklung, Retinitis pigmentosa, proximale neurogene Muskelschwäche und eine sensorische Neuropathie. Eine Punktmutation in einer mitochondrial kodierten Untereinheit der ATP-Synthase wurde als Ursache der Erkrankung beschrieben.

1.5.2.5 Genetik der Stoffwechselerkrankungen

Die Stoffwechselerkrankungen des Menschen lassen sich in spontan auftretende oder vererbte Erkrankungen unterteilen. Interessanterweise werden bei den vererbten Erkrankungen sehr häufig Defekte gefunden, die sich durch einen maternalen Erbgang auszeichnen, so daß eine genetische Veränderung des mitochondrialen Genoms als Auslöser der Erkrankungen diskutiert wurde (s. Tabelle 1.5.2; Novotny, Jr. et al. 1986; Rosing et al. 1985; Wallace, 1986a; Wallace 1987). In der Tat beschrieben Wallace et al. (1988) mit der Leber-Optikusatrophie die erste mit einem mitochondrialen Gendefekt assoziierte Erkrankung. Die beobachtete Veränderung führt zur Substitution eines evolutionär konservierten Arginins im ND-4-Gen der NADH-Ubichinon-Oxidoreduktase durch Histidin, wodurch die Enzymfunktion von Komplex I beeinträchtigt wird (Tabelle 1.5.2).

Weit häufiger als Mutationen in Proteingenen findet man Basensubstitutionen in mitochondrialen tRNA-Genen nachgewiesen (Tabelle 1.5.3). Die erste Mutation, die mit einer mutierten tRNA der Mitochondrien assoziiert werden konnte, war das MERRF-Syndrom (Shoffner et al. 1990). An Position 8344 des mitochondrialen Genoms führt diese A:G-Transition zu einer Veränderung des TΨC-Loops der tRNA, so daß die mitochondriale Proteinbiosynthese nachhaltig gestört wird. Die erniedrigte Syntheserate der mitochondrial kodierten Proteine führt dann zu einer stark erniedrigten Aktivität des oxidativen Phosphorylierungssystems, so daß weniger ATP synthetisiert werden

Tabelle 1.5.2. Mitochondriale DNA-Veränderungen in Proteingenen, die mit Krankheiten assoziiert wurden (Kogelnik et al. 1996)

Erkrankung	Locus	Position	Nukleotidaustausch	Aminosäureaustausch	Literatur
LHON	ND 1	3460	G:A	A:T	(Howell et al. 1991; Huoponen et al. 1991)
		4216	T:C	Y:H	(Johns u. Berman 1991)
	ND 2	4917	A:G	D:N	(Johns u. Berman 1991)
	ND 4	11778	G:A	R:H	(Wallace et al. 1988)
	ND 5	13708	G:A	A:T	(Johns u. Berman 1991; Johns u. Neufeld 1991)
	ND 6	14484	T:C	M:V	(Brown et al. 1992; Johns et al. 1992; Mackey u. Howell 1992)
	Cytochrom b	15257	G:A	D:N	(Johns u. Neufeld 1991)
		15812	G:A	V:M	(Johns u. Neufeld 1991)
LDYT	ND 6	14459	G:A	A:V	(Jun et al. 1994)
NARP	ATP 6	8993	T:G	L:R	(Holt et al. 1990)
			T:C	L:P	(De Vries Et Al. 1993)

kann. Ein Energiemangelsyndrom der Zelle ist die Folge (Tabelle 1.5.3).

Interessanterweise treten die Veränderungen im mitochondrialen Genom in den seltensten Fällen in Reinform (100%ige Mutation) auf. Durch die hohe Kopienzahl des mitochondrialen Genoms, die als genetische Einheiten in den Mitochondrien innerhalb einer Zelle existieren, können Mischpopulationen von mutierter und normaler mitochondrialer DNA entstehen. Die Mischformen werden als *heteroplasmatische* Populationen bezeichnet. Durch den kontinuierlichen Auf- und Abbau, dem auch Mitochondrien in ausdifferenzierten Zellen und Geweben unterworfen sind, bleibt das Verhältnis von mutierter und intakter DNA nicht konstant. Dieses Phänomen, das in mitotischen Zellen als *mitotische Segregation* bezeichnet wird (Wallace 1986b), führt zu einer ungleichen Verteilung von mutierten und intakten Mitochondrien in den einzelnen Zellen.

Neben Basensubstitutionen gelten auch mitochondriale DNA-Deletionen als Auslöser neuromuskulärer Erkrankungen. In diesem Zusammenhang berichteten Holt et al. (1988) erstmals von mitochondrialen DNA-Deletionen in Patienten mit *Mitochondrialen Myopathien*). Die Deletionen können dabei wenige 100 Basen (Yuzaki et al. 1989) umfassen oder sich auf bis zu 11 kb erstrecken (Kogelnik et al. 1996). Die am häufigsten beschriebene Deletion, die sog. *common deletion*, umfaßt 4977 Basenpaare (Tabelle 1.5.4). Die Schwere der Erkrankung korreliert dabei nicht mit der Länge der Deletion. Vielmehr spielen der Anteil der mutierten mitochondrialen DNA und deren Verteilung in den Geweben eine entscheidende Rolle bei der Ausbildung der Symptomatik des Patienten.

Von den Deletionen sind in der Regel mehrere Gene betroffen. Der Pathomechanismus, der zu der Entstehung der Enzymdefekte führt, ist nicht vollkommen geklärt. Während bei Basensubstitutionen der Gendefekt einem einzelnen Gen zugeschrieben werden kann, sind bei Deletionen neben Strukturgenen der Atmungskette auch essentielle tRNA-Gene betroffen. Demzufolge kann der genetische Defekt einen Einfluß auf einzelne Untereinheiten der Atmungskette ausüben (Deletion eines Strukturgens) oder die mitochondriale Translation durch den Verlust eines tRNA-Gens blockieren. Welcher der vorgeschlagenen Mechanismen zum Tragen kommt, hängt sehr davon ab, inwiefern innerhalb eines Mitochondriums homoplasmatische oder heteroplasmatische DNA-Populationen vorkommen. Aus biochemischen Messungen leiteten Hammans et al. (1992) ab, daß ein Austausch von tRNAs zur Aufrechterhaltung der Proteinbiosynthese über eine intramitochondriale Komplementierung möglich ist. Hayashi et al. (1991) schränkten ein, daß die Komplementierung offensichtlich mit dem Anteil an deletierter mtDNA verknüpft ist: Unterhalb eines Schwellenwerts von etwa 60% konnten sie eine normale mitochondriale Translation beobachten, während die Überschreitung des Schwellenwerts zu einer starken Erniedrigung der mitochondrialen Biosynthese führte. Im Unterschied zum vorgeschlagenen Komplementierungsmechanismus berichteten Nakase et al. (1990) daß die bei einer Deletion entstehenden Fusionsgene nicht translatiert werden, so daß eine intermitochondriale Komplementierung von tRNAs unrealistisch erscheint und die von Hammans et al. (1992) und Hayashi et al. (1991) beobachteten Phänomene auf eine intramitochondriale Komplementierung von deletierten und intakten Genomen zurückzuführen sind.

Unter der Annahme, daß ein Nukleinsäureaustausch zwischen Mitochondrien unter normalen Bedingungen nicht oder nur selten stattfindet, segregieren Mitochondrien in Organellen mit

Tabelle 1.5.3. Mitochondriale DNA-Veränderungen in tRNA- und rRNA-Genen, die mit Krankheiten assoziiert wurden (Kogelnik et al. 1996)

Erkrankung	Locus	Position	Nukleotidaustausch	Literatur
DEAF	12S rRNA	1555	-G	(Fischel et al. 1993; Hutchin et al. 1993; Prezant et al. 1993)
MELAS	tRNA$^{Leu(UUR)}$	3243	-G	(Goto et al. 1990)
		3256	-T	(Moraes et al. 1993)
MMC	tRNA$^{Leu(UUR)}$	3260	-G	(Zeviani et al. 1991)
MM	tRNA$^{Leu(UUR)}$	3302	-G	(Bindoff et al. 1993)
ADPD	tRNA^{Gln}	4336	-C	(Wallace 1992)
MERRF	tRNA^{Lys}	8344	-G	(Shoffner et al. 1990)
		8356	-C	(Silvestri et al. 1992)
MDM	tRNA^{Glu}	14709	-G	(Hanna et al. 1995; Hao et al. 1995)

Tabelle 1.5.4. Mitochondriale DNA-Deletionen, die einzeln oder in Kombination mit Krankheiten assoziiert wurden (Kogelnik et al. 1996)

Locus	Position	Länge der Deletion	Literatur
TFH–ND 2	470–5152	4681	(Johns u. Cornblath 1991)
TFH–ND 2	502–5443	4939	(Hammans et al. 1992)
TM–	547–4443	3895	(Moraes et al. 1991a)
16S rRNA–ND 2	1836–5447	3610	(Katayama et al. 1991)
16S rRNA–ND 6	3173–14.161	10.987	(Miyabayashi et al. 1991)
ND 1–ND 1	3323–3588	264	(Horton et al. 1996)
TQ–Cytochrom b	4398–14.822	10.422	(Ballinger et al. 1992)
TC–ND 5	5786–13.923	8136	(Degoul et al. 1991b)
TC–ND 5	5793–12.767	6973	(Rotig et al. 1995a)
ND 5–TY	5835–12.661	6825	(Mita et al. 1990)
COX I–ND 6	6023–14.424	8400	(Ota et al. 1991)
COX I–ATP 6	6074–9179	3104	(Rotig et al. 1995a)
COX I–ND 5	6075–13.799	7723	(Mita et al. 1990)
COX I–ND 5	6226–13.456	7279	(Ota et al. 1991)
COX I–ND 5	6238–14.103	7864	(Blok et al. 1995)
COX I–ND 5	6325–13.989	7663	(Larsson et al. 1990)
COX I–ND 5	6329–13.994	7664	(Johns et al. 1989)
COX I–ND 5	6330–13.994	7663	(Mita et al. 1990)
COX I–ND 5	6380–14.096	7715	(Mita et al. 1990)
COX I–ND 5	6465–14.135	7669	(Rotig et al. 1993)
COX I–ND 6	7193–14.596	7402	(Fischel Ghodsian et al. 1992)
COX I–ND 5	7438–13.476	6037	(Hammans et al. 1992)
TS1–TT	7449–15.926	8476	(Degoul et al. 1991a)
TS1–ND 4	7491–11.004	3512	(Degoul et al. 1991a; Degoul et al. 1991b)
TS1–ND 5	7493–12.762	5268	(Ota et al. 1994)
ND 6–TS1	7501–14.428	6926	(Mita et al. 1990)
COX II–Cytochrom b	7635–15.440	7804	(Moraes et al. 1991b)
COX II–Cytochrom b	7669–15.437	7767	(Degoul et al. 1991a)
COX II–Cytochrom b	7697–12.364	4666	(Larsson et al. 1992; Oldfors et al. 1992)
COX II–ND 5	7777–13.794	6016	(de Vries et al. 1992)
COX II–Cytochrom b	7808–14.799	6990	(Nakai et al. 1994)
COX II–Cytochrom b	7815–15.381	7565	(Mita et al. 1990)
COX II–ND 5	7829–14.135	6305	(Bet et al. 1994)
COX II–ND 5	7841–13.905	6063	(Yen et al. 1992)
COX II–COX III	7845–9748	1902	(Mita et al. 1990)
COX II–Cytochrom b	7974–15.496	7521	(Mita et al. 1990; Nakase et al. 1990)
COX II–ATT	8032–16.075	8042	(Linnane 1992)
COX II–Cytochrom b	8210–15.339	7128	(Moraes et al. 1992)
COX II–ND 5	8213–13.991	5777	(Hinokio et al. 1995)
TK–ND 5	8278–13.770	5491	(Norby et al. 1994)
TK–Cytochrom b	8304–15.055	6750	(Rotig et al. 1995a)
ND 5–ATP 8	8426–12.894	4467	(Mita et al. 1990)
ND 5–ATP 8	8468–13.446	4977	(Shoffner et al. 1989)
ND 5–ATP 8	8469–13.447	4977	(Holt et al. 1988)
ATP 8–Cytochrom b	8517–15.421	6903	(Mita et al. 1990)
ATP 6–ND 5	8563–13.758	5196	(Hayashi et al. 1991)
ATP 6–ND 6	8563–14.596	6032	(Degoul et al. 1991a)
ATP 8–Cytochrom b	8570–13.236	4665	(Lestienne 1989)
ATP 8–Cytochrom b	8573–15.727	7153	(Larsson u. Holme 1992)
ATP 6–Cytochrom b	8580–15.731	7150	(Pang et al. 1994)
ATP 6–TP	8582–15.957	7374	(Morikawa et al. 1993)
ATP 6–Cytochrom b	8623–15.662	7038	(Tanaka et al. 1989)
ATP 6–ND 5	8624–13.886	5261	(Degoul et al. 1991a)
ATP 6–ND 5	8631–13.513	4881	(Zhang et al. 1995)
ATP 6–TP	8637–16.084	7446	(Remes et al. 1994)
ATP 6–TP	8648–16.085	7436	(Hattori et al. 1991)
ATP 6–ND 5	8707–13.723	5015	(Johns u. Hurko 1989)
ATP 6–Cytochrom b	8823–15.855	7031	(Degoul et al. 1991a)
ATP 6–Cytochrom b	8828–14.896	6067	(Larsson et al. 1990)
ATP 6–TP	8992–16.072	7079	(Hattori et al. 1991)

Tabelle 1.5.4 (Fortsetzung)

Locus	Position	Länge der Deletion	Literatur
ATP 6–ND 5	9144–13.816	4671	(Ota et al. 1991)
ATP 6–ND 6	9180–14.281	5100	(Degoul et al. 1991a)
ATP 6–ND 5	9191–12.909	3717	(Tanaka et al. 1989)
COX III–Cytochrom b	9238–15.576	6377	(Superti Furga et al. 1993)
COX III–ND 5	9357–13.865	4507	(Johns et al. 1989)
COX III–ND 5	9515–13.055	3539	(Reynier et al. 1994)
COX III–ND 5	9574–12.972	3397	(Torii et al. 1992)
TG–TT	9995–15.897	5901	(Rotig et al. 1991)
TG–Cytochrom b	10.050–15.076	5025	(Vazquez Acevedo et al. 1995)
ND 6–ND 3	10.058–14.593	4534	(Mita et al. 1990)
ND 3–TT	10.154–15.945	5790	(Mita et al. 1990)
ND 3–ND 6	10.169–14.435	4265	(Degoul et al. 1991a)
ND 3–ND 5	10.190–13.753	3562	(Rotig et al. 1991)
ND 3–ND 5	10.367–12.829	2461	(Kapsa et al. 1994)
ND 3–Cytochrom b	10.370–15.570	5199	(Mita et al. 1990)
ND 4L–TT	10.587–15.913	5325	(Mita et al. 1990)
ND 4L–ND 5	10.598–13.206	2607	(Rotig et al. 1995b)
ND 4L–Cytochrom b	10.665–14.856	4190	(Rotig et al. 1991)
ND 4L–Cytochrom b	10.676–14.868	4191	(Rotig et al. 1990)
ND 4L–ND 5	10.744–14.124	3379	(Cormier-Daire et al. 1994)
ND 4–Cytochrom b	10.941–15.362	4420	(Mita et al. 1990)
ND 4–Cytochrom b	10.952–15.837	4884	(Larsson et al. 1990)
ND 4–Cytochrom b	10.961–15.846	4884	(Oldfors et al. 1992)
ND 4–ND 5	11.232–13.980	2747	(Cormier et al. 1990)
ND 4–Cytochrom b	11.368–15.786	4417	(Degoul et al. 1991a)
ND 4–ND 6	12.102–14.412	2309	(Mita et al. 1990)
ND 4–ND 6	12.103–14.414	2310	(Degoul et al. 1991a)
ND 4–ND 6	12.113–14.422	2308	(Rotig et al. 1995a)
TH–Cytochrom b	12.203–15.355	3151	(Sano et al. 1993)

homoplasmatischen mtDNA-Populationen (Wallace 1986b). Homoplasmatisch mutierte Mitochondrien werden sehr schnell an den essentiellen tRNAs verarmen, so daß eine vollständige Proteinsynthese aller mitochondrial kodierter Untereinheiten nicht mehr möglich ist und die Atmungskettenenzyme nicht erneuert werden können. Eine Depletion an mitochondrial kodierten Untereinheiten ist die Folge. Unterschreitet die Enzymaktivität der oxidativen Phosphorylierung einen Mindestwert, der für die normale Energieversorgung der Zelle notwendig ist, wird ein Energiemangelsyndrom entstehen und die klinische Symptomatik des Patienten induziert.

1.5.2.6 Therapie der Stoffwechselerkrankungen

Die Therapie der *Mitochondrialen Myopathien* besteht bislang hauptsächlich aus symptomatischen Maßnahmen. Für die Behandlung von Patienten, die unter Fehlfunktionen des oxidativen Phosphorylierungssystems leiden, wurde eine Vielzahl stoffwechselaktiver Substanzen getestet (Shoffner et al. 1989). Von der Gabe von Ubichinon (Koenzym Q) und den Vitaminen C und K, Dichlorazetat, aber auch von Karnitin und freien Fettsäuren wurde eine Besserung des Krankheitsverlaufs erhofft (Argov et al. 1986; Eleff et al. 1984; Langsjoen et al. 1985; Ogasahara et al. 1986; Stacpoole et al. 1983). Als bislang einzige medikamentöse Therapie *Mitochondrialer Zytopathien* gilt die Gabe von Koenzym Q, einem Kofaktor der oxidativen Phosphorylierung. Die Zielsetzung dieser Behandlung besteht darin, die verbliebene oxidative Phosphorylierungskapazität der Mitochondrien zu steigern. Bei nur wenigen Patienten wurden mit dieser Therapieform ein Rückgang der erhöhten Laktatwerte im Serum, die Rückbildung des Rechtsschenkelblocks im EKG sowie die Zunahme der Muskelkraft beobachtet. Bei Patienten mit MELAS-Syndrom konnten die Häufigkeit intermittierender Sehkraftverschlechterungen gesenkt und die körperliche Belastungsfähigkeit des Patienten verbessert werden. Eine Heilung, im Sinn einer kausalen Therapie, ist jedoch davon nicht zu erwarten.

Alternative Überlegungen zur Behandlung genetisch bedingter *Mitochondrialer Zytopathien* beziehen auch die Therapie auf genetischer Ebene mit ein (Chrzanowska-Lightowlers et al. 1995). Die

Schlüsseltechnologie für die Umsetzung einer somatischen Gentherapiestrategie zur Behandlung von Erkrankungen des mitochondrialen Genoms ist die Entwicklung eines mitochondrienspezifischen Vektorsystems zur Einschleusung von Nukleinsäuren in die Matrix der Mitochondrien. Erste Anregungen für die Entwicklung eines Vektorsystems für die Einschleusung von Nukleinsäuren in die Mitochondrien fanden sich in den Beobachtungen von Vestweber u. Schatz (1989): Sie zeigten, daß ein Protein, das mit einem kurzen Oligonukleotid verbunden war, über den Weg des natürlichen Proteinimports bis in die Matrix der Mitochondrien vorzudringen vermag. In einem ähnlich aufgebauten Experiment konnten Seibel u. Seibel (1994, 1995a,b) und Seibel et al. (1995) zeigen, daß bereits das Signalpeptid ausreicht, um doppelsträngige DNA-Moleküle bis in die Matrix zu dirigieren. Aufbauend auf diese Beobachtungen lassen sich verschiedene Modelle zur Gentherapie mitochondrialer DNA-Erkrankungen erarbeiten (Brown et al. 1993). Inwiefern diese Modelle bei den hier beschriebenen Erkrankungen verwendet werden können, ist z. Z. nicht vorherzusehen.

Danksagung. Herrn Priv.-Doz. Dr. Ralf Gold, Neurologische Klinik Würzburg, und Dr. Geoffrey Newman, Department of Pathology, University of Wales, College of Medicine, Cardiff, sind wir für die Überlassung von Abbildungen zu großem Dank verpflichtet. Die Arbeiten wurden unterstützt durch die Deutsche Forschungsgemeinschaft (Mu 518/6-3, Se 780/1-1, 780/1-2) und das Sächsische Landesamt für Umwelt und Geologie.

1.5.3 Literatur

Anderson S, Bankier AT, Barrell BG et al. (1981) Sequence and organization of the human mitochondrial genome. Nature 290:457–465

Argov Z, Bank WJ, Maris J, Eleff S, Kennaway NG, Olson RE, Chance B (1986) Treatment of mitochondrial myopathy due to complex III deficiency with vitamins K3 and C: A 31P-NMR follow-up study. Ann Neurol 19:598–602

Arts WF, Bethlem J, Dingemans KP, Eriksson AW (1978) Investigations on the inheritance of nemaline myopathy. Arch Neurol 35:72–77

Ballinger SW, Shoffner JM, Hedaya EV, Trounce I, Polak MA, Koontz DA, Wallace DC (1992) Maternally transmitted diabetes and deafness associated with a 10.4 kb mitochondrial DNA deletion. Nat Genet 1:11–15

Bardosi A, Creutzfeldt W, DiMauro S et al. (1987) Myo-, neuro-, gastrointestinal encephalopathy (MNGIE syndrome) due to partial deficiency of cytochrome-c-oxidase. A new mitochondrial multisystem disorder. Acta Neuropathol (Berl) 74:248–258

Barrell BG, Anderson S, Bankier AT et al. (1980) Different pattern of codon recognition by mammalian mitochondrial tRNAs. Proc Natl Acad Sci USA 77:3164–3166

Barth PG, Wijngaarden GK van, Bethlem J (1975) X-linked myotubular myopathy with fatal neo-natal asphyxia. Neurology 25:531

Bet L, Moggio M, Comi GP et al. (1994) Multiple sclerosis and mitochondrial myopathy: an unusual combination of diseases. J Neurol 241:511–516

Bindoff LA, Howell N, Poulton J et al. (1993) Abnormal RNA processing associated with a novel tRNA mutation in mitochondrial DNA. A potential disease mechanism. J Biol Chem 268:19.559–19.564

Blok RB, Thorburn DR, Thompson GN, Dahl HH (1995) A topoisomerase II cleavage site is associated with a novel mitochondrial DNA deletion. Hum Genet 95:75–81

Brown MD, Voljavec AS, Lott MT, MacDonald I, Wallace DC (1992) Leber's hereditary optic neuropathy: a model for mitochondrial neurodegenerative diseases. FASEB J 6: 2791–2799

Brown MD, Povinelli CM, Hall DH (1993) Distribution and characterization of mutations induced by nitrous acid or hydroxylamine in the intron-containing thymidylate synthase gene of bacteriophage T4. Biochem Genet 31: 507–520

Chomyn A, Hunkapiller MW, Attardi G (1981) Alignment of the amino terminal amino acid sequence of human cytochrome c oxidase subunits I and II with the sequence of their putative mRNAs. Nucleic Acids Res 9:867–877

Chrzanowska-Lightowlers ZM, Lightowlers RN, Turnbull DM (1995) Gene therapy for mitochondrial DNA defects: Is it possible? Gene Ther 2:311–316

Clayton DA (1982) Replication of animal mitochondrial DNA. Cell 28:693–705

Clayton DA (1984) Transcription of the mammalian mitochondrial genome. Annu Rev Biochem 53:573–594

Clayton DA (1991) Replication and transcription of vertebrate mitochondrial DNA. Annu Rev Cell Biol 7:453–478

Conen PE, Murphy EG, Donohue WL (1963) Light and electron microscopic studies of „myogranules" in a child with hypotonia and muscle weakness. Can Med Assoc J 89:983

Cormier V, Rotig A, Quartino AR et al. (1990) Widespread multi-tissue deletions of the mitochondrial genome in the Pearson marrow-pancreas syndrome. J Pediatr 117:599–602

Cormier-Daire V, Bonnefont JP, Rustin P et al. (1994) Mitochondrial DNA rearrangements with onset as chronic diarrhea with villous atrophy. J Pediatr 124:63–70

Dahl N, Hu LJ, Chery M et al. (1995) Myotubular myopathy in a girl with a deletion at Xq27–q28 and unbalanced X inactivation assigns the MTM1 gene to a 600-kb region. Am J Hum Genet 56:1108–1115

Darnfors C, Larsson HE, Oldfors A, Kyllerman M, Gustavson KH, Bjursell G, Wahlstrom J (1990) X-linked myotubular myopathy: a linkage study. Clin Genet 37:335–340

De Angelis MS, Palmucci L, Leone M, Doriguzzi C (1991) Centronuclear myopathy: clinical, morphological and genetic characters. A review of 288 cases. J Neurol Sci 103:2–9

De Gouyon BM, Zhao W, Laporte J, Mandel J-L, Metzenberg A, Herman GE (1997) Characterization of mutations in the recently identified myotubularin gene in 26 patients

with X-linked myotubular myopathy. Hum Mol Genet 6:1499–1504
De Vries DD, Buzing CJ, Ruitenbeek W et al. (1992) Myopathology and a mitochondrial DNA deletion in the Pearson marrow and pancreas syndrome. Neuromuscul Disord 2:185–195
De Vries DD, Van Engelen BG, Gabreels FJ, Ruitenbeek W, Van Oost BA (1993) A second missense mutation in the mitochondrial ATPase 6 gene in Leigh's syndrome. Ann Neurol 34:410–412
Degoul F, Nelson I, Amselem S et al. (1991a) Different mechanisms inferred from sequences of human mitochondrial DNA deletions in ocular myopathies. Nucleic Acids Res 19:493–496
Degoul F, Nelson I, Lestienne P et al. (1991b) Deletions of mitochondrial DNA in Kearns-Sayre syndrome and ocular myopathies: genetic, biochemical and morphological studies. J Neurol Sci 101:168–177
Denborough MA, Dennett X, Anderson RM (1973) Central-core disease and malignant hyperpyrexia. BMJ 1:272–273
DiMauro S, Nicholson JF, Hays AP, Eastwood AB, Papadimitriou A, Koenigsberger R, DeVivo DC (1983) Benign infantile mitochondrial myopathy due to reversible cytochrome c oxidase deficiency. Ann Neurol 14:226–234
DiMauro S, Miranda AF, Sakoda S, Schon EA, Servidei S, Shanske S, Zeviani M (1986) Metabolic myopathies. Am J Med Genet 25:635–651
DiMauro S, Bonilla E, Zeviani M, Servidei S, DeVivo DC, Schon EA (1987) Mitochondrial myopathies. J Inherit Metab Dis [Suppl 1] 10:113–128
Donoghue MJ, Sanes JR (1994) All muscles are not created equal. Trends Genet 10:396–401
Egger J, Lake BD, Wilson J (1981) Mitochondrial cytopathy. A multisystem disorder with ragged red fibres on muscle biopsy. Arch Dis Child 56:741–752
Eleff S, Kennaway NG, Buist NR, Darley UV, Capaldi RA, Bank WJ, Chance B (1984) 31P NMR study of improvement in oxidative phosphorylation by vitamins K3 and C in a patient with a defect in electron transport at complex III in skeletal muscle. Proc Natl Acad Sci USA 81:3529–3533
Eng GD, Epstein BS, Engel WK, McKay DW, McKay R (1978) Malignant hyperthermia and central core disease in a child with congenital dislocating hips. Arch Neurol 35:189–197
Ernster L, Schatz G (1981) Mitochondria: a historical review. J Cell Biol 91:227s–255 s
Fardeau M, Tomé FMS (1994) Congenital myopathies. In: Engel AG, Franzini-Armstrong C (eds) Myology, vol 2, 2nd edn. McGraw-Hill, New York, pp 1487–1532
Fidzianska A, Warlo I, Goebel HH (1994) Neonatal centronuclear myopathy with N-CAM decorated myotubes. Neuropediatrics 25:158–161
Fischel Ghodsian N, Bohlman MC, Prezant TR, Graham JM Jr, Cederbaum SD, Edwards MJ (1992) Deletion in blood mitochondrial DNA in Kearns-Sayre syndrome. Pediatr Res 31:557–560
Fischel GN, Prezant TR, Bu X, Oztas S (1993) Mitochondrial ribosomal RNA gene mutation in a patient with sporadic aminoglycoside ototoxicity. Am J Otolaryngol 14:399–403
Frank JP, Harati Y, Butler IJ, Nelson TE, Scott CI (1980) Central core disease and malignant hyperthermia syndrome. Ann Neurol 7:11–17
Fujii J, Otsu K, Zorzato F et al. (1991) Identification of a mutation in porcine ryanodine receptor associated with malignant hyperthermia. Science 253:448–451
Gelfand R, Attardi G (1981) Synthesis and turnover of mitochondrial ribonucleic acid in HeLa cells: the mature ribosomal and messenger ribonucleic acid species are metabolically unstable. Mol Cell Biol 1:497–511
Gillard EF, Otsu K, Fujii J et al. (1991) A substitution of cysteine for arginine 614 in the ryanodine receptor is potentially causative of human malignant hyperthermia. Genomics 11:751–755
Goto Y, Nonaka I, Horai S (1990) A mutation in the tRNA(Leu)(UUR) gene associated with the MELAS subgroup of mitochondrial encephalomyopathies. Nature 348:651–653
Greenfield JG, Cornman T, Shy GM (1958) The prognostic value of the muscle biopsy in the „floppy infant". Brain 81:461
Gyllensten U, Wharton D, Josefsson A, Wilson AC (1991) Paternal inheritance of mitochondrial DNA in mice. Nature 352:255–257
Haan EA, Freemantle CJ, McCure JA, Friend KL, Mulley JC (1990) Assignment of the gene for central core disease to chromosome 19. Hum Genet 86:187–190
Halsall PJ, Bridges LR, Ellis FR, Hopkins PM (1996) Should patients with central core disease be screened for malignant hyperthermia? J Neurol Neurosurg Psychiatry 61:119–121
Hammans SR, Sweeney MG, Holt IJ et al. (1992) Evidence for intramitochondrial complementation between deleted and normal mitochondrial DNA in some patients with mitochondrial myopathy. J Neurol Sci 107:87–92
Hanna MG, Nelson I, Sweeney MG, Cooper JM, Watkins PJ, Morgan-Hughes JA, Harding AE (1995) Congenital encephalomyopathy and adult-onset myopathy and diabetes mellitus: different phenotypic associations of a new heteroplasmic mtDNA tRNA glutamic acid mutation. Am J Hum Genet 56:1026–1033
Hao H, Bonilla E, Manfredi G, DiMauro S, Moraes CT (1995) Segregation patterns of a novel mutation in the mitochondrial tRNA glutamic acid gene associated with myopathy and diabetes mellitus. Am J Hum Genet 56: 1017–1025
Harriman DG, Ellis FR (1973) Central-core disease and malignant hyperpyrexia. BMJ 1:545–546
Hattori K, Tanaka M, Sugiyama S et al. (1991) Age-dependent increase in deleted mitochondrial DNA in the human heart: possible contributory factor to presbycardia. Am Heart J 121:1735–1742
Hayashi J, Ohta S, Kikuchi A, Takemitsu M, Goto Y, Nonaka I (1991) Introduction of disease-related mitochondrial DNA deletions into HeLa cells lacking mitochondrial DNA results in mitochondrial dysfunction. Proc Natl Acad Sci USA 88:10.614–10.618
Hinokio Y, Suzuki S, Komatu K et al. (1995) A new mitochondrial DNA deletion associated with diabetic amyotrophy, diabetic myoatrophy and diabetic fatty liver. Muscle Nerve 3: S142–S149
Holt IJ, Harding AE, Morgan-Hughes JA (1988) Deletions of muscle mitochondrial DNA in patients with mitochondrial myopathies. Nature 331:717–719
Holt IJ, Harding AE, Petty RK, Morgan-Hughes JA (1990) A new mitochondrial disease associated with mitochondrial DNA heteroplasmy. Am J Hum Genet 46:428–433
Hopkins IJ, Lindsey JR, Ford FR (1966) Nemaline myopathy. A long-term clinicopathologic study of affected mother and daughter. Brain 89:299–310
Horton TM, Petros JA, Heddi A et al. (1996) Novel mitochondrial DNA deletion found in a renal cell carcinoma. Genes Chromosomes Cancer 15:95–101

Howell N, Bindoff LA, McCullough DA et al. (1991) Leber hereditary optic neuropathy: identification of the same mitochondrial ND1 mutation in six pedigrees. Am J Hum Genet 49:939–950

Hu LJ, Laporte J, Kress W et al. (1996) Deletions in Xq28 in two boys with myotubular myopathy and abnormal genital development define a new contiguous gene syndrome in a 430 kb region. Hum Mol Genet 5:139–143

Huoponen K, Vilkki J, Aula P, Nikoskelainen EK, Savontaus ML (1991) A new mtDNA mutation associated with Leber hereditary optic neuroretinopathy. Am J Hum Genet 48:1147–1153

Hutchin T, Haworth I, Higashi K et al. (1993) A molecular basis for human hypersensitivity to aminoglycoside antibiotics. Nucleic Acids Res 21:4174–4179

Hutchison CA, Newbold JE, Potter SS, Edgell MH (1974) Maternal inheritance of mammalian mitochondrial DNA. Nature 251:536–538

Islander G, Henriksson KG, Ranklev-Twetman E (1995) Malignant hyperthermia susceptibility without central core disease (CCD) in a family where CCD is diagnosed. Neuromuscul Disord 5:125–127

Jockusch BM, Veldman H, Griffiths GW, Van Oost BA, Jennekens FG (1980). Immunofluorescence microscopy of a myopathy. Alpha-actinin is a major constituent of nemaline rods. Exp Cell Res 127:409–420

Johns DR, Berman J (1991) Alternative, simultaneous complex I mitochondrial DNA mutations in Leber's hereditary optic neuropathy. Biochem Biophys Res Commun 174:1324–1330

Johns DR, Cornblath DR (1991) Molecular insight into the asymmetric distribution of pathogenetic human mitochondrial DNA deletions. Biochem Biophys Res Commun 174:244–250

Johns DR, Hurko O (1989) Preferential amplification and molecular characterization of junction sequences of a pathogenetic deletion in human mitochondrial DNA. Genomics 5:623–628

Johns DR, Neufeld MJ (1991) Cytochrome b mutations in Leber hereditary optic neuropathy. Biochem Biophys Res Commun 181:1358–1364

Johns DR, Rutledge SL, Stine OC, Hurko O (1989) Directly repeated sequences associated with pathogenic mitochondrial DNA deletions. Proc Natl Acad Sci USA 86:8059–8062

Johns DR, Neufeld MJ, Park RD (1992) An ND-6 mitochondrial DNA mutation associated with Leber hereditary optic neuropathy. Biochem Biophys Res Commun 187:1551–1557

Jun AS, Brown MD, Wallace DC (1994) A mitochondrial DNA mutation at nucleotide pair 14.459 of the NADH dehydrogenase subunit 6 gene associated with maternally inherited Leber hereditary optic neuropathy and dystonia. Proc Natl Acad Sci USA 91:6206–6210

Kapsa R, Thompson GN, Thorburn DR, Dahl HH, Marzuki S, Byrne E, Blok RB (1994) A novel mtDNA deletion in an infant with Pearson syndrome. J Inherit Metab Dis 17:521–526

Katayama M, Tanaka M, Yamamoto H, Ohbayashi T, Nimura Y, Ozawa T (1991) Deleted mitochondrial DNA in the skeletal muscle of aged individuals. Biochem Int 25:47–56

Kausch K, Lehmann-Horn F, Janka M, Wieringa B, Grimm T, Müller CR (1990) Evidence for linkage of the central core disease locus to the proximal long arm of human chromosome 19q. J Neurol Sci 98:549

Kausch K, Lehmann-Horn F, Janka M, Wieringa B, Grimm T, Müller CR (1991) Evidence for linkage of the central core disease locus to the proximal long arm of human chromosome 19. Genomics 10:765–769

Keating KE, Quane KA, Manning BM et al. (1994) Detection of a novel RYR1 mutation in four malignant hyperthermia pedigrees. Hum Mol Genet 3:1855–1858

Keating KE, Giblin L, Lynch PJ, Quane KA, Lehane M, Heffron JJ, McCarthy TV (1997) Detection of a novel mutation in the ryanodine receptor gene in an Irish malignant hyperthermia pedigree: correlation of the IVCT response with the affected and unaffected haplotypes. J Med Genet 34:291–296

Koch MC, Steinmeyer K, Lorenz C et al. (1992) The skeletal muscle chloride channel in dominant and recessive human myotonia. Science 257:797–800

Kogelnik AM, Lott MT, Brown MD, Navathe SB, Wallace DC (1996) MITOMAP: a human mitochondrial genome database. Nucleic Acids Res 24:177–179

Krivosic-Horber R, Krivosic I (1989) Central core disease associated with malignant hyperthermia sensitivity. Presse Med 18:828–831

Kuhn-Nentwig L, Kadenbach B (1985) Isolation and properties of cytochrome c oxidase from rat liver and quantification of immunological differences between isozymes from various rat tissues with subunit-specific antisera. Eur J Biochem 149:147–158

Laing NG, Majda BT, Akkari PA et al. (1992) Assignment of a gene (NEM1) for autosomal dominant nemaline myopathy to chromosome 1. Am J Hum Genet 50:576–583

Laing NG, Wilton SD, Akkari PA et al. (1995) A mutation in the alpha tropomyosin gene TPM3 associated with autosomal dominant nemaline myopathy. Nat Genet 9:75–79

Langsjoen PH, Vadhanavikit S, Folkers K (1985) Effective treatment with coenzyme Q10 of patients with chronic myocardial disease. Drugs Exp Clin Res 11:577–579

Laporte J, Hu LJ, Kretz C et al. (1996) A gene mutated in X-linked myotubular myopathy defines a new putative tyrosine phosphatase family conserved in yeast. Nat Genet 13:175–182

Laporte J, Guiraud-Chaumeil C, Vincent M-C et al. (1997) Mutations in the MTM1 gene implicated in X-linked myotubular myopathy. Hum Mol Genet 6:1505–1511

Larsson NG, Holme E (1992) Multiple short direct repeats associated with single mtDNA deletions. Biochim Biophys Acta 1139:311–314

Larsson NG, Holme E, Kristiansson B, Oldfors A, Tulinius M (1990) Progressive increase of the mutated mitochondrial DNA fraction in Kearns-Sayre syndrome. Pediatr Res 28:131–136

Larsson NG, Eiken HG, Boman H, Holme E, Oldfors A, Tulinius MH (1992) Lack of transmission of deleted mtDNA from a woman with Kearns-Sayre syndrome to her child. Am J Hum Genet 50:360–363

Lehesjoki AE, Sankila EM, Miao J, Somer M, Salonen R, Rapola J, De la Chapelle A (1990) X linked neonatal myotubular myopathy: one recombination detected with four polymorphic DNA markers from Xq28. J Med Genet 27:288–291

Lestienne P (1989) Mitochondrial and nuclear DNA complementation in the respiratory chain function and defects. Biochimie 71:1115–1123

Liechti-Gallati S, Müller B, Grimm T et al. (1991) X-linked centronuclear myopathy: mapping the gene to Xq28. Neuromuscul Disord 1:239–245

Linnane AW (1992) Mitochondria and aging: the universality of bioenergetic disease [editorial]. Aging (Milano) 4:267–271

Luft R, Ikkos D, Palmieri G, Ernster L, Afzelius B (1962) A case of severe hypermetabolism of non-thyroid origin with a defect in the maintenance of the mitochondrial respiratory control: a correlated clinical, biochemical and morphological study. J Clin Invest 41:1776–1804

Lynch PJ, Krivosic-Horber R, Reyford H et al. (1997) Identification of heterozygous and homozygous individuals with the novel RYR1 mutation Cys35Arg in a large kindred. Anesthesiology 86:620–626

Mackey D, Howell N (1992) A variant of Leber hereditary optic neuropathy characterized by recovery of vision and by an unusual mitochondrial genetic etiology. Am J Hum Genet 51:1218–1228

MacLennan DH, Duff C, Zorzato F et al. (1990) Ryanodine receptor gene is a candidate for predisposition to malignant hyperthermia. Nature 343:559–561

MacLeod JG, Baker WC, Lethlean AK, Shorey CD (1972) Centronuclear myopathy with autosomal dominant inheritance. J Neurol Sci 15:375

Mair WGP, Tomé FMS (1972) Atlas of the ultrastructure of diseased human muscle. Churchill-Livingstone, Edinburgh London New York

McCarthy TV, Healy JM, Heffron JJ et al. (1990) Localization of the malignant hyperthermia susceptibility locus to human chromosome 19q12–13.2. Nature 343:562–564

Mita S, Rizzuto R, Moraes CT et al. (1990) Recombination via flanking direct repeats is a major cause of large-scale deletions of human mitochondrial DNA. Nucleic Acids Res 18:561–567

Mitchell P (1966) Chemiosmotic coupling in oxidative and photosynthetic phosphorylation. Biol Rev Camb Philos Soc 41:445–502

Miyabayashi S, Hanamizu H, Endo H, Tada K, Horai S (1991) A new type of mitochondrial DNA deletion in patients with encephalomyopathy. J Inherit Metab Dis 14:805–812

Moraes CT, Andreetta F, Bonilla E, Shanske S, DiMauro S, Schon EA (1991a) Replication-competent human mitochondrial DNA lacking the heavy-strand promoter region. Mol Cell Biol 11:1631–1637

Moraes CT, Zeviani M, Schon EA, Hickman RO, Vlcek BW, DiMauro S (1991b) Mitochondrial DNA deletion in a girl with manifestations of Kearns-Sayre and Lowe syndromes: an example of phenotypic mimicry? Am J Med Genet 41:301–305

Moraes CT, Ricci E, Petruzzella V, Shanske S, DiMauro S, Schon EA, Bonilla E (1992) Molecular analysis of the muscle pathology associated with mitochondrial DNA deletions. Nat Genet 1:359–367

Moraes CT, Ciacci F, Bonilla E et al. (1993) Two novel pathogenic mitochondrial DNA mutations affecting organelle number and protein synthesis. Is the tRNA(Leu(UUR)) gene an etiologic hot spot? J Clin Invest 92:2906–2915

Morikawa Y, Matsuura N, Kakudo K, Higuchi R, Koike M, Kobayashi Y (1993) Pearson's marrow/pancreas syndrome: a histological and genetic study. Virchows Arch 423:227–231

Nakai A, Goto Y, Fujisawa K et al. (1994) Diffuse leukodystrophy with a large-scale mitochondrial DNA deletion. Lancet 343:1397–1398

Nakase H, Moraes CT, Rizzuto R, Lombes A, DiMauro S, Schon EA (1990) Transcription and translation of deleted mitochondrial genomes in Kearns-Sayre syndrome: implications for pathogenesis. Am J Hum Genet 46:418–427

Norby S, Lestienne P, Nelson I, Nielsen IM, Schmalbruch H, Sjo O, Warburg M (1994) Juvenile Kearns-Sayre syndrome initially misdiagnosed as a psychosomatic disorder. J Med Genet 31:45–50

Novotny EJ Jr, Singh G, Wallace DC, Dorfman LJ, Louis A, Sogg RL, Steinman L (1986) Leber's disease and dystonia: a mitochondrial disease. Neurology 36:1053–1060

Ogasahara S, Nishikawa Y, Yorifuji S et al. (1986) Treatment of Kearns-Sayre syndrome with coenzyme Q10. Neurology 36:45–53

Ogier H, Lombes A, Scholte HR et al. (1988) De Toni-Fanconi-Debre syndrome with Leigh syndrome revealing severe muscle cytochrome c oxidase deficiency. J Pediatr 112:734–739

Ojala D, Montoya J, Attardi G (1981) tRNA punctuation model of RNA processing in human mitochondria. Nature 290:470–474

Oldfors A, Larsson NG, Holme E, Tulinius M, Kadenbach B, Droste M (1992) Mitochondrial DNA deletions and cytochrome c oxidase deficiency in muscle fibres. J Neurol Sci 110:169–177

OMIM. Online mendelian inheritance in man. http://www.ncbi.nlm.nih.gov/Omim/

Ota Y, Tanaka M, Sato W et al. (1991) Detection of platelet mitochondrial DNA deletions in Kearns-Sayre syndrome. Invest Ophthalmol Vis Sci 32:2667–2675

Ota Y, Miyake Y, Awaya S, Kumagai T, Tanaka M, Ozawa T (1994) Early retinal involvement in mitochondrial myopathy with mitochondrial DNA deletion. Retina 14:270–276

Otsu K, Nishida K, Kimura Y, Kuzuya T, Hori M, Kamada T, Tada M (1994) The point mutation Arg615->Cys in the Ca^{2+} release channel of skeletal sarcoplasmic reticulum is responsible for hypersensitivity to caffeine and halothane in malignant hyperthermia. J Biol Chem 269:9413–9415

Pang CY, Lee HC, Yang JH, Wei YH (1994) Human skin mitochondrial DNA deletions associated with light exposure. Arch Biochem Biophys 312:534–538

Pelin K, Ridanpaa M, Donner K et al. (1997) Refined localisation of the genes for nebulin and titin on chromosome 2q allows the assignment of nebulin as a candidate gene for autosomal recessive nemaline myopathy. Eur J Hum Genet 5:229–234

Phillips MS, Khanna VK, De Leon S, Frodis W, Britt BA, MacLennan DH (1994) The substitution of Arg for Gly2433 in the human skeletal muscle ryanodine receptor is associated with malignant hyperthermia. Hum Mol Genet 3:2181–2186

Prezant TR, Agapian JV, Bohlman MC et al. (1993) Mitochondrial ribosomal RNA mutation associated with both antibiotic-induced and non-syndromic deafness. Nat Genet 4:289–294

Quane KA, Healy JM, Keating KE et al. (1993) Mutations in the ryanodine receptor gene in central core disease and malignant hyperthermia. Nat Genet 5:51–55

Quane KA, Keating KE, Healy JM et al. (1994a) Mutation screening of the RYR1 gene in malignant hyperthermia: detection of a novel Tyr to Ser mutation in a pedigree with associated central cores. Genomics 23:236–239

Quane KA, Keating KE, Manning BM et al. (1994b) Detection of a novel common mutation in the ryanodine receptor gene in malignant hyperthermia: implications for diagnosis and heterogeneity studies. Hum Mol Genet 3:471–476

Reinach FC (1995) Nemaline myopathy mechanism. Nat Genet 10:8
Remes AM, Hassinen IE, Ikaheimo MJ, Herva R, Hirvonen J, Peuhkurinen KJ (1994) Mitochondrial DNA deletions in dilated cardiomyopathy: a clinical study employing endomyocardial sampling. J Am Coll Cardiol 23:935–942
Resnick JS, Engle WK (1967) Target fibers: structural and cytochemical characteristics and their relationship to neuro-muscular disease and fiber type. In: Smith E, Wiley G (eds) Exploratory concepts in muscular dystrophy and related disorders. Excerpta Medica ICS, Amsterdam, pp 147–255
Reynier P, Pellissier JF, Harle JR, Malthiery Y (1994) Multiple deletions of the mitochondrial DNA in polymyalgia rheumatica. Biochem Biophys Res Commun 205:375–380
Richter M, Schleithoff L, Deufel T, Lehmann-Horn F, Herrmann-Frank A (1997) Functional characterization of a distinct ryanodine receptor mutation in human malignant hyperthermia-susceptible muscle. J Biol Chem 272:5256–5260
Romero NB, Nivoche Y, Lunardi J, Bruneau B, Cheval MA, Hilaire D, Fardeau M (1993) Malignant hyperthermia and central core disease: analysis of two families with heterogeneous clinical expression. Neuromuscul Disord 3:547–551
Rosing HS, Hopkins LC, Wallace DC, Epstein CM, Weidenheim K (1985) Maternally inherited mitochondrial myopathy and myoclonic epilepsy. Ann Neurol 17:228–237
Rotig A, Cormier V, Blanche S et al. (1990) Pearson's marrow-pancreas syndrome. A multisystem mitochondrial disorder in infancy. J Clin Invest 86:1601–1608
Rotig A, Cormier V, Koll F et al. (1991) Site-specific deletions of the mitochondrial genome in the Pearson marrow-pancreas syndrome. Genomics 10:502–504
Rotig A, Cormier V, Chatelain P, Francois R, Saudubray JM, Rustin P, Munnich A (1993) Deletion of mitochondrial DNA in a case of early-onset diabetes mellitus, optic atrophy and deafness (DIDMOAD, Wolfram syndrome). J Inherit Metab Dis 16:527–530
Rotig A, Bourgeron T, Chretien D, Rustin P, Munnich A (1995a) Spectrum of mitochondrial DNA rearrangements in the Pearson marrow-pancreas syndrome. Hum Mol Genet 4:1327–1330
Rotig A, Goutieres F, Niaudet P et al. (1995b) Deletion of mitochondrial DNA in patient with chronic tubulointerstitial nephritis. J Pediatr 126:597–601
Sano T, Ban K, Ichiki T, Kobayashi M, Tanaka M, Ohno K, Ozawa T (1993) Molecular and genetic analyses of two patients with Pearson's marrow-pancreas syndrome. Pediatr Res 34:105–110
Sarnat HB (1990) Myotubular myopathy: arrest of morphogenesis of myofibres associated with persistence of fetal vimentin and desmin. Four cases compared with fetal and neonatal muscle. Can J Neurol Sci 17:109–123
Sawchak JA, Sher JH, Norman MG, Kula RW, Shafiq SA (1991) Centronuclear myopathy heterogeneity: distinction of clinical types by myosin isoform patterns. Neurology 41:135–140
Schochet SS Jr, Zellweger H, Ionasescu V, McCormick WF (1972) Centronuclear myopathy: disease entity or syndrome: light and electron microscopic study of two cases and review of the literature. J Neurol Sci 16:215
Seibel P, Seibel A (1994) Chimäres Peptid-Nukleinsäure-Fragment, Verfahren zu seiner Herstellung und Verfahren zur zielgerichteten Nukleinsäureeinbringung in Zellorganellen und Zellen. Deutsches Patent P 44 21 079
Seibel P, Seibel A (1995a) Chimäres Peptid-Nukleinsäure-Fragment, Verfahren zu seiner Herstellung, sowie seine Verwendung zur zielgerichteten Nukleinsäureeinbringung in Zellorganellen und Zellen. Int Patent PCT DE 95/00.775
Seibel P, Seibel A (1995b) Replikatives und transkriptionsaktives Peptid-Nukleinsäureplasmid sowie seine Verwendung zur Einbringung in Zellen und Zellorganellen. Deutsches Patent P 19 52 0815
Seibel P, Trappe J, Villani G, Klopstock T, Papa S, Reichmann H (1995) Transfection of mitochondria: strategy towards a gene therapy of mitochondrial DNA diseases. Nucleic Acids Res 23:10–17
Shapira Y, Harel S, Russell A (1977) Mitochondrial encephalomyopathies: a group of neuromuscular disorders with defects in oxidative metabolism. Isr J Med Sci 13:161–164
Sher JH, Rimalovski AB, Athanassiades TJ, Aronson SM (1967). Familial myotubular myopathy: a clinical, pathological, histochemical and ultrastrucural study. J Neuropathol Exp Neurol 26:132
Shmookler RR, Goldstein S (1983) Mitochondrial DNA in mortal and immortal human cells. Genome number, integrity, and methylation. J Biol Chem 258:9078–9085
Shoffner JM, Lott MT, Voljavec AS, Soueidan SA, Costigan DA, Wallace DC (1989) Spontaneous Kearns-Sayre/chronic external ophthalmoplegia plus syndrome associated with a mitochondrial DNA deletion: a slip-replication model and metabolic therapy. Proc Natl Acad Sci USA 86:7952–7956
Shoffner JM, Lott MT, Lezza AM, Seibel P, Ballinger SW, Wallace DC (1990) Myoclonic epilepsy and ragged-red fiber disease (MERRF) is associated with a mitochondrial DNA tRNA(Lys) mutation. Cell 61:931–937
Shuaib A, Paasuke RT, Brownell KW (1987) Central core disease. Clinical features in 13 patients. Medicine (Baltimore) 66:389–396
Shy GM, Magee KR (1956) A new congenital non-progressive myopathy. Brain 79:160
Shy GM, Engel WK, Somers JE, Wanko T (1963) Nemaline myopathy: a new congenital myopathy. Brain 86:793
Silvestri G, Moraes CT, Shanske S, Oh SJ, DiMauro S (1992) A new mtDNA mutation in the tRNA(Lys) gene associated with myoclonic epilepsy and ragged-red fibers (MERRF). Am J Hum Genet 51:1213–1217
Spiro AJ, Kennedy C (1965) Hereditary occurrence of nemaline myopathy. Arch Neurol 13:155
Spiro AJ, Shy GM, Gonatas NK (1966) Myotubular myopathy. Persistence of fetal muscle in an adolescent boy. Arch Neurol 14:1–14
Stacpoole PW, Harman EM, Curry SH, Baumgartner TG, Misbin RI (1983) Treatment of lactic acidosis with dichloroacetate. N Engl J Med 309:390–396
Starr J, Lamont M, Iselius L, Harvey J, Heckmatt J (1990) A linkage study of a large pedigree with X linked centronuclear myopathy. J Med Genet 27:281–283
Sugita H, Masaki T, Ebashi S, Pearson CM (1974) Staining of the nemaline rod by fluorescent antibody against 10 S-actinin. Proc Jpn Acad 50:237
Superti Furga A, Schoenle E, Tuchschmid P et al. (1993) Pearson bone marrow-pancreas syndrome with insulin-dependent diabetes, progressive renal tubulopathy, organic aciduria and elevated fetal haemoglobin caused by deletion and duplication of mitochondrial DNA. Eur J Pediatr 152:44–50
Tanaka M, Sato W, Ohno K, Yamamoto T, Ozawa T (1989) Direct sequencing of deleted mitochondrial DNA in myo-

pathic patients. Biochem Biophys Res Commun 164:156–163

Thierfelder L, Watkins H, MacRae C et al. (1997) Alpha-tropomyosin and cardiac troponin T mutations cause familial hypertrophic cardiomyopathy: a disease of the sarcomere. Cell 77:701–712

Thomas NS, Williams H, Cole G et al. (1990) X-linked neonatal centronuclear/myotubular myopathy: evidence for linkage to Xq28 DNA marker loci. J Med Genet 27:284–287

Tong J, Oyamada H, Demaurex N, Grinstein S, McCarthy TV, MacLennan DH (1997) Caffeine and halothane sensitivity of intracellular Ca^{2+} release is altered by 15 calcium release channel (ryanodine receptor) mutations associated with malignant hyperthermia and/or central core disease. J Biol Chem 272:26.332–26.339

Torii K, Sugiyama S, Tanaka M et al. (1992) Aging-associated deletions of human diaphragmatic mitochondrial DNA. Am J Respir Cell Mol Biol 6:543–549

Treves S, Larini F, Menegazzi P et al. (1994) Alteration of intracellular Ca^{2+} transients in COS-7 cells transfected with the cDNA encoding skeletal-muscle ryanodine receptor carrying a mutation associated with malignant hyperthermia. Biochem J 301:661–665

Van Wijngaarden GK, Fleury P, Bethlem J, Mejer AEFH (1969) Familial „myotubular" myopathy. Neurology 19:901

Vazquez Acevedo M, Coria R, Gonzalez Astiazaran A, Medina Crespo V, Ridaura Sanz C, Gonzalez Halphen D (1995) Characterization of a 5025 base pair mitochondrial DNA deletion in Kearns-Sayre syndrome. Biochim Biophys Acta 1271:363–368

Vestweber D, Schatz G (1989) DNA-protein conjugates can enter mitochondria via the protein import pathway. Nature 338:170–172

Wallace DC (1986a) Mitochondrial genes and disease. Hosp Pract (Off Ed) 21:77–87, 90

Wallace DC (1986b) Mitotic segregation of mitochondrial DNAs in human cell hybrids and expression of chloramphenicol resistance. Somat Cell Mol Genet 12:41–49

Wallace DC (1987) Maternal genes: mitochondrial diseases. Birth Defects 23:137–190

Wallace DC (1992) Diseases of the mitochondrial DNA. Annu Rev Biochem 61:1175–1212

Wallace DC, Ye JH, Neckelmann SN, Singh G, Webster KA, Greenberg BD (1987) Sequence analysis of cDNAs for the human and bovine ATP synthase beta subunit: mitochondrial DNA genes sustain seventeen times more mutations. Curr Genet 12:81–90

Wallace DC, Singh G, Lott MT et al. (1988) Mitochondrial DNA mutation associated with Leber's hereditary optic neuropathy. Science 242:1427–1430

Wallgren-Pettersson C (1997) 45th ENMC workshop: myotubular myopathy. 13–15th September 1996, Naarden, The Netherlands. Neuromuscul Disord 7:268–271

Wallgren-Pettersson C, Kaariainen H, Rapola J, Salmi T, Jaaskelainen J, Donner M (1990) Genetics of congenital nemaline myopathy: a study of 10 families. J Med Genet 27:480–487

Wallgren-Pettersson C, Clarke A, Samson F et al. (1995a) The myotubular myopathies: differential diagnosis of the X linked recessive, autosomal dominant, and autosomal recessive forms and present state of DNA studies. J Med Genet 32:673–679

Wallgren-Pettersson C, Avela K, Marchand S et al. (1995b) A gene for autosomal recessive nemaline myopathy assigned to chromosome 2q by linkage analysis. Neuromuscul Disord 5:441–443

Yen TC, Pang CY, Hsieh RH, Su CH, King KL, Wei YH (1992) Age-dependent 6 kb deletion in human liver mitochondrial DNA. Biochem Int 26:457–468

Yuzaki M, Ohkoshi N, Kanazawa I, Kagawa Y, Ohta S (1989) Multiple deletions in mitochondrial DNA at direct repeats of non-D-loop regions in cases of familial mitochondrial myopathy. Biochem Biophys Res Commun 164: 1352–1357

Zeviani M, Gellera C, Antozzi C et al. (1991) Maternally inherited myopathy and cardiomyopathy: association with mutation in mitochondrial DNA tRNA(Leu)(UUR). Lancet 338:143–147

Zhang C, Baumer A, Mackay IR, Linnane AW, Nagley P (1995) Unusual pattern of mitochondrial DNA deletions in skeletal muscle of an adult human with chronic fatigue syndrome. Hum Mol Genet 4:751–754

Zhang Y, Chen HS, Khanna VK et al. (1993) A mutation in the human ryanodine receptor gene associated with central core disease. Nat Genet 5:46–50

2 Molekulargenetik ausgewählter genetisch bedingter Stoffwechseldefekte

2.1 Aminoazidopathien

Kurt Ullrich und Udo Wendel

Inhaltsverzeichnis

2.1.1	Hyperphenylalaninämien	151
2.1.1.1	Einleitung	151
2.1.1.2	Phenylalaninhomöostase, Phenylalaninhydroxylase	152
2.1.1.3	Krankheitsverlauf bei primärem Phenylalaninhydroxylasemangel	153
2.1.1.4	Behandlungsempfehlung für den Phenylalaninhydroxylasemangel	154
2.1.1.5	Durchführung der Behandlung von Patienten mit Phenylalaninhydroxylasemangel	155
2.1.1.6	Klinischer Verlauf und Behandlung des Tetrahydrobiopterinmangels	155
2.1.1.7	Mechanismen der Neurotoxizität	156
2.1.1.8	Neugeborenen-Screening	157
2.1.1.9	Molekularbiologie	158
2.1.1.10	Pränatale Diagnostik	160
2.1.1.11	Materne Hyperphenylalaninämie	160
2.1.2	Ahornsirupkrankheit (MSUD)	161
2.1.2.1	Ätiologie	161
2.1.2.2	Klassische MSUD-Symptomatik	162
2.1.2.3	Therapie und klinischer Verlauf	162
2.1.2.4	Variante Formen der MSUD	163
2.1.2.5	Mechanismen der Neurotoxizität	164
2.1.2.6	Molekularbiologie	165
2.1.3	Störungen im Homocysteinstoffwechsel: Hyperhomocysteinämie, Homocystinurie	165
2.1.3.1	Einleitung	165
2.1.3.2	Homocystinurie durch Cystathionin-β-Synthase(CBS)-Mangel	166
2.1.3.3	Homocystinurie durch Remethylierungsdefekte	168
2.1.3.3.1	Methylentetrahydrofolatreduktase(MTHFR)-Mangel	168
2.1.3.3.2	Methioninsynthase(MS)-Mangel	168
2.1.3.4	Milde Hyperhomocysteinämie: Hyperhomocysteinämie als Risikofaktor der Arteriosklerose	168
2.1.4	Gentherapie	169
2.1.5	Literatur	170

2.1.1 Hyperphenylalaninämien

2.1.1.1 Einleitung

Hyperphenylalaninämien (HPA) sind durch persistierende Plasmaphenylalaninkonzentrationen >120 µmol/l definiert.

Den genetisch bedingten Hyperphenylalaninämien liegen unterschiedliche Enzymdefekte zugrunde. Sie sind entweder Folge einer verminderte Aktivität der Phenylalaninhydroxylase (PAH) oder einer verminderten Synthese oder Regeneration des PAH-Co-Faktors Tetrahydrobiopterin (BH_4) bedingt durch erniedrigte Aktivitäten der Enzyme Guanosintriphosphatcyclohydrolase (GTP-CH), 6-Pyruvoyltetrahydrobiopterinsynthase (6-PTS) oder Dihydrobiopterinreduktase (DHPR). Die genannten Enzyme werden durch unterschiedliche Gene kodiert, die Enzymdefekte autosomal-rezessiv vererbt. Unterschiedliche Restaktivitäten der Enzyme führen zu einem breiten Spektrum persistierender Plasmaphenylalaninerhöhungen mit Werten von >120–>1200 µmol/l.

Die Phenylketonurie (PKU) ist Folge einer deutlichen Erhöhung der Plasmaphenylalaninkonzentration (>600 µmol/l) mit erhöhter Synthese und Urinausscheidung des Ketonkörpers Phenylpyruvat, i. allg. infolge primär verminderter Aktivität der PAH. Eine verminderte Aktivität der PAH mit Plasmaphenylalaninkonzentrationen bis zu 600 µmol/l wird als persistierende Hyperphenylalaninämie (P-HPA) definiert.

Die Inzidenz des primären PAH-Mangels weist deutliche ethnische Unterschiede auf. Für Europa werden Inzidenzen von 1:4500 (Schottland) bis zu 1:100 000 (Finnland) angegeben (Bundesrepublik Deutschland etwa 1:8000). Ungefähr 15% dieser „Patienten" weisen in Mitteleuropa eine P-HPA, 1–3% einen BH_4-Mangel auf. In bestimmten Regionen Italiens sind etwa 10% der Hyperphenylalaninämien bedingt durch Defekte der BH$_4$-Synthese und/oder Regeneration (Blau et al. 1996, Scriver et al. 1995).

2.1.1.2 Phenylalaninhomöostase, Phenylalaninhydroxylase

Phenylalanin ist für den Menschen eine essentielle Aminosäure. Der durchschnittliche Phenylalaninbedarf wird für Säuglinge und Kleinkinder mit etwa 70, für Schulkinder und junge Erwachsene mit 15–25 mg/kg und Tag angegeben.

Die mit der Nahrung zugeführte Phenylalaninmenge überschreitet i. allg. den täglichen Bedarf. Ungefähr 50% werden durch das Hydroxylasesystem abgebaut, der Rest dient der Proteinsynthese (Abb. 2.1.1).

Transaminierung des Phenylalanins zu Phenylpyruvat mit nachfolgender Umwandlung in Phenyllaktat und Phenylazetat sowie Dekarboxylierung zu Phenylethylamin sind Nebenabbauwege, die quantitativ nur bei deutlich erhöhten Plasmaphenylalaninkonzentrationen eine Rolle spielen (Abb. 2.1.2).

Bei deutlich verminderter Aktivität des Phenylalaninhydroxylasesystems wird Tyrosin ebenfalls zur essentiellen Aminosäure.

Phenylalanin wird in die Zellen durch Na$^+$-abhängige Carriersysteme aufgenommen, über die, mit annähernd gleicher Affinität, auch die Aufnahme verzweigtkettiger und aromatischer Aminosäuren erfolgt. Der zelluläre Efflux von Phenylalanin und anderen Aminosäuren erfolgt ebenfalls über Carriersysteme.

PAH ist quantitativ nur im Lebergewebe exprimiert. Im Hirngewebe ist keine Aktivität nachweisbar. Ob ein intrazerebraler Abbau von Phenylalanin auch durch andere Enzyme, wie die Tyrosinhydroxylase, erfolgen kann, bleibt unklar.

Die Enzyme der Biopterinsynthese und Regeneration sind in verschiedenen Geweben und Zellarten, wie Fibroblasten, Leukozyten und Erythrozyten, exprimiert.

Die Regulation der PAH-Aktivität sowie die genaue Funktion der verschiedenen isomeren Formen des Enzyms sind beim Menschen unklar.

Die PAH der Rattenleber liegt in Mono-, Di-, Tri- und Tetrameren identischer Untereinheiten mit einem MG von etwa 54000 vor. Die Aktivierung des Enzyms erfolgt kurzfristig in Gegenwart von Phenylalanin durch Phosphorylierung u. a. unter dem Einfluß von Glukagon, wobei das phosphorylierte Tetramer eine höhere Affinität gegenüber dem Substrat Phenylalanin aufweist als das phosphorylierte Monomer.

BH$_4$ fungiert als Wasserstoffdonor sowohl für die PAH als auch für die Tyrosin- und Tryptophanhydroxylase.

Die Regeneration des Dihydrobiopterins zu Tetrahydrobiopterin erfolgt in einer NAD-abhängi-

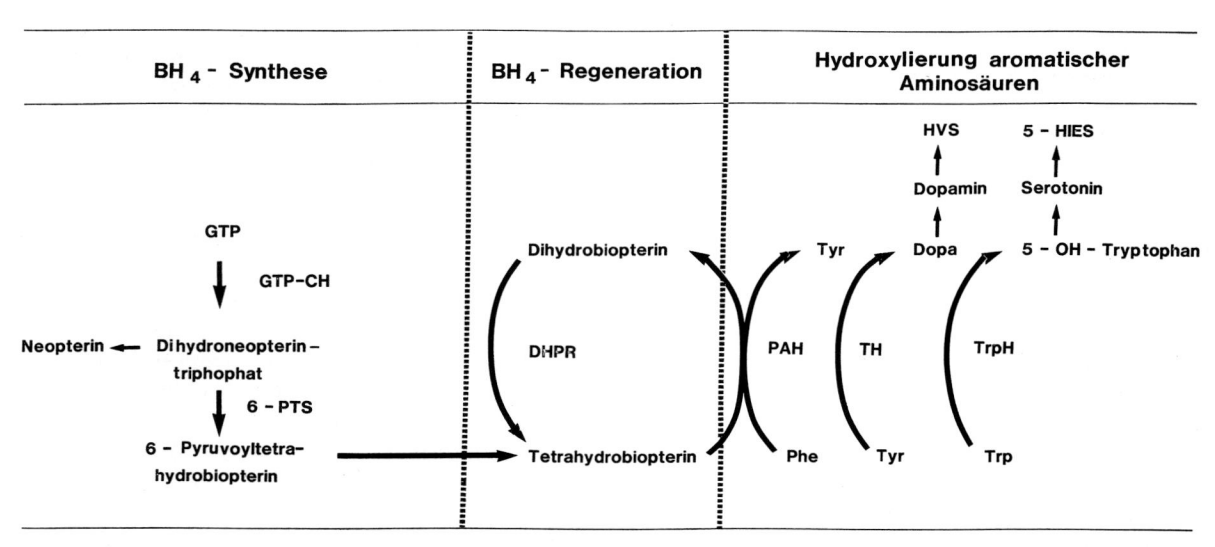

Abb. 2.1.1. BH$_4$-Synthese und Hydroxylierung von Phenylalanin. *GTP-CH* Guanosintriphosphatcyclohydrolase; *6-PTS* Pyruvoyltetrahydrobiopterinsynthetase; *DHPR* Dihydrobiopterinreduktase; *PAH* Phenylalaninhydroxylase, *TH* Tyrosinhydroxylase, *TrpH* Tryptophanhydroxylase. Die Überführung von 6-Pyruvoyltetrahydrobiopterin in Tetrahydrobiopterin erfolgt enzymatisch und nichtenzymatisch

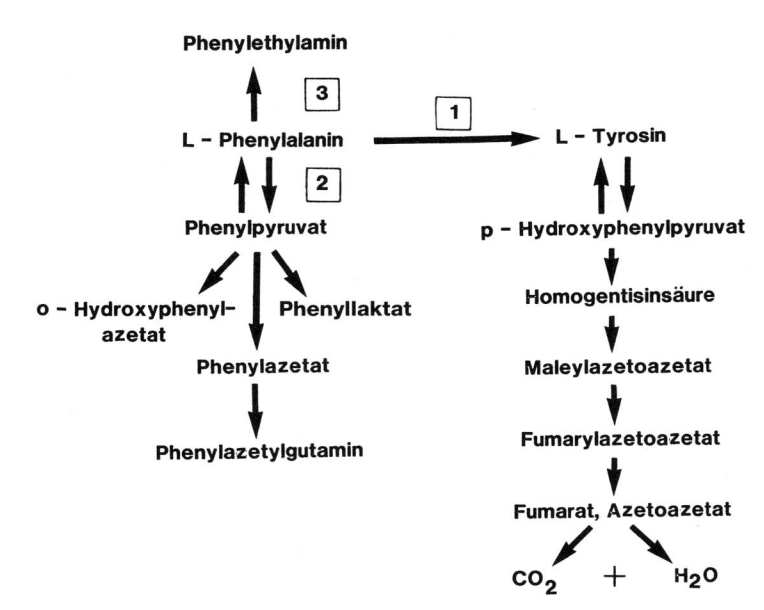

Abb. 2.1.2. Haupt- und Nebenabbauwege des Phenylalanins, *1* Hydroxylierung, *2* Transaminierung, *3* Dekarboxylierung

gen Reaktion durch die DHPR (Abb. 2.1.1) (Scriver et al. 1995).

2.1.1.3 Krankheitsverlauf bei primärem Phenylalaninhydroxylasemangel

Die Entdeckung der klassischen PKU geht auf den Norweger A. Fölling im Jahr 1934 zurück. In seinen Erinnerungen beschreibt er prägnant das Krankheitsbild:

„Eine unglückliche Mutter stellte ihre beiden geistig behinderten Kinder vor. Diese waren 4 und 7 Jahre alt. Die Mutter hatte schon vorher in mehreren medizinischen Institutionen vergeblich um Hilfe für ihre Kinder nachgefragt. Sie hatte an diesen einen auffälligen Geruch bemerkt. Ich hatte keine Hoffnung ihr helfen zu können und untersuchte die Kinder maßgeblich deswegen, weil ich nicht unhöflich zur Mutter sein wollte. Bei der klinischen Untersuchung fiel mir bei den beiden Patienten außer der geistigen Behinderung nichts auf" (Fölling 1971).

Untersuchungen an nicht behandelten erwachsenen Patienten mit schwerer PKU (Plasmaphenylalaninkonzentrationen>1200 µmol/l) ergaben, daß nur 1% der Patienten einen IQ>70 erreichte, bei etwa 50% war der IQ<35. An zusätzlichen neurologischen Symptomen wurden Epilepsien (etwa 25% der Patienten), Spastik, Tremor und Ataxien beobachtet. Aufgrund der Verhaltensstörungen mit Agitiertheit, Neigung zu Selbstverletzungen u.a.

wurden viele dieser Patienten in Heimen untergebracht. Auch heute noch sind bis zu 1% der erwachsenen Patienten in Heimen für geistig Behinderte PKU-Patienten aus der Vor-Screening-Ära.

Erste Zeichen der Erkrankung im Säuglingsalter sind die Entwicklung einer Mikrozephalie, muskulären Hypertonie sowie Epilepsie (Blitz-Nick-Salam-Krämpfe u.a.). Viele Patienten mit PKU sind gering pigmentiert (helle Haare, blaue Augen), weisen Ekzeme auf und riechen infolge der Ausscheidung von Phenylazetat nach Nagerurin.

Bei durchschnittlich niedrigeren Plasmaphenylalaninkonzentrationen mit Werten zwischen 600 und 1200 µmol/l (milde PKU) treten die genannten Symptome i. allg. seltener und in geringerer Ausprägung auf. Der Schweregrad der Symptome ist auch bei höheren Plasmaphenylalaninkonzentrationen sehr variabel, weshalb multiple genetische Ursachen der neurologischen Symptome angenommen werden müssen (Paans et al. 1996, Pitt u. Danks 1991, Scriver et al. 1995).

Neuere Untersuchungen an Jugendlichen und jungen erwachsenen Patienten mit P-HPA (Plasmaphenylalaninkonzentrationen 120–600 µmol/l) zeigen, daß diese ohne Behandlung keine Defizite in ihrer motorischen, intellektuellen und schulischen Entwicklung aufweisen (Weglage et al. 1997).

Das intellektuelle und neurologische Auskommen von Patienten mit milder und schwerer PKU ist heute bei adäquater Behandlung nahezu normal. Die Untersuchungsergebnisse mehrerer internationaler Studien zeigen, daß bei Behandlungsbeginn

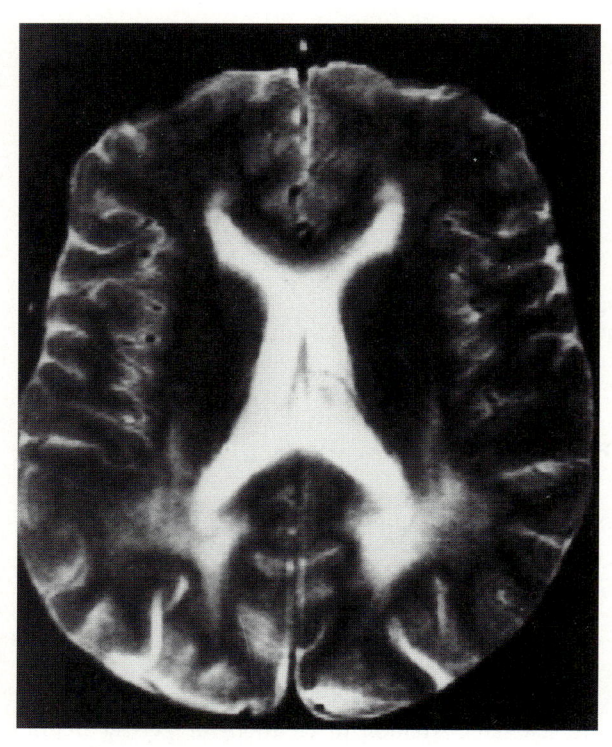

Abb. 2.1.3. Parietookzipital betonte Dysmyelinisierung bei einem erwachsenen Patienten mit PKU (MRT)

vor der 4. Lebenswoche und durchschnittlichen Plasmaphenylalaninkonzentrationen <240 µmol/l bis zum etwa 10. Lebensjahr die Intelligenz der Patienten der von Kontrollgruppen entspricht. Bei höheren durchschnittlichen Plasmaphenylalaninkonzentrationen (bis 600 µmol/l) werden signifikant niedrigere IQ-Werte erreicht, die jedoch ebenfalls noch im Normbereich liegen.

Diätbeendigung und/oder -lockerung ab dem 10. Lebensjahr haben anhand der vorliegenden Daten keinen negativen Einfluß auf die Intelligenzentwicklung der Patienten bis in das Adoleszenten- und/oder junge Erwachsenenalter.

Nachuntersuchungen, wie sich die Diätlockerung auf u.a. die Intelligenzentwicklung von Patienten im höheren Erwachsenenalter auswirken, liegen nicht vor. Behinderte, erwachsene Patienten weisen unter anhaltend erhöhten Plasmaphenylalaninkonzentrationen keine progrediente Verschlechterung der intellektuellen und neurologischen Funktionen auf. Ob sich diese klinische Erfahrung auch auf gut und früh behandelte Patienten übertragen läßt, ist unklar (Burgard et al. 1999, Yannicelli u. Ryan 1995).

Motorische Entwicklung, Sprachentwicklung, Verhalten und Schulleistungen sind bei früher und guter Behandlung der Patienten ebenfalls unauffällig.

In Abhängigkeit von der Plasmaphenylalaninkonzentration werden bei Kindern und jugendlichen Patienten reversible Beeinträchtigungen der Interferenzleistung (Fähigkeit sich auf Teilaspekte zu konzentrieren u.a.) beschrieben. Diese Veränderungen waren bei jungen Erwachsenen nicht nachweisbar, so daß ihre klinische Bedeutung, ebenso wie die bei PKU-Patienten gehäuft auftretenden EEG-Veränderungen, unklar bleibt (Burgard et al. 1999, Diamond 1994).

Viele Patienten weisen in bildgebenden Verfahren des Gehirns (MRT) Zeichen einer Dysmyelinisierung auf, die v.a. parietookzipital sowie im Bereich des Corpus callosum und der subkortikalen Assoziationsfasern nachweisbar sind (Abb. 2.1.3).

Die Veränderungen werden i. allg. erst bei Plasmaphenylalaninkonzentrationen >600 µmol/l beobachtet und sind bei gleichbleibenden Plasmaphenylalaninwerten nicht progredient. Der Ausprägungsgrad der Veränderungen korreliert zu den Plasmaphenylalaninkonzentrationen in den letzten Jahren vor der Bildgebung. Der Grad der im MRT nachweisbaren Dysmyelinisierung korreliert jedoch nicht mit dem intellektuellen und neurologischen Auskommen der Patienten. Die Zeichen der Dysmyelinisierung sind mit verbesserter diätetischer Einstellung und Plasmaphenylalaninwerten <600 µmol/l reversibel, so daß ihre klinische Bedeutung ebenfalls unklar ist (Ullrich et al. 1994).

2.1.1.4 Behandlungsempfehlung für den Phenylalaninhydroxylasemangel

Basierend auf den in Kapitel 2.1.1.3 „Krankheitsverlauf bei primärem Phenylalaninhydroxylasemangel" ausgeführten klinischen Beobachtungen wurde durch ein Expertengremium für die Bundesrepublik Deutschland nachfolgende Behandlungsempfehlung herausgegeben:

- Patienten mit P-HPA bedürfen keiner Therapie.
- Patienten mit PKU sollen möglichst vor der 4. Lebenswoche diätetisch behandelt werden.
- Bis zum 10. Lebensjahr werden Plasmaphenylalaninkonzentrationen <240 µmol/l angestrebt.
- Nach dem 10. Lebensjahr sollen die Plasmaphenylalaninkonzentrationen 900, nach dem 15. Lebensjahr 1200 µmol/l nicht überschreiten.
- Sollten nach Diätlockerung Verhaltensauffälligkeiten, nachlassende Schulleistungen usw. auftreten, ist eine striktere Diätführung anzustreben.

- Die Bestimmung der Plasmaphenylalaninwerte erfolgt altersabhängig und richtet sich nach der Güte der diätetischen Behandlung.
- Auch nach Lockerung oder Beendigung der Diätführung sollten regelmäßige Kontrolluntersuchungen der Patienten mit Testung der neurologischen/neuropsychologischen sowie intellektuellen Entwicklung erfolgen (Bremer et al. 1997, Burgard et al. 1999).

2.1.1.5 Durchführung der Behandlung von Patienten mit Phenylalaninhydroxylasemangel

Die Behandlung der Patienten erfolgt durch eine phenylalaninarme Diät.

Nach Diagnosestellung durch das Neugeborenen-Screening und Ausschluß eines Defekts der BH_4-Synthese und/oder Regeneration werden die Säuglinge mit einer phenylalaninfreien Ersatzmilch, bestehend aus Kohlenhydraten, Fetten und phenylalaninfreier Aminosäurenmischung solange ernährt, bis die Plasmaphenylalaninkonzentrationen annähernd den Normbereich von 60–120 µmol/l erreicht haben. Danach wird Phenylalanin durch Gabe von freiem Eiweiß (adaptierte Milch oder Muttermilch) langsam steigernd in die Nahrung eingeführt und so die individuelle Phenylalanintoleranz ermittelt, d. h. diejenige Phenylalanin- und/oder Proteinmenge, die unter Wahrung der angestrebten therapeutischen Plasmaphenylalaninkonzentration (<240 µmol/l) von den Patienten toleriert wird. Die restliche, für das Gedeihen notwendige Proteinmenge wird durch Gabe einer phenylalaninfreien, käuflich erwerbbaren Aminosäurenmischung zugeführt. Die Aminosäurenmischung enthält außer Phenylalanin alle übrigen Aminosäuren, weiterhin Elektrolyte, Spurenelemente und Vitamine.

Mit Beginn der Nahrungsumstellung auf Kleinkinderkost müssen die Familien den Phenylalanin-/Proteingehalt verschiedener Nahrungsmittel kennen, um die Phenylalaninzufuhr der individuellen Phenylalanintoleranz sowie dem Eßbedürfnis der Patienten anpassen zu können. Die Erstellung von Diätplänen erfolgt in Zusammenarbeit mit spezialisierten Diätabteilungen. Die Pläne berücksichtigen die altersabhängige Protein- und Kalorienzufuhr.

Eine Übertherapie mit lang anhaltenden Plasmaphenylalaninkonzentrationen unterhalb des Normbereichs (<60 µmol/l) sollte vermieden werden, da eine negative Korrelation zur intellektuellen Entwicklung beschrieben wurde (Smith et al. 1990).

Die diätetische Behandlung wird von den Patienten und Familien i. allg. als erhebliche Belastung empfunden. Notwendiger Verzicht auf viele gut schmeckende Nahrungsmittel wie Süßigkeiten, Zwang zur Einnahme der relativ schlecht schmeckenden Aminosäurenmischung, familiäre Diskussionen über erhöhte Phenylalaninwerte bei der Einnahme „unerlaubter" Nahrungsmittel führen dazu, daß die meisten Patienten und Familien eine baldige Beendigung der Diät wünschen.

Die Akzeptanz der Diät ist besonders während der Pubertät schlecht, so daß auch in gut geführten Patientenkollektiven die durchschnittlichen Plasmaphenylalaninkonzentrationen nach dem 10. Lebensjahr der numerischen Altersgruppierung entsprechen. Es ist offenkundig, daß die Familien der kontinuierlichen Betreuung durch ein spezialisiertes Team bedürfen, das auf die geschilderte Problematik eingehen kann. Anzustreben sind Schulungsprogramme, evtl. auch Freizeiten, um die wesentlichen Probleme der Erkrankung zu diskutieren sowie die selbständige Diätführung zu fördern.

Die Ersteinführung einer Diät mit durchschnittlichen Plasmaphenylalaninkonzentrationen um 600 µmol/l wirkte sich bei nicht behandelten und behinderten erwachsenen Patienten in einem hohen Prozentsatz positiv auf das Verhalten sowie die neurologischen Symptome aus (Yannicelli u. Ryan 1995).

2.1.1.6 Klinischer Verlauf und Behandlung des Tetrahydrobiopterinmangels

Patienten mit schweren Verlaufsformen verminderter BH_4-Synthese (GTP-CH- und 6-PTS-Mangel) sowie verminderter Regeneration (DHPR-Mangel) entwickeln unbehandelt ein ähnliches progredientes Krankheitsbild. Typischerweise kommt es ab dem 4. bis 5. Lebensmonat infolge des zerebralen Mangels an verschiedenen biogenen Aminen zur Entwicklung einer Rumpfhypotonie mit muskulärer Hypertonie der Extremitäten, Hypokinesie, Dystonie sowie zum Auftreten verschiedener neurovegetativer Symptome wie Hypersalivation, Schlafstörungen und rezidivierender Temperaturerhöhung ohne Nachweis von Infekten. Zusätzlich werden Epilepsien beobachtet (tonisch-klonische, myokloniforme Anfälle). Im weiteren Verlauf sind eine progrediente Mikrozephalie, bei Patienten mit DHPR-Mangel zusätzlich perivaskuläre Verkalkungen im Bereich der Basalganglien sowie der weißen und grauen Hirnsubstanz nachweisbar, die denen von Patienten mit Methotrexatintoxikation (Hemmung der DHPR-Aktivität) ähneln.

Die geschilderten Symptome entwickeln sich auch bei adäquater Senkung der Plasmaphenylalaninkonzentrationen in den für Patienten mit PAH-Mangel angestrebten Behandlungsbereich (Blau et al. 1996, Dhondt 1991).

Bei Patienten mit schweren Defekten der BH_4-Synthese können Mikrozephalie und muskuläre Hypotonie schon bei oder kurz nach der Geburt als Folge einer intrauterinen Schädigung nachweisbar sein.

Grundlage der Behandlung dieser Defekte ist neben der Senkung der Plasmaphenylalaninkonzentration eine Substitution mit biogenen Aminen. Die Senkung der Plasmaphenylalaninkonzentration verhindert nicht nur eine zusätzliche Schädigung durch das Neurotoxin Phenylalanin, sondern auch den inhibitorischen Effekt der Aminosäure auf die Aktivität der Tyrosin- und Tryptophanhydroxylase sowie die präsynaptische Freisetzung von biogenen Aminen.

Die Gabe von 1-5 mg/kg BH_4 normalisiert i. allg. die Plasmaphenylkonzentration bei Defekten der BH_4-Synthese, derweil bei Patienten mit DHPR-Mangel auch höhere Dosen (bis zu 20 mg/kg) oft keinen Effekt auf die Phenylalaninkonzentration haben, da die Dosis nicht ausreicht, um wiederholte Zyklen der Phenylalaninhydroxylierung zu initiieren. Die Senkung der Plasmaphenylalaninkonzentration muß in diesem Fall durch diätetische Maßnahmen wie bei PAH-Mangel erreicht werden.

Patienten mit BH_4-Mangel weisen häufig eine relativ hohe Phenylalanintoleranz auf. Der genaue Grund ist unklar. Hohe Restaktivitäten der genannten Enzyme sowie die Aktivierung alternativer Stoffwechselwege mit Regeneration von BH_4 u. a. durch vermehrte Aktivität der Dihydrofolatreduktase können die Ursache sein (Blau et al. 1996, Dhondt 1991, Scriver et al. 1995, Smith u. Brenton 1994).

Durch die Gabe von BH_4 wird i. allg. keine Normalisierung der zerebralen Konzentrationen an Neurotransmittern erreicht, da BH_4 schlecht liquorgängig ist.

Die meisten Patienten erhalten daher eine Substitutionstherapie mit L-Dopa und 5-Hydroxytryptophan in Kombination mit Carbidopa, einem Dekarboxylaseinhibitor, der den Abbau der biogenen Amine in der Blutbahn hemmt. Die tägliche Dosis der Neurotransmitter muß individuell ausgetestet werden, um Nebenwirkungen wie Erbrechen, Erregbarkeit, Dyskinesien (L-Dopa) sowie Tachykardien, Durchfälle und Anorexie (5-Hydroxytryptophan) zu vermeiden.

In Abhängigkeit des Defektes und der individuellen Toleranz erhalten die Patienten 1-10 mg L-Dopa bzw. 1-8 mg 5-Hydroxytryptophan/kg und Tag, wobei ein Verhältnis biogenes Amin zu Carbidopa von ungefähr 8:1 gewählt wird.

Patienten mit DHPR-Mangel erhalten zusätzlich 10-20 mg Folinsäure (Tetrahydrofolat) pro Tag, um morphologische Hirnveränderungen wie u. a. Verkalkungen zu verhindern. Die intrazerebrale Konzentration der Tetrahydroform des Folats wird sowohl durch die Aktivität der Dihydrofolat- als auch der Dihydropteridinreduktase aufrechterhalten (Blau et al. 1996, Dhondt 1991, Scriver et al. 1995, Smith u. Brenton 1994).

Die metabolische Einstellung wird nicht nur durch regelmäßige Bestimmung der Plasmaphenylalaninkonzentration, sondern auch durch Kontrollen der Liquorkonzentrationen von Homovanillinmandelsäure und 5-OH-Indolessigsäure als Nachfolgemetaboliten der verabreichten biogenen Amine erreicht.

Das klinische Auskommen der Patienten wird durch die angegebene Behandlungsmaßnahme deutlich verbessert. Todesfälle, wie früher häufig im Rahmen von Infekten beobachtet, treten nicht mehr auf. Trotz der Behandlung ist die intellektuelle und motorische Entwicklung vieler Patienten, v. a. mit Reduktasemangel, nicht adäquat. Als mögliche Ursachen können eine intrauterine neuronale Schädigung sowie iatrogene Schädigung infolge unphysiologischer Neurotransmittersubstitution diskutiert werden.

2.1.1.7 Mechanismen der Neurotoxizität

Die genauen Mechanismen, die zu kognitiven Defiziten bzw. zu Störungen der Myelinscheidenbildung bei Patienten mit PAH-Mangel führen, sind unbekannt.

Den verschiedenen Studien ist zu entnehmen, daß Phenylalanin selbst die neurotoxische Substanz ist. Nachfolgende Pathomechanismen der Neurotoxizität werden diskutiert:
- Störung der zerebralen Proteinsynthese durch kompetitive Hemmung der zerebralen Aufnahme von verzweigtkettigen Aminosäuren, Tyrosin usw. über ein gemeinsames Transportsystem an der Blut-Hirn-Schranke.

- Störung der Proteinsynthese durch Disaggregation von Polysomen bzw. durch Hemmung der Translation.
- Hemmung einer oligodendrogliaspezifischen ATP-Sulfurylase mit verminderter Sulfatidsynthese. Im Rattenmodell führt die erniedrigte Sulfatidkonzentration im Myelin zu einem erhöhten Turnover der Myelinproteine. Da dieser Turnover offenbar nicht durch Neusynthese kompensiert wird, tritt eine Dysmyelinisierung auf.
- Störung der Neurotransmittersynthese durch verminderte zerebrale Tyrosinaufnahme sowie durch Phenylalanin bedingte Hemmung der Tyrosinhydroxylase und präsynaptischer Dopaminfreisetzung.
- Erniedrigung der Anzahl von Neurotransmitterrezeptoren (Azetylcholinrezeptoren), wie im Mausmodell gezeigt.
- Verminderte zerebrale Synthese von Dopamin und Serotonin bei Patienten mit Defekten der BH_4-Synthese und -Regeneration als direkte Folge der erniedrigten intrazerebralen BH_4-Konzentration sowie der erhöhten Konzentration von BH_2 mit nachfolgender Hemmung der Aktivität aromatischer Aminosäurenhydroxylasen.
- Auftreten von Hirnverkalkungen bei Patienten mit DHPR-Mangel als Folge einer Störung im Folatstoffwechsel wie bei Methotrexatneurotoxizität. Normalerweise wird die intrazerebrale Konzentration an reduzierter Folsäure sowohl durch die Dihydrofolat- als auch die Dihydrobiopterinreduktase aufrechterhalten (Blau et al. 1996, Dhondt 1991, Hommes 1994, Scriver et al. 1995, Weglage et al. 1997).

Die unter Punkt 1–3 aufgeführten Mechanismen können alle zu einer Dysmyelinisierung, wie sie im Tiermodell der Hyperphenylalaninämie bzw. bei Patienten in MRT-Untersuchungen nachgewiesen wurde, führen. Zerebrale Veränderungen im Sinn einer Dysmyelinisierung treten bei Patienten i. allg. erst bei lang anhaltenden Plasmaphenylalaninkonzentrationen >600 µmol/l auf. Diese Konzentration führt im Tiermodell zu einer deutlich verminderten Aktivität der oligodendroglialen ATP-Sulfurylase.

Die regionale Verteilung der Dysmyelinisierung mit besonderer Betonung der parietookzipitalen Region, des Corpus callosum sowie der subkortikalen Assoziationsfasern spricht für eine anhaltende, regional unterschiedliche Empfindlichkeit der weißen Substanz gegenüber dem Neurotoxin Phenylalanin, da die Myelinisierung in diesen Hirnarealen in unterschiedlichen Lebensabschnitten stattfindet (Ullrich 1994).

Inwieweit die aufgeführten Veränderungen der Protein- und Neurotransmittersynthese Einfluß auf kognitive Funktionen haben, bleibt unklar. Speziell die dem Präkortex zugeordneten Interferenzleistungen verschlechtern sich reversibel bei Kindern mit Plasmaphenylalaninkonzentrationen >360 µmol/l. Die Synthese von Dopamin scheint im präfrontalen Kortex durch geringe Schwankungen der Tyrosinkonzentration besonders beeinflußbar zu sein. Junge Erwachsene weisen die geschilderten Defizite an Interferenzleistungen nicht auf. Möglich ist, daß der intrazerebrale Dopaminmangel durch eine postsynaptische Aufregulation entsprechender Rezeptoren kompensiert wird. Vorläufige Untersuchungen an PKU-Patienten zeigen, daß die Konzentration postsynaptischer Dopamin-D_2-Rezeptoren von der Höhe der Plasma- bzw. Hirnphenylkonzentration abhängt (Diamond 1994, Paans et al. 1996).

Neuere protonenspektroskopische Untersuchungen an Patienten mit PAH-Mangel ergaben, daß diese, bezogen auf gleiche Plasmaphenylalaninkonzentrationen, sehr unterschiedlich hohe intrazerebrale Phenylalaninkonzentrationen aufweisen. Diese Befunde lassen vermuten, daß andere, vom Phenylalaninhydroxylasesystem unabhängige Faktoren, wie u.a. unterschiedliche Affinitäten der Carriersysteme an der Blut-Hirn-Schranke für Phenylalanin, die intellektuelle Entwicklung der Patienten mit beeinflussen (Möller et al. 1998).

2.1.1.8 Neugeborenen-Screening

Die Diagnose der Hyperphenylalaninämie erfolgt heute durch das sog. Neugeborenen-Screening. Ziel dieser Untersuchungen ist die vollständige und frühzeitige Erfassung aller Neugeborenen mit behandelbaren endokrinen und metabolischen Erkrankungen. Im Rahmen dieses Programms wird allen Neugeborenen bis zum 5. Lebenstag Blut abgenommen und getrocknet auf Filterpapier an Speziallaboratorien zur quantitativen Bestimmung von Phenylalanin, Galaktose (Ausschluß Galaktosämie) und TSH (Ausschluß kongenitale Hypothyreose) gesandt.

Die Bestimmung des Phenylalanins erfolgt heute durch fluorimetrische Assays oder colorimetrische Testung unter Verwendung von Phenylalanindehydrogenase. Semiquantitative, biologische Testverfahren (Test nach Guthrie) werden i. allg. nicht mehr verwendet.

Liegt die Blutphenylalaninkonzentration im Neugeborenen-Screening oberhalb der Norm von 120 µmol/l, erfolgt eine Nachuntersuchung durch sensitivere Methoden (Säulenchromatographie, HPLC).

Alle „Patienten" mit isolierter Phenylalaninerhöhung werden vor Einleitung einer Therapie einem sog. BH_4-Test unterzogen, um Defekte der BH_4-Synthese und -Regeneration auszuschließen. Ein deutlicher Abfall der Plasmaphenylalaninkonzentrationen nach BH_4-Gabe spricht für einen derartigen Defekt.

Durch Bestimmung der Pteridine (Neopterin, Biopterin u. a.) im Urin kann der zugrundeliegende Defekt näher eingeordnet werden (Abb. 2.1.1). Die endgültige Diagnose der Defekte von BH_4-Synthese und -Regeneration erfolgt durch Enzymbestimmungen aus u. a. Erythrozyten oder Leukozyten.

Beim Verdacht auf das Vorliegen eines BH_4-Mangels müssen zusätzlich die Liquorkonzentrationen von Homovanillinmandelsäure und 5-Hydroxyindolessigsäure bestimmt werden, um frühzeitig eine Substitution mit biogenen Aminen einleiten zu können.

Erhöhte Plasmakonzentrationen von Phenylalanin und Tyrosin in der Nachuntersuchung sprechen für eine verminderte Aktivität der Tyrosinhydroxylase u. a. infolge einer Hepatopathie oder verzögerten, altersabhängigen Expression des Enzyms.

Die unter freier Proteinzufuhr ermittelten Plasmaphenylalaninkonzentrationen ermöglichen i. allg. die Abgrenzung einer behandlungsbedürftigen Hyperphenylalaninämie (PKU) durch PAH-Mangel von einer P-HPA. Phenylalanin- und Proteinbelastungstests, die früher zur Klassifizierung des metabolischen/laborchemischen Phänotyps der Patienten mit PAH-Mangel benutzt wurden, erfolgen heute nicht mehr. Aufgrund der guten Korrelation zwischen Genotyp und laborchemischem Phänotyp werden zukünftig molekularbiologische Untersuchungen in die Therapieplanung mit eingehen.

Der Nachweis einer Hyperphenylalaninämie durch das Screening-Programm führt zu einer erheblichen Beunruhigung der Familien. Sinnvoll ist es, Diagnose, Prognose sowie das therapeutische Vorgehen den Familien durch spezialisierte Ärzte/Ärztinnen erklären zu lassen.

Es ist darauf hinzuweisen, daß in der Bundesrepublik Deutschland etwa 3% der Neugeborenen nicht auf das Vorliegen einer Hyperphenylalaninämie gescreent werden. Bei statomotorischer Retardierung muß daher auch bei älteren Kindern immer an das Vorliegen einer im Screening-Programm nicht erfaßten Phenylketonurie gedacht werden. Letzteres betrifft auch Kinder, die aus Ländern stammen (u. a. Türkei), in denen ein flächendeckendes Neugeborenen-Screening bisher nicht etabliert ist (Harms et al. 1997, Scriver et al. 1995, Smith u. Brenton 1994).

2.1.1.9 Molekularbiologie

Der Genort für die PAH wurde auf den Bereich q 24.1–24.2 des Chromosoms 12 lokalisiert. Das Gen ist etwa 90 kb groß und enthält 13 Exons. Die Introngröße schwankt von 1–20 kb.

Das Gen ist schematisch in Abb. 2.1.4 dargestellt. Dieser Abbildung ist auch die Lokalisation verschiedener Mutationen zu entnehmen. Während die Exons 1–5 durch große Introns getrennt sind, sind die Exons 6–30 in einem 20-kb-Fragment zentriert.

Der PAH-Mangel weist eine große genetische Heterogenität auf. Bisher wurden etwa 300 Mutationen beschrieben. Am häufigsten sind Punktmutationen und kleinere Deletionen. Patienten aus dem mitteleuropäischen Raum weisen v. a. Missense-, Spleißstellen- und Frameshift-Mutationen auf.

In verschiedenen Expressionssystemen (COS-Zellen, Hepatozyten) führen einige der Mutationen zum völligen Fehlen der PAH-Aktivität, während andere mit einer In-vitro-Restaktivität von 2–70% verbunden sind (Guldberg et al. 1998). Okano et al. (1991) beschrieben erstmals eine Korrelation zwischen der prädiktiven PAH-Aktivität der Patienten und klinischen Daten, wie der Plasmaphenylalaninkonzentration vor Einleitung einer diätetischen Behandlung bzw. der Phenylalanintoleranz der Patienten.

Sog. „schwere" Mutationen, die in Expressionssystemen zu keiner oder nur geringer Restaktivität führen, waren bei Homozygotie mit klassischer PKU assoziiert. „Mildere" Mutationen, die in In-vitro-Systemen zur meßbaren Restaktivität führen, führten in Kombination mit „schweren" Mutationen zu einer weniger stark ausgeprägten Hyperphenylalaninämie der Patienten.

Durch Untersuchungen an etwa 300 mitteleuropäischen Patienten konnten Guldberg et al. (1998) kürzlich zeigen, daß der Genotyp in etwa 80% der Fälle eine Vorhersage über den metabolisch/laborchemischen Phänotyp (schwere oder milde PKU, P-HPA) erlaubt. Die prädiktive Aussage war am

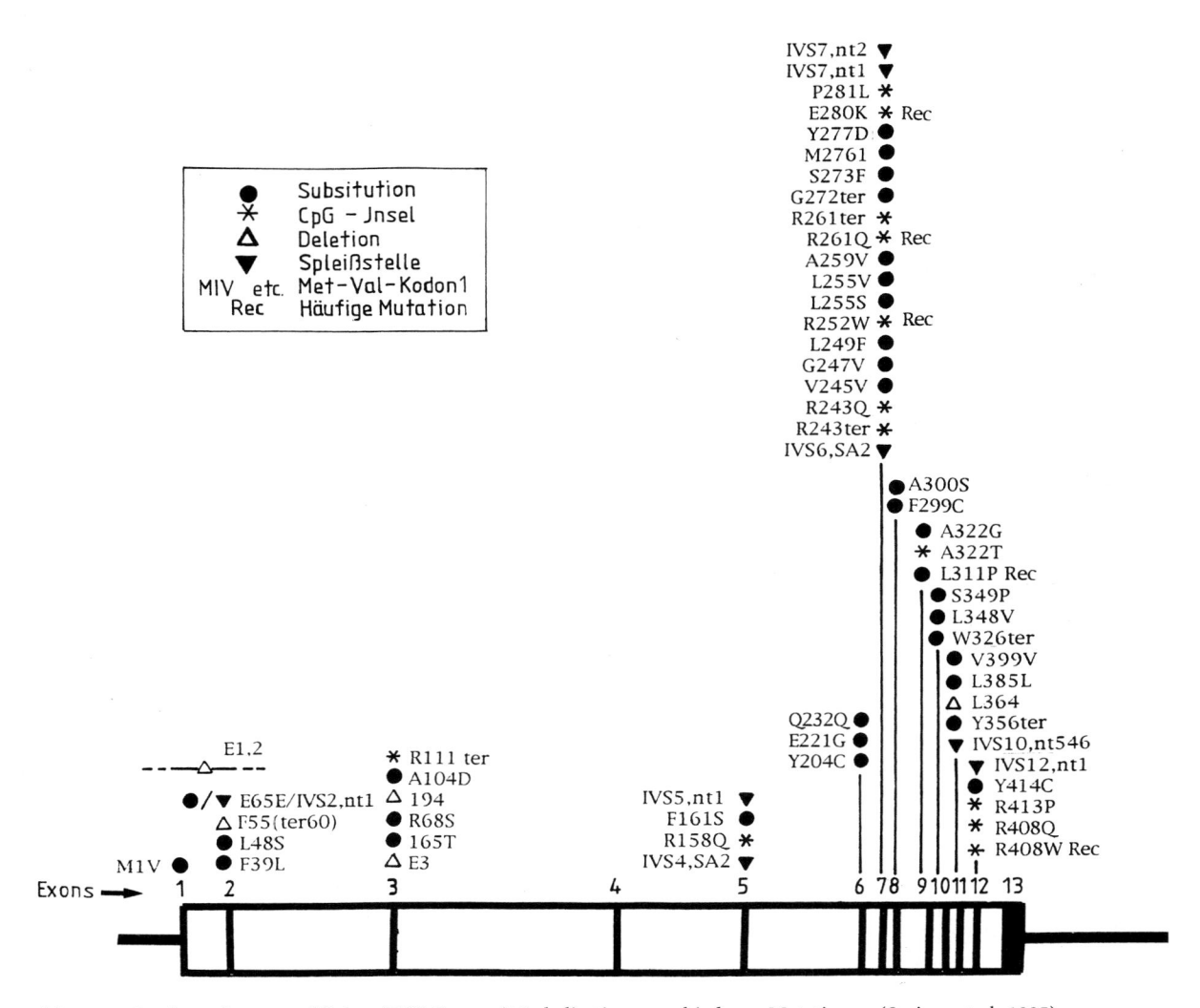

Abb. 2.1.4. Struktur des menschlichen PAH-Gens mit Lokalisation verschiedener Mutationen (Scriver et al. 1995)

besten für Patienten mit P-HPA (>95%), wobei auch in dieser Studie bei Compound-Heterozygotie der Schweregrad der Erkrankung durch die „mildere" Mutation bestimmt wurde.

Der Schweregrad der Erkrankung, wie er durch die verschiedenen Mutationen hervorgerufen wird, ist Übersichtstabellen zu entnehmen.

Fehlende Korrelationen zwischen Genotyp und metabolischem Phänotyp können durch inadäquate klinische und molekularbiologische Charakterisierung der Patienten, aber auch durch Mutationen bedingt sein, die die substratabhängige Aktivität des Enzyms beeinflussen. Die klinische Erfahrung lehrt, daß einzelne Patienten mit relativ geringer Plasmaphenylalaninerhöhung unter freier Kost nach Einführung einer Diät eine relativ geringe Phenylalanintoleranz aufweisen (Guldberg et al. 1998).

Das kontinuierliche Spektrum der mutationsbedingten Restaktivität der PAH sowie die Mutationskombinationen (allele Heterogenität) erklären weitgehendst den metabolischen/laborchemischen Phänotyp der Patienten mit kontinuierlichem Übergang von schwerer PKU zu nicht behandlungsbedürftiger P-HPA.

In einer kürzlich erschienenen Arbeit wurde erstmalig auch ein Bezug zwischen intellektuellem Auskommen und Genotyp gefunden. Obwohl das klinische Auskommen der Patienten sicher maßgeblich durch die Güte der diätetischen Einstellung bestimmt wird, könnten der Genotyp bzw. die daraus resultierende enzymatische Restaktivität mit unterschiedlich starker Fluktuation der Phenylalaninkonzentration das intellektuelle Auskommen der Patienten mit beeinflussen. Für Kinder von

Frauen mit PKU würde dies bedeuten, daß ihre intellektuelle Entwicklung durch den maternen Genotyp mit beeinflußt wird (Güttler et al. 1999).

Die Gene für die GTP-CH, 6-PTS und DHPR sind auf Chromosom 14q21–22.2, 11q22.3–23.3 sowie 4p15.5 lokalisiert. Die Genstrukturen sind bekannt. Für alle Gene wurden bisher jeweils etwa 15–20 verschiedene Mutationen beschrieben, die u. a. zur Bildung von instabilen Enzymproteinen oder zur Synthese kinetischer Enzymvarianten führen, die mit unterschiedlicher Restaktivität in In-vitro-Systemen verbunden sind (Blau et al. 1997, Scriver et al. 1995, Thöny u. Blau 1997).

2.1.1.10 Pränatale Diagnostik

Methode der Wahl ist für alle Enzymdefekte die molekularbiologische Untersuchung. Das gilt besonders für die pränatale Diagnostik des PAH- und GTP-CH-Mangels, da die Enzyme nicht in Amnionzellen exprimiert sind. Die niedrige Aktivität der 6-PTS in Chorionzotten und Amnionzellkulturen erlaubt bisher keine Differenzierung zwischen heterozytogen und homozygoten Feten.

Die DHPR-Aktivität kann in Amnionzellen, die der 6-PTS in fetalen Erythrozyten bestimmt werden. Beide Defekte lassen sich zusätzlich durch Pteridinbestimmung in der Amnionflüssigkeit diagnostizieren. Theoretisch können Defekte der GTP-CH durch Aktivitätsbestimmungen des Enzyms in fetalen Leukozyten bzw. Bestimmungen der Pteridinkonzentrationen in der Amnionflüssigkeit erkannt werden. Praktische Erfahrungen fehlen jedoch bisher (Blau et al. 1996, Blau et al. 1997, Scriver et al. 1995).

Aufgrund der guten Behandelbarkeit und des guten Behandlungserfolgs wird eine pränatale Diagnostik bei PAH-Mangel von den Familien nur selten gewünscht.

2.1.1.11 Materne Hyperphenylalaninämie

Erhöhte Plasmaphenylalaninkonzentrationen von schwangeren Frauen bewirken eine Embryofetopathie, deren klinische Ausprägung von der Höhe der mütterlichen Plasmaphenylalaninkonzentrationen abhängt. Die Kinder weisen in über 80% der Fälle eine verzögerte psychomotorische, verminderte intellektuelle Entwicklung, Mikrozephalie, niedriges Geburtsgewicht sowie faziale Dysmorphien mit Epikantus, breitem Nasenrücken, kurzem oder langem Philtrum und schmalem Oberlippenrot auf, Veränderungen, die denen bei Alkoholembryofetopathie ähneln (Abb. 2.1.5). Weiterhin sind bei 20% der Kinder unbehandelter Frauen zusätzlich Herzfehler und in einem geringen Prozentsatz Mißbildungen des Gastrointestinal- und Urogenitaltrakts nachweisbar.

Die Veränderungen treten v. a. bei Plasmaphenylalaninkonzentrationen der Mütter >1200 μmol/l

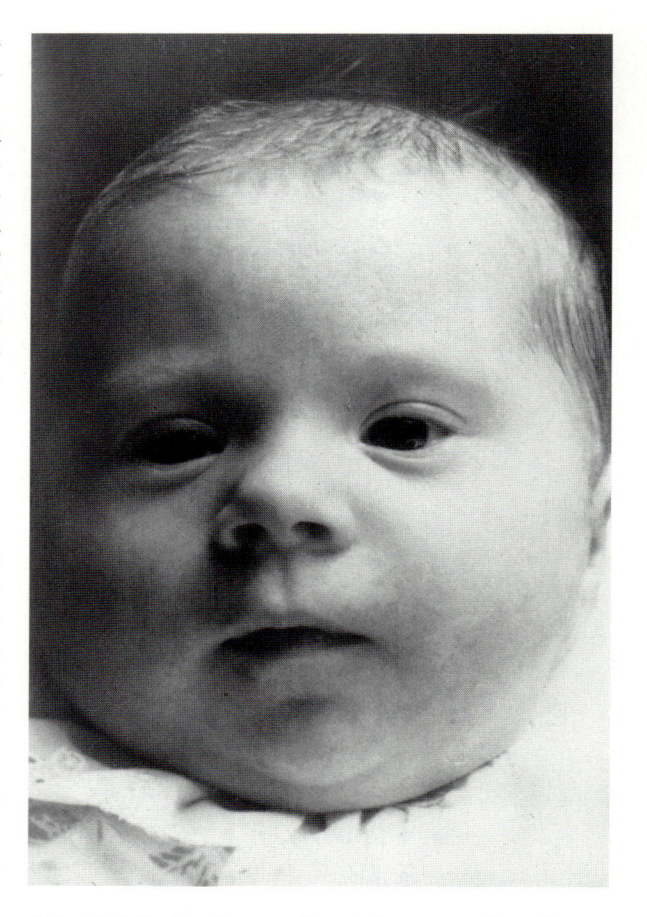

Abb. 2.1.5. Faziale Dysmorphien bei materner Phenylketonurie

Tabelle 2.1.1. Materne Hyperphenylalaninämie: prozentuale Häufigkeit von Symptomen in Abhängigkeit von den mütterlichen Plasmaphenylalaninkonzentrationen

Symptom	>1200 μmol/l	960–1140 μmol/l	600–900 μmol/l	180–600 μmol/l
Mentale Retardierung	92	73	22	21
Mikrozephalie	73	68	35	24
Herzfehler	12	15	6	0
Geburtsgewicht <2500 g	40	52	56	13

auf, weisen jedoch auch bei Überschreiten dieser Konzentration eine große Variabilität auf (Tabelle 2.1.1) (Koch et al. 1994, Scriver et al. 1995, Smith u. Brenton 1994).

Mütterliche Plasmaphenylalaninkonzentrationen, die gesichert ein normales intellektuelles Auskommen der Kinder garantieren, sind bisher nicht bekannt. Die vorläufigen Ergebnisse verschiedener retrospektiver und prospektiver Studien besagen, daß die diätetische Behandlung der Mütter präkonzeptionell beginnen muß und daß eine diätetische Einstellung auf Plasmaphenylalaninkonzentrationen <360 µmol/l anzustreben ist.

Diese Behandlungsempfehlung verhindert nach den bisherigen Erfahrungen die Entwicklung von Herzfehlern in der Frühschwangerschaft, minimiert das Risiko für faziale Dysmorphien und führt zu normalen intellektuellen Leistungen der Kinder (Koch et al. 1994, Rouse et al. 1997, Smith u. Brenton 1994).

Behandlungsbeginn nach der 20. SSW zeigte in den vorliegenden Untersuchungsserien keinen positiven Einfluß auf die fetale Entwicklung. Trotzdem sollte eine Behandlung auch in der späten Schwangerschaft eingeleitet werden, da die Hirnentwicklung der Feten nicht abgeschlossen ist.

Ätiologisch spielen wahrscheinlich die gleichen Mechanismen eine Rolle, die zur Mikrozephalie und psychomotorischen Retardierung von Säuglingen und Kleinkindern mit PKU führen. Die Gesichtsdysmorphien und Herzfehler könnten, wie beim fetalen Alkoholsyndrom, Folge einer Hemmung der Pyruvatdehydrogenase durch Akkumulation von Phenylpyruvat sein. Die Plasmaphenylalaninkonzentrationen der Feten sind durchschnittlich um den Faktor 1,5 höher als bei der Mutter. Die große Variationsbreite dieses Faktors wird als eine Ursache für die individuelle Variabilität der fetalen Phenylalanintoxizität angesehen (Koch et al. 1994, Smith u. Brenton 1994).

Die diätetische Behandlung der Frauen folgt den in Kapitel 2.1.1.5 „Durchführung der Behandlung von Patienten mit Phenylalaninhydroxylasemangel" angegebenen Prinzipien, wobei sich Kalorie- und Eiweißzufuhr nach der Schwangerschaftswoche (SSW) richten.

Die Phenylalanintoleranz der Mütter nimmt ab der 20. bis 22. SSW kontinuierlich zu und kann sich bis zum Schwangerschaftsende um den Faktor 2–3 erhöhen. Ursache sind die erhöhte Proteinsynthese sowie die zunehmende Phenylalaninhydroxylaseaktivität der i. allg. heterozygoten Feten.

Die Wiederaufnahme der diätetischen Behandlung stößt bei vielen Patientinnen auf große Schwierigkeiten, so daß der Schwangerschaft eine diätetische Trainingsphase vorausgehen sollte. Trotz intensiver Beratung mit Darstellung der Risiken erhöhter Plasmaphenylalaninkonzentrationen in der Frühschwangerschaft sind auch in gut geführten Patientenkollektiven nur etwa 40–80% der Frauen bei Schwangerschaftsbeginn ausreichend diätetisch eingestellt.

Bei der maternen Hyperphenylalaninämie handelt es sich um eine klassische Zweitgenerationserkrankung. Die Hochrechnungen ergeben, daß etwa 50% aller Frauen mit Hyperphenylalaninämie in der Bundesrepublik Deutschland die dargestellte Problematik nicht kennen, da sie u. a. in der Vor-Screening-Zeit geboren wurden. Aus diesem Grund muß bei jeder psychomotorischen Retardierung und Mikrozephalie unklarer Genese, auch bei normaler Intelligenz der Mutter (P-HPA), das Vorliegen einer maternen Hyperphenylalaninämie ausgeschlossen werden.

2.1.2 Ahornsirupkrankheit (MSUD)

2.1.2.1 Ätiologie

Der Ahornsirupkrankheit (maple syrup urine disease, MSUD; MIM 248.600) liegen verschiedene genetisch bedingte autosomal-rezessive Defekte innerhalb des Multienzymkomplexes der verzweigtkettigen 2-Ketosäuren-Dehydrogenase (branched-chain-2-keto acid dehydrogenase; BCKA-DH) zugrunde. Dieses, in den Mitochondrien aller Gewebe vorkommende Enzym, besteht aus 4 Untereinheiten – E1α, E1β, E2 und E3 – und benötigt Thiaminpyrophosphat als Koenzym. Ist infolge von Mutationen in den E1α-, E1β-, oder E2-kodierenden Genen die Gesamtaktivität der BCKA-DH beeinträchtigt, kommt es zur Ahornsirupkrankheit, die ihren Namen vom karamellartigen Ahornsirupgeruch des Urins beim noch unbehandelten Patienten hat. Da die Untereinheit E3 auch Bestandteil zweier weiterer Ketosäuredehydrogenasen (Pyruvat- und 2-Ketoglutarat-Dehydrogenase) ist, kommt es durch Mutationen im E3-Gen zu einer über die reine MSUD hinausführende, als E3-Mangel bezeichneten Stoffwechselstörung mit zusätzlicher Akkumulation der Metaboliten Laktat und 2-Ketoglutarat. Die reduzierte Aktivität der BCKA-DH führt zur deutlichen Einschränkung oder fast vollständigen Blockade des Abbaus der verzweigtkettigen Aminosäuren (branched-chain amino acis; BCAA) Leucin, Valin und Isoleucin auf der Stufe ihrer 2-Ketosäuren (branched-chain 2-keto acids; BCKA). Letztere werden aus den entsprechenden Aminosäuren, welche Bestandteile von Nahrungs- und Gewebsproteinen sind, durch reversible Transaminierung gebildet. Infolge des gestörten Stoffwechselschritts kommt es zu einem ausgeprägten Anstieg der 3 BCAA und zusätzlich der Aminosäure Alloisoleucin sowie der zugehörigen Ketosäuren (BCKA) in Plasma, Körperflüssigkeiten und Geweben. In Abhängigkeit vom Ausmaß des Enzymaktivitätsmangels existieren verschiedene Schweregrade der MSUD. Bei der schwersten (klassischen) Form fehlt die Enzymaktivität nahezu vollständig (<2% Restaktivität in Fibroblastenkulturen); bei den verschiedenen, leichter verlaufenden varianten Formen (intermediäre, intermittierende Formen) sind Enzymaktivitäten vorhanden, welche zwischen 2 und 30% der Norm betragen können (Fisher et al. 1993, Schadewaldt et al. 1989). Die temporär oder permanent stark erhöhten Metabolitenspiegel können zu schwerwiegenden Funktionsstörungen bzw. Schäden ausschließlich am Zentralnervensystem führen.

2.1.2.2 Klassische MSUD-Symptomatik

1954 wurden erstmals Patienten mit klassischer Ahornsirupkrankheit mit den Zeichen einer progredient verlaufenden Enzephalopathie und Tod bereits nach wenigen Lebenswochen beschrieben (Menkes et al. 1954). Histopathologisch lagen ein Mangel an Myelin und eine ausgeprägte spongiöse Degeneration der weißen Hirnsubstanz vor.

Die intrauterin akkumulierenden verzweigtkettigen Metaboliten werden durch die Plazenta eliminiert, so daß die bei der Geburt unauffälligen Kinder normale BCAA-Spiegel im Nabelschnurblut haben. Postpartal steigen die BCAA und BCKA kontinuierlich an. Der Anstieg resultiert überwiegend aus dem neonatalen Abbau von Gewebsproteinen und nur z. T. aus dem Abbau von Proteinen der Nahrung. Insbesondere Leucin und die zugehörige Ketosäure Ketoisocaproat (KIC) erreichen innerhalb weniger Tage Blutspiegel von 2–4 mmol/l (Normwerte der einzelnen BCAA <0,2 mmol/l, der einzelnen BCKA <0,04 mmol/l).

Typischerweise wird das Neugeborene mit klassischer MSUD ab dem 4. Lebenstag lethargisch, sobald Leucin und Ketoisocaproat kritische Konzentrationen in Blut und Geweben überschreiten. Es zeigt Trinkschwäche und entwickelt eine progrediente neurologische Symptomatik im Sinn einer metabolischen Enzephalopathie mit Hypo- und Areflexie, eine Rumpfhypotonie bei gleichzeitiger Muskeltonuserhöhung der Extremitäten, eine vorgewölbte Fontanelle (als Zeichen eines Hirnödems), zerebrale Krampfanfälle, respiratorische Insuffizienz und wird schließlich tiefkomatös. Mit Auftreten der neurologischen Symptomatik beginnt das Neugeborene intensiv süßlich, karamell- bzw. ahornsirupartig zu riechen. Während dieser Phase ist ein typisches EEG-Muster mit kammähnlichem Rhythmus vorhanden (Korein et al. 1994).

Das Hirnödem ist in der zerebralen Bildgebung (CT, MRT) sichtbar (Brismar et al. 1990). In Abhängigkeit von der Höhe und der Dauer der erhöhten Konzentrationen an neurotoxischen Metaboliten sind diese Symptome unter adäquater Therapie mit rascher Metabolitensenkung reversibel oder münden in neurologischen Defektsyndromen, die von einer Intelligenzminderung bis hin zur spastischen Zerebralparese reichen können (Hilliges et al. 1993, Kaplan et al. 1991, Snyderman 1988).

Die Verdachtsdiagnose wird meist aufgrund des typischen karamellartigen Geruchs im Urin oder der neurologischen Symptomatik gestellt. Im allgemeinen ist das Neugeborene dann schon kritisch krank. Die Bestätigung der Diagnose erfolgt durch Plasmaaminosäurenanalyse, welche Leucinspiegel von 2–5 mmol/l aufdeckt. Die Spiegel von Valin, Isoleucin und des als pathognomonisch für MSUD geltenden, endogen gebildeten Alloisoleucins, einem Diastereomer von Isoleucin, liegen deutlich tiefer. Die am stärksten neurotoxisch wirkende Ketosäure KIC ist in ähnlich hoher Konzentration wie Leucin vorhanden. Ein stark positiver Dinitrophenylhydrazintest im Urin zeigt eine hohe Ausscheidung von 2-Ketosäuren an. Nur sehr selten umfassen Neugeborenen-Screening-Programme die Suche auf MSUD.

Die Häufigkeit der MSUD wird auf <1:500 000 Geburten geschätzt. Eine Ausnahme bilden die Mennoniten Pennsylvaniens. Aufgrund einer hohen Konsanguinitätsrate kommt die klassische MSUD in dieser ethnischen Gruppe mit der sehr hohen Inzidenz von 1:180 Lebendgeborenen vor.

2.1.2.3 Therapie und klinischer Verlauf

Nur durch rasches Senken der sehr hohen Spiegel neurotoxischer Metaboliten durch Blutaustauschtransfusion oder heute bevorzugt durch extrakorporale Dialyse (Jouvet et al. 1997) in einen Bereich von 1 mmol/l sind bleibende Zerebralschäden weitestgehend zu vermeiden. Findet diese Akutbehandlung erst nach dem 10. Lebenstag statt, so ist mit einer späteren Intelligenzminderung zu rechnen (Kaplan et al. 1991). Bei längerfristig hohen Metabolitspiegeln (Plasmaleucin >1,0 mmol/l), etwa über die ersten beiden Lebensmonate, entwickelt sich eine spastische Zerebralparese (Hilliges et al. 1993, Snyderman 1988).

Nach Abschluß der Akutbehandlung wird in Analogie zur Phenylketonurie mit der lebenslang erforderlichen Diättherapie begonnen. Diese ist im Vergleich zu einer normalen Ernährung im Gehalt an verzweigtkettigen Aminosäuren und damit im Proteingehalt sehr stark reduziert. Im Prinzip enthält die Diät diese Aminosäuren nur in solchen Mengen, die für die Aufrechterhaltung der körpereigenen Proteinsynthese erforderlich sind. Auf diese Weise werden die Plasmakonzentrationen der verzweigtkettigen Aminosäuren und damit auch der entsprechenden Ketosäuren im Bereich normaler bis mäßig erhöhter Werte gehalten. Plasmaleucinspiegel von 0,2–0,4 mmol/l werden als gefahrlos für die neurologische Entwicklung angesehen. Neben natürlichen Nahrungsproteinen muß ein Teil des Proteinbedarfs durch ein Gemisch an essentieller Aminosäuren ohne Zusatz von Valin, Leucin und Isoleucin gedeckt werden. Die Toleranz für Leucin liegt bei der klassischen Ahornsirupkrankheit immer <600 mg/Tag. Die Patienten sind in hohem Maß während kataboler Stoffwechselphasen, z. B. bei infektiösen und interkurrenten Erkrankungen, gefährdet. Die gesteigerte Muskelproteolyse läßt die verzweigtkettigen Amino- und Ketosäuren dann rasch auf neurotoxische Werte ansteigen. Die Kinder werden lethargisch, ataktisch, zeigen Dysarthrie, Halluzinationen, selten Krampfanfälle. Begleitet werden diese neurologischen Symptome von typischen EEG-Veränderungen und einem Hirnödem (Levin et al. 1993). Im allgemeinen sind die neurologischen Störungen unter frühzeitig begonnener Intensivierung der Therapie rasch reversibel. Dabei ist die exogene Zufuhr natürlichen Proteins frühzeitig zu beenden und der Katabolismus durch hohe Kalorienzufuhr (Glukose, evtl. mit Insulin) zu unterbrechen.

Man kann heute davon ausgehen, daß sich Patienten mit der klassischen Form der MSUD somatisch, psychomotorisch und neurologisch normal entwickeln, sofern frühe Diagnosestellung und Behandlungsbeginn, konsequente Dauerbehandlung mit der Spezialdiät und rasche und wirksame Reaktionen auf katabole Zustände gewährleistet sind (Mudd et al. 1995, Wendel 1990). Die Ursache für spätere kognitive Defizite ist im wesentlichen in einem verzögerten Behandlungsbeginn während der Neonatalperiode zu suchen (Hilliges et al. 1993, Kaplan et al. 1991, Snyderman 1988). Die IQ-Werte aller bisher behandelten Patienten mit klassischer MSUD dürften bei jeweils 1/3 der Fälle über 90, zwischen 70 und 90 und <70 liegen (Chuang u. Shih 1995). Zeitlebens ist, wie bei der Phenylketonurie, der negative Einfluß der sehr eingreifenden Diät auf die psychosoziale Situation der Patienten zu beachten. In 2 Fällen wurden mit der oben skizzierten Spezialdiät Frauen mit MSUD erfolgreich während der Schwangerschaft behandelt (Grünewald et al. 1998, van Calcar 1994). In 3 Fällen konnte durch Lebertransplantation der schwere Stoffwechseldefekt der klassischen MSUD in den weit geringeren Defekt einer sehr milden MSUD-Variante überführt werden (Chuang u. Shih 1995, Wendel et al. 1999).

2.1.2.4 Variante Formen der MSUD

In etwa 15% der Fälle von MSUD liegt aufgrund einer höheren Restaktivität der BCKA-DH eine leichtere Variante vor, mit milderem klinischen Verlauf. Bei der sog. *intermittierenden Form* reagieren die Kinder oftmals erst im Alter von einigen Monaten auf Infekte, Impfungen, Operationen oder auf plötzliche übermäßige Proteinzufuhr mit akuten neurologischen Symptomen wie Ataxie, Somnolenz und Koma. Solche außergewöhnlichen Stoffwechselbelastungen lassen die sonst nur mäßig erhöhten Metabolitspiegel in den neurotoxischen Bereich ansteigen. Der typische Karamellgeruch tritt auf, und im Urin werden die Ketosäuren in großen Mengen ausgeschieden. Oft wird die richtige Diagnose erst nach mehreren Episoden gestellt; einige Kinder starben in solchen Krisen. Im allgemeinen entwickeln sie sich aber geistig normal.

Bei der sog. *intermediären Form* fallen die Patienten erstmals im 2. Lebensjahr mit verzögerter psychomotorischer Entwicklung auf, ohne daß es zum episodenhaften, intermittierenden Krankheitsverlauf gekommen wäre. Diese Kinder litten wahrscheinlich langfristig unter höheren Metabolitspiegeln in Blut und Geweben.

Es scheint, daß in der Gruppe der MSDU-Varianten mit steigender Restaktivität des Enzyms die Neigung zu Stoffwechselkrisen sinkt und die Leucinintoleranz steigt. Diese reicht von leicht höheren Leucinmengen als bei der klassischen Form über ein eingeschränktes bis hin zu einem normalen Proteinangebot in der Nahrung. Es gibt Fälle von varianter MSUD, die zeitlebens asymptomatisch bleiben, da Leucin und KIC niemals in neurotoxische Bereiche ansteigen (Chuang u. Shih 1995, Ogier et al. 1995, Wendel 1990). Bei differentialdiagnostischen Erwägungen zur varianten MSUD ist beim Nachweis erhöhter BCAA-Plasmaspiegel immer daran zu denken, daß auch bei Kindern ohne MSUD während sehr ausgeprägter kataboler Episoden die BCAA bis auf das 3fache der Norm ansteigen können. Im Gegensatz zur MSUD steigt Alloisoleucin im Plasma aber nicht an, sondern bleibt im kaum meßbaren Normbereich. Bisher konnte das häufig postulierte Vorkommen von thiaminabhängigen MSUD-Varianten, die auf pharmakologische Dosen von Thiamin (Kofaktor im Enzymkomplex) mit einem drastischen Abfall des Plasmaleucins reagieren, nicht überzeugend nachgewiesen werden.

2.1.2.5 Mechanismen der Neurotoxizität

Zur Schädigung des ZNS kommt es nur bei hohen Konzentrationen der verzweigtkettigen Amino- und Ketosäuren, insbesondere von Leucin und KIC. Sie ist eine Funktion von Konzentration und Zeitdauer der Erhöhung. Der Zusammenhang zwischen dem Anstieg der verzweigtkettigen Metaboliten und einer akuten Funktionsstörung des Gehirns mit Bewußtseinsstörung, Muskeltonusänderung, Ataxie und Koma, gefolgt von einem Hirnödem und sekundärer Hirnschädigung ist klinisch gut belegt. Eine symptomatische Grenze der Leucin- und KIC-Spiegel im Plasma läßt sich nicht festlegen, sie dürfte jedoch bei etwa 1 mmol/l liegen. Aus In-vitro-Untersuchungen ist bekannt, daß das Metabolitenpaar Leucin/KIC die höchste Toxizität besitzt. Da Leucin und KIC im Plasma bei MSUD in etwa äquimolaren Mengen vorliegen und eine rasche Interkonversion zu beobachten ist, ist nicht klar, welche der beiden Substanzen stärker neurotoxisch wirkt. Zu Zeiten hoher Plasmaspiegel wurde die intrazerebrale Konzentration der neurotoxischen Metaboliten mit etwa 1/3 der Plasmakonzentration bestimmt (Heindel et al. 1995).

Enzephalopathische Neugeborene mit sehr hohen BCAA- und BCKA-Plasmaspiegeln (jeweils >3 mmol/l) haben ein diffuses, unter Therapie rasch reversibles Hirnödem. Nach dessen Rückbildung können Signalintensitätsänderungen im MRT im Sinn einer Dysmyelinisierung periventrikulär, in den Basalganglien und in den Bahnsystemen des Hirnstamms bestehen bleiben (Brismar et al. 1990). Entsprechende Veränderungen können auch bei jugendlichen Patienten mit MSUD unter Diättherapie auftreten und sind wahrscheinlich auf langfristig hohe Plasmaleucinspiegel zurückzuführen (Treacy et al. 1992).

Autoptische Befunde von nicht oder sehr unzureichend behandelten Patienten mit MSUD weisen auf unspezifische Veränderungen der weißen Substanz im Sinn einer postnatalen Myelinisierungsstörung (spongiöse Hirnveränderungen, Dysmyelinisierung großer Bahnsysteme) hin. Der Mangel an Myelin war auch biochemisch nachzuweisen (Chuang u. Shih 1995, Langenbeck 1984, Prensky u. Moser 1966). Spongiöse Enzephalopathien mit pathologisch veränderten Myelinscheiden bestanden auch beim natürlichen MSUD-Tiermodell (Poll-Hereford-Kalb) (Harper et al. 1989).

Der Pathomechanismus der zerebralen Funktionsstörung bzw. Schädigung bei der MSUD ist nicht aufgeklärt. Biochemische Studien an verstorbenen Patienten und am MSUD-Tiermodell zeigten eine Erniedrigung der für den Hirnstoffwechsel wichtigen Aminosäuren Glutamat, Glutamin und GABA, während die BCAA im Hirngewebe stark erhöht waren (Korein et al. 1994, Prensky u. Moser 1966).

Aufgrund biochemischer Untersuchungen muß angenommen werden, daß der Stoffwechsel des Gehirns vorzugsweise durch KIC negativ beeinflußt wird. Auf zellulärer Ebene wirkt KIC in hohen Konzentrationen hemmend auf andere wichtige Enzyme (z. B. 2-Ketoglutarat-Dehydrogenase) und Transportfunktionen. An der Blut-Hirn-Schranke hemmt es schon in leicht bis mäßig erhöhten Konzentrationen den Transport anderer für den Hirnstoffwechsel wichtiger Substanzen wie Pyruvat, Laktat und Ketonkörper (Steele 1986). In In-vitro-Untersuchungen hemmt KIC dosisabhängig die Myelinisierung von Rattenzerebellumkulturen (Silberberg 1969) und in Hirnschnitten die Proteinsynthese (Appel 1966). In Astrozytenkulturen hemmt es die Produktion der für den Hirnstoffwechsel wichtigen Aminosäure Glutamin und vermindert die intrazelluläre Glutamatkonzentration (Yudkoff et al. 1994a,b). Aus Untersuchungen an Gehirnen verstorbener MSUD-Kälber läßt sich ableiten, daß bei der MSUD-Enzephalopathie die Verminderung der GABA-vermittelten inhibierenden Neurotransmission eine Rolle spielt (Dodd et al. 1992).

Insgesamt scheint es bei der MSUD zu einer charakteristischen Verschiebung des Gleichgewichts von Aminosäuren und Neurotransmittern mit meßbarer Erniedrigung von Glutamin, Glutamat und GABA im Hirngewebe zu kommen

(Korein et al. 1994). Außerdem ist mit einer Vielzahl von hemmenden Effekten durch KIC auf protein- und lipidanabole sowie energieliefernde Reaktionen zu rechnen.

2.1.2.6 Molekularbiologie

Der intramitochondrial gelegene BCKA-DH-Multienzymkomplex katalysiert spezifisch den Abbau der verzweigtkettigen Ketosäuren. Er umfaßt 3 Enzymkomponenten, die sich aus den 4 Untereinheiten E1α, E1β, E2 und E3 zusammensetzen und enthält eine den Komplex aktivierende Kinase und eine inaktivierende Phosphatase. Sämtliche Untereinheiten der BCKA-DH werden durch nukleäre Gene kodiert. Sie werden im Zytosol synthetisiert und in die Mitochondrien importiert, wo ihre Zusammenlagerung stattfindet. Wie bei anderen mitochondrialen Enzymen werden größere Präkursorpolypeptide der Untereinheiten in die Mitochondrien importiert und dort zu kleineren reifen Formen prozessiert (Chuang u. Shih 1995).

Die MSUD-verursachenden Gendefekte betreffen die Untereinheiten E1α, E1β und E2 und können zur klassischen MSUD oder zu einer varianten Form führen. Bisher sind keine Defekte der Kinase oder Phosphatase bekannt. Mutationen im E3-Gen betreffen zusätzlich die Aktivität der Pyruvat- und 2-Ketoglutarat-Dehydrogenase.

Im allgemeinen sind Patienten mit MSUD compound-heterozygot für verschiedene Mutationen in den beiden Allelen für jeweils eine Untereinheit. Der klinische Phänotyp kann in Abhängigkeit von der Interaktion der beiden mutierten Allele variieren. Bisher wurden bei der MSUD nur relativ wenig Mutationen beschrieben. Die meisten betreffen das E2- (>20) und das E1α-Gen (>15) und sind überwiegend spontane Mutationen. Für E1β wurden erst 4 Mutationen, bei Japanern, beschrieben. Bei den Genveränderungen handelt es sich um Punktmutationen, Deletionen unterschiedlicher Größe (2–20 bp), Insertionen sowie Fehlern in einer Spleißstelle mit Verlust eines oder mehrerer Exons (Chuang et al. 1994, 1995a,b, Fisher et al. 1993, Mueller et al. 1995, Nobukuni et al. 1993, Wynn et al. 1992). Erwähnenswert ist die Missense-Mutation (Y393 N) in E1α, die typischerweise in homozygoter Form bei den Mennoniten Pennsylvaniens zur klassischen MSUD führt. Eine homozygote (Nonsense-) Mutation in der Region, welche das mitochondriale Targeting der Prä-E1α-Untereinheit kodiert, wurde bei Poll-Hereford-Kälbern mit MSUD gefunden (Healy u. Dennis 1994, Zhang et al. 1990). Bisher wurde die Mutationsanalyse nur in sehr wenigen Fällen zur Pränataldiagnostik der MSUD eingesetzt. Die derzeit in Chorionzotten pränataldiagnostisch angewendete Untersuchung auf Enzymebene ist als sehr sicher anzusehen. Demgegenüber läßt sich der Heterozygotenstatus für MSUD auf Enzymebene nicht feststellen.

2.1.3 Störungen im Homocysteinstoffwechsel: Hyperhomocysteinämie, Homocystinurie

2.1.3.1 Einleitung

Methionin wird als essentielle Aminosäure für die Proteinsynthese benötigt und ist nach Umwandlung zu S-Adenosylmethionin (SAM) der hauptsächliche Methyldonor für über 100 Enzyme, welche Methylgruppen auf DNA, RNA, Proteine, Lipide und andere Moleküle (inklusive Myelin, Neurotransmitter) übertragen (Mudd et al. 1995). Bei allen Methyltransferasereaktionen wird SAM in S-Adenosylhomocystein (SAH) umgewandelt, welches dann zu Adenosin und Homocystein hydrolisiert wird. Homocystein wird zu etwa gleichen Teilen entweder zu Methionin remethyliert und dient so zur Aufrechterhaltung des intrazellulären Methioninspiegels oder es wird auf dem Weg der Transsulfurierung über Cystathionin (vermittelt durch die Cystathionin-β-Synthase: CBS) zu Cystein abgebaut. Von dort erfolgt der weitere Abbau, letztlich zu anorganischem Sulfat und Taurin (Abb. 2.1.6).

Bei der Remethylierung von Homocystein zu Methionin werden exogene Methylgruppen in den körpereigenen Methylgruppen-Pool aufgenommen.

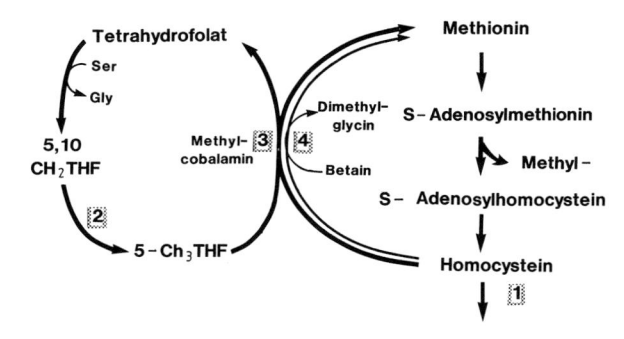

Abb. 2.1.6. Reaktionsschritte, welche bei den Störungen der Transulfurierung und der Homocysteinremethylierung eine Rolle spielen: *1* Cystathionin-β-Synthase (CBS), *2* 5,10-Methylentetrahydrofolat-Reduktase (MTHFR), *3* Methioninsynthase (MS), *4* Homocystein-Betain-Methyltransferase (BHMT)

Dabei fungieren in allen Geweben 5-Methyltetrahydrofolat (für die 5-Methyltetrahydrofolat-Homocystein-Methyltransferase, auch Methioninsynthase; MS) und in der Leber zusätzlich das aus dem Cholin der Nahrung gebildete Betain (für die Betain-Homocystein-Methyltransferase; BHMT) als Methyldonor (Abb. 2.1.6).

Ein fein abgestimmtes Regulationssystem bestimmt, über welchen der beiden Reaktionswege Homocystein verstoffwechselt wird. Dadurch wird sichergestellt, daß immer ausreichend und nicht zu viel Methionin und SAM entstehen. Im Zentrum des Regulationssystems steht SAM. Dieses stimuliert direkt die Cystathionin-β-Synthase (CNS) und hemmt indirekt die 5,10-Methylentetrahydrofolat-Reduktase (MTHFR), welche die exogene Methylgruppenaufnahme in Form von 5-MTHF in den körpereigenen Methylgruppen-Pool reguliert.

Normalerweise ist Homocystein nur in sehr geringer Konzentration im Plasma enthalten (Nüchternspiegel <15 µmol/l) und wird im Urin nicht ausgeschieden.

Zu einer Hyperhomocysteinämie mit Homocystinurie kommt es
- bei einem erblichen Defekt der Cystathionin-β-Synthase (CBS),
- bei gestörter Remethylierung infolge eines Aktivitätsmangels der 5,10-Methylentetrahydrofolat-Reduktase, dem Enzym, welches den Eintritt von exogenen Methylgruppen in den körpereigenen Methylgruppen-Pool in Form von Folatkoenzym kontrolliert,
- bei gestörter Remethylierung infolge verminderter Aktivität der Methioninsynthase (MS). Dieser Störung liegen primär verschiedene Defekte in der mehrstufigen Synthese von Methylcobalamin, dem kovalent gebundenen Kofaktor der MS, vor. Diese werden als Cb1E und Cb1G bezeichnet. Bei den als Cb1C, Cb1D und Cb1F bezeichneten Defekten ist zusätzlich die Synthese von Adenosylcobalamin (AdoCb1) gestört, dem Kofaktor der Methylmalonyl-CoA-Mutase. Bei den 3 zuletzt genannten Stoffwechseldefekten tritt die Hyperhomocysteinämie zusammen mit einer Methylmalonazidämie auf.

Zu einer „geringen" Erhöhung des Homocysteins im Plasma ohne Homocystinurie kommt es bei Vitamin B_6-, Vitamin B_{12}- und Folatmangelzuständen, bei Nierenerkrankungen sowie bei der Einnahme von Methotrexat (Hemmung der DHPR) oder durch das Anästhetikum Stickstoffoxid (Hemmung der MS).

2.1.3.2 Homocystinurie durch Cystathionin-β-Synthase(CBS)-Mangel

Der klassischen Homocystinurie liegt ein Aktivitätsmangel des Enzyms Cystathionin-β-Synthase (CBS; L-Serin-Hydrolase; E.C.4.2.2.22) zugrunde. Durch dieses Enzym wird die β-Hydroxygruppe des Serins durch Homocystein ersetzt, wobei Cystathionin entsteht. Wie andere β-Lyasen benötigt das Enzym Pyridoxal-5-Phosphat (PLP) als Kofaktor (Abb. 2.1.5).

Der Cystathionin-β-Synthase(CBS)-Mangel gilt als die klassische Form der Homocystinurie. Die ersten Patienten wurden 1962 beschrieben (Carson u. Neill 1962). Die bei der Geburt unauffälligen Patienten entwickeln in der Kindheit und Adoleszenz Symptome an Augen, Skelett, Zentralnerven- und Gefäßsystem. Nahezu obligat tritt eine Luxation der Linsen, bilateral und nach unten, zwischen dem 3. und 10. Lebensjahr auf. Weitere okuläre Symptome sind Irisflattern, Astigmatismus, Glaukom und Katarakt. Netzhautablösungen und Optikusatrophie scheinen Folge eines thrombembolischen Verschlusses der zentralen Retinaarterie zu sein. Etwa die Hälfte der Patienten hat livide Hautveränderungen an Wangen und Extremitäten (Livido reticularis). Ab dem 2. Lebensjahr ist eine Osteoporose mit Generalisierungstendenz, beginnend an der Wirbelsäule, nachweisbar. Abgeflachte Wirbelkörper, Fischwirbel und schlecht heilende Frakturen der langen Röhrenknochen sind die Folge. 30% der Patienten haben ein Marfan-ähnliches Aussehen mit Langgliedrigkeit und Arachnodaktylie. Skelettdeformitäten an Beinen und Füßen, Hühner- und Trichterbrust, Kyphoskoliosen und Gelenkkontrakturen sind häufig und nehmen mit dem Alter zu. Die Hälfte der Patienten hat eine verzögerte psychomotorische Entwicklung und ist mental retardiert. 10–15% der Patienten zeigen zerebrale Krampfanfälle, oft begleitet von komatösen Zuständen und nachfolgender Spastik und Hemiplegie. Eindrucksvolle extrapyramidale Bewegungsstörungen können bestehen. Thrombembolien können in allen venösen und arteriellen Bereichen auftreten, so im Bereich der Lungenarterien, Koronararterien, Beckenvenen, in der V. cava und den Hirnsinus (Mudd et al. 1985, Mudd et al. 1995).

Im Plasma sind Homocystein, das gemischte Homocysteincysteindisulfit (beides normalerweise nicht vorhanden), Gesamthomocystein sowie Methionin erhöht. Die Konzentration des Gesamthomocysteins kann 250 µmol/l (normal <15 µmol) übersteigen, Methionin kann bis auf das 50fache der Norm (normal <30 µmol/l) zunehmen. Cystin liegt in subnormaler Konzentration vor. Außer in der frühen Säuglingszeit besteht immer eine Homocystinurie. Zum Teil wird Homocystin in täglichen Mengen von weit mehr als 1 mmol ausgeschieden.

Der Nachweis des CBS-Mangels kann in kultivierten Hautfibroblasten erfolgen. Solange innerhalb einer betroffenen Familie die Mutationen im CBS-Gen nicht bekannt sind, wird die Messung der CBS-Aktivität in Kulturen von Chorionzotten oder von Amniozyten bei der Pränataldiagnostik genutzt. Die Frequenz der autosomal-rezessiv erblichen Stoffwechselstörung wird weltweit auf 1:350000 geschätzt, mit starken regionalen Schwankungen von 1:50000–1:1000000.

Ziel der Therapie ist es, die Ausbildung der klinischen Symptomatik zu verhindern, sie in ihrer Progression zu stoppen oder auch bereits vorhandene, aber reversible klinische Symptome zu bessern. In erster Linie gehr es darum, schwere thrombembolische Komplikationen, eine vorzeitige Arteriosklerose und Neurotoxizität zu verhindern.

Bei etwa der Hälfte der Patienten läßt sich die Restaktivität des Enzyms durch pharmakologische Dosen von Pyridoxin (200–1200 mg/Tag) steigern. Die Plasmamethionin- und -homocysteinspiegel sinken und können sich normalisieren. Entsprechend sinkt die Ausscheidung von Homocystin im Urin. Im allgemeinen bleibt bei den Patienten eine Methioninintoleranz bestehen. Patienten, die trotz langfristiger Behandlung mit maximal 600 mg Pyridoxin/Tag per os (*cave:* Pyridoxin-Polyneuropathie!) keine oder eine nicht ausreichende Reduktion der Gesamthomocysteinkonzentration im Plasma aufweisen, benötigen eine Einschränkung der Methioninaufnahme mit der Nahrung und die Behandlung mit Betain in Dosen von 6–9 g/Tag. Ziel der Behandlung ist es, das Gesamthomocystein im Plasma zu normalisieren. Die Erfahrungen zeigen aber, daß Gesamthomocysteinspiegel von <40–50 µmol/l nur sehr selten und wenn, dann bei Patienten mit einer leichteren Form des CBS-Mangels, erreicht werden. Beim Fortbestehen erhöhter Gesamthomocysteinspiegel bleibt immer ein erhöhtes Risiko zu Gefäßerkrankungen.

Wahrscheinlich führt Homocystein – intrazellulär und in den Gewebsflüssigkeiten erhöht – zu Gefäßläsionen, nachfolgenden arteriosklerotischen Veränderungen und Thrombembolien sowie zu Störungen der Kollagenstruktur. Zerebralschäden lassen sich z.T. durch rezidivierende Hirngefäßthrombembolien mit z.T. ausgedehnten Hirninfarkten erklären. Die Neurotoxizität ist wahrscheinlich auch Folge einer Exzitotoxizität, da die bei dieser Stoffwechselstörung vorkommenden Metaboliten Homocysteinsäure und Homocysteinsulfinsäure mit NMDA- bzw. non-NMDA-Rezeptoren (Glutamatrezeptoren) interagieren (Flott-Rahmel et al. 1998).

Die CBS ist ein zytosolisches Enzym. Die humane native CBS läßt sich aus Leberextrakten als Homotetramer isolieren. Das Homotetramer, bestehend aus 4 Untereinheiten mit jeweils einem Molekulargewicht (MG) von 63000, wird durch Proteolyse in dimere Formen mit deutlichem Anstieg der spezifischen Aktivität gegenüber Homocystein umgewandelt (Fowler 1997). Die 63000-Untereinheiten binden Häm und Pyridoxal-5-Phosphat in äquimolaren Mengen (Kery et al. 1994). Außerdem findet durch Bindung von SAM eine 2- bis 4fache Enzymaktivitätssteigerung statt. SAM spielt an dieser Stelle eine vitale Rolle in der koordinierten Regulation des Methioninstoffwechsels (Fowler 1997).

Die Struktur des humanen CBS-Gens, welches an der Chromosomenposition 21q22.3 liegt und 18 Exons und 17 Introns umfaßt (Kraus 1994), ist noch nicht vollständig bekannt. Es besteht ein alternativer Spleißmechanismus, wodurch verschiedene mRNA mit unterschiedlicher Stabilität, aber gleicher katalytischer Aktivität entstehen. Derzeit sind über 60 Mutationen im CBS-Gen bekannt, welche zu einem CBS-Mangel führen. Von diesen Punktmutationen und intronischen und exonischen kurzen Deletionen und Insertionen sind nur wenige (I278T, G307S, A1224-2C) häufig vorkommend. Die meisten sind spontane Mutationen oder auf besondere Populationen beschränkt. Bemerkenswert ist, daß mehrfach eine doppelte Mutation auf einem Allel gefunden wurde, daß die relativ häufige Mutation G307S, die hauptsächliche Mutation bei Patienten irischer Abstammung, mit einer nicht-Vitamin-B_6-responsiven Homocystinurie assoziiert ist und daß die häufige I278T-Mutation bei vielen Patienten mit Vitamin-B_6-responsiver Homocystinurie vorliegt. Unter Einbeziehung molekulargenetischer Analysen wird deutlich, daß der heterozygote Status für CBS-Defizienz kein erhöhtes Risiko für eine Methioninintoleranz und Akkumulation von Homocystein aufweist (Fowler 1997a).

Eine Knockout-Maus für das CBS-Gen wurde 1995 beschrieben (Watanabe et al. 1995). Diese homozygote Knockout-Maus weist einen schweren Defekt mit vollständigem CBS-Mangel auf, welcher zu einer 40fach erhöhten Plasmahomocysteinkonzentration führt.

2.1.3.3 Homocystinurie durch Remethylierungsdefekte

2.1.3.3.1 Methylentetrahydrofolatreduktase(MTHFR)-Mangel

Beim *Methylentetrahydrofolatreduktasemangel* ist die Remethylierung von Homocystein zu Methionin gestört, infolge ungenügender Bildung von 5-Methyltetrahydrofolat, welches Kofaktor für die MS ist. Es gibt 2 Formen: die *frühmanifeste Form,* beginnend im frühen Säuglingsalter mit schwerst gestörter psychomotorischer Entwicklung, Mikrozephalie, Krampfanfällen, Apnoezuständen und zerebrovaskulären Symptomen (Restaktivität des Enzyms in Leukozyten <4% der Norm) und *die spätmanifeste Form,* beginnend in jedem Alter mit mentaler Beeinträchtigung und neurologischen Zeichen wie Tremor, Ataxie, Gangstörungen sowie psychiatrisch-schizophrenieähnlichen und zerebrovaskulären Symptomen (Restaktivität 6–20%). Es bestehen eine mäßiggradige Homocystinurie (30–660 µmol/24 h), eine Hypomethioninämie (0–18 µmol/l) und eine Hyperhomocysteinämie von 150–180 µmol/l. Die zerebrale Schädigung wird in erster Linie durch eine gestörte Myelinisierung infolge des intrazellulären Methionin- und nachfolgend SAM-Mangels hervorgerufen sowie durch Thrombembolien in den Hirngefäßen.

Durch die Behandlung mit Betain werden Methylgruppen für die Homocysteinremethylierung durch das leberständige Enzym Betain-Homocystein-Methyltransferase (BHMT) zugeführt. Hierdurch wird die Myelinisierung wesentlich verbessert und der Plasmahomocysteinspiegel auf die Hälfte gesenkt, wodurch die Gefahr von Thrombembolien sinkt.

Weltweit wurden etwa 50 Patienten beschrieben. Eine Pränataldiagnostik des autosomal-rezessiv erblichen Defekts kann auf Enzymbasis durchgeführt werden. Die molekulare Diagnostik ist möglich, und derzeit sind etwa 25 Mutationen im MTHFR-Gen bekannt (Goyette et al. 1994, Goyette et al. 1995).

2.1.3.3.2 Methioninsynthase(MS)-Mangel

Die Methioninsynthase katalysiert den Transfer einer Methylgruppe von 5-Methyltetrahydrofolat auf Homocystein und bildet dabei Methionin. Um volle Aktivität zu erlangen, muß das im Enzym gebundene Cobalamin zu Cob(I)alamin reduziert werden und als Methylcobalamin vorliegen. Der isolierte Enzymmangel wurde etwa 20mal beschrieben, mit den Hauptsymptomen einer megaloblastären Anämie und neurologischen Störungen. Diese Defekte werden aufgrund des bestehenden Methylcobalaminmangels als Cobalaminstoffwechselstörungen klassifiziert. Bei einem Teil der Patienten bessert sich die Symptomatik durch hohe Dosen von Hydroxycobalamin und Betain. Die Patienten mit funktionellem MS-Mangel sind klinisch und biochemisch heterogen und lassen sich aufgrund von Komplementierungsstudien in kultivierten Fibroblasten einer von 3 Komplementierungsgruppen zuordnen (Fowler 1997 a, b).

2.1.3.4 Milde Hyperhomocysteinämie: Hyperhomocysteinämie als Risikofaktor der Arteriosklerose

In einer Großzahl von Studien, in denen Risikokollektive für die unterschiedlichen Formen vorzeitiger Arteriosklerose – der Stenose koronarer, zerebraler und peripherer Arterien – hinsichtlich des Vorliegens einer Hyperhomocysteinämie retrospektiv untersucht wurden, wurde gezeigt, daß eine Hyperhomocysteinämie bei 10–42% der betroffenen Patienten als unabhängiger Risikofaktor für die Entstehung einer vorzeitigen Arteriosklerose betrachtet werden kann (Dudman et al. 1993, Malinow 1994, Ueland et al. 1992). Es handelt sich um eine milde Hyperhomocysteinämie, bei der in den Risikokollektiven der Plasmahomocysteinspiegel im Vergleich zu Kontrollgruppen durchschnittlich um den Faktor 1,3 erhöht ist (Ueland et al. 1992). Im Gegensatz zu den erblichen homozygoten Defekten der Homocysteinremethylierung ist der Plasmahomocysteinspiegel nur leicht erhöht, und es besteht keine Homocystinurie. Dieser milden Hyperhomocysteinämie liegen genetische und umweltbedingte Faktoren zugrunde.

Bei Patienten mit Vaskulopathie, nicht jedoch bei gesunden Kontrollen, war der Plasmahomocysteinspiegel negativ mit der Folsäure-, der Vitamin-B_{12}- und der Pyridoxal-5-Phosphat(PLP-) Konzentration im Blut korreliert (Brattström et al. 1991, Ueland et al. 1992). Auf Seiten der genetischen Prädisposition konnte die Mutation im CBS-Gen in heterozygoter Form als Ursache einer milden Hyperhomocysteinämie ausgeschlossen werden (Fowler 1997 a). Hingegen wird die thermolabile Form der Methylentetrahydrofolatreduktase (MTHFR) als Ursache einer milden Hyperhomocysteinämie diskutiert (Kang et al. 1991). Die entsprechende Mutation (C677T), die in homozygoter Ausprägung mit hoher Prävalenz (5–18%) in verschiedenen Populationen vorliegt (Engbersen et al. 1995, Fowler 1997 b), Kluijtmans et al. 1996), ist mit einer milden Hyperhomocysteinämie assoziiert.

Die milde Hyperhomocysteinämie ist eine der Ursachen für Anlagedefekte des Neuralrohres. Obwohl die Mütter dieser Patienten keine erniedrigten Folatspiegel aufweisen, führt die Substitution von Schwangeren in der Frühschwangerschaft mit Folat zu einer signifikanten Senkung der Inzidenz dieser Mißbildungen. Die bisherigen biochemischen und molekularbiologischen Befunde ergaben, daß ein Teil der Neuralrohrdefekte durch Homozygotie für den thermolabilen MTHFR-Polymorphismus erklärt werden kann (van der Put et al. 1997).

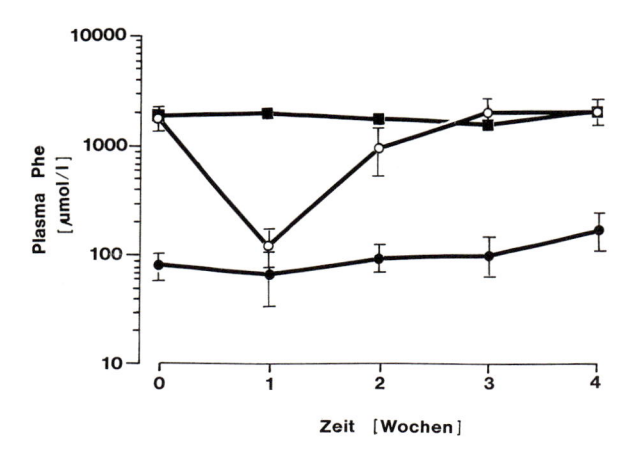

Abb. 2.1.7. Verlauf der Adenovirus-bedingten metabolischen Korrektur von PAH^{enu2}-Mäusen. Die Mäuse wurden entweder mit rekombinantem Adenovirusvektor (*weißer Kreis*), Kontrollviren (*schwarzes Quadrat*). Ergänzend sind die Plasmaphenylalaninwerte nicht enzymdefizienter Mäuse angegeben (*schwarzer Kreis*) (Eisensmith u. Woo 1994)

2.1.4 Gentherapie

Bisher wurden 3 verschiedene Vektorsysteme entwickelt, um eine mögliche somatische Gentherapie zur Behandlung der PKU in Folge verminderter PAH-Aktivität zu testen.

Rekombinante Retroviren und DNA-Protein-Komplexe führten zu einer effizienten Transduktion in In-vitro-Systemen, wie u. a. PAH-defizienten Hepatozyten. Beide Systeme wiesen jedoch eine geringe Transduktionsrate im In-vitro-System der PAH-defizienten Maus auf (Eisensmith u. Woo 1994).

Durch Verwendung rekombinanter Adenoviren konnte dagegen eine passagere Normalisierung der Plasmaphenylalaninkonzentrationen PAH-defizienter Mäuse (PAH^{enu2}) erreicht werden. Die Mäuse weisen neben einer Hyperphenylalaninämie eine Phenylketonurie, Verhaltensauffälligkeiten sowie eine verminderte Pigmentierung auf. Im Gegensatz zu Retroviren infizieren Adenoviren auch nichtproliferative Hepatozyten. Die Replikation des Adenovirus erfolgt extrachromosomal im Kern der Zellen.

Infusion von rekombinanten Adenoviren, die menschliche PAH-cDNA enthalten, in das Pfortadersystem von PAH^{enu2}-Mäusen erhöhte die hepatische PAH-Aktivität von nicht nachweisbar auf 10–20% der von Kontrollen. Die Behandlung führte zu einer passageren Normalisierung der Plasmaphenylalaninkonzentration (Abb. 2.1.7). Eine Normalisierung der Plasmaphenylalaninkonzentrationen wurde durch PAH-Aktivitäten von 10–20% der von Kontrollen erreicht. Der therapeutische Effekt war kurzfristig, da durch eine T-Zell-vermittelte Immunantwort die Adenovirus-infizierte Hepatozyten zerstört wurden (Abb. 2.1.7) (Eisensmith u. Woo 1994).

Aufgrund der Antikörperbildung gegen Adenoviren konnte der geschilderte Effekt durch wiederholte Gabe rekombinanter Adenoviren nicht reproduziert werden.

Die Befunde besagen, daß die PKU infolge PAH-Mangels zukünftig durch somatische Gentherapie behandelt werden kann. Voraussetzung ist die Entwicklung besserer und länger persistierender Vektoren. Die Erkrankung ist ein gutes Modell für die Gentherapie, da der zugrundeliegende Defekt nur das Lebergewebe betrifft.

Bezüglich der Hyperphenylalaninämie durch 6-PTPC-Mangel ist zu ergänzen, daß durch retroviralen Transfer von cDNA in kultivierte Fibroblasten von Patienten die intrazelluläre BH$_4$-Konzentration in den heterozygoten Bereich angehoben werden konnte (Thöny et al. 1996).

In Vorarbeiten zu einer Gentherapie bei MSUD wurde erfolgreich eine Humane-full-length-E$_2$-cDNA durch retroviralen Gentransfer in Fibroblasten eines MSUD-Patienten mit einer Mutation in der E$_2$-Untereinheit eingeschleust. Dadurch wurde eine stabile Expression der vollen Aktivität des BCKA-DH-Multienzymkomplexes über mindestens 7 Wochen erreicht (Mueller et al. 1995). In einem anderen Fall gelang die über mindestens 14 Wochen stabile Korrektur der Aktivität des BCKA-DH-Komplexes durch den retroviralen Gentransfer einer normalen E_2-Präkursor-cDNA in Zellen eines mennonitischen MSUD-Patienten mit der (Y393)N-Mutation im E_1-α-Gen (Chuang et al. 1995b).

Dies sind Beispiele dafür, daß es möglich ist, durch Gentransfer für ein Genprodukt, welches Teil eines mitochondrialen Multienzymkomplexes ist, dem Gesamtkomplex zur vollen Funktionsfähigkeit zu verhelfen.

2.1.5 Literatur

Appel SH (1966) Inhibition of brain synthesis: an approach to the biochemical basis of neurological dysfunction in the amino acidurias. Trans N Y Acad Sci 29:63–70

Blau N, Thöny B, Spada M, Ponzone A (1996) Tetrahydrobiopterin and inherited hyperphenylalaninemias. Turk J Pediatr 38:19–35

Blau N, Dhondt JL, Dianzani I, Thöny B (1997) BIODEF and BIOMDB International data bases of tetrahydrobiopterin deficiencies. In: Pfleiderer W, Rokos H (eds) Chemistry and biology of pteridines and folates. Blackwell Science, Berlin, pp 719–726

Brattström L, Tengborn L, Lagerstedt C, Israelsson B, Hultberg B (1991) Plasma homocysteine in venous thromboembolism. Haemostasis 21:51–57

Bremer HJ, Bührdel P, Burgard P et al. (1997) Therapie von Patienten mit Phenylketonurie. Empfehlung der Arbeitsgemeinschaft für pädiatrische Stoffwechselkrankheiten (APS). Monatsschr Kinderheilkd 9:961–962

Brismar J, Aqeel A, Brismar G, Coates R, Gascon G, Ozand P (1990) Maple syrup urine disease: findings on CT und MR scans of the brain in 10 infants. AJNR Am J Neuroradiol 11:1219–1228

Burgard P, Bremer HJ, Bührdel P et al. (1999) Rational for the German recommendations for phenylalanine level control in phenylketonuria. Eur J Pediatr 158:46–54

Carson NAJ, Neill DW (1962) Metabolic abnormalities detected in a survey of mentally backward individuals in Northern Ireland. Arch Dis Child 37:505–513

Chuang DT, Shih VE (1995) Disorders of branched-chain amino and keto acid metabolism. In: Scriver CR, Beaudet AL, Sly WS, Valle D (eds) The metabolic and molecular bases of inherited disease, 7th edn. McGraw-Hill New York, pp 1239–1277

Chuang JL, Fisher CR, Cox RP, Chuang DT (1994) Molecular basis of maple syrup urine disease: novel mutations at the E_{1a} locus that impair E_1 ($a_2\beta_2$) assembly or decrease steady-state E_{1a} mRNA levels of branched-chain a-keto acid dehydrogenase complex. Am J Hum Genet 55:297–304

Chuang DT, Davie JR, Wynn RM, Chuang JL, Koyata H, Cox RP (1995a) Molecular basis of maple syrup urine disease and stable correction by retroviral gene transfer. J Nutr 125:1766S–1772S

Chuang JL, Davie JR, Chinsky JM, Wynn RM, Cox RP, Chuang DT (1995b) Molecular and biochemical basis of intermediate maple syrup urine disease. Occurence of homozygous G245R and F364C mutations at the E_{1a} locus of Hispanic-Mexican patients. J Clin Invest 95:954–963

Dancis J, Hutzler J, Snyderman SE (1972) Enzyme activity in classical and variant maple syrup urine disease. J Pediatr 31:312–320

Dhondt JL (1991) Register of tetrahydrobiopterin deficiencies. Milupa, Bagnobt

Diamond A (1994) Phenylalanine levels of 6–10 mg/dl may not be as benign as one thought. Acta Paediatr Suppl 407:89–91

Dodd PR, Williams SH, Gundlach AL, Harper PA, Healy PJ, Dennis JA, Johnston GA (1992) Glutamate and γ-aminobutyric acid neurotransmitter systems in the acute phase of maple syrup urine disease and citrullinemia encephalopathies in newborn calves. J Neurochem 59:582–590

Dudman NPB, Wilcken DEL, Wang J, Lynch JF, Macey D, Lundberg, P (1993) Disordered methionine/homocysteine metabolism in premature vascular disease. Arterioscler Thromb Vasc Biol 13:1253–1260

Eisensmith RC, Woo SLC (1994) Gene therapy for phenylketonuria. Acta Paediatr Suppl 407:124–129

Engbersen AMT, Franken DG, Boers GHJ, Stevens MB (1995) Thermolabile 5,10-methylene tetrahydrofolate reductase as a cause of mild hyperhomocysteinemia. Am J Hum Genet 56:142–150

Fisher CW, Fisher CR, Chuang JL, Lau KS, Chuang DT, Cox RP (1993) Occurrence of a 2-bp (AT) deletion allele and a nonsense (G-to-T) mutant allele at the E2 (DBT) locus of six patients with maple syrup urine disease: multiple-exon skipping as a secondary effect of the mutations. Am J Hum Genet 52:414–424

Flott-Rahmel B, Schürmann M, Schluff P, Fingerhut R, Mußhoff, U, Fowler B, Ullrich K (1998) Homocysteic and homocysteinsulfinic acid exhibit excitotoxicity in organotypic cultures from rat brain. Eur J Pediatr 157:S112–S117

Fölling A (1971) The original detection of phenylketonuria. In: Bickel H, Hudson FP, Woolf LE (eds) Phenylketonuria and some other inborn errors of amino acid metabolism, Thieme, Stuttgart New York, pp 1–3

Fowler B (1997) Disorders of homocysteine metabolism. J Inherit Metab Dis 20:270–285

Fowler B, Suormala T, Gunther M, Till J, Wraith JE (1997) A new patient with functional methionine synthase deficiency: evidence for a third complementation class. J Inherit Metab Dis [Suppl 1] 20:21

Goyette P, Sumner JS, Milos R, Duncan AMV, Rosenblatt DS, Mathews RG, Rozen R (1994) Human methylentetrahydrofolate reductase: isolation of cDNA, mapping and mutation analysis. Nat Genet 7:195–200

Goyette P, Frosst P, Rosenblatt DS, Rozen R (1995) Seven novel mutations in the methylene tetrahydrofolate reductase gene and genotype/phenotype correlations in severe methylene tetrahydrofolate reductase deficiency. Am J Hum Genet 56:1052–1059

Grünewald S, Hinrich F, Wendel U (1998) Pregnancy in a woman with maple syrup urine disease. J Inherit Metab Dis 21:89–94

Guldberg P, Rey F, Zschocke J et al. (1998) European multicenter study of phenylalanine hydroxylase deficiency: classification of 104 mutations and a general system for genotype-based prediction of metabolic phenotype. Am J Hum Genet 63:71–79

Güttler F, Azen C, Guldberg P et al. (1999) Relationship between genotype, biochemical phenotype, and cognitive performance in the maternal phenylketonuria collaborative study. Pediatrics, im Druck

Harms E, Grüters A, Jorch G et al. (1997) Richtlinien zur Organisation und Durchführung des Neugeborenenscreenings auf angeborene Stoffwechselstörungen und Endokrinopathien in Deutschland. Monatsschr Kinderheilkd 7:770-772

Harper P, Dennis JA, Healy PJ, Brown GK (1989) Maple syrup urine disease in calves: a clinical, pathological and biochemical study. Aust Vet J 66:46-49

Healy PJ, Dennis JA (1994) Molecular heterogeneity for bovine maple syrup urine disease. Anim Genet 15:329-332

Heindel W, Kugel H, Wendel U, Roth B, Benz-Bohm G (1995) Proton magnetic resonance spectroscopy reflects metabolic decompensation in maple syrup urine disease. Pediatr Radiol 25:296-299

Hilliges Ch, Awiszus D, Wendel U (1993) Intellectual performance of children with maple syrup urine disease. Eur J Pediatr 952:144-147

Hommes FA (1994) Loss of neurotransmitter receptors by hyperphenylalaninemia in the HPA-5 mouse brain. Acta Paediatr Suppl 407:120-121

Jouvet P, Poggi F, Rabier D et al. (1997) Continuous venovenous haemodiafiltration in the acute phase of neonatal maple syrup urine disease. J Inherit Metab Dis 20:463-472

Kang SS, Wong PWK, Susmano A, Sora J, Norusis M, Ruggie N (1991) Thermolabile methylentetrahydrofolate reductase: an inherited risk factor for coronary artery disease. Am J Hum Genet 48:536-545

Kaplan P, Mazur A, Field M et al. (1991) Intellectual outcome in children with maple syrup urine disease. J Pediatr 119:46-50

Kery, V, Bukovska G, Kraus JP (1994) Transsulfuration depends on heme in addition to pyridoxal 5'-phosphate – cystathionine β-synthase is a heme protein. J Biol Chem 269:25.283-25.288

Kluijtmans LAJ, Van den Heuvel LPWJ, Boers GHJ et al. (1996) Molecular genetic analysis in mild hyperhomocysteinemia: a common mutation in the methylentetrahydrofolate reductase gene is a genetic risk factor for cardiovascular disease. Am J Hum Genet 58:35-41

Koch R, Levy HL, Matalon R et al. (1994) The international collaborative study of maternal phenylketonuria: status report 1994. Acta Paediatr Suppl 407:111-119

Korein J, Sansaricq C, Kalmijn M, Honig J, Lange B (1994) Maple syrup urine disease: clinical, EEG, and plasma amino acid correlations with a theoretical mechanism of acute neurotoxicity. Int J Neurosci 79:21-45

Kraus JP (1994) Molecular basis of phenotype expression in homocystinuria. J Inherit Metab Dis 17:383-390

Langenbeck U (1984) Pathobiochemical and pathophysiologic analysis of the MSUD phenotype. In: Adibi SA, Fekl W, Langenbeck U, Schauder P (eds) Branched-chain amino and keto acids in health and disease. Karger, Basel, pp 315-334

Levin ML, Scheimann A, Lewis RA et al. (1993) Cerebral edema in maple syrup urine disease. J Pediatr 122:167-168

Malinow MR (1994) Homocyst(e)ine and arterial occlusive disease. J Intern Med 236:603-617

Menkes JH, Hurst PL, Craig JM (1954) A new syndrome: progressive familial infantile dysfunction with an unusual urinary substance. Pediatrics 14:462-466

Möller HE, Weglage J, Wiedermann D, Ullrich K (1998) Blood-brain barrier Phe transport and individual vulnerability in phenylketonuria. J Cereb Flow Metab 18:1084-1091

Mudd SH, Skovby F, Levy HL et al. (1985) The natural history of homocystinuria due to cystathionin β-synthase deficiency. Am J Hum Genet 37:1-31

Mudd SH, Levy HL, Skovby F (1995) Disorders of transsulfuration. In: Scriver CR, Beaudet AL, Sly WS, Valle D (eds) The metabolic and molecular bases of inherited disease, 7th edn. McGraw-Hill, New York, pp 1279-1327

Mueller GM, McKenzie LR, Homanics GE, Watkins SC, Robbins PD, Paul HS (1995) Complementation of defective leucine decarboxylation in fibroblasts from a maple syrup urine disease patient by retrovirus-mediated gene transfer. Gene Ther 2:461-468

Nobukuni Y, Mitsubuchi H, Hayashida Y et al. (1993) Heterogeneity of mutations in maple syrup urine disease (MSUD): screening and identification of affected $E_{1\alpha}$ and $E_{1\beta}$ subunits of the branched-chain α-keto-acid dehydrogenase multienzyme complex. Biochim Biophys Acta 1225:64-70

Ogier H, Wendel U, Saudubray JM (1995) Branched-chain organic acidurias. In: Fernandes J, Saudubray JM, Van den Berghe G (eds) Inborn metabolic diseases. Springer, Berlin Heidelberg New York, pp 207-221

Okano Y, Eisensmith RC, Güttler F et al. (1991) Molecular basis of phenotypic heterogeneity in phenylketonuria. N Engl J Med 324:1232-1238

Paans AMJ, Prium J, Smit GPA, Visser G, Willemsen ATM, Ullrich K (1996) Neurotransmitter positron emission tomography studies in adults with phenylketonuria, a pilot study. Eur J Pediatr [Suppl 1] 155:78-81

Pitt DB, Danks DM (1991) The natural history of untreated phenylketonuria over 20 years. Paediatr Child Health 27:189-190

Prensky AL, Moser HW (1966) Brain lipids, proteolipids and free amino acids in maple syrup disease. J Neurochem 13:863-874

Rouse B, Azen C, Koch R et al. (1997) Maternal phenylketonuria collaborative study (MPKUCS): offspring facial anomalies, malformations and early neurological sequelae. Am J Med Genet 69:89-95

Schadewaldt P, Beck K, Wendel U (1989) Analysis of maple syrup urine disease in cell culture: use of substrates. Clin Chim Acta 184:47-56

Scriver CH, Kaufmann S, Eisensmith RC, Woo SLC (1995) The hyperphenylalaninemias. In: Scriver CH, Beaudet AL, Sly WS, Valle D (eds) The metabolic basis of inherited disease. McGraw-Hill, New York, pp 1015-1075

Silberberg DH (1969) Maple syrup urine disease metabolites studied in cerebellum cultures. J Neurochem 16:1141-1146

Smith I, Brenton DP (1994) Hyperphenylalaninemias. In: Fernandes J, Saudubray JM, Van den Berghe G (eds) Inborn metabolic diseases. Springer, Berlin Heidelberg New York, pp 147-160

Smith I, Beasly, MG, Ades AE (1990) Intelligence and quality of dietary treatment in phenylketonuria. Arch Dis Child 65:472-478

Snyderman SE (1988) Treatment outcome of maple syrup urine disease. Acta Paediatr Jpn 30:417-424

Steele RD (1986) Blood brain barrier transport of the α-keto acid analogous of amino acids. Fed Proc 45:2060-2064

Thöny B, Blau N (1997) Mutations in the GTP-cyclohydrolase I and 6-pyruvoyl-tetrahydrobiopterin synthase genes. Int Mut 10:11-20

Thöny B, Leimbacher W, Stuhlmann H, Heizmann CW, Blau N (1996) Retrovirus-mediated gene transfer of 6-pyruvoyl-tetrahydrobiopterin deficiency in fibroblasts from hyperphenylalaninemic patients. Hum Gene Ther 7:1587–1593

Treacy E, Clow CL, Reade TR, Chitayat D, Mamer OA, Scriver CR (1992) Maple syrup urine disease: interrelations between branched-chain amino-, oxo- and hydroxyacids; implications for treatment; associations with CNS dysmyelination. J Inherit Metab Dis 15:121–135

Ueland PM, Refsum H, Brattström L (1992) Plasma homocysteine and cardiovascular disease. In: Francis RBF (ed) Atherosclerotic cardiovascular disease, hemostasis, and endothelial function. Dekker, New York, pp 183–236

Ullrich K, Möller H, Weglage J et al. (1994) White matter abnormalities in phenylketonuria: results of magnetic resonance measurements. Acta Paediatr Suppl 407:78–82

Van Calcar SC, Harding CO, Davidson SR (1994) Case reports of successful pregnancy in women with maple syrup urine disease and propionic acidemia. Am J Med Genet 44:641–646

Van der Put NMJ, Van der Molen EF, Kluijtmans LAJ et al. (1997) Sequence analysis of the coding region of human methonine synthase: relevance to hyperhomocysteinaemia in neural-tube defects and vascular disease. QJM 8:511–517

Watanabe M, Osada J, Aratani Y, Kluckman K, Reddick R, Malinow MR, Maeda N (1995) Mice deficient in cystathionine β-synthase: animal models for mild and severe homocyst(e)inemia. Proc Natl Acad Sci USA 92: 1585–1589

Weglage J, Ullrich K, Pietsch M, Fünders, B, Güttler F, Harms E (1997) Intellectual, neurologic, and neuropsychologic outcome in untreated subjects with nonphenylketonuria hyperphenylalaninemia. Pediatr Res 42:378–384

Wendel U (1990) Disorders of branched-chain amino acid metabolism. In: Fernandes J, Saudubray JM, Tada K (eds) Inborn metabolic diseases. Springer, Berlin Heidelberg New York, pp 263–270

Wendel U, Saudubray JM, Bodner A, Schadewaldt P (1999) Liver transplantation in maple syrup urine disease. Eur J Pediatr [Suppl], im Druck

Wynn RM, Davie JR, Cox, RP, Chuang DT (1992) Chaperonins GroEl and GroES promote assembly of heterotetramers $(a_2\beta_2)$ of mammalian mitochondrial branched chain a-keto acid decarboxylase in *Escherichia coli*. J Biol Chem 267:12.400–12.403

Yannicelli S, Ryan A (1995) Improvements in behaviour and physical manifestations in previously untreated adults with phenylketonuria using a phenylalanine restricted diet: a national survey. J Inherit Metab Dis 18:1–4

Yudkoff M, Daikhin Y, Lin ZP, Nissim I, Stern J, Pleasure D, Nissim I (1994a) Interrelationships of leucine and glutamate metabolism in cultured astrocytes. J Neurochem 62:1192–1202

Yudkoff M, Daikhin Y, Nissm I, Pleasure D, Stern J, Nissim I (1994b) Inhibition of astrocyte glutamine production by a-ketoisocaproic acid. J Neurochem 63:1508–1515

Zhang B, Healy PJ, Zhao Y, Crabb DW, Harris RA (1990) Premature translation termination of the pre-$E_1 a$ subunit of the branched-chain a-ketoacid dehydrogenase as a cause of maple syrup urine disease in polled herford calves. J Biol Chem 265:2425–2427

2.2 Mukoviszidose (Zystische Fibrose, CF)

THILO DÖRK und MANFRED STUHRMANN

Inhaltsverzeichnis

2.2.1	Krankheitsbild der Mukoviszidose	173
2.2.2	Struktur und Expression des *CFTR*-Gens	174
2.2.3	Struktur und Funktion des CFTR-Proteins	176
2.2.4	Spektrum von Mutationen im *CFTR*-Gen	179
2.2.5	Physiologische Konsequenzen von *CFTR*-Mutationen	180
2.2.5.1	Expressionsstörungen	180
2.2.5.2	Reifungsstörungen	183
2.2.5.3	Regulationsstörungen	184
2.2.5.4	Leitfähigkeitsstörungen	184
2.2.6	Genotyp-Phänotyp-Beziehungen	185
2.2.7	Kongenitale Aplasie des Vas deferens	186
2.2.8	Tiermodelle für Mukoviszidose	187
2.2.9	Perspektiven der Therapie	188
2.2.10	Literatur	189

2.2.1 Krankheitsbild der Mukoviszidose

Mukoviszidose ist eine autosomal-rezessiv vererbte Funktionsstörung der exokrinen Körperdrüsen und zählt zu den häufigsten lebensbedrohlichen Erbkrankheiten des Menschen (Welsh et al. 1995). Mit einer Inzidenz von etwa 1:2500 Lebendgeborenen ist sie insbesondere in der weißen Bevölkerung Europas und Nordamerikas verbreitet, sie wird jedoch auch in arabischen und asiatischen Volksgruppen sowie auf dem afrikanischen Kontinent gesehen. Historische Quellen enthalten bereits frühe Hinweise auf das Vorkommen von Mukoviszidose in Mitteleuropa, doch die ersten vollständigen Beschreibungen des Krankheitsbilds sind erst seit etwa 60 Jahren bekannt (Fanconi et al. 1936; Andersen 1938). Die häufigen fibrotischen Veränderungen der Bauchspeicheldrüse prägten zunächst die Bezeichnung „cystic fibrosis of the pancreas", so daß im angelsächsischen Sprachraum der Name zystische Fibrose („cystic fibrosis", CF) als Synonym für Mukoviszidose sehr gebräuchlich ist. Wir wollen im folgenden in kurzer Form auf die Symptome und Ursachen der Erkrankung eingehen. Einige Passagen unseres vorliegenden Beitrags sind einer früheren Veröffentlichung entnommen und überarbeitet worden (Dörk u. Stuhrmann 1996). Auf eine umfassende und weiterführende Darstellung der Mukoviszidose und ihrer klinischen und molekularbiologischen Grundlagen sei an dieser Stelle ebenfalls verwiesen (Welsh et al. 1995).

Das Krankheitsbild der Mukoviszidose wird bereits im Kindesalter oder bei jugendlichen Erwachsenen durch die Infektionsanfälligkeit und chronische Obstruktion des Respirationstrakts dominiert (Koch u. Hoiby 1993; Ramsay 1996). Eine Störung der Salzkonzentration in der Lunge vermindert zunächst die Wirksamkeit körpereigener antibiotischer Peptide für die primäre Immunabwehr und begünstigt häufige Infektionen (Smith et al. 1996; Goldman et al. 1997). Die Sekretion eines dicken, zähflüssigen Mukus (daher der Name „Mukoviszidose") erleichtert dann die chronische Besiedlung der Lunge mit opportunistischen Erregern wie z.B. Staphylokokken und Pseudomonaden. Einige Bakterienstämme sind für Mukoviszidose möglicherweise deswegen besonders typisch, weil sie sich fest an die Epithelzellen anheften und schlechter von ihnen aufgenommen und entsorgt werden können (Pier et al. 1996). Insbesondere *Pseudomonas aeruginosa*, ein normalerweise kaum humanpathogenes gramnegatives Stäbchenbakterium, persistiert in Mikrokolonien innerhalb des Mukus und kapselt sich in einer Alginathülle nahezu unausrottbar ein. Die körpereigene Immunabwehr kann die Bakterien nicht hinreichend bekämpfen und trägt stattdessen selbst zur chronischen Entzündung und einer fortschreitenden Zerstörung der engen Atemwege bei. In den letzten Jahren hat sich mit *Burkholderia cepacia* ein weiterer, besonders aggressiver Problemkeim unter Mukoviszidosekranken verbreitet und neue therapeutische Herausforderungen geschaffen. Ausmaß und Progredienz der pulmonalen Erkrankung bestimmen derzeit wesentlich die Lebensqualität und -erwartung der Betroffenen.

Die früheste gastrointestinale Manifestation der Mukoviszidose ist ein Mekoniumileus, der auf einen Darmverschluß durch extrem zähen Stuhl zurückgeht und bei etwa 10% der Neugeborenen mit Mukoviszidose auftritt (Park u. Grand 1981). Später spielt die exokrine Pankreasinsuffizienz eine zentrale Rolle, die sich bei der großen Mehrheit der Erkrankten schon im frühen Kindesalter bemerkbar macht. Durch die Degeneration der Pankreasgänge wird die Sekretion von Verdauungsenzymen verhindert, und es kommt zur mangelhaften Nahrungsverwertung und erhöhten Ausscheidung nicht hydrolysierter Fette im Stuhl. Wachstums- und Gedeihstörungen können durch Enzymersatzgaben hinreichend gut behandelt werden, so daß oft eine altersgemäße körperliche Entwicklung erreicht wird. Im weiteren Verlauf führt die zunehmende Fibrose der Bauchspeicheldrüse allerdings nicht selten auch zum späteren Ausfall der endokrinen Pankreasfunktion und in der Folge zur Entwicklung eines Diabetes mellitus (Rosenecker et al. 1995). In milderen Fällen kann die Schädigung der Pankreasgänge eine symptomatische Pankreatitis hervorrufen.

Im Erwachsenenalter bildet eine zunehmende Degeneration der Gallengangepithelien eine Grundlage für fibrotische Leberschäden und die Entstehung von Gallensteinen (Nagel et al. 1989). Hepatobiliäre Manifestationen wie biliäre Zirrhose werden mit zunehmender Lebenserwartung zu einem häufigen und manchmal lebensbedrohlichen Problem (Tanner u. Taylor 1995). Daneben ist Mukoviszidose bei nahezu allen männlichen Patienten mit Infertilität aufgrund einer Verschlußazoospermie verbunden (Kaplan et al. 1968; Stern et al. 1982; Jarvi et al. 1995). Die „congenitale Aplasie des vas deferens", eine ein- oder beidseitige Obstruktion der Samenleiter, ist in den meisten Fällen eine geschlechtsspezifische Sonderform der Mukoviszidose, bei der neben der Infertilität keine weiteren Krankheitssymptome auftreten müssen (Anguiano et al. 1992; Dörk et al. 1997).

Eine wichtige diagnostische Bedeutung hat die Beobachtung erlangt, daß über den Schweiß von Personen mit Mukoviszidose ein vermehrter Salzverlust aufgrund einer mangelhaften Reabsorption in den Schweißdrüsengängen auftritt (di Sant'Agnese et al. 1953). Bereits im Mittelalter wurden Kinder als „verhext" bezeichnet, deren Stirn beim Küssen salzig schmeckte. Heute gehört eine auf mehr als 60 mmol/l erhöhte Konzentration von Natrium- und Chloridionen im iontophoretischen „Schweißtest" (Gibson u. Cooke 1959) zu den wichtigsten Diagnosemerkmalen für Mukoviszidose (Tabelle 2.2.1). Da eine generelle Störung des β-adrenerg vermittelten Ionentransports über exokrine Epithelien für Mukoviszidose verantwortlich ist (Quinton 1983), kann in unklaren Fällen die klinische Diagnosestellung durch Potentialdifferenzmessungen an der Nasenschleimhaut ergänzt werden (Knowles et al. 1981).

Tabelle 2.2.1. Diagnosekriterien der Mukoviszidose. Der Verdacht auf Mukoviszidose entsteht in den meisten Fällen aufgrund eines oder mehrerer der aufgeführten klinischen Symptome und wird dann im Regelfall durch einen pathologischen Schweißtest erhärtet. Ein Gentest durch Mutationsanalyse im *CFTR*-Gen kann letzte Sicherheit über die Diagnosestellung und die ursächlichen Genveränderungen geben

Kriterium	Beispiel
Typische Erkrankungen der Atemwege	z. B. Sinusitis, Polyposis nasi, chronische Infektionen, Pneumonien
Typische gastrointestinale Symptome	z. B. Mekoniumileus, Gedeihstörungen, Pankreasinsuffizienz
Hepatobiliäre Symptome	z. B. Cholestasis, biliäre Zirrhose
Obstruktive Azoospermie bei Männern	z. B. Aplasie der Samenleiter oder Samenbläschen
Mukoviszidose in naher Verwandschaft	–
Positiver Schweißtest	–
Pathologischer Gentest	–

2.2.2 Struktur und Expression des *CFTR*-Gens

Die Mukoviszidose folgt einem autosomal-rezessiven Erbgang, so daß Heterozygotie für jeweils ein funktionstüchtiges und ein Mukoviszidoseallel nicht zu klinisch auffälligen Symptomen führt. In Deutschland ist etwa jede 25. Person heterozygot für ein Mukoviszidoseallel. Ein Kind zweier Heterozygoter erbt mit einer Wahrscheinlichkeit von 25% je eine krankheitsauslösende Mutation von jedem der beiden Elternteile und ist dann von Mukoviszidose betroffen. Im Ausnahmefall ist eine der beiden Mukoviszidosemutationen de novo entstanden, dies dürfte jedoch nach vorsichtiger Schätzung bei höchstens 0,2% aller Mukoviszidosekranken der Fall sein.

Mit biochemischen Methoden konnte die physiologische Störung bei Mukoviszidose zunächst nicht hinreichend detailliert charakterisiert werden, um ein Kandidatenprotein für den Stoffwechseldefekt ausfindig zu machen. Statt dessen brachte die Methode des positionellen Klonierens (früher „reverse Genetik" genannt) den Durchbruch zur Identifizierung des ursächlichen Gens. Zunächst konnte das „Mukoviszidose-Gen" 1985 durch Familienanalysen mit einer Vielzahl genetischer Polymorphismen auf dem langen Arm von Chromosom 7 kartiert werden. Der kanadischen Arbeitsgruppe um Professor Lap-Chee Tsui am Hospital for Sick Children in Toronto gelang es dann, dieses Gen auf Chromosom 7q31 immer weiter einzugrenzen und schließlich zu klonieren (Rommens et al. 1989; Riordan et al. 1989). Das epithelspezifische Expressionsmuster seines Transkripts und v. a. die Identifizierung einer mit der Krankheit segregierenden Deletion von 3 bp, ΔF508 (Kerem et al. 1989), in den betroffenen Familien zeigten, daß es sich tatsächlich um das mit Mukoviszidose verbundene Gen handelte. In der heute etwas kompliziert wirkenden Benennung des Genprodukts als „cystic fibrosis transmembrane conductance regulator" (CFTR) spiegelt sich seine anfangs unbekannte Rolle bei der gestörten Ionenleitfähigkeit über epitheliale Membranen wider.

Das gesamte *CFTR*-Gen ist etwa 230 kb groß und enthält 27 kodierende Abschnitte (Exons), die 38–724 bp lang sind und von Intronabschnitten sehr unterschiedlicher Größe (etwa 1–40 kbp) unterbrochen werden (Zielenski et al. 1991). Ursprünglich waren 24 Exons identifiziert und mit den Bezeichnungen 1–24 versehen worden, jedoch sind die Exons 6, 14 und 17 nochmals durch Intronsequenzen unterteilt (Abb. 2.2.1).

Die Transkription des *CFTR*-Gens ist weitgehend auf Epithelzellen beschränkt und kann durch cAMP stimuliert werden (Riordan et al. 1989; Pittman et al. 1995; Matthews u. McKnight 1996). Hohe Mengen an *CFTR*-mRNA finden sich in Pankreas, Darm, Leber, Schweißdrüsen, Niere und Reproduktionsorganen (Riordan et al. 1989). In der Lunge, die auf so fatale Weise von der Erkrankung betroffen ist, wird CFTR nur in hochspezialisierten

Chromosom 7

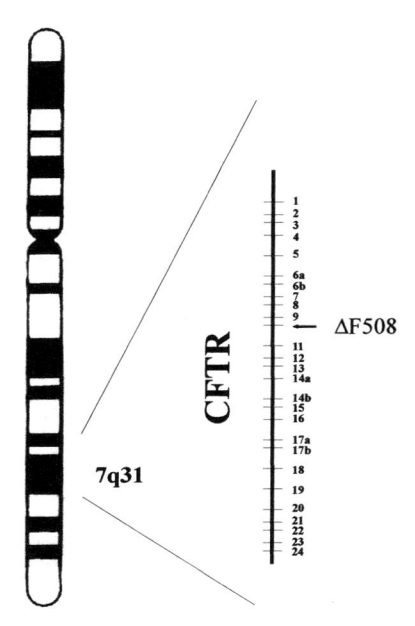

Abb. 2.2.1. Chromosomale Lokalisation und Struktur des *CFTR*-Gens. Bereits 1985 konnte durch Kopplungsanalysen das betroffene Gen auf dem langen Arm des *Chromosoms 7* (*7q31*) kartiert werden. Die Identifizierung des *CFTR*-Gens und die Entdeckung der häufigsten Mutation (*ΔF508*) im Exon 10 dieses Gens gelang 1989. Die insgesamt 27 Exons dieses Gens (*Striche*) werden von unterschiedlich großen Intronabschnitten unterbrochen

Zellverbänden gebildet. RNA-in-situ-Analysen zeigten im Einklang mit immunhistochemischen Untersuchungen eine hohe *CFTR*-Expression in den cilienfreien Zellen der engen Atemwege und v. a. in submukösen Drüsengängen der Bronchien (Engelhardt et al. 1992; Engelhardt et al. 1994). Die funktionelle *CFTR*-mRNA ist etwa 6,5 kb lang und kodiert für ein Protein von 1480 Aminosäuren (Riordan et al. 1989; GenBank M55.106–55.131). Die Funktion des etwa 1,5 kb langen 3′-untranslatierten Bereichs ist unbekannt. Durch alternatives Spleißen können zahlreiche weitere *CFTR*-mRNA-Transkripte abweichender Zusammensetzung gebildet werden. Die Verluste der Exons 9 oder 12 unter Erhalt des Leserasters werden in nahezu allen exprimierenden Geweben mit einer proportionalen Häufigkeit von etwa 10–30% der Transkripte beobachtet. Gewebsspezifisches Spleißen findet in der menschlichen Niere statt; in einem ungewöhnlichen Spleißvorgang erzeugt die renale Medulla ein auf die Hälfte verkürztes und nur partiell funktionsfähiges Genprodukt (Morales et al. 1996). Darüber hinaus sind mehr als 10 weitere untergeordnete Spleißprodukte durch den unterschiedlichen Gebrauch von Exons bekannt, doch konnte keiner dieser Isoformen bisher eine physiologische Funktion zugeordnet werden, und das alternative Spleißmuster ist in anderen Spezies nicht konserviert (Delaney et al. 1993; Strong et al. 1993).

2.2.3 Struktur und Funktion des CFTR-Proteins

Die abgeleitete Aminosäuresequenz des Genprodukts weist CFTR als Mitglied einer Familie von Transportproteinen aus, die als „ATP binding cassette (ABC)"-Transporter zusammengefaßt werden (Riordan et al. 1989; Higgins 1992). Die ABC-Proteine nehmen bei Pro- und Eukaryoten meist Funktionen beim Transport essentieller Substrate wahr. Schon bei *Escherichia coli* sind 80 verschiedene ABC-Transportproteine bekannt, und die für ABC-Proteine charakteristische konservierte Nukleotidbindungssequenz ist das häufigste Sequenzmotiv im *E.-coli*-Genom (Blattner et al. 1997). Die Bäckerhefe *Saccharomyces cerevisiae*, ein weiterer Modellorganismus, verfügt über mindestens 29 verschiedene *ABC*-Transportergene (Decottignies u. Goffeau 1997). In den letzten Jahren sind auch beim Menschen mehr als 30 verschiedene ABC-

Tabelle 2.2.2. Mutationen im ABC-Motiv bei familiären Erkrankungen. Das für ABC-Transportproteine typische Sequenzmotiv ist ein Ort häufiger Mutationen bei menschlichen Erbkrankheiten. Kursiv bezeichnet sind hier Mutationen bei Mukoviszidose (Positionen Ser549, Gly550, Gly551, Arg553, Ile556, Leu558, Ala559, Arg560, Gly1349 und Lys1351 des CFTR-Proteins) im Vergleich zu Mutationen bei der Adrenoleukodystrophie (Positionen Ser606, Glu609 und Arg619 des ALD-Proteins) sowie bei der kürzlich geklärten Stargardt-Makuladystrophie (Positionen Ala1072 und Arg2039 des ABCR-Proteins). Zusammengestellt nach Allikmets et al. 1997, Dodd et al. 1997 und der Cystic Fibrosis Mutation Database (http://genet.sickkids.on.ca)

Erkrankung	Protein	ABC-Sequenz
Mukoviszidose		$\quad\quad\quad R\quad\quad\quad S$
		$\quad\quad I\;\;G\quad\quad K$
		$\;NRD\;\;Q\quad VSTT$
	CFTR (N)	548-L*SGGQRARISLAR*-560
		$\quad\quad\quad D\;E$
	CFTR (C)	1346-L*SHGH*KQLMCLA*R*-1358
Adrenoleuko-		$\quad\quad\quad\quad\quad G$
dystrophie		$\quad\quad P\;\;G\quad\;C$
		$\quad\quad L\;\;K\quad\;H$
	ALDP	605-L*SGGEKQRIGMAR*-617
Stargardt-		$\quad\quad\quad\quad\quad\quad\quad A$
Erkrankung	ABCR (N)	1062-L*SGGMQRKLSVAI*-1074
		$\quad\quad\quad\quad W$
	ABCR (C)	2033-Y*SGGNK*RKLSTAI-2045

Phosphattransporter   **Ribosetransporter**   **Eisen(III)-transporter**

E. coli

TAP1 / TAP2   **P- Glykoprotein**   **CFTR**

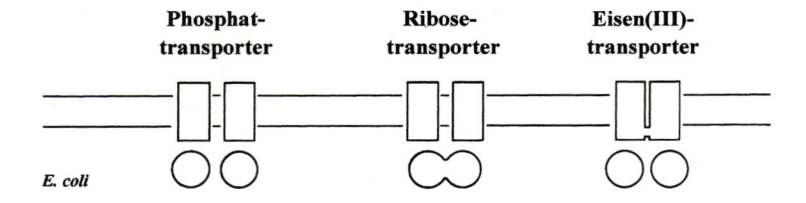

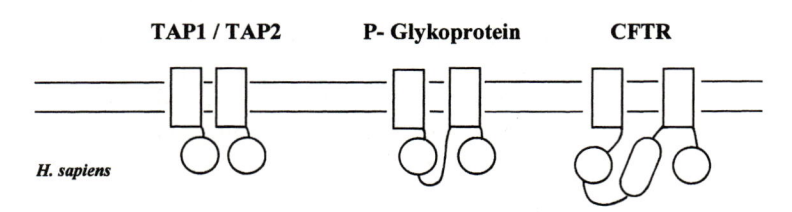

H. sapiens

Abb. 2.2.2. Beispiele für die Familie der ABC-(ATP-binding cassette)-Transporterproteine bei dem Bakterium *Escherichia coli* (*oben*) und beim Menschen (*unten*). *Rechteckig* hydrophobe Transmembrandomänen, *kugelförmig* hydrophile Bindungsdomänen für Nukleosidtriphosphate, *oval* ausschließlich beim CFTR-Protein vorkommende regulatorische Domäne. Bei *Escherichia coli* liegen die verschiedenen Domänen oft als getrennte Proteine vor und assoziieren erst später zum funktionellen Komplex, während beim Menschen Transmembrandomänen und Nukleotidbindungsdomänen häufiger auf einer einzigen Peptidkette liegen. Modifiziert nach Higgins 1995

Transportproteine identifiziert worden, die oft große klinische Bedeutung erlangt haben: Nach der Mukoviszidose sind weitere Erbkrankheiten wie Adrenoleukodystrophie, HLA-I-Mangel, Hypoglykämie mit Hyperinsulinsekretion sowie die Stargardt-Erkrankung auf Funktionsausfälle in *ABC*-Transportergenen zurückgeführt worden (De La Salle et al. 1994; Thomas et al. 1995; Allikmets et al. 1996, 1997). Andererseits kann eine Überfunktion von ABC-Proteinen der P-Glykoproteinfamilie die Zytostatikaresistenz fortgeschrittener Krebszellen vermitteln (Gottesman u. Pastan 1993). Gemeinsam ist allen Mitgliedern der ABC-Proteinfamilie ihr Aufbau aus 2 strukturell und funktionell verschiedenen Modulen (Abb. 2.2.2): Hydrophobe Transmembrandomänen (TMD) mit zumeist 6 membranspannenden Helices bilden einen Kanal durch die Zellmembran, und hydrophile Bindungsdomänen für Nukleosidtriphosphate (NBD) sorgen vermutlich für die Energiebereitstellung zum Substrattransport. Transmembran- oder Nukleotidbindungsdomänen können bei Bakterien auch als getrennte Proteine vorliegen, die erst später zum funktionellen Komplex assoziieren (Abb. 2.2.2). Bei den eukaryotischen ABC-Proteinen liegen allerdings TMD und NBD meistens auf einer gemeinsamen Peptidkette vor, wobei die NBD oft der TMD karboxyterminal folgt. Darüber hinaus sind bei vielen der eukaryotischen ABC-Proteine 2 dieser TMD-NBD-Module noch tandemartig fusioniert, so daß bereits das monomere Protein 2 Transmembran- und 2 Nukleotidbindungsdomänen aufweist. Die Nukleotidbindungsdomänen sind das verbindende Erkennungsmerkmal für alle ABC-Transporter. Sie weisen zwischen den für alle ATPasen typischen „Walker-A"- und „Walker-B"-Motiven eine weitere charakteristische aus etwa 13 Aminosäuren bestehende Sequenz auf, die im folgenden als „ABC-Motiv" bezeichnet wird (Higgins 1992). Der Brite John Walker, der für seine Studien der ATPasen kürzlich den Nobelpreis für Chemie erhielt, hatte frühzeitig erkannt, daß die „Walker-A"- und „Walker-B"-Sequenzen an der Bindung und Hydrolyse von ATP beteiligt sind, und die Kristallstruktur einer Modell-ATPase aufgeklärt. Demgegenüber ist die Funktion des spezifischeren „ABC-Motivs", das für die Unterfamilie der ABC-Transportproteine so charakteristisch ist, noch weitgehend unbekannt. Mutationen in den Walker-Bereichen oder im ABC-Motiv führen in vitro zu Funktionsausfällen bakterieller und eukaryotischer ABC-Transporter und bilden eine häufige Ursache für die mit dieser Proteinfamilie verbundenen Erkrankungen (Tabelle 2.2.2).

Als der größte bisher bekannte Vertreter der ABC-Familie unterliegt das CFTR-Protein vermutlich einer besonders komplexen Regulation (Welsh et al. 1992). Denn zusätzlich zu den beiden Transmembran- und den beiden Nukleotidbindungsdomänen enthält CFTR als besonderes Merkmal einen großen zentralen Proteinbereich mit multiplen Phosphorylierungsstellen, der als regulatorische Domäne (R-Domäne) bezeichnet wird; diese Domäne wird fast ausschließlich von dem 724 bp großen Exon 13 kodiert (Riordan et al. 1989). Biochemische Feinanalysen zeigen, daß die R-Domäne aus einem konservierten und strukturell definierten aminoterminalen Bereich mit inhibitorischer Funktion und einem wenig konservierten karboxyterminalen Bereich mit multiplen Phosphorylierungsstellen aufgebaut ist (Rich et al. 1991; Cheng et al. 1991). Die bei Mukoviszidose bekannten Aminosäuresubstitutionen der R-Domäne sind fast ausschließlich in der aminoterminalen Hälfte lokalisiert.

Das Hydrophobizitätsprofil der CFTR-Aminosäuresequenz ließ für die beiden Transmembranregionen des CFTR-Proteins jeweils 6 membranspannende Helices und für seine beiden Nukleotidbindungsdomänen und die R-Domäne jeweils eine zytosolische Orientierung vermuten (Abb. 2.2.3; Riordan et al. 1989). Diese Topologie konnte später durch Glykosylierungsanalysen nach zielgerichteter Mutagenese in vitro bestätigt werden (Chang et al. 1994). Für mehrere Transmembranbereiche ist zudem eine α-helikale Sekundärstruktur nachgewiesen worden (McDonough et al. 1994). Das ursprünglich vorgeschlagene Proteinmodell ist daher eine bis heute kaum veränderte Grundlage zahlreicher Interpretationen und Funktionsanalysen geworden.

Im Western-Blot ist das CFTR-Protein bei Säugern, Vögeln, Amphibien und Fischen als ein etwa 140000–170000 Dalton großes, N-glykosyliertes Protein nachweisbar (Gregory et al. 1990; Riordan 1993). Mit immunhistochemischen Methoden in verschiedenen Geweben und Zellinien wurde das native Protein vorwiegend in der apikalen Membran vollständig differenzierter Epithelzellen lokalisiert. Die anfangs strittige Funktion des CFTR-Proteins als regulierter Anionenkanal ist heute umfangreich belegt; seine Überexpression in verschiedenen heterologen Systemen sowie seine zellfreie Rekonstitution in Phospholipidvesikeln führten stets zum Auftreten eines durch cAMP stimulierbaren Chloridionentransports mit einer Leitfähigkeit von etwa 6–10 pS (Anderson et al. 1991b; Berger et al. 1991; Drumm et al. 1991; Kartner et al. 1991; Bear

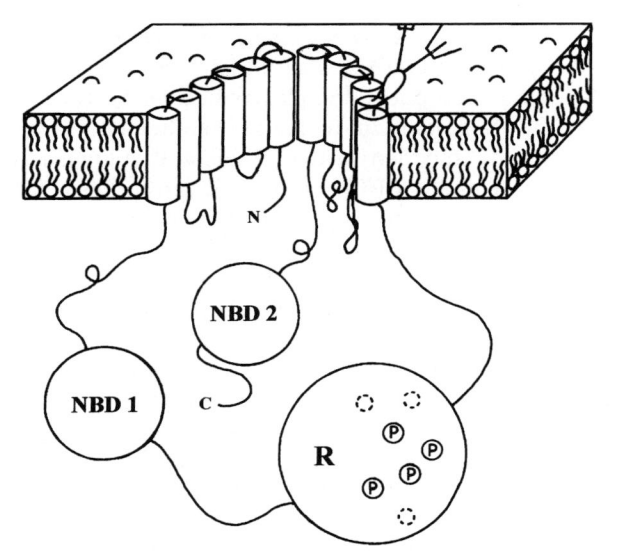

Abb. 2.2.3. Modell des CFTR-Proteins. Es setzt sich aus 2 Transmembrandomänen (*TMD1*, *TMD2*), bestehend aus jeweils 6 membranspannenden Helices, aus 2 Nukleotidbindungsdomänen (*NBD1*, *NBD2*) und aus einer regulatorischen Domäne (*R*) zusammen, *P* Phosphorylierungsstellen, *N* aminoterminales, *C* karboxyterminales Ende des CFTR-Proteins. Einige im Text erwähnte Aminosäuremutationen liegen in der *TMD1* (R117H), in der *NBD1* (ΔF508, G551D, R553Q) und in der *NBD2* (N1303K). Abgewandelt nach Riordan et al. 1989 und Tsui 1991

et al. 1992). Möglicherweise können weitere niedermolekulare Substrate, darunter Bikarbonat und Wasser, ebenfalls in einer durch cAMP regulierten Weise transportiert werden. Die durch eine verringerte CFTR-Funktion bedingte Fehlregulation des Salz- und Flüssigkeitstransports über die Epithelmembran wird als die primäre Ursache der Mukoviszidose angesehen (Jiang et al. 1993; Smith et al. 1994). Daneben wurden zusätzliche Einflüsse von CFTR bei der Regulation des pH-Werts intrazellulärer Organellen, der Sialylierung und Sulfatierung von Muzinen, der Endo- und Exozytose, des ATP-Transports sowie bei der Regulation weiterer Ionenkanäle, darunter eines amiloridsensitiven epithelialen Natriumkanals (Stutts et al. 1995), berichtet. Der relative Beitrag dieser Sekundärphänomene für die Pathophysiologie der Erkrankung ist noch weitgehend unklar (Wine 1995).

Bei den meisten Studien zur funktionellen Charakterisierung des CFTR-Proteins und der Bedeutung seiner einzelnen Domänen wird die Chloridleitfähigkeit als Meßgröße verwendet. Experimentelle Ergebnisse nach gezielter Mutagenese in der aminoterminalen Transmembrandomäne lassen CFTR als eine Membranpore erscheinen, die nach ihrer streng regulierten Öffnung von mehreren Chloridionen gleichzeitig in Richtung des elektrochemischen Gradienten passiert werden kann (Tabcharani et al. 1993). In vielen Geweben führt dies zu einer Nettosekretion von Natriumchlorid und Wasser aus dem Epithelverband in das Lumen. In den ausführenden Gängen der Schweißdrüsen allerdings absorbiert das Drüsenepithel über den CFTR-Kanal überschüssiges Chlorid, um den körpereigenen Salzhaushalt aufrechtzuerhalten. Die Störung dieser Rückresorption bei Muko-

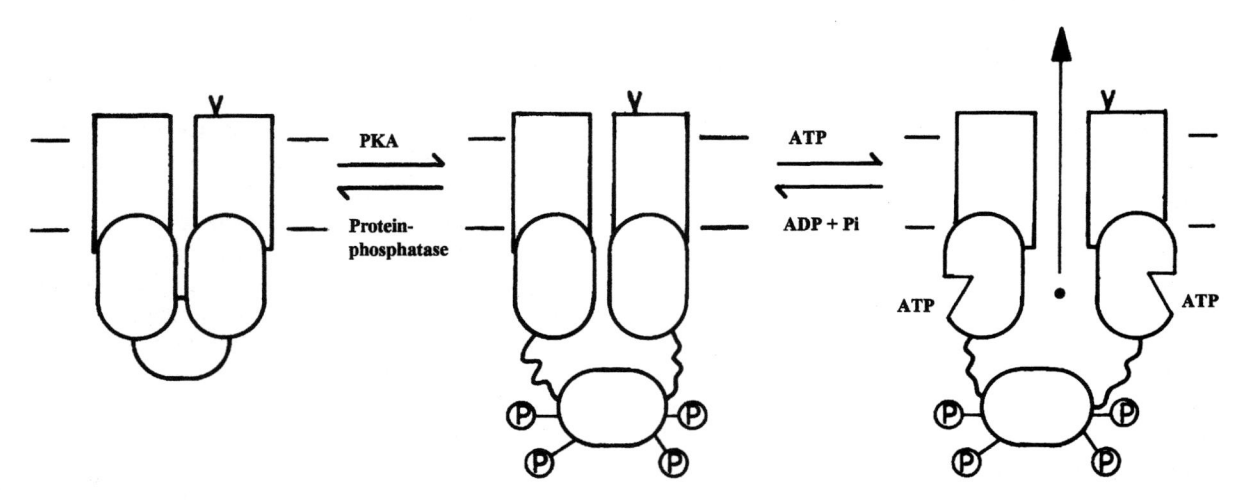

Abb. 2.2.4. Ein stark vereinfachtes Modell zur Regulation des CFTR-Proteins. *Links* geschlossener Chloridkanal, *Mitte* Phosphorylierung der regulatorischen Domäne durch die cAMP-abhängige Proteinkinase (*PKA*), *rechts* kontrollierte Öffnung des phosphorylierten Chloridkanals unter Bindung von ATP an den Nukleotidbindungsstellen. Mehrere Chloridionen können gleichzeitig die Transmembranregion des CFTR-Proteins in Richtung des elektrochemischen Gradienten passieren. Verändert nach Collins 1992

viszidose äußert sich in der beim Schweißtest typischerweise erhöhten Chloridionenkonzentration. Die Stimulation der Ionenleitfähigkeit von CFTR wird durch Phosphorylierungen der regulatorischen Domäne (R-Domäne) vorbereitet, die den Ionenkanal im Ruhezustand verschlossen hält (Welsh et al. 1992). Die R-Domäne wird durch Proteinkinase C an einigen Stellen konstitutiv phosphoryliert (Jia et al. 1997). Der Ionenkanal wird dann – nach einem hormonellen Rezeptorstimulus über den cAMP-Signaltransduktionsweg – durch eine Phosphorylierung weiterer Serine der regulatorischen Domäne von der cAMP-abhängigen Proteinkinase A (PKA) aktiviert (Cheng et al. 1991; Picchiotto et al. 1992). Letztlich scheint die R-Domäne jedoch nur wie eine „Schlüsselsicherung" zu funktionieren: Ihre Phosphorylierung ist zwar für die Freigabe notwendig, aber für eine Öffnung des Ionenkanals noch nicht hinreichend. Erst in einem separaten Zusatzmechanismus durch die Bindung von ATP über die Nukleotidbindungsdomänen, NBD1 und NBD2, kann die vollständig phosphorylierte Form von CFTR geöffnet werden (Abb. 2.2.4; Anderson u. Welsh 1992). Offenbar erfolgt diese Öffnung unter Hydrolyse von ATP an der NBD1 (Ko u. Pedersen 1995; Li et al. 1996). Vermutlich bewirken sukzessive ATP-Bindungs- und ggf. Hydrolyseschritte zunächst über NBD1 eine aktivierende Konformationsänderung des phosphorylierten CFTR und steuern dann über NBD2 die Öffnungsdauer des Ionenkanals (Carson et al. 1995; Gunderson u. Kopito 1995; Wilkinson et al. 1996). Genetische Analysen haben frühzeitig gezeigt, daß die beiden Nukleotidbindungsdomänen funktionell nicht redundant sind, denn bei Mukoviszidose genügt bereits eine einzelne Mutation in nur einer NBD zur krankheitsverursachenden Störung der CFTR-Regulation.

2.2.4 Spektrum von Mutationen im *CFTR*-Gen

Schon kurz nach der Identifizierung des *CFTR*-Gens begannen international koordinierte Studien zur Aufklärung der für Mukoviszidose ursächlichen Mutationen (Tsui 1991; The Cystic Fibrosis Genetic Analysis Consortium 1994). Inzwischen sind über 800 natürlich vorkommende *CFTR*-Mutationen bekannt, deren relative Häufigkeiten in den jeweils untersuchten Bevölkerungsgruppen variieren. Eine Zusammenstellung ist im Internet unter der Adresse http://www.genet.sickkids.on.ca zu finden. Die bei weitem dominierende Mutation in eurokaukasischen Völkern ist eine Deletion von 3 bp im Exon 10 des *CFTR*-Gens; diese führt zum Verlust der Aminosäure Phenylalanin an Position 508 der Proteinsequenz und wird deswegen als ΔF508 bezeichnet (Kerem et al. 1989). Weltweit ist ΔF508 auf fast 70% aller untersuchten CF-Chromosomen gefunden worden, allerdings ist ihre Prävalenz in Nord- und Zentraleuropa deutlich höher als im Mittelmeerraum (The Cystic Fibrosis Genetic Analysis Consortium 1994). Bei manchen alten eurokaukasischen Völkern, wie den Basken oder den Pakistani von Baluchistan, wird ΔF508 in erhöhter Frequenz gefunden. Aufgrund ausführlicher genetischer Analysen zur Verbreitung der Mutation ΔF508 und der mit ihr assoziierten Mikrosatellitenpolymorphismen in verschiedenen europäischen Ländern wird vermutet, daß ΔF508 als vermutlich älteste bekannte *CFTR*-Mutation noch zu Lebzeiten der Neandertaler, vor über 50 000 Jahren, in einer europäischen Urbevölkerung entstanden ist (Morral et al. 1994a). Tatsächlich ist die weite Verbreitung der Mukoviszidose in Europa und Nordamerika auf nur wenige Mutationen, insbesondere ΔF508, zurückzuführen. Ein physiologischer Heterozygotenvorteil könnte die hohe Frequenz der Mukoviszidose in Europa begünstigt haben. Eine viel diskutierte, aber unbewiesene Hypothese erklärt diesen Vorteil mit einem geringeren Flüssigkeitsverlust von Heterozygoten bei früheren Diarrhöepidemien (Gabriel et al. 1994; Quinton 1994) oder mit einer reduzierten Anfälligkeit gegen Typhuserreger (Pier et al. 1998), jedoch könnten auch Sequenzen außerhalb des *CFTR*-Gens durch einen „Trittbrettfahrer"-Effekt einen solchen Heterozygotenvorteil vermittelt haben (Macek et al. 1997).

Zahlreiche andere *CFTR*-Mutationen haben v. a. lokale Bedeutung mit einer hohen Frequenz in einzelnen Bevölkerungsgruppen. So sind z. B. die Stoppmutation W1282X bei Ashkenazi-Juden, die Deletion 394delTT bei den nordischen Völkern, die Insertion 3905insT in der Schweiz, die Aminosäuresubstitution S549R bei Beduinen oder die Spleißmutation 3120+1G$\rightarrow$A auf dem afrikanischen Kontinent besonders häufig (The Cystic Fibrosis Genetic Analysis Consortium 1994). Überproportional hohe Frequenzen relativ weniger Mutationen, die auf „Gründereffekte" zurückgeführt werden, erlauben in manchen Regionen eine fast vollständige genetische Diagnose der dort von Mukoviszidose Betroffenen. In Deutschland ist das Spektrum der *CFTR*-Mutationen jedoch sehr umfangreich und heterogen (Dörk et al. 1994). Neben

Tabelle 2.2.3. Häufige *CFTR*-Mutationen in der deutschen Bevölkerung bei Mukoviszidose und isolierter kongenitaler Aplasie des Vas deferens. ΔF508 ist die in Deutschland weit dominierende Mutation bei Mukoviszidose. Daneben sind die Mutationen R117H und das 5T-Allel insbesondere für CAVD-Patienten typisch (zusammengestellt nach Dörk et al. 1994, 1997). Die Nomenklatur der Mutationen folgt den Empfehlungen von Beaudet u. Tsui (1993)

Mutation	Genabschnitt	Mutationstyp	Allelfrequenz [%]
Mukoviszidose			
ΔF508	Exon 10	Aminosäuredeletion	72,1
N1303K	Exon 21	Aminosäuresubstitution	2,1
R553X	Exon 11	Stoppmutation	2,1
R347P	Exon 7	Aminosäuresubstitution	1,6
G542X	Exon 11	Stoppmutation	1,4
G551D	Exon 11	Aminosäuresubstitution	1,1
Kongenitale Aplasie des Vas deferens			
ΔF508	Exon 10	Aminosäuredeletion	27,1
5T-Allel	Intron 8	Spleißvariante	12,3
R117H	Exon 4	Aminosäuresubstitution	11,3
2789+5G→A	Intron 14b	Spleißmutation	1,9
R347H	Exon 7	Aminosäuresubstitution	1,4
D1152H	Exon 18	Aminosäuresubstitution	1,4

der auf etwa 72% aller CF-Chromosomen vorkommenden Mutation ΔF508 wurden bereits über 80 weitere *CFTR*-Mutationen in deutschen Mukoviszidosefamilien nachgewiesen. Diese allelische Heterogenität der Mukoviszidose macht die genetische Diagnostik hierzulande recht aufwendig und erschwert darüber hinaus die Ableitung klinischer Prognosen, denn die Personenzahlen mit gleichem *CFTR*-Genotyp sind, abgesehen von den ΔF508-Homozygoten, relativ gering. Die molekulargenetische Routinediagnostik umfaßt mindestens die in Tabelle 2.2.3 aufgeführten *CFTR*-Mutationen, die in der deutschen Bevölkerung eine Allelfrequenz von etwa 1% der Krankheits-assoziierten Genveränderungen erreichen oder überschreiten.

Das gesamte Spektrum der Mukoviszidose-verursachenden Mutationen umfaßt weitgehend Punktmutationen und kleine Deletionen oder Insertionen. Fast die Hälfte der bekannten *CFTR*-Mutationen sind Aminosäuresubstitutionen, jede 3. Mutation führt zu einer Verkürzung des offenen Leserasters durch eine Stoppmutation oder Leserasterverschiebung. Große genomische Deletionen eines oder mehrerer Exons des *CFTR*-Gens sind selten und machen weniger als 5% der Mutationen in den meisten bisher untersuchten Bevölkerungen aus. Bei deutschen Patienten wird gelegentlich eine etwa 21,1 kb große Deletion beobachtet, die die Exons 2 und 3 des *CFTR*-Gens umfaßt. Etwa jede 3. der bisher identifizierten *CFTR*-Mutationen ist nur in einer einzigen Familie beschrieben worden (sog. „Privatmutationen"). Das häufigere Auftreten anderer Mutationen konnte in vielen Fällen durch Haplotypbestimmungen entweder auf einen frühen gemeinsamen Ursprung oder auf wiederholte Mutationsereignisse an derselben Stelle zurückgeführt werden (Morral et al. 1994b). Eine Mutationshäufung wird im *CFTR*-Gen insbesondere an CpG-Dinukleotiden und monomeren Basenfolgen beobachtet. Die Neumutationsrate bei Mukoviszidose scheint jedoch nicht höher zu sein als die anderer rezessiver Erkrankungen, denn bisher sind weltweit erst 4 de-novo-Mutationen im *CFTR*-Gen bekannt.

2.2.5 Physiologische Konsequenzen von *CFTR*-Mutationen

Die unterschiedlichen Mutationen im *CFTR*-Gen können je nach ihrer Art und Lokalisation vielseitige physiologische Konsequenzen haben (Welsh u. Smith 1993; Zielenski u. Tsui 1995). Einige Mutationen reduzieren die Menge an vollständigem und funktionsfähigem CFTR-Protein, andere verhindern seinen Einbau in die epithelialen Membranen, blockieren die regulierte Kanalöffnung oder führen zu einem nur partiell leitfähigen Anionenkanal (Abb. 2.2.5). *CFTR*-Mutationen lassen sich daher grob in Defekte der Synthese, der Reifung, der Regulation oder der Leitfähigkeit unterteilen (Welsh u. Smith 1993), wenngleich manche der genetischen Störungen mehrere dieser Konsequenzen haben mögen (Abb. 2.2.6).

2.2.5.1 Expressionsstörungen

Stoppmutationen, Leserastermutationen oder Spleißmutationen führen meist zu einer verringerten Menge oder veränderten Zusammensetzung der *CFTR*-mRNA (Hamosh et al. 1991, 1992; Smit et al. 1993; Will et al. 1995). Solche Synthesestörungen machen zusammen mehr als die Hälfte aller bekannten *CFTR*-Sequenzvarianten aus und verhindern generell die Bildung des vollständigen

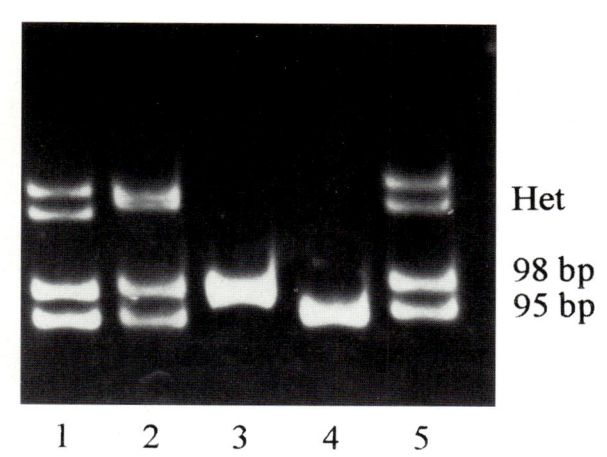

Abb. 2.2.5. Die Mutation ΔF508 ist die Deletion der 3 Nukleotide CTT innerhalb des *CFTR*-Exons 10 und führt zu einem Verlust des Phenylalanins 508 in der aminoterminalen NBD. Diese 3-bp-Deletion ΔF508 und eine benachbarte 3-bp-Deletion, ΔI507, lassen sich in einem einfachen Nachweis durch die elektrophoretische Trennung von PCR-Produkten im 12%igen Polyacrylamidgel anhand ihres Längenunterschiedes identifizieren. Bei Heterozygoten bilden sich im Lauf der PCR neben dem Homoduplex der Wildtypsequenz (hier *98 bp*) und dem mutierten ΔF508- oder ΔI507-Homoduplex (hier *95 bp*) auch 2 Heteroduplices aus (d.h. Hybridformen aus je 1 mutierten und 1 normalen Einzelstrang), die für die Diagnostik eine zusätzliche Hilfe sind. Die beiden 3-bp-Deletionen ΔF508 und ΔI507 können sogar anhand ihrer unterschiedlichen Heteroduplexmobilitäten voneinander unterschieden werden. *Bahnen 1* und *5* Heterozygotie für ΔF508, *Bahn 2* Heterozygotie für ΔI507, *Bahn 3* Homozygotie für die Wildtypsequenz, *Bahn 4* Homozygotie für ΔF508

Tabelle 2.2.4. Physiologische Konsequenzen von Stoppmutationen für die *CFTR*-mRNA. Fast alle untersuchten Stopp- und Leserastermutationen im *CFTR*-Gen sind mit einer deutlichen (mindestens 3fachen) Reduktion der *CFTR*-mRNA-Menge verbunden. Bei einigen wenigen Stoppmutationen wurde überdies ein Verlust des betroffenen Exons beobachtet. Zusammengestellt nach Hamosh et al. 1991, 1992; Rolfini u. Cabrini 1993; Smit et al. 1993; Will et al. 1994, 1995 und unveröffentlichten Daten der Autoren

Mutation	Exon	Transkript
Q39X	2	Reduktion
E60X	3	Reduktion, Exonverlust
R75X	3	Reduktion, Exonverlust
E92X	4	Reduktion, Exonverlust, gewebsspezifische Aktivierung eines kryptischen Exons
1078delT	7	Reduktion
G542X	11	Reduktion
R553X	11	Reduktion, Exonverlust
2184delA	13	Reduktion
L719X	13	Reduktion
2307insA	13	Reduktion
2991del32	15	Reduktion
L1059X	17b	Reduktion
Y1092X	17b	Reduktion
R1162X	19	Normalmenge
S1196X	19	Reduktion
3905insT	20	Reduktion
W1282X	20	Reduktion
W1316X	21	Reduktion

Abb. 2.2.6. Physiologische Konsequenzen von CFTR-Mutationen. Je nach Art und Lokalisation im CFTR-Gen haben Mutationen verschiedene physiologische Konsequenzen. Es gibt Störungen der Synthese (*I*), der Reifung (*II*), der Regulation (*III*) oder der Leitfähigkeit (*IV*), die den intrazellulären Werdegang des CFTR-Proteins an unterschiedlichen Stellen (*X*) beeinflussen. Modifiziert nach Welsh und Smith 1993

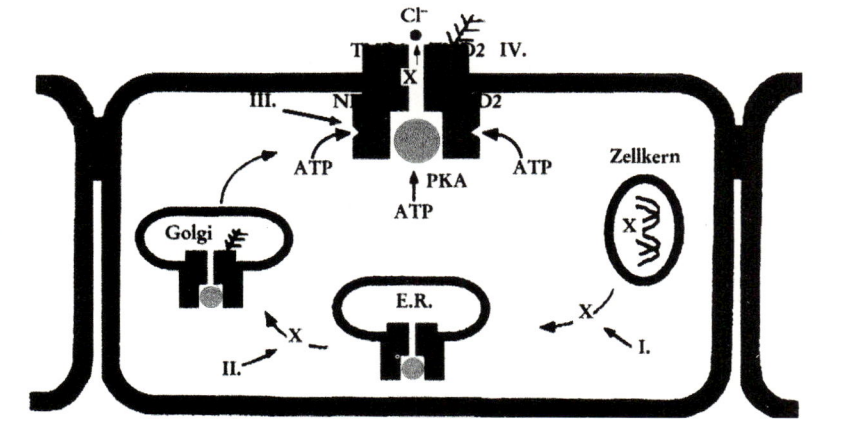

Proteins. Durch Stopp- und Leserastermutationen wird nicht nur ein vorzeitiges Terminationssignal für die Proteinsynthese erzeugt, sondern oft bereits die Menge der *CFTR*-mRNA drastisch reduziert (Tabelle 2.2.4). Unter den häufigen Stoppmutationen im *CFTR*-Gen geht nur eine Mutation, R1162X, nicht mit einer *CFTR*-mRNA-Reduktion einher (Rolfini u. Cabrini 1993; Will et al. 1995). Die auf den ersten Blick überraschende Instabilität des Transkripts als Folge eines vorzeitigen Terminationskodons ist ein häufiges Phänomen bei Stoppmutationen in zahlreichen Erbkrankheiten. Eukaryotische Zellen besitzen vermutlich einen noch näher zu charakterisierenden Erkennungs-

Tabelle 2.2.5. Aberrantes Spleißen des *CFTR*-Transkripts durch Spleißmutationen. Mutationen der Akzeptorspleißstellen sind mit dem Verlust des nachfolgenden Exons, Mutationen der Donorspleißstellen mit dem Verlust des vorangehenden Exons verbunden. In manchen Fällen führt die Aktivierung alternativer Spleißstellen zu einer Insertion zusätzlicher Sequenzen oder ganzer Exons in die *CFTR*-mRNA. Der Mutationseffekt ist nicht immer vollständig: Mutationen außerhalb der konservierten Akzeptor- oder Donorspleißsignale können für einen Teil der *CFTR*-Transkripte noch normale Zusammensetzung belassen (z.B. 2789+5 G→A oder das 5T-Allel, vgl. Abb. 2.2.8 und 2.2.10). Zusammengestellt nach Strong et al. 1992, Chu et al. 1993, Dörk et al. 1993, Hull et al. 1993, Zielenski et al. 1993, Highsmith et al. 1994, Chillón et al. 1995b, Zielenski et al. 1995a, Bienvenu et al. 1996, Highsmith et al. 1997 und unveröffentlichen Daten der Autoren

Mutation	Intron	Transkript
405+1G→A	3	Deletion von Exon 3
621+1G→T	4	Deletion von Exon 4, Aktivierung einer alternativen Donorspleißstelle
711+1G→T	5	Deletion von Exon 5
5T-Allel	8	Deletion von Exon 9
1717−1G→A	10	Deletion von Exon 11
1811+1.6kB A→G	11	Insertion eines zusätzlichen Exons
1898+1G→A	12	Deletion von Exon 12
1898+5G→T	12	Deletion von Exon 12
2789+5G→A	14b	Deletion von Exon 14b
3272−26A→G	17a	Aktivierung einer alternativen Akzeptorspleißstelle
3849+10kb C→T	19	Insertion eines zusätzlichen Exons
4374+1G→T	23	Deletion von Exon 23

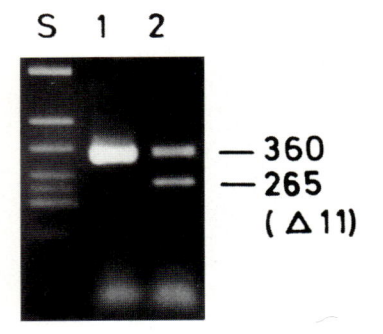

Abb. 2.2.7. Auswirkung der Akzeptorspleißmutation 1717-1G→A (Intron 10) auf die Zusammensetzung des *CFTR*-Transkripts bei einem heterozygoten Patienten. Nach reverser Transkription der *CFTR*-mRNA und Amplifizierung der Exons 9–12 macht sich der Verlust des Exons 11 bei der Patientenprobe (*Bahn 2*) durch ein zusätzliches kürzeres PCR-Produkt bemerkbar, *S* Längenstandard, *Bahn 1* Kontrollprobe

mechanismus, um bereits im Zellkern den Leserahmen einer mRNA zu kontrollieren und sich vor den potentiell toxischen Folgen fehlgespleißter oder verkürzter Genprodukte durch den Abbau der mRNA mit vorzeitigen Terminationskodons zu schützen (Maquat 1996).

Für viele Spleißstellenmutationen läßt wiederum das Fehlen großer Sequenzbereiche in der *CFTR*-mRNA kein funktionsfähiges vollständiges CFTR-Protein erwarten (Strong et al. 1992; Dörk et al. 1993; Hull et al. 1993; Zielenski et al. 1993; Bienvenu et al. 1994; Zielenski et al. 1995a; Highsmith et al. 1997). Eine Mutation in den exonflankierenden Spleißsignalen führt in den meisten Fällen dazu, daß das gesamte Exon nicht erkannt und bei der Bildung der reifen mRNA übergangen wird

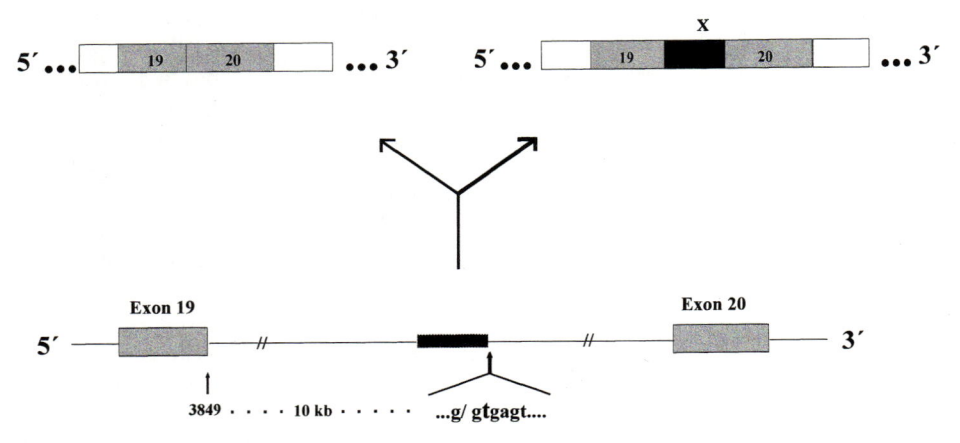

Abb. 2.2.8. Schematische Darstellung der Spleißmutation 3849+10 Kb C→T. Durch die Mutation 3849+10 Kb C→T im *CFTR*-Gen verändert sich die Intronsequenz zu einer Donorspleißstelle. In diesem Fall findet sich, bei insgesamt reduzierter Gesamtmenge der mRNA, in etwa 50% der *CFTR*-mRNA-Transkripte eine zusätzliche 84 Basen lange Sequenz, die ein Stoppkodon (*X*) enthält (Highsmith et al. 1994)

(Tabelle 2.2.5). Abb. 2.2.7 zeigt exemplarisch den Exonverlust für die in Mitteleuropa häufige Akzeptorspleißstellenmutation 1717–1G→A. Nicht alle Spleißmutationen führen jedoch zu einem vollständigen Funktionsverlust von CFTR. Insbesondere für Mutationen außerhalb der konservierten „AG"- und „GT"-Dinukleotide, die den Beginn und das Ende eines Introns markieren, wird häufig noch eine Restmenge korrekt gespleißter *CFTR*-mRNA beobachtet, die dann die Erkrankung mildern kann. Bei pankreassuffizienter Mukoviszidose wird beispielsweise die Mutation 2789+5G→A häufig gesehen (Highsmith et al. 1997); diese Spleißmutation führt zwar hauptsächlich zu einem Verlust von Exon 14b in der *CFTR*-mRNA, doch ein kleiner Teil der *CFTR*-mRNA wird noch in voller Länge gebildet. Daneben gibt es auch bei Mukoviszidose Nukleotidsubstitutionen weit innerhalb eines Introns, die ein neues Spleißsignal erzeugen und so den fälschlichen Einbau einer normalerweise nicht genutzten Intronsequenz in die *CFTR*-mRNA aktivieren (Highsmith et al. 1994; Chillón et al. 1995a). Die Mutation 3849+10 kB C→T ist eine verhältnismäßig häufige Mukoviszidosemutation, die im Intron 19 etwa 10 000 Nukleotide vom nächsten Exon entfernt ein neues Donorspleißsignal erzeugt (Highsmith et al. 1994). Als Folge der neuen Spleißstelle wird in die *CFTR*-mRNA ein 84 Basen langer Intronabschnitt als zusätzliches „Exon" eingefügt. Mit diesem neuen Abschnitt wird nicht nur die funktionelle mRNA-Sequenz unterbrochen, sondern auch – wie in einem trojanischen Pferd – ein vorzeitiges Stoppkodon eingeschleust (Abb. 2.2.8). Betroffene mit dieser Mutation erkranken mitunter erst im Erwachsenenalter, und es gibt erfolgreiche Vaterschaften bei einigen Patienten mit dieser Mutation (Highsmith et al. 1994; Stern et al. 1995). Dieser Unterschied der Mutation 3849+10 kB C→T zu den typischen Stoppmutationen beruht offenbar darauf, daß das falsche „Exon" mit dem Stoppkodon nur ineffizient genutzt und nicht in alle Transkriptmoleküle eingebaut wird; dadurch bleibt, gemessen an der Wildtypmenge, bei Homozygoten für die 3849+10 kB C→T-Mutation noch ein Anteil von etwa 8% normal gespleißter *CFTR*-mRNA erhalten (Highsmith et al. 1994).

2.2.5.2 Reifungsstörungen

Die Deletion ΔF508 gilt heute als Paradigma für eine temperatursensitive Störung in der Reifung eines Membranproteins: Das Fehlen der Aminosäure Phenylalanin wird offenbar von einem intrazellulären Kontrollmechanismus erkannt, und das mißgefaltete und noch unvollständig glykosylierte ΔF508-CFTR wird im Endoplasmatischen Retikulum (ER) zurückgehalten und degradiert (Cheng et al. 1990; Lukacs et al. 1994). Der Reifungsprozeß von CFTR ist so sensibel, daß selbst CFTR-Protein der Wildtypsequenz nur mit einer Effizienz von 20–50% in einer ATP-abhängigen Reaktion eine stabile Konformation erreicht, in der es weiter glykosyliert und transportiert werden kann (Lukacs et al. 1994). Dieser kritische Faltungsprozeß wird bei ΔF508-CFTR nahezu vollständig unterdrückt. Faltungshelferproteine (Chaperone) wie Hsc70 oder Calnexin erfüllen bei der Erkennung und Aussortierung des mutierten CFTR vermutlich die Rolle molekularer Prüfstationen (Yang et al. 1993b; Pind et al. 1994). Das mißgefaltete Protein wird dann durch Ubiquitinierung markiert und im Proteasom abgebaut (Jensen et al. 1995; Ward et al. 1995). Immunhistochemische Untersuchungen zeigen für ΔF508 CFTR daher in vivo eine reduzierte Färbung und eine diffuse intrazelluläre Verteilung anstelle der apikalen Membranlokalisation (Denning et al. 1992a; Kartner et al. 1992; Puchelle et al. 1992; Engelhardt et al. 1994). Obwohl ΔF508-CFTR in Zellkultur bei 37 °C fehllokalisiert ist, kann das mutierte Protein bei einer Temperaturverringerung auf 23–30 °C dem biosynthetischen Arrest im ER entkommen, vollständig glykosyliert und in die Apikalmembran eingebaut werden (Denning et al. 1992b). Gelangen kleine Mengen an ΔF508-CFTR an die Zellmembran, so scheint der Chloridkanal partiell funktionsfähig zu sein (Li et al. 1993; Haws et al. 1996). Neben der stark reduzierten Reifung und einer etwas veränderten Ionenleitfähigkeit ist auch eine erhöhte Internalisierungs- und Abbaurate des membranständigen ΔF508-CFTR beobachtet worden (Lukacs et al. 1993). Die Restaktivität von ΔF508-CFTR unter physiologischen Bedingungen wird nach den Ergebnissen in Zellkultur auf insgesamt nur noch etwa 2% der Wildtypfunktion geschätzt (Haws et al. 1996).

Im Ausnahmefall kann die Faltungsstörung des ΔF508-CFTR durch eine Sekundärmutation R553Q innerhalb derselben Domäne partiell ausgeglichen werden. Eine einzelne Patientin mit diesem doppelt mutierten Allel hatte eine auffällig verzögerte Diagnosestellung und eine relativ geringfügige klinische Symptomatik (Dörk et al. 1991). Der korrigierende Einfluß zusätzlicher Mutationen der Aminosäuren Arginin553 oder 555 auf den ΔF508-Phänotyp und die Faltung des CFTR-Proteins ist in

Tabelle 2.2.6. Einfluß von Mutationen auf die Reifung des CFTR-Proteins. Zahlreiche der untersuchten Aminosäureveränderungen, darunter die Hauptmutationen ΔF508 und N1303:K, führen zu Reifungsstörungen des CFTR-Proteins. Noch ist unklar, nach welchem System die Mutationen von den intrazellulären Kontrollmechanismen der Proteinreifung erkannt werden. Zusammengestellt nach Cheng et al. 1990, Gregory et al. 1991, Denning et al. 1992a, Sheppard et al. 1993, Strong et al. 1993, Yang et al. 1994, Sheppard et al. 1995, Smit et al. 1995, Cotten et al. 1996, Seibert et al. 1996, Sheppard et al. 1996, Vankerberghen et al. 1996

Mutation	Exon	Prozessierung
R117H	4	Normal
P205S	6a	Reifungsstörung
R334W	7	Normal
R347H	7	Normal
R347P	7	Normal
Deletion von Exon 9	9	Reifungsstörung
A455E	9	Partielle Reifungsstörung
G480C	10	Reifungsstörung
ΔI507	10	Reifungsstörung
ΔF508	10	Reifungsstörung
ΔF508 & R553Q	10 & 11	Partielle Reifungsstörung
S549I	11	Reifungsstörung
S549R	11	Reifungsstörung
G551D	11	Normal
A559T	11	Reifungsstörung
D572N	12	Reifungsstörung
P574H	12	Partielle Reifungsstörung
L619S	13	Reifungsstörung
G628R	13	Reifungsstörung
E822K	13	Normal
R1066C	17b	Reifungsstörung
R1066H	17b	Reifungsstörung
R1070Q	17b	Normal
L1077P	17b	Reifungsstörung
M1101K	17b	Reifungsstörung
G1244E	20	Normal
S1255P	20	Normal
N1303K	21	Reifungsstörung
G1349D	22	Normal

zahlreichen Experimenten in vitro bestätigt worden (Teem et al. 1993; Teem u. Welsh 1994; Qu et al. 1997); in der Praxis kommen solche revertierenden Zweitmutationen bei Mukoviszidose – wie auch bei anderen genetischen Erkrankungen – jedoch nur äußerst selten vor.

Proteinfaltungs- und Reifungsstörungen sind neben den Aminosäuredeletionen ΔF508 und ΔI507 auch für diverse Aminosäuresubstitutionen in verschiedenen Proteinregionen nachgewiesen worden (Tabelle 2.2.6). Das vielfältige Muster der Prozessierungsstörungen erschwerte bisher die Definition einzelner molekularer Determinanten der CFTR-Reifung und deutet eher auf die Erkennung einer komplexen Tertiärstruktur hin. Beispielsweise unterliegen sowohl die häufige Mutation N1303K in der 2. Nukleotidbindungsdomäne als auch Substitutionen in den Transmembranregionen und in der regulatorischen Domäne einem biosynthetischen Arrest (Gregory et al. 1991; Smit et al. 1995; Cotten et al. 1996; Seibert et al. 1996; Sheppard et al. 1996). Einige der Aminosäuresubstitutionen, z. B. die Mutation A455E, beeinträchtigen die Reifung von CFTR in geringerem Maß als ΔF508, so daß mehr Protein korrekt prozessiert wird und in die Membran gelangt (Sheppard et al. 1995). Dementsprechend ist die Mutation A455E auch mit einem verzögerten und vorwiegend pulmonalen Verlauf der Erkrankung assoziiert worden (Gan et al. 1995).

2.2.5.3 Regulationsstörungen

Die regulatorischen Aminosäuremutationen beeinflussen weniger die Proteinreifung als den Öffnungsmechanismus des Ionenkanals. Sie liegen überwiegend in den Nukleotidbindungsdomänen, wogegen an den Phosphorylierungsstellen des CFTR-Proteins bisher keine krankheitserzeugende Aminosäureänderung bekannt ist. Vermutlich sind die zahlreichen Phosphorylierungsstellen von CFTR teilweise redundant, so daß eine einzelne Mutation dort die Regulation kaum beeinflußt. Das Ausmaß des Funktionsausfalls durch eine Mutation im ATP-Bindungsmotiv hängt wesentlich mit der Art des Aminosäureaustauschs zusammen; beispielsweise inhibiert die häufige Substitution G551D (Asp statt Gly) die Öffnung des Ionenkanals weitaus stärker als die ebenfalls natürlich vorkommende Mutation G551S (Ser statt Gly) an der gleichen Position (Drumm et al. 1991). Dieser differentielle Schweregrad ist nicht nur in vitro gemessen worden, sondern manifestierte sich auch in einem sehr unterschiedlichen Krankheitsverlauf der Betroffenen und lieferte damit einen weiteren interessanten Beleg für den Einfluß einer *CFTR*-Mutation auf den klinischen Phänotyp (Strong et al. 1991).

2.2.5.4 Leitfähigkeitsstörungen

Graduelle Unterschiede im Schweregrad sind auch bei Leitfähigkeitsveränderungen durch Aminosäuremutationen in der Transmembranregion zu beobachten. Die meisten Aminosäuresubstitutionen liegen in der aminoterminalen TMD und verursachen dort drastische Ladungsänderungen innerhalb oder am Rand einer der vorhergesagten 6 Transmembranhelices (TM 1–6). Wie viele andere Ionenkanäle zeigt CFTR ein charakteristisches Profil an geladenen Aminosäuren innerhalb der membranspannenden Helices; u. a. sind die Aminosäuren Lys95, Arg117, Arg334, Lys335 und Arg347 in vitro als wichtige Bestandteile der CFTR-Pore identifiziert worden, deren Substitution durch gezielte Mutagenese die Zahl der transportierten Ionen reduzieren oder sogar die Ionenselektivität verändern konnte (Anderson et al. 1991a; Sheppard et al. 1993; Tabcharani et al. 1993). Die bei manchen deutschen Mukoviszidosefamilien gefundenen Mutationen R117C, R117H, R334L, R334W, I336K, R347H und R347P verändern Ladungen an diesen oder an benachbarten Positionen und beeinträchtigen daher die Leitfähigkeitseigenschaften des Chloridkanals. Viele dieser Ladungsänderungen zählen zu den vergleichsweise milden Störungen bei Mukoviszidose (Dean et al. 1990).

2.2.6 Genotyp-Phänotyp-Beziehungen

Das klinische Spektrum der Mukoviszidose ist vielseitig und reicht vom schwerstbetroffenen Kleinkind bis zum nahezu symptomfreien Erwachsenen (Koch u. Hoiby 1993; Welsh et al. 1995; Stern 1997). Manche Betroffene weisen nur eine erhöhte Infektionsanfälligkeit, einen überdurchschnittlichen Salzgehalt im Schweiß und eine reduzierte Fertilität auf. Viele Untersuchungen beschäftigten sich mit der Frage, ob die unterschiedlichen Veränderungen im *CFTR*-Gen die beobachtete klinische Heterogenität partiell erklären und dadurch von prognostischer und therapeutischer Bedeutung sein können (Dean u. Santis 1994). Wenn Mukoviszidose durch die reduzierte Ionentransportfunktion von CFTR bedingt ist, sollten abgestufte Restfunktionen des Proteins mit unterschiedlichen Schweregraden der Erkrankung assoziiert sein. Die Vielzahl der betroffenen Organe und der beträchtliche Einfluß von Infektionen und Therapie auf den Krankheitsverlauf erschweren allerdings die Unterscheidung zwischen primären und sekundären Symptomen und die Abgrenzung der genetischen Prädisposition zu Umwelt- und Therapieeinflüssen. Insbesondere die pulmonale Erkrankung kann bei Mukoviszidose selbst unter Geschwistern sehr variabel sein (Santis et al. 1990). Andererseits hatte die fast vollständige Kon-

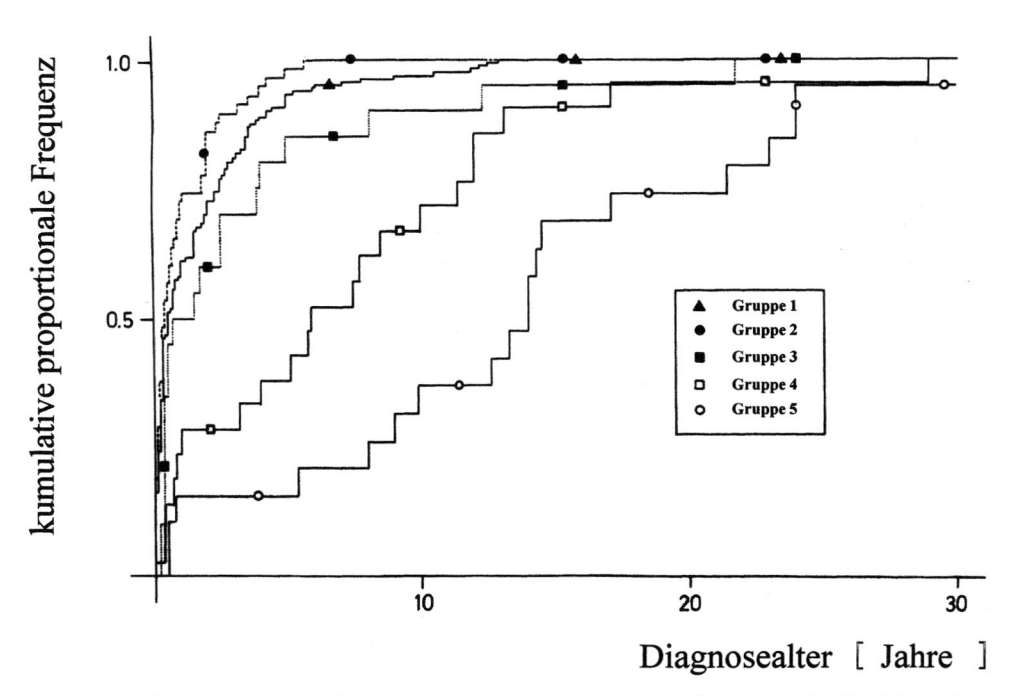

Abb. 2.2.9. Variabilität des Diagnosealters bei Mukoviszidose in Abhängigkeit vom *CFTR*-Mutationsgenotyp. Homozygote für ΔF508 oder Heterozygote für ΔF508 und eine Terminationsmutation werden signifikant früher diagnostiziert als Heterozygote mit ΔF508 und einer Transmembransubstitution oder milden Spleißstellenmutation. *Gruppe 1* Homozygotie für ΔF508, *Gruppe 2* Heterozygotie ΔF508/Terminationsmutation, *Gruppe 3* Heterozygotie ΔF508/Substitution in einer NBD, *Gruppe 4* Heterozygotie ΔF508/Substitution in einer TMD, *Gruppe 5* Heterozygotie ΔF508/Substitution in einer nicht konservierten Spleißsequenz

kordanz der Pankreasfunktion bei Mukoviszidosegeschwistern bereits vor der Entdeckung des *CFTR*-Gens zu der Voraussage geführt, daß sowohl „pankreasinsuffiziente" (PI) als auch „pankreassuffiziente" (PS) Genvarianten existieren (Corey et al. 1989). Die Mutation ΔF508 zählt zu den pankreasinsuffizienten Mutationen, nachdem in vielen Studien die fast ausnahmslose Pankreasinsuffizienz bei ΔF508-Homozygoten bestätigt worden ist (Kerem et al. 1990b, Stuhrmann et al. 1990). Auch nahezu alle Stopp- und Leserastermutationen sind wie ΔF508 mit einer Pankreasinsuffizienz assoziiert (Kristidis et al. 1992). Aminosäuresubstitutionen in Transmembranregionen sowie Spleißmutationen außerhalb der obligatorischen Dinukleotidspleißsignale sind dagegen mehrheitlich mit einer Pankreassuffizienz im Kindesalter verbunden. Bei gemischt heterozygoten Personen dominiert ein pankreassuffizientes Allel wegen seiner hinreichenden Restfunktion über ein pankreasinsuffizientes Allel (Kerem et al. 1989; Kristidis et al. 1992). Einige Studien weisen darauf hin, daß mit Pankreassuffizienz auch eine günstigere Prognose hinsichtlich anderer klinischer Parameter, darunter der Lungenfunktion oder des Infektionsrisikos, korreliert werden kann (Kerem et al. 1990b; Kubesch et al. 1993). Weiterhin gehen pankreassuffiziente Formen der Mukoviszidose oft mit einer verzögerten Diagnose einher. Wir werteten kürzlich retrospektiv das Diagnosealter bei über 400 Patientinnen und Patienten mit bekannten *CFTR*-Mutationen aus (Abb. 2.2.9). Unsere Studie zeigte eine frühe Diagnose bei ΔF508-Homozygoten sowie bei Heterozygoten für ΔF508 und eine Terminationsmutation (Mediane 0,7 bzw. 0,4 Jahre), aber signifikant spätere Diagnosestellungen im Fall von Substitutionen in Transmembranregionen (Median 5,8 Jahre) oder Spleißmutationen an nicht obligat konservierten Positionen (Median 14,0 Jahre). Solche Ergebnisse weisen darauf hin, daß verschiedene intrazelluläre Wirkmechanismen der *CFTR*-Mutationen für den unterschiedlichen Verlauf der Erkrankung von Bedeutung sind. Es kann heute als gesichert gelten, daß die Lokalisation und der Effekt einer Mutation im *CFTR*-Gen zumindest partiell das Krankheitsbild der Mukoviszidose prägen und daß eine Subgruppe der bisher bekannten *CFTR*-Mutationen noch ein physiologisch relevantes Maß an Restfunktion des Genprodukts zuläßt.

2.2.7 Kongenitale Aplasie des Vas deferens

Die kongenitale Aplasie des Vas deferens (CAVD) und die für dieses Krankheitsbild typischen *CFTR*-Mutationen bieten ein ungewöhnliches Beispiel aus der molekulargenetischen Diagnostik für zusätzliche Erkenntnisse über das notwendige Mindestmaß an CFTR-Funktion. Bei Männern mit einer CAVD führt eine Fehlausprägung der Samenleiter zur obstruktiven Azoospermie; diese autosomalrezessiv vererbte Anomalie wird für etwa 1–2% der Fälle männlicher Infertilität verantwortlich gemacht (Schellen u. van Stratten 1980; Mak u. Jarvi 1996). In umfangreichen Untersuchungen hat sich herausgestellt, daß die meisten CAVD-Patienten Mutationen im *CFTR*-Gen tragen und daß ein bestimmtes Mutationsspektrum, einschließlich des häufigen „5T-Allels", für die relativ milde Ausprägung der Erkrankung verantwortlich ist (Anguiano et al. 1992; Augarten et al. 1994; Chillón et al. 1995a; Costes et al. 1995; Zielenski et al. 1995b; Dörk et al. 1997). Das „5T-Allel" spielt für CAVD eine besondere Rolle als prädisponierende *CFTR*-Mutation mit reduzierter Penetranz. Den ersten überraschenden Befund lieferte die Beobachtung, daß bei einigen klinisch gesunden Personen bis zu 90% der *CFTR*-mRNA 1 der 27 kodierenden Abschnitte nicht enthalten und daher nicht zu einem funktionsfähigen Chloridkanal führen (Chu et al. 1991, 1992; Strong et al. 1993). Dieser für die Funktion essentielle, aber alternativ gespleißte Genabschnitt ist das Exon 9, dessen Einbau in die *CFTR*-mRNA von der Länge einer vorangehenden polymorphen Signalsequenz (dem Polypyrimidintrakt) aus 5, 7 oder 9 Thymidinbausteinen abhängt (Chu et al. 1993). Die vererbte Anzahl der Thymidine beeinflußt entscheidend die Effizienz der Exonerkennung: Personen mit einer 7T- oder 9T-Folge bauen das Exon 9 in 70–100% ihrer *CFTR*-mRNA-Transkripte ein, während bei Personen mit einer auf 5T verkürzten Sequenz dieser Anteil vollständiger *CFTR*-mRNA auf nur noch 10–40% sinkt (Abb. 2.2.10; Chu et al. 1993). Dennoch sind auch manche der letzteren Personen symptomfrei, die Männer mit dem „5T-Allel" weisen allerdings überproportional häufig eine kongenitale Aplasie des Vas deferens (CAVD) auf (Chillón et al. 1995a; Costes et al. 1995; Zielenski et al. 1995b; Dörk et al. 1997). Im Vas deferens scheint der proportionale Verlust von Exon 9 im *CFTR*-Transkript gegenüber anderen Geweben, z.B. respiratorischem Epithel, erhöht zu sein (Teng et al. 1997). Aus Vergleichen der Häufigkeit des 5T-Al-

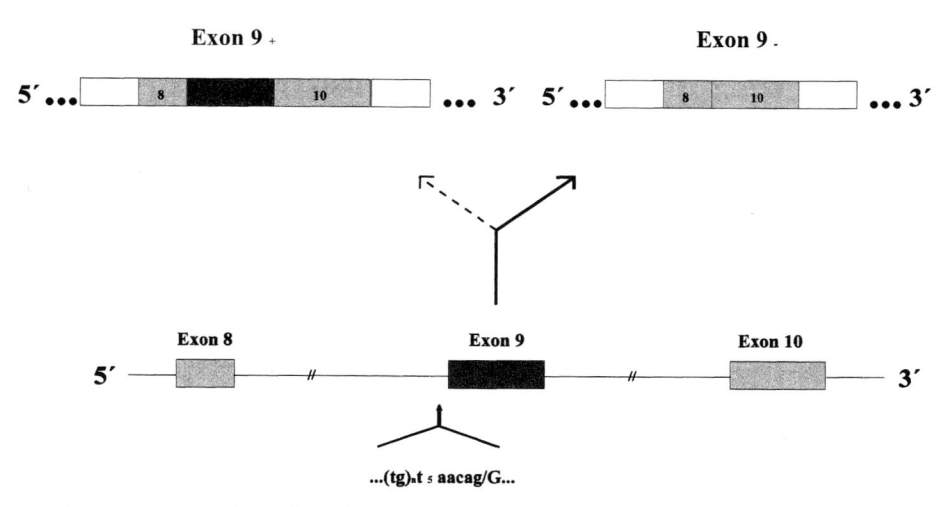

Abb. 2.2.10. Schematische Darstellung des 5T-Allels. Aufgrund der Verkürzung des Polythymidintrakts enthalten nur 10–40% der *CFTR*-mRNA-Transkripte das für die CFTR-Funktion essentielle Exon 9 (Chu et al. 1993)

lels in der Gesamtbevölkerung (etwa 5%) und bei obligat heterozygoten Vätern von Mukoviszidosekranken (etwa 2%) schätzt man, daß die Penetranz des 5T-Allels bezüglich einer CAVD bei etwa 60% liegt (Zielenski et al. 1995b). Ein ähnlich grenzwertiges Krankheitsbild mit isolierter CAVD wird in Deutschland häufig bei Personen mit einer milden Aminosäuremutation, R117H, in der Transmembranregion von CFTR beobachtet (Dean et al. 1990; Dörk et al. 1997). Auch bei dieser Mutation führten elektrophysiologische Messungen zu der Schlußfolgerung, daß die Substitution R117H noch ungefähr 10–15% der CFTR-Restfunktion zuläßt. Liegt die Substitution R117H jedoch zusammen mit dem „5T-Allel" auf demselben Chromosom vor, so führen die multiplikativen Funktionsverluste zu den typischen Symptomen einer Mukoviszidose (Kiesewetter et al. 1993).

Diese Beobachtungen ließen vermuten, daß es sich bei der früher als eigenständige familiäre Krankheit angesehenen kongenitalen Vas-deferens-Aplasie in vielen Fällen um die milde Ausprägung einer Mukoviszidose handelt. In Deutschland tragen etwa 70–80% der infertilen Männer mit Samenleiteraplasie 2 Mutationen im *CFTR*-Gen (Dörk et al. 1997). Bei der verbleibenden Gruppe von CAVD Patienten ohne nachgewiesene *CFTR*-Mutationen handelt es sich weitgehend um Personen, die neben der Samenleiteraplasie auch eine unilaterale Nierenfehlbildung aufweisen und deren Erkrankung daher vermutlich auf eine andere Entwicklungsstörung zurückzuführen ist (Augarten et al. 1994). Die Mehrheit der CAVD-Patienten ist also mit 2 *CFTR*-Mutationen belastet, jedoch weisen diese Genotypen im Vergleich zu Patienten mit dem Vollbild der Mukoviszidose eine andere Verteilung auf: Während jeder 2. Mukoviszidosepatient in Deutschland homozygot für die Mutation ΔF508 ist, kommt ΔF508-Homozygotie bei Patienten mit isolierter CAVD nicht vor. Statt dessen ist mindestens eine der beiden *CFTR*-Mutationen bei CAVD-Patienten ein „mildes" Allel, z. B. ein Aminosäureaustausch in der Transmembranregion. Die kongenitale Vas-deferens-Aplasie, deren Häufigkeit auf bis zu 1:1000 geschätzt wird, kann damit als eine urologisch diagnostizierte Sonderform der Mukoviszidose angesehen werden. Soweit internistische Untersuchungen bei CAVD-Patienten mit *CFTR*-Mutationen bereits vorliegen, decken sie häufig eine erhöhte Infektionsanfälligkeit, Sinusitis und grenzwertige Schweißtestwerte auf, doch ist eine solche zusätzliche Symptomatik bei weitem nicht mit dem pankreasinsuffizienten Vollbild der untherapierten Mukoviszidose vergleichbar (Colin et al. 1996; Dörk et al. 1997). Es bleibt zu prüfen, ob es noch weitere Sonderformen der Mukoviszidose gibt, die sich organspezifisch oder erst im späten Lebensalter manifestieren. Beispielsweise scheinen bei Personen mit Pankreatitis oder chronischer Bronchitis *CFTR*-Mutationen ebenfalls gehäuft vorzukommen (Estivill 1996).

2.2.8 Tiermodelle für Mukoviszidose

Für Mukoviszidose ist kein natürlich vorkommendes Tiermodell bekannt. Nach der Identifizierung des *CFTR*-Gens haben jedoch mehrere Arbeitsgruppen durch Genmanipulation an embryonalen Stammzellen Mäuse mit einem zerstörten oder veränderten *CFTR*-Gen erzeugt, die als Modell für die menschliche Erkrankung dienen sollen (Snouwart et al. 1992; Dorin et al. 1992; Zhou et al. 1994). Die frühen Knockout-Mäuse, die gar kein CFTR bilden können, wiesen allerdings einen unerwarteten Phänotyp auf: Die meisten von ihnen starben frühzeitig, viele von ihnen vor der Geburt, an intestinalen Obstruktionen, die dem menschlichen Mekoniumileus ähnlich sind und durch eine gewebsspezifische Überexpression des *CFTR*-Gens im Darm verhindert werden können (Snouwart et al. 1992; Zhou et al. 1994). Elektrophysiologische Messungen an den murinen Darmepithelzellen wiesen den Defekt der cAMP-regulierten Chloridionenleitfähigkeit nach (Clarke et al. 1992). Überlebende Mäuse zeigten allerdings nicht oder kaum die für Mukoviszidose typischen Symptome des Respirationstrakts oder des Pankreas, und die männlichen „CF"-Mäuse sind fertil. Diese Unterschiede zwischen murinem und humanem CF-Phänotyp werden auf gewebsspezifische Unterschiede in der Expression des CFTR-Proteins sowie in der Expression eines alternativen, kalziumabhängigen Chloridionenkanals zurückgeführt, der den CFTR-Defekt in manchen murinen Organen offenbar kompensieren kann (Clarke et al. 1994). Interessanterweise kann die Letalität der CFTR-Knockout-Mäuse durch die Wahl des Zuchtstamms beeinflußt werden. Einer kanadischen Arbeitsgruppe gelang es kürzlich, durch Rückkreuzungen und Kopplungsanalysen mit murinen Polymorphismen einen Abschnitt des Chromosoms 6 zu identifizieren, auf dem ein murines Gen mit einem modulierenden Einfluß auf den letalen CF-Phänotyp vermutet wird (Rozmahel et al. 1996). Die Suche nach diesem modifizierenden Gen und seinem möglichen Ortholog auf dem menschlichen Chromosom 19 ist derzeit Gegenstand intensiver Forschung.

Ein milderer „CF"-Phänotyp konnte von einer anderen Arbeitsgruppe bei Mäusen mit einer Duplikation des murinen Exons 10 erzielt werden (Dorin et al. 1992). In diesen Tieren wird in einem kleinen Teil der Transkripte das aberrante zusätzliche Exon durch alternatives Spleißen wieder entfernt, so daß ähnlich den milden menschlichen Spleißmutationen eine Restmenge von *CFTR*-mRNA normaler Zusammensetzung gebildet wird (Dorin et al. 1994). Bei den langlebigen Mäusen konnte dann durch eine entsprechend hohe Exposition mit CF-pathogenen Bakterien eine der Mukoviszidose ähnliche Lungenerkrankung simuliert werden (Davidson et al. 1995). In jüngerer Zeit sind auch typische CF-Mutationen, darunter ΔF508 und G551D, in Mäusestämme eingeführt worden (Colledge et al. 1995; van Doorminck et al. 1995; Zeiher et al. 1995; Delaney et al. 1996). Auf intrazellulärer Ebene weist das murine ΔF508-CFTR eine analoge temperatursensitive Reifungsstörung auf, wie sie beim menschlichen ΔF508-CFTR beobachtet wird. Dies zeigt, daß der Faltungsprozeß von CFTR evolutionär konserviert ist, und läßt die Erwartung zu, daß Tiermodelle zur Erprobung neuer Therapieansätze vielseitig und realitätsnah eingesetzt werden können.

2.2.9 Perspektiven der Therapie

Während noch vor 20 Jahren die meisten der von einer typischen Mukoviszidose Betroffenen das 20. Lebensjahr nicht erreichten, liegt durch Verbesserungen bei der Früherkennung, der rigorosen Infektionsbekämpfung mit neuen Antibiotika sowie den schleimlösenden und physisch aufbauenden Therapiemaßnahmen, aber auch durch erfolgreiche Herz-Lungen-Transplantationen die mittlere Lebenserwartung von Personen mit Mukoviszidose heute bei 30–35 Jahren (FitzSimmons 1993; Ramsay 1996). Seit der Charakterisierung des ursächlichen Genprodukts konnten durch die Umsetzung molekularbiologischer Erkenntnisse zusätzliche Wege der Therapie initiiert und weitere Fortschritte erzielt werden (Wagner et al. 1995; Delaney u. Wainwright 1996). Da primär eine Störung im transepithelialen Ionen- und Flüssigkeitstransport für das Krankheitsbild verantwortlich ist, wird beispielsweise versucht, andere Ionenkanäle medikamentös zu beeinflussen und auf diese Weise den Flüssigkeitstransport in das Lumen zu erhöhen. Die bereits heute als Aerosol verabreichten Medikamente Amilorid und UTP sollen synergistisch an solchen epithelialen Ionenkanälen ansetzen, um einen Seitenweg zur Umgehung der gestörten CFTR-Funktion zu eröffnen (Bennett et al. 1996). Fortschritte sind auch bei der Bekämpfung der pulmonalen Infektionen zu erwarten: Nach neueren Ergebnissen ist durch den gestörten Salzhaushalt der Lungenflüssigkeit die über β-Defensin vermittelte primäre Immunabwehr besonders beeinträchtigt und könnte möglicherweise auf pharmakologischem Weg restauriert werden. In einem anderen, ambitionierten Therapieansatz soll das rekombinant hergestellte und gereinigte CFTR-Protein selbst, in Verbindung mit Proteoliposomen oder Virosomen, als Medikament erprobt werden; diese Proteinersatztherapie steckt allerdings noch in den frühen Anfängen ihrer Entwicklung (Marshall et al. 1994). Ein weiterer Forschungszweig konzentriert sich darauf, den Abbau von ΔF508-CFTR möglichst spezifisch zu blockieren. Einige in vitro getestete Reagenzien inhibierten tatsächlich die CFTR-Proteolyse, stimulierten damit allerdings noch nicht den Einbau des Proteins in die Plasmamembran (Jensen et al. 1995). In einem anderen Ansatz wird versucht, eine Restfunktion mutierten CFTR-Proteins, soweit sie vorhanden ist, pharmakologisch zu stimulieren, um eine Verbesserung des Salz- und Flüssigkeitshaushalts zu erreichen. Phosphataseinhibitoren und Xanthine sind hierzu in vitro getestet worden und vermochten die Leitfähigkeit auch des mutierten ΔF508-Proteins zu stimulieren, jedoch mangelt es diesen Substanzen bisher an Spezifität (Becq et al. 1996; Haws et al. 1996; Kelley et al. 1997).

Parallel zu den eher konventionellen pharmakologischen Ansätzen sind die ersten Versuche zur Gentherapie der Mukoviszidose erfolgt (Colledge 1994; Wilson 1995; Boucher 1996). Seitdem der Zusammenhang zwischen den Mutationen im *CFTR*-Gen, den Störungen des epithelialen Ionentransports und dem klinischen Erscheinungsbild der Mukoviszidose etabliert ist, gilt es als sehr wahrscheinlich, daß der Basisausfall durch die Expression eines funktionsfähigen CFTR-Proteins in den menschlichen Atemwegen kompensiert werden könnte. In frühen Studien konnte durch die Transfektion der *CFTR*-cDNA zunächst in vitro der CF-Phänotyp in Epithelzellen komplementiert werden (Rich et al. 1990; Johnson et al. 1992). Etwa 10–15% der Zellen im Epithelzellverband mußten erfolgreich korrigiert werden, damit wieder eine normale Chloridionenleitfähigkeit erreicht werden konnte (Johnson et al. 1992). In mehreren unabhängigen Versuchen der Gentherapie am Menschen ist dann ausgewählten Erkrankten die *CFTR*-cDNA mit Hilfe adenoviraler Vektoren oder als Komplex mit Liposomen übertragen worden (Zabner et al. 1993; Crystal et al. 1994; Caplen et al. 1994; Knowles et al. 1995). Obwohl in diesen Studien der klinischen Phase I eine vorübergehende Korrektur der Chloridionenleitfähigkeit in der Nasenschleimhaut der Behandelten gelungen ist, scheint noch ein beträchtliches Maß an Optimierungsarbeit notwendig zu sein, um die Effizienz der Übertragung und die Dauer der Expression zu steigern und die ungeklärten Probleme einer immunologischen Abwehrreaktion nach wiederholten Gaben eines „Gensprays" zu lösen (Grubb et al. 1994; Boucher 1996). Ungewiß ist ferner, ob ein *CFTR*-Gen-Transfer bei einer weit fortgeschrittenen Lungenerkrankung noch therapeutisch wirksam wäre oder ob er eher als eine Präventivmaßnahme in Betracht kommt (Drittanti et al. 1997). Die Entwicklung neuer Vektoren soll nun dazu beitragen, die bisherigen Hemmnisse für eine klinische Anwendung der Genübertragung zu beseitigen. Nach wie vor werden sowohl die Perspektiven der pharmakologischen Behandlung als auch das zukünftige Potential eines Gentransfers für die Bekämpfung der lebensbedrohlichen Erkrankung Mukoviszidose mit einigem Optimismus und großen Erwartungen gesehen.

Danksagung. Wir danken herzlich Herrn Prof. Dr. Jörg Schmidtke und Herrn Prof. Dr. Günter Maaß für ihre kontinuierliche Unterstützung unserer molekulargenetischen Arbeiten zur Mukoviszidose. Dem Verlag Chemie danken wir für die Erlaubnis zum Nachdruck der Abb. 2.2.2–2.2.4, 2.2.6, 2.2.8 und 2.2.10 aus unserem früheren Beitrag für die Zeitschrift Biologie in unserer Zeit 26(5):282–291. Teile unserer Arbeit wurden von der Deutschen Forschungsgemeinschaft und der Deutschen Gesellschaft zur Bekämpfung der Mukoviszidose gefördert.

2.2.10 Literatur

Allikmets R, Gerrard B, Hutchinson A, Dean M (1996) Characterization of the human ABC superfamily: isolation and mapping of 21 new genes using the expressed sequence tags database. Hum Mol Genet 5:1649–1655

Allikmets R, Singh N, Sun H et al. (1997) A photoreceptor cell specific ATP-binding transporter gene (ABCR) is mutated in recessive Stargardt macular dystrophy. Nat Genet 15:236–245

Andersen DH (1938) Cystic fibrosis of the pancreas and its relation to celiac disease. Am J Dis Child 56:344–399

Anderson MP, Welsh MJ (1992) Regulation by ATP and ADP of CFTR chloride channels that contain mutant nucleotide-binding domains. Science 257:1701–1704

Anderson MP, Gregory RJ, Thompson S et al. (1991a) Demonstration that CFTR is a chloride channel by alteration of its anion selectivity. Science 253:202–205

Anderson MP, Rich DP, Gregory RJ, Smith AE, Welsh MJ (1991b) Generation of cAMP-activated chloride currents by expression of CFTR. Science 251:679–682

Anguiano A, Oates RD, Amos JA et al. (1992) Congenital bilateral absence of the vas deferens. A primary genital form of cystic fibrosis. J Am Med Assoc 267:1794–1797

Augarten A, Yahav Y, Kerem BS et al. (1994) Congenital bilateral absence of vas deferens in the absence of cystic fibrosis. Lancet 344:1473–1474

Bear CE, Li C, Kartner N, Bridges RJ, Jensen TJ, Ramjeesingh M, Riordan JR (1992) Purification and functional reconstitution of the cystic fibrosis transmembrane conductance regulator (CFTR). Cell 68:809–818

Beaudet AL, Tsui L-C (1993) A suggested nomenclature for designating mutations. Hum Mutat 2:245–248

Becq F, Verrier B, Chang X-B, Riordan JR, Hanrahan JW (1996) cAMP and Ca^{2+}-independent activation of cystic fibrosis transmembrane conductance regulator channels by phenylimidazothiazole drugs. J Biol Chem 271:16.171–16.179

Bennett WD, Olivier KN, Zeman KL, Hohnecker KW, Boucher RC, Knowles MR (1996) Effect of uridine-5′-triphosphate plus amiloride on mucociliary clearance in adult cystic fibrosis. Am J Respir Crit Care Med 153:1796–1801

Berger HA, Anderson MP, Gregory RJ et al. (1991) Identification and regulation of the cystic fibrosis transmembrane conductance regulator-generated chloride channel. J Clin Invest 88:1422–1431

Bienvenu T, Beldjord C, Chelly J et al. (1996) Analysis of alternative splicing patterns in the cystic fibrosis transmembrane conductance regulator gene using mRNA derived from lymphoblastoid cells of cystic fibrosis patients. Eur J Hum Genet 4:127–134

Blattner FR, Plunkett III G, Bloch CA et al. (1997) The complete genome sequence of *Escherichia coli* K-12. Science 277:1453–1461

Boucher RC (1996) Current status of CF gene therapy. Trends Genet 12:81–84

Caplen NJ, Alton EWFW, Middleton PG et al. (1995) Liposome-mediated CFTR gene transfer to the nasal epithelium of patients with cystic fibrosis. Nat Med 1:39–46

Carson MR, Travis SM, Welsh MJ (1995) The two nucleotide-binding domains of cystic fibrosis transmembrane conductance regulator (CFTR) have distinct functions in controlling channel activity. J Biol Chem 270:1711–1717

Chang X-B, Hou Y-X, Jensen TJ, Riordan JR (1994) Mapping of cystic fibrosis transmembrane conductance regulator membrane topology by glycosylation site insertion. J Biol Chem 269:18.572–18.575

Cheng SH, Gregory RJ, Marshall J et al. (1990) Defective intracellular transport and processing of CFTR is the molecular basis for most cystic fibrosis. Cell 63:827–834

Cheng SH, Rich DP, Marshall J, Gregory RJ, Welsh MJ, Smith AE (1991) Phosphorylation of the R domain by cAMP-dependent protein kinase regulates the CFTR chloride channel. Cell 66:1027–1036

Cheung M, Akabas MH (1997) Locating the anion selectivity filter of the cystic fibrosis transmembrane conductance regulator (CFTR) chloride channel. J Gen Physiol 109:289–299

Chillón M, Casals T, Mercier B et al. (1995a) Mutations in the cystic fibrosis gene in patients with congenital absence of the vas deferens. N Engl J Med 332:1475–1480

Chillón M, Dörk T, Casals T et al. (1995b) A novel donor splice site in intron 11 of the CFTR gene created by mutation 1811+1.6kB AG produces a new exon: high frequency in Spanish cystic fibrosis chromosomes and association with a severe phenotype. Am J Hum Genet 56:623–629

Chu CS, Trapnell BC, Murtagh JJ jr et al. (1991) Variable deletion of exon 9 coding sequences in cystic fibrosis transmembrane conductance regulator gene mRNA transcripts in normal bronchial epithelium. EMBO J 10:1355–1363

Chu CS, Trapnell BC, Curristin SM, Cutting GR, Crystal RG (1992) Extensive posttranscriptional deletion of the coding sequences for part of nucleotide binding fold 1 in respiratory epithelial mRNA transcripts of the cystic fibrosis transmembrane conductance regulator gene is not associated with the clinical manifestation of cystic fibrosis. J Clin Invest 90:785–790

Chu CS, Trapnell B, Curristin SM, Cutting GR, Crystal RG (1993) Genetic basis of variable exon 9 skipping in cystic fibrosis transmembrane conductance regulator mRNA. Nat Genet 3:151–156

Clarke LL, Grubb BR, Gabriel SE, Smithies O, Koller BH, Boucher RC (1992) Defective epithelial chloride transport in a gene targeted mouse model of cystic fibrosis. Science 257:1125–1128

Clarke LL, Grubb BR, Yankaskas JR, Cotton CU, McKenzie A, Boucher RC (1994) Relationship of a non-cystic fibrosis transmembrane conductance regulator-mediated chloride conductance to organ-level disease in CFTR(–/–) mice. Proc Natl Acad Sci USA 91:479–483

Colin AA, Sawyer SM, Mickle JE, Oates RD, Milunsky A, Amos JA (1996) Pulmonary function and clinical observations in men with congenital bilateral absence of the vas deferens. Chest 110:440–445

Colledge WH (1994) Cystic fibrosis gene therapy. Curr Opin Genet Dev 4:466–471

Colledge WH, Abella BS, Southern KW et al. (1995) Generation and characterization of a ΔF508 cystic fibrosis mouse model. Nat Genet 10:445–452

Collins FS (1992) Cystic fibrosis: molecular biology and therapeutic implications. Science 256:774–779

Corey M, Durie P, Moore D, Forstner G, Levison H (1989) Familial concordance of pancreatic function in cystic fibrosis. J Pediatr 115:274–277

Costes B, Girodon E, Ghanem N, Flori E, Jardin A, Soufir JC, Goossens M (1995) Frequent occurrence of the CFTR intron 8 $(TG)_n5T$ allele in men with congenital bilateral absence of the vas deferens. Eur J Hum Genet 3:285–293

Cotten JF, Ostedgaard LS, Carson MR, Welsh MJ (1996) Effect of cystic-fibrosis-associated mutations in the fourth intracellular loop of cystic fibrosis transmembrane conductance regulator. J Biol Chem 271:21.279–21.284

Crystal RG, McElvaney NG, Rosenfeld MA et al. (1994) Administration of an adenovirus containing the human CFTR cDNA to the respiratory tract of individuals with cystic fibrosis. Nat Genet 8:42–45

Davidson DJ, Dorin JR, McLachlan G et al. (1995) Lung disease in the cystic fibrosis mouse exposed to bacterial pathogens. Nat Genet 9:351–357

De La Salle H, Hanau D, Fricker D et al. (1994) Homozygous human TAP peptide transporter mutation in HLA class I deficiency. Science 265:237–241

Dean M, Santis G (1994) Heterogeneity in the severity of cystic fibrosis and the role of CFTR gene mutations. Hum Genet 93:364–368

Dean M, White M, Amos J, Gerrard B, Stewart C, Khaw KT, Leppert M (1990) Multiple mutations in highly conserved residues are found in mildly affected cystic fibrosis patients. Cell 61:863–870

Decottignies A, Goffeau A (1997) Complete inventory of the yeast ABC proteins. Nat Genet 15:137–145

Delaney SJ, Wainwright BJ (1996) New pharmaceutical approaches to the treatment of cystic fibrosis. Nat Med 2:392–393

Delaney SJ, Rich DP, Thompson SA, Hargrave MR, Lovelock PK, Welsh MJ, Wainwright BJ (1993) Cystic fibrosis transmembrane conductance regulator splice variants are

not conserved and fail to produce chloride channels. Nat Genet 4:426–431
Delaney SJ, Alton EWFW, Smith SN (1996) Cystic fibrosis mice carrying the missense mutation G551D replicate human genotype-phenotype correlations. EMBO J 15:955–963
Denning GM, Anderson MP, Amara JF, Marshall J, Smith AE, Welsh MJ (1992a) Processing of mutant cystic fibrosis transmembrane conductance regulator is temperature-sensitive. Nature 358:761–764
Denning GM, Ostedgaard LS, Welsh MJ (1992b) Abnormal localization of cystic fibrosis transmembrane conductance regulator in primary cultures of cystic fibrosis airway epithelia. J Cell Biol 118:551–559
Di Sant'Agnese PA, Darling RC, Perera GA, Shea E (1953) Abnormal electrolytic composition of sweat in cystic fibrosis of the pancreas. Clinical significance and relationship of the disease. Pediatrics 12:549–563
Dodd A, Rowland SA, Hawkes SLJ, Kennedy MA, Love DR (1997) Mutations in the adrenoleukodystrophy gene. Hum Mutat 9:500–511
Dorin JR, Dickinson P, Alton EWFW et al. (1992) Cystic fibrosis in the mouse by targeted insertional mutagenesis. Nature 359:211–215
Dorin JR, Stevenson BJ, Fleming S, Alton EWFW, Dickinson P, Porteous DJ (1994) Long-term survival of the exon 10 insertional cystic fibrosis mutant mouse is a consequence of low level residual wild-type Cftr gene expression. Mamm Genome 5:465–472
Dörk T, Stuhrmann M (1996) Molekularbiologie der Mukoviszidose. Biologie in unserer Zeit 26:282–291
Dörk T, Wulbrand U, Richter T et al. (1991) Cystic fibrosis with three mutations in the cystic fibrosis transmembrane conductance regulator gene. Hum Genet 87:441–446
Dörk T, Will K, Demmer A et al. (1993) A donor splice mutation (405+1G→A) in cystic fibrosis associated with exon skipping in epithelial CFTR mRNA. Hum Mol Genet 2:1965–1966
Dörk T, Mekus F, Schmidt K et al. (1994) Detection of more than 50 different CFTR mutations in a large group of German cystic fibrosis patients. Hum Genet 94:533–542
Dörk T, Dworniczak B, Aulehla-Scholz C et al. (1997) Distinct spectrum of CFTR gene mutations in congenital absence of vas deferens. Hum Genet 100:365–377
Drittanti L, Masciovecchio MV, Gabbarini J, Vega M (1997) Cystic fibrosis: gene therapy or preventive gene transfer? Gene Ther 4:1001–1003
Drumm ML, Wilkinson DJ, Smit LS et al. (1991) Chloride conductance expressed by ΔF508 and other mutant CFTRs in *Xenopus* oocytes. Science 254:1797–1799
Engelhardt JF, Vankaskas JR, Ernst SA et al. (1992) Submucosal glands are the predominant site of CFTR expression in the human bronchus. Nat Genet 2:240–248
Engelhardt JF, Zepeda M, Cohn JA et al. (1994) Expression of the cystic fibrosis gene in adult human lung. J Clin Invest 93:737–749
Estivill X (1996) Complexity in a monogenic disease. Nat Genet 12:348–350
Fanconi G, Uehlinger E, Knauer C (1936) Das Coeliakiesyndrom bei angeborener zystischer Pankreasfibromatose und Bronchiektasien. Wien Med Wochenschr 86:753–755
FitzSimmons S (1993) The changing epidemiology of cystic fibrosis. J Pediatr 122:1–9
Gabriel SE, Brigmann KN, Koller BH, Boucher RC, Stutts MJ (1994) Cystic fibrosis heterozygote resistance to cholera toxin in the cystic fibrosis mouse model. Science 266:107–109
Gan K-H, Veeze HJ, Ouweland AMW van den et al. (1995) A cystic fibrosis mutation associated with mild lung disease. N Engl J Med 333:95–99
Gibson LE, Cooke RE (1959) A test for concentration of electrolytes in sweat in cystic fibrosis of the pancreas utilizing pilocarpine by iontophoresis. Pediatrics 23:545–549
Goldman MJ, Anderson GM, Stolzenberg ED, Kari UP, Zasloff M, Wilson JM (1997) Human β-defensin-1 is a salt-sensitive antibiotic in lung that is inactivated in cystic fibrosis. Cell 88:553–560
Gottesman MM, Pastan I (1993) Biochemistry of multidrug resistance mediated by the multidrug transporter. Annu Rev Biochem 62:385–427
Gregory RJ, Cheng SH, Rich DP et al. (1990) Expression and characterization of the cystic fibrosis transmembrane conductance regulator. Nature 347:382–386
Gregory RJ, Rich DP, Cheng SH et al. (1991) Maturation and function of cystic fibrosis transmembrane conductance regulator variants bearing mutations in putative nucleotide-binding domains 1 and 2. Mol Cell Biol 11:3886–3893
Grubb BR, Pickles RJ, Ye H et al. (1994) Inefficient gene transfer by adenovirus vector to cystic fibrosis airway epithelia of mice and humans. Nature 371:802–806
Gunderson KL, Kopito RR (1995) Conformational states of CFTR associated with channel gating: the role of ATP binding and hydrolysis. Cell 82:231–239
Hamosh A, Trapnell BC, Zeitlin PL et al. (1991) Severe deficiency of cystic fibrosis transmembrane conductance regulator messenger RNA carrying nonsense mutations R553X and W1316X in respiratory epithelial cells of patients with cystic fibrosis. J Clin Invest 88:1880–1885
Hamosh A, Rosenstein BJ, Cutting GR (1992) CFTR nonsense mutations G542X and W1282X associated with severe reduction of CFTR mRNA in nasal epithelial cells. Hum Mol Genet 1:542–544
Haws CM, Nepomuceno JB, Krouse ME et al. (1996) ΔF508 CFTR channels: kinetics, activation by forskolin, and potentiation by xanthines. Am J Physiol 270:C1544–1555
Higgins CF (1992) ABC transporters: from microorganisms to man. Annu Rev Cell Biol 8:67–113
Higgins CF (1995) The ABC of channel regulation. Cell 82:693–696
Highsmith WE jr, Burch LH, Zhou Z et al. (1994) A novel mutation in the cystic fibrosis gene in patients with pulmonary disease but normal sweat chloride concentrations. N Engl J Med 331:974–980
Highsmith WE jr, Burch LH, Zhou Z et al. (1997) Identification of a splice site mutation (2789+5 G→A) associated with small amounts of normal CFTR mRNA and mild cystic fibrosis. Hum Mutat 9:332–338
Hull J, Shackleton S, Harris A (1993) Abnormal mRNA splicing resulting from three different mutations in the CFTR gene. Hum Mol Genet 2:689–692
Jarvi K, Zielenski J, Wilschanski M et al. (1995) Cystic fibrosis transmembrane conductance regulator and obstructive azoospermia. Lancet 345:1578
Jensen TJ, Loo MA, Pind S, Williams DB, Goldberg AL, Riordan JR (1995) Multiple proteolytic systems, including the proteasome, contribute to CFTR processing. Cell 83:129–135
Jia Y, Mathews CJ, Hanrahan JW (1997) Phosphorylation by protein kinase C is required for acute activation of cystic

fibrosis transmembrane conductance regulator by protein kinase A. J Biol Chem 272:4978–4984
Jiang C, Finkbeiner WE, Widdicombe JH, McCray PB jr, Miller SS (1993) Altered fluid transport across airway epithelium in cystic fibrosis. Science 262:424–427
Johnson LG, Olsen JC, Sarkadi B, Moore KL, Swanstrom R, Boucher RC (1992) Efficiency of gene transfer for restoration of normal airway epithelial function in cystic fibrosis. Nat Genet 2:21–25
Kaplan E, Shwachman H, Perlmutter AD, Rule A, Khaw KT, Holsclaw DS (1968) Reproductive failure in males with cystic fibrosis. N Engl J Med 279:65–69
Kartner N, Hanrahan JW, Jensen TJ et al. (1991) Expression of the cystic fibrosis gene in non-epithelial invertebrate cells produces a regulated anion conductance. Cell 64:681–692
Kartner N, Augustinas O, Jensen TJ, Naismith AL, Riordan JR (1992) Mislocalization of ΔF508 CFTR in cystic fibrosis sweat gland. Nat Genet 1:321–327
Kelley TJ, Thomas K, Milgram LJH, Drumm ML (1997) In vivo activation of the cystic fibrosis transmembrane conductance regulator mutant ΔF508 in murine nasal epithelium. Proc Natl Acad Sci USA 94:2604–2608
Kerem BS, Rommens JM, Buchanan JA et al. (1989) Identification of the cystic fibrosis gene: genetic analysis. Science 245:1073–1080
Kerem BS, Zielenski J, Markiewicz D et al. (1990a) Identification of mutations in regions corresponding to the two putative nucleotide (ATP-) binding folds of the cystic fibrosis gene. Proc Natl Acad Sci USA 87:8447–8451
Kerem E, Corey M, Kerem BS et al. (1990b) The relation between genotype and phenotype in cystic fibrosis – analysis of the most common mutation (ΔF508). N Engl J Med 323:1517–1522
Kiesewetter S, Macek M jr, Davis C et al. (1993) A mutation in *CFTR* produces different phenotypes depending on the chromosomal background. Nat Genet 5:274–277
Knowles M, Gatzy J, Boucher R (1981) Increased bioelectric potential difference across respiratory epithelia in cystic fibrosis. N Engl J Med 305:1489–1495
Knowles MR, Hohneker KW, Zhou Z et al. (1995) A controlled study of adenoviral-vector-mediated gene transfer in the nasal epithelium of patients with cystic fibrosis. N Engl J Med 333:823–831
Ko YH, Pedersen PL (1995) The first nucleotide binding fold of the cystic fibrosis transmembrane conductance regulator can function as an active ATPase. J Biol Chem 270:22.093–22.096
Koch D, Hoiby N (1993) Pathogenesis of cystic fibrosis. Lancet 341:1065–1069
Kristidis P, Bozon D, Corey M, Markiewicz D, Rommens JM, Tsui L-C, Durie P (1992) Genetic determinants of exocrine pancreatic function in cystic fibrosis. Am J Hum Genet 50:1178–1184
Kubesch P, Dörk T, Wulbrand U et al. (1993) Genetic determinants of cystic fibrosis airways' colonization with *Pseudomonas aeruginosa*. Lancet 341:189–193
Li C, Ramjeesingh M, Reyes E, Jensen T, Chang X-B, Rommens JM, Bear CE (1993) The cystic fibrosis mutation (ΔF508) does not influence the chloride channel activity of CFTR. Nat Genet 3:311–316
Li C, Ramjeesingh M, Wang W et al. (1996) ATPase activity of the cystic fibrosis transmembrane conductance regulator. J Biol Chem 271:28.463–28.468
Lukacs GL, Chang X-B, Bear CE, Kartner N, Mohamed A, Riordan JR, Grinstein S (1993) The ΔF508 mutation decreases the stability of cystic fibrosis transmembrane conductance regulator in the plasma membrane. J Biol Chem 268:21.592–21.598
Lukacs GL, Mohamed A, Kartner N, Chang X-B, Riordan JR, Grinstein S (1994) Conformational maturation of CFTR but not its mutant counterpart (ΔF508) occurs in the endoplasmic reticulum and requires ATP. EMBO J 13:6076–6086
Macek M jr, Macek M sr, Krebsov A et al. (1997) Possible association of the allele status of the CS.7/*Hha*I polymorphism 5′ of the *CFTR* gene with postnatal female survival. Hum Genet 99:565–572
Mak V, Jarvi K (1996) The genetics of male infertility. J Urol 156:1245–1257
Maquat LE (1996) Defects in RNA splicing and the consequences of shortened translational reading frames. Am J Hum Genet 59:279–286
Marshall J, Fang S, Ostedgaard LS et al. (1994) Stoichiometry of recombinant cystic fibrosis transmembrane conductance regulator in epithelial cells and its functional reconstitution into cells in vitro. J Biol Chem 269:2987–2995
Matthews RP, McKnight GS (1996) Characterization of the cAMP response element of the cystic fibrosis transmembrane conductance regulator gene promoter. J Biol Chem 271:31.869–31.877
McDonough S, Davidson N, Lester HA, McCarty NA (1994) Novel pore-lining residues in CFTR that govern permeation and open-channel block. Neuron 13:623–634
Morales MM, Piazza-Carroll T, Morita T et al. (1996) Both the wildtype and a functional isoform of *CFTR* are expressed in kidney. Am J Physiol 270:F1038–1048
Morral N, Bertranpetit J, Estivill X, et al. (1994a) The origin of the major cystic fibrosis mutation (ΔF508) in European populations. Nat Genet 7:169–175
Morral N, Llevadot R, Casals T, Gasparini P, Macek M jr, Dörk T, Estivill X (1994b) Independent origins of cystic fibrosis mutations R334W, R347P, R1162X, and 3849+10 kB C→T provide evidence of mutation recurrence in the *CFTR* gene. Am J Hum Genet 55:890–898
Nagel RA, Westaby D, Javaid A et al. (1989) Liver disease and bile duct abnormalities in adults with cystic fibrosis. Lancet 2:1422–1425
Oates RD, Amos JA (1994) The genetic basis of congenital bilateral absence of the vas deferens and cystic fibrosis. J Androl 15:1–8
Osborne L, Knight RA, Santis G, Hodson M (1991) A mutation in the second nucleotide binding fold of the cystic fibrosis gene. Am J Hum Genet 48:608–612
Park RW, Grand RJ (1981) Gastrointestinal manifestations of cystic fibrosis: a review. Gastroenterology 81:1143–1161
Picciotto MR, Cohn JA, Bertuzzi G, Greengard P, Nairn AC (1992) Phosphorylation of the cystic fibrosis transmembrane conductance regulator. J Biol Chem 267:12.742–12.752
Pier GB, Grout M, Zaidi TS, Olsen JC, Yankaskas JR, Goldberg JB (1996) Role of mutant CFTR in hypersusceptibility of cystic fibrosis patients to lung infections. Science 271:64–67
Pier GB, Grout M, Zaidi T et al. (1998) *Salmonella typhi* uses CFTR to enter intestinal epithelial cells. Nature 393:79–82
Pind S, Riordan JR, Williams DB (1994) Participation of the endoplasmic reticulum chaperone calnexin (p88, IP90) in the biogenesis of the cystic fibrosis transmembrane conductance regulator. J Biol Chem 269:12.784–12.788
Pittman N, Shue G, LeLeiko NS, Walsh MJ (1995) Transcription of cystic fibrosis transmembrane conductance regula-

tor requires a CCAAT-like element for both basal and cAMP mediated regulation. J Biol Chem 270:28.848–28.857

Puchelle E, Gaillard D, Ploton D et al. (1992) Differential localization of the cystic fibrosis transmembrane conductance regulator in normal and cystic fibrosis airway epithelium. Am J Respir Cell Mol Biol 7:485–491

Qu B-H, Strickland EH, Thomas PJ (1997) Localization and suppression of a kinetic defect in cystic fibrosis transmembrane conductance regulator folding. J Biol Chem 272:15.739–15.744

Quinton PM (1983) Chloride impermeability in cystic fibrosis. Nature 301:421–422

Quinton PM (1994) What's good about cystic fibrosis? Curr Biol 4:742–743

Ramsay BW (1996) Management of pulmonary disease in patients with cystic fibrosis. N Engl J Med 335:179–188

Rich DP, Anderson MP, Gregory RJ et al. (1990) Expression of cystic fibrosis transmembrane conductance regulator corrects defective chloride channel regulation in cystic fibrosis airway epithelial cells. Nature 347:358–363

Rich DP, Gregory RJ, Anderson MP, Manavalan P, Smith AE, Welsh MJ (1991) Effect of deleting the R domain on CFTR-generated chloride channels. Science 253:205–207

Riordan JR (1993) The cystic fibrosis transmembrane conductance regulator. Annu Rev Physiol 55:609–630

Riordan JR, Rommens JM, Kerem BS et al. (1989) Identification of the cystic fibrosis gene: cloning and characterization of complementary DNA. Science 245:1066–1073

Rolfini R, Cabrini G (1993) Nonsense mutation R1162X of the cystic fibrosis transmembrane conductance regulator gene does not reduce the messenger RNA expression in nasal epithelial tissue. J Clin Invest 92:2683–2687

Rommens JM, Iannuzzi MC, Kerem BS et al. (1989) Identification of the cystic fibrosis gene: chromosome walking and jumping. Science 245:1059–1065

Rosenecker J, Eichler I, Kühn L, Harms HK, Hardt H von der, and the Multicenter Cystic Fibrosis Study Group (1995) Genetic determination of diabetes mellitus in patients with cystic fibrosis. J Pediatr 127:441–443

Rozmahel R, Wilschanski M, Matin A et al. (1996) Modulation of disease severity in cystic fibrosis transmembrane conductance regulator deficient mice by a secondary genetic factor. Nat Genet 12:280–287

Santis G, Osborne L, Knight RA, Hodson M (1990) Independent genetic determinants of pancreatic and pulmonary status in cystic fibrosis. Lancet 336:1081–1084

Schellen TMCM, Stratten A van (1980) Autosomal recessive hereditary congenital aplasia of the vasa deferentia in four siblings. Fertil Steril 35:401–404

Seibert FS, Linsdell P, Loo TW et al. (1996) Disease-associated mutations in the fourth cytoplasmic loop of cystic fibrosis transmembrane conductance regulator compromise biosynthetic processing and chloride channel activity. J Biol Chem 271:15.139–15.145

Sheppard DN, Rich DP, Ostedgaard LS, Gregory RJ, Smith AE, Welsh MJ (1993) Mutations in CFTR associated with mild disease form Cl⁻ channels with altered pore properties. Nature 362:160–164

Sheppard DN, Ostedgaard LS, Winter MC, Welsh MJ (1995) Mechanism of dysfunction of two nucleotide binding domain mutations in cystic fibrosis transmembrane conductance regulator that are associated with pancreatic sufficiency. EMBO J 14:876–883

Sheppard DN, Travis SM, Ishihara H, Welsh MJ (1996) Contribution of proline residues in the membrane-spanning domains of cystic fibrosis transmembrane conductance regulator to chloride channel function. J Biol Chem 271:14.995–15.001

Smit LS, Nasr SZ, Iannuzzi MC et al. (1993) An African-American cystic fibrosis patient homozygous for a novel frameshift mutation associated with reduced CFTR mRNA levels. Hum Mutat 2:148–151

Smit LS, Strong TV, Wilkinson DJ et al. (1995) Missense mutation (G480 C) in the CFTR gene associated with protein mislocalization but normal chloride channel activity. Hum Mol Genet 4:269–273

Smith JJ, Karp PH, Welsh MJ (1994) Defective fluid transport by cystic fibrosis airway epithelia. J Clin Invest 93:1307–1311

Smith JJ, Travis SM, Greenberg EP, Welsh MJ (1996) Cystic fibrosis airway epithelia fail to kill bacteria because of abnormal airway surface fluid. Cell 85:229–236

Snouwart JN, Brigman KK, Latour AM, Malouf NN, Boucher RC, Smithies O, Koller BH (1992) An animal model for cystic fibrosis made by gene targeting. Science 257:1083–1088

Stern RC (1997) The diagnosis of cystic fibrosis. N Engl J Med 336:487–491

Stern RC, Boat TF, Doershuk CF (1982) Obstructive azoospermia as a diagnostic criterion for the cystic fibrosis syndrome. Lancet 1:1401–1403

Stern RC, Doershuk CF, Drumm ML (1995) 3849+10 kB C→T mutation and disease severity in cystic fibrosis. Lancet 346:274–276

Strong TV, Smit LS, Turpin SV et al. (1991) Cystic fibrosis gene mutation in two sisters with mild disease and normal sweat electrolyte levels. N Engl J Med 325:1630–1634

Strong TV, Smit LS, Nasr S et al. (1992) Characterization of an intron 12 splice donor mutation in the cystic fibrosis transmembrane conductance regulator (CFTR) gene. Hum Mutat 1:380–387

Strong TV, Wilkinson DJ, Mansoura MK et al. (1993) Expression of an abundant alternatively spliced form of the cystic fibrosis transmembrane conductance regulator (CFTR) gene is not associated with a cAMP-activated chloride conductance. Hum Mol Genet 2:225–230

Stuhrmann M, Macek M jr, Reis A et al. (1990) Genotype analysis of cystic fibrosis patients in relation to pancreatic sufficiency. Lancet 335:738–739

Stutts MJ, Canessa CM, Olsen JC et al. (1995) CFTR as a cAMP dependent regulator of sodium channels. Science 269:847–850

Tabcharani JA, Rommens JM, Hou X-Y, Chang X-B, Tsui L-C, Riordan JR, Hanrahan JW (1993) Multi-ion pore behaviour in the CFTR chloride channel. Nature 366:79–82

Tanner MS, Taylor CJ (1995) Liver disease in cystic fibrosis. Arch Dis Child 72:281–284

Teem JL, Welsh MJ (1994) Partial correction of the ΔF508 CFTR localization defect by revertant mutation R555K. Pediatr Pulmonol Suppl 10:180–181

Teem JL, Berger HA, Ostedgaard LS, Rich DP, Tsui L-C, Welsh MJ (1993) Identification of revertants for the cystic fibrosis ΔF508 mutation using STE6-CFTR chimeras in yeast. Cell 73:335–346

Teng H, Jorissen M, Van Poppel H, Legius E, Cassiman J-J, Cuppens H (1997) Increased proportion of exon 9 alternatively spliced CFTR transcripts in vas deferens compared with nasal epithelial cells. Hum Mol Genet 6:85–90

The Cystic Fibrosis Genetic Analysis Consortium (1994) Population variation of common cystic fibrosis mutations. Hum Mutat 4:167–177

Thomas PM, Cote GJ, Wohllk N et al. (1995) Mutation in the sulfonylurea receptor gene in familial persistent hyperinsulinemic hypoglycemia of infancy. Science 268:426–429

Tsui L-C (1991) Probing the basic defect in cystic fibrosis. Curr Opin Genet Dev 1:4–10

Van Doorminck JH, French PJ, Verbeek E, Peters RHPC, Morreau H, Bijman J, Scholte B (1995) A mouse model for the cystic fibrosis ΔF508 mutation. EMBO J 14:4403–4411

Vankerberghen A, Wei L, Jaspers M et al. (1996) Characterisation of R domain CFTR mutations. Pediatr Pulmonol Suppl 13:226

Wagner JA, Chao AC, Gardner P (1995) Molecular strategies for therapy of cystic fibrosis. Annu Rev Pharmacol Toxicol 35:257–276

Ward CL, Omura S, Kopito RR (1995) Degradation of CFTR by the ubiquitin-proteasome pathway. Cell 83:121–127

Welsh MJ, Smith AE (1993) Molecular mechanisms of CFTR chloride channel dysfunction in cystic fibrosis. Cell 73:1251–1254

Welsh MJ, Anderson MP, Rich D et al. (1992) Cystic fibrosis transmembrane conductance regulator: a chloride channel with novel regulation. Neuron 8:821–829

Welsh MJ, Tsui L-C, Boat TF et al. (1995) Cystic fibrosis. In: Scriver CR, Beaudet AL, Sly WS, Valle D (eds) The metabolic and molecular bases of inherited disease, 7th edn. McGrawHill, New York, pp 3799–3876

Wilkinson DJ, Mansoura MK, Watson PY, Smit LS, Collins FS, Dawson DC (1996) CFTR: the nucleotide binding folds regulate the accessibility and stability of the activated state. J Gen Physiol 107:103–119

Will K, Dörk T, Stuhrmann M, Meitinger T, Bertele-Harms R, Tümmler B, Schmidtke J (1994) A novel exon in the cystic fibrosis transmembrane conductance regulator gene activated by the nonsense mutation E92X in airway epithelial cells of patients with cystic fibrosis. J Clin Invest 93:1852–1859

Will K, Dörk T, Stuhrmann M, Hardt H von der, Ellemunter H, Tümmler B, Schmidtke J (1995) Transcript analysis of CFTR nonsense mutations in cystic fibrosis. Hum Mutat 5:210–220

Wilson JM (1995) Gene therapy for cystic fibrosis: challenges and future directions. J Clin Invest 96:2547–2554

Wine JJ (1995) How do CFTR mutations cause cystic fibrosis? Curr Biol 5:1357–1359

Yang Y, Devor DC, Engelhardt JF et al. (1993a) Molecular basis of defective anion transport in L cells expressing recombinant forms of CFTR. Hum Mol Genet 2:1253–1261

Yang Y, Janich S, Cohn JA, Wilson JM (1993b) The common variant of cystic fibrosis transmembrane conductance regulator is recognized by hsp70 and degraded in a pre-Golgi nonlysosomal compartment. Proc Natl Acad Sci USA 90:9480–9484

Yang Y, Engelhardt JF, Wilson JM (1994) Ultrastructural localization of variant forms of cystic fibrosis transmembrane conductance regulator in human bronchial epithelia of xenografts. Am J Respir Cell Mol Biol 11:7–15

Zabner J, Couture LA, Gregory RJ, Graham SM, Smith AE, Welsh MJ (1993) Adenovirus-mediated gene transfer transiently corrects the chloride transport defect in nasal epithelia of patients with cystic fibrosis. Cell 75:207–216

Zeiher BG, Eichwald E, Zabner J et al. (1995) A mouse model for the ΔF508 allele of cystic fibrosis. J Clin Invest 96:2051–2064

Zhou L, Dey CR, Wert SE, DuVall MD, Frizzell RA, Whitsett JA (1994) Correction of lethal intestinal defect in a mouse model of cystic fibrosis by human CFTR. Science 266:1705–1708

Zielenski J, Tsui L-C (1995) Cystic fibrosis: genotypic and phenotypic variations. Annu Rev Genet 29: 777–807

Zielenski J, Rozmahel R, Bozon D et al. (1991) Genomic DNA sequence of the cystic fibrosis transmembrane conductance regulator (CFTR) gene. Genomics 10:214–228

Zielenski J, Bozon D, Markiewicz D et al. (1993) Analysis of CFTR transcripts in nasal epithelial cells and lymphoblasts of a cystic fibrosis patient with 621+1 G→T and 711+1 G→T mutations. Hum Mol Genet 2:683–687

Zielenski J, Markiewicz D, Li SP et al. (1995a) Skipping of exon 12 as a consequence of a point mutation (1898+5 GT) in the cystic fibrosis transmembrane conductance regulator gene found in a consanguineous Chinese family. Clin Genet 47:125–132

Zielenski J, Patrizio P, Corey M, Handelin B, Markiewicz D, Asch R, Tsui L-C (1995b) CFTR gene variant for patients with congenital absence of vas deferens. Am J Hum Genet 57:958–960

2.3 Sphingolipidosen

Thomas Kolter und Konrad Sandhoff

Inhaltsverzeichnis

2.3.1	Einführung	195
2.3.2	Lysosomale Speicherkrankheiten	196
2.3.3	Struktur und Funktion von Sphingolipiden	196
2.3.4	Sphingolipidstoffwechsel	198
2.3.4.1	Biosynthese und intrazelluläre Topologie	198
2.3.4.2	Sphingolipidkatabolismus (Abb. 2.3.6)	201
2.3.5	Topologie der Endozytose (Abb. 2.3.7)	201
2.3.6	Mechanismen der lysosomalen Verdauung	203
2.3.7	Sphingolipidosen	205
2.3.7.1	GM2-Gangliosidosen (Tay-Sachs- und Sandhoff-Erkrankung, GM2-Aktivatordefizienz)	205
2.3.7.1.1	B-Variante der GM2-Gangliosidosen	206
2.3.7.1.2	B1-Variante der GM2-Gangliosidosen	207
2.3.7.1.3	0-Variante der GM2-Gangliosidosen	207
2.3.7.1.4	AB-Variante (GM2-Aktivatordefizienz)	208
2.3.7.1.5	Tiermodelle der GM2-Gangliosidosen	208
2.3.7.2	GM1-Gangliosidose (und Morquio-Typ-B-Erkrankung)	210
2.3.7.2.1	Morquio-Typ-B-Erkrankung	211
2.3.7.3	Galaktosialidose	211
2.3.7.3.1	Sialidose	212
2.3.7.4	Fabry-Erkrankung	212
2.3.7.5	Niemann-Pick-Erkrankung	213
2.3.7.6	Metachromatische Leukodystrophie (und Multiple Sulfatasedefizienz)	214
2.3.7.6.1	Multiple Sulfatasedefizienz (Austin-Erkrankung)	215
2.3.7.7	Gaucher-Erkrankung	215
2.3.7.8	Krabbe-Erkrankung	216
2.3.7.9	Farber-Erkrankung	217
2.3.7.10	Defizienz von Sphingolipidaktivatorproteinen	218
2.3.8	Mechanismen der Pathogenese der Sphingolipidosen	220
2.3.8.1	Theorie der Restaktivität (Abb. 2.3.11)	221
2.3.9	Molekulare Diagnostik: Metabolische, enzymatische und genetische Verfahren	223
2.3.10	Therapie	224
2.3.10.1	Enzymersatztherapie	224
2.3.10.2	Knochenmarktransplantationen	225
2.3.10.3	Gentherapie	225
2.3.10.4	Inhibitoren der Glykosphingolipidbiosynthese	225
2.3.11	Ausblick	226
2.3.12	Abkürzungserläuterungen	226
2.3.13	Literatur	227

2.3.1 Einführung

Der Begriff der Sphingolipidosen umfaßt eine Reihe erblicher Störungen des Sphingolipidstoffwechsels. Aufgrund von Mutationen in Strukturgenen, die für Enzyme und weitere Proteine des Sphingolipidabbaus kodieren, kommt es zur lysosomalen Speicherung nicht mehr abbaubarer Sphingolipide in einem oder mehreren Organen. Symptomatik und Verlaufsformen dieser Speicherkrankheiten können innerhalb weiter Grenzen variieren. Selbst bei Mutationen innerhalb ein und derselben Sphingolipidhydrolase sind verschiedene Verlaufsformen und Symptomatiken möglich. Einerseits können infantile Erkrankungen zu neurologischen Ausfallserscheinungen und frühem Tod führen, andererseits sind auch adulte Varianten möglich (Rapola, 1994), die mit einem langsamen Fortschreiten der Krankheit und einer nahezu normalen Lebenserwartung ohne neurologische Beteiligung einhergehen. Bei sog. Pseudodefizienzen ist die Restenzymaktivität so groß, daß keine Krankheitssymptome auftreten. Die Kenntnis der primären Defekte auf genomischer Ebene ist eine Voraussetzung zum Verständnis dieser Erkrankungen, sie ist aber nicht ausreichend, um deren Verlaufsformen und Symptomatik zu verstehen.

2.3.2 Lysosomale Speicherkrankheiten

Der Abbau zellulärer Bestandteile erfolgt hauptsächlich in den Lysosomen, wohin sie über Endozytose oder Autophagie gelangen. In den Lysosomen werden Makromoleküle durch hydrolytische Enzyme mit sauren pH-Optima in ihre Bausteine zerlegt. Etwa 40 verschiedene Hydrolasen, darunter Proteasen, Glykosidasen, Lipasen, Phospholipasen, Nukleasen, Phosphatasen und Sulfatasen sind an den Abbauvorgängen beteiligt. Die Abbauprodukte können das Lysosom verlassen, um in anderen subzellulären Kompartmenten der Energiegewinnung oder der Neusynthese zellulärer Bestandteile zu dienen. Ihr Durchtritt durch die lysosomale Membran erfolgt durch Diffusion oder mit Hilfe von Transportproteinen.

Die erbliche Störung eines oder mehrerer Abbauschritte führt zur Akkumulation nicht mehr abbaubaren Materials und zu lysosomalen Speicherkrankheiten, die nach der Natur der Speichersubstanzen klassifiziert werden (Neufeld, 1991; Suzuki, 1994; Gieselmann, 1995, Sandhoff u. Kolter, 1995). Man kennt dementsprechend Sphingolipidosen, Mukopolysaccharidosen, Mukolipidosen, Glykoproteinspeicherkrankheiten und eine Glykogenose. Das Konzept, daß angeborene Stoffwechselstörungen zu Erbkrankheiten führen können, geht auf Garrod zurück (1923). Am Beispiel der Pompe-Erkrankung (Glykogenose Typ II) führte dann Hers (1966) den Begriff der lysosomalen Erkrankung ein, die durch den vererbbaren Defekt einer sauren Hydrolase mit lysosomaler Lokalisation und die Akkumulation ihres nicht mehr abbaubaren Enzymsubstrats charakterisiert ist. Die Konzepte von Garrod und Hers sind nach wie vor gültig. Heute ist jedoch bekannt, daß auch Defekte in Transport- (Pisoni u. Thoene, 1991; Gahl et al., 1995) und Aktivatorproteinen (Sandhoff et al., 1995) zu lysosomalen Speicherkrankheiten führen können. Darüber hinaus ist der Defekt einer lysosomalen Hydrolase nicht in jedem Fall von der lysosomalen Speicherung ihres Substrats begleitet. Dies ist bei der Krabbe-Erkrankung der Fall, bei der die myelinbildenden Zellen schneller untergehen als es zu einer Akkumulation des Substrats der defekten Hydrolase, dem Galaktosylzeramid, kommen kann.

Von den membranbildenden Lipiden des Säugers sind die Glyzerinphosphatide die quantitativ bedeutendste Stoffklasse. Eine Erkrankung, die durch die primäre Speicherung eines Glyzerinphosphatids hervorgerufen wird, ist bis heute nicht bekannt. Hier bestehen parallele Abbauwege, bei denen die Störung eines Abbauschritts durch die Nutzung alternativer Wege umgangen werden kann. Dagegen erfolgt der Sphingolipidabbau sequentiell. Es können verschiedene Sphingolipide, die mengenmäßig nur eine untergeordnete Rolle spielen, pathologisch angehäuft werden, wenn ihr Abbauschritt defekt ist, was zum Auftreten von Sphingolipidosen Anlaß geben kann.

2.3.3 Struktur und Funktion von Sphingolipiden

Sphingolipide sind charakteristische Bestandteile der Plasmamembran eukaryotischer Zellen (Sweeley, 1991; Wiegandt, 1985). Sie bestehen aus einem hydrophoben Membrananker, dem Zeramid, und einer hydrophilen Kopfgruppe. Im Fall der Glykosphingolipide (GSL) handelt es sich bei der Kopfgruppe um einen variablen, extrazellulär orientierten Oligosaccharidrest (Abb. 2.3.1). Zeramid selbst besteht aus einem langkettigen Aminoalkohol, D-erythro-Sphingosin, der mit einer Fettsäure acyliert ist. Sphingolipide mit ungewöhnlichen Zeramidstrukturen werden in der Haut gefunden, wo sie zum Aufbau der Wasserpermeabilitätsbarriere beitragen (Downing, 1992).

In der Natur wird eine Vielzahl von GSL gefunden, die sich in der Art, Zahl und Verknüpfung der einzelnen Zuckerbausteine unterscheiden. Dabei werden die meisten der in Wirbeltieren gefundenen GSL in 7 Serien klassifiziert (Wiegandt, 1985) (Abb. 2.3.2). Sie bilden auf der Zelloberfläche zelltypspezifische Muster, die sich mit Differenzierungszustand und bei viraler oder onkogener Transformation ändern (Hakomori, 1981) (Abb. 2.3.3).

Besonders bedeutsam für die Pathogenese von Sphingolipidosen ist das häufige Vorkommen von sialinsäurehaltigen GSL der Ganglioserie (vgl. Abb. 2.3.2), den Gangliosiden, in Nervenzellen. Daraus erklärt sich die beeinträchtigte Funktion des Nervensystems bei Gangliosidosen. Zusammen mit Glykoproteinen und Glykosaminoglykanen tragen GSL zum Aufbau der Glykokalix bei, die die Zelloberfläche mit einer Schicht aus Kohlenhydraten bedeckt.

Es ist bekannt, daß GSL der Zelloberfläche als Bindungsstellen für Toxine, Viren (Markwell et al., 1981) und Bakterien (Karlsson, 1989) fungieren können. Diese Pathogene profitieren von der engen räumlichen Nachbarschaft zwischen spezifi-

Abb. 2.3.1. Struktur des Gangliosids GD1a, dem häufigsten sialinsäurehaltigen Glykosphingolipid im adulten menschlichen Hirn. Die Bezeichnung von Partialstrukturen ist angegeben; Heterogenitäten im Lipidteil sind nicht gekennzeichnet

Abb. 2.3.2. Strukturen und Trivialnamen der wichtigsten Glykosphingolipidserien. *Zeramid* N-Acylsphingosin; *Gal* D-Galaktose; *GalNAc* N-Azetyl-D-Galaktosamin; *Glc* D-Glukose; *GlcNAc* N-Azetyl-D-Glukosamin; *NeuAc* N-Azetyl-Neuraminsäure; SO_4 Sulfat

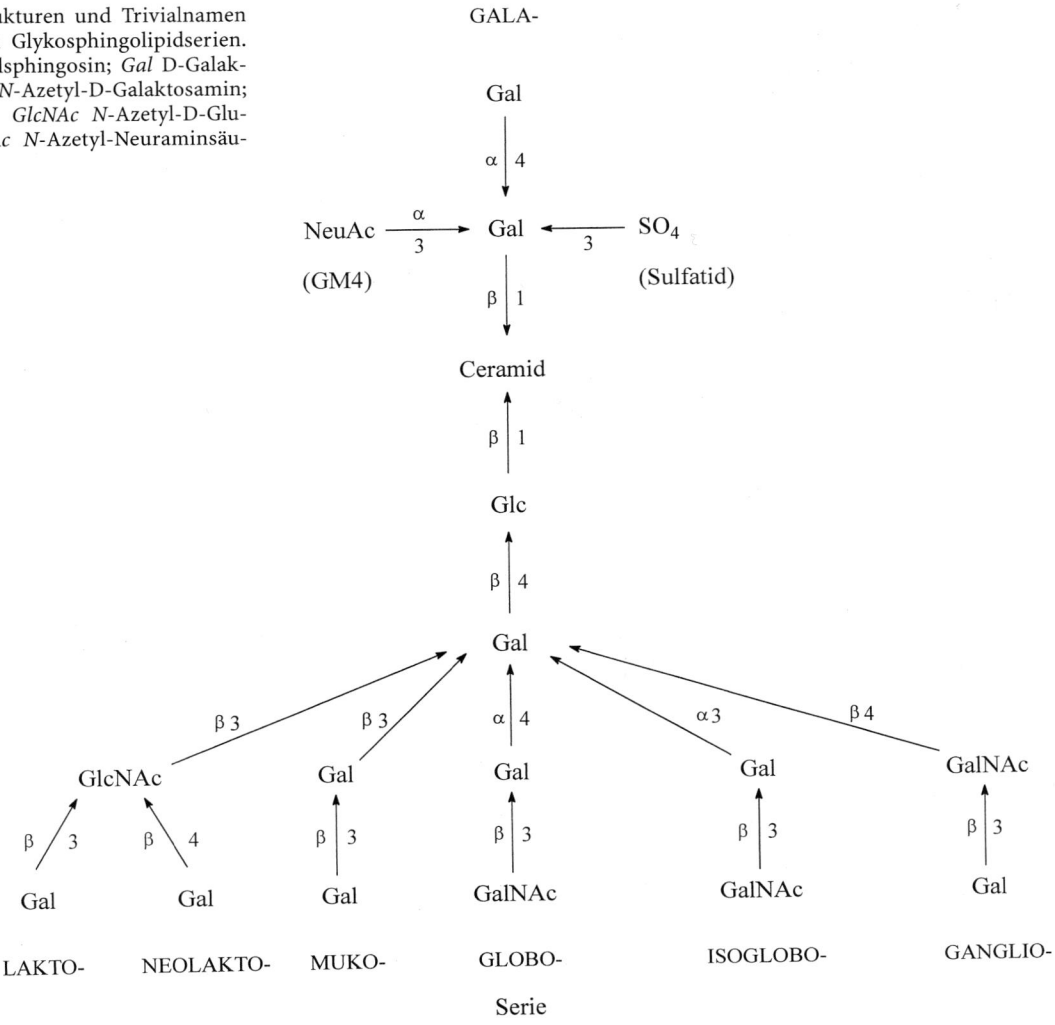

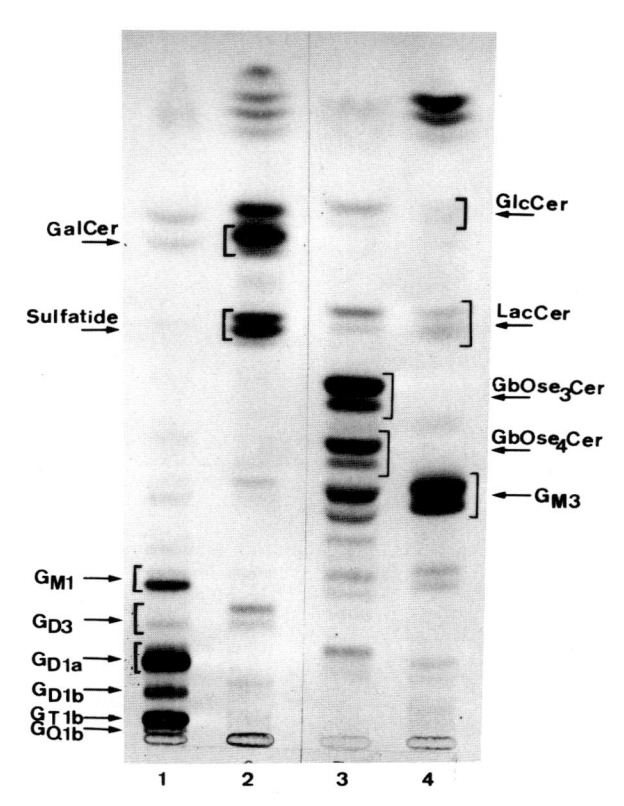

Abb. 2.3.3. Biosynthetische Markierung zellulärer Glykolipide mit [^{14}C]-Galaktose (Van Echten u. Sandhoff, 1989). Zellen wurden in Kultur mit [^{14}C]-Galaktose (2 µCi/ml) für 48 h markiert, geerntet und extrahiert. Die Glykosphingolipide wurden dünnschichtchromatographisch getrennt und durch Fluorographie sichtbar gemacht, *Bahn 1* Körnerzellen aus dem Kleinhirn der Maus, *Bahn 2* Oligodendrozyten, *Bahn 3* Fibroblasten, *Bahn 4* Neuroblastomazellen (B 104). Die Mobilität von Standardlipiden ist angegeben; zu den verwendeten Abkürzungen vgl. nachfolgende Abbildungen

schen Kohlenhydraterkennungsstellen auf der Zelloberfläche und der Plasmamembran. GSL können auch mit membrangebundenen Rezeptoren und Enzymen in Wechselwirkung treten (Schnaar, 1991) und sind an zelltypspezifischen Adhäsionsprozessen beteiligt (Phillips et al., 1990; Walz et al., 1990). Verschiedene physiologische Vorgänge können durch GSL beeinflußt werden, beispielsweise die Embryogenese, die Differenzierung neuronaler Zellen und Leukozyten, die Zelladhäsion und die Signaltransduktion (Zeller u. Marchase, 1992). Auch lipophile Intermediate des GSL-Stoffwechsels wie Sphingosin, Zeramid und deren phosphorylierte Derivate sind in die Signaltransduktion involviert (Hannun, 1996; Spiegel, Foster u. Kolesnick, 1996). Schließlich bilden komplexe GSL eine Schicht auf den antizytosolischen Seiten zellulärer Membranen, die diese vor Abbau und unkontrollierter Membranfusion schützt (van Helvoort u. van Meer, 1995; Kopitz, 1997). Über die genaue Funktion einzelner Sphingolipide in vivo ist wenig bekannt. Zahlreiche Beobachtungen legen nahe, daß sie an verschiedenen biologischen Vorgängen beteiligt sind, aber in vielen Fällen sind eindeutige Beweise für ihre Funktion nicht verfügbar. Die Konservierung der GSL-Struktur in der Evolution sowie das Fehlen von Erbkrankheiten, die ihre Biosynthese betreffen, weisen jedoch darauf hin, daß sie wesentliche Funktionen für den lebenden Organismus erfüllen.

2.3.4 Sphingolipidstoffwechsel

Auf der Zelloberfläche werden Glykosphingolipidmuster ausgeprägt, die für einen Zelltyp in einem bestimmten Entwicklungsstadium charakteristisch sind. Bei der Biosynthese dieser Verbindungen, ihrem Abbau und ihrem intrazellulären Transport handelt es sich demnach um hochkoordinierte und aufeinander abgestimmt Prozesse. Da die biosynthetische Markierung von Sphingolipiden ein wertvolles Instrument zur Diagnose von Sphingolipidosen darstellt, soll hier – wenn auch nur sehr kurz – auf deren Biosynthese eingegangen werden (Abb. 2.3.4).

2.3.4.1 Biosynthese und intrazelluläre Topologie

Bei den Enzymen, die an der Sphingolipidbiosynthese beteiligt sind, handelt es sich um membrangebundene Proteine. Über ihre Struktur, katalytische Mechanismen, Biosynthese und Regulation ist wenig bekannt. Die De-novo-Biosynthese von Glykosphingolipiden (van Echten u. Sandhoff, 1993; Futerman, 1994) findet in den gleichen intrazellulären Kompartimenten statt wie die Biosynthese der Glykoproteine. Sie ist an den intrazellulären vesikulären Transport der wachsenden Moleküle gekoppelt, der über die Zisternen des Golgi-Apparats zur Plasmamembran führt. Sie beginnt mit der Bildung von Zeramid an den Membranen des Endoplasmatischen Retikulums (ER). An deren zytosolischer Seite wird aus Serin und Palmitoylkoenzym A das Kohlenstoffgerüst der Sphingoidbase aufgebaut, das nach Reduktion und Acylierung als Dihydrozeramid bzw. nach Einführung einer trans-Doppelbindung als Zeramid die Membranen des Golgi-Apparats erreicht. Dabei geht im

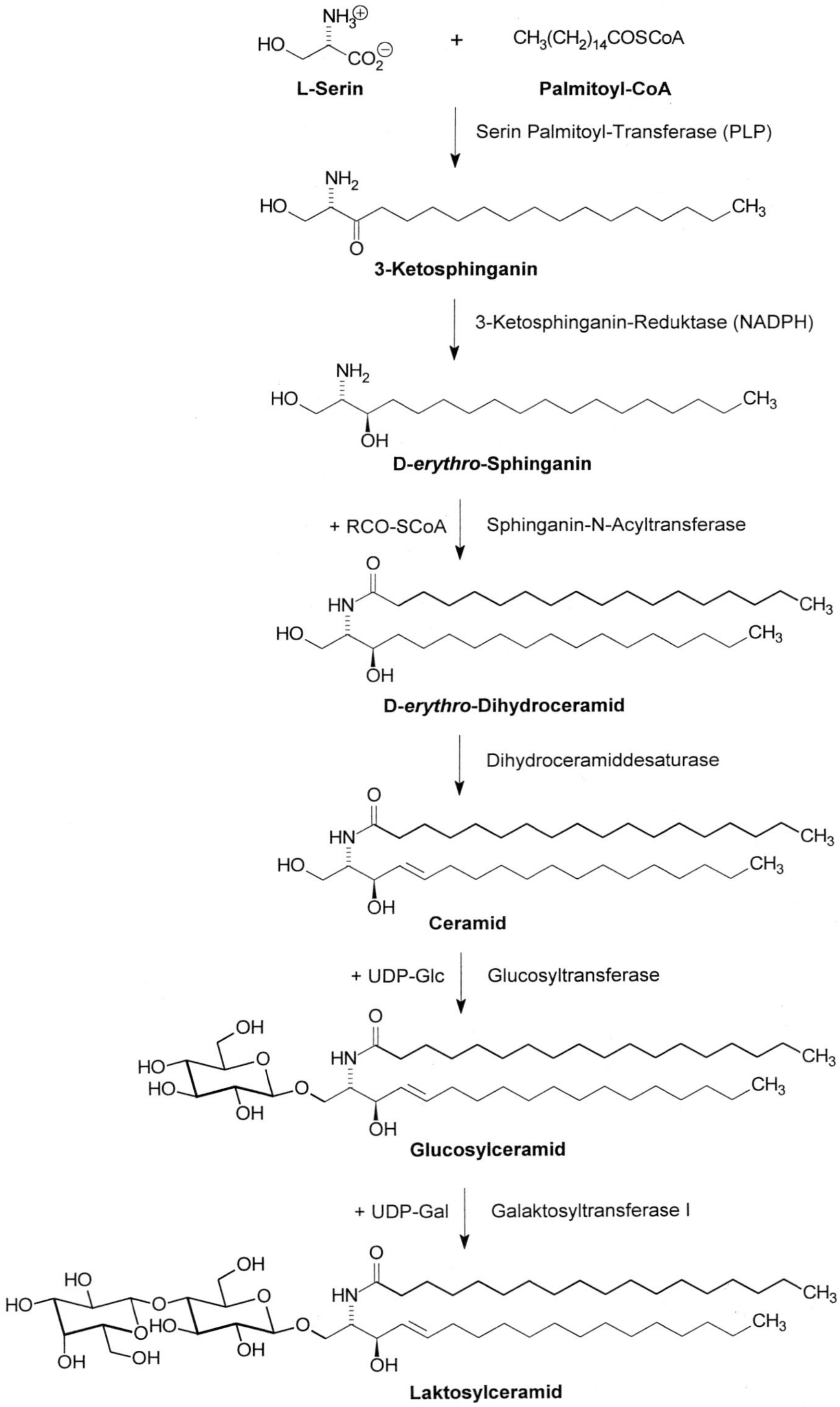

Abb. 2.3.4. Biosynthese des Laktosylzeramid (Van Echten u. Sandhoff, 1993). Die Bildung von Zeramid findet auf der zytosolischen Seite der Membranen des Endoplasmatischen Retikulums statt. Glukosylzeramid wird an der zytosolischen Seite des Golgi-Apparats synthetisiert, während die Synthese von Laktosylzeramid und weitere Glykosylierungen auf der luminalen Seite der Golgi-Membranen ablaufen

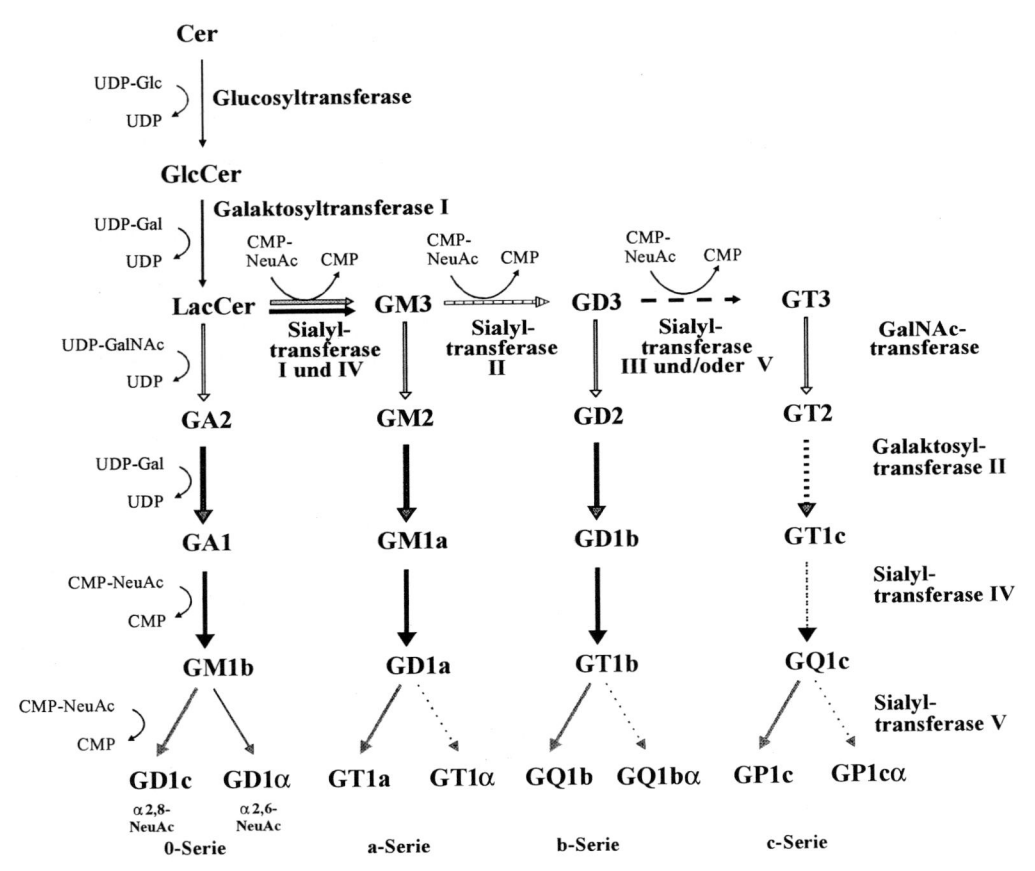

Abb. 2.3.5. Schema zur Biosynthese komplexer Ganglioside (Van Echten u. Sandhoff, 1993 unter Berücksichtigung von Hidari et al., 1994). Die Reaktionsschritte werden von membranständigen Glykosyltransferasen im Lumen des Golgi-Apparats katalysiert

ersten Schritt das C1-Atom des Serins als Kohlendioxid verloren. Der erste Zucker, Glukose, wird dann an der zytosolischen Oberfläche von Golgi-Membranen an das Zeramid angehängt. Das so gebildete Glukosylzeramid transloziert die Golgi-Membran und dient auf der luminalen Seite als Vorläufer für die Bildung von komplexen Glykolipiden, z. B. der Ganglioside. Ihre Biosynthese folgt einem Fließbandschema: akzeptorspezifische, membranverankerte Glykosyltransferasen steuern in frühen Kompartimenten des Golgi-Apparats die Bildung der Vorläufer von verschiedenen GSL-Familien, dem Laktosylzeramid (LacCer), dem Gangliosid GM3, dem Gangliosid GD3 und dem Gangliosid GT3. Diese werden von wenigen Glykosyltransferasen mit breiter Akzeptorspezifität v. a. im Trans-Golgi-Netzwerk in die jeweiligen Folgeprodukte umgewandelt. So können die Zellen mit wenigen Enzymen die Bildung einer Vielzahl komplexer GSL steuern. Die Produkte dieser Reaktionen werden durch exozytotische Vesikel auf die Oberfläche der Plasmamembran transportiert (Abb. 2.3.5).

Es ist anzunehmen, daß es auch Mutationen in den Strukturgenen der anabolen Enzyme gibt, die deren Funktionen beeinträchtigen. Daß sie bis heute nicht beobachtet wurden, könnte daran liegen, daß die Bildung korrekter GSL-Muster auf den Oberflächen einzelner Zellen während ihrer Differenzierung für die Embryogenese und Morphogenese notwendig ist. Eine gravierende Veränderung dieser Muster, z. B. durch den Ausfall wichtiger GSL-Strukturen, könnte zu Störungen bei der Embryogenese und damit zum Abort führen. Bei gentechnisch veränderten Mäusen, die aufgrund der Inaktivierung von GM2- und GD2-Synthase keine komplexen Ganglioside bilden können, werden allerdings nur geringfügige Störungen im Nervensystem beobachtet (Fukumoto et al., 1996).

2.3.4.2 Sphingolipidkatabolismus (Abb. 2.3.6)

Der Abbau zellulärer Sphingolipide (Sandhoff u. Kolter, 1995, 1996) erfolgt in den sauren Kompartimenten der Zelle, den späten Endosomen und insbesondere in den Lysosomen. Dabei ist die Zusammensetzung der Sphingolipide, die von der Zelloberfläche in die Lysosomen gelangen, unterschiedlich und hängt vom Zelltyp ab. Die Plasmamembran von Nervenzellen ist reich an Gangliosiden, während Oligodendrozyten und Schwann-Zellen, die die Myelinhülle um die Axone von Nervenzellen bilden, besonders reich an Galaktosylzeramid und Sulfatid sind. In den verschiedenen Zelltypen viszeraler Organe werden eher Glykosphingolipide der Globoreihe (vgl. Abb. 2.3.2) gefunden, etwa Globosid und Globotriaosylzeramid. Hautzellen schließlich enthalten vorwiegend Zeramide und Glukosylzeramide mit ungewöhnlich langen Acylketten. Bei kohlenhydrathaltigen Glykosphingolipiden werden die einzelnen Zuckerreste sequentiell vom nichtreduzierenden Ende her abgespalten. Über niedrig glykosylierte Sphingolipide entsteht schließlich Zeramid, das zu Sphingosin und einer langkettigen Fettsäure zerlegt wird. Sphingosin kann das Lysosom verlassen. Fällt aufgrund eines erblichen Defekts eines der am Abbau beteiligten Proteine aus, kommt es zur Akkumulation nicht mehr abbaubarer Lipidsubstrate im Lysosom. Im Gegensatz zu den wasserlöslichen Oligosacchariden der Glykoproteine handelt es sich dabei um schwerlösliche Amphiphile, die nicht abtransportiert werden können, sondern innerhalb der Lysosomen Aggregate bilden und ausfallen. Lysosomale Hydrolasen zeigen oft weniger Spezifität für ein bestimmtes Substrat als vielmehr für einen abzuspaltenden terminalen Rest, der in verschiedenen Stoffklassen vorkommen kann. Das kann dazu führen, daß bei einer bestimmten Sphingolipidose auch Glykoproteine oder Mukopolysaccharide gespeichert werden, wenn die defekte Hydrolase auch für einen dieser Abbauwege benötigt wird. Für fast jeden der einzelnen Abbauschritte des Sphingolipidkatabolismus ist beim Menschen ein solcher Defekt bekannt. Der Laktosylzeramidabbau stellt insofern eine Ausnahme dar, als er von 2 verschiedenen Enzymen geleistet werden kann und dementsprechend kein einzelner enzymatischer Defekt bekannt ist, der zur Speicherung von Laktosylzeramid führt. Demgegenüber wird bei einem Ausfall mehrerer Aktivatorproteine neben anderen Lipiden auch Laktosylzeramid gespeichert (s. Kapitel 2.3.7.10 „Defizienz von Sphingolipidaktivatorproteinen").

Die klinischen Konsequenzen einer Abbaustörung hängen in erster Linie davon ab, welche Zelltypen vorwiegend von der Speicherung betroffen sind. Bei den Gangliosidspeicherkrankheiten handelt es sich um neuronale Erkrankungen, während bei einer Akkumulation von Zeramid und Glukosylzeramid vorwiegend die viszeralen Organe und die Haut betroffen sind.

2.3.5 Topologie der Endozytose (Abb. 2.3.7)

Damit die Glykosphingolipide der Zelloberfläche intrazellulär abgebaut werden können, müssen sie durch Endozytose zu den Lysosomen transportiert werden. Nach heutigen Vorstellungen über den intrazellulären Membranfluß können Bausteine und Fragmente der Plasmamembran das lysosomale Kompartment über endozytotische Vesikel erreichen (Griffiths et al., 1988). Dabei werden Bereiche der Plasmamembran als Stachelsaumgrübchen (Coated Pits) zu intrazellulären Vesikeln abgeschnürt. Diese Vesikel können über die bekannten Wege der Membranfusion mit frühen Endosomen verschmelzen, so daß ihre Membranen Bestandteile der endosomalen Membranen werden. Die Fortführung eines solchen endozytotischen Vesikelflusses (Abknospen von Vesikeln von den späten Endosomen und deren Fusion mit Lysosomen) führt dazu, daß Bausteine der Plasmamembran das lysosomale Kompartment als Bausteine der lysosomalen Membran erreichen. Anschließend müßte der lysosomale Abbau der ursprünglichen Bausteine der Plasmamembran selektiv innerhalb der lysosomalen Membran erfolgen, so daß diese selbst intakt bleibt und das Lysosom den Abbauprozeß überlebt. Diese Vorstellung ist insofern problematisch, als die lysosomale Membran auf ihrer Innenseite von einer dicken, im Elektronenmikroskop darstellbaren Schicht von Kohlenhydraten, überwiegend Laktosaminstrukturen, abgedeckt wird. Diese Glykokalix wird von Glykoproteinen gebildet, den sog. „limps" (lysosomal integral membrane proteins) und „lamps" (lysosomal associated membrane proteins), die die lysosomale Membran mit aufbauen (Carlsson et al., 1988). Einem alternativen Modell für die Topologie der Endozytose zufolge können Bausteine der Plasmamembran den intrazellulären Verdauungsapparat auch als intraendosomale bzw. intralysosomale Vesikel und Membranen erreichen (Fürst u. Sandhoff, 1992). Diese könnten durch ein Einstülpen

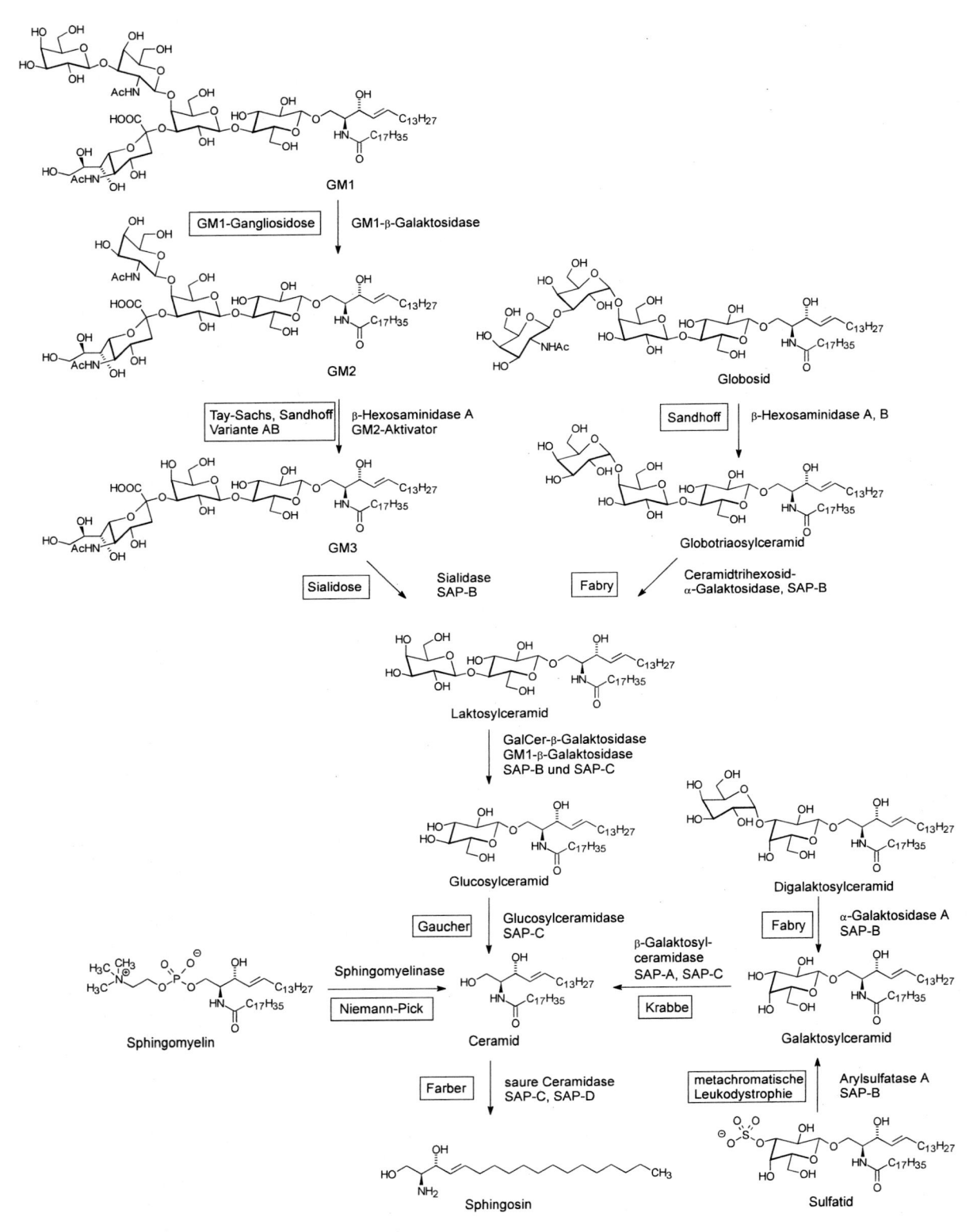

Abb. 2.3.6. Lysosomaler Sphingolipidabbau (Sandhoff u. Kolter, 1995). Die Eponyme bekannter Stoffwechseldefekte und benötigte Sphingolipidaktivatorproteine sind angegeben. Heterogenitäten im Lipidteil der Sphingolipide sind nicht gekennzeichnet. *Variante AB* Variante AB der GM2-Gangliosidose (Fehlen des GM2-Aktivatorproteins); *sap* Sphingolipidaktivatorprotein

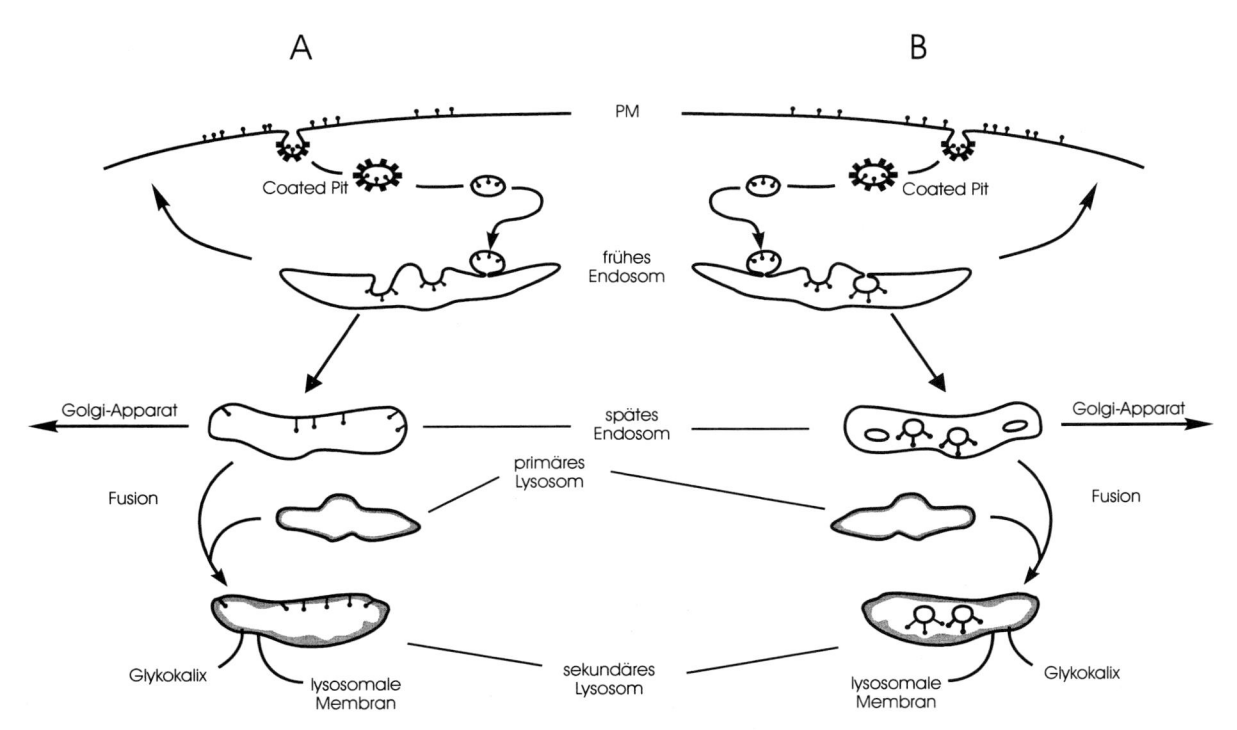

Abb. 2.3.7. Alternative Modelle der Endozytose und der lysosomalen Verdauung von Glykosphingolipiden (GSL) der Plasmamembran (modifiziert nach Sandhoff u. Kolter, 1996). *A* Konventionelles Modell: der Abbau von GSL der Plasmamembran erfolgt selektiv innerhalb der lysosomalen Membran. *B* Alternatives Modell: Während der Endozytose werden GSL der Plasmamembran in Membranen intraendosomaler Vesikel (multivesikulierte Körperchen) integriert. Die Vesikel gelangen in das lysosomale Kompartment, wenn späte Endosomen mit primären Lysosomen fusionieren und werden dort abgebaut. *PM* Plasmamembran

und Abschnüren bestimmter Bereiche der endosomalen Membranen gebildet werden, die besonders reich an ehemaligen Bausteinen der Plasmamembran sind. Über bekannte Fusionsprozesse zwischen den späten Endosomen und den frühen Lysosomen könnten die so gebildeten intraendosomalen Vesikel das Lumen, also den Innenraum der Lysosomen, erreichen und so den Verdauungsproteinen ausgesetzt werden. Es gibt eine Reihe von Befunden, die dieses Modell stützen (Sandhoff u. Kolter, 1996; Möbius et al., unveröffentlicht). Diese Beobachtungen wurden hauptsächlich durch die Analyse der Zellen von Sphingolipidosepatienten gewonnen (Burkhardt et al., 1997).

2.3.6 Mechanismen der lysosomalen Verdauung

Der lysosomale Abbau der einzelnen GSL erfolgt schrittweise durch Exohydrolasen. Der vererbte Defekt einer Exohydrolase verursacht einen Abbaublock und die intralysosomale Speicherung seiner nicht mehr abbaubaren Lipidsubstrate. Da der GSL-Abbau an einer Phasengrenzfläche erfolgt, kommt es hier zu einer Besonderheit: Die Hydrolasen sind im Lysosol gelöste Enzyme, während ihre Lipidsubstrate in membrangebundener Form vorliegen. Dies kann dazu führen, daß die abzubauenden Lipide den Hydrolasen sterisch nicht mehr zugänglich sind und ein 2-Komponenten-System aus Lipid und Hydrolase für den GSL-Abbau in vivo nicht ausreicht. Die biochemische Analyse des Glykolipidabbaus und seiner Erbkrankheiten hat zur Identifizierung und Charakterisierung von notwendigen Kofaktoren des Abbaus, den Sphingolipidaktivatorproteinen, geführt (Sandhoff et al., 1995). Danach wird für den Abbau membranständiger GSL mit kurzen Oligosaccharidketten nicht nur eine Exohydrolase, sondern zusätzlich auch ein Aktivatorprotein benötigt. So wird der enzymatische Abbau des Gangliosids GM2, der Hauptspeichersubstanz bei der Tay-Sachs-Erkrankung [Kapitel 2.3.7.1 „GM2-Gangliosidosen (Tay-Sachs- und Sandhoff-Erkrankung, GM2-Aktivatordefizienz")], erst durch ein lysosomales Gangliosidbindungsprotein, den GM2-Aktivator, ermöglicht. Er

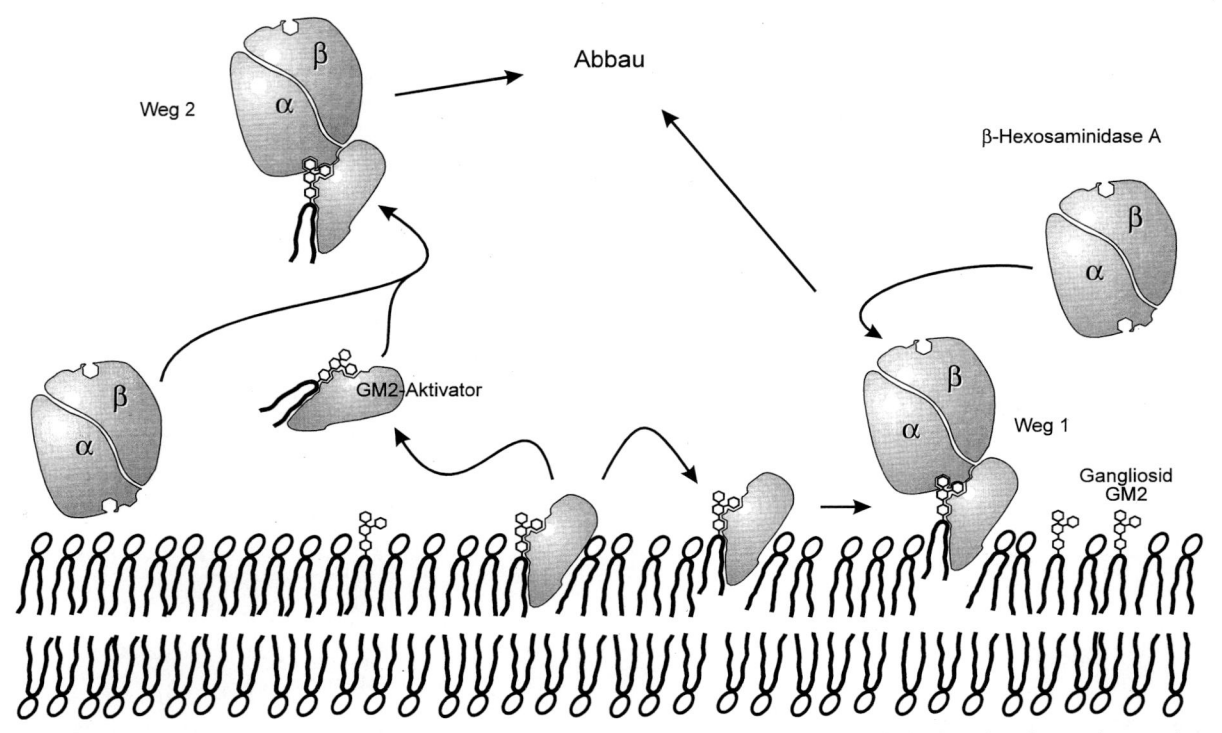

Abb. 2.3.8. Modell für die GM2-Aktivator-stimulierte Hydrolyse des Gangliosids GM2 durch die menschliche Hexosaminidase A (modifiziert nach Fürst u. Sandhoff, 1992). In Abwesenheit des GM2-Aktivators oder geeigneter Detergenzien greift die wasserlösliche *Hexosaminidase A* membrangebundenes *Gangliosid GM2* nicht an, aber sie spaltet Gangliosid-GM2-Analoga, die einen kurzkettigen oder gar keinen Fettsäurerest (Lysogangliosid GM2) enthalten. Diese sind weniger fest an die Lipiddoppelschicht gebunden und wasserlöslicher als das *Gangliosid GM2*. Membrangebundenes *Gangliosid GM2*, z. B. das von intralysosomalen Vesikeln, wird aber nur in Gegenwart des *GM2-Aktivators* hydrolysiert. Der *GM2-Aktivator* bindet ein Molekül des *Gangliosids GM2* und hebt es aus der Membran heraus. Der Aktivator-Gangliosid-Komplex kann dann von der wasserlöslichen *Hexosaminidase A* erkannt und das Lipidsubstrat gespalten werden

kann das membranständige Gangliosid GM2 und Ganglioside ähnlicher Struktur in stöchiometrischen, wasserlöslichen Komplexen binden. Darüber hinaus wirkt er in vitro als Gangliosidtransferprotein, das Ganglioside von einer Donor- zu einer Akzeptormembran transferieren kann. Auf Membran- bzw. Vesikeloberflächen wirkt er offensichtlich als sog. „Liftase", die membranständige Ganglioside erkennt, bindet und aus der Membranebene heraushebt, so daß diese wasserlöslichen, abbauenden Enzymen, hier der Hexosaminidase A, als Substrate zugeführt werden können. Dieser Schritt ist eine unabdingbare Voraussetzung für den Abbau des GM2-Gangliosids durch die lysosomale Hexosaminidase A in vivo. Der Ausfall des GM2-Aktivatorproteins bei der AB-Variante der GM2-Gangliosidose führt dementsprechend zu einer fatalen Akkumulation des Gangliosids in den Nervenzellen der Patienten (Abb. 2.3.8).

Neben dem GM2-Aktivator sind 4 weitere Sphingolipidaktivatorproteine, SAP A–D, bekannt, die auch als Saposine bezeichnet werden. Bereits 1964 wurde ein Protein identifiziert (Mehl u. Jatzkewitz, 1964), das für die hydrolytische Spaltung von Sulfatiden durch die lysosomale Arylsulfatase A benötigt wird. Bei diesem Sulfatidaktivator oder SAP-B handelt es sich um ein kleines lysosomales Glykoprotein, das aus 80 Aminosäuren mit einem N-glykosidisch gebundenen Zuckerbaum besteht und durch 3 Disulfidbrücken stabilisiert wird (Fürst et al., 1990). Ähnlich dem GM2-Aktivator bindet es GSL und wirkt im In-vitro-Test als GSL-Transferprotein. Sulfatide und ähnliche GSL können auf der Oberfläche von Donorliposomen erkannt, in stöchiometrischen Komplexen (1:1 Mol/Mol) gebunden, aus der Membran extrahiert und in die Membranen von Akzeptorliposomen übertragen werden (Fischer u. Jatzkewitz, 1977; Vogel et al., 1991). In den Lysosomen wirkt es offensichtlich wie der GM2-Aktivator als Liftase; der Sulfatidaktivator kann ganz unterschiedliche GSL vesikulärer Membranen binden, aus der Membranebene „liften" und wasserlöslichen Enzymen als Substrate anbieten. Entsprechend führt der erbliche Defekt des Sulfatidaktivators zu einer Speicherkrankheit ähnlich der metachromatischen Leukodystrophie, bei der neben Sulfatiden auch andere GSL, z.B. Globotriaosylzeramid, akkumulieren (Sandhoff et al., 1995). Die proteinchemische und molekularbiologische Analyse des Sulfatidaktivators (SAP-B) und eines weiteren Aktivatorproteins, des Gaucher-Faktors (SAP-C), ergab, daß beide Proteine zusammen mit 2 weiteren Aktivatorproteinen, SAP-A und SAP-D, durch proteolytisches Prozessieren aus einem gemeinsamen Vorläuferprotein entstehen, dem SAP-Vorläufer (Fürst, Machleidt u. Sandhoff, 1988; Nakano et al., 1988, O'Brien et al., 1988). Alle 4 Aktivatorproteine, SAP-A, -B, -C und -D, sind zueinander homolog, haben ähnliche Eigenschaften, aber unterschiedliche, z.T. noch nicht aufgeklärte Funktionen (Sandhoff et al., 1995).

Es gibt mehrere experimentelle Hinweise darauf, daß membranständige GSL mit kurzen Oligosaccharidketten wasserlöslichen Exohydrolasen nicht oder nur sehr schwer zugänglich sind. Ähnlich einem Rasenmäher können die Enzyme mit ihren aktiven Zentren aufgrund der sterischen Hinderung durch die Membranoberfläche nur solche GSL angreifen, deren Zuckerketten weit genug in den wäßrigen Raum hinausragen. Für den Abbau der GSL mit kurzen Zuckerketten brauchen sie die erwähnten Hilfsproteine, die Sphingolipidaktivatorproteine. Diese wirken u.a. als GSL-Bindungsproteine und damit als Liftasen für membranständige Glykolipide, die also die Wechselwirkung zwischen membranständigem GSL-Substrat und der jeweiligen Exohydrolase ermöglichen. Dabei muß ihre Funktion nicht auf die eines GSL-Bindungsproteins beschränkt bleiben; so wurden z.B. auch eine direkte Aktivierung der Glukosylzeramid-β-Glukosidase durch SAP-C nachgewiesen (Ho u. O'Brien, 1971) und eine spezifische Wechselwirkung des GM2-Aktivators mit der Hexosaminidase A gezeigt (Kytzia u. Sandhoff, 1985).

Dieser Mechanismus kann auch zum Schutz der Plasmamembran beitragen. Lysosomale Enzyme bzw. ihre oft schon aktiven Proenzyme treten aufgrund unvollständiger Sortiermechanismen – wenn auch verdünnt – im Extrazellulärraum auf. Lysosomale Hydrolasen, die keinen Aktivator benötigen, könnten dort GSL auf der Zelloberfläche langsam abbauen. Diese Möglichkeit wird normalerweise durch 2 Faktoren reduziert: durch einen neutralen pH-Wert auf der Zelloberfläche, bei dem die lysosomalen Hydrolasen nur eine geringe Aktivität aufweisen, und zusätzlich durch die notwendige Stimulation mittels lysosomaler Aktivatorproteine, die im Extrazellulärraum ebenfalls nur in geringen Konzentrationen auftreten.

2.3.7 Sphingolipidosen

Bei den Sphingolipidosen handelt es sich um angeborene Stoffwechselerkrankungen, die mit Ausnahme der Fabry-Erkrankung (Kapitel 2.3.7.4 „Fabry-Erkrankung") autosomal-rezessiv vererbt werden. Eine weitere X-chromosomal vererbte lysosomale Speicherkrankheit ist die als Hunter-Erkrankung bekannte Mukopolysaccharidose II, bei der die α-Iduronat-Sulfatase defekt ist. Neben Defekten in den Enzymen und Aktivatorproteinen kann auch eine fehlerhafte posttranslationale Modifikation zur Ausprägung einer lysosomalen Speicherkrankheit führen. Dies ist der Fall bei der I-cell disease (Mukolipidose II) und der Multiplen Sulfatasedefizienz [Kapitel 2.3.7.6.1 „Multiple Sulfatasedefizienz (Austin-Erkrankung)].

Zu den Eigenschaften der beteiligten lysosomalen Proteine (Conzelmann u. Sandhoff, 1987), ihrem intrazellulärer Transport (Braulke, 1996; Kornfeld u. Mellman, 1989; von Figura u. Hasilik, 1986) und einer Zusammenstellung einzelner Mutationen (Gieselmann, 1995) wird auf die zitierten Übersichten verwiesen. Eine vergleichende elektronenmikroskopische Untersuchung von Patientenfibroblasten findet sich beispielsweise in der Arbeit von Takahashi et al. (1987).

2.3.7.1 GM2-Gangliosidosen (Tay-Sachs- und Sandhoff-Erkrankung, GM2-Aktivatordefizienz)

Die GM2-Gangliosidosen sind auf einen Defekt im Abbau des Gangliosids GM2 zurückzuführen (Übersicht: Sandhoff et al., 1989; Gravel et al., 1995). Am Abbau des Gangliosids GM2 sind in vivo 3 Polypeptidketten beteiligt, die von 3 verschiedenen Genen kodiert werden: die α- und β-Ketten der β-Hexosaminidasen und das GM2-Aktivatorprotein. Die β-Hexosaminidasen sind dimere Proteine und spalten β-glykosidisch verknüpfte terminale N-Azetyl-Glukosamin- und N-Azetyl-Galaktosaminreste von Glykokonjugaten ab. Besonders wichtig ist die hydrolytische Spaltung des Gangliosids GM2 in N-Azetyl-Galaktosamin und das Gangliosid GM3. Dabei wird das GM2-Aktivatorprotein als Kofaktor benötigt. Aus den α- und β-Ketten der β-Hexosaminidase können 3 Isoenzyme gebildet werden, die sich durch ihre Untereinheitenstruktur und Substratspezifität unterscheiden. Die β-Hexosaminidase A hat die Untereinheitenstruktur αβ und baut negativ geladene und ungeladene Substrate ab. Sie verfügt über 2 aktive Zentren, eines auf der α- und eines auf der β-Kette (Kytzia u. Sandhoff, 1985). Die β-Hexosaminidase B mit der Untereinheitenstruktur $β_2$ spaltet N-Azetyl-Galaktosamin-Reste vorwiegend von ungeladenen Substraten wie dem Glykolipid GA2 und dem Globotetraosylzeramid ab. Ende der 60er Jahre gelang es, die Isoenzyme Hexosaminidase A und B durch Ionenaustauschchromatografie (Robinson u. Stirling, 1968) bzw. isoelektrische Fokussierung (Sandhoff, 1968) voneinander zu trennen. Die β-Hexosaminidase S ist ein Homodimer aus α-Ketten, das für den GM2-Abbau von untergeordneter Bedeutung ist und über dessen Funktion in vivo weit weniger Daten vorliegen als für die anderen Isoenzyme. Untersuchungen an gentechnisch veränderten Mäusen weisen darauf hin, daß die β-Hexosaminidase S am Abbau von Glykosaminoglykanen beteiligt ist (Sango et al., 1996). Mutationen, die das Gen für die α-Untereinheit der β-Hexosaminidasen betreffen, können dementsprechend zum Ausfall der β-Hexosaminidasen A und S führen. Dieser Defekt wird als B-Variante der GM2-Gangliosidosen bezeichnet und ihre infantile Verlaufsform auch als Tay-Sachs-Erkrankung. Mutationen im Gen für die β-Untereinheit können zum Ausfall der β-Hexosaminidasen A und B führen, wobei neben dem Gangliosid GM2 auch das Glykolipid GA2 und Globotetraosylzeramid gespeichert werden. Die dazugehörende Erkrankung ist die 0-Variante der GM2-Gangliosidosen oder auch Sandhoff-Erkrankung. Defekte im Gen für den GM2-Aktivator führen zur AB-Variante der GM2-Gangliosidosen. Diese Klassifizierung der Varianten der GM2-Gangliosidosen drückt aus, welche Isoenzyme noch in den Geweben des Patienten gefunden werden (Sandhoff et al., 1971).

2.3.7.1.1 B-Variante der GM2-Gangliosidosen

Die infantile Form der B-Variante ist besser als Tay-Sachs-Erkrankung bekannt. Die Symptome der Tay-Sachs-Erkrankung wurden erstmals 1881 von dem britischen Augenarzt Warren Tay beschrieben, der über einen Fall von infantiler amaurotischer Idiotie berichtete (Sandhoff et al., 1989). Tay entdeckte einen kirschroten Fleck (Abb. 2.3.9) in der Retina eines 1 Jahr alten Patienten, der physisch und psychisch retardiert war. Vor der Jahrhundertwende prägte dann der amerikanische Neurologe Bernhard Sachs den Begriff der familiären amaurotischen Idiotie und beschrieb die morphologischen Kennzeichen dieser Erkrankung. Das Zytoplasma der Nervenzellen war aufgebläht, die Dendriten stark angeschwollen. Im Hirn von Patienten mit amaurotischer Idiotie entdeckte der deutsche Biochemiker Ernst Klenk eine neue Gruppe saurer Glykosphingolipide und bezeichnete sie als Ganglioside. 1962 identifizierte Lars Svennerholm die Hauptspeichersubstanz innerhalb des Nervensystems als Gangliosid GM2, dessen chemische Struktur in der Mitte der 60er Jahre durch Makita u. Yamakawa (1963) sowie Ledeen u. Salsman (1965) aufgeklärt wurde. Der der Tay-Sachs-Erkrankung zugrundeliegende Stoffwechseldefekt, das Fehlen des Enzyms β-Hexosaminidase A, wurde 1969 aufgeklärt (Okada u. O'Brien, 1969; Sandhoff, 1969).

Die klassische Tay-Sachs-Erkrankung ist charakterisiert durch das Auftreten neurologischer Symptome im frühen Kindesalter, ein rasches Fortschreiten der Krankheit und Eintreten des Tods vor dem 4. Lebensjahr. Die frühesten Symptome setzen im Alter von 3–5 Monaten ein. Es treten motorische Schwächen auf; plötzliche Geräusche rufen ungewöhnlich heftige Schreckreaktionen hervor. Im Alter von 6–10 Monaten läßt die Aufmerksamkeit nach, motorische Fertigkeiten und Sehvermögen gehen verloren; Makrozephalie und neurologische Störungen schreiten fort, bis der Tod eintritt.

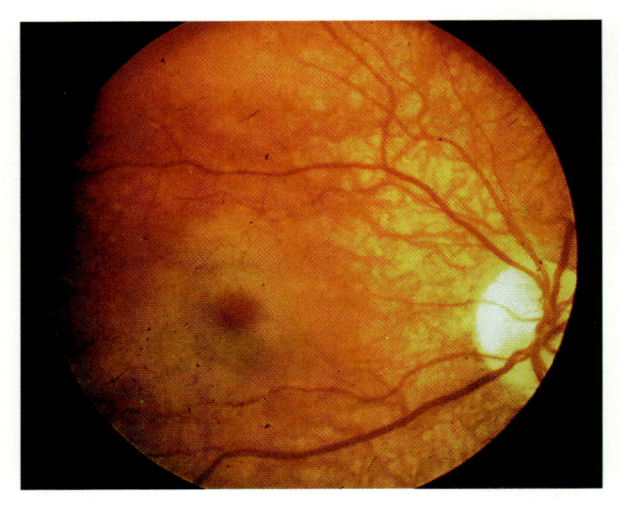

Abb. 2.3.9. Kirschroter Fleck im Fundus eines infantilen Tay-Sachs-Patienten

Juvenile Verlaufsformen der B-Variante der GM2-Gangliosidosen sind auch als Bernheimer-Seitelberger-Erkrankung bekannt und durch Auftreten motorischer Ataxie im Alter von 2–6 Jahren und fortschreitender Demenz im ersten Lebensjahrzehn charakterisiert. Eine chronische Verlaufsform fällt durch Abnormalitäten in Gang und Körperhaltung der Patienten auf und kann im Alter von 2–5 Jahren einsetzen. Mit fortschreitendem Alter treten neurologische Symptome in den Vordergrund, die Patienten können ein Alter von 40 Jahren erreichen.

Adulte Verlaufsformen der Erkrankung zeigen eine vielfältige Symptomatik, es können neurologische Störungen (spinale Muskelatrophie, Psychosen) auftreten, allerdings sind Sehvermögen und Intelligenz nicht eingeschränkt.

Sowohl cDNA und Gen (Myerowitz et al., 1985) der α-Kette als auch cDNA (O'Dowd et al., 1985) und Gen (Proia, 1988; Neote et al., 1988) der β-Kette sind bekannt. Die reife Form der α-Kette hat ein Molekulargewicht (MG) von 56000 (Hasilik u. Neufeld, 1980), die der β-Kette von 52000 (Proia u. Neufeld, 1982). Dabei wird die β-Kette in den Lysosomen mancher Zelltypen proteolytisch in 2 kleinere Fragmente, β_a und β_b gespalten.

Die Tay-Sachs-Erkrankung tritt besonders häufig in der Bevölkerungsgruppe der Ashkenasi-Juden auf (Heterozygotenfrequenz 1:27). Hier sind 3 mutierte Allele innerhalb der α-Kette für 93% aller mutierten Allele verantwortlich. Eine Insertion von 4 Basenpaaren in Exon 11 generiert durch eine Leserasterverschiebung ein Stoppkodon, das 9 Nukleotide stromabwärts der Mutation liegt. Die unreife mutierte mRNA ist instabil und wird vorzeitig abgebaut. Diese Mutation sowie eine Donorspleißstellenmutation in Intron 12 führen zu einem weitgehenden Ausfall der α-Untereinheit-mRNA und des α-Untereinheit-Genprodukts. Die 3. der genannten Mutationen liegt auf Exon 7 und bewirkt eine Gly269:Ser-Substitution. Die α-Untereinheit des heterodimeren Enzyms ist instabil, gleichwohl wird noch soviel funktionelle Hexosaminidase A gebildet, daß die verbleibende Restaktivität des Enzyms ausreicht, um bei Trägern einer Kopie dieses Allels sowie eines der beiden zuvor genannten Allele den milden adulten Phänotyp der Erkrankung auszuprägen. Die meisten der adulten Verlaufsformen sind auf diese Mutation zurückzuführen. Insgesamt konnten über 50 Mutationen auf der α-Kette identifiziert werden (Übersicht: Gravel et al., 1995). Verlaufsform und Schwere der Erkrankung korrelieren mit der Restaktivität der Enzyme im Lysosom (Leinekugel et al., 1992).

2.3.7.1.2 B1-Variante der GM2-Gangliosidosen

Die B1-Variante der GM2-Gangliosidosen (Kytzia et al., 1983; Suzuki u. Vanier, 1991) unterscheidet sich enzymologisch von der B-Variante durch eine veränderte Substratspezifität der mutierten β-Hexosaminidase A. Synthetische ungeladene Substrate, die zur Diagnose verwendet werden, werden gespalten, während keine Aktivität gegenüber dem natürlichen Substrat und gegenüber synthetischen negativ geladenenen Substraten gemessen wird. Es wird davon ausgegangen, daß die Funktion des aktiven Zentrums auf der α-Kette gestört ist, ohne daß die Assoziation der Untereinheiten, das Prozessieren des Enzyms und die Aktivität der β-Kette beeinträchtigt sind. Mutationen an 3 Positionen auf der α-Kette führen zur B1-Variante. Da auf Proteinebene bei 3 Mutationen Arg178 durch die Aminosäuren Cys, His und Leu substituiert ist, wurde angenommen, daß Arg178 eine Rolle als katalytische Aminosäure im aktiven Zentrum spielt. Diese Hypothese ist widerlegt worden (Fernandes et al., 1997), die genaue Rolle von Arg178 ist gegenwärtig noch unklar. Homozygote Patienten mit B1-Mutation zeigen einen juvenilen Krankheitsverlauf; bei zusammengesetzt Heterozygoten mit einem Nullallel wird die spätinfantile Form gefunden.

2.3.7.1.3 0-Variante der GM2-Gangliosidosen

Die 0-Variante wird auch als Sandhoff-Erkrankung bezeichnet (Sandhoff et al., 1968). Aufgrund von Mutationen auf dem Gen der β-Kette sind die β-Hexosaminidasen A und B defekt. Im Gegensatz zur B-Variante werden neben negativ geladenen Enzymsubstraten (v. a. das Gangliosid GM2) auch ungeladene Glykolipide gespeichert, v. a. Globosid in viszeralen Organen, Glykolipid GA2 im Nervengewebe und Oligosaccharide im Urin. Das klinische und pathologische Bild der Sandhoff-Erkrankung entspricht weitgehend dem der Tay-Sachs-Erkrankung, es treten zusätzlich Organomegalie und Knochendeformationen auf (Abb. 2.3.10). Wie bei der Tay-Sachs-Erkrankung werden membranöse zytoplasmatische Körperchen gefunden. 1/4 der bekannten Allele bei der 0-Variante wird durch eine Deletion des Promotors und der Exons 1–5 verursacht (Neote et al., 1990). Als katalytische Aminosäure im aktiven Zentrum der β-Hexosaminidase B ist Glu355 identifiziert worden (Ließem et al., 1995; Pennybacker et al., 1997).

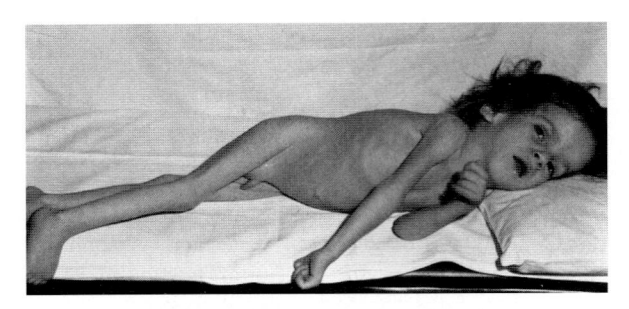

Abb. 2.3.10. Patient mit infantiler O-Variante der GM2-Gangliosidose

2.3.7.1.4 AB-Variante (GM2-Aktivatordefizienz)

Die AB-Variante der GM2-Gangliosidose ist auf eine Defizienz des GM2-Aktivators zurückzuführen (Übersicht: Sandhoff et al., 1995). Der molekulare Defekt bei der AB-Variante wurde 1978 aufgeklärt (Conzelmann u. Sandhoff, 1978); kurz darauf gelang die Reinigung des Proteins (Conzelmann u. Sandhoff, 1979). Der reife GM2-Aktivator besteht aus einem Polypeptid von 162 Aminosäuren. Es bildet 4 Disulfidbrücken aus und trägt einen N-glykosidisch gebundenen Oligosaccharidrest (Fürst et al., 1990). cDNA (Klima et al., 1991; Schröder et al., 1989) und große Bereiche des Gens (Klima et al., 1991) sind bekannt.

Klinisch beschrieben wurden 7 Fälle von GM2-Aktivatordefizienz (Übersicht: Sandhoff et al., 1995). Der klinische Verlauf der Erkrankung entspricht weitgehend dem der Tay-Sachs-Erkrankung. Dabei ist das Einsetzen der Symptome gegenüber Patienten mit Tay-Sachs-Erkrankung leicht verzögert, bei einem Patienten war das Sehvermögen im Alter von 2 Jahren noch vorhanden. Im Gegensatz zur Tay-Sachs-Erkrankung sind die bisher bekannten Patienten nichtjüdischer Herkunft. Neuropathologisch wurde keine substantielle Makrozephalie und kein Verlust an Nervenzellen beobachtet, kortikale Gliose und Demyelinisierung waren weniger stark ausgeprägt als bei der Tay-Sachs-Erkrankung. Gangliosid GM2 und Glykolipid GA2 werden bei der AB-Variante gespeichert, nicht aber Globosid (Sandhoff et al., 1971) oder GD1a-GalNAc, eine untergeordnete Speichersubstanz bei der 0- und der B-Variante (Meier et al., 1991).

Nur wenige Fälle der AB-Variante wurden auf molekularer Ebene analysiert. In den meisten Fällen konnte kein kreuzreagierendes Material in den Lysosomen kultivierter Hautfibroblasten oder Gewebeproben der Patienten detektiert werden. Bislang wurden 4 Mutationen beschrieben, die zur Ausprägung der AB-Variante der GM2-Gangliosidose führen. Ein homoallelischer Basenaustausch, der auf Proteinebene zu einer Cys107:Arg-Substitution führt, verhindert die korrekte Ausbildung einer Disulfidbrücke, die offensichtlich für Struktur und Stabilität des Proteins erforderlich ist (Schröder et al., 1991). Ein weiterer homoallelischer Basenaustausch führt zur Substitution von Arg169 durch Pro, der durch einen kompletten Verlust des Proteins in den Lysosomen charaterisiert ist (Schröder et al., 1993). Die Basendeletion $\Delta A410$ führt zu einer Leserasterverschiebung und zu einem Genprodukt mit verkürztem und stark verändertem C-Terminus (fsH137). Eine zum Leseraster kolineare Triplettdeletion $\Delta AGA262-264$ führt zum Verlust von Lys88. Zwar zeigen die heterolog exprimierten Proteine Restaktivitäten von 3% bzw. 8%, doch zeigen Biosynthesestudien, daß kein reifes Protein das Lysosom erreicht und das Krankheitsbild durch die Abwesenheit des Proteins bestimmt wird (Schepers et al., 1996).

Immunchemische Methoden (Banerjee et al., 1984) sind zur Detektion solcher Defekte nicht geeignet, die nicht die Stabilität, sondern nur die Aktivität des Aktivatorproteins einschränken. Dagegen können alle Varianten der GM2-Gangliosidose durch Beladungstests und Bestimmung der Hexosaminidaseaktivität diagnostiziert werden (Leinekugel et al., 1992). Kultivierte Hautfibroblasten werden mit radioaktiv markiertem GM2 oder dem metabolischen Vorläufer GM1 beladen, und der Abbau von GM2 wird gemessen. 10–20% der normalen Abbaurate genügen für einen ausreichenden GM2-Abbau (Leinekugel et al., 1992). Bei Fällen von GM2-Aktivator-Defizienz findet trotz normaler Hexosaminidase-A-Aktivität nahezu kein GM-2-Abbau statt. Wenn GM2-Aktivator dem Medium zugesetzt wird, findet eine Aufnahme durch die Zellen statt, und der Stoffwechsel der Patientenzellen wird normalisiert (Sonderfeld et al., 1985).

2.3.7.1.5 Tiermodelle der GM2-Gangliosidosen

Es sind verschiedene natürliche Tiermodelle der GM2-Gangliosidosen bekannt (Übersicht: Gravel et al., 1995). Daneben ist es in jüngster Vergangenheit gelungen, Mausmodelle für die einzelnen Formen der GM2-Gangliosidose zu entwickeln. Das gezielte Ausschalten von Genen für die α- und die β-Kette der Hexosaminidasen sowie für das GM2-Aktivatorprotein in embryonalen Stammzellen führte zu Tiermodellen der B- (Yamanaka et al., 1994, Taniike et al., 1995), der 0- (Sango et al.,

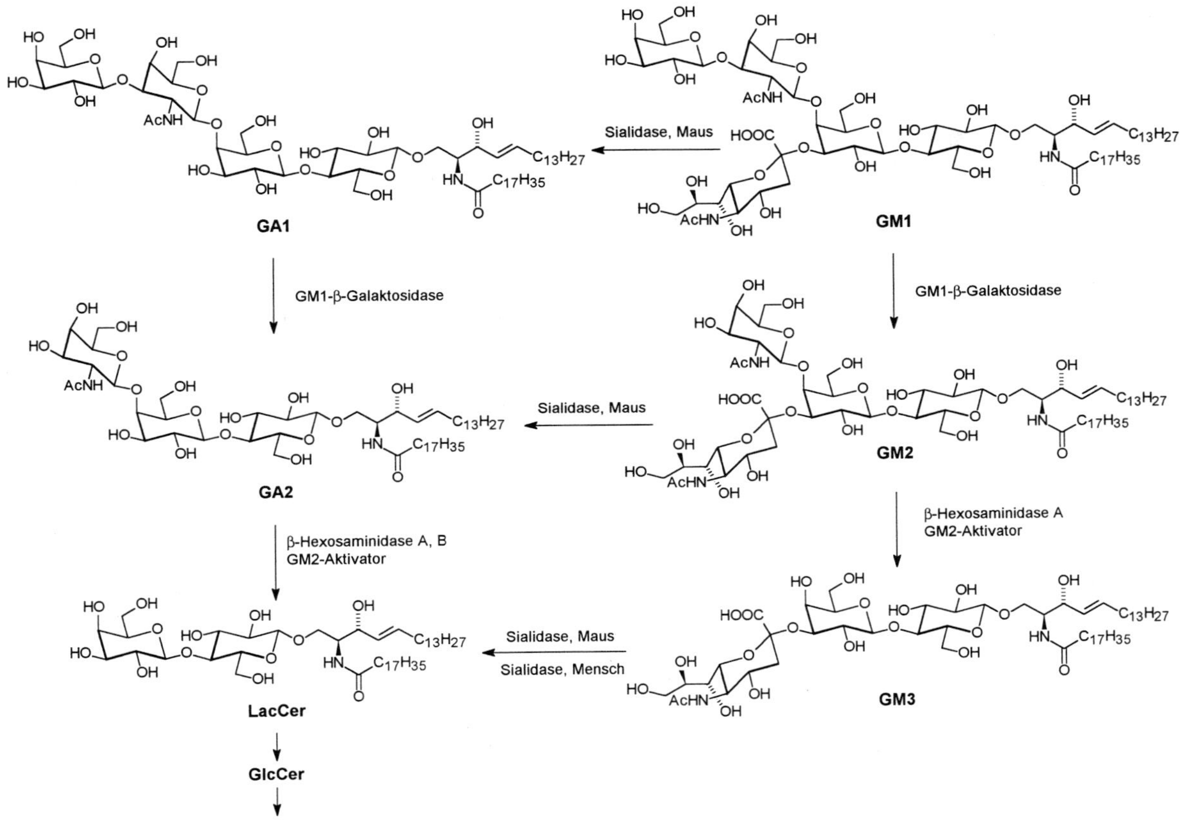

Abb. 2.3.11. Abbauwege für das Gangliosid GM1 in Mensch und Maus (Sango et al., 1995; Hahn et al., 1997)

1995) und der AB-Variante (Liu et al., 1997) der GM2-Gangliosidosen. Während sich die einzelnen Formen der GM2-Gangliosidose beim Menschen phänotypisch nur geringfügig unterscheiden, zeigen die Tiermodelle drastische Unterschiede in Verlauf und Schwere der Erkrankung. Die Maus mit B-Variante ist phänotypisch unauffällig. Dagegen entwickelt die Maus mit 0-Variante schwere motorische Störungen, die Lebensdauer ist stark reduziert. Die Ursache dafür ist die Spezifität der Sialidase, die sich zwischen Maus und Mensch unterscheidet (Sango et al., 1995). Die Maussialidase akzeptiert GM2 als Substrat und wandelt es in GA2 um. Beim Menschen spielt dieser Stoffwechselweg keine Rolle. GA2 kann durch die noch intakte β-Hexosaminidase B abgebaut werden, so daß bei der Tay-Sachs-Maus trotz eines kompletten Ausfalls der β-Hexosaminidase A der Stoffwechselblock partiell umgangen wird. Erst der Ausfall beider Isoenzyme, Hexosaminidase A und B, führt zu einer Symptomatik, die der menschlichen Sandhoff-Erkrankung entspricht. Zwar kann die Maussialidase weiterhin GM2 zu GA2 umsetzen, GA2 kann aber nicht weiter abgebaut werden, da das zuständige Enzym, die β-Hexosaminidase B, defekt ist (Abb. 2.3.11).

Die GM2-Aktivator-defiziente Maus prägt einen intermediären Phänotyp aus, der durch motorische Störungen und eine normale Lebensdauer charakterisiert ist. Die Kreuzung von Mäusen der B- und 0-Variante führte zu Tieren, bei denen im Gegensatz zu den bekannten menschlichen Erkrankungen alle 3 Isoenzyme, Hexosaminidase A, B und S, defekt sind. Diese Tiere weisen neben der neuronalen Glykolipidspeicherung den Phänotyp einer Mukopolysaccharidose auf und scheiden große Mengen von Glykosaminoglykanen im Urin aus. Demnach sind Hexosaminidasen für den Abbau der Glykosaminoglykane verantwortlich, wobei bei menschlichen Patienten mit B- oder 0-Variante die Gegenwart des jeweils noch intakten Isoenzyms ausreicht, um eine Speicherung von Glykosaminoglykanen zu verhindern. Erst der Ausfall aller 3 Isoenzyme führt zu einer Akkumulation nicht mehr abbaubarer Glykosaminoglykane (Sango et al., 1996).

2.3.7.2 GM1-Gangliosidose (und Morquio-Typ-B-Erkrankung)

Die angeborene Defizienz der GM1-β-Galaktosidase äußert sich klinisch in 2 verschiedenen Erkrankungen, der GM1-Gangliosidose und der Morquio-Typ-B-Erkrankung (Übersicht: Suzuki et al., 1995b). Die Ursachen dafür liegen in der Substratspezifität der mutierten β-Galaktosidase. Die Aktivität einer weiteren Sphingolipid-β-Galaktosidase, der Galaktosylzeramid-β-Galaktosidase, ist nicht eingeschränkt.

GM1 war das erste Gangliosid, dessen Struktur aufgeklärt werden konnte (Kuhn u. Wiegandt, 1963). Der molekulare Defekt, der zur GM1-Gangliosidose führt, konnte 1967 als β-Galaktosidase-Defizienz identifiziert werden (Sacrez et al., 1967; Okada u. O'Brien, 1968). Die cDNA (Oshima et al., 1988) und das Gen (Morreau et al., 1991) der GM1-β-Galaktosidase wurden kloniert. Die GM1-β-Galaktosidase ist ein monomeres Protein mit einem MG von um 70 000. Sie bildet mit der Sialidase und dem sog. „protective protein" einen ternären Komplex und ist in dieser Form vor vorzeitigem proteolytischen Abbau geschützt (Oshima et al., 1994). Auch Mutationen im protective protein können sekundär eine GM1-Speicherung bewirken (Kapitel 2.3.7.3 „Galaktosialidose").

Die GM1-Gangliosidose ist eine neurosomatische Erkrankung, bei der klinisch 3 verschiedene Krankheitsformen unterschieden werden. Beim Typ 1, der infantilen Form, treten neurologische Symptome innerhalb der ersten 6 Lebensmonate auf und führen zum Tod vor dem 2. Lebensjahr. Wenige Monate nach der Geburt treten Entwicklungsstörungen auf gefolgt von fortschreitenden neurologischen Ausfällen, generalisierter Rigospastizität mit sensorimotorischen und psychointellektuellen Fehlfunktionen. Charakteristisch sind ein kirschroter Fleck auf dem Augenhintergrund der Patienten, Dysmorphie der Gesichtszüge, Hepatosplenomegalie und Skelettdysplasien.

Etwas milder verläuft die spätinfantile bzw. juvenile Form der Erkrankung, der sog. Typ 2, mit einer Lebenserwartung der Patienten von etwa 10 Jahren. Es kommt zu Störungen im Knochenwachstum, zerebrale Symptome treten erst nach dem 1. Lebensjahr in Erscheinung. Patienten der adulten Form der Krankheit (Typ 3) entwickeln milde, langsam fortschreitende neurologische Störungen und zeigen kaum eine Beteiligung des Skeletts. Auch Übergangsformen sind bekannt.

Bei einem Defekt der β-Galaktosidase können neben dem Gangliosid GM1 noch weitere Enzymsubstrate gespeichert werden, darunter das Asialogangliosid GA1, Oligosaccharide von Glykoproteinen und Zwischenprodukte des Keratansulfatabbaus. Je nach Ort ihrer Biosynthese werden diese Substanzen in verschiedenen Organen abgelagert. Die GM1-Speicherung in Neuronen führt zum Untergang des Nervensystems. Bei der GM1-Gangliosidose und Morquio-B-Erkrankung akkumulieren Oligosaccharide von Glykoproteinen und Intermediate des Keratansulfatabbaus in viszeralen Organen und im Urin und können zur Vergrößerung von Leber und Milz sowie zu Knochenveränderungen führen. Bei einem kompletten Ausfall der β-Galaktosidase werden alle genannten Substrate gespeichert, wobei die neurologischen Ausfälle aufgrund der GM1-Speicherung das Krankheitsbild dominieren.

Das Gehirn von Patienten mit Typ I der Erkrankung ist durch eine diffuse Atrophie gekennzeichnet; die Neuronen sind mit zahlreichen membranösen zytoplasmatischen Körperchen und multivesikulierten Körperchen angefüllt, in Gliazellen werden pleomorphe Lipidablagerungen beobachtet. In viszeralen Organen treten Histiozyten mit aufgeblähtem Zytoplasma auf, die sich elektronenmikroskopisch von den MCBs unterscheiden, die in Nervenzellen gefunden werden.

Die Schwere und die Verlaufsform der Erkrankung korrelieren mit der enzymatischen Restaktivität in Zellen und Körperflüssigkeiten sowie mit dem Ausmaß der Substratspeicherung (Yoshida et al., 1995). Die Mutationen, die in infantilen GM1-Gangliosidose-Patienten identifiziert werden konnten (Übersicht: Gieselmann, 1995), sind heterogen, und keiner der bekannten Defekte tritt mit besonderer Häufigkeit auf. Patienten, die homozygot für ein Nullallel sind, zeigen die schwere infantile Verlaufsform (Yoshida et al., 1991). Demgegenüber zeigte das Genprodukt juveniler Patienten, die homozygot oder zusammengesetzt heterozygot für eine Arg201:Cys-Substitution waren, eine Restaktivität gegenüber künstlichem Substrat (Yoshida et al., 1991). Bei dieser Mutation ist die Bindung zum protective protein beeinträchtigt, wodurch die Halbwertszeit des Genprodukts herabgesetzt ist. Einige Mutationen dominieren unter adulten Patienten japanischer oder kaukasischer Herkunft (Übersichten: Suzuki et al., 1995b; Gieselmann, 1995). Kürzlich ist es gelungen, ein authentisches Mausmodell der GM1-Gangliosidose zu entwickeln (Hahn et al., 1997; Matsuda et al., 1997).

2.3.7.2.1 Morquio-Typ-B-Erkrankung

Bei der Morquio-Typ-B-Erkrankung (Übersicht: Suzuki et al., 1995b) handelt es sich klinisch um einen milden Phänotyp der nichtallelischen Typ-A-Erkrankung, bei der die N-Azetyl-Galaktosamin-6-Sulfatase defekt ist und infolgedessen Keratansulfat gespeichert wird. Wie die GM1-Gangliosidose ist die Morquio-B-Erkrankung auf einen Defekt der GM1-β-Galaktosidase zurückzuführen. Sie ist durch Skelettdeformationen ohne primäre Beteiligung des Zentralnervensystems gekennzeichnet. In viszeralen Organen und im Urin akkumulieren Oligosaccharide mit terminalen Galaktoseresten. Es konnte eine Trp273:Leu-Substitution identifiziert werden, die offensichtlich den Keratansulfatabbau durch die GM1-β-Galaktosidase beeinträchtigt, ohne den GM1-Abbau zu stören (Übersicht: Gieselmann, 1995).

2.3.7.3 Galaktosialidose

Die Galaktosialidose (D'Azzo et al., 1995) ist durch das Fehlen zweier Enzymaktivitäten charakterisiert, der β-Galaktosidase- und der Sialidaseaktivität (N-Azetyl-Neuraminidase-Aktivität). Hierbei handelt es sich allerdings um die sekundäre Defizienz zweier Enzymaktivitäten. Der primäre Defekt ist auf Mutationen innerhalb des Gens für das sog. protective protein zurückzuführen (D'Azzo et al., 1982), das mit den beiden anderen Proteinen zu einem stabilen Komplex von über 600 000 assoziiert (D'Agrosa et al., 1992). Die Stöchiometrie des Komplexes ist noch unklar; allerdings ist die Gegenwart des β-Galaktosidase-Proteins nicht für die Stabilität des Komplexes essentiell. Dementsprechend werden beim Fehlen des protective protein sialinsäure- und galaktosehaltige Substrate gespeichert, darunter Oligosaccharide und Ganglioside wie GM3 und GM1 (D'Azzo et al., 1995). Sialyloligosaccharide akkumulieren in den Lysosomen und werden schließlich im Urin ausgeschieden.

Das protective protein vereinigt verschiedene enzymatische Aktivitäten: neben seiner Eigenschaft als Schutzprotein ist es eine Serinesterase, eine Karboxypeptidase (saures pH-Optimum) und eine Deamidase (neutrales pH-Optimum). Es hat sich herausgestellt, daß es mit einem Protein identisch ist, das nach Thrombinstimulation von Blutplättchen freigesetzt wird und verschiedene Peptidhormone wie Oxytozin, Endothelin und Substanz P mit amidischem C-Terminus hydrolysiert und damit inaktiviert. Auf der anderen Seite ist es identisch mit der lysosomalen Protease Cathepsin A. Die Protease- und Schutzfunktionen sind unabhängig voneinander, da ein Genprodukt mit inaktiviertem katalytischen Zentrum noch die Abbaukapazität von Sialidosefibroblasten restauriert.

Das protective protein wird als Vorläufer mit einem MG von 54 000 synthetisiert, der proteolytisch in 2 Ketten mit MG von 32 000 und 20 000 prozessiert wird, die durch Disulfidbrücken verbunden sind. In allen bisher untersuchten Patienten sind auch die Deamidase- und Karboxypeptidaseaktivität des protective protein defekt. Die Kristallstruktur des 108 000-Dimers des Protectiveprotein-Vorläufers wurde aufgeklärt (Rudenko et al., 1995).

Nachdem der molekulare Defekt der GM1-Gangliosidose als β-Galaktosidase-Defizienz identifiziert werden konnte (Sacrez et al., 1967; Okada u. O'Brien, 1968), wurde in verschiedenen Patienten eine reduzierte β-Galaktosidase-Aktivität gefunden, die nicht auf eine defekte β-Galaktosidase zurückgeführt werden konnte. In einem dieser Patienten wiesen Wenger et al. (1978) eine kombinierte Defizienz an β-Galaktosidase und Neuraminidaseaktivität nach, die später auch in anderen Patienten mit atypischer GM1-Gangliosidose und Sialidose gefunden wurde. In Zellen mit dem kombinierten Enzymdefekt konnte in Zellfusionsexperimenten mit Neuraminidase-defizienten Zellen eine partielle Restaurierung der Sialidaseaktivität erzielt werden (Hoogeveen et al., 1980). Die Natur eines postulierten „corrective factor" konnte schließlich von D'Azzo et al. (1982) aufgeklärt werden. Eine Galaktosialidose wurde weltweit bei etwa 70 Patienten diagnostiziert (Übersicht: D'Azzo et al., 1995). Die Symptome bei allen Patienten sind vergröberte Gesichtszüge, ein kirschroter Fleck auf dem Augenhintergrund, Veränderungen der Wirbelsäule, Schaumzellen im Rückenmark und vakuolisierte Lymphozyten. Phänotypisch werden 3 Formen der Erkrankung unterschieden:

- Die frühinfantile Form ist durch Symptome wie neonatale Ödeme, Aszites, Viszeromegalie und Skelettdysplasie charakterisiert. Der Tod der Patienten tritt im Alter von etwa 9 Monaten aufgrund von Herz- oder Nierenversagen ein.
- Charakteristisch für die spätinfantile Form ist das Auftreten von Hepatosplenomegalie, Wachstumsstörungen, Schädigung des Herzens, aber keine Beeinträchtigung des Nervensystems.
- Die Mehrzahl der Patienten leidet an der juvenilen/adulten Form, die sich durch Myoklonus, Ataxie, Angiokeratome, mentale Retardierung und neurologische Schäden auszeichnet. Die Pa-

tienten sind oft japanischer Herkunft und können ein hohes Alter erreichen, eine Visceromegalie wird nicht beobachtet.

Bei der gehäuft in Japan auftretenden adulten Form ist eine Donorspleißstellenmutation, die zum Verlust von Exon 7 führt, für 28 von 38 mutanten Allelen verantwortlich. Der milde Phänotyp der Patienten geht auf kleine Mengen von Wildtyp-mRNA zurück, die noch gebildet werden. Verschiedene weitere Mutationen wurden identifiziert. Bei 2 spätinfantilen Patienten wurde eine Phe412:Val-Substitution gefunden, die sowohl die Cathepsin-A-Aktivität als auch die Dimerisierung des Genprodukts verhindert (Zhou et al., 1991). Die Hauptmenge an Genprodukt wird vorzeitig im ER abgebaut, ein Teil jedoch erhält das Mannose-6-Phosphat-Signal und gelangt in die Lysosomen. Ein Mausmodell mit defektem protective protein entspricht biochemisch weitgehend der schweren menschlichen Verlaufsform, zeigt demgegenüber allerdings eine ungewöhnlich hohe β-Galaktosidase-Aktivität (Zhou et al., 1995).

2.3.7.3.1 Sialidose

Defekte der lysosomalen Sialidase führen zu einer Akkumulation und Ausscheidung sialylierter Oligosaccharide und Glykokonjugate. Es gibt keinen Beweis dafür, daß das Enzym, das bei der Sialidose defekt ist, wesentlich am Abbau von Gangliosiden beteiligt ist, wenngleich auch Ganglioside wie GM3 in gewissem Umfang unter den Speichersubstanzen gefunden werden. Dementsprechend handelt es sich nicht um eine Sphingolipidose und wird an dieser Stelle nicht näher behandelt. Die infantile Form der Erkrankung (Sialidose Typ II) wird auch als Mukolipidose I bezeichnet und ist durch Skelettdysplasie, Hepatosplenomegalie und mentale Retardierung gekennzeichnet. Eine juvenile Verlaufsform (Sialidose Typ I) ist auch als Mukolipidose IV bekannt und durch Myoklonus und einen kirschroten Fleck auf dem Augenhintergrund charakterisiert. Die menschliche cDNA der Sialidase ist kloniert worden (Pshezhetsky et al., 1997); zu den experimentellen Hinweisen, die auf eine eigenständige Gangliosidsialidase hinweisen, vgl. Conzelmann u. Sandhoff (1987).

2.3.7.4 Fabry-Erkrankung

Die Ursache der Fabry-Erkrankung ist ein Ausfall der α-Galaktosidase A. Die ersten Patienten der Fabry-Erkrankung wurden 1898 unabhängig voneinander von den Dermatologen Anderson (1898) und Fabry (1898) beschrieben (Übersicht: Desnick et al., 1995). Die Identität des Speichermaterials konnte in den 60er Jahren durch Sweeley u. Klionsky (1963) und die Natur des enzymatischen Defekts durch Brady (1967) und Klint (1970) aufgeklärt werden. Anders als die anderen Sphingolipidosen wird die Fabry-Erkrankung X-chromosomal vererbt und ist durch einen Defekt der α-Galaktosidase A charakterisiert. Dies führt zu einer systemischen Speicherung von Enzymsubstraten mit terminaler α-glykosidisch gebundener Galaktose. Das Enzym ist ein Homodimer aus Untereinheiten von jeweils 50 000 und wurde aus Leber und Milz gereinigt (Dean u. Sweeley, 1979; Bishop et al., 1981). cDNA (Bishop et al., 1986) und Gen (Bishop et al., 1988) der α-Galaktosidase A wurden kloniert.

Die Fabry-Erkrankung ist durch schmerzhafte Läsionen der Haut charakterisiert. Sie manifestiert sich klinisch in Lipideinlagerungen innerhalb der Haut, die zur Bildung von Angiokeratomen führen, zu Schmerzen in den Extremitäten und zu Nierenversagen. Die Symptome können im Kindes- oder Jugendalter einsetzen, am häufigsten ist jedoch eine adulte Verlaufsform. Heterozygote weibliche Überträger sind ohne Symptome oder zeigen einen milderen Krankheitsverlauf. Elektronenmikroskopisch sind konzentrische oder lamellare Einschlüsse in den Lysosomen sichtbar. Als Lipide mit terminalen α-glykosidisch gebundenen Galaktoseresten werden v. a. Globotriaosylzeramid, aber auch Digalaktosylzeramid und Lipide mit Blutgruppe-B-Spezifität gespeichert. Meßbare Restaktivitäten der α-Galaktosidase A können auf die Gegenwart der α-Galaktosidase B (α-N-Azetyl-Galaktosaminidase) zurückzuführen sein, die eine geringfügige Überlappung in der Substratspezifität mit dem Fabry-Enzym aufweist. Die betroffenen Lipide werden kaum in Nervenzellen synthetisiert, dementsprechend handelt es sich um eine systemische Erkrankung, bei der Schädigungen des Nervensystems sekundär sind. Ort der Speicherung sind Epithelzellen der Blutgefäße, Zellen der glatten Muskulatur sowie des Herzmuskels. Die Pathogenese kommt durch die Blockade kleiner Blutgefäße durch Lipidablagerungen zustande und äußert sich in Angiokeratomen der Haut sowie Nierenversagen und kardiovaskulären Erkrankungen. Eine Beteiligung des Zentralnervensystems wird kaum beobachtet. Lipidablagerungen im Hirn von Patienten sind auf Speicherungen in den Blutgefäßen zurückzuführen. Das autonome Nervensystem kann ebenfalls betroffen sein, was sich in periodischen Schmerzen entfernter Extremitäten, schwerer Akroparästhesie und Oligohidrosis äußert. Die molekularen Ursachen, die zur Ausprägung der Fabry-Erkrankung führen, sind vielfältig. Es wurden Genumlagerungen gefunden, Punktmutationen und Spleißstellenmutationen (Übersicht: Gieselmann, 1995). Der Nachweis des Enzymdefekts kann durch die Bestimmung der Enzymaktivität in verschiedenen Quellen erfolgen; dabei wird bei weiblichen Überträgern die Interpretation der Ergebnisse durch die statistische Inaktivierung eines X-Chromosoms (Lyon, 1961) erschwert. Ein Mausmodell der Erkrankung wurde kürzlich beschrieben (Ohsima et al., 1997).

2.3.7.5 Niemann-Pick-Erkrankung

Im Jahr 1914 berichtete der deutsche Arzt Albert Niemann (1914) über einen Patienten im Kindesalter, der an Hepatosplenomegalie, Lymphadenopathie und Beeinträchtigung des Zentralnervensystems litt und vor Erreichen des 2. Lebensjahrs starb (vgl. Schuchman u. Desnick, 1995). In histologischen Studien beobachtete Ludwig Pick (1927) das Auftreten von Schaumzellen, die in ähnlicher, aber nicht identischer Form bereits im Zusammenhang mit der Gaucher-Erkrankung beschrieben worden waren. Die Speichersubstanz wurde von Ernst Klenk (1935) als Sphingomyelin identifiziert und in den betroffenen Zellen konnten Brady et al. (1966) eine verminderte Sphingomyelinaseaktivität nachweisen. Die Niemann-Pick-Erkrankung wurde durch Crocker (1961) in 3 verschiedene Typen A–C klassifiziert, später kamen weitere Typen hinzu. Die Typen A und B der Niemann-Pick-Erkrankung werden durch den Defekt der sauren Sphingomyelinase verursacht (Übersicht: Schuchman u. Desnick, 1995) und sind durch eine lysosomale Sphingomyelinspeicherung charakterisiert. Beim Typ C der Erkrankung handelt es sich um eine Störung des intrazellulären Transports des Cholesterins. Die primäre Ursache der Erkrankung ist nicht identifiziert, besteht aber nicht in einem Defekt der sauren Sphingomyelinase (Übersicht: Pentchev et al., 1995). Der neuronopathische Typ A tritt im Kindesalter auf und ist durch fortschreitende psychomotorische Retardierung und eine massive Viszeromegalie gekennzeichnet. Der Tod der Patienten tritt etwa im Alter von 3 Jahren ein. Patienten, die am nichtneuronopathischen Typ B der Erkrankung leiden, zeigen ebenfalls eine Viszeromegalie; es wird jedoch so gut wie keine Beteiligung des Zentralnervensystems beobachtet. Die Patienten können das Erwachsenenalter erreichen. Intermediäre Formen zeichnen sich dadurch aus, daß sich ein anfänglich dem milden Typ B entsprechendes Krankheitsbild mit zunehmendem Alter unter Beteiligung des Zentralnervensystems verschlimmert (Elleder, 1989). Patienten der Formen A und B zeigen enorme Vergrößerungen von Leber und Milz sowie charakteristische Speicherzellen im Knochenmark. Die saure Sphingomyelinase, die bei den Typen A und B der Niemann-Pick-Erkrankung defekt ist, ist ein monomeres Protein mit einem MG von etwa 70000 (Quintern et al., 1987). Die cDNA (Quintern et al., 1989) und das Gen (Schuchman et al., 1992) des Enzyms sind kloniert worden.

Es handelt sich bei der Niemann-Pick-Erkrankung (Übersicht: Schuchman u. Desnick, 1995) um ein panethnisches Leiden, das jedoch in der Volksgruppe der Ashkenasi-Juden mit einer erhöhten Frequenz (Heterozygotenfrequenz 1:60) auftritt. Es sind 3 Mutationen identifiziert worden, die unter Ashkenasi-Juden besonders häufig auftreten und unter anderen Patienten nicht gefunden wurden. Es konnte gezeigt werden, daß eine Leu302:Pro- und eine Arg496:Leu-Substitution 23 bzw. 30% der mutierten Allele ausmachen (Levran et al., 1992). 8% der defekten Allele kommen durch eine Deletion des Kodons 330 zustande und bewirken die Expression eines verkürzten Genprodukts. Diese Mutationen werden von einem kompletten Verlust der enzymatischen Aktivität begleitet, und homozygote oder zusammengesetzt heterozygote Träger dieser Allele leiden am neuronopathischen Typ A der Erkrankung. Bei Niemann-Pick-Typ-B-Patienten konnten 3 Mutationen charakterisiert werden. Die Deletion eines Kodons, die zum Verlust von Arg608 führt, wurde als häufigster Defekt bei Patienten nordafrikanischer Herkunft gefunden (Vanier et al., 1993). Auch bei 2 Ashkenasi-Juden, die zusammengesetzt heterozygote Träger dieses Allels waren, wurde diese Mutation identifiziert (Levran et al., 1991). Ein Genprodukt mit dieser Mutation zeigt Restaktivität gegen natürliche Substrate sowohl in Zellkultur als auch in vitro. 2 weitere Mutationen, die zum Typ B der Erkrankung führen, sind eine Gly242:Arg- (Takehashi et al., 1992b) und eine Ser436:Arg-Substitution (Takahashi et al., 1992a). Im Fall der ersten der beiden Mutationen wurde eine Restaktivität der Sphingomyelinase gegenüber synthetischen Substraten von 40% nachgewiesen (Takehashi et al., 1992b). In Patienten der intermediären Form konnte eine homoallelische Mutation nachgewiesen werden, die auf Proteinebene zu einer Trp391:Gly-Substitution führt. Das Genprodukt wird zur reifen Form prozessiert, aber innerhalb der Lysosomen rasch abgebaut. Die zugrundeliegende T1171G-Mutation weist innerhalb der serbischen Bevölkerung eine erhöhte Frequenz auf (Ferlinz et al., 1995). Die unterschiedlichen Krankheitsbilder der Typen A und B können grundsätzlich auf die unterschiedliche enzymatische Restaktivität der sauren Sphingomyelinase zurückgeführt werden (Conzelmann u. Sandhoff, 1991). Patienten mit Typ B besitzen gegenüber Typ-A-Patienten eine erhöhte Restaktivität (Graber et al., 1994).

Die saure Sphingomyelinase spaltet Sphingomyelin in Zeramid und Phosphorylcholin. In der jüngsten Vergangenheit hat diese Reaktion besonderes Interesse gefunden, da Zeramid als sekundärer Botenstoff in der intrazellulären Signaltransduktion diskutiert wird. Die Rolle der sauren Sphingomyelinase bei der signalabhängigen, induzierten Generation von Zeramid im sog. Sphingomyelinzyklus ist z.Z. noch umstritten (Hannun, 1996). Im Gegensatz zu Normallymphoblasten zeigen Lymphoblasten von Patienten mit Niemann-Pick-Erkrankung sowie Sphingomyelinase-Knockout-Mäusen jedoch keine Zeramidbildung und Apoptose als Reaktion auf Bestrahlung (Santana et al., 1996).

Auch die Behandlung von Ratten mit trizyklischen Antidepressiva führt zu einer Speicherung von Sphingomyelin in viszeralen Organen und einem Krankheitsbild, das dem Typ B der Niemann-Pick-Erkrankung ähnelt (Lüllmann-Rauch, 1974). Das Antidepressivum Desipramin bewirkt in kultivierten Fibroblasten einen proteolytischen Abbau der reifen lysosomalen Sphingomyelinase, nicht aber einer ihrer Vorläuferformen. Offenbar ist eine Thiolprotease für diesen induzierten Abbau verantwortlich (Hurwitz et al., 1994).

Auch für die Niemann-Pick-Erkrankung ist ein Mausmodell entwickelt worden. Der Verlust der sauren Sphingomyelinaseaktivität wird von einer massiven Speicherung von Sphingomyelin in viszeralen Organen begleitet. Es findet eine rasch fortschreitende Degeneration des Nervensystems statt (Horinuchi et al., 1995; Otterbach u. Stoffel, 1995).

2.3.7.6 Metachromatische Leukodystrophie (und Multiple Sulfatasedefizienz)

Die Metachromatische Leukodystrophie (MLD) wird durch die Defizienz der Arylsulfatase A (ASA) verursacht (Übersicht: Kolodny u. Fluharty, 1995). Die Erkrankung führt zur Akkumulation von Sulfatid (Galaktozerebrosidsulfat) in verschiedenen Organen. Der Name der MLD rührt von der metachromatischen Färbung der gespeicherten Substanzen in histologischen Schnitten her. Arylsulfatasen sind Enzyme, die artifizielle Arylsulfate spalten können. Es konnte gezeigt werden, daß bei MLD-Patienten eine der verschiedenen Arylsulfatasen, die Arylsulfatase A, defekt ist (Austin, 1963), die in Gegenwart eines Kofaktors Sulfatide spaltet (Mehl u. Jatzkewitz, 1964). Der Kofaktor der Arylsulfatase A, das später als SAP-B bezeichnete Aktivatorprotein, wurde aus Gewebe von MLD-Patienten isoliert (Jatzkewitz u. Stinshoff, 1973).

Es werden eine spätinfantile, eine juvenile und eine adulte Verlaufsform unterschieden (Polten et al., 1991). Die adulte Verlaufsform ist seltener als die beiden anderen Formen. Die klinischen Symptome treten Ende des 2. oder im 3. Lebensjahrzehnt auf. Leitsymptome sind geistige Retardierung, die zur Demenz führt, oder Verhaltensabnormalitäten, die zur Entwicklung einer Psychose führen (Rapola, 1994).

Verglichen mit der Krabbe-Erkrankung, bei der wie bei der MLD die myelinbildenden Zellen des Zentralnervensystems betroffen sind, wird bei der MLD ein deutlich höherer Anteil an Patienten mit juvenilen und adulten Verlaufsformen gefunden. Die Reduktion der Zahl der Oligodendrozyten ist weniger schwerwiegend als bei der Krabbe-Erkrankung.

Die Patienten speichern Sulfatid in metachromatischen Granula in Oligodendrozyten, Astrozyten und in peripheren Organen wie Leber, Gallenblase und Niere. Die Funktion peripherer Organe ist nicht beeinträchtigt, während das Nervensystem durch eine fortschreitende Demyelinisierung gekennzeichnet ist. In den Geweben von MLD-Patienten wurden erhöhte Konzentrationen von Lysosulfatid (deacyliertes Sulfatid) nachgewiesen. Möglicherweise ist diese zytotoxische Verbindung ein wesentlicher Faktor in der Pathogenese der Erkrankung (Toda et al., 1990).

Makroskopisch wird ein reduziertes Volumen der weißen Substanz beobachtet. In schweren Fällen treten spongiforme und zystische Degeneration auf. Mikroskopisch wird ein Verlust des Myelins festgestellt, eine Reduktion der Oligodendrozyten und das Auftreten metachromatischer Granula.

Die Arylsulfatase A aggregiert bei niedrigeren pH-Werten. Das ASA-Gen wurde auf Chromosom 22q13 lokalisiert, kloniert und charakterisiert (Stein et al, 1989; Gieselmann et al., 1991); die Inzidenz der Erkrankung wird in der weißen Bevölkerung auf 1:40 000 geschätzt, die Frequenz der Leukodystrophieallele liegt bei 0,5% (Polten et al., 1991). Es wurden mehr als 30 Defekte charakterisiert, die zur MLD führen (Übersicht: Gieselmann, 1995). 2 häufige mutante Allele sind bekannt, die als „I" und „A" bezeichnet werden. Patienten, die homozygot für Allel „I" sind, prägen die spätinfantile Form der MLD aus, während die meisten adulten Patienten homozygot für Allel „A" sind. Bei „I" handelt es sich um einen Nukleotidaustausch innerhalb der Donorspleißstelle von Intron 2. Bei „A" handelt es sich um eine Pro426:Leu-Substitution. Zusammengesetzt Heterozygote mit den Allelen „I" und „A" zeigen die juvenile Verlaufsform der Erkrankung. Die molekulare Ursache für atypische Formen der MLD liegt in einer Defizienz des Sulfatidaktivators (Stevens et al., 1981).

Ein bemerkenswerter Aspekt der MLD ist das relativ häufige Auftreten einer Pseudodefizienz der Arylsulfatase A. In vielen Populationen ist ein Pseudodefizienzallel häufiger als das eigentliche MLD-Allel (Hohenschutz et al., 1989). Durch einen Polymorphismus kommt es zu einem partiellen Verlust der Enzymaktivität. Die Frequenz des Pseudodefizienzallels ist ungewöhnlich hoch und liegt zwischen 7,3 und 15% (Polten et al., 1991). Homozygote Träger des Pseudodefizienzallels können Sulfatid abbauen und zeigen keinerlei Symptome einer MLD (Leinekugel et al., 1992). Zusammengesetzt Heterozygote aus Pseudodefizienz- und MLD-Allel haben eine verminderte Fähigkeit, Sulfatid abzubauen, die etwa derjenigen von adulten MLD-Patienten entspricht; sind jedoch gesund. Ein Basenaustausch in der Konsensuspolyadenylierungsstelle führt dazu, daß alternative Polyadenylierungsstellen genutzt werden. Die resultierende mRNA ist instabil, so daß nur kleine Mengen polyadenylierter mRNA zur Verfügung stehen und verglichen mit dem normalen Allel nur etwa 10% Arylsulfatase A synthetisiert werden (Gieselmann et al., 1989).

Die MLD kann durch Aktivitätsmessung der Arylsulfatase A gegenüber dem künstlichen Substrat 4-Nitrokatecholsulfat in Leukozyten oder kultivierten Fibroblasten diagnostiziert werden (Lee-Vaupel u. Conzelmann, 1987). Früher wurden der Nachweis von Sulfatid in Urin oder die metachromatische Färbung von Schwann-Zellen in Nervenbiopsien verwendet. Diagnostische Probleme treten bei zusammengesetzt Heterozygoten auf, die ein Pseudodefizienz- und ein MLD-Allel tragen.

Mäuse mit artifiziell erzeugter Arylsulfatase-A-Defizienz (Hess et al., 1996) zeigen nur ein geringes Ausmaß an neurologischen und neuropathologischen Veränderungen, obwohl sie biochemisch dem schweren spätinfantilen Phänotyp beim Menschen entsprechen. Die Ursachen dafür sind noch unklar.

2.3.7.6.1 Multiple Sulfatasedefizienz (Austin-Erkrankung)

Zahlreiche natürlich vorkommende Verbindungen aus verschiedenen Stoffklassen enthalten Alkoholgruppen, die als Schwefelsäureester modifiziert sind. Diese Schwefelsäureester werden durch Sulfatasen gespalten, von denen beim Menschen 9 verschiedene Enzyme charakterisiert sind, die mit Ausnahme der Steroidsulfatase im Lysosom lokalisiert sind (Übersicht: Neufeld u. Muenzer, 1995; Ballabio u. Shapiro, 1995). Bei der multiplen Sulfatasedefizienz sind die Aktivitäten aller bekannten Sulfatasen stark erniedrigt. Der Phänotyp der Patienten ist klinisch und pathologisch durch eine Kombination von Symptomen einer MLD und einer Mukopolysaccharidose charakterisiert (Übersicht: Kolodny u. Fluharty, 1995). Im Urin werden Dermatansulfat und Heparansulfat ausgeschieden, neben den MLD-Symptomen treten Skelettdeformationen, Hepatosplenomegalie und kraniofaziale Abnormalitäten auf. Der primäre Defekt der multiplen Sulfatasedefizienz ist nicht bekannt, doch da die Expression von Sulfatase-cDNA in Fibroblasten von MSD-Patienten zu Enzymproteinen mit reduzierter katalytischer Aktivität führt, wurde auf eine defekte ko- oder posttranslationale Modifikation als Ursache der MSD geschlossen (Rommerskirch u. von Figura, 1992). Es konnte gezeigt werden, daß in MSD-Zellen eine Proteinmodifikation in den Arylsulfatasen A und B defekt ist. Es handelt sich dabei um die Umwandlung eines Cystein- in einen Formylglyzinrest (Schmidt et al., 1995). Diese Modifikation ist offenbar für die katalytische Aktivität der Sulfatasen erforderlich.

2.3.7.7 Gaucher-Erkrankung

Die Gaucher-Erkrankung ist die häufigste unter den Sphingolipidosen und durch die Defizienz der β-Glukozerebrosidase und die Akkumulation von Glukosylzeramid charakterisiert (Übersicht: Beutler u. Grabowski, 1995). Die Erkrankung wurde erstmals 1882 von Gaucher beschrieben. Die Identifizierung des Speichermaterials gelang Aghion 1934, die Identität des defekten Enzyms konnte 1965 durch Brady et al. und Patrick geklärt werden. Die komplementäre DNA des Enzyms wurde

Mitte der 80er Jahre kloniert (Sorge et al, 1985; Tsuji et al., 1986).

Die Gaucher-Erkrankung wird in 3 Typen, I–III, klassifiziert. Die weitaus häufigste, nichtneuronopathische Form (Typ I) ist klinisch heterogen und weist unter Ashkenasi-Juden eine erhöhte Frequenz auf. Betroffen ist in erster Linie das retikuloendotheliale System. Kardinalsymptome der Erkrankung sind Hepatosplenomegalie, Thrombopenie, Anämie und schmerzhafte Knochenläsionen. In der selteneren, akuten neuronopathischen Form II der Erkrankung ist auch das Nervensystem betroffen. Eine intermediäre, juvenile Form III wird auch als subakute neuronopathische Form bezeichnet, bei der die neurologischen Symptome später einsetzen und sich langsamer entwickeln als in der Form II. Die Gaucher-Erkrankung ist panethnisch; Typ I ist besonders häufig unter Ashkenasi-Juden und Typ III tritt bevorzugt in der schwedischen Provinz Norrbotten auf.

Obwohl die Defizienz der Glukozerebrosidase in allen Körperzellen existiert, wird der Phänotyp mit Ausnahme der sehr seltenen neuronopathischen Form nur in Makrophagen ausgeprägt, die aufgrund der Phagozytose etwa von Erythrozyten große Mengen von Sphingolipiden abzubauen haben. Die Gaucher-Erkrankung ist durch eine Speicherung von Glukosylzeramid in den Zellen des retikuloendothelialen Systems charakterisiert. Das Auftreten der Speicherzellen in Leber, Lymphknoten und Milz bewirkt eine Vergrößerung dieser Organe. Zusätzlich treten schmerzhafte Knochenveränderungen auf. Das Glukosylzeramid, das von Makrophagen freigesetzt werden kann, stammt aus dem Abbau der Membranen phagozytierter Blutzellen.

Auch ein Pseudogen der Glukozerebrosidase wurde kloniert (Horowitz et al., 1989), das sich in enger Nachbarschaft zum funktionellen Gen befindet. 4 Mutationen (1226G, 1448C, 84GG, IVS2+1) machen 80% aller gefundenen Mutationen aus (Übersicht: Beutler, 1993; Gieselmann, 1995). Sehr häufig ist eine Asn370:Ser-Substitution, die zum Typ I der Erkrankung führt. Das Genprodukt zeigt eine reduzierte spezifische Aktivität (Grace et al., 1990). Eine Leu444:Pro-Substitution, die bei allen 3 Formen der Gaucher-Erkrankung gefunden wurde, ist offenbar in der katalytischen Domäne des Enzyms lokalisiert, die mit Hilfe des Suizidinhibitors Conduritol-B-Epoxid identifiziert wurde (Dinur et al., 1986). Patienten, die für diese Mutation homozygot sind, prägen die neuronopathische Form der Erkrankung aus. 2 Fälle von Gaucher-Erkrankung sind bekannt, die nicht auf das Fehlen der Glukozerebrosidase, sondern auf ein Fehlen des Sphingolipidaktivatorproteins, SAP-C, zurückzuführen sind (Christomanou et al., 1986; Schnabel et al., 1991; Rafi et al., 1993).

Die Schwere der Erkrankung korreliert mit der verbleibenden Glukozerebrosidaseaktivität, die in kultivierten Hautfibroblasten von Gaucher-Patienten gefunden wurde (Meivar-Levy et al., 1994). Besonders hohe Glukozerebrosidaseaktivitäten werden in Fibroblasten und in der Plazenta gefunden, aber auch in den für pränatale Dianosen wichtigen Chorionvilli und kultivierten Amnionzellen. Serum, Plasma und Urin kommen als Enzymquelle nicht in Frage, die Aktivität in Leukozyten ist niedrig.

Die adulte Form der Gaucher-Erkrankung (Typ I) ist z.Z. die einzige Sphingolipidspeicherkrankheit, bei der eine kausale Therapie durchgeführt werden kann (Barton et al., 1990, 1991; Beutler, 1992). Dabei wird Glukozerebrosidase verwendet, die aus menschlicher Plazenta oder gentechnisch gewonnen wurde und mit einer Targeting-Information für den Mannoserezeptor auf Makrophagen versehen wurde. Die Behandlung führt zu einer Normalisierung der Blutparameter und der Gewichtsreduktion von Leber und Milz. Bei Patienten der schweren infantilen Form kann eine allogene Knochenmarktransplantation durchgeführt werden.

Ein Tiermodell der infantilen Gaucher-Erkrankung (Typ II) wurde beschrieben (Tybulewicz et al., 1992).

2.3.7.8 Krabbe-Erkrankung

Die Krabbe-Erkrankung ist auf das Fehlen der lysosomalen Galaktozerebrosidase zurückzuführen (Übersicht: Suzuki et al., 1995a). Zusammen mit der metachromatischen Leukodystrophie gehört die Krabbe-Erkrankung zu den klassischen Myelinerkrankungen, da in beiden Fällen der Abbau der Glykolipide Galaktosylzeramid und Sulfatid gestört ist, die für die Myelinhülle von Nervenzellen charakteristisch sind. Der Enzymdefekt, der der Globoidzelleukodystrophie zugrundeliegt, konnte 1970 aufgeklärt werden (Suzuki u. Suzuki, 1970).

Das Krankheitsbild ist durch neurologische Symptome geprägt, die in der Regel innerhalb der ersten 6 Lebensmonate einsetzen. Dazu gehören Hyperirritabilität gegenüber akustischen Reizen, Hyperästhesie und Regression der neuronalen Entwicklung. Die Patienten sterben vor Vollendung des 2. Lebensjahrs. Auch adulte Krankheitsformen sind bekannt. Die weiße Substanz des Zentralnervensystems und peripherer Nerven ist der ausschließliche Ort klinischer und pathologischer Manifestationen der Erkrankung. Im Endstadium enhält die weiße Substanz nahezu kein Myelin. Oligodendroglia sind durch Astrozyten und abnormale Globoidzellen ersetzt. Besonders betroffen sind die weiße Substanz und periphere Nerven. Im Gegensatz zu allen anderen Speicherkrankheiten wird keine Akkumulation des Substrats des defekten Enzyms in den besonders betroffenen Zellen gefunden. Im Gegenteil, die Spiegel an Galaktosylzeramid sind unverändert oder niedriger als normal, nur der relative Anteil von Galaktosylzeramid an den Myelinlipiden ist erhöht. Die Ursache dafür liegt in einer schnellen Zerstörung der myelinbildenden Oligodendrozyten. Damit geht eine rasche Entmyelinisierung einher, so daß es nicht zu einer Anhäufung des Galaktosylzeramids kommen kann. Der Psychosinhypothese zufolge sind erhöhte Konzentrationen des nicht mehr abbaubaren Galaktosylsphingosins (Psychosin), einem lytischen Metaboliten des Sphingolipidstoffwechsels, für den raschen Untergang der Oligodendrozyten und die Pathologie der Erkrankung verantwortlich (Miyatake u. Suzuki, 1972; Svennerholm et al., 1980). In Fibroblasten werden mikroskopisch keine charakteristischen Ablagerungen beobachtet (Takahashi et al., 1987).

Die Galaktozerebrosidase ist ein membrangebundenes Protein und hat ein MG von etwa 50 000 (Chen u. Wenger, 1993). cDNA (Chen et al., 1993; Sakai, 1994) und Gen (Luzi et al., 1995) der Galaktozerebrosidase konnten kürzlich kloniert werden. Eine Mutation GAA:TAA in Kodon 369 konnte in einem typischen Fall der Krabbe-Erkrankung nachgewiesen werden (Sakai, 1994). Darüber hinaus wurden zahlreiche weitere Mutationen identifiziert, von denen es sich bei der häufigsten, die zur Ausprägung der klassischen infantilen Form führt, um eine Deletion von Exon 11–17 handelt (Rafi et al., 1995). Ein authentisches Tiermodell der Erkrankung, die Twitcher-Maus, ist bekannt (Kobayashi et al., 1980). Die Galaktosylzeramidase-cDNA der Maus wurde kloniert und die Twitcher-Mutation als vorzeitiges Stoppkodon in der Mitte der kodierenden Sequenz identifiziert (Sakai et al., 1996).

2.3.7.9 Farber-Erkrankung

Die Farber-Erkrankung ist durch die Defizienz der sauren Zeramidase und die Akkumulation von Zeramid in verschiedenen Geweben charakterisiert (Übersicht: Moser, 1995). Es handelt sich um eine seltene, autosomal-rezessiv vererbte Erkrankung; von etwa 43 Patienten wurde berichtet. In In-vivo-Studien konnte gezeigt werden, daß das Sphingolipidaktivatorprotein SAP-D für den lysosomalen Zeramidabbau essentiell ist (Klein et al., 1994).

Die Farber-Erkrankung wurde zuerst 1947 beschrieben. S. Farber berichtete auf einer Tagung der Mayo-Stiftung vom Fall eines 14 Monate alten Mädchens mit Symptomen, die an die Niemann-Pick-Erkrankung erinnern, sich von dieser aber durch histologische Abweichungen unterschieden (Moser, 1995). Wegen des augenscheinlichsten Symptoms, dem Auftreten subkutaner lipidhaltiger Knoten, wurde die Erkrankung als Lipogranulomatose bezeichnet. Die Patienten entwickeln im Kindesalter eine schmerzhafte Schwellung der Gelenke und später subkutane Knoten. In viszeralen Organen bilden sich Granulome mit Infiltration von Schaumzellen. Charakteristisch sind auch das Auftreten einer progressiven Heiserkeit als Folge einer Kehlkopfveränderung sowie Schluckbeschwerden. Je nach Lokalisation der Lipogranulome können Organe wie Lunge, Herz und Niere in ihrer Funktion beeinträchtigt sein. Fehlfunktionen im Bereich des Nervensystems sind bei den meisten protrahierten Formen geringfügig. Die Krankheit führt innerhalb der ersten Jahre zum Tod, aber ein längerer Verlauf ist möglich. Die Speichersubstanz wurde 1969 als Zeramid (Moser et al, 1969) und der zugrundeliegende Defekt als Defizienz der sauren Zeramidase identifiziert (Sugita et al., 1972, 1975). Die saure Zeramidase spaltet Zeramid in Sphingosin und freie Fettsäure. Das Enzym wurde aus humanem Urin gereinigt (Bernardo et al., 1995). Es handelt sich um ein Heterodimer aus einer α-Untereinheit mit einem MG von 13 000 und einer β-Untereinheit von 40 000. Die komplementäre DNA wurde kloniert (Koch et al., 1996); sie kodiert für beide Untereinheiten.

Nach dem klinischen Bild werden verschiedene Subklassen der Farber-Erkrankung unterschieden. Alle Patienten weisen eine Lipidspeicherung in den Nieren auf, während die Art und der Umfang der Speicherung in den übrigen Geweben und Organen variieren können. Bei 6 der 7 Klassen liegt die Ursache dieser Erkrankung in einem Defekt der lysosomalen sauren Zeramidase (*N*-Acylsphingosin-Deacylase, EC 3.5.1.23). Der 7. Subtyp geht auf eine Mutation im Startkodon des Sphingolipidaktivatorproteinvorläufers zurück (Schnabel et al., 1992). Dadurch fällt das von der sauren Zeramidase als Kofaktor benötigte SAP-D aus. Biochemisch sind für die Farber-Erkrankung die Speicherung von Zeramid in Gewebe (Moser et al., 1969) und die erhöhte Sekretion von Zeramid im Urin der Patienten (Iwamori und Moser, 1975) charakteristisch. In subkutanen Knoten kann der Zeramidanteil bis zu 20% der Gesamtlipide erreichen, auch der Zeramidgehalt in der Niere ist erhöht. Es werden eine granulomatose Infiltration in subkutanen Geweben, die Akkumulation von Makrophagen und Histiozyten, in anderen Bereichen das Auftreten von Schaumzellen, zuletzt aufgeblähte Granulome aus Makrophagen, Lymphozyten und multinuklearen Zellen, die von einem Hof aus Schaumzellen umgeben sind, beobachtet.

Die Hydrolyse des Zeramids wird noch von 2 anderen Zeramidasen katalysiert, von denen die eine im neutralen und die andere im alkalischen Milieu ihr Aktivitätsoptimum besitzen (Sugita et al., 1975, Moser, 1995). Die 3 Zeramidasen weisen eine verschiedene Gewebsverteilung sowie unterschiedliche intrazelluläre Topologie und Substratspezifität auf (Moser, 1995; Momoi et al., 1982). Daher sind die neutrale und die alkalische Zeramidase nicht in der Lage, die bei der Farber-Erkrankung defekte saure, lysosomale Zeramidase zu ersetzen (Sugita et al., 1972).

Es konnte gezeigt werden, daß der Verlauf der Farber-Erkrankung mit der Höhe des lysosomalen Zeramidabbaus korreliert, wie er in kultivierten Fibroblasten von Farber-Patienten bestimmt wurde (Levade et. al., 1994). Dabei ist die Restaktivität des Enzyms bei Farber-Patienten höher als bei anderen Enzymen des Sphingolipidabbaus; offenbar müssen größere Mengen von Zeramid aus dem Sphingolipidabbau von dem Enzym umgesetzt werden, so daß schon eine geringfügige Beeinträchtigung der Restenzymaktivität zur Substratspeicherung führt.

Als erster molekularer Defekt im Gen eines Patienten mit Farber-Erkrankung wurde eine homoallelische Punktmutation identifiziert, die zu einem Thr222:Lys-Austausch in der β-Untereinheit der sauren Zeramidase führt (Koch et al, 1996).

Die Diagnose erfolgt durch Bestimmung der sauren Zeramidaseaktivität mit Hilfe der synthetischen Substrate N-[1-^{14}C]-Oleoylsphingosin und N-[1-^{14}C]-Lauroylsphingosin in Gegenwart von Detergenzien (Ben-Yoseph et al., 1989) oder durch Analyse der Zeramidspeicherung nach biosynthetischer Markierung in kultivierten Fibroblasten (van Echten-Deckert et al., unveröffentlicht). Daneben werden morphologische Studien an Biopsie- und Autopsiematerial durchgeführt.

2.3.7.10 Defizienz von Sphingolipidaktivatorproteinen

Der Abbau von Sphingolipiden mit kurzen Oligosaccharidketten erfordert die Gegenwart kleiner nichtenzymatischer Proteine, der sog. Sphingolipidaktivatorproteine (SAPs) (Fürst u. Sandhoff, 1992). 5 dieser kleinen, hitzestabilen Proteine sind bis heute bekannt, der GM2-Aktivator und die 4 Sphingolipidaktivatorproteine SAP-A, SAP-B, SAP-C und SAP-D, die durch proteolytisches Prozessieren aus einem gemeinsamen Vorläufer hervorgehen. Das GM2-Aktivatorprotein wird im Zusammenhang mit den Mechanismen der lysosomalen Verdauung und der AB-Variante der GM2-Gangliosidose behandelt. An dieser Stelle wird nur auf die Aktivatoren eingegangen, die durch Prozessieren des SAP-Vorläuferproteins entstehen. Die Zahl der Patienten, bei der ein Sphingolipidaktivatorproteindefekt identifiziert werden konnte, ist klein, und das klinische Bild einer jeden solchen Aktivatordefizienz bleibt unvollständig. Bei den Aktivatoren, die aus dem SAP-Vorläufer hervorgehen, sind bislang 1 Fall von SAP-Vorläufer-Defizienz sowie isolierte Defekte von SAP-B oder SAP-C bekannt.

Das erste Sphingolipidaktivatorprotein, SAP-B, wurde 1964 von Mehl u. Jatzkewitz entdeckt. Es stimuliert den Sulfatidabbau durch die Arylsulfatase A durch die Solubilisierung des Lipidsubstrats (Fischer u. Jatzkewitz, 1978; Vogel et al., 1991). Das Protein wurde aus Humanleber gereinigt und sein Molekulargewicht zu 21000 bestimmt (Fischer u. Jatzkewitz, 1975). Heute ist eine Vielzahl verschiedener Lipide bekannt, deren Abbau durch verschiedene Enzyme durch SAP-B in vitro stimuliert werden kann (Fürst u. Sandhoff, 1992).

Ein weiteres Aktivatorprotein, SAP-C, das die Aktivität der Glukosylzeramidase gegenüber natürlichen und synthetischen Substraten stimuliert, wurde von Ho u. O'Brien (1971) aus der Milz eines Gaucher-Patienten isoliert. Im Gegensatz zu SAP-B bindet SAP-C an das Enzym und stimuliert es direkt (Berent u. Radin, 1981; Prence et al., 1985; Fabbro u. Grabowski, 1991). SAP-C zeigt ein MG von 20000 (Ho u. O'Brien, 1971). Es stimuliert in vitro ebenfalls den Abbau des Galaktosylzeramids durch die Galaktosylzeramid-β-Galaktosidase (Wenger et al., 1982) und des Sphingomyelins durch die saure Sphingomyelinase (Wenger et al., 1982; Christomanou u. Kleinschmidt, 1985; Tayama et al., 1993).

Im Verlauf von Untersuchungen am SAP-Vorläufer gelang die Reinigung eines weiteren Proteins, des SAP-D (Fürst et al., 1988). Als letztes der

2.3 Sphingolipidosen

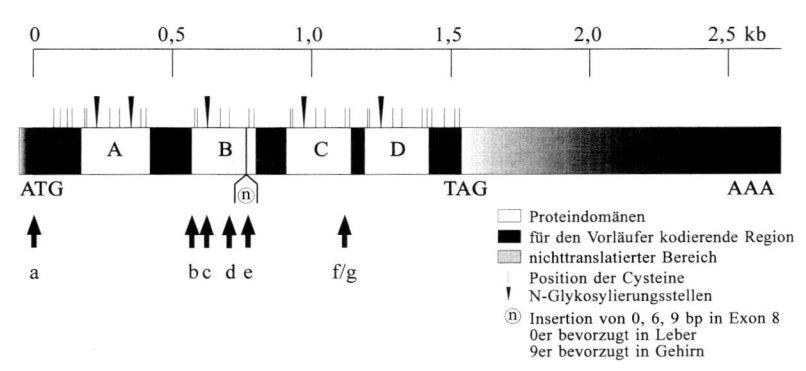

Abb. 2.3.12. Struktur der SAP-Vorläufer-cDNA. Die cDNA des SAP-Vorläufers kodiert für eine Sequenz von 524 Aminosäuren (bzw. 527 Aminosäuren, Holtschmidt et al., 1991) einschließlich eines Signalpeptids von 16 Aminosäuren für den Eintritt in das ER (Fürst u. Sandhoff, 1992). Die 4 Domänen des Vorläufers, SAP-A–D, entsprechen den reifen in menschlichem Gewebe gefundenen Proteinen: *A* SAP-A oder Saposin A, *B* SAP-B oder SAP-1 oder Sulfatidaktivatorprotein oder Saposin B, *C* SAP-C oder SAP-2 oder Saposin C oder Glukosylzeramidaseaktivatorprotein und *D* SAP-D oder Saposin D oder Komponente C. Die Positionen der bekannten Mutationen (homoallelisch) sind angezeigt. *a* A1T (Met1:Leu), (Schnabel et al., 1992); *b* g-t-Transversion der 3′-Akzeptorspleißstelle am Übergang von Intron e zu Exon 6 (Henseler et al., 1996); *c* C650:T (Thr217:Ile), (Rafi et al., 1990, Kretz et al., 1990); *d* G722:C (Cys241:Ser), (Holtschmidt et al., 1991); *e* 33-bp-Insertion nach G777 (11 zusätzliche Aminosäuren nach Met259) (Zhang et al., 1990, 1991); *f* G1154:T (Cys385:Phe), (Schnabel et al., 1991), *g* T1155:G (Cys385:Gly), (Rafi et al., 1993)

4, vom SAP-Vorläufer abstammenden Proteine, wurde 1989 SAP-A isoliert (Morimoto et al., 1989).

Die physiologische Relevanz von Sphingolipidakitvatorproteinen konnte erstmals mit der AB-Variante der GM2-Gangliosidose nachgewiesen werden (Conzelmann u. Sandhoff, 1978). Ein Gen trägt die Information für das SAP-Vorläuferprotein, das zu 4 homologen Proteinen (SAP A–D oder Saposine A–D) prozessiert wird (Fürst et al., 1988; O'Brien et al., 1988; Nakano et al., 1989; Rorman u. Grabowski, 1989). Die Struktur des Gens ist bekannt (Holtschmidt et al., 1991; Rorman et al., 1992) (Abb. 2.3.12).

Einblicke in die physiologische Funktion der SAP konnten erst nach Untersuchungen an Patienten gewonnen werden, denen ein bestimmtes SAP fehlt. So zeigen SAP-B-defiziente Patienten (Stevens et al., 1981, Schlote et al., 1991) eine drastische Speicherung von Sulfatid und prägen das Krankheitsbild einer metachromatischen Leukodystrophie aus. Zudem scheiden diese Patienten erhöhte Mengen an Globotriaosylzeramid und Digalaktosylzeramid im Urin aus (Li et al., 1985). Kultivierte Hautfibroblasten dieser Patienten, die mit Gangliosid GD1a angefüttert werden, können dessen Abbauprodukte GM3 und Laktosylzeramid im Vergleich zu Normalfibroblasten schlechter abbauen (Conzelmann et al., 1988). Für den Abbau eines jeden dieser Speicherlipide in vivo ist offensichtlich die Gegenwart von SAP-B erforderlich.

Das Fehlen von SAP-C äußert sich in einer massiven Speicherung von Glukosylzeramid; das klinische Bild der Patienten entspricht einer juvenilen Variante der Gaucher-Erkrankung (Christomanou et al., 1986, 1989). Bis heute ist keine Krankheit bekannt, die durch den alleinigen Ausfall oder Defekt von SAP-A bzw. SAP-D verursacht wird.

Als besonders bemerkenswert erwiesen sich der Fall eines mit 16 Wochen verstorbenen Patienten sowie der seines fetalen Bruders, die morphologisch Gaucher-ähnliche Speicherzellen im Knochenmark und eine massive lysosomale Speicherung von Glukosylzeramid, Laktosylzeramid und Zeramid in der Leber aufwiesen (Harzer et al., 1989). Die Aufklärung des molekularen Defekts gelang 1991 mit der Entdeckung einer homoallelischen Mutation des Startkodons des SAP-Vorläufers von ATG zu TTG (Schnabel et al., 1992).

Weitere Untersuchungen an den Patienten offenbarten im Fetus eine erhöhte Menge an neutralen Glykolipiden wie Mono-, Di-, Tri- und Tetra-Hexosylzeramiden in Leber, Niere und kultivierten Hautfibroblasten (Bradova. et al., 1993, Paton et al., 1992). Sulfatid wurde in der Niere und freies Zeramid in Leber und Niere gespeichert. Die Mengen der Ganglioside GM3 und GM2 waren in der Leber, nicht aber im Hirn erhöht. Die Menge der Phospholipide war, soweit untersucht, normal. Auch der Sphingomyelinstoffwechsel war bei diesen Patienten nicht betroffen (Bradova et al., 1993).

Eine In-vivo-Funktion der einzelnen SAP für den Sphingolipidabbau wurde in kultivierten mutanten Zellen durch metabolische Markierung der

Lipide direkt nachgewiesen (Klein et al., 1994). Es treten nur solche Speichersubstanzen auf, die von den kultivierten Hautzellen auch synthetisiert werden. Sowohl die Zugabe von SAP-B als auch von SAP-C normalisierten den Laktosylzeramidabbau. Dies bestätigen In-vitro-Studien, die zeigen, daß Laktosylzeramid durch 2 verschiedene Enzyme abgebaut werden kann, einmal durch die Galaktosylzeramid-β-Galaktosidase, stimuliert von SAP-C (etwas schwächer auch von SAP-B) und zum anderen von der GM1-β-Galaktosidase, aktiviert durch SAP-B (etwas schwächer auch von SAP-C, Zschoche et al., 1994). Aus diesem Grund führen weder die Defizienz der Galaktosylzeramid-β-Galaktosidase im Fall der Krabbe-Erkrankung noch das Fehlen der GM1-β-Galaktosidaseaktivität bei der GM1-Gangliosidose zur Speicherung von Laktosylzeramid (Wenger et al., 1975). Das gilt auch für die Abwesenheit von SAP-B oder SAP-C. Erst der kombinierte Ausfall bei der SAP-Vorläufer-Defizienz resultiert in einer Anhäufung dieses Sphingolipids. Durch Beladung mit SAP-B gelang eine Verringerung der Speicherung des markierten Gangliosids GM3 und von Glukosylzeramid durch Beladung mit SAP-C. Die exogene Gabe von gereinigtem SAP-D zeigte, daß SAP-D für die Stimulation des Zeramidabbaus in vivo verantwortlich ist. SAP-A stimuliert den Abbau des Galaktosylzeramids durch die Galaktosylzeramid-β-Galaktosidase und den Abbau des Laktosylzeramids durch das gleiche Enzym bzw. durch die GM1-β-Galaktosidase.

Gentechnisch veränderte Mäuse, die homozygot für das inaktivierte Gen des SAP-Vorläuferproteins sind, entsprechen in ihrem Phänotyp den beim Menschen beobachteten Symptomen (Fujita et al., 1996).

2.3.8 Mechanismen der Pathogenese der Sphingolipidosen

Die Sphingolipidosen gehören zu den Krankheiten, über deren biochemische Grundlagen und primäre Ursachen sehr viele Erkenntnisse vorliegen: Die Natur der Speichersubstanzen, die zugrundeliegenden Defekte auf Protein- und Nucleinsäureebene sind zu großen Teilen bekannt. Anders verhält es sich mit der Pathogenese der Sphingolipidspeicherkrankheiten, da eine Korrelation von Genotyp und Phänotyp nicht ohne weiteres möglich ist. Einerseits können, wie bei vielen anderen Krankheiten, Defekte in ganz verschiedenen Strukturgenen zu klinisch sehr ähnlichen Krankheitsbildern führen. So führen Defekte in den α-Ketten der Hexosaminidasen A und S, Defekte in den β-Ketten der Hexosaminidasen A und B und Defekte im GM2-Aktivator zu Krankheitsbildern, die früher unter dem Begriff der amaurotischen Idiotie zusammengefaßt wurden (Sandhoff et al., 1989). Andererseits können verschiedene Mutationen in ein und demselben Strukturgen zu unterschiedlichen Krankheitsverläufen führen, die manchmal sogar unter verschiedenen Eponymen bekannt geworden sind. So sind schwere Verlaufsformen des α-Iduronidase-Defekts als Hurler- und mildere Verlaufsformen als Scheie-Erkrankung bekannt (Neufeld u. Muenzer, 1989). Eine β-Galaktosidase-Defizienz kann eine GM1-Gangliosidose mit neurologischen Schäden verursachen oder zur Morquio-Typ-B-Erkrankung führen, bei der keine neurologische Beteiligung, sondern vorwiegend eine Skelettdeformation beobachtet wird. Sogar Patienten mit identischen Mutationen im gleichen Strukturgen, z. B. in dem der Arylsulfatase A (Penzien et al., 1993) können unterschiedliche klinische Verlaufsformen zeigen; wahrscheinlich werden sie durch einen jeweils verschiedenen genetischen Hintergrund bedingt. Die Kenntnis der primären Defekte auf DNA-Ebene ist eine notwendige, aber bei weitem keine hinreichende Bedingung zum Verständnis der Pathogenese dieser Erkrankungen. Dies gilt insbesondere für die adulten Verlaufsformen der Sphingolipidosen (Conzelmann u. Sandhoff, 1991). Trotz ihrer enormen Heterogenität und der nur mittelbaren Verbindung zwischen Genotyp und Phänotyp einer Krankheitsform ist es möglich, Genotyp und Phänotyp der Erkrankung zu korrelieren und einige wesentliche Faktoren anzugeben, die die Pathogenese beeinflussen. Ein wesentlicher Faktor ist sicherlich die zelltypische Expression einzelner Sphingolipide. Sie bedingt, daß bei einer Abbaustörung die Speicherung primär in den Zellen und Geweben stattfindet, in denen die Lipidsubstrate des mutierten Enzymschritts vorwiegend synthetisiert (z. B. komplexe Ganglioside in Neuronen) oder von denen sie durch Phagozytose aufgenommen werden (z. B. Glukosylzeramidspeicherung in Makrophagen bei der Gaucher-Erkrankung). Ein weiterer Faktor ist die Natur des Speichermaterials. Es wird angenommen, daß Sphingolipide i. allg. nicht toxisch sind und ihre Akkumulation von den Zellen innerhalb weiter Grenzen toleriert wird. Erst durch mechanische Schädigung wird die Zellfunktion gestört. Eine Abbaustörung kann jedoch auch zur Anhäufung morphogenetisch aktiver Verbindungen führen (Purpura u. Suzuki, 1976) oder die Ansammlung toxischer Lysoglykolipide bedingen (Suzuki et al, 1995a). Ein herausragender Faktor ist die Restaktivität des abbauenden Systems im Lysosom. Dies ist zunächst eine theoretische Größe und nicht notwendigerweise identisch mit der Enzymaktivität, die in einem Zellhomogenat gemessen wird. Beispielsweise kann eine Mutation zu einer geringeren Stabilität des Genprodukts im Lysosom führen. Genprodukte mit endosomaler oder Golgi-Lokalisation können im Enzymtest eine Aktivität vortäuschen, die für den lysosomalen Abbau nicht relevant sein muß. Hinzukommt, daß beispielsweise aufgrund der unterschiedlichen Proteaseausstattung verschiedener Zelltypen die enzymatische Restaktivität eines mutierten Enzyms in verschiedenen Zelltypen unterschiedlich sein kann. An zahlreichen Beispielen konnte belegt werden, daß das Ausmaß einer Abbaustörung verschiedene klinische Verlaufsformen einer Krankheit bewirkt. Dabei korreliert die gemessene Restaktivität des betroffenen Enzyms mit der Verlaufsform der Krankheit. Bei Neurolipidosen ist ein Auftreten der ersten Symptome zu erwarten, wenn die Funktion der am stärksten betroffenen Nervenzellen durch die Speicherung beeinträchtigt wird. So wird im Tiermodell der AB-Variante der GM2-Gangliosidose nur eine definierte Population von Nervenzellen beobachtet, in denen GM2 akkumuliert (Liu et al., 1997). Die Theorie der Restaktivität erklärt auch, daß minimale Veränderungen der Restenzymaktivität große Änderungen im Substratumsatz bewirken können.

2.3.8.1 Theorie der Restaktivität (Abb. 2.3.13)

Die enzymatische Restaktivität stellt einen wesentlichen pathogenetischen Faktor dar. Durch verschiedene Mutationen und pathobiochemische Mechanismen kann die Aktivität des abbauenden Systems auf unterschiedliche Restspiegel innerhalb des lysosomalen Kompartments abgesenkt werden. Die Höhe dieser Restspiegel sollte einen direkten Einfluß auf die Pathogenese klinischer Verlaufsformen haben. Das jeweils mutierte Protein und die dadurch bedingten maximalen Aktivitäten (v_{max}) des abbauenden Systems bilden ein entscheidendes Bindeglied zwischen Genotyp und Phänotyp der jeweiligen Krankheit.

Ausgehend von der Michaelis-Menten-Gleichung läßt sich die Substratkonzentration $[S]_{eq}$ innerhalb des Lysosoms unter den Bedingungen des Fließgleichgewichts als Funktion der Restenzymaktivität berechnen (Conzelmann u. Sandhoff, 1983/84). $[S]_{eq}$ hängt im Fließgleichgewicht näherungsweise von nur 2 Faktoren ab: von der Einstromgeschwindigkeit in das Lysosom v_i und von den enzymkinetischen Parametern K_M und v_{max} des abbauenden Enzyms.

$$[S]_{eq} = K_M/(v_{max}/v_i - 1) \qquad (1)$$

In normalen Zellen liegt die Substratkonzentration in der Regel weit unterhalb des K_M-Werts des abbauenden Enzyms, also der Michaelis-Menten-Konstante. Die K_M-Werte lysosomaler Enzyme liegen in der Regel im millimolaren Bereich. Eine Abnahme der Enzymaktivität auf Werte von 20–50% des Werts einer Normalzelle beeinflußt nicht die Umsatzrate v, da die verringerte Enzymaktivität durch eine erhöhte Substratkonzentration und damit eine größere Substratsättigung des Enzyms kompensiert wird. Das Verhältnis v/v_i bleibt konstant; diese Situation wird bei heterozygoten Übertragern einer derartigen Erbkrankheit angetroffen.

Dieser Kompensationsmechanismus funktioniert solange, bis die maximale Abbauaktivität des mutierten Enzyms unter den Wert des Substrateinstroms in das Lysosom sinkt. Bei diesem Schwellenwert ($v_{max}^{mut}/v_i = 1$) liegen alle Enzyme in der Form des Enzym-Substrat-Komplexes vor; ein Absinken der Restenzymaktivität auf diesen Wert führt noch nicht zu einer Substratakkumulation. Dies erklärt, warum Probanden mit Pseudodefizienzen, beispielsweise mit einem Verlust von bis zu 90% der Aktivität der β-Hexosaminidase A oder der Arylsulfatase A nicht erkranken. Erst das Absinken der Enzymaktivität unterhalb einen kritischen Schwellenwert führt zur Speicherung des entsprechenden Lipidsubstrats, da nur noch ein Teil des anfallenden Substrats abgebaut werden kann. Erreicht z.B. der Quotient V_{max}^{mut}/v_i den Wert 0,75, so werden theoretisch noch 75% des einströmenden Substrats abgebaut und 25% gespeichert.

Das Modell sagt also voraus, daß ein Absinken der katabolen Enzymaktivität bis hinab zum Schwellwert $v_{max}^{mut}/v_i = 1$ den normalen Stoffwechselfluß noch nicht einschränkt und daß erst unterhalb dieses Schwellwerts eine pathologische Speicherung des Substrats auftritt. Dieses Modell wurde durch Substratfluß- und Enzymaktivitätsmessungen an Hautzellen in Kultur von verschiedenen Patienten mit GM2-Gangliosidose und metachromatischer Leukodystrophie überprüft (Leinekugel et al., 1992). Danach sinkt der Substratfluß wie er-

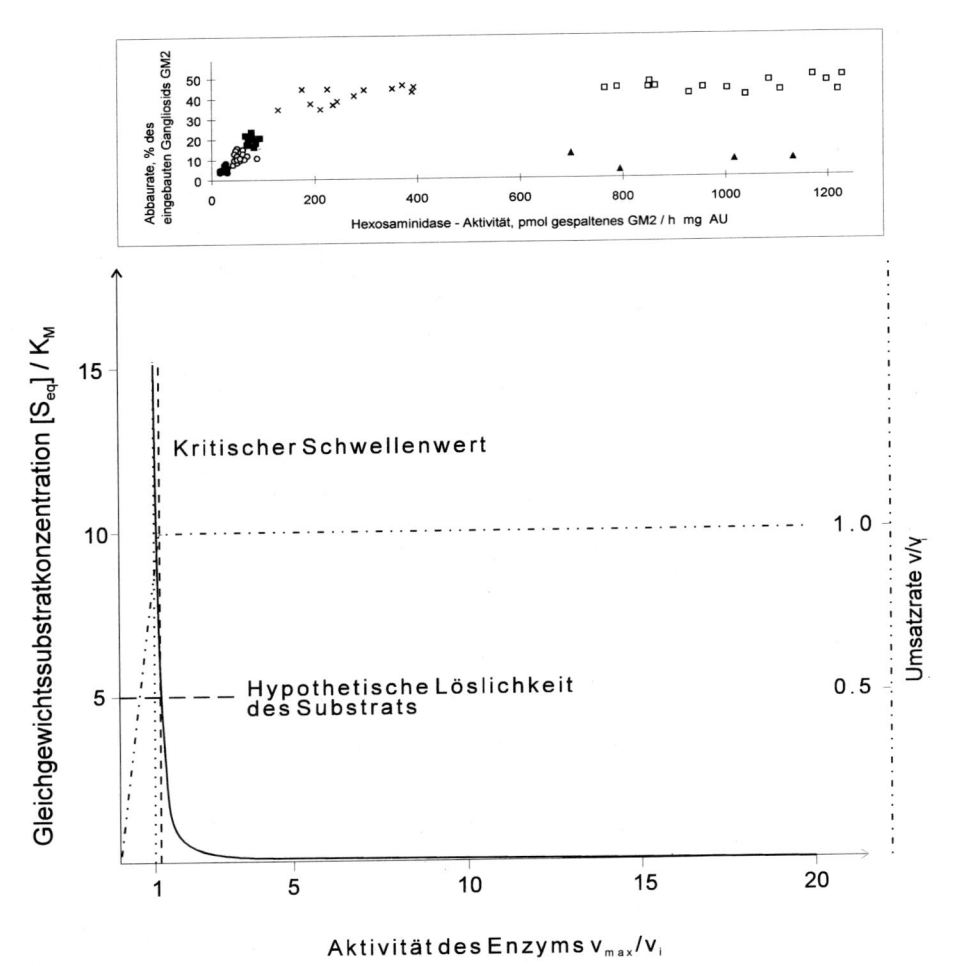

Abb. 2.3.13. (Sandhoff u. Kolter, 1995) Restliche Aktivität eines mutierten Enzyms und Umsatz seines Substrats in den Lysosomen (Conzelmann u. Sandhoff, 1983/84). Die Substratkonzentration ist als Vielfaches der Michaelis-Konstante K_M, die Umsatzrate und die Enzymaktivität (v_{max}) sind als Vielfache der Einstromrate (v_i) dargestellt. Substratgleichgewichtskonzentration $[S]eq/K_M$, –..– Umsatzrate des Substrats (v/v_i), ······ Kritischer Schwellenwert der Enzymaktivität, – – – Kritischer Schwellenwert der Enzymaktivität unter Berücksichtigung der begrenzten Löslichkeit des Substrats, *oben* Restliche Aktivität der Hexosaminidasen gegenüber Gangliosid GM2 in vitro und Umsatz des Gangliosids GM2 in Fibroblastenkulturen von Patienten mit GM2-Gangliosidose (Leinekugel et al., 1992). Hautfibroblasten von normalen Probanden und Patienten mit verschiedenen Formen der GM2-Gangliosidose und deren Überträger wurden für 3 Tage mit radioaktiv markiertem Gangliosid GM2 in Kultur gefüttert. Dann wurden die Zellen geerntet, in Wasser homogenisiert und folgende 3 Parameter bestimmt: Gesamteinbau des Substrats, Gangliosid GM2; prozentualer Anteil des abgebauten Substrats, Gangliosid GM2; Aktivität der Hexosaminidase A gegenüber dem Gangliosid GM2 in Gegenwart des GM2-Aktivators, *AU* Aktivatoreinheit wie definiert in Conzelmann u. Sandhoff (1979), ● α-Ketten-Defekt (Variante B der GM2-Gangliosidose oder Tay-Sachs-Erkrankung), infantile Form; ○ α-Ketten-Defekt, juvenile Form, ■ α-Ketten-Defekt, adulte Form, ▲ Aktivatordefekt (Variante AB der GM2-Gangliosidose). Gesunde Probanden: × Überträger der GM2-Gangliosidose, □ Normale Kontrollen

wartet erst unterhalb eines Schwellwerts linear mit abfallender Enzymaktivität ab. Patienten der klinisch heterogenen adulten Verlaufsform zeigen dabei einen deutlich höheren Umsatz der Speichersubstanz als Patienten der klinisch anders ausgeprägten juvenilen, und diese wiederum zeigen einen höheren Umsatz als die klinisch wiederum anders ausgeprägte infantile Verlaufsform der Krankheit. Geringere Unterschiede in der restlichen Enzymaktivität entsprechen dabei deutlichen Differenzen im jeweiligen Stoffwechselfluß des Substrats.

Es ist zu beachten, daß die enzymatische Restaktivität nur einen von verschiedenen pathogenetischen Faktoren darstellt. Beispielsweise können homozygote Patienten mit metachromatischer Leukodystrophie, die eine Pro426:Leu-Substitution in der Arylsulfatase A tragen, sowohl die juvenile als auch die adulte Form der Erkrankung ausprägen (Polten et al., 1991). Im allgemeinen korreliert die Verlaufsform nicht nur bei verschiedenen Sphingolipidosen, sondern auch bei der Pompe-Erkrankung mit der restlichen Enzymaktivität, in diesem Fall mit der der lysosomalen α-Glukosidase (Hermans et al., 1994).

2.3.9 Molekulare Diagnostik: Metabolische, enzymatische und genetische Verfahren

Die Diagnose der Sphingolipidosen beruhte anfänglich auf klinischen und pathologischen Befunden. Später wurde auf der Basis des biochemisch identifizierten Speichermaterials die Erkrankung diagnostiziert. Der Schwerpunkt der heutigen Diagnostik stützt sich auf die Bestimmung der enzymatischen Aktivität der einzelnen hydrolytischen Enzyme (Suzuki, 1987). Als Enzymquellen dienen klinisch leicht zugängliche Präparationen von Serum, Leukozyten, kultivierten Hautfibroblasten oder Biopsiematerial. Für pränatale Diagnosen werden Enzymaktivitäten in Amnionzellen oder Chorionvilli bestimmt. Metabolische Verfahren sind zur Diagnose von Erkrankungen unerläßlich, die auf die Defizienz enzymatisch nicht aktiver Sphingolipidaktivatorproteine zurückzuführen sind. Eine Diagnose aufgrund einer DNA-Analyse ist möglich, sofern die Mutationen innerhalb der Familie des Patienten bekannt sind.

Zur Bestimmung der enzymatischen Aktivität ist Serum eine besonders leicht zugängliche Enzymquelle, aus der die Aktivitäten einiger, aber nicht aller Hydrolasen bestimmt werden können. Nachteilig ist, daß die Aktivitätsspiegel lysosomaler Enzyme im Serum i. allg. niedriger als in zellulären Quellen sind und daß die Stabilität v. a. mutierter Proteine herabgesetzt sein kann. Blutplasma kommt als Enzymquelle i. allg. nicht in Frage, da lysosomale Hydrolasen durch Antikoagulanzien gehemmt werden können. Leukozyten sind eine verläßliche und leicht zu präparierende Enzymquelle. Für manche Fragestellungen ist es vorteilhaft, Lymphozyten zu verwenden, die aufgrund ihrer zellulären Homogenität eine geringere Streuung der Meßwerte zeigen. Kultivierte Hautfibroblasten sind eine weitere geeignete Enzymquelle.

Da lysosomale Hydrolasen in der Regel nur eine geringe Substratspezifität besitzen, kann ihre Aktivität nicht nur mit Hilfe der oft nur schwer handhabbaren natürlichen Substrate, sondern auch mit Hilfe synthetischer Substrate bestimmt werden, die günstige fluorogene oder chromogene Eigenschaften aufweisen (Suzuki, 1987) (Abb. 2.3.14).

Eine weitere diagnostische Absicherung stellt die Demonstration der Substratspeicherung in kultivierten Patientenzellen nach der Beladung mit

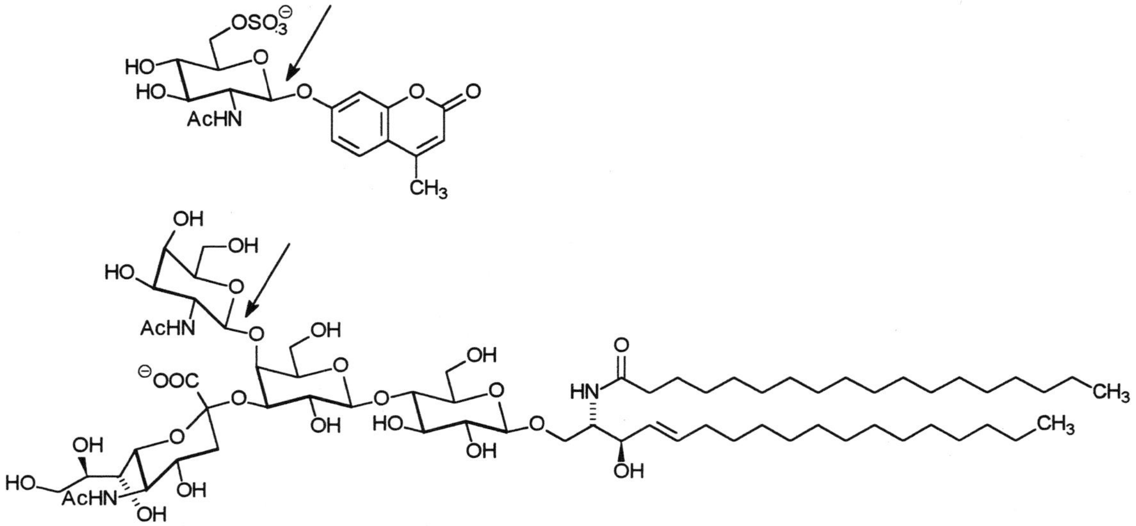

Abb. 2.3.14. Struktur des Gangliosids GM2 und des synthetischen Substrates 4-Methyl-Umbelliferyl-β-D-N-Azetyl-Galaktosamin-6-Sulfat. *Pfeil*: die Bindung, die von der β-Hexosaminidase A – beim GM2 in Gegenwart von GM2-Aktivatorprotein oder Detergens – gespalten wird

radioaktiv markiertem Substrat oder katabolen Vorläufern des Substrats dar. Zur Diagnose der Farber-Erkrankung beispielsweise kann der Abbau von Zeramid (Chen et al., 1981, Sutrina u. Chen, 1982) oder Zeramidvorläufern wie Sulfatid (Chen et al., 1981, Kudoh u. Wenger, 1982, Inui et al., 1987) und Sphingomyelin (Levade et al., 1993) untersucht werden. Solche Lipidbeladungsstudien können hohe Abbauraten des endogenen Zeramids trotz bestehender Farber-Erkrankung zeigen. Dies wird den z. T. hohen Restaktivitäten der mutierten sauren Zeramidase bzw. dem nicht lysosomal lokalisierten Abbau der entsprechenden Lipide zugeschrieben (Levade et al., 1993).

Der Vergleich biosynthetisch markierter Sphingolipide aus Patientenzellen mit Normalzellen ermöglicht den Nachweis einer Sphingolipidspeicherung. Mit in der 3'-Position radioaktiv markiertem Serin lassen sich die zellulären Sphingolipide biosynthetisch markieren. Solche Sphingolipide, deren Abbau gestört ist, zeigen bei längeren Chase-Perioden eine stärkere Markierung als solche, deren Umsatz nicht beeinträchtigt ist. Voraussetzung ist, daß ein Zelltyp untersucht wird, in dem das nicht abbaubare Lipid auch in nennenswertem Umfang biosynthetisiert wird. Bei Patienten deren Enzyme eine hohe Restaktivität zeigen, ist die biosynthetische Markierung einer direkten Bestimmung der Enzymaktivität unterlegen. Ein Vorteil der Methode besteht darin, daß sich die Enzyme und Lipide in ihrer natürlichen, topologisch korrekten subzellulären Umgebung befinden. Wird eine Lipidspeicherung mit diesem Zellsystem detektiert, so korreliert deren Intensität direkt mit der Ausmaß des Defekts des entsprechenden Enzymsystems. Dazu gehört auch die Detektion des Ausfalls eines Kofaktors, dessen Mangel mit herkömmlichen Diagnoseverfahren oft übersehen wird.

2.3.10 Therapie

Eine kausale Therapie von Sphingolipidosen ist nicht möglich, eine Ausnahme stellt die Gaucher-Erkrankung dar. Die Behandlung dieser oft tödlich verlaufenden Erkrankungen erfolgt rein symptomatisch. Bei der Gaucher-Erkrankung beispielsweise beschränkte sie sich bis vor kurzem auf die Substitution von Thrombozyten und Erythrozyten, die Splenektomie und die operativen Eingriffe zur Behandlung von Frakturen. Neuere therapeutische Ansätze sind im folgenden aufgeführt.

2.3.10.1 Enzymersatztherapie

Das Konzept, Sphingolipidosen durch exogene Gabe des defekten lysosomalen Enzyms zu behandeln, geht auf de Duve (1964) zurück. Ziel der Enzymersatztherapie von Sphingolipidosen ist es, durch exogen zugeführtes Protein die fehlende enzymatische Aktivität innerhalb der Lysosomen der Zielzellen zu restaurieren und damit bestehende Substratspeicherungen aufzuheben oder die weitere Substratakkumulation zu verhindern. Die Haupthindernisse, die einer Enzymersatztherapie von Sphingolipidosen im Weg standen, sind zum einen die zentralnervöse Lokalisation der Zielzellen, in denen bei neuronopathischen Sphingolipidosen die Substratspeicherung aufgehoben werden muß. Zum anderen standen lange Zeit keine Techniken zur Verfügung, die benötigten Proteine in ausreichender Menge und Reinheit zu gewinnen. Das letztere Problem scheint mit der Verfügbarkeit der cDNA-Sequenzen der lysosomalen Proteine für rekombinante DNA-Technologie überwunden zu sein. Da von einer ausreichenden Überwindung der Blut-Hirn-Schranke durch systemisch verabreichtes Protein gegenwärtig nicht ausgegangen werden kann, bleibt die Enzymersatztherapie zunächst auf Erkrankungen ohne primäre Beeinträchtigung des Zentralnervensystems beschränkt. Die erste Sphingolipidose und auch die erste lysosomale Speicherkrankheit überhaupt, die erfolgreich durch Enzymersatztherapie behandelt werden konnte, ist die adulte Form der Gaucher-Erkrankung (Typ I) (Barton et al., 1990). Die Gründe dafür liegen darin, daß die Speicherung von Glukosylzeramid hauptsächlich auf Kupffer-Zellen beschränkt ist, die Mannoserezeptoren auf ihrer Oberfläche exprimieren, über die exogen gegebenes lysosomal gerichtetes Protein internalisiert werden kann (Stahl et al., 1978). Zu einer Beteiligung des Nervensystem kommt es nicht, da die Patienten noch über eine ausreichend hohe Restaktivität des defekten Enzyms, der Glukosylzeramidase, verfügen. Ein enzymatisch modifiziertes Enzympräparat (Aglucerase oder rekombinante Imiglucerase) mit einer erhöhten Anzahl terminaler Mannosereste wird dabei 40- bis 70mal besser von Makrophagen aufgenommen als das unmodifizierte Enzym. Die nichtneuronopathische Form der Gaucher-Erkrankung wurde durch Enzymersatztherapie behandelt. Problematisch sind die Rückbildung von Skelettdeformationen, die nur sehr langsam erfolgt, und die neuronopathischen Formen II und III, die der Behandlung widerstehen (Barton et al., 1990; Beutler et al., 1992). Über eine Antikörperbildung wurde berichtet, eine Neutralisation des Enzyms erfolgte jedoch offenbar nicht (Richards et al, 1993).

2.3.10.2 Knochenmarktransplantationen

Das wesentliche Hindernis bei der Enzymersatztherapie von neuronopathischen Sphingolipidosen, die Überwindung der Blut-Hirn-Schranke, ist durch Knochenmarktransplantation prinzipiell überwindbar. Makrophagen des Knochenmarks können die Blut-Hirn-Schranke passieren und als Mikroglia im Gehirn als Enzymquelle dienen (Hoogerbrugge et al., 1988a). Obwohl in Einzelfällen von erfolgreichen Versuchen berichtet wurde, stellt die Knochenmarktransplantation gegenwärtig noch kein erfolgreiches Therapiekonzept zur Behandlung der Sphingolipidosen dar. Knochenmarktransplantationen an Tiermodellen von Sphingolipidosen (Hoogerbrugge et al., 1988b; Birkenmeier et al., 1991) haben zur Verbesserung neurologischer Symptome und zur Rückbildung neuraler Schäden geführt. Die Lebenserwartung der Twitcher-Maus als Tiermodell der Krabbe-Erkrankung wurde durch diese Behandlungform erhöht, ohne eine Heilung der Tiere erzielen zu können (Hoogerbrugge et al., 1988b). Von einer klinischen Verbesserung von Late-onset-Lipidosepatienten (Krabbe-Erkrankung, MLD) wurde berichtet, während die Therapie bei infantilen Patienten kontraindiziert ist (Krivit et al., 1995).

2.3.10.3 Gentherapie

Noch weit weniger fortgeschritten sind gentherapeutische Ansätze zur Behandlung der Sphingolipidosen. Ein Hauptproblem dabei stellt der effiziente Transfer therapeutischer DNA ins Zentralnervensystem dar. Postmitotische Zellen einschließlich der meisten Nervenzellen werden von retroviralen Vektoren nicht transfiziert (Culver et al., 1992), so daß für viele Anwendungen auf andere Vektoren ausgewichen werden muß. Dennoch ist auch dieses System Gegenstand von Untersuchungen. Beispielsweise wurden auf Zellkulturebene Transduktionsexperimente mit retroviral vermittelter Galaktosylzeramidase-cDNA durchgeführt (Gama Sosa et al., 1996). Unter den verschiedenen anderen Verfahren des Gentransfers (Mulligan, 1993) sind replikationsdefiziente Adenoviren hervorzuheben, von denen sich abzeichnet, daß sie geeignete Vektoren zur Einführung rekombinanter Gene in Nervenzellen darstellen. Hinsichtlich der Pathogenität und der Vorhersagbarkeit der Expressionsspiegel scheinen sie Systemen, die auf dem Herpes-simplex-Virus basieren, überlegen zu sein. Im Mausmodell einer lysosomalen Speicherkrankheit, des Sly-Syndroms (Mukopolysaccharidose VII) konnte durch Adenovirus-vermittelten Gentransfer die viszerale Pathologie korrigiert werden. Daneben wurde nach Injektion des rekombinanten Virus in die lateralen Ventrikel der Mäuse auch eine Erhöhung der β-Glukuronidase-Aktivität im Hirn der Versuchstiere festgestellt (Ohashi et al., 1997). Expemplarisch sei noch auf Zellversuche hingewiesen, in denen die GM2-Speicherung in Fibroblasten von Tay-Sachs-Patienten nach adenoviral vermitteltem Gentransfer aufgehoben werden konnte (Akli et al., 1996).

2.3.10.4 Inhibitoren der Glykosphingolipidbiosynthese

Zu den Faktoren, die die Schwere und die Verlaufsform dieser Erkrankungen beeinflussen, gehört das Verhältnis von verbleibender lysosomaler Enzymaktivität und Substratfluß in das Lysosom. Solange die Biosynthese der Substrate weiterläuft, für deren Abbau das defekte System verantwortlich ist, schreitet die pathologische Anhäufung der Substrate im Lysosom fort. Der Substrateinstrom in die Lysosomen sollte durch Hemmung der Sphingolipidbiosynthese reduziert werden können. Damit sollte es möglich sein, sowohl die Schwere als auch die Verlaufsform dieser Erkrankungen mit Hilfe synthetischer Inhibitoren positiv zu beeinflussen. Dieser Ansatz setzt voraus, daß eine minimale Restaktivität des defekten Enzyms im Lysosom vorhanden ist. Dies ist bei juvenilen und adulten Verlaufsformen der Fall, während bei den infantilen Verlaufsformen keine oder nur eine sehr geringe Restaktivität gefunden wird (Leinekugel et al., 1992). Es sind verschiedene niedermolekulare Inhibitoren der Glykosphingolipidbiosynthese bekannt (Kolter u. Sandhoff, 1996). Ein Wirkstoff, das zuvor als Glykosidaseinhibitor bekannte N-Butyldesoxynojirimycin, wurde im Tiermodell der Tay-Sachs-Erkrankung untersucht (Platt et al., 1997). Durch orale Gabe der Verbindung werden Serumkonzentrationen von 50 µM aufrechterhalten. Diese Konzentrationen werden auch bei Menschen erreicht, die die Verbindung im Rahmen einer antiviralen Therapie erhalten haben. Diese Konzentration reicht aus, um nach einer 12wöchigen Behandlung eine 50%ige Reduktion der

Speicherung von GM2 im Hirn der Mäuse gegenüber unbehandelten Mäusen zu erzielen. Im Gegensatz zu unbehandelten Mäusen fanden sich in den Nervenzellen der behandelten Mäuse nach 16 Wochen kaum zytoplasmatische Membranstrukturen, die durch das abgelagerte Lipid gebildet werden. Wesentlich für die Wirksamkeit der Verbindung sind ihre geringe Toxizität und ihre gute Bioverfügbarkeit. Sie kann oral aufgenommen werden und passiert die Blut-Hirn-Schranke, so daß im Zentralnervensystem ausreichend hohe Konzentrationen erreicht werden, um die Bildung von Glykosphingolipiden im gewünschten Umfang zu hemmen (Platt et al., 1997).

Wie oben beschrieben, verfügen die erwähnten Tiere über eine so hohe Restenzymaktivität, daß sie nicht erkranken und insofern als Modellsystem zur Überprüfung des Konzepts geeignet sind. Die Verbindung hemmt die Glukosyltransferase, die Glukose von Uridindiphosphatglukose auf Zeramid überträgt, mit einem IC_{50}-Wert von 20 µM. Es ist anzunehmen, daß das unter physiologischen Bedingungen positiv geladenene Stickstoffatom den Übergangszustand der Glykosyltransferasereaktion imitiert. Eine Verbindung mit verbesserter Selektivität ist das entsprechend Derivat mit D-Galakto-Konfiguration (IC_{50}=40 µM), durch das Glykosidasen wie β-Gluko- und β-Galaktozerebrosidase, α-Glukosidase I und II entweder nicht oder nur schwach gehemmt werden. Diese Verbindung wurde noch nicht untersucht (Übersicht: Kolter u. Sandhoff, 1996). Grundsätzlich kommt eine Behandlung von solchen Sphingolipidosepatienten mit Verbindungen dieses Typs in Frage, die solche Sphingolipide speichern, die sich biosynthetisch von Glukosylzeramid ableiten. Die erfolgreiche Anwendung dieser oder ähnlicher Wirkstoffe am menschlichen Patienten ist z. Z. noch hypothetisch, doch bestehen aufgrund der oben angestellten Erwägungen realistische Erfolgsaussichten der Behandlung von Sphingolipidosen.

2.3.11 Ausblick

Wesentliche Erkenntnisse über die Pathogenese und die therapeutischen Ansätze sind von den Tiermodellen zu erwarten, die für die menschlichen Formen der Sphingolipidosen entwickelt wurden. Beispielsweise wurde nach Hinweisen auf die Beteiligung des Immunsystems in der Pathogenese der Krabbe-Erkrankung durch Kreuzung von Twitcher-Mäusen, einem authentischen Tiermodell der Krabbe-Erkrankung, und MHC-Klasse II-defizienten Mäusen (MHC: major histocompatibility complex) eine Doppel-Knockout-Maus erhalten, die einen deutlich milderen Krankheitsverlauf zeigt (Matsushima et al., 1994). In β-Glucuronidase-defizienten Mäusen wurden Kochenmarktransplantationen mit retroviral modifizierten Zellen erprobt (Wolfe et al., 1992; Moullier et al., 1993). Der Phänotyp des Galaktosialidosemausmodells konnte durch transgene und normale Knochenmarkzellen korrigiert werden (Zhou et al., 1995). Diese Ansätze zeigen, daß es sich bei den erst seit kurzem verfügbaren Tiermodellen um wertvolle Hilfsmittel zum Verständnis der Pathogenese der Sphingolipidosen handelt. Zur Weiterentwicklung neuartiger therapeutischer Konzepte sind sie sicherlich von außerordentlichem Wert. Es ist davon auszugehen, daß diese präklinischen Modelle die Erprobung von Konzepten zur kausalen Therapie dieser Erkrankungen wesentlich erleichtern werden und verbesserte Behandlungsmöglichkeiten daraus hervorgehen.

2.3.12 Abkürzungserläuterungen

Cer Zeramid, *N*-Acylsphingosin
Gal Galaktose
GalCer Galaktosylzeramid, Gal-β-1,1-Cer
GalNAc *N*-Azetyl-Galaktosamin
GbOse$_3$Cer Gal-α-1,4-Gal-β-1,4-Glc-β-1,1-Cer
GbOse$_4$Cer, Globosid GalNAc-β-1,3-Gal-α-1,4-Gal-β-1,4-Glc-β-1,1-Cer
GD1a NeuAc-α-2,3-Gal-β-1,3-GalNAc-β-1,4(NeuAc-α-2,3-)Gal-β-1,4-Glc-β-1,1-Cer
GD1aGalNAc GalNAc-β-1,4(NeuAc-α-2,3-)Gal-β-1,3-GalNAc-β-1,4(NeuAc-α-2,3-)Gal-β-1,4-Glc-β-1,1-Cer
GD1b Gal-β-1,3-GalNAc-β-1,4(NeuAc-α-2,8-NeuAc-α-2,3-)Gal-β-1,4-Glc-β-1,1-Cer
GD3 NeuAc-α-2,8-NeuAc-α-2,3-Gal-β-1,4-Glc-β-1,1-Cer
Glc Glukose
GlcCer Glukosylzeramid, Glc-β-1,1-Cer
GM1 Gal-β-1,3-GalNAc-β-1,4(NeuAc-α-2,3-)Gal-β-1,4-Glc-β-1,1-Cer
GM2 GalNAc-β-1,4(NeuAc-α-2,3-)Gal-β-1,4-Glc-β-1,1-Cer
GM3 NeuAc-α-2,3-Gal-β-1,4-Glc-β-1,1-Cer

GQ1b NeuAc-α-2,8-NeuAc-α-2,3-Gal-β-1,3-GalNAc-β-1,4(NeuAc-α-2,8-NeuAc-α-2,3-)Gal-β-1,4-Glc-β-1,1-Cer
GSL Glykosphingolipide
GT1b NeuAc-α-2,3-Gal-β-1,3-GalNAc-β-1,4(NeuAc-α-2,8-NeuAc-α-2,3-)Gal-β-1,4-Glc-β-1,1Cer
GT3 NeuAc-α-2,8-NeuAc-α-2,8-NeuAc-α-2,3-Gal-β-1,4-Glc-β-1,1-Cer
LacCer Laktosylzeramid, Gal-β-1,4-Glc-β-1,1-Cer
NeuAc N-Azetylneuraminsäure
SAP Sphingolipidaktivatorprotein
Sulfatid Gal(3-Sulfat)-β-1,4-Glc-β-1,1-Cer

Danksagung. Wir danken Frau Dr. U. Schepers und Herrn Dr. T. Heinemann für wertvolle Diskussionen. Arbeiten im Labor der Autoren wurden durch die Deutsche Forschungsgemeinschaft gefördert (SFB 284 und SFB 400).

2.3.13 Literatur

Aghion H (1934) La maladie de Gaucher dans l'enfance. PhD Thesis, Paris
Akli S, Guidotti JE, Vigne E, Perricaudet M, Sandhoff K, Kahn A, Poenaru L (1996) Restoration of hexosaminidase A activity in human Tay-Sachs fibroblasts via adenoviral vector-mediated gene transfer. Gene Ther 3: 769–774
Anderson W (1898) A case of angiokeratoma. Br J Dermatol 10: 113–117
Austin JH, Balasubramanian AS, Pattabiraman TN, Saraswathi S, Basu DK, Bachhawat BK (1963) Controlled study of enzymic activities in three human disorders of glycolipid metabolism, gargoylism, metachromatic, and globoid leukodystrophy. J Neurochem 10: 805–816
Ballabio A, Shapiro LJ (1995) Steroid sulfatase deficiency and X-linked ichthyosis. In: Scriver C, Beaudet AL, Sly WS, Valle D (eds) The metabolic and molecular basis of inherited disease, vol II, 7th edn. McGraw-Hill, New York, Chapt 96, pp 2999–3022
Banerjee A, Burg J, Conzelmann E, Carroll M, Sandhoff K (1984) Enzyme-linked immunosorbent assay for the ganglioside GM2-activator protein – Screening of normal human tissues and body fluids, of tissues of GM2 gangliosidosis, and for its subcellular localization. Hoppe Seyler Z Physiol Chem 365: 347–356
Barton NW, Furrish FS, Murray GJ, Garfield M, Brady RO (1990) Therapeutic response to intravenous infusions of glucocerebrosidase in a patient with Gaucher disease. Proc Natl Acad Sci USA 87: 1913–1916
Barton NW, Brady RO, Dambrosia JM et al. (1991) Replacement therapy for inherited enzyme deficiency. Macrophage-targeted glucocerebrosidase for Gaucher's disease. N Engl J Med 324: 1464–1470
Ben-Yoseph Y, Gagne R, Parvathy MR, Mitchell DA, Momoi T (1989) Leukocyte and plasma N-laurylsphingosine deacylase (ceramidase) in Farber disease. Clin Genet 36: 38–42
Berent SL, Radin NS (1981) Mechanism of activation of glucocerebrosidase by Co-β-glucosidase (glucosidase activator protein) Biochim Biophys Acta 664: 572–582
Bernardo K, Hurwitz R, Zenk T, Desnick RJ, Ferlinz K, Schuchman EH, Sandhoff K (1995) Purification, characterization, and biosynthesis of human acid ceramidase. J Biol Chem 270: 11.098–11.102
Beutler E (1992) Gaucher disease: new molecular approaches to diagnosis and treatment. Science 256: 794–799
Beutler E (1993) Gaucher disease as a paradigm of current issues regarding single gene mutations of humans. Proc Natl Acad Sci USA 90: 5384–5390
Beutler E, Grabowski GA (1995) Gaucher disease. In: Scriver C, Beaudet AL, Sly WS, Valle D (eds) The metabolic and molecular basis of inherited disease, vol II, 7th edn. McGraw-Hill, New York, Chapt 86, pp 2641–2670
Birkenmeier EH, Barker JE, Vogler CA et al. (1991) Increased life span and correction of metabolic defects in murine mucopolysaccharidosis type VII after syngeneic bone marrow transplantation. Blood 78: 3081–3092
Bishop DF, Desnick RJ (1981) Affinity purification of α-galactosidase A from human spleen, placenta, and plasma with elimination of pyrogen contamination. J Biol Chem 256: 1307–1316
Bishop DF, Calhoun DH, Bernstein HS, Hantzopoulos P, Quinn M, Desnick RJ (1986) Human α-galactosidase A: nucleotide sequence of a cDNA clone encoding the mature enzyme. Proc Natl Acad Sci USA 83: 4859–4863
Bishop DF, Kornreich R, Desnick RJ (1988) Structural organization of the human α-galactosidase A gene: further evidence for the absence of a 3' untranslated region. Proc Natl Acad Sci USA 85: 3903–3907
Bradova V, Smid F, Ulrich-Bott B, Roggendorf W, Paton BC, Harzer K (1993) Prosaposin deficiency: further characterization of the sphingolipid activator protein-deficient sibs. Multible glycolipid elevations (including lactosylceramidosis), partial enzyme deficiencies and ultrastructure of the skin in this generalized sphingolipid storage disease. Hum Genet 92: 143–152
Brady, RO, Kanfer JN, Shapiro D (1965) Metabolism of glucocerebrosides. II. Evidence of an enzymatic deficiency in Gaucher's disease. Biochem Biophys Res Commun 18: 221–225
Brady RO, Kanfer JN, Mock MB, Fredrickson DS (1966) The metabolism of sphingomyelin. Evidence of an enzymatic deficiency in Niemann-Pick disease. Proc Natl Acad Sci USA 55: 367–370
Brady RO, Gal AE, Bradley RM, Martensson E, Warshaw AL, Laster L (1967) Enzymatic defect in Fabry's disease: ceramide trihexosidase deficiency. N Engl J Med 276: 1163–1167
Braulke T (1996) Origin of lysosomal proteins. In: Lloyd JB, Mason RW (eds) Subcellular biochemistry, vol 27, Biology of the lysosome. Plenum Press, New York, pp 15–49
Burkhardt JK, Hüttler S, Klein A, Möbius W, Habermann A, Griffiths G, Sandhoff K (1997) Accumulation of sphingolipids in SAP-precursor (prosaposin) deficient fibroblasts occurs as intralysosomal membrane structures and can be completely reversed by treatment with human SAP-precursor. Eur J Biochem 73: 10–18
Carlsson SR, Roth J, Piller F, Fukuda M (1988) Isolation and characterization of human lysosomal membrane glycoproteins, h-lamp-1 and h-lamp-2. J Biol Chem 263: 18.911–18.919

Chen YQ, Wenger DA (1993) Galactocerebrosidase from human urine: purification and partial characterization. Biochim Biophys Acta 1170: 53–61

Chen WW, Moser AB, Moser HW (1981) Role of lysosomal acid ceramidase in the metabolism of ceramide in human skin fibroblasts. Arch Biochem Biophys 208: 444–455

Chen YQ, Rafi MA, deGala G, Wenger DA (1993) Cloning and expression of cDNA encoding human galactocerebrosidase, the enzyme deficient in globoid cell leukodystrophy. Hum Mol Genet 2: 1841–1845

Christomanou H, Kleinschmidt T (1985) Isolation of two forms of an activator protein for the enzymic sphingomyelin degradation from human Gaucher spleen. Biol Chem Hoppe-Seyler 366: 245–256

Christomanou H, Aignesberg A, Linke RP (1986) Immunochemical characterization of two activator proteins stimulating enzymic sphingomyelin degradation in vitro – Absence of one of them in a human Gaucher disease variant. Biol Chem Hoppe-Seyler 367: 879–890

Christomanou H, Chabs A, Pampols T, Guardiola A (1989) Activator protein deficient Gaucher's disease. Klin Wochenschr 67: 999–1003

Conzelmann E, Sandhoff K (1978) Deficiency of a factor necessary for stimulation of hexosaminidase A-catalyzed degradation of ganglioside GM2 and glycolipid G_{A2}. Proc Natl Acad Sci USA 75: 3979–3983

Conzelmann E, Sandhoff K (1979) Purification and characterization of an activator protein for the degradation of glycolipids GM2 and GA2 by hexosaminidase A. Hoppe-Seyler Z Physiol Chem 360: 1837–1849

Conzelmann E, Sandhoff K (1983/84) Partial enzyme deficiencies: Residual activities and the development of neurological disorders. Dev Neurosci 6: 58–71

Conzelmann E, Sandhoff K (1987) Glycolipid and glycoprotein degradation. Adv Enzymol 60: 89–217

Conzelmann E, Sandhoff K (1991) Biochemical basis of late-onset neurolipidoses. Dev Neurosci 13: 197–204

Conzelmann E, Lee-Vaupel M, Sandhoff K (1988) The physiological roles of activator proteins for lysosomal glycolipid degradation. In: Salvayre R, Douste-Blazy L, Gatt S (eds) Lipid storage disorders. Plenum Publishing Corporation, New York, pp 323–332

Crocker AC (1961) The cerebral defect in Tay-Sachs disease and Niemann-Pick disease. J Neurochem 7: 69–73

Culver KW, Ram Z, Wallbridge S, Ishii H, Oldfield EH, Blaese RM (1992) In vivo gene transfer with retroviral vector-producer cells for treatment of experimental brain tumors. Science 256: 1550–1552

D'Agrosa RM, Hubbes M, Zhang S, Shankaran R, Callahan JW (1992) Characteristics of the β-galactosidase-carboxypeptidase complex in GM1-gangliosidosis and β-galactosialidosis fibroblasts. Biochem J 285: 833–838

D'Azzo A, Hoogeveen A, Reuser AJJ, Robinson D, Galjaard H (1982) Molecular defect in combined β-galactosidase and neuraminidase deficiency in man. Proc Natl Acad Sci USA 79: 4535–4539

D'Azzo A, Andria G, Strisciuglio P, Galjaard H (1995) Galactosialidosis. In: Scriver C, Beaudet AL, Sly WS, Valle D (eds) The metabolic and molecular basis of inherited disease, vol II, 7th edn. McGraw-Hill, New York, Chapt 91, pp 2825–2837

De Duve C (1964) From cytases to lysosomes. Fed Proc 23: 1045–1049

Dean KJ, Sweeley CC (1979) Studies on human liver α-galactosidases. I. Purification of a-galactosidase A and its enzymatic properties with glycolipid and oligosaccharide substrates. J Biol Chem 254: 9994–10 000

Desnick RJ, Ioannou YA, Eng CM (1995) α-galactosidase A deficiency: Fabry disease. In: Scriver C, Beaudet AL, Sly WS, Valle D (eds) The metabolic and molecular basis of inherited disease, vol II, 7th edn. McGraw-Hill, New York, Chapt 89, pp 2741–2784

Dinur T, Osiecki KM, Legler G, Gatt S, Desnick RJ, Grabowski GA (1986) Human acid β-glucosidase: isolation and amino acid sequence of a peptide containing the catalytic site. Proc Natl Acad Sci USA 83: 1660–1664

Downing DT (1992) Lipid and protein structure in the permeability barrier of mammalian epidermis. J Lipid Res 33: 301–313

Elleder M (1989) Niemann-Pick disease. Pathol Res Pract 185: 293–328

Fabbro D, Grabowski GA (1991) Human acid β-glucosidase. Use of inhibitory and activating monoclonal antibodies to investigate the enzyme's catalytic mechanism and saposin A and C binding sites. J Biol Chem 266: 15.021–15.027

Fabry J (1898) Ein Beitrag zur Kenntnis der Purpura haemorrhagica nodularis (Purpura papulosa hemorrhagica Hebrae). Arch Dermatol Syph 43:187–200

Ferlinz K, Hurwitz R, Weiler M, Suzuki K, Sandhoff K, Vanier MT (1995) Molecular analysis of the acid sphingomyelinase deficiency in a family with an intermediate form of Niemann-Pick disease. Am J Hum Genet 56: 1343–1349

Fernandes MJG, Yew S, Leclerc D et al. (1997) Identification of candidate active site residues in lysosomal β-hexosaminidase A. J Biol Chem 272: 814–820

Fischer G, Jatzkewitz H (1975) The activator of cerebroside sulphatase. Purification from human liver and identification as a protein. Hoppe Seyler Z Physiol Chem 356: 605–613

Fischer G, Jatzkewitz H (1977) The activator of cerebroside sulphatase. Binding studies with enzyme and substrate demonstrating the detergent function of the activator protein. Biochim Biophys Acta 481: 561–572

Fischer G, Jatzkewitz H (1978) The activator of cerebroside sulfatase-A model of the activation. Biochim Biophys Acta 528: 69–76

Fujita N, Suzuki K, Vanier MT et al. (1996) Targeted disruption of the mouse sphingolipid activator protein gene: a complex phenotype, including severe leukodystrophy and wide-spread storage of multiple sphingolipids. Hum Mol Genet 5: 711–725

Fukumoto S, Haraguchi M, Takeda N et al. (1996) Mice with disrupted GM2/GD2 synthase gene lack complex gangliosides but exhibit only subtle defects in their nervous system. Proc Natl Acad Sci USA 93: 10.662–10.667

Fürst W, Sandhoff K (1992) Activator proteins and topology of lysosomal sphingolipid catabolism. Biochim Biophys Acta 1126: 1–16

Fürst W, Machleidt W, Sandhoff K (1988) The precursor of sulfatide activator protein is processed to three different proteins. Biol Chem Hoppe-Seyler 369: 317–328

Fürst W, Schubert J, Machleidt W, Meyer EH, Sandhoff K (1990) The complete amino-acid sequences of human ganglioside GM2 activator protein and cerebroside sulfate activator protein. Eur J Biochem 192: 709–714

Futerman AH (1994) An update of sphingolipid synthesis and transport along the secretory pathway. Trends Glycosci Glycotechnol 6: 143–153

Gahl WA, Schneider JA, Aula PP (1995) Lysosomal transport disorders: cystinosis and sialic acid storage disorders. In: Scriver C, Beaudet AL, Sly WS, Valle D (eds) The metabolic and molecular basis of inherited disease, vol III, 7th edn. McGraw-Hill, New York, Chapt 126, pp 3763–3797

Gama Sosa MA, Gasperi R de, Undevia S, Yeretsian J, Rouse SC II, Lyerla T, Kolodny EH (1996) Correction of the galactocerebrosidase deficiency in globoid cell leukodystrophy-cultured cells by SL3-3 retroviral-mediated gene transfer. Biochem Biophys Res Commun 218: 766–771

Garrod AE (1923) Inborn errors of metabolism. Oxford University Press, Oxford

Gaucher PCE (1882) De l'epithelioma primitif de la rate, hypertrophie idiopathique de la rate sans leucemie. Thesis, Paris

Gieselmann V (1995) Lysosomal storage diseases. Biochim Biophys Acta 1270: 103–136

Gieselmann V, Polten A, Kreysing J, Figura K von (1989) Arylsulfatase A pseudodeficiency: loss of a polyadenylylation signal and N-glycosylation site. Proc Natl Acad Sci USA 86: 9436–9440

Gieselmann V, Polten A, Kreysing J, Kappler J, Fluharty A, Figura K von (1991) Molecular genetics of metachromatic leucodystrophy. Dev Neurosci 13: 222–227

Graber D, Salvayre R, Levade T (1994) Accurate differentiation of neuronopathic and nonneuronopathic forms of Niemann-Pick disease by evaluation of the effective residual lysosomal sphingomyelinase activity in intact cells. J Neurochem 63: 1060–1068

Grace ME, Graves PN, Smith FI, Grabowski GA (1990) Analyses of catalytic activity and inhibitor binding of human acid β-glucosidase by site-directed mutagenesis. Identification of residues critical to catalysis and evidence for causality of two Ashkenazi Jewish Gaucher disease type 1 mutations. J Biol Chem 265: 6827–6835

Gravel RA, Clarke JTR, Kaback MM, Mahuran D, Sandhoff K, Suzuki K (1995) The GM2 gangliosidoses. In: Scriver C, Beaudet AL, Sly WS, Valle D (eds) The metabolic and molecular basis of inherited disease, vol II, 7th edn. McGraw-Hill, New York, Chapt 92, 2839–2879

Griffiths GW, Hoflack B, Simons K, Mellman IS, Kornfeld S (1988) The mannose-6-phosphate receptor and the biogenesis of lysosomes. Cell 52: 329–341

Hahn CN, Pilar M del, Schröder M, Vanier MT, Hara Y, Suzuki K, Suzuki K, D'Azzo A (1997) Generalized CNS disease and massive G(M1)-ganglioside accumulation in mice defective in lysosomal acid beta-galactosidase. Hum Mol Genet 6: 205–211

Hakomori S (1981) Glycosphingolipids in cellular interactions, differentiation and oncogenesis. Annu Rev Biochem 50: 733–764

Hannun YA (1996) Functions of ceramide in coordinating cellular responses to stress. Science 274: 1855–1859

Harzer K, Paton BC, Poulos A (1989) Sphingolipid activator protein (SAP) deficiency in a 16-week old atypical Gaucher disease patient and his fetal sibling; biochemical signs of combined sphingolipidoses. Eur J Pediatr 149: 31–39

Hasilik A, Neufeld EF (1980) Biosynthesis of lysosomal enzymes in fibroblasts. Synthesis as precursors of higher molecular weight. J Biol Chem 255: 4937–4945

Henseler M, Klein A, Reber M, Vanier MT, Landrieu P, Sandhoff K (1996) Analysis of a splice-site mutation in the sap-precursor gene of a patient with metachromatic leukodystrophy. Am J Hum Genet 58: 65–74

Hermans MM, De Graaff E, Kroos MA et al. (1994) The effect of a single base pair deletion (delta T525) and a C1634T missense mutation (pro545leu) on the expression of lysosomal alpha-glucosidase in patients with glycocen storage disease type II. Hum Mol Genet 3: 2213–2218

Hers HG (1966) Inborn lysosomal disease. Gastroenterology 48: 625–633

Hess B, Saftig P, Hartmann D et al. (1996) Phenotype of arylsulfatase A-deficient mice: relationship to human metachromatic leukodystrophy. Proc Natl Acad Sci USA 93: 14.821–14.826

Hidari K, Kawashima I, Tai T, Inagaki F, Nagai Y, Sanai Y (1994) In vitro synthesis of disialoganglioside (GD1a) from asialo-GM1 using sialyltransferase in rat liver Golgi vesicles. Eur J Biochem 221: 603–609

Ho MW, O'Brien JS (1971) Gaucher's disease: deficiency of 'acid' β-glucosidase and reconstitution of enzyme activity in vitro. Proc Natl Acad Sci USA 68: 2810–2813

Hohenschutz C, Eich P, Friedl W, Waheed A, Conzelmann E, Propping P (1989) Pseudodeficiency of arylsulfatase A: a common genetic polymorphism with possible disease implications. Hum Genet 82: 45–48

Holtschmidt H, Sandhoff K, Fürst W, Kwon H, Schnabel D, Suzuki K (1991) The organization of the gene for the human cerebroside sulfate activator protein. FEBS Lett 280: 267–270

Hoogerbrugge PM, Suzuki K, Suzuki K, Poorthuis BJHM, Kobayashi T, Wagenmaker G, Van Bekkum DW (1988a) Donor-derived cells in the central nervous system of twitcher mice after bone marrow transplantation. Science 239: 1035–1038

Hoogerbrugge PM, Poorthuis BJ, Romme AE, Van de Kamp JJ, Wagemaker G, Van Bekkum DW (1988b) Effect of bone marrow transplantation on enzyme levels and clinical course in the neurologically affected twitcher mouse. J Clin Invest 81: 1790–1794

Hoogeveen AT, Verheijen FW, D'Azzo A, Galjaard H (1980) Genetic heterogeneity in human neuraminidase deficiency. Nature 285: 500–502

Horinuchi K, Erlich S, Perl DP, Ferlinz K, Bisgaier CL, Sandhoff K, Vanier MT (1995) Acid sphingomyelinase deficient mice: a new model for the study of types A and B Niemann-Pick disease. Nat Genet 10: 288–293

Horowitz M, Wilder S, Worowitz Z, Reiner O, Gelbart T, Beutler E (1989) The human glucocerebrosidase gene and pseudogene: structure and evolution. Genomics 4: 87–96

Hurwitz R, Ferlinz K, Sandhoff K (1994) The tricyclic antidepressant desipramine causes proteolytic degradation of lysosomal sphingomyelinase in human fibroblasts. Biol Chem Hoppe-Seyler 375: 447–450

Inui K, Furukawa M, Nishimoto J, Okada S, Yabuuchi H (1987) Metabolism of cerebroside sulphate and subcellular distribution of its metabolites in cultured skin fibroblasts derived from controls, metachromatic leukodystrophy, globoid cell leukodystrophy and Farber disease. J Inherit Metab Dis 10: 293–296

Iwamori M, Moser HW (1975) Above normal urinary excretion of urinary ceramides in Farber's disease, and characterization of their components by high performance liquid chromatography. Clin Chem 21: 725–729

Jatzkewitz H, Stinshoff K (1973) An activator of cerebroside sulfatase in human normal liver and in cases of congenital metachromatic leukodystrophy. FEBS Lett 32: 129–131

Karlsson KA (1989) Animal glycosphingolipids as membrane attachment sites for bacteria. Annu Rev Biochem 58: 309–350

Klein A, Henseler M, Klein C, Suzuki K, Harzer K, Sandhoff K (1994) Sphingolipid activator protein D (sap-D) stimulates the lysosomal degradation of ceramide in vivo. Biochem Biophys Res Commun 200: 1440–1448

Klenk E (1935) Über die Natur der Phosphatide und anderer Lipide des Gehirns und der Leber bei der Niemann-Pickschen Krankheit. Z Physiol Chem 235: 24–25

Klima H, Tanaka A, Schnabel D, Nakano T, Schröder M, Suzuki K, Sandhoff K (1991) Characterization of full-length cDNA and the gene coding for the human GM2-activator protein. FEBS Lett 289: 260–264

Kint JA (1970) Fabry's disease, α-galactosidase deficiency. Science 167: 1268–1269

Kobayashi T, Yamanaka T, Jacobs JM, Teixeira F, Suzuki K (1980) The twitcher mouse: an enzymatically authentic model of human globoid cell leukodystrophy (Krabbe disease). Brain Res 202: 479–483

Koch J, Gärtner S, Li CM et al. (1996) Molecular cloning and characterization of a full-length complementary DNA encoding human acid ceramidase. Identification of the first molecular lesion causing Farber disease. J Biol Chem 271: 33.110–33.115

Kolodny EH, Fluharty AL (1995) Metachromatic leukodystrophy and multiple sulfatase deficiency: sulfatide lipidosis. In: Scriver C, Beaudet AL, Sly WS, Valle D (eds) The metabolic and molecular basis of inherited disease, vol II, 7th edn. McGraw-Hill, New York, Chapt 88, pp 2693–2739

Kolter T, Sandhoff K (1996) Inhibitors of glycosphingolipid biosynthesis. Chem Soc Rev 25: 371–381

Kopitz J (1997) Glycolipids: structure and function. In: Gabius HJ, Gabius S (eds) Glycosciences. Chapman & Hall, Weinheim, pp 163–189

Kornfeld S, Mellman I (1989) The biogenesis of lysosomes. Annu Rev Cell Biol 5: 483–525

Kretz KA, Carson GS, Morimoto S, Kishimoto Y, Fluharty AL, O'Brien JS (1990) Characterization of a mutation in a family with saposin B deficiency: a glycosylation site defect. Proc Natl Acad Sci USA 87: 2541–2544

Krivit W, Lockman LA, Watkins PA, Hirsch J, Shapiro EG (1995) The future for treatment by bone marrow transplantation for adrenoleukodystrophy, metachromatic leukodystrophy, globoid cell leukodystrophy and Hurler syndrome. J Inherited Metab Dis 18: 398–412

Kudoh T, Wenger DA (1982) Diagnosis of metachromatic leukodystrophy, Krabbe disease and Farber disease after uptake of fatty acid-labeled cerebroside sulfate into cultured skin fibroblasts. J Clin Invest 70: 89–97

Kuhn E, Wiegandt H (1963) Die Konstitution der Ganglio-N-Tetraose und des Gangliosides GI. Chem Ber 96: 866–880

Kytzia HJ, Sandhoff K (1985) Evidence for two different active sites on human hexosaminidase – Interaction of GM2 activator protein with hexosaminidase A. J Biol Chem 260: 7568–7572

Kytzia HJ, Hinrichs U, Maire I, Suzuki K, Sandhoff K (1983) Variant of GM2-gangliosidosis with hexosaminidase A having a severely changed substrate specificity. EMBO J 2: 1201–1205

Ledeen R, Salsman K (1965) Structure of the Tay-Sachs' ganglioside. Biochemistry 4: 2225–2233

Lee-Vaupel M, Conzelmann E (1987) A simple chromogenic assay for arylsulfatase. Clin Chim Acta 164: 171–180

Leinekugel P, Michel S, Conzelmann E, Sandhoff K (1992) Quantitative correlation between the residual activity of β-hexosaminidase A and arylsulfatase A and the severity of the resulting lysosomal storage disease. Hum Genet 88: 513–523

Levade T, Tempesta MC, Salvayre R (1993) The in situ degradation of ceramide, a potential lipid mediator, is not completely impaired in Farber disease. FEBS Lett 329: 306–312

Levade T, Moser HW, Fensom AH, Harzer K, Moser AB, Salvayre R (1994) Neurodegenerative course in ceramidase deficiency (Farber disease) correlates with the residual lysosomal ceramide turnover in cultured living patient cells. J Neurol Sci 134: 108–114

Levran O, Desnick RJ, Schuchman EH (1991) Niemann-Pick type B disease. J Clin Invest 88: 806–810

Levran O, Desnick RJ, Schuchman EH (1992) A common missense mutation (L302) in Ashkenasi Jewish type A Niemann-Pick disease patients: transient expression studies demonstrate the causative nature of the two common Ashkenazi Jewish Niemann-Pick disease mutations. Blood 80: 2-081–2-087

Li SC, Kihara H, Serizawa S, Li YT, Fluharty AL, Mayes JS, Shapiro LJ (1985) Activator protein required for the enzymatic hydrolysis of cerebroside sulfate. J Biol Chem 260: 1867–1871

Liessem B, Glombitza GJ, Knoll F, Lehmann J, Kellermann J, Lottspeich F, Sandhoff K (1995) Photoaffinity labeling of human lysosomal β-hexosaminidase B – Identification of Glu-355 at the substrate binding site. J Biol Chem 270: 23.693–23.699

Liu Y, Hoffmann A, Grinberg A et al. (1997) Mouse model of GM2 activator deficiency manifests cerebellar ganglioside storage and motor impairment. Proc Natl Acad Sci USA 4: 8138–8143

Lüllmann-Rauch R (1974) Lipidosis-like alterations in spinal cord and cerebellar cortex of rats treated with tricyclic antidepressants or neuroleptics. Acta Neuropathol 29: 237–249

Luzi P, Rafi MA, Wenger DA (1995) Structure and organization of the human galactocerebrosidase (GALC) gene. Genomics 26: 407–409

Lyon M (1961) Gene action in the X-chromosome of the mouse (Mus musculus L.). Nature 190: 372–373

Makita A, Yamakawa T (1963) The glycolipids of the brain of Tay-Sachs disease. The chemical structure of globoside and main ganglioside. Jpn J Exp Med 33: 361–368

Markwell MAK, Svennerholm L, Paulson JC (1981) Specific gangliosides function as host cell receptors for Sendai virus. Proc Natl Acad Sci USA 78: 5406–5410

Matsuda J, Suzuki O, Oshima A, Ogura A, Naiki M, Suzuki Y (1997) Neurological manifestations of knockout mice with beta-galactosidase deficiency. Brain Dev 19: 19–20

Matsushima GK, Taniike M, Glimcher LH, Grusby MJ, Frelinger JA, Suzuki K, Ting JP-Y (1994) Absence of MHC class II molecules reduces CNS demyelination, microglial, macrophage infiltration, and twitching in murine globoid cell leukodystrophy. Cell 78: 645–656

Mehl E, Jatzkewitz H (1964) Eine Cerebrosidsulfatase aus Schweineniere. Hoppe Seyler Z Physiol Chem 339: 260–276

Meier EM, Schwarzmann G, Fürst W, Sandhoff K (1991) The human GM2 activator protein: a substrate specific cofactor of hexosaminidase A. J Biol Chem 266: 1879–1887

Meivar-Levy I, Horowitz M, Futerman AH (1994) Analysis of glucocerebrosidase activity using N-(1-[^{14}C]hexanoyl)-D-erythro-glucosylsphingosine demonstrates a correlation between levels of residual enzyme activity and the type of Gaucher disease. Biochem J 303: 377–382

Miyatake T, Suzuki K (1972) Additional deficiency of psychosine galactosidase. Biochem Biophys Res Commun 48: 538–543

Momoi T, Ben-Yoseph Y, Nadler HL (1982) Substrate-specificities of acid and alkaline ceramidases in fibroblasts from patients with Farber disease and controls. Biochem J 205: 419–425

Morimoto S, Martin BM, Yamamoto Y, Kretz KA, O'Brien JS (1989) Saposin A: second cerebrosidase activator protein. Proc Natl Acad Sci USA 86: 3389–3393

Morreau H, Bonten E, Zhou XY, D'Azzo A (1991) Organization of the gene encoding human lysosomal β-galactosidase. DNA Cell Biol 10: 495–504

Moser HW (1995) Ceramidase deficiency: Farber lipogranulomatosis. In: Scriver C, Beaudet AL, Sly WS, Valle D (eds) The metabolic and molecular basis of inherited disease, vol II, 7th edn. McGraw-Hill, New York, Chapt 83, pp 2589–2599

Moser HW, Prensky AL, Wolfe JH, Rosman NP (1969) Farber's lipogranulomatosis: report of a case and demonstration of an excess of free ceramide and ganglioside. Am J Med 47: 869–890

Moullier P, Bohl D, Heard JM, Danos O (1993) Correction of lysosomal storage in the liver and spleen of MPS VII mice by implantation of genetically modified skin fibroblasts. Nat Genet 4: 154–159

Mulligan RC (1993) The basic science of gene therapy. Science 260: 926–932

Myerowitz R, Piekarz R, Neufeld EF, Shows TB, Suzuki K (1985) Human β-hexosaminidase a chain: coding sequence and homology with the b chain. Proc Natl Acad Sci USA 82: 7830–7834

Nakano T, Sandhoff K, Stümper J, Christomanou H, Suzuki K (1989) Structure of full-length cDNA coding for sulfatide activator, a co-β glucosidase and two other homologous proteins: two alternate forms of the sulfatide activator. J Biochem 105: 152–154

Neote K, Bapat B, Dumbrille-Ross A, Troxel C, Schuster SM, Mahuran DJ, Gravel RA (1988) Characterization of the human hexb gene encoding lysosomal β-hexosaminidase. Genomics 3: 279–286

Neote K, McInnes B, Mahuran DJ, Gravel RA (1990) Structure and distribution of an Alu-type deletion mutation in Sandhoff disease. J Clin Invest 86: 1524–1531

Neufeld EF (1991) Lysosomal storage diseases. Annu Rev Biochem 60: 257–280

Neufeld EF, Muenzer J (1995) The mucopolysaccharidoses. In: Scriver C, Beaudet AL, Sly WS, Valle D (eds) The metabolic and molecular basis of inherited disease, vol II, 7th edn. McGraw-Hill, New York, Chapt 78, pp 2465–2494

Niemann A (1914) Ein unbekanntes Krankheitsbild. Jahrb Kinderheilkd 79: 1–3.

O'Brien JS, Kretz KA, Dewji N, Wenger DA, Esch F, Fluharty AL (1988) Coding of two sphingolipid activator proteins (SAP-1 and SAP-2) by same genetic locus. Science 241: 1098–1101

O'Dowd B, Quan F, Willard H et al. (1985) Isolation of cDNA clones coding for the β subunit of human β-hexosaminidase. Proc Natl Acad Sci USA 82: 1184–1188

Ohashi T, Watabe K, Uehara K, Sly WS, Vogler C, Eto Y (1997) Adenovirus-mediated gene transfer and expression of human beta-glucuronidase gen in the liver, spleen, and central nervous system in mucopolysaccharidosis type VII mice. Proc Natl Acad Sci USA 94: 1287–1292

Ohshima T, Murray GJ, Swaim WD et al. (1997) Alpha-galactosidase A deficient mice: a model of Fabry disease. Proc Natl Acad Sci USA 94: 2540–2544

Okada S, O'Brien JS (1968) Generalized gangliosidosis. Beta-galactosidase deficiency. Science 160: 1002–1004

Okada S, O'Brien JS (1969) Tay-Sachs disease: generalized absence of a β-D-N-acetylhexosaminidase component. Science 165: 698–700

Oshima A, Tsuji A, Nagao Y, Sakubara H, Suzuki Y (1988) Cloning, sequencing, and expression of cDNA for human β-galactosidase. Biochem Biophys Res Commun 157: 238–244

Oshima A, Yoshida K, Itoh K, Kase R, Sakuraba H, Suzuki Y (1994) Intracellular processing and maturation of mutant gene products in hereditary β-galactosidase deficiency (β-galactosidosis). Hum Genet 93: 109–114

Otterbach B, Stoffel W (1995) Acid sphingomyelinase-deficient mice mimic the neurovisceral form of human lysosomal storage disease (Niemann-Pick disease). Cell 81: 1053–1061

Paton BC, Schmid B, Kustermann-Kuhn B, Poulos A, Harzer K (1992) Additional biochemical findings in a patient and fetal sibling with a genetic defect in the sphingolipid activator protein (SAP) precursor, prosaposin. Biochem J 285: 481–488

Patrick AD (1965) Short communications: a deficiency of glucocerebrosidase in Gaucher's disease. Biochem J 97: 17C–18C

Pennybacker M, Schuette CG, Liessem B et al. (1997) Evidence for the involvement of Glu-355 in the catalytic action of human b-hexosaminidase B. J Biol Chem 272: 8002–8006

Pentchev PG, Vanier MT, Suzuki K, Patterson MC (1995) Niemann-Pick disease type C: a cellular cholesterol lipidosis. In: Scriver C, Beaudet AL, Sly WS, Valle D (eds) The metabolic and molecular basis of inherited disease, vol II, 7th edn. McGraw-Hill, New York, Chapt 85, pp 2625–2693

Penzien JM, Kappler JM, Herschkowitz N et al. (1993) Compound heterozygosity for metachromatic leukodystrophy and arylsulfatase A pseudodeficiency alleles is not associated with progressive neurological disease. Am J Hum Genet 52: 557–564

Phillips ML, Nudelman E, Gaeta FCA, Perez M, Singhal AK, Hakomori S, Paulson JC (1990) ELAM 1 mediates cell adhesion by recognition of a carbohydrate ligand, Sialyl-LeX. Science 250: 1130–1132

Pick L (1927) Über die lipoidzellige Splenohepatomegalie Typus Niemann-Pick als Stoffwechselerkrankung. Med Klin 23: 1483–1486

Pisoni RL, Thoene, JG (1991) The transport systems of mammalian lysosomes. Biochim Biophys Acta 1071: 351–373

Platt FM, Neises GR, Reinkensmeier G et al. (1997) Prevention of lysosomal storage in Tay-Sachs mice treated with N-butyldeoxynojirimycin. Science 276: 428–431

Polten A, Fluharty AL, Fluharty CB, Kappler J, Figura K von, Gieselmann V (1991) Molecular basis of different forms of metachromatic leukodystrophy. N Engl J Med 324: 18–22

Prence E, Chakravorti S, Basu, A, Clark LS, Glew RH, Chambers JA (1985) Further studies on the activation of glucocerebrosidase by a heat-stable factor from Gaucher spleen. Arch Biochem Biophys 236: 98–109

Proia RL (1988) Gene encoding the human β-hexosaminidase β chain: extensive homology of intron placement in the α- and β-chain genes. Proc Natl Acad Sci USA 85: 1883–1887

Proia RL, Neufeld EF (1982) Synthesis of b-hexosaminidase in cell-free translation and in intact fibroblasts: an insoluble precursor a chain in a rare form of Tay-Sachs disease. Proc Natl Acad Sci USA 79: 6360–6364

Pshezhetsky AV, Richard C, Michaud L et al. (1997) Cloning, expression and chromosomal mapping of human lysosomal sialidase and characterization of mutations in sialidosis. Nat Genet 15: 316–320

Purpura DP, Suzuki K (1976) Distortion of neuronal geometry and formation of aberrant synapses in neuronal storage disease. Brain Res 116: 1–21

Quintern LE, Weitz G, Nehrkorn H, Tager JM, Schram AW, Sandhoff K (1987) Acid sphingomyelinase from human urine: purification and characterization. Biochim Biophys Acta 922: 323–336

Quintern LE, Schuchmann EH, Levran O et al. (1989) Isolation of cDNA clones encoding human acid sphingomyelinase: occurence of alternatively processed transcripts. EMBO J 8: 2469–2473

Rafi MA, Gala G de, Zhang X, Wenger DA (1993) Mutational analysis in a patient with a variant form of Gaucher disease caused by SAP-2 deficiency. Somat Cell Mol Genet 19: 1–7

Rafi MA, Luzi P, Chen YQ, Wenger DA (1995) A large deletion together with a point mutation in the GALC gene is a common mutant allele in patients with infantile Krabbe disease. Hum Mol Genet 4: 1285–1289

Rapola J (1994) Lysosomal storage diseases in adults. Pathol Res Pract 190: 759–766

Richards SM, Olsen TA, McPherson JM (1993) Antibody response in patients with Gaucher's disease after repeated infusion with macrophage targeted glucocerebrosidase. Blood 82: 1402–1409

Robinson D, Stirling JL (1968) N-Acetyl-β-D-glucosaminidases in human spleen. Biochem J 107: 321–327

Rommerskirch W, Figura K von (1992) Multiple sulfatase deficiency: catalytically inactive sulfatases are expressed from retrovirally introduced cDNAs. Proc Natl Acad Sci USA 89: 2561–2565

Rorman EG, Grabowsky GA (1989) Molecular cloning of a human co-β-glucosidase cDNA – Evidence that four sphingolipid hydrolase activator proteins are encoded by single genes in humans and rats. Genomics 5: 486–492

Rorman EG, Scheinker V, Grabowski GA (1992) Structure and evolution of the human prosaposin chromosomal gene. Genomics 13: 312–318

Rudenko G, Bonten E, D'Azzo A, Hol WG (1995) Three-dimensional structure of the human „protective protein": Structure of the precursor form suggests a complex activation mechanism. Structure 3: 1249–1259

Sacrez R, Juif JG, Gigonet JM, Gruner JE (1967) La maladie de Landing, ou idiotie amaurotique infantile précoce avec gangliosidose géneralisée. Pediatrie 22: 143–162

Sakai N, Inui K, Fujii N et al. (1994) Krabbe disease: isolation and characterization of a full-length cDNA for human galactocerebrosidase. Biochem Biophys Res Commun 198: 485–491

Sakai N, Inui K, Tatsumi N et al. (1996) Molecular cloning and expression of cDNA for murine galactocerebrosidase and mutation analysis of the twitcher mouse, a model of Krabbe's disease. J Neurochem 66: 1118–1124

Sandhoff K (1968) Auftrennung der Säuger-N-Acetyl-β-D-hexosaminidase in multiple Formen durch Elektrofokussierung. Hoppe Seyler Z Physiol Chem 349: 1095–1098

Sandhoff K (1969) Variation of β-N-acetylhexosaminidase-pattern in Tay-Sachs disease. FEBS Lett 4: 351–354

Sandhoff K, Kolter T (1995) Glykolipide der Zelloberfläche – Biochemie ihres Abbaus. Naturwissenschaften 82: 403–413

Sandhoff K, Kolter T (1996) Topology of glycosphingolipid degradation. Trends Cell Biol 6: 98–103

Sandhoff K, Andreae U, Jatzkewitz H (1968) Deficient hexosaminidase activity in an exceptional case of Tay-Sachs disease with additional storage of kidney globoside in visceral organs. Pathol Eur 3: 278–285

Sandhoff K, Harzer K, Wässle W, Jatzkewitz H (1971) Enzyme alterations and lipid storage in three variants of Tay-Sachs disease. J Neurochem 18: 2469–2489

Sandhoff K, Conzelmann E, Neufeld E, Kaback MM, Suzuki K (1989) The GM2 ganglisidoses. In: Scriver C, Beaudet AL, Sly WS, Valle D (eds) The metabolic basis of inherited disease, 6th edn. McGraw-Hill, New York, Chapt 72, pp 1807–1839

Sandhoff K, Harzer K, Fürst W (1995) Sphingolipid activator proteins. In: Scriver C, Beaudet AL, Sly WS, Valle D (eds) The metabolic and molecular basis of inherited disease, 7th edn. McGraw-Hill, New York, Chapt 76, pp 2427–2441

Sango K, Yamanaka S, Hoffmann A et al. (1995) Mouse models of Tay-Sachs and Sandhoff diseases differ in neurologic phenotype and ganglioside metabolism. Nat Genet 11: 170–176

Sango K, McDonald MP, Crawley JN et al. (1996) Mice lacking both subunits of lysosomal β-hexosaminidase display gangliosidosis and mucopolysaccharidosis. Nat Genet 14: 348–352

Santana P, Pena LA, Haimovitz-Friedman A et al. (1996) Acid sphingomyelinase-deficient human lymphoblasts and mice are defective in radiation-induced apoptosis. Cell 86: 189–199

Schepers U, Glombitza GJ, Lemm T, Hoffmann A, Chabs A, Ozand P, Sandhoff K (1996) Molecular analysis of a GM2-activator deficiency in two patients with GM2-gangliosidosis AB variant. Am J Hum Genet 59: 1048–1056

Schlote W, Harzer K, Paton BC et al. (1991) Sphingolipid activator protein 1 deficiency in a metachromatic leucodystrophy with normal arylsulfatase A activity. A clinical, morphological, biochemical, and immunological study. Eur J Pediatr 150: 584–591

Schmidt B, Selmer T, Ingendoh A, Figura K von (1995) A novel amino acid modification in sulfatases that is defective in multiple sulfatase deficiency. Cell 82: 271–278

Schnaar RL (1991) Glycosphingolipids in cell surface recognition. Glycobiology 1: 477–485

Schnabel D, Schröder M, Sandhoff K (1991) Mutation in the sphingolipid activator protein 2 in a patient with a variant of Gaucher disease. FEBS Lett 284: 57–59

Schnabel D, Schröder M, Fürst W et al. (1992) Simultaneous deficiency of sphingolipid activator proteins 1 and 2 is caused by a mutation in the initiation codon of their common gene. J Biol Chem 267: 3312–3315

Schröder M, Klima H, Nakano T et al. (1989) Isolation of a cDNA encoding the human GM2 activator protein. FEBS Lett 251: 197–200

Schröder M, Schnabel D, Suzuki K, Sandhoff K (1991) A mutation in the gene of a glycolipid-binding protein (GM2 activator) that causes GM2-gangliosidosis variant AB. FEBS Lett 290: 1–3

Schröder M, Schnabel D, Hurwitz R, Young E, Suzuki K, Sandhoff K (1993) Molecular genetics of GM2 gangliosidosis AB variant: a novel mutation and expression in BHK cells. Hum Genet 92: 437–440

Schuchman EH, Desnick (1995) Niemann-Pick disease types A and B: acid sphingomyelinase deficiencies. In: Scriver C, Beaudet AL, Sly WS, Valle D (eds) The metabolic and molecular basis of inherited disease, vol II, 7th edn. McGraw-Hill, New York, Chapt 84, pp 2601–2624

Schuchman EH, Levran O, Peireira LV, Desnick RJ (1992) Structural organization and complete nucleotide sequence of the gene encoding human acid sphingomyelinase (SMPD1). Genomics 12: 197–205

Sonderfeld S, Conzelmann E, Schwarzmann G, Burg J, Hinrichs U, Sandhoff K (1985) Incorporation and metabolism of ganglioside GM2 in skin fibroblasts from normal and GM2 gangliosidosis subjects. Eur J Biochem 149: 247–255

Sorge J, West C, Westwood B, Beutler E (1985) Molecular cloning and nucleotide sequence of the human glucocerebrosidase gene. Proc Natl Acad Sci USA 82: 7289–7293

Spiegel S, Foster D, Kolesnick R (1996) Signal transduction through lipid second messengers. Curr Opin Cell Biol 8: 159–167

Stahl PD, Rodman JS, Miller MJ, Schlesinger PH (1978) Evidence for receptor-mediated binding of glycoproteins, glycoconjugates, and lysosomal glycosidases by alveolar macrophages. Proc Natl Acad Sci USA 75: 1399–1403

Stein C, Gieselmann V, Kreysing J et al. (1989) Cloning and expression of human arylsulfatase A. J Biol Chem 264: 1252–1259

Stevens RL, Fluharty AL, Kihara H et al. (1981) Cerebroside sulfatase activator deficiency induced metachromatic leukodystrophy Am J Hum Genet 33: 900–906

Sugita M, Dulaney JT, Moser HW (1972) Ceramidase deficiency in Farber's disease (lipogranulomatosis) Science 178: 1100–1102

Sugita M, Williams M, Dulaney ZT, Moser HW (1975) Ceramidase and ceramide synthesis in human kidney and cerebellum. Description of a new alkaline ceramidase. Biochim Biophys Acta 398: 125–131

Sutrina SL, Chen WW (1982) Metabolism of ceramide-containing endocytotic vesicles in human diploid fibroblasts. J Biol Chem 257: 3039–3044

Suzuki K (1987) Enzymatic diagnosis of sphingolipidoses. Methods Enzymol 138: 727–762

Suzuki K (1994) Genetic disorders of lipid, glycoprotein, and mucopolysaccharide metabolism. In: Siegel GJ, Agranoff BW, Albers RW, Molinoff PB (eds) Basic neurochemistry: molecular, cellular, and medical aspects, 5th edn. Raven Press, New York, Chapt 38, pp 793–812

Suzuki K, Suzuki Y (1970) Globoid cell leucodystrophy (Krabbe disease): deficiency of galactocerebroside β-galactosidase. Proc Natl Acad Sci USA 66: 302–309

Suzuki K, Vanier MT (1991) Biochemical and molecular aspects of late-onset GM2-gangliosidosis: B1 variant as a prototype. Dev Neurosci 13: 288–294

Suzuki K, Suzuki Y, Suzuki K (1995a) Galactosylceramid lipidosis: globoid-cell leukodystrophy (Krabbe disease). In: Scriver C, Beaudet AL, Sly WS, Valle D (eds) The metabolic and molecular basis of inherited disease, 7th edn. McGraw-Hill, New York, Chapt 87, pp 2671–2692

Suzuki Y, Sakuraba H, Oshima A (1995b) β-Galactosidase deficiency (β-galactosidosis): GM1 gangliosidosis and Morquio B disease. In: Scriver C, Beaudet AL, Sly WS, Valle D (eds) The metabolic and molecular basis of inherited disease, vol II, 7th edn. McGraw-Hill, New York, Chapt 90, pp 2785–2823

Svennerholm L, Vanier MT, Mansson JE (1980) Krabbe disease: a galactosylsphingosine (psychosine) lipidosis. J Lipid Res 21: 53–64

Sweeley CC (1991) Sphingolipids. In: Vance DE, Vance J (eds) Biochemistry of lipids, lipoproteins, and membranes, Elsevier, Amsterdam New York, pp 327–361

Sweeley CC, Klionsky B (1963) Fabry's disease: classification as a sphingolipidosis and partial characterization of a novel glycolipid. J Biol Chem 238: 3148–3150

Takahashi K, Naito M, Suzuki Y (1987) Lipid storage disease: Part III. Ultrastructural evaluation of cultured fibroblasts in sphingolipidoses. Acta Pathol Jpn 37: 261–272

Takahashi T, Desnick RJ, Takada G, Schuchman EH (1992a) Identification of a missense mutation (S436R) in the acid sphingomyelinase gene from a Japanes patient with type B Niemann-Pick disease. Hum Mutat 1: 70–71

Takahashi T, Suchi M, Desnick RJ, Takada G, Schuchman EH (1992b) Identification and expression of 5 mutations in the human acid sphingomyelinase gene causing type-A and type-B Niemann-Pick disease: molecular evidence for genetic heterogeneity in the neuronopathic and non-neuronopathic forms. J Biol Chem 267: 12.552–12.558

Taniike M, Yamanaka S, Proia RL, Langaman C, Bonc-Turentine T, Suzuki K (1995) Neuropathology of mice with targeted disruption of Hexa gene, a model of Tay-Sachs disease. Acta Neuropathol (Berl) 89: 296–304

Tayama M, Soeda S, Kishimoto Y, Martin BM, Callahan JW, Hiraiwa M, O'Brien JS (1995) Effect of saposins on acid sphingomyelinase. Biochem J 290: 401–404

Toda K, Kobayashi K, Goto I, Ohno K, Eto Y, Inui K, Okada S (1990) Lysosulfatide (sulfogalactosylsphingosine) accumulation in tissues from patients with metachromatic leukodystrophy. J Neurochem 55: 1585–1591

Tsuji S, Choudary PV, Martin BM, Winfield S, Barranger JA, Ginns EI (1986) Nucleotide sequence of cDNA containing the complete coding sequence for human lysosomal glucocerebrosidase. J Biol Chem 261: 50–53

Tybulewicz VLJ, Tremblay ML, LaMarca ME et al. (1992) Animal model of Gaucher's disease from targeted disruption of the mouse glucocerebrosidase gene. Nature 357: 407–410

Van Echten G, Sandhoff K (1989) Modulation of ganglioside biosynthesis in primary cultured neurons. J Neurochem 52: 207–214

Van Echten G, Sandhoff K (1993) Ganglioside metabolism. J Biol Chem 268: 5341–5344

Van Helvoort A, Van Meer G (1995) Intracellular lipid heterogeneity caused by topology of synthesis and specificity in transport. Example: sphingolipids. FEBS Lett 369: 18–21

Vanier MT, Ferlinz K, Rousson R, Duthel S, Lousot P, Sandhoff K, Suzuki K (1993) Deletion of arginine (608) in acid sphingomyelinase is the prevalent mutation among Niemann-Pick disease type B patients from Northern Africa. Hum Genet 92: 325–330

Vogel A, Schwarzmann G, Sandhoff K (1991) Glycosphingolipid specificity of the human sulfatide activator protein. Eur J Biochem 200: 591–597

Von Figura K, Hasilik A (1986) Lysosomal enzymes and their receptors. Annu Rev Biochem 55: 167–193

Walz G, Aruffo A, Kolanus W, Bevilacqua M, Seed B (1990) Recognition by ELAM-1 of the sialyl-Lex determinant on myeloid and tumor cells. Science 250: 1132–1135

Wenger DA, Sattler M, Clark C (1975) Lactosyl ceramidosis: Normal activity for two lactosyl ceramide β-galactosidases- Science 188: 1310–1312

Wenger DA, Tarby TJ, Wharton C (1978) Macular cherry-red spots and myoclonus with dementia: coexistent neuraminidase and β-galactosidase deficiencies. Biochem Biophys Res Commun 82: 589–595

Wenger DA, Sattler M, Roth S (1982) A protein activator of galactosylceramide-β-galactosidase. Biochim Biophys Acta 712: 639–649

Wiegandt H (1985) Gangliosides. In: Neuberger A, Deenen LLM van (eds) New comprehensive biochemistry 10. Elsevier, Amsterdam New York, pp 199–260

Wolfe JH, Sands MS, Barker JE, Gwynn B, Rowe LB, Vagler CA, Birkenmeier EH (1992) Reversal of pathology in murine mucopolysaccharidosis type VII by somatic cell gene transfer. Nature 360: 749–753

Yamanaka S, Johnson MD, Grinberg A et al. (1994) Targeted disruption of the hexa gene results in mice with biochemical and pathologic features of Tay-Sachs disease. Proc Natl Acad Sci USA 91: 9975–9979

Yoshida K, Oshima A, Shimmoto M, Fukuhara Y, Sakuraba H, Yanagisawa N, Suzuki Y (1991) Human β-galactosidase gene mutations in GM1-gangliosidosis: a common mutation among Japanese adult/chronic cases. Am J Hum Genet 49: 435–442

Zeller CB, Marchase RB (1992) Gangliosides as modulators of cell function. Am J Physiol 262: C1341–C1355

Zhou XY, Galjart NJ, Willemsen R, Gillemans M, Galjaard H, D'Azzo A (1991) A mutation in a mild form of galactosialidosis impairs dimerization of the protective protein and renders it unstable. EMBO J 10: 4041–4048

Zhou XY, Morreau H, Rottier R et al. (1995) Mouse model for the lysosomal disorder galactosialidosis and correction of the phenotype with over-expressing erythroid precursor cells. Genes Dev 9: 2623–2634

Zschoche A, Fürst W, Schwarzmann G, Sandhoff K (1994) Hydrolysis of lactosylceramide by human galactosylceramidase and GM1-b-galactosidase in a detergent-free system and its stimulation by activator proteins, sap-B and sap-C. Eur J Biochem 222: 83–90

2.4 Peroxisomale Krankheiten

Ronald J. A. Wanders

Inhaltsverzeichnis

2.4.1	Einleitung	235
2.4.2	**Peroxisomale Funktionen**	236
2.4.2.1	β-Oxidation von Fettsäuren und Fettsäurederivaten	236
2.4.2.2	Biosynthese der Etherphospholipide	236
2.4.2.3	Glyoxalatstoffwechsel	237
2.4.2.4	α-Oxidation der Phytansäure	237
2.4.3	**Peroxisomale Krankheiten**	238
2.4.4	**Strategie der biochemischen Diagnostik auf der Grundlage der klinischen Klassifikation**	242
2.4.5	**Pränatale Diagnostik der peroxisomalen Krankheiten**	245
2.4.6	**Therapie der peroxisomalen Krankheiten**	246
2.4.6.1	Zellweger-Syndrom und andere Krankheiten der peroxisomalen Biogenese	246
2.4.6.2	Rhizomale Chondrodysplasia punctata (RCDP)	246
2.4.6.3	Klassische Refsum-Krankheit	246
2.4.6.4	Hyperoxalurie Typ I	247
2.4.6.5	X-gebundene Adrenoleukodystrophie	247
2.4.6.5.1	Adrenale Substitutionstherapie	247
2.4.6.5.2	Diättherapie	248
2.4.7	**Genetische Basis peroxisomaler Krankheiten**	248
2.4.7.1	Zellweger-Syndrom und andere Störungen der peroxisomalen Biogenese	248
2.4.7.2	Rhizomale Chondrodysplasia punctata	249
2.4.7.3	X-gebundene Adrenoleukodystrophie	249
2.4.7.4	Acyl-CoA-Oxidase-Defizienz	249
2.4.7.5	Refsum-Krankheit	249
2.4.7.5	Hyperoxalurie Typ I (Alanin-Glyoxalat-Aminotransferase-Defizienz)	250
2.4.8	**Literatur**	250

2.4.1 Einleitung

Die peroxisomalen Krankheiten repräsentieren eine Gruppe humaner Krankheitsbilder, die sich durch Störung einer oder mehrerer peroxisomaler Funktionen auszeichnen. Der Prototyp der Krankheiten dieser Art ist das zerebrohepatorenale (Zellweger-) Syndrom (ZS), das 1964 durch Bowen et al. erstmalig beschrieben wurde. Diese Autoren berichteten über ein familiäres Syndrom multipler kongenitaler Defekte in 2 Zwillingspaaren. Das klinische Bild umfaßte eine ausgesprochene Hypotonie und eine Reihe anderer Abweichungen, wie bilaterales Glaukom mit Trübungen der Kornea, bilateraler Epikanthus, Dysmorphie der Ohren, hoher Gaumen, große Fontanellen, nicht geschlossene metopische und lambdoide Suturen, Klitorishypertrophie, Kamptodaktylie und 4-Finger-Furchen. Seitdem wurden in der Literatur viele weitere Fälle beschrieben.

Der Entdeckung von Goldfischer et al. (1973), daß in Hepatozyten und in den Zellen der renalen Tubuli von Zellweger-Patienten keine morphologisch zu erkennenden Peroxisomen sichtbar waren, kommt eine Schlüsselrolle in der Forschung über das ZS zu. Diese Beobachtungen wurden inzwischen von vielen Forschungsgruppen bestätigt. Ihre Bedeutung wurde damals nicht direkt erkannt, wohl auch, weil in derselben Studie von Goldfischer et al. (1973) auch über mitochondriale Abweichungen berichtet wurde.

Es dauerte weitere 10 Jahre, um zu beweisen, daß das ZS wirklich auf einer peroxisomalen Störung beruht. Dies wurde aus den Studien von Brown et al. (1982) und von Heymans et al. (1983) deutlich, die über eine Akkumulation überlangkettiger Fettsäuren im Plasma bzw. eine Defizienz der Plasmalogene in Erythrozyten von Zellweger-Patienten berichteten. Diese Studien haben die Forschung über das ZS und andere peroxisomale Krankheiten in großem Maß stimuliert, und in den seither vergangenen 15 Jahren hat sich unsere Kenntnis dieser Klasse von Krankheiten unschätzbar vertieft. Diese Arbeit gibt eine Übersicht über den gegenwärtigen Stand unserer Erkenntnisse. Zur Vermittlung der nötigen Hintergrundinformation wollen wir mit einer kurzen Darstellung der funktionellen Eigenschaften von Peroxisomen beginnen.

2.4.2 Peroxisomale Funktionen

Peroxisomen sind bei einer Reihe verschiedener metabolischer Reaktionswege beteiligt (s. Reddy u. Mannaerts 1994). Ausgehend von den peroxisomalen Krankheiten sind die folgenden Funktionen essentiell:

2.4.2.1 β-Oxidation von Fettsäuren und Fettsäurederivaten

Ähnlich den Mitochondrien sind Peroxisomen zur β-Oxidation von Fettsäuren in der Lage.

Der Reaktionsweg der β-Oxidation der Fettsäuren in Peroxisomen und Mitochondrien ist identisch und verläuft über 4 aufeinanderfolgende Schritte von Oxidation, Hydratation, Dehydrierung und thiolytische Spaltung. Diese Reaktionen werden durch eine Gruppe von Enzymen katalysiert, die sich von der in Mitochondrien unterscheidet.

Es ist inzwischen deutlich geworden, daß die peroxisomalen und die mitochondrialen β-Oxidationssyteme unterschiedliche Funktionen in der Zelle haben. Mitochondrien sorgen für die β-Oxidation des Großteils der diätetischen Fettsäuren wie Oleat, Palmitat, Linoleat usw. Peroxisomen dagegen katalysieren die β-Oxidation eines Fettsäurespektrums, das energetisch ohne Bedeutung ist, aber ebenfalls des Abbaus bedarf. Für die klinische Diagnostik sind nur einige dieser Fettsäuren von direkter Bedeutung:
- die überlangkettigen Fettsäuren C24:0 und C26:0, die durch Mitochondrien nicht β-oxidiert werden können und daher einige β-Oxidationszyklen in Peroxisomen durchlaufen müssen, bevor sie durch Mitochondrien weiter verwertet werden können;
- die Pristansäure (2,6,10,14-Tetramethylpentadecansäure), eine verzweigtkettige Fettsäure, die teilweise direkt über die Nahrung aufgenommen wird, aber auch bei der sog. α-Oxidation der Phytansäure entsteht; und
- die Di- und die Trihydroxycholestansäure. Die CoA-Ester der Di- und der Trihydroxycholestansäure durchlaufen einen Zyklus peroxisomaler β-Oxidation, wobei der CoA-Ester der Chenodesoxycholsäure bzw. der der Cholsäure entsteht, die weiter zu Taurin- oder Glyzinkonjugaten (Tauro-/Glykochenodesoxycholat, Tauro-/ Glykocholat) konvertiert werden können und schließlich über die kanalikuläre Membran transportiert und in der Galle ausgeschieden werden. Auf diese Weise spielen Peroxisomen eine unverzichtbare Rolle in der Synthese der Gallensäuren.

Die jüngsten Studien haben zu neuen Erkenntnissen bezüglich der Frage geführt, welche Enzyme bei der Oxidation dieser Fettsäuren beteiligt sind. Es hat sich inzwischen gezeigt, daß für die Aktivierung der 3 Fettsäureklassen 3 verschiedene Synthetasen verantwortlich sind (Abb. 2.4.1). Darüber hinaus sind bei der Oxidation der unverzweigtkettigen Fettsäuren wie C26:0 und der 2-Methyl-verzweigtkettigen Fettsäuren wie Pristansäure 2 Sets verschiedener Enzyme mit 2 Acyl-CoA-Oxidasen, 2 multifunktionellen β-Oxidationsproteinen, die beide sowohl Hydrataseaktivität als auch 3-Hydroxyacyl-CoA-Dehydrogenase-Aktivität besitzen, und schließlich noch 2 Thiolasen beteiligt [s. Dieuaide-Noubhani et al. (1996); Jiang et al. (1997); Reddy u. Mannaerts (1994); Vanhove et al. (1993); Wanders et al. (1997) zur näheren Information].

2.4.2.2 Biosynthese der Etherphospholipide

Eine zweite wichtige Funktion der Peroxisomen ist ihre Rolle in der Synthese von Etherphospholipiden. Tatsächlich sind die 2 enzymatischen Aktivitäten, die für die Introduktion der charakteristischen Etherbindung in den Ether-gebundenen Phospholipiden [d. h. Dihydroxyazetonphosphatacyltransferase (DHAPAT) und Alkyldihydroxyazetonphosphatsynthase (alkyl-DHAP synthase)] verantwortlich sind, ausschließlich in Peroxisomen lokalisiert. Das folgende Enzym, Acyl/Alkyl-DHAP:NAD(P)-Oxidoreduktase, ist sowohl in Peroxisomen als auch im Endoplasmatischen Retikulum lokalisiert, so daß das Produkt der Alkyl-DHAP-Synthase-Reaktion, nämlich Alkyl-DHAP, im Peroxisom oder im Endoplasmatischen Retikulum zu Alkyl-Glyzerin-3-Phosphat (Alkyl-G3P) konvertiert werden kann (Abb. 2.4.2). Alle folgenden bei der Etherphospholipidsynthese beteiligten Reaktionen finden im Endoplasmatischen Retikulum statt (Van den Bosch et al. 1992).

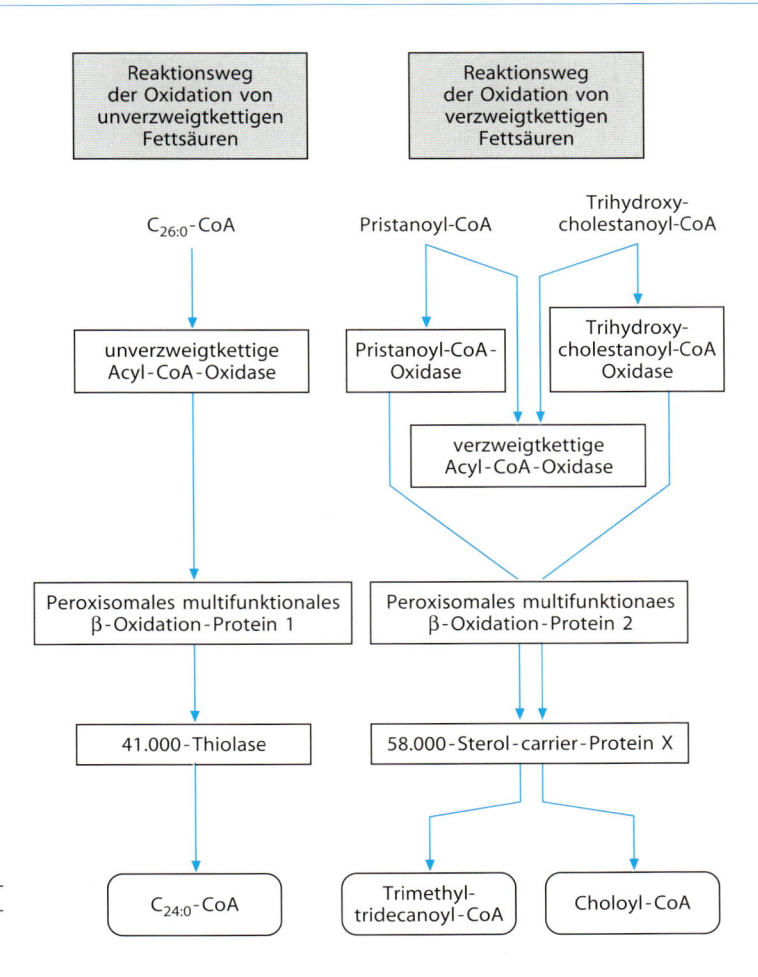

Abb. 2.4.1. Reaktionswege der Oxidation von unverzweigtkettigen und verzweigtkettigen Fettsäuren

Hervorzuheben ist, daß die biologische Funktion der Plasmalogene bisher rätselhaft geblieben ist, obwohl die Identifizierung einer isolierten Defizienz entweder der DHAPAT oder der Alkyl-DHAP-Synthase bei Patienten mit schweren klinischen Symptomen ähnlich der rhizomalen Chondrodysplasia punctata (RCDP) deutlich zeigt, daß Etherphospholipide im menschlichen Stoffwechsel von eminenter Bedeutung sind (s. unten).

2.4.2.3 Glyoxalatstoffwechsel

Eine dritte Hauptfunktion der Peroxisomen ist die Detoxifikation des Glyoxalats durch das peroxisomale Enzym Alanin-Glyoxalat-Aminotransferase (AGT). Glyoxalat wird aus verschiedenen Vorläufermolekülen gebildet und normalerweise schnell durch AGT, ein zumindest beim Menschen peroxisomales Enzym zu Glyzin konvertiert. Im Fall einer AGT-Defizienz, wie bei Patienten mit Hyperoxalurie Typ I, kann Glyoxalat nicht inaktiviert werden. Es wird dann durch das Enzym Laktatdehydrogenase zu Oxalat umgewandelt (Danpure u. Purdue 1995). Oxalat kristallisiert in verschiedenen Geweben als Kalziumoxalat aus, mit bedrohlichen Folgen (Nephrokalzinose, Herzrhythmusstörungen und atrioventrikulärer Block).

2.4.2.4 α-Oxidation der Phytansäure

Phytansäure (3,7,11,15-Tetramethylhexadecansäure) ist eine verzweigtkettige Fettsäure, die ausschließlich aus Nahrungsquellen stammt. Es wurde lange Zeit angenommen, daß sie nur bei Patienten mit dem klassischen Refsum-Syndrom akkumuliere, mittlerweile hat sich jedoch gezeigt, daß dies auch bei Patienten sowohl mit Zellweger-Syndrom und anderen Störungen der peroxisomalen Biogenese als auch bei Patienten mit RCDP der Fall ist.

Der Reaktionsweg der α-Oxidation der Phytansäure blieb lange Zeit unklar, ist jetzt jedoch weitgehend aufgeklärt (Abb. 2.4.3). Der erste enzymati-

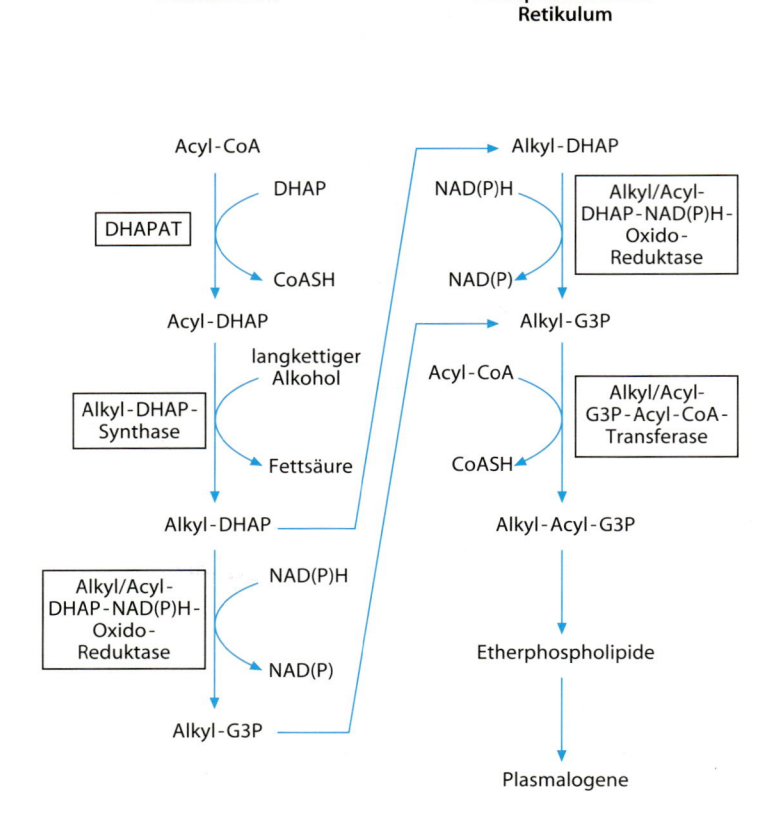

Abb. 2.4.2. Reaktionsweg der Biosynthese der Etherphospholipide. *DHAPAT* Dihydroxyazetonphosphat-Acyltransferase; *DHAP* Dihydroxyazetonphosphat; *CoASH* Koenzym A; *NAD* Nikotinamidadenindinukleotid; *alkyl-G3P* Alkyl-Glyzerin-3-Phosphat

sche Schritt führt zur Aktivierung der Phytansäure durch Umwandlung zu Phytanoyl-CoA. Der zweite Schritt wird durch die Phytanoyl-CoA-Hydroxylase katalysiert, die Phytanoyl-CoA zu 2-OH-Phytanoyl-CoA konvertiert. Der weitere Stoffwechsel zur Pristansäure (oder ihres CoA-Esters) ist noch unbekannt. Als ein wichtiger Schritt erscheint uns unsere Feststellung einer Defizienz der Phytanoyl-CoA-Hydroxylase beim klassischen Refsum-Syndrom, wodurch der primäre Enzymdefekt der Refsum-Krankheit jetzt endlich geklärt wurde (Jansen et al. 1997c). Darüber hinaus ist dieses Enzym, wie im folgenden näher beschrieben, auch beim ZS (Jansen et al. 1996) und bei der rhizomalen Chondrodysplasia punctata (RCDP) defizient (Jansen et al. 1997a).

2.4.3 Peroxisomale Krankheiten

Wenn die peroxisomalen Krankheiten aufgrund ihrer biochemischen Abweichungen klassifiziert werden, lassen sich 3 Gruppen unterscheiden, die den Umfang der peroxisomalen Funktionsstörung verdeutlichen (Wanders et al. 1988) (Tabelle 2.4.1).

Die Gruppe A umfaßt die Krankheiten, bei denen als Folge einer Störung der peroxisomalen Biogenese praktisch alle peroxisomalen Funktionen defizient sind. Hierzu gehören das zerebrohepatorenale (Zellweger-) Syndrom (ZS), gekennzeichnet durch Abweichungen in vielen Organsystemen die sowohl embryofetopathische als auch regressive Veränderungen bis weit in das postnatale Leben verursachen. Das klinische Bild des ZS wird durch die typische kraniofaziale Dysmorphie (hohe Stirn, weit offene große Fontanelle, hypoplastische supraorbitale Wülste, Epikanthus und deformierte Ohrläppchen bei >90% der Fälle) und schwere neurologische Störungen dominiert. Hörstörungen und Retinopathie sind wahrscheinlich in allen Fällen vorhanden. Katarakte gehören ebenfalls zu den häufigen Befunden.

Im allgemeinen werden auch Leberfunktionsstörungen, punktförmige Kalzifikationen der Epiphysen sowie kleine renale Zystome gefunden. Zu den zerebralen Abweichungen des ZS gehören nicht nur kortikale Dysplasien und neuronale Heterotopien, sondern auch regressive Veränderungen.

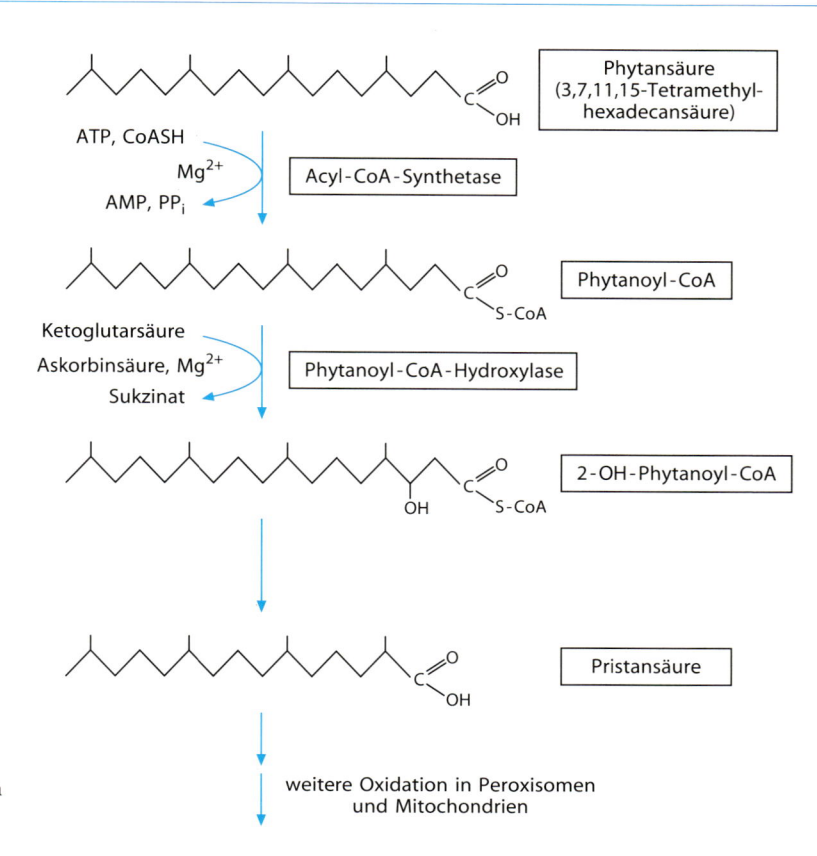

Abb. 2.4.3. Reaktionsweg der α-Oxidation der Phytansäure

Tabelle 2.4.1. Biochemische Klassifikation und biochemische Charakteristiken der peroxisomalen Krankheiten

Krankheit	VLCFA	PL	BA	PHY[a]	PRIS[a]
Gruppe A: Peroxisomale Krankheiten mit generalisiertem Verlust peroxisomaler Funktionen					
Zerebrohepatorenales (Zellweger-) Syndrom	↑	↓	↑	↑	↑
Neonatale Adrenoleukodystrophie	↑	↓–N	↑	↑	↑
Infantile Refsum-Krankheit	↑	↓–N	↑	↑	↑
Gruppe B: Peroxisomale Krankheiten mit Verlust multipler peroxisomaler Funktionen					
Rhizomale Chondrodysplasia punctata	N	↓	N	↑	N
Zellweger-like-Syndrom	↑	↓	?	?	?
Gruppe C: Peroxisomale Krankheiten mit Verlust einzelner peroxisomaler Funktionen					
X-gebundene Adrenoleukodystrophie	↑	N	N	N	N
Acyl-CoA-Oxidase-Defizienz (Pseudo-N-ALD)	↑	N	N	N	N
Defizienz des bifunktionalen Proteins	↑	N	↑	↑	↑
Peroxisomale Thiolasedefizienz (Pseudo-Zellweger-Syndrom)	↑	N	↑	↑	?
DHAPAT-Defizienz	N	↓	N	N	N
Alkyl-DHAP-Synthase-Defizienz	N	↓	N	N	N
Alanin-Glyoxalat-Aminotransferase-Defizienz (Hyperoxalurie Typ I)	N	N	N	N	N
Glutaryl-CoA-Oxidase-Defizienz	N	N	N	N	N
Akatalasämie	N	N	N	N	N
Mevalonatkinasedefizienz	N	N	N	N	N
Refsum-Krankheit (Phytanoyl-CoA-Hydroxylase-Defizienz)	N	N	N	↑	N

[a] Phytansäure- und Pristansäurewerte können im normalen Bereich liegen, weil sie nur aus der Nahrung stammen. *VLCFA* überlangkettige Fettsäuren; *PL* erythrozytäre Plasmalogene; *BA* Gallensäurenintermediäre (Di- und Trihydroxycholestansäure); *PRIS* Pristansäure; *PHY* Phytansäure; *N* normaler Wert; *?* unbekannt.

Man findet eher Hypomyelinisierung als Demyelinisierung. Beim ZS fehlen Peroxisomen fast völlig. Eine vergleichbare Defizienz der Peroxisomen tritt auch bei anderen Krankheiten der Gruppe A auf, die die neonatale Adrenoleukodystrophie (NALD), die infantile Refsum-Krankheit (IRD) und die 4 in der Literatur beschriebenen Fälle (Lazarow u. Moser 1995; Wanders et al. 1988) der Hyperpipecolazidämie (HPA) umfaßt.

Bei der neonatalen Adrenoleukodystrophie sind degenerative Veränderungen viel ausgeprägter als die morphogenetischen Abweichungen. Bei diesen Patienten beginnt die psychomotorische Entwicklung zunächst mehr oder weniger normal, und bestimmte Meilensteine der Entwicklung werden erreicht, bevor die Regression einsetzt. Kelley et al. (1986) haben Kriterien zur Differenzierung des ZS von der NALD vorgeschlagen. Bei der NALD werden Atrophie der Nebennieren, zerebrale Demyelinisierung, systemische Infiltration fettbeladener Makrophagen und erhöhte Werte der gesättigten überlangkettigen Fettsäuren (VLCFAs) gefunden, während sich das ZS durch Chondrodysplasie, glomerulokystöse Nierenkrankheit, Dysmyelinisierung des zentralen Nervensystems – im Gegensatz zur Demyelinisierung – und Akkumulation gesättigter und ungesättigter VLCFAs auszeichnet.

Der klinische Verlauf der infantilen Refsum-Krankheit ist vergleichsweise milder durch das Fehlen erkennbarer Abweichungen in der neonatalen Periode, geringer fazialer Dysmorphie und häufiges Überleben der Patienten bis in das 2. Lebensjahrzehnt (Poll-The et al. 1987). Dementsprechend kann sich eine Defizienz der Peroxisomen durch ein breites Spektrum klinischer Symptome äußern, nämlich von den schwersten Verläufen beim ZS bis hin zu den viel milderen bei der IRD. Der Ernst der klinischen Symptomatologie ist vermutlich Ausdruck des Umfangs der peroxisomalen Funktionsstörung.

Die Gruppe B beinhaltet die rhizomale Chondrodysplasia punctata (RCDP) und das Zellwegerlike-Syndrom. Über das Letztere wurde in der Literatur nur bei 2 Patienten berichtet (Lazarow u. Moser 1995; Wanders et al. 1988), und auf eine nähere Darstellung wird hier verzichtet. Die RCDP kennzeichnet sich klinisch durch dysproportionalen Kleinwuchs, der v. a. die proximalen Teile der Extremitäten betrifft, eine typische Fazies, kongenitale Kontrakturen, eine charakteristische Beteiligung der Augen, ernsthafte Wachstumsstörungen und mentale Retardierung. Die meisten Patienten überleben das 1. Lebensjahr, manchmal bis in das 2. Lebensjahrzehnt. 4 verschiedene biochemische Abweichungen wurden bei der RCDP festgestellt:

- Defizienz der DHAPAT-Aktivität,
- Defizienz der Alkyl-DHAP-Synthase-Aktivität,
- Defizienz der Phytansäure-Oxidase-Aktivität,
- abnormale molekulare Form der peroxisomalen Thiolase [Vorläuferform mit einem Molekulargewicht (MG) von 44000 anstatt des Endprodukts mit einem MG von 41000] (Lazarow u. Moser 1995; Wanders et al. 1988).

Neuere Untersuchungen weisen auf eine bemerkenswerte Heterogenität der rhizomalen Chondrodysplasia punctata hin, und zwar sowohl in klinischer als auch in biochemischer Hinsicht. Erstens wurde über Patienten mit einer RCDP-Variante berichtet, bei denen die klassischen Symptome fehlen, die aber dennoch die oben genannten 4 biochemischen Abweichungen der klassischen RCDP zeigten. Kürzlich konnten wir Patienten mit dem kompletten Erscheinungsbild der RCDP identifizieren, die aber eine isolierte Defizienz der DHAPAT bzw. der Alkyl-DHAP-Synthase aufwiesen (Wanders et al. 1992, 1994). Die Identifizierung dieser neuartigen peroxisomalen Krankheiten (Pseudo-RCDP) macht beispielhaft die funktionelle Bedeutung der Etherphospolipide deutlich, obwohl sie bisher noch keiner Funktion exklusiv zugeordnet werden konnten.

Gruppe C umfaßt die X-gebundene Adrenoleukodystrophie (X-ALD) als quantitativ wichtigste Krankheit. Umfangreiche Studien von Moser et al. (1995b) haben gezeigt, daß die klinische Präsentation der X-ALD ebenfalls sehr unterschiedlich sein kann, von einer lethalen Form der Kindheit bis zur „Addison-only"-Form ohne Beteiligung des Nervensystems. Diese phänotypische Heterogenität kann sich innerhalb eines Stammbaums manifestieren.

Moser et al. (1995b) entdeckten, daß die Akkumulation der überlangkettigen Fettsäuren bei Patienten mit X-gebundener ALD Folge einer gestörten Oxidation dieser Fettsäuren in Peroxisomen ist. Mit einer positionalen Klonierungsstrategie gelang es den Arbeitsgruppen von Aubourg und Mandel, das ALG-Gen zu identifizieren (Mosser et al. 1993). Bemerkenswerterweise wies dieses Gen keinerlei Homologie zu bekannten Acyl-CoA-Synthetasen auf. Dagegen zeigte sich Homologie zu dem peroxisomalen Membranprotein (PMP) mit einem MG von 70000, das vermutlich bei der peroxisomalen Biogenese beteiligt ist. Außerdem enthält das deduzierte ALD-Protein (ALDP), ähnlich dem 70000-PMP, eine hydrophile ATP-bindende Region, die ausgesprochene Homologie zu ähnlichen Regionen anderer Proteine hat, die zur sog.

„Superfamily" der ABC(ATP-binding-cassette)-Transporter gehören. Zu diesen Proteinen gehört u.a. auch das CFTR-Protein (cystic fibrosis transmembrane conductance regulator protein). Das ALD-Gen kodiert ein peroxisomales integrales Membranprotein bestehend aus 745 Aminosäuren (Molekülgewicht: 75000).

Die Entschlüsselung der DNA-Sequenzen, sowohl der cDNA als auch der genomischen DNA dieses Gens, ermöglichte Mutationsanalysen, die zur Identifizierung einer Reihe von Nonsense-, Frameshift- und Missense-Mutationen geführt hat (Feigenbaum et al. 1996; Kemp et al. 1996; Watkins et al. 1995). Darüber hinaus hat die Entwicklung monoklonaler Antikörper mit Spezifität für unterschiedliche Regionen des ALD-Proteins auch Untersuchungen auf Proteinniveau möglich gemacht: Bei den meisten Patienten war das ALD-Protein völlig abwesend (Feigenbaum et al. 1996; Kemp et al. 1996; Watkins et al. 1995).

Andere Krankheiten, die zur Gruppe C gerechnet werden, sind die Acyl-CoA-Oxidase-Defizienz (auch Pseudo-NALD genannt), die Defizienz des bifunktionellen Proteins und die peroxisomale Thiolasedefizienz (auch Pseudo-Zellweger-Syndrom genannt) (Lazarow u. Moser 1995; Wanders et al. 1988).

Patienten mit diesen Defekten einzelner Enzyme ähneln denen mit einem Defekt der peroxisomalen Biogenese in vielerlei Hinsicht, was auch in der Nomenklatur zum Ausdruck kommt (Pseudo-NALD, Pseudo-ZS).

Neben den oben aufgeführten Krankheitsbildern mit einem definierten Defekt der peroxisomalen β-Oxidation wurden auch einige Patienten mit peroxisomalen β-Oxidationsdefekten vorläufig unbekannter Ursache beschrieben (s. Wanders et al. 1995).

Über eine Defizienz der Glutaryl-CoA-Oxidase wurde bisher nur bei einem einzelnen Patienten mit einer Variante einer Glutarazidurie berichtet (Bennett et al. (1991). Die Aktivität der Glutaryl-CoA-Dehydrogenase erschien in diesem Fall normal, und in späteren Untersuchungen wurde eine Defizienz der Glutaryl-CoA-Oxidase-Aktivität gefunden (Bennett et al. 1991).

Die Hyperoxalurie Typ I ist eine autosomal-rezessive Krankheit, die durch eine Defizienz der Aktivität des leberspezifischen peroxisomalen Enzyms Alanin-Glyoxalat-Aminotransferase (AGT) verursacht wird. Die AGT ist ein Homodimer zweier identischer Untereinheiten mit einem MG von ungefähr 40000 per Untereinheit. Dieses Enzym katalysiert die intraperoxisomale Transaminierung von Glyoxalat zu Glyzin, wobei Alanin als primärer Aminodonor fungiert. Im Fall einer AGT-Defizienz wird Glyoxalat durch Glykolatoxidase im Peroxisom und/oder durch Laktatdehydrogenase im Zytoplasma zu Oxalat oxidiert. Die exzessive Synthese von Oxalat und Glykolat führt zur vermehrten Ausscheidung im Urin, den charakteristischen Abweichungen der Hyperoxalurie Typ I: gleichzeitige Hyperoxalurie und Hyperglykolazidurie. Kalziumoxalat präzipitiert bei einem physiologischen pH durch seine geringe Löslichkeit. Alle sichtbar werdenden pathologischen Folgeerscheinungen werden durch die abnormale Deposition dieses Salzes verursacht, anfänglich in den Nieren als Urolithiasis und/oder Nephrokalzinose und später, nach dem Versagen der Nieren, im ganzen Organismus als systemische Oxalose.

Akatalasämie ist ein Krankheitsbild, das durch eine Defizienz der peroxisomalen Katalase verursacht wird, übrigens ohne ernsthafte Beschwerden und Symptome, mit Ausnahme oraler Infektionen.

Obwohl lange Zeit bezweifelt, ist inzwischen erwiesen, daß auch die Refsum-Krankheit des Erwachsenen zu den peroxisomalen Krankheiten gehört. Der Beweis konnte in neueren Untersuchungen geliefert werden, in denen festgestellt wurde, daß der enzymatische Defekt die Phytanoyl-CoA-Hydroxylase betrifft (Jansen et al. 1997c), ein peroxisomales Enzym, das den ersten Schritt in der α-Oxidation der Phytansäure katalysiert. Patienten mit der Refsum-Krankheit entwickeln i.allg. erst nach dem ersten Lebensjahrzehnt Beschwerden und Symptome: in den meisten Fällen Retinitis pigmentosa, eine periphere Neuropathie, zerebelläre Ataxie und einen erhöhte Eiweißwert im Liquor cerebrospinalis. Diese klassische Tetrade ist aber nicht bei allen Patienten vorhanden (Steinberg 1995). Die Defizienz der Phytanoyl-CoA-Hydroxylase bei Patienten mit der Refsum-Krankheit des Erwachsenen erklärt die Akkumulation der Phytansäure, die im Plasma praktisch all dieser Patienten gefunden wird.

Die Mevalonatkinase ist ebenfalls ein peroxisomales Enzym (s. oben), so daß die Mevalonatkinasedefizienz auch zu den peroxisomalen Krankheiten gerechnet werden sollte.

Ungefähr 10–20 Fälle einer Mevalonatkinasedefizienz wurden bisher beschrieben (Hoffmann et al. 1993). Dieser Enzymdefekt ist inzwischen auf DNA-Niveau charakterisiert (Schafer et al. 1992). Das klinische Bild zeigte sich in seine Schwere sehr variabel, trotz vollständiger Defizienz der Mevalonatkinase bei allen Patienten. Die am schwersten betroffenen Patienten hatten eine schlechte

Prognose und starben schnell. Die Symptome bei leichteren Fällen sind psychomotorische Retardierung, Muskelhypotonie, Myopathie und Ataxie. Alle Patienten machten wiederholt Krisen mit Fieber, Lymphadenopathie, Hepatosplenomegalie, Arthralgie, Ödem und morbilliformem Hautausschlag durch.

2.4.4 Strategie der biochemischen Diagnostik auf der Grundlage der klinischen Klassifikation

Wie oben beschrieben werden die peroxisomalen Krankheiten i. allg. in 3 Gruppen eingeteilt, die das Ausmaß der peroxisomalen Funktionsstörungen reflektieren. Obwohl diese Klassifikation für die an der diagnostischen Abklärung beteiligten Labors sinnvoll ist, hilft sie dem klinischen Arzt kaum. So kann sich beispielsweise herausstellen, daß ein Patient mit einem Zellweger-artigen Phänotyp der Gruppe 1 (klassisches Zellweger-Syndrom), der Gruppe 2 (Zellweger-like-Syndrom) oder selbst der Gruppe 3 (Pseudo-Zellweger-Syndrom) zuzurechnen ist.

Daher erweist sich vom klinischen Standpunkt aus eine Einteilung der peroxisomalen Krankheiten in 4 Gruppen als zweckmäßiger (Tabelle 2.4.2). Ein wichtiger Vorteil dieses neuen Schemas ist, daß das diagnostische Vorgehen bei Patienten der klinischen Gruppen 1, 2 und 3 nunmehr durch logische Flußdiagramme strukturiert wird (Abb. 2.4.4–2.4.6).

In dieser neuen Klassifikation umfaßt die Gruppe 1 die Störungen der peroxisomalen Biogenese und der peroxisomalen β-Oxidation. Dies folgt logischerweise aus der Tatsache, daß die Störungen der peroxisomalen Biogenese, nämlich das Zellweger-Syndrom (ZS), die neonatale ALD (NALD) und die infantile Form der Refsum-Krankheit (IRD), hinsichtlich ihrer klinischen Erscheinungsbilder viele Gemeinsamkeiten mit der Defizienz einzelner Enzyme der peroxisomalen β-Oxidation [Defizienz der Acyl-CoA-Oxidase und des bi(tri)-funktionellen Proteins, dahingegen nicht mit der X-gebundenen ALD] haben. Daher ist es sinnvoll, diese Störungen in einer Gruppe zusammenzufassen.

Der klinischen Vermutung einer Störung der peroxisomalen Biogenese oder der peroxisomalen β-Oxidation sollte die gaschromatographische Analyse der VLCFAs im Plasma oder Serum folgen. Bei Abweichungen ist der nächste Schritt im Flußdiagramm (Abb. 2.4.4) die Bestimmung der Plasmalogene in Erythrozyten mit der einfachen Methode von Björkhem et al. (1986). Im Fall normaler Plasmalogenwerte ist eine Störung der peroxisomalen β-Oxidation naheliegend, und zwar auf dem Niveau der Acyl-CoA-Oxidase, des bifunktionellen Proteins oder der Thiolase. Dies kann durch weitere Analysen von Plasma (Gallensäuren, Phytansäure, Pristansäure) und detaillierte Studien von Leberbiopsaten und Fibroblasten abgeklärt werden [s. Wanders et al. (1995) zur näheren Information über die Methodologie]. Es muß allerdings betont werden, daß bei manchen Patienten mit Störungen der peroxisomalen Biogenese die Plasmalogenwerte in Erythrozyten völlig normal sein können, besonders im Fall der milderen Phänotypen.

Wenn die Plasmalogenwerte dagegen abnormal sind, besteht kein Zweifel über das Vorliegen einer Störung der peroxisomalen Biogenese. Dies kann mit geeigneten Analysen von Plasma, Lebergewebe und, vorzugsweise, Fibroblasten (Wanders et al. 1995) festgestellt werden. In jüngster Zeit wurden Patienten mit diskreten Abweichungen in der Leber identifiziert, die in den Fibroblasten dieser Patienten nicht auffindbar waren. Daher sind in unklaren Fällen sowohl ein Leberbiopsat als auch Fibroblasten zu untersuchen (Mandel et al. 1994).

Die zweite Gruppe peroxisomaler Krankheiten, die als eine mehr oder weniger eigenständige Einheit betrachtet werden kann, wird durch die rhizomale Chondrodysplasia punctata und ihre Varianten gebildet. Der klassische Prototyp dieser Krankheit umfaßt ernsthafte Wachstumsstörungen, Verkürzung der proximalen Extremitäten, Kontrakturen, Spastizität, Schwachsinn und Katarakte. Das klinische Erscheinungsbild ist sehr charakteristisch, und die Wahrscheinlichkeitsdiagnose RCDP läßt sich aufgrund der klinischen Untersuchung stellen.

Der Befund einer Defizienz der erythrozytären Plasmalogene bestätigt die Diagnose (Abb. 2.4.5, Flußdiagramm). Außerdem sind die Phytansäurewerte im Plasma in den meisten Fällen erhöht, und zwar als Folge der bei der RCDP gestörten α-Oxidation der Phytansäure, zusätzlich zu der Defizienz der DHAPAT und der Alkyl-DHAP-Synthase, wodurch die Defizienz der Plasmalogene erklärt wird, und der Defizienz der peroxisomalen Thiolase.

Es wurden auch Patienten beschrieben, die zwar das klinische Bild der klassischen RCDP aufwiesen, aber dabei eine isolierte Defizienz der DHAPAT (Wanders et al. 1992) oder der Alkyl-DHAP-

```
                    ┌─────────────────────┐
                    │ Klinische Vermutung │
                    └─────────────────────┘
                               │
                               ▼
                  ┌──────────────────────────────┐
                  │ Analyse der überlangkettigen │
                  │         Fettsäuren           │
                  └──────────────────────────────┘
```

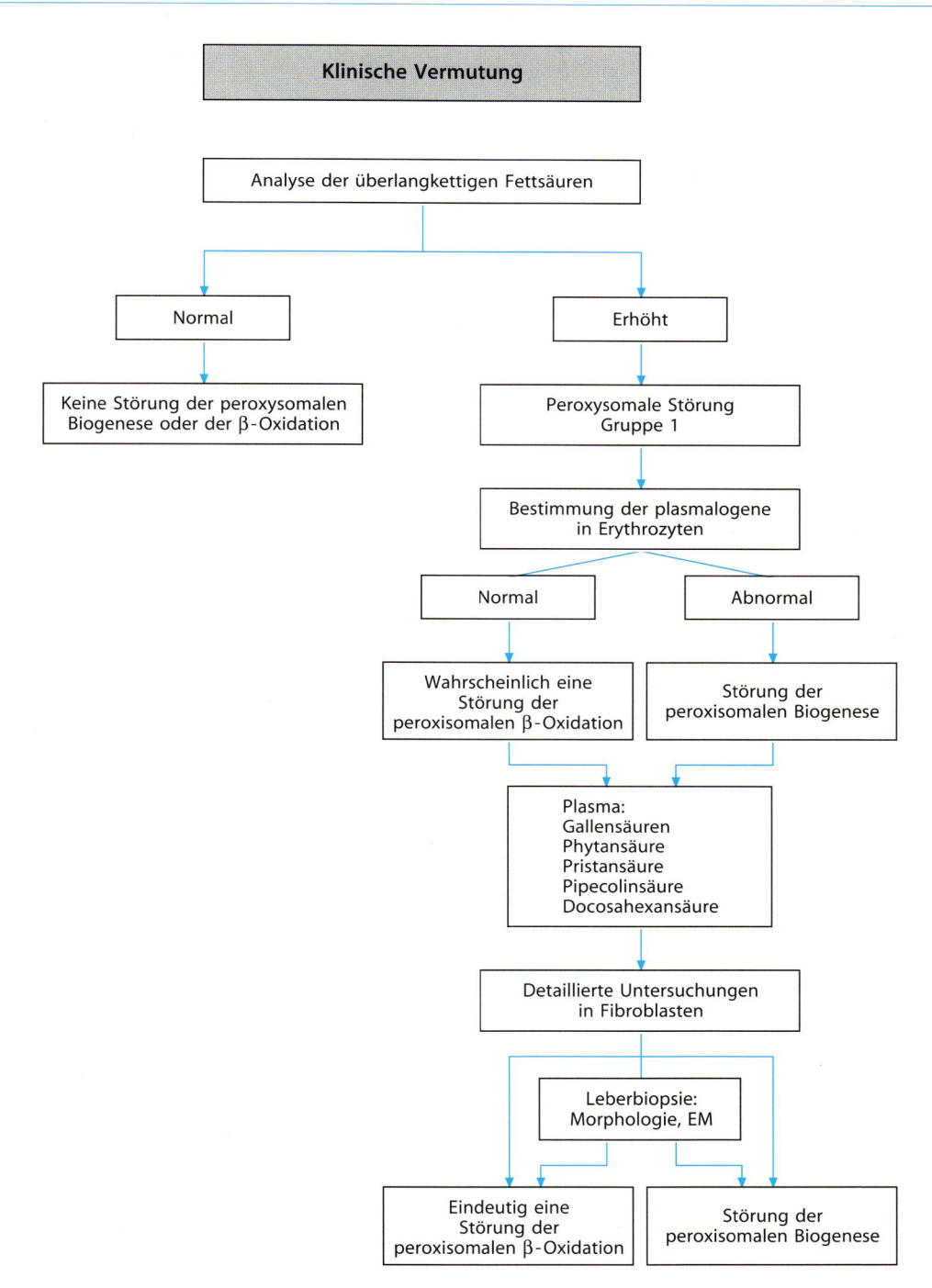

Abb. 2.4.4. Flußdiagramm für die Diagnostik einer Störung der peroxisomalen Biogenese oder der peroxisomalen *β*-Oxidation

Synthase (Wanders et al. 1994) hatten. Bei diesen Patienten waren die Phytansäurewerte normal, was vermuten läßt, daß diese 2 Varianten von der klassischen RCDP aufgrund der Phytansäurewerte im Plasma differenziert werden könnten. Dies kann allerdings zu irrtümlichen Schlüssen führen. So können die Phytansäurewerte bei jungen Patienten mit einer klassischen RCDP im normalen Bereich liegen, weil Phytansäure ausschließlich aus Ernährungsquellen stammt. Darüber hinaus wurden einige Fälle mit einer milderen Form der klassischen RCDP beschrieben (Barth et al. 1996), bei

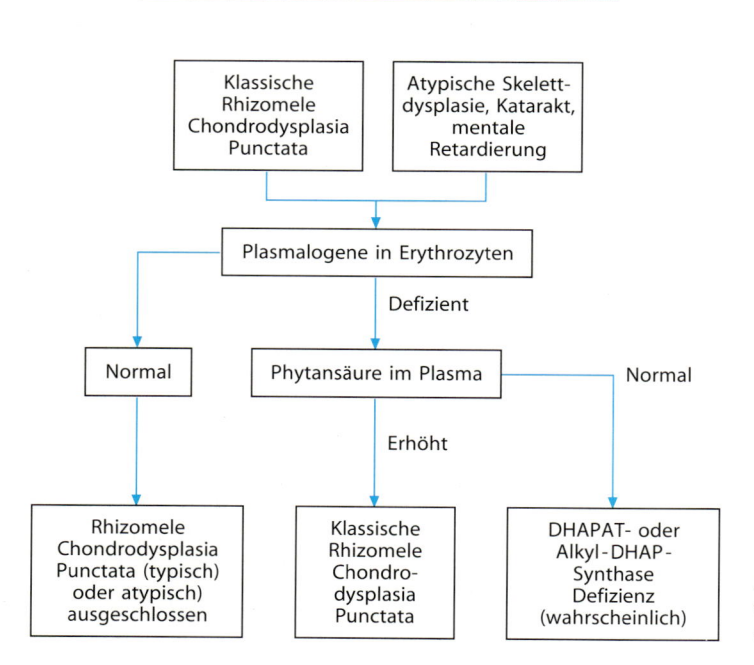

Abb. 2.4.5. Flußdiagramm für die Diagnostik von typischen und atypischen Formen von Chondrodysplasia punctata, rhizomeler Typ

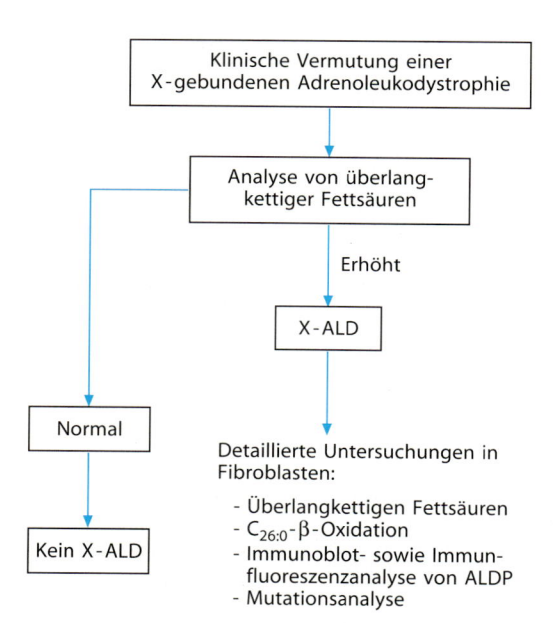

Abb. 2.4.6. Flußdiagram für die Diagnostik von X-gebundener Adrenoleukodystrophie mit ihren phänotypischen Varianten

denen die Phytansäurewerte im Plasma normal waren, trotz einer Defizienz der α-Oxidation der Phytansäure in Fibroblasten als Teil der klassischen Tetrade der 4 oben genannten Parameter.

Weniger ausgeprägte Phänotypen mit atypischer Skelettdysplasie, mentaler Retardierung und – in den meisten Fällen – Katarakten sind ebenfalls bekannt (Smeitink et al. 1992). Diese Fälle lassen sich teilweise der Gruppe der multiplen peroxisomalen Funktionsstörungen zuordnen, doch manche Patienten hatten auch eine isolierte Defizienz der DHAPAT (Clayton et al. 1994).

Die dritte, deutlich zu unterscheidende Gruppe in dem neuen Klassifikationsschema ist die X-gebundene Adrenoleukodystrophie (X-ALD) mit ihren phänotypischen Varianten. Sie umfaßt eine Gruppe von Krankheiten, die sich bei betroffenen männlichen Patienten – und in geringerem Maß auch bei weiblichen heterozygoten Patienten – durch Symptome zerebralen und endokrinen Ursprungs und Störungen der langen spinalen Bahnen manifestieren. Trotz der bemerkenswerten Variabilität des klinischen Erscheinungsbilds scheinen alle Patienten von Defekten im gleichen Gen betroffen zu sein (Moser et al. 1995b).

Die biochemische Diagnose basiert auf der Bestimmung der VLCFA im Plasma, die eine fast absolut zuverlässige Diagnose bei Hemizygoten erlaubt, mit Ausnahme vielleicht einzelner, sehr außergewöhnlicher Fälle.

Wir empfehlen in allen Fällen eine vollständige Untersuchung von Fibroblasten. Diese beinhaltet

Tabelle 2.4.2. Klinische Klassifikation und biochemische Abweigungen der peroxisomalen Krankheiten

Krankheit	VLCFA	PL	BA	PHY[a]	PRIS[a]
Gruppe 1: Störungen der peroxisomalen Biogenese und der peroxisomalen β-Oxidation und Zellweger-like-Syndrom					
Zerebrohepatorenales (Zellweger-) Syndrom	↑	↓	↑	↑	↑
Neonatale Adrenoleukodystrophie	↑	↓–N	↑	↑	↑
Infantile Refsum-Krankheit	↑	↓–N	↑	↑	↑
Acyl-CoA-Oxidase-Defizienz	↑	N	N	N	N
Defizienz des bifunktionellen Proteins	↑	N	↑	↑	↑
Peroxisomale Thiolasedefizienz	↑	N	↑	↑	↑
Unbekannte Störungen der peroxisomalen β-Oxidation	↑	N	↑–N	↑–N	↑–N
Zellweger-like-Syndrom	↑	↓	?	?	?
Gruppe 2: Rhizomale Chondrodysplasia punctata und Varianten					
Klassische rhizomale Chondrodysplasia punctata	N	↓	N	↑	N
DHAPAT-Defizienz	N	↓	N	N	N
Alkyl-DHAP-Synthase-Defizienz	N	↓	N	N	N
Gruppe 3: X-gebundene Adrenoleukodystrophie					
X-gebundene Adrenoleukodystrophie	↑	N	N	N	N
Gruppe 4: Übrige peroxisomale Krankheiten					
Alanin-Glyoxalat-Aminotransferase-Defizienz (Hyperoxalurie Typ I)	N	N	N	N	N
Glutaryl-CoA-Oxidase-Defizienz	N	N	N	N	N
Akatalasämie	N	N	N	N	N
Mevalonatkinasedefizienz	N	N	N	N	N
Refsum-Krankheit (Phytanoyl-CoA-Hydroxylase-Defizienz)	N	N	N	↑	N

[a] Phytansäure- und Pristansäurewerte können im normalen Bereich liegen, weil sie nur aus der Nahrung stammen. *VLCFA* überlangkettige Fettsäuren; *PL* erythrozytäre Plasmalogene; *BA* Gallensäurenintermediäre (Di- und Trihydroxycholestansäure); *PRIS* Pristansäure; *PHY* Phytansäure; *N* normaler Wert; *?* unbekannt.

die VLCFA-Analyse, die β-Oxidation von C26:0 und die Immunoblot- sowie Immunfluoreszenzanalyse mit Hilfe monoklonaler Antikörper gegen das ALDP. Im Prinzip sollte auch eine Mutationsanalyse durchgeführt werden. Die Analyse von VLCFAs im Plasma ist als Mittel der Identifizierung von Heterozygoten X-ALD-Trägern nicht zuverlässig. Aus Untersuchungen von Moser et al. (1995b) ergibt sich, daß die VLCFA-Werte (besonders der absolute Wert der C26:0) nur bei 85–90% der obligat heterozygoten Träger abweichend sind, während die übrigen 10–15% normale Werte aufweisen. Zusätzliche Untersuchungen an Fibroblasten sind in diesen Fällen notwendig, um mit Sicherheit feststellen zu können, ob Heterozygotie vorliegt oder nicht.

Die Krankheiten der vierten Gruppe formen eine heterogene Gruppe mit phänotypischen Präsentationen, die sich deutlich von den Krankheiten der ersten 3 Gruppen unterscheiden. Die korrekte Diagnose erfordert für jede dieser Störungen unterschiedliche Untersuchungen. Beispielsweise wurden die Defizienz der Mevalonatkinase (Hoffmann et al. 1993; Schafer et al. 1992) und die der Glutaryl-CoA-Oxidase durch routinemäßige gaschromatographische Analyse des Patientenurins identifiziert (Bennett et al. 1991).

2.4.5 Pränatale Diagnostik der peroxisomalen Krankheiten

Die bekannten peroxisomalen Krankheiten sind fast ohne Ausnahme Krankheiten mit schwerem Verlauf und frühem Tod und rechtfertigen daher den Versuch einer pränatalen Diagnosestellung. Während der letzten Jahre wurden Methoden entwickelt die eine zuverlässige pränatale Diagnostik ermöglichen [s. Wanders et al. (1996) zur detaillierten Information über diese Methoden].

Die Erfahrungen in unserem Zentrum während der vergangenen 12 Jahre zeigen, daß die pränatale Diagnostik peroxisomaler Krankheiten tatsächlich zuverlässig ausgeführt werden kann, besonders wenn Immunoblot- und Immunfluoreszenzanalysen miteinbezogen werden (Wanders et al. 1996).

Das schwierigste Problem bei der pränatalen Diagnostik peroxisomaler Krankheiten ist die Diagnostik der X-ALD, obwohl die Verfügbarkeit von monoklonalen Antikörpern gegen das ALD-Protein die diagnostische Sicherheit sicherlich verbessert hat. Allerdings haben die Immunoblot- und/oder die Immunfluoreszenzanalyse nur dann einen Sinn, wenn Untersuchungen beim Indexpatienten ein eindeutiges Fehlen des ALP-Proteins aufweisen. Dies trifft für ungefähr 75% der Fälle zu (Feigenbaum et al. 1996; Kemp et al. 1996; Watkins et al. 1995).

Wenn das ALD-Protein beim Indexpatienten als Folge einer Mutation, die zwar die Funktion, aber nicht die Stabilität des ALD-Proteins einschränkt, in normaler Weise vorhanden zu sein scheint, ist man bei der pränatalen Diagnostik auf die Bestimmung der VLCFAs angewiesen, obwohl immer auch Messungen der Aktivität der C26:0-β-Oxidation ausgeführt werden.

Es wurde ein Fall beschrieben, bei dem die VLCFA-Werte in Fibroblasten der fetalen Chorionvilli völlig normal waren, und bei dem sich später dennoch X-ALD manifestierte (Carey et al. 1994).

Wir haben kürzlich eine ähnliche Erfahrung gemacht. Die zugrundeliegende Ursache dieses Phänomens ist vorläufig unklar.

2.4.6 Therapie der peroxisomalen Krankheiten

2.4.6.1 Zellweger-Syndrom und andere Krankheiten der peroxisomalen Biogenese

Die Behandlung von Patienten mit Zellweger-Syndrom sowie anderen Störungen der peroxisomalen Biogenese wurde lange Zeit mit Zurückhaltung durchgeführt. Das hat seinen Grund hauptsächlich in der Tatsache, daß Kinder mit solchen Krankheiten schon in Utero schwere Schäden erworben haben, die zu größeren neokortikalen Veränderungen bei der Geburt führen.

Bei einigen Patienten wurde auf verschiedene Weise versucht, den klinischen Verlauf zu beeinflussen. Zu diesen Versuchen zählt die Induktion von Peroxisomen durch Clofibrat (Bjorkhem et al. 1985), Senkung der Phytansäure (Robertson et al. 1988), Suppletion von Plasmalogenen (Wilson et al. 1986), Senkung der abnormalen Gallensäuren durch Cholsäure und Deoxycholsäure (Setchell et al. 1992), Senkung der VLCFAs (Barth et al. 1995) und, in jüngster Zeit, auch die Erhöhung der Docosahexanüre (DHA, C22:6) im Plasma und in Erythrozyten (Martinez 1989, 1995).

Die meisten therapeutischen Versuche waren ohne Erfolg, mit Ausnahme der Verabreichung von Chol- und Deoxycholsäure (Setchell et al. 1992), die sicherlich weitere Studien rechtfertigt, und im besonderen der von Martinez konzipierten Suppletionstherapie mit DHA (Martinez 1989). Martinez (1989) entdeckte die weitgehende Defizienz der DHA in nahezu allen Zellarten der Patienten, die an einem Zellweger-Syndrom oder irgendwelchen anderen Defekte der peroxisomalen Biogenese litten. Martinez wies auf den sehr günstigen Effekt der oralen Substitution des DHA-Methylesters bei diesen Patienten hin (Martinez 1989), obwohl die Anzahl der Patienten, die bisher gemäß dem Protokol von Martinez behandelt wurden, noch klein ist (Martinez 1989). Die Arbeitsgruppe von Moser implementierte vor kurzem eine große doppelblinde Studie zur Evaluation des DHA-Effekts.

2.4.6.2 Rhizomale Chondrodysplasia punctata (RCDP)

Bisher wurde nur über wenige therapeutische Versuche bei RCDP-Patienten berichtet. Smeitink et al. (1992) führten versuchsweise eine Plasmaphorese bei einem RCDP-Patienten durch, um den Phytansäurewert im Plasma schnell zu senken. Der klinische Zustand des Patienten hat sich deutlich und bis heute anhaltend verbessert. Zur Normalisierung der Plasmalogenwerte sollte auch die Suppletion von Plasmalogenen erwogen werden.

2.4.6.3 Klassische Refsum-Krankheit

Da die Akkumulation der Phytansäure als die grundlegende Abweichung der Refsum-Krankheit angesehen wird, und die Phytansäure ausschließlich über die Nahrung in den Körper gelangt, könnte theoretisch die Elimination der Phytansäure und ihrer Vorläufer aus der Nahrung eine weitere Akkumulation verhindern. Tatsächlich ist die Möglichkeit der Reduktion der Phytansäurewerte durch diätetische Maßnahmen inzwischen gesichert. In wenigen Fällen wurden normale Werte erzielt, während sich bei den meisten Patienten die Phytansäurewerte auf ein leicht erhöhtes Plateau einspielen. Durch Mobilisation von Vorräten in verschiedenen Geweben kann der Effekt auf die Phytansäurewerte im Plasma oft erst einige Monate nach dem Beginn der Diätmaßnahmen auftreten. In einigen Zentren werden Plasmaphorese oder Plasmawechseltransfusionen angewendet, um die Körpervorräte zu reduzieren und die Plasmawerte auf einem niedrigen Niveau zu halten. Bei Patienten, bei denen es gelingt, die Phytansäurewerte im Plasma deutlich zu senken, wurden ein Arrest der Progression der peripheren Neuropathie und eine objektive Regression der Symptome dokumentiert. Bei einer Reihe von Fällen wurde eine Verbesserung der Leitungsgeschwindigkeit der Nerven festgestellt, bei einigen sogar eine Normalisierung. Lenz et al. (1979) untersuchten Suralisbiopsate vor und nach einer 2jährigen Diätbehandlung und fanden einen Arrest der Demyelinisierung neben deutlicher Remyelinisierung und Regeneration. Muskelkraft und Gang hatten sich verbessert, ebenso wie sensorische Defizite sich zurückgebildet hatten. Darüber hinaus kann sich die Ichthyose dieser Patienten nach Beginn der Diättherapie zurückbilden. Visus, Hörvermögen und Funktionen des zentralen Nervensystems zeigen i. allg. keine Verbesserung, obwohl eine weitere Verschlechterung verhindert wird. Die Effektivität der Diättherapie wird besonders deutlich, wenn man sich vergegenwärtigt, daß vor ihrer Einführung die Hälfte der unbehandelten Patienten vor dem 30. Lebensjahr starb, während Patienten mit einer Diättherapie inzwischen i. allg. viel länger überleben. Zusammenfassend läßt sich schlußfolgern, daß alle Bemühungen darauf gerichtet sein müssen, diese Patienten so früh wie möglich zu identifizieren und zu behandeln, um irreversible Schäden zu vermeiden (Steinberg 1995).

2.4.6.4 Hyperoxalurie Typ I

Die Behandlung der primären Hyperoxalurie Typ I zielt einerseits auf eine Reduktion der Oxalatproduktion durch Inhibition der Oxalatsynthese und andererseits auf die Verbesserung der Löslichkeit des Oxalats bei einer gegebenen Oxalatkonzentration. Die meisten therapeutischen Bemühungen haben sich auf letzteres konzentriert. Sehr reichliche Flüssigkeitszufuhr und Alkalinisierung des Urins sind die wichtigsten Pfeiler dieser Therapie. Tatsächlich sind exzessive Flüssigkeitsmengen nötig, um die enorme Menge des endogen produzierten Oxalats auszuschwemmen. Die Gabe von Magnesiumoxid könnte ein anderer nützlicher Beitrag zur Therapie sein. Daneben kann auch durch Hämodialyse eine große Menge des Oxalats und seiner Vorläufer abgeführt werden. Versuche, die Oxalatproduktion mit Hilfe von Sukzinimid, Allopurinol, Kalziumcarbimid oder Isocarbazid zu reduzieren, waren ohne Erfolg.

Es ist wichtig, bei allen Patienten einen Therapieversuch mit Pyridoxin zu machen. Mit einer hier gängigen Tagesdosis von 1000 mg/m^2 sind eine substantielle Reduktion der Oxalatproduktion sowie eine verbesserte Ausscheidung des Oxalats zu erzielen, obwohl die meisten Patienten an einer Pyridoxin-resistenten Form der Krankheit leiden. Wahrscheinlich ist die Effektivität des Pyridoxins direkt abhängig vom Grad der Defizienz der Alanin-Glyoxalat-Aminotransferase. Bei residualer Enzymaktivität können hohe Konzentrationen des Pyridoxalphosphats, das obligatorisch an der enzymatischen Reaktion als Koenzym beteiligt ist, die Restaktivität optimieren. In dieser Weise kann der Flux über die Alanin-Glyoxalat-Aminotransferase beachtlich stimuliert werden, was zu einer Reduktion der Oxalatproduktion führt, wie tatsächlich bei einer Minderheit der Patienten beobachtet wurde.

Im Fall einer vollständigen Defizienz der Alanin-Glyoxalat-Aminotransferase haben pharmakologische Dosen des Pyridoxins keinen Effekt. Bei diese Patienten stellen sich im Verlauf der Krankheit ein Nierenversagen und schließlich die Notwendigkeit einer Nierentransplantation ein. Die Erfolgsrate dieser Behandlungsweise ist allerdings gering. Die Ursache hierfür ist die Tatsache, daß der biochemische Defekt in der Leber und nicht in der Niere zu suchen ist. Demzufolge kann eine Nierentransplantation nur eine zeitweise Lösung darstellen, weil die Deposition des Kalziumoxalats auch das neue Organ unwiderruflich schädigt und obstruiert. Eine definitive Heilung ist nur durch eine Lebertransplantation möglich. Vorläufige Ergebnisse suggerieren, daß dies in der Tat die bevorzugte Therapie bei den Pyridoxin-resistenten Formen der Hyperoxalurie vom Typ I ist.

2.4.6.5 X-gebundene Adrenoleukodystrophie

2.4.6.5.1 Adrenale Substitutionstherapie

In erster Linie ist die Substitution mit Kortikosteroiden von größter Bedeutung für alle ALD-Patienten mit einer Insuffizienz der Nebennierenrinde. Fast alle betroffene Jungen und 60% der Männer mit AMN haben eine eingeschränkte adrenale Reservekapazität. Daher sollte bei allen diagnostizierten Fällen ein 1stündiger ACTH-Stimulationstest durchgeführt werden, um eine evidente Nebennierenrindeninsuffizienz oder eine subklinische adrenale Reservekapazität zu erkennen. Die Substitutionstherapie mit Kortikosteroiden scheint den Verlauf der neurologischen Ausfallserscheinungen allerdings nicht zu beeinflussen.

2.4.6.5.2 Diättherapie

Aufgrund der erfolgreichen Diät mit Restriktion der Phytansäure bei Patienten mit der klassischen Refsum-Krankheit wurde die Wirksamkeit einer C26:0-armen Diät bei X-ALD-Patienten untersucht. Dieser Versuch blieb allerdings ohne Erfolg, wahrscheinlich aufgrund der Tatsache, daß VLCFAs – im Gegensatz zur Phytansäure – nicht nur aus exogenen Quellen stammen, sondern auch de novo durch Elongation langkettiger Fettsäuren gebildet werden.

Im Jahr 1986 machten Rizzo et al. (1986) die wichtige Beobachtung, daß die C26:0-Werte in Fibroblasten von ALD-Patienten durch Zugabe von Ölsäure zum Medium drastisch gesenkt werden konnten. Der günstige Effekt der Ölsäure beruht wahrscheinlich auf der Inhibition des Fettsäureelongationssystems, wodurch die De-novo-Synthese von C26:0 reduziert wird. Diese Studien veranlaßten Rizzo et al. (1986) zu der Spekulation, daß Supplementierung mit Ölsäure therapeutisch brauchbar sein könnte, und sie führten schließlich zu Therapieversuchen, in denen Ölsäure in Form eines Öls oral als Glyzerintrioleat (GTO) in einer Dosierung von 1–2,5 g/kg Körpergewicht verabreicht wurde. Rizzo et al. (1987) und Moser et al. (1987) beobachteten unter diesem Regime nach 4 Monaten eine Senkung der C26:0-Werte im Plasma um ungefähr 50%. Das Unvermögen, die C26:0-Werte im Plasma mit Hilfe einer Ölsäurediät zu normalisieren, veranlaßte die Suche nach anderen Fettsäuren, die die C26:0-Werte noch wirksamer reduzieren konnten. Aus verschiedenen Gründen, u. a. ihre im Vergleich zur Ölsäure viel nachhaltigere Inhibition der Elongation gesättigter Fettsäuren, fiel die Wahl auf die Erucasäure (*cis*-13-Docosensäure; C22:1).

Weitere Studien zeigten, daß die Gabe einer Kombination von Ölsäure und Erucasäure im Verhältnis von 1 Teil GTE-Öl (Glyzerintrierucat) zu 4 Teilen GTO-Öl (Glyzerintrioleat) an ALD-Patienten die C26:0-Werte innerhalb weniger Wochen normalisierte (Rizzo et al. 1989). Bei 6 der 8 von Rizzo et al. (1989) untersuchten Patienten, die sich zu Beginn der GTO-GTE-Therapie in einem mittleren bis fortgeschrittenen Stadium der Krankheit befanden, trat trotz normaler C26:0-Werte eine weitere Verschlechterung des neurologischen Zustandsbilds auf, während bei 2 Patienten mit milder Symptomatologie der Zustand nach 10- bzw. 19monatiger Diät unverändert blieb. Ähnliche Resultate wurden durch Uziel et al. (1991) erzielt, die über den klinischen Verlauf bei 20 ALD-Patienten unter Diättherapie mit Erucasäure berichteten. Der heutige allgemeine Konsens beinhaltet, daß die Diättherapie den klinischen Verlauf symptomatischer Patienten nicht beeinflußt. Die Hoffnung beschränkt sich auf die Prävention der Verschlechterung des neurologischen Bilds durch Normalisierung der C26:0 bei asymptomatischen Jungen.

Die ziemlich enttäuschenden Ergebnisse der Diättherapie bei ALD-Patienten inspirierten die Suche nach anderen therapeutischen Optionen, wie z. B. Knochenmarktransplantation. Ein sehr ermutigendes Resultat wurde bei einem 8jährigen ALD-Patienten erzielt, der z. Z. der Transplantation geringgradige neurologische Funktionsstörungen aufwies (Aubourg et al. 1990). Die C26:0-Werte normalisierten sich nach der Transplantation vollständig. Noch wichtiger ist die Tatsache, daß innerhalb einiger Jahre nach der Transplantation ein völliger Rückgang der neurologischen Funktionsstörungen beobachtet wurde, NMR-Untersuchungen keine Abweichungen zeigen und die intellektuelle Entwicklung des Patienten der seines nicht betroffenen Zwillingsbruders entspricht. Seither wurden weltweit viele Knochenmarktransplantationen durchgeführt, allerdings mit unterschiedlichen Ergebnissen (Krivit et al. 1995).

2.4.7 Genetische Basis peroxisomaler Krankheiten

In der jüngsten Zeit haben sich unsere Kenntnisse der molekulargenetischen Basis peroxisomaler Krankheiten stark erweitert.

2.4.7.1 Zellweger-Syndrom und andere Störungen der peroxisomalen Biogenese

Die frühen Untersuchungen mit Hilfe von Komplementierungsanalysen mit Fibroblasten betroffener Patienten hatten schon die bemerkenswerte genetische Heterogenität innerhalb der Patienten aufgezeigt, die an einer Störung der peroxisomalen Biogenese litten (Brul et al. 1988; Moser et al. 1995a; Roscher et al. 1989; Yajima et al. 1992). Bis heute wurden im Ganzen 10 Komplementationsgruppen beschrieben, wobei eine bestimmte Gruppe, zu der ungefähr 60% der Patienten gehören, deutlich überrepräsentiert ist. Die Beteiligung von 10 Komplementationsgruppen, die 10 verschiedene Gene repräsentieren, folgt logischerweise aus dem komplexen Prozeß der peroxisomalen Biogenese, bei dem viele Proteine mitwirken. Das Basisprinzip der peroxisomalen Biogenese ist die Synthese der peroxisomalen Proteine an freien Polyribosomen und die Ausstattung dieser Proteine mit einem Zielsignal, das in den Polypeptidketten selbst als charakteristische Folge bestimmter Aminosäuren enthalten ist. Als erstes peroxisomales Zielsignal dieser Art wurde das sog. Peroxisome-targeting-signal-type-1 (PTS1) identifiziert, das sich am äußersten karboxyterminalen Ende befindet und in den letzten 3 Aminosäuren Serin-Lysin-Leucin (SKL) oder einer der möglichen Varianten enthalten ist (Brul et al. 1988; Moser et al. 1995a; Roscher et al. 1989; Yajima et al. 1992). Das 2. PTS (PTS2) befindet sich in der Nähe des aminoterminalen Endes, und die Zielinformation ist innerhalb eines Segments von 9 Aminosäuren kodiert, wobei die Positionen 1, 2, 8 und 9 (sowie möglicherweise 5) von zentraler Bedeutung sind. Die folgende Konsensussequenz ist inzwischen für das PTS2-Signal gesichert: R/K-I/V/L-XX-I/V/L-XX-H/Q-L/A.

Die heutigen Fakten legen nahe (Braverman et al. 1995; Elgersma u. Tabak 1996; Rachubinski u. Subramani 1995; Subramani 1993; Subramani 1997), daß peroxisomale Proteine, die entweder ein PTS1- oder ein PTS2-Signal enthalten, im Zytoplasma durch 2 verschiedene Rezeptoren, dem PTS1-Rezeptor (PEX5) und dem PTS2-Rezeptor (PEX7), aufgegriffen werden, wonach der Komplex durch eine oder mehrere Komponenten der peroxisomalen Membran erkannt wird. Der Rezeptor dissoziiert von seinem Liganden und verbleibt im Zytoplasma, während das Protein auf noch ungeklärte Weise durch die peroxisomale Membran transloziert wird, was die Beteiligung verschiedener Proteine erfordert. Viele dieser Proteine wurden inzwischen in verschiedenen Hefesorten identifiziert, obwohl ihre exakte Funktion noch rätselhaft ist.

Die Kenntnis von Aminosäuresequenzen von Proteinen, die bei der peroxisomalen Biogenese der Hefen beteiligt sind, hat die Identifizierung humaner Homologe ermöglicht, wobei auf die extensive Sequenzinformation in der Form sog. EST-Klone in verschiedenen Datenbanken zurückgegriffen wurde. Diese Methode führte zur schnellen Identifizierung der korrespondierenden humanen Gene und in der Folge auch zu ihrer Zuordnung zu verschiedenen Komplementationsgruppen (Subramani 1997).

2.4.7.2 Rhizomale Chondrodysplasia punctata

Die Entdeckung multipler Enzymdefizienzen auf dem Niveau der DHAPAT, der Alkyl-DHAP-Synthase, der Phytanoyl-CoA-Hydroxylase und der peroxisomalen Thiolase bei der RCDP legte unmittelbar den Schluß nahe, daß der primäre Defekt der RCDP auf dem Niveau einer Komponente liege, die bei der korrekten Exprimierung dieser 4 peroxisomalen Proteine beteiligt ist. Der PTS2-Rezeptor wurde bald als Kandidat für das defekte Protein erkannt, was durch Motley et al. (1994) experimentell bestätigt wurde.

Mit der gleichen experimentellen Strategie auf der Grundlage der Sequenz des PTS2-Rezeptors der Hefe identifizierten 3 Arbeitsgruppen (Braverman et al. 1997; Motley et al. 1997; Purdue et al. 1997) den humanen PTS2-Rezeptor. In unserem Patientengut fanden wir 2 häufig vorkommende Mutationen. Die erste, mit einer Frequenz von 57%, ist eine Leu292:Ter-Mutation, wodurch ein Stoppkodon entsteht, das ein aberrantes und gekürztes Protein mit Verlust der PTS2-Rezeptor-Funktion zur Folge hat. Die zweite Mutation kommt weniger häufig vor (17% der mutierten Allele) und führt zu einer Ala218:Val-Substitution.

2.4.7.3 X-gebundene Adrenoleukodystrophie

Das bei der X-gebundenen ALD beteiligte Gen hat eine Länge von 21 kb, enthält 10 Exons und kodiert ein Protein von 745 Aminosäuren. Eine große Vielfalt von Mutationen wurde beschrieben [s. z. B. Feigenbaum et al. (1996); Kemp et al. (1996); Watkins et al. (1995)].

2.4.7.4 Acyl-CoA-Oxidase-Defizienz

Bisher erschien eine einzige Studie, in der über Veränderungen im Gen der Acyl-CoA-Oxidase berichtet wurde. Eine ausgedehnte Deletion, die praktisch das ganze Gen mit Ausnahme der Exons 1 und 2 umfaßt, wurde bei 2 Geschwistern gefunden (Fournier et al. 1994).

2.4.7.5 Refsum-Krankheit

Vor kurzem gelang uns die Klonierung einer cDNA, die Phytanoyl-CoA-Hydroxylase kodiert. Nachfolgende Studien wiesen bei den 7 bisher un-

2.4.7.5 Hyperoxalurie Typ I (Alanin-Glyoxalat-Aminotransferase-Defizienz)

Nur eine beschränkte Anzahl von Mutationen wurde bisher bei Patienten mit Hyperoxalurie Typ 1 beschrieben (Danpure u. Purdue 1995). Die molekulare Basis der anderen peroxisomalen Krankheiten, mit Ausnahme der Mevalonatkinasedefizienz (Schafer et al. 1992), ist vorläufig noch unklar.

Danksagung. Dr. Carsten Lincke danke ich sehr herzlich für die Übersetzung.

Frau Iet van der Gracht, Frau Maddy Festen und Frau Nelly Manuel danke ich für die ausgezeichnete Unterstützung bei der Anfertigung des Manuskripts. Die im Labor des Autors ausgeführten Arbeiten wurden finanziell durch den „Princess Beatrix Fund" (Den Haag, Niederlande) und die „Dutch Foundation for Medical Scientific Research" (NWO) unterstützt.

2.4.8 Literatur

Aubourg P, Blanche S, Jambaque I et al. (1990) Reversal of early neurologic and neuroradiologic manifestations of X-linked adrenoleukodystrophy by bone marrow transplantation. N Engl J Med 322:1860–1866

Barth PG, Martinez M, Apkarian P et al. (1995) Disorders of peroxisome biogenesis: classification and treatment. In: Wanders RJA, Schutgens RBH, Tabak HF (eds) Functions and biogenesis of peroxisomes in relation to human diseases. KNAW Academic Press, Amsterdam, pp 201–226

Barth PG, Wanders RJ, Schutgens RB, Staalman CR (1996) Variant rhizomelic chondrodysplasia punctata (RCDP) with normal plasma phytanic acid: clinico-biochemical delineation of a subtype and complementation studies. Am J Med Genet 62:164–168

Bennett MJ, Pollitt RJ, Goodman SI, Hale DE, Vamecq J (1991) Atypical riboflavin-responsive glutaric aciduria, and deficient peroxisomal glutaryl-CoA oxidase activity: a new peroxisomal disorder. J Inherit Metab Dis 14:165–173

Bjorkhem I, Blomstrand S, Glaumann H, Strandvik B (1985) Unsuccessful attempts to induce peroxisomes in two cases of Zellweger disease by treatment with clofibrate. Pediatr Res 19:590–593

Bjorkhem I, Sisfontes L, Bostrom B, Kase BF, Blomstrand R (1986) Simple diagnosis of the Zellweger syndrome by gas-liquid chromatography of dimethylacetals. J Lipid Res 27:786–791

Bowen P, Lee CSM, Zellweger H, Lindenberg R (1964) A familial syndrome of multiple congenital defects. Bull Johns Hopkins Hosp 114:402–414

Braverman N, Dodt G, Gould SJ, Valle D (1995) Disorders of peroxisome biogenesis. Hum Mol Genet 4:1791–1798

Braverman N, Steel G, Obie C, Moser AB, Moser HW, Gould SJ, Valle D (1997) Human PEX7 encodes the peroxisomal PTS2 receptor and is responsible for rhizomelic chondrodysplasia punctata. Nat Genet 15:369–376

Brown FR, McAdams AJ, Cummins JW, Konkol R, Singh I, Moser AB, Moser HW (1982) Cerebro-hepato-renal (Zellweger) syndrome and neonatal adrenoleukodystrophy: similarities in phenotype and accumulation of very long chain fatty acids. Johns Hopkins Med J 151:344–351

Brul S, Westerveld A, Strijland A et al. (1988) Genetic heterogeneity in the cerebrohepatorenal (Zellweger) syndrome and other inherited disorders with a generalized impairment of peroxisomal functions. A study using complementation analysis. J Clin Invest 81:1710–1715

Carey WF, Poulos A, Sharp P, Nelson PV, Robertson EF, Hughes JL, Gill A (1994) Pitfalls in the prenatal diagnosis of peroxisomal beta-oxidation defects by chorionic villus sampling. Prenat Diagn 14:813–819

Clayton PT, Eckhardt S, Wilson J, Hall CM, Yousuf Y, Wanders RJ, Schutgens RB (1994) Isolated dihydroxyacetonephosphate acyltransferase deficiency presenting with developmental delay. J Inherit Metab Dis 17:533–540

Danpure CJ, Purdue PE (1995) Primary hyperoxaluria. In: Scriver CR, Beaudet AL, Sly WS, Valle D (eds) The metabolic and molecular basis of inherited disease. McGraw-Hill, New York, pp 2385–2426

Dieuaide-Noubhani M, Novikov D, Baumgart E et al. (1996) Further characterization of the peroxisomal 3-hydroxyacyl-CoA dehydrogenases from rat liver. Relationship between the different dehydrogenases and evidence that fatty acids and the C27 bile acids di- and tri-hydroxycoprostanic acids are metabolized by separate multifunctional proteins. Eur J Biochem 240:660–666

Elgersma Y, Tabak HF (1996) Proteins involved in peroxisome biogenesis and functioning. Biochim Biophys Acta 1286:269–283

Feigenbaum V, Lombard-Platet G, Guidoux S, Sarde CO, Mandel JL, Aubourg P (1996) Mutational and protein analysis of patients and heterozygous women with X-linked adrenoleukodystrophy. Am J Hum Genet 58:1135–1144

Fournier B, Saudubray JM, Benichou B, Lyonnet S, Munnich A, Clevers H, Poll-The BT (1994) Large deletion of the peroxisomal acyl-CoA oxidase gene in pseudoneonatal adrenoleukodystrophy. J Clin Invest 94:526–531

Goldfischer S, Moore CL, Johnson AB et al. (1973) Peroxisomal and mitochondrial defects in the cerebro-hepato-renal syndrome. Science 182:62–64

Heymans HSA, Schutgens RBH, Tan R, Van den Bosch H, Borst P (1983) Severe plasmalogen deficiency in tissues of infants without peroxisomes (Zellweger syndrome). Nature 306:69–70

Hoffmann GF, Charpentier C, Mayatepek E et al. (1993) Clinical and biochemical phenotype in 11 patients with mevalonic aciduria. Pediatrics 91:915–921

Jansen GA, Mihalik SJ, Watkins PA, Moser HW, Jakobs C, Denis S, Wanders RJA (1996) Phytanoyl-CoA hydroxylase is present in human liver, located in peroxisomes, and deficient in Zellweger syndrome: direct, unequivocal evidence for the new, revised pathway of phytanic acid alpha-oxidation in humans. Biochem Biophys Res Commun 229:205–210

Jansen GA, Mihalik SJ, Watkins PA, Moser HW, Jakobs C, Heijmans HS, Wanders RJ (1997a) Phytanoyl-CoA hydroxylase is not only deficient in classical Refsum disease but also in rhizomelic chondrodysplasia punctata. J Inherit Metab Dis 20:444–446

Jansen GA, Ofman R, Ferdinandusse S et al. (1997b) Refsum disease is caused by mutations in the phytanoyl-CoA hydroxylase gene. Nat Genet 17:190–193

Jansen GA, Wanders RJA, Watkins PA, Mihalik SJ (1997c) Phytanoyl-coenzyme A hydroxylase deficiency: the enzyme defect in Refsum's disease. N Engl J Med 337:133–134

Jiang LL, Kurosawa T, Sato M, Suzuki Y, Hashimoto T (1997) Physiological role of D-3-hydroxyacyl-CoA dehydratase/D-3-hydroxyacyl-CoA dehydrogenase bifunctional protein. J Biochem (Tokyo) 121:506–513

Kelley RI, Datta NS, Dobyns WB et al. (1986) Neonatal adrenoleukodystrophy: new cases, biochemical studies, and differentiation from Zellweger and related peroxisomal polydystrophy syndromes. Am J Med Genet 23:869–901

Kemp S, Mooyer PA, Bolhuis PA et al. (1996) ALDP expression in fibroblasts of patients with X-linked adrenoleukodystrophy. J Inherit Metab Dis 19:667–674

Krivit W, Lockman LA, Watkins PA, Hirsch J, Shapiro EG (1995) The future for treatment by bone marrow transplantation for adrenoleukodystrophy, metachromatic leukodystrophy, globoid cell leukodystrophy and Hurler syndrome. J Inherit Metab Dis 18:398–412

Lazarow PB, Moser HW (1995) Disorders of peroxisome biogenesis. In: Scriver CR, Beaudet AL, Sly WS, Valle D (eds) The metabolic and molecular bases of inherited disease, 7th edn. McGraw-Hill, New York, pp 2287–2324

Lenz H, Sluga E, Bernheimer H, Molzer B, Purgyi W (1979) Refsum Krankheit und ihr Verlauf bei diätetischer Behandlung durch 2 1/2 Jahre. Nervenarzt 50:52–60

Mandel H, Espeel M, Roels F et al. (1994) A new type of peroxisomal disorder with variable expression in liver and fibroblasts. J Pediatr 125:549–555

Martinez M (1989) Polyunsaturated fatty acid changes suggesting a new enzymatic defect in Zellweger syndrome. Lipids 24:261–265

Martinez M (1995) Polyunsaturated fatty acids in the developing human brain, erythrocytes and plasma in peroxisomal disease: therapeutic implications. J Inherit Metab Dis [Suppl 1] 18:61–75

Moser AB, Borel J, Odone A, Naidu S, Cornblath D, Sanders DB, Moser HW (1987) A new dietary therapy for adrenoleukodystrophy: biochemical and preliminary clinical results in 36 patients. Ann Neurol 21:240–249

Moser AB, Rasmussen M, Naidu S et al. (1995a) Phenotype of patients with peroxisomal disorders subdivided into sixteen complementation groups. J Pediatr 127:13–22

Moser HW, Smith KD, Moser AB (1995b) X-linked adrenoleukodystrophy. In: Scriver CR, Beaudet AL, Sly WS, Valle D (eds) The metabolic and molecular bases of inherited disease. McGraw-Hill, New York, pp 2325–2349

Mosser J, Douar AM, Sarde CO et al. (1993) Putative X-linked adrenoleukodystrophy gene shares unexpected homology with ABC transporters. Nature 361:726–730

Motley AM, Hettema E, Distel B, Tabak H (1994) Differential protein import deficiencies in human peroxisome assembly disorders. J Cell Biol 125:755–767

Motley AM, Hettema EH, Hogenhout EM et al. (1997) Rhizomelic chondrodysplasia punctata is a peroxisomal protein targeting disease caused by a non-functional PTS2 receptor. Nat Genet 15:377–380

Poll-The BT, Saudubray JM, Ogier HA et al. (1987) Infantile Refsum disease: an inherited peroxisomal disorder. Comparison with Zellweger syndrome and neonatal adrenoleukodystrophy. Eur J Pediatr 146:477–483

Purdue PE, Zhang JW, Skoneczny M, Lazarow PB (1997) Rhizomelic chondrodysplasia punctata is caused by deficiency of human PEX7, a homologue of the yeast PTS2 receptor. Nat Genet 15:381–384

Rachubinski RA, Subramani S (1995) How proteins penetrate peroxisomes. Cell 83:525–528

Reddy JK, Mannaerts GP (1994) Peroxisomal lipid metabolism. Annu Rev Nutr 14:343–370

Rizzo WB, Watkins PA, Phillips MW, Cranin D, Campbell B, Avigan J (1986) Adrenoleukodystrophy: oleic acid lowers fibroblast saturated C22–26 fatty acids. Neurology 36:357–361

Rizzo WB, Phillips MW, Dammann AL, Leshner RT, Jennings SS, Avigan J, Proud VK (1987) Adrenoleukodystrophy: dietary oleic acid lowers hexacosanoate levels. Ann Neurol 21:232–239

Rizzo WB, Leshner RT, Odone A et al. (1989) Dietary erucic acid therapy for X-linked adrenoleukodystrophy. Neurology 39:1415–1422

Robertson EF, Poulos A, Sharp P, Manson J, Wise G, Jaunzems A, Carter R (1988) Treatment of infantile phytanic acid storage disease: clinical, biochemical and ultrastructural findings in two children treated for 2 years. Eur J Pediatr 147:133–142

Roscher AA, Hoefler S, Hoefler G, Paschke E, Paltauf F, Moser A, Moser H (1989) Genetic and phenotypic heterogeneity in disorders of peroxisome biogenesis – a complementation study involving cell lines from 19 patients. Pediatr Res 26:67–72

Schafer BL, Bishop RW, Kratunis VJ, Kalinowski SS, Mosley ST, Gibson KM, Tanaka RD (1992) Molecular cloning of human mevalonate kinase and identification of a missense mutation in the genetic disease mevalonic aciduria. J Biol Chem 267:13229–13238

Setchell KD, Bragetti P, Zimmer-Nechemias L et al. (1992) Oral bile acid treatment and the patient with Zellweger syndrome. Hepatology 15:198–207

Smeitink JA, Beemer FA, Espeel M et al. (1992) Bone dysplasia associated with phytanic acid accumulation and deficient plasmalogen synthesis: a peroxisomal entity amenable to plasmapheresis. J Inherit Metab Dis 15:377–380

Steinberg D (1995) Refsum disease. In: Scriver CR, Beaudet AL, Sly WS, ValleD (eds) The metabolic and molecular bases of inherited disease. McGraw-Hill, New York, pp 2351–2369

Subramani S (1993) Protein import into peroxisomes and biogenesis of the organelle. Annu Rev Cell Biol 9:445–478

Subramani S (1997) PEX genes on the rise. Nat Genet 15:331–333

Uziel G, Bertini E, Bardelli P, Rimoldi M, Gambetti M (1991) Experience on therapy of adrenoleukodystrophy and adrenomyeloneuropathy. Dev Neurosci 13:274–279

Van den Bosch H, Schutgens RBH, Wanders RJA, Tager JM (1992) Biochemistry of peroxisomes. Annu Rev Biochem 61:157–197

Vanhove GF, Van Veldhoven PP, Fransen M, Denis S, Eyssen HJ, Wanders RJA, Mannaerts GP (1993) The CoA esters of 2-methyl-branched chain fatty acids and of the bile acid intermediates di- and trihydroxycoprostanic acids are oxidized by one single peroxisomal branched chain acyl-CoA oxidase in human liver and kidney. J Biol Chem 268:10335–10344

Wanders RJ, Heymans HS, Schutgens RB, Barth PG, Van den Bosch H, Tager JM (1988) Peroxisomal disorders in neurology. J Neurol Sci 88:1–39

Wanders RJ, Schumacher H, Heikoop J, Schutgens RB, Tager JM (1992) Human dihydroxyacetonephosphate acyltransferase deficiency: a new peroxisomal disorder. J Inherit Metab Dis 15:389–391

Wanders RJ, Dekker C, Horvath VA, Schutgens RB, Tager JM, Van Laer P, Lecoutere D (1994) Human alkyldihydroxyacetonephosphate synthase deficiency: a new peroxisomal disorder. J Inherit Metab Dis 17:315–318

Wanders RJA, Schutgens RBH, Barth PG (1995) Peroxisomal disorders: a review. J Neuropathol Exp Neurol 54:726–739

Wanders RJA, Barth PG, Schutgens RBH, Heijmans HSA (1996) Peroxisomal disorders: post- and prenatal diagnosis based on a new classification with flowcharts. Int Pediatr 11:203–214

Wanders RJA, Denis S, Wouters F, Wirtz KW, Seedorf U (1997) Sterol carrier protein X (SCPx) is a peroxisomal branched-chain beta-ketothiolase specifically reacting with 3-oxo-pristanoyl-CoA: a new, unique role for SCPx in branched-chain fatty acid metabolism in peroxisomes. Biochem Biophys Res Commun 236:565–569

Watkins PA, Gould SJ, Smith MA et al. (1995) Altered expression of ALDP in X-linked adrenoleukodystrophy. Am J Hum Genet 57:292–301

Wilson GN, Holmes RD, Custer J et al. (1986) Zellweger syndrome: diagnostic assays, syndrome delineation and potential therapy. Am J Med Genet 24:69–82

Yajima S, Suzuki Y, Shimozawa N et al. (1992) Complementation study of peroxisome-deficient disorders by immunofluorescence staining and characterization of fused cells. Hum Genet 88:491–499

2.5 Organoazidopathien

Johannes Zschocke und Georg F. Hoffmann

Inhaltsverzeichnis

2.5.1	Einführung	253
2.5.2	**Krankheitsbild**	254
2.5.2.1	Akute neonatale Stoffwechselkrise	254
2.5.2.2	Spätere oder intermittierende Manifestationsform	254
2.5.2.3	Neurodegenerativer Krankheitsverlauf	254
2.5.3	**Klassische Diagnostik und Therapie**	255
2.5.3.1	Diagnostik	255
2.5.3.2	Grundprinzipien der Therapie	255
2.5.3.2.1	Vermeidung von Substanzen, deren Abbau gestört ist	255
2.5.3.2.2	Vermeidung einer katabolen Stoffwechsellage	255
2.5.3.2.3	Spezifische Entgiftungsmaßnahmen	256
2.5.3.2.4	Gezielte Substitution von Vitaminen oder Kofaktoren	256
2.5.3.3	Notfallbehandlung	256
2.5.4	**Biochemie und Molekulargenetik**	257
2.5.5	**Störungen im Abbau der verzweigtkettigen Aminosäuren und im Biotinstoffwechsel**	259
2.5.5.1	Isovalerianazidämie	259
2.5.5.1.1	Klinik	259
2.5.5.1.2	Diagnose	261
2.5.5.1.3	Therapie	261
2.5.5.2	3-Methylcrotonylglyzinurie	261
2.5.5.2.1	Klinik	261
2.5.5.2.2	Diagnose	261
2.5.5.2.3	Therapie	261
2.5.5.3	3-Methylglutaconazidurien	262
2.5.5.4	Propionazidämie	262
2.5.5.4.1	Klinik	263
2.5.5.4.2	Diagnose	263
2.5.5.4.3	Therapie	263
2.5.5.5	Methylmalonazidämien	263
2.5.5.5.1	Klinik	264
2.5.5.5.2	Diagnose	264
2.5.5.5.3	Therapie	264
2.5.5.6	Multipler Karboxylasemangel	264
2.5.5.6.1	Klinik	265
2.5.5.6.2	Diagnose	265
2.5.5.6.3	Therapie	265
2.5.6	**„Zerebrale" Organoazidopathien**	266
2.5.6.1	Glutarazidurie Typ I	266
2.5.6.1.1	Klinik	266
2.5.6.1.2	Diagnose	266
2.5.6.1.3	Therapie	267
2.5.6.2	4-Hydroxybutyrazidurie	267
2.5.6.3	Morbus Canavan	267
2.5.6.4	2-Ketoglutarazidurie	268
2.5.6.5	Fumarazidurie	268
2.5.6.6	Malonazidurie	268
2.5.6.7	L-2-Hydroxyglutarazidurie	268
2.5.6.8	D-2-Hydroxyglutarazidurie	268
2.5.6.9	Mevalonazidurie	269
2.5.7	**Störungen der Fettsäurenoxidation**	269
2.5.7.1	Klinik und Diagnose	270
2.5.7.2	Therapie	271
2.5.7.3	Langkettige Fettsäurenoxidationsdefekte	271
2.5.7.4	Mittelkettiger Acyl-CoA-Dehydrogenasemangel	271
2.5.7.5	Multipler Acyl-CoA-Dehydrogenasemangel	271
2.5.8	**Störungen der Ketogenese und Ketolyse**	272
2.5.8.1	HMG-CoA-Lyasemangel	272
2.5.8.2	3-Ketothiolasemangel	273
2.5.9	**Ausblick**	273
2.5.10	**Literatur**	274

2.5.1 Einführung

Organoazidopathien sind Störungen im Intermediärstoffwechsel, die durch den Anstau bestimmter Karbonsäuren (organischer Säuren) und deren vermehrte renale Ausscheidung charakterisiert sind. In der Regel beruhen sie auf autosomal-rezessiv erblichen Enzymdefekten. Es handelt sich also nicht um eine systematisch definierte Krankheitsgruppe, sondern um angeborene metabolische Störungen, die über eine gleichartige Analytik diagnostiziert werden. Viele Organoazidopathien unterscheiden sich hinsichtlich Pathogenese und Klinik nicht grundsätzlich von den Aminoazidopathien (s. Kapitel 2.1 „Aminoazidopathien"). Die allgemein übliche Unterteilung spiegelt vielmehr die historische Entwicklung der klinisch-chemischen Analytik wider: Die Aminosäuren, bei denen es sich um organische Säuren mit Aminogruppe handelt, waren seit den späten 40er Jahren durch die Ninhydrinreaktion gut nachzuweisen, was zur Entdeckung der Aminoazidopathien führte. Verbindungen ohne Aminogruppe wurden erst durch moderne gaschromatographische Methoden (insbesondere in Kombination mit massenspektrometrischer Detektion) empfindlich nachweisbar, eindeutig identifizierbar und quantifizierbar. Dies führte zur Charakterisierung zahlreicher weiterer metabolischer Defekte. Die Untersuchung der organischen Säuren im Urin erfaßt neben dem Aminosäurenabbau eine Vielfalt weiterer Stoffwechselwege, darunter die Fettsäurenoxidation, den Kohlenhydratstoffwechsel, den Zitronensäurezyklus und den mitochondrialen Energiestoffwechsel sowie die Synthesen von u. a. Neurotransmittern und Steroiden, da diese zumindest teilweise über azidische organische Verbindungen führen.

Die Häufigkeit der Organoazidopathien dürfte nach Untersuchungen in den Niederlanden (welche auf Deutschland übertragbar sind) bei 1:2500 Kindern liegen (Hoffmann 1994). Diese Größenordnung rechtfertigt angesichts der Schwere der Krankheitsbilder und der bei Früherkennung oft guten Behandelbarkeit ein Neugeborenen-Screening. Adäquate Analysemethoden (insbesondere die Analyse von Acylkarnitinen und Aminosäuren mittels Tandem-MS) sind vorhanden, im deutschsprachigen Raum jedoch erst in wenigen Zentren etabliert. Das vorliegende Kapitel gibt einen Überblick über die Grundlagen von Diagnose, Therapie, Biochemie und Molekulargenetik der Organoazidopathien und stellt die wichtigsten heute bekannten Erkrankungen vor. Für detailliertere Informationen und Literaturverweise zu den einzelnen Krankheiten sei auf die einschlägigen Lehrbücher (Blau et al. 1996; Fernandes et al. 1995; Scriver et al. 1995) und weitere Lehrbuchartikel (Hoffmann u. Gibson 1996; Hoffmann u. Lehnert 1999) verwiesen.

2.5.2 Krankheitsbild

Die meisten Organoazidopathien im engeren Sinn beruhen auf einer gestörten enzymatischen Reaktion im Abbau der Amino- oder Fettsäuren. Klinische Symptome entstehen in der Regel durch die Akkumulation der vor dem Block liegenden Metaboliten und das Auftreten toxischer Substanzen aus alternativen Abbauwegen. Besonders katabole Situationen, wie sie bei Fieber, Impfungen, Infektionen, Narkosen, Operationen und auch schon bei längerer Nahrungskarenz auftreten, können bei vielen Enzymdefekten bereits in der Neonatalperiode lebensbedrohliche Stoffwechselkrisen auslösen. drei verschiedene Manifestationsformen lassen sich unterscheiden, wobei die individuellen Krankheitsverläufe erhebliche Überschneidungen aufweisen.

2.5.2.1 Akute neonatale Stoffwechselkrise

Bei den akuten, schweren Verläufen wird das primär gesund erscheinende Neugeborene nach nur wenigen Lebenstagen zunehmend krank mit Trinkschwäche und Erbrechen, Lethargie und neuromuskulären Auffälligkeiten (muskuläre Hypotonie, Myoklonien, Zeichen der vegetativen Dysregulation). Der Zustand des Kinds verschlechtert sich z. T. sehr rasch im Sinn einer schweren metabolischen Enzephalopathie („Intoxikation") mit Somnolenz, Hirnödem und Koma, welche unbehandelt meist letal verläuft. Manchmal fällt ein ungewöhnlicher Geruch auf. Klinisch-chemisch finden sich eine metabolische Azidose, Hypoglykämie, Hyperlaktat- und/oder Hyperammonämie mit Ketose bzw. Ketoazidose und Ketonurie (eine Ketonurie bei Neugeborenen ist immer pathologisch).

2.5.2.2 Spätere oder intermittierende Manifestationsform

Bei manchen Patienten wird ein eher chronisch rezidivierender Verlauf beobachtet. Das Kleinkind erbricht häufig, gedeiht nicht und zeigt immer wieder schwere ketoazidotische Krisen bis hin zum Koma. Fast regelhaft resultiert eine progrediente psychomotorische Retardierung, häufig eine symptomatische Epilepsie. Einzelne Patienten werden erst im Erwachsenenalter diagnostiziert.

2.5.2.3 Neurodegenerativer Krankheitsverlauf

Eine besondere Gruppe von Organoazidopathien manifestiert sich ausschließlich mit typischen (progredienten) neurologischen Symptomen wie Ataxie, Myoklonien, extrapyramidalen Störungen, Epilepsie, akuten (rezidivierenden) metabolischen Enzephalopathien oder Makrozephalie. Zu diesen „zerebralen Organoazidopathien" gehören die Glutarazidurie Typ I, 4-Hydroxybutyrazidurie, N-Azetylasparaginazidurie (Morbus Canavan), Fumarazidurie, 2-Ketoglutarazidurie, Malonazidurie, L-2- und D-2-Hydroxyglutarazidurie sowie, als Biogenesedefekt, die Mevalonazidurie. Die Erkrankungen führen zu schweren neurologischen Krankheitsbildern, aber häufig nicht zum Tod, und in den letzten Jahren wurden vermehrt auch Erwachsene mit diesen Erkrankungen diagnostiziert. Regelmäßig fehlen richtungsweisende laborchemische Auffälligkeiten wie Hypoglykämie, metabolische Azidose oder Laktatazidose. Akute Stoffwechselkrisen sind die Ausnahme. Dafür finden sich bei Organoazidopathien oft charakteristische neuroradiologische Befunde (Hoffmann et al. 1994):

- progressive Myelinisierungsstörungen;
- umschriebene Atrophien, z.B. zerebelläre Atrophie;
- Infarkte der Basalganglien;
- symmetrische oder fluktuierende Auffälligkeiten in Thalamus, Hypothalamus, Medulla oder Hirnstamm;
- beidseitige Hypoplasie der Temporallappen mit fehlender Überdeckung der Inselregion (frontotemporale Atrophie).

2.5.3 Klassische Diagnostik und Therapie

2.5.3.1 Diagnostik

Die schnelle und zuverlässige Diagnose von Organoazidopathien erfordert eine enge Zusammenarbeit zwischen dem Kliniker und dem Spezialisten für Stoffwechseldiagnostik. Für eine präzise Diagnosestellung reichen die klinischen Befunde auch zusammen mit der laborchemischen Basisdiagnostik alleine nicht aus. Vielmehr müssen die Karbonsäuren gezielt mittels Gaschromatographie-Massenspektrometrie (GC-MS) bestimmt werden. Da organische Säuren renal gut ausgeschieden werden, steht die Analytik im Urin an erster Stelle. In wenigen Sonderfällen kann eine Untersuchung der organischen Säuren im Liquor notwendig sein. Das Metabolitenmuster erlaubt in den meisten Fällen eine eindeutige Diagnose, die durch enzymatische und ggf. molekulargenetische Untersuchungen gesichert werden sollte.

Für fast alle Organoazidopathien sind zuverlässige Methoden der Pränataldiagnostik etabliert. Die z. Z. schnellste und zuverlässigste Methode bei den meisten Erkrankungen ist die gezielte quantitative Bestimmung pathognomonischer Metaboliten in der Amnionflüssigkeit mittels stabiler Isotopen (ab der 11. SSW) (Jakobs et al. 1990). Bei vielen Enzymdefekten kann eine fehlende Aktivität zuverlässig in Amnionzellen und/oder Chorionzotten ermittelt werden. In zunehmenden Maß wird in Familien, bei denen die Diagnose des Indexpatienten molekulargenetisch gesichert wurde, eine Mutationsanalyse für die Pränataldiagnostik eingesetzt.

2.5.3.2 Grundprinzipien der Therapie

Da die spezifisch behandelbaren Organoazidopathien im wesentlichen durch Enzymdefekte im Abbau von Aminosäuren bzw. Fettsäuren verursacht werden, gestaltet sich ihre Behandlung oftmals nach ähnlichen Prinzipien.

2.5.3.2.1 Vermeidung von Substanzen, deren Abbau gestört ist

Eckpfeiler der Therapie sind spezifische Diätbehandlungen, die so gestaltet sind, daß die Zufuhr nicht oder nicht ausreichend abbaubarer und daher toxischer Nahrungsbestandteile (jeweils bestimmte Amino- bzw. Fettsäuren) auf ein Minimum gedrosselt wird, ohne daß katabole Stoffwechsellagen oder Mangelzustände auftreten. Meist muß eine semisynthetische Diät eingesetzt werden, die den Vorgaben der Deutschen Gesellschaft für Ernährung entsprechen soll (Deutsche Gesellschaft für Ernährung 1991). Gegebenenfalls muß die Ernährung zeitweilig über eine Magenverweilsonde oder ein Gastrostoma erfolgen.

2.5.3.2.2 Vermeidung einer katabolen Stoffwechsellage

Einer der wichtigsten Punkte sowohl in der Langzeittherapie als auch in der Behandlung akuter Stoffwechselkrisen ist die Vermeidung bzw. die möglichst umgehende Behebung kataboler Zustände. Diese können sich als Folge von Infekten (v. a. bei Erbrechen und/oder Durchfall), Diätfehlern (zu hohe Eiweiß- oder Fettzufuhr, aber auch Proteinmangel), Operationen, Narkosen oder anderen Stoffwechselbelastungen rasch einstellen. Bei Störungen der Fettsäurenoxidation muß durch häufige, kohlenhydratreiche, fettarme Mahlzeiten insbesondere das Auftreten von Hypoglykämien vermieden werden.

2.5.3.2.3 Spezifische Entgiftungsmaßnahmen

Bei verschiedenen Krankheiten lassen sich pathologische Metaboliten spezifisch entgiften, so beispielsweise bei der Isovalerianazidämie durch die Supplementierung von Glyzin oder bei Hyperammonämie durch die Gabe von Benzoat oder Phenylbutyrat. Insbesondere während akuter Stoffwechselkrisen können detoxifizierende Maßnahmen (von der verstärkten Diurese bis zu Dialyseverfahren) von großer Bedeutung für die weitere Prognose sein.

2.5.3.2.4 Gezielte Substitution von Vitaminen oder Kofaktoren

Einzelne Organoazidopathien können durch Gabe der im entsprechenden Stoffwechselweg involvierten Vitamine oder Kofaktoren mit besonders gutem Erfolg behandelt werden. Dazu gehören z.B. die Vitamin-B_{12}-abhängigen Methylmalonazidurien, der biotinabhängige multiple Karboxylasemangel oder der Vitamin-B_2-abhängige multiple Acyl-CoA-Dehydrogenasemangel. Patienten mit Organoazidopathien und Fettsäurenoxidationsdefekten, die mit einem mitochondrialen Anstau von CoA-Verbindungen und einer vermehrten Ausscheidung der entsprechenden Karnitinester einhergehen, profitieren von einer Karnitinsupplementierung (50–100 mg/kg KG und Tag), wobei hochnormale Serumspiegel für freies Karnitin angestrebt werden.

Insbesondere bei diätetischer Langzeittherapie sind regelmäßige Kontrolluntersuchungen mit quantitativer Analyse der (v.a. essentiellen) Aminosäuren im Plasma und ggf. der organischen Säuren im Urin erforderlich. Es muß sichergestellt sein, daß die Kinder normal wachsen und gedeihen (Gewicht, Größe, Kopfumfang usw.); laborchemisch kontrolliert werden sollten je nach Erkrankung u.a. Blutbild, Elektrolyte, Mineralien und Spurenelemente (Kalzium, Phosphat, Magnesium, Eisen, Selen usw.), der Säure-Basen-Haushalt, Parameter der Leberfunktion, Alkalische Phosphatase, Serumproteine (insbesondere Präalbumin) und Karnitinspiegel.

2.5.3.3 Notfallbehandlung

Die meisten Patienten mit Organoazidopathien sind zusätzlich zur langsam progredienten Hirnfunktionsstörung und psychomotorischen Retardierung durch akute Stoffwechselentgleisungen gefährdet, in deren Verlauf sie in kurzer Zeit schwerste zerebrale Schädigungen erleiden oder versterben können. Solche Entgleisungen können praktisch in jedem Lebensalter auftreten. Entscheidend sind konsequent und zuverlässig durchgeführte Notfallmaßnahmen schon im Frühstadium interkurrenter Erkrankungen (Infekte, Impfungen usw.). Da Entgleisungen meist zu Hause auftreten, müssen betroffene Familien ausführlich geschult werden, um jederzeit entsprechend der Stoffwechselsituation reagieren zu können.

Eckpfeiler der Notfallbehandlung sind die Umkehrung bzw. Vermeidung kataboler Stoffwechsellagen durch eine ausreichende Zufuhr von Flüssigkeit, Elektrolyten und Energie (Glukose, Fett). Gleichzeitig muß die spezifische orale Medikation (z.B. Karnitin) konsequent weiter eingenommen werden. Dauert die interkurrente Erkrankung (evtl. mit Erbrechen) an, muß der Patient schnellstens in der behandelnden Klinik vorgestellt und parenteral oder ggf. über eine Magensonde behandelt werden (Energie, Flüssigkeit, Elektrolyte). Neben der konsequenten Proteinrestriktion kann bei manchen Organoazidopathien (Propionazidurie, Methylmalonazidurie) eine weitere Anhäufung toxischer Stoffwechselprodukte zusätzlich durch Darmsterilisation vermindert werden. Neben den spezifischen Laboruntersuchungen (organische Säuren, Aminosäuren) sind in der Akutsituation v.a. folgende Parameter von Bedeutung: Elektrolyte, Blutzucker, Leberwerte, Laktat, Ammoniak, Blutgasanalyse und Gerinnung.

Spezifische Behandlung und Notfallmaßnahmen sind nicht auf das Kindesalter beschränkt und müssen lebenslang angewandt werden. Bei Operationen müssen besondere Vorsichtsmaßnahmen getroffen werden. Jeder Patient sollte einen Notfallausweis bzw. ein Notfallmedaillon mit den wichtigsten Erstinformationen und Telefonnummern sowie Angaben über die ersten unverzüglich durchzuführenden Maßnahmen bei sich tragen. Da gerade im Rahmen der sog. Kinderkrankheiten schwerste Stoffwechselentgleisungen auftreten können, sollten alle empfohlenen Impfungen konsequent durchgeführt werden. Zusätzlich sollte ggf. gegen Varizellen und jährlich gegen Influenza geimpft werden.

2.5.4 Biochemie und Molekulargenetik

Die für das Verständnis der Organoazidopathien wichtigen metabolischen Pfade im Intermediärstoffwechsel sind im Überblick in Abb. 2.5.1 dargestellt. Besonders hervorzuheben sind die Abbauwege der verzweigtkettigen Aminosäuren Valin, Isoleucin und Leucin. Daneben finden sich wichtige Organoazidopathien in der Fettsäurenoxidation und im Abbau von Lysin und Tryptophan. Primäre Störungen des Zitronensäurezyklus sind bislang erst vereinzelt charakterisiert worden, möglicherweise aufgrund seiner zentralen Stellung im Stoffwechsel. Nicht zuletzt führen auch Störungen des mitochondrialen Energiestoffwechsels, insbesonde-

Tabelle 2.5.1. Charakteristika der bei Organoazidopathien involvierten Gene

Enzym/Gen	Chromosomale Lokation	Größe [kb]	Zahl der Exons	cDNA [bp]	Protein [AS]	Leader [AS]	Literatur
ICD	15q14–15	15	12	2104	424	30	Kraus et al. 1987; Matsubara et al. 1990; Parimoo u. Tanaka 1983
PCC: α-Kette	13q32	–	–	2900	702	–	Kennerknecht et al. 1990; Lamhonwah et al. 1986
PCC: β-Kette	3q21–22	–	–	1832	539	–	Lamhonwah et al. 1986; Ohura et al. 1993
MCM	6p12–21.1	>35	13	2774	742	32	Jansen et al. 1989; Ledley et al. 1988; Nham et al. 1990
Biotinidase	3p25	–	–	1956	543	41	Cole et al. 1994a; Cole et al. 1994b
HCS	21q22.1	–	–	2783	726	–	Blouin et al. 1996; Leon-Del-Rio et al. 1995
GCDH	19p3.2	7	11	1798	438	44	Biery et al. 1996; Goodman et al. 1995
SSAD	6p22	>25	–	1665	488	47	Trettel et al. 1996; K. L. Chambliss & K. M. Gibson, persönliche Mitteilung
Aspartoacylase	17p13-pter	29	6	1435	313	–	Kaul et al. 1994a; Kaul et al. 1993
Mevalonatkinase	12q24.1	–	–	1877	395	–/–	Gibson et al. 1997; Schafer et al. 1992
CPT-I (Leber)	11q22–23	–	–	4700	773	–/–	Britton et al. 1995
CPT-I (Muskel)	22q	–	–	2594	772	–/–	Britton et al. 1997; Yamazaki et al. 1996
CAC	–	–	–	1230	301	–/–	Indiveri et al. 1997
CPT-II	1p32	–	–	2255	658	25	Finocchiaro et al. 1991
VLCAD	17p13	5,4	20	2177	655	40	Andresen et al. 1996; Aoyama et al. 1995; Orii et al. 1995
LCAD	2q34–35	40	11	2217	430	30	Indo et al. 1991; Zhang et al. 1997
MTP: α-Kette	2p23	>52	20	2690	763	36	Kamijo et al. 1994; Sims et al. 1995; Yang et al. 1996; Zhang u. Baldwin 1994
MTP: β-Kette	2p23	–	–	1991	474	33	Kamijo et al. 1994; Sims et al. 1995; Yang et al. 1996; Zhang u. Baldwin 1994
MCAD	1p31	44	12	2001	421	25	Kelly et al. 1987; Zhang et al. 1992
SCAD	12q22-qter	13	10	1852	412	24	Naito et al. 1989; M. Corydon, persönliche Mitteilung
SCHAD	4q22–26	–	–	1877	314	12	Vredendaal et al. 1996
ETF: α-Kette	–	–	–	1300	333	25	Finocchiaro et al. 1998
ETF: β-Kette	–	–	–	836	255	nein	Finocchiaro et al. 1993
ETF-QO	–	–	–	2124	617	33	Goodman et al. 1994
HMG-CoA-Lyase	1q35–36	>18	9	1575	325	27	Mitchell et al. 1993
3-KT	11q22.3–23.1	27	12	1518	427	33	Fukao et al. 1990; Kano et al. 1991

Leader Größe des *Leader*-Peptids, das für den mitochondrialen Import notwendig ist und intramitochondrial abgespalten wird. –/– Enzym wird nicht in das Mitochondrium transportiert. – Unbekannt.

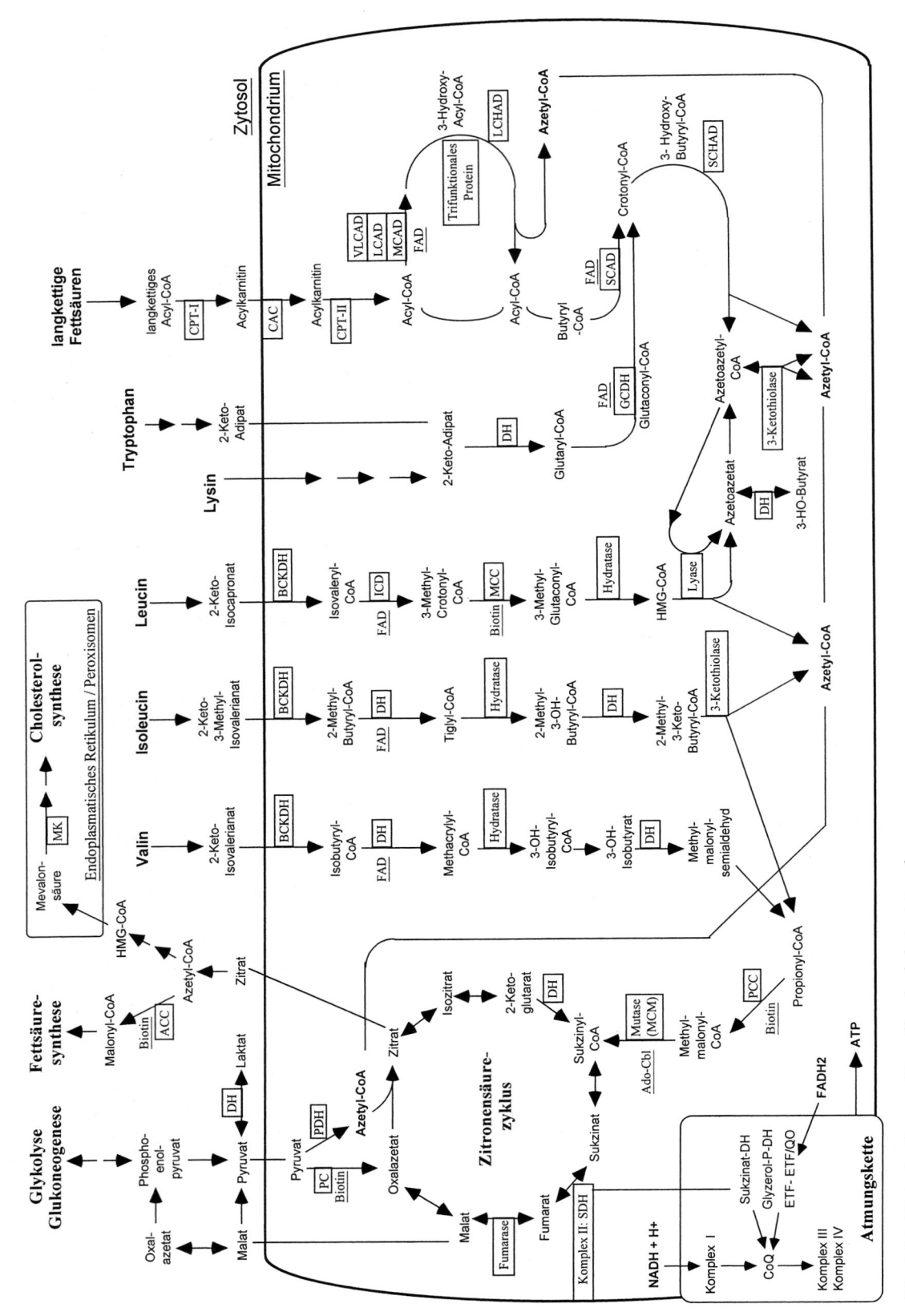

Abb. 2.5.1. Pfade des Intermediärstoffwechsels beim Menschen

re des Elektronentransports und der Atmungskette, zur erhöhten Ausscheidung von spezifischen organischen Säuren im Urin.

Für viele der bei den Organoazidopathien involvierten Enzyme konnten in den letzten Jahren die Lokalisation und Struktur der entsprechenden Gene aufgeklärt (Tabelle 2.5.1) und eine Vielzahl von krankheitsauslösenden Mutationen identifiziert werden. Der Einblick in die molekulargenetischen Grundlagen der Organoazidopathien hat zu einem besseren Verständnis von Klinik und Biochemie der Krankheiten geführt sowie z. T. neue Wege der Diagnostik und Therapie aufgezeigt. In wichtigen praktischen Punkten sind die Ergebnisse aber noch nicht zufriedenstellend. Genotyp-Phänotyp-Korrelationen sind bislang erst für wenige Krankheiten nachweisbar, so daß sich aus einer Mutationsanalyse beim einzelnen Patienten meist kein direkter therapeutischer oder prognostischer Nutzen ergibt. Wegen der großen Vielfalt von Mutationen ist eine schnelle molekulargenetische Diagnostik mit den gegenwärtigen technischen Möglichkeiten oft nicht realistisch, und die meisten Krankheiten müssen weiterhin primär über Enzymanalysen bestätigt werden. Wichtige Ausnahmen sind v. a. bei den Störungen der Fettsäureoxidation der relativ häufige MCAD-Mangel (mittelkettige Acyl-CoA-Dehydrogenase) und der LCHAD-Mangel (langkettige Hydroxyacyl-CoA-Dehydrogenase), bei denen jeweils eine einzelne Mutation die große Mehrzahl der Allele stellt (Ijlst et al. 1996; Tanaka et al. 1997). Für Überträgeranalysen und Pränataldiagnostik in Familien mit enzymatisch oder biochemisch gesicherten Organoazidopathien kann jedoch häufig in speziellen Zentren eine Mutationsanalyse durchgeführt werden.

Gentherapeutische Untersuchungen wurden für Organoazidopathien noch nicht durchgeführt. Wie bei anderen Stoffwechselerkrankungen ist das größte technische Problem die dauerhafte Exprimierung des gesunden Gens in den Leberzellen oder einem anderen adäquaten Organ. Nach dem Enthusiasmus der frühen 90er Jahre werden die gentherapeutischen Möglichkeiten heute kritischer beurteilt, und bis zur erfolgreichen klinischen Anwendbarkeit bei einer großen Zahl von Patienten werden wohl noch Jahre vergehen.

2.5.5 Störungen im Abbau der verzweigtkettigen Aminosäuren und im Biotinstoffwechsel

Von den essentiellen Aminosäuren werden insbesondere die verzweigtkettigen, Valin, Isoleucin und Leucin, in einer komplexen intramitochondrialen Reaktionsfolge abgebaut. Störungen in diesen Stoffwechselwegen sind als Ursachen von wichtigen Organoazidopathien bekannt. Auch die Ahornsirupkrankheit (s. Kapitel 2.1.2 „Ahornsirupkrankheit (MSUD)"), die sich wie eine typische Organoazidopathie manifestieren kann, beruht auf einem Enzymdefekt in diesem Bereich (Defekt des ersten intramitochondrialen Schritts, der Dehydrogenierung der 2-Ketosäuren). Abhängig von der Position des Enzymdefekts häufen sich bestimmte Zwischenprodukte an, die über alternative Wege weiter verstoffwechselt und im Urin ausgeschieden werden. Die Herkunft spezifischer organischer Säuren aus dem Abbau der verzweigtkettigen Aminosäuren ist in Abb. 2.5.2 dargestellt.

2.5.5.1 Isovalerianazidämie

Die Isovalerianazidämie (IVD) beruht auf einem Mangel der Isovaleryl-CoA-Dehydrogenase (ICD), einem FAD-abhängigen Enzym, das im Leucinabbau die Umwandlung von Isovaleryl-CoA zu 3-Methylcrotonyl-CoA katalysiert. Verschiedene Mutationstypen im Isovaleryl-CoA-Dehydrogenase-Gen (Tabelle 2.5.1) wurden beschrieben, neben häufigen Missense- und Nonsense-Mutationen auch Störungen in der Transkription oder Translation (Vockley et al. 1991). Der Enzymdefekt führt zu einem Anstau von Isovaleryl-CoA und einer Vielzahl von Sekundärmetaboliten (Abb. 2.5.2), die in ihrer Gesamtheit für die toxischen Schäden bei IVD verantwortlich sind. Der genaue pathogenetische Mechanismus ist unbekannt, jedoch wirkt Isovaleriansäure inhibitorisch auf den Zitronensäurezyklus, den mitochondrialen Sauerstoffverbrauch der Leber sowie die Granulopoese von Knochenmarkzellkulturen. Über die Häufigkeit der IVD liegen keine verläßlichen Zahlen vor; Schätzungen gehen von einer Inzidenz um 1:100 000 aus (Lehnert 1994).

2.5.5.1.1 Klinik

Klinisch lassen sich 2 Manifestationsformen der IVD unterscheiden. Etwa die Hälfte der Betroffe-

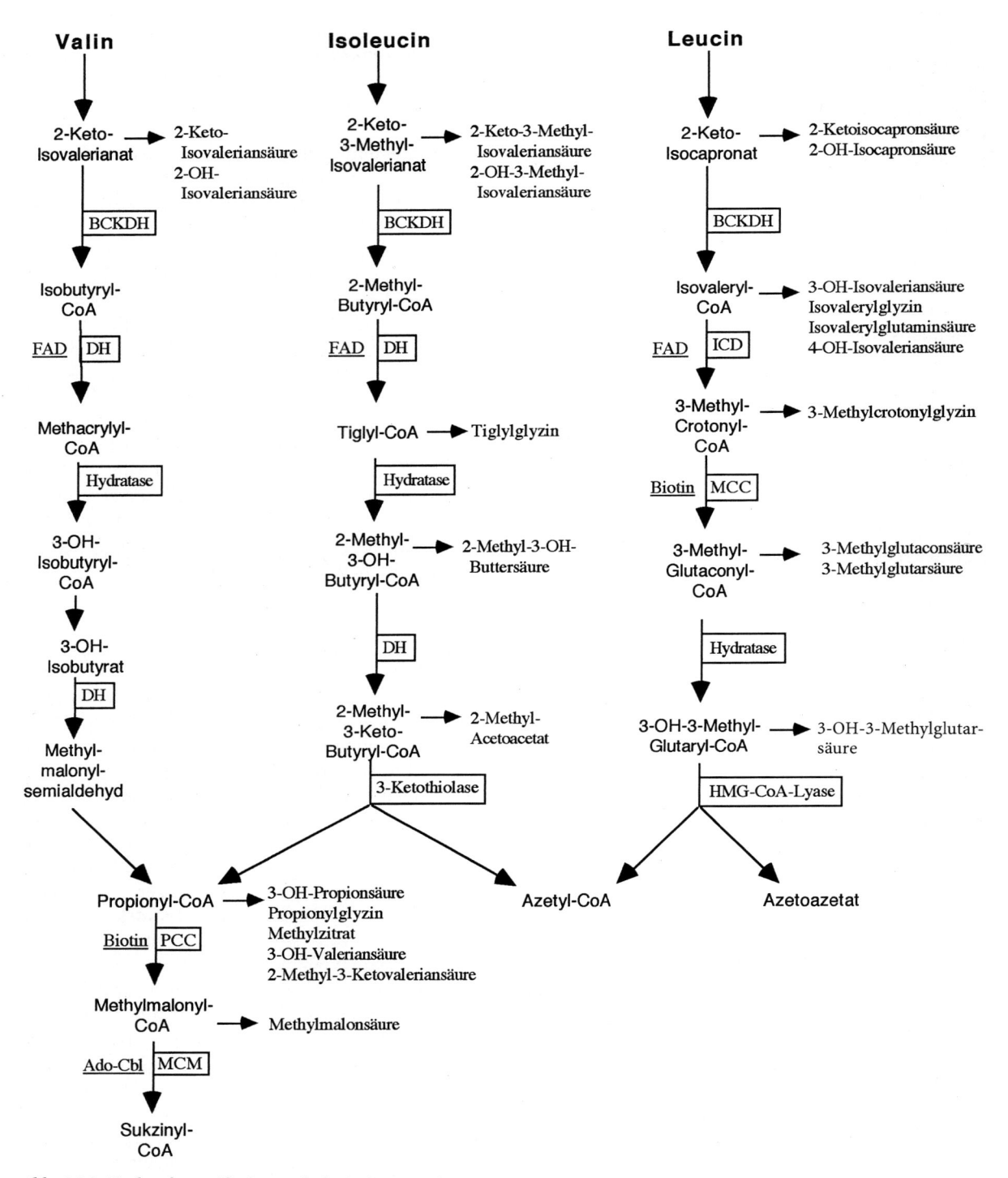

Abb. 2.5.2. Herkunft spezifischer pathologischer Metaboliten aus dem Abbau der verzweigtkettigen Aminosäuren

nen erkrankt während der Neonatalperiode nach einer Latenz von wenigen Tagen mit Nahrungsverweigerung, rezidivierendem Erbrechen, Lethargie, Somnolenz und, häufig, Hypothermie. Gewöhnlich ist im akuten Stadium ein penetranter „Schweißfußgeruch" festzustellen, der der Isovaleriansäure zu eigen ist. Wird die Diagnose nicht rechtzeitig gestellt, verstirbt etwa die Hälfte der Patienten an den Folgen einer schweren metabolischen Azidose, eines Hirnödems, einer Hirnblutung oder Infektion. Bei der chronisch intermittierenden Form der IVD kommt es gewöhnlich während des 1. Lebensjahrs im Rahmen von Infekten der oberen Luftwege oder durch vermehrte Eiweißbelastung zur Erstmanifestation mit Erbrechen, Lethargie oder Koma, metabolischer Azidose und dem bereits erwähnten „Schweißfußgeruch".

2.5.5.1.2 Diagnose

Laborchemisch finden sich eine metabolische Azidose bzw. Ketoazidose, Hyperammonämie, Hypokalzämie, Karnitinverarmung sowie als Ausdruck einer Knochenmarkdepression eine Thrombo-, Neutro- oder Panzytopenie. In der Analyse der organischen Säuren mittels GC-MS findet sich eine massive Erhöhung von N-Isovalerylglyzin, N-Isovalerylglutaminsäure, 3- und 4-Hydroxyisovaleriansäure sowie anderen Metaboliten (Abb. 2.5.2). Differentialdiagnostisch muß ein multipler Acyl-CoA-Dehydrogenasemangel ausgeschlossen werden, bei dem auch die anderen FAD-abhängigen Dehydrogenasen gestört sind.

2.5.5.1.3 Therapie

Die Therapie der IVD in der akuten Krise erfolgt nach den oben dargestellten Prinzipien: Reduktion der Eiweißzufuhr, Vermeidung bzw. Umkehr einer katabolen Stoffwechsellage durch Glukose- bzw. Lipidinfusion, Korrektur der metabolischen Azidose usw. Die Langzeittherapie besteht in einer proteinreduzierten Diät (altersabhängig), evtl. unter Verwendung einer leucinfreien Aminosäurenmischung. Zur Förderung der Isovaleriansäureausscheidung als Isovalerylglyzin und Isovalerylkarnitin und zur Vermeidung eines sekundären Karnitinmangels werden L-Karnitin (100 mg/kg KG) und ggf. Glyzin (150 mg/kg KG) verabreicht.

Ist die erste metabolische Krise schadlos überstanden und die Diagnose gestellt, so ist bei konsequenter Behandlung die Prognose der IVD gut. Wie auch bei anderen Organoazidämien nimmt die Häufigkeit metabolischer Entgleisungen mit zunehmendem Alter deutlich ab. Probleme bei maternder Isovalerianazidämie sind nicht berichtet.

2.5.5.2 3-Methylcrotonylglyzinurie

Nach der Oxidation von Isovaleryl-CoA folgt im Leucinabbau die Karboxylierung von 3-Methylcrotonyl-CoA. Wie die anderen drei Karboxylasen im Intermediärstoffwechsel ist auch die 3-Methylcrotonyl-CoA-Karboxylase (MCC) biotinabhängig. Neben dem isolierten Apoenzymmangel als Ursache einer 3-Methylcrotonylglyzinurie (<20 Patienten beschrieben) kommt der Enzymdefekt v.a. auch im Rahmen eines multiplen Karboxylasemangels vor (s. unten). Das MCC-Gen und krankheitsauslösende Mutationen wurden bislang noch nicht genau charakterisiert.

2.5.5.2.1 Klinik

Das Erstmanifestationsalter ist weit gestreut (1. Lebenstag–5 Jahre); auch einzelne asymptomatische Erwachsene wurden diagnostiziert (Gibson et al. 1996). Die meisten Patienten erkranken im 2. oder 3. Lebensjahr nach zunächst unauffälliger Entwicklung im Rahmen interkurrenter Infekte oder nach vermehrter Proteinzufuhr mit Reye-Syndrom-ähnlicher Symptomatik. Auch akute Episoden mit Erbrechen, Hyper-/Hypotonie, Hyperreflexie, Krampfanfällen, Apnoe, Lethargie und Koma werden beobachtet.

2.5.5.2.2 Diagnose

Typische Laborbefunde sind Hypoglykämie, Hyperammonämie, erhöhte Transaminasen, milde metabolische Azidose sowie häufig ein schwerer Karnitinmangel. In der Analyse der organischen Säuren mittels GC-MS finden sich meist große Mengen von 3-Hydroxyisovaleriansäure und 3-Methylcrotonylglyzin (Abb. 2.5.2). Ein multipler Karboxylasemangel (s. unten) kann das gleiche Metabolitenspektrum aufweisen und muß ggf. durch die Aktivitätsbestimmung der Biotinidase und der anderen Karboxylasen ausgeschlossen werden.

2.5.5.2.3 Therapie

Stoffwechselkrisen bei isoliertem 3-Methylcrotonyl-CoA-Karboxylasemangel werden nach Korrektur des Säure-Basen-Haushalts mit Glukoseinfusionen behandelt. Zur Langzeittherapie werden eine mäßig eiweißreduzierte Kost sowie L-Karnitin zur Behebung bzw. Verhinderung eines sekundären Karnitinmangels gegeben. Im Gegensatz zum multiplen Karboxylasemangel haben selbst pharmakologische Dosen des als Koenzym benötigten Biotins weder auf das Metabolitenmuster noch auf die klinische Symptomatik Einfluß.

Die Prognose läßt sich nicht mit Sicherheit beurteilen. Einerseits sind asymptomatische betroffene Geschwistern kranker Patienten bekannt, andererseits sind mehrere Kinder während akuter Krisen verstorben.

2.5.5.3 3-Methylglutaconazidurien

Die Spanne der klinischen und laborchemischen Befunde bei Patienten mit 3-Methylglutaconazidurie ist außerordentlich weit, da es sich um einen Sammeltopf verschiedener, biochemisch und genetisch unzureichend charakterisierter Entitäten handelt (Gibson et al. 1991). Lediglich der seltene primäre Defekt der 3-Methylglutaconyl-CoA-Hydratase im Leucinabbau (Methylglutaconazidurie Typ I) ist biochemisch hinreichend charakterisiert, das entsprechende Gen ist allerdings noch nicht beschrieben. Klinisch wurde bei drei Patienten ein benigner Verlauf mit Sprachentwicklungsretardierung bzw. gastroösophagealem Reflux gefunden, während ein vierter Patient neurologisch durch periphere Hypotonie mit axialer Hypertonie, spastische Tetraplegie, motorische Entwicklungsretardierung sowie extrapyramidale Beteiligung auffiel. Im MRT wurden hyperdense Areale in den Basalganglien sowie Veränderungen der weißen Substanz gefunden.

Andere wesentlich häufigere Formen der 3-Methylglutaconazidurie können zwar klinisch voneinander abgegrenzt werden, jedoch sind die zugrundeliegenden Enzymdefekte bisher noch unbekannt. Das *Barth-Syndrom* (3-Methylglutaconazidurie Typ II, chromosomale Lokalisation Xq28, >30 Patienten beschrieben) ist eine X-chromosomale Erkrankung mit Myopathie, dilatativer Kardiomyopathie, proportioniertem Minderwuchs, rezidivierender Neutropenie und oft normaler geistiger Entwicklung, bei der sich die Symptomatik mit zunehmendem Alter zurückbilden kann (Christodoulou et al. 1995). Das *Costeff-Syndrom* mit Optikusatrophie (3-Methylglutaconazidurie Typ III), das bisher ausschließlich bei irakischen Juden aus einer bestimmten Region bei Bagdad beschrieben wurde und dem Behr-Syndrom ähnelt, geht mit früher bilateraler Optikusatrophie, extrapyramidaler Dysfunktion, Spastizität, Ataxie, Dysarthrie und geistiger Behinderung einher (Elpeleg et al. 1994).

Die größte Patientengruppe mit 3-Methylglutaconazidurie (Typ IV oder unklassifiziert, >70 Patienten) zeigt eine weitgestreute klinische Symptomatik, die sich zumeist innerhalb des 1. Lebensjahrs mit Dysmorphien, milder bis schwerer psychomotorischer Retardierung, abnormalem Muskeltonus, Krämpfen und/oder EEG-Veränderungen, Nystagmus, Retinopathie und Kleinhirndysgenesie bzw. Hypoplasie manifestiert.

Während akuter Krisen scheiden alle Patienten vermehrt 3-Methylglutacon- und 3-Methylglutarsäure aus. Bei Typ I ist die Exkretion am höchsten, außerdem ist hier zusätzlich oft 3-Hydroxyisovaleriansäure erhöht (Abb. 2.5.2). Klarheit darüber, ob ein Hydratasemangel vorliegt, gibt letztlich die enzymatische Aktivitätsbestimmung in Leukozyten bzw. Fibroblastenkulturen. Eine Therapie in Form leicht eiweißreduzierter Kost und Karnitinsubstitution (bei nachgewiesenem Mangel) ist beim nachgewiesenen 3-Methylglutaconyl-CoA-Hydratasemangel sinnvoll. Die Prognose hängt vom Typ und vom individuellen Verlauf der Erkrankung ab und ist insbesondere für Typ IV häufig infaust.

2.5.5.4 Propionazidämie

Der Propionazidämie liegt ein Defekt des biotinabhängigen Enzyms Propionyl-CoA-Karboxylase (PCC) zugrunde. Das Enzym besteht aus 2 nichtidentischen Untereinheiten, (α und β), die von unterschiedlichen Genen kodiert werden (Tabelle 2.5.1) und als ($\alpha\beta$)-Tetramer oder -Hexamer zusammengesetzt sind. Die (größere) α-Kette enthält Biotin als prosthetische Gruppe. Die β-Kette wird in größeren Mengen synthetisiert als die α-Kette und ist nur im Komplex mit der α-Kette stabil. Ein Apoenzymdefekt kann entweder durch Mutationen in der α- oder der β-Kette verursacht werden; dem entsprechen die in Komplementationsstudien unterschiedenen pccA- und pccBC-Klassen des Enzymdefekts bei den einzelnen Patienten (Lam Hon Wah et al. 1983). Vergleichsweise häufig wurden als Ursache für eine Propionazidämie insbesondere im PCCB-Gen (kodiert die β-Kette) Deletionen gefunden (Gravel et al. 1994; Tahara et al. 1993). Ein PCC-Mangel wird auch durch eine Störung im Biotinstoffwechsel (s. unten, multipler Karboxylasemangel) verursacht.

Propionyl-CoA stammt im Intermediärstoffwechsel aus verschiedensten Quellen, aus dem Abbau von Isoleucin, Valin, Methionin und Threonin und auch aus dem Abbau der ungeradzahligen Fettsäuren und der Cholesterinseitenkette. Darüber hinaus wird es auch von Darmbakterien gebildet. Als äußerst reaktionsfreudige Verbindung geht es eine Fülle von Nebenreaktionen ein (Lehnert et al. 1994). Propionyl-CoA hemmt die *N*-Azetylglutamat-Synthetase, ein Enzym der Harnstoffsynthese, und verursacht so in metabolischen Krisen schwere Hyperammonämien. Daneben werden auch die mitochondriale Energieproduktion (Folge: Laktatazidose) und das Wachstum der Stammzellen im Knochenmark (Folge: Panzytopenie) beeinträchtigt. Die Häufigkeit der Propionazidämie liegt mit etwa 1:50000 (Lehnert 1994) in der gleichen Größenordnung wie die der Methylmalonazidurien.

2.5.5.4.1 Klinik

Klinisch manifestiert sich die Propionazidämie nach unauffälliger Schwangerschaft und Geburt in 80% der Fälle innerhalb der ersten 2 Wochen als typische, akute neonatale Stoffwechselkrise. Zu einer ausgeprägten, vornehmlich neurologischen Symptomatik mit Dyspnoe, Somnolenz, Apathie, Krämpfanfällen und Koma treten eine schwere metabolische Azidose und Hyperammonämie hinzu (Lehnert et al. 1994). Bleibende neurologische Schäden umfassen Entwicklungsretardierung, fokale und generalisierte Krampfanfälle und Hirnatrophie. Länger überlebende Patienten entwickeln häufig Dystonien, eine schwere Chorea und pyramidale Symptome. Postmortal wurden Läsionen der Basalganglien und Myelinisierungsstörungen gefunden.

2.5.5.4.2 Diagnose

Die Diagnostik stützt sich auf den Nachweis pathognomonischer Metaboliten (u.a. Methylzitrat und 3-Hydroxypropionat, Abb. 2.5.2) mittels GC-MS im Urin. Danben finden sich ein Karnitinmangel sowie eine Erhöhung von Alanin (Laktaterhöhung durch Hemmung des Pyruvatabbaus) und Glyzin (Hemmung des Glyzinabbaus). Differentialdiagnostisch muß ein multipler Karboxylasemangel ausgeschlossen werden. Die Bestätigung der Diagnose erfolgt durch die Bestimmung der Propionyl-CoA-Karboxylase in Leukozyten oder Fibroblastenkulturen.

2.5.5.4.3 Therapie

Von besonderer Bedeutung ist die adäquate Therapie der metabolischen Entgleisung schon vor der Diagnosestellung (Beatmung, pH-Korrektur, Elektrolyte, Karnitin, Biotin, Schutz vor Infekten bzw. prompte Behandlung, Eiweißrestriktion, Verhinderung von endogenem Proteinkatabolismus, forcierte Diurese, Elimination toxischer Metaboliten durch Peritonealdialyse oder/und Hämodialyse). Die Langzeittherapie ist primär diätetisch mit reduzierter Zufuhr von Isoleucin, Valin, Methionin und Threonin. Eine enterale Bildung von Propionsäure muß ggf. mit Metronidazol (10 mg/kg KG) oder Colistin an 10 Tagen im Monat verhindert werden. Darüber hinaus muß L-Karnitin substituiert werden.

Die Prognose der Propionazidämie hängt neben der konsequenten Langzeitbehandlung insbesondere von einer effizienten Notfalltherapie und raschen Diagnosestellung ab. Prinzipiell ist eine normale psychomotorische Entwicklung möglich, jedoch können schon kurze Episoden mangelhafter Kontrolle zu irreversiblen Folgeschäden bzw. zum Tod führen. Spezifische Komplikationen sind neben Retardierung insbesondere auch extrapyramidale Bewegungsstörungen und Osteoporose.

2.5.5.5 Methylmalonazidämien

Eine Methylmalonazidämie (MMA) und -urie treten auf, wenn die Isomerisierung von L-Methylmalonyl-CoA zu Succinyl-CoA gestört ist. Das verantwortliche Enzym ist die Adenosylkobalaminabhängige mitochondriale Methylmalonyl-CoA-Mutase (MCM). Als Primärdefekte kommen neben einem Mangel des Apoenzyms auch verschiedene Störungen im Kobalamin-(Vitamin B_{12}-)Stoffwechsel in Frage. Adenosylkobalamin wird in mehreren Reaktionsschritten teilweise zusammen mit Methylkobalamin (Koenzym der Methioninsynthase, einem Enzym der Homocysteinremethylierung zum Methionin) aus Vitamin B_{12} gebildet.

Die klassische MMA wird durch genetische Defekte des Apoenzyms (Tabelle 2.5.1) verursacht, wobei unterschiedliche Mutationen in einer unterschiedlichen Schwere des Enzymdefekts (mut^0 ohne Restaktivität, mut$^-$ mit Restaktivität) resultieren (Ledley u. Rosenblatt 1997). Im Kobalaminstoffwechsel gibt es sowohl isolierte Störungen der Adenosylkobalaminbildung (cblA und cblB), bei denen ausschließlich der Methylmalonatstoffwechsel betroffen ist, als auch Defekte im gemeinsamen Teil der Adenosylkobalamin- und Methylkobalaminsynthese (z.B. cblC, cblD und cblF), bei denen zusätzlich die Remethylierung des Homocysteins zum Methionin gestört ist.

Die Pathophysiologie der klassischen MMA erklärt sich aus der intramitochondrialen Akkumulation von Methylmalonyl-CoA und seiner Vorläufer (v.a. Propionyl-CoA), die mehrere zentrale Stoffwechselwege (Harnstoffsynthese, Glukoneogenese, Glyzinabbau) hemmen. Bei den kombinierten Defekten kommen hämatologische und neurologische Komplikationen aufgrund des Methylkobalaminmangels und einer mangelnden Verfügbarkeit und Transferrierbarkeit von C_1-Fragmenten (-CH$_3$, -CHO, -CH$_2$OH, -CH=NH) hinzu. Die Häufigkeit aller Methylmalonazidämien zusammen liegt bei etwa 1:50 000 (Coulombe et al. 1981; Lehnert 1994).

2.5.5.5.1 Klinik

Bei der klassischen MMA finden sich regelmäßig schwerste neonatale Verläufe, außerdem werden in besonderem Maß schwere Gedeihstörungen mit Anorexie, muskulärer Hypotonie und Osteoporose beobachtet (Matsui et al. 1983). Beim (viel selteneren) kombinierten Adenosyl- und Methylkobalaminmangel stehen daneben neurologische (Irritabilität, Entwicklungsretardierung, Ataxie, Lethargie, Krämpfe) und neuropsychiatrische (Antriebslosigkeit, Delirium, Psychose) Probleme im Vordergrund, insbesondere bei späterer Manifestation. Die langjährige Ausscheidung großer Mengen an Methylmalonsäure (schon in einer Größenordnung von nur 2 mol/mol Kreatinin) führt zu einer fortschreitenden Einschränkung der Nierenfunktion und schließlich zur Niereninsuffizienz (Baumgartner et al. 1995).

2.5.5.5.2 Diagnose

Klinisch-chemisch liegt neben einer in allen Körperflüssigkeiten stark vermehrten Methylmalonsäure fast immer eine schwere metabolische Azidose vor, in der Regel mit Ketonämie bzw. -urie sowie meist Hyperammonämie und Hyperglyzinämie/-urie. Mehr als die Hälfte der Patienten zeigt hämatologische Auffälligkeiten (Leuko- und Thrombopenie, Anämie) (Matsui et al. 1983). Vitamin-B$_{12}$-Spiegel im Serum sind normwertig. Beim kombinierten Adenosyl- und Methylkobalaminmangel finden sich zusätzlich eine Homocystinurie bzw. -ämie mit Hypomethioninämie und eine megaloblastäre Anämie.

Die Diagnose der MMA stützt sich auf den Nachweis der pathologischen Erhöhung von Methylmalonsäure und anderen Metaboliten (Propionsäure, 3-OH-Propionsäure, Methylzitrat) mittels GC-MS im Urin (Abb. 2.5.2) sowie von Glyzin, Alanin und ggf. Homocystein und Methionin in der quantitativen Aminosäurenanalytik. Biochemische Untersuchungen an kultivierten Fibroblasten (^{14}C-Propionat-Fixation, Methylmalonyl-CoA-Mutase-Bestimmung, Komplementierungsanalysen, molekulargenetische Untersuchungen) vervollständigen die Diagnostik.

2.5.5.5.3 Therapie

Die Behandlung der MMA entsprecht derjenigen der Propionazidurie. Diätetisch werden Isoleucin, Valin, Methionin und Threonin reduziert, zusätzlich wird L-Karnitin substituiert. Eine intestinale Produktion von Methylmalonsäure wird ggf. durch intermittierende Behandlung mit Metronidazol oder Colistin therapiert. Die kobalaminabhängigen Methylmalonazidämien sprechen meist befriedigend auf eine alleinige Substitution mit Vitamin B$_{12}$ (initial 1–5 mg Hydroxykobalamin i. v. oder i. m. über mehrere Tage) an und haben eine relativ gute Prognose. In der Langzeittherapie ist bei den meisten Vitamin-B$_{12}$-abhängigen Defekten eine orale Supplementierung ungenügend. Die Prognose bei Kindern mit schwerem Apoenzymmangel ist schlecht.

2.5.5.6 Multipler Karboxylasemangel

Die Karboxylasen von 3-Methylcrotonyl-CoA, Propionyl-CoA, Azetyl-CoA und Pyruvat benötigen kovalent gebundenes Biotin, ein Vitamin des B-Komplexes (Abb. 2.5.1). Ein multipler Karboxylasemangel kann durch mangelnde proteolytische Bereitstellung von Biotin (Biotinidasemangel), durch fehlende Aktivierung der Apoenzyme (Holokarboxylase-Synthetase-Mangel, HCS-Mangel) sowie durch erworbenen Biotinmangel (Darmsterilisation, Ernährung mit rohem Eiweiß) verursacht werden (Abb. 2.5.3).

Biotinidase katalysiert die Aufbereitung des an Protein gebundenen Biotins aus der Nahrung sowie die Rückgewinnung aus endogenen Biotinylpeptiden und Biocytin (einem Konjugat von Biotin mit Lysin). Als Ursache eines symptomatischen Biotindasemangels wurden in der kaukasischen Bevölkerung zwei häufige Mutationen im Biotinidasegen (Tabelle 2.5.1) identifiziert (Pomponio et al. 1997; Pomponio et al. 1995); die häufigste ist eine komplexe Deletion von 7 bp mit Insertion von 3 bp in der Genregion des putativen Signalpeptids. Holokarboxylase-Synthetase bindet Biotin als prosthetische Gruppe kovalent an die vier beim Menschen vorkommenden Karboxylasen. Aufgrund der zentralen Stellung in der Fettsäurensynthese, dem Abbau der Aminosäuren Isoleucin, Valin, Methionin und Threonin sowie der Glukoneogenese sind komplette Defekte mit dem Leben wohl nicht vereinbar, und alle bisher bekannten

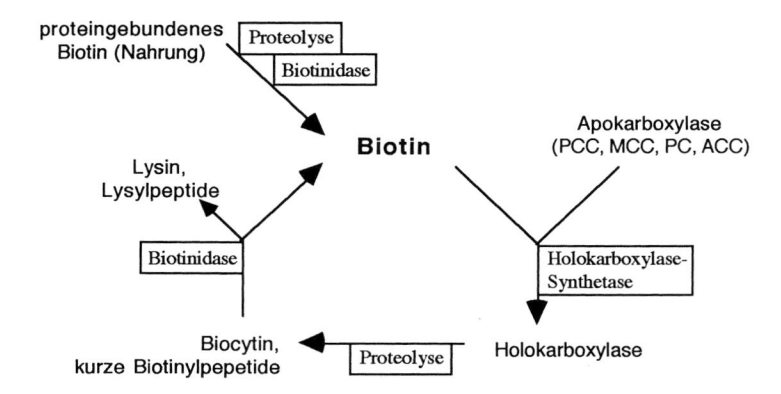

Abb. 2.5.3. Biotinstoffwechsel

Patienten zeigen enzymatische Restaktivitäten. Bei den bislang identifizierten krankheitsauslösenden Mutationen im HCS-Gen (Tabelle 2.5.1) handelt es sich gehäuft um Missense-Mutationen an der putativen Bindungsstellen für Biotin, die wahrscheinlich eine veränderte Affinität für das Koenzym bewirken, aber nicht zum vollständigen Aktivitätsverlust führen (Dupuis et al. 1996; Suzuki et al. 1994).

2.5.5.6.1 Klinik

Der Biotinidasemangel manifestiert sich abhängig von der Schwere des Enzymdefekts und äußeren Faktoren (z. B. Ernährung) nach den ersten Lebenswochen bis -jahren mit oft recht unspezifischer neurologischer Symptomatik. Häufig finden sich Muskelhypotonie, Lethargie, psychomotorische Retardierung und myoklonische Anfälle, daneben Ataxie, Optikusatrophie, Amaurose, sensorineuraler Hörverlust und Sprachstörungen (vorwiegend bei später Diagnosestellung). Oft werden respiratorische Probleme (Hyperventilation, Stridor, Apnoe) sowie charakteristische Hautveränderungen und Alopezie (auch Verlust der Augenbrauen) beobachtet.

Die klinische Manifestation des Holokarboxylase-Synthetase-Mangels ist meist dramatischer als die des Biotinidasemangels. Wie bei anderen typischen Organoazidämien erkranken betroffene Kinder oft perakut im Neugeborenenalter mit Lethargie, Erbrechen, Koma, respiratorischen Befunden (Tachypnoe, Hyperventilation, Kußmaul-Atmung), Muskelhypotonie, Krämpfen und Hypothermie. Laborchemisch dominieren eine Keto-/Laktatazidose, oft mit profunder Hyperammonämie, sowie eine Organoazidurie mit typischem Metabolitenmuster. Ältere Patienten können neben den genannten Symptomen eine psychomotorische Retardierung, Alopezie sowie typische Hautläsionen aufweisen.

2.5.5.6.2 Diagnose

In der Analytik der organischen Säuren im Urin mittels GC-MS läßt sich der multiple Karboxylasemangel durch den Nachweis charakteristischer Metaboliten des Pyruvat-, Propionat- und 3-Methylcrotonat-Stoffwechsels von den meisten Organoazidopathien (allerdings nicht immer sicher von der 3-Methylcrotonylglyzinurie und der Propionazidämie) abgrenzen. Typischerweise finden sich Methylcrotonylglyzin, 3-OH-Propionsäure und Methylzitrat sowie eine Laktaturie und eine starke Erhöhung der 3-OH-Isovaleriansäure. In geringerem Ausmaß kann ein Biotinmangel auch sekundär durch Valproattherapie verursacht werden.

Der Biotinidasemangel wird über die Bestimmung der Enzymaktivität im getrockneten Blutstropfen diagnostiziert, welche in vielen Zentren im Rahmen des Neugeborenen-Screenings durchgeführt wird. Der schwere Defekt (Restaktivität <10%) hat in Deutschland eine Häufigkeit von 1:73 000 (Hoffmann u. Machill 1994). Zur Diagnosesicherung beim Holokarboxylase-Synthetase-Mangel muß die Aktivität der Karboxylasen in Lymphozyten oder kultivierten Fibroblasten bestimmt werden.

2.5.5.6.3 Therapie

Der Biotinidasemangel läßt sich durch tägliche orale Gabe von 5–10 mg Biotin hervorragend behandeln und hat eine sehr gute Prognose, solange keine irreversiblen Schäden (v. a. Optikusatrophie und Hörverlust) durch wiederholte metabolische Krisen eingetreten sind. Auch beim Holokarboxylase-Synthetase-Mangel ist die Prognose bei rechtzeitiger und konsequenter Therapie gut: Die meisten Patienten zeigen unter Behandlung mit 10–20(–40) mg Biotin/Tag eine Normalisierung der Metabolitenausscheidung und wesentliche Verbesserung der klinischen Symptomatik.

2.5.6 „Zerebrale" Organoazidopathien

2.5.6.1 Glutarazidurie Typ I

Die Glutarazidurie Typ I (GA1) wird durch eine Störung im Abbau der Aminosäuren Lysin, Hydroxylysin und Tryptophan verursacht (Abb. 2.5.4). Ein Defekt des Enzyms Glutaryl-CoA-Dehydrogenase (GCDH) führt zum Anstau von Glutaryl-CoA und der vermehrten Ausscheidung von Glutarsäure, Glutarylkarnitin, 3-Hydroxyglutarsäure oder Glutaconsäure im Urin (Goodman et al. 1975). Die Krankheit ist in bestimmten traditionellen Gemeinschaften wie bei den Amish in Pennsylvania, USA, oder den Saulteaux-Ojibway-Indianern in Kanada sehr häufig; die Inzidenz in der allgemeinen kaukasischen Bevölkerung liegt wahrscheinlich bei 1:30 000–1:80 000 (Kyllerman u. Steen 1980; Ziadeh et al. 1994). Mehr als 40 verschiedene Mutationen im GCDH-Gen (Tabelle 2.5.1) wurden bislang identifiziert, von denen einzelne für spezifische Populationen typisch sind (Anikster et al. 1996; Biery et al. 1996; Greenberg et al. 1995). Die häufigste Mutation in Europa, R402W, stellt nur etwa 15–25% der mutierten Allele (unveröffentlichte Beobachtung der Autoren und E. Christensen, pers. Mitteilung). Bei spanischen Patienten mit minimaler oder fehlender Glutarsäureausscheidung fand sich eine bestimmte Mutation (R227P) mit residualer Enzymaktivität (Christensen et al. 1997).

2.5.6.1.1 Klinik

Bei der Geburt besteht als einziger Befund häufig eine Makrozephalie, welche in den ersten Lebensmonaten oft weiter zunimmt; daneben finden sich unspezifische Symptome wie eine mäßige Muskelhypotonie oder Irritabilität. Im Rahmen eines oft banalen Infekts oder einer Impfung erleiden betroffene Kinder typischerweise gegen Ende des 1. Lebensjahrs eine schwere enzephalopathische Krise, welche zu einer Zerstörung der Basalganglien führt und eine massive dyston-dyskinetische Bewegungsstörung hinterläßt. Pathogenetisch im Vordergrund steht dabei neben der toxischen Wirkung pathologischer Metaboliten insbesondere die Verarmung an Karnitin. Häufig wird die akute Erkrankung als Enzephalitis und die entstandene irreversible, schwere dyston-dyskinetische Bewegungsstörung mit profunden Dyskinesien als Folgeschädigung fehlgedeutet. Die Intelligenz der Kinder ist weitgehend unbeeinträchtigt. Bleibt die Erkrankung undiagnostiziert und unbehandelt, entwickelt sich in späteren Lebensjahren oft zusätzlich eine generalisierte Hirnatrophie, eine Spastik mit Pyramidenbahnzeichen und eine geistige Retardierung. Ungefähr 25% der Patienten erleiden keine enzephalopathische Krise, sondern entwickeln schleichend eine dyston-dyskinetische Bewegungsstörung und geistige Retardierung (Hoffmann et al. 1996).

2.5.6.1.2 Diagnose

Im CT bzw. MRT zeigen sich bereits im präsymptomatischen Stadium frontotemporale Atrophien und eine verzögerte Myelinisierung. Die Diagnose ist durch den Nachweis der in allen Körperflüssigkeiten meist reichlich zu findenden Glutarsäure

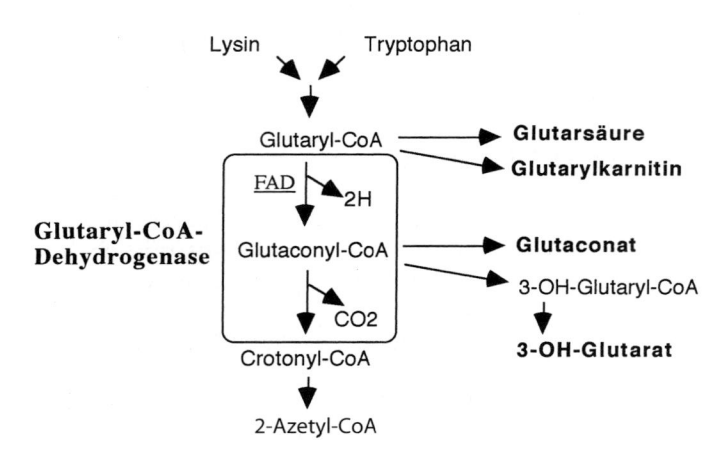

Abb. 2.5.4. Pathologische Metaboliten bei Glutarazidurie Typ I

leicht zu stellen. Bei einzelnen Patienten fehlen allerdings die typischen biochemischen Auffälligkeiten im Urin (Hoffmann et al. 1996); in diesen Fällen sind quantitative Bestimmungen von Glutarsäure und 3-Hydroxyglutarsäure im Urin oder Liquor oder der Nachweis von Glutarylkarnitin im Vollblut richtungsweisend (Zschocke et al. 1997). Der Enzymdefekt wird in Fibroblasten oder Lymphozyten nachgewiesen.

2.5.6.1.3 Therapie

Eine Gehirnschädigung kann durch Karnitinsubstitution und rasche, effektive Behandlung von Stoffwechselentgleisungen verhütet werden (Hoffmann et al. 1996). Daneben wird insbesondere in den ersten Lebensjahren eine eiweißarme bzw. eine lysinarme, tryptophanreduzierte Diät empfohlen. Eine Früherkennung der Erkrankung ist daher essentiell. Nach aufgetretener neurologischer Symptomatik ist die Prognose ernst. Trotz Therapieeinleitung bessert sich das Krankheitsbild nicht oder nur wenig, und etwa 20% der Patienten versterben im Rahmen krisenhafter neurologischer Verschlechterungen, unbeeinflußbarer Hyperthermien oder interkurrenter Erkrankungen. Frühzeitig diagnostizierte und behandelte Kinder entwickeln sich demgegenüber meist weitgehend normal.

2.5.6.2 4-Hydroxybutyrazidurie

Die 4-Hydroxybutyrazidurie ist eine angeborene Störung im Stoffwechsel des inhibitorischen Neurotransmitters γ-Aminobuttersäure (GABA). Das durch Transaminierung aus GABA gebildete Sukzinatsemialdehyd kann infolge eines Defekts der Sukzinatsemialdehyddehydrogenase (SSAD) nicht zu Sukzinat oxidiert werden, und wird statt dessen zu 4-Hydroxybuttersäure reduziert, welche in Liquor, Blut und Urin nachweisbar ist. Die im Urin ausgeschiedenen Mengen nehmen mit zunehmendem Alter ab, was die Diagnostik erheblich erschweren kann. Das SSAD-Gen wurde erst kürzlich charakterisiert (Tabelle 2.5.1), krankheitsauslösende Mutationen sind noch nicht identifiziert.

4-Hydroxybuttersäure hat ausgeprägte neuropharmakologische Eigenschaften und verursacht eine vielfältige klinische Symptomatik. Alle Patienten zeigen eine deutliche psychomotorische Retardierung sowie meist eine Muskelhypotonie und Ataxie, welche sich mit zunehmendem Alter bessert. Einige Betroffene fallen durch okulomotorische Apraxie, Mikro- oder Makrozephalie, Hypo- oder Hyperreflexie, Hyperkinesien, Krämpfe, Somnolenz, autistisches oder auch aggressives Verhalten auf. Die Diagnose gelingt durch Analyse der organischen Säuren im Urin bzw., insbesondere bei älteren Patienten, im Liquor. Der Enzymdefekt kann in Lymphoblasten sowie in Amniozyten und Chorionzottenbiopsaten nachgewiesen werden. Therapeutisch konnten einige Erfolge (Sistieren der Krämpfe und Ataxie, Besserung der Hyperkinesien) durch den Einsatz von Vigabatrin (γ-Vinyl-GABA), einem GABA-Transaminase-Inhibitor, erzielt werden; die individuelle Dosis muß vorsichtig austitriert werden. Die Prognose der Erkrankung ist noch weitgehend offen.

2.5.6.3 Morbus Canavan

Der Morbus Canavan ist eine neurodegenerative Erkrankung, die besonders häufig bei aschkenasischen Juden (mittel- und osteuropäischer Herkunft) vorkommt, aber auch in anderen Populationen gefunden wird. Erst kürzlich wurde sie als Organoazidopathie aufgrund eines genetischen Defekts der Aspartoacylase (N-Azetylasparaginase) erkannt (Divry u. Mathieu 1989; Matalon et al. 1988), nachdem Mitte der 80er Jahre bei einem Kind mit progressiver Hirnatrophie eine vermehrte Ausscheidung von N-Azetylasparaginsäure beobachtet wurde (Kvittingen et al. 1986). Die biologische Funktion von N-Azetylasparaginsäure liegt noch völlig im Dunkeln, die Substanz kommt nur im Gehirn, dort aber in sehr hohen Konzentrationen vor (Birken u. Oldendorf 1989). Das Aspartoacylasegen wurde inzwischen charakterisiert (Tabelle 2.5.1); eine häufige Missense-Mutation (E285 A) stellt mehr als 80% der mutierten Allele bei aschkenasischen Juden und 60% der Allele bei nicht-jüdischen europäischen Patienten (Kaul et al. 1994b).

Klinisch manifestiert sich die Erkrankung meist ab dem 2. bis 4. Lebensmonat mit progredienten neurologischen Auffälligkeiten wie schlechter Kopfkontrolle, stammbetonter muskulärer Hypotonie, Epilepsie und Verlust bereits erlangter Fähigkeiten; typisch ist darüber hinaus ein zunehmender Makrozephalus. Im weiteren Verlauf entwickelt sich eine zunehmende Spastik mit Pseudobulbärparalyse, Optikusatrophie und Dezerebration. Die Kernspintomographie zeigt schwere symmetrische leukodystrophe Veränderungen, histologisch findet sich eine schwammartige Degeneration v. a. der grauen und subkortikalen weißen Substanz des Gehirns. Mildere Verläufe kommen vor. Die Diagnose wird durch den Nachweis von N-Azetylasparaginsäure bzw. enzymatische Untersuchungen gesichert. Eine spezifische Therapie ist bislang nicht bekannt, die Prognose ist bei klassischem Verlauf infaust.

2.5.6.4 2-Ketoglutarazidurie

Eine vermehrte Ausscheidung von 2-Ketoglutarsäure wird bei mehreren Organoazidopathien gefunden und scheint ein sensitiver Marker für manche Störungen des Kohlenhydrat- oder Energiestoffwechsels zu sein, v. a. für Defekte der Glukoneogenese und der Atmungskette. Ein isolierter genetischer Mangel des Zitronensäurezyklusenzyms 2-Ketoglutarat-Dehydrogenase wurde bislang nur bei drei konsanguinen Familien beschrieben. Die betroffenen Kinder zeigten eine unterschiedliche Klinik u. a. mit langsam progredienter, v. a. extrapyramidaler Symptomatik und z. T. Hepatopathie (Hoffmann u. Gibson 1996).

2.5.6.5 Fumarazidurie

Eine stark erhöhte Ausscheidung von Fumarsäure aufgrund einer Störung von Fumarase ist bislang bei 9 Familien beschrieben worden (Hoffmann u. Gibson 1996; Narayanan et al. 1996). Das Enzym kommt als mitochondriale und zytosolische Isoenzyme vor, die vom selben Gen kodiert werden. Bei zwei erkrankten Geschwistern wurde eine homozygote Missense-Mutation im Fumarasegen identifiziert (Burgeron et al. 1994). Klinisch entwickelt sich eine progrediente Enzephalopathie mit Mikrozephalie, Gedeihstörung, Tonusstörungen, aber vergleichsweise nur geringen metabolischen Veränderungen im Blut. Die Fumarazidurie kann sich pränatal mit Hydrozephalus und Polyhydramnion manifestieren (Remes et al. 1992). Eine spezifische Therapie ist nicht bekannt.

2.5.6.6 Malonazidurie

Die ebenfalls seltene Malonazidurie wird durch einen Mangel der mitochondrialen Malonyl-CoA-Dekarboxylase verursacht, die die Umwandlung von Malonyl-CoA zu Azetyl-CoA katalysiert. Das Malonyl-CoA-Dekarboxylase-Gen wurde charakterisiert (Jang et al. 1989), molekulargenetische Untersuchungen bei Patienten sind nicht veröffentlicht. Die bislang beschriebenen 5 Patienten mit Malonazidurie zeigten klinisch eine vergleichsweise milde Symptomatik mit Entwicklungsretardierung, muskulärer Hypotonie, Epilepsie, rezidivierendem Erbrechen und z. T. Hypoglykämie, Kardiomyopathie, Kleinwuchs und fazialen Dysmorphien (Hoffmann u. Gibson 1996). Bei einem Patienten normalisierte sich die Malonsäureausscheidung unter kohlenhydratreicher, fettarmer Diät.

2.5.6.7 L-2-Hydroxyglutarazidurie

Die L-2-Hydroxyglutarazidurie ist durch den Nachweis großer Mengen L-2-Hydroxyglutarsäure in Urin, Serum und besonders im Liquor charakterisiert (Barth et al. 1993). Allerdings konnten trotz intensiver Untersuchungen bislang weder die Herkunft des Metaboliten noch seine Bedeutung im menschlichen Organismus geklärt, geschweige denn der zugrundeliegende Enzymdefekt lokalisiert werden. Kürzlich wurde in E. coli eine mögliche Bildung von sowohl L-2- als auch D-2-Hydroxyglutarat durch die serA-kodierte 3-Phosphoglyzerat-Dehydrogenase beschrieben, dem ersten Enzym der Biosynthese von L-Serin (Zhao u. Winkler 1996). Klinisch handelt es sich um eine langsam progredient verlaufende neurodegenerative Erkrankung, die mit spongiformer Degeneration der subkortikalen weißen Substanz, extrapyramidalen und zerebellären Symptomen sowie Krämpfen einhergeht. Die Diagnostik wird über die Analyse der organischen Säuren im Urin mittels GC-MS gestellt, wobei zusätzlich mit Hilfe einer chiralen Säule abgeklärt werden muß, ob es sich um D- oder L-2-Hydroxyglutarsäure handelt. Eine spezifische Therapie ist bisher nicht bekannt; epileptische Anfälle sprechen befriedigend auf Antiepileptika an. Die Prognose der L-2-Hydroxyglutarazidurie ist schlecht, obwohl die Erkrankung im Erwachsenenalter zum Stehen kommt. Die ältesten Patienten sind z. Z. über 30 Jahre alt, bettlägerig und geistig schwerst retardiert.

2.5.6.8 D-2-Hydroxyglutarazidurie

Die metabolische Herkunft und Funktion auch der D-2-Hydroxyglutarsäure sind ungeklärt. Exzessiv hohe Urinausscheidungen sowie Erhöhungen in allen untersuchten Körperflüssigkeiten wurden bei einer Reihe von Patienten mittels GC-MS festgestellt. Gleichartig betroffene Geschwister beiderlei Geschlechts legen wie bei der L-2-Hydroxyglutarazidurie einen autosomal-rezessiven Vererbungsmodus nahe. Patienten mit D-2-Hydroxyglutarazidurie leiden an variablen, v. a. neurologischen Symptomen, wobei eine epileptische Enzephalopathie im Vordergrund steht. Die klinischen Symptome sind zwischen betroffenen Patienten verschiedener Familien wesentlich variabler als bei der L-2-Hydroxyglutarazidurie und reichen von Antiepileptika-resistenter, im Säuglingsalter zum Tod führender Enzephalopathie über Gelegenheitskrämpfe bis zu asymptomatischen Verläufen (Jakobs et al. 1996). Erst die Aufdeckung der zugrundeliegenden enzymatischen und molekularen Störung wird klären, ob die D-2-Hydroxyglutarazidurie Kennzeichen mehrerer unterschiedlicher neurometabolischer Erkrankungen ist oder welche zusätzlichen Faktoren das Krankheitsbild bestimmen.

2.5.6.9 Mevalonazidurie

Bei der Mevalonazidurie handelt es sich um einen autosomal-rezessiv vererbten Defekt in der peroxisomalen Synthese von Cholesterol und anderen Isoprenoiden; sie zählt insofern zu den bislang noch kaum beschriebenen Biosynthesedefekten. Betroffen ist die Mevalonatkinase, die Mevalonat (gebildet durch Reduktion von 3-Hydroxy-3-Methylglutaryl-CoA) zu 5-Phosphomevalonsäure phosphoryliert (Abb. 2.5.1). Die wenigen bislang beschriebenen Mutationen im Mevalonatkinasegen (Tabelle 2.5.1) waren Missense-Mutationen (Hinson et al. 1997; Schafer et al. 1992). Da die Cholesterolbiosynthese durch Produkthemmungsmechanismen geregelt wird, und diese bei der Mevalonazidurie ausfallen, kommt es zur Überproduktion von Mevalonat, das in exorbitanten Mengen im Urin zu finden ist. Eine metabolische Azidose entwickelt sich aufgrund der sehr guten Nierengängigkeit nicht. Zur Pathogenese der Mevalonazidurie ist noch wenig bekannt, es wird jedoch angenommen, daß die klinischen Symptome weniger durch die sich anstauende Mevalonsäure und ihr Lakton als durch den Mangel an Cholesterol und anderen in ihrer Synthese betroffene Isoprenoiden (Dolichol, Ubichinon, Häm, farnesylierte Proteine) verursacht werden. Anamnestisch findet sich bei vielen Familien eine auffällige Häufung von Aborten bzw. Totgeburten mit Skelettfehlbildungen.

Die klinische Symptomatik ist variabel. Die am schwersten betroffenen Kinder sterben schon im Säuglingsalter mit schwerer psychomotorischer Retardierung, dysmorphen Stigmen, Katarakten, Hepatosplenomegalie, Lymphadenopathie, Anämie, Thrombozytopenie, Diarrhö und Malabsorption. Eine progrediente Kleinhirnatrophie führt ab dem Kindergarten- und Schulalter zu einer zunehmenden ataktischen Bewegungsstörung und Dysarthrie; die intellektuellen Fähigkeiten sind weniger beeinträchtigt. Manche Patienten entwickeln eine Retinitis pigmentosa. Charakteristisch sind auch rezidivierende Krisen mit Fieber, Lymphadenopathie, Hepatosplenomegalie, Arthralgien, Ödemen, morbilliformem Exanthem und stark vermehrten CK-Werten im Serum.

Eine wirksame Therapie ist bislang nicht bekannt, die Prognose ist eher schlecht.

2.5.7 Störungen der Fettsäurenoxidation

Die mitochondriale Oxidation von Fettsäuren (Abb. 2.5.1) ist eine der wichtigsten Energiequellen des Organismus, insbesondere beim Fasten. Zwar ist beim Menschen eine Synthese von Glukose aus (gradzahligen) Fettsäuren nicht möglich (zur Glukoneogenese muß Protein abgebaut werden), das Gehirn kann sich jedoch rasch an eine Energiegewinnung aus hepatischen Ketonkörpern adaptieren. Eine eigene enzymatische Ausstattung zur Fettsäurenoxidation ist im Gehirn nicht vorhanden.

Langkettige Fettsäuren (C_{16}–C_{20}) sind als Triglyzeride im Fettgewebe gespeichert. Bei Bedarf werden sie im Zytosol durch Lipasen gespalten und mit Thiokinasen zu CoA-Estern aktiviert. Langkettige Fettsäuren können auch in den Peroxisomen oxidativ verkürzt werden, zum vollständigen Abbau müssen sie jedoch über den Karnitinzyklus in die Mitochondrien transportiert werden. Dazu werden sie durch die Karnitin-Palmitoyl-Transferase I (CPT-I) zu Acylkarnitin umgeestert, mit Hilfe einer Translokase (Karnitin-Acylkarnitin-Carrier, CAC) aktiv durch die Matrixmembran geschleust und an der Innenseite der Matrixmembran mittels CPT-II wieder zu Acyl-CoA umgebaut. Ein Karnitinmangel (z. B. aufgrund eines Defekts des für die enterale Resorption bzw. renale Rückresorption notwendigen Transportproteins) führt zu einer Fettsäureoxidationsstörung. Mittel- und kurzkettige Fettsäuren treten auch ohne den Karnitinzyklus in die Mitochondrien ein.

Die mitochondriale β-Oxidation verkürzt Acyl-CoA über einen zyklischen Prozeß jeweils um 2 C-Atome (ein Molekül Azetyl-CoA). Jeder Zyklus beginnt mit der Dehydrogenierung des Acyl-CoA mittels längenspezifischer, FAD-abhängiger Dehydrogenase (*very long/medium/short chain acyl-CoA dehydrogenase*: VLCAD, MCAD, SCAD) zu den in 2.3-Stellung ungesättigten Enoyl-CoA-Derivaten. VLCAD ist ein membranständiges Enzym, während MCAD und SCAD in der mitochondrialen Matrix lokalisiert sind (Pollitt 1995). Die langkettige Acyl-CoA-Dehydrogenase (LCAD), vor dem VLCAD-Enzym charakterisiert, ist spezifisch für den Abbau langkettiger verzweigter Fettsäuren zuständig. Ein genetischer Mangelzustand ist nicht bekannt; bei den in der älteren Literatur beschriebenen Patienten mit LCAD-Defekt lagen vielmehr Störungen des damals noch nicht bekannten VLCAD-Enzyms vor.

Die durch FAD-abhängige Oxidation erzeugten Enoyl-CoA-Verbindungen werden von einem längenabhängigen trifunktionellen Enzymkomplex zu 3-Hydroxyacyl-CoA-Derivaten hydratisiert, NAD$^+$-abhängig zu 3-Ketoacyl-CoA-Derivaten oxidiert und schließlich in um 2 C-Atome kürzere Fettsäure-CoA-Ester und Azetyl-CoA gespalten. Das dabei für den Abbau der langkettigen Verbindungen verantwortliche trifunktionelle Protein (MTP) ist wie das VLCAD-Enzym membranständig. Es besteht aus 2 Untereinheiten, von denen die α-Kette die Aktivitäten für Enoyl-CoA-Hydroxylase und 3-Hydroxyacyl-CoA-Dehydrogenase (*long chain hydroxy-acyl-CoA dehydrogenase*: LCHAD) trägt (Kamijo et al. 1994). Die β-Kette trägt unabhängig die 3-Ketoacyl-CoA-Thiolaseaktivität, wird allerdings nur bei intakter α-Kette als Enzymkomplex stabil an die Mitochondrienmembran gebunden (Weinberger et al. 1995). Die für den Abbau der mittel- und kurzkettigen Verbindungen verantwortlichen Enzyme sind bislang noch schlecht charakterisiert; kürzlich wurde das Gen für eine kurzkettige 3-Hydroxyacyl-CoA-Dehydrogenase beschrieben (Tabelle 2.5.1).

Gradzahlige Fettsäuren werden zu Azetyl-CoA, ungradzahlige zu Propionyl-CoA abgebaut und via Sukzinat in den Zitratzyklus eingeschleust. Die durch die Dehydrogenasen freigesetzten Elektronen werden auf die Atmungskette übertragen: von NADH+H$^+$ auf Komplex I, von FADH$_2$ über das Elektronentransferflavoprotein (ETF) und die ETF-Ubiquinon-Oxidoreduktase auf Koenzym Q. ETF ist ein Heterodimer bestehend aus einer α- und einer β-Kette sowie einem einzelnen Flavinadenindinukleotid und hat in der Quartärstruktur 3 unterschiedliche Domänen (Roberts et al. 1996a). Anders als die meisten nuklär kodierten mitochondrialen Proteine enthält die ETF-β-Kette kein abzuspaltendes *Leader*-Peptid für den mitochondrialen Import (Finocchiaro et al. 1993).

2.5.7.1 Klinik und Diagnose

Klinisch manifestieren sich Störungen der Fettsäurenoxidation meist als hypoglykämisches hypoketotisches Koma, ausgelöst durch katabole Stoffwechsellagen, insbesondere Fasten. Oft finden sich Zeichen einer Leberfunktionsstörungen mit Hyperammonämie. Die besonders bei Störungen der Oxidation langkettiger Fettsäuren häufige Beteiligung der Muskulatur äußert sich als Muskelschwäche bis zu rezidivierenden Rhabdomyolysen und Kardiomyopathie, mit gleichzeitiger Erhöhung der Kreatinkinase im Serum und ggf. Myoglobinurie. Durch Ausscheidung von angestauten Acylkarnitinen entwickelt sich zusätzlich oft ein sekundärer Karnitinmangel; nur beim CPT1-Mangel werden erhöhte Serumkarnitinspiegel und erniedrigte Acylkarnitine gefunden. Die Analyse der organischen Säuren im Urin zeigt typischerweise verschiedene

Tabelle 2.5.2. Biochemisch und diagnostisch relevante Karbon- und Dikarbonsäuren

Anzahl der C-Atome	Gesättigte Karbonsäuren	Gesättigte Dikarbonsäuren	Ungesättigte Dikarbonsäuren	Gesättigte Hydroxydikarbonsäuren
2 C	Essigsäure	Oxalsäure	–	–
3 C	Propionsäure	Malonsäure	–	–
4 C	Buttersäure	Bernsteinsäure (Sukzinat)	Fumarsäure (*trans*), Maleinsäure (*cis*)	–
5 C	Valeriansäure	Glutarsäure	–	3-OH-Glutarsäure
6 C	Capronsäure	Adipinsäure	Hexendikarbonsäure	3-OH-Adipinsäure, 5-OH-Hexansäure
8 C	Caprylsäure	Suberinsäure	Dehydrosuberinsäure	3-OH-Suberinsäure
10 C	Caprinsäure	Sebacinsäure	Dehydrosebacinsäure	3-OH-Sebacinsäure
12 C	Laurinsäure	Dodecanedionsäure	–	3-OH-Dodecendionsäure
14 C	Myristinsäure	–	–	–
16 C	Palmitinsäure	–	–	–
18 C	Stearinsäure	–	–	–

Dikarbonsäuren, welche bei Blockierung der β-Oxidation durch mikrosomale ω-Oxidation entstehen (Tabelle 2.5.2), sowie spezifische andere Metaboliten. Die endgültige Differenzierung der metabolischen Störung erfolgt über Enzymaktivitätsbestimmungen in Fibroblasten und zunehmend über eine primäre molekulare Diagnostik. Alle Fettsäureoxidationsdefekte werden autosomal-rezessiv vererbt.

2.5.7.2 Therapie

Die Akutbehandlung der Fettsäureoxidationsdefekte besteht in einer hochdosierten Glukoseinfusion (10 mg/kg KG und min), wobei der Blutzucker über 80 mg/dl gehalten werden sollte. Intravenöse Lipide sind kontraindiziert. In der Dauerbehandlung müssen Fastenperioden über 12 h vermieden sowie häufige (ggf. kohlenhydratreiche und fettarme) Mahlzeiten eingenommen werden. Wichtig ist eine frühe Intervention bei drohender kataboler Stoffwechsellage, z. B. bei Gastroenteritis. Bei Karnitinmangel sollte eine Substitution erfolgen.

2.5.7.3 Langkettige Fettsäureoxidationsdefekte

Der Karnitin-Palmitoyl-Transferase-I-Defekt zeigt häufig eine besonders ausgeprägte Leberbeteiligung sowie z. T. eine renale tubuläre Azidose. Defekte in der β-Oxidation langkettiger Fettsäuren verursachen neben hypoketotischen Hypoglykämien insbesondere Kardiomyopathien und Rhabdomyolysen (Pollitt 1995). Beim LCHAD-Mangel kommen zusätzlich noch chronisch progrediente neurologische Symptome wie Neuropathie, Retinopathie und Muskelschwäche hinzu; das Vorliegen eines LCHAD-Defekts beim Fetus kann bei der Mutter im letzten Trimenon der Schwangerschaft eine akute Leberverfettung und ein HELLP-Syndrom verursachen (Sims et al. 1995). Der LCHAD-Mangel wird durch Mutationen in der α-Kette des mitochondrialen trifunktionellen Proteins (MTP) verursacht, wobei eine bestimmte Mutation (E510Q = 1528G>C) mehr als 90% der mutierten Allele in Europa stellt (Ijlst et al. 1994; Sims et al. 1995). Ein MTP-Mangel durch Mutationen in der β-Kette unterscheidet sich biochemisch, aber nicht klinisch, vom LCHAD-Defekt (Orii et al. 1997).

Klinisch-chemische Marker der langkettigen Fettsäureoxidationsdefekte sind hohe CK-Werte, vermehrte Konzentrationen langkettiger Acylkarnitinester im Serum sowie insbesondere starke Erhöhungen mittelkettiger Dikarbonsäuren bzw. Hydroxydikarbonsäuren im Urin. Bei langkettigen Fettsäureoxidationsstörungen (und nur bei diesen) ist eine Gabe von mittelkettigen Triglyzeriden therapeutisch sinnvoll. Der Nutzen einer Karnitinsupplementation bei diesen Defekten ist fraglich, da dies zur vermehrten Bildung von kardiotoxischen, langkettigen Acylkarnitinen führt. Bei einem Patienten mit CPT-II-Mangel zeigte die Entfernung der langkettigen Acylkarnitine mittels Blutaustauschtransfusion einen guten therapeutischen Erfolg (Smeitink et al. 1997).

2.5.7.4 Mittelkettiger Acyl-CoA-Dehydrogenasemangel

Wegen seiner sehr hohen Inzidenz in Mitteleuropa (bis >1:6000) (Tanaka et al. 1997) besonders hervorzuheben ist der MCAD-Mangel. Er manifestiert sich klinisch meist zwischen dem 7. Monat und dem 3. Lebensjahr mit rezidivierenden Reye-ähnlichen, oft fudroyant verlaufenden hypoketotisch-hypoglykämischen Stoffwechselentgleisungen. Nach etwa 12–16 h Fasten werden die betroffenen Kinder lethargisch und entwickeln Übelkeit und Erbrechen, wobei der Blutzucker oft noch normal ist. Innerhalb weniger Stunden kann sich der Allgemeinzustand massiv verschlechtern, bis hin zu Krampfanfällen, Koma und Herzstillstand. Die erste Krise ist in bis zu 25% der Fälle letal; in Einzelfällen versterben Kinder undiagnostiziert. Oft resultieren Residualschäden; andererseits sind auch Betroffene bekannt, die lebenslang asymptomatisch bleiben. Im Urin werden neben den mittelkettigen Dikarbonsäuren (Adipinsäure, Sebacinsäure, Suberinsäure) insbesondere Suberylglyzin und 5-OH-Hexansäure ausgeschieden (Tabelle 2.5.2). Molekulargenetisch findet sich in den meisten europäischen Populationen auf bis zu 90% der defekten Allele eine bestimmte Mutation im MCAD-Gen (K329 E = 985A>G) (Tanaka et al. 1992), und eine Mutationsanalyse ist bei Verdacht auf MCAD-Mangel sinnvoll. Nichtsdestotrotz sollte die Primärdiagnostik biochemisch erfolgen. Ein spezifischer Test ist der Phenylpropionsäurebelastungstest; beim MCAD-Defekt entsteht dabei Phenylpropionylglyzin anstelle von Hippursäure.

2.5.7.5 Multipler Acyl-CoA-Dehydrogenasemangel

Eine Blockierung der Elektronenübertragung auf die Atmungskette durch erbliche Defekte des Elektronentransferflavoproteins (ETF) oder der ETF-

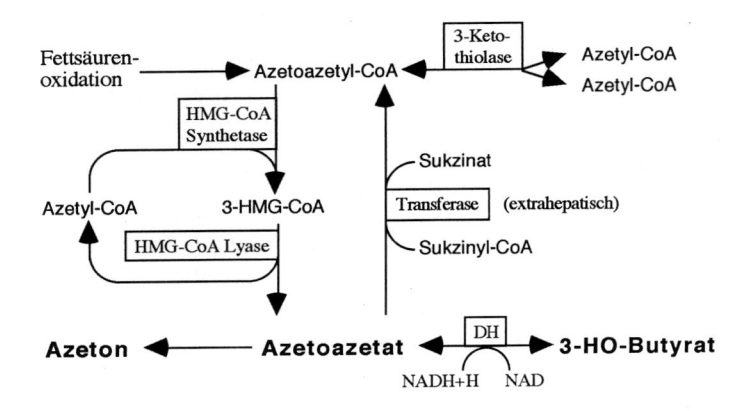

Abb. 2.5.5. Ketonkörperstoffwechsel

Ubiquinon-Oxidoreduktase (ETF-QO) führt zur Störung der Funktion aller Acyl-CoA-Dehydrogenasen. Dies betrifft neben den Dehydrogenasen der Fettsäurenoxidation u. a. auch die Oxidationen von Isovaleryl-CoA, 2-Methylbutyryl-CoA und Glutaryl-CoA (Abb. 2.5.1). Als Ursache für einen multiplen Acyl-CoA-Dehydrogenasemangel (Glutarazidurie Typ II) wurden Mutation in den Genen für sowohl ETF als auch ETF-QO (Tabelle 2.5.1) beschrieben (Beard et al. 1995; Colombo et al. 1994). Klinisch verläuft die Krankheit oft schwerer als andere Fettsäurenoxidationsdefekte mit ausgeprägter metabolischer Azidose, Hypoglykämie, Reye-Syndrom, Kardiomyopathie, zerebralen Anfällen, Koma und Tod innerhalb der ersten 2 Lebenswochen. Oft finden sich bereits kongenitale Malformationen wie Gesichtsdysmorphien, Hirnfehlbildungen und Zystennieren. Geringer ausgeprägte Defekte sprechen gelegentlich auf eine Therapie mit Riboflavin (Vitamin B$_2$) an. Diagnostisch wegweisend ist das Spektrum der organischen Säuren im Urin, beweisend die Enzymaktivitätsbestimmung.

2.5.8 Störungen der Ketogenese und Ketolyse

Die Ketonkörper Azetoazetat, 3-Hydroxybutyrat und Azeton werden in der Leber aus Azetoazetyl-CoA gebildet und von extrahepatischem Gewebe (Muskulatur, Gehirn) insbesondere bei Fasten oder Insulinmangel als Energiequelle verwendet (Abb. 2.5.5). Eine besonders ausgeprägte Ketonkörperbildung findet sich bei Kinder im Alter von 1–7 Jahren. Hohe Ketonkörperspiegel erzeugen Übelkeit und Erbrechen und können so eine Brechgrippe bei Kindern perpetuieren (ketonämisches Erbrechen). Erbliche Defekte der Ketogenese und Ketolyse beeinträchtigen insbesondere auch den Abbau der ketogenen Aminosäuren Leucin und Isoleucin, was in erheblichem Maß die klinische Symptomatik und die biochemischen Befunde mit bestimmen.

2.5.8.1 HMG-CoA-Lyasemangel

Der HMG-CoA-Lyasemangel ist durch die gestörte hepatische Bildung von Azetoazetat aus 3-Hydroxy-3-Methylglutaryl-CoA (HMG-CoA) ein Ketogenesedefekt. Die Reaktion ist darüber hinaus auch der letzte Schritt im mitochondrialen Leucinabbau, und der Mangel des Enzyms führt zum Anstau von 3-Hydroxy-3-Methylglutarsäure und 3-Methylglutaconsäure sowie von 3-Methylglutarsäure, 3-Methylcrotonylglyzin und 3-Hydroxyisovaleriansäure (Abb. 2.5.2). Einzelne Mutationen im HMG-CoA-Lyasegen wurden beschrieben, bislang v.a. schwere (Null-)Mutationen, darunter auch große Deletionen (Buesa et al. 1996; Mitchell et al. 1993; Pie et al. 1997; Roberts et al. 1996b; Wang et al. 1996).

Klinisch manifestiert sich der HMG-CoA-Lyasemangel v.a. mit Lethargie und rezidivierendem oder unstillbarem Erbrechen, metabolischer Azidose und hypoketotischer Hypoglykämie sowie Hyperammonämie (Gibson et al. 1988). Etwa 1/3 der Patienten erkrankt schon in der Neonatalzeit, die restlichen im 1. Lebensjahr. Nicht selten versterben Kinder in einer akuten Reye-artigen Krise. Neurologisch werden neben Atemproblemen (Tachy-, Hyper-, Dyspnoe) häufig Muskelhypo- oder -hypertonie, Hyperreflexie, Lethargie, Koma, Krämpfe, zerebrale Atrophien, Läsionen der weißen Substanz sowie geistige Retardierung gefunden. Die Inzidenz beträgt in Europa etwa 1:100 000 (Lehnert 1994).

Die Primärdiagnostik stützt sich auf den Nachweis der spezifischen Metaboliten mittels GC-MS;

die enzymatische Bestätigung erfolgt in Leukozyten, Lymphozyten oder kultivierten Fibroblasten. Während akuter Krisen steht die Behandlung der Hypoglykämie und Durchbrechung einer katabolen Stoffwechsellage durch reichliche Glukoseinfusionen im Vordergrund. In der Regel bessert sich dadurch auch die metabolische Azidose. Aufgrund der Rolle der HMG-CoA-Lyase in Ketogenese und Leucinabbau besteht die Langzeittherapie in einer sowohl proteinreduzierten (1,5–2 g/kg KG und Tag) als auch fettarmen Diät (etwa 25% des täglichen Kalorienbedarfs als Fett). Entscheidend sind die Vermeidung bzw. prompte Behandlung kataboler Stoffwechsellagen; sind während der Erstmanifestation oder im Verlauf weiterer Stoffwechselattacken keine bleibenden Schäden entstanden, so ist die Langzeitprognose relativ günstig.

2.5.8.2 3-Ketothiolasemangel

Der 3-Ketothiolasedefekt beruht auf einem Mangel des mitochondrialen Enzyms 2-Methylazetoazetyl-CoA-Thiolase, welches die mitochondriale Umwandlung von Azetoazetyl-CoA zu Azetyl-CoA sowie im Isoleucinstoffwechsel die Spaltung von 2-Methylazetoazetyl-CoA zu Propionyl-CoA und Azetyl-CoA katalysiert (Abb. 2.5.1). Während kataboler Stoffwechselsituationen resultiert ein verstärkter Anstau von 3-Ketosäuren (Azetoazetat, 2-Methylazetoazetat), deren Reduktionsprodukten (3-Hydroxybutyrat und 2-Methyl-3-Hydroxybutyrat) sowie in vielen Fällen von Tiglylglyzin (s. auch Abb. 2.5.2). Als krankheitsauslösende Mutationen im 3-Ketothiolasegen (Tabelle 2.5.1) wurden neben 2 kleinen Deletionen bislang ausschließlich Punktmutationen (v. a. Nonsense- und Spleißstellenmutationen) identifiziert; auch in *Southern-blot*-Analysen wurden keine großen Deletionen oder Insertionen gefunden (Fukao et al. 1995).

Das klinische Bild ist variabel und reicht von Symptomlosigkeit bis hin zu schwersten, rezidivierenden und lebensbedrohlichen ketoazidotischen Krisen mit vielfältiger neurologischer Symptomatik (Fazialisparese, Ataxie, Lethargie, Koma), die oft durch banale Infekte der oberen Luftwege, des Gastrointestinaltrakts oder durch vermehrte Eiweißzufuhr ausgelöst werden. Die Inzidenz liegt in der kaukasischen Bevölkerung bei etwa 1:200 000 (Lehnert 1994).

Die Primärdiagnostik stützt sich auf den Nachweis der oben erwähnten Metaboliten. Blutzuckerspiegel, freie Fettsäuren, Laktat und Ammoniak sind normal bis erhöht, Karnitin meist normal (bzw. erniedrigt). Enzymatische und molekulargenetische Untersuchungen sichern und vervollständigen die Diagnose. Bei rechtzeitiger Diagnosestellung und konsequenter Therapie ist die Prognose als gut zu bewerten.

2.5.9 Ausblick

In den letzten Jahren wurde durch die verbesserten biochemischen und molekulargenetischen Analysemöglichkeiten eine große Zahl neuer Defekte im Intermediärstoffwechsel identifiziert, und es ist zu erwarten, daß dieser Trend auch in Zukunft anhält. Im Bereich der Organoazidopathien ist v. a. anzustreben, daß die bereits jetzt etablierten diagnostischen Möglichkeiten mittels GC-MS einer größeren Zahl von Patienten zugute kommen. Viele der Erkrankungen erscheinen nach wie vor unterdiagnostiziert; so fand kürzlich eine Studie zur Häufigkeit des MCAD-Mangels in den meisten europäischen Staaten eine mehr oder weniger große Diskrepanz zwischen der Zahl der diagnostizierten Patienten und der aufgrund molekulargenetischer Untersuchungen zu erwartenden Häufigkeit des homozygoten Gendefekts (Tanaka et al. 1997). Eine radikale Verbesserung der Diagnostik und eine rechtzeitige Behandlung früh erkannter Patienten wird durch die Einführung eines Neugeborenen-Screenings mittels Tandem-MS oder FAB-MS zu erreichen sein, das teilweise schon routinemäßig eingesetzt wird. Mit Hilfe dieser Analysemethode lassen sich Krankheiten, die mit einem Anstau von CoA-Verbindungen einhergehen, über die stark erhöhte Konzentration bestimmter Acylkarnitine diagnostizieren.

Molekulargenetische Untersuchungen werden in den kommenden Jahren eine zunehmende Bedeutung für die Diagnosesicherung bei biochemisch charakterisierten Patienten erlangen. Es ist jedoch nicht zu erwarten, daß Mutationsanalysen universell für die Primärdiagnostik eingesetzt werden. Für eine ungezielte Analytik sind die gegenwärtig zur Verfügung stehenden Methoden zu aufwendig und teuer, und auch im besten Fall werden nicht alle Mutationen bei allen Patienten gefunden. Darüber hinaus sollte eine Diagnostik in jedem Fall so nahe wie möglich am (klinischen/biochemischen/enzymatischen) Phänotyp durchgeführt werden, und eine biochemische Diagnostik, wenn möglich, ist daher einer DNA-Untersuchung erst einmal überlegen. Bei einzelnen Erkrankungen (z. B. den

LCHAD- oder MCAD-Defekten) ist aufgrund der Prävalenz einzelner Mutationen eine primäre diagnostische Mutationsanalyse indiziert.

2.5.10 Literatur

Andresen BS, Bross P, Vianey-Saban C et al. (1996) Cloning and characterization of human very-long-chain acyl-CoA dehydrogenase cDNA, chromosomal assignment of the gene and identification in four patients of nine different mutations within the VLCAD gene. Hum Mol Genet 5:461–472

Anikster Y, Shaag A, Joseph A, Mandel H, Ben-Zeev B, Christensen E, Elpeleg ON (1996) Glutaric aciduria type I in the Arab and Jewish communities in Israel. Am J Hum Genet 59:1012–1018

Aoyama T, Souri M, Ueno I et al. (1995) Cloning of human very-long-chain acyl-coenzyme A dehydrogenase and molecular characterization of its deficiency in two patients. Am J Hum Genet 57:273–283

Barth PG, Hoffmann GF, Jaeken J et al. (1993) L-2-Hydroxyglutaric acidemia: clinical and biochemical findings in 12 patients and preliminary report on L-2-hydroxyacid dehydrogenase. J Inherit Metab Dis 16:753–761

Baumgartner ER, Viardot C, and 47 colleagues (1995) Long-term follow-up of 77 patients with isolated methylmalonic acidaemia. J Inherit Metab Dis 18:138–142

Beard SE, Goodman SI, Bemelen K, Frerman FE (1995) Characterization of a mutation that abolishes quinone reduction by electron transfer flavoprotein-ubiquinone oxidoreducatase. Hum Mol Genet 4:157–161

Biery JB, Stein DE, Morton DH, Goodman SI (1996) Gene structure and mutations of glutaryl-conenzyme A dehydrogenase: impaired association of enzyme subunits that is due to an A421 V substitution causes glutaric acidemia type I in the Amish. Am J Hum Genet 59:1006–1011

Birken DL, Oldendorf WH (1989) N-acetyl-L-aspartic acid: a literature review of a compound prominent in 1H-NMR spectroscopic studies of brain. Neurosci Biobehav Rev 13:23

Blau N, Duran M, Blaskovics ME (eds) (1996) Physician's guide to the laboratory diagnosis of metabolic diseases. Chapman & Hall, London

Blouin JL, Duriaux Sail G, Antonarakis SE (1996) Mapping of the human holocarboxylase synthetase gene (HCS) to the Down syndromecritical region of chromosome 21q22. Ann Genet 39:185–188

Britton CH, Schultz RA, Zhang B, Esser V, Foster DW, McGarry JD (1995) Human liver mitochondrial carnitine palmitoyltransferase I: characterization of its cDNA and chromosomal localization and partial analysis of the gene. Proc Natl Acad Sci USA 92:1984–1988

Britton CH, Mackey DW, Esser V et al. (1997) Fine chromosome mapping of the genes for human liver and muscle carnitine palmitoyltransferase I (CPTIA and CPTIB). Genomics 40:209–211

Buesa C, Pie J, Barcelo A et al. (1996) Aberrant spliced mRNAs of the 3-hydroxy-3-methylglutaryl coenzyme A lyase (HL) gene with a donor splice-site point mutation produce hereditary HL deficiency. J Lipid Res 37:2420–2432

Burgeron T, Chretien D, Poggi-Bach J et al. (1994) Mutation of the fumarase gene in two siblings with progressive encephalopathy and fumarase deficiency. J Clin Invest 93:2514–2518

Christensen E, Ribes A, Busquets C et al. (1997) Compound heterozygosity in the glutaryl-CoA dehydrogenase gene with R227P mutation in one allele is associated with no or very low free glutarate excretion. J Inherit Metab Dis 20:383–386

Christodoulou J, McInnes RR, Jay V (1995) Barth syndrome: clinical observations and genetic linkage studies. Am J Med Genet 50:255–264

Cole H, Reynolds TR, Lockyer JM et al. (1994a) Human serum biotinidase. cDNA cloning, sequence, and characterization. J Biol Chem 269:6566–6570

Cole H, Weremowicz S, Morton CC, Wolf B (1994b) Localization of serum biotinidase (BTD) to human chromosome 3 in band p25. Genomics 22:662–663

Colombo I, Finocchiaro G, Garavaglia B et al. (1994) Mutations and polymorphisms of the gene encoding the beta-subunit of the electron transfer flavoprotein in three patients with glutaric acidemia type II. Hum Mol Genet 3:429–435

Coulombe JT, Shih VE, Levy HL (1981) Massachusetts metabolic disorders screening program II. Methylmalonic aciduria. Pediatrics 67:26–31

Deutsche Gesellschaft für Ernährung (1991) Empfehlungen für die Nährstoffzufuhr. Umschau, Frankfurt am Main

Divry P, Mathieu M (1989) Aspartoacylase deficiency and N-acetylaspartic aciduria in patients with Canavan disease. Am J Med Genet 32:551

Dupuis L, Leon-Del-Rio A, Leclerc D et al. (1996) Clustering of mutations in the biotin-binding region of holocarboxylase synthetase in biotin-responsive multiple carboxylase deficiency. Hum Mol Genet 5:1011–1016

Elpeleg ON, Costeff H, Joseph A, Shental Y, Weitz R, Gibson KM (1994) 3-Methylglutaconic aciduria in the Iraqui-Jewish „optic atrophy plus" (Costeff) syndrome. Dev Med Child Neurol 36:167–172

Fernandes J, Saudubray J-M, Van den Berghe G (eds) (1995) Inborn metabolic diseases, 2nd edn. Springer, Berlin Heidelberg New York

Finocchiaro G, Taroni F, Rocchi M, Martin AL, Colombo I, Tarelli GT, DiDonato S (1991) cDNA cloning, sequence analysis, and chromosomal localization of the gene for human carnitine palmitoyltransferase. Proc Natl Acad Sci USA 88:661–665

Finocchiaro G, Colombo I, Garavaglia B, Gellera C, Valdameri G, Garbuglio N, Didonato S (1993) cDNA cloning and mitochondrial import of the beta-subunit of the human electron-transfer flavoprotein. Eur J Biochem 213:1003–1008

Finocchiaro G, Ito M, Ikeda Y, Tanaka K (1998) Molecular cloning and nucleotide sequence of cDNAs encoding the alpha-subunit of human electron transfer flavoprotein. J Biol Chem 263:15.773–15.780

Fukao T, Yamaguchi S, Kano M, Orii T, Fujiki Y, Osumi T, Hashimoto T (1990) Molecular cloning and sequence of the complementary DNA encoding human mitochondrial acetoacetyl-coenzyme A thiolase and study of the variant enzymes in cultured fibroblasts from patients with 3-ketothiolase deficiency. J Clin Invest 86:2086–2092

Fukao T, Yamaguchi S, Orii T, Hashimoto T (1995) Molecular basis of beta-ketothiolase deficiency: mutations and

polymorphisms in the human mitochondrial acetoacetyl-coenzyme A thiolase gene. Hum Mutat 5:113–120
Gibson KM, Breuer J, Nyhan WL (1988) 3-Hydroxy-3-methylglutaryl-coenzyme A lyase deficiency: review of 18 reported patients. Eur J Pediatr 148:180–186
Gibson KM, Sherwood WG, Hoffmann GF et al. (1991) Phenotypic heterogeneity in the syndromes of 3-methylglutaconic aciduria. J Pediatr 118:885–890
Gibson KM, Naylor EW, Morton DH (1996) 3-Methylcrotonyl-coenzyme A carboxylase (MCC) deficiency in adult Amish/Mennonites identified by detection of increased acylcarnitines in blood spots of their offspring. J Inherit Metab Dis [Suppl 1] 19:47
Gibson KM, Hoffmann GF, Tanaka RD, Bishop RW, Chambliss KL (1997) Mevalonate kinase: Map position 12q24. Chromosome Res 5:150
Goodman SI, Markey SP, Moe PG, Miles BS, Teng CC (1975) Glutaric aciduria: a „new" disorder of amino acid metabolism. Biochem Med 12:12–21
Goodman SI, Axtell KM, Bindoff LA, Beard SE, Gill RE, Frerman FE (1994) Molecular cloning and expression of a cDNA encoding human electron transfer flavoprotein-ubiquinone oxidoreductase. Eur J Biochem 219:277–286
Goodman SI, Kratz LE, DiGiulio KA, Biery BJ, Goodman KE, Isaya G, Frerman FE (1995) Cloning of glutaryl-CoA dehydrogenase cDNA, and expression of wild type and mutant enzymes in *Escherichia coli*. Hum Mol Genet 4:1493–1498
Gravel RA, Akerman BR, Lamhonwah AM, Loyer M, Leon-del-Rio A, Italiana I (1994) Mutations participating in interallelic complementation in propionic acidemia. Am J Hum Genet 55:51–58
Greenberg CR, Reimer D, Singal R et al. (1995) A G-to-T transversion at the +5 position of intron 1 in the glutaryl CoA dehydrogenase gene is associated with the Island Lake variant of glutaric acidemia type I. Hum Mol Genet 4:493–495
Hinson DD, Chambliss KL, Hoffmann GF, Keller RK, Gibson KM (1997) Identification of an active site alanine in mevalonate kinase through characterization of a novel mutation in mevalonate kinase deficiency. J Biol Chem 272:26.756–26.760
Hoffmann GF (1994) Selective screening for inborn errors of metabolism – past, present and future. Eur J Pediatr [Suppl 1] 153:S2–S8
Hoffmann GF, Gibson KM (1996) Disorders of organic acid metabolism. In: Moser HW (ed) Handbook of clinical neurology, vol. 22 (66): neurodystrophies and neurolipidoses. Elsevier, Amsterdam New York
Hoffmann GF, Lehnert W (1999) Störungen im Stoffwechsel von Amino- und Carbonsäuren. In: Hopf HC, Deutschl G, Diener HC, Reichmann H (Hrsg) Neurologie in Praxis und Klinik, Bd 2: Stoffwechselbedingte und dystrophische Krankheiten. Springer, Berlin Heidelberg New York, S 674–699
Hoffmann GF, Machill G (1994) 25 Jahre Neugeborenenscreening auf angeborene Stoffwechselstörungen in Deutschland. Monatsschr Kinderheilkd 142:857–862
Hoffmann GF, Gibson KM, Trefz FK, Nyhan WL, Bremer HJ, Rating D (1994) Neurologic manifestations of organic acid disorders. Eur J Pediatr [Suppl 1] 153:S94–S100
Hoffmann GF, Athanassopoulos A, Burlina A et al. (1996) Clinical course, early diagnosis, treatment and prevention of disease in glutaryl-CoA dehydrogenase deficiency. Neuropediatrics 27:115–123

Ijlst L, Wanders RJ, Ushikubo S, Kamijo T, Hashimoto T (1994) Molecular basis of long-chain 3-hydroxyacyl-CoA dehydrogenase deficiency: identification of the major disease-causing mutation in the alpha-subunit of the mitochondrial trifunctional protein. Biochim Biophys Acta 1215:347–350
Ijlst L, Ruiter JP, Hoovers JM, Jakobs ME, Wanders RJ (1996) Common missense mutation G1528 C in long-chain 3-hydroxyacyl-CoA dehydrogenase deficiency. Characterization and expression of the mutant protein, mutation analysis on genomic DNA and chromosomal localization of the mitochondrial trifunctional protein alpha subunit gene. J Clin Invest 98:1028–1033
Indiveri C, Iacobazzi V, Giangregorio N, Palmieri F (1997) The mitochondrial carnitine carrier protein: cDNA cloning, primary structure and comparison with other mitochondrial transport proteins. Biochem J 321:713–719
Indo Y, Yang-Feng T, Glassberg R, Tanaka K (1991) Molecular cloning and nucleotide sequence of cDNAs encoding human long-chain acyl-CoA dehydrogenase and assignment of the location of its gene (ACADL) to chromosome 2. Genomics 11:609–620
Jakobs C, ten Brink HJ, Stellaard F (1990) Prenatal diagnosis of inherited metabolic disorders by quantitation of characteristic metabolites in amniotic fluid: facts and future. Prenat Diagn 10:265–271
Jakobs C, Verhoeven NM, Van der Knaap MS (1996) Various organic acidurias. In: Blau N, Duran M, Blaskovics ME (eds) Physician's guide to the laboratory diagnosis of metabolic diseases. Chapman & Hall, London, pp 163–176
Jang SH, Cheesbrough TM, Kolattukudy PE (1989) Molecular cloning, nucleotide sequence, and tissue distribution of malonyl-CoA decarboxylase. J Biol Chem 264:3500–3505
Jansen R, Kalousek F, Fenton WA, Rosenberg LE, Ledley FD (1989) Cloning of full-length methylmalonyl-CoA mutase from a cDNA library using the polymerase chain reaction. Genomics 4:198–205
Kamijo T, Aoyama T, Komiyama A, Hashimoto T (1994) Structural analysis of cDNAs for subunits of human mitochondrial fatty acid beta-oxidation trifunctional protein. Biochem Biophys Res Commun 199:818–825
Kano M, Fukao T, Yamaguchi S, Orii T, Osumi T, Hashimoto T (1991) Structure and expression of the human mitochondrial acetoacetyl-CoA thiolase-encoding gene. Gene 109:285–290
Kaul R, Gao GP, Balamurugan K, Matalon R (1993) Cloning of the human aspartoacylase cDNA and a common missense mutation in Canavan disease. Nat Genet 5:118
Kaul R, Balamurugan K, Gao GP, Matalon R (1994a) Canavan disease: genomic organization and localization of human ASPA to 17p13-ter and conservation of the ASPA gene during evolution. Genomics 21:364
Kaul R, Gao GP, Aloya M, Balamurugan K, Petrosky A, Michals K, Matalon R (1994b) Canavan disease: mutations among Jewish and non-Jewish patients. Am J Hum Genet 55:34
Kelly DP, Kim J-J, Billadello JJ, Hainline BE, Chu TW, Strauss AW (1987) Nucleotide sequence of medium-chain acyl-CoA dehydrogenase mRNA and its expression in enzyme-deficient human tissue. Proc Natl Acad Sci USA 84:4068–4072
Kennerknecht I, Suormala T, Barbi G, Baumgartner ER (1990) The gene coding for the alpha-chain of human

propionyl-CoA carboxylase maps to chromosome band 13q32. Hum Genet 86:238–240

Kraus J, Matsubara Y, Barton D et al. (1987) Isolation of cDNA clones coding for rat isovaleryl-CoA dehydrogenase and assignment of the gene to human chromosome 15. Genomics 1:264–269

Kvittingen EA, Guldal G, Børsting S, Skalpe IO, Stokke O, Jellum E (1986) N-Acetylaspartic aciduria in a child with a progressive cerebral atrophy. Clin Chim Acta 158:217

Kyllerman M, Steen G (1980) Glutaric aciduria. A „common" metabolic disorder? Arch Fr Pediatr 37:279

Lam Hon Wah AM, Lam KF, Tsui F, Robinson B, Saunders ME, Gravel RA (1983) Assignment of the alpha and beta chains of human propionyl-CoA carboxylase to genetic complementation groups. Am J Hum Genet 35:889–899

Lamhonwah AM, Barankiewicz TJ, Willard HF, Mahuran DJ, Quan F, Gravel RA (1986) Isolation of cDNA clones coding for the alpha and beta chains of human propionyl-CoA carboxylase: chromosomal assignments and DNA polymorphisms associated with PCCA and PCCB genes. Proc Natl Acad Sci USA 83:4864–4868

Ledley FD, Rosenblatt DS (1997) Mutations in mut methylmalonic acidemia: clinical and enzymatic correlations. Hum Mutat 9:1–6

Ledley FD, Lumetta MR, Zoghbi HY, VanTuinen P, Ledbetter SA, Ledbetter DH (1988) Mapping of human methylmalonyl CoA mutase (MUT) locus on chromosome 6. Am J Hum Genet 42:839–846

Lehnert W (1994) Long-term results of selective screening for inborn errors of metabolism. Eur J Pediatr [Suppl 1] 153:S9–S13

Lehnert W, Sperl W, Suormala T, Baumgartner ER (1994) Propionic acidemia: clinical, biochemical and therapeutic aspects. Experience in 30 patients. Eur J Pediatr [Suppl 1] 153 :S68–S80

Leon-Del-Rio A, Leclerc D, Akerman B, Wakamatsu N, Gravel RA (1995) Isolation of a cDNA encoding human holocarboxylase synthetase by functional complementation of a biotin auxotroph of Escherichia coli. Proc Natl Acad Sci USA 92:4626–4630

Matalon R, Michals K, Sebesta D, Deanching M, Gashkoff P, Casanova J (1988) Aspartoacylase deficiency and N-acetylaspartic aciduria in patients with Canavan disease. Am J Med Genet 29:463

Matsubara Y, Ito M, Glassberg R, Satyabhama S, Ikeda Y, Tanaka K (1990) Nucleotide sequence of messenger RNA encoding human isovaleryl coenzyme A dehydrogenase and its expression in isovaleric acidemia fibroblasts. J Clin Invest 85:1058

Matsui SM, Mahoney MJ, Rosenberg LE (1983) The natural history of the inherited methylmalonic acidemias. N Engl J Med 308:857

Mitchell GA, Robert MF, Hruz PW et al. (1993) 3-Hydroxy-3-methylglutaryl coenzyme A lyase (HL). Cloning of human and chicken liver HL cDNAs and characterization of a mutation causing human HL deficiency. J Biol Chem 268:4376–4381

Naito E, Ozasa H, Ikeda Y, Tanaka K (1989) Molecular cloning and nucleotide sequence of complementary DNAs encoding human short chain acyl-coenzyme A dehydrogenase and the study of the molecular basis of human short chain acyl-coenzyme A dehydrogenase deficiency. J Clin Invest 83:1605–1613

Narayanan Y, Diven W, Ahdab-Barmada M (1996) Congenital fumarase deficiency presenting with hypotonia and areflexia. J Child Neurol 11:252–255

Nham SU, Wilkemeyer MF, Ledley FD (1990) Structure of the human methylmalonyl-CoA mutase (MUT) locus. Genomics 8:710–716

Ohura T, Ogasawara M, Ikeda H, Narisawa K, Tada K (1993) The molecular defect in propionic acidemia: exon skipping caused by an 8-bp deletion from an intron in the PCCB allele. Hum Genet 92:397–402

Orii KE, Aoyama T, Souri M, Orii KE, Kondo N, Orii T, Hashimoto T (1995) Genomic DNA organization of human mitochondrial very-long-chain acyl-CoA dehydrogenase and mutation analysis. Biochem Biophys Res Commun 217:987–992

Orii KE, Aoyama T, Wakui K et al. (1997) Genomic and mutational analysis of the mitochodrial trifunctional protein beta-subunit (HADHB) gene in patients with trifunctional protein deficiency. Hum Mol Genet 6:1215–1224

Parimoo B, Tanaka K (1983) Structural organization of the human isovaleryl-CoA dehydrogenase gene. Genomics 15:582–590

Pie J, Casals N, Casale CH et al. (1997) A nonsense mutation in the 3-hydroxy-3-methylglutaryl-CoA lyase gene produces exon skipping in two patients of different origin with 3-hydroxy-3-methylglutaryl-CoA lyase deficiency. Biochem J 323:329–335

Pollitt RJ (1995) Disorders of mitochondrial long-chain fatty acid oxidation. J Inherit Metab Dis 18:473–490

Pomponio RJ, Norrgard KJ, Hymes J et al. (1997) Arg538 to Cys mutation in a CpG dinucleotide of the human biotinidase gene is the second most common cause of profound biotinidase deficiency in symptomatic children. Hum Genet 99:506–512

Pomponio RJ, Reynolds TR, Cole H, Buck GA, Wolf B (1995) Mutational hotspot in the human biotinidase gene causes profound biotinidase deficiency. Nat Genet 11:96–98

Remes AM, Rantala H, Hiltunen JK, Leisti J, Roukonen A (1992) Fumarase deficiency: two siblings with enlarged cerebral ventricles and polyhydramnios in utero. Pediatrics 89:730–734

Roberts DL, Frerman FE, Kim JJ (1996a) Three-dimensional structure of human electron transfer flavoprotein to 2.1-resolution. Proc Natl Acad Sci USA 93:14.355–14.360

Roberts JR, Mitchell GA, Miziorko HM (1996b) Modeling of a mutation responsible for human 3-hydroxy-3-methylglutaryl-CoA lyase deficiency implicates histidine 233 as an active site residue. J Biol Chem 271:24.604–24.609

Schafer BL, Bishop RW, Kratunis VJ, Kalinowski SS, Mosley ST, Gibson KM, Tanaka RD (1992) Molecular cloning of human mevalonate kinase and identification of a missense mutation in the genetic disease mevalonic aciduria. J Biol Chem 267:13.229–13.238

Scriver CR, Beaudet AL, Sly WS, Valle D (eds) (1995) The metabolic and molecular bases of inherited disease, 7th edn. McGraw-Hill, New York

Sims HF, Brackett JC, Powell CK et al. (1995) The molecular basis of pediatric long chain 3-hydroxyacyl-CoA dehydrogenase deficiency associated with maternal acute fatty liver of pregnancy. Proc Natl Acad Sci USA 92:841–845

Smeitink J, Scholte J, Duran R et al. (1997) Treatment and molecular analysis of neonatal carnitine palmitoyltransferase II deficiency. J Inherit Metab Dis [Suppl 1] 20:8

Suzuki Y, Aoki Y, Ishida Y et al. (1994) Isolation and characterization of mutations in the human holocarboxylase synthetase cDNA. Nat Genet 8:122–128

Tahara T, Kraus JP, Ohura T, Rosenberg LE, Fenton WA (1993) Three independent mutations in the same exon of the PCCB gene: differences between Caucasian and Japanese propionic acidaemia. J Inherit Metab Dis 16:353–360

Tanaka K, Yokota I, Coates P et al. (1992) Mutations in the medium chain acyl-CoA dehydrogenase (MCAD) gene. Hum Mutat 1:271–279

Tanaka K, Gregersen N, Ribes A et al. (1997) A survey of the newborn populations in Belgium, Germany, Poland, Czech Republic, Hungary, Bulgaria, Spain, Turkey, and Japan for the G985 variant allele with haplotype analysis at the medium chain Acyl-CoA dehydrogenase gene locus: clinical and evolutionary consideration. Pediatr Res 41:201–209

Trettel F, Malaspina P, Jodice C et al. (1996) Human succinic semialdehyde dehydrogenase: molecular cloning and chromosomal localization. Adv Exp Med Biol 414:253–260

Vockley J, Parimoo B, Tanaka K (1991) Molecular characterization of four different classes of mutations in the isovaleryl-CoA dehydrogenase gene responsible for isovaleric acidemia. Am J Hum Genet 49:147–157

Vredendaal PJ, Van den Berg IE, Malingre HE, Stroobants AK, Olde Weghuis DE, Berger R (1996) Human short-chain L-3-hydroxyacyl-CoA dehydrogenase: cloning and characterization of the coding sequence. Biochem Biophys Res Commun 223:718–723

Wang SP, Robert MF, Gibson KM, Wanders RJ, Mitchell GA (1996) 3-Hydroxy-3-methylglutaryl-CoA lyase (HL): mouse and human HL gene (HMGCL) cloning and detection of large gene deletions in two unrelated HL-deficient patients. Genomics 33:99–104

Weinberger MJ, Rinaldo P, Strauss AW, Bennett MJ (1995) Intact alpha-subunit is required for membrane-binding of human mitochondrial trifunctional beta-oxidation protein, but is not necessary for conferring 3-ketoacyl-CoA thiolase activity to the beta-subunit. Biochem Biophys Res Commun 209:47–52

Yamazaki N, Shinohara Y, Shima A, Yamanaka Y, Terada H (1996) Isolation and characterization of cDNA and genomic clones encoding human muscle type carnitine palmitoyltransferase I. Biochim Biophys Acta 1307:157–161

Yang BZ, Heng HH, Ding JH, Roe CR (1996) The genes for the alpha and beta subunits of the mitochondrial trifunctional protein are both located in the same region of human chromosome 2p23. Genomics 37:141–143

Zhang QX, Baldwin GS (1994) Structures of the human cDNA and gene encoding the 78 kDa gastrin-binding protein and of a related pseudogene. Biochim Biophys Acta 1219:567–575

Zhang ZF, Kelly DP, Kim JJ, Zhou YQ, Ogden ML, Whelan AJ, Strauss AW (1992) Structural organization and regulatory regions of the human medium-chain acyl-CoA dehydrogenase gene. Biochemistry 31:81–89

Zhang Z, Zhou Y, Mendelsohn NJ, Bauer GS, Strauss AW (1997) Regulation of the human long chain acyl-CoA dehydrogenase gene by nuclear hormone receptor transcription factors. Biochim Biophys Acta 1350:53–64

Zhao G, Winkler ME (1996) A novel alpha-ketoglutarate reductase activity of the serA-encoded 3-phosphoglycerate dehydrogenase of *Escherichia coli* K-12 and its possible implications for human 2-hydroxyglutaric aciduria. J Bacteriol 178:232–239

Ziadeh R, Naylor EW, Finegold D (1994) Identification of two cases of glutaric aciduria type I through routine neonatal screening using liquid secondary ionization tandem mass spectrometry. Presentation at 6th International Congess on Inborn Errors of Metabolism, Milano, Italia, Nr. W5.2.

Zschocke J, Baric I, Hoffmann GF (1997) Rationale Diagnostik bei Verdacht auf Glutarazidurie Typ I. Monatsschr Kinderheilkd 145:652–655

2.6 Störungen des Purin- und Pyrimidinstoffwechsels

Manfred Wehnert

Inhaltsverzeichnis

2.6.1	Einleitung	278
2.6.2	**Störungen des Purinstoffwechsels**	278
2.6.2.1	Einführung in den Purinstoffwechsel	278
2.6.2.2	Hereditäre Purinstoffwechselstörungen	280
2.6.2.2.1	Hypoxanthin-Guanin-Phosphoribosyl-Transferase-Mangel	280
2.6.2.2.2	Adenin-Phosphoribosyl-Transferase(APRT)-Mangel	288
2.6.2.2.3	Adenosindesaminase(ADA)-Mangel	292
2.6.2.2.4	Purinnukleosidphosphorylase(PNP)-Mangel	300
2.6.2.2.5	Myoadenylatdesaminase(AMPD1)-Mangel	303
2.6.2.2.6	Xanthinurie	306
2.6.3	**Störungen des Pyrimidinstoffwechsels**	310
2.6.3.1	Einführung in den Pyrimidinstoffwechsel	310
2.6.3.2	Hereditäre Pyrimidinstoffwechselstörungen	313
2.6.3.2.1	UMP-Synthetase(UMPS)-Mangel (Orotsäureurie)	313
2.6.3.2.2	Pyrimidin-5'-Nukleotidase(P5N)-Mangel	318
2.6.3.2.3	Dihydropyrimidindehydrogenase(DHPDH)-Mangel	320
2.6.3.2.4	Dihydropyrimidase(DHP)-Mangel (Dihydropyrimidinurie)	322
2.6.4	**Literatur**	322

2.6.1 Einleitung

Pyrimidine und Purine sind Grundbausteine der Nukleinsäuren und daher essentiell für die Speicherung und Weitergabe der genetischen Information. Zusätzlich wirken sie auch als Koenzyme und aktive Intermediate im Kohlenhydrat- und Phospholipidstoffwechsel. Purine und Pyrimidine werden im menschlichen Stoffwechsel auf 2 Wegen für die Nukleotidsynthese bereitgestellt. Ein Weg führt über die De-novo-Synthese, die mit Ribosephosphat, Aminosäuren, CO_2 und Ammoniumionen beginnt, und der andere über den Salvage-Stoffwechsel, der freie Stickstoffbasen und Nukleoside zu den entsprechenden Nukleotiden zusammenführt. Durch Interkonversion können Nukleotide ineinander überführt werden. Die De-novo-Synthese, die Interkonversion und der Salvage-Stoffwechsel werden balanciert und sind durch Enzyme, die überschüssige Nukleotide zu β-Aminosäuren, CO_2 und Harnsäure degradieren, miteinander verbunden. In diesem Kapitel sollen hereditäre Defekte der De-novo-Synthese, des Salvage-Stoffwechsels, der Interkonversion und des Katabolismus von Purinen und Pyrimidinen vorgestellt, die molekularen Grundlagen der klinischen Erscheinungen hergeleitet und therapeutische Ansätze aufgezeigt werden. Aufgrund der biochemischen Besonderheiten der Stoffwechselwege sollen die hereditären Purin- und Pyrimidinstoffwechselstörungen getrennt voneinander behandelt werden.

2.6.2 Störungen des Purinstoffwechsels

2.6.2.1 Einführung in den Purinstoffwechsel

Der Purinstoffwechsel gewährleistet die ausreichende Versorgung des Stoffwechsels mit Purinmononukleotiden (Abb. 2.6.1, Tabelle 2.6.1). Wie bei den meisten lebenden Organismen können auch beim Menschen Nukleotide aus einfachen Vorstufen de novo synthetisiert werden. Nach der Metabolisierung von Nukleotiden können freigesetzte Purinbasen aber auch direkt in Gegenwart von PRPP und Mg^{2+}-Ionen über den Salvage-Weg durch die Hypoxanthin-Guanin-Phosphoribosyl-Transferase (HPRT) bzw. Adenin-Phosphoribosyl-Transferase (APRT) zu Nukleotiden rekonvertiert werden. Beim Menschen werden auf diese Weise bis zu 90% der freien Purine in einem Reaktionsschritt wieder in Nukleotidmonophosphate über-

2.6 Störungen des Purin- und Pyrimidinstoffwechsels

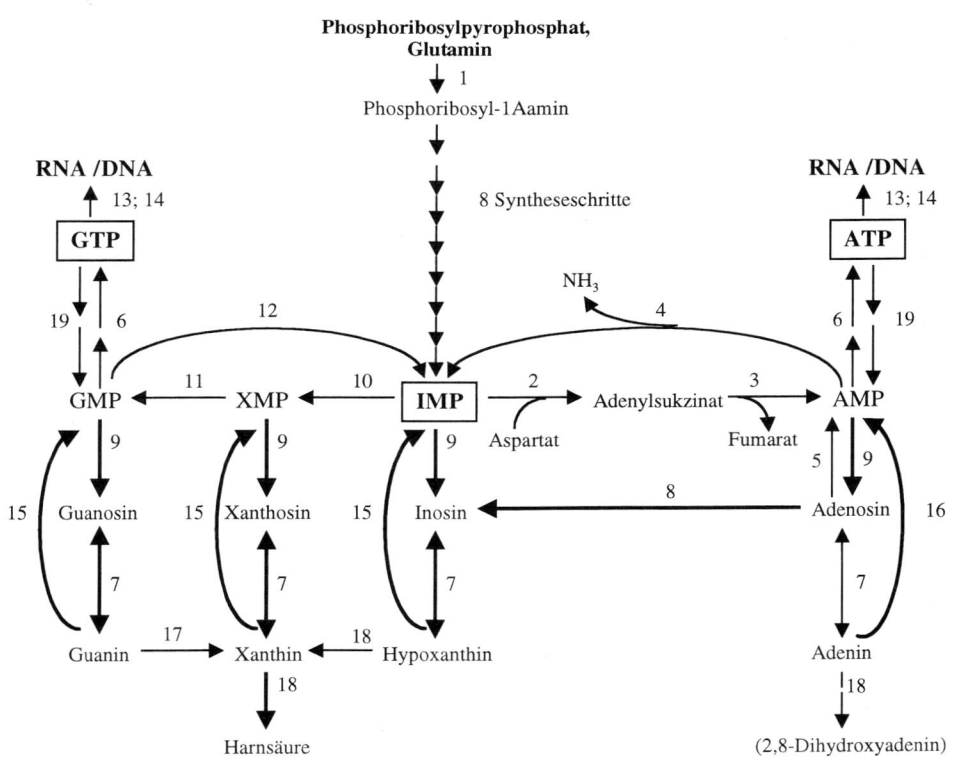

Abb. 2.6.1. Vereinfachtes Schema des Purinstoffwechsels (vgl. Tabelle 2.6.1). Lesch-Nyhan-Syndrom und X-chromosomal vererbte Hyperurikämie werden durch den Mangel von Enzym *15* (HPRT) hervorgerufen, der Adeninphosphoribosyltransferasemangel durch den funktionellen Verlust von Enzym *16* (APRT), der Adenosindesaminasemangel durch den Ausfall von Enzym *8* (ADA), der Purinnukleosidphosphorylasemangel durch einen Verlust der Aktivität von Enzym *7* (PNP), der Myoadenylatdesaminasemangel durch einen Defekt von Enzym *4* (AMPD1) und die Xanthinurie durch einen Mangel von Enzym *18* (XDH/XO)

führt. Die De-novo-Synthese beginnt mit der Bildung von Phosphoribosylamin aus Glutamin und PRPP (Buchanan u. Hartman, 1959; Gutman u. Yü, 1965). Sie endet mit der Bildung von IMP. Ausgehend von der Phosphorylierung von α-D-Ribose durch die PRPP-Synthetase zu PRPP werden in den 9 Schritten der De-novo-Synthese 9 hochenergetische Phosphatgruppen für die Synthese eines IMP-Moleküls verbraucht (Gutman u. Yü, 1965). Aus dem IMP werden dann AMP und GMP über 2 verschiedene Wege synthetisiert (Henderson u. Paterson, 1973). Bei ungestörtem Purinstoffwechsel und ausreichendem exogenem Purinbasenangebot ist die De-novo-Synthese weitestgehend gehemmt. Über den Purinstoffwechsel werden weiterhin Purine ineinander umgewandelt. Überschüssige Purine werden bis zur Harnsäure abgebaut, die dann mit dem Urin ausgeschieden wird.

Die Purin-de-novo-Synthese scheint auf wenigstens 2 regulatorischen Ebenen kontrolliert zu werden. Die eine Ebene ist die Regulation der IMP-Synthese. Es ist allgemein akzeptiert, daß die De-novo-Purinsynthese in erster Linie durch die Aktivität der PRPP-Amido-Transferase (Enzym 1 in Abb. 2.6.1) gesteuert wird (Holmes, 1981). Adenin- und Guaninnukleotide werden an 2 unterschiedliche allosterische Domänen des Enzyms gebunden (Henderson, 1962; Caskey u. Ashton, 1964; Holmes et al., 1981) und führen synergistisch zur Bildung eines metabolisch inaktiven Aggregats mit einem Molekulargewicht (MG) von 270 000 (Holmes et al., 1981). PRPP hingegen führt zum Zerfall des Aggregats in die aktive Form mit einem MG von 133 000 (Udom u. Holmes, 1982). Die intrazelluläre Konzentration von PRPP wird durch die PRPP-Synthetase-Aktivität und den metabolischen Verbrauch des PRPP bestimmt. So kann eine intrazelluläre Erhöhung der PRPP-Konzentration unabhängig zum Anschalten der De-novo-Synthese führen.

Die 2. Regulationsebene steuert die Aufzweigung des Stoffwechselwegs vom IMP zu AMP und GMP. Jedes Endprodukt dieser Aufzweigung stimuliert die Synthese des jeweilig anderen Endpro-

Tabelle 2.6.1. Enzyme der Purin-*De-novo*-Synthese, der Interkonversion, des Salvage-Stoffwechsels und des Katabolismus

Laufende Nr.[a]	Bezeichnung	Abkürzung	EC-Nummer
De-novo-Synthese			
1	PRPP-Amidotransferase	–	2.4.2.14
Interkonversion			
2	Adenylsukzinatsynthetase	–	6.3.4.4
3	Adenylsukzinase	–	4.3.2.2
4	Myoadenylatdesaminase	AMPD1	3.5.4.6
5	Adenosinkinase	–	2.7.1.20
6	Nukleotidkinasen	–	–
7	Purinnukleosidphosphorylase	PNP	2.4.2.1
8	Adenosindesaminase	ADA	3.5.4.4
9	5′-Nukleotidase	–	3.1.3.5
10	IMP-Dehydrogenase	–	1.1.1.205
11	GMP-Synthetase	–	6.3.4.1
12	GMP-Reduktase	–	1.6.6.8
13	RNA-Nukleotidyl-Transferase	–	2.7.7.6
14	DNA-Nukleotidyl-Transferase	–	2.7.7.7
Salvage-Stoffwechsel			
15	Hypoxanthin-Guanin-Phosphoribosyl-Transferase	HPRT	2.4.2.8
16	Adenin-Phosphoribosyl-Transferase	APRT	2.4.2.7
Katabolismus			
17	Guanidindesaminase	–	3.5.4.3
18	Xanthindehydrogenase/oxidase	XDH/XO	1.2.1.37/1.2.3.2
19	Nukleasen, Phosphodiesterasen	–	–

[a] Die laufenden Nummern entsprechen den Enzymnummern in Abb. 2.6.1.

dukts, indem es als Phosphatdonor dient (Watts, 1983). So erfordert die Umwandlung von IMP zu Adenylsukzinat – einer ATP-Vorstufe – GTP als Energiequelle, während die Konversion von XMP zu GMP mit ATP als Phosphatdonor abläuft. Ein Überschuß jeweils eines Nukleotids begünstigt die Synthese des anderen. Außerdem hemmen AMP und GMP die Umwandlung von IMP zu Adenylsukzinat bzw. XMP (Holmes et al., 1974, Weyden u. Kelly, 1974). Da sowohl AMP als auch GMP zusätzlich die entsprechenden Salvage-Enzyme – APRT und HPRT (Enzyme 15 und 16 in Abb. 2.6.1) – inhibieren, unterstützen sie direkt den Nukleotidkatabolismus (Henderson, 1968).

Die Salvage-Enzyme überführen Purinbasen in einem Reaktionsschritt zu den entsprechenden Mononukleotiden. Die HPRT (Enzym 15 in Abb. 2.6.1) wandelt Hypoxanthin und Guanin in IMP bzw. GMP um, während die APRT (Enzym 16 in Abb. 2.6.1) Adenin in AMP überführt (Murray et al., 1970; Henderson u. Paterson, 1973). AMP kann aber auch durch die aufeinander folgenden Reaktionen der Purinnukleosidphosphorylase (Enzym 7 in Abb. 2.6.1) und der Adenosinkinase (Enzym 5 in Abb. 2.6.1) aus Adenin entstehen. Über die 5′-Nukleotidase (Enzym 9 in Abb. 2.6.1) und Purinnukleosidphosphorylase können aus den Mononukleotiden freie Purinbasen gebildet werden, die dann entweder über den Salvage-Weg wieder in Nukleotide umgewandelt oder zu Harnsäure katabolisiert werden (Murray et al., 1970).

Genetisch bedingte Defekte bzw. Ausfälle einzelner Enzyme des Salvage-Wegs, der Interkonversion und des Purinkatabolismus führen beim Menschen zu klinisch relevanten Krankheitsbildern (vgl. Abb. 2.6.1), die im folgenden beschrieben werden.

2.6.2.2 Hereditäre Purinstoffwechselstörungen

2.6.2.2.1 Hypoxanthin-Guanin-Phosphoribosyl-Transferase-Mangel

Einführung

Der wohl am intensivsten untersuchte genetische Defekt im Purinstoffwechsel ist der Hypoxanthin-Guanin-Phosphoribosyl-Transferase(HPRT)-Mangel, der in 2 klinischen Formen auftritt. Das Lesch-Nyhan-Syndrom (McKusick: 30.800) wurde von Lesch u. Nyhan (1964) erstmals bei 2 Brüdern mit Hyperurikämie, Gicht, geistiger Retardierung, Choreoathetose und Selbstverstümmelung im Bereich der Finger und des Munds beschrieben. Als

Ursache für die Erkrankung wurde von Seegmiller et al. (1967) der HPRT-Mangel festgestellt. Ein partieller Mangel des Enzyms wurde auch bei Gichtpatienten ohne Lesch-Nyhan-Syndrom gefunden (Kelley et al., 1967). Die X-chromosomale Vererbung beider Erkrankungsformen wurde ebenfalls Mitte der 60er Jahre nachgewiesen (Hoefnagel et al., 1965; Shapiro et al., 1966; Nyhan et al., 1967). Seit dieser Zeit wurden zwar viele Erkenntnisse zur Genetik der Erkrankungen und zu den biochemischen Grundlagen der Hyperurikämie gewonnen, die Pathophysiologie der neurologischen Symptome sowie deren kausale Therapie sind jedoch immer noch ungeklärt.

Beschreibung des Krankheitsbilds

Hinter dem klinischen Bild der Gicht verbirgt sich eine heterogene Gruppe von Erkrankungen, deren gemeinsames Merkmal die Hyperurikämie ist. 80% der Hyperurikämiker sind jedoch symptomfrei (Paulus et al., 1970). Klinisch ist die Gicht durch rezidivierende akute Arthritis, z.T. mit Uratkristallen in der synovialen Flüssigkeit, Tophi (Uratkristalleinlagerungen in und um die Extremitätengelenke) und renale Defekte wie Nephrolithiasis oder Urolithiasis gekennzeichnet. Weniger als 5% der Gichtfälle werden durch einen partiellen HPRT-Mangel hervorgerufen (Yü et al., 1972; Seegmiller, 1980).

Der obere Normbereich für die Harnsäureausscheidung beträgt bei Kindern 18 mg/kg KG pro Tag, während Patienten mit Lesch-Nyhan-Syndrom 40–69 mg/kg KG am Tag ausscheiden (Michener et al., 1967; Nyhan, 1973). Patienten mit partiellem HPRT-Mangel können auch die hohen Ausscheidungsraten von Patienten mit Lesch-Nyhan-Syndrom erreichen, liegen aber meist niedriger und sind oft von Normalpersonen nur durch die ausgeschiedene Harnsäuremenge bezogen auf Kreatinin im 24-h-Urin zu unterscheiden (Kaufmann et al., 1968). Selbst dann können Fälle mit partiellem HPRT-Mangel übersehen werden (Wortmann u. Fox, 1980). Die erhöhte Harnsäureausscheidung führt zur Uratkristallurie, Nephrolithiasis und obstruktiver Nephropathie. Wenigstens 75% der Patienten mit partiellem HPRT-Mangel weisen Nierensteine auf, und bei 50% der Patienten geht der Gicht eine Nephrolithiasis voraus. Eine Arthritis entwickelt sich bei etwa 80% der Patienten mit partiellem HPRT-Mangel, jedoch selten bei Patienten mit Lesch-Nyhan-Syndrom. Thophi werden schließlich bei Patienten beider Erkrankungsformen gefunden, wenn die Hyperurikämie nicht effizient behandelt wird (Kelley u. Wyngaarden, 1983).

Bei Patienten mit Lesch-Nyhan-Syndrom treten zusätzlich zu den mit der Hyperurikämie zusammenhängenden Symptomen variabel exprimierte Dysfunktionen des Zentralnervensystems auf (Mizuno, 1986; Nyhan, 1976). Sie äußern sich in Choreoathetose, Spastik, Selbstverstümmelung und Autoaggression (Abb. 2.6.2). Hinsichtlich der Schwere der zentralnervösen Dysfunktionen ist der Übergang vom klassischen Lesch-Nyhan-Syndrom zum partiellen HPRT-Mangel ohne zentralnervöse Störungen fließend (Page u. Nyhan, 1989; Wehnert et al., 1990).

Gewöhnlich verläuft die prä- und perinatale Entwicklung von Patienten mit Lesch-Nyhan-Syndrom unauffällig. Im 1. Lebensjahr können motorische Entwicklungsrückstände auffallen. Spastik mit unfreiwilligen Armbewegungen und geistige Retardierung können ebenfalls auftreten. Die meisten betroffenen Kinder werden initial mit zerebralen Lähmungen diagnostiziert (Mizuno, 1986). Das auffälligste Symptom beim Lesch-Nyhan-Syndrom – das sich in der Selbstverstümmelung äußernde, kompulsive autoaggressive Verhalten (Abb. 2.6.2) – kann mit dem Erscheinen der Zähne im Alter von 2–3 Jahren einsetzen, aber auch erst später bis zum 16. Lebensjahr (Kelley u. Wyngaarden, 1983). Aufgrund seiner Auffälligkeit ist die Selbstverstümmelung oft das klinische Merkmal, das zur korrekten Diagnose der Erkrankung führt. Die Neigung, sich selbst Bißverletzungen zuzufügen, ist zwanghaft und wird von den Patienten schmerzhaft empfunden. Zahnextraktion und Fixierung der Arme beugen den Bißverletzungen vor (Abb. 2.6.2). Das aggressive Verhalten kann sich jedoch auch tätlich oder verbal, soweit der Patient sprechen kann, gegen die Umgebung richten (Nyhan, 1973).

Die choreoathetotischen Bewegungen werden bei den Patienten durch emotionalen Streß und Erregung verstärkt. Über heftige opisthotone Spasmen und Torsionsdystonien wird häufig berichtet (Abb. 2.6.2). Choreoathetose und Dysarthrie machen die Kommunikation mit Lesch-Nyhan-Patienten schwierig, so daß sie gewöhnlich nach den Ergebnissen von Routine-IQ-Tests geistig retardiert erscheinen. Wird jedoch ein psychomotorischer Test verwendet, der Sprach- und Bewegungsstörungen berücksichtigt, kann normale Intelligenz festgestellt werden (Scherzer u. Ilson, 1969).

Als hämatologische Besonderheiten wurden bei Patienten mit Lesch-Nyhan-Syndrom megaloblastische Anämie und erythrozytäre Makrozytose be-

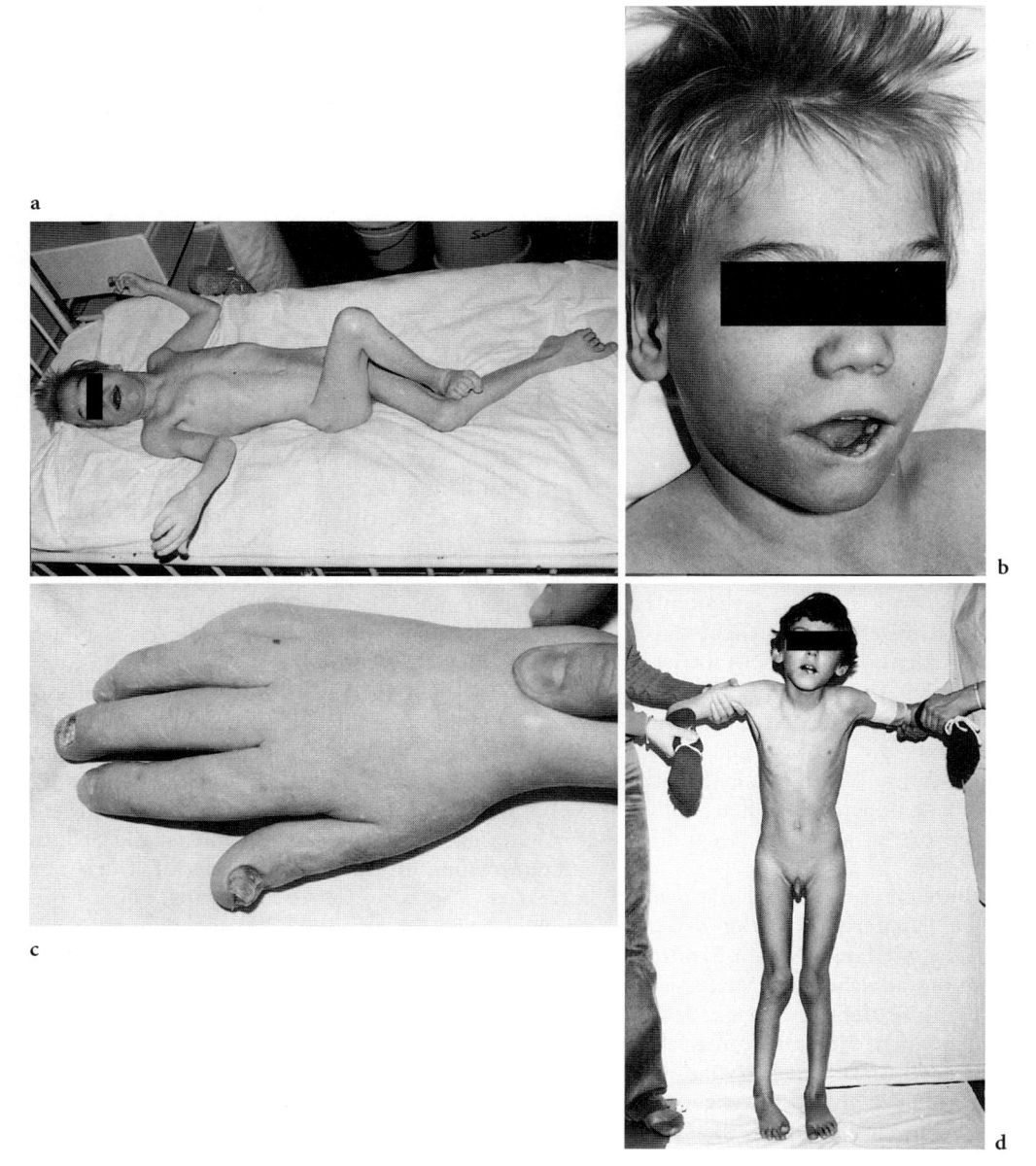

Abb. 2.6.2a–d. Lesch-Nyhan Patienten K.S. und M.B. im Alter von 12 bzw. 10 Jahren. **a** Spastik bei Patient K.S.; **b** Läsion der Unterlippe durch Bißverletzungen bei K.S. Die vorderen Zähne wurden zum Schutz vor den Bißverletzungen abgeschliffen und teilweise extrahiert. **c** Verstümmelung der Fingernägel und Narben an den Fingern bei K.S. infolge von Bißverletzungen. **d** Patient M.B. war weniger schwer betroffen und zur verbalen Kommunikation fähig. Der Handschutz wurde auf eigenen Wunsch des Patienten angelegt, um sich vor den zwanghaften Bissen zu schützen

obachtet (Kelley et al., 1969). Bei einem Patienten wurde ein Mangel an B-Lymphozyten, IgG und Isohämagglutinin festgestellt, was darauf hinweisen könnte, daß der HPRT-Mangel mit der Proliferation und der Funktion der B-Lymphozyten interferiert (Allison et al., 1975).

Pathologisch lassen sich bei Patienten mit Lesch-Nyhan-Syndrom außer den mit der Gicht zusammenhängenden Veränderungen, wie Schrumpfnieren, Urat- oder Xanthinsteine, und den mit der obstruktiven Uropathie in Verbindung stehenden sekundären degenerativen Veränderungen keine weiteren spezifischen pathologischen Befunde erheben (Kelley u. Wyngaarden, 1983). Es gibt einzelne Berichte über Substanzablagerungen in Ganglionzellen und zerebralem Kortex sowie

Zellverlust in der granulären Schicht, die aber nicht durch weitere Beobachtungen bestätigt werden konnten.

Obwohl die meisten Konduktorinnen für das Lesch-Nyhan-Syndrom nicht von Hyperurikämie und Gicht betroffen sind, wurden dennoch vereinzelt solche Symptome bei Anlageträgerinnen in einigen Familien gefunden (Seegmiller, 1980). Darüber hinaus gibt es einen weiblichen Lesch-Nyhan-Syndrom-Fall, bei dem nachgewiesen werden konnte, daß das maternale HPRT-Allel der Patientin vollständig deletiert und das normale paternale HPRT-Allel durch Methylierung inaktiviert war (Ogasawara et al., 1989). Bei einer weiteren Patientin beruhte das Lesch-Nyhan-Syndrom auf der nichtzufälligen präferentiellen Inaktivierung des maternalen X-Chromosoms und einer De-novo-Mutation im HPRT-Gen des aktiven paternalen X-Chromosoms (Aral et al., 1996). Für eine 3. Lesch-Nyhan-Patientin mit nachgewiesenem HPRT-Mangel wurde neben einer ungewöhnlichen X-Chromosomen-Inaktivierung auch uniparentale Disomie diskutiert (Yukawa et al., 1992). Weitere Berichte über weibliche Lesch-Nyhan-Syndrom-Patienten weisen auf Phänokopien bzw. autosomal-rezessive Vererbung hin, wurden jedoch nicht detailliert untersucht.

Pathophysiologie

Hyperurikämie ist bei HPRT-defizienten Patienten mit gesteigerter De-novo-Purinsynthese verbunden (Lesch u. Nyhan, 1964; Kelley et al., 1969; Kelley u. Wyngaarden, 1983). Wie Tracer-Experimente zeigten, wurden bei Patienten mit Lesch-Nyhan-Syndrom de novo synthetisierte Purine im Vergleich zu Normalpersonen mit einer 200fach erhöhten Rate zu Harnsäure degradiert (Nyhan et al. 1967; Kelley u. Wyngaarden, 1983). HPRT-defiziente Zellen können intrazelluläres Hypoxanthin nicht zu IMP zu konvertieren, was zum Verlust von Hypoxanthin durch die Degradation zu Xanthin und schließlich zu Harnsäure führt (vgl. Abb. 2.6.1). Neben Harnsäure wird auch Hypoxanthin vermehrt mit dem Urin ausgeschieden (Balis et al., 1967). Es werden 2 Mechanismen, die die gesteigerte De-novo-Purinsynthese erklären können, vorgeschlagen. Zum einen favorisieren niedrige intrazelluläre IMP- und GMP-Konzentrationen die Bildung der aktiven Form der PRPP-Amido-Transferase, die dann eine Beschleunigung der De-novo-Synthese bewirken kann (Caskey et al., 1964). Zum anderen wird durch den Ausfall der HPRT weniger PRPP verbraucht. Der daraus resultierende intrazelluläre PRPP-Konzentrationsanstieg führt ebenfalls zur verstärkten Bildung der aktiven PRPP-Amido-Transferase und wirkt so beschleunigend auf die De-novo-Synthese (Fox u. Kelley, 1971; Udom u. Holmes, 1982).

Die spezifische Beziehung zwischen HPRT-Mangel und neurologischen Symptomen ist immer noch unaufgeklärt. Der erhöhte Harnsäurespiegel per se hat offenbar keinen Einfluß auf die zentralnervösen Störungen, da die Senkung der Harnsäurekonzentration im Blut keine Besserung der neurologischen Symptomatik bewirkt und die Harnsäurekonzentration in der zerebrospinalen Flüssigkeit bei Patienten mit Lesch-Nyhan-Syndrom nicht erhöht ist (Rosenbloom et al., 1967). Auch die unter harnsäuresenkender Behandlung ansteigenden zerebrospinalen und Plasmakonzentrationen von Xanthin und Hypoxanthin scheinen keine Rolle bei der Entstehung der neurologischen Symptomatik zu spielen. Klinische, biochemische und histologische Befunde sprechen dafür, daß der dopaminerge Stoffwechsel der Basalganglien gestört sein könnte (Baumeister u. Frye, 1985; Ernst et al., 1996). Autoptische Befunde an 3 Lesch-Nyhan-Patienten zeigten Erhöhungen der Dopaminkonzentration im Nucleus caudatus und dem Putamen (Lloyd et al., 1981). Mittels Tracer-Experimenten konnte in vivo festgestellt werden, daß bei Patienten mit Lesch-Nyhan-Syndrom die Bindung an Dopamintransporter im Nucleus caudatus und im Putamen um 50–75% reduziert ist (Wong et al., 1996). Ernst et al. (1996) schlußfolgerten aus ihren Tracer-Experimenten, daß Lesch-Nyhan-Patienten signifikant weniger dopaminerge Nervenendigungen besitzen. Diese Anomalie betrifft alle dopaminergen Wege und ist nicht nur auf die Basalganglien beschränkt. Die dopaminergen Defizite sind durchgehend festzustellen und haben einen entwicklungsbedingten Hintergrund, was möglicherweise zur charakteristischen neuropsychiatrischen Manifestation der Erkrankung beiträgt. Weitere Hinweise kamen von Tiermodellen. So zeigten Ratten, die neonatal unter Dopaminmangel gehalten wurden, nach Dopamingabe im Erwachsenenalter autoaggressives Verhalten (Breese et al., 1990). Weiterhin waren bei einem HPRT-defizienten Mausstamm die striatale Tyrosinhydroxylase und eine Reihe striataler Dopamintransporter verringert (Jinnah et al., 1994).

Pathobiochemie

Die humane Hypoxanthin-Guanin-Phosphoribosyl-Transferase (EC 2.4.2.8) katalysiert die Übertragung der Phosphoribose vom PRPP auf die 9-Position des Hypoxanthins, Guanins und im geringeren Maß auch des Xanthins, was zur Bildung von IMP, GMP und XMP führt (vgl. Abb. 2.6.1). Unter physiologischen Bedingungen bindet das Enzym zuerst PRPP als Dimagnesium-PRPP und danach die Purinbase unter Bildung eines kurzlebigen ternären Komplexes. Der Komplex zerfällt, nachdem der Phosphoribosylrest auf die Base übertragen ist, unter Freisetzung von Pyrophosphat in das freie Enzym und das Nukleotid (Henderson et al., 1968). Neben den natürlichen Substraten kann das Enzym auch eine Reihe toxischer Purinbasenanaloga ribosylieren (Krenitzky et al., 1969b). Die HPRT ist ein konstitutives Enzym, das in allen Zellen und Geweben meist als lösliches Enzym des Zytoplasmas gefunden wird (Kelley u. Wyngaarden, 1983). Bei Säugern einschließlich dem Menschen wird die höchste Aktivität des Enzyms im Gehirn gefunden. Im menschlichen Gehirn ist die Aktivität in den Basalganglien am höchsten (Kelley et al., 1969). Es wurde beobachtet, daß die HPRT-Aktivität im Gehirn während der fetalen und postnatalen Entwicklung ansteigt (Vettenranta u. Raivio, 1990). Da das Gehirn eine geringere Denovo-Purinsyntheserate aufweist als andere Gewebe, wird angenommen, daß es stärker auf den Salvage-Stoffwechsel zur Nukleotidversorgung in kritischen Entwicklungsstadien angewiesen ist und so besonders empfindlich gegenüber einem HPRT-Mangel ist, wie er beim Lesch-Nyhan-Syndrom auftritt (Rosenbloom et al., 1967).

Ein HPRT-Monomer setzt sich aus 217 Aminosäuren zusammen und hat ein berechnetes MG von 24470 (Wilson et al., 1982b). Nach posttranslationaler Abspaltung des ersten Methioninrests und Azetylierung von Alanin in Position 2 des naszenten Polypeptids formen die prozessierten Monomere Dimere. Aus den Dimeren werden aktive Tetramere gebildet, die durch partielle Desaminierung von Asparagin 106 in eine „gealterte" Form überführt werden (Wilson et al. 1983b). Durch den Aminosäuresequenzvergleich bei katalytisch verwandten pro- und eukaryotischen Phosphoribosyltransferasen gelang es, aufgrund evolutionär hochkonservierter Bereiche essentielle Domänen zu erkennen (Musick, 1981) und eine Domäne für die Substratbindung vorauszusagen (Argos et al., 1983). Durch kristallographische Untersuchungen der HPRT konnte die Bindung zum GMP mit Hilfe der Computersimulation aufgeklärt werden (Eads et al., 1994).

Einige HPRT-Mutationen wurden anfänglich durch veränderte Protein- oder enzymatische Parameter beschrieben wie beispielsweise Thermolabilität, veränderte elektrophoretische Mobilität, veränderte kinetische Eigenschaften oder veränderte Reaktivität zu HPRT-Antikörpern (Seegmiller et al., 1967; Kelley et al., 1969; Wilson et al., 1986c). Später – nach Aufklärung der HPRT-Aminosäuresequenz – konnten auch Peptidsequenzen von Patienten mit partiellem HPRT-Mangel verglichen werden (Wilson et al., 1982a; 1983a). Allerdings setzen diese Methoden die Expression eines veränderten HPRT-Proteins voraus. Für die meisten, insbesondere zum Lesch-Nyhan-Syndrom führenden HPRT-Mutationen, bei denen kein Protein exprimiert wird, konnten diese Analysemethoden daher nicht angewendet werden. Umfassendere Mutationsanalysen waren erst möglich, nachdem die Struktur des HPRT-Gens aufgeklärt worden war.

Molekulargenetik und molekulare Pathologie

Das vollständige exprimierte humane HPRT-Gen wurde von Jolly et al. (1983) kloniert und ist in genetischen Datenbanken (EMBL, NCBI) unter den Zugriffsnummern M31.642, J00.205 und V00.530 registriert. Die aus 1331 Nukleotiden bestehende mRNA enthält einen offenen Leserahmen, dessen translatierte Sequenz vollständig mit der vorher bestimmten Aminosäuresequenz der HPRT übereinstimmt (Wilson et al., 1982b). Der Vergleich der HPRT-Nukleotidsequenz in den proteinkodierenden Regionen des Hamster-, Maus-, Ratten- und menschlichen Gens stimmte zu 89% überein (Chiavarotti et al., 1991). In den nichttranslatierten Bereichen der Gene aus den 4 Spezies waren die Sequenzen zu 69–76% homolog.

Die Aufklärung der exprimierten Formen des HPRT-Gens erlaubte auch die Charakterisierung der genomischen HPRT-Genstruktur bei Maus (Melton et al., 1984), Mensch (Kim et al., 1986; Patel et al., 1986) und Chinesischem Hamster (Rossiter et al., 1991). In allen Fällen ist die Struktur ähnlich. Die kodierende Sequenz ist jeweils in 9 Exons unterteilt, und die Exons und Introns sind ähnlich über den jeweiligen Locus verteilt (Abb. 2.6.3). Das humane HPRT-Gen ist vollständig sequenziert worden (Edwards et al., 1990). Seine Größe beträgt vom Translationsstartkodon bis zum Stoppkodon 39,8 kb und liegt damit in derselben Größenordnung wie die des Chinesischen Hamsters (36 kb) bzw. der Maus (33 kb).

Der Promotor der humanen HPRT hat die typischen Merkmale eines Housekeeping-Gens, d.h., es treten keine CAAT- oder TATA-Boxen unmittelbar am 5'-Ende der Transkriptionsinitiation auf, die

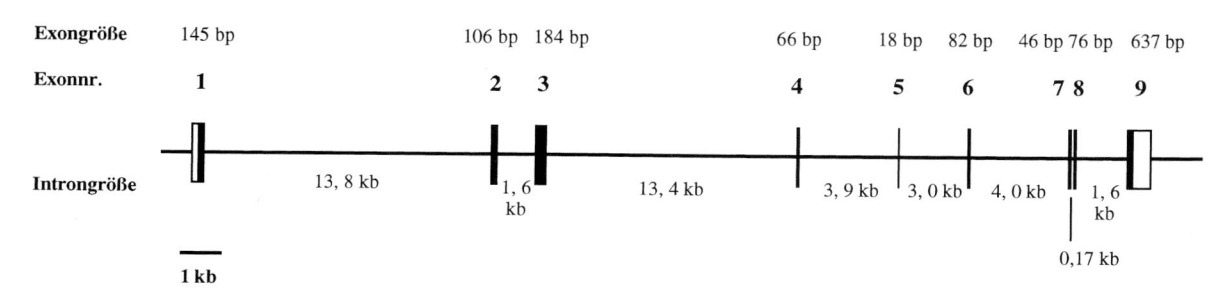

Exongröße	145 bp		106 bp	184 bp		66 bp	18 bp	82 bp	46 bp	76 bp	637 bp
Exonnr.	1		2	3		4	5	6	7	8	9
Introngröße		13,8 kb	1,6 kb		13,4 kb	3,9 kb	3,0 kb	4,0 kb		1,6 kb	

0,17 kb

1 kb

Abb. 2.6.3. Struktur des HPRT-Gens. *Ausgefüllte Flächen der Exons* kodierender Bereich, *nicht ausgefüllte Bereiche* 3'- und 5'-untranslatierte Regionen, *bp* Basenpaare, *kb* Kilobasenpaare

Region um das erste Exon ist sehr Guanosin-Cytosin-reich, und es gibt mehrere Transkriptionsstartorte (Edwards et al., 1990). Der gesamte Promotorbereich liegt – relativ zur Transkriptionsinitiation – in einer Region von etwa –390 bp (Johnson u. Friedmann, 1990). Wichtige *cis*-aktive Elemente zur positiven Regulation des HPRT-Gens sind in einer Sequenzregion von nt –219 bis nt –122 lokalisiert worden. Diese Region enthält 4 5'-GGGCGG-3'-Sequenzmotive und wirkt in beiden Leserichtungen. Zusätzlich gibt es ein bidirektional, negativ regulierendes Element in der Region nt –570 bis nt –388, das zur Suppression der Genaktivität führt (Ricón-Limas et al., 1991).

Das HPRT-Gen gehört zu den Genen, dessen Aktivität auch durch die X-Chromosomen-Inaktivierung beeinflußt wird. Dazu wurden 2 Regionen differentieller Methylierung im HPRT-Locus gefunden. Eine Region im ersten Intron ist völlig unmethyliert, wenn sie sich auf dem aktiven X-Chromosom befindet, während sie auf dem inaktiven X-Chromosom stark methyliert ist. Ein genau entgegengesetztes Methylierungsmuster zeigt eine mehrere Methylierungsorte enthaltende Region im 3'-Bereich des Gens. Sie ist auf dem aktiven X-Chromosom methyliert, jedoch nicht auf dem inaktiven (Yen et al., 1984; Wolf u. Migeon, 1985; Migeon et al., 1991).

Das aktive HPRT-Gen ist sowohl bei Nagern als auch beim Menschen als Einzelgenkopie auf dem X-Chromosom kartiert worden. Daneben sind beim Menschen 4 Pseudogene auf den Chromosomen 3, 5 und 11 bekannt (Patel et al., 1984). Mittels zellgenetischer Analysen gelang es bereits frühzeitig, das menschliche HPRT-Gen in die Region Xq26–q27 zu kartieren (Shows u. Brown, 1975; Franke u. Taggart, 1980). Die weitere Feinkartierung in der Region Xq26 erbrachte folgende genauere Einordnung des HPRT-Locus: X-cen-(DXS42, DXS37, DXS100)-OCRL-DXS79-5'HPRT3'-DXS86-DXS10-DXS177-Xqter (Reilly et al., 1990; Nicklas et al., 1991).

Seit rekombinante Klone und die Sequenz des humanen HPRT-Gens bekannt sind (Jolly et al., 1983; Edwards et al., 1990), wurden diese Ressourcen und Informationen für die Charakterisierung von Mutationen im HPRT-Gen genutzt. Bisher sind etwa 80 HPRT-Keimbahnmutationen bei Patienten mit HPRT-Mangel beschrieben worden. Die Informationen sind in Datenbanken wie OMIM (http://www3.ncbi.nlm.nih.gov/htbin-post/Omim/) und HGMD (http://www.cf.ac.uk/uwcm/mghgmd0.html) zusammengefaßt und öffentlich verfügbar gemacht worden. Danach werden etwa 12% der Mutationen durch größere Veränderungen im Strukturen wie vollständige und partielle Gendeletionen, Duplikationen und eine Inversion hervorgerufen (Renwick et al., 1995). Bei einer Patientin mit Lesch-Nyhan-Syndrom verursachte eine Deletion des maternalen HPRT-Allels mit präferentieller X-chromosomaler Inaktivierung des paternalen Allels die Erkrankung (Ogasawara et al., 1989). Mikrodeletionen kleiner als 20 bp, kleine Insertionen, Basensubstitutionen und Spleißstellenmutationen stellen den überwiegenden Anteil der HPRT-Genmutationen (Renwick et al., 1995; Rossiter u. Caskey, 1995). In den meisten Fällen sind die Mutationen einmalig. Bei einigen scheinbar nicht miteinander verwandten Patienten wurden jedoch identische Mutationen gefunden, was auf mögliche Mutations-Hotspots in den entsprechenden Regionen hinweisen könnte. Wie am Arginincodon 51 gezeigt wurde, können Mutationen im selben Kodon unterschiedliche klinische Relevanz aufweisen. Eine Veränderung dieses Kodons zu Glyzin resultiert im klinischen Bild der Gicht, während eine Veränderung zu Prolin das Lesch-Nyhan-Syndrom zur Folge hat. Obwohl die HPRT-Genmutationen sehr verschiedenartig sind, wäre es möglich, daß diese Diversität nicht völlig zufällig ist. Die beobachtete Mutationsverteilung könnte bisher unbekannte funktionelle Domänen des Proteins reflektieren oder auf Besonderheiten in der DNA-Struktur hinweisen, die die jeweilige Region besonders empfindlich für Mutationen machen.

Weit mehr induzierte oder spontane HPRT-Gen-Mutationen können in somatischen kultivierten Zellen oder Lymphozyten des peripheren Bluts beobachtet werden. Diese experimentellen Systeme werden v. a. zum Studium der Grundlagen der Mutagenese benutzt (Albertini u. DeMars, 1972; Nicklas et al., 1988 et al. 1989; Monnat et al., 1992).

Tiermodelle

Tiermodelle für das Lesch-Nyhan-Syndrom wurden auf 2 Wegen entwickelt. Der eine beruht auf pharmakologischen bzw. Gehirnläsionstechniken und der andere auf molekulargenetischen Techniken zur Inaktivierung des HPRT-Gens in der Maus (Jinnah et al., 1990). Die ständige Gabe von Methylxanthinen wie Koffein und Theophylin ruft bei Ratten autoaggressives Verhalten unterschiedlicher Intensität hervor. Möglicherweise wirken diese Verbindungen als Adenosinrezeptorantagonisten im Gehirn (Daly et al., 1981). Auch Langzeitdosen von Amphetaminen können bei Ratten autoaggressives Verhalten hervorrufen – wahrscheinlich durch die Freisetzung von Dopamin im Gehirn (McMillen, 1983). Am gründlichsten sind die Tiermodelle untersucht, die durch chirurgische oder pharmakologische Läsionen des dopaminergen Systems während der Entwicklung erzeugt wurden. Neugeborene Ratten, denen das Neurotoxin 6-Hydroxydopamin intrazisternal appliziert wurde, entwickelten Veränderungen in der motorischen Kontrolle, abnorme Futter- und Wasseraufnahme, Lerndefekte und ungewöhnlich aggressives Verhalten (Whishaw et al., 1987). Zusätzlich entwickelte sich in diesen Tieren eine Hypersensibilität der Dopaminrezeptoren. Wurden solchen Tieren Dopaminrezeptoragonisten appliziert, führte dies zu Hyperaktivität, stereotypem Verhalten und, bei höheren Dosen, zu autoaggressivem Verhalten (Criswell et al., 1989). Primaten mit einseitigen Läsionen des nigrostriatalen Dopaminwegs zeigten ähnlich wie im Rattenmodell autoaggressives Verhalten, wenn sie mit Dopaminagonisten behandelt wurden (Goldstein, 1989). Abweichend von den Ratten zeigten die Primaten unter dieser Behandlung spastische Erscheinungen in der zur Hirnläsion kontralateralen hinteren Extremität. Spastik der Extremitäten tritt auch bei Patienten mit Lesch-Nyhan-Syndrom auf (Abb. 2.6.2).

Seit 1987 gibt es 2 transgene Mausmodelle, bei denen das HPRT-Gen genetisch inaktiviert wurde (Hooper et al., 1987; Kuehn et al., 1987). Beide Mausmodelle waren vollständig HPRT-defizient. Dennoch entwickelten sie weder Anzeichen für Gicht noch Verhaltensauffälligkeiten, wie sie beim Lesch-Nyhan-Syndrom anzutreffen sind. Tatsächlich zeigten Tests zur Überprüfung motorischer und kognitiver Funktionen keine Verhaltensdefizite bei den HPRT-defizienten Tieren (Finger et al., 1988). Es können verschiedene Ursachen für die Differenzen zwischen dem Tiermodell und der Erkrankung des Menschen diskutiert werden. Insbesondere könnte die beim Menschen nicht vorkommende Urikase, die bei der Maus die Harnsäure zum Allantoin abbaut, eine Anreicherung von Harnsäure und anderen, möglicherweise neurotoxischen Purinverbindungen verhindern. Möglicherweise hat die Maus auch noch weitere alternative Stoffwechselwege, um den HPRT-Mangel zu kompensieren. Vielleicht reagiert die Maus auch auf die beim HPRT-Mangel auftretenden metabolischen Entgleisungen mit bisher unbekannten physiologischen oder entwicklungsbiologischen Mechanismen. Schließlich könnten auch die Verteilung und relative Bedeutung der HPRT im Gehirn bei beiden Spezies unterschiedlich sein. Immerhin konnten bei näherer Betrachtung der Mausmodelle eine Hypersensitivität gegenüber Amphetaminen und verringerte Dopamin- und Serotoninkonzentrationen in einigen Gehirnbereichen gefunden werden (Finger et al., 1988; Jinnah et al., 1991). Es gab jedoch keine Hinweise auf eine Aufregulation der Rezeptorsensibilität durch verringerte Dopaminkonzentrationen. Durch Behandlung von HPRT-defizienten Mäusen mit 9-Äthyladenin – einem APRT-Inhibitor – konnte ein autoaggressives Verhalten hervorgerufen werden (Wu u. Melton, 1993). Wu u. Melton (1993) schlossen daraus, daß die Maus toleranter gegenüber dem HPRT-Mangel, aber abhängiger von der Versorgung mit Adeninnukleotiden durch die APRT sei. Nach dieser Hypothese sollte ein Mausmodell mit genetisch inaktiviertem HPRT- und APRT-Gen ebenfalls die mit dem APRT-Inhibitor erzielten Effekte zeigen. Eine mit dieser Intention gezüchtete HPRT/APRT-doppeldefiziente Maus zeigte jedoch keinen veränderten Verhaltensphänotyp (Engle et al., 1996b). Somit gibt es gegenwärtig kein adäquates genetisches Tiermodell - u. a. auch als Voraussetzung für die Gentherapie des Lesch-Nyhan-Syndroms.

Biochemische und molekulargenetische Diagnostik

Die klinischen Merkmale führen gewöhnlich zu einem Verdacht auf HPRT-Mangel, der dann durch den enzymatischen Nachweis der HPRT bestätigt werden muß. Üblicherweise wird die HPRT-Aktivität biochemisch mittels radiochemischer Methoden zur Messung der Umwandlung von [8-^{14}C]Hypoxanthin zu IMP nachgewiesen. Da die HPRT in allen Zell- und Gewebetypen exprimiert wird, können verschiedenste Untersuchungsmaterialien, wie beispielsweise Erythrozytenlysate, auf Filterpapier aufgetrocknete Blutproben, Hautfibroblasten, Haarfollikel, Fruchtwasserzellen, Choriongewebe und Präembryonen für die post- bzw. pränatale Diagnostik genutzt werden.

Die pränatale biochemische Diagnostik aus kultivierten Fruchtwasserzellen und Choriongewebe hat sich zu einer wichtigen Hilfe bei der genetischen Beratung und der Prophylaxe des Lesch-Nyhan-Syndroms in betroffenen Familien entwickelt (Graham et al., 1996). Allerdings können Kontaminationen von Chorionmaterial mit mütterlichen Zellen zu pränatalen Fehldiagnosen führen (Gruber et al., 1989). Auch Präembryonen können nicht als Untersuchungsmaterial für die pränatale Diagnostik empfohlen werden, da die HPRT-Aktivität wahrscheinlich maternaler Herkunft ist (Braude et al., 1989).

Der biochemische Nachweis von heterozygoten Anlageträgerinnen für das Lesch-Nyhan-Syndrom basiert auf dem Prinzip der zufälligen X-Chromosomen-Inaktivierung. Abhängig davon, ob das mutante Allel tragende X-Chromosom oder das Normalallel tragende X-Chromosom inaktiviert ist, können bei Heterozygoten 2 Typen von Zellen (HPRT$^+$ und HPRT$^-$) gefunden werden. In kultivierten Hautfibroblasten und Haarfollikeln kann das erwartete biochemische Mosaik auch festgestellt und diagnostisch genutzt werden (Migeon et al., 1968; Goldstein et al., 1971). Wird die einfache und relativ schnelle Bestimmung der HPRT-Aktivität aus einzelnen Haarfollikeln für die Heterozygotentestung eingesetzt, können 3 Aktivitätsmuster festgestellt werden: Follikel mit normaler HPRT-Aktivität, solche ohne nachweisbare Aktivität und solche mit intermediärer Aktivität (Goldstein et al., 1971). Da die Primordialzellen eines Follikels jedoch nicht vollständig klonalen Ursprungs sind, kann es zu Überlappungen der Enzymaktivitäten kommen, die eine Einstufung als Heterozygote erschweren. Alle auf kultivierten Hautfibroblasten basierenden Tests erlauben eine klare Trennung zwischen HPRT$^+$- und HPRT$^-$-Zellen. In Abhängigkeit von der Entnahmestelle des Ausgangsmaterials kann das Verhältnis der beiden Zelltypen jedoch stark schwanken, so daß mit falsch-negativen Resultaten gerechnet werden kann (Migeon, 1971). Demgegenüber können Anlageträgerinnen nicht an Lymphozyten und Erythrozyten erkannt werden, da in diesen Zellen nur normale Enzymaktivitäten gefunden werden (Dancis et al., 1968; McDonald u. Kelley, 1972). Es wird angenommen, daß in vivo die HPRT-defizienten Präkursoren der Lymphozyten und Erythrozyten im Knochenmark durch einen bisher unbekannten Selektionsnachteil ausgesondert werden, so daß nur normale Zellen ausreifen.

Mutationen am HPRT-Locus, die zum HPRT-Mangel führen, sind so heterogen, daß in fast jeder betroffenen Familie mit einer spezifische Mutation gerechnet werden kann. Die zur Mutationssuche eingesetzten Methoden müssen daher erlauben, das HPRT-Gen auf Einzelbasensubstitutionen bis hin zu größeren Strukturgenaberrationen zu untersuchen. Die gegenwärtig verfügbaren Methoden sind sehr präzise und auch schnell genug, um die biochemischen Methoden zu ergänzen. Bei der Heterozygotenerkennung ist die DNA-Analyse den biochemischen Methoden sogar vorzuziehen. Nur etwa 12% der HPRT-Genmutationen sind mit Southern-Hybridisierung nachzuweisen, dennoch erlaubt nur die Southern-Hybridisierung, insbesondere Duplikationen und Translokationen nachzuweisen, die mit den einfacheren PCR-basierten Methoden nicht zu erkennen wären (Wehnert u. Herrmann, 1990; Renwick et al., 1995). Mittels Northern-Hybridisierung lassen sich abnorme HPRT-mRNAs nachweisen, wie sie für Mutationen an den Intron-Exon-Übergängen bzw. für Deletions- und Insertionsereignisse charakteristisch sind (Wilson et al., 1986c; Yang et al., 1984). Bei mehr als 80% der Patienten mit HPRT-Mangel muß jedoch mit Punktmutationen gerechnet werden (Renwick et al. 1995; Rossiter u. Caskey, 1995), bei denen PCR-basierte Sreening-Methoden mit anschließender Sequenzierung angewendet werden können (Davidson et al., 1989; Gibbs et al., 1990).

Therapie

Mit Allopurinol [4-Hydroxypyrazol(3,4-d)Pyrimidin] – einem Xanthinoxidasehemmer – kann die bei HPRT-Mangel auftretende Hyperurikämie unter Kontrolle gehalten werden (Rundles et al., 1963). Allopurinol senkt die Serum- und Urinkonzentrationen der Harnsäure und beugt auf diese Weise der Kristallurie, Uratnephropathie, Nierensteinen, der Arthritis und der Tophibildung vor. Bei Patienten mit partiellem HPRT-Mangel führt die Allopurinolbehandlung weitestgehend zur Beschwerdefreiheit. Allerdings sollten die Patienten sorgfältig eingestellt werden und große Flüssigkeitsmengen aufnehmen, um Xanthinsteinen vorzubeugen (Greene et al., 1969). Diese Behandlung hat jedoch keinen Einfluß auf die neurologischen Symptome, wie sie beim Lesch-Nyhan-Syndrom auftreten. Auch andere Therapieansätze, die auf die Beeinflussung des Purinstoffwechsels zielen, führen zu keiner Besserung der neurologischen Symptomatik.

Gewisse Erfolge bei der Behandlung der neurologischen Symptomatik konnten mit Therapiekonzepten, die die Beeinflussung des dopaminergen Stoffwechsels verfolgten, erreicht werden. So konnte bei Patienten mit Lesch-Nyhan-Syndrom durch die Gabe von L-5-Hydroxytryptophan die Neigung zur Selbstverstümmelung positiv beeinflußt werden (Mizuno u. Yugari, 1975). Jedoch nicht alle Patienten reagierten auf die Behandlung (Ciranello et al., 1976). Wurde zusammen mit L-5-Hydroxytryptophan auch noch Carbidopa – ein Inhibitor der peripheren Dekarboxylase – gegeben, konnte der Therapieeffekt gesteigert werden. Allerdings wurden die Patienten nach 1–2 Monaten therapieresistent (Nyhan et al., 1980). Gute Erfolge konnten auch durch die kombinierte Gabe von Carbidopa und Levodopa erzielt werden (Jankovic et al., 1988). Diese Therapieversuche unterstützten die Vermutung, daß das charakteristische Verhalten der Lesch-Nyhan-Patienten wahrscheinlich auf eine Imbalance von Neurotransmittern zurückzuführen ist und daß es Wege gibt, diese Imbalance zu korrigieren.

Auch Versuche mit proteinreicher Diät und psychologischer Behandlung führten zwar zu einer Reduktion des autoaggressiven Verhaltens, konnten es aber ebenfalls nicht vollständig beseitigen. Eine gängige vorbeugende praktische Maßnahme besteht im Schutz des Patienten vor sich selbst, d.h., durch Zahnextraktion und mechanische Fixierung der Arme werden Bißverletzungen im Mundbereich und den Händen vermieden (Abb. 2.6.2). Individuell angepaßte Rollstühle können zudem einen gewissen Grad an Selbständigkeit für die Patienten mit Lesch-Nyhan-Syndrom ermöglichen.

Die Schwere der Erkrankung und der Mangel an kausalen therapeutischen Mitteln haben das Lesch-Nyhan-Syndrom zu einem Kandidaten für die somatische Gentherapie gemacht (Friedman, 1985). Der Transfer einer HPRT-cDNA in HPRT-defiziente Zellen und die Korrektur des HPRT-Mangels gelang in vitro bereits 1983 (Brennand et al. 1983; Miller et al. 1983). Darauf wurde in embryonale Zellen der Maus humane HPRT-cDNA mikroinjiziert, die stabil in das Rezipientengenom integriert wurde, in verschiedenen Geweben exprimiert und über die Keimbahn an Nachkommengenerationen weitergegeben wurde (Stout et al., 1985). Retrovirale Vektoren, die die humane HPRT-cDNA enthielten, konnten sehr effizient in Knochenmarkzellen der Maus übertragen und zur Expression gebracht werden (Gruber et al., 1985; Chang et al., 1987). Diese Methode wurde dann genutzt, um in vitro in Knochenmarkzellen eines Lesch-Nyhan-Patienten eine intakte HPRT-cDNA einzuführen. Obwohl die Reimplantation der korrigierten Zellen glückte, konnte bei dem Patienten keine Besserung der neurologischen Symptomatik erreicht werden (Nyhan et al., 1986). Dieses Ergebnis zusammen mit den Resultaten, die an Tiermodellen erhalten wurden, ließ vermuten, daß für die Korrektur der neurologischen Symptome noch andere als nur die katalytischen Eigenschaften der HPRT verantwortlich sind. Sie sind wahrscheinlich in den nichttranskribierten Bereichen des HPRT-Gens zu suchen und hängen mit der gewebsspezifischen Expression des Gens zusammen. Daher wird versucht, Vektorsysteme zu entwickeln, die in der Lage sind, die genomische Form des HPRT-Gens aufzunehmen, und im Zielorgan – dem Gehirn – appliziert werden können (Palella et al., 1989). Parallel dazu wird unter Nutzung von Tiermodellen die Aufklärung der funktionellen Bedeutung der HPRT vorangetrieben, um später neben der Hyperurikämie auch die neurologischen Symptome beim HPRT-Mangel spezifisch behandeln zu können.

2.6.2.2.2 Adenin-Phosphoribosyl-Transferase(APRT)-Mangel

Einführung

Der hereditäre APRT-Mangel (McKusick: 102.600) wird autosomal-rezessiv vererbt. Das hervorstechende klinische Merkmal ist eine 2,8-Dihydroxyadenin(2,8-DHA)-Urolithiasis, die sich durch das Auftreten von gelbbraunen, rundlichen Kristallen im Urin bei Kindern und Erwachsenen manifestiert (Simmonds et al., 1976). Die klinischen Merkmale werden durch einen APRT-Mangel hervorgerufen (Debray et al., 1976). Aus verschiedenen Ländern sind bisher etwa 90 Familien des Typ-I-Defekts bekannt, bei denen in Erythrozytenlysaten keine APRT-Aktivität nachgewiesen werden kann (Simmonds et al., 1995b). Bei weiteren 71 Familien mit einem Typ-II-Defekt, die ausschließlich aus Japan stammen, können APRT-Restaktivitäten von bis zu 25% beobachtet werden.

Beschreibung des Krankheitsbilds

Klinische Symptome treten nur auf, wenn 2,8-DHA-Steine oder -Kristalle als Konsequenz des APRT-Mangels auftreten. Die klinischen Symptome variieren von lebensbedrohlich bis mild. Etwa 15% der Betroffenen sind klinisch sogar unauffällig (Kuroda et al., 1980; Kamatani et al., 1987). Anfänglich wurden die Harnsedimente oft mit Harnsäurekristallen verwechselt, und so wurde in einigen Fällen die exakte Steindiagnose erst 50 Jahre nach Erkennung der Urolithiasis gestellt. Das Erkrankungsalter liegt zwischen 1 und 74 Jahren. Die klinischen Symptome reichen von Fieber durch Infektionen des Urogenitaltrakts, makroskopischer Hämaturie, Dysurie, Harnverhaltung bis hin zu abdominalen Koliken (Simmonds u. Van Acker, 1983). Obwohl die Erscheinungen gewöhnlich reversibel sind, entwickelte sich bei 10 Patienten eine chronische renale Insuffizienz, die eine Dialyse und in 6 Fällen eine Nierentransplantation erforderte.

Pathophysiologie

Patienten mit APRT-Mangel zeigen keine erhöhten Harnsäurekonzentrationen im Plasma oder Urin. Auch die Gesamtbilanz der Purinendprodukte (Harnsäure, Oxypurinvorstufen, Adeninderivate) ist unter einer purinarmen Diät normal (0,05–0,1 mmol/kg 24 h). Adeninmetaboliten machen einen Anteil von 20–30% aus. Als ungewöhnliche Purinderivate werden Adenin, 8-Hydroxyadenin und 2,8-Dihydroxyadenin in einem Verhältnis von etwa 1,0:0,03:1,5 ausgeschieden (Simmonds u. Van Acker, 1983). Die Ausscheidung des 8-Hydroxyadenins bestätigte In-vitro-Untersuchungen, wonach Adenin anders als Hypoxanthin durch die Xanthinoxidase über einen 8-Hydroxyintermediaten zum 2,8-DHA oxidiert wird. Weitere abnorme Purin- oder Pyrimidinmetaboliten konnten im Urin von APRT-Mangel-Patienten nicht gefunden werden. Bei Heterozygoten für den APRT-Mangel werden keine erhöhten Ausscheidungen von Adenin oder seinen Metaboliten beobachtet.

Die pathologischen Erscheinungen resultieren letztlich aus dem überschüssigen Adenin, das nicht über den Salvage-Weg in den Adeninnukleotidstoffwechsel eingehen kann, sondern durch die Xanthinoxidase über den 8-Hydroxyintermediaten in das extrem nephrotoxische 2,8-DHA umgewandelt wird (Abb. 2.6.1). Die nephrotoxische Wirkung von 2,8-DHA beruht auf der geringen Wasserlöslichkeit von 6,5 mg/l (9×10^{-6} mol/l). In physiologischen pH-Bereichen ändert sich die Wasserlöslichkeit nicht wesentlich (Simmonds u. Van Acker, 1983). Der menschliche Urin kann bei 37 °C jedoch eine höhere Löslichkeit für 2,8-DHA von bis zu etwa 40 mg/l in vitro bzw. 96 mg/l in vivo aufweisen (Peck et al., 1977). Dieses Phänomen wird als Supersaturation bezeichnet. Bei einem symptomfreien Patienten mit APRT-Mangel wurde eine Supersaturation von 80 mg/l festgestellt (Simmonds, 1986). Wahrscheinlich liegen die auch intrafamiliär zu beobachtenden unterschiedlichen Schweregrade der klinischen Erscheinungen in der unterschiedlichen physiologischen Fähigkeit der APRT-Mangel-Patienten, eine Supersaturation von 2,8-DHA im Urin zu gewährleisten, begründet. Durch verstärkte Bindung des 2,8-DHA an Transportproteine (Stern et al., 1972) wird wahrscheinlich eine allgemeine Organschädigung verhindert. Nur die Niere, bei der die Retention der Verbindung am höchsten ist und die aktive Sekretion in den Urin erfolgt, wird durch die Kristallablagerungen geschädigt.

In Erythrozyten von APRT-Mangel-Patienten sind die intrazellulären ATP- und PRPP-Konzentrationen im Normbereich. Daraus läßt sich ableiten, daß der Erythrozyt seinen Adeninnukleotid-Pool überwiegend via Adenosinkinase reguliert (Abb. 2.6.1; Dean et al., 1978). Anders als beim HPRT-Mangel ist die PRPP-Synthetaseaktivität nicht verändert. Offensichtlich spielt der Purin-Salvage-Weg über die APRT also keine vitale Rolle bei der generellen Regulation des Purinstoffwechsels.

Tracer-Studien mit markiertem Adenin unterstützen diese Schlußfolgerung. Danach wird der größte Teil des dem Organismus exogen zugeführten Adenins nicht in lösliche Nukleotide oder Nukleinsäuren eingebaut, sondern katabolisiert und mit dem Urin innerhalb von 24 h wieder als freies Adenin oder Hypoxanthin ausgeschieden (De Verdier et al., 1977). Hohe exogene Adeninbelastungen können nach massiver Transfusion mit Blutkonserven, die, wie in Schweden und den USA praktiziert, mit Adenin stabilisiert wurden, renale Isuffizienz mit intratubulären Kristallablagerungen auch bei Individuen ohne bekannten APRT-Mangel hervorrufen (Falk et al., 1972).

Die T- und B-Lymphozyten-Funktion ist bei Patienten mit APRT-Mangel normal. Man kann also davon ausgehen, daß die APRT im Gegensatz zur Purinnukleosidphosphorylase und der Adenosindesaminase (s. weiter unten) keinen essentiellen Einfluß auf die Immunfunktion hat.

Pathobiochemie

Die APRT (EC 2.4.2.7) katalysiert analog zur HPRT die Bildung von 5'-AMP aus Adenin und PRPP in Gegenwart von Mg^{2+}-Ionen (Abb. 2.6.1). Neben Adenin kann die APRT auch Adeninanaloga wie z.B. 2,6-Diaminopurin, 8-Azaadenin, 2-Fluoradenin, 6-Methylaminopurin und 6-Methylpurin metabolisieren (Krenitzky et al., 1969a). Die dabei entstehenden unnatürlichen Purinnukleotide sind oft zytotoxisch und können in vitro für die Selektion von APRT-defizienten Zellen genutzt werden (Steglich u. DeMars, 1982). Das Enzym ist ähnlich wie die HPRT in allen Geweben aktiv. Die APRT-Aktivität beträgt dabei etwa 1/3 der HPRT-Aktivität (Kelly u. Wyngaarden, 1983). Das Enzym kommt überwiegend zytoplasmatisch vor, wobei ein kleiner Anteil an die Zellmembran gebunden zu sein scheint (De Bruyn u. Oei, 1977). Offensichtlich ist die APRT einem aktiven transmembranen Adenintransportsystem angeschlossen (Kraupp et al. 1991).

Eine APRT-Untereinheit besteht aus 179 Aminosäuren, woraus sich ein berechnetes Molekulargewicht von 19 481 für ein Monomer ergibt (Wilson et al., 1986b). Durch Dimerisierung entsteht die aktive Form der APRT.

Biochemisch lassen sich 2 APRT-Mangel-Typen unterscheiden. Bei Patienten mit Typ-I-Defekt wurden mutante APRT-Enzyme immunchemisch und elektrophoretisch in Hämolysaten und B-Lymphozyten untersucht (Wilson et al., 1982a; Kishi et al., 1984). Die APRT-Aktivität und das immunreaktive Protein betrugen weniger als 1% der Kontrollwerte. Bei Heterozygoten bewegte sich die APRT-Aktivität in Hämolysaten um 25% der Norm, während für das immunreaktive Protein Werte zwischen 22% bis hin zu normalen Werten gefunden wurden. In Lymphoblasten lagen die entsprechenden Werte bei 46% und 41%.

Der Typ II wird nur in Japan gefunden. Die veränderte APRT beim Typ-II-Defekt zeigt eine verringerte PRPP-Bindung im Vergleich zum Wildtypenzym. Der $S_{0,5}$-Wert des Wildtypenzyms beträgt 2,9 µM, während die halbe Sättigungskonzentration für mutante Enzyme zwischen 47 und 82 µM schwankt. Die Adeninbindung war im Gegensatz zu Typ-I-Defekten normal, das immunreaktive Protein jedoch auch verringert (Fujimori et al., 1986). Wildtyp- und Typ-II-APRT unterschieden sich nicht im isoelektrischen Punkt. Dennoch können normales und mutantes Enzym durch Stärkegelelektrophorese oder sequenzspezifische Proteinspaltung voneinander getrennt werden (Abe et al., 1987). Das mutante Enzym wandert gegenüber dem Normalenzym mehr anodal. Aufgrund der dimeren Struktur des aktiven Enzyms können in der Elektrophorese von Heterozygoten sogar 3 Banden nachgewiesen werden. Die 3. Bande repräsentiert Heterodimere aus normalem und mutantem Monomer. Auf diese Weise kann die Stärkegelelektrophorese auch für die Heterozygotentestung eingesetzt werden (Wilson et al., 1982a).

In einigen Berichten werden Patienten mit Gicht und partiellem APRT-Mangel beschrieben (Delbarre et al., 1974). Bei diesen Patienten ist die Gicht wahrscheinlich nicht auf den partiellen Enzymmangel zurückzuführen, da das untersuchte APRT-Protein keine funktionellen und strukturellen Veränderungen aufwies (Emmerson et al., 1975). Es wird daher eher angenommen, daß es sich in solchen Fällen um eine zufällige Kombination der Heterozygotie für ein mutantes APRT-Allel und einem anderen die Gicht auslösenden Faktor handeln könnte. Untersuchungen in Familien mit dieser ungewöhnlichen Kombination könnten dieses Problem lösen helfen (Moro et al., 1991).

Molekulargenetik und molekulare Pathologie

Das vollständige genomische APRT-Gen wurde 1984 von 2 Gruppen unabhängig voneinander kloniert (Murray et al., 1984; Stambrook et al., 1984). Seit 1987 liegt auch die vollständige Sequenz des Gens vor (Broderick et al., 1987; Hidaka et al., 1987) und ist in genetischen Datenbanken (EMBL, NCBI) unter der Zugriffsnummer M16.446 registriert. Die vollständige Länge des genomischen Gens beträgt etwa 2500 bp und ist in 5 Exons und 4 Introns gegliedert (Abb. 2.6.4). Die transkribierte mRNA hat eine Länge von 805 Nukleotiden und enthält einen offenen Leserahmen, der für 180 Aminosäuren kodiert. Nach der posttranslationalen Abspaltung des N-terminalen Methioninrests und Azetylierung des folgenden Alanins liegt das aus 179 Aminosäuren bestehende Monomer der APRT vor. Die vom offenen Leserahmen der cDNA-Sequenz abgeleitete Aminosäuresequenz stimmt vollständig mit der früher durch Proteinsequenzierung bestimmten Aminosäuresequenz überein (Wilson et al. 1986b).

Die kodierenden Bereiche des humanen und murinen Gens sind zu 80% identisch (Broderick et al., 1987). Die Homologie zum bakteriellen Enzym beträgt 42% (Hershey u. Taylor MW, 1986). Die Intron-Exon-Strukturen des humanen und murinen APRT-Gens sind identisch. Deutliche Sequenz-

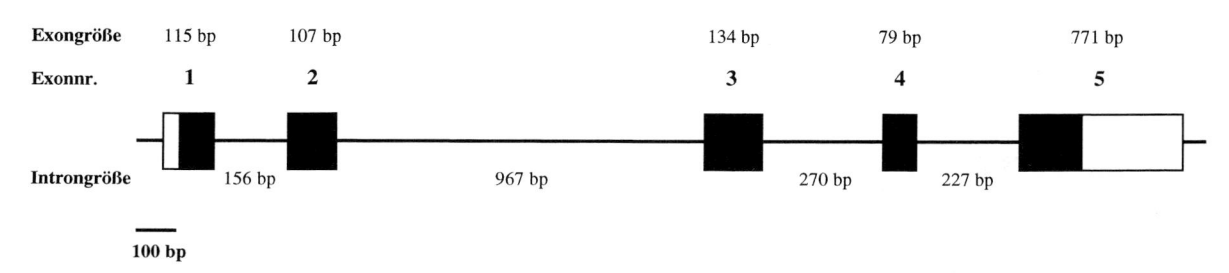

```
Exongröße    115 bp    107 bp              134 bp    79 bp    771 bp
Exonnr.        1         2                   3         4        5

Introngröße      156 bp       967 bp           270 bp    227 bp
```

Abb. 2.6.4. Struktur des APRT-Gens. *Ausgefüllte Flächen der Exons* kodierender Bereich, *nicht ausgefüllte Bereiche* 3'- und 5'-untranslatierte Regionen, *bp* Basenpaare, *kb* Kilobasenpaare

unterschiede bestehen zwischen den Promotor- und Intronsequenzen beider Spezies (Boderick et al., 1987). Wie für ein Houskeeping-Gen typisch, finden sich in der Promotorregion keine CAAT- und TATA-Sequenzen. Dafür sind 5 G- und C-reiche Boxen gefunden worden, die wahrscheinlich Bindungsorte für Transkriptionsfaktoren wie beispielsweise Sp1 sind. Eine hochkonservierte Verteilung von CpG-Dinukleotiden in den Genen der Maus und des Menschen lassen auf eine Beteiligung bei der Regulation der Genaktivität durch Methylierung schließen.

Das APRT-Gen kartiert zum langen Arm des Chromosoms 16 in der telomeren Region 16q24 (Fratini et al., 1986). Es liegt distal zum Haptoglobingen (HP) und einem fragilen Locus (FRA16D) in der Reihenfolge HP-FRA16D-APRT-qter.

Seit Aufklärung der Genstruktur können die Mutationen des APRT-Gens bei Patienten mit APRT-Mangel auf DNA-Ebene charakterisiert werden. In 19 Familien, die nicht aus Japan stammen, wurden 14 verschiedene APRT-Genmutationen gefunden (Simmonds et al., 1995b). Sie repräsentieren Basensubstitutionen, kleinere Deletionen und Insertionen. Für das gehäufte Auftreten von 2 Mutationen konnten ein Founder-Effekt (Laxdahl, 1992) bzw. gemeinsame ancestrale Verwandtschaftsbeziehungen wahrscheinlich gemacht werden (Chen et al., 1993b).

Unter den insgesamt untersuchten 20 japanischen Familien mit Typ-I-Defekt und 57 Familien mit Typ-II-Defekt konnten nur 3 unterschiedliche Mutationen identifiziert werden, die 96% der mutanten Allele in der japanischen Population ausmachen. Alle Typ-II-Patienten sind auf die Mutation M136T, Methionin zu Thyrosin im Kodon 136 zurückzuführen, die die hypothetische PRPP-Bindungsstelle des Enzyms verändert. Wie Kopplungsuntersuchungen in den betroffenen Familien zeigten, ist es sehr wahrscheinlich, daß alle Typ-II-Defekte auf eine einzelne, ancestrale Mutation zurückzuführen sind, die, wie berechnet wurde, vor etwa 4340–43360 Jahren entstanden sein könnte (Kamatani et al., 1990). Auch die beiden zum Typ I führenden Mutationen scheinen gemeinsame ancestrale Wurzeln zu haben (Kamatani et al., 1992). Nach Schätzungen von Kamatani et al. (1987) ist etwa 1% der japanischen Population heterozygot für ein mutantes APRT-Gen. Detaillierte Beschreibungen der Mutationen können Datenbanken wie OMIM (http://www3.ncbi.nlm.nih.gov/htbin-post/Omim/) und HGMD (http://www.cf.ac.uk/uwcm/mghgmd0.html) entnommen werden.

Tiermodelle

Die indirekte nephrotoxische Wirkung von Adenin via 2,8-DHA wurde schon früh durch Minkowski (1898) festgestellt, der Versuchstiere mit Adenin fütterte. Seit dieser Zeit wurde die Nephrotoxizität von 2,8-DHA an vielen Säugern nachgewiesen (Übersicht bei Cameron et al., 1977). Nach diesen Studien wurde unter einer Belastung des Stoffwechsels von weniger als 10 mg Adenin/kg KG nur wenig 2,8-DHA gebildet. Mit steigenden Dosen erschienen gelbliche 2,8-DHA-Kristalle im Urin und in den Nierentubuli. Höhere Dosen bewirkten auch eine Ablagerung im Interstitium, gefolgt von progressiven Nierenfunktionsstörungen, die schließlich zum Tod führten. Nur beim Rind scheint 2,8-DHA auch in anderen Organen wie Leber, Niere und Lymphknoten abgelagert zu werden (McCaskey et al., 1991).

Engle et al. (1996a) stellten ein Knockout-Mausmodell für den APRT-Mangel her. Homozygote Mäuse für das APRT-Nullallel schieden Adenin und 2,8-DHA mit dem Urin aus und entwickelten eine Nephrolithiasis. Als histopathologische Veränderungen wurden ausgedehnte Dilatationen der Nierentubuli, Entzündungen, Nekrosen und Fibrosen unterschiedlichen Ausmaßes in den Nieren gefunden.

Diagnostik

Sowohl Typ-I- als auch Typ-II-APRT-Defekte können durch die charakteristischen gelblich-braunen, rundlichen Kristalle des 2,8-DHA im Urin oder bräunliche Flecken in der Windel erkannt werden. Das 2,8-DHA und Harnsäure sind chemisch analog. Dadurch sind sie mit klinisch-chemischen Routinetests nicht voneinander zu unterscheiden, was besonders in früheren Jahren zu Fehldiagnosen führte. Dabei wurden 2,8-DHA-Sedimente irrtümlich als Harnsäure eingestuft (Simmonds u. Van Acker, 1983). Durch weiterführende Laboruntersuchungen, wie Phosphoreszenz unter UV-Strahlung, UV-Spektralanalyse, Infrarotspektralanalyse, Massenspektroskopie, Röntgenkristallographie und Hochdruckflüssigkeitschromatographie kann eine zweifelsfreie Unterscheidung beider Purinanaloga erreicht werden. Besonders suspekt sollten diagnostizierte Uratsteine bei Kindern sein, die anderweitig klinisch unauffällig sind. Bei weiterer Untersuchung erweisen sich 95–98% davon als 2,8-DHA-Steine (Simmonds et al. 1992). Asymptomatische Individuen können gelegentlich durch die charakteristischen 2,8-DHA-Kristalle im Urinsediment oder eine bräunliche Windelfärbung erkannt werden. Es soll betont werden, daß eine frühzeitige und exakte Steindiagnose entscheidend für die erfolgreiche Behandlung des APRT-Mangels ist (Ceballos-Picot et al., 1992).

Letzlich wird der APRT-Mangel biochemisch durch eine APRT-Aktivitätsbestimmung in Erythrozytenlysaten oder auf Filterpapier aufgetropften Blutproben bestätigt (Kelley et al., 1968; Nishida u. Miyamoto, 1986). Die Enzymbestimmung allein kann jedoch nicht die verschiedenen mutanten Formen, Heterozygote und Compound-Heterozygote, voneinander trennen. Sie sollte ergänzt werden durch Bestimmung der APRT-Aktivität in intakten Erythrozyten und B-Lymphozyten, Messung der Adeninaufnahme an intakten Zellen, Prüfung der Sensitivität kultivierter Zellen gegenüber Adeninanaloga, Analyse des Urins auf Adenin und seine Oxidationsprodukte und Stärkegelelektrophorese zur Auftrennung von Wildtyp-APRT, mutanten Isoformen und Heterodimeren (Wilson et al., 1982a; Simmonds et al., 1995b). Am sichersten lassen sich die APRT-Defekte jedoch durch eine DNA-basierte Mutationsanalyse differenzieren.

Therapie

Für alle Homozygote mit einem APRT-Mangel, insbesondere solche mit Harnsteinen, wird eine Diät mit geringem Adeninanteil und hoher Flüssigkeitsaufnahme empfohlen (Van Acker et al., 1977). Medikamentös kann die Bildung von 2,8-DHA effektiv durch Allopurinol – einen Xanthinoxidasehemmer – reduziert werden (Abb. 2.6.1) (Simmonds u. Van Acker, 1983). Zwar wird dadurch die Gesamtausscheidung von Adeninverbindungen nicht beeinflußt (sie beträgt 20–30% der Gesamtpurinausscheidung), aber das Verhältnis der einzelnen Verbindungen wird verändert. So wird hauptsächlich freies Adenin ausgeschieden (Van Acker et al., 1977). Für Kinder liegt die Dosierung des Allopurinols bei 10 mg/kg KG Tag. Erwachsene werden mit 300 mg/Tag behandelt. Bei Patienten mit akuten Nierenfunktionsstörungen sollte die Dosis auf 5 mg/kg KG Tag und bei Erwachsenen auf 100 mg/Tag herabgesetzt werden. Auch unter Allopurinolbehandlung sollte eine purinarme Diät eingehalten werden (Simmonds et al., 1995b). Unter Langzeitbehandlung mit Allopurinol bis zu 14 Jahren konnten keine nachteiligen Effekte, z.B., hervorgerufen durch höhere zirkulierende Adeninkonzentrationen, beobachtet werden (Van Acker u. Simmonds, 1991). Wie eine Studie zur Langzeittherapie zeigte, bleiben Kinder, bei denen nach Erreichen der Pubertät die Allopurinolbehandlung abgesetzt wird, auch ohne weitere Behandlung symptomlos (Van Acker u. Simmonds, 1991).

Vorhandene 2,8-DHA-Steine können durch extrakorporale Schockwellenlithotripsie schonend beseitigt werden (Frick et al., 1991). Bei sehr starker Nierenschädigung kann die Nierenfunktion erfolgreich über eine Nierentransplantation wiederhergestellt werden (Simmonds et al. 1995b).

2.6.2.2.3 Adenosindesaminase(ADA)-Mangel

Einführung

Zufällig wurde von Giblett et al. (1972) bei der Untersuchung polymorpher Marker bei einem für eine Knochenmarktransplantation vorgesehenen Patienten mit kombinierter Immundefizienz (CID) ein Mangel an erythrozytärer Adenosindesaminase entdeckt (McKusick: 102.700). Klinisch manifestiert sich die Erkrankung überwiegend im frühen Kindesalter mit Infektanfälligkeit und profunder Lymphopenie. Die meisten Patienten haben Defekte sowohl in der zellulären als auch der humoralen Immunität. Aufgrund des in letzter Zeit verbreiterten klinischen Spektrums sollte auch bei Patienten mit unklaren Immundefizienzen, die während und sogar nach der 2. Lebensdekade erkranken, an einen ADA-Mangel gedacht werden.

Beschreibung des Krankheitsbilds

Die beiden haupsächlichen funktionellen Bestandteile des Immunsystems sind die zellvermittelte Immunität, die primär durch T-Lymphozyten realisiert wird, und die humorale Immunität, die von den in B-Lymphozyten und Plasmazellen produzierten Antikörpern vermittelt wird. Dennoch betreffen primäre, hereditäre Defekte meist nur eine der Immunkomponenten, während die andere relativ intakt bleibt. T-Zell-Erkrankungen sind primär mit viralen und opportunistischen Infektionen assoziiert, während B-lymphozytäre Defizienzen überwiegend zu Hypogammaglobulinämie und Infektanfälligkeit gegenüber enkapsulierten Bakterien neigen. Die kombinierte Immundefizienz, bei der sowohl die zellvermittelte als auch die humorale Immunität gestört ist, ist eine seltene Erkrankung, die durch verschiedene primäre genetische Defekte hervorgerufen werden kann. Etwa die Hälfte der Fälle wird X-chromosomal und die andere autosomal-rezessiv vererbt. Von letzteren werden 30–50% durch den ADA-Mangel hervorgerufen (Hirschhorn, 1990). Die Inzidenz der Erkrankung liegt zwischen 1:100 000 und 1:200 000.

In ihrer schwersten Form manifestiert sich die CID innerhalb der ersten Lebenswochen und -monate meist durch Soor, Lungenentzündung, Durchfall und Gedeihstörungen (Hershfield u. Mitchell, 1995). Sie endet meist vor Erreichen des 2. Lebensjahrs fatal. Zwischen 85% und 90% der mit ADA-Mangel diagnostizierten Patienten unterscheiden sich klinisch nicht von anderen Patienten mit schwerer CID (Polmar, 1980). Initial werden die Patienten in solchen Körperregionen infiziert, die Mikroorganismen ausgesetzt sind, z. B., Haut, gastrointestinales und respiratorisches System. Dabei wird ein breites Spektrum gewöhnlicher Pathogene und opportunistischer Keime (Viren, Pilze, Bakterien und Protozoen) angetroffen. Virale Pneumonien, Kandidose und persistierende Diarrhö sind sehr häufig. Sie erschweren die Ernährung und führen so zu Gedeihstörungen. Komplikationen durch Infektionen mit Zytomegalieviren, Varizellen und weiteren DNA- und RNA-Viren, die immunsuppressiv wirken, sind oft die Todesursache in den ersten 2 Jahren. Impfungen mit lebender Vakzine kann bei ADA-Mangel-Patienten ebenfalls fatal enden. Patienten, die die frühe Kindheit durch Infektionsprophylaxe und -bekämpfung überleben, leiden später meist unter pulmonaler Insuffizienz und weiteren chronischen Konsequenzen wiederholter oder persistierender Infektionen. Außer den mit der Infektion zusammenhängenden physischen Befunden ist bei den Patienten mit schwerer CID röntgenologisch das Fehlen von Lymphknoten und pharyngealem lymphoidem Gewebe auffällig.

Etwa 10–15% der ADA-Mangel-Patienten haben einen milderen, später einsetzenden Krankheitsverlauf mit relativ gut erhaltener humoraler Immunität (Giblett et al., 1972; Shovlin et al., 1993). Bei einigen Patienten treten die ersten schweren Infektionen erst nach dem 2. bzw. 3. Lebensjahr auf, so daß eine CID oft nicht vor dem 3. bis 8. Lebensjahr als Diagnose in Betracht gezogen wird. Es wurde sogar über 2 Frauen mit lang anhaltender pulmonaler Insuffizienz berichtet, bei denen die Diagnose erst im Alter von 34 bzw. 35 Jahren gestellt wurde (Shovlin et al., 1993). Diese außergewöhnlichen Fälle weisen darauf hin, daß es unter den ADA-Mangel-Patienten eine verkannte Gruppe gibt, bei der die Immundefizienz mit langem Überleben vereinbar ist. Aber auch in diesen Fällen wird eine fortschreitende klinische Verschlechterung beobachtet.

Obwohl oft schwer einzuschätzen, gibt es eine intrafamiliäre Heterogenität der Krankheitserscheinungen. Allerdings führt in den meisten Fällen die Aufmerksamkeit, die durch die Erkrankung eines Familienmitglieds hervorgerufen wird, zur früheren Diagnose bei weiteren betroffenen Verwandten und täuscht dadurch eine Heterogenität vor. In einigen Fällen wurde auch Autoimmunität beobachtet, die mit dem ADA-Mangel in Zusammenhang gebracht werden kann. Sie ist jedoch ebenso wie neurologische Anomalien häufiger beim Purinnukleosidphosphorylasemangel zu beobachten (Hershfield u. Mitchell, 1995).

Histopathologisch liegt bei schwerer CID meistens eine hypoplastische Schilddrüse vor, in der keine Lymphozyten und Hassall-Körperchen nachweisbar sind (Hirschhorn, 1979; Ratech et al., 1989). In einigen Fällen werden allerdings in der Schilddrüse von ADA-Mangel-Patienten regional differenziertes Schilddrüsenepithel und Hassall-Körperchen gefunden. Ein 6 Monate alter betroffener Säugling hatte sogar eine normale Schilddrüsenmorphologie. In Lymphknoten und Milz von Patienten finden sich keine oder nur sehr wenige Lymphozyten (Ratech et al., 1989).

Pathophysiologie

Um die Basis für die selektive Lymphopenie beim ADA- und PNP-Mangel sowie einige Therapiekonzepte zu verstehen, muß sowohl der normale als auch der biochemisch defekte Metabolismus der

Purinnukleoside extra- und intrazellulär sowohl in lymphoiden als auch nichtlymphoiden Zellen bekannt sein. Die normalen Adenosinkonzentrationen liegen im Plasma zwischen 0,05 und 0,4 µmol/l. Andere Purinnukleoside sind gewöhnlich gar nicht nachweisbar. Es werden auch kaum Nukleoside mit dem Urin ausgeschieden. Intrazellulär liegen Purine fast ausschließlich als Nukleotide, Nukleinsäuren oder andere Formen vor, in denen an das 5′-C-Atom des Pentoserests eine Aminosäure gebunden ist – hauptsächlich S-Adenosylmethionin und sein Derivat S-Adenosylhomocystein. Die Purinnukleoside werden als transiente Intermediate von Purinkatabolismus und -interkonversion gebildet (Abb. 2.6.1). Ungeachtet der sehr geringen Konzentration freier Nukleoside ist deren Umsatz im Plasma und intrazellulär sehr hoch. Die geringe Steady-state-Konzentration der Nukleoside spiegelt deren schnellen Aufnahme und effizienten Metabolismus wider.

Bei ADA-Mangel können die Adenosin- und Desoxyadenosinkonzentrationen im Plasma erhöht sein (Hershfield u. Mitchell, 1995). Obwohl die Plasmakonzentrationen von Adenosin relativ zum Desoxyadenosin höher sind, wird mit dem Urin mehr Desoxyadenosin als Adenosin ausgeschieden, was für eine effizientere Wiederverwertung von Adenosin spricht. Im Urin von Patienten können auch erhöhte Konzentrationen methylierter und unvollständig charakterisierter Adenosinderivate auftreten. Die Harnsäurekonzentrationen in Urin und Plasma sind bei ADA-Mangel im Normalbereich.

Fast alle Zellen haben ein relativ unspezifisches, aktives Transportsystem für Nukleoside, das auf erleichterter Diffusion beruht (Plagemann et al., 1988). Es wirkt in beide Richtungen und sorgt für die Equilibrierung intra- und extrazellulärer Nukleosidkonzentrationen. Daneben gibt es noch 2 spezifische Transportsysteme für die aktive Aufnahme von Purin- bzw. Pyrimidinnukleosiden. Endothel- und andere Zellen, einschließlich B- und T-Lymphozyten, weisen hohe 5′-Ektonukleotidase- und Ekto-ATPase-Aktivität auf, die Adenosin aus extrazellulären Adeninnukleotiden bilden und über ein gekoppeltes Transportsystem in die Zelle transportieren. Obwohl es naheliegend wäre, anzunehmen, daß Purinnukleotide aus der Nahrung eine Quelle für exogene Nukleoside sind, ist das doch wenig wahrscheinlich. Im gastrointestinalen Trakt werden hohe Aktivitäten von 5′-Nukleotidase, Alkalischer Phosphatase, ADA, PNP, XO und Guanindesaminase exprimiert, die Purinnukleotide und -nukleoside aus der Nahrung wirksam zu Urat katabolisieren, bevor diese in die Purininterkonversion eingehen können (Witte et al., 1991).

Intrazellulär wird Adenosin fast ausschließlich durch die Hydrolyse von S-Adenosylhomocystein – einem Nebenprodukt der S-Adenosylmethionin-abhängigen Transmethylierung – gebildet. Über die Adenosinkinase wird das Adenosin zu AMP rephosphoryliert oder durch die ADA zu Inosin desaminiert. In intakten lymphoblastoiden B-Zellen übersteigt bei normalen Adenosinkonzentrationen die Phosphorylierung die Desaminierung. Erst bei erhöhten Konzentrationen wird die Desaminierung aktiver und die Phosphorylierung blockiert (Snyder et al., 1980).

Im Gegensatz zum Adenosin wird Desoxyadenosin nicht in allen Zellen gebildet. Es stammt in erster Linie aus dem Abbau der DNA alternder hämopoetischer Zellen, Erythrozytenvorstufen und apoptotischer Zellpopulationen in Makrophagen (Chan, 1979; Henderson u. Smith, 1981). Desoxyadenosin und Desoxyguanosin werden von der ADA und PNP im Makrophagen in Desoxyinosin bzw. -guanosin umgewandelt, bevor sie die Zelle verlassen, oder sie werden in den extrazellulären Raum abgegeben, wo sie von anderen Zellen aufgenommen und weiter desaminiert bzw. dephosphoryliert werden. Der Mangel von ADA und PNP läßt die Purindesoxynukleoside zu toxischen Konzentrationen besonders in unreifen Thymozyten und anderen lymphoiden Zellen ansteigen. Durch verstärkte Phosphorylierung der Desoxynukleoside werden die gewöhnlich sehr kleinen dATP- und dGTP-Pools vergrößert. In Erythrozyten sind daher die Konzentrationen von dATP bzw. dGTP und der Gesamtdesoxypurinnukleotide bei ADA- bzw. PNP-Mangel deutlich erhöht. Sie liegen zwischen 300 und 2000 nmol/ml bei Patienten mit frühem und zwischen 60 und 300 nmol/ml bei Patienten mit späterem Erkrankungsbeginn. Der Normalwert bewegt sich von <1–3 nmol/ml.

Die Desoxynukleoside wirken bei ADA- und PNP-Mangel nicht direkt toxisch, sondern erst nachdem sie verstärkt in die entsprechenden Nukleotide oder andere Verbindungen umgewandelt worden sind. Diese können dann in mehreren Stoffwechselvorgängen pathologische Veränderungen hervorrufen (Hershfield u. Mitchell, 1995). Der Anstieg von Adenosinnukleotiden inhibiert beispielsweise spezifisch die Spaltung von S-Methylhomocystein, wodurch die über S-Methylmethionin vermittelte Transmethylierung blockiert wird. So hat die eingeschränkte Transmethylierung durch erhöhte Desoxyadeninkonzentrationen einen „suizidalen" Effekt insbesondere auf lymphoide

Zellen, indem die intrazelluläre methylierungsabhängige Regulation von Genaktivitäten und posttranslationale Modifikationen zur Regulation von Proteinfunktionen gestört werden (Holliday, 1987).

Anderseits wirken erhöhte intrazelluläre Desoxyribonukleotidkonzentrationen inhibitorisch auf die Ribonukleotidreduktase (Hershfield u. Mitchell, 1995). In sich teilenden Zellen werden Desoxyribonukleotide de novo durch die Reduktion von ADP, GDP, CDP und UDP zu den entsprechenden 2'-Desoxyderivaten reduziert. Diese sehr streng regulierte Reaktion wird durch die Ribonukleotidreduktase (EC 1.17.4.1) katalysiert und hält den intrazellulären Desoxyribonukleotid-Pool sehr niedrig, ungefähr bei 1% von dem der entsprechenden Ribonukleotide. Eine balancierte Synthese der DNA-Bausteine wird durch komplexe allosterische Effekte der Desoxyribonukleotide auf die Ribonukleotidreduktase erreicht. Kultivierte T-Lymphoblasten-Mutanten mit erhöhter Ribonukleotidreduktaseaktivität oder Reduktasemutanten mit Resistenz gegenüber dATP und dGTP zeigten eine geringere Empfindlichkeit gegenüber Desoxyadenosin und -guanin. Diese Ergebnisse führten zu der Hypothese, daß die bei ADA- und PNP-Mangel beobachteten T-Zell-Defekte auf einer Inhibition der Ribonukleotidreduktase beruhen, wodurch die DNA-Replikation aufgrund des Mangels an Grundbausteinen blockiert wird.

Nukleosidkinasen haben eine besonders hohe Aktivität in lymphoiden Zellen und Geweben, so daß es hier bei ADA- oder PNP-Mangel zu einer vertsärkten Bildung der Desoxynukleotide kommt. Im Gegensatz zu den T-Lymphozyten haben die B-Lymphozyten jedoch einen effizienteren Nukleotidkatabolismus, wahrscheinlich bedingt durch eine höhere 5'-Ektonukleotidaseaktivität. Basierend auf der Gewebeverteilung der Nukleosidkinaseaktivität und der relativ höheren Empfindlichkeit von T-Lymphozyten gegenüber Purinnukleosiden wurde postuliert, daß nur T-Zellen, nicht aber B-Zellen und darüber hinaus nichtlymphoide Zellen bei ADA- und PNP-defizienten Patienten dATP und dGTP akkumulieren. Diese nicht unwidersprochene Hypothese könnte die selektiven zellulären Immundefekte bei ADA- und PNP-Mangel und auch die relative Aussparung der B-Lymphozyten bei PNP-Mangel bzw. bei 10–15% der ADA-Patienten erklären.

Weiterhin haben der erhöhte dATP- bzw. dGTP-Pool auch Einfluß auf andere z. T. noch wenig verstandene intrazelluläre Stoffwechselprozesse, wie z. B., auf terminale Transferasen, die Aktivierung des ATP-Katabolismus u. a. m. Ungeachtet der vielen verfügbaren Informationen hinsichtlich des Stoffwechsels und der komplexen Wirkung der ADA- und PNP-Substrate sind die Ursachen der Immundefizienz bei ADA- und PNP-Mangel dennoch nicht vollständig verstanden.

Pathobiochemie

Die Adenosindesaminase (EC 3.5.4.4) katalysiert die irreversible Desaminierung von Adenosin und Desoxyadenosin zu Inosin und 2'-Desoxyinosin (Abb. 2.6.1). Das Enzym wird ubiquitär in allen Zellen und Geweben exprimiert. Beim Menschen wird die höchste Aktivität in der Schilddrüse und anderen lymphoiden Geweben gefunden (Hershfield u. Mitchell, 1995). Die ADA kommt überwiegend intrazellulär vor. Sie scheint aber in geringem Maß auch Oberflächen-assoziiert zu sein.

Die verschiedenen ADA-Formen repräsentieren eine Kombination aus genetischem Polymorphismus und Isoformen, die durch posttranslationale Modifikation entstehen. Darüber hinaus ist das katalytische 41 000-Peptid der ADA in einigen Zellen und Geweben an einen nichtkatalytischen homodimeren 200 000-Konversionsfaktor – auch *binding protein* oder *complexing factor* genannt – gebunden (Van Der Weyden u. Kelley, 1976; Daddona u. Kelley, 1978). Obwohl die biologische Funktion des ADA-Komplexes nicht verstanden ist, könnte er bei der Bindung der ADA an Zelloberflächen und somit möglicherweise am extrazellulären Adenosinkatabolismus oder auch an einer nichtkatalytischen T-Zell-Funktion beteiligt sein (Andy u. Kornfeld, 1982; Dinjens et al., 1989). Unabhängig von der Bindung an den Konversionsfaktor wird die katalytische Aktivität der ADA nicht beeinträchtigt. Auf alle Fälle trägt der ADA-Komplex zusätzlich zu dem sehr komplexen Isoformenmuster in den unterschiedlichen Geweben bei. Am einfachsten ist das ADA-Muster aus Erythrozyten mittels Stärkegelelektrophorese zu interpretieren. Ein dort damit nachweisbares 3-Banden-Muster repräsentiert einen diallelen kodominant vererbten Polymorphismus, der in allen bisher untersuchten ethnischen Gruppen vorzukommen scheint. Die Frequenz des seltenen ADA^2-Allels schwankt zwischen 0,3 und 0,11 (Spencer et al., 1968).

Die gereinigte katalytisch aktive ADA ist ein Monomer mit einem geschätzten MG von 36 000–44 000 (Schrader et al., 1976; Daddona u. Kelley, 1977). Das Monomer besteht aus 362 Aminosäuren mit einem berechneten MG von 40 762, von dem posttranslational das initiale Methionin abgespalten wird (Daddona et al., 1984). Nach kristallographischen Untersuchungen ist das Protein aus 8 zentralen β-Strängen und 8 peripheren α-Helices aufgebaut (Wilson et al., 1991). Jedes ADA-Molekül bindet ein Zinkatom als Kofaktor in einem taschenförmigen katalytischen Zentrum. Das Zinkatom ist auch für die extrem hohe Affinität zu den 6-Hydroxylgruppen von ADA-Inhibitoren verantwortlich. Die Aminosäuresequenz weist nicht nur Homologien zu Adenindesaminasen anderer Spezies, sondern auch zu katalytisch verwandten Enzymen wie der Adenylatdesaminase auf, was auf eine gemeinsame Evolution der beiden Gene schließen läßt (Chang et al., 1991).

Bei ADA-Mangel-Patienten können keine ADA-Isoenzyme in Erythrozyten und Geweben nachgewiesen werden, was auf den Defekt des katalytisch aktiven ADA-Peptids deutet. Der ADA-Konversionsfaktor ist bei ADA-Mangel-Patienten in Fibroblasten, aktivierten T-Zellen, Leber und Niere normal. Eine geringe Adenosindesaminaseaktivität bei ADA-Mangel-Patienten konnte biochemisch von der ADA abgegrenzt werden und ist einer unspezifischen Aminohydrolaseaktivität eines anderen Enzyms zuzuordnen (Daddona u. Kelley, 1981).

Gewöhnlich werden bei immundefizienten Patienten ADA-Aktivitäten von <1% bzw. immunreaktives Protein von <12% gefunden (Wiginton u. Hutton, 1982). Mutante ADA-Proteine aus Erythrozyten, kultivierten Fibroblasten und lymphoblastoiden Zellinien immundefizienter Patienten zeigten hinsichtlich ihrer elektrophoretischen Mobilität, Stabilität, immunologischer Kreuzreaktivität und, wo katalytische Aktivität meßbar war, kinetischen Parameter eine bemerkenswerte Heterogenität (Daddona et al., 1979). Höhere ADA-Aktivitäten und immunreaktives Protein wurden bei gesunden Personen gefunden, die einen partiellen ADA-Mangel haben. Das ADA-Protein solcher Probanden verhält sich hinsichtlich der Temperatursensitivität und elektrophoretischen Mobilität normal. Bei 4 Fällen war die reduzierte Enzymaktivität mit normaler mRNA-Synthese gekoppelt, was auf einen beschleunigten Abbau des Enzymproteins hinweist. Viele Personen mit partiellem Mangel sind, wie die später mögliche Mutationsanalyse im ADA-Gen ergab, Heterozygote für 2 unterschiedliche mutante Allele (Santisteban et al., 1993).

Neben dem ADA-Mangel ist auch eine autosomal-dominant vererbte erythrozytäre Hyperaktivität der ADA bekannt, die mit hämolytischer Anämie einhergeht (Valentine et al., 1977; Miwa et al., 1978). Die Lymphozytenfunktion und Immunfunktion sind hierbei normal. Bei den Betroffenen findet sich in Erythrozyten ein erhöhter Gehalt an katalytisch und immunologisch normaler ADA. Dieser Defekt ist wahrscheinlich mit einer erhöhten Transkription des ADA-Gens, hervorgerufen durch die Mutation eines cis-Elements, zu erklären (Chen et al., 1993a).

Molekulargenetik und molekulare Pathologie

Das humane ADA-Gen (EMBL, NCBI, Datenbankzugriffsnummer der cDNA-Sequenz: U10.439) liegt auf Chromosom 20 in der Region 20q12–q13 (Jhanwar et al., 1989) und umfaßt in seiner genomischen Struktur vom Transkriptionsstart bis zum Start der Polyadenylierung 30040 bp (Valerio et al., 1985; Wiginton et al., 1986). Es besteht aus 12 Exons und 11 Introns (Abb. 2.6.5). Promotoraktivität konnte in einer Region von 135 bp vor dem hauptsächlichen Transkriptionsort nachgewiesen werden. Der Promotor setzt sich zu 82% aus G- und C-Nukleotiden zusammen und weist – wie für konstitutiv exprimierte Gene oft gefunden – keine CAAT- und TATA-Sequenzen auf. Der Promotor des ADA-Gens der Maus hat eine ähnliche Struktur. Dort wurde als Kernpromotor eine Sequenz TAAAAAA beginnend mit dem Nukleotid −27, die den Transkriptionsfaktor IID bindet, und ein SP1-Ort mit hoher Bindung beginnend mit Nukleotid −54 identifiziert (Innis et al., 1991). SP1-Orte strangaufwärts steigern die Kernpromotoraktivität noch. Weitere cis-Elemente, die bis zu 3,7 kb vom Transkriptionsstart entfernt und auch im 15 kb überspannenden ersten Exon gefunden worden sind, regulieren ebenfalls die ADA-Transkription (Aronow et al., 1989).

Die Charakterisierung von Mutationen im ADA-Gen bei immundefizienten Patienten deckte, wie bereits die biochemische Charakterisierung mutanter ADA-Proteine erwarten ließ, einen hohen Grad von molekularer Heterogenität auf (Hershfield u. Mitchell, 1995; OMIM, http://www3.ncbi.nlm.nih.gov/htbin-post/Omim/ und HGMD, http://www.cf. ac.uk/uwcm/mghgmd0.html). Bisher wurden knapp 30 verschiedene ADA-Genmutationen entdeckt. Der größte Teil sind Basensubstitutionen, kleine Deletionen und Insertionen, die zu Missense- und Spleißmutationen führen. In 2 Fällen verursachten kleine Deletionen einen frühzeitigen Translationsabbruch. Bei 2 größeren Deletionen der ersten 5 Exons und im Promotorbereich wurde keine mRNA gebildet. 7 der Missense-Mutationen wurden bei ADA-Mangel mit späterer klinischer Manifestation identifiziert. Zu dieser Gruppe gehören Mutationen, die noch eine geringe Restaktivität des Enzyms zuließen und überwiegend zu-

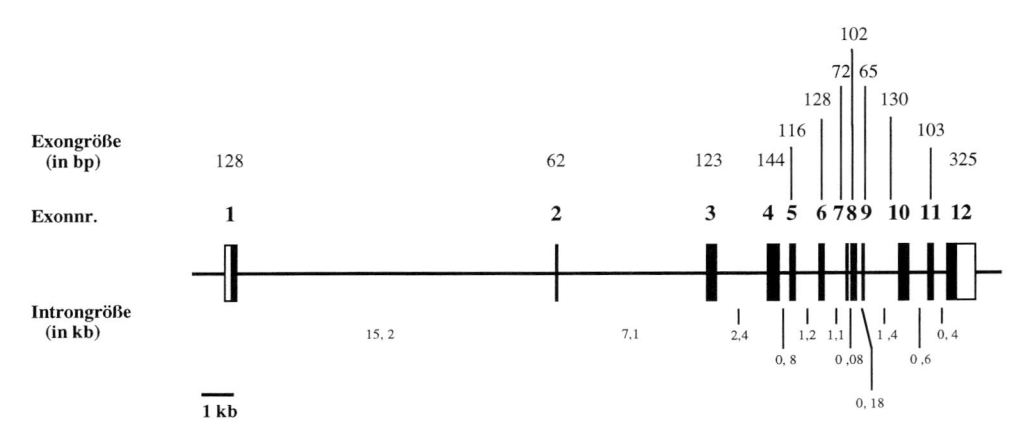

					102		
				72	65		
			128		130		
Exongröße			116			103	
(in bp) 128	62	123	144				325

Exonnr.   **1**   **2**   **3**   **4 5   6 7 8 9   10 11 12**

Introngröße
(in kb)
                15, 2   7,1   2,4   1,2 1,1   1,4   0,4
                                              0,8   0,08   0,6
                                                         0, 18

― 1 kb

Abb. 2.6.5. Struktur des ADA-Gens. *Ausgefüllte Flächen der Exons* kodierender Bereich, *nicht ausgefüllte Bereiche* 3'- und 5'- untranslatierte Regionen, *bp* Basenpaare, *kb* Kilobasenpaare

sammen mit einem mutanten Allel für ein nichtfunktionelles ADA-Protein auftraten. Die geringe, durch eines der mutanten Allele gewährleistete Restaktivität der ADA könnte den milderen klinischen Phänoyp bei solchen Compound-Heterozygoten erklären. Gehäuftes Auftreten einer Mutation Leu$_{107}$:Pro kann auf einen Founder-Effekt zurückgeführt werden, während für die Mutationen Ala$_{239}$:Val, Arg$_{211}$:His und Gly$_{216}$:Arg CpG-Mutations-Hotspots angenommen werden können (Hirschhorn et al., 1990). Durch Modellierung der dreidimensionalen Proteinstruktur konnte herausgefunden werden, daß die meisten Mutationen Substrat- oder Kofaktorbindungszentren direkt oder indirekt betreffen. Da bei den meisten Patienten das Protein noch in sehr niedrigen Konzentrationen vorhanden ist, kann aber auch angenommen werden, daß der primäre Effekt vieler Punktmutationen in der schnelleren Degradation des Enzymproteins liegt. Die Mutationen könnten beispielsweise Störungen in der Proteinfaltung und -stabilisierung bewirken, wodurch diese empfindlicher gegenüber proteolytischen Prozessen werden.

Tiermodelle

Abbott et al. (1986) zeigten, daß die Mausmutante *wasted* (*wst*) auf einer Mutation im Strukturgen der ADA beruht. Ähnlich wie beim Menschen sind die *wst*-Mäuse immundefizient, entwickeln neurologische Anomalien und sterben kurz nach der Entwöhnung. Dieses Modell wurde für Gentherapiestudien verwendet (Ferrari et al., 1991). Dazu wurden Lymphozyten von immundefizienten ADA-Mangel-Patienten mit retroviralen Vektoren, die ein funktionsfähiges ADA-Gen enthielten, transfiziert und in *wst*-Mäuse injiziert. Die Expression der humanen ADA stellte die Immunfunktion in den Mäusen wieder her. Das Experiment demonstrierte, daß durch Gentransfer in vivo spezifische Immunfunktionen rekonstituiert werden können und die Methode damit ein hohes Potential für die Gentherapie des ADA-Mangels beim Menschen besitzt. Knockout-Mausmodelle zeigten eine hohe perinatale Mortalität an hepatozellulären Degenerationen (Migchielsen et al., 1995; Wakamiya et al., 1995), wie sie beim Menschen nur einmal beobachtet wurde (Bollinger et al. 1996).

Immunologische, biochemische und molekulargenetische Diagnostik

Lymphopenie, insbesondere der T-Zell-Fraktion, variiert bei Patienten mit ADA-Mangel von moderat bis schwer. Es werden Lymphozytenzahlen von weniger als 500 Zellen/µl gezählt (Hershfield u. Mitchell, 1995). Hauttests auf Hypersensibilität gegenüber *Candida*, Streptokinase und anderen Antigenen sind negativ. Die Immunantwort von Lymphozyten ist verzögert oder nicht nachweisbar. Hypogammaglobulinämie nach dem 1. bis 2. Lebensmonat signalisiert das Fehlen der humoralen Immunität. Antikörperreaktionen gegen spezifische Antigene können gewöhnlich nicht hervorgerufen werden.

Bei immundefizienten Patienten ist die ADA-Aktivität in allen Zellen und Geweben sehr gering oder gar nicht nachweisbar. Am einfachsten kann die biochemische Diagnose durch Messung der ADA-Aktivität mit spektrophotometrischen oder radiochemischen Methoden in Hämolysaten gestellt werden (Übersicht bei Cercignani u. Allegrini, 1991). Der Aktivitätsnachweis aus Erythrozyten kann zu Fehlinterpretationen führen, wenn Patienten zuvor eine Bluttransfusion erhalten haben. In solchen Fällen sollte die Aktivität in kernhaltigen Zellen wie z. B. Knochenmark bestimmt werden. Dabei muß berücksichtigt werden, daß geringe, in kernhaltigen Zellen gemessene Restaktivitäten durch die Wirkung einer Adenosinamidohydrolase vorgetäuscht werden können (Daddona u. Kelley, 1981). Die meisten Heterozygoten weisen etwa die Hälfte der Normalaktivität auf. Durch Überlappungen mit den Normalwerten ist eine biochemische Heterozygotenerkennung daher nicht zuverlässig. Sicherer können Heterozygote durch mutante Alloenzyme oder Nullallele elektrophoretisch erkannt werden, die aber nur in wenigen Familien gefunden werden können.

Am eindeutigsten kann die Diagnose durch eine aufwendigere Mutationsanalyse im ADA-Strukturgen gestellt werden (Hershfield u. Mitchell, 1995). Sie erlaubt eine sichere Identifikation von Homozygoten für ein mutantes Allel, die Differenzierung von Compound-Heterozygoten für 2 mutante Allele sowie die sichere Erkennung von Heterozygoten.

Pränatal wird der ADA-Mangel üblicherweise biochemisch durch eine Enzymaktivitätsbestimmung in kultivierten oder unkultivierten Chorionzotten, Fruchtwasserzellen und fetalen Blutzellen diagnostiziert (Perignon et al., 1987). Falls die bei einem Fetus zu erwartende Mutation bereits bekannt ist, wäre auch der molekulargenetische Mutationsnachweis effizient und in kurzer Zeit möglich.

Therapie

Wie bei allen Immundefizienzen sollte beim ADA-Mangel zu Beginn bis zum Zeitpunkt der Diagnosestellung Infektionsprophylaxe betrieben werden. Dazu gehören gezielte Antibiotikaabschirmung gegen spezifische Keime und Prophylaxe von Infektionen mit *Pneumocystis carinii* sowie Pilzen kombiniert mit Isolation und Antisepsis, um auch die Exposition zu Erregern viraler Kinderkrankheiten zu vermeiden. Auch die i. v. Gabe von Immunglobulinen ist indiziert. Die Patienten dürfen nicht mit lebender Vakzine immunisiert und mit unbestrahlten Blutprodukten behandelt werden. Alle diese Maßnahmen können die Gesundheit langfristig jedoch nicht wiederherstellen oder den fatalen Ausgang verhindern.

Als die Erkrankung entdeckt wurde, war die Transplantation von HLA-identischem, allogenem Knochenmark die einzig wirksame Therapie. Es konnte jedoch nicht für jeden Patienten ein histokompatibler Knochenmarkspender gefunden werden. Daher wurde nach alternativen Behandlungsmöglichkeiten gesucht. Beispielsweise bewirkte die Behandlung mit Erythrozytenkonzentraten als Form der Enzymsubstitution eine Verbesserung bei einigen Patienten. Als vielversprechendere Therapieverfahren wurden jedoch die Transplantation teilweise HLA-inkompatiblen Knochenmarks, die Enzymsubstitution mit Polyäthylenglykol-modifizierter ADA und die somatische Gentherapie etabliert.

ADA-Mangel-Patienten wurden mit Knochenmark von HLA-identischen und haploidentischen Spendern behandelt (Markert et al., 1987; O'Reilly et al., 1989; Fischer et al., 1990). Nach erfolgreicher Transplantation tritt bei den behandelten Patienten eine zirkulierende chimäre Lymphozytenpopulation auf. T-Zellen stammen dabei ausschließlich vom Donor, während B-Zellen überwiegend von Wirtsstammzellen gebildet werden können Die T-Zell-Funktion kann etwa 1 Monat nach der Transplantation wieder einsetzen. Auch wenn die Wiederherstellung der B-Zellen variabel ist, wird in der Regel die Immunfunktion langzeitig wiederhergestellt.

Wenn der Knochenmarkspender ein histokompatibler Verwandter ist, ist das Risiko einer Transplantatabstoßung sehr gering, so daß auf eine immunsuppressive Behandlung verzichtet werden kann. Die Erfolgsrate betrug bei 32 Patienten mit schwerer CID, die HLA-identisches Knochenmark erhielten, 97% (Fischer et al., 1990). Durch Elimination reifer T-Zellen aus Knochenmarkaspiraten von Spendern und zytoablative Behandlung der Empfänger vor der Transplantation wurde das Risiko der Abstoßung von HLA-haploidentischen Transplantaten reduziert. So betrug die 2-Jahres-Überlebensrate bei haploidentischer Transplantation bei 100 Patienten 56% (Fischer et al., 1990). Obwohl die Knochenmarktransplantation kurativen Charakter trägt, ist sie sehr intensiv und irreversibel. Sie kann in der Posttransplantationsphase mit unvorhergesehenen, schweren Komplikationen einhergehen, die fatal ausgehen oder chronische Veränderungen nach sich ziehen können. Dazu gehören Transplantatabstoßungen, Infektionen, Autoimmunität und Lymphome (Fischer et al., 1990).

Das Konzept der Enzymsubstitutionstherapie besteht in der Zuführung eines stabilisierten ADA-Proteins, um die zytotoxische Konzentration von Desoxyadenosin zu reduzieren (Hershfield u. Mitchell, 1995). Desoxyadenosin ist ein Produkt des

DNA-Katabolismus, der, wie bereits weiter oben erwähnt, v. a. in Makrophagen von Knochenmark und Schilddrüse abläuft. Um seine zytotoxische Wirkung zu entfalten, muß es über den extrazellulären Raum vom Makrophagen zum Lymphozyten gelangen. Es ist also nicht nötig, das Enzym spezifisch in die Makrophagen einzuführen, sondern es kann „ektopisch" appliziert werden, um das in den extrazellulären Raum abgegebene Desoxyadenosin abzubauen und dadurch eine Schädigung der differenzierten T- und B-Zellen zu verhindern. Unter dieser Therapie sollte sich das zelluläre und humorale Immunsystem aus den bei den Patienten noch vorhandenen Stammzellen regenerieren können.

Die ersten klinischen Behandlungsversuche nach diesem Konzept wurden mit bestrahlten Erythrozytenkonzentraten als Träger der ADA-Aktivität durchgeführt (Polmar et al., 1976). Der Behandlungserfolg war meist jedoch nur transient bzw. inadäquat zum betriebenen Aufwand. Eine bessere Applikationsform, die einen guten Schutz und hohe ektopische Konzentrationen des Enzyms gewährleistet, wurde durch kovalente Bindung der ADA an Polyäthylenglykol erreicht (Davis et al., 1981). Seit der ersten klinischen Anwendung von an Polyäthylen gebundener Schweine-ADA (Hershfield et al., 1986) sind mehr als 40 Patienten behandelt worden (Hershfield u. Mitchell, 1995). Das Präparat PEG-ADA (ADAGEN) ist seit 1992 in den USA zugelassen. Bei Behandlungsbeginn wird es 2mal wöchentlich i.m. injiziert. Nach wenigen Monaten kann die Applikation auf eine wöchentliche Injektion reduziert werden. Unter diesem Behandlungsregime wird ein metabolischer Status erreicht, wie er bei gesunden Personen mit partiellem ADA-Mangel auftritt. Es erwies sich, daß die metabolische Korrektur durch PEG-ADA effektiver ist als die Behandlung mit Erythrozytenkonzentraten oder haploidentischer Knochenmarktransplantation. Die Lymphozytenzahlen im Plasma erhöhen sich wenige Wochen bis Monate nach Behandlungsbeginn. Ein starker Anstieg der B-Lymphozyten kann dem Auftreten von T-Zellen vorausgehen. Röntgenologisch kann auch eine Rekonstitution der Schilddrüse beobachtet werden. Trotz leichter Lymphopenie und fluktuierender In-vitro-Lymphozytenfunktion kann bei etwa der Hälfte der Patienten unter der PEG-ADA-Behandlung die Gabe i.v. Immunglobulins abgesetzt werden. Die humorale Immunität scheint sich bei einigen Patienten sogar besser zu rekonstituieren als nach Knochenmarktransplantation. Komplikationen durch die Immundysregulation in der anfänglichen Behandlungsphase wurden nur bei 2 Patienten beobachtet.

3 weitere Patienten mit sehr schweren klinischen Erscheinungen starben während der Behandlung. Mit der Rekonstitution des Immunsystems durch Langzeitbehandlung wird die Infektanfälligkeit signifikant verringert. Daher kann die Infektionsprophylaxe gelockert werden. Unter der Behandlung können die Patienten auch vakziniert werden. Es traten keine toxischen oder allergischen Nebenwirkungen des Präparats auf, obwohl sich Antikörper gegen die Schweine-ADA entwickeln können, die zu einer höheren Clearance des PEG-ADA führen. Dem kann aber mit einer erhöhten Gabe des Präparats begegnet werden. Weiterhin wird begonnen, ein entsprechendes Präparat mit der weniger immunogenen humanen ADA einzusetzen. Nachteilig auf den Einsatz dieser erfolgreichen Therapieform wirken sich die z. Z. sehr hohen Kosten aus. Sie betragen etwa 100 000 $/Jahr für ein erkranktes Kleinkind und etwa das 2- bis 3fache pro erwachsenem Patienten (Hershfield, 1995).

Basierend auf Ergebnissen an Mäusen wurde ein gentherapeutischer Versuch zur Rekonstitution der T-Zell-Funktion bei 2 ADA-Mangel-Patienten mit später einsetzender CID in den USA genehmigt (Blaese et al., 1995). Ziel waren die Stabilisierung des T-Zell-Repertoires unter PEG-ADA-Behandlung und schließlich die ausreichende Produktion zirkulierender ADA-Mengen als Ersatz der PEG-ADA-Behandlung. Bei dieser Prozedur wurden mononukleäre Blutzellen von den Patienten durch Leukophorese gewonnen, für einige Tage mit einem T-Zell-Mitogen und Interleukin-2 kultiviert, um anschließend einem retroviralen Vektor, in dem das ADA-Gen unter Kontrolle eines Moloney-Maus-Leukämievirus-Promotors steht, infiziert zu werden. Nach weiteren Tagen in Kultur wurden die transduzierten Zellen reinfundiert. Da unbehandelte ADA-Mangel-Patienten keine für den Gentransfer benötigten, zirkulierenden T-Zellen aufweisen, war der Behandlungsversuch auf PEG-ADA-behandelte Patienten beschränkt. Außerdem wurde der Gentransfer in Intervallen von 6 Wochen bis zu mehreren Monaten wiederholt. Unter der kombinierten Therapie verbesserten sich die klinischen Symptome, das körperliche Wachstum normalisierte sich und die i.v. Gabe von Immunglobulin konnte eingestellt werden. Es ist jedoch sehr schwer einzuschätzen, welchen Anteil der Gentransfer an der klinischen Besserung hatte, da die PEG-ADA-Therapie auch nach dem Gentransfer beibehalten wurde, die Patienten eine milde Symptomatik auch ohne Behandlung aufwiesen und der Anteil von 1–10% transduzierter Zellen bei Reinfusion weit weniger zirkulierende ADA-

Aktivität lieferte als die parallele PEG-ADA-Behandlung.

Bordignon et al. (1995) benutzten 2 verschiedene retrovirale Vektoren, um das humane ADA-Minigen ex vivo in multipotente Progenitorzellen aus Knochenmark und periphere Lymphozyten von 2 mit ektopischer Enzymsubstitution behandelten Patienten zu transferieren. 2 Jahre nach dem Behandlungsversuch konnte ein Langzeitüberleben von B- und T-Lymphozyten, Knochenmarkzellen und Granulozyten, die das transferierte Gen enthielten, festgestellt werden. Das Immunrepertoire war normal und die humorale und zelluläre Immunität rekonstituiert. Nach Absetzen der Enzymsubstitution wurden die von den transduzierten Lymphozyten abgeleiteten T-Zellen zunehmend von knochenmarkabgeleiteten T-Zellen ersetzt. Die Ergebnisse zeigten, daß es mit dieser Strategie gelang, das ADA-Gen in langlebige Stammzellen zu transferieren, die permanent funktionierende T-Zellen produzieren. Damit gehört der ADA-Mangel zu den ersten Beispielen für eine erfolgreich angewendete Gentherapie.

2.6.2.2.4 Purinnukleosidphosphorylase(PNP)-Mangel

Einführung

Angeregt durch die Entdeckung des ADA-Mangels wurde von Giblett et al. (1975) bei einem systematischen Screening immundefizienter Patienten auf Störungen im Purin- und Pyrimidinstoffwechsel der Purinnukleosidphosphorylase(PNP)-Mangel (McKusick: 164.050) bei einer 6jährigen Patientin entdeckt. Patienten mit dem Enzymmangel leiden unter Infektanfälligkeit bedingt durch gestörte zelluläre Immunität, wobei die B-Lymphozyten normal oder sogar hyperaktiv sein können. Obwohl die Erkrankung meistens im frühen Kindesalter einsetzt, sollte aufgrund des breiten klinischen Spektrums auch bei Patienten mit unklaren Immundefizienzen, die auch in höherem Lebensalter erkranken, an einen PNP-Mangel gedacht werden.

Beschreibung des Krankheitsbildes

Der PNP-Mangel ist eine sehr seltene, autosomal-rezessiv vererbte Erkrankung. Bisher sind über 30 Patienten in mehr als 20 Familien beschrieben worden (Markert, 1991). Infektionen, die den Krankheitsbeginn markieren, setzen zwischen dem 4. Lebensmonat und dem 6. Lebensjahr ein. Klinisch präsentieren sich die Infektionen als Pneumonie, Sinusinfektionen, Diarrhö, Harnweginfektionen und Pharyngitis. Viele virale Pathogene, wie Zytomegalievirus, Varizelle, Parainfluenzavirus Typ 3, Epstein-Barr-Virus und ECHO-Viren, sind an den Infektionen beteiligt. Die meisten Betroffenen überstehen die frühkindlichen Schutzimpfungen ohne größere Komplikationen. Dennoch starb ein Kind an einer generalisierten Pockeninfektion nach Vakzinierung (Virelizier et al., 1978). Übliche bakterielle Pathogene wie *Haemophilus influenzae*, *Pseudomonas* sp. und *Streptococcus pneumonia* und auch opportunistische Infektionen durch *Candida albicans* und *Pneumocystis carinii* können regelmäßig beobachtet werden. Obwohl der PNP-Mangel primär als Defekt der zellulären Immunität eingeschätzt werden kann, weisen einige klinische Berichte auch auf Anomalien der humoralen Immunität hin.

In mehr als der Hälfte der Patienten werden neurologische Symptome beschrieben, die von spastischer Diplegie, Tetraparese, retardierter motorischer Entwicklung, Ataxie, Tremor, Hyper- und Hypotonie, Verhaltensauffälligkeiten bis hin zu verschiedenen Graden mentaler Retardierung reichen. Auch wenn die neurologischen Symptome sehr variabel sein können, sollte man bei ihrem Vorliegen im Zusammenhang mit einer Immundefizienz immer an einen PNP-Mangel denken. Auch Autoimmunität wurde öfter beobachtet und als B-Zell-Hyperaktivität, die vermutlich aus einem Verlust der (CD8) T-Zell-Funktion herrührt, interpretiert. B-Zell-Lymphome sind bei PNP-Mangel ebenfalls beschrieben worden.

Milde Hepatosplenomegalie und Entwicklungsrückstände sind als Folgen der rezidivierenden Infektionen zu werten. Bei Röntgenuntersuchungen kann die Schilddrüse nicht nachgewiesen werden. Die Tonsillen können kleiner sein oder auch ganz fehlen.

Pathophysiologie

Bedingt durch den biochemischen Block sind Harnsäurekonzentrationen bei PNP-Mangel in Plasma und Urin verringert. Dagegen kann die Inosinkonzentration im Plasma bis auf das 5fache erhöht sein. Zusätzlich treten Guanosin, Desoxyinosin und Desoxyguanin auf. Die mit dem Urin ausgeschiedene Gesamtmenge aller Substrate der PNP – letztlich die Endprodukte des Purinkatabolismus bei PNP-Mangel – übersteigt die der normalen Harnsäureausscheidung bei ungestörtem Purinstoffwechsel (Simmonds et al., 1978). Aufgrund der guten Löslichkeit dieser Verbindungen kommt es jedoch zu keinen Ablagerungen, die zu pathologischen Veränderungen führen, wie sie bei anderen Purinstoffwechselstörungen beobachtet werden. Pathophysiologische Veränderungen bei PNP-Mangel-Patienten, die durch die erhöhten Konzentrationen von Guanin- und Inosinnukleosiden bzw. -nukleotiden hervorgerufen werden, sind z. T. analog zu denen, die beim ADA-Mangel beobachtet werden. Sie wurden dort ausführlich beschrieben.

Pathobiochemie

Die Purinnukleosidphosphorylase (EC 2.4.2.1) katalysiert hauptsächlich die reversible Phosphorolyse von Inosin und 2-Desoxyinosin oder Guanosin und 2-Desoxyguanosin zu Hypoxanthin oder Guanin und das entsprechende Pentose-1-Phosphat (Abb. 2.6.1). Obwohl die Gleichgewichtskonstante für die Nukleosidbildung mit $K_{eq}=54$ recht hoch ist, läuft die Reaktion dennoch bevorzugt in Richtung Phosphorolyse ab. Voraussetzung dafür sind die dem Pentose-1-Phosphat gegenüber intrazellulär höhere Konzentration von anorganischem Phosphat und die effiziente Entfernung der Endprodukte Hypoxanthin und Guanin aus dem Gleichgewicht durch die Wirkung der HPRT.

Die humane PNP wurde ausgiebig aus verschiedenen Geweben isoliert und gereinigt (Kim et al., 1968; Osborn, 1980). Sie ist überall als Monomer wirksam, kann jedoch auch als Trimer aus 3 identischen Untereinheiten mit einem Molekulargewicht von etwa 32 000 zusammengesetzt sein. Das Enzym folgt nicht einer einfachen Michaelis-Menten-Kinetik, was auf die Labilität der trimeren Struktur gegenüber verschiedenen Liganden zurückgeführt werden könnte.

Die dreidimensionale Struktur wurde von kristalliner erythrozytärer PNP mit einer Auflösung von 3,2 Å bestimmt (Ealick et al., 1990). Jede Untereinheit des Trimers enthält eine 8- und eine 5strängige β-Blatt-Struktur, die zusammen zu einer verzerrten tonnenförmigen Struktur angeordnet sind. 7 α-Helices – bestehend aus 9–17 Aminosäuren, flankieren den tonnenförmigen Kern. Das gibt dem Protein eine α-β-Struktur, die mit keinem anderen Protein vergleichbar ist. Das aktive Zentrum ist nahe der Verbindungsstelle zweier Untereinheiten eines Trimers lokalisiert. Viele an der Substratbindung beteiligte Aminosäurereste befinden sich in der Nähe der 8strängigen β-Blatt-Struktur. Aus der Anordnung von Wasserstoffdonoren und -akzeptoren kann eine Spezifität für Guanin, Hypoxanthin und deren Analoge – nicht jedoch für Adenin – abgeleitet werden. Durch computergestütze Modellierung der Interaktion des Enzyms mit einer Reihe bekannter PNP-Inhibitoren konnten solche mit einer optimalen Inhibition hinsichtlich der Verwendung als Immunsuppressiva herausgefunden werden.

Das Enzym ist in einer Vielzahl von Geweben nachgewiesen worden (Carson et al., 1977). Das native Enzym zeigt eine Vielfalt gewebespezifischer elektrophoretischer Isoformen, die aber alle auf ein einziges posttranslational unterschiedlich modifiziertes Genprodukt rückführbar sind. Allein in Erythrozyten besteht das Isoformenmuster aus 7 Banden, das sich mit der Alterung der Erythrozyten ändert. Obwohl seltene variante Allele gefunden wurden, ist der PNP-Locus nicht polymorph.

In 2 Familien, in denen ein PNP-Mangel mit einer Restaktivität von 5% auftritt, unterscheiden sich die mutanten Enzyme hinsichtlich ihrer kinetischen und elektrophoretischen Eigenschaften sowie ihrer Sensitivität gegenüber Sulfhydrylresten (Fox et al., 1977; Osborne et al., 1977). Das defekte Enzym zeigt auch nur 50% Reaktivität zu spezifischen Antikörpern. Bei einigen obligaten Heterozygoten wurden stark schwankende Werte für immunologisch reaktives Protein und geringe bzw. keine Enzymaktivität gefunden. In einer Familie war kein mutantes Protein bei dem Patienten nachweisbar. Es konnte aber bei den blutsverwandten Eltern analysiert werden, wobei Unterschiede im zweidimensionalen elektrophoretischen Wanderungsverhalten und Peptidmuster nach Proteasespaltungen gefunden wurden.

Molekulargenetik und molekulare Pathologie

Das PNP-Gen wurde auf Chromosom 14 in der Region 14q11.2 kartiert (Harper et al. 1988). Es erstreckt sich in seiner genomischen Struktur über 7,5 kb und setzt sich aus 6 Exons mit Größen zwischen 106 bp und 250 bp zusammen (Abb. 2.6.6) (Williams et al., 1984). Die mRNA (EMBL, NCBI, Datenbankzugriffsnummern: X00.737, K02.574) enthält einen offenen Leserahmen, der für ein Peptid, bestehend aus 289 Aminosäuren mit einem berechneten Molekulargewicht von 32 153 kodiert. Ein funktioneller Promotor, der eine TATA-Box, eine invertierte CCAAT-Sequenz und 2 G/C-reiche Regionen enthält, wurde in einem Segment von 216 bp vor dem Transkriptionsstartort gefunden (Jonsson et al., 1991). Für die optimale Expression scheinen zusätzlich auch einige Intronsequenzen, insbesondere des ersten Introns, notwendig zu sein (Jonsson et al. 1992).

Die molekulargenetische Charakterisierung des PNP-Gens machte die Mutationsanalyse bei PNP-

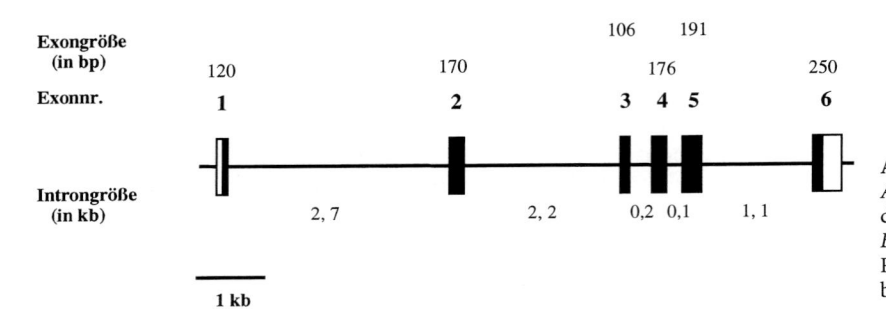

Abb. 2.6.6. Struktur des PNP-Gens. *Ausgefüllte Flächen der Exons* kodierender Bereich, *nicht ausgefüllte Bereiche* 3'- und 5'-untranslatierte Regionen, *bp* Basenpaare, *kb* Kilobasenpaare

Mangel-Patienten möglich. Seither wurden 7 PNP-Genmutationen beschrieben (Markert et al., 1997; OMIM, http://www3.ncbi.nlm.nih.gov/htbin-post/Omim/; HGMD, http://www.cf.ac.uk/uwcm/mghgmd0.html). Sie repräsentieren bis auf eine 3-bp-Deletion und eine 16-bp-Insertion ausschließlich Basensubstitutionen, die einen Aminosäureaustausch, vorzeitigen Translationsstop oder aberrantes Spleißen zur Folge haben. Die Mutationen führen in der Regel zum völligen oder teilweisen PNP-Aktivitätsverlust. Nur bei der Mutation Ser_{51}:Gly war die katalytische Aktivität des Enzyms nicht beeinflußt. Das mutante Protein wurde jedoch schneller proteolytisch abgebaut. In 3 Familien waren die Patienten mit PNP-Mangel homozygot für das jeweilige mutante Allel. Bei 4 weiteren trat die Erkrankung bei Compound-Heterozygoten auf, die 2 verschiedene mutante Allele trugen. Bei 4 Patienten unterschiedlicher Herkunft wurde die Mutation Arg_{234}:Pro in 6 Allelen gefunden. Sie ist damit die häufigste bei PNP-Mangel anzutreffende Mutation. Die geringe Anzahl von molekulargenetisch charakterisierten Mutationen läßt jedoch noch keine Schlüsse über Mutations-Hotspots oder die ethnische Häufung bestimmter Mutationen zu.

Tiermodelle

Snyder et al. (1997) konnte durch Keimzellmutagenese 3 Mausmutanten erzeugen, die abhängig von der Mutation Unterschiede im Schweregrad der Enzymdefizienz und dem Phänotyp aufweisen. Ein nachweisbarer Abfall der Gesamtzellzahl pro Thymus tritt bereits nach 2–3 Monaten bei 2 Mutanten mit stärkerem Enzymmangel auf, während bei einer Mutante mit weniger starkem PNP-Mangel signifikant verringerte Zellzahlen erst vom 8. Lebensmonat an zu beobachten sind. Die Gesamtzahl der Milzlymphozyten ist bei den defizienten Mäusen um 50% verringert, und die Reaktion auf T-Zell-Mitogene und Interleukin 2 ist um 80% reduziert. Mit zunehmendem Alter verstärken sich bei den PNP-defizienten Mäusen die Störungen in der Thymozytendifferenzierung und die Thymozytenzahlen, auch die T-Zell-Zahlen verringern sich. Der progressive T-Zell-Mangel bei den PNP-defizienten Mäusen ist ähnlich dem des auch beim PNP-Mangel des Menschen beobachteten. Damit scheint ein adäquates Modell zur weiteren pathophysiologischen Aufklärung des PNP-Mangels und seiner Korrektur zur Verfügung zu stehen.

Immunologische, biochemische und molekulargenetische Diagnostik

Beim PNP-Mangel liegen die Lymphozytenzahlen gewöhnlich unter 500 Zellen/μl. Die T-Zell-Zahl ist deutlich verringert und tendiert mit fortschreitendem Alter der Patienten zu einem weiteren Abfall. Die T-Zell-Funktionen sind ebenfalls reduziert. Bei einigen Patienten können sowohl die T-Zell-Zahl als auch die T-Zell-Funktion stark variieren und zeitweise sogar Normalwerte erreichen (Markert, 1991; Markert et al., 1987). B-Zell-Zahlen und B-Zell-Funktion sind bei den meisten Patienten normal, obwohl bei einigen Fällen erhöhte Serumimmunglobuline, monoklonale Gammopathien und spezifische Autoantikörper gefunden werden können. Andere Patienten können auch eine geringgradige B-Zell-Dysfunktion zeigen, die sich in niedrigen Antikörperkonzentrationen und niedrigem Serumglobulin manifestiert.

Ein PNP-Mangel ist sehr wahrscheinlich, wenn eine Hypourikämie und Hypourikosurie verbunden mit hohen Serumwerten für Inosin und Guanosin sowie hoher Urinausscheidung von Inosin, 2-Desoxyadenosin, Guanosin und 2-Desoxyguanosin beobachtet werden. Biochemisch kann die PNP-Defizienz eindeutig jedoch nur durch spezifische radiochemische oder spektrophotometrische Methoden in mononukleären Zellen nachgewiesen werden (Chu et al., 1989). Die Enzymbestimmung aus Erythrozyten kann fehlerhaft ausfallen, wenn die Patienten vorher Bluttransfusionen erhielten. Bei Heterozygoten liegen die Enzymwerte gewöhnlich bei 50% des Normalwerts. Es können jedoch Überlappungen mit den Normalwerten auftreten, die eine Interpretation erschweren.

Pränatal kann der PNP-Mangel biochemisch durch eine Enzymaktivitätsbestimmung in Fruchtwasserzellen diagnostiziert werden (Carapella et al., 1986; Perignon et al., 1987). Falls die bei einem Fetus zu erwartende Mutation bereits bekannt ist, wäre auch der molekulargenetische Mutationsnachweis effizient durchführbar.

Therapie

Wie beim ADA-Mangel sollte auch beim PNP-Mangel zu Beginn bis zum Zeitpunkt der Diagnosestellung Infektionsprophylaxe betrieben werden. Hierdurch können jedoch weder die Gesundheit langfristig wiederhergestellt oder der fatale Ausgang verhindert werden. Knochenmarktransplantationen bei PNP-Mangel-Patienten waren bisher von nur mäßigem Erfolg (Markert, 1991). Von 5 transplantierten Patienten starben 3 und bei einem 4. wurde das Transplantat abgestoßen. Enzymsubstitution oder gentherapeutische Behandlungsversuche wurden beim PNP-Mangel bisher nicht durchgeführt.

2.6.2.2.5 Myoadenylatdesaminase(AMPD1)-Mangel

Einführung

Fishbein et al. beschrieben 1978 5 Patienten mit Skelettmuskeldysfunktionen nach leichter körperlicher Anstrengung. Bei diesen Patienten war keine Myoadenylatdesaminaseaktivität im Muskel nachweisbar. Der AMPD1-Mangel (McKusick: 102.770) wurde bisher bei etwa 200 Patienten beschrieben. Die Erkrankung ist relativ häufig. Bei etwa 2% aller Muskelbiopsien, die pathologisch untersucht werden, kann der Enzymmangel festgestellt werden (Mercelis et al., 1987). Es werden eine erbliche (primäre) und eine erworbene (sekundäre) Form des AMPD1-Mangels unterschieden.

Beschreibung des Krankheitsbilds

Der AMPD1-Mangel ist durch eine verwirrende Vielfalt klinischer Merkmale gekennzeichnet (Übersicht bei Sabina u. Holmes, 1995). Etwa die Hälfte der betroffenen Patienten entwickelt Symptome nur nach körperlicher Anstrengung. Bei den übrigen dominieren neuromuskuläre, vaskuläre und rheumatische Symptome assoziierter Erkrankungen den Enzymdefekt. Viele Individuen mit AMPD1-Mangel sind aber auch völlig symptomfrei (Keleman et al., 1982; Sinkeler et al., 1988).

Von der erblichen (primären) Form des AMPD1-Mangels sind mehr Männer (62%) als Frauen betroffen. Diese Erkrankungsform wird autosomal-rezessiv vererbt (Sinkeler et al., 1988). Die Patienten zeigen nach moderater bis starker körperlicher Anstrengung Muskelschwäche, Krämpfe oder Myalgien. Nach Langzeitbelastungen kann eine Myoglobinurie beobachtet werden. Das mittlere Diagnosealter liegt bei 37 Jahren und schwankt zwischen 4 und 76 Jahren. Bei etwa der Hälfte der Patienten werden erhöhte Serumkreatinkinasewerte gefunden. Bei vielen Patienten ist die Serumkreatinkinase unter Ruhebedingungen normal und erhöht sich erst nach Muskelarbeit. Das Elektromyogramm ist meistens normal, obwohl kleinere Abweichungen gefunden werden können. Routineuntersuchungen von Muskelbiopsien sind überwiegend normal oder zeigen nur geringe Abweichungen in der Verteilung der Faserquerschnitte. Wie weiter unten näher erklärt, können die klinischen Erscheinungen durch Homozygotie für ein mutantes Allel der AMPD1 mit dem daraus resultierenden Enzymmangel erklärt werden.

Die erworbene (sekundäre) Form ist mit einer Reihe neuromuskulärer und rheumatischer Erkrankungen verbunden. Neben der AMPD1 sind auch andere muskelspezifische Enzymaktivitäten reduziert. In diesen Fällen scheint der AMPD1-Mangel eher eine regulatorische Entgleisung der muskelspezifischen Genexpression infolge anderer pathologischer neuromuskulärer oder rheumatologischer Anomalien zu reflektieren. Beim erworbenen AMPD1-Mangel dominiert klinisch – unabhängig von der Basis der molekularen Abweichungen – immer die Symptomatik der assoziierten Erkrankung.

Aufgrund der Häufigkeit des mutanten AMPD1-Allels (0,12–0,19) (Morisaki et al., 1992) ist die Existenz einer 3. Gruppe von Patienten mit neuromuskulären Erkrankungen möglich, bei denen im Rahmen der Routinediagnostik ein Mangel der AMPD1 in Muskelbiopsien gefunden wird. Allerdings ist bei diesen Fällen der Anteil des Enzymmangels an den klinischen Erscheinungen unklar.

Histochemisch wird bei der primären und sekundären Form keine oder nur eine verringerte Adenylatdesaminaseaktivität bis zu 15,7% der Norm gefunden. Die histochemischen Unterschiede können zur Differenzierung der beiden klinischen Formen genutzt werden (Goebel et al.,

1986). Mit Einschränkungen läßt sich auch die biochemisch gemessene Höhe der AMPD1-Restaktivität als Hilfsmittel bei der Differenzierung von erblicher und erworbener Form nutzen (Fishbein, 1985; Sabina et al., 1992).

Pathophysiologie

3 Enzyme des Purinstoffwechsels realisieren den sog. Purinnukleotidzyklus (vgl. Enzyme 2, 3 und 4 in Abb. 2.6.1), in dem AMP über IMP wieder in AMP umgewandelt wird (Übersicht bei Sabina u. Holmes, 1995). Bei jedem Zyklus werden 1 Molekül Aspartat verbraucht und jeweils 1 Molekül Fumarat und Ammoniak gebildet. Bei starker Muskelarbeit wird der Flux des Nukleotidzyklus erhöht und damit mehr Aspartat zu Fumarat umgewandelt, das dann in den Zitratzyklus eingeschleust wird. So liefert der Nukleotidzyklus bei starker Muskelarbeit über die Metabolisierung von Aspartat etwa 2/3 der im Zitratzyklus zirkulierenden Intermediate. Auf diese Weise wird die Energiebilanz des arbeitenden Muskels bedingt durch verstärkte ATP-Synthese verbessert. In der Ruhephase nach physischer Belastung wird der ATP-Pool wieder aufgefüllt, indem jedes aus IMP gebildete AMP-Molekül sofort wieder zu ATP umgewandelt wird und die ATP-Synthese in dieser Phase höher ist als der Verbrauch. Der Nukleotidzyklus spielt somit bei der adaptiven Energieversorgung des arbeitenden Muskels eine wichtige regulative Rolle. Er beeinflußt sowohl die Funktion der schnell reagierenden glykolytischen als auch der langsam reagierenden oxidativen Muskelfasern.

Sowohl bei der primären als auch der sekundären Form des AMPD1-Mangels treten eine Reihe physiologischer Anomalien nach anaerober und aerober Belastung auf. Sie können größtenteils aufgrund der verringerten oder fehlenden AMP-Desaminierung infolge der biochemischen Unterbrechung des Purinnukleotidzyklus vorausgesagt werden. So sind gegenüber Kontrollen die Plasmawerte für Ammoniak und Purine vermindert, der intrazelluläre Adenylatstoffwechsel sowie die IMP-Akkumulation reduziert, die Adenosinsynthese vermehrt und der Vorrat energiereicher Substrate (ATP, Kreatinphosphat) pro Arbeitseinheit früher erschöpft (Lecky, 1983; Patterson et al., 1983; Sabina et al., 1984; Sinkeler et al., 1987). Funktionell können bei Patienten mit der erblichen Form des AMPD1-Mangels nach starker aerober Belastung v. a. eine geringe Ausdauer und eine schnelle Erschöpfung des Pools hochenergetischer Phosphate gemessen werden (Sabina et al., 1984).

Pathobiochemie

Die Adenylatdesaminase (EC 3.5.4.6) kommt bei Säugern in verschiedenen Isoformen vor. Diese unterscheiden sich durch ihre Gewebespezifität und ihre kinetischen, physikalischen und immunologischen Eigenschaften voneinander. Beim Menschen treten 4 Isoenzyme auf (Ogasawara et al., 1982). Das Isoenzym M oder Myoadenylatdesaminase (AMPD1) kommt nur im Skelettmuskel vor. Entsprechend ist der Skelettmuskel beim AMPD1-Mangel das einzige betroffene Gewebe. Isoenzym L wird überwiegend in der Leber und im Gehirn gefunden, während die Isoenzyme E1 und E2 hauptsächlich in Erythrozyten aktiv sind. Für diese Isoformen wurde ein asymptomatischer Mangel, der sich nur auf Erythrozyten beschränkt, entdeckt. Er wurde bisher nur in Japan beobachtet (Ogasawara et al., 1984). Offenbar treten die erythrozytären Isoformen auch im Skelettmuskel auf (Fishbein et al., 1993; Mahnke-Zizelman u. Sabina, 1992) und könnten bei Mangel der muskulären Isoform wenigstens teilweise deren Defizienz kompensieren. So könnten die zu beobachtenden milden klinischen Symptome beim AMPD1-Mangel erklärbar sein. Auch die beobachtete Änderung des Isoenzymmusters in kultivierten Zellen, die dazu führt, daß in kultivierten Myoblasten von AMPD1-Mangel-Patienten Adenylatdesaminaseaktivität nachgewiesen werden kann (Jacobs et al., 1992), sprechen für einen kompensatorischen Effekt durch Isoenzyme.

Alle Isoenzyme weisen in der Aminosäuresequenz eine hohe Homologie in den C-terminalen Bereichen auf. Besonders die katalytischen Regionen sind sehr ähnlich (Chang et al., 1991). Diese Region ist auch evolutionär von den Bakterien bis hin zu den Säugern stark konserviert. Die N-terminalen Bereiche der Isoenzyme sind dagegen verhältnismäßig divergent. Durch diesen Bereich werden wahrscheinlich die Unterschiede der Isoformen hinsichtlich ihrer kinetischen Eigenschaften, quartären Struktur und Gewebespezifität definiert.

Die Myoadenylatdesaminase wurde bis zur Homogenität gereinigt und biochemisch charakterisiert (Stankiewicz, 1981; Ogasawara et al., 1982). Ihre molekulare Masse beträgt etwa 300 000. Nach Behandlung mit denaturierenden Detergenzien dissoziert das native Protein in 4 identische Untereinheiten von 71 000–72 000, was allerdings nicht mit den aus der Aminosäuresequenz abgeleiteten etwa 80 000 übereinstimmt und auf Präparationsartefakte zurückzuführen sein könnte. Posttranslational wird das Protein durch Proteinase C phosphoryliert (Tovmasian et al., 1990). Andere posttranslationale Modifikationen wurden bisher nicht untersucht. Histochemisch ist die Myoadenylatdesaminase an die Myofibrillen der A-Bande in einem Verhältnis von 2 mol natives Enzym zu 1 mol Myosin gebunden (Ashby u. Frieden, 1977; Ashby et al., 1979). Die Bindung des Enzyms zum Myosin scheint funktionell bedeutsam für die Kontrolle der Enzymaktivität zu sein. Weitere exogene Faktoren wie Purinnukleosid-, Purinnukleotid, K^+-, H^+-, Pi- und Kreatinphosphatkonzentrationen können die Enzymaktivität im Ruhezustand inhibieren oder bei Muskelarbeit stimulieren (Ashby u. Frieden, 1979). Demnach besitzt das Enzym 3 Typen von Nukleotidbindungsorten – einen katalytischen Bindungsort für AMP, einen inhibitorischen Ort für Purinnukleosidtriphosphate und einen stimulierenden Ort für die Bindung aller Arten von Purinnukleotiden mit einer Preferenz für Di- und Monophosphate. Das pH-Optimum von 6,5 weist auf die aktivierende Wirkung der metabolischen Azidose auf das Enzym bei Muskelarbeit hin.

Molekulargenetik und molekulare Pathologie

Bisher wurden 3 Adenylatdesaminasegene des Menschen kloniert, die in ihrer Struktur und ihren Spleißformen sehr ähnlich sind, sich aber in der gewebsspezifischen Expression unterscheiden. Wahrscheinlich geht die Genfamilie auf eine gemeinsame Urform zurück. Das AMPD1-Gen kodiert für das Isoenzym M (Sabina et al., 1990), AMPD2 für Isoenzym L (Bausch-Jurken et al., 1992) und AMPD3 für die erythrozytären Isoformen E1 und E2 (Mahnke-Zizelman u. Sabina, 1992).

Das menschliche AMPD1-Gen (EMBL, NCBI, Datenbankzugriffsnummer: M60.092) setzt sich aus 16 Exons zusammen, die asymmetrisch über etwa 23 kb genomischer DNA in der Region 1p13–p21 verteilt sind (Abb. 2.6.7). Im Promotor des Gens wurden 4 hochkonservierte Nukleotidsequenzmotive gefunden, die für eine muskelspezifische Expression notwendige *cis*-aktivierende Elemente enthalten. Als Ergebnis alternativen Spleißens des nur 12 bp großen 2. Exons werden vom genomischen Gen 2 mRNAs von etwa 2500 nt transkribiert, die entwicklungs- und muskelfaserspezifische Unterschiede aufweisen. Von den beiden Spleißformen werden Peptide von 747 bzw. 743 Aminosäuren translatiert. Die funktionelle Bedeutung der Spleißformen ist nicht bekannt. Das AMPD1-Gen ist nur im Skelettmuskel hoch exprimiert, obwohl eine geringe Expression v. a. der kleineren Spleißform in anderen Geweben gemessen wurde (Bausch-Jurken et al., 1992; Morisaki et al., 1993).

Bisher wurden unter 11 Patienten mit der erblichen Form des AMPD1-Mangels 2 verschiedene homozygote Mutationen im AMPD1-Gen gefunden (Morisaki et al., 1992; vgl. Datenbanken OMIM, http://www3.ncbi.nlm.nih.gov/htbin-post/Omim/ und HGMD, http://www.cf.ac.uk/uwcm/mghgmd0.html). Eine C:T-Transition des Nukleotids 143 im Exon 3 führt zu einer Missense-Mutation (P84L). Wurde die P84L-Mutation in einem prokaryotischen System exprimiert, wurde ein Peptid gebildet, das sich hinsichtlich der Höhe der Enzymaktivität nicht von dem Produkt eines Normalallels unterschied. Der Enzymmangel ist bei Trägern dieses mutanten Allels also nicht auf die Verminderung der katalytischen Aktivität zurückzuführen, sondern muß andere bisher ungeklärte Ursachen haben. Die 2. gefundene C:T-Transition von Nukleotid 34 im Exon 2 bewirkt eine Nonsense-Mutation Q12X, die zu einem verkürzten Peptid ohne enzymatische Funktion führt.

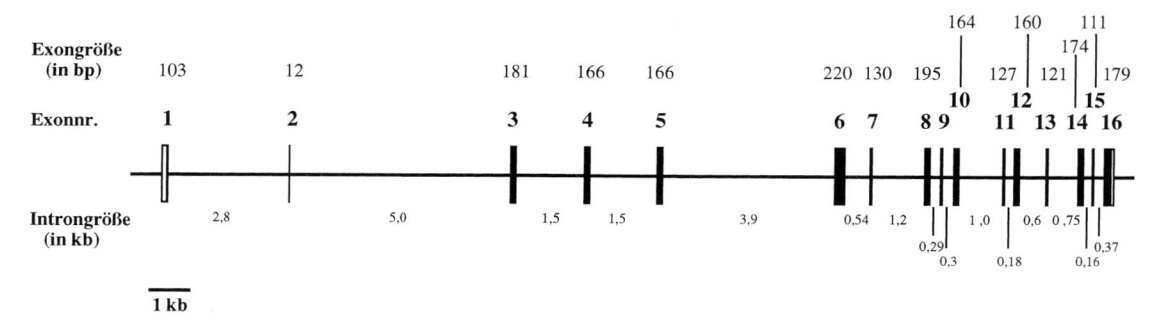

Abb. 2.6.7. Struktur des AMPD1-Gens. *Ausgefüllte Flächen der Exons* kodierender Bereich, *nicht ausgefüllte Bereiche* 3'- und 5'-untranslatierte Regionen, *bp* Basenpaare, *kb* Kilobasenpaare

Die Mutation des Nukleotids 34 verändert einen MaeII-Restriktionsort in der DNA-Sequenz. Darauf aufbauend wurde ein einfacher Screening-Test entwickelt, der populationsgenetische Untersuchungen über das Auftreten des mutanten Allels ermöglichte. Danach wird die Q12X-Mutante bei Kaukasiern mit einer Frequenz von 12% und bei Negroiden von 19% gefunden. Diese Frequenzen wären ausreichend, um die bereits vorher erwähnten 2% AMPD1-Mangel-Befunde in Muskelbiopsien erklären zu können (Mercelis et al., 1987). Insgesamt sprechen die populationsgenetischen Daten auch dafür, daß beim größten Teil der Patienten der AMPD1-Mangel auf dieses mutante Allel zurückzuführen ist.

Die populationsgenetischen Untersuchungen haben aber auch eine größere Gruppe von Individuen mit demselben Gendefekt erkannt, die klinisch weitestgehend unauffällig sind. Der Gegensatz zwischen der Frequenz des mutanten Allels und der Prävalenz der Erkrankung weist entweder darauf hin, daß die Mutation nicht der primäre Defekt für die Muskeldysfunktion ist oder daß sekundäre protektive Mechanismen die Ausprägung der klinischen Symptome verhindern. Beispielsweise betrifft die Mutation nur das Transkript des AMPD1-Gens, das Exon 2 enthält, während die Spleißform ohne Exon 2 zu einem Peptid mit normaler katalytischer Aktivität führt und den Gefekt kompensieren könnte. Da das für die erythrozytären Isoformen kodierende AMPD3-Gen auch im Muskel exprimiert wird (Mahnke-Zizelman u. Sabina, 1992), könnte der Defekt durch diese Isoformen kompensiert werden.

Therapie

Eine nicht unumstrittene Behandlungsstrategie beim AMPD1-Mangel besteht in der Vergrößerung des ATP-Pools durch Gabe von Ribose (Zimmer u. Gerlach, 1978). Ribose erhöht die PRPP-Synthese und stimuliert dadurch den Purinnukleotid-Salvage-Weg und die De-novo-Synthese. Oral an Patienten mit AMPD1-Mangel verabreichte Ribose wurde vollständig absorbiert und zeigte keine Nebenwirkungen, wenn sie unter 200 mg/kg h dosiert wurde (Patten, 1982; Zöllner et al., 1986). Bei einigen Patienten wurde unter dieser Behandlung eine Erhöhung der Ausdauerleistung und die Verringerung von Symptomen nach physischer Belastung beobachtet. Bei einem anderen Behandlungsversuch wurde kein therapeutischer Effekt erzielt (Lecky, 1983).

Eine molekulargenetische Behandlungsstrategie könnte darin bestehen, die Regulation der Myoadenylatdesaminaseisoformen zur Korrektur des Defekts zu beeinflussen. Voraussetzung dazu wäre jedoch ein tieferes Verständnis der Einflüsse, die die gewebespezifische Expression und das alternative Spleißen auf die Enzymwirkung haben.

2.6.2.2.6 Xanthinurie

Einführung

Die Xanthinurie (McKusick: 278.300) wurde 1954 von Dent u. Philpot (1954) entdeckt und war damit die erste bekannte Purinstoffwechselstörung des Menschen. Sie ist durch hohe Urinausscheidungen von Xanthin, der Tendenz zur Xanthinsteinbildung und stark reduzierte Harnsäurekonzentrationen in Serum und Urin gekennzeichnet. Als biochemischer Defekt wurde die verringerte Oxidation von Hypoxanthin und Xanthin durch die Xanthinoxidase – besser Xanthindehydrogenase (XDH) – von Engelman et al. (1964) erkannt. Seither sind mehr als 100 Fälle von hereditärer Xanthinurie beschrieben worden, die sich klinisch in 2 Typen – die klassische Xanthinurie mit den Subtypen I und II und den Molybdenkofaktormangel – unterteilen lassen. Beide klinische Typen werden autosomal-rezessiv vererbt, basieren aber auf unterschiedlichen biochemischen Defekten.

Beschreibung des Krankheitsbildes

Bei etwa 40% der Patienten mit der klassischen Erkrankungsform treten klinische Symptome auf, die sich direkt von der Xanthinurie ableiten lassen (Übersichten bei Holmes u. Wyngaarden, 1989; Simmonds et al., 1995a). Dazu gehören Hämaturie, Harnleiterinfektionen, Nierenkoliken, Kristallurie, akutes Nierenversagen und Urolithiasis. Etwa 30% der Xanthinuriker sind symptomfrei und wurden bei Familien- oder Populationsuntersuchungen zufällig entdeckt. Weitere Patienten wurden aufgrund ihres geringen Plasmaharnsäurespiegels im Zusammenhang mit anderen, nicht mit der Xanthinurie zusammenhängenden Erkrankungen gefunden. Etwa 2/3 der Xanthinuriker sind männlich. Die Erkrankung ist nicht auf bestimmte ethnische Gruppen beschränkt.

Nierenschädigungen setzen zwar bei etwa der Hälfte der Patienten bereits vor Erreichen des 10. Lebensjahrs ein, können aber bis in die 8. Lebensdekade vorkommen. Bereits kurz nach der Geburt können persistierendes Erbrechen, Untergewicht und Harnweginfektionen auftreten. Auch Reizbarkeit, Schlaflosigkeit und massive Hämaturie werden beobachtet. Bei einigen Patienten führt die Nierenschädigung zu Hydronephrose und chronischem Nierenversagen, die bei bisher 7 Patienten eine Nephrektomie notwendig machte, an deren Folgen 3 Patienten verstarben.

Myopathien, die sich in Krämpfen und Schmerzempfindungen in Beinen, Händen und im Kiefer äußern, traten in einigen Fällen auf, in denen kristalline Ablagerungen von Xanthin und Hypoxanthin in der Muskulatur nachweisbar waren. Rezidivierende Arthritis und Gelenkschmerzen wurden bei 8 Patienten beschrieben, obwohl keine Xanthin- oder Hypoxanthinkristalle in der Synovialflüssigkeit nachweisbar waren. Es wird angenommen, daß Xanthinkristalle im Gelenk eingelagert und nur gelegentlich in die Synovialflüssigkeit abgegeben werden, wie es von der Harnsäure bei der Gicht bekannt ist. Möglicherweise stehen gelegentlich beobachtete Duodenalulzera, intestinale Störungen und epigastrale Schmerzen ebenfalls im Zusammenhang mit dem biochemischen Defekt. Andere Erkrankungen wie Psoriasis, Phäochromozytom, Diabetes, Spastik, geistige Retardierung, Verhaltensprobleme u.a. sind als zufällige Assoziationen zu werten.

Die Xanthinurie ist auch ein Merkmal des Molybdänkofaktormangels (Duran et al., 1978; Wadman et al., 1983). Die Erkrankung wird oft bei Neugeborenen mit hartnäckigen Krämpfen gefunden. Weitere klinische Merkmale sind Linsendislokationen und Mikrozephalie. Xanthin und Hypoxanthin sind bei diesen Patienten erhöht, während die Harnsäure im Gegensatz zur klassischen Xanthinurie in einigen Fällen im Normalbereich liegt. Die meisten Kinder überleben das 1. Lebensjahr nicht.

Pathophysiologie

Bei einem Defekt der XHD wäre zu erwarten, daß die beiden Substrate des Enzyms – Xanthin und Hypoxanthin – bei Xantinurikern in erhöhten Konzentrationen vorliegen und ausgeschieden werden (Abb. 2.6.1). Aber trotz der hohen täglichen Umsatzrate geht wenig Hypoxanthin mit dem Urin verloren, sondern wird über den Salvage-Stoffwechsel wieder in den Purinnukleotidstoffwechsel eingeschleust (Mateos et al., 1987). Xanthin dagegen wird – letztlich als katabolisches Endprodukt des Purinstoffwechsels – anstelle von Harnsäure hauptsächlich mit dem Urin ausgeschieden. Dabei scheint das Xanthin vorwiegend aus dem Guaninnukleotidstoffwechsel zu stammen (Simmonds et al., 1973). Die normalen Plasmakonzentrationen für Xanthin und Hypoxanthin liegen bei gesunden Personen unabhängig von Alter und Geschlecht unter 1 µmol/l bzw. 5 µmol/l (Simmonds et al., 1995a). Bei klassischer Xanthinurie werden Werte von 10–40 µmol/l Xanthin im Plasma gemessen. Unbehandelt beträgt das Verhältnis von Xanthin zu Hypoxanthin bei Xanthinurikern etwa 4:1. Beim Molybdänkofaktordefekt ist die Xanthinkonzentration im Plasma höher, und das Verhältnis Xanthin zu Hypoxanthin liegt bei 5:1.

Das hohe nephrotoxische Potential des Xanthins liegt in seiner hohen renalen Clearance begründet, die bei homozygot Erkrankten die Urinkonzentration des Xanthins deutlich über seine Löslichkeitsgrenze ansteigen läßt und so zur Präzipitation in der Niere und dem Harnweg führt (Simmonds et al., 1995a). Bei einem Patienten mit terminaler Urämie wurde ein extremer Plasmawert von 243 µmol/l festgestellt (Simmonds et al., 1984).

Alle übrigen Purin- und Pyrimidinmetabolitenkonzentrationen sind bei der klassischen Xanthinurie nicht verändert. Auch bei für den Stoffwechseldefekt Heterozygoten werden die Normalwerte für Xanthin kaum überschritten und sind durch Metabolitenanalyse nicht sicher zu identifizieren (Wilson u. Tapia, 1974).

Hohe Plasmakonzentrationen von Hypoxanthin treten nach schwerer körperlicher Anstrengung bei Normalpersonen und noch höher bei Xanthinurikern auf (Harkness et al., 1983). Sie wurden zur Erklärung der Kristalleinlagerungen im Muskelgewebe herangezogen. Die Tatsache, daß nur wenige Xanthinuriker eine Muskelbeteiligung aufweisen, könnte darin begründet sein, daß die meisten Betroffenen gelernt haben, schwere körperliche Tätigkeit zu vermeiden.

Die höheren Konzentrationen von Xanthin gegenüber seiner löslicheren Vorstufe Hypoxanthin im Urin von Xanthinurikern ließ vermuten, daß die defekte XDH noch eine Restaktivität besitzt (Abb. 2.6.1). Diese Überlegung stimulierte Versuche, die Xanthinbildung mit Allopurinol zu unterdrücken. Da Allopurinol ein Substrat der XDH ist, wurde dabei auch sein Stoffwechsel bei Patienten mit klassischer Xanthinurie untersucht. Dabei stellte sich heraus, daß eine Gruppe dieser Patienten erwartungsgemäß das Allopurinol nicht in Oxypurinol umwandeln kann, während eine andere Gruppe überraschend in der Lage war, Oxypurinol zu bilden (Auscher et al., 1974; Yamamoto et al. 1989). Diese Entdeckung führte zur Unterteilung der klassischen Xanthinurie in Typ I und Typ II. Typ-I-Patienten können gegenüber den Typ-II-Patienten auch *N*-Methylnikotinamid nicht zu 4-

Pyridonkarboxamid und Pyrazinamid nicht zu 5-Hydroxypyrazinamid oxidieren.

Pathobiochemie

Die Bildung von Xanthin und Harnsäure aus Hypoxanthin wird durch die Xanthindehydrogenase (XDH) (EC 1.2.1.37) mit NAD^+ als Elektronenakzeptor oder die Xanthinoxidase (XO) (EC 1.2.3.2) mit molekularem Sauerstoff als terminalem Elektronenakzeptor katalysiert (Abb. 2.6.1). Das humane Enzym kommt in vivo generell als Dehydrogenase vor, wenn NAD^+ in ausreichender Konzentration vorliegt. Ist kein NAD^+ vorhanden, reagiert das native Enzym mit einer geringeren Aktivität und O_2 als Elektronenakzeptor (Krenitzky u. Tuttle, 1978). Diese Aktivität ist physiologisch wahrscheinlich nicht signifikant, da die intrazellulären NAD^+-Konzentrationen so hoch sind, daß nur die XDH Funktion aktiv ist (Nishino et al. 1989). Das native Enzym setzt sich aus 2 identischen Untereinheiten von jeweils etwa 150 000 zusammen (Bray, 1975). Die vollständige Proteinsequenz der XDH vom Menschen wurde von der cDNA-Sequenz abgeleitet (Ichida et al., 1993). Demnach setzt sich das humane Enzym aus 1333 Aminosäuren zusammen und ist dem Rattenenzym zu 90% und dem Enzym der Fruchtfliege zu 52% homolog. Die Aminosäurereste, die an der reversiblen und irreversiblen Konversion der XDH zu XO beteiligt sind, sind evolutionär beim Menschen und der Ratte vollständig konserviert.

Reduzierende Substrate wie Xanthin werden an den Substratbindungsort des Enzyms gebunden. Der Substratbindungsort enthält Molybdän, das an den Molybdänkofaktor gebunden ist. Das Molybdän hat zusätzlich einen Sulfidliganden, der essentiell für die enzymatische Reaktion ist (Kramer et al., 1987). Das Sulfid kann, z.B., bei längerer Lagerung in vitro durch Sauerstoff ersetzt werden, was zur reversiblen Inaktivierung des Enzyms führt. 2 Elektronen werden vom Substrat auf Mo^{6+} überführt und reduzieren das Metallion zu Mo^{4+}. Die Hydrolyse des Molybdänmetallkomplexes setzt das oxidierte Produkt frei, während das Molybdän durch eine rasche intramolekulare Äquilibrierung zwischen den übrigen Redoxzentren des Enzyms, 2 Eisen-Schwefel-Zentren und einem FAD-Molekül oxidiert wird (Olson et al., 1974). FAD interagiert dann mit NAD und O_2.

Die Xanthinoxidase kann neben Xanthin, Hypoxanthin und Adenin auch andere natürliche Substrate wie Aldehyde, Pteridine und andere Purine oxidieren (Simmonds et al., 1995a). Allopurinol bindet stöchiometrisch zum reduzierten Molybdän des Enzyms, wodurch es als starker Inhibitor wirkt. Als Elektronenakzeptoren sind auch Methylenblau, 2,6-Dichlorphenol-Indophenol, Triphenyltetrazoliumchlorid und Phenazinmethosulfat bekannt. Studien zur Substratspezifität und der Lokalisation des Enzyms insbesondere im Dünndarm legten die Vermutung nahe, daß das Enzym auch als biochemische Barriere gegen mit der Nahrung aufgenommene Purine und Pyrimidine wirken könnte, was durch Tracer-Studien bestätigt werden konnte (Krenitzky et al., 1972; Simmonds et al., 1973).

Bedingt durch die Anwendung nicht standardisierter Methoden gibt es über die Gewebeverteilung der XDH z.T. widersprüchliche Angaben. Histochemisch läßt sich das Enzym hauptsächlich in den Zotten von Duodenum und Jejunum sowie parenchymatischen Leberzellen nachweisen. Mit immunologischen Nachweismethoden kann immunreaktives Protein in milchsezernierenden Epithelzellen, kapillaren endothelialen Zellen der Milchdrüse, Leber, Herz, Skelettmuskel, Lunge und Darm nachgewiesen werden, jedoch nicht in epithelialen Darmzellen, Hepatozyten und Gehirn (Bruder et al, 1983; 1984). Die höchsten Enzymaktivitäten werden in Leber, Dünndarm und Milch gefunden.

Der XDH-Aktivitätsverlust führt zum Typ I der klassischen Xanthinurie. Allerdings wurde bisher nur ein Xanthinuriker untersucht. Bei ihm konnte kein immunreaktives Protein gefunden werden, was tatsächlich auf einen Defekt des Proteinanteils des XDH-Enzyms hinweist (Gibbs et al., 1976). Weitere Parameter bei diesem Patienten oder andere mutante Enzyme des Menschen wurden biochemisch bisher noch nicht untersucht. Mutante Enzyme wurden jedoch bei 11 verschiedenen *rosy*-Mutanten von *Drosophila melanogaster* biochemisch analysiert (Hughes et al. 1992). Jede Mutante zeigte charakteristische Aktivitätsänderungen, die auf Änderungen der Substratbindung oder der Reaktivität der Redoxzentren zurückgeführt werden konnten.

Typ II der klassischen Xanthinurie beruht dagegen auf dem kombinierten Aktivitätsverlust der XDH und der Aldehydoxidase (Reiter et al., 1990). Immunreaktives XDH-Protein ist bei einem Typ-II-Patienten nachgewiesen worden (Yamamoto et al., 1991), doch läßt sich der biochemische Defekt aufgrund der wenigen verfügbaren Daten nur über einen Analogieschluß erklären. So resultiert eine Mutation bei *Drosophila melanogaster* ebenfalls in einem kombinierten Aktivitätsverlust von XDH und Aldehydoxidase (Wahl et al., 1982). Die Mutation ist zudem in der Sulfurierung weiterer Desulfomolybdänhydroxylasen defekt. Ein ähnlicher Defekt könnte somit auch die Basis für die klassische Xanthinurie Typ II sein.

Beim Molybdänkofaktormangel – einem Defekt in der Synthese des Pteridinanteils des Kofaktors – ist neben XDH und Aldehydoxidase auch die Sulfitoxidase betroffen (Wadman et al., 1983). Die enzymatische Basis dieser Erkrankung ist jedoch noch nicht aufgeklärt.

Molekulargenetik und molekulare Pathologie

Die exprimierte Form des XDH-Gens aus der Leber wurde von Ichida et al. (1993) erstmals beschrieben (EMBL, NCBI, Datenbankzugriffsnr. D11.456). Sie wurde später von Saksela u. Raivio (1996) bestätigt und erweitert (Datenbankzugriffsnummer: U39.487). In der cDNA wurden ein offener Leserahmen von 3999 Nukleotiden identifiziert und die Sequenz der 1333 Aminosäuren des Proteins abgeleitet. Danach beträgt das berechnete Molekulargewicht des Proteins 146.604.

Das genomische Gen erstreckt sich über einen Bereich von etwa 60 kb und besteht aus 36 Exons und 35 Introns (Abb. 2.6.8) (Xu et al., 1996). Die Exongrößen liegen zwischen 53 und 279 bp. In der Promotorregion wurden eine Goldberg-Hogness-Box sowie 2 invertierte CCAAT-Sequenzen gefunden. Daneben wurden in einem Bereich von 2000 bp vor dem Transkriptionsinitiationsort weitere potentielle *cis*-Elemente der Transkriptionskontrolle wie C/EBP, IL-6, TNF-RE u. a. m. lokalisiert. Das Gen wurde durch Fluoreszenz-in-situ-Hybridisierung auf dem Chromosom 2 in der Region 2p22.3–p22.2 kartiert (Rytkonen et al., 1995). Die Entdeckung und Aufklärung der Struktur des XDH-Gens werden es erlauben, die zur Xanthinurie führenden XDH-Defekte auf DNA-Ebene aufzuklären.

Tiermodell

Die potentielle Nephrotoxizität des Xanthins wurde durch experimentelle Studien an Schweinen, die einer Purindiät, bestehend aus Guanin und Allopurinol, unterworfen wurden, studiert (Simmonds et al., 1973). Die Tiere entwickelten unter der Diät akutes Nierenversagen. Pathologisch wurden Xanthinkristallablagerungen in den Nierentubuli sowie tubuläre Epithelverletzungen, interstitielle Ödeme und Entzündungen gefunden. Langzeitstudien zeigten, daß auch kurze Perioden der Kristallablagerung durch Narbenbildung schwere permanente Nierenschädigungen hervorrufen.

Diagnostik

Xanthin bildet orangebraune, ovale Steine mit lamellenartigem Aufbau, die zwischen einer Größe von wenigen Millimetern und Hühnereigröße vari-

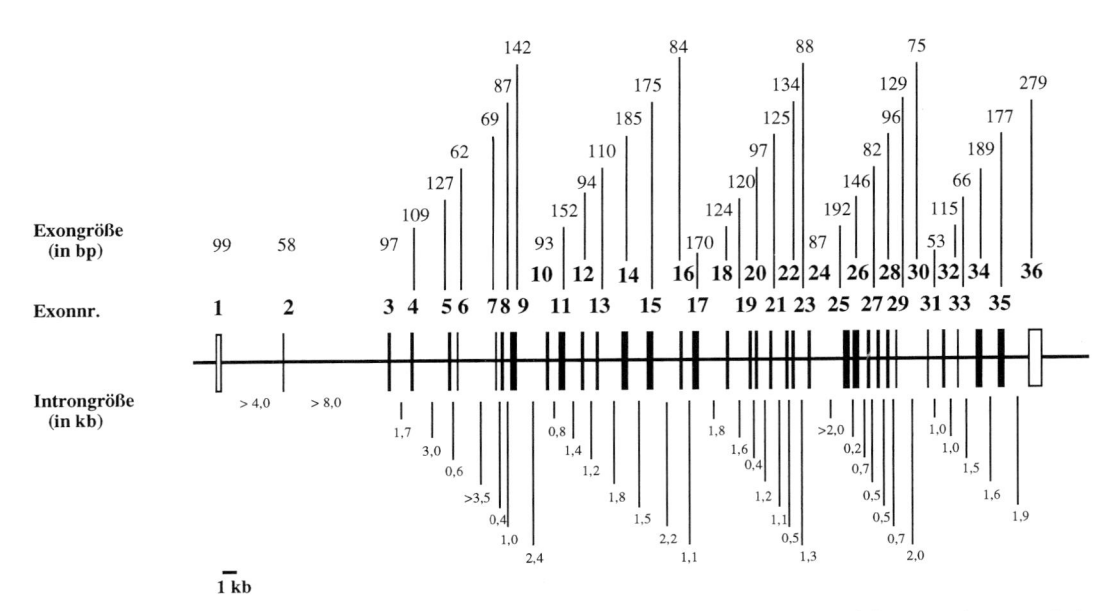

Abb. 2.6.8. Struktur des XDH-Gens. *Ausgefüllte Flächen der Exons* kodierender Bereich, *nicht ausgefüllte Bereiche* 3′- und 5′-untranslatierte Regionen, *bp* Basenpaare, *kb* Kilobasenpaare

ieren können (Holmes u. Wyngaarden, 1989). Xanthin-, Harnsäure- und 2,8-Dihydroxyadeninsteine geben einen positiven Murexidtest, können aber nicht durch thermogravimetrische Verfahren voneinander differenziert werden. Mittels UV-Spektroskopie bei pH 2 und pH 10, Papierchromatographie, Infrarotmassenspektrometrie und Röntgenstrukturanalyse können Xanthinsteine jedoch deutlich von anderen Purinpräzipitaten unterschieden werden. Reine Xanthinsteine sind selten. Ihre Häufigkeit schwankt zwischen 1 Xanthinstein unter 760 analysierten Steinen bzw. keinem unter 24 000 Steinen. Klimatische Faktoren scheinen einen Einfluß auf die Inzidenz von Xanthinsteinen zu haben. So kommen sie in mediterranen Ländern häufiger vor (Salti et al., 1982).

Klinisch ist die Diagnose beim Fehlen einer Urolithiasis besonders bei Kleinkindern mit akutem Nierenversagen sehr schwierig. Eine mögliche klassische Xanthinurie sollte jedoch als Basis eines akuten Nierenversagens immer in Betracht gezogen werden, wenn es anamnestische Hinweise auf Hämaturie oder rotbraune Ablagerungen in der Windel gibt. Kinder mit neonatalen Krämpfen sollten immer auf einen Molybdänkofaktormangel untersucht werden.

Sowohl die klassische Xanthinurie als auch der Kofaktormangel können durch die stark verringerte Harnsäurekonzentration in Plasma und Urin bei gleichzeitigem Anstieg der spezifischen Metaboliten Xanthin und Hypoxanthin erkannt werden (Holmes u. Wyngaarden, 1989). Letzeres ist besonders wichtig, da Harnsäure auch bei anderen hereditären oder erworbenen Erkrankungen verringert sein kann. Bei Patienten mit Kofaktormangel oder schwangeren Xanthinurikerinnen kann die Harnsäure sogar Normalwerte ereichen (Simmonds et al. 1995a).

Aufgrund ihrer Gewebeverteilung kann die XDH nicht in Erythrozyten, Leukozyten oder kultivierten Fibroblasten nachgewiesen werden. Daher wird die enzymatische Differentialdiagnostik bei homozygoter, klassischer Xanthinurie nur an Leber- oder Dünndarmbiopsien eindeutig gestellt (vgl. unter Pathobiochemie). Der Molybdänkofaktormangel kann dagegen auch in Fibroblasten diagnostiziert werden (Ogier et al., 1983). Die pränatale enzymatische Diagnose aus Chorionvilli oder kultivierten Fruchtwasserzellen ist bei klassischer Xanthinurie zwar nicht indiziert, kann aber als prophylaktisches Hilfsmittel beim Kofaktormangel eingesetzt werden (Ogier et al., 1983).

Therapie

Die Behandlung der Wahl bei der klassischen Xanthinurie besteht in einer strikten purinarmen Diät und hohen Flüssigkeitsaufnahme, um die Xanthinkonzentration im Urin zu senken und den nephrotoxischen Effekten der Xanthinurie vorzubeugen. Dies gilt besonders für Xanthinuriker aus ariden Gebieten, wie sie aus Arabien und Spanien beschrieben werden, wo die Erkrankung meist maligner verläuft (Salti et al., 1982). Alkalisierung des Urins führt dagegen zu keiner Verbesserung, da die Löslichkeit des Xanthins dadurch nicht wesentlich beeinflußt wird. Auch durch Allopurinolbehandlung kann der Xanthin-Hypoxanthin-Quotient nicht beeinflußt werden und ist somit meist wirkungslos.

Therapieversuche zur Behandlung des Molybdänkofaktormangels mit Ammoniummolybdat und Tetrahydropterin waren weitestgehend wirkungslos (Fujitaka et al., 1991). Wegen der hohen Instabilität des funktionellen Molybdänkofaktors ist eine darauf basierende Therapie nicht durchführbar. Die Suche nach stabileren Intermediaten blieb bisher auch erfolglos, so daß es z. Z. keine wirksame Therapie für die Patienten mit dieser zerstörerischen Erkrankung gibt.

2.6.3 Störungen des Pyrimidinstoffwechsels

2.6.3.1 Einführung in den Pyrimidinstoffwechsel

Der Körperbedarf an Pyrimidinen wird durch die von kleinen Molekülen ausgehende De-novo-Synthese oder die Wiederverwertung von Pyrimidinen aus dem Zellstoffwechsel bzw. aus der Nahrung gedeckt (Abb. 2.6.9; Tabelle 2.6.2). Überschüssige Pyrimidine werden über den Katabolismus abgebaut und mit dem Urin ausgeschieden.

Die Pyrimidinsynthese de novo ist mit 4–16 mmol/Tag dem Purinbedarf äquivalent (Smith, 1973). Die ersten 3 Reaktionen der De-novo-Synthese (Enzyme 1–3) werden durch ein multifunktionelles Protein katalysiert, das von nur einem Gen kodiert wird (Mori u. Tatibana, 1978; Padgett et al., 1982). Es besitzt die Funktionen der Carbamoylphosphatsynthetase (CPS), der Aspartattranscarbamoylase (ATC) und der Dihydroorotase (DHO) (Enzyme 1–3). In der erste Reaktion werden Glutamin und CO_2 zu Carbamylphosphat verbunden, wobei 2 Moleküle ATP gebildet werden.

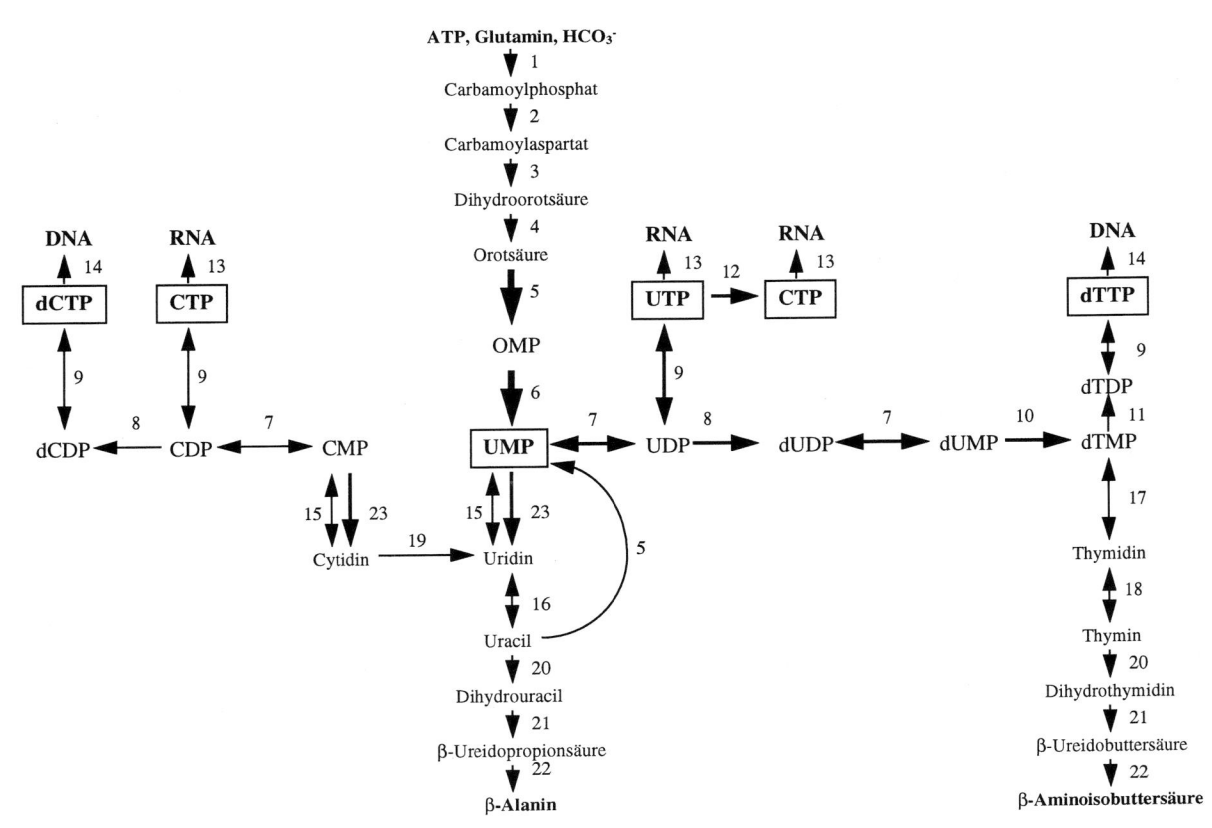

```
                         ATP, Glutamin, HCO₃⁻
                                 ▼ 1
                         Carbamoylphosphat
                                 ▼ 2
                         Carbamoylaspartat
                                 ▼ 3
                         Dihydroorotsäure
   DNA       RNA                 ▼ 4              RNA      RNA                DNA
    ▲ 14      ▲ 13             Orotsäure           ▲ 13     ▲ 13               ▲ 14
  ┌─────┐   ┌─────┐               ▼ 5           ┌─────┐ 12 ┌─────┐           ┌─────┐
  │dCTP │   │ CTP │                              │ UTP │──▶│ CTP │           │dTTP │
  └─────┘   └─────┘                OMP           └─────┘   └─────┘           └─────┘
    ▲ 9       ▲ 9                  ▼ 6              ▲ 9                        ▲ 9
        8         7              ┌─────┐  7      8         7         10      dTDP
 dCDP ◀── CDP ◀──▶ CMP           │ UMP │◀──▶ UDP ──▶ dUDP ◀── dUMP ──▶ dTMP   ▲ 11
                                 └─────┘                                       ▲
                      15 ▲▼ 23   15 ▲▼ 23                                      ▼ 17
                          19                                                Thymidin
                       Cytidin ──▶ Uridin ◀─┐                                  ▲
                                   ▲▼ 16    │ 5                                ▼ 18
                                  Uracil ───┘                                Thymin
                                   ▼ 20                                        ▼ 20
                                Dihydrouracil                              Dihydrothymidin
                                   ▼ 21                                        ▼ 21
                              β-Ureidopropionsäure                       β-Ureidobuttersäure
                                   ▼ 22                                        ▼ 22
                                β-Alanin                                 β-Aminoisobuttersäure
```

Abb. 2.6.9. Vereinfachtes Schema des Pyrimidinstoffwechsels (vgl. Tabelle 2.6.2). Die Orotsäureurie ist bedingt durch den funktionellen Ausfall der Enzyme 5 und 6 (UMPS), der Pyrimidin-5′-Nukleotidase-Mangel durch den Verlust der Aktivität von Enzym *23* (P5N), der Dihydropyrimidindehydrogenasemangel durch das defekte Enzym *20* (DHPDH) und die Dihydropyrimidinurie durch den Mangel von Enzym *21* (DHP)

Diese Reaktion wird von Carbamoylphosphatsynthetase II (CPS II) katalysiert. CPS I ist dagegen ein mitochondriales Enzym der Leber und der Niere, das Carbamoylphosphat aus Ammoniak und CO_2 synthetisiert. Verstärkte Verfügbarkeit von Carbamoylphosphat durch die Aktivität von Carbamoylphosphatsynthetase I (CPS I), wie sie bei einigen Störungen des Harnstoffzyklus hervorgerufen wird, erhöht die Pyrimidinsyntheserate (Kelley, 1983). Die Aktivität der CPS II ist der geschwindigkeitsbestimmende Schritt in der De-novo-Synthese von UMP. Auch die letzten beiden Schritte der De-novo-Pyrimidinsynthese werden durch 2 von einem Gen kodierte Enzymfunktionen katalysiert. Die UMP-Synthetase (UMPS) vereinigt in ihrem Protein die Orotat-Phosphoribosyl-Transferase (OPRT) und die Orotidin-5′-Monophosphat-Dekarboxylase(ODC)-Aktivität (Enzyme 5 und 6), deren Wirkungen zur Synthese des Uridinmonophosphats – der Schlüsselverbindung im Pyrimidinstoffwechsel – aus Orotsäure führen.

Alle im Stoffwechsel benötigten Pyrimidinnukleotide können aus dem Pyrimidinkern des UMP oder aus Nahrungspyrimidinen gebildet werden. Die Monophosphate werden durch die Pyrimidinmonophosphatkinase und Pyrimidindiphosphatkinase (Enzyme 7 und 9) weiter zu den Pyrimidintrinukleotiden phosphoryliert. CTP wird hauptsächlich durch Cytidintriphosphatsynthetase aus UTP (Enzym 12) gebildet. Die Ribonukleosiddiphosphatreduktase (Enzym 8) reduziert die Pyrimidinribonukleotide zu den Desoxyribonukleotiden dUDP und dCDP. Thymidinnukleotide werden via Thymidylatsynthetase (Enzym 10), die dUMP zu dTMP umwandelt, bereitgestellt. Die Thymidinmonophosphatkinase (Enzym 11) phosphoryliert das dTMP zu dTTP, das dann über die Nukleotidyltransferasen (Enzyme 13 und 14) in die entsprechenden Nukleinsäuren – RNA oder DNA – eingebaut wird.

Wie bereits erwähnt, kann die Pyrimidin-De-novo-Synthese den intrazellulären Pyrimidinbedarf

Tabelle 2.6.2. Enzyme der Pyrimidin-De-novo-Synthese, der Interkonversion, des Salvage-Stoffwechsels und des Katabolismus

Laufende Nr.[a]	Bezeichnung	Abkürzung	EC-Nummer
De-novo-Synthese			
1	Carbamoylphosphatsynthetase	CPS II	6.3.5.5
2	Aspartattranscarbamoylase	ATC	2.1.3.2
3	Dihydroorotase	DHO	3.5.2.3
4	Dihydroorotatdehydrogenase	DHODH	1.3.3.1
5, 6	UMP-Synthetase (Multienzym)	UMPS	–
5	Orotat-Phosphoribosyl-Transferase	OPRT	2.4.2.10
6	Orotidin-5'-Monophosphat-Dekarboxylase	ODC	4.1.1.23
Interkonversion			
7	Uridin (Pyrimidin)-Monophosphat-Kinase	–	2.7.4.14
8	Ribonukleosiddiphosphatreduktase	–	1.17.4.1
9	Pyrimidindiphosphatkinase	–	2.7.4.6
10	Thymidylatsynthetase	–	2.1.1.45
11	Thymidinmonophosphatkinase	–	2.7.4.9
12	Cytidintriphosphatsynthetase	–	6.3.4.2
13	RNA-Nukleotidyl-Transferase	–	2.7.7.6
14	DNA-Nukleotidyl-Transferase	–	2.7.7.7
Salvage-Stoffwechsel			
15	Uridinkinase	–	2.7.1.48
16	Uridinphosphorylase	–	2.4.2.3
17	Thymidinkinase	–	2.7.1.21
18	Thymidinphosphorylase	–	2.4.2.4
Katabolismus			
19	Cytidindesaminase	–	3.5.4.5
20	Dihydropyrimidindehydrogenase	DHPDH	1.3.1.2
21	Dihydropyrimidinase	DHP	3.5.2.2
22	β-Ureidopropionase	–	3.5.1.6
23	Pyrimidin-5'-Nukleotidase	P5N	3.1.3.5

[a] Die laufenden Nummern entsprechen den Enzymnummern in Abb. 2.6.9.

decken. Um jedoch ein Molekül UMP de novo zu synthetisieren, werden 5 Moleküle ATP benötigt. Energetisch günstiger ist der Salvage-Weg, durch den unter Einsatz nur 1 Moleküls ATP ein Molekül UMP gewonnen werden kann. Folglich wird die Pyrimidin-De-novo-Synthese beispielsweise in kultivierten Zellen stark reduziert, wenn exogene Pyrimidine zugeführt werden (Hoogenraad u. Lee, 1974; Karle et al., 1986). Weitere In-vitro-Untersuchungen an kultivierten leukämischen Zellen zeigten, daß der Salvage-Stoffwechsel 200- bis 300mal aktiver ist als die De-novo-Synthese (Sugiura et al., 1986). So werden im normalen Knochenmark etwa 70% des Pyrimidinbedarfs durch den Salvage-Weg gedeckt (Sugiura et al., 1986). Das wichtigste Salvage-Enzym ist die Uridinkinase (Enzym 15), die sowohl Uridin als auch Cytidin phosphoryliert.

Der Pyrimidinabbau verläuft sowohl über Uridin als auch Thymidin. Cytidin wird durch die Cytidindesaminase (Enzym 19) zu Uridin desaminiert, und Uridin wird durch die Uridinphosphorylase (Enzym 16) zu Uracil reduziert. Obwohl letztere Reaktion in vitro reversibel ist, scheint beim Menschen in vivo kein Uridin aus Uracil gebildet zu werden, da Behandlungsversuche mit Uracil bei Patienten mit hereditärer Orotsäureurie fehlschlugen (Becroft et al., 1969). Thymidinphosphorylase (Enzym 18) ist ein weiteres Enzym des Pyrimidinabbaus. Es katabolisiert Desoxyuridinnukleotide über dTMP. Nach dem Abbau der Pyrimidine zu Uracil und Thymin werden sie von der Dihydropyrimidindehydrogenase (DHPDH, Enzym 20) zu Dihydrouracil und Dihydrothymin reduziert. Dihydropyrimidinase (DHP, Enzym 21) und β-Ureidopropionase (Enzym 22) wandeln Dihydrouracil bzw. Dihydrothymin zu den Endprodukten des Pyrimidinkatabolismus – β-Alanin und β-Aminoisobuttersäure – um.

2.6.3.2 Hereditäre Pyrimidinstoffwechselstörungen

2.6.3.2.1 UMP-Synthetase(UMPS)-Mangel (Orotsäureurie)

Einführung

Es gibt eine Reihe heriditärer Erkrankungen mit exzessiver Urinausscheidung von Orotsäure. Die Bezeichnung hereditäre Orotsäureurie wurde jedoch erstmalig bei einem Fall mit später festgestelltem UMPS-Mangel angewendet (Huguley et al. 1959). Dieser Fall war klinisch durch eine megaloblastische Anämie und Orotsäureurie gekennzeichnet. Der Patient verstarb im Alter von 2 Jahren und 9 Monaten, so daß die enzymatische Diagnose erst später indirekt durch den Nachweis erniedrigter UMPS-Aktivitäten bei den Eltern und anderen heterozygoten Verwandten des Patienten gestellt werden konnte (Smith et al., 1961; Fallon et al., 1964). Der homozygote UMPS-Mangel (McKusick 258.900) ist sehr selten. Bisher sind erst 15 Fälle beschrieben worden (Webster et al., 1995). Die Erkrankung manifestiert sich klinisch recht einheitlich mit megaloblastischer Anämie und Orotsäurekristallurie. Sie ist oft mit einigen physischen und geistigen Entwicklungsrückständen assoziiert. Die Patienten sprechen in der Regel auf eine adäquate Pyrimidinsubstitutionstherapie gut an und entwickeln meist keine Komplikationen. Sie haben eine gute Prognose. Nur wenige Patienten sind zusätzlich durch kongenitale Mißbildungen und Immundefizienz gekennzeichnet, die die Prognose deutlich verschlechtern können. Der UMPS-Mangel läßt sich in 2 klinisch nicht voneinander zu unterscheidende Typen unterteilen. Beim Typ I sind sowohl die OPRT- als auch die ODC-Funktion des bifunktionellen UMPS-Proteins defekt, während beim TYP II nur die ODC-Funktion ausfällt.

Beschreibung des Krankheitsbilds

Alle beschriebenen Fälle der hereditären Orotsäureurie werden während der Kindheit auf verschiedenste Weise klinisch auffällig. In der Regel wird zwischen dem 1. und 7. Lebensjahr eine megaloblastische Anämie festgestellt (Übersicht bei Webster et al., 1995). Die Hämoglobinwerte liegen zwischen 60 und 80 g/l, während die Retikulozytenzahlen meist normal oder geringgradig erniedrigt sind. Isozytose, Poikilozytose und andere zytologische Anomalien der Erythrozyten weisen auf eine Megaloblastose des Knochenmarks hin. Bei einigen Patienten kann intermittierend Neutropenie und Lymphopenie auftreten. Die Zahlen für Erythrozytenvorstufen im Knochenmark belaufen sich auf 60–80% der Normalwerte.

Durchschnittlich können von den Patienten täglich Orotsäuremengen von 1,5 mg mit dem Urin ausgeschieden werden. Auch Orotidin, Carbamoylaspartat und Dihydroorotsäure werden vermehrt ausgeschieden. Durch die erhöhte Orotsäurekonzentration im Urin kann es im Harnweg zur Kristallurie kommen. Bei abgestandenem Urin kommt es nach längerem Stehen zur Kristallbildung am Rand des Aufbewahrungsgefäßes. Puderartige Kristalle werden auch in den Windeln von erkrankten Säuglingen gefunden. Kristallbildung in der Harnblase kann zu urethralen Verstopfungen führen, die durch erhöhte Flüssigkeitsaufnahme oder Katheterisierung behoben werden können. Gelegentlich beobachtete Hämaturie kann mit den durch die Orotsäurekristalle hervorgerufenen Schädigungen in den Nierentubuli erklärt werden.

Gedeihstörungen bei betroffenen Kindern sind üblich, treten aber nicht bei allen Betroffenen auf und können stark variieren. Im Alter von 3 Monaten bis 7 Jahren wurden bei 6 Kindern Gewichte unterhalb der 3. Perzentile festgestellt. Bei älteren Patienten weicht das Körpergewicht nicht wesentlich von der Norm ab.

Psychomotorische Entwicklungsrückstände wurden bei einer Reihe von Patienten in den ersten Lebensjahren beobachtet, konnten aber nur bei wenigen Patienten vor Beginn einer Therapie analysiert werden, so daß über die Häufigkeit und die Spezifität der Entwicklungsrückstände keine verläßlichen Angaben vorliegen (Webster et al., 1995). Allergings wird Strabismus, der bilateral, alternierend oder unilateral vorkommt und sich spontan zurückbilden kann, häufiger beobachtet. Auch kardiale Mißbildungen infolge von Fehlern während der Organogenese scheinen bei Orotazidurikern gehäuft aufzutreten. Bei einigen Patienten kommt Immundefizienz vor, die sich als Lymphopenie einiger T-Zell-Subtypen, Verringerung einzelner Immunglobulinfraktionen und verringertes In-vitro-Lymphozytenwachstum nach Stimulation durch Mitogene repräsentiert. Die Erscheinungen bilden sich unter Pyrimidinsubstitution teilweise wieder zurück. Insgesamt kann keine besondere Infektanfälligkeit, die ursächlich auf den Enzymdefekt zurückgeführt werden kann, bei UMPS-Mangel-Patienten beobachtet werden.

Pathophysiologie

Die hohe Ausscheidung von Orotsäure mit dem Urin spricht bei hereditärer Orotsäureurie für eine erhöhte Orotsäuresyntheserate, die eine obstruktive Uropathie bedingen kann und wahrscheinlich auch einen urikosurischen Effekt ausübt. Die Plasmakonzentrationen der Orotsäure sind dagegen nur geringfügig gegenüber dem physiologischen Normbereich erhöht, so daß pharmakologische Effekte durch Orotsäure kaum zu erwarten sind.

Die beobachteten klinischen Symptome sind daher besser durch den Mangel an Pyrimidinnukleotiden zu erklären. Obwohl es bisher keine direkten Daten über das Ausmaß des Nukleotidmangels gibt und darüber, ob alle Gewebe gleichermaßen betroffen sind, ist das regelmäßige Auftreten einer Megaloblastose des Knochenmarks beim UMPS-Mangel ein sicherer Hinweis auf eine verlangsamte DNA-Synthese und arretierte Zellteilung in der S-Phase (Herbert, 1985). Die DNA-Synthese kann gewöhnlich in megaloblastischen Stadien aller sich teilender Zellen ausgeprägt sein. Besonders stark kann dieser Effekt in schnellteilenden Zellen, wie beispielsweise im gastrointestinalen Trakt, beobachtet werden (Herbert et al., 1985). Er könnte für die bei Patienten mit hereditärer Orotsäureurie beobachtete Malabsorption und die von einzelnen Fällen berichtete Darmzottenatrophie sowie gestörtes Haar- und Nagelwachstum verantwortlich sein (Fox et al., 1969).

Tierexperimentelle Daten sprechen für einen Einfluß der De-novo-Pyrimidinsynthese auf die embryonale Organogenese (Gutova et al., 1971). 6-Azauridin inhibiert die ODC und wirkt stark teratogen und embryotoxisch, wenn es an tragende Ratten während der Organogenese verfüttert wird. Uridin schützt gegen diesen Effekt. Der homozygote UMPS-Mangel wirkt bei Rindern nach dem 40. Tag post conceptionem letal auf die Embryonen (Shanks u. Robinson, 1989). Diese Beobachtung legte die Vermutung nahe, daß der UMPS-Mangel auch beim Menschen intrauterin letal verläuft. Dafür spricht, daß trotz einer hohen geschätzten Frequenz von 1:188–1:5607 (Webster et al., 1995) nur vergleichsweise wenige Patienten mit homozygotem UMPS-Mangel gefunden werden. Obwohl beim Menschen die Letalität des UMPS-Mangels auf Embryonen nicht nachgewiesen ist, könnte man doch annehmen, daß ein weniger schwerer Defekt eine erhöhte Rate an Mißbildungen bei den überlebenden Feten bewirken könnte. Diese Hypothese könnte das gehäufte Auftreten von kardialen und anderen Mißbildungen bei Patienten mit hereditärer Orotsäureurie erklären. Auf spätere Schwangerschaftsstadien scheint die inhibierte Pyrimidin-de-novo-Synthese keinen Einfluß zu haben (Vojta und Jirasek, 1966, Gurpide et al., 1972).

Für die bei hereditärer Orotsäureurie gelegentlich beobachteten geistigen Entwicklungsrückstände und die Immundefizienz gibt es gegenwärtig keine befriedigende Erklärung.

Pathobiochemie

Die ersten Versuche, entweder die OPRT (EC 2.4.2.10) oder die ODC (EC 4.1.1.23) aus Säugergeweben zu isolieren, endeten stets in der Präparation beider Enzymaktivitäten (Shoaf u. Jones, 1973; Kavipurapu u. Jones, 1976). Es wurde daher angenommen, daß beide Enzyme einen Komplex bilden. Dabei war die OPRT-Aktivität immer labiler als die ODC-Aktivität. Eine exponentielle Zunahme der ODC-Aktivität mit der Proteinkonzentration sprach für ein Gleichgewicht zwischen Enzymuntereinheiten und einem Aggregat (Krooth et al., 1973). Die Assoziation beider Enzymaktivitäten über alle Reinigungsschritte hinweg, die koordinierte Verminderung beider Aktivitäten durch Inhibitoren und der Anstieg beider Enzymaktivitäten in Zellen mit Resistenz gegen Basenanaloga ließ für den Komplex ein multifunktionelles Protein mit 2 funktionellen Domänen bereits frühzeitig vermuten (Jones, 1971; Suttle u. Stark, 1979; Levinson et al., 1979). Die Vermutung wurde durch spätere molekulargenetische Studien bestätigt.

Das UMPS-Protein wurde bis zur scheinbaren Homogenität aus Ehrlich-Aszitestumorzellen der Maus gereinigt (McLard et al., 1980). Das Molekulargewicht beträgt etwa 51 500. Es ließen sich 2 Isoformen unbekannter physiologischer Signifikanz mit isoelektrischen Punkten von 5,85 und 5,65 finden. Mittels Gelfiltration und Dichtegradientenzentrifugation können eine monomere und 2 dimere Konformationsformen mit Sedimentationskonstanten von 3,5 S, 5,1 S und 5,6 S nachgewiesen werden (Traut u. Jones, 1979; Traut u. Payne, 1980). Alle 3 Konformationsformen sind enzymatisch aktiv. Erst durch die Bindung von Ligandenmolekülen und Effektoren werden die dimeren Formen gebildet (Floyd u. Jones, 1985). Die ODC-Aktivität wird vorwiegend durch die 5,6 S-Form gewährleistet (Traut u. Payne, 1980; Traut et al. 1980). Das humane Enzym wurde aus Plazenta mit einer Reinheit von >99% isoliert (Livingstone u. Jones, 1987). Hinsichtlich des Molekulargewichts und des Isoformenmusters ähnelt es dem der Maus.

Die OPRT-Funktion der UMPS läuft wahrscheinlich als kinetischer Ping-Pong-Mechanismus ab (Syed et al., 1987). In der ersten Hälfte der Reaktion wird mit PRPP ein aktiver Ribosylphosphatenzymintermediat unter Freisetzung von Pyrophosphat gebildet. In der 2. Hälfte wird die b_1'-glykosidische Bindung zwischen Orotsäure und dem Ribosephosphatrest unter Bildung von OMP hergestellt. Anschließend protoniert das Enzym OMP entweder an der 2- oder 4-Ketogruppe unter Bildung eines Zwitterions mit einer positiven Ladung am N-1. Das positiv geladene N-1 stabilisiert unmittelbar das C-6-Carbanion nach Dekarboxylierung von OMP, bis ein Proton vom C-6 aufgenommen wird, um das Produkt UMP zu bilden (Levin et al., 1980; Jones, 1991).

Die UMPS-Proteine von 4 Patienten mit geringer, aber noch meßbarer Enzymaktivität wurden biochemisch untersucht (Howell et al., 1967; Worthy et al., 1974; Perry u. Jones, 1989). Die mutanten Enzyme unterschieden sich vom Wildtypenzym neben kinetischen Veränderungen auch hinsichtlich ihrer Thermostabilität und elektrophoretischen Eigenschaften. Die Veränderungen wurden als Punktmutationen im UMPS-Strukturgen interpretiert. Bei einem mutanten Protein wurde vermutet, daß die Mutation die Bildung funktioneller Dimeren verhindert (Perry u. Jones, 1989).

Bei den meisten Patienten mit hereditärer Orotsäureurie ist sowohl die OPRT- als auch die ODC-Funktion der bifunktionellen UMPS defekt. Nur ein Patient zeigte bisher einen isolierten ODC-Defekt bei normaler OPRT-Funktion (Fox et al., 1969; Fessas et al., 1992). Beide Eltern und ein Bruder des Patienten wiesen intermediäre ODC-Aktivitäten auf. Dieser Defekt wird auch als Orotsäureurie Typ II bezeichnet (Webster et al., 1995).

Molekulargenetik und molekulare Pathologie

Die vollständige kodierende Region des humanen UMPS-Gens wurde von Suttle et al. (1988) kloniert und sequenziert (EMBL, NCBI, Datenbankzugriffsnummer: J03.626). Das von der Sequenz abgeleitete Protein besteht aus 480 Aminosäuren mit einem berechneten Molekulargewicht von 52 199. Die C-terminalen 258 Aminosäuren enthalten die ODC-Domäne, während die OPRT-Domäne durch die 214 N-terminalen Aminosäuren gebildet wird. Die bifunktionelle Natur des UMPS-Proteins wird auch offensichtlich, wenn die Aminosäuresequenz mit der von monofunktionellen OPRT- und ODC-Proteinen anderer eu- und prokaryotischer Arten verglichen wird (Poulsen et al., 1983; Rose et al., 1984; Ohmstede et al., 1986; Kimsey u. Kaiser, 1992). Die humane OPRT-Aminosäuresequenz ist der bakteriellen zu 43% homolog. Werden neutrale Aminosäureaustausche berücksichtigt, stimmen sie sogar in 73% der Aminosäuren überein. Weiterhin gibt es eine evolutionär hochkonservierte Region, die allen Phosphoribosyltransferasen verschiedener Spezies gemeinsam ist. Auch zur Aminosäuresequenz der humanen ODC-Domäne gibt es interspezifische Homologien. In 4 Bereichen, die essentielle Domänen enthalten, sind die Sequenzen bei 20 verschiedenen Arten nahezu identisch. Sehr wahrscheinlich ist das UMPS-Gen das Produkt einer Fusion der beiden Vorläufergene für die OPRT und ODC (Abb. 2.6.10).

Ein überzeugender experimenteller Beweis für die Bifunktionalität der UMPS wurde erbracht, indem die UMPS-cDNA in einen Expressionsvektor kloniert und anschließend in OPRT- und ODC-defiziente Zellen transfiziert wurde (Stepanik et al., 1988). In Zellen, die das transfizierte Gen enthielten, wurde der Doppeldefekt korrigiert. In weiteren Experimenten wurden die beiden Funktionen der humanen UMPS molekulargenetisch voneinan-

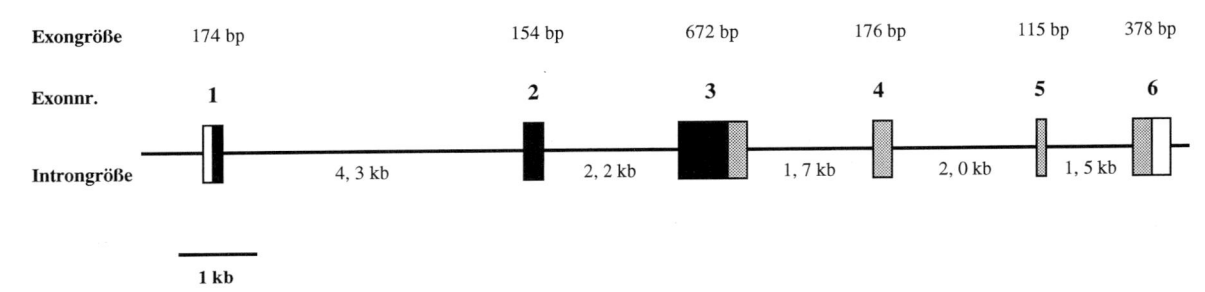

Abb. 2.6.10. Struktur des UMPS-Gens. *Schwarz ausgefüllte Bereiche* kodierende Sequenz für die OPRT-Funktion, *punktiert* kodierender Bereich für die ODC-Funktion, *nicht ausgefüllt* untranslatierte 3'- und 5'-Bereiche, *bp* Basenpaare, *kb* Kilobasenpaare

der getrennt, indem die kodierenden Sequenzen für die OPRT und ODC der humanen UMPS separat in Expressionsvektoren überführt wurden (Webster et al., 1995). Diese monofunktionellen Teilgene waren in der Lage sowohl in pro- als auch in eukaryotischen Systemen die entsprechenden monofunktionellen Gendefekte zu korrigieren, d. h., beide Teilenzyme unterschieden sich funktionell nicht von ihren monofunktionellen Homologen. Ein Vorteil des fusionierten Gens besteht wahrscheinlich darin, daß es für ein intrazellulär stabileres Protein kodiert.

Die genomische Struktur des Gens erstreckt sich über etwa 15 kb und setzt sich aus 6 Exons zusammen (Suchi et al., 1997) (Abb. 2.6.10). In Exon 3 befindet sich die Verbindungsstelle zwischen den beiden funktionellen (OPRT- und ODC-) Domänen. Erkennbare Elemente in der Promotorsequenz lassen auf eine Glukokortikoid- und cAMP-vermittelte Regulation der Genaktivität schließen. Weitere Sequenzmotive weisen auf eine gewebsspezifische Regulation sowohl in Leber- und myeloiden Zellen als auch in Lymphozyten hin. Wie oft bei Housekeeping-Genen festgestellt, finden sich auch in der Promotorregion des UMPS-Gens keine TATA- oder CAAT-Sequenzen. Das Gen kartiert zum Chromosom 3 in der Region 3q13 (Qumsiyeh et al., 1989)

Bisher wurden bei 3 UMPS-Mangel-Patienten 4 mutante Allele gefunden (Webster et al., 1995; Suchi et al., 1997; vgl. Datenbanken OMIM, http://www3.ncbi.nlm.nih.gov/htbin-post/Omim/ und HGMD, http://www.cf.ac.uk/uwcm/mghgmd0.html). Alle 3 Patienten sind Compound-Heterozygote, die jeweils 2 verschiedene mutante Allel tragen. Bei einem Patienten war ein Allel an 2 Positionen mutiert. Der Beweis für einen Funktionsverlust wurde für alle mutanten Allele mittels Expression in pyrimidinauxotrophen *E.-coli*-Mutanten erbracht.

Tiermodelle

Der UMPS-Mangel kommt bei mehr als 1% des Schwarzbunten und Rotbunten Holsteinrinds in den USA vor (Robinson et al., 1983; Harden u. Robinson, 1987; Shanks u. Robinson, 1990). Heterozygote Tiere zeigten intermediäre UMPS-Aktivitäten in verschiedenen Geweben. Homozygote Tiere sind bisher nicht nachgewiesen worden. Wie Kreuzungsstudien belegen, ist der homozygote Zustand in utero gewöhnlich letal. Der Defekt ist auf eine C:T-Transition zurückzuführen, die das Kodon 405 des bovinen UMPS-Gens zu einem Stoppkodon umwandelt und zum vorzeitigen Abbruch der Translation führt (Schwenger et al., 1993).

Biochemische und molekulargenetische Diagnostik

Die Orotsäure kann im Urin sehr einfach kolorimetrisch bestimmt werden. Allerdings können andere Verbindungen interferieren und die Ergebnisse verfälschen (Rogers u. Porter, 1968). Bessere Resultate werden mit einer modifizierten kolorimetrischen Methode erreicht, wenn der Urin vor der Messung chromatographisch gereinigt wird (Jeevanandam et al., 1985). Neben der chromatographischen Methode kann Orotsäure sehr genau durch Hochdruckflüssigkeitschromatographie, Isotopenverdünnungsverfahren oder enzymatische Methoden bestimmt werden (Übersicht bei Webster et al., 1995). Die Urinausscheidung der Orotsäure liegt bei Erwachsenen <10 mmol/mmol Kreatinin bzw. um 10 mmol/24 h. Bei Säuglingen und Kleinkindern ist sie gewöhnlich <3 mmol/mmol Kreatinin. Unter Fastenbedingungen sinken die Werte auf etwa die Hälfte. Bei unbehandelter Orotsäureurie liegen die Orotsäurekonzentrationen gewöhnlich mehr als eine Größenordnung höher als die Norm. Vergleichbar erhöhte Orotsäurekonzentrationen können auch bei anderen Stoffwechselstörungen gefunden werden, wie z. B., bei Störungen des Harnstoffzyklus (Ornithintranscarbamylasemangel, Zitrullinämie und Argininämie). Diese Stoffwechselstörungen können von der hereditären Orotsäureurie durch zusätzlich auftretende Hyperammonämie und abnorme Plasmaaminosäurekonzentrationen abgegrenzt werden. Leichte Anstiege der Orotsäure im Urin werden auch bei lysinurischer Proteintoleranz, Zyklodesaminasemangel, Leberschäden und Behandlung mit Basenanaloga wie Allopurinol oder 6-Azauridin beobachtet.

Die biochemische Differentialdiagnostik der hereditären Orotsäureurie kann nur durch die Bestimmung der UMPS-Aktivität erfolgen. Dazu wird gewöhnlich die Freisetzung von $^{14}CO_2$ aus Orotsäure oder OMP durch die OPRT- bzw. die ODC-Funktion der UMPS gemessen. Da die spezifische Aktivität der ODC wenigstens doppelt so hoch ist wie die der OPRT, ist die OPRT-Reaktion der geschwindigkeitsbestimmende Schritt in der kombinierten Reaktion der UMPS (Suttle u. Stark, 1979). Somit gibt die gemessene Gesamt-UMPS-Aktivität letzlich die OPRT-Aktivität wieder. Das ist nicht der Fall, wenn die ODC-Funktion des Proteins defekt ist. Gewöhnlich wird die Aktivität in unter standardisierten Bedingungen gewonnenen Hämolysaten gemessen. Die Aktivitäten liegen bei 130 nmol/h ml für die OPRT bzw. 280 nmol/h ml für die ODC (Fox et al., 1971). Aufgrund der wenig standardisierten Methoden sind die von unterschiedlichen Autoren gemessenen Aktivitäten jedoch oft nicht miteinander vergleichbar. Die UMPS-Aktivität kann für diagnostische Zwecke auch in Leber (Soutter et al., 1970), in Leukozyten (Simmonds et al., 1980) und in Fruchtwasserzellen (McClard et al., 1983) nachgewiesen werden. Kultivierte Hautfibroblasten eignen sich nicht sehr gut, da sich die niedrige Aktivität schlecht von den Leerwerten unterscheiden läßt (McClard et al., 1983).

Heterozygote weisen gewöhnlich eine intermediäre Enzymaktivität in Hämolysaten auf (Kelley, 1983). Die Werte können allerdings mit Normalwerten überlappen. Besser können Heterozygote eingeordnet werden, wenn neben der niedrigen Enzymaktivität auch eine höhere Orotsäureausscheidung gefunden wird (Fox et al., 1973). Allerdings ist eine zweifelsfreie Heterozygotenerkennung nur möglich, wenn die jeweiligen Mutationen als direkte Marker mittels molekulargenetischer Methoden genutzt werden (Webster et al., 1995, Suchi et al., 1997).

Zur pränatalen Diagnose wurde die UMPS-Aktivität in kultivierten Fruchtwasserzellen und Chorionbiopsien bestimmt (McClard et al., 1983, Perignon et al., 1987). Auf diese Weise wurden bisher 2 gesunde und 1 heterozygoter Fetus diagnostiziert. Die Diagnosen wurden nach der Geburt bestätigt.

Therapie

Bis auf einen wurden bisher alle Patienten mit einer Pyrimidinsubstitutionstherapie durch Gabe von Uridin behandelt (Webster et al. 1995). Das Uridin wird gewöhnlich mehrmals täglich in einer Gesamtdosis von 100–200 mg/kg KG peroral gut verträglich verabreicht (Webster et al., 1995). Danach verbessert sich die Anämie, die Megaloblastose verschwindet und die Orotsäureausscheidung verringert sich. Eine unmittelbare Zunahme von Körperkraft, Aufmerksamkeit, körperlicher Aktivität und allgemeinem Wohlbefinden tritt ebenfalls ein. Nur bei 1 Patienten, der auf die ausschließlich orale Therapie nicht ansprach, wurde Uridin zusätzlich i.m. appliziert (Girot et al., 1983). Unter dieser Therapie verbesserten sich alle klinischen Symptome bis auf eine weiterhin persistierende Leukopenie. Uridin muß lebenslang substituiert werden. Die Dosis kann aber mit steigendem Lebensalter reduziert werden. Wenn die Therapie unterbrochen wird, dauert es etwa 3 Wochen, bis die Orotsäureurie mit allen hämatologischen Anomalien wieder den Stand von vor der Behandlung erreicht hat (Webster et al., 1995). Die Uridintherapie zeigt bei den eingesetzen Dosen keine Nebenwirkungen. Höhere Dosen können eine Diarrhö bewirken (Van Groeningen et al., 1991).

Die Uridinbehandlung schwangerer Orotazidurikerinnen hat keinen negativen Einfluß auf Schwangerschaft und Geburt (Webster et al., 1995; Bensen et al., 1991). Die bisher 6 geborenen Kinder von 2 Orotazidurikerinnen zeigten keine krankhaften Veränderungen, die sich auf den Stoffwechseldefekt der Mutter oder seine Behandlung zurückführen ließen.

Der am längsten bekannte Patient hat bis zu seinem 28. Lebensjahr keinerlei Behandlung erfahren, da er sich trotz einer signifikanten Anämie subjektiv wohlfühlte (Webster et al., 1995). Es scheint daher angeraten, zunächst eine Testbehandlung durchzuführen, um deren Einfluß nicht nur auf die Anämie, sondern auch auf das Allgemeinbefinden zu bestimmen.

Trotz der geringen Langzeiterfahrungen scheint die Prognose unter der Uridinbehandlung für die meisten Patienten sehr gut zu sein (Webster et al., 1995). Die hämatologischen Veränderungen normalisieren sich, die Ausscheidung von Orotsäure wird verringert. Es wurden auch keine Spätschäden unter der Therapie beobachtet. Bis auf 1 Patienten haben sich vor der Behandlung diagnostizierte Entwicklungsrückstände normalisiert, so daß eine normale körperliche und geistige Entwicklung sowie eine normale Reproduktion möglich zu sein scheinen. Diese Prognose kann sich durch schwere kongenitale Mißbildungen, erhöhte Infektanfälligkeit und progressive, späte neurologische Veränderungen verschlechtern, wobei ungeklärt ist, ob diese Veränderungen ursächlich mit dem UMPS-Mangel zusammenhängen.

Behandlungsversuche mit anderen Pyrimidinsubstituenten wie beispielsweise mit einem Hefeextrakt, der mit Uridyl- und Cytidylsäure oder mit reiner Cytidylsäure angereichert war, führten zur Remission der hämatologischen Veränderungen (Huguley et al., 1959; Neimann et al., 1963). Diese Versuche zeigen, daß auch Pyrimidinnukleotide in hohen Dosen therapeutisch ebenso wirksam wie Uridin sind. Allerdings sind die Nukleotide nicht so kostengünstig wie Uridin, und ihre Wirkung wird möglicherweise durch ihren Abbau zu Nukleosiden vor der Absorption eingeschränkt. Außerdem war der Hefeextrakt schlecht verträglich und führte zu Durchfällen.

Uracil erwies sich dagegen als völlig unwirksam (Huguley et al., 1959). Es wird weit weniger effizient durch den Salvage-Stoffwechsel wiederverwertet als Uridin. Auch Allopurinol-, Vitamin- oder Kortikosteroidbehandlung sind ineffizient und unspezifisch (Huguley et al., 1959; Haggard u. Lockhart, 1967). Sie spielen daher bei der Behandlung der Orotsäureurie keine Rolle mehr.

2.6.3.2.2 Pyrimidin-5′-Nukleotidase(P5N)-Mangel

Einführung

Valentine et al. (1974) fanden in Erythrozytenlysaten bei 4 Patienten mit hereditärer hämolytischer Anämie einen Defekt der Pyrimidin-5′-Nukleotidase. Seitdem wurden mehr als 30 Patienten in über 20 Familien beschrieben. Der Defekt wird autosomal-rezessiv vererbt (Paglia et al., 1980, Hirono et al., 1987).

Beschreibung des Krankheitsbilds

Klinisch präsentiert sich der hereditäre P5N-Mangel (McKusick: 266.120) als milde bis moderate, gewöhnlich gut kompensierte Anämie, die verbunden mit einer Splenomegalie auftritt. Manchmal wird auch eine Hepatomegalie beobachtet. Die Hämoglobinkonzentrationen liegen bei etwa 10 g/dl. Neben Retikulozytose und Knochenmarkhyperplasie treten Hyperbilirubinämie, erhöhtes erythrozytäres Glutathion und verminderte Haptoglobine auf. Exazerbationen des Krankheitsbilds können bei Infektion und Schwangerschaft auftreten. Bei 2 verwandten Patienten wurden Hämolyse, Hämoglobinurie und vergrößerte Nieren mit beträchtlicher Eisenakkumulation diagnostiziert (Hansen et al., 1983). Die gelegentlich beobachtete Assoziation des P5N-Mangels mit geistiger Retardierung ist von ungewisser Bedeutung.

Neben dem hereditären P5N-Mangel ist auch ein klinisch ähnlich verlaufender, erworbener Mangel bekannt. Er kann in Verbindung mit Bleivergiftungen (Paglia et al., 1975; 1977), lymphoproliferativen Erkrankungen (Lieberman u. Gordon-Smith, 1980) und Thalassämie (David et al., 1989) auftreten.

Pathophysiologie

Die erythrozytäre Akkumulation von Pyrimidinnukleotiden ist das hervorstechendste pathophysiologische Merkmal des P5N-Mangels. Dabei werden intrazellulär überwiegend Cytidintrinukleotide angereichert (Torrance u. Whittaker, 1979). Die Cytidindiphosphordiester CDP-Äthanolamin und CDP-Cholin waren ebenfalls intrazellulär erhöht, nicht aber in der Zellmembran (Swanson et al., 1984). CDP-Äthanolamin und UDP stimulieren die Pyrimidinmonophosphatkinase (Abb. 2.6.9, Enzym 7) in normalen Hämolysaten. Dieses Enzym ist in etwa 4facher Aktivität in Erythrozyten von P5N-Patienten anzutreffen (Lachant et al., 1987). Dadurch werden vermehrt UDP und CDP gebildet, die dann durch die Pyrimidindiphosphatkinase (Abb. 2.6.9, Enzym 9) zu den entsprechenden Triphosphaten phosphoryliert und mit zunehmendem Alter des Erythrozyten intrazellulär akkumuliert werden.

UTP und CTP hemmen bei einer Konzentration von 5,5 mmol die Glukose-6-Phosphat-Dehydrogenase und damit den Pentosephosphat-Shunt um etwa 50% (Tomoda et al., 1982). Dieses Ergebnis wurde dazu herangezogen, die Pathophysiologie der Hämolyse zu erklären. Allerdings liegen die Hemmkonstanten für die Trinukleotide weit oberhalb der intraerythrozytären Konzentrationen, wie sie beim P5N-Mangel gefunden werden (Oda et al., 1984). So ist es sehr unwahrscheinlich, daß dieser Effekt zur Hämolyse beiträgt.

Bekanntlich binden Pyrimidintrinukleotide Magnesium. Durch die hohen Pyrimidintrinukleotidkonzentrationen könnten sich Erythrozyten von P5N-Mangel-Patienten im Zustand eines funktionellen Magnesiummangels befinden, was zur Aktivitätsabnahme von Enzymen des Pentosephosphat-Shunts und damit zur Hämolyse führen könnte. Allerdings hatte die Zugabe hoher Magnesiumkonzentrationen zu intakten Erythrozyten keinen Effekt auf Autohämolyse und Pentosephosphat-Shunt, so daß der Mechanismus, wie die erhöhten Pyrimidinkonzentrationen die Hämolyse bewirken, immer noch weitestgehend unverstanden ist.

Pathobiochemie

Die Pyrimidin-5′-Nukleotidase (EC 3.1.3.5) katalysiert die Dephosphorylierung von Pyrimidin-5′-Ribomonophosphaten zu den entsprechenden Nukleosiden (vgl. Abb. 2.6.1). Das Enzym wurde zuerst in der löslichen Fraktion von Erythrozyten nachgewiesen (Valentine et al., 1974; Paglia u. Valentine, 1975). P5N dephosphoryliert keine Purinmononukleotide oder 2′-, 3′- und zyklische Pyrimidinnukleotide. Sie setzt in Erythrozyten UMP (K_M=0,15 mmol) und CMP (K_M=0,15 mmol) am effektivsten um; dTMP wird weniger stark gebunden (K_M=1,0 mmol). Die optimale Aktivität wird zwischen pH 6 und 7,5 in Gegenwart von Magnesiumionen erreicht. Das Enzym ist temperatursensitiv und wird sowohl durch AMP, Purinbasen, Purin und Pyrimidinnukleoside als auch durch Schwermetallionen gehemmt. Das gereinigte Enzym hat einen isoelektrischen Punkt von pI=5,0 und ein Molekulargewicht von 28 000 (Torrance et al., 1977).

In Erythrozyten wurden 3 Isoenzyme mit isoelektrischen Punkten von pI=5,22, pI=4,90 und pI=4,68 nachgewiesen (Oda et al., 1985). Ein Isoenzym mit einem MG von 52 000 katalysiert bevorzugt die Reaktion mit UMP und CMP als Substrat. 2 weitere Isoenzyme mit MG von ebenfalls 52 000 bzw. 48 000 waren aktiv mit dTMP, nicht jedoch mit UMP und CMP. Keines dieser Isoenzyme entsprach dem hochgereinigten Enzym, das von Torrance et al. (1977) beschrieben wurde. Es ist auch nicht geklärt, ob die Isoenzyme auf posttranslationalen Modifikationen, Polymorphismen oder Genprodukten unterschiedlicher Gene beruhen.

Weitere Hinweise über das Vorhandensein von Isoenzymen kamen von Untersuchungen an Patienten mit P5N-Mangel (Paglia et al., 1983). Die Patienten zeigten zwar in Hämolysaten einen Verlust der Enzymaktivität mit UMP und CMP als Substrat, aber die Reaktion lief mit dTMP als Substrat weiterhin ab. Die nachweisbare Hydrolyse von dTMP und dUMP in Hämolysaten von Patienten mit P5N-Mangel führte zu der Hypothese, daß die beiden unterschiedlichen Enzymaktivitäten auf 2 verschiedene Gene zurückzuführen seien. Für ein Gen wurde später ein Locus auf dem langen Arm des Chromosoms 17 kartiert (Wilson et al., 1986a).

Hirono et al. (1983) separierten chromatographisch 2 Isoenzyme P5N-I und P5N-II. Die P5N-II-Aktivität war in Kontrollen und P5N-Mangel-Patienten nicht verändert während die P5N-I-Aktivität bei Patienten deutlich verringert war (Hirono et al., 1987). Hinsichtlich der kinetischen Eigenschaften und der Thermostabilität unterschieden sich die P5N-I-Proteine bei 3 Patienten ($P5N_{Kunamoto}$, $P5N_{Nagano}$, $P5N_{Kurume}$) stark voneinander. Weitere veränderte P5N-Proteine wurden von Rosa et al. (1977) ($P5N_{Ishida}$) und Fuji et al. (1979) ($P5N_{Kagushima}$) charakterisiert. Nach diesen Ergebnissen scheint der erbliche P5N-Mangel auf abnormen P5N-I-Proteinen zu beruhen, die durch Mutationen im P5N-I-Strukturgen hervorgerufen werden.

Molekulargenetik und molekulare Pathologie

Das mit dem P5N-Mangel assoziierte P5N-I-Gen wurde bisher noch nicht isoliert. Die publizierte Sequenz (EMBL, NCBI, Datenbankzugriffsnummer: D38.524) einer 5'-Nukleotidase (Oka et al., 1994) ist nicht die für das mit dem P5N-Mangel assoziierte Gen. Die Position des P5N-I-Gens im humanen Genom ist ebenfalls unbekannt. Ein weiteres, nicht mit dem P5N-Mangel assoziiertes Gen wurde auf dem langen Arm des Chromosoms 17 kartiert (Wilson et al., 1986a).

Biochemische Diagnostik

Bei suspekten Patienten mit hämolytischer Anämie kann eine einfache Diagnose gestellt werden, indem das UV-Spektrum in deproteinierten Erythrozytenlysaten aufgenommen wird. Aufgrund der hohen Konzentrationen von Cytidin- und Uridinnukleotiden wird das Absorptionsmaximum bei pH 2,0 von 255–260 nm bei Kontrollen zu 266–270 nm bei Patienten verschoben (Valentine et al., 1974). Diese Methode kann sogar als Screening-Test eingesetzt werden (International Committee for Standardization in Haematology, 1989). Die erhöhten Pyrimidinnukleotidkonzentrationen können durch chromatographische Trennverfahren bestätigt und quantifiziert werden (Adair et al., 1988). Dabei werden hohe Mengen an Cytidinnukleotiden und Cytidinphosphodiestern gefunden. Geringere, aber deutlich erhöhte Anstiege werden für Uridinnukleotide und -nukleoside registriert.

Die Diagnose kann durch die Bestimmung der erythrozytären P5N-Aktivität bestätigt werden. Dazu ist es notwendig, Erythrozyten frei von Leukozyten und Blutplättchen zu präparieren. Die Enzymreaktion kann mit radiochemischen oder chromatographischen Methoden gemessen werden (Paglia et al., 1980; International Committee for Standardization in Haematology, 1989). Bei betroffenen Personen werden Aktivitäten von 0–30% der Norm gemessen. Der hereditäre P5N-Mangel kann vom erworbenen P5N-Mangel durch die differenziert gemessene Verminderung der P5N-I-Aktivität unterschieden werden. Heterozygote für den P5N-Mangel lassen sich aufgrund der großen Überlappungen jedoch kaum von Normalpersonen unterscheiden (Vives-Corrons et al., 1976). Durch die Kombination der Enzymbestimmung mit Messungen der Pyrimidinnukleotidkonzentrationen in Erythrozytenlysaten konnte die Präzision der Heterozygotenerkennung verbessert werden (De Korte et al., 1989).

Therapie

Für den P5N-Mangel gibt es keine spezifische Behandlung. Auch nach Splenektomie tritt keine Verbesserung der Symptomatik ein. Da die genaue Ursache der hämolytischen Anämie nicht bekannt ist, gibt es gegenwärtig keine Ansatzpunkte für kausale Behandlungsstrategien.

2.6.3.2.3 Dihydropyrimidindehydrogenase(DHPDH)-Mangel

Einführung

Der DHPDH-Mangel (McKusick: 274.270) ist eine autosomal-rezessiv vererbte Störung des Pyrimidinkatabolismus, der mit einer Thymin-Uracil-Urie einhergeht (Berger et al., 1984). Dem pathopysiologischen Ausscheidungsmuster liegt ein vollständiger oder partieller Mangel an Dihydropyrimidindehydrogenase zugrunde (Wadmann et al., 1985). Bisher wurden etwa 20 Patienten beschrieben. Das klinische Bild ist sehr variabel. Es reicht von Epilepsie und unspezifischen neurologischen Erscheinungen bis hin zur neurotoxischen Wirkung von fluorierten Pyrimidinen bei der Chemotherapie von Krebsleiden (Webster et al., 1995). In verschiedenen Populationen wurden etwa 3% Heterozygote für ein mutantes Allel mit einer 165-bp-Deletion im DHPDH-Gen gefunden (Milano u. Etienne, 1994; Wei et al., 1996). Die Homozygotenfrequenz läßt sich aus diesen Werten auf 1:1000 schätzen (Milano u. Etienne, 1994). Verglichen mit den im Gegensatz zur hohen Häufigkeit des Enzymdefekts wenigen klinisch auffälligen Patienten scheint der DHPDH-Mangel in den meisten Fällen unmittelbar klinisch wenig Bedeutung zu haben (Vreken et al., 1997). Offensichtlich stellt jedoch die 165-bp-Deletion des DHPDH-Gens einen pharmakogenetischen Polymorphismus mit indirekter klinischer Relvanz dar (Meinsma et al., 1995).

Beschreibung des Krankheitsbilds

Der DHPDH-Mangel zeigt keinen charakteristischen klinischen Phänotyp, und viele Patienten wurden zufällig entdeckt (Webster et al., 1995). Bei Kindern scheinen Epilepsie und unspezifische neurologische Erscheinungen wie atypische Krämpfe, Mikrozephalie und psychomotorische Entwicklungsrückstände gemeinsame Merkmale zu sein. Es ist anhand der bisher verfügbaren Daten nicht zu entscheiden, ob die Assoziation des DHPDH-Mangels mit neurologischen Störungen kausal ist oder nur einen Erfassungsfehler darstellt (Wilcken et al., 1985).

Bei erwachsenen Patienten mit DHPDH-Mangel ohne jegliche neurologische Störungen, die an Brustkrebs erkrankten, wurden während der Chemotherapie mit 5-Fluoruracil neurotoxische Wirkungen des Medikaments festgestellt (Tuchman et al., 1985).

Pathophysiologie

Wie bereits erwähnt, ist die pathologische Signifikanz des DHPDH-Mangels ungewiß. Physiologische Untersuchungen zeigten, daß 5-Fluoruracil bei Patienten mit DHPDH-Mangel eine deutlich verlängerte Eliminationshalbwertszeit von 159 min gegenüber normalen Kontrollen mit 13±7 min hat. Das Basenanalogon wird im Gegensatz zu Normalpersonen bei DHPDH-Mangel-Patienten überwiegend unverändert ausgeschieden (Diasio et al., 1988). Diese Ergebnisse sprechen für eine längere Exposition der DHPDH-Mangel-Patienten mit Krebserkrankungen gegenüber 5-Fluoruracil bei der Chemotherapie. So könnte die Neurotoxizität durch die direkte Wirkung des 5-Fluoruracils und nicht, wie früher angenommen, seiner Metaboliten hervorgerufen werden. Zur Pathophysiologie der unspezifischen neurologischen Befunde, wie sie bei etwa der Hälfte der Betroffenen beobachtet werden, gibt es bisher nur spekulative Erklärungsansätze (Braakhekke et al., 1987).

Pathobiochemie

Die Dihydropyrimidindehydrogenase (EC 1.3.1.2) katalysiert den geschwindigkeitsbestimmenden Schritt des Abbaus von Uracil und Thymin (Abb. 2.6.9, Enzym 20). Diese Reaktion wandelt die Pyrimidinbasen in ihre Dihydroderivate um. Das humane Enzym wurde bis zur scheinbaren Homogenität aus Leber gereinigt (Lu et al., 1992). Es setzt sich aus 2 identischen Monomeren mit einem Molekulargewicht von 111000 zusammen und enthält Flavinnukleotide sowie prosthetische Eisen- und Schwefelgruppen. Das Enzym wird – typisch für eine Ping-Pong-Reaktionskinetik – durch alle Substrate in hohen Konzentrationen gehemmt. Die Michaelis-Konstanten für die natürlichen Substrate Thymin und Uracil betragen K_M=4,8 bzw. 4,9 µmol/min mg, während die für 5-Fluoruracil bei 3,3 µmol/min mg liegt.

Der vollständige Mangel der DHPDH ist bei etwa der Hälfte der Fälle mit konvulsiven Erkrankungen assoziiert. Bei Krebspatienten, bei denen

Restaktivitäten von 3–30% gefunden werden, ist der Enzymdefekt mit erhöhter Sensibilität gegenüber einer neurotoxischen Wirkung von 5-Fluoruracil verbunden (Berger et al., 1984; Tuchman et al., 1985, Harris et al., 1991, Flemming et al., 1992). Es konnte gezeigt werden, daß ein Teil der Krebspatienten, die unter Fluoruracilbehandlung neurotoxische Erscheinungen zeigen, Heterozygote für den DHPDH-Mangel sind (Milano u. Etienne, 1994; Wei et al., 1996).

Molekulargenetik und molekulare Pathologie

Yokota et al. (1994) klonierten die exprimierte Form des humanen DHPDH-Gens (EMBL, NCBI, Datenbankzugriffsnummer: U57.655). Es kodiert für 1025 Aminosäuren mit einem berechneten MG von 111.398. Von der Aminosäuresequenz lassen sich 4 unterschiedliche Domänen in der Reihenfolge (vom N-Terminus) NADPH/NADP-FAD-Uracil-Eisen/Schwefel ableiten. Das Gen wurde auf Chromosom 1 in der Region 1p22–q21 kartiert (Takai et al., 1994). Die genomische Struktur des Gens ist noch nicht vollständig aufgeklärt. Es besteht vermutlich aus 22 Exons (Wei et al., 1996).

Die molekulargenetischen Daten erlaubten die Identifikation und Charakterisierung von Mutationen im DHPDH-Gen (vgl. Datenbanken OMIM, http://www3.ncbi.nlm.nih.gov/htbin-post/Omim/ und HGMD, http://www.cf.ac.uk/uwcm/mghgmd0.html). Als erste Mutation wurde eine Spleißstellenmutation, die zur Deletion von 165 bp führt, gefunden (Meinsma et al., 1995; Vreken et al., 1996). Diese Mutation scheint in mehreren untersuchten Populationen sehr häufig zu sein und führt bereits im heterozygoten Zustand, wie frühere biochemische Analysen bereits vermuten ließen, zu neurotoxischen Erscheinungen bei der Chemotherapie von Krebsleiden mit 5-Fluoruracil. Daher wird ein prophylaktisches Screening der Patienten vor Behandlungsbeginn empfohlen (Wei et al., 1996). 2 weitere kleine Deletionen von 1 bzw. 4 bp, die zum vorzeitigen Translationsabbruch führen, und 1 Missense-Mutation wurden ebenfalls gefunden. Sie weisen aber nicht die beobachtete Häufigkeit der 165-bp-Deletion auf (Vreken et al., 1997).

Biochemische und molekulargenetische Diagnostik

Ein DHPDH-Mangel muß immer vermutet werden, wenn im Urin von Probanden eine Uracil-Thymin-Urie mittels Dünnschichtchromatographie, Hochdruckflüssigkeitschromatographie oder Gaschromatographie festgestellt wird (Van Gennip et al., 1978; Bakkeren et al., 1984). Die Urinkonzentrationen von Uracil sind beim DHPDH-Mangel höher als 100 mmol/mol Kreatinin (normal: <8 mmol/mol Kreatinin) und die von Thymin höher als 80 mmol/mol Kreatinin (normal: <6 mmol/mol Kreatinin). Auch die Plasmakonzentrationen der beiden Pyrimidine sind mehrfach erhöht (Wadman et al., 1985).

Der Enzymdefekt kann mittels radiochemischer Methoden (Bakkeren et al., 1984) in Leukozyten, kultivierten Hautfibroblasten und Leberbiopsaten nachgewiesen werden (Übersicht bei Webster et al., 1995). Die Enzymaktivitätsbestimmung ist differentialdiagnostisch sehr wichtig, um den DHPDH-Mangel von anderen Thymin-Uracil-Urien, wie sie auch beim DPH-Mangel oder bei Störungen im Harnstoffzyklus auftreten, abzugrenzen.

Bei einer Heterozygotenfrequenz des DHPDH-Mangels von etwa 3–5% und den zu erwartenden Komplikationen bei der Chemotherapie sollten Krebskranke, wie bereits erwähnt, vor Behandlungsbeginn mit 5-Fluoruracil auf einen DHPDH-Mangel getestet werden (Wei et al., 1996). Homozygote für den Enzymmangel sind durch eine Aktivitätsbestimmung sicher einzuordnen. Heterozygote lassen sich dagegen anhand niedriger Enzymaktivitäten nicht sicher erkennen, da es eine Überlappung mit den Normalwerten geben kann (Berger et al., 1984; Wei et al., 1996). Eine sichere Heterozygotenerkennung ist nur durch den molekulargenetischen Mutationsnachweis, insbesondere der häufigen 165-bp-Deletion als direktem diagnostischem Marker, möglich (Van Gennip et al., 1994; Wei et al., 1996).

Für die pränatale Diagnostik wird empfohlen, die DHPDH-Aktivität in fetalen Blutproben oder Leberbiopsien durchzuführen, da das Enzym in Chorionbiopsien und Fruchtwasserzellen schlecht nachzuweisen ist (Jakobs et al., 1991). Eine pränatale molekulargenetische Diagnostik mit einer Mutation als direktem diagnostischem Marker sollte auch aus Fruchtwasserzellen und Chorionbiopsien möglich sein, wurde bisher aber noch nicht durchgeführt (Wei et al., 1996).

Therapie

Außer dem Absetzen fluorierter Pyrimidinderivate bei der Chemotherapie gibt es keine spezifische Behandlung des DHPDH-Mangels.

2.6.3.2.4 Dihydropyrimidase(DHP)-Mangel (Dihydropyrimidinurie)

Dihydropyrimidinurie (McKusick: 222.748) wurde bisher bei 2 nicht miteinander verwandten Kindern gefunden. Der 1 Patient wurde in der 8. Lebenswoche durch einen Krampfanfall, Bewußtseinsstörungen und metabolische Azidose auffällig (Duran et al., 1991). Der 2. Patient wurde im Alter von 2 1/2 Jahren wegen einer ausgeprägten Mikrozephalie, choreoiden Bewegungen und schwerer Entwicklungsrückstände untersucht (Webster et al., 1995). Beide Kinder schieden Dihydrouracil und Dihydrothymin (0,79 bzw. 0,45 mM bei Patient 1) und in geringeren Mengen Uracil und Thymin aus. Uracil – in einem Belastungstest verabreicht – wurde weitestgehend unverändert wieder ausgeschieden. Auch 91% einer Belastungsdosis von Dihydrouracil wurden nicht metabolisiert. Ein DHPDH-Mangel wurde bei Patient 2 ausgeschlossen. Das Ausscheidungsprofil ließ daher einen Mangel der Dihydropyrimidase (EC 3.5.2.2) vermuten (Abb. 2.6.9). Der Enzymdefekt konnte bei keinem der Patienten bestätigt werden, da das Enzym in den verfügbaren kultivierten Hautfibroblasten und Leukozyten auch bei Gesunden nicht exprimiert wird.

Die beiden publizierten Patienten sind türkischer bzw. pakistanischer Herkunft. Konsanguinität in beiden Familien läßt auf eine autosomalrezessive Vererbung des Defekts schließen. Kein weiteres Familienmitglied von Patient 1 schied erhöhte Mengen von Dihydropyrimidinen aus.

Während sich Patient 1 nach dem Krampfanfall weiterhin normal entwickelte, war Patient 2 schwer behindert. Aufgrund der kleinen Fallzahl ist nicht zu entscheiden, ob die Differenzen in den klinischen Erscheinungen beider Patienten auf eine phänotypische Heterogenität des Stoffwechseldefekts oder eine zufällige Assoziation der Dihydropyrimidinurie mit einer anderen Erkrankung zurückzuführen sind.

2.6.4 Literatur

Abbott CM, Skidmore CJ, Searle AG, Peters J (1986) Deficiency of adenosine deaminase in the wasted mouse. Proc Natl Acad Sci USA 83:693–695

Abe S, Hayasaka K, Narisawa K et al. (1987) Partial and complete adenine phosphoribosyltransferase deficiency associated with 2,8 dihydroxyadenine urolithiasis: kinetic and immunochemical properties of APRT. Enzyme 37:182

Adair GC, Elder E, Lappin TRJ, Bridges JM, Nelson MG (1988) Red cell pyrimidine 5'-nucleotidase deficiency: determination of nucleotidase activity and nucleotide content using HPLC. Clin Chim Acta 171:75

Albertini RJ, DeMars R (1972) Somatic cell mutation: detection and quantification of X-ray-induced mutation in cultured, diploid human fibroblasts. Mutat Res 18:199–224

Allison AC, Watts RWE, Hovi T, Webster ADB (1975) Immunological observations on patients with Lesch-Nyhan-syndrome, and on the role of de-novo purine synthesis in lymphocyte transformation. Lancet 2:1179

Andy RJ, Kornfeld R (1982) The adenosine deaminase binding protein of human skin fibroblasts is located on the cell surface. J Biol Chem 257:7922

Aral B, Saint Basile G de, Al-Garawi S, Kamoun P, Ceballos-Picot I (1996) Novel nonsense mutation in the hypoxanthine-guanine phosphoribosyltransferase gene and non random X-inactivation causing Lesch-Nyhan syndrome in a female patient. Hum Mutat 7:52–58

Argos P, Hanei M, Wilson JM, Kelley WN (1983) A possible nucleotide-binding domain in the tertiary fold of phosphoribosyltransferases. J Biol Chem 258:6450

Aronow B, Lattier D, Silbiger R et al. (1989) Evidence for a complex regulatory array in the first intron of the human adenosine deaminase gene. Genes Dev 3:1384

Ashby B, Frieden C (1977) Interaction of AMP aminohydrolase with myosin and its subfragments. J Biol Chem 252:1869

Ashby B, Frieden C, Bischoff R (1979) Immunofluorescent and histochemical localization of AMP deaminase in skeletal muscle. J Cell Biol 81:361

Auscher C, Pasquier C, Mercier N, Delbarre F (1974) Urinary excretion of 6 hydroxylated metabolites and oxypurines in a xanthinuric man given allopurinol or thiopurinol. Adv Exp Med Biol 41B: 663

Bakkeren JAJM, De Abreu RA, Sengers RCA, Gabreels FJM, Maas JM, Renier WO (1984) Elevated urine, blood and cerebrospinal fluid levels of uracil and thymine in a child with dihydrothymine dehydrogenase deficiency. Clin Chim Acta 240:247–256

Balis ME, Krakoff IH, Berman PH, Dancis J (1967) Urinary metabolites in congenital hyperuricosuria. Science 156:1122

Baumeister AA, Frye GD (1985) The biochemical basis of the behavioral disorder in the Lesch-Nyhan syndrome. Neurosci Biobehav Rev 9:169

Bausch-Jurken MT, Mahnke-Zizelman DK, Morisaki T, Sabina RL (1992) Molecular cloning of AMP deaminase isoform L: sequence and bacterial expression of human AMPD2 cDNA. J Biol Chem 267:22.407

Becroft DMO, Phillips LI, Simmonds HA (1969) Hereditary orotic aciduria: long term therapy with uridine and a trial of uracil. J Pediatr 75:885–891

Bensen JT, Nelson LH, Pettenati MJ et al. (1991) First report of management and outcome of pregnancies associated with hereditary orotic aciduria. Am J Med Genet 41:426–431

Berger R, Stoker-de Vries SA, Wadman SK et al. (1984) Dihydropyrimidine dehydrogenase deficiency leading to thymin-uraciluria: an inborn error of pyrimidine metabolism. Clin Chim Acta 141:227–234

Blaese RM, Culver KW, Miller AD et al. (1995) T lymphocyte-directed gene therapy for ADA-SCID: initial trial results after 4 years. Science 270:475–480

Bollinger ME, Arredondo-Vega FX, Santisteban I, Schwarz K, Hershfield MS, Lederman HM (1996) Hepatic dysfunc-

tion as a complication of adenosine deaminase deficiency. N Engl J Med 334:1367–1371
Bordignon C, Notarangelo LD, Nobili N et al. (1995) Gene therapy in peripheral blood lymphocytes and bone marrow for ADA: immunodeficient patients. Science 270:470–475
Braakhekke JP, Renier WO, Gabreels FJM, De Abreu RA, Bakkeren JAJM, Sengers RCA (1987) Dihydropyrimidine dehydrogenase deficiency. Neurological aspects. J Neurol Sci 78:71
Braude PR, Monk M, Pickering SJ, Cant A, Johnson MH (1989) Measurement of HPRT activity in the human unfertilized oocyte and pre-embryo. Prenat Diagn 9:839
Bray RC (1975) Molybdenum iron-sulfur flavin hydroxylases and related enzymes. In: Boyer PD (ed) The enzymes, vol 12/B, 3rd edn. Academic Press, New York, p 299
Breese GR, Criswell HE, Duncan GE, Mueller RA (1990) A dopamine deficiency model of Lesch-Nyhan disease: the neonatal-6-OHDA-lesioned rat. Brain Res Bull 25:447–484
Brennand J, Konecki DS, Caskey CT (1983) Expression of human and Chinese hamster hypoxanthine-guanine phosphoribosyltransferase cDNA recombinants in cultured Lesch-Nyhan and Chinese hamster fibroblasts. J Biol Chem 258:9593
Broderick TP, Schaff DA, Bertino AM, Dush MK, Tischfield JA, Stambrook PJ (1987) Comparative anatomy of the human APRT gene and enzyme: nucleotide sequence divergence and conservation of a nonrandom CpG dinucleotide arrangement. Proc Natl Acad Sci USA 84:3349–3353
Bruder G, Heid HW, Jarasch ED, Mather IH (1983) Immunological identification and determination of xanthine oxidase in cells and tissues. Differentiation 23:218
Bruder G, Jarasch ED, Heid HW (1984) High concentrations of antibodies to xanthine oxidase in human and animal sera. Molecular characterization. J Clin Invest 74:783
Buchanan JM, Hartman SC (1959) Enzymatic reactions in synthesis of the purines. Adv Enzymol 21:199–261
Cameron JS, Simmonds HA, Cadenhead A, Farebrother D (1977) Metabolism of intravenous adenine in the pig. Adv Exp Med Biol 76A:496
Carapella De Luca E, Stegagno M, Dionisi Vici C et al. (1986) Prenatal exclusion of purine nucleoside phosphorylase deficiency. Eur J Pediatr 145:51–56
Carson DA, Kaye J, Seegmiller JE (1977) Lymphospecific toxicity in adenosine deaminase deficiency and purine nucleoside phosphorylase deficiency: possible role of nucleoside kinase(s). Proc Natl Acad Sci USA 74:5677
Caskey CT, Ashton DM, Wyngaarden JB (1964) The enzymology of feedback inhibition of glutamine phosphoribosylpyrophosphate amidotransferase by purine nucleotides. J Biol Chem 240:358
Ceballos-Picot I, Perignon JL, Hamet M, Daudon M, Kamoun P (1992) 2,8-dihydroxyadenine urolithiasis, an underdiagnosed disease. Lancet 339:1050
Cercignani G, Allegrini S (1991) On the validity of continous spectrophotometric assays for adenosine deaminase activity: a critical reappraisal. Anal Biochem 192:312
Chan TS (1979) Purine excretion by mouse peritoneal macrophages lacking adenosine deaminase activity. Proc Natl Acad Sci USA 76:925
Chang SMW, Wager-Smith K, Tsao TY, Henkel-Tigges J, Vaishnav S, Caskey CT (1987) Construction of a defective retrovirus containing the human hypoxanthine phosphoribosyltransferase cDNA and its expression in cultured cells and mouse bone marrow. Mol Cell Biol 7:854
Chang Z, Nygaard P, Chinault AC, Kellems RE (1991) Deduced amino acid sequence of *Escherichia coli* adenosine deaminase reveals evolutionarly conserved amino acid residues: implications for catalytic function. Biochemistry 30:2273
Chen J, Sahota A, Martin GF, Hakoda M, Kamatani N, Stambrook PJ, Tischfield JA (1993a) Analysis of germline in vivo somatic mutations in the human adenosine phosphoribosyltransferase genes: mutational hotspots at the intron 4 splice donor site and at codon 87. Mutat Res 287:217
Chen EH, Tartaglia AP, Mitchell BS (1993b) Hereditary overexpression of adenosine deaminase in erythrocytes: evidence for a *cis*-acting mutation. Am J Hum Genet 53:889
Chiaverotti TA, Battula N, Monnat RJ Jr (1991) Rat hypoxanthine-guanine phosphoribosyltransferase cDNA cloning and sequence analysis. Genomics 11:1158
Chu SY, Cashion P, Jiang M (1989) Purine nucleoside phosphorylase in erythrocytes: determination of optimum reaction conditions. Clin Biochem 22:3
Ciranello RD, Anders TF, Barchas JD, Berger PA, Cann HM (1976) The use of 5-hydroxytryptophan in a child with Lesch-Nyhan syndrome. Child Psychiatry Hum Dev 7:127
Criswell H, Mueller RA, Breese GR (1989) Priming of D_1-dopamine receptor response: long-lasting behavioral supersensitivity to a D_1-dopamine agonist following repeated administration to neonatal 6-OHDA-lesioned rats. J Neurosci 9:125
Daddona PE, Kelley WN (1977) Human adenosine deaminase: purification and subunit structure. J Biol Chem 252:110
Daddona PE, Kelley WN (1978) Human adenosine deaminase binding protein. Assay, purification, and properties. J Biol Chem 253:4617
Daddona PE, Kelley WN (1981) Characterization of an aminohydrolase distinct from adenosine deaminase in cultured human lymphocytes. Biochim Biophys Acta 658:280
Daddona PE, Frohmann MA, Kelley WN (1979) Radioimmunochemical quantitation of human adenosine deaminase. J Clin Invest 64:798
Daddona PE, Shewach DS, Kelley WN, Argos P, Markham AF, Orkin SH (1984) Human adenosine deaminase cDNA and complete primary amino acid sequence. J Biol Chem 259:12.101
Daly JW, Bruns RF, Snyder SH (1981) Adenosine receptors in the central nervous system: relationship to the central actions of methylxanthines. Life Sci 28:2083
Dancis J, Berman PH, Jansen V, Balis ME (1968) Absence of mosaicism in the lymphocyte in X-linked congenital hyperuricosuria. Life Sci 7:587–591
David O, Vota MG, Piga A, Ramenghi U, Bosia A, Pescarmona GP (1989) Pyrimidine 5′-nucleotidase acquired deficiency in β-thalassemia: involvement of enzyme-SH groups in the inactivation process. Acta Haematol 82:69
Davidson BL, Tarlé SA, Palella TD, Kelley WN (1989) Molecular basis of hypoxanthine-guanine phosphoribosyltransferase deficiency in ten subjects determined by direct sequencing of amplified transcripts. J Clin Invest 84:342–346
Davis S, Abuchowski A, Park YK, Davis FF (1981) Alteration of the circulating life and antigenic properties of bovine adenosine deaminase in mice by attachment of polyethylene glycol. Clin Exp Immunol 46:649

De Bruyn CHMM, Oei TL (1977) Purine phosphoribosyltransferases in human erythrocyte ghosts. Adv Exp Med Biol 76A:139

De Korte D, Sijstermans JM, Seip M, Van Doorn CCH, Van Gennip AH, Roos D (1989) Pyrimidine 5′-nucleotidase deficiency: improved detection of carriers. Clin Chim Acta 184:175–180

De Verdier CH, Ericson A, Niklasson F, Westman M (1977) Adenine metabolism in man. 1. After intravenous and peroral administration. Scand J Clin Lab Invest 37:567

Dean BM, Perrett D, Simmonds HA, Sahota A, Van Acker KJ (1978) Adenine and adenosine metabolism in intact erythrocytes deficient in adenosine monophosphate-pyrophosphate phosphoribosyltransferase: a study of two families. Clin Sci (Colch) 55:407

Debray H, Cartier P, Temstet A, Cendron J (1976) Child's urinary lithiasis revealing a complete deficit in adenine phosphoribosyltransferase. Pediatr Res 10:762–766

Delbarre F, Aucher C, Amor B, Gery A de, Cartier P, Hamet M (1974) Gout with adenine phosphoribosyltransferase deficiency. Biomedicine 21:82–85

Dent CE, Philpot GR (1954) Xanthinuria: an inborn error of metabolism. Lancet 1:182–185

Diasio RB, Beavers TL, Carpenter JT (1988) Familial deficiency of dihydropyrimidine dehydrogenase. Biochemical basis for familial pyrimidinemia and severe 5-fluorouracil-associated toxicity. J Clin Invest 81:47–51

Dinjens WN, Kate J ten, Wijen JT et al. (1989) Distribution of adenosine deaminase-complexing protein in murine tissues. J Biol Chem 264:19.215

Duran M, Beemer FA, Heiden C van der et al. (1978) Combined deficiency of xanthine oxidase and sulfite oxidase: a defect of molybdenum metabolism or transport? J Inherit Metab Dis 1:175

Duran M, Rovers P, De Bree PK, Schreuder CH, Beukenhorst H, Dorland L, Berger R (1991) Dihydropyrimidinuria: a new inborn error of pyrimidine metabolism. J Inherit Metab Dis 14:367–370

Eads JC, Scapin G, Xu Y, Grubmeyer C, Sacchettini JC (1994) The crystal structure of human hypoxanthine-guanine phosphoribosyltransferase with bound GMP. Cell 78:325

Ealick SE, Rule SA, Carter DC et al. (1990) Three dimensional structure of human erythrocytic purine nucleoside phosphorylase at 3.2 resolution. J Biol Chem 265:1812

Edwards A, Voss H, Rice P et al. (1990) Automated DNA sequencing of the human HPRT locus. Genomics 6:593–608

Emmerson BT, Gordon RB, Thompson L (1975) Adenine phosphoribosyltransferase deficiency: its inheritance and occurence in a female with gout and renal disease. Aust N Z J Med 5:440–446

Engelman K, Watts RWE, Klinenberg JR, Sjoerdsma A, Seegmiller JE (1964) Clinical, physiological and biochemical studies of a patient with xanthinuria and pheochromocytoma. Am J Med 37:839–861

Engle SJ, Stockelman, Chen J et al. (1996a) Adenine phosphoribosyltransferase-deficient mice develop 2,8-dihydroxyadenine nephrolithiasis. Proc Natl Acad Sci USA 93:5307–5312

Engle SJ, Womer DE, Davies PM et al. (1996b) HPRT-APRT-deficient mice are not a model for Lesch-Nyhan syndrome. Hum Mol Genet 5:1607–1610

Ernst M, Zametkin AJ, Matochik JA et al. (1996) Presynaptic dopaminergic deficits in Lesch-Nyhan disease. N Engl J Med 334:1568–1572

Falk JS, Lindblad GTO, Westmann BJM (1972) Histopathological studies on kidneys from patients treated with large ammounts of blood preserved with ACD-adenine. Transfusion 12:376

Fallon HJ, Smith LH Jr., Graham JB, Burnett CH (1964) A genetic study fo hereditary orotic aciduria. N Engl J Med 270:878–881

Ferrari G, Rossini S, Giavazzi S et al. (1991) An in vivo model of somatic cell gene therapy for human severe combined immunodeficiency. Science 251:1363–1366

Fessas P, Papadakis D, Rombos Y, Tassiopoulos T (1992) Hereditary orotic aciduria (uridine monophosphate synthase deficiency) in an adult: the broadening spectrum of a rare disorder. In: Bartsocas CS, Loukopoulos D (eds) Genetics of hematological disorders. Hemisphere, New York, p 102

Finger S, Heavens RP, Sirinathsinghji DJS, Kuehn MR, Dunnett SB (1988) Behavioral and neurochemical evaluation of a transgenic mouse model of Lesch-Nyhan syndrome. J Neurol Sci 86:1988

Fischbein WN, Armbrustmacher VW, Griffin JL (1978) Myoadenylate deaminase deficiency: a new disease of muscle. Science 200:545–548

Fischer A, Landais P, Friedrich W et al. (1990) European experience of bone marrow transplantation for severe combined immunodeficiency. Lancet 336:850

Fishbein WN (1985) Myoadenylate deaminase deficiency: inherited and acquired forms. Biochem Med 33:158–169

Fishbein WN, Sabina RL, Ogasawara N, Holmes EW (1993) Immunologic evidence for three isoforms of AMP deaminase (AMPD) in mature skeletal muscle. Biochim Biophys Acta, 1163:97

Flemming RA, Milano G, Tyss A, Etienne M-C, Renee N, Schneider M, Demard F (1992) Correlation between dihydropyrimidine dehydrogenase activity in peripheral mononuclear cells and systemic clearance of fluorouracil in cancer patients. Cancer Res 52:2899–2902

Floyd EE, Jones ME (1985) Isolation and characterization of the orotidine 5′-monophosphate decarboxylase domain of the multifunctional protein uridine 5′-phosphate synthase. J Biol Chem 260:9443–9451

Fox IH, Kelley WN (1971) Phosphoribosylpyrophosphate in man: biochemical and clinical significance. Ann Intern Med 74:424

Fox RM, O'Sullivan WJ, Firkin BG (1969) Orotic aciduria, differing enzyme patterns. Am J Med 47:332

Fox RM, Wood MH, O'Sullivan WJ (1971) Studies on the coordinate activity and lability of orotidylate phosphoribosyltransferase and decarboxylase in human erythrocytes, and the effect of allopurinol administration. J Clin Invest 50:1050

Fox RM, Wood MH, Royse-Smith D, O'Sullivan WJ (1973) Hereditary orotic aciduria: types I and II. Am J Med 55:791–798

Fox IH, Anders CM, Gelfand EW, Biggar D (1977) Purine nucleoside phosphorylase deficiency altered kinetic properties of a mutant enzyme. Science 197:1084

Franke U, Taggart RT (1980) Comparative gene mapping: order of loci on the X chromosome is different in mice and humans. Proc Natl Acad Sci USA 77:3595

Fratini A, Simmers RN, Callen DF, Hyland VJ, Tischfield JA, Stambrook PJ, Sutherland GR (1986) A new location for the human adnine phosphoribosyltransferase gene (APRT) distal to the haptoglobin (HP) and fra(16)(q23)-(FRA16D) loci. Cytogenet Cell Genet 43:10–13

Frick J, Sarica K, Kohle R, Kunit G (1991) Long-term follow-up after extracorporeal shock wave lithotripsy in children. Eur Urol 19:225

Friedman T (1985) HPRT gene transfer as a model for gene therapy. Genet Eng 7:263

Fujii K, Miwa S, Nomura K (1979) Electrophoretic and kinetic studies of a mutant red cell pyrimidine 5'-nucleotidase. Clin Chim Acta 95:98

Fujimori S, Akaoka I, Takeuchi F, Kanayama H, Tatara K, Nishioka K, Kamatani N (1986) Altered kinetic properties of a mutant adenine phosphoribosyltransferase. Metabolism 35:187

Fujitaka M, Sakura N, Ueda K, Konishi H, Yoshida S, Yamasaki T (1991) Case report: attempt at treatment with tetrahydropterin in combined deficiency of xanthine oxidase and sulfite oxidase. J Inherit Metab Dis 14:843

Gibbs DA, Allsop, Watts RWE (1976) The absence of xanthine oxidase (EC 1.2.3.2) from a xanthinuric patient's milk. J Mol Med 1:167

Gibbs RA, Nguyen PN, Edwards A, Civitello AB, Caskey CT (1990) Multiplex DNA deletion detection and exon sequencing of the hypoxanthine phosphoribosyltransferase gene in Lesch-Nyhan families. Genomics 7:235-244

Giblett ER, Anderson JE, Cohen F, Pollara B, Meuwissen HJ (1972) Adenosine deaminase deficiency in two patients with severely impaired cellular immunity. Lancet 2:1067-1069

Giblett ER Ammannn AJ, Wara DW, Sandman R, Diamond LK (1975) Nucleoside-phosphorylase deficiency in a child with severely defective T-cell immunity and normal B-cell immunity. Lancet 1:1010-1013

Girot R, Hamet M, Perignon J-L et al. (1983) Cellular immune deficiency in two siblings with hereditary orotic aciduria. N Engl J Med 308:700-704

Goebel HH, Bardosi A, Conrad B, Kuhlendahl HD, DiMauro S, Rumpf KW (1986) Myoadenylate deaminase deficiency. Klin Wochenschr 64:342

Goldstein M (1989) Monkeys with unilateral ventromedial segmental lesions of the brain stem: models for Parkinson's disease and Lesch-Nyhan syndrome. Prog Neuropsychopharmacol Biol Psychiatry 13:311

Goldstein JL, Marks JF, Gartler SM (1971) Expression of two X-linked genes in human hair follicles of double heterozygotes. Proc Natl Acad Sci USA 68:1425-1427

Graham GW, Aitken DA, Connor JM (1996) Prenatal diagnosis by enzyme analysis in 15 pregnancies at risk for the Lesch-Nyhan syndrome. Prenat Diagn 16:647-651

Greene ML, Fujimoto WY, Seegmiller JE (1969) Urinary xanthine stones – a rare complication of allopurinol therapy. N Engl J Med 280:426

Gruber HE, Finley KD, Hershberg RM et al. (1985) Retroviral vector-mediated gene transfer into human hematopoietic progenitor cells. Science 230:1057

Gruber A, Zeitune M, Fejgin M (1989) Failure to diagnose Lesch-Nyhan syndrome by first trimester chorionic villus sampling. Prenat Diagn 9:452

Gurpide E, Tseng J, Escarcena L, Fahning M, Gibson C, Fehr P (1972) Fetomaternal production and transfer of progesterone and uridine in sheep. Am J Obstet Gynecol 113:21

Gutman AB, Yü TF (1965) Uric acid metabolism in normal man and in primary gout. N Engl J Med 273:252

Gutova M, Elis J, Raskova H (1971) Teratogenic effect of 6-azauridine in rats. Teratology 4:287

Haggard ME, Lockhart LH (1967) Megaloblastic anemia and orotic aciduria. A hereditary disorder of pyrimidine metabolism responsive to uridine. Am J Dis Child 113:733

Hansen TWR, Seip M, De Verdier C-H, Ericson A (1983) Erythrocyte pyrimidine 5'-nucleotidase deficiency. Report of 2 new cases, with a review of the literature. Scand J Haematol 31:122-128

Harden KK, Robinson JL (1987) Deficiency of UMP synthase in dairy cattle: a model for hereditary orotic aciduria. J Inherit Metab Dis 10:201-209

Harkness RA, Coade SB, Walton KR, Wright D (1983) Xanthine oxidase deficiency and „Dalmation" hypouricaemia: incidence and effects of exercise. J Inherit Metab Dis 6:114

Harper K, Mattei MG, Simon D et al. (1988) Proximity of the CTLA-1 serine esterase and Tcr(alpha) loci in mouse and man. Immunogenetics 28:439-444

Harris BE, Carpenter JT, Diasio RB (1991) Severe 5-fluorouracil toxicity secondary to dihydropyrimidine dehydrogenase deficiency: a potentially more common pharmacogenetic syndrome. Cancer 68:499-501

Henderson JF (1962) Feedback inhibition of purine biosynthesis in ascites tumor cells. J Biol Chem 237:2631

Henderson JF (1968) Kinetic properties of hypoxanthine-guanine and adenine phosphoribosyltransferase. Fed Proc 27:1053-1054

Henderson JF, Paterson ARP (1973) Interconversion of purine ribonucleotides. In: Henderson JF (ed) Nucleotide metabolism. An introduction. Academic Press, New York, pp 134-136

Henderson JF, Smith CM (1981) Mechanisms of deoxycoformycin toxicity in vivo. In: Tattersal MHN, Fox RM (eds) Nucleosides in cancer treatment. Academic Press, Sidney, pp 208

Henderson FJ, Brox LW, Kelley WN, Rosenbloom FM, Seegmiller JE (1968) Kinetic studies of hypoxanthine-guanine phosphoribosyltransferase. J Biol Chem 243:2514

Herbert V (1985) Biology of disease. Megaloblastic anemias. Lab Invest 52:3

Hershey HV, Taylor MW (1986) Nucleotide sequence and deduced amino acid sequence of *Escherichia coli* adenine phosphoribosyltransferase and comparison with other analogous enzymes. Gene 43:287

Hershfield MS (1995) PEG-ADA: an alternative to haploidentical bone marrow transplantation and an adjunct to gene therapy for adenosine deaminase deficiency. Hum Mutat 5:107-112

Hershfield MS, Mitchell BS (1995) Immunodeficiency diseases caused by adenosine deaminase deficiency and purine nucleoside phosphorylase deficiency. In: Scriver CR, Beaudet AL, Sly WS, Valle D, Stanbury JB, Wyngaardwn JB, Fredrickson DS (eds) The metabolic and molecular bases of inherited disease, 7th edn. McGraw-Hill, New York, pp 1725-1768

Hershfield MS, Buckley RH, Greenberg ML et al. (1986) Treatment of adenosine deaminase deficiency with polyethylene glycol-modified adenosine deaminase. N Engl J Med 316:589-596

Hidaka Y, Tarle SA, Kelley WN, Palella TD (1987) Nucleotide sequence of the human APRT gene. Nucleic Acids Res 15:9086

Hirono A, Fuji H, Miyajima H, Kawakatsu T, Hiyoshi Y, Miwa S (1983) Three families with hereditary hemolytic anemia and pyrimidine 5'-nucleotidase deficiency: electrophoretic and kinetic studies. Clin Chim Acta 130:189-197

Hirono A, Fuji H, Natori H, Kurokawa I, Miwa S (1987) Chromatographic analysis of human erythrocyte pyrimidine 5′-nucleotidase deficiency. Br J Haematol 65:35–41

Hirschhorn R (1979) Clinical delineation of adenosine deaminase deficiency. In: Elliott K, Whelan J (eds) Enzyme defects and immune dysfunction. Ciba Foundation Symposium 68, Exerpta Medica, New York, p 35

Hirschhorn R (1990) Adenosine deaminase deficiency. In: Rosen FS, Seligmann M (eds) Immunodeficiency reviews. Harwood Academic, New York, p 175

Hirschhorn R, Tzall S, Ellenbogen A (1990) Hot spot mutations in adenosine deaminase deficiency. Proc Natl Acad Sci USA 87:6171

Hoefnagel D, Andrew ED, Mireault NG, Berndt WO (1965) Hereditary choreoathetosis, self-mutilation and hyperuricemia in young males. N Engl J Med 273:130–135

Holliday (1987) The inheritance of epigenetic defects. Science 238:163

Holmes EW (1981) Kinetic, physical, and regulatory properties of amidophosphoribosyltransferase. Adv Enzyme Regul 19:215

Holmes EW, Wyngaarden JB (1989) Hereditary xanthiuria. In: Scriver CR, Beaudet AL, Sly WS, Valle D (eds) The metabolic basis of inherited disease, 6th edn. McGraw-Hill, New York, p 1085

Holmes EW, Pehlke DM, Kelley WN (1974) Human IMP dehydrogenase. Kinetics and regulatory properties. Biochim Biophys Acta 364:209

Hoogenraad NJ, Lee DC (1974) Effect of uridine on de novo pyrimidine biosynthesis in rat hepatoma cells in culture. J Biol Chem 249:2763

Hooper M, Hardy K, Handyside A, Hunter S, Monk M (1987) HPRT-deficient (Lesch-Nyhan) mouse embryos derived from germline colonization by cultured cells. Nature 326:292–295

Howell RR, Klinenberg JR, Krooth RS (1967) Enzyme studies on diploid cell strains developed from patients with hereditary orotic aciduria. John Hopkins Med J 120:81

Hughes RK, Doyle WA, Chovnik A, Whittle JRS, Burke JF, Bray RC (1992) The use of rosy mutant strains of *Drosophila melanogaster* to probe the structure and function of xanthine dehydrogenase. Biochem J 285:507

Huguley CM, Bain JA, Rivers SL, Scoggins RB (1959) Refractory megaloblastic anaemia associated with excretion of orotic acid. Blood 14:615–634

Ichida K, Amaya Y, Noda K et al. (1993) Cloning of the cDNA encoding human xanthine dehydrogenase (oxidase): structural analysis of the protein and chromosomal location of the gene. Gene 133:279–284

Innis JW, Moore DJ, Kash SF, Ramamurthy V, Sawadogo M, Kellems RE (1991) The murine adenosine deaminase promoter requires an atypical TATA box which binds transcription factor IID and transcriptional activity is stimulated by multiple upstream SP1 binding sites. J Biol Chem 266:21.765

International Committee for Standardization in Haematology (1989) Recommended screening test for pyrimidine 5′-nucleotidase deficiency. Clin Lab Haematol 11:55

Jakobs C, Stellaard F, Smit LME, Van Vugt JMG, Duran M, Berger R, Rovers P (1991) The first prenatal diagnosis of dihydropyrimidine dehygrogenase deficiency. Eur J Pediatr 150:291

Jacobs AEM, Oosterhof A, Benders AAGM, Veerkamp JH (1992) Expression of different isoenzymes of adenylate desaminase in cultured human muscle cells. Relation to myoadenylate deaminase deficiency. Biochim Biophys Acta 91:1139

Jankovic J, Caskey CT, Stout, JT, Butler IJ (1988) Lesch-Nyhan syndrome: a study of motor behavior and cerebrospinal fluid neurotransmitters. Ann Neurol 23:466

Jeevanandam M, Shoemaker JD, Horowitz GD, Lowry SF, Brennan MF (1985) Orotic acid excretion during starving and after refeeding in normal men. Metabolism 34:325

Jhanwar SC, Berkvens TM, Breukel C, Ormondt H van, Eb AJ van der, Meera Khan P (1989) Localization of human adenosine deaminase (ADA) gene sequences to the q12–q13 region of chromosome 20 by in situ hybridization. Cytogenet Cell Genet 50:168–171

Jinnah HA, Gage FH, Friedmann T (1990) Animal models of Lesch-Nyhan syndrome. Brain Res Bull 25:467

Jinnah HA, Gage FH, Friedmann T (1991) Amphetamine-induced behavioral phenotype in a hypoxanthine-guanine phosphoribosyltransferase-deficient mouse model of Lesch-Nyhan syndrome. Behav Neurosci 105:1004

Jinnah HA, Wojcik BE, Hunt M et al. (1994) Dopamine deficiency in a genetic mouse model of Lesch-Nyhan disease. J Neurosci 14:1164–1174

Johnson P, Friedmann T (1990) Limited bidirectional activity of two housekeeping promoters: human HPRT and PGK. Gene 88:207

Jolly DJ, Okayama H, Berg P et al. (1983) Isolation and characterization of a full-length expressible cDNA for human hypoxanthine phosphoribosyltransferase. Proc Natl Acad Sci USA 80:477–481

Jones ME (1971) Regulation of pyrimidine and arginine biosynthesis in mammals. In: Weber G (ed) Advances in enzyme regulations. Pergamon Press, Oxford New York, p 19

Jones ME (1991) Pyrimidine pathways: news concerning the mechanism of orotidine-5′-monophosphate decarboxylase. Adv Exp Med Biol 309B:305

Jonsson JJ, Williams SR, McIvor RS (1991) Sequence and functional characterization of the human purine nucleoside phosphorylase promoter. Nucleic Acids Res 19:5051

Jonsson JJ, Foresman MD, Wilson N, McIvor RS (1992) Intron requirement for expression of the human purine nucleoside phosphorylase gene. Nucleic Acids Res 20:3191

Kamatani N, Terai C, Kuroshima S, Nishioka K, Mikanagi K (1987) Genetic and clinical studies on 19 families with adenine phosphoribosyltransferase deficiencies. Hum Genet 75:163–168

Kamatani N, Kuroshima S, Hakoda M, Palella TD, Hidaka Y (1990) Crossover within a short DNA sequence indicate a long evolutionary history of the APRT*J mutation. Hum Genet 85:600–604

Kamatani N, Hakoda M, Otsuka S, Yoshikawa H, Kashiwazaki S (1992) Only three mutations account for almost all defective alleles causing adenine phosphoribosyltransferase deficiency in Japanese patients. J Clin Invest 90:130–135

Karle JM, Cowan KH, Chisena CA, Cysky RL (1986) Uracil nucleotide synthesis in a human breast cancer cell line (MCF-7) and in two drug-resistant sublines that contain increased levels of enzymes of the de novo pyrimidine pathway. Mol Pharmacol 30:136

Kaufman JM, Greene ML, Seegmiller JE (1968) Uric acid to creatinine ratio – a screening test for inherited disorders of purine metaboloism. Phosphoribosyltransferase (PRT) deficiency in X-linked cerebral palsy and in a variant of gout. J Pediatr 73:583

Kavipurapu PR, Jones ME (1976) Purification, size, and properties of the complex of orotate phosphoribosyltransferase: orotidylate decarboxylase from mouse Ehrlich ascites carcinoma. J Biol Chem 251:5589

Keleman J, Rice DR, Bradley WG, Munsat TL, DiMauro S, Hogan EL (1982) Familial myoadenylate deaminase deficiency and exertional myalgia. Neurology 32:857–863

Kelley WN (1983) Hereditary orotic aciduria. In : Stanbury JB, Wyngaarden JB, Fredrickson DS, Goldstein JL, Brown MS (eds) The metabolic basis of inherited disease, 5th edn. McGraw Hill, New York, pp 1202–1226

Kelley WN, Wyngaarden JB (1983) Clinical syndromes associated with hypoxanthine-guanine-phosphoribosyltransferase deficiency. In: Stanbury JB, Wyngaarden JB, Fredrickson DS, Goldstein JL, Brown MS (eds) The metabolic basis of inherited disease, 5th edn. McGraw Hill, New York, pp 1115

Kelley WN, Rosenbloom FM, Henderson JF, Seegmiller JE (1967) A specific enzyme defect in gout associated with overproduction of uric acid. Proc Natl Acad Sci USA 57:1735–1739

Kelley WN, Levy RI, Rosenbloom FM, Henderson JF, Seegmiller JE (1968) Adenine phosphoribosyltransferase deficiency: a previously undescribed genetic defect in man. J. Clin Invest 47:2281–2289

Kelley WN, Greene ML, Rosenbloom FM, Henderson JF, Seegmiller JE (1969) Hypoxanthine-guanine-phosphoribosyltransferase deficiency in gout. Ann Intern Med 70:155–206

Kim BK, Cha S, Parks REJ (1968) Purine nucleoside phosphorylase from human erythrocytes. I. Purification and properties. J Biol Chem 243:1763

Kim SH, Moores JC, David D, Respess JG, Jolly DJ, Friedmann T (1986) The organization of the human HPRT gene. Nucleic Acids Res 14:3103–3118

Kimsey HH, Kaiser D (1992) The orotidine-5′-monophosphate decarboxylase gene of *Myxococcus xanthus*. Comparison to the OMP decarboxylase gene family. J Biol Chem 267:819

Kishi T, Kidani K, Komazawa Y et al. (1984) Complete deficiency of adenine phosphoribosyltransferase: a report of three cases and immunologic and phagocytic investigations. Pediatr Res 18:30–34

Kramer SP, Johnson JL, Ribeiro AA, Millington DS, Rajagopalan KV (1987) The structure of the molybdenum cofactor. Characterization of di-(carboxamidomethyl) molybdopterin from sulfite oxidase and xanthine oxidase. J Biol Chem 262:16.357

Kraupp M, Marz R, Prager G, Kommer W, Razavi M, Baghestanian M, Chiba P (1991) Adenine and hypoxanthine transport in human erythrocytes: distinct substrate effects on carrier mobility. Biochim Biophys Acta 1070:157

Krenitzky TA, Tuttle JV (1978) Xanthine oxidase activities: evidence for two catalytically different types. Arch Biochem Biophys 185:370

Krenitzky TA, Neil SM, Elion GB, Hitchings GH (1969a) Adenine phosphoribosyltransferase from monkey liver. J Biol Chem 244:4779

Krenitzky TA, Papaioannou R, Elion GB (1969b) Human hypoxanthine phosphoribosyltransferase. I. Purification, properties and specificity. J Biol Chem 1263–1270

Krenitzky TA, Neil SM, Elion GB, Hitchings GH (1972) A comparison of the specificities of xanthine oxidase and aldehyde oxidase. Arch Biochem Biophys 150:585

Krooth RS, Pan Y-L, Pinsky L (1973) Studies of the orotidine 5′-monophosphate decarboxylase activity of crude extracts of human cells. Biochem Genet 8:133

Kuehn MR, Bradley A, Robertson EJ, Evans MJ (1987) A potential animal model for Lesch-Nyhan syndrome through introduction of HPRT mutations into mice. Nature 326:295–298

Kuroda M, Miki T, Kiyohara H et al. (1980) Urolithiasis composed of 2,8-dihydroxyadenine due to partial deficiency of adenine phosphoribosyltransferase. Nippon Hinyokika Gakkai Zasshi 71:283

Lachant NA, Zerez CR, Tanaka KR (1987) Pyrimidine nucleoside monophosphate hyperactivity in hereditary pyrimidine 5′-nucleotidase deficiency. Br J Haematol 66:91

Laxdahl T (1992) 2,8-Dihydroxyadenine crystalluria vs urolithiasis. Lancet 340:184

Lecky BRF (1983) Failure of D-ribose in myoadenylate deaminase deficiency. Lancet 1:193

Lesch M, Nyhan WL (1964) A familial disorder of uric acid metabolism and central nervous system function. Am J Med 36:561–570

Levine HL, Brody RS, Westheimer FH (1980) Inhibition of orotidine-5′-phosphate decarboxylase by 1-(5′-phospho-β-D-ribofuranosyl) barbituric acid, 6-azauridine 5′-phosphate and uridine 5′-phosphate. Biochemistry 19:4993

Levinson BB, Ullman B, Martin JR (1979) Pyrimidine pathway variants of cultured mouse lymphoma cells with altered levels of both orotate phosphoribosyltransferase and orotidylate decarboxylase. J Biol Chem 254:4396

Lieberman JE, Gordon-Smith EC (1980) Red cell pyrimidine 5′-nucleotidase and glutathione in myeloproliferative and lymphoproliferative disorders. Br J Haematol 44:425

Livingstone LR, Jones ME (1987) The purification and preliminary characterization of UMP synthase from human placenta. J Biol Chem 262:15.726

Lloyd KG, Hornykiewicz O, Davidson L et al. (1981) Biochemical evidence of dysfunction of brain neurotransmitters in the Lesch-Nyhan syndrome. N Engl J Med 305:1106–1111

Lu ZH, Zhang R, Diasio R (1992) Purification and characterization of dihydropyrimidine dehydrogenase from human liver. J Biol Chem 267:17.102–17.109

Mahnke-Zizelman DK, Sabina RL (1992) Cloning of human AMP deaminase isoform E cDNAs: evidence for a third AMPD gene exhibiting alternatively spliced 5′-exons. J Biol Chem 267:20.866

Markert ML (1991) Purine nucleoside phosphorylase deficiency. Immunodefic Rev 3:45–81

Markert ML, Hershfield MS, Schiff RI, Buckley RH (1987) Adenosine deaminase and purine nucleoside phosphorylase deficiencies: evaluation of therapeutic interventions in eight patients. J Clin Immunol 7:389–399

Markert ML, Finkel BD, McLaughlin et al. (1997) Mutations in purine nucleoside phosphorylase deficiency. Hum Mutat 9:118–121

Mateos FA, Puig JG, Jimnez ML, Fox IH (1987) Hereditary xanthinuria. Evidence for enhanced hypoxanthine salvage. J Clin Invest 79:847–852

McCaskey PC, Ribsy WE, Hinton DM Friedlander L, Hurst VJ (1991) Accumulation of 2,8-dihydroxyadenine in bovine liver, kidneys and lymph nodes. Vet Pathol 28:99

McClard RW, Black MJ, Livingstone LR, Jones ME (1980) Isolation and initial characterization of the single polypeptide that synthesizes uridine 5′-monophosphate from orotate in Ehrlich ascites carcinoma. Purification by tandem affinity chromatography of uridine-5′-monophosphate synthase. Biochemistry 19:4699–4706

McClard RW, Black MJ, Jones ME, Young SR, Berkowitz GP (1983) Neonatal diagnosis of orotic aciduria: an experience with one family. J Pediatr 102:85

McDonald JA, Kelley WN (1972) Lesch-Nyhan syndrome: absence of the mutant enzyme in erythrocytes of a heterozygote for both normal and mutant hypoxanthine-guanine phosphoribosyltransferase. Biochem Genet 11:21–26

McMillen BA (1983) CNS stimulants: two distinct mechanisms of action for amphetamine-like drugs. Trends Pharmacol Sci 4:429

Meinsma R, Fernandez-Salguero P, Van Kuilenburg AB, Van Gennip AH, Gonzalez FJ (1995) Human polymorphism in drug metabolism: mutation in the dihydropyrimidine dehydrogenase gene results in exon skipping and thymine uraciluria. DNA Cell Biol 14:1–6

Melton DW, Konecki DS, Brennand J, Caskey CT (1984) Structure, expression, and mutation of the hypoxanthine phosphoribosyltransferase gene. Proc Natl Acad Sci USA 18:2147–2151

Mercelis R, Martin JJ, de Barsy T, Van den Berghe G (1987) Myoadenylate deaminase deficiency: absence of correlation with exercise intolerance in 452 muscle biopsies. J Neurol 234:385

Michener WM (1967) Hyperuricemia and mental retardation with athetosis and self-mutilation. Am J Dis Child 113:195

Migchielsen AAJ, Breuer ML, Roon MA van et al. (1995) Adenosine-deaminase-deficient mice die perinatally and exhibit liver-cell degeneration, atelectasis and small intestinal cell death. Nat Genet 10:279–287

Migeon BR (1971) Studies of skin fibroblasts from 10 families with HGPRT deficiency, with reference to X-chromosomal inactivation. Am J Hum Genet 23:199–210

Migeon BR, Kaloustian VM der, Nyhan WL, Young WJ, Childs B (1968) X-linked hypoxanthine-guanine phosphoribosyltransferase deficiency: heterozygote has two clonal populations. Science 160:425–427

Migeon BR, Holland MM, Discroll DJ, Robinson JC (1991) Programmed demethylation in CpG islands during human fetal developement. Somat Cell Mol Genet 17:159

Milano G, Etienne M-C (1994) Dihydropyrimidine dehydrogenase (DPD) and clinical pharmacology of 5-fluorouracil. Anticancer Res 14:2295–2297

Miller AD, Jolly DJ, Friedman T, Verma IM (1983) A transmissible retrovirus expressing human hypoxanthine phosphoribosyltransferase (HPRT): gene transfer into cells obtained from humans deficient in HPRT. Proc Natl Acad Sci USA 80:4709–4713

Minkowski O (1898) Untersuchungen zur Physiologie und Pathologie bei Säugetieren. Arch Exp Pathol Pharmakol 41:375

Miwa S, Fuji H, Matsumoto N, Nakatsuji T, Oda S, Asano H, Asano S (1978) A case of red-cell adenosine deaminase overproduction associated with hereditary hemolytic anemia found in Japan. Am J Hematol 5:107

Mizuno T (1986) Long-term follow-up of ten patients with Lesch-Nyhan syndrome. Neuropediatrics 17:158

Mizuno T, Yugari Y (1975) Prophylactic effect of L-5-hydroxytryptophan on self mutilation in the Lesch-Nyhan syndrome. Neuropediatrie 6:13

Monnat RJ Jr, Hackmann AFM, Chiaverotti TA (1992) Nucleotide sequence analysis of human hypoxanthine phosphoribosyltransferase (HPRT) gene deletions. Genomics 13:777–787

Mori M, Tatibana M (1978) Multi-enzyme complex of glutamine-dependent carbamyl-phosphate synthase with aspartate carbamoyltransferase and dihydroorotase from rat ascites-hepatoma cells. Purification, molecular properties, and limited proteolysis. Eur J Biochem 86:381

Morisaki T, Gross M; Morisaki H, Pongratz D, Zöllner N, Holmes EW (1992) Molecular basis of AMP deaminase deficiency in skeletal muscle. Proc Natl Acad Sci USA 89:6457–6461

Morisaki H, Morisaki T, Newby LK, Holmes EW (1993) Alternative splicing: a mechanism for phenotypic rescue of a common inherited defect. J Clin Invest 91:2275–2280

Moro F, Ogg CS, Simmonds HA et al. (1991) Familial juvenile gouty nephropathy with renal urate hypoexcretion preceding renal disease. Clin Nephrol 35:263

Murray AW, Elliot DC, Atkinson MR (1970) Nucleotide biosynthesis from preformed purines in mammalian cells: regulatory mechanisms and biological significance. Prog Nucleic Acid Res Mol Biol 10:87–119

Murray AM, Drobetsky E, Arrand JE (1984) Cloning the complete human adenine phosphoribosyl transferase gene. Gene 31:233

Musick WDL (1981) Structural features of the phosphoribosyltransferases and their relationship to the human deficiency disorders of purine and pyrimidine metabolism. Crit Rev Biochem Mol Biol 11:1–23

Neimann N, Najean Y, Scialom C, Boulard M, Pierson M, Bernard J (1963) Etude d'un case d'anemie megaloblastique de l'enfant avec excretion anormale d'acide orotique. Nouv Rev Fr Hematol 5:445

Nicklas JA, O'Neill JP, Sullivan LM et al. (1988) Molecular analyses of in vivo hypoxanthine-guanine phosphoribosyltransferase mutations in human T-lymphocytes: II. Demonstration of clonal amplification of hprt mutant lymphocytes in vivo. Environ Mol Mutagen 12:271–284

Nicklas JA, Hunter TC, O'Neill JP, Albertini RJ (1991) Fine structure mapping of the hypoxynthine-guanine phosphoribosyltransferase (HPRT) gene region of the human X chromosome (Xq26). Am J Hum Genet 49:267

Nishida Y, Miyamoto T (1986) Simple screening methods for hypoxanthine-guanine phosphoribosyltransferase and adenine phosphoribosyltransferase deficiencies using dried blood spots on filter paper. Ann Clin Biochem 23:529

Nishino T, Nishino T, Schopfer LM, Massey V (1989) The reactivity of chicken liver xanthine dehydrogenase with molecular oxygen. J Biol Chem 264:2518

Nyhan WL (1973) The Lesch-Nyhan syndrome. Ann Rev Med 24:41

Nyhan WL (1976) Behavior in the Lesch-Nyhan syndrome. J Autism Dev Disord 6:235

Nyhan WL, Resek J, Sweetman L, Carpenter DG, Carter CH (1967) Genetics of an X-linked disorder of uric acid metabolism and cerebral function. Pediatr Res 1:5–13

Nyhan WL, Johnson HG, Kaufmann IA, Jones KL (1980) Serotonergic approaches to the modification of behavior in the Lesch-Nyhan syndrome. Appl Res Ment Retard 1:25

Nyhan WL, Parkman R, Page T, Gruber HE, Pyati J, Jolly D, Friedman T (1986) Bone marrow transplantation in Lesch-Nyhan disease. Adv Exp Med Biol 195A:1676

Oda E, Oda S, Tomoda A, Lachant NA, Tanaka KR (1984) Hemolytic anemia in hereditary pyrimidine 5′-nucleotidase deficiency. II Effect of pyrimidine nucleotides and their derivatives on glycolytic and pentose phosphate shunt enzyme activity. Clin Chim Acta 141:93–100

Oda T, Nagao M, Shirono K, Kagimoto T, Takatsuki K (1985) Isozymes of human erythrocyte pyrimidine 5-nucleotidase. J Lab Clin Med 106:646

Ogasawara N, Goto H, Yamada Y, Watanabe T, Asano T (1982) AMP deaminase isozymes in human tissues. Biochim Biophys Acta 714:298

Ogasawara N, Goto H, Yamada Y, Nishigaki I, Itoh T, Hasegawa I (1984) Complete deficiency of AMP deaminase in human erythrocytes. Biochem Biophys Res Commun 122:1344

Ogasawara N, Stout JT, Goto H, Sonta SI, Matsumoto A, Caskey CT (1989) Molecular analysis of a female Lesch-Nyhan patient. J Clin Invest 84:1024–1027

Ogier H, Wadman SK, Johnson JL et al. (1983) Antenatal diagnosis of combined xanthine and sulphite oxidase deficiencies. Lancet 2:1363

Ohmstede C-A, Lanngdon SD, Chae C-B, Jones ME (1986) Expression and sequence analysis of a cDNA encoding the orotidine 5′-monophosphate decarboxylase domain from Ehrlich ascites uridylate synthase. J Biol Chem 261:4276

Oka J, Matsumoto A, Hosokawa Y, Inoue S (1994) Molecular cloning of human cytosolic purine 5′-nucleotidase. Biochem Biophys Res Commun 205:917–922

Olson JS, Ballou DP, Palmer G, Massey V (1974) The mechanism of activation of xanthine oxidase. J Biol Chem 248:4350

O'Reilly RJ, Keever CA, Small TN, Brochstein J (1989) The use of HLA-non-identical T-cell-depleted marrow for transplants for correction of severe combined immunodeficiency disease. Immunodefic Rev 1:273

Osborne WR (1980) Human red cell purine nucleoside phosphorylase. purification and biospecific affinity chromatography and physical properties. J Biol Chem 255:7089

Osborne WR, Chen SH, Giblett ER, Biggar WD, Ammann AA, Scott CR (1977) Purine nucleoside phosphorylase deficiency. Evidence for molecular heterogeneity in two families with enzyme deficient members. J Clin Invest 60:741–746

Padgett RA, Wahl GM, Stark GR (1982) Structure of the gene for CAD, the multifunctional protein that initiates UMP synthesis in Syrian hamster cells. Mol Cell Biol 2:293

Page T, Nyhan WL (1989) The spectrum of HPRT deficiency: an update. Adv Exp Med Biol 253A:129

Paglia DE, Fink K, Valentine WN (1980) Additional data from two kindreds with genetically-induced deficiencies of erythrocyte pyrimidine nucleotidase. Acta Haematol 63:262–267

Paglia DE, Valentine WN (1975) Characteristics of a pyrimidine-specific 5′-nucleotidase deficiency. J Biol Chem 250:7973

Paglia DE, Valentine WN, Dahlgreen JG (1975) Effects of low-level lead exposure on pyrimidine 5′-nucleotidase and other erythrocyte enzymes. J Clin Invest 56:1164

Paglia DE, Valentine WN, Fink K (1977) Lead poisoning. Further observations on erythrocyte pyrimidine nucleotidase deficiency and intracellular accumulation of pyrimidine nucleotides. J Clin Invest 60:1362

Paglia DE, Valentine WN, Keitt AS, Brockway RA, Nakatani M (1983) Pyrimidine nucleotidase deficiency with active dephosphorylation of dTMP: Evidence for existence of thymidine nucleotidase in human erythrocytes. Blood 62:1147

Palella TD, Hidaka Y, Silverman LJ, Levine M, Glorioso J, Kelley WN (1989) Expression of human HPRT mRNA in brains of mice infected with a recombinant herpes simplex virus-1 vector. Gene 80:137

Patel PI, Nussbaum RL, Framson PE, Ledbetter DH, Caskey CT, Chinault AC (1984) Organization of the HPRT gene and related sequences in the human genome. Somat Cell Mol Genet 10:483–493

Patel PI, Framson PE, Caskey CT, Chinault AC (1986) Fine structure of the human hypoxanthine phosphoribosyltransferase gene. Mol Cell Biol 6:393–403

Patten BM (1982) Beneficial effect of D-ribose in a patient with myoadenylate deaminase deficiency. Lancet 1:1071

Patterson VH, Kaiser KK, Brooke MH (1983) Exercising muscle does not produce hypoxanthine in adenylate deaminase deficiency. Neurology 33:784

Paulus HE, Coutts A, Calabro JJ, Klinenberg JR (1970) Clinical significance of hyperuricemia in routinely screened hospitalized men. JAMA 211:277

Peck CC, Bailey FJ, Moore GL (1977) Enhanced solubility of 2,8-dihydroxyadenine (DOA) in human urine. Transfusion 17:383

Perignon J-L, Durandy A, Peter MO, Freycon F, Dumez Y, Griscelli C (1987) Early prenatal diagnosis of inherited severe immunodeficiencies linked to enzyme deficiencies. J Pediatr 111:595

Perry ME, Jones ME (1989) Orotic aciduria fibroblasts express a labile form of UMP synthase. J Biol Chem 264:15.522

Plagemann PG, Wohlhueter RM, Woffendin C (1988) Nucleoside and nucleobase transport in animal cells. Biochim Biophys Acta 947:405

Polmar SH (1980) Metabolic aspects of immunodeficiency disease. Semin Hematol 17:30

Polmar SH, Stern RC, Schwartz AL, Wetzler EM, Chase PA, Hirschhorn R (1976) Enzyme replacement therapy for adenosine deaminase deficiency and severe combined immunodeficiency. N Engl J Med 295:1337

Poulsen P, Jensen KF, Valentine-Hansen P, Carlsson P, Lundberg LG (1983) Nucleotide sequence of the Escherichia coli pyrE gene and of the DNA in front of the protein-coding region. Eur J Biochem 135:223

Qumsiyeh MB, Valentine MB, Suttle DP (1989) Localization of the gene for uridine monophosphate synthase to human chromosome region 3q13 by in situ hybridization. Genomics 5:160–162

Ratech H, Hirschhorn R, Greco MA (1989) Pathological findings in adenosine deaminase-deficient severe combined immunodeficiency. II Thymus, spleen, lymph node, and gastrointestinal tract lymphoid tissue alterations. Am J Pathol 135:1145

Reilly DS, Lewis RA, Nussbaum RL (1990) Genetic and physical mapping of Xq24-q26 markers flanking the Lowe oculocerebrorenal syndrome. Genomics 8:62

Reiter S, Simmonds HA, Zöllner N, Braun SL, Knedel M (1990) Demonstration of a combined deficiency of xanthine oxidase and aldehyde oxidase in xanthinuric patients not forming oxipurinol. Clin Chim Acta 1867:221

Renwick PJ, Birley AJ, McKeown CME, Hulton M (1995) Southern analysis reveals a large deletion at the hypoxanthine phosphoribosyltransferase locus in a patient with Lesch-Nyhan syndrome. Clin Genet 48:80–84

Ricón-Limas DE, Krueger DA, Patel PI (1991) Functional characterization of the human hypoxanthine phosphoribosyltransferase gene promoter: evidence for a negative regulatory element. Mol Cell Biol 11:4157

Robinson JL, Drabik MR, Dombrowski, Clark JH (1983) Consequences of UMP synthase deficiency in cattle. Proc Natl Acad Sci USA 80:321–323

Rogers LE, Porter FS (1968) Hereditary orotic aciduria II: a urinary screening test. Pediatrics 42:423–428

Rosa R, Rochant H, Dreyfus B, Valentine C, Rosa J (1977) Electrophoretic and kinetic studies of human erythrocytes deficient in pyrimidine 5′-nucleotidase. Hum Genet 38:209

Rose M, Grisafi P, Botstein D (1984) Structure and function of the yeast URA3 gene: expression in *Escherichia coli*. Gene 29:113

Rosenbloom FM, Kelley WN, Miller J, Henderson JF, Seegmiller JE (1967) Inherited disorder of purine metabolism. Correlation between central nervous system dysfunction and biochemical defects. JAMA 202:175–177

Rossiter BJF, Caskey CT (1995) Hypoxanthine-guanine phosphoribosyltransferase deficiency: Lesch-Nyhan syndrome and gout. In: Scriver CR, Beaudet AL, Sly WS et al (eds) The metabolic and molecular bases of inherited disease, 7th edn. McGraw-Hill, New York, pp 1679–1706

Rossiter BJF, Fuscoe JC, Muzny DM, Fox M, Caskey CT (1991) The Chinese hamster HPRT gene: restriction map, sequence analysis, and multiplex PCR deletion screening. Genomics 9:247

Rundles RW, Wyngaarden JB, Hitchings GH, Elion GB, Silberman HR (1963) Effects of a xanthine oxidase inhibitor on thiopurine metabolism, hyperuricemia and gout. Trans Assoc Am Physicians 76:126

Rytkonen EMK, Halila R, Laan M, Saksela M, Kallioniemi OP, Palotie A, Raivio KO (1995) The human gene for xanthine dehydrogenase (XDH) is localized on chromosome band 2p22. Cytogenet Cell Genet 68:61–63

Sabina RL, Holmes EW (1995) Myoadenylate deaminase deficiency. In: Scriver CR, Beaudet AL, Sly WS, Valle D, Stanbury JB, Wyngaardwn JB, Fredrickson DS (eds) The metabolic and molecular bases of inherited disease, 7th edn. McGraw-Hill, New York, pp 1769–1780

Sabina RL, Swain JL, Olanow CW, Bradley WG, Fishbein WN, DiMauro S, Holmes EW (1984) Myoadenylate deaminase deficiency: functional and metabolic abnormalities associated with disruption of the purine nucleotide cycle. J Clin Invest 73:720–730

Sabina RL, Morisaki T, Clarke P, Eddy R, Shows TB, Morton CC, Holmes EW (1990) Characterization of the human and rat myoadenylate deaminase genes. J Biol Chem 265:9423–9433

Sabina RL, Fishbein WN, Pezeshkopour G, Clarke PRH, Holmes EW (1992) Molecular analysis of myoadenylate deaminase deficiencies. Neurology 42:170

Saksela M, Raivio KO (1996) Cloning and expression in vitro of xanthine dehydrogenase/oxidase. Biochem J 315:235–239

Salti IS, Mouradian M, Frayha RA (1982) Hereditary xanthiuria. Arab J Med 1:1982

Santisteban I, Arredondo-Vega FX, Kelly S et al. (1993) Novel splicing, missense, and deletion mutations in seven adenosine deaminase-deficient patients with late/delayed onset of combined immunodeficiency disease: contribution of genotype to phenotype. J Clin Invest 92:2291–2302

Scherzer AL, Ilson JB (1969) Normal intelligence in the Lesch-Nyhan syndrome. Pediatrics 44:116

Schrader WP, Stacy AR, Pollara B (1976) Purification of human erythrocyte adenosine deaminase by affinity column chromatography. J Biol Chem 251:4026

Schwenger B, Schober S, Simon D (1993) DUMPS cattle carry a point mutation in the uridine monophosphate synthase gene. Genomics 16:241–244

Seegmiller JE (1980) Diseases of purine and pyrimidine metaboliscm. In: Bondy PK, Rosenberg LE (eds) Metabolic control and disease, 8th edn. Saunders, Philadelphia, p 777

Seegmiller JE, Rosenbloom FM, Kelly WN (1967) Enzyme defect associated with a sex-linked human neurological disorder and excessive purine synthesis. Science 155:1682–1684

Shanks RD, Robinson JL (1989) Embryonic mortality attributed to inherited deficiency of uridine monophosphate synthase. J Dairy Sci 72:3035

Shanks RD, Robinson JL (1990) Deficiency of uridine monophosphate synthase among Holstein cattle. Cornell Vet 80:119

Shapiro SL, Sheppard GL Jr, Dreifuss FE, Newcombe DS (1966) X-linked recessive inheritance of a syndrome of mental retardation with hyperuricemia. Proc Soc Exp Biol Med 122:609–611

Shoaf WT, Jones ME (1973) Uridylic acid synthesis in Ehrlich ascites carcinoma. Properties, subcellular distribution, and nature of enzyme complexes of the six biosynthetic enzymes. Biochemistry 12:4039

Shovlin CL, Hughes JMB, Simmonds HA et al. (1993) Adult presentation of adenosine deaminase deficiency. Lancet 341:1471

Shows TB, Brown JA (1975) Localization of genes coding for PGK, HPRT, and G6PD on the long arm of the X-chromosome in somatic cell hybrids. Cytogenet Cell Genet 14:426

Simmonds HA (1986) 2,8-dihydroxyadenine lithiasis. Clin Chim Acta 160:103

Simmonds HA, Van Acker KJ (1983) Adenine phosphoribosyltransferase deficiency: 2,8-dihydroxyadenine lithiasis. In: Stanbury JB, Wyngaarden JB, Fredrickson DS, Goldstein JL, Brown MS (eds) The metabolic basis of inherited disease, 5th edn. McGraw-Hill, New York, pp 1144–1184

Simmonds HA, Rising TJ, Cadenhead A, Hatfield PJ, Jones AS, Cameron JS (1973) Radioisotope studies of purine metabolism during administration of guanine and allopurinol to the pig. Biochem Pharmacol 22:2553

Simmonds HA, Van Acker KJ, Cameron JS, Snedden W (1976) The identification of 2,8-dihydroxyadenine, a new component of urinary stones. Biochem J 157:485

Simmonds HA, Sahota A, Potter CF, Cameron JS, Wadman SK (1978) Purine metabolism and immunodeficiency. Urinary purine excretion as a diagnostic screening test in adenosine deaminase and purine nucleoside phosphorylase deficienciy. Clin Sci (Colch) 54:579

Simmonds HA, Webster DR, Becroft DMO, Potter CF (1980) Purine and pyrimidine metabolism in hereditary orotic aciduria: some unexpected effects of allopurinol. Eur J Clin Invest 10:333

Simmonds HA, Stutchbury JH, Webster DR, Spencer RE, Fisher RA, Wooder M, Buckley BM (1984) Pregnancy in xanthinuria. Demonstration of fetal uric acid production? J Inherit Metab Dis 7:77

Simmonds HA, Van Acker KJ, Sahota AS (1992) 2,8-dihydroxyadenine lithiasis. Lancet 339:1295–1296

Simmonds HA, Reiter S, Hishino T (1995a) Hereditary xanthinuria. In: Scriver CR, Beaudet AL, Sly WS, Valle D, Stanbury JB, Wyngaardn JB, Fredrickson DS (eds) The metabolic and molecular bases of inherited disease, 7th edn. McGraw-Hill, New York, pp 1781–1797

Simmonds HA, Sahota AS, Van Acker KJ (1995b) Adenine phosphoribosyltransferase deficiency and 2,8-dihydroxyadenine lithiasis. In: Scriver CR, Beaudet AL, Sly WS, Valle D, Stanbury JB, Wyngaardn JB, Fredrickson DS (eds) The metabolic and molecular bases of inherited disease, 7th edn. McGraw-Hill, New York, pp 1707–1724

Sinkeler SPT, Binkhorst RA, Joosten EMG, Wevers RA, Coerwinkel MM, Oei TL (1987) AMP deaminase deficiency: study of the human skeletal muscle purine metabolism during ischaemic exercise. Clin Sci 72:475

Sinkeler SPT, Joosten EMG, Wevers RA, Oei TL, Jacobs AEM, Veerkamp JH, Hamel BCJ (1988) Myoadenylate deaminase deficiency: a clinical, genetic, and biochemical study in nine families. Muscle Nerve 11:312–317

Smith LH Jr (1973) Pyrimidine metabolism in man. N Engl J Med 238:764

Smith LH Jr, Sullivan M, Huguley CM (1961) Pyrimidine metabolism in man. IV. The enzymatic defect of orotic aciduria. J Clin Invest 40:656

Snyder FF, Trafzer RJ, Hershfield MS, Seegmiller JE (1980) Elucidation of aberrant purine metabolism. Application of hypoxanthine-guanine phosphoribosyltransferase- and adenosine kinase-deficient mutants, and IMP dehydrogenase- and adenosine deaminase-inhibited human lymphoblasts. Biochim Biophys Acta 609:492

Snyder FF, Jenuth JP, Mably ER, Mangat RK (1997) Point mutations at the nucleoside phosphorylase locus impair thymocyte differentiation in the mouse. Proc Natl Acad Sci USA 94:2522–2527

Soutter JB, Yu JS, Lovric A, Stapleton T (1970) Hereditary orotic aciduria. Aust Pediatr J 6:47

Spencer N, Hopkinson DA, Harris H (1968) Adenosine deaminase polymorphism in man. Ann Hum Genet 32:9–14

Stambrook PJ, Dush MK, Trill JJ, Tischfield JA (1984) Cloning of a functional human adenine phosphoribosyltransferase (APRT) gene: identification of a restriction fragment length polymorphism and preliminary analysis of DNA from APRT-deficient families and cell mutants. Somat Cell Mol Genet 10:359

Stankiewicz A (1981) AMP-deaminase from human skeletal muscle: subunit structure, amino acid composition, and metal content of the homogeneous enzyme. Int J Biochem 13:1177

Steglich C, DeMars R (1982) Mutations causing deficiency of APRT in fibroblasts cultured from humans heterozygous for mutant APRT alleles. Somat Cell Genet 8:115

Stepanik P, Bugg B, Suttle DP (1988) Construction of a UMP synthase (UMPS) expression vector capable of selection, amplification, and deamplification. FASEB J 22:4828

Stern IJ, Cosmas F, Garvin PJ (1972) The occurrence and binding of 2,8-dioxyadenine in plasma. Transfusion 13:382

Stout JT, Chen HY, Brennand J, Caskey CT, Brinster RL (1985) Expression of human HPRT in the central nervous system of transgenic mice. Nature 317:250

Suchi M, Mizuno H, Kawai Y et al. (1997) Molecular cloning of the human UMP synthase gene and characterization of point mutations in two hereditary orotic aciduria families. Am J Hum Genet 60:525–539

Sugiura Y, Fujioka S, Yoshida S (1986) Biosynthesis of pyrimidine nucleotides in human leukemic cells. Jpn J Cancer Res 77:664

Suttle DP, Stark GR (1979) Coordinate overproduction of orotate phosphoribosyltransferase and orotidine-5′-phosphate decarboxylase in hamster cells resistant to pyrazofurin and 6-azauridine. J Biol Chem 254:4206

Suttle DP, Bugg BY, Winkler JK, Kanalas JJ (1988) Molecular cloning and nucleotide sequence for the complete coding region of human UMP synthase. Proc Natl Acad Sci USA 85:1754–1758

Swallow MMD, Aziz I, Hopkinson DA, Miwa S (1983) Analysis of human erythrocyte 5′-nukleotidases in healthy individuals and a patient deficient in pyrimidine 5′-nucleotidase. Ann Hum Gent 47:19

Swanson MS, Markin RS, Stohs SJ, Angle CR (1984) Identification of cytidine diphosphodiesters in erythrocytes from a patient with pyrimidine nucleotidase deficiency. Blood 63:665

Syed DB, Strauss RS, Sloan DL (1987) Orotate phosphoribosyltransferase and hypoxanthine/guanine phosphoribosyltransferase from yeast. Nuclear magnetic relaxation studies of enzyme-bound phosphoribosyl 1-pyrophosphate. Biochemistry 26:1051

Takai S, Fernandez-Salguero P, Kimura S, Gonzalez FJ, Yamada K (1994) Assignment of the human dihydropyrimidine dehydrogenase gene (DPYD) to chromosome region 1p22 by fluorescence in sity hybridization. Genomics 24:613–614

Tomoda A, Noble NA, Lachant NA, Tanaka KR (1982) Hemolytic anemia in hereditary pyrimidine 5′-nucleotidase deficiency: nucleotide inhibition of G6PD and the pentose phosphate shunt. Blood 60:1212

Torrance JD, Whittaker D (1979) Distribution of erythrocyte nucleotides in pyrimidine 5′-nucleotidase deficiency. Br J Haematol 43:423

Torrance J, West C, Beutler E (1977) A simple rapid radiometric assay for pyrimidine 5′-nucleotidase. J Lab Clin Med 90:563

Tovmasian EK, Hairapetian RL, Bykova EV, Severin SE, Haroutunian AV (1990) Phosphorylation of the skeletal muscle AMP-deaminase by protein kinase C. FEBS Lett 259:321

Traut TW, Jones ME (1979) Interconversion of different molecular weight forms of the orotate phosphoribosyltransferase: orotidine-5′-phosphate decarboxylase enzyme complex from mouse Ehrlich ascites cells. J Biol Chem 254:1143

Traut TW, Payne RC (1980) Dependence of the catalytic activities on the aggregation and conformation states of uridine 5′-phosphate synthase. Biochemistry 19:6068

Traut TW, Payne RC, Jones ME (1980) Dependence of the aggregation and conformation states of uridine 5′-phosphate synthase on pyrimidine nucleotides. Evidence for a regulatory site. Biochemistry 19:6082–6067

Tuchman M, Stoeckeler JS, Kiang DT, O'Dea RF, Ramnaraine ML, Mirken BL (1985) Familia pyrimidinaemia and pyrimidinuria associated with severe fluorouracil toxicity. N Engl J Med 313:245–249

Udom A, Holmes EW (1982) Purification and characterization of human amidophosphoribosyltransferase. J Clin Chem Clin Biochem 20:428

Valentine WN, Fink K, Paglia DE, Harris SR, Adams WS (1974) Hereditary hemolytic anemia with human erythrocyte pyrimidine 5′ nucleotidase deficiency. J Clin Invest 54:866–879

Valentine WN, Paglia DE, Tartaglia AP, Gilsanz F (1977) Hereditary hemolytic anemia with increased red cell adenosine deaminase (45- to 70-fold) and decreased adenosine triphosphate. Science 195:783

Valerio D, Duyvesteyn MGC, Dekkler BMM et al. (1985) Adenosine deaminase: characterization and expression of a gene with a remarkable promoter. EMBO J 4:437–443

Van Acker KJ, Simmonds HA (1991) Long-term evolution of type I adenine phosphoribosyltransferase (APRT) deficiency. Adv Exp Med Biol 309B:91

Van Acker KJ, Simmonds HA, Potter CF, Cameron JS (1977) Complete deficiency of adenine phosphoribosyltransferase: report of a family. N Engl J Med 297:127–132

Van der Weyden MB, Kelley WN (1976) Human adenosine deaminase: distribution and properties. J Biol Chem 251:5448

Van Gennip AH, Van Noordenberg-Huistra DY, De Bree PK, Wadman SK (1978) Two dimensional thin-layer chromatography for the screening of disorders of purine and pyrimidine metabolism. Clin Chim Acta 86:7

Van Gennip AH, Abeling NGGM, Stroomer AEM, Van Lenthe H, Bakker HD (1994) Clinical and biochemical findings in six patients with pyrimidine degradation defect. J Inherit Metab Dis 17:130–132

Van Groeningen CJ, Peters GJ, Nadal JG, Laurenssse E, Pinedo HM (1991) Clinical and pharmacological study of orally administered uridine. J Natl Cancer Inst 83:437

Vettenranta K, Raivio KO (1990) Key enzymes of purine degradation and reutilization in human fetal liver and brain. Biol Neonate 58:311

Virelizier JL, Hamet M, Ballet JJ, Reinert P, Griscelli C (1978) Impaired defense against vaccinia in a child with T-lymphocyte deficiency associated with inosine phosphorylase defect. J Pediatr 92:358

Vives-Corrons JL, Monsterrat-Costa E, Rozman C (1976) Hereditary hemolytic anemia with erythrocyte pyrimidine 5'-nucleotidase deficiency in Spain. Clinical, biological and familial studies. Hum Genet 34:285–292

Vojta M, Jirasek J (1966) 6-Azauridine-induced changes of the trophoblast of early human pregnancy. Clin Pharmacol Ther 7:162

Vreken P, Van Kuilenburg ABP, Meinsma R, Smit GPA (1996) A point mutation in an invariant splice donor site leads to exon skipping in two unrelated Dutch patients with dihydropyrimidine dehydrogenase deficiency. J Inherit Metab Dis 19:645–654

Vreken P, Van Kuilenburg ABP, Meinsma R, De Abreu RA, Van Gennip AH (1997) Identification of a four-base deletion (del/TCAT$_{269-299}$) in the dihydropyrimidine dehydrogenase gene with variable clinical expression. Hum Genet 100:263–265

Wadman SK, Duran M, Beemer FA et al. (1983) Absence of hepatic molybdenum cofactor: an inborn error of metabolism leading to a combined deficiency of sulfite oxidase and xanthine dehydrogenase. J Inherit Metab Dis [Suppl] 1:78

Wadman SK, Berger R, Duran M et al. (1985) Dihydropyrimidine dehydrogenase deficiency leading to thymine-uraciluria. An inborn error of pyrimidine metabolism. J Inherit Metab Dis [Suppl 2] 8:113–114

Wahl RC, Warner CK, Finnerty V, Rajagopalan KV (1982) Drosophila melanogaster ma-1 mutants are defective in the sulfuration of desulfo Mo hydroxylases. J Biol Chem 257:3958

Wakamiya M, Blackburn MR, Jurecic MR et al. (1995) Disruption of the adenosine deaminase gene causes hepatocellular impairment and perinatal lethality in mice. Proc Natl Acad Sci USA 92:3673–3677

Watts RWE (1983) Some regulatory and integrative aspects of purine nucleotide biosynthesis and its control. An overview. Adv Enzyme Regul 21:33

Webster DR, Becroft DMO, Suttle DP (1995) Hereditary orotic aciduria and other disorders of pyrimidine metabolism. In: Scriver CR, Beaudet AL, Sly WS, Valle D, Stanbury JB, Wyngaardwn JB, Fredrickson DS (eds) The metabolic and molecular bases of inherited disease, 7th edn. McGraw-Hill, New York, pp 1799–1837

Wehnert M, Herrmann FH (1990) Characterization of three new deletions at the 5' end of the HPRT structural gene. J Inherit Metab Dis 13:178–183

Wehnert M, Knapp A, Machill G et al. (1990) Biochemical and genetic investigation of hypoxanthine-guanine phosphoribosyltransferase (HPRT) deficiency. Biol Zentralbl 109:131–138

Wei X, McLeo HL, McMurrough J, Gonzales FJ, Fernandez-Salguero (1996) Molecular basis of human dihydropyrimidine dehydrogenase deficiency and 5-fluorouracil toxicity. J Clin Invest 98:610–615

Weyden MB van der, Kelly WN (1974) Human adenylsuccinate synthethase. Partial purification, kinetic and regulatory properties of the enzyme from placenta. J Biol Chem 249:7282

Whishaw IQ, Funk DR, Hawryluk SJ, Karbashewski ED (1987) Absence of sparing of spatial navigation, skilled forelimb and tongue use and limb posture in the rat after neonatal dopamine depletion. Physiol Behav 40:247

Wiginton DA, Hutton JJ (1982) Immunoreactive protein in adenosine deaminase deficient human lymphoblast cell lines. J Biol Chem 257:3211–3217

Wiginton DA, Kaplan DJ, States JC et al. (1986) Complete sequence and structure of the gene for human adenosine deaminase. Biochemistry 25:8234–8244

Wilcken B, Hammond J, Berger R, Wise G, James C (1985) Dihydropyrimidine dehydrogenase deficiency – a further case. J Inherit Metab Dis [Suppl 2] 8:115

Williams SR, Goddard JM, Martin DW Jr (1984) Human purine nucleoside phosphorylase cDNA sequence and genomic clone characterization. Nucleic Acids Res 12:5779–5787

Wilson DM, Tapia HR (1974) Xanthinuria in a large kindred. Adv Exp Med Biol 41A:343

Wilson JM, Daddona PE, Simmonds HA, Van Acker KJ, Kelley WN (1982a) Human adenine phosphoribosyltransferase: immunochemnical quantitation and protein blot analysis of mutant forms of the enzyme. J Biol Chem 257:1508

Wilson JM, Tarr GE, Mahoney WC, Kelley WN (1982b) Human hypoxanthine-guanine phosphoribosyltransferase. Complete amino acid sequence of the erythrocyte enzyme. J Biol Chem 257:10.978

Wilson JM, Kobayashi R, Fox IH, Kelley WN (1983a) Human hypoxanthine-guanine phosphoribosyltransferase. Molecular abnormality in a mutant from the enzyme (HPRT$_{Tornto}$). J Biol Chem 258:6458–6460

Wilson JM, Young AB, Kelley WN (1983b) Hypoxanthine-guanine phosphoribosyltransferase deficiency. The molecular basis of clinical syndromes. N Engl J Med 309:900–910

Wilson DL, Swallow DM, Povey S (1986a) Assignment of the gene for uridine 5'-monophosphate phosphohydrolase (UMPH2) to the long arm of chromosome 17. Ann Hum Genet 50:223

Wilson JM, O'Toole TE, Argos P, Shewach DS, Daddona PE, Kelley WN (1986b) Human adenine phosphoribosyltransferase. Complete amino acid sequence of the erythrocyte enzyme. J Biol Chem 261:13.677–13.683

Wilson JM, Stout JT, Palella TD, Davidson BL, Kelley WN, Caskey CT (1986c) A molecular survey of hypoxanthine-guanine phosphoribosyltransferase deficiency in man. J Clin Invest 77:188–195

Wilson DK, Rudolph FB, Quiocho FA (1991) Atomic structure of adenosine deaminase complexed with transition-state analog: Understanding catalysis and immunodeficiency mutations. Science 252:1278

Witte DP, Wiginton DA, Hutton JJ, Aronow BJ (1991) Coordinate developemental regulation of purine catabolic enzyme expression in gastrointestinal postimplantation reproductive tracts. J Cell Biol 115:179

Wolf SF, Migeon BR (1985) Clusters of CpG dinucleotides implicated by nuclease hypersensitivity as control elements of housekeeping genes. Nature 314:467

Wong DF, Harris JC, Naidu S et al. (1996) Dopamine transporters are markedly reduced in Lesch-Nyhan disease in vivo. Proc Natl Acad Sci USA 93:5539–5543

Worthy TE, Grobner W, Kelley WN (1974) Hereditary orotic aciduria: Evidence for a structural gene mutation. Proc Natl Acad Sci USA 71:3031–3035

Wortmann RL, Fox IH (1980) Limited value of uric acid to creatinine ratios in estimating uric acid excretion. Ann Intern Med 93:822

Wu C-L, Melton DW (1993) Production of a model for Lesch-Nyhan syndrome in hypoxanthine phosphoribosyltransferase-deficient mice. Nat Genet 3:235–239

Xu P, Huecksteadt TP, Hoidal JR (1996) Molecular cloning and characterization of the human xanthine dehydrogenase gene (XDH). Genomics 34:173–180

Yamamoto T, Higashino K, Kono N et al. (1989) Metabolism of pyrazinamide and allopurinol in hereditary xanthine oxidase deficiency. Clin Chim Acta 180:169

Yamamoto T, Moriwaki Y, Takahashi S et al. (1991) A xanthinuric family – the proposita having immunologically reactive xanthine oxidase but no xanthine oxidase activity. Adv Exp Med Biol 309A:369

Yang TP, Patel PI, Chinault AC, Stout JT, Jackson LG, Hildebrand BM, Caskey CT (1984) Molecular evidence for new mutation at the hprt locus in Lesch-Nyhan patients. Nature 310:412–414

Yen PH, Patel P, Chinault AC, Mohandas T, Shapiro LJ (1984) Differential methylation of hypoxanthine phosphoribosyltransferase genes on active and inactive human X chromosomes. Proc Natl Acad Sci USA 81:1759–1763

Yokota H, Fernandez-Salguero P, Furuya H et al. (1994) cDNA cloning and chromosome mapping of human dihydropyrimidine dehydrogenase, an enzyme associated with 5-fluorouracil toxicity and congenital thymine-uraciluria. J Biol Chem 269:23.192–23.196

Yü TF, Balis ME, Krenitzky TA, Dancis J, Silvers DN, Elion GB, Gutman AB (1972) Rarity of X-linked partial hypoxanthine-guanine-phosphoribosyltransferase deficiency in a large gouty population. Ann Intern Med 76:255–264

Yukawa T, Akazawa H, Miyake Y, Takahashi Y, Nagao H, Takeda E (1992) A female patient with Lesch-Nyhan syndrome. Dev Med Child Neurol 34:534–546

Zimmer HG, Gerlach E (1978) Stimulation of myocardial adenine biosynthesis by pentoses and pentitols. Pflugers Arch 376:223

Zöllner N, Reiter S, Gross M et al. (1986) Myoadenylate deaminase deficiency: successful symptomatic therapy by high dose oral administration of ribose. Klin Wochenschr 64:1281

2.7 Störungen des Lipid- und Lipoproteinstoffwechsels

Ulrich Julius, Jens Pietzsch und Markolf Hanefeld

Inhaltsverzeichnis

2.7.1	Familiäre Hypercholesterolämie (FHC) ...	335
2.7.1.1	Einführung unter Berücksichtigung medizinhistorischer Aspekte des Krankheitsbilds	335
2.7.1.2	Darstellung des klinischen Erscheinungsbilds und des Krankheitsverlaufs	335
2.7.1.3	Ätiologie und Pathomechanismen	336
2.7.1.4	Morphologie	337
2.7.1.5	Klassische Therapie	337
2.7.1.6	Molekulare Ursachen einschließlich Genetik	338
2.7.1.6.1	LDL-Rezeptor (auch ApoB/E-Rezeptor) . . .	338
2.7.1.6.2	Mutationen des LDL-Rezeptors	340
2.7.1.7	Molekulare Diagnostik	340
2.7.1.7.1	LDL-Rezeptor-Analyse	340
2.7.1.8	Gentherapie bzw. molekularbiologisch basierte Therapieansätze	341
2.7.1.8.1	Ex-vivo-Gentherapie	341
2.7.1.8.2	In-vivo-Gentherapie	342
2.7.1.9	Ausblick	342
2.7.2	Familiär defektes Apolipoprotein B100 ...	342
2.7.2.1	Einführung unter Berücksichtigung medizinhistorischer Aspekte des Krankheitsbilds	342
2.7.2.2	Darstellung des klinischen Erscheinungsbilds und des Krankheitsverlaufs	343
2.7.2.3	Ätiologie und Pathomechanismen	343
2.7.2.4	Morphologie	344
2.7.2.5	Klassische Therapie	344
2.7.2.6	Molekulare Ursachen einschließlich Genetik	344
2.7.2.7	Molekulare Diagnostik	344
2.7.2.8	Gentherapie bzw. molekularbiologisch basierte Therapieansätze	344
2.7.2.9	Ausblick	344
2.7.3	Abetalipoproteinämie (ABL), Hypobetalipoproteinämie (HBL)	345
2.7.3.1	Einführung unter Berücksichtigung medizinhistorischer Aspekte des Krankheitsbilds	345
2.7.3.2	Darstellung des klinischen Erscheinungsbilds und des Krankheitsverlaufs	345
2.7.3.3	Ätiologie und Pathomechanismen	346
2.7.3.4	Klassische Therapie	347
2.7.3.5	Molekulare Ursachen einschließlich Genetik	347
2.7.3.6	Gentherapie bzw. molekularbiologisch basierte Therapieansätze	348
2.7.3.7	Ausblick	348
2.7.4	Anderson-Krankheit (chylomicron retention disease)	348
2.7.4.1	Definition und Pathobiochemie	348
2.7.4.2	Klinik und Therapie	348
2.7.5	Apolipoprotein-AI-Defizienz und -Varianten	349
2.7.5.1	Einführung unter Berücksichtigung medizinhistorischer Aspekte des Krankheitsbilds	349
2.7.5.2	Darstellung des klinischen Erscheinungsbilds und des Krankheitsverlaufs	349
2.7.5.3	Ätiologie und Pathomechanismen	349
2.7.5.4	Klassische Therapie	349
2.7.5.5	Molekulare Ursachen einschließlich Genetik	349
2.7.5.6	Molekulare Diagnostik	350
2.7.5.7	Gentherapie bzw. molekularbiologisch basierte Therapieansätze	350
2.7.5.8	Ausblick	350
2.7.6	Familiärer Mangel an High-density-Lipoproteinen (Tangier-Krankheit)	350
2.7.6.1	Einführung unter Berücksichtigung medizinhistorischer Aspekte des Krankheitsbilds	350
2.7.6.2	Darstellung des klinischen Erscheinungsbilds und des Krankheitsverlaufs	350
2.7.6.3	Morphologie	351
2.7.6.4	Pathomechanismen	351
2.7.6.5	Klassische Therapie	351
2.7.6.6	Molekulare Ursachen einschließlich Genetik	351
2.7.6.7	Molekulare Diagnostik	351
2.7.6.8	Gentherapie bzw. molekularbiologisch basierte Therapieansätze	351
2.7.6.9	Ausblick	351
2.7.7	Familiäres Chylomikronämiesyndrom (LPL-Defizienz)	351
2.7.7.1	Einführung unter Berücksichtigung medizinhistorischer Aspekte des Krankheitsbilds	351
2.7.7.2	Darstellung des klinischen Erscheinungsbilds und des Krankheitsverlaufs	352
2.7.7.3	Ätiologie und Pathomechanismen	352
2.7.7.4	Morphologie	354
2.7.7.5	Pathomechanismen	354
2.7.7.6	Klassische Therapie	355
2.7.7.7	Molekulare Ursachen einschließlich Genetik	355
2.7.7.8	Molekulare Diagnostik	355

2.7.7.9	Gentherapie bzw. molekularbiologisch basierte Therapieansätze	355	2.7.9.7	Molekulare Ursachen einschließlich Genetik	358
2.7.7.10	Ausblick	356	2.7.9.8	Molekulare Diagnostik	359
			2.7.9.9	Gentherapie bzw. molekularbiologisch basierte Therapieansätze	359
2.7.8	**Familiäre Defizienz der hepatischen Triglyzeridlipase (HTGL)**	356	2.7.9.10	Ausblick	359
2.7.9	**Lecithin-Cholesterol-Acyltransferase-Mangel (Familiäre LCAT-Defizienz und Fischaugenkrankheit)**	357	2.7.10	**Cholesterolestertransferproteindefizienz (CETP-Defizienz)**	359
			2.7.10.1	Einführung unter Berücksichtigung medizinhistorischer Aspekte des Krankheitsbilds	359
2.7.9.1	Einführung unter Berücksichtigung medizinhistorischer Aspekte des Krankheitsbilds	357	2.7.10.2	Darstellung des klinischen Erscheinungsbilds und des Krankheitsverlaufs	360
2.7.9.1.1	Familiäre LCAT-Defizienz	357	2.7.10.3	Ätiologie und Pathomechanismen	360
2.7.9.1.2	Fischaugenkrankheit	357	2.7.10.4	Klassische Therapie	361
2.7.9.2	Darstellung des klinischen Erscheinungsbilds und des Krankheitsverlaufs	357	2.7.10.5	Molekulare Ursachen einschließlich Genetik	361
2.7.9.2.1	Familiäre LCAT-Defizienz	357	2.7.10.6	Molekulare Diagnostik	361
2.7.9.2.2	Fischaugenkrankheit	357	2.7.10.7	Gentherapie bzw. molekularbiologisch basierte Therapieansätze	361
2.7.9.3	Ätiologie	357	2.7.10.8	Ausblick	361
2.7.9.4	Morphologie	357			
2.7.9.4.1	Familiäre LCAT-Defizienz	357	2.7.11	**Defizienz der lysosomalen sauren Lipase (Wolman-Krankheit und Cholesterylesterspeicherkrankheit)**	361
2.7.9.4.2	Fischaugenkrankheit	358			
2.7.9.5	Pathomechanismen	358			
2.7.9.5.1	Familiäre LCAT-Defizienz	358	2.7.12	**Literatur**	362
2.7.9.5.2	Fischaugenkrankheit	358			
2.7.9.6	Klassische Therapie	358			

2.7.1 Familiäre Hypercholesterolämie (FHC)

2.7.1.1 Einführung unter Berücksichtigung medizinhistorischer Aspekte des Krankheitsbilds

Die Assoziation zwischen Sehnenxanthomen und Atheromen in Arterien wurde bereits vor 1900 mehrfach beschrieben (Goldstein et al. 1995). In den 30er Jahren unseres Jahrhunderts erkannten Müller und Thannhauser die familiäre Häufung der Kombination Xanthome, Hypercholesterolämie und prämature koronare Herzkrankheit. In den 50er Jahren wurde schließlich durch Ultrazentrifugationsuntersuchungen die Zuordnung zur Erhöhung der LDL-Fraktion bei diesem Krankheitsbild getroffen. Brown und Goldstein haben dann in den 70er Jahren den LDL-Rezeptor entdeckt und nachgewiesen, daß die FHC durch dessen Mutationen bedingt ist. Das Rezeptorprotein wurde 1982 gereinigt, seine DNA im Jahr 1983 kloniert, und das Gen im Jahr 1985 isoliert und charakterisiert.

2.7.1.2 Darstellung des klinischen Erscheinungsbilds und des Krankheitsverlaufs

Die früheste Manifestation ist die Erhöhung des Serumcholesterolspiegels bereits bei Neugeborenen. In der 1. Lebensdekade bleibt dies die einzige Abweichung. Ein Arcus lipoides corneae und Sehnenxanthome treten bei den heterozygoten Patienten zu Ende der 2. Dekade auf. In der 3. Lebensdekade haben etwa die Hälfte dieser Betroffenen die genannten klinischen Zeichen. Klinische Beschwerden im Sinn einer koronaren Herzkrankheit entwickeln sich dann in der 4. Dekade.

In Populationen von erwachsenen Heterozygoten liegt der mittlere Gesamtcholesterolspiegel bei 350 mg/dl (9,5 mmol/l). Er kann jedoch bei einzelnen Betroffenen, selbst innerhalb einer Familie, sehr unterschiedlich erhöht sein. Typischerweise ist die LDL-Cholesterol-Fraktion erhöht, die Triglyzeridspiegel sind normal oder höchstens in einigen Fällen erhöht. Bei einigen Fällen werden leicht erniedrigte HDL-Cholesterol-Spiegel beobachtet, jedoch können auch normale oder sogar erhöhte Werte gemessen werden.

Bei homozygoten Patienten ist der Krankheitsverlauf relativ uniform. Mutationen, die überhaupt keine Rezeptorfunktion gestatten, sind mit einem schwerwiegenden Verlauf verbunden, während sich

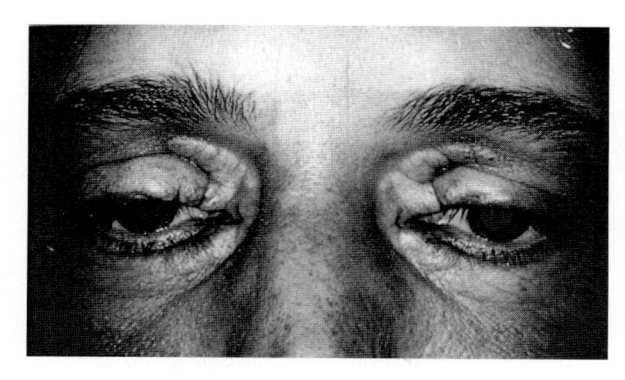

Abb. 2.7.1. Xanthelasmen bei einer 57jährigen Patientin mit heterozygoter familiärer Hypercholesterolämie

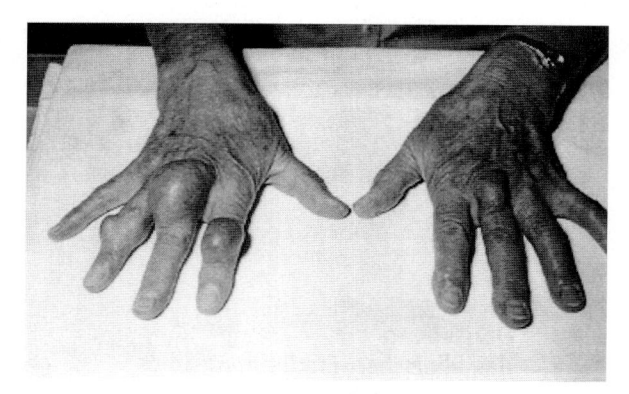

Abb. 2.7.2. Sehr stark ausgeprägte Xanthome der Fingerstrecksehnen bei einer 56jährigen Patientin mit heterozygoter familiärer Hypercholesterolämie

bei sog. „Rezeptor-defekten" Personen der klinische Verlauf etwas verzögerter darstellt. Der Cholesterolspiegel ist bei Homozygoten von Anfang an deutlich höher, bei Erwachsenen liegt er zwischen 600 und 1200 mg/dl (16,3–32,6 mmol/l). Kutane Xanthome treten bereits in den ersten Lebensjahren auf. Schon im Kindesalter sind Sehnenxanthome, Arcus lipoides corneae und eine generalisierte schwere Arteriosklerose vorhanden. Typischerweise versterben diese homozygoten Patienten unbehandelt am Herzinfarkt vor dem 30. Lebensjahr. Die Wahrscheinlichkeit eines frühen Tods (Infarkt im Kindesalter!) ist bei sehr niedriger Rezeptoraktivität besonders hoch. Neben der ausgeprägten Koronararteriosklerose ist auch die xanthomatöse Verdickung der Aortenklappe (und evtl. Mitralklappe) klinisch bedeutsam.

Cholesterolablagerungen in Form von Xanthomen sind in der Haut (Xanthelasmata, subkutan an Ellbogen) (Abb. 2.7.1) sowie in Sehnen (Achillessehnen, Strecksehnen der Hände und Füße) zu finden (Abb. 2.7.2). Die Ablagerungsgeschwindigkeit ist proportional der Schwere und Dauer der LDL-Erhöhung, evtl. spielen lokale Traumen und unbekannte Faktoren bei der Ausbildung eine gewisse Rolle. Es können auch subperiostale Xanthome unterhalb der Knie sowie am Olekranon auftreten. Leicht erhabene, plane kutane Xanthome an den Extremitäten, am Gesäß und an den Händen (auch interdigital) sind bei homozygoten Patienten charakteristisch.

Die Patienten weisen meist einen deutlichen Arcus lipoides auf.

Das klinische Bild variiert und erlaubt keinen zuverlässigen Schluß auf den im Einzelfall vorliegenden Gendefekt (Webb et al. 1996). Die Erhebung der Familienanamnese (insbesondere im Hinblick auf Herzinfarkte oder Todesfälle in jüngerem Lebensalter) und das Betroffensein von mehreren Blutsverwandten können für die Diagnosestellung der genetischen Erkrankung hilfreich sein.

2.7.1.3 Ätiologie und Pathomechanismen

Die FHC ist eine einfach autosomal-dominant vererbte Erkrankung. Sie ist durch Mutationen gekennzeichnet, die Struktur und Funktion der zellmembranständigen LDL-Rezeptoren beeinflussen. Die Mutationen können homozygot, heterozygot oder compound-heterozygot auftreten. Es handelt sich um eine Einzelgenmutation, die in vielen Ländern beobachtet wurde.

Für die europäische Bevölkerung wird eine Häufigkeit von 1 Heterozygoten auf 500 Personen der Bevölkerung beschrieben. Für homozygote Personen gilt 1 Betroffener in 1 Mio. In 3 Gebieten der Erde wurde eine deutliche Häufung der Erkrankung beobachtet: im Libanon, in der kanadischen Provinz Quebec sowie in Südafrika (bei 2 Populationen: Afrikaner und Aschkenasim-Juden). Diese Häufungen werden mit dem sog. Founder-Effekt erklärt.

Die normale Funktion der LDL-Rezeptoren sind die Bindung und anschließende Internalisierung der LDL-Partikel über eine Rezeptor-vermittelte Endozytose. Auf diesem Weg wird Cholesterol von der Leber in die Körperzellen transportiert. Bei Gesunden wird die Zahl der LDL-Rezeptoren in Abhängigkeit vom intrazellulären Cholesterol-Pool reguliert: Bei hohem Gehalt sinkt die Zahl der Rezeptoren um das 10fache. Im Steady state ist eine gerade ausreichende Rezeptorzahl vorhanden, um das Zellwachstum zu ermöglichen und Cholesterolverluste auszugleichen.

Die normale Aufnahme von LDL über die spezifischen Rezeptoren induziert 3 Prozesse, die eine Überladung der Zellen mit Cholesterol verhindern:

- Suppression der HMG-CoA-Reduktase, des Schlüsselenzyms der Cholesterolbiosynthese,
- Aktivierung der Acyl-KoenzymA-Cholesterol-Acyltransferase (ACAT), die freies Cholesterol in Cholesterolester überführt,
- Reduktion der Synthese von LDL-Rezeptoren.

Die unzureichende bzw. fehlende Funktion der LDL-Rezeptoren führt zu einer verminderten bis fehlenden Aufnahme der LDL-Partikel in die Zellen. Heterozygote Personen haben eine 50%ige Rezeptoraktivität, homozygote Personen eine LDL-Rezeptor-Aktivität zwischen 0 und 20% derer von Normalpersonen. Die LDL-Konzentration im Plasma steigt entsprechend unterschiedlich an. Experimentell konnte die verlangsamte Clearance der LDL-Partikel belegt werden. Es wurde zusätzlich festgestellt, daß auch eine gesteigerte Produktion der LDL-Partikel vorliegt. Es ist am wahrscheinlichsten, daß dies eine Folge einer erhöhten Umwandlung von IDL in LDL ist (Goldstein et al. 1995). Durch die gestörte Funktion der LDL-Rezeptoren wird die direkte Entfernung der IDL, also der Vorläufer der LDL in der Lipoproteinkaskade, drastisch vermindert. Für homozygote Patienten war beschrieben worden, daß evtl. auch eine unmittelbare hepatische Synthese von LDL vorliegen könnte. Wahrscheinlich werden aber triglyzeridarme VLDL mit kurzer Halbwertszeit sezerniert (Goldstein et al. 1995), die in vivo nicht ohne weiteres faßbar sind.

Die LDL bei heterozygoten oder homozygoten Patienten sind in ihrer Komposition bezüglich Lipid- und Eiweißanteilen meist normal oder nur wenig modifiziert. Bei Injektion derartiger Partikel in Probanden mit normaler Rezeptorfunktion wurde eine normale Clearance beobachtet.

Bei den homozygoten Patienten mit völlig fehlenden oder funktionslosen LDL-Rezeptoren werden alle LDL-Partikel aus dem Blut über einen Rezeptor-unabhängigen Mechanismus abgebaut. Dieser Weg ist deutlich weniger effektiv als der Rezeptorweg, was zur Erhöhung der LDL-Halbwertszeit im Blut beiträgt. Die LDL-Partikel kreisen bei homozygoten Patienten etwa 6 Tage im Blut, bei Gesunden etwa 2,5 Tage. Die heterozygoten Patienten bauen etwa 50% der LDL Rezeptor-unabhängig ab.

Der Rezeptor-unabhängige Weg der Elimination von LDL aus der Blutbahn ist auch für die Entfernung von modifizierten bzw. von oxidierten LDL zuständig. Angesichts der langen Halbwertszeiten treten solche chemischen Modifikationen der LDL wohl nicht selten auf und werden als besonders atherogen bewertet.

Eine ungenügende Bereitstellung von lebensnotwendigem Cholesterol führt in In-vitro-Versuchen zur Steigerung der intrazellulären Cholesterolsynthese. Die heterozygoten FHC-Patienten haben keine angehobene Ganzkörpersterolsynthese, was wohl mit den erhöhten Serumkonzentrationen von LDL im Zusammenhang steht (Goldstein et al. 1995). Die Situation bei den Homozygoten ist nicht völlig geklärt.

Als Folge der Anhebung der im Blut kreisenden Zahl von LDL-Partikeln kommt es zu Cholesterolablagerungen in der Haut und in Sehnen (Xanthome) sowie in der Arterienwand (Plaques). Das Herz ist – insbesondere bei homozygoten Betroffenen – in zweierlei Hinsicht betroffen: durch arteriosklerotische Veränderungen der Koronararterien sowie durch Ablagerungen an Herzklappen (Aortenklappe, evtl. Mitralklappe). Je schwerer der Rezeptordefekt, desto frühzeitiger treten diese Ablagerungen auf.

2.7.1.4 Morphologie

Bei homozygoten Erkrankten werden schwere arteriosklerotische Veränderungen an der Aorta (insbesondere schwere Veränderungen im thorakalen Abschnitt) und den Koronararterien gefunden. In den Plaques finden sich Schaumzellen, die wohl umgewandelten Makrophagen entsprechen. Selbst bei jungen Patienten sind Ablagerungen von Kalziumphosphat in Aorta und Koronarien dokumentiert (Hoeg et al. 1994).

Es wurden auch Lipidablagerungen in Makrophagen, in Lymphknoten, in der Milz und in anderen Organen beschrieben. Die Venen sind trotz der hohen LDL-Cholesterol-Konzentrationen nicht betroffen.

Der Befall der Aortenklappe kann eine Aortenklappenstenose hervorrufen, evtl. entsteht ein Mitralfehler bei Ablagerungen an dieser Klappe. Nicht selten kommt es sekundär zu Endokarditiden.

Die kutanen Xanthome bestehen aus einer großen Anzahl von histiozytären Schaumzellen.

Die heterozygoten Erkrankten haben insbesondere hochsitzende Stenosen an der linken Koronararterie. Das erklärt die hohe Inzidenz plötzlicher koronarer Todesfälle.

2.7.1.5 Klassische Therapie

Die Umstellung der Ernährung im Sinn einer fettmodifizierten Basiskost bringt nur geringe Absen-

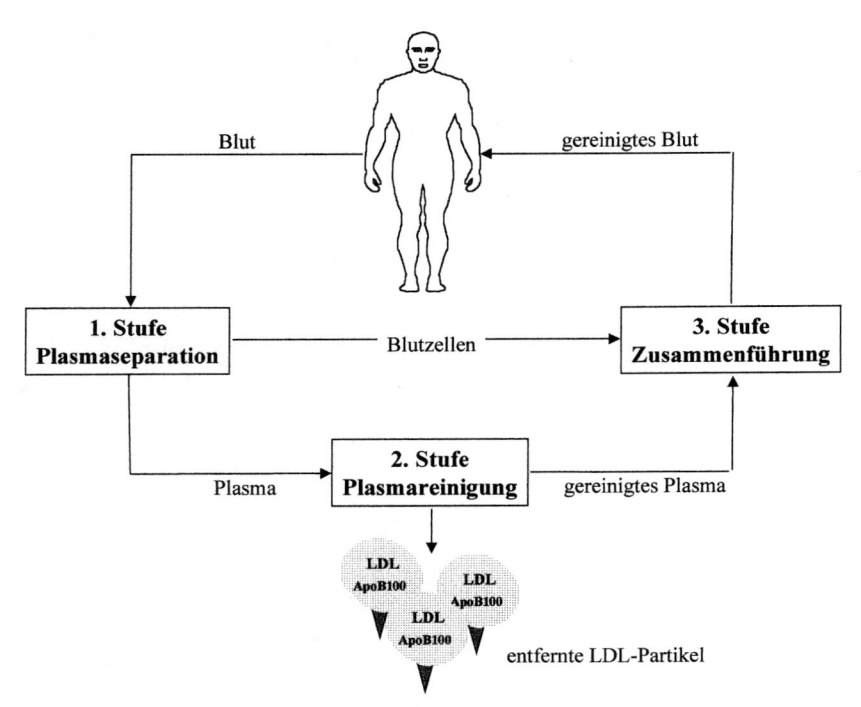

Abb. 2.7.3. Prinzip und Flußschema einer LDL-Apherese-Therapie

kungen des LDL-Cholesterol-Spiegels (Assouline et al. 1995) und ist bei sehr hohen Ausgangswerten bzw. bei homozygoten Patienten praktisch wirkungslos. Für letztere ist die medikamentöse Therapie mit Statinen nur dann begrenzt effektiv, wenn sie „Rezeptor-defekt" sind (Ausnahme: Atorvastatin). Die LDL-Apherese ist die einzig wirksame und die Prognose verbessernde Therapie (Schaumann et al. 1996; Thompson et al. 1985). Ausnahmsweise könnte eine orthotope Lebertransplantation mit der Leber eines die LDL-Rezeptoren produzierenden Spenders erwogen werden (Barbier et al. 1992; Wilson u. Grossman 1993).

Bei den heterozygoten Patienten gelingt es in vielen Fällen, durch eine gewisse Hemmung des Schlüsselenzyms der Cholesterolsynthese mittels Statinen eine Stimulation der Zahl der hepatischen LDL-Rezeptoren und damit eine deutliche Absenkung der LDL-Cholesterol-Konzentrationen zu erreichen (Raal et al. 1997). Aber es gibt auch Therapieversager (Yu et al. 1996). Es ist möglich, zusätzlich Ionenaustauscherharze zu verordnen. Teilweise wird eine Kombination mit einem Fibrat eingesetzt. Bei schwerer koronarer Herzerkrankung und dem Vorhandensein weiterer Risikofaktoren (z. B. gleichzeitig hohe Lipoprotein(a)-Spiegel oder Diabetes mellitus) ist eine zusätzliche mehrjährige LDL-Apherese-Therapie indiziert (Abb. 2.7.3). Damit gelingt eine Verhinderung der Progression der koronaren Herzerkrankung (Kroon et al. 1996).

Früher durchgeführte portokavale Shunt-Operationen oder die Anlage eines ileozökalen Bypasses sind inzwischen verlassen worden.

2.7.1.6 Molekulare Ursachen einschließlich Genetik

2.7.1.6.1 LDL-Rezeptor (auch ApoB/E-Rezeptor)

Der LDL-Rezeptor spielt eine wichtige Rolle in der Regulation des Plasmacholesterolspiegels. Er wird synonym auch als ApoB/E-Rezeptor bezeichnet, weil er neben dem ApoB100 als Ligand auch ApoE bindet. Der LDL-Rezeptor ist einer der am besten charakterisierten membranständigen Rezeptoren überhaupt (Goldstein et al. 1995).

Das Gen des humanen LDL-Rezeptors ist 45,5 kb lang und befindet sich auf Chromosom 1. Es besteht aus 18 Exons mit einer Länge von 78–2535 Nukleotiden, getrennt durch 17 Introns.

Das naszente monomere Protein besteht aus 839 Aminosäuren und besitzt ein Molekulargewicht (MG) von 93 000, welches nach vollständiger Glykosylierung des Proteins auf 164 000 ansteigt. Der LDL-Rezeptor ist, bedingt durch einen sehr hohen Anteil an Cysteinresten, ein saures Protein (pI = 4,6).

Der LDL-Rezeptor besteht aus 5 funktionellen Domänen (Abb. 2.7.4):

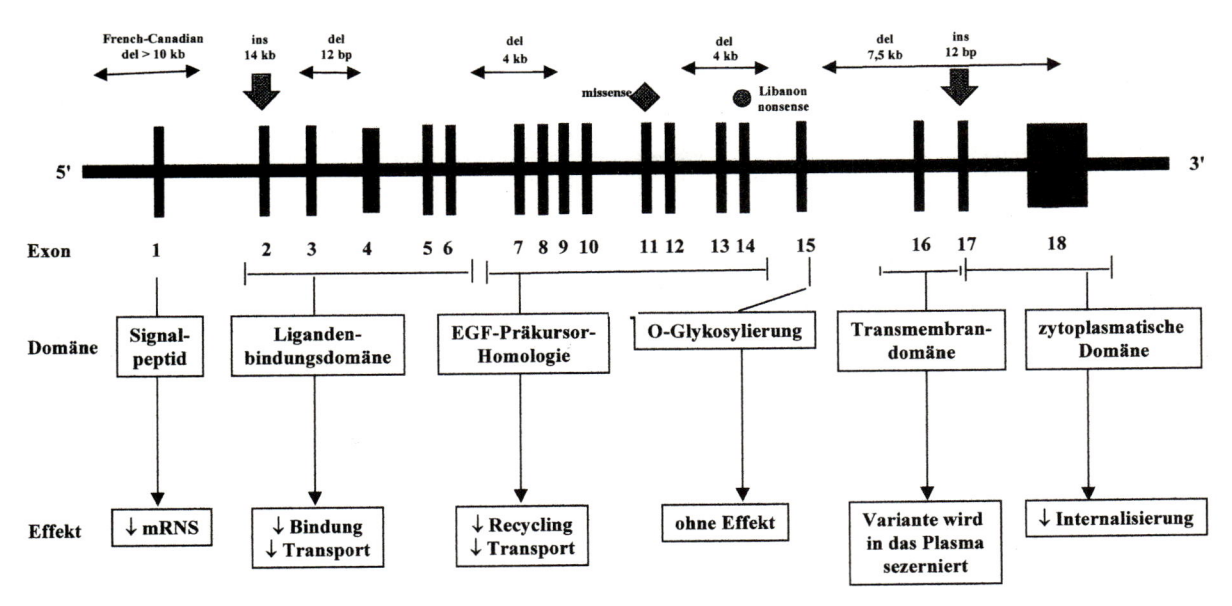

Abb. 2.7.4. Struktur des LDL-Rezeptor-Gens, kodierte Proteindomänen sowie Lokalisation und Effekte einiger häufiger Mutationen, *del* Deletion, *ins* Insertion

- Das aminoterminale Ende des maturen Rezeptorproteins ist die eigentliche ligandenbindende Domäne. Diese ist sehr reich an Cysteinresten (15% der insgesamt 322 Aminosäurereste dieser Domäne) und besteht aus 7 homologen Abschnitten mit jeweils 40 Aminosäureresten (*cysteine-rich repeated cassettes*), in denen v. a. die Positionen der Cysteinreste hochkonserviert sind. Alle Cysteinreste sind an der Bildung von intramolekularen Disulfidbrücken beteiligt. Die Bindung von ApoB100 und ApoE an diese Repeats erfolgt über ein Cluster negativ geladener Aminosäurereste (Glutaminsäure und Asparaginsäure). Wenn in den Endozytosevesikeln (Endosomen) der pH-Wert absinkt, werden diese Reste protoniert, so daß der Ligand aus seiner Bindung freigesetzt wird. Missense-Mutationen in diesem Bereich führen fast immer zu Änderungen der Bindungseigenschaften des Rezeptors (Hobbs et al. 1986).
- Die 2. Domäne (350 Aminosäurereste) befindet sich wie die ligandenbindende Domäne auf der extrazellulären Seite der Zellmembran und besitzt Homologie zum *epidermal growth factor precursor*. Sie enthält 3 cysteinreiche Repeats (*growth factor repeats*). Die EGF-Präkursor-homologe Region ist an der pH-abhängigen Dissoziation von Rezeptor und Ligand beteiligt.
- Die 3. Domäne des LDL-Rezeptors enthält 18 Threonin- bzw. Serinreste die *O*-glykosidisch gebundene Kohlenhydrate tragen. Diese Oligosaccharide wirken möglicherweise als Stützen, die den Rezeptor in der Membran aufrichten.
- Die eigentliche Transmembranregion des LDL-Rezeptors besteht aus 22 hydrophoben Aminosäuren. Sie verankern den Rezeptor in der Zellmembran.
- Das C-terminale Ende des Rezeptorproteins ragt ins Zytoplasma und ist für den intrazellulären Metabolismus des LDL-Rezeptors, so z. B. für das Clustering der Rezeptormoleküle in den *Coated pits*, verantwortlich. Diese Domäne erlaubt die Bildung von Dimeren und Multimeren des LDL-Rezeptors, die Bedeutung bei der Rezeptorinternalisation erlangt.

LDL-Rezeptoren kommen beim Menschen in unterschiedlicher Zahl auf fast allen Zelltypen vor (auf glatten Muskelzellen, Endothelzellen, Monozyten, Makrophagen, Lymphozyten, Adipozyten, Hepatozyten, in der Nebennierenrinde, im Ovar und im Dünndarm). Fibroblasten besitzen zwischen 15000 und 70000 Rezeptoren pro Zelle. Nicht nur ApoB100, sondern auch ApoE bindet an den LDL-Rezeptor. ApoE-haltige Lipoproteine (VLDL, IDL) haben zwar eine fast 10fach höhere Affinität, doch beträgt die Bindungskapazität nur etwa 1/4 jener der LDL-Bindung. Erklärt wird dies dadurch, daß ein LDL-Rezeptor mehrere LDL binden kann, da ApoB100 nur eine Bindungsstelle aufweist; ApoE-haltige Lipoproteine jedoch mehrere Moleküle ApoE pro Lipoproteinteilchen tragen, welche die multiplen Bindungsstellen eines Rezeptors vollständig absättigen können. ApoB48, die intestinale Isoform des ApoB100 und Strukturprotein der Chylomikronen, bindet nicht an LDL-Rezeptoren. Die Expression des LDL-Rezeptors unterliegt einer Feedback-Regulation durch den intrazellulären Cholesterolgehalt.

2.7.1.6.2 Mutationen des LDL-Rezeptors

Die Mutationen der LDL-Rezeptoren können in 5 Klassen eingeteilt werden (Goldstein et al. 1995), welche die normalen Funktionen des LDL-Rezeptors (Synthese, Transport, Bindung, Clusterung, Rezirkulation) betreffen. Jede Klasse ist auf dem DNA-Niveau sehr heterogen. Es sind inzwischen über 150 Mutationen bekannt (Goldbeck-Wood 1997; Goldstein et al. 1995), in Deutschland schon mindestens 24. Die aktuellste Information über die beschriebenen Mutationen ist über eine Internetadresse aus einer Datenbank abrufbar (http://www.umd.necker.fr). Durchschnittlich sind Individuen mit 1 oder 2 mutierten Rezeptorallelen dann weniger schwer klinisch betroffen, wenn das Genprodukt noch eine gewisse LDL-Rezeptor-Funktion gestattet. Heterozygote Patienten entwickeln die halbnormale Zahl von LDL-Rezeptoren.

Die FHC ist eine einfach autosomal-dominant vererbte Erkrankung. Aus der Höhe der LDL-Cholesterol-Konzentrationen kann grob auf die Zuordnung „homozygot" oder „heterozygot" geschlossen werden. Das FHC-Gen ist in allen Lebensaltern hochgradig penetrant. Mehr als 90% der Personen mit einem Gendefekt haben einen Plasmacholesterolspiegel über der 95. Perzentile der Bevölkerung (Goldstein et al. 1995).

2.7.1.7 Molekulare Diagnostik (Tabelle 2.7.1)

2.7.1.7.1 LDL-Rezeptor-Analyse

Um die LDL-Rezeptor-Funktion in Fibroblastenkulturen aus der Haut von Patienten zu diagnostizieren, stehen 4 Funktionstests zur Verfügung (Goldstein et al. 1995):
- 1. Messung der Bindung an die Zelloberfläche und der Aufnahme in die Zellen von ^{125}J-markierten LDL,
- 2. Messung der proteolytischen Abbaurate von ^{125}J-markierten LDL,

Tabelle 2.7.1. Häufig angewandte molekularbiologische Methoden zur Diagnostik monogener Erkrankungen des Lipid- und Lipoproteinstoffwechsels

Methode	Prinzip	Bemerkungen
Restriktionsenzymverdau (restriction-fragment length polymorphism, RFLP)	Nachweis veränderter Erkennungssequenzen von Restriktionsendonukleasen durch gezielten Verdau von PCR-Produkten	Nachweis bekannter Mutationen
Allelspezifische Polymerasekettenreaktion (allele-specific polymerase chain reaction, PCR)	Inkorporation einer nachzuweisenden Basenänderung am 3'-Ende eines Primers, so daß dessen Verlängerung nur beim Vorhandensein der Mutation gelingt	Nachweis bekannter Mutationen
Einzelstrangkonformationspolymorphismen (single-strand conformation polymorphism, SSCP)	Denaturierung von PCR-Produkten und Auftrennung der entstandenen Einzelstränge in einem Polyacrylamidgel Nachweis der mutationsbedingten Konformationsänderung der Einzelstränge durch unterschiedliches Laufverhalten im Gel	Nachweis unbekannter Mutationen
Denaturierende Gradientengelelektrophorese (denaturating gradient gel electrophoresis, DGGE)	Differenz bei der Aufspaltung des PCR-Produkts in Einzelstränge bei der Durchwanderung eines (denaturierenden) Harnstoff- und Formamidgradienten in der Polyacrylamidgelmatrix	Nachweis unbekannter Mutationen, empfindlicher als SSCP
Temperaturgradientengelelektrophorese (temperature gradient gel electrophoresis, TGGE)	Differenz bei der Aufspaltung des PCR-Produkts in Einzelstränge bei der Durchwanderung eines kontinuierlichen Temperaturgradienten in der Polyacrylamidgelmatrix	Nachweis unbekannter Mutationen, empfindlicher als SSCP
DNA-Sequenzierung	Sequenzierung der Basensequenz eines PCR-Produkts	Nachweis unbekannter Mutationen, beste und direkteste Methode, eine Genmutation aufzudecken

- 3. Messung der LDL-vermittelten Suppression der Synthese von [^{14}C]-Cholesterol aus [^{14}C]-Azetat in intakten Zellen oder der HMG-CoA-Reduktase-Aktivität in zellfreien Extrakten,
- 4. Messung der LDL-vermittelten Stimulation der Inkorporation von [^{14}C]-Oleat in zelluläres Cholesteryl-[^{14}C]-Oleat.

Mit den unter den Punkten 2 und 4 aufgeführten Tests gelingt es, in einer Familie mit FHC mit 90%iger Sicherheit Betroffene von Nichtbetroffenen zu unterscheiden. Beim Einsatz dieser Verfahren in größeren Populationen nimmt die Differenzierungsempfindlichkeit ab, da es Überschneidungen zwischen der Untergrenze der Rezeptoraktivität bei Normalpersonen und bei heterozygoten Betroffenen mit inkompletten Rezeptordefekten gibt.

Die Zahl der LDL-Rezeptoren kann auch mittels Immuno-blot-Techniken oder einer Immunpräzipitation von ^{35}S-markierten Rezeptoren nach Kultivierung von Zellen in [^{35}S]-Methionin erfolgen. Diese Methoden erlauben es zusätzlich, qualitative Defekte der LDL-Rezeptoren zu erfassen. Ein LDL-Rezeptor-Defekt ist auch in zirkulierenden Blutlymphozyten nachweisbar (Schmitz et al. 1993).

Eine Sequenzierung des LDL-Rezeptors ist in der DNA von weißen Blutzellen und mit Hilfe von PCR-Techniken möglich. Da es eine große Vielzahl von bereits bekannten Mutationen gibt, hat dieses Vorgehen nur beim Verdacht auf das Vorliegen einer bestimmten Mutation Sinn. Auf jeden Fall ist es derzeit als Suchtest in größeren Populationen ungeeignet. Andererseits kann die Mutation sogar pränatal, bei bekanntem Gendefekt der Eltern, bestätigt werden. Bei Feststellung einer homozygoten FHC beim Fetus wäre dann eine Unterbrechung der Schwangerschaft zu erwägen.

Kürzlich wurde ein Test (oligonucleotide ligation assay) entwickelt, der die gleichzeitige Analyse mehrerer Exons des LDL-Rezeptor-Gens (und des ApoB-kodierenden Gens) und die Untersuchung größerer Bevölkerungsgruppen erlaubt (Goldbeck-Wood 1997; Schuster 1998).

2.7.1.8 Gentherapie bzw. molekularbiologisch basierte Therapieansätze

2.7.1.8.1 Ex-vivo-Gentherapie

Um schließlich gentherapeutische Ansätze beim Menschen anwenden zu können, mußten diverse präklinische Studien durchgeführt werden (Wilson u. Grossman 1993):

- 1. Ex-vivo-Gentherapie bei WHHL-Kaninchen, um die Effektivität zu zeigen,
- 2. Isolation von menschlichen Hepatozyten,
- 3. Produktion und Charakterisierung von rekombinantem Retrovirus, der den menschlichen LDL-Rezeptor exprimiert,
- 4. Machbarkeit und akute Toxizität des Ex-vivo-Gens bei Pavianen.

In einem Tiermodell der FHC, dem WHHL (Watanabe heritable hyperlipidemic)-Kaninchen, wurde die Ex-vivo-Gentherapie praktiziert (Wilson u. Grossman 1993). Dabei werden Leberanteile entnommen, die Leberzellen isoliert und der Gentransfer mit Hilfe von Retroviren realisiert. Diese Leberzellen können dann wieder reinfundiert werden und führen zu einer deutlichen, allerdings nur vorübergehenden Cholesterolspiegelminderung.

Andererseits wurden Hepatozyten von Kaninchen, die den funktionierenden Rezeptor synthetisieren, bei WHHL-Kaninchen in die Portalvene direkt injiziert. Dabei konnte eine 25%ige Absenkung der Cholesterolkonzentration über Tage erreicht werden (Wilson u. Grossman 1993). Eine Immunsuppression mit Cyclosporin verlängerte den Effekt.

Problematisch bei diesen Experimenten war die zeitlich begrenzte Wirkdauer des Gentransfers. Es wurden deshalb Experimente mit rekombinanten Retroviren durchgeführt, die das normale (Wildtyp) LDL-Rezeptor-Gen des Kaninchens enthalten (Wilson u. Grossman 1993). Anschließend wurden Leberzellen von WHHL-Kaninchen gewonnen, mit diesen Viren in Zellkultur infiziert und in die Portalvenen der Tiere injiziert (von denen die Leberzellen stammten). Unter diesen Versuchsbedingungen konnte die Gesamtcholesterolkonzentration um 30–50% gesenkt werden. Diese Absenkung blieb während der gesamten Versuchsdauer (122 Tage) erhalten und war nicht mit einer serologischen Reaktion auf das LDL-Rezeptor-Protein verbunden.

Schließlich erfolgten Experimente an Pavianen, um die lebergerichtete Gentherapie zu überprüfen (Wilson u. Grossman 1993). Das Vorgehen entsprach dem eben beschriebenen (Reinfusion der Leberzellen in die untere Mesenterialvene) und führte zu keinen schweren Komplikationen (außer zeitweiligen Veränderungen von Leberfunktionstests und einer vorübergehenden Absenkung des Hämatokrits nach der Leberresektion). Der 1. Patient wurde am 5. Juni 1992 mit diesem therapeutischen Vorgehen ohne Komplikationen behandelt (Wilson u. Grossman 1993).

Im Jahr 1995 erfolgte dann die Publikation der Ergebnisse bei 5 Patienten mit homozygoter FCHC im Alter von 7–41 Jahren (Grossman et al. 1995). Signifikante und anhaltende Absenkungen der LDL-Cholesterol-Konzentrationen wurden bei 3 Patienten erreicht. Es gab offenbar keine größeren klinischen Probleme. Angesichts der Variabilität der metabolischen Antwort nach der genetischen Rekonstruktion auf einem niedrigen Niveau schlußfolgerten die Autoren, daß vor einer breiteren Anwendung Modifikationen des Vorgehens erforderlich sind, die einen größeren Gentransfer gestatten.

2.7.1.8.2 In-vivo-Gentherapie

Die direkte In-vivo-Gentherapie liefert die LDL-Rezeptor-Gene direkt zur Leber über eine parenterale Applikation von zielgerichteten Gentransfersubstraten. Ein Vorgehen basierte auf einer Konstruktion eines synthetischen Komplexes von DNA und einem Eiweiß, das speziell von Hepatozyten erkannt wird (Wilson u. Grossman 1993). Diese Prozedur wurde ebenfalls in WHHL-Kaninchen getestet. Eine molekulare Analyse von Lebergewebe wies eine Übertragung des Transgens zu einem großen Anteil von Hepatozyten innerhalb von Minuten nach. Es gelang der Nachweis des rekombinanten LDL-Rezeptors nach Stunden, es folgte eine über einige Tage anhaltende Absenkung des Gesamtcholesterolspiegels um etwa 30%. Probleme hierbei waren die relativ kurze Wirkdauer und die Effektivität der Expression des Transgens. Es wurden verschiedene Methoden vorgeschlagen, um diese Probleme zu umgehen.

Bei Kaninchen und Mäusen wurde das LDL-Rezeptor-Gen auch mittels rekombinanter Adenoviren in die Leber eingebracht (Kozarsky et al. 1996). Auch hier erwies sich die Expression des Transgens wegen Immunantworten des Empfängers als nur temporär. Deshalb wurde als Strategie zur Umgehung der möglicherweise destruktiven Immunantworten die Übertragung eines VLDL-Rezeptor-Gens bei Mäusen erprobt (Kozarsky et al. 1996).

2.7.1.9 Ausblick

Die Entdeckung der Ursachen des Krankheitsbilds FHC hat einen wesentlichen Stimulus für die Beforschung der Zellmembranrezeptoren gegeben. Die jetzt mögliche Frühdiagnostik beim Fetus in utero könnte in betroffenen Familien die Geburt eines homozygoten Kinds verhindern. Die Gentherapie steckt derzeit noch in den Kinderschuhen. Offenbar ist die Effektivität der Ex-vivo-Gentherapie nicht optimal, so daß diese beim Menschen vor der Einführung deutlich verbesserter Methoden kaum weiter verfolgt werden dürfte. Die In-vivo-Gentherapie dürfte – ebenfalls nach weiteren methodischen Vorarbeiten – in der Zukunft in den Vordergrund treten. Damit wäre es dann nicht mehr erforderlich, daß Patienten über Jahrzehnte lipidwirksame Pharmaka einnehmen.

Im Vergleich zu anderen Formen der Hypercholesterolämie ist die Häufigkeit der FHC in der europäischen Bevölkerung so niedrig, daß Auswirkungen dieses Krankheitsbilds auf die Morbidität und Mortalität der Gesamtbevölkerung nicht zu erwarten sind. Jedoch sollte die individuelle Diagnose nicht verpaßt werden, da die arteriosklerotischen Komplikationen beim betroffenen Patienten schwerwiegend verlaufen.

2.7.2 Familiär defektes Apolipoprotein B100 (FDB)

2.7.2.1 Einführung unter Berücksichtigung medizinhistorischer Aspekte des Krankheitsbilds

Der erste Proband mit FDB wurde im Rahmen einer Studie bei primärer moderater Hypercholesterolämie eruiert (Vega u. Grundy 1986). Initial wurde eine verminderte Clearance autologer im Vergleich zu heterologen LDL-Partikeln festgestellt (Innerarity et al. 1987). Es konnte gefunden werden, daß der Austausch einer einzigen Aminosäure im Apolipoprotein B ursächlich zur deutlichen Verminderung der Bindung der LDL-Partikel an die Rezeptoren führt (Innerarity et al. 1990). Diese Veränderung wurde als familiär defektes Apolipoprotein B (FDB) bezeichnet.

Die Mutation wird in Europa und Nordamerika mit einer Häufigkeit von 1:500–1:700 beobachtet (Myant 1993; Schuster et al. 1990). Im Krankengut von kardiologischen Rehabilitationskliniken sowie in der Schweiz wurde sie sogar noch häufiger gefunden (Miserez et al. 1994). Es scheint deshalb, daß FDB die häufigste derzeit zu definierende genetische Ursache für eine Hypercholesterolämie ist. Offenbar sind aber homozygot betroffene Personen nur sehr selten anzutreffen.

2.7.2.2 Darstellung des klinischen Erscheinungsbilds und des Krankheitsverlaufs

Die überwiegende Mehrzahl der betroffenen Individuen hat mäßig erhöhte Gesamt- und LDL-Cholesterol-Konzentrationen. Bei jüngeren Betroffenen können die LDL-Cholesterol-Konzentrationen auch als normal angetroffen werden, in der 3. Lebensdekade wurde ein Anstieg beobachtet (Miserez et al. 1994). Ähnlich wie bei der familiären Hypercholesterolämie werden bei einem Teil der Patienten Sehnenxanthome und relativ häufig eine prämature koronare Herzkrankheit beobachtet. Allerdings sind bei den FDB-Probanden die Cholesterolkonzentrationen meist niedriger als bei der familiären Hypercholesterolämie (Hansen et al. 1997; Miserez u. Keller 1995; Pimstone et al. 1997).

2.7.2.3 Ätiologie und Pathomechanismen

Bei einer Haplotypanalyse von FDB-Familien in den USA und Kanada wurden Ähnlichkeiten gefunden, die zu der Schlußfolgerung führten, daß nahezu alle Betroffenen von einer einzigen Mutation abstammen könnten, die in West-Europa entstanden war und sich im europäischen und nordamerikanischen Raum ausgebreitet hatte (Ludwig u. McCarthy 1990). In anderen Populationen sind derartige Mutationen nicht beschrieben worden (Schumaker u. Lembertas 1992).

Die bekannten Mutationen liegen in der Rezeptor-bindenden Domäne des Apolipoproteins B100 (Abb. 2.7.5). Sie führen zu einer lokalen Konformationsänderung innerhalb dieser Domäne (Lund Katz et al. 1991). Die Bindungsaffinität der Mutation Arg3500:Gln an den LDL-Rezeptor beträgt im Vergleich zu normalen LDL 5% (bis 9%), die der Mutation Arg3531:Cys 27%.

Für die Mutation Arg3500:Gln wurde errechnet, daß etwa 32% der im Blut zirkulierenden LDL-Partikel normales Apolipoprotein B enthalten (Schumaker u. Lembertas 1992). Gleichzeitig läßt sich errechnen, daß die Konzentration der das mutierte Apolipoprotein B enthaltenden Partikel verdoppelt ist. Die Elimination der abnormen LDL wird durch die Kombination einer Rezeptor-vermittelten Aufnahme (es besteht noch eine schwache Bindungseigenschaft) und von nicht-spezifischen Mechanismen realisiert. Letztere sollen bei Normalpersonen immerhin 1/3 der zellulären LDL-Aufnahme ausmachen (Schumaker u. Lembertas 1992). Auffälligerweise sind die LDL-Cholesterol-Konzentrationen bei homozygoten FDB-Merkmalsträgern nicht höher als bei heterozygoten (Funke et al. 1992; März et al. 1993).

Die mutierten LDL-Partikel entsprechen kleineren, dichteren LDL (März et al. 1993), die als besonders atherogen erkannt werden konnten (Cullen et al. 1996). Die LDL-Spiegel werden durch den Apolipoprotein-E-Polymorphismus (Manke et al. 1993) sowie durch Alter, Geschlecht und insbesondere durch Variationen im LDL-Rezeptor-Gen (Hansen et al. 1997) modifiziert.

Untersuchungen zur Kinetik der ApoB100-haltigen Lipoproteine haben sowohl bei heterozygoten Patienten (Pietzsch et al. 1996), als auch bei einem homozygoten Merkmalsträger (Schaefer et al. 1997) gezeigt, daß beim Vorhandensein des ApoE-

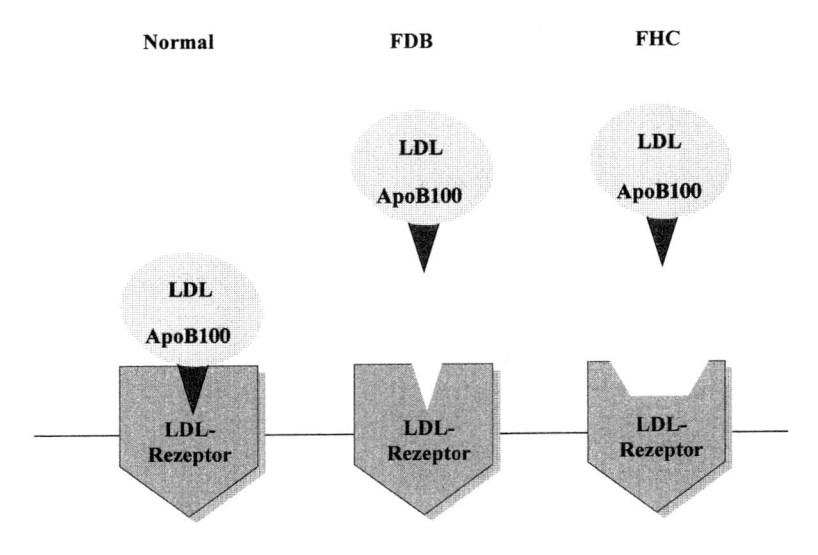

Abb. 2.7.5. Hypercholesterolämie durch eine gestörte Lipoprotein-Rezeptor-Interaktion bei familiär defektem Apolipoprotein B100 (*FDB*) und familiärer Hypercholesterolämie (*FHC*)

Wildtyps (ApoE3) ein beschleunigter Abbau der triglyzeridreichen VLDL und IDL den verminderten Abbau der defekten LDL-Partikel teilweise kompensieren kann. Dies führt zu z. T. nur moderat erhöhten Cholesterolkonzentrationen bei den betroffenen Patienten und erklärt den benigneren Verlauf von FDB im Vergleich zur familiären Hypercholesterolämie.

Im Gegensatz zur familiären Hypercholesterolämie ist die Synthese der LDL bei FDB eher vermindert (Schaefer et al. 1997), was mit der gesteigerten Elimination von Apolipoprotein-E-haltigen Lipoproteinen erklärt wird (Pietzsch et al. 1996; Schaefer et al. 1997).

2.7.2.4 Morphologie

Soweit bisher bekannt, unterscheiden sich die arteriosklerotischen Gefäßwandveränderungen nicht von denen bei anderen Ursachen, z. B. bei der familiären Hypercholesterolämie.

2.7.2.5 Klassische Therapie

Es gelten die gleichen therapeutischen Richtlinien wie für eine Hypercholesterolämie anderer Genese: fettmodifizierte Ernährung, Statine, evtl. Fibrate. Die Reaktion der FDB-Patienten auf Cholesterolsenkende Pharmaka, die zu einer Stimulation der Expression der LDL-Rezeptoren führen, scheint mit der der heterozygoten Merkmalsträger für familiäre Hypercholesterolämie vergleichbar zu sein (Illingworth et al. 1992; Myant 1993; Schmidt et al. 1993 a, b). Es bestehen stets individuelle Unterschiede.

2.7.2.6 Molekulare Ursachen einschließlich Genetik

Es handelt sich um eine Mutation im Apolipoprotein-B-Gen auf Chromosom 2, bei der Guanin durch Adenosin am Nukleotid 10 708 im Exon 26 ersetzt wurde (Franceschini u. Paoletti 1996). Dadurch kommt es im Kodon 3500 zur Substitution der Aminosäure Arginin durch Glutamin. Die Expression der Mutationen kann zwischen Familien schwanken (Gallagher u. Myant 1993). Weitere Mutationen mit ähnlichen funktionellen Auswirkungen wurden an Aminosäure 3500 (Arg3500:Trp) und an Aminosäure 3531 (Arg3531:Cys) ermittelt (Gaffney et al. 1995; Pullinger et al. 1995).

Die Mutation wird autosomal-kodominant vererbt. Es sind bisher etwa 10 homozygote Merkmalsträger beschrieben worden (Cullen et al. 1996). Kombinierte Mutationen im Apolipoprotein-B-Gen und im LDL-Rezeptor-Gen wurden beobachtet.

2.7.2.7 Molekulare Diagnostik

Die Diagnose FDB kann leicht und zuverlässig durch eine allelspezifische Polymerasekettenreaktion des Apolipoprotein-B-Gens gestellt werden.

Es wurde auch ein monoklonaler Antikörper entwickelt, dessen Epitop zwischen den Residuen 3350 und 3506 des Apolipoproteins B liegt (Brewer et al. 1996). Dieser Antikörper, als MB47 bezeichnet, bindet mit höherer Affinität an abnormale als an normale LDL und könnte die Entwicklung eines Tests für klinische und epidemiologische Studien erlauben.

2.7.2.8 Gentherapie bzw. molekularbiologisch basierte Therapieansätze

Eine Gentherapie ist bisher noch nicht praktiziert worden.

2.7.2.9 Ausblick

Da eine FDB-Mutation mit einem erhöhten Arterioseriskio einhergeht, macht es Sinn, nach der Mutation zu suchen. Insbesondere im Rahmen der Untersuchung von Familien, bei denen entweder bei mehreren Blutsverwandten erhöhte LDL-Cholesterol-Konzentrationen auftreten oder eine auffällige Häufung von Myokardinfarkten beobachtet wird, sollte gezielt gesucht werden. Als Hochrisikogruppe sind auch Patienten und deren Verwandte zu screenen, die vor dem 50. Lebensjahr einen Myokardinfarkt erlitten haben.

2.7.3 Abetalipoproteinämie (ABL), Hypobetalipoproteinämie (HBL)

2.7.3.1 Einführung unter Berücksichtigung medizinhistorischer Aspekte des Krankheitsbilds

Die normalerweise im Plasma vorkommenden Varianten des Apolipoproteins B (ApoB) lassen sich einteilen in:
- ApoB100 (enthalten in den VLDL, IDL, LDL, synthetisiert und sezerniert von der Leber; 1 Molekül pro Lipoprotein; bindet an den LDL-Rezeptor),
- ApoB48 (enthalten in den Chylomikronen, entspricht den N-terminalen 48% von ApoB100; wird vom Darm synthetisiert und sezerniert; wird verkürzt aufgrund eines Stoppkodons durch gewebespezifische mRNA-Verarbeitung; bindet nicht an die LDL-Rezeptoren).

Beide normalen ApoB-Isoformen entstammen also dem gleichen Gen auf Chromosom 2.

Das klinische Bild der ABL wurde erstmals 1950 beschrieben (Bassen u. Kornzweig 1950), der verantwortliche Gendefekt jedoch erst viel später entdeckt (Fehlen des mikrosomalen Triglyzeridtransferproteins) (Wetterau et al. 1992). Die HBL ist eigentlich ein anderes, wohl aber sehr heterogenes und familiär auftretendes Krankheitsbild, das ähnliche klinische Zeichen aufweisen kann (Tabelle 2.7.2).

2.7.3.2 Darstellung des klinischen Erscheinungsbilds und des Krankheitsverlaufs

Bei ABL und der homozygoten Form einer HBL mit 2 Null- oder Kurz-ApoB-Allelen treten schwerwiegende klinische Symptome auf: eine Fettmalabsorption (Stearrhö), ein Mangel an fettlöslichen Vitaminen, eine mentale Retardierung, eine neuromuskuläre Degeneration, bizarr ausgezogene Erythrozyten (Akanthozytose), eine Anämie sowie eine pigmentöse retinale Degeneration (Schumaker u. Lembertas 1992). Es kann auch zu einer Herzbeteiligung kommen. Die Fettresorption ist an die Bildung des Apolipoproteins B48 gebunden. Ist das gewährleistet, wird das klinische Bild bei heterozygoter HBL oder einer homozygoten HBL mit wenigstens einem teilweise funktionierenden Allel nicht unbedingt mit dieser schweren Malabsorption behaftet sein (Averna et al. 1993; Schonfeld 1995). Der niedrige Plasmaspiegel an Apolipoprotein B bedingt auch niedrige Konzentration an LDL-Partikeln [0,2–2,8 mg/dl bei ABL (Schumaker u. Lembertas 1992)], so daß offenbar eine geringe Arteriosklerosegefährdung resultiert (Schumaker u. Lembertas 1992).

Das komplette Krankheitsbild manifestiert sich bereits im frühen Kindesalter (Schonfeld 1995).

Tabelle 2.7.2. Übersicht zu Störungen der Produktion und des Abbaus ApoB-haltiger Lipoproteine

Syndrom	Defekt	Bemerkungen
Familiär defektes ApoB100	Mutation im ApoB-Gen führt zum Aminosäureaustausch Arg3500:Gln oder Trp im maturen ApoB100	Hypercholesterolämie Nahezu vollständiger Verlust der Bindung des mutierten ApoB100 an den LDL-Rezeptor
Abetalipoproteinämie	Mutationen im Gen des mikrosomalen Triglyzerid-transferproteins (MTP)	ApoB-enthaltende Lipoproteine fehlen völlig ApoB-mRNA und ApoB sind intrazellulär nachweisbar ApoB-haltige Lipoproteine werden nicht sezerniert
Hypobetalipoproteinämien mit verkürztem ApoB	Mutationen, die zu vorzeitigen Stoppkodons im ApoB-Gen führen	Einige verkürzte Formen sind in der Zirkulation nicht nachweisbar Die anderen verkürzten Formen werden vermindert sezerniert bzw. beschleunigt abgebaut
ApoB48-Mangel (chylomicron retention disease)	Unbekannt	Fettmalabsorption ApoB48 wird von Dünndarmzellen nicht sezerniert Synthese des ApoB100 und Assembly und Sekretion der ApoB100-haltigen Lipoproteine (VLDL, LDL) sind nicht gestört
ApoB100-Mangel (Familiäre Hypobetalipoproteinämie)	Unbekannt	ApoB48 nachweisbar Keine Störung der Lipidresorption ApoB100, VLDL, und LDL fehlen völlig

Die Betroffenen haben eine deutliche Wachstumsverzögerung und Gedeihstörung. Wegen der ausgeprägten neurologischen Symptomatik sind die Patienten in der Mitte des 3. Lebensjahrzehnts nicht mehr in der Lage, zu gehen.

Die Diagnose kann beim Vorliegen des klinischen Bilds vermutet werden, wenn extrem niedrige Spiegel an Gesamtcholesterol und Triglyzeriden vorliegen und ApoB fehlt (Schonfeld 1995). Im Unterschied zur homozygoten HBL finden sich bei der ABL normale Serumkonzentrationen von ApoB, Cholesterol und Triglyzeriden bei den Eltern.

Für die HBL wird eine Häufigkeit von heterozygoten Merkmalsträgern für verkürzte ApoB-Isoformen von 1:50–1:1000 angegeben (Cullen et al. 1996).

Das klinische Bild der HBL verläuft ähnlich, es ist jedoch meist milder (Cullen et al. 1996; Levy et al. 1994).

2.7.3.3 Ätiologie und Pathomechanismen

Das Fehlen des mikrosomalen Triglyzeridtransferproteins (Jamil et al. 1995; Shoulders et al. 1993) erlaubt bei ABL keine normale Synthese von VLDL und Chylomikronen (Sharp et al. 1994; Wetterau et al. 1992).

Bei der HBL werden 3 Formen unterschieden (Latour et al. 1997):
- HBL, die genetisch mit verkürzten Apolipoprotein-B-Molekülen verbunden ist,
- HBL, die an das Apolipoprotein-B-Gen gekoppelt ist, aber keine verkürzten Apolipoprotein-B-Moleküle produziert,
- HBL, die nicht an das Apolipoprotein-B-Gen gekoppelt ist.

Die verkürzten ApoB-Moleküle (engl.: *truncated forms of apoB-100*) werden nach ihren relativen

Tabelle 2.7.3. ApoB-Gen-Varianten, die zu verkürzten ApoB-Molekülen führen

ApoB-Variante	Mutation	Länge (Aminosäuren) des sezernierten Proteins	Lipoproteinfraktion/Bemerkungen
ApoB2	G:T-Transversion der ersten Base des Introns 5	Kein ApoB im Plasma nachweisbar	Gestörtes mRNA-Spleißen
ApoB9	C:T-Transition am cDNA-Nukleotid 1443	Kein ApoB im Plasma nachweisbar	–
ApoB25	Deletion von 694 bp (beinhaltet das gesamte Exon 21)	Kein ApoB im Plasma nachweisbar	–
ApoB27.6	T:C-Transition am cDNA-Nukleotid 3826	1254	HDL
ApoB29	C:T-Transition am cDNA-Nukleotid 4125	Kein ApoB im Plasma nachweisbar	–
ApoB31	Deletion des cDNA-Nukleotids 4480	1425	HDL und Dichte>1,21 kg/l
ApoB32	C:T-Transition am cDNA-Nukleotid 4557	1449	LDL, HDL und Dichte>1,21 kg/l
ApoB37	Deletion der cDNA-Nukleotide 5391–5394	1728	VLDL, LDL und HDL
ApoB38.9	Deletion des cDNA-Nukleotids 5444	1767	LDL und HDL
ApoB39	Deletion des cDNA-Nukleotids 5591	1799	VLDL und LDL
ApoB40	Deletion der cDNA-Nukleotide 5693–5694	1829	VLDL, LDL und HDL
ApoB45.2	T:A-Transversion am cDNA-Nukleotid 6368	2053	IDL, LDL und HDL
ApoB46	C:T-Transition am cDNA-Nukleotid 7359	2057	VLDL, LDL und HDL
ApoB50	C:T-Transition am cDNA-Nukleotid 6963	2252	VLDL
ApoB52	Deletion von 4 cDNA-Nukleotiden zwischen 7276 und 7283	2362	LDL (kleine, dichte LDL)
ApoB52.8	Deletion des cDNA-Nukleotids 7359	2395	VLDL und LDL
ApoB54.8	C:T-Transition am cDNA-Nukleotid 7655	2485	VLDL und LDL
ApoB55	C:T-Transition am cDNA-Nukleotid 7692	2492	VLDL und LDL
ApoB61	Deletion der cDNA-Nukleotide 8525–8561	2784	VLDL und LDL
ApoB67	Deletion des cDNA-Nukleotids 9327	3040	VLDL und LDL
ApoB70.5	Insertion von cDNA-Nukleotiden zwischen 9754 und 9760	3197	LDL (kleine, dichte LDL)
ApoB75	Deletion des cDNA-Nukleotids 10 366	3386	VLDL und LDL
ApoB83	C:A-Transversion am cDNA-Nukleotid 11 458	3749	VLDL, IDL und LDL
ApoB86	Deletion des cDNA-Nukleotids 11 840	3896	VLDL und LDL
ApoB87	Deletion des cDNA-Nukleotids 12 032	3978	VLDL und LDL, bindet mit erhöhter Affinität an den LDL-Rezeptor
ApoB89	Deletion des cDNA-Nukleotids 12 309	4039	VLDL und LDL, bindet mit erhöhter Affinität an den LDL-Rezeptor

Molekulargewichten (bezogen auf das Molekulargewicht des vollständigen ApoB100) als ApoB25, ApoB25,5 usw.) bezeichnet (Tabelle 2.7.3).

Die Verkürzung des Proteins führt zu wesentlich veränderten Funktionen bzw. Stoffwechselwegen. ApoB-Moleküle, die kürzer als ApoB31 sind, werden nicht im Plasma gefunden.

Es wird davon ausgegangen, daß erst ein ApoB-Molekül mit mehr als etwa 30% des vollständigen ApoB-Molekulargewichts die erforderlichen Domänen für die Lipidbindung (Lipid-Protein-Assoziation) und die nachfolgende Stabilisierung des entstandenen Lipid-Protein-Komplexes besitzt, die letztendlich zu einem sezernierfähigen Lipoproteinpartikel führen. Ab dem Genprodukt ApoB37 erscheinen die verkürzten ApoB-Moleküle in verschiedenen Lipoproteinklassen. Die kleineren Formen (z. B. ApoB40) erscheinen nicht nur im Dichtebereich der VLDL und LDL, sondern v. a. auch innerhalb der HDL. Die Synthese und/oder die Sekretion von Partikeln mit kürzeren ApoB-Molekülen (ApoB31, ApoB54) sind zumeist stark herabgesetzt. Da in diesen Molekülen die Bindungsdomäne für den LDL-Rezeptor fehlt, erfolgt ihr Abbau über ApoE-erkennende Rezeptoren [z. B. das LDL-Rezeptor-*related*-Protein (LRP)] oder aber Rezeptor-unabhängige Mechanismen. Die verminderte Sekretion ist die Folge eines erhöhten intrazellulären Abbaus des ApoB. Für einige der höhermolekularen Formen (ApoB75, ApoB87, ApoB89 u. a.) wurde dagegen eine erhöhte Affinität zum LDL-(B/E)-Rezeptor beschrieben, die zu einem verstärkten Katabolismus der entsprechenden Lipoproteine (VLDL und LDL) führt. Sind die verkürzten Formen des ApoB kleiner als ApoB48, wird der Stoffwechsel der Chylomikronen und Chylomikronen-Remnants ebenfalls beeinflußt (Schonfeld 1995).

Bei heterozygoten Probanden mit der ApoB67-Isoform wäre zunächst theoretisch angesichts des normalen ApoB100-Allels zu erwarten, daß die ApoB-Konzentration mindestens 50% der Normalwerte ausmacht. In der Tat beträgt sie jedoch nur 24%, was auf eine verringerte VLDL-Produktion und einen gesteigerten Abhub der VLDL aus der Blutbahn zurückzuführen ist (Welty et al. 1997).

2.7.3.4 Klassische Therapie

Bei ABL kann eine adäquate Substitution mit Vitamin E (100 mg/Tag) viele der Symptome verhindern oder zumindest reduzieren (Cullen et al. 1996). Die Vitamine A, D und K sollten ebenfalls substituiert werden. Die Fettzufuhr kann mit mittelkettigen Triglyzeriden erfolgen.

Bei homozygoten HBL-Patienten erfolgt die Therapie in gleicher Form, die heterozygoten Merkmalsträger sind gesund und bedürfen keiner Therapie.

2.7.3.5 Molekulare Ursachen einschließlich Genetik

Die ABL ist eine autosomal-rezessive Erkrankung. Bei ABL waren sowohl die ApoB100-mRNA als auch das Protein in hepatischen und/oder intestinalen Geweben nachweisbar. Das ApoB-Gen schien intakt, ohne größere Insertionen oder Deletionen (Schumaker u. Lembertas 1992). Diese Untersuchungen legten es nahe, daß der genetische Defekt bei ABL wahrscheinlich ein anderes Protein betrifft, das für den Zusammenbau und/oder die Sekretion von ApoB-haltigen, triglyzeridreichen Lipoproteinen wesentlich ist. Es handelt sich dabei um einen Defekt des mikrosomalen Triglyzeridtransferproteins (MTP) (Cullen et al. 1996; Shoulders et al. 1993), das in den Leberzellen und den Enterozyten Triglyzeride ins Endoplasmatische Retikulum befördert (Gordon 1997; Pease u. Leiper 1996).

MTP ist für die kotranslationale Lipid-Protein-Assoziation und das Lipoprotein-Assembly essentiell. Das MTP-Gen befindet sich auf Chromosom 4. MTP ist ein lösliches, heterodimeres Protein, bestehend aus einer Untereinheit mit einem Molekulargewicht (MG) von etwa 97000, die die eigentliche Lipidtransferaktivität besitzt, sowie einer weiteren Untereinheit mit einem MG von etwa 58000. Letztere konnte als Proteindisulfidisomerase (PDI) identifiziert werden. PDI ist ein ubiquitär vorkommendes, multifunktionelles Protein, das im Zusammenhang mit der Lipoproteinsynthese für die Bildung intramolekularer Disulfidbrücken des ApoB100 erforderlich zu sein scheint. Der aktive MTP-Komplex befindet sich im Endoplasmatischen Retikulum der Zellen, die ApoB-haltige Lipoproteine synthetisieren. MTP vermittelt den Transfer von Triglyzeriden und Cholesterylestern zwischen Membranen. Dabei zeigt MTP eine Bevorzugung von neutralen Lipiden als Substrat im Vergleich zu polaren Lipiden. Die Lipidierung des ApoB100 erfolgt dabei teilweise kotranslational während des Transmembrantransfers von den Ribosomen in das Endoplasmatische Retikulum. ApoB100 enthält 40 lipophile Sequenzabschnitte, die relativ gleichmäßig über das gesamte Protein verteilt sind und die für die Bildung der Lipoproteinpartikel notwendige Lipid-Protein-Assoziation gewährleisten. Diese MTP-Transferaktivität konnte bisher nur in der Leber und der intestinalen Mukosa nachgewiesen werden. Die Untersuchungen von intestinalen Biopsien von Patienten mit ABL zeigten das vollständige Fehlen der MTP-Aktivität und des Vorkommens der 97000-Untereinheit des MTP. Weitere Untersuchungen machten verschiedene Mutationen in der 97000-Untereinheit des Proteins, die zu einer eingeschränkten oder fehlenden Expression des aktiven MTP führen, für dieses Fehlen verantwortlich und damit zur wahrscheinlichen Ursache für die Abetalipoproteinämie. Die direkte Beteiligung von möglichen Veränderungen der PDI-Untereinheit ist bisher nicht beschrieben worden. Das grundsätzliche Charakteristikum dieser Erkrankung ist das nahezu vollständige Unvermögen von Hepatozyten und intestinalen Enterozyten ApoB-haltige Lipoproteine zu synthetisieren und sezernieren, trotz eines normalen ApoB-Gens und des Vorkommens von intrazellulärer ApoB-mRNA und des maturen ApoB (Narcisi et al. 1995).

Anders ist die Situation bei HBL, einer autosomal-kodominanten Erkrankung. Verschiedene Mutationen im ApoB-Gen führen hier zu einer vorzeitigen Terminierung der Translation und damit zu einem verkürzten Genprodukt. Bisher wurden etwa 40 Nonsense-Mutationen im ApoB-Gen identifiziert. In Familienstudien können niedrige ApoB- und LDL-Konzentrationen bei Verwandten beobachtet werden (Schonfeld 1995).

2.7.3.6 Gentherapie bzw. molekularbiologisch basierte Therapieansätze

Bisher sind noch keine Gentherapie bzw. molekularbiologisch basierte Therapieansätze bekannt.

2.7.3.7 Ausblick

Die Kenntnis dieser Krankheitsbilder ist besonders für Pädiater wichtig, um rechtzeitig die mit der Stearrhö einhergehenden Gedeihstörungen einzuordnen. Sicher werden für die HBL die genetischen Defekte künftig noch besser spezifiziert.

Eine weitere Störung der Lipoproteinsynthese und -sekretion ist bekannt.

2.7.4 Anderson-Krankheit (chylomicron retention disease)

2.7.4.1 Definition und Pathobiochemie

Die Anderson-Krankheit ist eine seltene autosomal-rezessiv vererbte Störung der Chylomikronenbildung und/oder -sekretion (Cullen et al. 1996). Bei der Anderson-Krankheit entfällt der normalerweise einer oralen Fettbelastung folgende Anstieg der Triglyzeride im Plasma. Es kommt nicht zur Bildung und Sekretion von Chylomikronen. Mehrere Studien konnten zeigen, daß es sich hierbei nicht um einen Defekt der beteiligten Apolipoproteine (ApoB48, ApoCI–CIII, ApoE) oder der Lipide handelt, sondern daß der Zusammenbau und die Sekretion der Chylomikronen *per se* gestört sind. Im Gegensatz zur ABL, bei der aufgrund des Fehlens des MTP keinerlei ApoB-haltige Lipoproteine synthetisiert und sezerniert werden können, sind bei der Anderson-Krankheit lediglich die ApoB-haltigen Lipoproteine, die im Intestinum gebildet werden, betroffen. Da die VLDL-Sekretion ungestört verläuft, zeigen Patienten mit Anderson-Krankheit ein weitaus weniger auffälliges Lipidprofil als Patienten mit ABL. Typischerweise sind die Triglyzeride leicht erniedrigt bis normal, die Cholesterolkonzentrationen sind deutlich erniedrigt, wobei sowohl LDL als auch HDL betroffen sind. Die Ursache der LDL- und HDL-Cholesterol-Erniedrigung ist nicht ganz geklärt, könnte aber mit einer verminderten Aktivität der Lipoproteinlipase (LPL), der hepatischen Triglyzeridlipase (HTGL) und der Lecithin-Cholesterol-Acyltransferase (LCAT) zusammenhängen.

2.7.4.2 Klinik und Therapie

Dünndarmbiopsien zeigen ein ähnliches Bild wie bei der ABL. Auch klinisch verläuft die Anderson-Krankheit ähnlich. Dies deutet darauf hin, daß die Klinik im wesentlichen eine Folge des Mangels an intestinalen Lipoproteinen und des damit verknüpften Vitaminmangels ist, während der Mangel an Lipoproteinen, die in der Leber gebildet werden, nur eine untergeordnete Rolle spielt. Wie bei der ABL fallen betroffene Kinder bereits im Säuglingsalter durch Stearrhö und Wachstumsstörungen auf. Ebenso sind die Plasmaspiegel für Vitamin A und E stark erniedrigt. Allerdings fehlen meist die auffälligen hämatologischen Veränderungen (Akanthozyten). Auch die neurologischen und ophthalmologischen Symptome manifestieren sich später und sind meist etwas weniger stark ausgeprägt. Therapeutisch stehen wie bei der ABL die Fettreduktion sowie eine Vitaminsubstitution im Vordergrund.

2.7.5 Apolipoprotein-AI-Defizienz und -Varianten

2.7.5.1 Einführung unter Berücksichtigung medizinhistorischer Aspekte des Krankheitsbilds

Das Apolipoprotein-AI-Gen befindet sich auf dem langen Arm von Chromosom 11 in einem Cluster gemeinsam mit den Genen der Apolipoproteine CIII und AIV. Die erste für Apolipoproteine beschriebene Variante war ApoAI$_{\text{Milano}}$ (Franceschini u. Paoletti 1996). Bisher ist eine HDL-Defizienz auf dem Boden einer strukturellen Mutation nur bei wenigen Personen dokumentiert (Cullen et al. 1996). Die Diagnose basiert auf extrem niedrigen HDL-Cholesterol-Konzentrationen. Letztere können, müssen aber im Einzelfall nicht mit Arteriosklerose verbunden sein.

Die hier zu besprechende Erkrankung ist abzugrenzen von anderen Mutationen, die ebenfalls den HDL-Spiegel betreffen [z.B. die Enzyme Lipoproteinlipase, hepatische Lipase und Lecithin-Cholesterol-Acyltransferase (LCAT)]. Es muß betont werden, daß es für die in der Bevölkerung relativ häufig anzutreffenden niedrigen HDL-Cholesterol-Spiegel noch andere, besonders den Katabolismus dieser Partikel betreffende Einflußfaktoren gibt. Diese Fragen sind deshalb von allgemeinem Interesse, da niedrige HDL-Cholesterol-Konzentrationen häufig mit arteriosklerotischen Gefäßerkrankungen einhergehen bzw. diese wesentlich bedingen können.

2.7.5.2 Darstellung des klinischen Erscheinungsbilds und des Krankheitsverlaufs

Bei homozygoten Patienten fanden sich eine prämature koronare Herzkrankheit, plane Xanthome und Hornhauttrübungen (Breslow 1995). Homozygote Verwandte dieser Patienten und Homozygote für andere Apolipoprotein-AI-Varianten haben HDL-Cholesterol- und Apolipoprotein-AI-Spiegel unter der alters- und geschlechtsbezogenen 5. Perzentile [HDL-Cholesterol <0,78 mmol/l (30 mg/dl); Apolipoprotein AI <110 mg/dl]. Bei heterozygoten Probanden waren die HDL-Cholesterol-Konzentrationen signifikant niedriger als bei nicht-betroffenen Familienmitgliedern (Franceschini u. Paoletti 1996). In den meisten Fällen waren die heterozygoten Träger von Apolipoprotein-AI-Varianten asymptomatisch. Jedoch war das Vorliegen von 2 bestimmten heterozygoten Apolipoprotein-AI-Varianten mit einer familiären Amyloidose assoziiert (Cullen et al. 1996; Franceschini u. Paoletti 1996).

2.7.5.3 Ätiologie und Pathomechanismen

Das Fehlen von Apolipoprotein AI oder das Auftreten von Varianten mit stark modifizierter Primär- oder Sekundärstruktur verhindern die Bildung normaler HDL. Diese Abweichungen müssen nicht zwangsläufig mit Arteriosklerose verknüpft sein (Franceschini u. Paoletti 1996), weil auch Apolipoprotein-AI-freie Lipoproteine den Cholesterolabtransport aus den Zellen stimulieren können (Cullen et al. 1996; von Eckardstein et al. 1995).

Die Funktion des ApoAI als Aktivator der LCAT kann ebenfalls beeinträchtigt sein. So ist bei verschiedenen ApoAI-Varianten, z.B. dem ApoAI$_{\text{Milano}}$, eine verminderte LCAT-Activität nachgewiesen worden.

2.7.5.4 Klassische Therapie

Eine gesunde Ernährung ist stets indiziert. Es gibt keine systematischen Erfahrungen mit einer medikamentösen Therapie.

2.7.5.5 Molekulare Ursachen einschließlich Genetik

Bei den bekannten Mutationen im Apolipoprotein-AI-Gen auf Chromosom 11 handelt es sich einerseits um extrem seltene Mutationen, die 2 oder alle 3 Gene des ApoAI-CIII-AIV-Genkomplexes gleichzeitig betreffen, z.B. eine Geninversion (mit dem CIII-Gen, ApoAI-CIII-Mangel-Syndrom), Gendeletionen des gesamten Genkomplexes (ApoAI-CIII-AIV-Mangel-Syndrom), andererseits aber auch um Nonsense- und Missense-Mutationen sowie um eine Frameshift-Mutation im ApoAI-Gen selbst (Breslow 1995; Franceschini u. Paoletti 1996; Talmud u. Humphries 1997). Screening-Untersuchungen haben eine Häufigkeit für heterozygote Merkmalsträger von etwa 1:1000 Personen ermittelt. Die meisten der Strukturvarianten haben jedoch keinen Einfluß auf den HDL-Cholesterol-Spiegel. Bisher wurden etwa 50 verschiedene, die Synthese des normalen Apolipoproteins AI beeinflussende Mutationen im Apolipoprotein-AI-Gen nachgewiesen (Cullen et al. 1996).

2.7.5.6 Molekulare Diagnostik

Die Sequenzierung des Apolipoprotein-AI-Gens kann im Verdachtsfall das Vorliegen von Mutationen belegen.

2.7.5.7 Gentherapie bzw. molekularbiologisch basierte Therapieansätze

Die Übertragung eines LCAT-Gens könnte prinzipiell ein therapeutischer Ansatz sein (Seguret-Mace et al. 1996).

2.7.5.8 Ausblick

Dieses Krankheitsbild ist so selten, daß es keine Auswirkungen auf die Morbidität und Mortaliät auf Bevölkerungsebene hat. Die meisten Personen mit niedrigen HDL-Cholesterol-Konzentrationen sind nicht von Genmutationen im Apolipoprotein-AI-Gen betroffen. Die künftige Beobachtung von Familien mit diesen Gendefekten kann aber ggf. neue Erkenntnisse bringen.

2.7.6 Familiärer Mangel an High-density-Lipoproteinen (Tangier-Krankheit)

2.7.6.1 Einführung unter Berücksichtigung medizinhistorischer Aspekte des Krankheitsbilds

Die Tangier-Krankheit wurde im Jahr 1961 erstmalig bei 2 Geschwistern auf Tangier Island (USA) beschrieben, daher der Eigenname. Inzwischen sind wohl über 50 Personen mit dem Krankheitsbild bekannt (Cullen et al. 1996). Im Mittelpunkt des klinischen Bilds stehen hyperplastische, orangefarbene Tonsillen, eine Neuropathie und Hepato-splenomegalie. Das Krankheitsbild geht mit sehr niedrigen HDL-Cholesterol-Konzentrationen und entsprechend niedrigen Apolipoprotein-AI- und -AII-Konzentrationen einher.

2.7.6.2 Darstellung des klinischen Erscheinungsbilds und des Krankheitsverlaufs

Die charakteristische Lipidkonstellation der Tangier-Erkrankung sind der komplette oder sehr stark ausgeprägte HDL-Mangel [HDL-Cholesterol <0,13 mmol/l (5 mg/dl)] und eine Cholesterylesterablagerung in vielen Geweben. Die Gesamtcholesterolkonzentration ist ebenfalls sehr niedrig, die Triglyzeridspiegel sind moderat angehoben (Chylomikronen-Remnants und VLDL sind erhöht).

Ein wesentliches Hauptmerkmal sind die vergrößerten und orangefarbenen Tonsillen.

An das Krankheitsbild sollte bei allen Personen mit unerklärter Hepato- oder Splenomegalie, mit Neuropathie oder beiden Merkmalen gedacht werden.

Es werden 3 Typen von neurologischen Abweichungen beobachtet (Assmann et al. 1995, Cullen et al. 1996):
- Der mononeuropathische oder asymmetrische Typ ist häufig vorübergehend oder wiederkehrend und schließt manchmal isolierte Defizite an Hirnnerven ein.
- Der polyneuropathische oder symmetrische Typ befällt hauptsächlich die unteren Extremitäten und ist allmählich fortschreitend.
- Der Syringomyelie-ähnliche Typ schreitet ebenfalls langsam voran und ist mit einem frühzeitigen Verlust der Schmerz- und Temperaturempfindung, einer Atrophie sowie Parese insbesondere an den distalen Teilen der oberen Extremitäten verbunden.

Der Verlust der Empfindung kann bis zur kompletten Anästhesie gehen. Die Neuropathiesymptome schließen eine allgemeine Schwäche, Parästhesien bzw. Dysästhesien und eine Reihe anderer Symptome ein.

Es werden Hornhauttrübungen beobachtet. Die rektale Schleimhaut ist wegen Schaumzellablagerungen gelblich verfärbt. In einigen Fällen wurden Blutbildveränderungen (hämolytische Anämie, Stomatozyten) sowie eine Thrombozytopenie und eine verminderte Zahl von Monozyten gesehen (Assmann et al. 1995). Die Tangier-Krankheit scheint nicht mit einem erhöhten Arterioskleroserisiko einherzugehen (Assmann et al. 1995).

2.7.6.3 Morphologie

Die Histiozyten erscheinen als Schaumzellen, die meist Cholesteryloleat und gelegentlich kristallines Material enthalten (Assmann et al. 1995). Die Fetttröpfchen sind nicht an Membranen oder Lysosomen gebunden (im Unterschied zu Lipidspeicherkrankheiten, die aufgrund von Defiziten an lysosomalen Enzymen entstehen). Der typische Tonsillenbefund erlaubt eine Diagnosestellung allein anhand der Inspektion des Oropharynx. Die Tonsillen sind groß, zerklüftet und haben eine orangefarbene oder gelblich-graue Verfärbung. Ein anderer zuverlässiger wegweisender Befund, insbesondere wenn die Tonsillen entfernt worden waren, besteht in den Schleimhautveränderungen im Rektumbereich. Dort finden sich 1–2 mm große, orange-braun gefärbte Flecken. Im Biopsat werden schaumige Histiozyten in der Mukosa und Submukosa gefunden.

2.7.6.4 Pathomechanismen

Es besteht eine Imbalance der zellulären Cholesterolhomöostase (Assmann et al. 1995). Von besonderer Bedeutung scheint dabei einerseits der exzessive Cholesteroleinstrom in die Tangier-Makrophagen zu sein. Andererseits sind Makrophagen von Patienten mit Tangier-Krankheit nicht mehr in der Lage, HDL zu sezernieren (Schmitz et al. 1985). HDL haben eine wichtige Aufgabe beim Abtransport von zellulärem Cholesterol. Bei extrem niedrigen HDL-Spiegeln ist diese Funktion gestört. Die Clearance der HDL und des ApoAI aus der Blutbahn ist beschleunigt (Assmann et al. 1995). Wahrscheinlich sind auch der Phospholipidstoffwechsel oder die Reifung der HDL-Partikel beeinträchtigt (Cullen et al. 1996). Beim HDL-Assembly fungiert ApoAI als primärer Cholesterolakzeptor, während LCAT die Reifung der HDL-Partikel durch die Bereitstellung von Cholesterylestern bewirkt (Liang et al. 1996). Bei der Tangier-Krankheit ist möglicherweise das HDL-Assembly bereits auf einer sehr frühen Stufe, z. B. bei der Bereitstellung des transportfähigen, zellulären Cholesterols, beeinträchtigt (Funke 1997, Oram u. Yokoyama 1996).

2.7.6.5 Klassische Therapie

Eine zielgerichtete Therapie ist nicht bekannt. Jedoch wird eine Reduktion der Nahrungsfettzufuhr empfohlen (Assmann et al. 1995).

2.7.6.6 Molekulare Ursachen einschließlich Genetik

Das Gen, das für den HDL-Defekt verantwortlich ist, muß noch identifiziert werden (Cullen et al. 1996). Am ehesten handelt es sich um ein autosomales Gen, das den intrazellulären Lipidtransfer betrifft und mit dem HDL-Stoffwechsel eng verbunden ist (Assmann et al. 1995). Die Gene für ApoAI und ApoAII sind sehr wahrscheinlich nicht betroffen. Die Tangier-Krankheit wird autosomal-rezessiv vererbt. Familienuntersuchungen können die Diagnose stützen. Obligat heterozygote Merkmalsträger haben keine klinischen Zeichen, ihre HDL-Konzentrationen sind halbnormal.

2.7.6.7 Molekulare Diagnostik

Eine molekulare Diagnostik ist z. Z. wegen des noch unbekannten Gendefekts nicht möglich.

2.7.6.8 Gentherapie bzw. molekularbiologisch basierte Therapieansätze

Gentherapeutische Ansätze zur Anhebung der HDL-Konzentration sind vorstellbar, aber bisher bei der Tangier-Krankheit noch nicht praktiziert worden.

2.7.6.9 Ausblick

Es handelt sich um ein sehr seltenes Krankheitsbild, das aber Einblicke in pathophysiologische Zusammenhänge des Lipoproteinstoffwechsels erlaubt. Es ist zu erwarten, daß der genaue Gendefekt gefunden werden wird.

2.7.7 Familiäres Chylomikronämiesyndrom (LPL-Defizienz)

2.7.7.1 Einführung unter Berücksichtigung medizinhistorischer Aspekte des Krankheitsbilds

Im Rahmen von Laboruntersuchungen fällt nicht selten als Zufallsbefund ein milchiges Plasma auf. Dieses wird durch die Anhäufung von Chylomikronen im Blut erzeugt, die im Darm nach Fettresorption gebildet werden. Wenn diese Lipoproteinpartikel im Plasma nach mehr als 12stündiger Nahrungskarenz nachweisbar sind, wird ein Chylomikronämiesyndrom definiert. Bei der Mehrzahl der betroffenen Erwachsenen bestehen kaum wesentliche Beschwerden. Sehr selten kann das milchige Plasma bereits im (jungen) Kindesalter beobachtet werden, einhergehend mit leichten bis schweren Krankheitserscheinungen. Dann handelt es sich um eine schwere, ererbte Störung. Das Krankheitsbild wurde erstmalig im Jahr 1932 von Bürger u. Grütz beschrieben. Amerikanische Autoren definierten im Jahr 1960 einen Mangel an dem Enzym Lipoproteinlipase (LPL) als Ursache. Der Apolipoprotein-CII-Mangel wurde erstmalig 1978 publiziert (Breckenridge et al. 1978). Der erste von vielen Gendefekten der Lipoproteinlipase wurde im Jahr 1989 beschrieben (Brunzell 1995).

In der phänotypischen Klassifikation der Fettstoffwechselstörungen nach Fredrickson war die Bezeichnung Typ I für das familiäre Chylomikronämiesyndrom verwendet worden (bzw. Typ V, wenn gleichzeitig die VLDL-Fraktion erhöht war).

2.7.7.2 Darstellung des klinischen Erscheinungsbilds und des Krankheitsverlaufs

Die Diagnose einer massiven Vermehrung der Chylomikronen im Plasma wird bei den genetischen Formen im Kindesalter (evtl. schon im Säuglingsalter) gestellt. Die Kinder können Bauchschmerzen und evtl. eine Pankreatitis entwickeln. Sie gedeihen schlecht und entwickeln eine Hepatosplenomegalie sowie eine retinale Lipämie.

Bei Erwachsenen wird ein ähnliches klinisches Bild gesehen. Einige Fälle wurden erstmalig im Zusammenhang mit einer Schwangerschaft entdeckt, andere im Zusammenhang mit exzessiv fettreicher Ernährung (Brunzell 1995). Sowohl Männer als auch Frauen sind betroffen. Die beobachtete Pankreatitis wird heutzutage als Folge der vorbestehenden Fettstoffwechselstörung angesehen, nicht umgekehrt (Brunzell 1995). Die Pankreatitis kann rezidivieren und auch sehr schwer verlaufen (Pankreastotalnekrose und Tod möglich). Aus bisher ungeklärten Gründen haben einige Patienten trotz massivster Chylomikronämie keine subjektiven oder objektiven klinischen Abweichungen (Brunzell 1995).

Es wurde auch über neuropsychiatrische Auffälligkeiten (Demenz, Depression, Gedächtnisverlust) von Patienten mit Chylomikronämiesyndrom berichtet (Brunzell 1995), vielleicht als Ausdruck der rheologischen Veränderungen.

Bei einzelnen Personen finden sich extreme Erhöhungen der Plasmatriglyzeridkonzentrationen [bis 100 mmol/l (11.500 mg/dl)]. Das Blut bzw. Plasma sieht bereits bei der Nüchternabnahme milchig trüb aus, was bei diversen Blutabnahmen diagnostisch wegweisend sein kann.

2.7.7.3 Ätiologie und Pathomechanismen

Bei den schweren Formen des familiären Chylomikronämiesyndroms kommen 2 Hauptursachen in Betracht (Abb. 2.7.6, 2.7.7):
- homozygote oder compound heterozygote Gendefekte im Lipoproteinlipasegen (häufigste Ursache),
- Mutationen im Apolipoprotein-CII-Gen (sehr selten).

Das Gen der Lipoproteinlipase (LPL) ist auf dem kurzen Arm des Chromosoms 8 lokalisiert und umfaßt 10 Exons, die für das 475 Aminosäuren umfassende Protein kodieren (Humphries et al. 1993).

In den letzten Jahren wurden verschiedene Nonsense- oder Missense-Mutationen beschrieben, die in der Mehrzahl wohl keine Funktionsstörungen der LPL hervorrufen (Kostka et al. 1997).

Basierend auf der Bestimmung der LPL-Masse und -Aktivität, lassen sich 3 Typen von LPL-Defekten unterscheiden (Abb. 2.7.8) (Doolittle et al. 1992):
- LPL-Masse und -Aktivität fehlen völlig (entweder keine Enzymsynthese oder Synthese eines abnormen Proteins, das intrazellulär abgebaut wird),
- Mutationen, die das katalytische Zentrum der LPL betreffen (s. unten),
- Mutationen, die die Heparin-bindende Region der LPL betreffen (gleiche Konzentrationen vor und nach Heparininjektion).

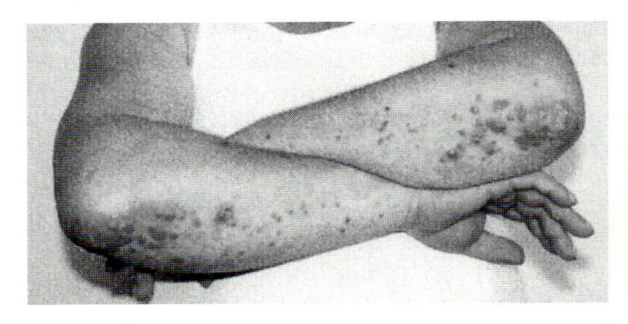

Abb. 2.7.6. Eruptive Xanthome bei einem 35jährigen Patienten mit Chylomikronämiesyndrom

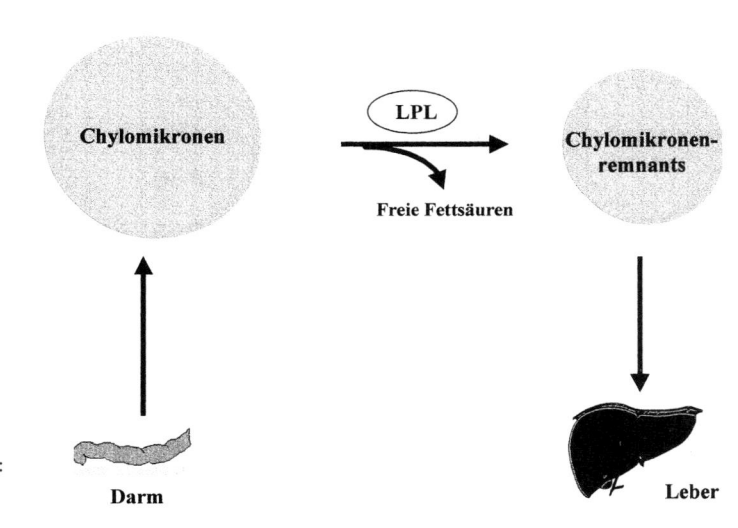

Abb. 2.7.7. Exogener Lipoproteinstoffwechsel: Funktion der Lipoproteinlipase (*LPL*)

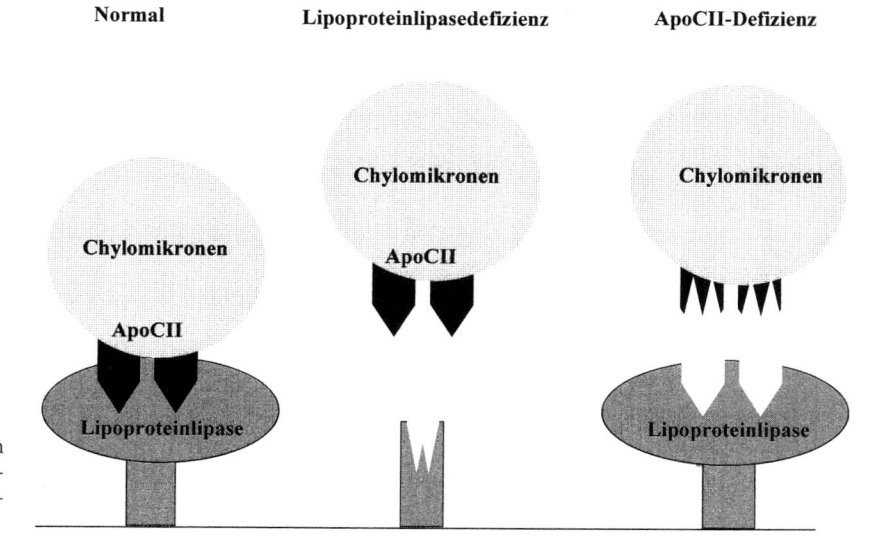

Abb. 2.7.8. Chylomikronämie durch eine gestörte Lipolyse bei Lipoproteinlipasedefizienz und bei Apolipoprotein-CII-Defizienz

Viele der beschriebenen Mutationen betreffen die Exons 4, 5 und 6 des LPL-Gens (Abb. 2.7.9). Phylogenetisch haben diese Exons des LPL-Gens den höchsten Konservierungsgrad. Sie kodieren für das katalytische Zentrum des Enzymproteins, d. h. die Triade Ser132, Asp156 und His241 (Humphries et al. 1993). Die meisten dieser Mutationen wurden bisher nur bei einem oder sehr wenigen Patienten nachgewiesen. 2 Mutationen im Exon 5 konnten allerdings in mehreren Individuen in mehreren Familien vorrangig europäischer Herkunft beobachtet werden. Dabei handelt es sich um Basensubstitutionen, die zu den Aminosäureaustauschen Gly188:Glu und Ile194:Thr führen (Nordestgaard et al. 1997; Santamarina-Fojo u. Dugi 1994). Viele Patienten sind compound heterozygot. Dies trifft für bestimmte Populationen, in denen ein Founder-Effekt (z. B. bei französischen Kanadiern) vorliegt, nicht zu. Die Enzymaktivität im Blut muß nicht völlig fehlen. Bei einer Verminderung der Masse und Aktivität auf z. B. 10% wird ein leichterer klinischer Verlauf beschrieben.

Apolipoprotein CII wird in der Leber (und wenig im Darm) synthetisiert, ist Bestandteil von Lipoproteinen und wirkt als Kofaktor für die Aktivierung der LPL. Bei der Anwesenheit von Apolipoprotein CII hydrolysiert die LPL Triglyzeride um das 10fache schneller. Das ApoCII-Gen ist auf Chromosom 19 lokalisiert und befindet sich in der Nähe des ApoCI- und des ApoE-Gens. ApoCII ist ein Polypeptid (79 Aminosäuren) mit einem Molekulargewicht von 8800. ApoCII besitzt am Amino-

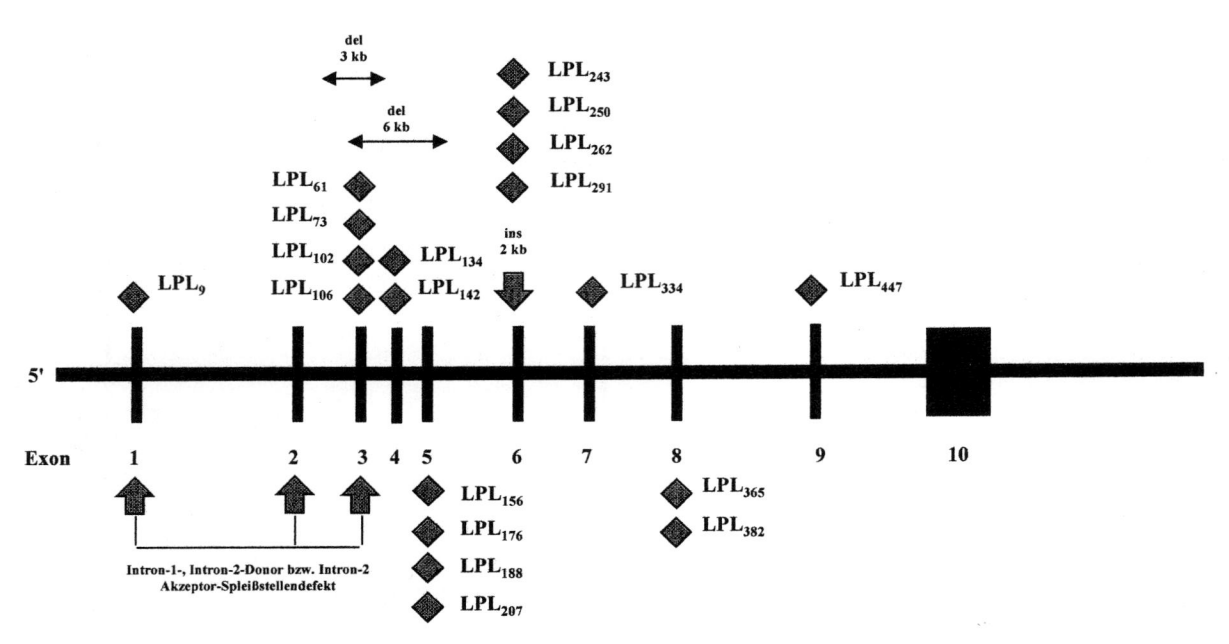

Abb. 2.7.9. Struktur des Lipoproteinlipasegens und einige ausgewählte Mutationen; *del* Deletion, *ins* Insertion

terminus eine amphiphatische Helixstruktur und ist in der Lage, Lipide zu binden und sowohl mit HDL als auch mit Chylomikronen und VLDL zu assoziieren. Darüber hinaus besitzt ApoCII eine LPL-Aktivierungs- und eine LPL-Bindungsdomäne (Franceschini u. Paoletti 1996).

Weltweit wurden nur einige wenige Familien mit fehlendem Apolipoprotein CII beschrieben (Humphries et al. 1993). Der Erbgang ist autosomal-rezessiv. Alle bisher genetisch untersuchten Patienten mit einer ApoCII-Defizienz weisen unterschiedliche Defekte auf. Alle diese Defekte sind Punktmutationen, die entweder zu einem abnormalen Spleißen der DNA, einer Verschiebung des Leserasters (*Frameshift*-Mutation) oder einem vorzeitigen Abbruch der Translation (*Stopp*mutation) führen (Humphries et al. 1993)

Im Ergebnis der bekannten Mutationen wird entweder gar kein Apolipoprotein CII synthetisiert oder ein verkürztes, dann offenbar funktionsuntüchtiges Protein. Eine Infusion von normalem, Apolipoprotein-CII-haltigem Plasma stellt die LPL-Aktivität komplett wieder her.

Ergänzend sei erwähnt, daß ein ähnliches Krankheitsbild beim Vorliegen eines LPL-Inhibitors bzw. von Antikörpern gegen die lipolytischen Enzyme auftreten kann (Brunzell 1995; Doolittle et al. 1992).

2.7.7.4 Morphologie

Eruptive Xanthome am Stamm sowie den Armen und Beinen können auf das Krankheitsbild hinweisen (Abb. 2.7.9). Sie sind jedoch nicht obligat. Es handelt sich dabei um Lipidablagerungen in der Haut, die aus extravasalen Phagozytosen von Chylomikronen durch Makrophagen resultieren. Mit Absinken der exzessiv erhöhten Triglyzeridspiegel bilden sich die Xanthome über Wochen oder Monate zurück. Während der Rückbildung werden die Triglyzeride mobilisiert, es verbleiben zeitweilig rötliche Läsionen, die reichlich Cholesterolester enthalten. Die Leber ist häufig vergrößert, sonographisch und histologisch ist meist das Bild einer Fettleber anzutreffen. Die Pankreatitis ist eine schwere Komplikation, die das Leben des Betroffenen bedrohen kann.

Die retinale Lipämie ist durch eine blaß-rosa Farbe der Arteriolen und Venolen gekennzeichnet, was durch Lichtstreueffekte der großen Chylomikronen in den Gefäßen zustandekommt. Die Sehkraft ist nicht beeinträchtigt.

2.7.7.5 Pathomechanismen

Die LPL ist für den Abbau der triglyzeridreichen Lipoproteine im Blut verantwortlich. Bei ihrem Fehlen können die aus dem Darm stammenden Chylomikronen nicht in Remnants umgewandelt werden.

Letztere werden normalerweise von der Leber aufgenommen. Fehlt der Umwandlungsschritt, akkumulieren die Chylomikronen im Blut. Auffälligerweise wird bei Patienten mit einem Chylomikronämiesyndrom meist keine massive Vermehrung der VLDL gefunden (Brunzell 1995), obwohl diese ebenfalls auf eine LPL-Wirkung angewiesen sind. Offenbar sind zusätzliche Faktoren vorhanden, wenn die VLDL-Fraktion ebenfalls erhöht ist. Die LDL- und HDL-Lipoprotein-Klassen sind immer in ihrer Zusammensetzung verändert und in der Regel durch eine sehr niedrige Konzentration charakterisiert.

Das Fehlen des Kofaktors Apolipoprotein CII löst prinzipiell ein ähnliches klinisches Bild aus. Da jedoch wahrscheinlich noch eine Restaktivität der LPL vorhanden ist, soll das klinische Bild milder verlaufen – soweit das anhand der wenigen publizierten Fälle beurteilt werden kann (Brunzell 1995; Humphries et al. 1993).

2.7.7.6 Klassische Therapie

Die entscheidende Maßnahme ist eine drastische Reduktion der Fettzufuhr (z.B. auf 10% der täglichen Gesamtenergiezufuhr). Dies erfordert eine sorgfältige diätetische Beratung, ggf. ist die individuell verträgliche Fettmenge auszutesten. Eine Überschreitung der tolerierten Fettmenge kann eine Pankreatitis auslösen. Mittelkettige Triglyzeride können eingesetzt werden, da sie über die Pfortader transportiert und nicht in Chylomikronen eingebaut werden. Alkohol, Östrogene, Diuretika und andere Präparate, die den Triglyzeridspiegel anheben, müssen unbedingt strikt gemieden werden. Meist sind zusätzliche Medikamente wie Fibrate oder Lachsölkapseln wenig wirksam, es gibt hierbei allerdings Unterschiede zwischen einzelnen Patienten (Effektivität bei gleichzeitiger VLDL-Erhöhung vorhanden).

2.7.7.7 Molekulare Ursachen einschließlich Genetik

Bei der LPL-Defizienz handelt es sich um eine autosomal-rezessive Erkrankung. Die Häufigkeit des Krankheitsbilds wird mit mindestens 1 Person pro 1 Mio. der Bevölkerung geschätzt (Brunzell 1995; Doolittle et al. 1992; Humphries et al. 1993). Die Carrier-Frequenz für Mutationen, die einen LPL-Mangel auslösen können, wird damit auf 1 Person unter 500 der Bevölkerung vermutet. Bei Kanadiern französischer Herkunft sollen LPL-Defekte 100- bis 200mal häufiger zu finden sein. Bisher sind über 40 strukturelle Mutationen des Lipoproteinlipasegens bekannt.

2.7.7.8 Molekulare Diagnostik

Die molekulare Diagnostik ist für die Diagnosestellung „Familiäres Chylomikronämiesyndrom" unerläßlich. Eine niedrige LPL-Aktivität im Plasma nach Heparinstimulation ist nicht beweisend. Es ist bekannt, daß es Mutationen gibt, die heterozygot auftreten und erst zum klinischen Erscheinungsbild führen, wenn zusätzliche Faktoren einwirken (z.B. Diabetes mellitus, Hypothyreose) (Cullen et al. 1996). Auf der anderen Seite hat auch der Nachweis struktureller Defekte auf molekularer Ebene nicht immer direkte diagnostische Bedeutung. Als molekularbiologische Methoden für ein Routine-Screening von größeren Patienten-Pools kommen dabei v.a. die *Single-strand-conformation-polymorphism*(SSCP)-Analyse, die denaturierende Gradientengelelektrophorese (DGGE) und die Temperaturgradientengelelektrophorese (TGGE) in Kombination mit PCR-Techniken zum Einsatz. Die der ApoCII-Defizienz zugrundeliegenden molekularen Defekte werden durch Sequenzanalyse des ApoCII-Gens nachgewiesen (Santamarina-Fojo u. Brewer 1992). Einige der bekannten ApoCII-Varianten lassen sich aber auch direkt durch isoelektrische Fokussierung bzw. zweidimensionale Polyacrylamidgelelektrophorese nachweisen. Weitere Untersuchungen werden diese Zusammenhänge noch besser aufhellen.

2.7.7.9 Gentherapie bzw. molekularbiologisch basierte Therapieansätze

In In-vitro-Experimenten war es möglich, mittels Retroviren humane cDNA, die LPL kodiert, in somatische Zellen zu transferieren (Lewis et al. 1995). Bei heterozygoten, LPL-defizienten Mäusen gelang eine zeitweilige Korrektur der Hypertriglyzeridämie und gestörten Fett-Toleranz durch Adenovirus-vermittelten Transfer humaner Lipoproteinlipase. Der Erfolg ließ sich in beiden Fällen auf dem RNA- und dem Proteinniveau belegen. Ein anderer Therapieansatz war die i.v. Verabreichung der LPL-aktivierenden Domäne des humanen Apo-CII (Aminosäuren 44–79) bei einem Patienten mit ApoCII-Defizienz. Eine einmalige Behandlung führte zum Abbau der Chylomikronen über einen Zeitraum von 2 Wochen (Baggio et al. 1986).

2.7.7.10 Ausblick

Die rechtzeitige Diagnosestellung schon im Kindesalter kann schwerwiegende Komplikationen verhindern. Es ist vorstellbar, daß künftig auch eine In-vivo-Gentherapie möglich sein wird.

2.7.8 Familiäre Defizienz der hepatischen Triglyzeridlipase

Neben der Lipoproteinlipase spielt die hepatische Triglyzeridlipase (HTGL) eine wichtige Rolle bei der Triglyzeridhydrolyse, als Kofaktor bei der Rezeptor-vermittelten Aufnahme von Lipoproteinen, bei der Reifung von HDL und beim reversen Cholesteroltransport (Abb. 2.7.10).

Wichtigstes Substrat der HTGL sind die Triglyzeride der IDL und HDL sowie der Chylomikronen-Remnant-Partikel. Darüber hinaus besitzt die HTGL eine Phospholipaseaktivität. HTGL ist auch in der Lage, Acyl-CoA-Thioester-Bindungen zu hydrolysieren. Die HTGL wird in der Leber synthetisiert und ihr Wirkort ist v. a. die Leber. HTGL-Aktivität konnte aber auch in den Ovarien und der Niere nachgewiesen werden. Das HTGL-Gen befindet sich auf Chromosom 15. Es besteht aus 9 Exons und 8 Introns. Verschiedene Inhibitor- und Aktivatorsequenzen konnten am 5'-Ende des Gens identifiziert werden. HTGL wirkt möglicherweise als Dimere. Ein Defekt im HTGL-Gen wurde erstmalig im Jahr 1982 beschrieben und ist durch niedrige HTGL-Aktivität bei normaler Lipoproteinlipaseaktivität charakterisiert (Doolittle et al. 1992). Die genetische Ursache wurde durch das Betroffensein von Geschwistern belegt. Bei den betroffenen Patienten dieser Familie konnte eine *Compound*-Heterozygotie für 2 *Missense*-Mutationen mit wahrscheinlich funktioneller Signifikanz nachgewiesen werden. Es handelt sich dabei um die Aminosäureaustausche Thr383:Met und Ser267:Phe. Dieser Defekt führt zur Anhäufung von Remnants der triglyzeridreichen VLDL und zur Anreicherung von Triglyzeriden in den HDL und LDL. Die betroffenen Probanden zeigten eine frühzeitige Arteriosklerose. Allerdings sind diese Mutationen auch bei Personen mit verminderter oder normaler HTGL-Aktivität gefunden worden. Die derzeitige Interpretation ist, daß die beschriebenen Mutationen zwar benötigt werden, aber nicht hinreichend die HTGL-Defizienz erklären. Offenbar müssen weitere Genmutationen oder aber nicht-genetische Faktoren, hier insbesondere die hormonelle Kontrolle des Enzyms durch Katecholamine, Glukokortikoide und Insulin, eine Rolle spielen. Die HTGL-Defizienz ist, gemessen an der Datenlage, eine Rarität, zu der Aussagen zur Häufigkeit bzw. zur Prognose nicht möglich sind (Lalouel et al. 1992).

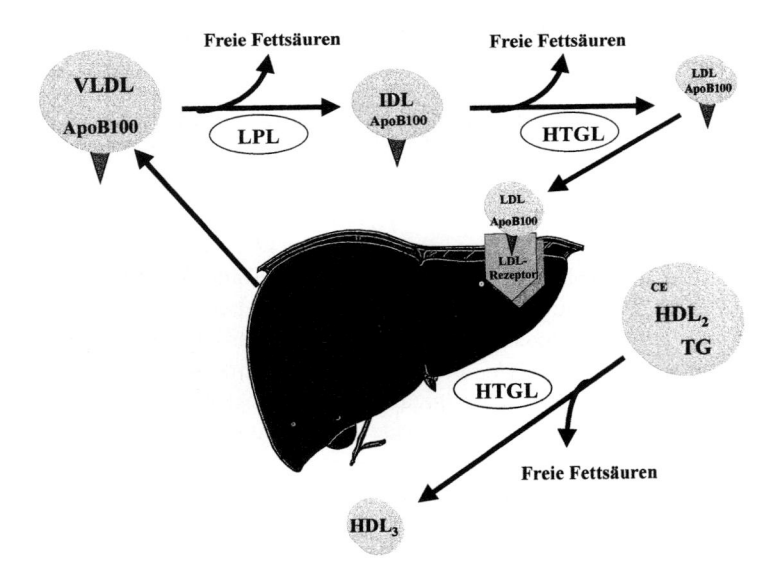

Abb. 2.7.10. Endogener Lipoproteinstoffwechsel und HDL-Stoffwechsel: Funktionen der hepatischen Triglyzeridlipase (*HTGL*) und der Lipoproteinlipase (*LPL*), *CE* Cholesterolester; *TG* Triglyzeride

2.7.9 Lecithin-Cholesterol-Acyltransferase-Mangel (Familiäre LCAT-Defizienz und Fischaugenkrankheit)

2.7.9.1 Einführung unter Berücksichtigung medizinhistorischer Aspekte des Krankheitsbilds

2.7.9.1.1 Familiäre LCAT-Defizienz (FLD)

Die erste Patientin mit einem LCAT-Mangel wurde 1967 in Norwegen diagnostiziert. Familienmitglieder waren ebenfalls betroffen. Die Betroffenen waren durch fehlende LCAT-Aktivität, verminderte LCAT-Konzentration und verminderte Konzentrationen an verestertem Cholesterol charakterisiert. Darüber hinaus wiesen die Patienten eine HDL-Defizienz und eine veränderte Zusammensetzung der VLDL und LDL auf. Die wichtigsten klinischen Zeichen waren Korneatrübung, Anämie, Proteinurie und nephrotisches Syndrom. 1992 konnten Skretting et al. nachweisen, daß die Probanden dieser Familie eine Punktmutation im Exon 6 des LCAT-Gens aufwiesen, die zu einem Aminosäureaustausch (Met252:Lys) im maturen Enzymprotein führte. Mittlerweile sind mehr als 30 LCAT-Varianten beschrieben, die zu FLD führen. In-vitro-Experimente konnten zeigen, daß diese Mutation zur Expression eines vollständig inaktiven LCAT-Enzymproteins führte.

Inzwischen wurden mehr als 30 Familien mit wenigstens 60 Betroffenen erkannt (Glomset et al. 1995).

2.7.9.1.2 Fischaugenkrankheit (FED)

Im Jahr 1975 wurde eine Frau mit einer Hypertriglyzeridämie in Stockholm vorgestellt, die ausgeprägte Hornhauttrübungen hatte (Glomset et al. 1995). Da die Augen dieser Patienten wie die eines gekochten Fischs aussahen, wurde die Bezeichnung Fischaugenkrankheit geprägt. Inzwischen wurde diese Krankheit, die auf einem partiellen LCAT-Mangel beruht, auch in anderen Ländern beobachtet.

2.7.9.2 Darstellung des klinischen Erscheinungsbilds und des Krankheitsverlaufs

2.7.9.2.1 Familiäre LCAT-Defizienz

Im klinischen Bild besteht eine gewisse Heterogenität zwischen den Erkrankten, selbst innerhalb von betroffenen Familien. Korneatrübungen sind bei allen Patienten vom frühen Kindesalter an vorhanden und leicht erkennbar. Weiterhin tritt bei den meisten Patienten eine normochrome Anämie auf, die auf eine moderate Hämolyse zusammen mit einer reduzierten kompensatorischen Blutbildung zurückzuführen ist. Die Erythrozytenlebenszeit ist verkürzt. Die Patienten haben auch Zeichen einer Nierenaffektion: leichte Proteinurie, Erythrozyturie, Zylindrurie. Es können sich eine Niereninsuffizienz und Hypertonie entwickeln.

2.7.9.2.2 Fischaugenkrankheit

Die betroffenen Patienten haben ausgeprägte Hornhauttrübungen, aber keine anderen Organaffektionen.

2.7.9.3 Ätiologie

Das Enzym LCAT wird hauptsächlich in der Leber gebildet, wahrscheinlich aber auch im Gehirn und in den Testes. Im Plasma ist es normalerweise an die HDL- und LDL-Partikel gebunden. Es katalysiert hauptsächlich die Konversion von unverestertem Cholesterol und Phosphatidylcholin in Cholesterylester und Lysophosphatidylcholin (Abb. 2.7.11). Als wichtigstes Aktivatorprotein agiert Apolipoprotein AI, aber auch andere Apolipoproteine können die Reaktion aktivieren.

2.7.9.4 Morphologie

2.7.9.4.1 Familiäre LCAT-Defizienz

Die Korneatrübungen bestehen aus zahlreichen, kleinen, gräulichen Punkten im gesamten Kornea-

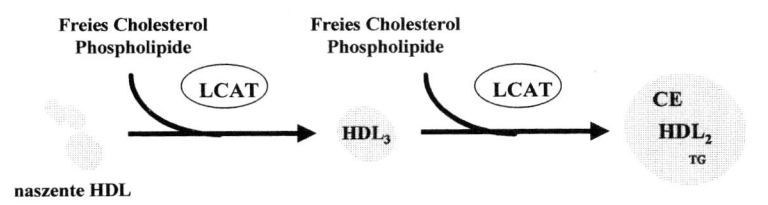

Abb. 2.7.11. HDL-Reifung: Funktion der Lecithin-Cholesterol-Acyltransferase (LCAT); *CE* Cholesterolester; *TG* Triglyzeride

stroma, was der Kornea eine wolkige Struktur gibt (Glomset et al. 1995). Nahe dem Kornealrand nimmt die Zahl der Punkte zu, so daß ein ähnlicher Eindruck wie bei einem Arcus lipoides entsteht. Derartige Korneatrübungen können auch bei anderen genetischen Erkrankungen, die den HDL-Stoffwechsel betreffen, gefunden werden (Tangier-Krankheit, ApoAI-Mangel mit Korneatrübungen, kombinierter Mangel an Apolipoprotein AI und CIII, Fischaugenkrankheit). Der Arcus lipoides bei familiärer Hypercholesterolämie ist niemals im Pupillenbereich der Kornea zu finden.

Im Knochenmark einiger Patienten wurden Schaumzellen gefunden. In den Nieren werden histologisch deutliche glomeruläre Veränderungen beschrieben (Glomset et al. 1995). Bei einigen, nicht bei allen Betroffenen kann eine frühzeitige Arteriosklerose nachgewiesen werden.

2.7.9.4.2 Fischaugenkrankheit

Offenbar kommen die beschriebenen Blut- und Nierenveränderungen nicht vor, eine Arteriosklerose entwickelt sich nicht.

2.7.9.5 Pathomechanismen

2.7.9.5.1 Familiäre LCAT-Defizienz

Der primäre Defekt ist eine fehlende Fähigkeit, aktive LCAT zu synthetisieren und/oder in das Plasma zu sezernieren (Moriyama et al. 1995). Dadurch häufen sich im Plasma die naszenten Formen der Lipoproteine an, die das normale Substrat des Enzyms darstellen. Außerdem kommt es zur Anhäufung von Liposomen-ähnlichen und multilamellären Partikeln (Glomset et al. 1995).

Alle Betroffenen haben hohe Plasmakonzentrationen an freiem Cholesterol und an Phosphatidylcholin, und alle haben niedrige Konzentrationen an Plasmacholesterolestern und an Lysophosphatidylcholin. Die Cholesterolester enthalten abnorm hohe Anteile an Palmitin- und Ölsäure und einen abnorm niedrigen Anteil an Linolsäure.

Die Plasma-HDL der Patienten mit familiärer LCAT-Defizienz sind höchst ungewöhnlich (Glomset et al. 1995):
- Die HDL-Cholesterol-Konzentration beträgt nur 20–30% der normalen.
- Die Verteilung der HDL-Subklassen ist abnorm (z. B. feststellbar mit analytischer Ultrazentrifugation).
- Die Gestalt und die Zusammensetzung spezifischer HDL-Komponenten unterscheiden sich stark von der normaler HDL – es bestehen Ähnlichkeiten zu naszenten diskoidalen unreifen HDL.

Kinetische Untersuchungen haben nachgewiesen, daß ein erhöhter Katabolismus von ApoAII-haltigen HDL vorliegt (Rader et al. 1994).

2.7.9.5.2 Fischaugenkrankheit

Der funktionelle LCAT-Defekt betrifft lediglich die Fähigkeit des Enzyms, mit HDL zu reagieren (Qu et al. 1995). Die Reaktion mit den LDL ist erhalten. Entsprechend sind die HDL, wie bei der familiären LCAT-Defizienz, verformt. Offenbar sind die Hornhauttrübungen bei beiden Krankheitsbildern auf die HDL-Veränderungen zurückzuführen.

2.7.9.6 Klassische Therapie (Abb. 2.7.11)

Die Patienten sollten eine fettarme Kost einhalten, um den Spiegel an großen LDL zu vermindern. Damit soll eine gewisse Prävention des Nierenschadens erreicht werden, was allerdings nicht definitiv bewiesen ist. Kasuistisch war eine schwere Pankreatitis beschrieben (Watts et al. 1995), so daß die fettarme Kost auch aus dieser Sicht Sinn machen könnte. Eine Korrektur des Enzymdefekts ist mit Bluttransfusionen oder Plasmaübertragungen wohl zumindest partiell und temporär möglich. Bei einigen Patienten wurde eine Nierentransplantation vorgenommen, die zwar mit Lipidablagerungen im transplantierten Organ einhergeht, aber in bezug auf die Nierenfunktion wohl effektiv ist. Bei einem Patienten war eine Korneatransplantation durchgeführt worden, die bei der Fischaugenkrankheit ebenfalls notwendig werden kann.

2.7.9.7 Molekulare Ursachen einschließlich Genetik

Das Gen der humanen Lecithin-Cholesterol-Acyltransferase (LCAT) befindet sich auf dem langen Arm von Chromosom 16 (q21–22) (Glomset et al. 1995) und wird hauptsächlich in der Leber exprimiert. Das Gen besteht aus 6 Exons und 5 Introns mit einer Gesamtlänge von 4,2 kbp. Die humane LCAT-mRNA ist etwa 1,55 kb lang und kodiert für ein Protein mit 416 Aminosäuren mit einer hydrophoben Leadersequenz von 24 Aminosäureresten.

Das mature Enzymprotein hat ein ungefähres Molekulargewicht von etwa 47000. Es besitzt 4 funktionell bedeutsame *N*-Glykosylierungsstellen. Die LCAT im humanen Plasma besitzt nach vollständiger Glykosylierung ein Molekulargewicht von etwa 63 000, d. h. der Kohlenhydratanteil des Glykoproteins beträgt etwa 25% des Proteingewichts. Nach Sekretion in das Plasmakompartiment befindet sich das Enzym zum überwiegenden Teil auf im Plasma zirkulierenden HDL-Partikeln. Diese enthalten auch das als Enzymaktivator wirkende Apolipoprotein AI (ApoAI). Die LCAT besitzt sowohl Phospholipase-A_2-Aktivität als auch Acyltransferaseaktivität. Die LCAT katalysiert dabei bevorzugt die Transacylierung der *sn*-2-Fettsäure des Lecithins (1,2-Diacyl-sn-Glyzero-3-Phosphocholin) auf die 3β-Hydroxylgruppe des Cholesterols. Dabei werden Cholesterylester und Lysolecithin gebildet. Das bevorzugte native Substrat der LCAT sind die HDL. Das Enzym ist zu einem geringeren Teil auch in der LDL-Fraktion katalytisch aktiv. Die Aktivität der LCAT wird durch die Lipoproteinpartikelgröße und die Oberflächenladung der Partikel wesentlich beeinflußt. Eine funktionelle LCAT-Defizienz kann sowohl als Ergebnis einer strukturellen Veränderung der LCAT als auch ihres Aktivatorproteins, des Apolipoproteins AI, entstehen. Sowohl die familiäre LCAT-Defizienz als auch die Fischaugenkrankheit sind autosomal-rezessive Erkrankungen (Clerc et al. 1991; Funke et al. 1993; Glomset et al. 1995; Klein et al. 1992; Kuivenhoven et al. 1995; Kuivenhoven et al. 1996; Miettinen et al. 1995; Steyrer et al. 1995), die durch verschiedene Mutationen des Gens ausgelöst werden. Diese Mutationen lassen sich wie folgt klassifizieren:

- Nullmutationen, die zu FLD führen,
- *Missense*-Mutationen, die zu FLD führen und
- *Missense*-Mutationen und Deletionen, die zu FED führen.

Dabei sind die unter 1 und 2 beschriebenen Mutationen durch den totalen Verlust an katalytischer Aktivität der LCAT charakterisiert, während bei der 3. Form eine Restaktivität der LCAT nachweisbar ist (Applebaum-Bowden 1995; Kuivenhoven et al. 1997a).

2.7.9.8 Molekulare Diagnostik

Die Identifizierung von Mutationen im LCAT-Gen bleibt speziellen Laboratorien vorbehalten und erfolgt im wesentlichen durch direkte Festphasensequenzierung sowie Restriktionsanalysen von durch PCR-Techniken amplifizierten LCAT-DNA-Fragmenten. Zur endgültigen Diagnosestellung sind darüber hinaus die LCAT-Konzentrations- und LCAT-Enzymaktivitätsbestimmung erforderlich (Klein et al. 1995; Miller et al. 1995).

2.7.9.9 Gentherapie bzw. molekularbiologisch basierte Therapieansätze

Theoretisch könnten eine Gentherapie oder eine Lebertransplantation effektiv sein. Bei transgenen Mäusen war die Übertragung des LCAT-Gens erfolgreich (Seguret-Mace et al. 1996).

2.7.9.10 Ausblick

Die Untersuchung von Patienten mit beiden Krankheitsbildern hat es erlaubt, wesentliche Einblicke in die Enzymfunktion der LCAT zu gewinnen. Trotzdem ist noch längst nicht alles aufgeklärt. Die beiden Krankheitsbilder sind extrem selten, von prognostischer Relevanz ist nur die familiäre LCAT-Defizienz.

2.7.10 Cholesterolestertransferproteindefizienz (CETP-Defizienz)

2.7.10.1 Einführung unter Berücksichtigung medizinhistorischer Aspekte des Krankheitsbilds

Diese genetisch bedingte Besonderheit wird auch als familiäre Hyper-α-Lipoproteinämie bezeichnet. Die betroffenen Personen haben eine besonders gute Lebensprognose. Die ersten Individuen wurden in Japan identifiziert (Arai et al. 1996; Cullen et al. 1996). Die normale Funktion des betroffenen Enzyms besteht im Transfer von Cholesterolestern, Phospholipiden und Triglyzeriden zwischen Lipoproteinen (Abb. 2.7.12). Wenn die CETP-Aktivität im Plasma fehlt, findet kein Transfer von Cholesterolestern von den HDL zu den Apolipoprotein-B-haltigen Lipoproteinen statt. Dadurch wird der Metabolismus der HDL wesentlich verändert.

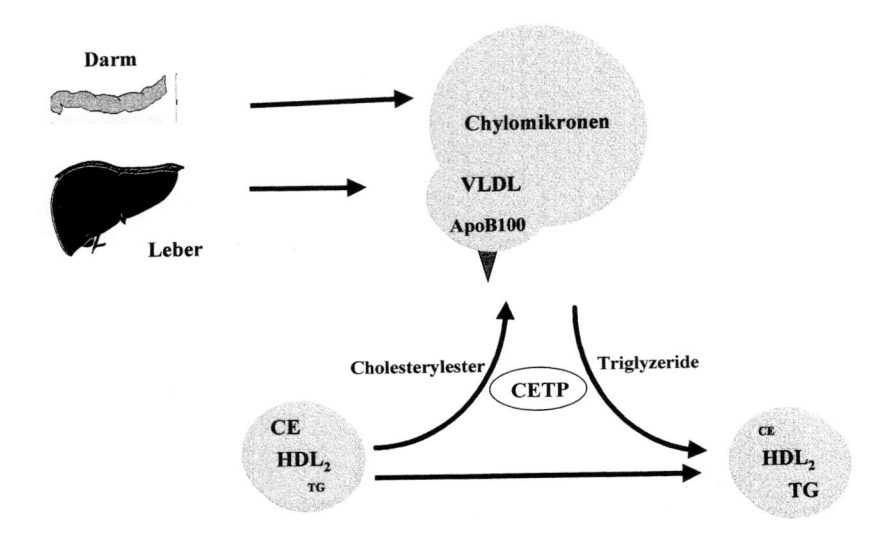

Abb. 2.7.12. Austauschvorgänge zwischen triglyzeridreichen Lipoproteinen und HDL: Funktion des Cholesterolestertransferproteins (*CETP*); *CE* Cholesterolester, *TG* Triglyzeride

2.7.10.2 Darstellung des klinischen Erscheinungsbilds und des Krankheitsverlaufs

Personen mit CETP-Defizienz haben auffällig erhöhte HDL-Cholesterol-Konzentrationen, die zwischen 3,9 mmol/l (150 mg/dl) und 7,8 mmol/l (300 mg/dl) liegen. Das sind Größenordnungen, wie sie üblicherweise für die LDL-Cholesterol-Spiegel ermittelt werden. Im Fall einer CETP-Defizienz sind die LDL-Cholesterol- sowie auch die Triglyzeridspiegel allerdings niedrig. Klinisch sind die Patienten gesund, haben keine Arteriosklerose und wahrscheinlich eine lange Lebenserwartung.

Kürzlich wurde allerdings über heterozygote Merkmalsträger mit CETP-Defizienz und niedriger Aktivität der hepatischen Lipase berichtet, die an Arteriosklerose erkrankten (Hirano et al. 1995)

2.7.10.3 Ätiologie und Pathomechanismen

Bei allen Patienten mit CETP-Defizienz wurden deutlich erhöhte HDL- und ApoAI-Konzentrationen nachgewiesen. Die HDL-Partikel sind auffallend groß und reich an ApoE. Zum Teil flotieren diese Partikel im Dichtebereich der LDL. Homozygotie für die beiden Nullallele führt zu HDL-Cholesterol-Werten von 2,6–5,2 mmol/l (100–200 mg/dl) bei gleichzeitig erniedrigten LDL-Cholesterol- und Plasma-ApoB-Konzentrationen. Bei heterozygoter CETP-Defizienz erreichen die HDL-Cholesterol-Werte nur 1,4–2,5 mmol/l (50–90 mg/dl). Dabei ist insbesondere die HDL_2-Fraktion erhöht. Die HDL-Cholesterol-Erhöhung ist invers mit der CETP-Aktivität korreliert. Die beiden Nonsense-Mutationen führen zum völligen Fehlen von CETP-Aktivität. CETP-Defizienz führt ebenfalls zur Verringerung von IDL- und VLDL-Konzentrationen. Beim Vergleich homozygoter Patienten mit heterozygoten und nicht-betroffenen Verwandten ergab sich für das Cholesterolester-Triglyzerid-Verhältnis in IDL und VLDL ein starker Gen-Dosis-Effekt. Untersuchungen mit stabilen Isotopen ergaben einen drastisch verminderten Katabolismus von ApoAI und ApoAII bei homozygoten Patienten. Die Produktionsraten von ApoAI und ApoAII waren normal (Ikewaki et al. 1993). Als primäre Ursache für die Veränderungen der LDL-Werte wurde ein erhöhter Katabolismus nachgewiesen. Es gibt Hinweise darauf, daß bei CETP-Defizienz der LDL-Rezeptor-Pathway hochreguliert ist. Darüber hinaus spielt der LDL-Rezeptor möglicherweise eine wichtige Rolle beim direkten Abbau der ApoE-reichen, großen HDL-Partikel bei den betroffenen Patienten. Klinisch sind die Patienten weitgehend unauffällig. Es besteht insbesondere kein Risiko zu arteriosklerotischen Erkrankungen. (Kuivenhoven et al. 1997b; Sakai et al. 1996; Yamashita et al. 1997).

Die Übertragung von Cholesterolestern, einem Produkt der LCAT-Aktivität, von HDL auf VLDL ist gestört. In den HDL reichert sich Apolipoprotein E an, der Katabolismus der HDL läuft dadurch über LDL-Rezeptoren. Die Cholesterolester in den VLDL und ihrem katabolen Produkt, den LDL, stammen vorwiegend von der intrazellulären Acyl-CoA-Cholesterol-Acyl-Transferase (Bisgaier et al. 1991). Die Komposition der LDL ist verändert (polydisperse, mit Triglyzeriden angereicherte Partikel).

2.7.10.4 Klassische Therapie

Es ist keine Therapie erforderlich.

2.7.10.5 Molekulare Ursachen einschließlich Genetik

Das humane CETP ist ein sehr hydrophobes Glykoprotein mit einem Molekulargewicht von etwa 74 000. Das CETP-Gen befindet sich auf Chromosom 16 (q12–21) in der Nähe des LCAT-Gens, umfaßt etwas über 25 kbp und besteht aus 16 Exons und 15 Introns. Das mature Protein hat eine Länge von 476 Aminosäureresten. CETP wird hauptsächlich in der Leber, aber auch in Niere, Milz, Nebenniere, Intestinum, Fettgewebe, Herz- und Skelettmuskel synthetisiert. CETP besitzt 20% Sequenzhomologie zum humanen Phospholipidtransferprotein. CETP transportiert Cholesterylester und Triglyzeride von HDL zu den ApoB-haltigen Lipoproteinen bzw. von VLDL zu den HDL und ist in den Stoffwechsel der LDL involviert. Mehrere Mutationen im CETP-Gen wurden bisher v. a. in Japan beobachtet. 2 Mutationen führen zu Spleißdefekten in Intron 10 und 14. Die anderen Mutationen bewirken einen Aminosäureaustausch (Asp442:Gly, Exon 15) bzw. sind Nonsense-Mutationen am Kodon 181 (Exon 6) und 309 (Exon 10). Diese Defekte sind mit einer Frequenz von 1–6% (Heterozygotie) in Japan relativ häufig. Die G:A-Transversion in der 5′-Spleißdonorstelle des Exons 14 soll in Deutschland bis zu 20% der Regulation der HDL-Cholesterol-Spiegel ausmachen (Cullen et al. 1996). Darüber hinaus wurden auch andere Gendefekte beschrieben (Funke et al. 1994; Inazu et al. 1990). Einige davon können offenbar auch ein Absenken der HDL-Spiegel bewirken (Kuivenhoven et al. 1997 a).

2.7.10.6 Molekulare Diagnostik

Das CETP-Gen umfaßt etwa 25 000 Basenpaare und besteht aus 16 Exons. Für die molekulare Diagnostik kommen in erster Linie allelspezifische Tests (allelspezifische PCR oder Restriktionsenzymverdau) zur Detektion häufiger Polymorphismen in Betracht.

2.7.10.7 Gentherapie bzw. molekularbiologisch basierte Therapieansätze

Es ist keine Gentherapie erforderlich.

2.7.10.8 Ausblick

Mutationen des CETP-Gens stellen in gewisser Weise einen Überlebensvorteil dar. Ob diese Erkenntnis zu einem späteren Zeitpunkt noch therapeutisch nutzbar sein wird, bleibt abzuwarten. Immerhin gibt es therapeutische Ansätze, die CETP-Aktivität zu hemmen.

2.7.11 Defizienz der lysosomalen sauren Lipase (Wolman-Krankheit und Cholesterylesterspeicherkrankheit)

Das Gen der lysosomalen sauren Lipase (EC 3.1.1.13) befindet sich auf Chromosom 10. Die lysosomale saure Lipase ist ein Enzym, welches in Endosomen bzw. Lysosomen die Cholesterylester der von Zellen über die Rezeptor-vermittelte Internalisation bzw. durch Phagozytose aufgenommenen Lipoproteine hydrolysiert (Assmann u. Seedorf 1995). Wolman-Krankheit und Cholesterylesterspeicherkrankheit (CESD) sind 2 sehr seltene, autosomal-rezessive Erkrankungen, die ihre Ursache in Defekten des Gens der lysosomalen sauren Lipase haben. Patienten mit Defizienz der lysosomalen sauren Lipase zeigen eine massive Akkumulation von Triglyzeriden und Cholesterylestern in verschiedenen Organen des Körpers. Betroffene Patienten weisen darüber hinaus eine erhöhte Cholesterolsynthese auf und zeigen alle klinischen Zeichen einer Hypercholesterolämie und Hyperbetalipoproteinämie. Die gestörte Cholesterolfreisetzung führt zur erhöhten *De-novo*-Synthese von Cholesterol und beeinflußt die LDL-Rezeptor-Expression und die Aktivität der ACAT. Die Wolman-Krankheit nimmt bereits in frühester Kindheit vor Erreichen des 2. Lebensjahrs einen fatalen Verlauf. Die betroffenen Patienten weisen eine Hepatosplenomegalie, Stearrhö sowie massive Entwicklungsstörungen auf. Der röntgenologische Nachweis einer bilateralen Kalzifikation der Nebennieren unterstützt die Diagnose. Für eine endgültige Bestätigung ist eine Bestimmung der Aktivität der lysosomalen sauren Lipase in kultivierten Hautfibroblasten bzw. Lymphozyten des peripheren Bluts erforderlich. Die CESD hat meist einen benigneren Verlauf und wird oft erst nach Erreichen des 18. Lebensjahrs diagnostiziert. Obwohl auch hier die Lipidakkumulation in verschiedenen Organen erfolgt, weisen diese Patienten oft nur eine Hepatomegalie auf. Patienten mit CESD haben eine ausgeprägte Hypercholesterolämie bei erniedrigten HDL-Cholesterol-Konzentrationen um 0,5 mmol/l. Das Arterioskleroserisiko ist bei diesen Patienten sehr stark erhöht. Auch hier kann die endgültige Diagnose erst nach Bestimmung der Enzymaktivität gestellt werden (Seedorf u. Assmann 1993).

2.7.12 Literatur

Applebaum-Bowden D (1995) Lipases and lecithin: cholesterol acyltransferase in the control of lipoprotein metabolism. Curr Opin Lipidol 6:130–135

Arai T, Yamashita S, Sakai N et al. (1996) A novel nonsense mutation (G181X) in the human cholesteryl ester transfer protein gene in Japanese hyperalphalipoproteinemic subjects. J Lipid Res 37:2145–2154

Assmann G, Seedorf U (1995) Acid lipase deficiency: Wolman disease and cholesteryl ester storage disease. In: Scriver CR, Beaudet AL, Sly WS, Valle D (eds) The metabolic and molecular bases of inherited disease, 7th edn. McGraw-Hill, New York, pp 2563–2587

Assmann G, Eckardstein A von, Brewer HB (1995) Familial high density lipoprotein deficiency: Tangier disease. In: Scriver CR, Beaudet AL, Sly WS, Valle D (eds) The metabolic and molecular bases of inherited disease, 7th edn. McGraw-Hill, New York, pp 2053–2072

Assouline L, Levy E, Feoli-Fonseca JC, Godbout C, Lambert M (1995) Familial hypercholesterolemia: molecular, biochemical, and clinical characterization of a French-Canadian pediatric population. Pediatrics 96:239–246

Averna M, Seip RL, Mankowitz K, Schonfeld G (1993) Postprandial lipidemia in subjects with hypobetalipoproteinemia and a single intestinal allele for apoB-48. J Lipid Res 34:1957–1967

Baggio G, Manzato E, Gabelli C et al. (1986) Apolipoprotein C-II deficiency syndrome: clinical features, lipoprotein characterization, lipase activity, and correction of hypertriglyceridemia after apolipoprotein C-II administration in two affected patients. J Clin Invest 77:520–527

Barbir M, Khaghani A, Kehely A, Tan KC, Mitchell A, Thompson GR, Yacoub M (1992) Normal levels of lipoproteins including lipoprotein(a) after liver-heart transplantation in a patient with homozygous familial hypercholesterolaemia. QJM 85:807–812

Bassen FA, Kornzweig AL (1950) Malformation of the erythrocytes in a case of atypical retinitis pigmentosa. Blood 5:381–387

Bisgaier CL, Siebenkas MV, Brown ML, Inazu A, Koizumi J, Mabuchi H, Tall AR (1991) Familial cholesteryl ester transfer protein deficiency is associated with triglyceride-rich low density lipoproteins containing cholesteryl esters of probable intracellular origin. J Lipid Res 32:21–33

Breckenridge WC, Little JA, Steiner G, Chow A, Poapst M (1978) Hypertriglyceridemia associated with deficiency of apolipoprotein C-II. N Engl J Med 298:1265–1273

Breslow JL (1995) Familial disorders of high-density lipoprotein metabolism. In: Scriver CR, Beaudet AL, Sly WS, Valle D (eds) The metabolic and molecular bases of inherited disease, 7th edn. McGraw-Hill, New York, pp 2031–2052

Brewer HB, Santamarina-Fojo SM, Hoeg JM (1996) Genetic dyslipoproteinemias. In: Fuster V, Ross R, Topol EJ (eds) Atherosclerosis and coronary artery disease. Lippincott-Raven Publishers, Philadelphia, pp 69–128

Brunzell JD (1995) Familial lipoprotein lipase deficiency and other causes of the chylomicronemia syndrome. In: Scriver CR, Beaudet AL, Sly WS, Valle D (eds) The metabolic and molecular bases of inherited disease, 7th edn. McGraw-Hill, New York, pp 1913–1932

Bürger M, Grütz O (1932) Über hepatosplenomegale Lipoidose mit Xanthomatosen. Veränderungen in Haut und Schleimhaut. Arch Dermatol Syph 166:542–575

Clerc M, Dumon MF, Sess D, Freneix Clerc M, Mackness M, Conri C (1991) A „fish-eye disease" familial condition with massive corneal opacities and hypoalphalipoproteinaemia: clinical, biochemical and genetic features. Eur J Clin Invest 21:616–624

Cullen P, Eckardstein A von, Assmann G (1996) Genetic and acquired abnormalities of lipoprotein metabolism. Cardiovascular Risk Factors, Lippincott-Raven Publishers, Philadelphia, pp 99–121

Doolittle MH, Durstenfeld A, Garfinkle AS, Schotz MC (1992) Triglyceride lipases, hypertriglyceridemia and atherosclerosis. In: Lusis AJ, Rotter JI, Sparkes RS (eds) Molecular genetics of coronary artery disease. Candidate genes and processes in atherosclerosis. Monogr Hum Genet 14:172–188

Eckardstein A von, Huang Y, Wu S, Funke H, Noseda G, Assmann G (1995) Reverse cholesterol transport in plasma of patients with different forms of familial HDL deficiency. Arterioscler Thromb Vasc Biol 15:691–703

Franceschini G, Paoletti CEG (1996) Apolipoprotein function in health and disease: insights from natural mutations. Eur J Clin Invest 26:733–746

Funke H (1997) Genetic determinants of high density lipoprotein levels. Curr Opin Lipidol 8:189–196

Funke H, Rust S, Seedorf U et al. (1992) Homozygosity for familial defective apolipoprotein B 100 (FDB) is associated with lower plasma-cholesterol concentrations than homozygosity for familial hypercholesterolemia (FH). Circulation 86:691

Funke H, Eckardstein A von, Pritchard PH et al. (1993) Genetic and phenotypic heterogeneity in familial lecithin:cholesterol acyltransferase (LCAT) deficiency. Six newly identified defective alleles further contribute to the structural heterogeneity in this disease. J Clin Invest 91:677–683

Funke H, Wiebusch H, Fuer L, Muntoni S, Schulte H, Assmann G (1994) Identification of mutations in the cholesterol ester transfer protein in Europeans with elevated high density lipoprotein cholesterol. Circulation 90:241

Gaffney D, Reid JM, Cameron IM, Vass K, Caslake MJ, Shepherd J, Packard CJ (1995) Independent mutations at codon 3500 of the apolipoprotein B gene are associated with hyperlipidemia. Arterioscler Thromb Vasc Biol 15:1025–1029

Gallagher JJ, Myant NB (1993) Variable expression of the mutation in familial defective apolipoprotein B-100. Arterioscler Thromb Vasc Biol 13:973–976

Glomset JA, Assmann G, Gjone E, Norum KR (1995) Lecithin-cholesterol acyltransferase deficiency and fish eye disease. In: Scriver CR, Beaudet AL, Sly WS, Valle D (eds) The metabolic and molecular bases of inherited disease, 7th edn. McGraw-Hill, New York, pp 1933–1951

Goldbeck-Wood S (1997) Neuer DNA-Test erkennt heterozygote Genträger. Dtsch Arztebl 94:B-300

Goldstein JL, Hobbs HH, Brown MS (1995) Familial hypercholesterolemia. In: Scriver CR, Beaudet AL, Sly WS, Valle D (eds) The metabolic and molecular bases of inherited disease, 7th edn. McGraw-Hill, New York, pp 1981–2030

Gordon DA (1997) Recent advances in elucidating the role of the microsomal triglyceride transfer protein in apolipoprotein B lipoprotein assembly. Curr Opin Lipidol 8:131–137

Grossman M, Rader DJ, Muller DWM et al. (1995) A pilot study of ex vivo gene therapy for homozygote familial hypercholesterolaemia. Nat Med 1:1148–1154

Hansen PS, Defesche JC, Kastelein JJP et al. (1997) Phenotypic variation in patients heterozygous for familial defective apolipoprotein B (FDB) in three European countries. Arterioscler Thromb Vasc Biol 17:741–747

Hirano K, Yamashita S, Kuga Y et al. (1995) Atherosclerotic disease in marked hyperalphalipoproteinemia. Arterioscler Thromb Vasc Biol 15:1849–1856

Hobbs HH, Brown MS, Goldstein JL, Russel DW (1986) Deletion of exon encoding cysteine-rich repeat of low density lipoprotein receptor alters its binding specifity in a subject with familial hypercholesterolemia. J Biol Chem 261:13.114–13.120

Hoeg JM, Feuerstein IM, Tucker EE (1994) Detection and quantitation of calcific atherosclerosis by ultrafast computed tomography in children and young adults with homozygous familial hypercholesterolemia. Arterioscler Thromb Vasc Biol 14:1066–1074

Humphries SE, Mailly F, Gudnason V, Talmud P (1993) The molecular genetics of pediatric lipid disorders: recent progress and future research directions. Pediatr Res 34:403–415

Ikewaki K, Rader DJ, Sakamoto T et al. (1993) Delayed catabolism of high density lipoprotein apolipoproteins A-I and A-II in human cholesteryl ester transfer protein deficiency. J Clin Invest 92:1650–1658

Illingworth DR, Vakar F, Mahley RW, Weisgraber KH (1992) Hypocholesterolemic effects of lovastatin in familial defective apolipoproteinemia B-100. Lancet 339:598–600

Inazu A, Brown ML, Hesler CB et al. (1990) Increased high density lipoprotein levels caused by a common cholesteryl ester transfer protein gene mutation. N Engl J Med 323:1234–1238

Innerarity TL, Weisgraber KH, Arnold KS et al. (1987) Familial defective apolipoprotein B-100: low density lipoproteins with abnormal receptor binding. Proc Natl Acad Sci USA 84:6919–6923

Innerarity TL, Mahley RW, Weisgraber KH et al. (1990) Familial defective apolipoprotein B-100: a mutation of apolipoprotein B that causes hypercholesterolemia. J Lipid Res 31:1337–1349

Jamil H, Dickson Jr. JK, Chu CH et al. (1995) Microsomal triglyceride transfer protein. Specificity of lipid binding and transport. J Biol Chem 270:6549–6554

Klein HG, Lohse P, Pritchard PH, Bojanovski D, Schmidt H, Brewer Jr. HB (1992) Two different allelic mutations in the lecithin-cholesterol acyltransferase gene associated with the fish eye syndrome. Lecithin-cholesterol acyltransferase (Thr123-Ile) and lecithin-cholesterol acyltransferase (Thr347-Met). J Clin Invest 89:499–506

Klein HG, Duverger N, Albers JJ, Marcovina S, Brewer Jr. HB, Santamarina Fojo S (1995) In vitro expression of structural defects in the lecithin-cholesterol acyltransferase gene. J Biol Chem 270:9443–9447

Kostka H, Gehrisch S, Freidt M et al. (1997) Point mutations in the lipoprotein lipase gene are likely susceptibility alleles for familial combined hyperlipidemia (FCHL). Clin Lab 43:893–897

Kozarsky KF, Jooss K, Donahee M, Strauss JF, Wilson JM (1996) Effective treatment of familial hypercholesterolaemia in the mouse model using adenovirus-mediated transfer of the VLDL receptor gene. Nat Genet 13:54–62

Kroon AA, Aengevaeren WRM, Werf T van der, Uijen GJH, Reiber JHC, Bruschke AVG, Stalenhoef AFH (1996) LDL-Apheresis Atherosclerosis Regression Study (LAARS) – Effect of aggressive versus conventional lipid lowering treatment on coronary atherosclerosis. Circulation 93:1826–1835

Kuivenhoven JA, van Voorst tot Voorst EJ, Wiebusch H et al. (1995) A unique genetic and biochemical presentation of fish-eye disease. J Clin Invest 96:2783–2791

Kuivenhoven JA, Wiebusch H, Pritchard PH, Funke H, Benne R, Assmann G, Kastelein JJ (1996) An intronic mutation in a lariat branchpoint sequence is a direct cause of an inherited human disorder (fish-eye disease). J Clin Invest 98:358–364

Kuivenhoven JA, Knijff P de, Boer JMA et al. (1997a) Heterogeneity at the CETP gene locus – Influence on plasma CETP concentrations and HDL cholesterol levels. Arterioscler Thromb Vasc Biol 17:560–568

Kuivenhoven JA, Pritchard H, Hill J, Frohlich J, Assmann G, Kastelein J (1997b) The molecular pathology of lecithin:cholesterol acyltransferase (LCAT) deficiency syndromes. J Lipid Res 38:191–205

Lalouel J-M, Wilson DE, Iverius P-H (1992) Lipoprotein lipase and hepatic triglyceride lipase: molecular and genetic aspects. Curr Opin Lipidol 3:86–95

Latour MA, Patterson BW, Pulai J, Chen Z, Schonfeld G (1997) Metabolism of apolipoprotein B-100 in a kindred with familial hypobetalipoproteinemia without a truncated form of apoB. J Lipid Res 38:592–599

Levy E, Roy CC, Thibault L, Bonin A, Brochu P, Seidman EG (1994) Variable expression of familial heterozygous hypobetalipoproteinemia: transient malabsorption during infancy. J Lipid Res 35:2170–2177

Lewis MES, Forsythe IJ, Marth JD, Brunzell JD, Hayden MR, Humphries RK (1995) Retroviral-mediated gene transfer and expression of human lipoprotein lipase in somatic cells. Hum Gene Ther 6:853–863

Liang H-Q, Rye K-A, Barter PJ (1996) Remodelling of reconstituted high density lipoproteins by lecithin:cholesterol acyltransferase. J Lipid Res 37:1962–1970

Ludwig EH, McCarthy BJ (1990) Haplotype analysis of the human apolipoprotein B mutation associated with familial defective apolipoprotein B-100. Am J Hum Genet 47:712–720

Lund Katz S, Innerarity TL, Arnold KS, Curtiss LK, Phillips MC (1991) 13 C NMR evidence that substitution of glutamine for arginine 3500 in familial defective apolipoprotein B-100 disrupts the conformation of the receptor-binding domain. J Biol Chem 266:2701–2704

Manke C, Schuster H, Keller C, Wolfram G (1993) The effect of the apolipoprotein E polymorphism on lipid levels in patients with familial defective apolipoprotein B-100. Clin Invest 71:277–280

März W, Baumstark MW, Scharnagl H et al. (1993) Accumulation of small dense low-density lipoproteins (LDL) in a homozygous patient with familial defective apolipoprotein B 100 results from heterogeneous interaction of LDL subfractions with the LDL receptor. J Clin Invest 92:2922–2933

Miettinen H, Gylling H, Ulmanen I, Miettinen TA, Kontula K (1995) Two different allelic mutations in a Finnish family with lecithin:cholesterol acyltransferase deficiency. Arterioscler Thromb Vasc Biol 15:460–467

Miller M, Zeller K, Kwiterovich PC, Albers JJ, Feulner G (1995) Lecithin:cholesterol acyltransferase deficiency: identification of two defective alleles in fibroblast cDNA. J Lipid Res 36:931–938

Miserez AR, Keller U (1995) Differences in the phenotypic characteristics of subjects with familial defective apolipoprotein B-100 and familial hypercholesterolemia. Arterioscler Thromb Vasc Biol 15:1719–1729

Miserez AR, Laager R, Chiodetti N, Keller U (1994) High prevalence of familial defective apolipoprotein B-100 in Switzerland. J Lipid Res 35:574–583

Moriyama K, Sasaki J, Arakawa F et al.(1995) Two novel point mutations in the lecithin:cholesterol acyltransferase (LCAT) gene resulting in LCAT deficiency: LCAT (G873 deletion) and LCAT (Gly344Ser). J Lipid Res 36:2329–2343

Myant NB (1993) Familial defective apolipoprotein B-100: a review – including some comparisons with familial hypercholesterolaemia. Atherosclerosis 104:1–18; (1994) Atherosclerosis 105:253

Narcisi TM, Shoulders CC, Chester SA et al. (1995) Mutations of the microsomal triglyceride-transfer-protein gene in abetalipoproteinemia. Am J Hum Genet 57:1298–1310

Nordestgaard BG, Abildgaard S, Wittrup HH, Steffensen R, Jensen G, Tybjaerg-Hansen A (1997) Heterozygous lipoprotein lipase deficiency. Circulation 96:1737–1744

Oram JF, Yokoyama S (1996) Apolipoprotein-mediated removal of cellular cholesterol and phospholipids. J Lipid Res 37:2473–2491

Pease RJ, Leiper JM (1996) Regulation of hepatic apolipoprotein-B-containing lipoprotein secretion. Curr Opin Lipidol 7:132–138

Pietzsch J, Wiedemann B, Julius U et al. (1996) Increased clearance of low density lipoprotein precursors in patients with heterozygous familial defective apolipoprotein B-100: a stable isotope approach. J Lipid Res 37:2074–2087

Pimstone SN, Defesche JC, Clee SM, Bakker HD, Hayden MR, Kastelein JJP (1997) Differences in the phenotype between children with familial defective apolipoprotein B-100 and familial hypercholesterolemia. Arterioscler Thromb Vasc Biol 17:826–833

Pullinger CR, Hennessy LK, Chatterton JE et al. (1995) Familial ligand-defective apolipoprotein B. Identification of a new mutation that decreases LDL receptor binding affinity. J Clin Invest 95:1225–1234

Qu SJ, Fan HZ, Blanco Vaca F, Pownall HJ (1995) In vitro expression of natural mutants of human lecithin: cholesterol acyltransferase. J Lipid Res 36:967–974

Raal FJ, Pilcher G, Rubinsztein DC, Lingenhel A, Utermann G (1997) Statin therapy in a kindred with both apolipoprotein B and low density lipoprotein receptor gene defects. Atherosclerosis 129:97–102

Rader DJ, Ikewaki K, Duverger N et al. (1994) Markedly accelerated catabolism of apolipoprotein A-II (ApoA-II) and high density lipoproteins containing ApoA-II in classic lecithin: cholesterol acyltransferase deficiency and fish-eye disease. J Clin Invest 93:321–330

Sakai N, Santamarina-Fojo S, Yamashita S, Matsuzawa Y, Brewer HBJ (1996) Exon 10 skipping caused by intron 10 splice donor site mutation in cholesteryl ester transfer protein gene results in abnormal downstream splice site selection. J Lipid Res 37:2065–2073

Santamarina-Fojo S, Dugi KA (1994) Stucture, function and role of lipoprotein lipase in lipoprotein metabolism. Curr Opin Lipidol 5:117–125

Santamarina-Fojo S, Brewer HBJ (1992) Hypertriglyceridemia due to genetic defects in lipoprotein lipase and apolipoprotein C-II. J Intern Med 231:669–677

Schaefer JR, Scharnagl H, Baumstark M et al. (1997) Homozygous familial defective apolipoprotein B-100 – Enhanced removal of apolipoprotein E-containing VLDLs and decreased production of LDLs. Arterioscler Thromb Vasc Biol 17:348–353

Schaumann D, Welch-Wichary M, Voss A, Schmidt H, Olbricht CJ (1996) Prospective cross-over comparisons of three low-density lipoprotein (LDL)-apheresis methods in patients with familial hypercholesterolaemia. Eur J Clin Invest 26:1033–1038

Schmidt EB, Illingworth DR, Bacon S, Mahley RW, Weisgraber KH (1993a) Hypocholesterolemia effects of cholestyramine and colestipol in patients with familial defective apolipoprotein B-100. Atherosclerosis 98:213–217

Schmidt EB, Illingworth DR, Bacon S et al. (1993b) Hypolipidemic effects of nicotinic acid in patients with familial defective apolipoprotein B-100. Metabolism 42:137–139

Schmitz G, Assmann G, Robeneck H, Brennhausen B (1985) Tangier disease: a disorder of intracellular membrane traffic. Proc Natl Acad Sci USA 82:6305–6309

Schmitz G, Bruning T, Kovacs E, Barlage S (1993) Fluorescence flow cytometry of human leukocytes in the detection of LDL receptor defects in the differential diagnosis of hypercholesterolemia. Arterioscler Thromb Vasc Biol 13:1053–1065

Schonfeld G (1995) The hypobetalipoproteinemias. Annu Rev Nutr 15:23–34

Schumaker V, Lembertas A (1992) Lipoprotein metabolism: chylomicrons, very-low-density lipoproteins and low-density lipoproteins. In: Lusis AJ, Rotter JI, Sparkes RS (eds) Monogr Hum Genet: Molecular genetics of coronary artery disease. Candidate genes and processes in atherosclerosis. Karger, Basel, pp 98–139

Schuster H (1998) DNA diagnosis of familial hypercholesterolemia. Eur J Med Res 3:42–44

Schuster H, Rauh G, Kormann B et al. (1990) Familial defective apolipoprotein B-100. Comparison with familial hypercholesterolemia in 18 cases detected in Munich. Arteriosclerosis 10:577–581

Seedorf U, Assmann G (1993) Methods for the diagnosis of disturbances in intracellular lipid metabolism. Curr Opin Lipidol 4:444–452

Séguret-Macé S, Latta-Mahieu M, Castro G et al. (1996) Potential gene therapy for lecithin-cholesterol acyltransferase (LCAT)-deficient and hypoalphalipoproteinemic patients with adenovirus-mediated transfer of human LCAT gene. Circulation 94:2177–2184

Sharp D, Ricci B, Kienzle B, Lin MC, Wetterau JR (1994) Human microsomal triglyceride transfer protein large subunit gene structure. Biochemistry 33:9057–9061

Shoulders CC, Brett DJ, Bayliss JD et al. (1993) Abetalipoproteinemia is caused by defects of the gene encoding the 97 kDa subunit of a microsomal triglyceride transfer protein. Hum Mol Genet 2:2109–2116

Skretting G, Blomhoff JP, Solheim J, Prydz H (1992) The genetic defect of the original Norwegian lecithin:cholesterol acyltransferase deficiency families. FEBS Lett 309:307–310

Steyrer E, Haubenwallner S, Horl G, Giessauf W, Kostner GM, Zechner R (1995) A single G to A nucleotide transition in exon IV of the lecithin: cholesterol acyltransferase (LCAT) gene results in an Arg140 to His substitution and causes LCAT-deficiency. Hum Genet 96:105–109

Talmud PJ, Humphries SE (1997) Apolipoprotein C-III gene variation and dyslipidaemia. Curr Opin Lipidol 8:154–158

Thompson GR, Miller JP, Breslow JL (1985) Improved survival of patients with homozygous familial hypercholesterolaemia treated by plasma exchange. BMJ 291:1671–1673

Vega GL, Grundy SM (1986) In vivo evidence for reduced binding of low density lipoproteins to receptors as a cause of primary moderate hypercholesterolemia. J Clin Invest 78:1410–1414

Watts GF, Mitropoulos KA, Al Bahrani A, Reeves BE, Owen JS (1995) Lecithin-cholesterol acyltransferase deficiency presenting with acute pancreatitis: effect of infusion of normal plasma on triglyceride-rich lipoproteins. J Intern Med 238:137–141

Webb JC, Sun X-M, McCarthy SN, Neuwirth C, Thompson GR, Knight BL, Soutar AK (1996) Characterization of mutations in the low density lipoprotein (LDL)-receptor gene in patients with homozygous familial hypercholesterolemia, and frequency of these mutations in FH patients in the United Kingdom. J Lipid Res 37:368–381

Welty FK, Lichtenstein AH, Barrett HR, Dolnikowski GG, Ordovas JM, Schaefer EJ (1997) Decreased production and increased catabolism of apolipoprotein B-100 in apolipoprotein B-67/B-100 heterozygotes. Arterioscler Thromb Vasc Biol 17:881–888

Wetterau JR, Aggerbeck LP, Bouma ME et al. (1992) Absence of microsomal triglyceride transfer protein in individuals with abetalipoproteinemia. Science 258:999–1001

Wilson JM, Grossman M (1993) Therapeutic strategies for familial hypercholesterolemia based on somatic gene transfer. Am J Cardiol 72:59D-63D

Yamashita S, Sakai N, Hirano K, Arai T, Ishigami M, Maruyama T, Matsuzawa Y (1997) Molecular genetics of plasma cholesteryl ester transfer protein. Curr Opin Lipidol 8:101–110

Yu L, Qiu S, Genest Jr. J (1996) Abnormal regulation of the LDL-R and HMG CoA reductase genes in subjects with familial hypercholesterolemia with the „French Canadian Mutation". Atherosclerosis 124:103–117

3 Molekulargenetik von Membrandefekten, Enzymopathien und Hämoglobinopathien

3.1 Hämoglobinopathien

Andreas E. Kulozik

Inhaltsverzeichnis

3.1.1	Einleitung	369
3.1.2	Hämoglobinstruktur	369
3.1.2.1	Primärstruktur	369
3.1.2.2	Sekundärstruktur	370
3.1.2.3	Tertiär- und Quartärstruktur	370
3.1.3	Hämoglobinfunktion	372
3.1.3.1	Homotrope Interaktionen bei der Sauerstoffbindung	373
3.1.3.2	Heterotrope Interaktionen bei der Sauerstoffbindung	373
3.1.3.2.1	Bohr-Effekt	373
3.1.3.2.2	Interaktion mit Chlorid	373
3.1.3.2.3	Interaktion mit 2,3-Diphosphoglyzerat	373
3.1.4	Normale Hämoglobinvarianten	374
3.1.4.1	Adulte Hämoglobine	374
3.1.4.1.1	HbA	374
3.1.4.1.2	HbA$_2$	374
3.1.4.2	Fetales Hämoglobin	374
3.1.4.2.1	Struktur und Funktion	374
3.1.4.2.2	Diagnostische und therapeutische Relevanz	375
3.1.4.3	Embryonale Hämoglobine	375
3.1.4.4	Ontogenetische Aspekte der Hb-Synthese	376
3.1.5	Thalassämiesyndrome	376
3.1.5.1	Pathogenese der Thalassämiesyndrome	377
3.1.5.2	Molekulare Basis der Thalassämie	377
3.1.5.2.1	α-Thalassämie	378
3.1.5.2.2	β-Thalassämie	380
3.1.6	Sichelzellkrankheit	382
3.1.6.1	Pathophysiologie und klinisches Bild	383
3.1.6.2	Variabilität des klinischen Erscheinungsbilds	383
3.1.6.3	Diagnostik	384
3.1.7	Instabile Hämoglobinvarianten (Kongenitale Heinz-Körper-Anämie)	384
3.1.7.1	Pathogenese	384
3.1.7.2	Genetik	386
3.1.7.3	Diagnose	386
3.1.7.4	Thalassämievarianten	387
3.1.7.4.1	Molekulare Pathogenese	388
3.1.8	Ausblick	388
3.1.8.1	Pharmakologische Reaktivierung der fetalen Globingene	389
3.1.8.2	Somatische Gentherapie	389
3.1.9	Literatur	389

3.1.1 Einleitung

Hämoglobin ist ein tetramerer Proteinkomplex, der aus 2 Globinkettenpaaren mit einem Molekulargewicht (MG) von zusammen 64 400 besteht. Ein Globinkettentyp wird an der Spitze des kurzen Arms von Chromosom 16 kodiert, wo der α-Globin-Gen-Komplex mit den embryonalen ζ- und den adulten α2- und α1-Genen lokalisiert ist. Der andere Typ wird auf dem kurzen Arm von Chromosom 11 im β-Globin-Gen-Komplex mit dem embryonalen ε-, den fetalen $^G\gamma$- und $^A\gamma$- und den adulten δ- und β-Globin-Ketten kodiert. Jede der 4 Untereinheiten ist kovalent an das Ferroprotoporphyrin Häm als Ligand gebunden. Die Struktur und die Funktion des Hämoglobins erlauben eine sehr gute Löslichkeit und Stabilität in den Erythrozyten, so daß die Aufnahme, der Transport und die Abgabe großer Mengen Sauerstoffs unter physiologischen Bedingungen ermöglicht werden.

In diesem Kapitel soll eine Übersicht über die normale Struktur und Funktion des Hämoglobins sowie der Erkrankungen gegeben werden, die durch eine quantitative oder qualitative Fehlexpression der Globingene zustandekommen.

3.1.2 Hämoglobinstruktur

3.1.2.1 Primärstruktur

Die Globinketten werden in den α- und β-Globin-Gen-Komplexen kodiert (Abb. 3.1.1) und bestehen aus 141 bzw. 146 Aminosäuren. Die einheitliche physiologische Funktion der verschiedenen Glo-

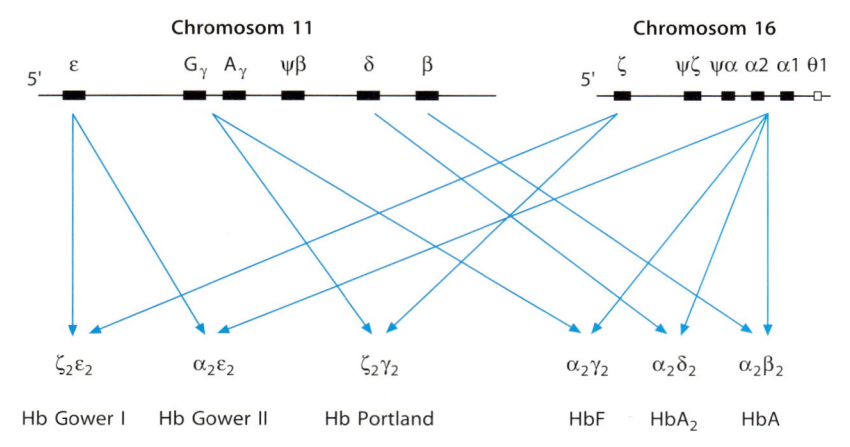

Abb. 3.1.1. α- und β-Globin-Gen-Komplex auf den Chromosomen 11 und 16. Der β-Globin-Gen-Komplex enthält das embryonale ε-, die fetalen γ- und die adulten δ- und β-Globin-Gene. Zusätzlich gibt es ein nicht exprimiertes Pseudogen (ψβ) mit signifikanter Sequenzhomologie mit dem β-Globin-Gen. Der α-Globin-Gen-Komplex enthält das embryonale ζ- und die adulten α-Globin-Gene. Zusätzlich gibt es verschiedene Pseudogene (ψζ, ψα1, θ1). Im Verlauf der Ontogenese werden verschiedene Hämoglobine produziert. Alle enthalten 2α- oder ζ-Ketten sowie 2β- oder β-ähnliche Ketten (Embryonalstadium: Hb Gower I, Hb Gower II, Hb Portland; Fetalstadium: HbF; postnatales und adultes Stadium, HbA$_2$, HbA)

binketten kommt in der starken phylogenetischen Konservierung und in der hohen Sequenzhomologie zum Ausdruck. Die α- und ζ-Ketten sind an 84 der 141 Aminosäurenresten (60%) identisch. Die Homologie der ε-, γ-, δ- und β-Ketten ist sogar noch stärker ausgeprägt. Hier sind 94 von 146 Aminosäureresten (64%) identisch. Das Häm ist kovalent zwischen dem Eisen und dem proximalen F8-His an Position 87 in der α-Kette und an Position 92 in der β-Kette gebunden. Die funktionell wichtigen Aminosäurepositionen, wie die an den α-β-Kontaktstellen oder an der Hämbindungsstelle, sind besonders hoch konserviert (Bunn u. Forget, 1986; Kulozik, 1999).

3.1.2.2 Sekundärstruktur

Die Globinketten sind in α-helikalen Segmenten organisiert. Diese Helices werden an Biegungs- oder Knickstellen durch nicht helikale Konfigurationen unterbrochen. Die β-Kette besteht aus 8 solchen helikalen Segmenten (A–H) (Bunn u. Forget, 1986). Die α-Kette ist ähnlich aufgebaut, obwohl die D-Helix im Verlauf der Evolution deletiert wurde (Komiyama et al., 1991). Die Aminosäurereste können so anhand ihrer Position in den Helices benannt werden. Auf diese Weise kommt das große Ausmaß an Homologie der Globinketten besonders gut zum Ausdruck. Ein Beispiel dafür sind die Häm bindenden Histidinreste an Position 87 in der α- und an Position 92 in der β-Kette, die in beiden Globinketten an Position 8 in der F-Helix (F8) lokalisiert sind. Homologe Positionen in den Globinketten werden daher am besten mit ihrer Helixbezeichnung und weniger gut mit ihrer numerischen Position in der Primärstruktur angegeben.

3.1.2.3 Tertiär- und Quartärstruktur

Die dreidimensionale Struktur des Hämoglobins konnte durch Röntgenkristallographie aufgeklärt werden (Fermi et al., 1984; Liddington et al., 1992; Paoli et al., 1996; Perutz u. Lehmann, 1968; Perutz et al., 1968a,b). Der Begriff der Tertiärstruktur bezieht sich auf die räumliche Beziehung der Aminosäurereste innerhalb der einzelnen Globinkette, der Begriff Quartärstruktur auf die Interaktionen der Untereinheiten. Sowohl die Tertiär- als auch die Quartärstruktur bestimmen die funktionell wichtige dreidimensionale Struktur des gesamten tetrameren Protein-Häm-Komplexes und werden daher gemeinsam abgehandelt.

Die Helices der individuellen Globinketten bilden eine kompakte sphärische Struktur (Abb. 3.1.2). Die nach außen gerichteten Aminosäurereste sind meist polar, wohingegen die nach innen gerichteten meist nichtpolar sind. Diese Verteilung ist zum einen für die gute Wasserlöslichkeit des Hämoglobins und zum anderen für das hohe Ausmaß an Stabilität verantwortlich, da das Eindringen von Wasser in die zentralen Anteile des Komplexes verhindert wird.

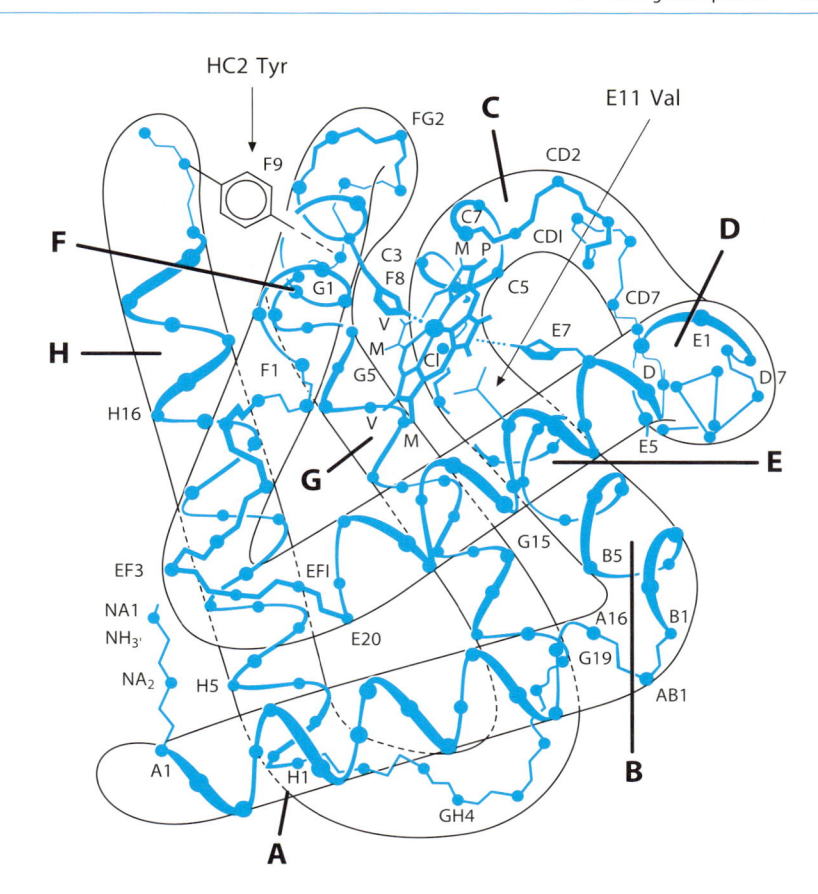

Abb. 3.1.2. Tertiärstruktur der β-Globin-Kette. Die α-Helices werden von N- nach C-terminal mit den Buchstaben A–F bezeichnet

In der Nähe der Oberfläche ist das Hämmolekül zwischen dem proximalen und dem distalen Histidin an den Positionen F8 und E7 aufgehängt. Die 6 Elektronen in der äußeren Schale des Fe^{2+} treten in Koordination mit den 4 Stickstoffatomen des Pyrrolmoleküls, dem Imidazolstickstoff von His F8 und dem Sauerstoff. Zusätzlich gibt es verschiedene, meist hydrophobe Kontakte des Häms zu den Aminosäureresten in der E- und F-Helix, aber auch den C-, G- und H-Helices. Insgesamt wird der Porphyrinring in der Hämtasche durch 60 hydrophobe Bindungen gehalten, so daß ein hohes Maß an Stabilität entsteht. Die funktionelle Bedeutung dieser Kontaktstellen wird durch ihre starke phylogenetische Konservierung und durch die Auswirkung von Aminosäuresubstitutionen unterstrichen, die in instabilen Hämoglobinvarianten resultieren.

Die 4 Untereinheiten des Hämoglobins sind in einem Ellipsoid mit den Ausmaßen von 64 Å×55 Å×50 Å angeordnet. Durch das Zentrum des tetrameren Proteinkomplexes verläuft eine 2fache Symmetrieachse (Abb. 3.1.3).

Die α- und β-Ketten haben 2 Kontaktflächen miteinander, eine zwischen der $\alpha_1(\alpha_2)$- und der $\beta_1(\beta_2)$- und eine andere zwischen der $\alpha_1(\alpha_2)$- und der $\beta_2(\beta_1)$-Kette. Die $\alpha_1\beta_1(\alpha_2\beta_2)$-Kontaktfläche ist durch 40 Van-der-Waals- und Wasserstoffbrückenbindungen zwischen 16 Aminosäuren der α- und 17 Aminosäuren der β-Kette etabliert. Das Charakteristikum des $\alpha_1\beta_2$-Kontakts ist, daß abhängig vom Oxygenierungszustand 2 mögliche Konformationen angenommen werden können. Die Deoxyform ist fest (tight; T-Form) mit 40 Van-der-Waals- und Wasserstoffbrückenbindungen, wohingegen die Oxyform um etwa 7 Å lockerer ist und von nur 22 Van-der-Waals- und Wasserstoffbrückenbindungen gehalten wird (relaxed; R-Form). Somit ist das Oxyhämoglobin weniger stabil als das Deoxyhämoglobin. Diese allosterische Beweglichkeit an der $\alpha_1\beta_2$-Kontaktfläche ist für den kooperativen Effekt bei der Sauerstoffbindung absolut kritisch. Berechnungen der Konformationsenergien und direkte Strukturanalysen belegen, daß die Sauerstoffbindung die $\alpha_1\beta_2$-Kontakte der T-Form belastet. Die Konformationsänderung bewirkt eine Entlastung der Bindung, so daß die R-Form den Sauerstoff leichter binden kann. Mechanistisch gesehen erfordert die Konformationsänderung von der T- zur R-Form die Sauerstoffbindung

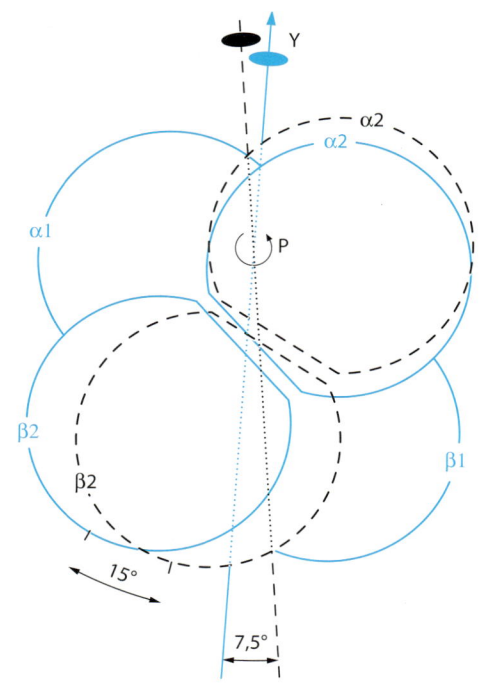

Abb. 3.1.3. Quartärstruktur des Hämoglobins in der T- (*durchgezogene blaue Linie*) und in der R-Konformation (*unterbrochene schwarze Linie*). Der $\alpha_1\beta_1$-Kontakt bleibt bei der Konformationsänderung bestehen, wohingegen der $\alpha_1\beta_2$-Kontakt um etwa 15° rotiert

und zwischen den Untereinheiten vermittelt werden (Perutz et al., 1994). Chlorid etabliert 2 Bindungen zwischen dem N-terminalen Val von α_2 zu $\alpha231$Ser und α_1 zu $\alpha141$Arg und neutralisiert außerdem die abstoßenden Kräfte der positiv geladenen Aminosäuren im Zentrum des Moleküls. 2,3-DPG ist ein Polyanion, das sich mit den positiven Ladungen der N-terminalen Aminogruppen von Lys 82 und der His 2 und 143 der β-Globin-Ketten assoziiert. Wenn 2,3-DPG sich während der Oxygenierung löst, werden Chlorid- und H$^+$-Ionen aus dem Zentrum des Komplexes ausgestoßen.

3.1.3 Hämoglobinfunktion

Die wichtigsten Funktionen des Hämoglobins sind die Aufnahme von Sauerstoff in den Lungen und der Transport in die Peripherie, wo der Sauerstoff im Austausch gegen CO$_2$ abgegeben wird. Die Menge transportierten Sauerstoffs ist enorm. 1 Mol Hämoglobin kann 4 Mole O$_2$ binden. Da 1 Mol eines Gases bei Standardtemperatur und -druck ein Volumen von 22,4 l einnimmt, kann 1 g Hb 1,39 ml O$_2$ binden. Bei einer Hb-Konzentration von 15 g/dl können 100 ml Blut somit etwa 20 ml O$_2$ transportieren.

Der Basismechanismus des O$_2$-Transports ist der kooperative Effekt der Untereinheiten, der strukturell auf dem Allosterismus der R- und T-Formen basiert. Dies bedeutet, daß die Sauerstoffbindung allosterische Veränderungen insbesondere an den $\alpha_1\beta_2$-Kontaktflächen induziert und so die Aufnahme weiterer O$_2$ Moleküle erleichtert (Homotropismus). Dieser kooperative Effekt wird

entsprechend der sog. Symmetrieregel. Das heißt, wenn sich Sauerstoff an jeweils eine Untereinheit der beiden dimeren Molekülhälften ($\alpha_1\beta_1$ oder $\alpha_2\beta_2$) bindet, kommt es zum Umschalten der Quartärstruktur (Ackers et al., 1992).

Die T-Form wird durch Chlorid und 2,3-Diphosphoglyzerat (2,3-DPG) stabilisiert, indem Wasserstoffbrücken innerhalb der Untereinheiten

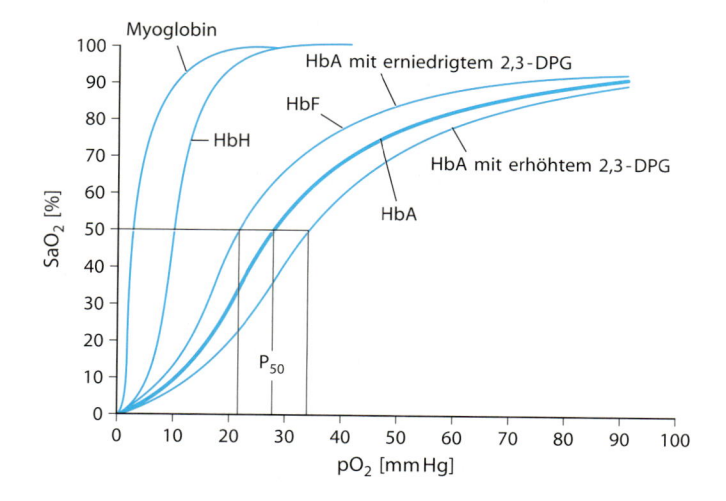

Abb. 3.1.4. Sigmoide Bindungskurve von HbF und HbA bei hoher bzw. niedriger 2,3-DPG-Konzentration. Zum Vergleich ist die hyperbole Bindungskurve von Myoglobin und HbH ohne kooperativen Effekt bei der Sauerstoffbindung gezeigt

durch den Einfluß anderer Moleküle, wie 2,3-DPG, H^+, Cl^- und CO_2 modifiziert (Heterotropismus). Das physiologische Korrelat dieses kooperativen Effekts ist die sigmoide Sauerstoffbindungskurve des Hämoglobins (Abb. 3.1.4). Hb wird somit bei physiologischen Sauerstoffpartialdrücken rasch be- und entladen.

3.1.3.1 Homotrope Interaktionen bei der Sauerstoffbindung

Die R- und T-Formen von Hb befinden sich im Äquilibrium und unterscheiden sich in ihrer Sauerstoffaffinität. Die Bindung des Liganden an die einzelne Untereinheit bewirkt eine Relaxation der Tertiärstruktur. Wenn eine Untereinheit jedes $\alpha_1\beta_1$- und $\alpha_2\beta_2$-Dimers oxygeniert ist, kommt es zum Umschalten der T- in die R-Konformation, was die Sauerstoffaufnahme der beiden anderen Untereinheiten erleichtert. Diese Verschiebung des Äquilibriums wird durch den Liganden selbst induziert und heterotropisch durch CO_2, 2,3-DPG und Chlorid, wie unten beschrieben, modifiziert (Monod et al., 1965).

3.1.3.2 Heterotrope Interaktionen bei der Sauerstoffbindung

3.1.3.2.1 Bohr-Effekt

Bohr, Hasselbalch und Krogh konnten im Jahr 1904 zeigen, daß die Sauerstoffaffinität von Hb durch CO_2 reduziert wird. Der wichtigste Mechanismus des Bohr-Effekts ist die Bildung von Kohlensäure aus CO_2 und H_2O durch die Karboanhydrase ($CO_2 + H_2O \rightleftharpoons H_2CO_3$). H_2CO_3 dissoziiert ohne weiteres in HCO_3^- und H^+. HCO_3^- wird rasch in das Plasma ausgeschieden und gegen Cl^- ausgetauscht, so daß der intrazelluläre pH sinkt. Die H^+-Ionen stabilisieren die T-Form durch Ausbildung von Wasserstoffbrückenbindungen v. a. an β146His, aber auch an β94Asp, α122His und den N-terminalen Aminosäureresten (Kilmartin et al., 1980; Nishikura, 1978; Perutz, 1970; Perutz et al., 1980). Bei der Sauerstoffbindung werden diese Protonen verdrängt, so daß sich die Bindungen lösen und der pk_a sich von 8,0 im Deoxy-Hb zu 7,1 im Oxy-Hb vermindert (Fermi et al., 1984; Kilmartin et al., 1973; Perutz et al., 1969; Shih et al., 1984). Der Bohr-Effekt erleichtert dadurch den Gasaustausch, weil die O_2-Affinität vermindert wird und O_2 bei hohen Konzentrationen von CO_2, d. h. in den peripheren Geweben, abgegeben wird. Umgekehrt führt die Abatmung von CO_2 in der Lunge zu einem intrazellulären pH-Anstieg, wodurch die O_2-Affinität erhöht und die O_2-Aufnahme erleichtert werden.

Ein kleinerer Anteil von CO_2 wird direkt durch die reaktiven Aminogruppen in Carbaminokomplexen gebunden, die ebenso die T-Form stabilisieren. Im Vergleich zum Bohr-Effekt ist die Carbaminoformation physiologisch weit weniger signifikant (Bauer u. Schroder, 1972).

3.1.3.2.2 Interaktion mit Chlorid

Dieses Anion wird in die Erythrozyten aufgenommen, wenn Bikarbonat während der Protonierung und Deoxygenierung ins Plasma abgegeben wird (s. oben). Chlorid verstärkt die Stabilisierung der T-Form durch eine Neutralisierung elektrostatischer Abstoßungskräfte durch einen Überschuß an positiver Ladung im Zentrum des Komplexes (Bonaventura et al., 1994; Kelly et al., 1994; Perutz et al., 1994). Zusätzlich vermittelt die Cl^--Bindung am N-Terminus der α-Ketten die Stabilisierung der Protonierung und der T-Form. Nach der Oxygenierung löst sich Chlorid zusammen mit den Protonen, die für die reverse Karboanhydrasereaktion benötigt werden. Die Effizienz des Bohr-Effekts ist in einem chloridarmen System ungefähr auf die Hälfte reduziert, was die physiologische Bedeutung der Chloridinteraktion unterstreicht (Rollema et al., 1975).

3.1.3.2.3 Interaktion mit 2,3-Diphosphoglyzerat

2,3-DPG ist ein Polyanion mit einer hohen Affinität für positiv geladene Aminosäurereste im Hb-Komplex. 2,3-DPG vermittelt die Ausbildung von Wasserstoffbrückenbindungen der N-terminalen Aminosäuregruppen mit dem Imidazolring von β143His und den Aminogruppen von β82Lys in der T-Konformation. In der R-Konformation sind diese Interaktionen sehr viel schwächer. Somit stabilisiert 2,3-DPG Deoxyhämoglobin und vermindert die O_2-Affinität (Arnone, 1972; Benesch u. Benesch, 1967; Chanutin u. Curnish, 1967; Gupta et al., 1979). Die höhere O_2-Affinität von HbF im Vergleich zu HbA kommt durch einen Sequenzunterschied zwischen der γ- und der β-Globin-Kette zustande. β143His entspricht γ143Ser, das eine ungeladene Aminosäure darstellt und kein 2,3-DPG binden kann. Die Konzentration intrazellulären 2,3-DPGs kann durch chronische Hypoxie hochreguliert werden, so daß die O_2-Affinität reduziert und die O_2-Verfügbarkeit in den peripheren Geweben erhöht werden. Dabei handelt es sich um einen wichtigen kompensatorischen Mechanismus bei der chronischen Anämie.

3.1.4 Normale Hämoglobinvarianten

3.1.4.1 Adulte Hämoglobine

3.1.4.1.1 HbA

Nach Beendigung des Umschaltens von der fetalen zur adulten Hämoglobinsynthese (s. unten) ist HbA ($\alpha_2\beta_2$) das vorherrschende Hämoglobin. HbA wird posttranslational am N-terminalen Val und an den internen Lys-Resten glykosyliert. Dabei handelt es sich um eine 2-Schritt-Reaktion bei der zunächst die Hb-NH_2-Gruppe reversibel zu einem Aldemin und dann langsam und irreversibel zu einem Ketoamin transformiert wird. Diese posttranslationalen Modifikationen können in der Säulenchromatographie als schnell eluierende Fraktionen (HbA_{Ia-c}) identifiziert werden. Eine dieser Fraktionen (HbA_{Ic}) kann leicht quantifiziert und als nützlicher Marker bei der langfristigen metabolischen Kontrolle von Patienten mit Diabetes mellitus eingesetzt werden (Kleihauer et al., 1996).

3.1.4.1.2 HbA$_2$

Ungefähr 2,5% des adulten Hämoglobins sind HbA_2 ($\alpha_2\delta_2$). Funktionell ist HbA_2 identisch mit HbA. Aufgrund der quantitativ niedrigen Expression der δ-Globin-Ketten ist es physiologisch jedoch irrelevant, und auch ein vollständiges Fehlen einer HbA_2-Synthese bleibt ohne klinisch relevante Auswirkung.

Die δ-Globin-Kette ist mit der β-Kette hoch homolog und unterscheidet sich nur in 10 Aminosäuren. Durch einen Ladungsunterschied kann HbA_2 elektrophoretisch oder chromatographisch ohne weiteres von HbA getrennt werden. Das δ-Globin-Gen ist unmittelbar 5' vom β-Globin-Gen lokalisiert (Abb. 3.1.1) und wird im Verlauf des perinatalen Hämoglobinumschaltens etwa zur gleichen Zeit wie das β-Globin-Gen aktiviert. Die weit niedrigere Expression des δ-Globin-Gens resultiert aus:

- einer reduzierten transkriptionalen Aktivität des δ-Globin-Gen-Promotors und wahrscheinlich dem Fehlen oder einem weniger effizienten Enhancer im 2. Intron (LaFlamme et al., 1987);
- einer reduzierten δ-Globin-mRNA-Stabilität (Ross u. Pizarro, 1983);
- einer geringeren Affinität zwischen δ- und α-Globin-Ketten (Bunn u. Forget, 1986).

Diese geringe Affinität wird bei der Diagnose der heterozygoten β-Thalassämie ausgenutzt. Wenn β-Globin-Ketten in geringerer Konzentration verfügbar sind, kommt es zu einer relativ gesteigerten Ausbildung von $\alpha_2\delta_2$-Tetrameren und somit zu einer Steigerung der HbA_2 Konzentration.

3.1.4.2 Fetales Hämoglobin

3.1.4.2.1 Struktur und Funktion

Bezüglich Struktur und Funktion ist das fetale Hämoglobin (HbF; $\alpha_2\gamma_2$) dem HbA ähnlich. Dennoch gibt es einige signifikante Unterschiede. Die Aminosäuresequenz der γ-Kette unterscheidet sich von der der β-Kette an 39 Positionen. 22 davon finden sich an der Oberfläche des Komplexes, was die Unterschiede in der elektrophoretischen und chromatographischen Wanderungsgeschwindigkeit und auch die erhöhte Löslichkeit von HbF erklärt. 4 Substitutionen sind an der $\alpha_1\beta_1(\alpha_1\gamma_1)$-Kontaktfläche lokalisiert, was in einer erhöhten Stabilität von HbF resultiert. Die $\alpha_1\beta_2(\alpha_1\gamma_2)$-Kontakte sind bei HbA und HbF identisch. Dies äußert sich durch einen ähnlichen kooperativen Effekt der Sauerstoffbindung in beiden Hämoglobinen. Die Substitution β143His zu γ143Ser bewirkt eine verminderte Interaktion von HbF mit 2,3-DPG, so daß die O_2-Affinität fetaler Erythrozyten erhöht ist (Frier u. Perutz, 1977). Die diagnostisch wichtige erhöhte Resistenz von HbF gegenüber Alkali kann durch eine β112Cys zu γ112Thr- und β130Tyr zu γ130Trp-Substitution erklärt werden (Perutz, 1974).

HbF ist strukturell heterogen. Die γ-Globin-Ketten werden von 2 eng gekoppelten Genen kodiert, die zwischen den ε- und δ-Globin-Genen innerhalb des β-Globin-Gen-Komplexes lokalisiert sind (Abb. 3.1.1). Die Aminosäuresequenz, die von dem weiter 5' gelegenen Gen kodiert wird, unterscheidet sich von der des 3'-Gens an Position 136, wo das 5'-Gen für ein Gly ($^G\gamma$) und das 3'-Gen für ein Ala ($^A\gamma$) kodiert. Während der Fetalperiode enthalten 75% des HbF $^G\gamma$-Ketten, wohingegen die geringen Mengen von HbF beim Erwachsenen v. a. $^A\gamma$-Ketten enthalten (Schroeder, 1980; Schroeder et al., 1968). Zusätzlich zu diesen allelen Unterschieden gibt es im $^A\gamma$-Gen einen häufigen Polymorphismus, bei dem an Position 75 entweder Ile ($^A\gamma^I$)

oder Thr ($^A\gamma^T$) kodiert werden (Ricco et al., 1976). Posttranslational wird HbF zur Azetylierung am N-terminalen Gly modifiziert. Dies resultiert in einer stärker negativ geladenen Komponente (HbF$_I$).

3.1.4.2.2 Diagnostische und therapeutische Relevanz

Nach dem Umschalten von der fetalen zur adulten Hämoglobinsynthese während der ersten 6 Lebensmonate finden sich nur noch Spuren von HbF im peripheren Blut (Bard, 1975). Die Entdeckung einer Methode zur Differenzierung fetaler und adulter Erythrozyten durch saure HbA-Elution und die Identifikation von fetalen Erythrozyten im mütterlichen Kreislauf post partum bildeten die logische Grundlage für die Anti-D-Prophylaxe Rhesus-negativer Mütter. In der Praxis ist die Quantifizierung fetaler Erythrozyten im mütterlichen Kreislauf nützlich zur Abschätzung einer fetomaternen Bluttransfusion (Kleihauer et al., 1957; 1967).

Erhöhte HbF-Konzentrationen finden sich sowohl bei den Hämoglobinopathien als auch bei erworbenen Erkrankungen der Hämatopoese. Bei der Sichelzellkrankheit ist das HbF als Ergebnis eines selektiven Überlebens von F-Zellen erhöht. Bei Patienten aus Saudi-Arabien und Indien ist die HbF-Synthese darüber hinaus gesteigert und mit einem milderen klinischen Phänotyp assoziiert (Kar et al., 1986; Kulozik et al., 1987a; Padmos et al., 1991). Die Sichelzellmutation in Asien erfolgte vor einem anderen genetischen Hintergrund als bei Patienten aus Afrika (Kulozik et al., 1986). Der klinische Nutzen von Hydroxyurea in der Behandlung der Sichelzellkrankheit ist mit einem Anstieg der HbF-Konzentration assoziiert. Zusätzlich spielen aber auch HbF-unabhängige Faktoren, wie etwa eine verminderte Adhäsion von Erythrozyten an das Endothel, eine wichtige Rolle (Charache et al., 1992; 1995).

Bei Patienten mit einer homozygoten β-Thalassämie ist die Erhöhung des relativen HbF-Anteils an der insgesamt niedrigen Hb-Konzentration pathognomonisch. Während die HbF-Synthese pro Zelle bei den meisten Patienten nicht erhöht ist, wird in dem stark hyperplastischen Knochenmark eine insgesamt höhere Anzahl von F-Zellen gebildet. Diese Zellen zeigen ein selektives Überleben, da die α-/non-α-Globin-Ketten-Imbalance in F-Zellen weniger ausgeprägt ist als in Zellen, die kein γ-Globin exprimieren (Weatherall et al., 1976). Beim Vorliegen genetischer Determinanten, die zu einer erhöhten γ-Globin-Gen-Expression pro Zelle führen, können die klinischen und hämatologischen Manifestationen der homozygoten β-Thalassämie beträchtlich vermindert werden. Erwachsene mit einer hereditären Persistenz der fetalen Hämoglobinsynthese (HPFH) und 100% HbF können vollständig gesund sein (Wood, 1993). Therapeutische Versuche, die fetale Hämoglobinsynthese pharmakologisch zu reaktivieren, waren zunächst vielversprechend. Die Effektivität dieser Strategie muß sich in größer angelegten klinischen Versuchen allerdings erst noch zeigen (Perrine et al., 1993; 1994; Sher et al., 1995).

Es gibt verschiedene erworbene Erkrankungen, die mit einer erhöhten HbF-Synthese assoziiert sind. Regelmäßig ist dies bei der chronischen myelomonozytären Leukämie (CMMoL), bei der Fanconi-Anämie oder bei der Erythroleukämie der Fall. Erhöhte HbF-Konzentrationen sind auch bei myeloproliferativen Erkrankungen und während der hämatologischen Erholung nach einer Stammzelltransplantation oder einer intensiven Chemotherapie häufig, aber ohne spezifischen diagnostischen Wert (Alter et al., 1976; Krauss et al., 1981; Maurer et al., 1972; Miniero et al., 1981; Pagnier et al., 1977; Weatherall u. Brown, 1970).

3.1.4.3 Embryonale Hämoglobine

Von der 2. bis zur 14. Embryonalwoche produziert der Dottersack 3 verschiedene Hämoglobine (Capp et al., 1967; 1970; Huehns et al., 1961):
- $\zeta_2\varepsilon_2$ (Hb Gower I),
- $\alpha_2\varepsilon_2$ (Hb Gower II) und
- $\zeta_2\gamma_2$ (Hb Portland).

Die ε-Ketten sind mit den β- und γ-Ketten stark homolog und werden durch ein Gen am 5′-Ende des β-Globin-Gen-Komplexes kodiert (Abb. 3.1.1). Die ζ-Kette ist mit der α-Kette homolog und wird von einem Gen am 5′-Ende des α-Globin-Gen-Komplexes kodiert (Abb. 3.1.1). Alle 3 embryonalen Hämoglobine zeigen einen Allosterismus und einen kooperativen Effekt bei der Sauerstoffbindung und sind empfindlich gegenüber 2,3-DPG (Hofmann et al., 1995). Allerdings liegt ihre O$_2$-Affinität höher als bei HbA und der Bohr-Effekt ist weniger ausgeprägt. Unter physiologischen Bedingungen sind diese Hämoglobine während des fetalen oder postnatalen Lebens nicht nachweisbar. Bei α^0-Thalassämievarianten können embryonale Hämoglobine allerdings auch während späterer Stadien der Entwicklung nachgewiesen werden (Chui et al., 1986; Chung et al., 1984; Todd et al., 1970).

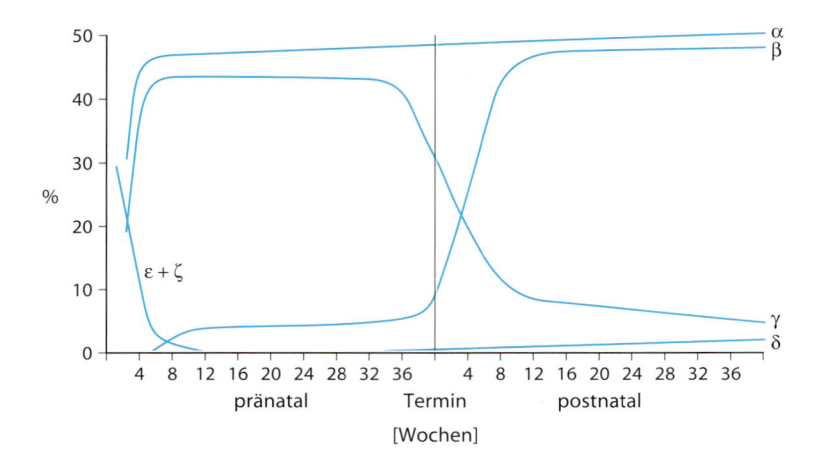

Abb. 3.1.5. Globinkettensynthese im Verlauf der Entwicklung

3.1.4.4 Ontogenetische Aspekte der Hb-Synthese

Die individuellen Globingene werden hochspezifisch und hochgradig in den erythroiden Zellen aktiviert. Darüber hinaus werden die einzelnen Globingene vorherrschend während spezifischer Stadien der Entwicklung exprimiert. In beiden Genkomplexen auf Chromosom 11 und 16 sind die Globingene in der zeitlichen Reihenfolge ihrer Expression von 5′ nach 3′ angeordnet (Abb. 3.1.1). Etwa 14 Tage nach der Konzeption werden die Hbs Gower I und II, Hb Portland und wenig später HbF im Dottersack synthetisiert. Am Ende der 8. Woche werden die embryonalen Gene inaktiviert und HbF wird das dominante Hb, das in der fetalen Leber und Milz und zunehmend auch im Knochenmark synthetisiert wird. HbA wird während dieser Zeit in kleinen Mengen gebildet. Etwa am Geburtstermin wird die γ-Globin-Ketten- und HbF-Synthese durch die β-Globin-Ketten- und HbA-Synthese ersetzt. Postnatal wird das Knochenmark das einzige Organ normaler Erythropoese (Abb. 3.1.5) (Weatherall u. Clegg, 1981).

Im α-Globin-Gen-Komplex erfolgt somit ein genetisches Umschalten von der embryonalen (ζ) zur fetalen/adulten (α) Phase, wohingegen im β-Globin-Gen-Komplex zunächst ein Umschalten von der embryonalen (ε) zur fetalen (γ) und dann zur adulten (β) Phase erfolgt. Diese Umschaltvorgänge sind wichtige Paradigmen für die Genregulation im Verlauf der Ontogenese und daher von hoher biologischer Signifikanz. Das medizinische Interesse am Umschalten von der fetalen zur adulten Hämoglobinsynthese ergibt sich aus dem therapeutischen Nutzen einer Reaktivierung der γ-Globin-Gen-Expression.

Die molekularen Mechanismen für diese Umschaltvorgänge hängen zum einen von spezifischen Sequenzen innerhalb der individuellen Promotoren und weiter entfernt liegender regulatorischer Sequenzen ab (Grosveld et al., 1987; Sharpe et al., 1993; Tuan et al., 1985; Vyas et al., 1992). Diese DNA-Sequenzen interagieren mit erythroidspezifischen und allgemeinen Transkriptionsfaktoren, was in der Aktivierung oder Inaktivierung der individuellen Gene resultiert. Experimente in transgenen Mäusen und die Analyse natürlich vorkommender Mutanten zeigen, daß die individuellen Gene autonom reguliert sind oder ein Kompetitionsverhältnis mit anderen Genen im Genkomplex ausbilden können (Amrolia et al., 1995; Jane et al., 1995; Orkin, 1990; 1995; Raich et al., 1990; 1995).

3.1.5 Thalassämiesyndrome

Bei den Thalassämien handelt es sich um quantitative Störungen der Hämoglobinsynthese und weltweit wohl um die häufigsten Einzelgendefekte überhaupt. Die Thalassämien kommen innerhalb Europas häufig im Mittelmeerraum und darüber hinaus in Westafrika und weiten Teilen Asiens vor. 3% der Weltbevölkerung, d.h. etwa 150 Mio. Menschen tragen ein β-Thalassämie-Gen (Weatherall u. Clegg, 1981). Durch die Zuwanderung von Menschen aus diesen Gebieten nach Nordwesteuropa ist die klinische Bedeutung dieser Erkrankungen auch hier erheblich gestiegen (Kohne et al., 1992). In der Bundesrepublik Deutschland ist die geschätzte Inzidenz der homozygoten β-Thalassämie der der Phenylketonurie vergleichbar. Die molekulare Pathologie der Thalassämiesyndrome ist modellhaft für Einzelgendefekte. Der Weg vom Gen zum Protein kann bei den Thalassämien auf allen Stufen gestört sein (Kulozik, 1992).

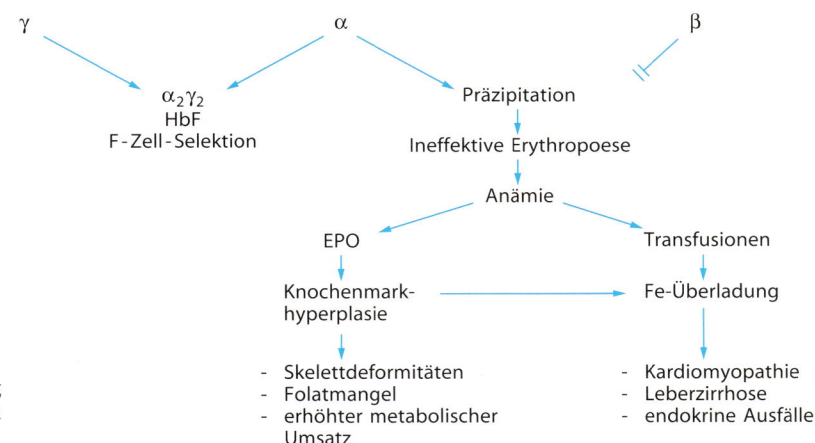

Abb. 3.1.6. Schematische Darstellung der Pathophysiologie der homozygoten β-Thalassämie

3.1.5.1 Pathogenese der Thalassämiesyndrome

Auf zellulärer Ebene gibt es eine Reihe von Ursachen, die bei der Thalassämie letztlich zur Anämie führen. Zunächst ergibt sich aus der verminderten Globinkettensynthese natürlich ein Mangel an Substrat für die normale Hämoglobinisierung der Erythrozyten. So wird auch bei heterozygoten Überträgern der β-Thalassämie die für die Thalassaemia minor typische mikrozytäre, hypochrome Anämie gefunden. Bei homozygot erkrankten Patienten kommt wesentlich hinzu, daß nicht nur die betroffene Kette zu wenig, sondern auch die nicht betroffene Kette relativ zu viel gebildet wird (Abb. 3.1.6). Bei der β-Thalassämie entsteht somit ein Überschuß an α-Ketten, die ohne ihren physiologischen Bindungspartner lichtmikroskopisch sichtbare, unlösliche Aggregate miteinander bilden und schon in den erythroiden Vorläuferzellen des Knochenmarks ausfallen. Sie schädigen die Zellmembran, führen zum vorzeitigen Untergang der Vorläuferzellen noch im Knochenmark und somit zur ineffektiven Erythropoese und einer in der Regel transfusionsbedürftigen Anämie. Diese führt ihrerseits zu einer Knochenmarkhyperplasie und über noch ungeklärte Mechanismen zu einer erhöhten Eisenresorption im Dünndarm. Dadurch kommt es zur Eisenüberladung (Hämosiderose) (Weatherall u. Clegg, 1981).

Bei der α-Thalassämie bilden die γ-Ketten im fetalen Blut physiologisch funktionslose Tetramere, das Hb Bart's. Bei der schwersten Form der α-Thalassämie finden sich große Mengen dieses Hämoglobins im Nabelvenenblut (Hb Bart's Hydrops fetalis). Auch bei den nicht so schwer verlaufenden α-Thalassämie-Syndromen finden sich elektrophoretisch sichtbare Mengen von Hb Bart's, die diagnostisch verwendet wurden, bevor man über die molekulargenetischen Methoden der α-Thalassämie-Diagnostik verfügte.

Bei den milderen α-Thalassämie-Formen bilden die nach der Geburt synthetisierten β-Ketten Tetramere, das HbH. Dieses ist ebenfalls schlechter löslich als das normale HbA. HbH schädigt die Zellmembran allerdings nicht so stark, daß es schon im Knochenmark, sondern erst in der Peripherie zu einer Zellzerstörung kommt. Die HbH-Krankheit ist daher durch eine ausgeprägte hämolytische Anämie gekennzeichnet. Dyserythropoetische Veränderungen des Knochenmarks, wie bei der β-Thalassämie, finden sich hier nicht. Die primären Veränderungen der Thalassämiesyndrome sind also durch die gestörte Hämoglobinsynthese und insbesondere durch das Ungleichgewicht der Globinketten bestimmt. Dazu kommen sekundäre Faktoren, die zur Anämisierung des Thalassämiepatienten beitragen (Folsäuremangel, Hypersplenismus). Die logische Therapie der β-Thalassämie besteht in regelmäßigen Erythrozytentransfusionen. Die dadurch und durch die verstärkte Eisenresorption bedingte Siderose muß mit Eisenchelatbildnern behandelt werden (Kulozik, 1994b). Die einzige kurative Möglichkeit besteht bei der Thalassämie in der Knochenmarktransplantation. Es finden sich jedoch nicht bei allen Patienten passende Spender (Lucarelli et al., 1995).

3.1.5.2 Molekulare Basis der Thalassämie

Die molekulare Basis der Thalassämiesyndrome ist modellhaft auch für andere genetische Erkrankungen. Eine Kenntnis der Thalassämiesyndrome eröffnet daher den konzeptionellen Zugang zu vielen anderen medizinisch relevanten Störungen der Genexpression.

Grundsätzlich resultieren alle Formen der Thalassämie aus einer Störung auf dem Weg von den Globingenen zum reifen Hämoglobin (Kulozik, 1992). Dabei kann die Transkription durch Deletion des Gens selbst oder durch Punktmutation in den Steuerelementen, z. B. den Promotoren, betroffen sein. Spleiß- und Poly-A-Signalmutationen führen zur abnormen Reifung der mRNA. Vorzeitige Signale für den Abbruch der Translation (Nonsense-Mutationen) bedingen Störungen der Peptidsynthese und der mRNA-Stabilität (Hentze u. Kulozik, 1999). Letztlich können Punktmutationen in den kodierenden Bereichen zu Aminosäuresubstitutionen führen (Missense-Mutationen). Diese müssen nicht unbedingt pathologische Relevanz haben, können aber die Synthese von funktionell abnormem (Beispiel Sichelzellmutation; s. unten) oder sehr instabilem Protein bedingen und damit die Thalassämie zur Folge haben (Kulozik, 1999).

3.1.5.2.1 α-Thalassämie

Die α-Globin-Gene finden sich in einem Genkomplex auf dem kurzen Arm des Chromosoms 16 in Nachbarschaft des embryonalen α-ähnlichen ζ-Globin-Gens (Abb. 3.1.1). Wesentlich ist, daß es im Gegensatz zum β-Globin-Gen 2 anatomisch eng benachbarte funktionelle α-Globin-Gene gibt, die identische Globinketten von 141 Aminosäuren kodieren. Das diploide menschliche Genom enthält also 4 α-Globin-Gene. Das klinische Bild der α-Thalassämie hängt im wesentlichen von der Anzahl der noch funktionierenden α-Globin-Gene ab. Das Spektrum umfaßt den intrauterinen Fruchttod bei der Inaktivierung aller 4 α-Globin-Gene (Hb Bart's Hydrops fetalis), die Thalassaemia intermedia bei der Inaktivierung von 3 Genen (HbH-Krankheit), die Thalassaemia minor bei noch 2 funktionierenden α-Globin-Genen und eine klinisch und hämatologisch nicht sicher faßbare Form bei erhaltener Funktion von 3 α-Globin-Genen. Die molekulare Pathologie der α-Thalassämie ist ähnlich der β-Thalassämie heterogen und umfaßt sowohl Deletionen als auch Punktmutationen (Higgs, 1993; Weatherall u. Clegg, 1981).

Molekulare Anatomie des α-Globin-Gen-Komplexes

Die α-Globin-Gene sind an der Spitze des kurzen Arms von Chromosom 16 in der zytogenetisch definierten Region 16p13.1–pter lokalisiert. Der α-Globin-Gen-Komplex umfaßt 2 duplizierte α-Globin-Gene (α2 und α1), ein embryonales α-ähnliches Globingen ζ, 3 Pseudogene $\psi\alpha$1, $\psi\alpha$2 und $\psi\zeta$1 und 1 Gen mit noch nicht geklärter Funktion (θ1). Die Anordnung dieser Gene zueinander ist 5'-ζ2-$\psi\zeta$1-$\psi\alpha$2-$\psi\alpha$1-α2-α1-θ1-3' auf insgesamt etwa 30 kb DNA (Higgs, 1993).

Die Mitglieder der α-Globin-Gen-Familie enthalten 3 Exons und 2 Introns, sind mit weniger als 2 kb ähnlich klein wie die Gene im β-Globin-Gen-Komplex und haben sich im Verlauf der Evolution wahrscheinlich aus einer Serie von Genduplikationen entwickelt. Die funktionellen ζ- und α-Globin-Gene zeigen beim Menschen aber nur noch eine 48%ige Homologie in ihren 141 kodierten Aminosäuren. Die beiden α-Globin-Gene ähneln sich allerdings so stark, daß sie identische Peptide kodieren und sich nur etwas in ihren nicht kodierenden Abschnitten unterscheiden. Bemerkenswert ist, daß das weiter 5' gelegene α2- etwa 70% und das α1-Globin-Gen nur 30% der gesamten mRNA und Proteinexpression dieser beiden Gene ausmacht (Liebhaber et al., 1986). Das α2-Gen dominiert also über α1. Diese unterschiedliche Expression hängt wahrscheinlich von der Topologie der Gene in der dreidimensionalen Struktur des Chromatins und von deren Verhältnis zu einem übergeordneten Steuerelement 5' vom ζ2-Gen ab (Vyas et al., 1992).

Molekulare Pathologie der α-Thalassämie

In den allermeisten Fällen wird die α-Thalassämie durch Deletionen eines oder beider α-Globin-Gene verursacht (Higgs, 1993). Manche Mechanismen der Deletionsentstehung leiten sich aus der molekularen Anatomie des Genkomplexes ab. Die beiden α-Globin-Gene ($\alpha\alpha$) liegen jeweils innerhalb einer etwa 4 kb langen Sequenz, bei denen in der Evolution 2 verschiedene Sequenzelemente, die X- und die Z-Box, bemerkenswert gut erhalten geblieben sind. Zwischen diesen homologen Sequenzelementen können während der Meiose Rekombinationsereignisse auftreten. Je nach Lokalisation der Bruchpunkte dieser Rekombinationsereignisse kommt es zu einer Deletion von 3,7 kb ($-\alpha^{3,7}$) oder von 4,2 kb ($-\alpha^{4,2}$). Beide Läsionen führen zur Deletion nur eines der beiden gekoppelten α-Globin-Gene (α^+-Thalassämie). Es ist bemerkenswert, daß die unterschiedlich hohe Expression der beiden α-Globin-Gene im normalen $\alpha\alpha$-Genarrangement bei den Deletionen fast aufgehoben ist. Phänotypisch unterscheiden sich die $-\alpha^{3,7}$- und die $-\alpha^{4,2}$-Deletion daher kaum (Kulozik et al., 1988a).

Die heterozygote Vererbung einer α^+-Deletion beläßt der Zelle 3 funktionelle α-Globin-Gene und ist für den Träger meist bedeutungslos und hämatologisch nicht sicher zu diagnostizieren. Eine homozygote α^+-Thalassämie mit 2 funktionellen α-Globin-Genen führt meist zu einer leichten, klinisch kompensierten hypochromen mikrozytären Anämie ohne wesentlichen Krankheitswert. Sie hat jedoch differentialdiagnostische Bedeutung und kann durchaus den Krankheitsverlauf der β-Thalassämie oder der Sichelzellerkrankung modifizieren (Higgs, 1993) (s. unten).

Die ungleiche Rekombination zwischen den homologen Sequenzelementen führt allerdings nicht nur zur Deletion von α-Globin-Genen, sondern als Gegenprodukt auch zur Triplikation der α-Globin-Gene auf dem anderen Chromosom ($\alpha\alpha\alpha^{\text{Anti 3,7}}$, $\alpha\alpha\alpha^{\text{Anti 4,2}}$). Die zusätzlichen α-Globin-Gene werden voll exprimiert, führen allein allerdings nicht zu einem wesentlichen Globinkettenungleichgewicht. Eine klinische Bedeutung erlangen diese $\alpha\alpha\alpha$-Genarrangements allerdings in Wechselwirkung mit der heterozygoten β-Thalassämie (s. unten).

Andere Deletionen entstehen durch nicht homologe Rekombinationsereignisse und betreffen meist beide α-Globin-Gene (α^0-Thalassämie). Interessanterweise ist das Vorkommen der α^0-Deletionen geographisch sehr begrenzt. So kommt eine der häufigeren α^0-Deletionen vornehmlich im Mittelmeerraum ($-^{\text{MED}}$) und eine andere in Südostasien ($-^{\text{SEA}}$) vor. Es gibt Hinweise dafür, daß die α^0-Deletionen nur jeweils 1mal durch ein ungewöhnliches Rekombinationsereignis mit unbekanntem Entstehungsmechanismus entstanden sind und sich dann durch den Selektionsdruck der Malaria in definierten Bevölkerungsgruppen verbreiten konnten. Dies kontrastiert mit den durch homologe Rekombination verursachten α^+-Deletionen, die weltweit wohl mehrmals, unabhängig voneinander, entstanden sind. Die α^+-Deletionen, v. a. die $-\alpha^{3,7}$-Form sind daher weltweit fast ubiquitär zu finden, wenn auch sehr viel häufiger in endemischen Malariagebieten.

Eine heterozygote α^0-Deletion beläßt der diploiden Zelle noch 2 funktionelle α-Globin-Gene und äußert sich klinisch/hämatologisch daher wie eine homozygote α^+-Deletion. Allerdings sind Personen mit einer heterozygoten α^0-Thalassämie je nach Partner Überträger für das Hb-Bart's-Hydrops-fetalis-Syndrom bzw. für die HbH-Krankheit. Aus dem geographisch beschränkten Vorkommen der α^0-Deletionen ergibt sich, daß auch das Hb-Bart's-Hydrops-fetalis-Syndrom und die HbH-Krankheit nur in einigen Gebieten der Erde vorkommen und nicht etwa überall dort, wo die α-Thalassämie zu finden ist. In manchen Gegenden Schwarzafrikas liegt die Genfrequenz der α^+-Deletionen bei 25–30%. Klinisch relevante α-Thalassämien gibt es dort jedoch so gut wie nicht, da α^0-Deletionen extrem selten sind (Higgs, 1993). Die Kenntnis der molekularen Pathologie der α-Thalassämie-Deletionen erlaubt also eine Erklärung der vorher nur schwer verständlichen klinischen Variabilität dieser Erkrankung. Darüber hinaus erlaubt die molekulare Diagnose der α-Thalassämie eine Differenzierung zwischen der α^+- und der α^0-Form und somit eine genetische Beratung der Familie.

Punktmutationen der α-Globin-Gene (α^T) sind im Vergleich zu den Deletionen selten. Die gut 10 verschiedenen bekannten Mutationen betreffen, der β-Thalassämie vergleichbar, verschiedene Schritte der Genexpression und finden sich auffallenderweise vornehmlich im α_2-Globin-Gen. Der Grund dafür liegt wahrscheinlich in der untergeordneten Rolle des α1-Gens, dessen isolierte Inaktivierung phänotypisch kaum auffällt. Interessanterweise kann das α1-Gen bei der Inaktivierung von α2 nicht wie bei den Deletionsformen der α-Thalassämie kompensatorisch aufgewertet werden. Daher wirkt sich eine α^T-Thalassämie phänotypisch stärker aus als die $-\alpha^{3,7}$- und $-\alpha^{4,2}$-Deletionen. Vom mutierten Chromosom werden nicht 50%, sondern nur 30% des gesamten Proteins exprimiert (Higgs, 1993).

Diagnose der α-Thalassämie

Die schweren Formen lassen sich durch konventionelle klinische und hämatologische Methoden diagnostizieren (Weatherall u. Clegg, 1981). Das Hb-Bart's-Hydrops-fetalis-Syndrom kommt praktisch nur bei Patienten des Mittelmeerraums oder Südostasiens vor. Die blassen und generalisiert ödematösen Kinder sterben entweder intrauterin oder in den ersten Tagen postnatal an den Folgen einer Anämie bzw. eines Herzversagens. Eine Behandlungsmöglichkeit besteht in einer pränatalen Diagnose mit daraufhin durchgeführten intrauterinen Transfusionen, die postnatal regelmäßig und lebenslang wiederholt werden müssen. Die Hb-Analyse zeigt vornehmlich Hb Bart's, ein physiologisch funktionsloses γ-Globin-Ketten-Tetramer. Außerdem finden sich Spuren von HbH. HbA und HbF fehlen völlig. Molekulargenetisch zeigen sich in der Southern-Blot-Analyse mit verschiedenen Gensonden des α-Globin-Gen-Komplexes Deletionen beider α-Globin-Gene. Überträger ($-/\alpha\alpha$) lassen sich klinisch/hämatologisch nicht sicher identifizieren. Eine eindeutige Diagnose läßt sich hier nur molekulargenetisch stellen.

Die HbH-Krankheit äußert sich durch eine Thalassaemia intermedia, d.h. einer symptomatischen, aber nicht regelmäßig transfusionsbedürftigen hämolytischen Anämie. In der Hb-Elektrophorese finden sich unterschiedliche Mengen HbH und gelegentlich Spuren von Hb Bart's. Die meisten Patienten kommen aus Ländern in denen α^0- und α^+-Thalassämie-Deletionen vorkommen, d.h. aus dem Mittelmeerraum und aus Südostasien. Die molekulargenetische Diagnose kann auch hier durch Southern-Blot-Analyse gestellt werden. Manche Patienten tragen allerdings α2-Globin-Gen-Punktmutationen ($\alpha^T\alpha/\alpha^T\alpha$) und kommen dann meist aus dem Mittleren Osten oder aus Nordafrika. Die molekulargenetische Diagnose erfordert hier eine der Methoden, die zur direkten Erkennung von Punktmutationen geeignet sind, d.h. in der Regel die Sequenzierung PCR-amplifizierter α-Globin-Gen-DNA (Thein u. Hinton, 1991).

3.1.5.2.2 β-Thalassämie

Die β-Thalassämie wird durch eine Reduktion bzw. eine völlige Inaktivierung der β-Globin-Ketten-Synthese verursacht (Weatherall u. Clegg, 1981). Dabei führt der Mangel an Substrat zunächst zu einer Störung der normalen Hämoglobinisierung der Erythrozyten. So kommt es auch bei heterozygoten Überträgern zur typischen, ausgeprägten Mikrozytose und Hypochromie bei einer nur leichten Anämie (Thalassaemia minor). Bei homozygot erkrankten Patienten kommt wesentlich hinzu, daß nicht nur die β-Kette zu wenig, sondern die α-Kette relativ zu viel gebildet wird (Abb. 3.1.6). Bei der β-Thalassämie entsteht somit ein Überschuß an α-Ketten, die ohne ihren physiologischen Bindungspartner lichtmikroskopisch sichtbare, unlösliche Aggregate miteinander bilden und schon in den erythroiden Vorläuferzellen des Knochenmarks ausfallen. Sie schädigen die Zellmembran, führen zum vorzeitigen Untergang der Vorläuferzellen noch im Knochenmark und somit zur ineffektiven Erythropoese und einer in der Regel transfusionsbedürftigen Anämie (Thalassaemia major). Diese führt ihrerseits zu einer Knochenmarkhyperplasie und über noch ungeklärte Mechanismen zu einer erhöhten Eisenresorption im Dünndarm. Dadurch und durch die notwendige Transfusionsbehandlung kommt es zur Eisenüberladung. Die Hämosiderose führt zu multiplen endokrinen Ausfällen, zur Leberzirrhose und zur prognostisch limitierenden Kardiomyopathie. Die Knochenmarkhyperplasie führt zu charakteristischen Skelettdeformitäten (Facies thalassaemica), zum erhöhten metabolischen Umsatz sowie zum Folsäure- und Vitamin-B_{12}-Mangel. Außerdem kommt es zur extramedullären Blutbildung, v.a. in der Leber und in der Milz mit einer beim unbehandelten Patienten massiven Hepatosplenomegalie.

Schwierigkeiten in der klinischen Zuordnung ergeben sich bei Patienten, die symptomatisch, aber nicht regelmäßig, transfusionsbedürftig sind (Thalassaemia intermedia). In diesen Fällen ist das Globinkettenungleichgewicht stärker ausgeprägt als bei der Thalassaemia minor, aber schwächer als bei der Major-Form. Diese klinische Variabilität kann in den meisten Fällen durch den exakten molekularen Defekt oder durch genetische Interaktionen erklärt werden (Kulozik, 1992).

Molekulare Anatomie des β-Globin-Gen-Komplexes

Die β-Globin-Gene sind auf dem kurzen Arm von Chromosom 11 in der zytogenetisch definierten Bande 11p15 lokalisiert. Der β-Globin-Gen-Komplex umfaßt das embryonale (ε), die fetalen $^G\gamma$- und $^A\gamma$- und die adulten δ- und β-Globin-Gene. Zwischen dem $^A\gamma$- und dem δ-Globin-Gen befindet sich das funktionslose $\psi\beta$-Globin-Gen (Weatherall u. Clegg, 1981). Der β-Globin-Gen-Komplex ist mit etwa 60 kb ungefähr doppelt so groß wie der α-Globin-Gen-Komplex. Ähnlich dem α-Globin-Gen-Komplex befindet sich am 5'-Ende eine übergeordnete regulative Region, die als Locuskontrollregion (LCR) bezeichnet wird. Die LCR erleichtert die Interaktion der individuellen Promotoren mit ubiquitären und erythroid-spezifischen Transkriptionsfaktoren und trägt wesentlich zur gewebespezifischen und ontogenetisch regulierten Expression der Globingene bei (Grosveld et al., 1987; Orkin, 1990).

Die Gene des β-Globin-Gen-Komplexes enthalten, ebenso wie die des α-Globin-Gen-Komplexes, 3 Exons und 2 Introns und sind mit etwa 1,6 kb recht klein. Die Homologie der von den ε-, γ-, δ- und β-Genen kodierten Globinketten ist mit 64% erheblich und noch stärker ausgeprägt als die der Globinketten, die von den Genen im α-Globin-Gen-Komplex kodiert werden.

Molekulare Pathologie der β-Thalassämie

Die meisten Formen der β-Thalassämie gehen auf Punktmutationen innerhalb des β-Globin-Gens zurück. Im Gegensatz zu den α-Thalassämien sind Deletionen die Ausnahme. Sie spielen jedoch eine klinisch bedeutende Rolle, da sie zur hereditären postnatal persistierenden fetalen Hämoglobinsyn-

Tabelle 3.1.1. Korrelation von Mutationstyp, Restaktivität des betroffenen Gens und klinischem Phänotyp bei der β-Thalassämie

Restaktivität	Mutationstyp (Beispiele)	Klinisches Erscheinungsbild bei homozygotem Genotyp
β^0	Nonsense Frameshift Spleißsignale Deletionen	Thalassaemia major
β^-	Aktivierung kryptischer Spleißsignalsequenzen Veränderung des Spleißkonsensus	Thalassaemia major
β^+	Promotor Veränderungen des Spleißkonsensus Cap-Stelle Poly-A-Signal	Thalassaemia intermedia

these (HPFH) führen können. Die HPFH kann eine fehlende HbA-Synthese klinisch vollständig kompensieren. Insgesamt sind über 200 verschiedene Mutationen des β-Globin-Gens bekannt, die zu dessen Inaktivierung und so zur β-Thalassämie führen (Huisman et al., 1996). Dabei kann jeder Schritt der Genexpression von der Transkription bis zur posttranslationalen Modifikation gestört sein (Kulozik, 1992). Aus klinischen Gesichtspunkten ist es sinnvoll, die sehr unübersichtliche Zahl verschiedener Mutationen nach ihrer Auswirkung auf die Genexpression zu klassifizieren (Tabelle 3.1.1).

Die β^0- und die β^--Mutationen unterscheiden sich klinisch praktisch nicht. Ohne den Einfluß anderer günstiger modulierender Einflußfaktoren führen sie beim Homozygoten zur Thalassaemia major (Kulozik et al., 1993; Vetter et al., 1997). Die β^+-Mutationen führen beim Homozygoten in den meisten Fällen zur Thalassaemia intermedia und haben oft auch beim $\beta^{0/-}/\beta^+$ gemischt Heterozygoten einen signifikanten mildernden Einfluß (Kulozik et al., 1991).

β^0-Mutationen

Unter den β^0-Thalassämie-Mutationen sind vorzeitig auftretende translationale Stoppmutationen häufig. Im genetischen Kode signalisieren die Triplets UAA, UGA und UAG den Abbruch der Proteinbiosynthese. Vorzeitige translationale Stoppmutationen können entweder direkt durch Punktmutationen, sog. Nonsense-Mutationen, oder indirekt durch Insertion oder Deletion von 1 oder 2 Nukleotiden durch Verschiebung des Leserasters entstehen, sog. Frameshift-Mutationen. Häufig sind darüber hinaus Mutationen der GU-Donor- und AG-Akzeptor-Signalsequenzen für den Spleißmechanismus, die ebenso zum vollständigen Erliegen der normalen Genexpression führen (Huisman et al., 1996).

β^--Mutationen

β^--Mutationen sind häufig Mutationen der Spleißkonsensussequenzen. Ein weiterer häufiger Mechanismus ist die Veränderung einer DNA-Sequenz, die vorher nicht als Spleißsignal erkannt wurde, bei der die Mutation jedoch eine Spleißsignalsequenz entstehen läßt und damit ein sog. kryptisches Spleißsignal aktiviert (Huisman et al., 1996).

β^+-Mutationen

Hier finden sich häufig Veränderungen der regulativen Elemente im Promotor, die eine effiziente Bindung von Transkriptionsfaktoren verhindern. Eine andere bei der β-Thalassämie häufige β^+-Thalassämie-Mutation betrifft die Position 6 des 1. Introns, die zu einer Restaktivität der normalen Expression von 10–20% führt. Andere, seltene β^+-Mutationen betreffen die Cap-Stelle oder das Poly-A-Signal. Diese Mutationen führen zur verminderten Translationseffizienz und RNA-Stabilität (Huisman et al., 1996).

Insgesamt stellt die Heterogenität der β-Globin-Gen-Mutationen somit einen wichtigen Faktor für die klinische Variabilität der β-Thalassämie dar (Kulozik, 1992; Vetter et al., 1997).

Interaktion mit modifizierenden genetischen Einflußfaktoren

Der zentrale pathophysiologische Faktor bei der homozygoten β-Thalassämie ist der relative α-Globin-Ketten-Überschuß (s. oben; Abb. 3.1.6). Der günstige Einfluß von β-Globin-Gen-Mutanten mit einer hohen Restaktivität des Gens (s. oben) liegt auf der Hand. Die α-Thalassämie und die postnatal persistierende HbF-Synthese sind nicht-allele genetisch determinierte Faktoren mit gut dokumentiertem günstigem Einfluß auf den Verlauf der β-Thalassämie.

α-Thalassämie

Eine besondere klinische Bedeutung kommt der α-Thalassämie bei Patienten mit einer homozygoten β-Thalassämie dann zu, wenn ein gemischt heterozygoter β^0/β^+-Genotyp vorliegt. Bei manchen β^+-Mutationen, ein häufiges Beispiel ist die Mutation an Position 6 des 1. Introns, reicht die Restaktivität des β^+-Globin-Gens bei gemischt Heterozygoten nicht aus, um Transfusionsfreiheit zu erreichen. Die Patienten leiden an einer Thalassaemia major. Kommt bei dieser genetischen Konstellation jedoch eine α-Thalassämie hinzu, so kann der α-Globin-Ketten-Überschuß soweit gesenkt werden, daß eine Thalassaemia intermedia mit nur minimalen Beschwerden resultiert. Die Expressivität der β-Thalassämie kann somit von einem Genlocus entscheidend beeinflußt werden, der auf einem anderen Chromosom lokalisiert ist. Für die Beratung der Familie ist dies deswegen von allergrößter Bedeutung, da diese beiden Genloci bei weiteren Kindern natürlich unabhängig voneinander weitergegeben und ein erheblich unterschiedliches klinisches Erscheinungsbild bedingen können. Das Kind mit dem β^0/β^+-Genotyp ohne α-Thalassämie ist regelmäßig transfusionsbedürftig und leidet an einer Thalassaemia major, wohingegen Geschwister mit einer α-Thalassämie nur von einer milden Thalassaemia intermedia betroffen sein können. Die genetische Interaktion zwischen der α- und der β-Thalassämie ist insofern ein Modell für die unterschiedliche Expressivität einer „monogenen" Erkrankung in derselben Familie.

Hereditäre Persistenz fetalen Hämoglobins

Auch bei vollständig erloschener β-Globin-Gen-Expression kann der resultierende α-Globin-Ketten-Überschuß durch eine vermehrte postnatale Synthese von γ-Globin-Ketten als HbF gebunden werden. Außerdem ist HbF auch postnatal ein in praktisch vollem Umfang funktionierendes Hämoglobin.

Als molekularer Defekt findet sich in diesen Fällen häufig eine Deletion der adulten δ- und β-Globin-Gene. Dadurch wirkt die über die Locuskontrollregion vermittelte transkriptionale Aktivität des β-Globin-Gen-Komplexes auch postnatal auf die fetalen Gene.

Alternativ kann die perinatale Abschaltung der γ-Globin-Gen-Aktivität durch Punktmutationen im Promotor dieser Gene bedingt sein. Durch diese Mutationen bleibt die Interaktion zwischen der Locuskontrollregion und den γ-Globin-Gen-Promotoren bestehen, so daß auch postnatal HbF synthetisiert wird.

Die postnatal persistierende HbF-Synthese ist somit ein weiteres Beispiel für einen vom primären Gendefekt unabhängigen genetischen Einflußfaktor auf die Expressivität der β-Thalassämie.

Symptomatische heterozygote β-Thalassämie

Aufgrund der genomischen Organisation der α-Globin-Gene als dicht benachbarte Gene mit starker Homologie kann es bei der Meiose zu homologen Rekombinationsereignissen kommen, die zur Triplizierung oder auch zur Quadruplizierung des normalerweise paarig vorliegenden α-Globin-Gens führen können. Diese zusätzlichen α-Globin-Gene sind aktiv und führen zu einer zusätzlichen α-Globin-Ketten-Synthese. Bei Probanden mit einer heterozygoten β-Thalassämie und 5 oder 6 statt der normalen 4 α-Globin-Gene kann es dadurch zu einem klinisch relevanten α-Globin-Ketten-Überschuß kommen, der zum Beschwerdebild einer leichten Thalassaemia intermedia führen kann.

Außerdem gibt es Aminosäuresubstitutionen der β-Globin-Kette, die zu einer extremen Instabilität bereits des Monomers oder des Heterotetramers führen. Funktionstüchtiges Hämoglobin entsteht nicht. Das proteolytische System des erythroiden Vorläufers muß bei dieser Form der Thalassämie also nicht nur die im relativen Überschuß befindlichen α-Globin-Ketten, sondern auch die nicht funktionstüchtigen β-Globin-Ketten abbauen. Die dadurch bedingte Überlastung des Systems führt zur morphologisch auffälligen und funktionell ineffektiven Erythropoese und letztlich zur dominant vererbten β-Thalassämie.

Insgesamt gesehen kann das variable klinische Erscheinungsbild der β-Thalassämie also durch die Heterogenität der β-Globin-Gen-Mutationen mit unterschiedlicher Restaktivität des betroffenen Gens und durch Interaktionen mit nicht-allelen Genloci erklärt werden.

Die Molekulargenetik der β-Thalassaemia intermedia läßt sich wie folgt zusammenfassen:
- Milde „homozygote" β-Thalassämie:
  – β-Globin-Gen-Mutationen mit hoher Restaktivität des betroffenen Gens,
  – Interaktion mit α-Thalassämie-Mutationen,
  – Interaktion mit Mutationen einer hereditären Persistenz fetaler Globinsynthese;
- Schwere „heterozygote" β-Thalassämie
  – Dominante Mutationen mit extrem instabilen β-Globin-Ketten
  – Interaktion mit triplizierten α-Globin-Genen.

3.1.6 Sichelzellkrankheit

Der Begriff Sichelzellerkrankung umfaßt eine Reihe von Hämoglobinopathien, bei denen die pathologischen Veränderungen auf das HbS zurückzuführen sind (Serjeant, 1992). Häufige Genotypen sind die homozygote Sichelzellerkrankung (HbSS-Krankheit), die Sichelzell-HbC-Erkrankung (HbSC-Krankheit) und die Sichelzell-β-Thalassämie (Sβ-Thalassämie), bei der je nach Restaktivität des Thalassämieallels die häufigere Sβ^+- bzw. die seltenere Sβ^0-Form unterschieden werden. Seltener gibt es auch Kombinationen mit anderen anomalen Hämoglobinen (HbSD-Punjab, HbSO-Arab, HbS-Lepore). Endemisch kommen diese Erkrankungen in West- und Ostafrika, im zentralen Hochland Indiens, in Saudi-Arabien und, lokal begrenzt, in der Türkei, in Griechenland und Süditalien vor. Durch postkoloniale Völkerwanderungen gelangte das Sichelzellgen auch nach Nordwesteuropa. Auch in Deutschland ist die Sichelzellerkrankung keine Seltenheit mehr. In einem bei weitem nicht vollständigen Register sind in Deutschland derzeit etwa 400 Patienten erfaßt. Die klinische Symptomatik dieser Multiorganerkrankung ist sehr variabel. Für die Mortalität sind im Kindesalter v.a. die Folgen von Infektionen und die Sequestration von Blut in der Milz oder in der Lunge von Bedeutung. Eine erhebliche Morbidität entsteht allerdings auch durch Gefäßverschlüsse und Mikrozirkulationsstörungen des ZNS, der Knochen, des Darms, der Nieren und der Haut (Kulozik, 1994a; Serjeant, 1992).

3.1.6.1 Pathophysiologie und klinisches Bild

Die Sichelzellerkrankung entsteht durch eine GAG zu GTG-Mutation des β-Globin-Gen-Kodons 6, die zu einer Glu zu Val-Substitution an Position 6 der β-Globin-Kette führt und im Lauf der Evolution an mehreren Stellen in Afrika und unabhängig davon in Asien entstanden ist. Der wesentliche pathophysiologische Mechanismus bei der Erkrankung ist die abnorme Reaktion von HbS auf Sauerstoffentzug. Unter hypoxischen Bedingungen ist das HbS weit weniger wasserlöslich als HbA, was zu einer Aggregation der Deoxy-HbS-Moleküle zu einem polymeren Gel führt. Dadurch kommt es zur zunächst reversiblen und dann irreversiblen charakteristischen Formveränderung mit verminderter Flexibilität der Erythrozyten und zur hämolytischen Anämie. Ebenso wird die Mikrozirkulation v.a. im hypoxischen Milieu durch eine erhöhte Viskosität des Bluts und eine verstärkte Neigung der Erythrozyten zur Haftung am Endothel beeinträchtigt, so daß es zu Gefäßverschlußkrisen und chronischen Gewebs- und Organschäden kommt (Tabelle 3.1.2). Die Sichelzellerkrankung ist somit keineswegs nur eine „Sichelzellanämie". Im Gegen-

Tabelle 3.1.2. Klinische Manifestationen der Sichelzellkrankheit

Gewebe	Klinik
Blut	Hämolytische Anämie
	Parvovirus-induzierte aplastische Krise
Milz	Splenomegalie
	Autosplenektomie
	Hyperspleniesyndrom
	Funktionelle Asplenie
	Akute Milzsequestration
Knochen	Daktylitis, Hand-Fuß-Syndrom
	Schmerzkrisen
	Osteomyelitis
	Aseptische Knochennekrosen
Lunge	Akutes Thoraxsyndrom
Darm	Gürtelsyndrom
ZNS	Schlaganfälle
	Proliferative Retinopathie
Haut	Ulcera cruris
Urogenitalsystem	Hyposthenurie
	Priapismus

teil, die hämolytische Anämie ist bei den wenigsten Patienten die Krankheitsmanifestation mit dem höchsten Krankheitswert.

3.1.6.2 Variabilität des klinischen Erscheinungsbilds

Unter den 4 häufigen Genotypen verlaufen die HbSS-Krankheit und die Sβ^0-Thalassämie am schwersten, obwohl die proliferative Retinopathie bei der HbSC-Krankheit und bei der Sβ^+-Thalassämie häufiger ist (Serjeant, 1992).

Aber auch die HbSS-Krankheit kann sehr unterschiedlich verlaufen und ein schweres klinisches Bild mit einer frühen Mortalität und hohen Morbidität verursachen oder fast asymptomatisch bleiben. Geographisch finden sich milde Verlaufsformen v.a. in Indien und in Saudi-Arabien (Kar et al., 1986; Padmos et al., 1991). Genetisch zeichnen sich diese Patienten durch eine sehr aktive HbF-Synthese und häufig durch eine α-Thalassämie aus (Kulozik et al., 1987b; 1988a). HbF inhibiert die Polymerisation des HbS im Erythrozyten.

Das erhöhte HbF bei den Patienten aus Asien ist mit einer charakteristischen genetischen Konstellation assoziiert. Diese genetische Konstellation ist durch ein Muster von Restriktionspolymorphismen im β-Globin-Gen-Komplex gekennzeichnet, der als β-Globin-Gen-Haplotyp bezeichnet wird. Die genaue Identität der genetischen Determinante für die erhöhte HbF-Expression ist weniger gut definiert. Teil des sog. asiatischen β^S-Globin-Gen-Haplotyps ist eine C zu T-Substitution an Position –158 5' von der $^G\gamma$-Globin-Gen-Capstelle, die eine XmnI-Restriktionsstelle erzeugt. Diese Substitution ist mit einer erhöhten HbF-Synthese und mit einer Dominanz der $^G\gamma$- über die $^A\gamma$-Globin-Ketten bei HbSS-Patienten und Personen mit einer homozygoten β-Thalassämie assoziiert. Obwohl sich die kausale Bedeutung dieser Mutation für die erhöhte HbF-Synthese bisher nicht eindeutig belegen ließ, deutet die sehr starke Assoziation doch in diese Richtung.

Die Identifikation des erhöhten HbF als klinisch relevanter Einflußfaktor hat zur Entwicklung von Strategien zur pharmakologischen postnatalen Reinduktion der Aktivität der γ-Globin-Gene geführt. Bei schwer betroffenen Patienten mit einer Sichelzellerkrankung ist die HbF-Induktion durch Hydroxyurea inzwischen therapeutischer Standard mit eindeutig nachgewiesenem Nutzen (Charache et al., 1992; Charache et al., 1995).

3.1.6.3 Diagnostik

HbS kann bei guter und kontrollierter technischer Durchführung zuverlässig durch eine Hb-Elektrophorese nachgewiesen werden. Ein besonderes Problem stellt die Diagnostik bei Neugeborenen dar, weil zu diesem Zeitpunkt nur wenig anomales Hämoglobin vorhanden ist. Die isoelektrische Fokussierung und die Chromatographie sind hier zuverlässige konventionelle Methoden. In letzter Zeit wurden auch molekulargenetische Methoden entwickelt, die die Identifikation der Sichelzellmutation aus dem getrockneten Blut des Neugeborenen-Screenings erlauben. Pränatal kann der Nachweis der Sichelzellmutation in der aus Chorionzottengewebe oder Amniozyten gewonnen DNA nach PCR-Amplifikation rasch geführt werden (Kulozik et al., 1988b).

3.1.7 Instabile Hämoglobinvarianten (Kongenitale Heinz-Körper-Anämie)

Hämoglobin ist ein hochorganisierter Komplex, dessen Funktion und Stabilität von dem subtilen Arrangement der oben beschriebenen strukturellen Eigenschaften abhängt. Viele Aminosäuresubstitutionen führen zu einem gewissen Grad der Instabilität des Moleküls, die durch In-vitro-Testung erkannt werden kann, jedoch zu keiner klinisch relevanten Konsequenz führt. Die klinische Definition instabiler Hämoglobinopathien bezieht sich daher auf die kongenitale hämolytische Anämie

mit Heinz-Körpern (Kulozik, 1999; Rieder, 1974; Williamson, 1993).

3.1.7.1 Pathogenese

Der gemeinsame molekulare Mechanismus der Denaturierung instabilen Hämoglobins ist die Relaxation der strengen räumlichen Organisation des Komplexes, der so die R-Konfiguration und den oxygenierten Zustand begünstigt. Im Oxyhämoglobin kann das Fe^{2+}-Ion leichter zum Fe^{3+}-Ion oxidiert werden. ($HbFe^{2+}O_2 \rightarrow HbFe^{3+}O_2^-$). Sowohl das Superoxidanion als auch das Wasserstoffperoxid können die Bildung von noch mehr Methämoglobin induzieren. Da Fe^{3+}-Häm eine geringere Affinität für das Globin hat als Fe^{2+}-Häm, führt die Methämoglobinbildung selbst zur raschen Denaturierung des Gesamtkomplexes (Jacob u. Winterhalter, 1970 a,b). Dies wiederum induziert weitere strukturelle Veränderungen, die zur irreversiblen Denaturierung und letztlich zur Präzipitation des

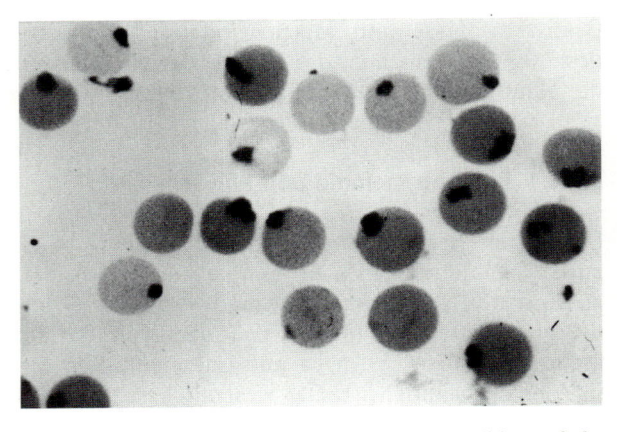

Abb. 3.1.7. Heinz-Körper in einem Brillantkresylblau-gefärbten Blutausstrich eines Patienten mit Hb Köln

Tabelle 3.1.3. Schwere kongenitale Heinz-Körper-Anämie mit α-Ketten-Substitutionen

Aminosäure-substitution	Mutation	Varianten-name	Mechanismus
43(CE1)	Phe zu Val	Torino	Hämkontakt
43(CE1)	Phe zu Leu	Hirosaki	Hämkontakt
130(H13)	Ala zu Pro	Sun Prairie	Helixunterbrechung
131(H14)	Ser zu Pro	Questembert	Helixunterbrechung
136(H19)	Leu zu Pro	Bibba	Hämkontakt, Helixunterbrechung

Tabelle 3.1.4. Schwere kongenitale Heinz-Körper-Anämie mit β-Ketten-Substitution

Aminosäuresubstitution	Mutation	Variantenname	Mechanismus
6(A3) oder 7(A4)	Glu zu 0	Leiden	Deletion
11(A8)	Val zu Asp	Windsor	Intern, Hämkontakt
24(B6)	Gly zu Val	Savannah	Intern, Nähe zur E-Helix
24(B6)	Gly zu Asp	Moscva	Intern, Nähe zur E-Helix
28(B10)	Leu zu Gln	St. Louis	Intern, spontane Met-Hb-Bildung
28(B10)	Leu zu Pro	Genova	Helixunterbrechung
31(B13)	Leu zu Pro	Yokohama	Helixunterbrechung
31(B13)	Leu zu Arg	Hakkari	Hämkontakt
32(B14)	Leu zu Pro	Perth	Helixunterbrechung
32(B14)	Leu zu Arg	Castilla	Intern
35(C1)	Tyr zu Phe	Philly	$\alpha_1\beta_1$-Kontakt
41(C7)	Phe zu Tyr	Mequon	Hämkontakt
41(C7) or 42(CD1)	Phe zu 0	Bruxelles	Deletion
42(CD1)	Phe zu Ser	Hammersmith	Hämkontakt
54(D5)	Val zu Asp	Jacksonville	Intern
56(D7)–59(E3)	Gly-Asn-Pro-Lys zu 0	Tochigi	Deletion
63(E7)	His zu Arg	Zürich	Hämbindung; distales Histidin
63(E7)	His zu Pro	Bicêtre	Hämbindung; distales Histidin
67(E11)	Val zu Met zu Asp	Bristol/Alesha	Hämkontakt
67(E11)	Val zu Ala	Sydney	–
68(E12)	Leu zu Pro	Mizuho	Intern
71(E15)	Phe zu Ser	Christchurch	Intern; Häm
74(E18)	Gly zu Val	Bushwick	Intern
74(E18)	Gly zu Asp	Shepherds Bush	Intern
91(F7)	Leu zu Pro	Sabine	Helixunterbrechung
91(F7)–95(FG1)	Leu-His-Cys-Asp-Lys zu 0	Gun Hill	Deletion des Hämkontakts einschließlich des proximalen Histidins
92(F8)	His zu Arg	Mozhaisk	Hämkontakt; proximales Histidin
92(F8)	His zu Asn zu Asp	Redondo	Hämkontakt; proximales Histidin
95(FG2)–96(FG3)	Leu-His-Asp-Lys-Insertion	Koriyama	Anti-Gun-Hill-Insertion; Hämkontakt; einschließlich proximales Histidin
97(FG4)	His zu Pro	Nagoya	$\alpha_1\beta_2$-Kontakt; Helixunterbrechung
98(FG5)	Val zu Met	Köln	$\alpha_1\beta_2$-Kontakt; Hämkontakt
98(FG5)	Val zu Gly	Nottingham	$\alpha_1\beta_2$-Kontakt; Hämkontakt
98(FG5)	Val zu Glu	Mainz	$\alpha_1\beta_2$-Kontakt; Hämkontakt
97(FG4)–98(FG5)	His-Val-Deletion; Leu-Insertion	Galicia	$\alpha_1\beta_2$-Kontakt; Hämkontakt
106(G8)	Leu zu Pro	Southampton	Helixunterbrechung
115(G17)	Ala zu Pro	Madrid	$\alpha_1\beta_1$-Kontakt; Helixunterbrechung
115(G17)	Ala zu Asp	Hradec Kralove	$\alpha_1\beta_1$-Kontakt
117(G19)	His zu Pro	Saitama	External
127(H5)	Gln zu Lys	Brest	$\alpha_1\beta_1$-Kontakt
130(H8)	Tyr zu Asp	Wien	Intern
141–144	Leu-Ala-His-Lys-Deletion; Gln-Insertion	Birmingham	Deletion

Hämoglobins als Heinz-Körper führen (Abb. 3.1.7). Diese Heinz-Körper binden sich an die Innenseite der Zellmembran und verursachen die mechanische Hämolyse in der Milz und wahrscheinlich auch eine immunologische Hämolyse durch die Aktivierung autologer Antikörper (Low et al., 1985; Waugh et al., 1986).

Es gibt 5 verschiedene molekulare Mechanismen, die zur Destabilisierung der dreidimensionalen Struktur des Hämoglobins führen können (Tabelle 3.1.3, 3.1.4).

Destabilisierung der Globin-Häm-Interaktion

Häm wird an der Oberfläche des Komplexes in der Hämtasche gebunden, wo nicht-polare Aminosäuren der CD-, E-, F- und FG-Regionen hydrophob mit dem Porphyrinring interagieren. Viele der klinisch relevanten instabilen Varianten, einschließlich des häufigen Hb-Köln (β98[FG5]-Val zu Met) betreffen diese Aminosäuren und bewirken eine schwächere Globin-Häm-Verbindung (Carrell et al., 1966; Jones et al., 1967).

Veränderung der Sekundärstruktur

Die vorherrschende Sekundärstruktur der Globinketten ist die α-Helix, die für die streng organisierte dreidimensionale Struktur absolut kritisch ist. Aminosäuresubstitutionen, die die α-Helix-Bildung stören, sind daher häufig mit einer hämolytischen Anämie assoziiert. Eine besondere Rolle spielen hier Mutationen, die Prolinreste in das Molekül einführen, da diese Aminosäure die α-Helix-Bildung besonders effektiv stört (Clegg et al., 1969).

Substitutionen des hydrophoben Kerns

Das Innere des Hämoglobintetramers ist stark hydrophob. Substitutionen einer ungeladenen durch eine geladenen Aminosäure führen daher häufig zu einer Destabilisierung des Moleküls (Brimhall et al., 1969; Perutz et al., 1965; Rieder et al., 1969).

Aminosäuredeletionen

Aminosäuredeletionen können eine schwerwiegende Auswirkung auf die Konformation des gesamten Komplexes haben, so daß einige dieser Mutationen zu einem thalassämischen Phänotyp führen (Park et al., 1991).

Elongation einer Untereinheit

Diese Varianten werden durch DNA-Insertionen, durch Mutationen des Translationsterminationskodons oder durch Frameshift-Mutationen im 3. Exon hervorgerufen (Weiss u. Liebhaber, 1994; 1995).

3.1.7.2 Genetik

Die instabilen Hämoglobinvarianten werden autosomal-dominant vererbt. Jedes der beiden β-Globin-Gen-Allele ist für 50% der Gesamt-β-Globin-Ketten-Synthese verantwortlich, wohingegen die beiden α2- und die beiden α1-Globin-Gen-Allele nur für jeweils 30–35% bzw. für 15–20% der Gesamt-α-Globin-Ketten-Synthese verantwortlich sind. So erklärt sich, daß die meisten instabilen Hämoglobinvarianten mit klinisch manifester Hämolyse β-Globin-Ketten-Varianten sind (Tabelle 3.1.3, 3.1.4).

3.1.7.3 Diagnose

Das Manifestationsalter hängt zum einen vom Ausmaß der Instabilität und zum anderen davon ab, welche Globinkette betroffen ist (s. oben). Bei den schweren Verlaufsformen können Symptome bereits im frühen Kindesalter auftreten. Hier

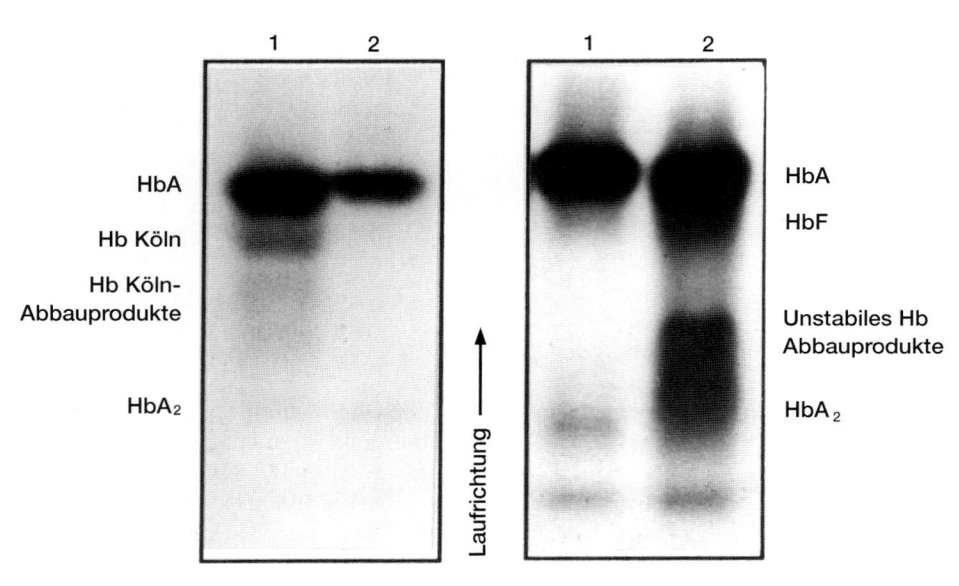

Abb. 3.1.8. Stärkeblockelektrophorese instabiler Hämoglobinvarianten, *links* Hämolysat eines Patienten mit Hb Köln (*Spur 1*) im Vergleich mit einer normalen Kontrolle (*Spur 2*), *rechts* Hämolysat eines Patienten mit einer nicht identifizierten Hb-Anomalie (*Spur 2*) im Vergleich zu einer normalen Kontrolle (*Spur 1*)

kommt es entweder zu einer chronischen Anämie oder zu hämolytischen Krisen, die mit fieberhaften Erkrankungen assoziiert sind. Wie auch bei der Sichelzellkrankheit kann es Parvovirus-bedingt zu aplastischen Krisen kommen. Aufgrund der Hämolyse kann es zur Ausbildung von Bilirubingallensteinen mit Koliken kommen. Der klinische Befund ist durch einen Ikterus und meist durch eine Splenomegalie charakterisiert. In vielen Fällen erlaubt eine konventionelle hämatologische Diagnostik eine spezifische Diagnose (Abb. 3.1.8). In anderen Fällen kann das instabile Hämoglobin proteinbiochemisch nicht nachgewiesen werden, so daß eine molekulargenetische Diagnostik durchgeführt werden muß.

3.1.7.4 Thalassämievarianten

Bei diesen Varianten kommt es zusätzlich zur Strukturanomalie zu einer quantitativen Reduktion der Globinkettensynthese, die durch eine reduzierte Transkriptionsaktivität, eine Verminderung der mRNA-Prozessierungseffizienz, der mRNA-Stabilität oder einer verstärkten posttranslationalen Degradation zustandekommen kann (Tabelle 3.1.5). Klinisch und hämatologisch fallen die Charakteristika der Thalassämie, wie eine Hypochromie und Mikrozytose der Erythrozyten, eine Splenomegalie und eine Anämie, durch ineffektive Erythropoese und Dyserythropoese auf (Abb. 3.1.9).

Tabelle 3.1.5. Hämoglobinvarianten mit dem Phänotyp einer Thalassämie

Variantentyp und Name	Mutation	Mechanismus
Verminderte transkriptionale Aktivität		
Hb Lepore Boston	δβ-Globin-Gen-Fusion	Transkriptionale Kontrolle durch den δ-Globin-Gen-Promotor
Hb Lepore Hollandia		
Hb Lepore Baltimore		
Verminderte Effizienz der mRNA-Prozessierung		
HbE	β26Glu zu Lys	Aktivierung einer kryptischen Spleißstelle
Hb Knossos	β27Ala zu Ser	Aktivierung einer kryptischen Spleißstelle
Hb Monroe	β30Arg zu Thr	Mutation der Spleißdonorkonsensussequenz
Verminderte mRNA Stabilität		
Hb Constant Spring	α142Ter zu Gln	Translation in die 3'-UTR
Hb Icaria	α142Ter zu Lys	s. Hb Constant Spring
Hb Koya Dora	α142Ter zu Ser	s. Hb Constant Spring
Hb Seal Rock	α142Ter zu Glu	s. Hb Constant Spring
Verminderte posttranslationale Stabilität		
Hb Suan Dok	α109Leu zu Arg	Hyperinstabil
Hb Quong Sze	α125Leu zu Pro	Hyperinstabil
Hb Toyama	α136Leu zu Arg	Hyperinstabil
Hb Chesterfield	β28Leu zu Arg	Hyperinstabil
Namenlos	β30–31+Arg	Hyperinstabil
Hb Korea	β33–34Val-Val zu 0–0	Hyperinstabil
Hb Dresden	β33–35 Val-Val-Tyr zu 0-0-Asp	Hyperinstabil
Hb Cagliari	β60Val zu Glu	Hyperinstabil
Hb Agnana	β94+TG	–
Hb Terre Haute	β106Leu zu Arg	Hyperinstabil
Hb Manhattan	β109ΔG	Verlängerte hyperinstabile β-Kette mit 156 Aminosäuren
Hb Showa-Yakushiji	β110Leu zu Pro	Hyperinstabil
Hb Brescia/Durham-NC	β114Leu zu Pro	Hyperinstabil
Hb Geneva	β114ΔCT, +G	Hyperinstabil
Hb Hradec Kralove (HK)	β115Ala zu Asp	Hyperinstabil
FS123ΔA (β-Kette Makabe)	β123ACC zu –CC	Verlängerte hyperinstabile β-Kette mit 156 Aminosäuren

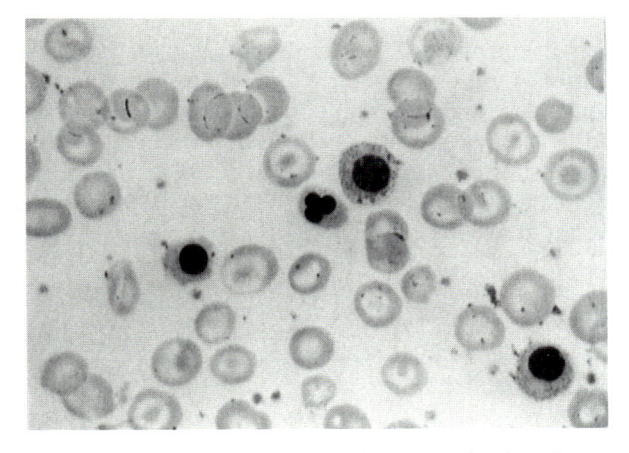

Abb. 3.1.9. Peripherer Blutausstrich einer splenektomierten Patientin mit einer hyperinstabilen Hb-Variante und Phänotyp einer dominanten β-Thalassämie (Hb Dresden β33–35 Val-Val-Tyr zu 0-0-Asp). Der Ausstrich zeigt eine ausgeprägte Hypochromie, Targetzellen und dysplastische Normoblasten. Die Hämoglobinelektrophorese zeigt eine erhöhte HbF-Konzentration (nicht gezeigt). Das anomale Hämoglobin kann proteinbiochemisch nicht nachgewiesen werden

Tabelle 3.1.5 (Fortsetzung)

Variantentyp und Name	Mutation	Mechanismus
FS 124 ΔA	β124 CCA zu CC-	verlängerte hyperinstabile β-Kette mit 156 Aminosäuren
Namenlos	β124–125+Pro	?
Hb Vercelli	β126GTG zu G-G	Verlängerte hyperinstabile β-Kette mit 156 Aminosäuren
Hb Neapolis	β126Val zu Gly	Hyperinstabil
Hb Houston	β127Ala zu Pro	Hyperinstabil
β-Kette Gunma	β127–128Gln-Ala zu Pro	Hyperinstabil, verkürzt um 1 Aminosäure
Namenlos	β128–135 Rearrangement (4 bp 128/129 deletiert, 11 bp 132–135 deletiert, CCACA inseriert)	–
Namenlos	β134–137Val-Ala-Gly-Val zu Gly- Arg	Hyperinstabil verkürzt um 2 Aminosäuren
Vorzeitige Translationstermination		
NS 121	β121Glu zu Ter	Vorzeitige Translationstermination
NS 127	β127Gln zu Ter	Vorzeitige Translationstermination

3.1.7.4.1 Molekulare Pathogenese

Das Paradigma dieses Typs von Hämoglobinvariante ist das Hb Lepore, das eine $\delta\beta$-Fusionskette enthält. Diese Fusionskette ist durch ein $\delta\beta$-Globin-Fusionsgen kodiert, das durch ein ungleiches Rekombinationsereignis zwischen den hochgradig homologen δ- und β-Globin-Genen entsteht (Baird et al., 1981; Mavilio et al., 1983). Die transkriptionelle Aktivität dieser Fusionsgene wird durch den δ-Globin-Gen-Promotor kontrolliert, der im Gegensatz zum β-Globin-Promotor nur ein CACCC-Element enthält und im Vergleich zum β-Globin-Gen weit weniger effizient funktioniert. Im heterozygoten Zustand für die Hb-Lepore-Anomalie zeigt sich eine deutliche Hypochromie der Erythrozyten bei ungefähr 7–15% der Hb-Variante. Kommt die Hb-Lepore-Variante gemischt heterozygot mit einem β^0- oder β^--Thalassämie-Allel vor, entsteht charakteristischerweise der Phänotyp einer transfusionsbedürftigen Thalassaemia major.

Die häufigste Thalassämie-Hb-Variante ist das HbE ($\beta26$Glu:Lys), die v.a. in Südostasien sehr hohe Genfrequenzen erreicht. Sowohl die β^E-Mutation als auch die sehr viel seltenere Hb-Knossos-Variante ($\beta27$Ala:Ser) aktivieren eine kryptische Spleißstelle im Exon 1 des β-Globin-Gens und führen so zu einer abnormen mRNA-Prozessierung. Außerdem ist HbE instabil (Fairbanks et al., 1980; Orkin et al., 1982; 1984; Wong u. Ali, 1982). Es gibt weitere Beispiele von Hb-Varianten, die die Spleißeffizienz durch Mutation des exonischen Teils des Spleißkonsensus (z. B. Hb-Monroe $\beta30$Arg:Thr) (Vidaud et al., 1989) oder die mRNA-Stabilität durch Mutation des Translations-Stopkodons vermindern (z. B. Hb-Constant Spring, Hb-Icaria, Hb-Koya Dora, Hb-Seal Rock) (Clegg et al., 1971; 1974; De Jong et al., 1975; Merritt et al., 1997; Milner et al., 1971; Weiss et al., 1990; Weiss u. Liebhaber, 1994; 1995).

Letztlich kann eine Thalassämie entstehen, wenn die anomale Globinkette eine ausgeprägte Instabilität aufweist und abgebaut wird, bevor sie in das Tetramer inkorporiert werden kann. Andere Hb-Varianten vermindern die Stabilität des Hämoglobintetramers soweit, daß sie auch proteinbiochemisch nicht identifiziert werden können (Kazazian et al., 1992).

Ein besonderer Mutationstyp ist durch Nonsense-Mutationen im terminalen Exon des β-Globin-Gens charakterisiert. Diese mutierten Gene kodieren C-terminal verkürzte und nicht funktionstüchtige Globinketten. Bei allen diesen Mutationen muß in der erythroiden Vorläuferzelle im Knochenmark nicht nur das überschüssige α-Globin, sondern auch das strukturell abnorme β-Globin abgebaut werden. Dies überlastet die proteolytische Kapazität des Systems und führt zur ineffektiven Erythropoese. Das klinische Charakteristikum dieser Anomalien ist das dominante Vererbungsmuster einer Thalassämie, die entweder sehr mild ausgeprägt sein kann oder zu chronischem Transfusionsbedarf führt (Hall u. Thein, 1994; Hentze u. Kulozik, 1999; Ho et al., 1997; Thein, 1992; Thermann et al., 1998).

3.1.8 Ausblick

Die Therapie der Hämoglobinopathien hat sich in den letzten Jahren sehr zum Vorteil der betroffenen Patienten entwickelt. Die wichtigsten Meilensteine waren bisher die Verbesserung der Supportivtherapie und bei der β-Thalassämie insbesondere die Einführung der Eisenchelatbildner und der Knochenmarktransplantation. Aus der Kenntnis der molekularen Pathophysiologie der Hämoglobinerkrankungen ergeben sich jedoch Perspektiven für ganz neue Therapiemodalitäten.

3.1.8.1 Pharmakologische Reaktivierung der fetalen Globingene

Seit längerem ist bekannt, daß sich die HbF-Synthese durch die Applikation von zytostatisch wirksamen Medikamenten steigern läßt. Bei der Sichelzellerkrankung wird dieses Phänomen als Basis für eine neue Therapiestrategie eingesetzt. Ein hoher Gehalt fetalen Hämoglobins im Erythrozyten vermindert die Aggregation von HbS in vitro und ist klinisch mit einem milden Phänotyp assoziiert. Auf diesen Beobachtungen basieren therapeutische Ansätze zur Steigerung der HbF-Synthese durch unterschiedliche Agenzien. Die Zytostatika 5-Acacytidin und Hydroxycarbamid (Hydroxyurea) erhöhen, insbesondere in Kombination mit Erythropoetin, die γ-Globin-Gen-Expression bei der HbSS-Erkrankung und führen zu einem Anstieg des HbF mit einem damit assoziierten Anstieg der F-Retikulozyten, des Hämoglobins, des MCV und des MCH. Außerdem kommt es zu einer Reduktion der kompakten Zellen und zu einer Verbesserung der Rheologie. Bei der β-Thalassämie ist der Effekt dieser Substanzen und insbesondere des Hydroxyurea sicher nicht ausreichend. Bei dieser Erkrankung ist in letzter Zeit Butyrat ins Zentrum des Interesses gerückt, das bei einigen Patienten durch eine Reaktivierung der γ-Globin-Gene zur Transfusionsfreiheit geführt hat. Größere klinische Studien stehen jedoch noch aus.

3.1.8.2 Somatische Gentherapie

Die Entwicklung der Gentherapie der Hämoglobinopathien hat enttäuscht. Es gab frühe und erfolgversprechende Ergebnisse bei der Expression von humanen β-Globin-Genen im Mäuseknochenmark. Allerdings ergab sich hier das Problem einer nur sehr geringgradigen Expression des exogenen Gens. Hoffnungen gründeten sich auf der Identifikation der β-Globin-Locuskontrollregion (LCR), die positionsunabhängig zu einer gewebespezifischen und quantitativ fast physiologischen Expression führt. Es stellte sich jedoch heraus, daß retrovirale Vektoren mit einem LCR-gekoppelten β-Globin-Gen strukturell besonders instabil sind. Dieses Problem ist auch nach umfangreichen Modifikationen an den retroviralen Vektoren heute noch nicht gelöst.

3.1.9 Literatur

Ackers, G. K., Doyle, M. L., Myers, D., Daugherty, M. A. (1992) Molecular code for cooperativity in hemoglobin. Science 255:54–63

Alter, B. P., Rappeport, J. M., Huisman, T. H., Schroeder, W. A., Nathan, D. G. (1976) Fetal erythropoiesis following bone marrow transplantation. Blood 48:843–853

Amrolia, P. J., Cunningham, J. M., Ney, P., Nienhuis, A. W., Jane, S. M. (1995) Identification of two novel regulatory elements within the 5'-untranslated region of the human A gamma-globin gene. J Biol Chem 270:12.892–12.898

Arnone, A. (1972) X-ray diffraction study of binding of 2,3-diphosphoglycerate to human deoxyhaemoglobin. Nature 237:146–149

Baird, M., Schreiner, H., Driscoll, C., Bank, A. (1981) Localization of the site of recombination in formation of the Lepore Boston globin gene. J Clin Invest 68:560–564

Bard, H. (1975) The postnatal decline of hemoglobin F synthesis in normal full-term infants. J Clin Invest 55:395–398

Bauer, C., Schroder, E. (1972) Carbamino compounds of haemoglobin in human adult and foetal blood. J Physiol (Lond) 227:457–471

Benesch, R., Benesch, R. E. (1967) The effect of organic phosphates from the human erythrocyte on the allosteric properties of hemoglobin. Biochem Biophys Res Commun 26:162–167

Bonaventura, C., Arumugam, M., Cashon, R., Bonaventura, J., Moo Penn, W. F. (1994) Chloride masks effects of opposing positive charges in Hb A and Hb Hinsdale (beta 139 AsnLys) that can modulate cooperativity as well as oxygen affinity. J Mol Biol 239:561–568

Brimhall, B., Jones, R. T., Baur, E. W., Motulsky, A. G. (1969) Structural characterization of hemoglobin Tacoma. Biochemistry 8:2125–2129

Bunn, H. F., Forget, B. G. (1986) Hemoglobin: molecular, genetic and clinical aspects. Saunders, Philadelphia

Capp, G. L., Rigas, D. A., Jones, R. T. (1967) Hemoglobin Portland 1: a new human hemoglobin unique in structure. Science 157:65–66

Capp, G. L., Rigas, D. A., Jones, R. T. (1970) Evidence for a new haemoglobin chain (zeta-chain). Nature 228:278–280

Carrell, R. W., Lehmann, H., Hutchison, H. E. (1966) Haemoglobin Koln (beta-98 valine-methionine): an unstable protein causing inclusion-body anaemia. Nature 210:915–916

Chanutin, A., Curnish, R. R. (1967) Effect of organic and inorganic phosphates on the oxygen equilibrium of human erythrocytes. Arch Biochem Biophys 121:96–102

Charache, S., Dover, G. J., Moore, R. D. et al. (1992) Hydroxyurea: effects on hemoglobin F production in patients with sickle cell anemia [see comments]. Blood 79:2555–2565

Charache, S., Terrin, M. L., Moore, R. D. et al. (1995) Effect of hydroxyurea on the frequency of painful crises in sickle cell anemia. Investigators of the Multicenter Study of Hydroxyurea in Sickle Cell Anemia [see comments]. N Engl J Med 332:1317–1322

Chui, D. H., Wong, S. C., Chung, S. W., Patterson, M., Bhargava, S., Poon, M. C. (1986) Embryonic zeta-globin chains in adults: a marker for alpha-thalassemia-1 haplotype due to a greater than 17.5-kb deletion. N Engl J Med 314:76–79

Chung, S. W., Wong, S. C., Clarke, B. J., Patterson, M., Walker, W. H., Chui, D. H. (1984) Human embryonic zeta-globin chains in adult patients with alpha-thalassemias. Proc Natl Acad Sci USA 81:6188–6191

Clegg, J. B., Weatherall, D. J., Boon, W. H., Mustafa, D. (1969) Two new haemoglobin variants involving proline substitutions. Nature 222:379–380

Clegg, J. B., Weatherall, D. J., Milner, P. F. (1971) Haemoglobin Constant Spring – a chain termination mutant? Nature 234:337–340

Clegg, J. B., Weatherall, D. J., Contopolou Griva, I., Caroutsos, K., Poungouras, P., Tsevrenis, H. (1974) Haemoglobin Icaria, a new chain-termination mutant with causes alpha thalassaemia. Nature 251:245–247

De Jong, W. W., Meera Khan, P., Bernini, L. F. (1975) Hemoglobin Koya Dora: high frequency of a chain termination mutant. Am J Hum Genet 27:81–90

Fairbanks, V. F., Oliveros, R., Brandabur, J. H., Willis, R. R., Fiester, R. F. (1980) Homozygous hemoglobin E mimics beta-thalassemia minor without anemia or hemolysis: hematologic, functional, and biosynthetic studies of first North American cases. Am J Hematol 8:109–121

Fermi, G., Perutz, M. F., Shaanan, B., Fourme, R. (1984) The crystal structure of human deoxyhaemoglobin at 1.74 Å resolution. J Mol Biol 175:159–174

Frier, J. A., Perutz, M. F. (1977) Structure of human foetal deoxyhaemoglobin. J Mol Biol 112:97–112

Grosveld, F., Assendelft, G. B. van, Greaves, D. R., Kollias, G. (1987) Position-independent, high-level expression of the human beta-globin gene in transgenic mice. Cell 51:975–985

Gupta, R. K., Benovic, J. L., Rose, Z. B. (1979) Location of the allosteric site for 2,3-bisphosphoglycerate on human oxy- and deoxyhemoglobin as observed by magnetic resonance spectroscopy. J Biol Chem 254:8250–8255

Hall, G. W., Thein, S. (1994) Nonsense codon mutations in the terminal exon of the beta-globin gene are not associated with a reduction in beta-mRNA accumulation: a mechanism for the phenotype of dominant beta-thalassemia. Blood 83:2031–2037

Hentze, M. W., Kulozik, A. E. (1999) A perfect message: RNA surveillance and nonsense-mediated decay. Cell 96:307–310

Higgs, D. R. (1993) alpha-Thalassaemia. Baillieres Clin Haematol 6:117–150

Ho, P. J., Wickramasinghe, S. N., Rees, D. C., Lee, M. J., Eden, A., Thein, S. L. (1997) Erythroblastic inclusions in dominantly inherited β-thalassemias. Blood 89:322–328

Hofmann, O., Mould, R., Brittain, T. (1995) Allosteric modulation of oxygen binding to the three human embryonic haemoglobins. Biochem J 306:367–370

Huehns, E. R., Flynn, F. V., Butler, E. A., Beaven, G. H. (1961) Two new haemoglobin variants in a young human embryo. Nature 189:1877–1879

Huisman, T. H. J., Carver, M. F. H., Efremov, G. D. (1996) A syllabus of human hemoglobin variants. The Sickle Cell Anemia Foundation, Augusta GA, USA

Jacob, H., Winterhalter, K. (1970a) Unstable hemoglobins: the role of heme loss in Heinz body formation. Proc Natl Acad Sci USA 65:697–701

Jacob, H. S., Winterhalter, K. H. (1970b) The role of hemoglobin heme loss in Heinz body formation: studies with a partially heme-deficient hemoglobin and with genetically unstable hemoglobins. J Clin Invest 49:2008–2016

Jane, S. M., Nienhuis, A. W., Cunningham, J. M. (1995) Hemoglobin switching in man and chicken is mediated by a heteromeric complex between the ubiquitous transcription factor CP2 and a developmentally specific protein [published erratum appears in EMBO J 1995 Feb 15;14(4):854]. EMBO J 14:97–105

Jones, R. V., Grimes, A. J., Carrell, R. W., Lehmann, H. (1967) Köln haemoglobinopathy. Further data and a comparison with other hereditary Heinz body anaemias. Br J Haematol 13:394–408

Kar, B. C., Satapathy, R. K., Kulozik, A. E., Kulozik, M., Sirr, S., Serjeant, B. E., Serjeant, G. R. (1986) Sickle cell disease in Orissa State, India. Lancet 2:1198–1201

Kazazian, H. H., Jr., Dowling, C. E., Hurwitz, R. L., Coleman, M., Stopeck, A., Adams, J. G. D. (1992) Dominant thalassemia-like phenotypes associated with mutations in exon 3 of the beta-globin gene. Blood 79:3014–3018

Kelly, R. M., Hui, H. L., Noble, R. W. (1994) Chloride acts as a novel negative heterotropic effector of hemoglobin Rothschild (beta 37 TrpArg) in solution. Biochemistry 33:4363–4367

Kilmartin, J. V., Breen, J. J., Roberts, G. C., Ho, C. (1973) Direct measurement of the pK values of an alkaline Bohr group in human hemoglobin. Proc Natl Acad Sci USA 70:1246–1249

Kilmartin, J. V., Fogg, J. H., Perutz, M. F. (1980) Role of C-terminal histidine in the alkaline Bohr effect of human hemoglobin. Biochemistry 19:3189–3193

Kleihauer, E., Braun, H., Betke, K. (1957) Demonstration von fetalem Hämoglobin in den Erythrocyten eines Blutausstrichs. Klin Wochenschr 35:637–638

Kleihauer, E., Hötzel, U., Betke, K. (1967) Die materno-fetale Transfusion. Monatsschr Kinderheilkd 115:145–146

Kleihauer, E., Kohne, E., Kulozik, A. E. (1996) Anomale Hämoglobine und Thalassämiesyndrome. Ecomed, Landsberg

Kohne, E., Stahnke, K., Kulozik, A. E., Kleihauer, E. (1992) [German multicenter thalassemia study. Concept and initial results]. Klin Padiatr 204:258–263

Komiyama, N. H., Shih, D. T., Looker, D., Tame, J., Nagai, K. (1991) Was the loss of the D helix in alpha globin a functionally neutral mutation? Nature 352:349–351

Krauss, J. S., Rodriguez, A. R., Milner, P. F. (1981) Erythroleukemia with high fetal hemoglobin after therapy for ovarian carcinoma. Am J Clin Pathol 76:721–722

Kulozik, A. E. (1992) Beta-thalassaemia: molecular pathogenesis and clinical variability. Eur J Pediatr 151:78–84

Kulozik, A. E. (1994a) Die Sichelzellerkrankung – Klinisches Bild und Behandlungsprinzipien. In: Kleihauer, E., Kulozik, A. E. (Hrsg) Pädiatrische Hämatologie. Enke, Stuttgart, S 43–50

Kulozik, A. E. (1994b) β-Thalassämie – Grundlagen, derzeitige Therapieempfehlungen und Perspektiven. In: Kleihauer, E., Kulozik, A. E. (Hrsg) Pädiatrische Hämatologie. Enke, Stuttgart, S 30–42

Kulozik, A. E. (1999) Hemoglobin variants and the rarer hemoglobin disorders. In: Lilleyman, J. S., Hann, I. M., Blanchette, V. S. (eds) Pediatric hematology. Churchill Livingstone, Edinburgh London New York, pp 231–256

Kulozik, A. E., Wainscoat, J. S., Serjeant, G. R. et al. (1986) Geographical survey of beta S-globin gene haplotypes: evidence for an independent Asian origin of the sickle-cell mutation. Am J Hum Genet 39:239–244

Kulozik, A. E., Kar, B. C., Satapathy, R. K., Serjeant, B. E., Serjeant, G. R., Weatherall, D. J. (1987a) Fetal hemoglobin levels and beta S globin haplotypes in an Indian population with sickle cell disease. Blood 69:1742–1746

Kulozik, A. E., Thein, S. L., Kar, B. C., Wainscoat, J. S., Serjeant, G. R., Weatherall, D. J. (1987b) Raised Hb F levels in sickle cell disease are caused by a determinant linked to the beta globin gene cluster. Prog Clin Biol Res 251:427–439

Kulozik, A. E., Kar, B. C., Serjeant, G. R., Serjeant, B. E., Weatherall, D. J. (1988a) The molecular basis of alpha thalassemia in India. Its interaction with the sickle cell gene. Blood 71:467–472

Kulozik, A. E., Lyons, J., Kohne, E., Bartram, C. R., Kleihauer, E. (1988b) Rapid and non-radioactive prenatal diagnosis of beta thalassaemia and sickle cell disease: application of the polymerase chain reaction (PCR). Br J Haematol 70:455–458

Kulozik, A. E., Bellan Koch, A., Bail, S., Kohne, E., Kleihauer, E. (1991) Thalassemia intermedia: moderate reduction of beta globin gene transcriptional activity by a novel mutation of the proximal CACCC promoter element. Blood 77:2054–2058

Kulozik, A. E., Kohne, E., Kleihauer, E. (1993) Thalassemia intermedia: compound heterozygous beta zero/beta(+)-thalassemia and co-inherited heterozygous alpha(+)-thalassemia. Ann Hematol 66:51–54

LaFlamme, S., Acuto, S., Markowitz, D., Vick, L., Landschultz, W., Bank, A. (1987) Expression of chimeric human beta- and delta-globin genes during erythroid differentiation. J Biol Chem 262:4819–4826

Liddington, R., Derewenda, Z., Dodson, E., Hubbard, R., Dodson, G. (1992) High resolution crystal structures and comparisons of T-state deoxyhaemoglobin and two liganded T-state haemoglobins: T(alpha-oxy)haemoglobin and T(met)haemoglobin. J Mol Biol 228:551–579

Liebhaber, S. A., Cash, F. E., Ballas, S. K. (1986) Human alpha-globin gene expression. The dominant role of the alpha 2-locus in mRNA and protein synthesis. J Biol Chem 261:15.327–15.333

Low, P. S., Waugh, S. M., Zinke, K., Drenckhahn, D. (1985) The role of hemoglobin denaturation and band 3 clustering in red blood cell aging. Science 227:531–533

Lucarelli, G., Giardini, C., Baronciani, D. (1995) Bone marrow transplantation in thalassemia. Semin Hematol 32:297–303

Maurer, H. S., Vida, L. N., Honig, G. R. (1972) Similarities of the erythrocytes in juvenile chronic myelogenous leukemia to fetal erythrocytes. Blood 39:778–784

Mavilio, F., Giampaolo, A., Care, A., Sposi, N. M., Marinucci, M. (1983) The delta beta crossover region in Lepore boston hemoglobinopathy is restricted to a 59 base pairs region around the 5' splice junction of the large globin gene intervening sequence. Blood 62:230–233

Merritt, D., Jones, R. T., Head, C. et al. (1997) Hemoglobin Seal Rock [(alpha2)142 Term-Glu, codon 142 TAA-GAA] an extended alpha chain variant associated with anemia, microcytosis and alpha-thalassemia-2 (-3.7 kb). Hemoglobin 21:331–344

Milner, P. F., Clegg, J. B., Weatherall, D. J. (1971) Haemoglobin-H disease due to a unique haemoglobin variant with an elongated alpha-chain. Lancet 1:729–732

Miniero, R., David, O., Saglio, G., Paschero, C., Nicola, P. (1981) L'emoglobina fetale nella anemia dé Fanconi. Pediatr Med Chir 3:167–170

Monod, J., Wyman, J., Changeux, J. P. (1965) On the nature of allosteric transtions: a plausible model. J Mol Biol 12:88–95

Nishikura, K. (1978) Identification of histidine-122 alpha in human haemoglobin as one of the unknown alkaline Bohr groups by hydrogen-tritium exchange. Biochem J 173:651–657

Orkin, S. H. (1990) Globin gene regulation and switching: circa 1990. Cell 63:665–672

Orkin, S. H. (1995) Regulation of globin gene expression in erythroid cells. Eur J Biochem 231:271–281

Orkin, S. H., Kazazian, H. H., Jr., Antonarakis, S. E., Ostrer, H., Goff, S. C., Sexton, J. P. (1982) Abnormal RNA processing due to the exon mutation of beta E-globin gene. Nature 300:768–769

Orkin, S. H., Antonarakis, S. E., Loukopoulos, D. (1984) Abnormal processing of beta Knossos RNA. Blood 64:311–313

Padmos, M. A., Roberts, G. T., Sackey, K. et al. (1991) Two different forms of homozygous sickle cell disease occur in Saudi Arabia. Br J Haematol 79:93–98

Pagnier, J., Lopez, M., Mathiot, C., Habibi, B., Zamet, P., Varet, B., Labie, D. (1977) An unusual case of leukemia with high fetal hemoglobin: demonstration of abnormal hemoglobin synthesis localized in a red cell clone. Blood 50:249–258

Paoli, M., Liddington, R., Tame, J., Wilkinson, A., Dodson, G. (1996) Crystal structure of T state haemoglobin with oxygen bound at all four haems. J Mol Biol 256:775–792

Park, S. S., Barnetson, R., Kim, S. W., Weatherall, D. J., Thein, S. L. (1991) A spontaneous deletion of beta 33/34 Val in exon 2 of the beta globin gene (Hb Korea) produces the phenotype of dominant beta thalassaemia. Br J Haematol 78:581–582

Perrine, S. P., Dover, G. H., Daftari, P., Walsh, C. T., Jin, Y., Mays, A., Faller, D. V. (1994) Isobutyramide, an orally bioavailable butyrate analogue, stimulates fetal globin gene expression in vitro and in vivo. Br J Haematol 88:555–561

Perrine, S. P., Ginder, G. D., Faller, D. V. et al. (1993) A short-term trial of butyrate to stimulate fetal-globin-gene expression in the beta-globin disorders [see comments]. N Engl J Med 328:81–86

Perutz, M. F. (1970) Stereochemistry of cooperative effects in haemoglobin. Nature 228:726–739

Perutz, M. F. (1974) Mechanism of denaturation of haemoglobin by alkali. Nature 247:341–344

Perutz, M. F., Lehmann, H. (1968) Molecular pathology of human haemoglobin. Nature 219:902–909

Perutz, M. F., Kendrew, J. C., Watson, H. C. (1965) Structure and function of haemoglobin. II. Some relations between polypeptide chain configuration and amino acid sequence. J Mol Biol 13:669–678

Perutz, M. F., Miurhead, H., Cox, J. M., Goaman, L. C., Mathews, F. S., McGandy, E. L., Webb, L. E. (1968a) Three-dimensional Fourier synthesis of horse oxyhaemoglobin at 2.8 Å resolution: (1) X-ray analysis. Nature 219:29–32

Perutz, M. F., Muirhead, H., Cox, J. M., Goaman, L. C. (1968b) Three-dimensional Fourier synthesis of horse oxyhaemoglobin at 2.8 Å resolution: the atomic model. Nature 219:131–139

Perutz, M. F., Muirhead, H., Mazzarella, L., Crowther, R. A., Greer, J., Kilmartin, J. V. (1969) Identification of residues responsible for the alkaline Bohr effect in haemoglobin. Nature 222:1240–1243

Perutz, M. F., Kilmartin, J. V., Nishikura, K., Fogg, J. H., Butler, P. J., Rollema, H. S. (1980) Identification of residues contributing to the Bohr effect of human haemoglobin. J Mol Biol 138:649–668

Perutz, M. F., Shih, D. T., Williamson, D. (1994) The chloride effect in human haemoglobin. A new kind of allosteric mechanism. J Mol Biol 239:555–560

Raich, N., Enver, T., Nakamoto, B., Josephson, B., Papayannopoulou, T., Stamatoyannopoulos, G. (1990) Autonomous developmental control of human embryonic globin gene switching in transgenic mice. Science 250:1147–1149

Raich, N., Clegg, C. H., Grofti, J., Romeo, P. H., Stamatoyannopoulos, G. (1995) GATA1 and YY1 are developmental repressors of the human epsilon-globin gene. EMBO J 14:801–809

Ricco, G., Mazza, U., Turi, R. M., Pich, P. G., Camaschella, C., Saglio, G., Bernini, L. F. (1976) Significance of a new type of human fetal hemoglobin carrying a replacement isoleucine replaced by threonine at position 75 (E 19) of the gamma chain. Hum Genet 32:305–313

Rieder, R. F. (1974) Human hemoglobin stability and instability: molecular mechanisms and some clinical correlations. Semin Hematol 11:423–440

Rieder, R. F., Oski, F. A., Clegg, J. B. (1969) Hemoglobin Philly (beta 35 tyrosine phenylalanine): studies in the molecular pathology of hemoglobin. J Clin Invest 48:1627–1642

Rollema, H. S., Bruin, S. H. de, Janssen, L. H., Os, G. A. van (1975) The effect of potassium chloride on the Bohr effect of human hemoglobin. J Biol Chem 250:1333–1339

Ross, J., Pizarro, A. (1983) Human beta and delta globin messenger RNAs turn over at different rates. J Mol Biol 167:607–617

Schroeder, W. A. (1980) The synthesis and chemical heterogeneity of human fetal hemoglobin: overview and present concepts. Hemoglobin 4:431–446

Schroeder, W. A., Huisman, T. H., Shelton, J. R., Shelton, J. B., Kleihauer, E. F., Dozy, A. M., Robberson, B. (1968) Evidence for multiple structural genes for the gamma chain of human fetal hemoglobin. Proc Natl Acad Sci USA 60:537–544

Sharpe, J. A., Summerhill, R. J., Vyas, P., Gourdon, G., Higgs, D. R., Wood, W. G. (1993) Role of upstream DNase I hypersensitive sites in the regulation of human alpha globin gene expression. Blood 82:1666–1671

Sher, G. D., Ginder, G. D., Little, J., Yang, S., Dover, G. J., Olivieri, N. F. (1995) Extended therapy with intravenous arginine butyrate in patients with beta-hemoglobinopathies. N Engl J Med 332:1606–1610

Shih, T., Jones, R. T., Bonaventura, J., Bonaventura, C., Schneider, R. G. (1984) Involvement of His HC3 (146) beta in the Bohr effect of human hemoglobin. Studies of native and N-ethylmaleimide-treated hemoglobin A and hemoglobin Cowtown (beta 146 His replaced by Leu) J Biol Chem 259:967–974

Serjeant, G. R. (1992) Sickle cell disease. Oxford University Press, Oxford

Thein, S. L. (1992) Dominant beta thalassaemia: molecular basis and pathophysiology [see comments]. Br J Haematol 80:273–277

Thein, S. L., Hinton, J. (1991) A simple and rapid method of direct sequencing using Dynabeads. Br J Haematol 79:113–115

Thermann, R., Neu-Yilik, G., Deters, A. et al. (1998) Binary specification of nonsense codons by splicing and cytoplasmic translation. EMBO J 17:3484–3494

Todd, D., Lai, M. C., Beaven, G. H., Huehns, E. R. (1970) The abnormal haemoglobins in homozygous alpha-thalassaemia. Br J Haematol 19:27–31

Tuan, D., Solomon, W., Li, Q., London, I. M. (1985) The „beta-like-globin" gene domain in human erythroid cells. Proc Natl Acad Sci USA 82:6384–6388

Vidaud, M., Gattoni, R., Stevenin, J. et al. (1989) A 5′ splice-region GC mutation in exon 1 of the human beta-globin gene inhibits pre-mRNA splicing: a mechanism for beta+-thalassaemia. Proc Natl Acad Sci USA 86:1041–1045

Vetter, B., Schwarz, C., Kohne, E., Kulozik, A. E. (1997) Beta-thalassaemia in the immigrant and nonimmigrant German populations. Br J Haematol 97:266–272

Vyas, P., Vickers, M. A., Simmons, D. L., Ayyub, H., Craddock, C. F., Higgs, D. R. (1992) Cis-acting sequences regulating expression of the human alpha-globin cluster lie within constitutively open chromatin. Cell 69:781–793

Waugh, S. M., Willardson, B. M., Kannan, R. et al. (1986) Heinz bodies induce clustering of band 3:glycophorin, and ankyrin in sickle cell erythrocytes. The role of hemoglobin denaturation and band 3 clustering in red blood cell aging. J Clin Invest 78:1155–1160

Weatherall, D. J., Brown, M. J. (1970) Juvenile chronic myeloid leukaemia. Lancet 1:526

Weatherall, D. J., Clegg, J. B. (1981) The thalassaemia syndromes. Blackwell Scientific, Oxford

Weatherall, D. J., Clegg, J. B., Wood, W. G. (1976) A model for the persistence or reactivation of fetal haemoglobin production. Lancet II:660–663

Weiss, I. M., Liebhaber, S. A. (1994) Erythroid cell-specific determinants of alpha-globin mRNA stability. Mol Cell Biol 14:8123–8132

Weiss, I. M., Liebhaber, S. A. (1995) Erythroid cell-specific mRNA stability elements in the alpha 2-globin 3′ nontranslated region. Mol Cell Biol 15:2457–2465

Weiss, I., Cash, F. E., Coleman, M. B. et al. (1990) Molecular basis for alpha-thalassemia associated with the structural mutant hemoglobin Suan-Dok (alpha 2 109leu→arg) [published erratum appears in Blood 1991 Mar 15;77(6):1404]. Blood 76:2630–2636

Williamson, D. (1993) The unstable haemoglobins. Blood Rev 7:146–163

Wong, S. C., Ali, M. A. (1982) Hemoglobin E diseases: hematological, analytical, and biosynthetic studies in homozygotes and double heterozygotes for alpha-thalassemia. Am J Hematol 13:15–21

Wood, W. G. (1993) Increased HbF in adult life. Baillieres Clin Haematol 6:177–213

3.2 Hereditäre Membrandefekte und Enzymopathien roter Blutzellen

Gisela Jacobasch

Inhaltsverzeichnis

3.2.1	Einführung, Struktur und Funktion roter Blutzellen	393
3.2.2	Erythropoese	394
3.2.3	Klinische Manifestation von Membrandefekten und Enzymopathien	397
3.2.4	Enzymopathien des Pentosephosphatwegs	399
3.2.4.1	Glukose-6-Phosphat-Dehydrogenase-(G6PDH)-Enzymopathien	399
3.2.4.1.1	Struktur der G6PDH, Regulation der Enzymaktivität	399
3.2.4.1.2	G6PDH-Gen und G6PDH-Varianten	401
3.2.4.1.3	Hämolytische Anämien und Drogen-induzierte Hämolysen	404
3.2.4.1.4	Genetischer Polymorphismus, Populationsgenetik und Malaria	406
3.2.4.1.5	Diagnostik und Therapie von G6PDH-Enzymopathien	408
3.2.4.2	Andere Defekte des Pentosephosphatwegs: 6-Phosphoglukonatdehydrogenase, 6-Phosphoglukonolaktonase, Glutathionperoxidase, Glutathionreduktase, Defekte der Glutathionsynthese	410
3.2.5	Enzymopathien von Glykolyseenzymen	411
3.2.5.1	Struktur und Funktion der PK roter Blutzellen	411
3.2.5.2	Pyruvatkinaseenzymopathien	412
3.2.5.2.1	Stoffwechsel PK-defekter roter Blutzellen	412
3.2.5.2.2	Genese der Pyruvatkinaseisoenzyme, Mutationen des PK-L/R-Gens	413
3.2.5.2.3	Struktur-Funktions-Beziehungen von PK-Varianten und -Mutanten	415
3.2.5.2.4	Populationsgenetik der PK-Mutationen	416
3.2.5.2.5	Diagnostik und Therapie von PK-Enzymopathien	416
3.2.5.3	Genetische Defekte der Hexokinase (HK) und Phosphofruktokinase (PFK)	418
3.2.5.4	Glukose-6-Phosphat-Isomerase(GPI)- und Triosephosphatisomerasedefekte (TIM)	419
3.2.5.5	Enzymopathien der Phosphoglyzeratkinase und des 2,3-Bisphosphoglyzeratweges	421
3.2.5.6	Genetische Defekte der Aldolase, Laktatdehydrogenase, Enolase und des Nukleotidstoffwechsels	423
3.2.6	Hereditäre Sphärozytose und Elliptozytose	425
3.2.6.1	Strukturelle Anordnung von Komponenten der Erythrozytenmembran und des Zytoskeletts; Regulation ihrer Funktion	425
3.2.6.1.1	Integrale Proteine	426
3.2.6.1.2	Zytoskelettproteine	428
3.2.6.2	Prävalenz, Genetik und Erbgang der Sphärozytose und Elliptozytose	428
3.2.6.2.1	Hereditäre Sphärozytose (HS)	428
3.2.6.2.2	Hereditäre Elliptozytose (HE)	428
3.2.7	Ausblick	435
3.2.8	Literatur	435

3.2.1 Einführung, Struktur und Funktion roter Blutzellen

Erythrozyten sind für den O_2- und CO_2-Transport funktionell hochspezialisierte Zellen. In etwa 4×10^5 Blutzirkulationen können sie diese Aufgabe über 120 Tage erfüllen. Um äußeren und inneren Belastungen entgegenzuwirken, sind ATP und NADPH erforderlich, die über den Energiestoffwechsel, die Glykolyse und den Redoxstoffwechsel, der das Glutathionsystem und den oxidativen Pentosephosphatweg einschließt, regeneriert werden (Abb. 3.2.1). Die Aktivität dieser Stoffwechselwege ist auch zur Aufrechterhaltung der bikonkaven Zellform, der spezifischen intrazellulären Kationenkonzentration, des reduzierten Zustands des Hämoglobins und der Sulfhydrylgruppen von Enzymen, Glutathion und Membrankomponenten erforderlich. Begrenzt eine Enzymopathie in diesen Stoffwechselsequenzen die ATP und/oder NADPH-Bildung, resultieren daraus Membranveränderungen, die eine Elimination der geschädigten Zellen durch das Monozyten-Makrophagen-System einlei-

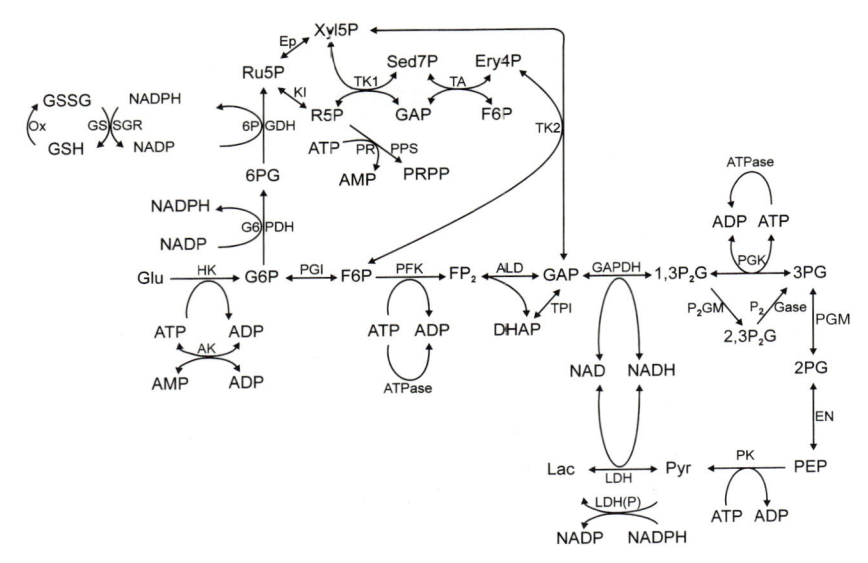

Abb. 3.2.1. Stoffwechselwege des Erythrozyten: Glykolyse, Pentosephosphatweg, Glutathionsystem und Phosphoribosylpyrophosphatbildung, *ATPase* energieverbrauchende Reaktionen, *Ox* NADPH verbrauchende Prozesse. Die Bildung der Mg-Komplexe und die Bindung von NADPH an Proteine sind nicht ausgewiesen. Gleichgewichtsreaktionen sind durch einen *Doppelpfeil*, Reaktionen entfernt vom thermodynamischen Gleichgewicht durch einen *Pfeil in eine Richtung* gekennzeichnet

ten. Die strukturelle Anordnung der Plasmamembran und des Zytoskeletts mit seinen Protein-Protein- und Protein-Lipid-Wechselwirkungen ist für die Zellform, die rheologischen Eigenschaften und den Shear-Widerstand des Erythrozyten bestimmend. Mutationen im Zytoskelett und/oder Membranproteinen, die die Organisation dieses Ensembles verändern, lösen deshalb ebenfalls hämolytische Anämien aus.

3.2.2 Erythropoese

Erythrozyten entwickeln sich ebenso wie Thrombozyten, Granulozyten, Megakaryozyten und Monozyten aus identischen primitiven Vorläuferzellen (S-Zellen) [Rapoport 1986]. Mehrere Differenzierungsstadien lassen sich in der Entwicklung erythroider Zellen voneinander abgrenzen (Abb. 3.2.2).
- Vorläuferzellen mit der Fähigkeit zur Selbsterneuerung (S-Zellen und GEMM) und zur Differenzierung zu pluripotenten Stammzellen (MEBT),
- Programmierung der Stammzellen zu oligopotenten (GEM) und anschließend zu monopotenten Vorläuferzellen (BFU-E),
- Proliferation verschiedener monopotenter erythroider Vorläuferzellen und
- terminale Differenzierung und Reifung erythroider Zellen.

Die Kontrolle der Entwicklung der verschiedenen Vorläuferzellen erfolgt durch sog. koloniestimulierende Faktoren und Modulatoren wie z. B. GM-CSF und IL-3. Die erste monopotente erythroidspezifische Vorläuferzelle ist die BFU-E (burst forming unit erythroid). Ihre unreife Form bildet in 2–3 Wochen Kolonien mit mehreren 1000 Zellen, aus denen sich die nur kurze Zeit existierenden reifen BFU-E-Zellen differenzieren. Sie wandeln sich zu CFU-E-Vorläuferzellen (CFU-E: colony forming unit erythroid) um. Aus ihnen gehen innerhalb von 7 Tagen kleine Kolonien hervor, die etwa 60 Hämoglobin-haltige Zellen umfassen. Sie reagieren etwa 50mal empfindlicher auf das Hormon Erythropoetin als reife BFU-E-Vorläuferzellen, die ersten Zellen, die in dieser Sequenz Erythropoetinempfindlich sind. Das Hormon stimuliert die Proliferation und Differenzierung der Zellen sowie die Hämoglobinsynthese. Erythropoetin unterdrückt außerdem die Stimulation der Granulozyten- und Makrophagenkoloniebildung.

Die Eisenbereitstellung für die Hämoglobinsynthese, der entscheidenden Hämatophorphyrinverbindung für den Sauerstofftransport, wird durch die in der Nachbarschaft lokalisierten Knochenmarkmakrophagen unterstützt. Das Eisen wird als Fe^{3+}-Transferrin-Komplex über einen Transferrin-

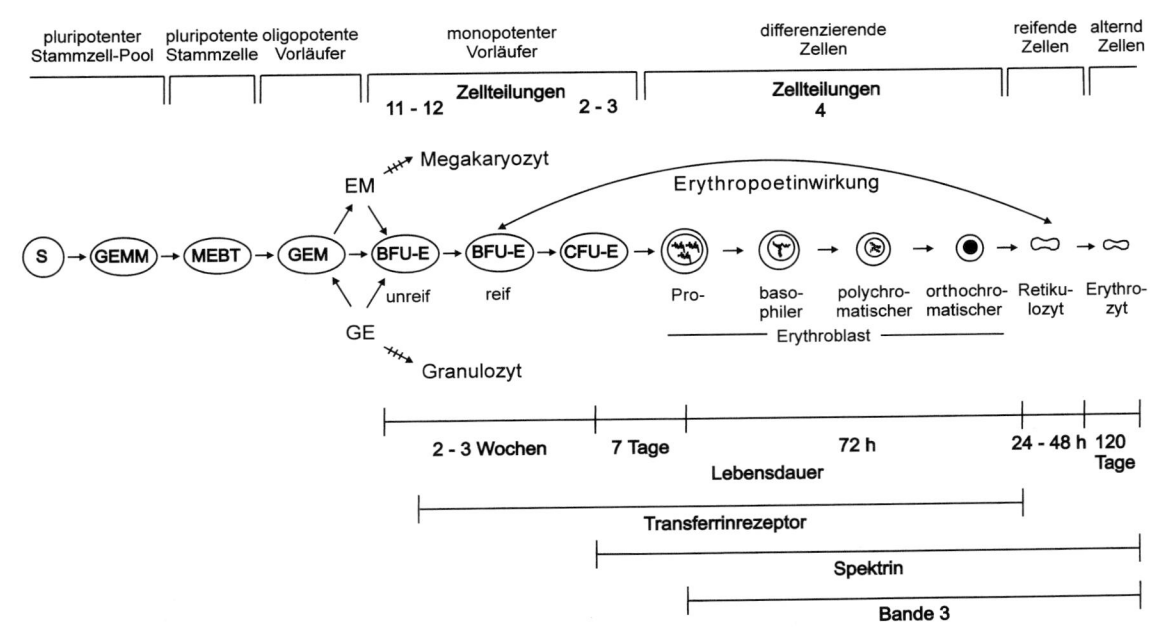

Abb. 3.2.2. Erythron: Schema der Differenzierungssequenz (modifiziert nach Rapoport 1986 mit Erlaubnis), *S-Zelle* pluripotente Stammzelle, *GEMM* koloniebildende Einheit für Granulozyten, Makrophagen, Megakaryozyten, *MEBT* Megakaryozyt, Erythrozyt, B- und T-Lymphozyt, *GEM* Granulozyt, Erythrozyt, Megakaryozyt, *EM* Erythrozyt, Megakaryozyt, *GE* Granulozyt, Erythrozyt, monopotente Vorläuferzellen, *BFU-E* Burst-bildende Einheit, Erythrozyt, *CFU-E* koloniebildende Einheit, Erythrozyt

rezeptor internalisiert. Die Anzahl der Transferrinrezeptoren auf der Oberfläche der monopotenten Vorläuferzellen korreliert mit der Aktivität der Hb-Synthese. Das intrazelluläre Eisen wird entweder an Ferritin gebunden oder für die Hämoglobinsynthese ins Mitochondrium transportiert. Die Stimulation der Proliferation von Erythrozyten ist darauf zurückzuführen, daß das Hormon die G_1-Phase des Zellzyklus verkürzt.

Erythropoetin beeinflußt außerdem durch Hemmung der DNA-Methylierung in spezifischen CpG-Nukleotiden die Regulation der Genexpression. Derartige CpG-Methylierungssequenzen befinden sich sowohl in den Strukturgenen als auch in Upstream-Sequenzen.

Aus den CFU-E-Zellen differenziert sich der Proerythroblast, der aufgrund seiner hohen Polyribosomenkonzentration basophil und durch einen großen Kern charakterisiert ist. Im Zytosol befindet sich außerdem Ferritin, das durch einen Endozytosemechanismus, die Ropheozytose, sehr effektiv aufgenommen werden kann. In reifen Erythroblasten ist dieses Ferritin als Vorrat in Clustern angeordnet. Für die aus dem Proerythroblasten hervorgehenden Erythroblasten lassen sich aufgrund ihrer unterschiedlichen Anfärbbarkeit 4 Zelltypen unterscheiden. Charakteristisch für den basophilen Erythroblasten sind eine aufgelockerte Kernstruktur, bestehend aus Heterochromatin und verklumptem Euchromatin, ein vermindertes Endoplasmatisches Retikulum und ein gut entwickelter Golgi-Apparat. Durch Mitose entsteht aus ihm der kleinere, nukleolusfreie, polychromatische Erythroblast. Die Verklumpung und Aggregation von Heterochromatin im Kern ist bei ihm verstärkt, außerdem entstehen größere Kernporen.

Aus der letzten Zellteilung resultiert der noch kleinere orthochromatische Erythroblast. Die Hämoglobinkonzentration in ihm ist fast so hoch wie im Erythrozyten. Die Mitochondrien sind in Anzahl und Größe verringert, Mono- und Polyribosomen sind nur noch vereinzelt nachweisbar. Das pyknotische, verklumpte Kernchromatin bildet eine dichte unstrukturierte Masse. Um den Kern herum bildet sich ein perinukleärer Kanal.

Die Versorgung eines bei den Säugern sich vergrößernden Gehirns war auf dem Blutweg nur durch die Ausbildung eines Kapillarnetzes möglich. Dieses können nur kernfreie rote Blutzellen, die zu großen Formveränderungen fähig sind, passieren. Die Kernausstoßung vollzieht sich innerhalb von 10–30 min im späten orthochromatischen Erythroblastenstadium. Aktin-ähnliche Filamente ermöglichen dabei die energieabhängige

Kern- und Mitochondrienbewegung zur Zellmembran. Während dieser Zeit verändern sich sowohl die Anordnung von Lipiden und Rezeptoren in der Zellmembran als auch die Wechselwirkungen mit dem Zytoskelett. Darüber hinaus wird die Spektrinsynthese vor der Kernausstoßung gedrosselt. Während der Ausstoßung wird der Kern von einer spezifischen spektrinfreien Domäne der Zellmembran umhüllt, wodurch nur eine kleine zytoplasmatische Brücke entsteht. Die Hülle setzt sich aus einer dünnen Zytoplasmaschicht, der Bindungsdomäne und den Zelloberflächenrezeptoren zusammen. Der ausgestoßene Kern wird rasch durch Markmakrophagen abgebaut. Mit der Kernausstoßung geht eine Abnahme der Mitochondrien einher.

Das erste kernfreie Stadium ist das der Retikulozyten. Sie sind leicht an der dunkelblauen Färbung eines Netzwerks, das durch Brillantkresylblau darstellbar ist, zu identifizieren. Dabei handelt es sich jedoch nicht um Endoplasmatisches Retikulum, sondern Aggregate von ribosomaler DNA und noch gebundenen ribosomalen Proteinen. Die Reifung des Retikulozyten zum Erythrozyten vollzieht sich innerhalb von 3 Tagen, am letzten Tag befinden sie sich normalerweise bereits im Blutkreislauf. Das Volumen der Zellen nimmt während der Retikulozytenreifung kontinuierlich ab, während die Dichte entsprechend zunimmt; als letzte Zellorganellen werden Mitochondrien und Ribosomen abgebaut. Rapoport [Rapoport 1986] unterschied 4 Reifungsstadien der Retikulozyten:

1. Unreife Retikulozyten, die 90% der Hämoglobinkonzentration der Erythrozyten enthalten und sehr stoffwechselaktiv sind. Identifizieren lassen sich die Zellen in diesem Stadium daran, daß die mRNA für die 15-Lipoxygenase (15-LOX) noch in Form von mRNPs (mRNA-Proteinpartikeln) maskiert und damit inaktiv ist. Die Mitochondrien sind kondensiert und weisen eine hohe Atmungsaktivität und einen hohen Kopplungsgrad der oxidativen Phosphorylierung auf.
2. Im 2. Reifestadium ist die mRNA der 15-LOX nicht mehr maskiert, und das Enzym wird synthetisiert. Es kann jedoch noch nicht die Mitochondrien angreifen. Die Zellen sind nach wie vor durch eine hohe aerobe ATP-Bildung charakterisiert.
3. In diesem Stadium werden die Mitochondrien der Retikulozyten sowohl für die 15-LOX als auch ATP-abhängige Proteolyse empfindlich. Die Mitochondrien gehen in eine orthodoxe Form über und verlieren die Cristaestruktur.
4. Durch ein koordiniertes Zusammenwirken von 15-LOX und ATP-abhängiger Proteolyse werden die Mitochondrien der Retikulozyten vakuolisiert und durch zytoplasmatische Enzyme vollständig abgebaut. Die Zelle wird damit ausschließlich vom Energiegewinn aus der Glykolyse abhängig und geht ins Erythrozytenstadium über.

Mit der Reifung des Retikulozyten zum Erythrozyten gehen außer der Atmung folgende Stoffwechselwege verloren: Synthese von Nukleotiden, Nukleinsäuren, Proteinen, Lipiden und Häm, d. h. es werden keine Makromoleküle mehr gebildet. Der Zitratzyklus und damit der vollständige Abbau des C-Skeletts kommt zum Erliegen. Auch eine De-novo-Synthese von Lipiden tritt in Erythrozyten nicht auf. Es finden lediglich eine Reaktivierung von Lysophosphatiden und ein Austausch von freien Fettsäuren zwischen Blutplasma und Erythrozyten statt. Polyenfettsäuren werden inkorporiert und über den Lipoxygenaseweg zu den entsprechenden Hydroperoxyderivaten umgewandelt. Die Glykolyserate und damit auch die Substratphosphorylierungen nehmen während der Reifung des Retikulozyten ab, so daß nur noch ein Erhaltungsstoffwechsel existiert. ATP wird hauptsächlich für energieabhängige Membranprozesse verbraucht, für Ionenpumpen, für den Stoffwechsel der Phosphoinositide sowie für reversible Phosphorylierungen von Proteinen der Membran und des Zytoskeletts. Die Kontraktilität des Zytoskeletts stabilisiert die bikonkave Erythrozytenstruktur und ermöglicht Formveränderungen, so daß der Erythrozyt auch Kapillaren passieren kann, deren Durchmesser kleiner als der der diskoiden Erythrozyten ist.

Parallel zur Glykolyse nimmt auch die Aktivität der sog. reifungsabhängigen Enzyme ab, zu denen auch die Kontrollenzyme der Glykolyse u. a. zählen. Der reifungsabhängige partielle Aktivitätsverlust unterscheidet sich, besonders groß ist er mit einer Größenordnung für die Pyruvatkinase. Die resultierende Restaktivität der Enzyme ist über 120 Tage nahezu stabil. Enzymopathien reifungsabhängiger Enzyme können den Aktivitätsabfall modifizieren, in den meisten Fällen weisen mutierte Enzyme einen stärkeren Aktivitätsabfall auf. Da familienspezifische Unterschiede in der Aktivität der intrazellulären Proteolyse existieren, stimmt der Reifungsabfall von Enzymvarianten in verschiedenen Individuen nicht überein.

Die Reifung der Retikulozyten zu Erythrozyten geht mit einem Umbau der Plasmamembran einher. Der Rezeptorbesatz nimmt ab, so z. B. der für

Transferrin und Insulin. Während bei Erythroblasten ein Insulinrezeptorbesatz bis zu 30 000/Zelle gefunden wird, sind es beim Retikulozyten noch 200 und beim Erythrozyten nur noch 45. Auch Transportsysteme werden während der Reifung herunterreguliert. Das trifft für die Na-K- und Ca-ATPase, mehrere Aminosäuretransportsysteme sowie die Membranpermeabilität für Kalziumionen zu.

Da die mRNAs in den frühen Stadien der erythroiden Entwicklung bis hin zu den monopotenten Vorläufern noch nicht erythroidspezifisch sind, entspricht die Enzymausstattung denen anderer fetaler Zellen. Die Expression des Isoenzymmusters verändert sich charakteristisch in den Erythroblastenstadien. Während in CFU-E-Zellen z. B. der Hexokinasetyp IA dominiert, tritt in den differenzierten Zellen das Isoenzym IB auf. Auch der Pyruvatkinasetyp M2 verschwindet und das erythrozytenspezifische Isoenzym PK-R wird induziert [Noguchi et al. 1987]. CFU-Zellen weisen auch noch keinen 2,3-Bisphosphoglyzeratweg auf [Rapoport u. Luebering 1950]. Die Aktivität der 2,3-Bisphosphoglyzeratmutase und damit der 2,3-Bisphosphoglyzeratspiegel steigen synchron zur Hämoglobinsynthese an. Auch die Ausstattung an Enzymen, die einer oxidativen Belastung entgegenwirken, verändert sich. Die Aktivitäten der Katalase und Superoxiddismutase steigen in den späten Differenzierungs- und Reifungsstadien an, die der Gluthathionperoxidasen und Glutathionreduktase fallen dagegen im orthochromatischen Erythroblastenstadium ab. Der Umbau betrifft auch die Plasmamembran und das Zytoskelett. Spektrin wird zu Beginn des Proerythroblastenstadiums nachweisbar, das integrale Membranprotein Bande 3 dagegen erst mit der Bildung der Erythroblasten.

Enzymopathien und genetisch bedingte Veränderungen der zellulären Membran- und Zytoskelettausstattung verkürzen fast immer die Lebenserwartung roter Blutzellen, was einen unterschiedlich großen Anstieg der Erythropoese zur Folge hat. Je kürzer die Halbwertzeit roter Blutzellen ist, desto größer ist der Anteil unreifer Vorstufen, der in den Blutkreislauf gelangt. Fehldiagnosen sind möglich, wenn der Anteil unterschiedlich reifer Zellen in der zu analysierenden Blutprobe nicht berücksichtigt wird. Verdachtsdiagnosen für Defekte von Membran- und Zytoskelettproteinen lassen sich ebenso wie für Hämoglobinopathien bei entsprechender Erfahrung auch aus charakteristischen Formveränderungen roter Blutzellen ableiten. Sie sind aber durch den direkten Nachweis des mutierten Proteins zu verifizieren, da analoge Formveränderungen auch das Resultat bestimmter Enzymopathien und systemischer, primär nicht das Erythron betreffender Erkrankungen sein können.

3.2.3 Klinische Manifestation von Membrandefekten und Enzymopathien

Hereditäre Enzymdefekte sind für die Mehrzahl der Enzyme aller Stoffwechselwege des Erythrozyten beschrieben (Tabelle 3.2.1). Die Frequenzen differieren in bezug auf die betroffenen Gene und deren geographische Verteilung [Feng et al. 1993, Satoh et al. 1983, Xu et al. 1995b, Wu et al. 1985]. Mit Ausnahme von G6PDH-Defekten, deren Carrier regional mehr als 10% betragen können, zählen enzymopenisch bedingte nichtsphärozytäre hämolytische Anämien (NSHA) zu den seltenen Erkrankungen, deren Frequenz meist <1:20 000 ist. Sofern die Mutation Enzyme betrifft, für die keine organspezifische Isoenzymverteilung existiert, ist der Defekt nicht nur auf rote Blutzellen beschränkt, sondern betrifft alle Zellen. Der Umfang der klinischen Manifestation hängt von mehreren Faktoren ab; der Bedeutung des betroffenen Enzyms, seiner Expressionsrate, der Stabilität des mutierten Enzyms gegenüber proteolytischem Ab-

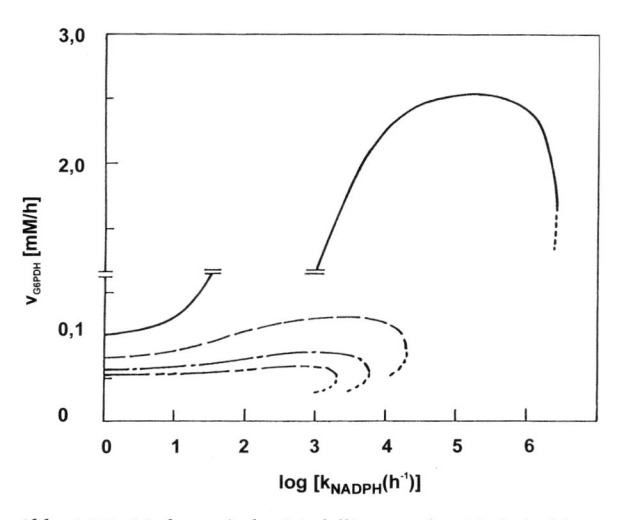

Abb. 3.2.3. Mathematische Modellierung des Methylenblaustimulierten Glukosefluxes durch den oxidativen Pentosephosphatweg (Langzeitmodell), — Kontrolle, *unterbrochene Kurven* G6PDH-defekte Erythrozyten, – – – GdB⁻, K_MG6P↓, ---- GdB⁻, K_MG6P↑, ---- K_MG6P unverändert, *punktiert* instabiler Zustand

Tabelle 3.2.1. Mutationen bei enzymopenisch bedingten korpuskulären nichtsphärozytären hämolytischen Anämien

Enzym	Chromosom	Erbgang	Klinische Manifestation
Hexokinase	10p11.2	Autosomal-rezessiv	CNSHA
Glukosephosphatisomerase	19cen–q12	Autosomal-rezessiv	CNSHA
Phosphofruktokinase	21q22.3	Autosomal-rezessiv	CNSHA und/oder Muskelglykogenspeicherung
Aldolase	16q22–24	Autosomal-rezessiv	CNSHA und Leberglykogenspeicherung
Triosephosphat-isomerase	12p13	Autosomal-rezessiv	CNSHA und neuromuskuläre Symptomatik
Phosphoglyzeratkinase	Xq13	s.l.	CNSHA, mentale Retardierung, Myoglobinurie
2,3-Bisphosphoglyzeratmutase	7q22–34	Autosomal-rezessiv	CNSHA
Pyruvatkinase	1q21–22	Autosomal-rezessiv	CNSHA
Enolase	1 pter–p36.13	Autosomal-dominant?	CNSHA
Glucose-6-Phosphat-Dehydrogenase	Xq28	s.l.	CNSHA, Drogen- und Infekt-induzierte HA, Favismus
Glutathionreduktase	8q21.1	–	Drogen-empfindliche HA, Favismus
Glutathionperoxidase	3q11–12	–	CNSHA
γ-Glutamylcysteinsynthetase	–	Autosomal-rezessiv	CNSHA, Drogen- und Infekt-induzierte HA, spinozerebellare Degeneration
Glutathionsynthetase	–	Autosomal-rezessiv	CNSHA, Drogen- und Infekt-induzierte HA, neurologische Defekte
Pyrimidin-5-Nukleotidase	–	Autosomal-rezessiv	CNSHA, mentale Retardierung
Adenosindesaminase (gesteigerte Aktivität)	20q13	Autosomal-dominant	CNSHA
Adenylatkinase	9q34	Autosomal-rezessiv	CNSHA

CSNHA Chronische nichtsphärozytäre hämolytische Anämie, *HA* Hämolytische Anämie, *s.l.* X-chromosomal gebunden.

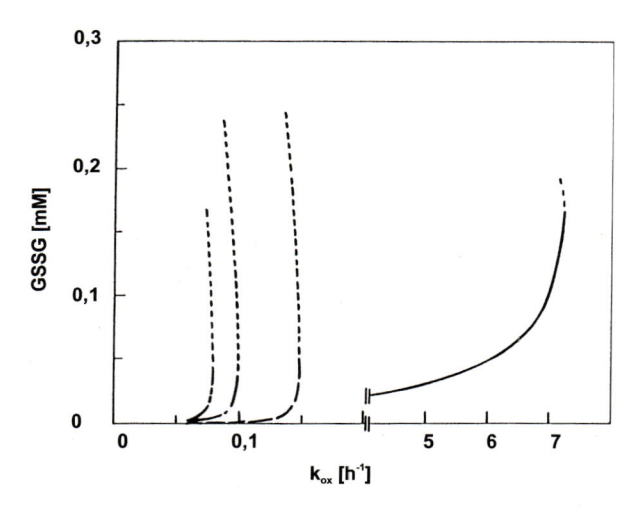

Abb. 3.2.4. Verhalten der GSSG-Konzentration bei oxidativer Belastung (k_{ox}) im Steady state (Langzeitmodell), — Kontrolle, - - - - GdB⁻, $K_M G6P\uparrow$, - - - - GdB⁻ $K_M G6P\downarrow$, GdB⁻ - - - $K_M G6P$ unverändert, *punktiert* instabiler Zustand

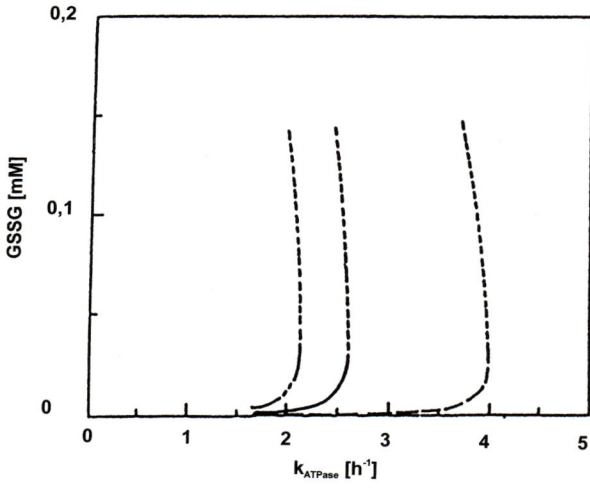

Abb. 3.2.5. Verhalten der GSSG-Konzentration im Erythrozyten in Abhängigkeit von der energetischen Belastung (k_{ATPase}). Die Kontrolle zeigt keine Abhängigkeit, - - - - - GdB⁻ mit $K_M G6P\uparrow$, - - - - GdB⁻ $K_M G6P\downarrow$, — GdB⁻ mit unverändertem $K_M G6P$

bau, der Kompensationsmöglichkeit durch Überexpression eines entsprechenden Isoenzyms oder der Aktivierung eines alternativen Stoffwechselwegs.

Schwierigkeiten in der Abschätzung von Enzymrestaktivitäten in Erythrozyten treten bei Fällen mit schwerer klinischer Manifestation aufgrund des hohen Retikulozytenanteils auf. Als alternative Methode zur quantitativen Bewertung von Stoffwechselveränderungen hat sich die mathematische Modellierung bewährt [Holzhütter et al. 1985, Rapoport et al. 1976, Schuster et al. 1988, Schuster et

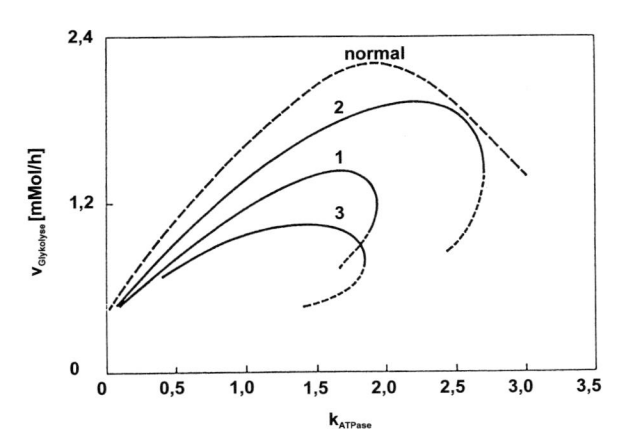

Abb. 3.2.6. Einfluß des ATP-Verbrauchs (k_{ATPase}) auf die Glykolyserate der Erythrozyten von Kontrollen und PK-Defektträgern, *1* und *3* PK-Mutanten mit verminderter PEP-Affinität, *2* unveränderte kinetische Konstanten aber erniedrigter v_{max}

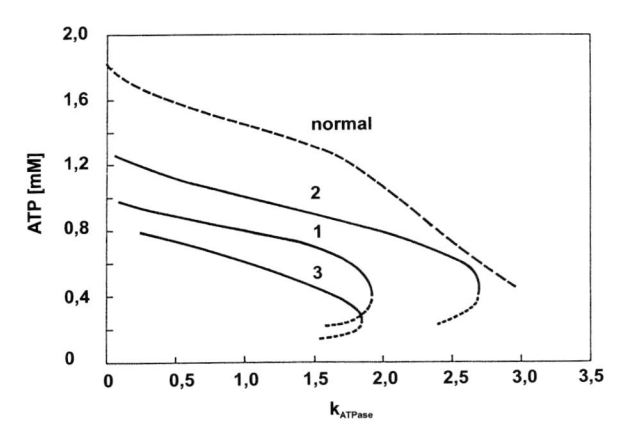

Abb. 3.2.7. Einfluß ATP verbrauchender Prozesse (k_{ATPase}) auf den ATP-Spiegel von Erythrozyten bei Kontrollen und 3 PK-Defekten

al. 1989, Schuster u. Holzhütter 1995]. Derartige Modelle lassen die Beschreibung von stationären und zeitabhängigen Stoffwechselzuständen von normalen und enzymdefekten Erythrozyten zu (Abb. 3.2.3–3.2.7). Als essentielle Variablen werden dabei der Energiestatus (ATP), die reduktive Kapazität (GSH) und der osmotische Status berücksichtigt. Generell läßt sich feststellen, daß der Stoffwechsel um so eher auf eine Aktivitätseinschränkung reagiert, je größer der Kontrollkoeffizient eines Enzyms ist (Abb. 3.2.8). Auf einen Aktivitätsabfall von Enzymen, die Gleichgewichtsreaktionen katalysieren, reagieren die Fluxraten dagegen erst, wenn ein sehr niedriger Grenzwert erreicht ist; dann allerdings mit einem sehr steilen Abfall.

3.2.4 Enzymopathien des Pentosephosphatwegs

3.2.4.1 Glukose-6-Phosphat-Dehydrogenase-(G6PDH)-Enzymopathien

G6PDH-Enzymopathien sind mit etwa 400 Mio. Fällen der häufigste Enzymdefekt. Die Frequenz zeigt große geographische Unterschiede [Beutler 1994, Gracia et al. 1985, Luzzatto 1987, WHO Working Group 1989, Xu et al. 1995b, Zanella et al. 1989]. Die höchste Genfrequenz wurde mit 0,7 bei kurdischen Juden bestimmt, Genfrequenzen um 0,1 werden bei Afrikanern, schwarzen Amerikanern, bei Populationen im Mittelmeer und Schwarzmeerraum, an der Adria sowie in Südostasien gefunden. In Mittel- und Nordeuropa sind sie sehr viel niedriger, etwa um 0,0005.

Die bevorzugte klinische Manifestation des G6PDH-Defekts, der Favismus, ist lange bekannt. Sowohl von dem Mathematiker Pythagoras (~500 v. Chr.) in Samos als auch von Lukian, Schriftsteller und Staatsmann (120–180) im Imperium Romanum, sind z. B. Berichte über Hämolysen und Hämoglobinurien bei G6PDH-Defektträgern nach dem Genuß von Favabohnen überliefert. Sie enthalten die oxidativ wirkende Verbindung Divicin. Die erste Identifikation einer G6PDH-Enzymopathie resultierte aus Untersuchungen über den hämolytischen Effekt des Antimalariamittels Primaquin 1951 [Dern et al. 1955]. Rote Blutzellen von Kontrollpersonen reagieren auf eine oxidative Belastung, die den NADPH-Spiegel senkt, mit einem Anstieg der G6P-Oxidation über den oxidativen Pentosephosphatweg (OPPW) bis auf das 30fache. Erythrozyten von G6PDH-Defektträgern können dagegen den Substratumsatz über den OPPW nicht entsprechend erhöhen.

3.2.4.1.1 Struktur der G6PDH, Regulation der Enzymaktivität

Das aktive Enzym tritt als Dimer und Tetramer auf [Hirono et al. 1989, Martini et al. 1986, Persico et al. 1986, Wrigley et al. 1972] und ist aus identischen Untereinheiten zusammengesetzt. Die Primärstruktur entspricht einer Polypeptidkette, die aus 515 Aminosäuren aufgebaut ist. Die Assoziation erfordert an jedem Monomer ein fest gebundenes NADP.

Der Reaktionsmechanismus wird durch die Enzymbindung von NADP eingeleitet. Hierfür sind Lysin und Arginin in den Aminosäurepositionen

Metabolische Homöostase

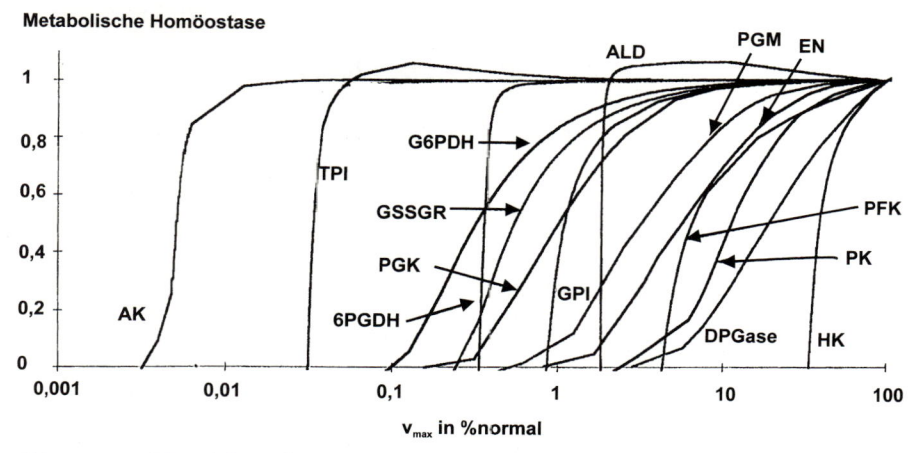

Abb. 3.2.8. Abhängigkeit der metabolischen Homöostasefunktion des Erythrozyten bei Verminderung der Aktivität einzelner Enzyme (nach Holzhütter et al. [1985] mit Erlaubnis), *HK* Hexokinase, *DPGase* 2,3-Bisphosphoglyzeratkinase, *PK* Pyruvatkinase, *PFK* Phosphofruktokinase, *EN* Enolase, *PGM* 2,3-Bisphosphoglyzeratmutase, *ALD* Aldolase, *PGI* Glukose-6-Phosphat-Isomerase, *PGK* Phosphoglyzeratkinase, *GSSGR* Glutathionreduktase, *G6PDH* Glukose-6-Phosphat-Dehydrogenase, *6PGDH* 6-Phosphoglukonatdehydrogenase, *TPI* Trioseisomerase, *AK* Adenylatkinase

386 und 387 essentiell. Danach erfolgt die Bindung von G6P, an ihr ist ein Lysinrest in Position 205 beteiligt. Die G6PDH wird durch NADPH, ATP und 2,3-Bisphosphoglyzerat (2,3-P_2G) gehemmt. Diese Hemmungen sind kompetitiv zu NADP. Unter der Annahme eines Steady-state und einer schnellen Gleichgewichtseinstellung der kinetischen Parameter läßt sich für diese physiologisch relevanten Metaboliten unter der Anwendung nichtlinearer Regressionsmethoden folgende kinetische Gleichung ableiten

$$V = (v_{max} \times [NADP^+]:K_M NADP^+ \times [G6P]:K_M G6P)$$
$$:(1+[NADP^+]:K_M NADP^+ + [G6P]:K_M G6P$$
$$+[ATP]:K_M ATP + [NADPH]:K_M NADPH$$
$$+[2,3-P_2G]:K_M 2,3P_2G) \quad (1)$$

Die kinetischen Konstanten für den GdB$^+$-Wildtyp sind in Tabelle 3.2.2 aufgelistet.

Da das G6PDH-Gen auf dem X-Chromosom lokalisiert ist, tritt nur bei männlichen Defektträgern (Hemizygoten) der Defekt in allen Körperzellen auf. Er wird von der Mutter auf den Sohn vererbt. Homozygote weibliche G6PDH-Defektträgerinnen sind selten, hier erfolgt die Weitergabe der Mutation von beiden Eltern. Weibliche Heterozygote sind durch eine normale und eine G6PDH-defekte Zellpopulation charakterisiert, d. h. sie weisen ein Zellmosaik auf. Der Anteil der G6PDH-defekte in bezug auf Normzellen ist für das klinische Bild bestimmend. Überwiegen normale Zellen, ist dieses nahezu unauffällig, wenn defekte Zellen im Mosaik vorherrschen können schwere chronische hämolytische Anämien auftreten.

Hemizygote exprimieren, da sie nur über ein Gd-Allel verfügen, in jeder Körperzelle das strukturell veränderte Enzym, das aus identischen mutierten Untereinheiten zusammengesetzt ist. Heterozygote Merkmalsträgerinnen haben aufgrund des vorliegenden Zellmosaiks außer der G6PDH$^-$-Variante auch den Wildtyp zu unterschiedlichen Anteilen vorliegen, so daß ohne Trennung beider Enzymvarianten eine exakte Bestimmung der kinetischen Parameter nicht möglich ist. Rein rechne-

Tabelle 3.2.2. GdB$^-$-Varianten mit erhöhter und verminderter G6P-Affinität

Variante	K_MG6P	K_MNADP	K_iNADPH [µMol/l]	K_iATP	K_i2,3-P_2G
Chatham	7	4,1	8,9	952	1071
Mittelmeer	15	3,8	5,0	–	–
Tokyo	73	3,5	1,0	168	559
Ohrdruf	152	3,6	0,7	180	520
Berlin	480	3,5	3,7	2400	4030
GdB$^+$	67	3,7	3,1	749	2289

risch lassen sich gemischte kinetische Kurven nur diskriminieren, wenn der Anteil der mutierten G6PDH relativ groß ist und die Unterschiede in den kinetischen Konstanten der 2 G6PDH-Varianten mindestens eine Größenordnung betragen. Letzteres ist selten der Fall. Differenzen in den K_M-Werten für NADP sowie K_i-Werten für NADPH treten häufiger als Abweichungen in der Affinität für G6P auf. Allgemein kann abgeleitet werden: Je geringer die Affinität einer G6PDH-Variante für G6P ist, um so schwerer sind die klinischen Symptome. GdB⁻-Varianten mit erhöhter G6P-Affinität, die ohne oxidativen Streß klinisch relativ unauffällig sind, treten in Populationen mit hoher Genfrequenz gehäuft auf. Mutationen, die zu Varianten mit hohem K_MG6P führen, sind, da sie zu keinem Selektionsvorteil führen, selten. Sie weisen zusätzlich mitunter auch eine verstärkte Hemmung durch NADPH, ATP und 2,3-P_2G auf. Beispiele sind in Tabelle 3.2.2 zusammengefaßt.

Zu den Parametern, die zur Charakterisierung einer G6PDH-Variante empfohlen werden, zählen außer den kinetischen Konstanten, Umsatzgeschwindigkeiten von Substratanaloga wie dG6P, Gal6P und D-Amino-NADP, die pH-Abhängigkeit, die elektrophoretische Mobilität und die Stabilität der G6PDH-Variante [WHO Scientific Group 1967, WHO Working Group 1989]. Für letztere werden 2 Methoden bevorzugt herangezogen: der zeitabhängige Aktivitätsverlust bei 46 °C oder die Aktivitätsabnahme in Gegenwart von 2 M Harnstoff. Einen guten Hinweis liefert auch die Verfolgung des G6PDH-Aktivitätsverhaltens in getrennten erythroiden Populationen definierten Reifegrads. Zur biochemischen Charakterisierung von G6PDH-Varianten werden partiell gereinigte Enzympräparate genutzt. Wenn die Aktivität in den roten Blutzellen zu gering ist, können Leukozyten als Ausgangsmaterial dienen. Als besonders geeignet zur Enzymreinigung hat sich die Affinitätschromatographie an 3′,5′-ADP-Sepharose 4 B mit spezifischer Elution mittels NADP erwiesen [De Flora et al. 1975].

Obwohl die kinetischen Konstanten für Enzympräparate aus verschiedenen Geweben von Kontrollpersonen nicht voneinander abweichen, lassen sich kleinere strukturelle Unterschiede nachweisen. So wurde zusätzlich ein alternatives Spleißen in Lymphoblasten, Granulozyten und Spermien festgestellt. Dadurch wird ein Teil des Introns 7 mit transkribiert und liefert in der Translation ein Fragment, das 46 Aminosäurereste umfaßt [Beutler 1994].

Die Anzahl der G6PDH-Varianten ist wesentlich geringer, als ursprünglich angenommen wurde.

Unter Nutzung der von der WHO vorgeschlagenen biochemischen Parameter zur Charakterisierung wurde auf etwa 500 Varianten geschlossen [Beutler u. Yoshida 1988]. Aus Mutationsanalysen ist zu schlußfolgern, daß ihre Anzahl 70 wahrscheinlich nicht übersteigt.

Die meisten Mutationen sind Punktmutationen, die zu Aminosäuresubstitutionen führen. Sie verteilen sich über alle kodierenden Exons. Die Mehrzahl der daraus resultierenden G6PDH-Varianten weicht in ihren physiko-chemischen Eigenschaften vom Wildtyp ab, so daß auf Änderungen von Struktur-Funktions-Beziehungen zu schließen ist. Um die Effekte, die aus Mutationen für die dreidimensionale Enzymstruktur und damit für das kinetische Verhalten und die proteolytische Angreifbarkeit der G6PDH-Varianten resultieren, mathematisch modellieren zu können, sind röntgenkristallographische Datensätze für das Enzym erforderlich. Sie sind bisher nicht verfügbar, da die gewonnenen Enzymkristalle für derartige Untersuchungen zu klein waren.

3.2.4.1.2 G6PD-Gen und G6PD-Varianten

Das Gen, das die G6PDH kodiert, ist auf dem langen Arm des X-Chromosoms in Position Xq28 lokalisiert. Es besteht aus 13 Exons und 12 Introns und umfaßt eine Länge von über 20 kb [Hirono u. Beutler 1988, Persico et al. 1986]. Unterschiedliche Demethylierung von einigen CpG's, die am 5'-Ende des Gens lokalisiert sind, gehen der Expression des Gens auf einem aktiven X-Chromosom voraus [Toniolo et al. 1988].

Die kodierende Sequenz der 515 Aminosäuren umfassenden Polypeptidkette des Wildtyps GdB⁺ ist in den Nukleotiden der Exons 2–13 fixiert (Abb. 3.2.9). Die Substitution von A:G im Nukleotid 376 führt zum polymorphen GdA⁺-Typ, der bei Schwarzafrikanern dominiert. Die Diskriminierung zwischen GdB und GdA läßt sich am einfachsten entweder durch die Anwendung molekularbiologischer Methoden oder Elektrophorese vornehmen. Durch den Austausch von Asn gegen Asp weist die GdA elektrophoretisch eine höhere anodische Mobilität auf.

GdA⁻-Varianten tragen im Gegensatz zu GdB⁻-Varianten zusätzlich jeweils die Mutation im Nukleotid 376.

Da die G6PDH-Enzymopathie durch eine Vielzahl unterschiedlicher Varianten charakterisiert ist, unterscheiden sich ihre Träger in ihrer Empfindlichkeit gegenüber oxidativem Streß [Beutler et al. 1991, Beutler et al. 1992, Beutler et al. 1995, Filosa

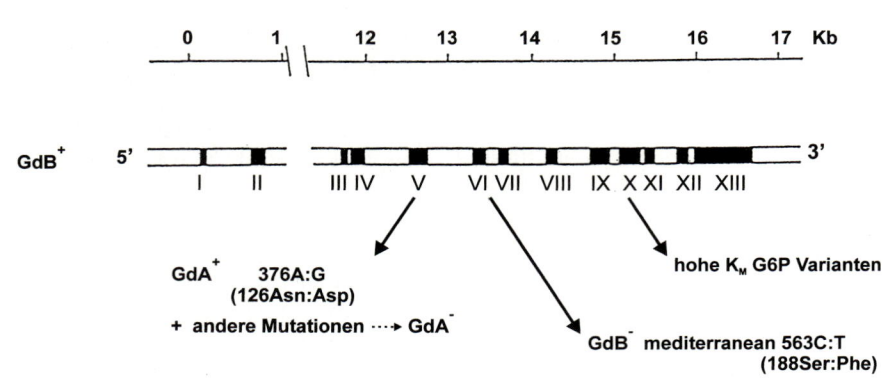

Abb. 3.2.9. Glukose-6-Phosphat-Dehydrogenase-Gen. Die 2 Wildtypen *GdB⁺* und *GdA⁺* unterscheiden sich durch den Aminosäureaustausch 126Asp:Asn. GdA⁻-Varianten leiten sich von GdA⁺- und GdB⁻-Varianten von GdB⁺ ab

et al. 1992, Hirono et al. 1995, Vulliamy et al. 1988]. Die Mehrzahl der hemizygoten Merkmalsträger zeigt ohne oxidativen Streß kaum Anzeichen hämolytischer Anämien. Ein geringer Teil leidet dagegen an chronischen nichtsphärozytären hämolytischen Anämien (CNSHA) von unterschiedlichem Schweregrad. Aus diesem Grund hat die WHO 1967 eine Einteilung in 4 Klassen vorgeschlagen [Beutler et al. 1977]:

- Klasse I: sehr geringe G6PDH-Restaktivität und CNSHA;
- Klasse II: G6PDH-Restaktivität <10% der Norm. Die Träger reagieren auf einen oxidativen Streß mit einer hämolytischen Krise.
- Klasse III: G6PDH-Restaktivitäten betragen 10–60% der Norm. Hämolysen treten nur bei extrem hoher oxidativer Belastung auf.
- Klasse IV: G6PDH-Varianten mit erhöhter oder normaler Restaktivität ohne klinische Manifestation.

Viele mit Eigennamen belegte G6PDH-Varianten sind aufgrund der Ergebnisse von Mutationsanalysen als identisch aufzufassen. Dazu zählen von den Varianten der Klasse I z. B. Minnesota, Marion, Gastonia (637G:T), Iowa, Walter Reed, Springfield (1156A:G), Portici, Nashville, Anaheim, Calgari, (1178G:A) sowie Teplice, Beverly Hills, Genova, Worcester (1160:A).

Mutationen, die G6PDH-Varianten der Klasse I repräsentieren, sind als sporadisch auftretende zu werten. Ihre Träger weisen alle CNSHA auf. Die Mutationen sind bevorzugt in den Exons 7, 10 und 11 lokalisiert [Beutler et al. 1995, Jacobasch u. Rapoport 1996]. Viele Varianten, die aus Mutationen im Exon 10 resultieren, sind durch hohe K_MG6P-Konstanten charakterisiert (Tabelle 3.2.3). Sie können um mehr als eine Größenordnung ansteigen. In einigen Fällen, wie der Variante Ohrdruf, tritt zusätzlich zum Anstieg des K_MG6P noch eine verstärkte Hemmung durch NADPH auf. Ursache dieser Variante ist ein Basenaustausch von T:A in der Nukleotidposition 1139 im Exon 10. Als Folge davon tritt in der Polypeptidkette in Position 380 Ile statt Asn auf.

Weniger schwer ist die CNSHA bei der Variante Tokyo ausgeprägt (1246G:A; 41Glu:Lys; Exon 10). Im Vordergrund dieser Variante steht die Verstärkung der Hemmung durch NADPH. Eine Erhöhung des K_MG6P ist nicht mehr feststellbar.

Bestimmte Domänen im Exon 10 sind hochkonservativ; sie entsprechen den Bindungsregionen für NADP und G6P. Es ist deshalb nicht überraschend, daß Mutationen, die diese Sequenz verändern, mit besonders schwerwiegenden funktionellen Veränderungen, die sich entsprechend klinisch manifestieren, einhergehen.

Nicht so offensichtlich ist die Priorität für spezifische Exonlokalisationen bei Mutationen für G6PDH-Varianten der Klassen II und III. Bei Varianten der Klasse II wurden 5 im Exon 6, 4 im Exon 12 und je 1 Mutation in den Exons 3, 5, 9

Tabelle 3.2.3. Mutationen von G6PDH-Varianten mit erhöhtem K_MG6P, geclustert in Exon 10

Variante	WHO-Klasse	Nukleotidaustausch	Aminosäureaustausch
Riverside	I	1228G:T	410Gly:Cys
Shinagawa, Japan	I	1229G:A	410Gly:Asp
Ohrdruf	I	1139T:A	380Ile:Asn
Portici, Nashville, Anaheim, Calgari	I	1178G:A	393Arg:His
Teplice, Beverly Hills, Genova, Worcester	I	1160G:A	387Arg:His
Mt Sinai	I	1159C:T	387Arg:Cys
		(Exon 5) 376A:G	126Asn:Asp

Tabelle 3.2.4. Mutationen von GdA⁻-Varianten

GdA⁻-Variante	WHO-Klasse	Exon	Basenaustausch	Aminosäureaustausch
Distrito, Federal, Matera, Alabama, Betica, Tepic, Ferrara	III	4	202G:A	68Val:Met
Santamaria	III	6	542A:T	181Asp:Val
A⁻2	III	6	680G:T	227Arg:Leu
Selma, Betica	III	9	968T:C	323Leu:Pro

GdA⁻-Varianten weisen außerdem die Mutation 376A:G im Exon 5 auf.

und 11 identifiziert. Die bekannteste ist die Mittelmeervariante mit dem Nukleotidaustausch 563C:T im Exon 6. Sie ist identisch mit den in der Literatur als Gd Dallas, Sassari, Birmingham, Cagliari, Panama und Modi ausgewiesenen Varianten. Trotz einer geringen katalytischen Restaktivität in den Erythrozyten zeigen die Träger dieser Variante keine CNSHA. Die Ursache dafür ist der geringe K_MG6P, wodurch unter intrazellulären Bedingungen ein hoher G6P-Sättigungsgrad erreicht wird. Diese G6PDH-Variante zeigt außerdem einen hohen Umsatz mit 2-Desoxy-G6P und D-Amino-NADP. Ein weiteres Charakteristikum dieser Variante ist die Zweigipfligkeit der pH-Abhängigkeit. Ihre Hitzestabilität ist gering.

Noch drastischer ist die Erniedrigung des K_MG6P bei der Chatham-Variante. Sie geht aus dem Basenaustausch G:A im Nukleotid 1003 im Exon 9 hervor. Alle übrigen Eigenschaften sind mit denen der Mittelmeervariante vergleichbar. Beide Varianten werden u. a. bei Defektträgern in Georgien sowie Bewohnern des Schwarzmeerraums gefunden.

Eine weitere G6PDH-Variante mit verringertem K_MG6P ist die häufig bei chinesischen Defektträgern nachweisbare GdB⁻-Variante Canton. Identisch mit ihr sind die in der Literatur beschriebenen Varianten mit den Bezeichnungen Gifu-like, Argrigento-like und Taiwan-Hakka. Ihre Bildung geht auf eine Punktmutation im Exon 12 (1376G:T) zurück.

Mutationen von G6PDH-Varianten der Klasse III treten häufig im Exon 4, gefolgt von denen in den Exons 5, 6 und 9 auf; seltener wurden sie in den Exons 2, 7, 8 und 12 identifiziert. Zu ihnen zählt die als Anant bezeichnete GdB⁻-Variante. Sie tritt bevorzugt im südostasiatischen Raum einschließlich Vietnam auf (1388G:A; 463Arg:His, Exon 12). Außerdem lassen sich mehrere GdA⁻-Varianten hier einordnen. Sie zeigen kaum Veränderungen in den kinetischen Parametern (Tabelle 3.2.4).

Hervorzuheben ist, daß außer den GdA⁻-Varianten, die bezogen auf den Wildtyp GdB⁺ durch

Tabelle 3.2.5. Deletionsmutationen im G6PDH-Gen (WHO Klassifikation I)

Variante	Exon	Nukleotidverlust	Aminosäureverlust
Nara	9	953–976	319–326 Thr, Lys, Gly, Tyr, Leu, Asp, Asp, Pro
Stonybrook	7	724–729	242–253 Gly, Thr
Sunderland/Roßlau	2	102–104 oder 105–107 oder 108–110	36 Ile, 37 Ile
Varnsdorf	–	3′ Intron 10 Spleißortdeletion	–

2 Punktmutationen charakterisiert sind, auch andere G6PDH-Varianten mit mehrfachen Mutationen identifiziert wurden. Interessant ist in diesem Zusammenhang die GdB⁻-Variante Vancouver, die 3 separate Punktmutationen in den Exons 5 und 6 aufweist, aus denen die 3 Aminosäureaustausche 106Ser:Cys, 128Arg:Trp und 198Arg:Cys resultieren [Magnani u. Dallapiccola 1982]. Träger dieser Variante zeigen eine CNSHA und eine neutrophile Dysfunktion.

2 separate Punktmutationen finden sich bei der GdB⁻-Variante Honiara, die mit den Aminosäureaustauschen 33Ile:Met und 454Arg:Cys einhergeht.

Im Gegensatz zu anderen genetisch bedingten Erkrankungen wie z.B. der Muskeldystrophie sind Deletionen bei G6PDH-Enzymopathien seltene Ereignisse, die nie größere Genabschnitte betreffen (Tabelle 3.2.5). Alle bisher identifizierten Deletionsvarianten zählen zur Klasse I. Die größte Deletion umfaßt 24 Nukleotide im Exon 9, wo ein Tetranukleotidrepeat mit dem Motiv CCAC liegt. Diese sehr instabile GdB⁻-Variante Nara wurde bei einem japanischen Jungen identifiziert [Hirono et al. 1993].

Auch bei der GdB⁻-Variante Sunderland/Roßlau ist die Deletion mit einer Repeatregion verbunden [Jacobasch u. Rapoport 1996, MacDonald et al. 1991]. Aus einem (CAT)₃-Repeat im Exon 2 geht ein CAT verloren, das nicht im Leserahmen liegt.

Nicht entscheidbar ist, ob der daraus resultierende Verlust von CAT Ile Position 36 oder 37 betrifft. Für die Kinetik dieser G6PDH-Variante ist außer einer geringen katalytischen Aktivität ein 40fach höherer K_MNADP und eine nahezu aufgehobene Hemmung durch NADPH, ATP und 2,3 P_2G bestimmend.

Auf einen Verlust von 2 GGC-Kodons im Exon 7 geht die GdA$^-$-Variante Stonybrook zurück.

Bei der GdB$^-$-Variante Varnsdorf handelt es sich um eine Spleißmutation. Hierbei fehlt das invariante ApG an der 3'-Akzeptorspleißstelle, eine hochkonservierte Nukleotidsequenz zwischen Intron 10 und Exon 11. Die Folge davon ist die Bildung eines Stoppkodons im Nukleotid 1284 im Exon 10. Die auf 83% der Norm verkürzte Polypeptidkette ist instabil. Diese Variante wurde bisher nur bei einem heterozygoten Merkmalsträger beschrieben.

Schwere Fälle von G6PDH-Defekten der Klasse I können auch mit Funktionsbeeinträchtigungen von Leukozyten und des Auges verbunden sein, da für beide Organe eine hohe NADPH-Bildungsrate essentiell ist. Normalerweise ist die G6PDH-Aktivität in den weißen Blutzellen wesentlich höher als in den roten und variiert wiederum zwischen den Zellen der weißen Blutzellpopulationen um bis zu 2 Größenordnungen. Die G6PDH-Aktivität ist in den Makrophagen und Monozyten am höchsten und in den Lymphozyten am geringsten. Die kritische G6PDH-Restaktivität für Leukozytenfunktionen liegt bei etwa 5% der Norm. Darunter tritt eine Hemmung des oxidativen Burst auf, die eine Immunsuppression in bezug auf Katalase-positive Mikroorganismen zur Folge hat, wie sie auch beim NADPH-Oxidasemangel auftritt.

In Thrombozyten können G6PDH-Enzymopathien zu einem veränderten Aggregationsverhalten führen, woraus eine verlängerte Blutungszeit resultiert.

Katarakte sind seltene Ereignisse. Sie wurden bisher nur für einige G6PDH-Varianten mit stark verminderter G6P-Affinität festgestellt.

Konsequenzen für den Stoffwechsel anderer Organe, die sich primär auf einen G6PDH-Defekt zurückführen lassen, sind nicht bekannt. Diese Tatsache erklärt sich daraus, daß bisher keine Regulatorgen-, sondern nur Strukturgenmutationen gefunden wurden. Das bedeutet, daß eine Enzymsynthese immer stattfindet. Die intrazelluläre Steadystate-Aktivität der G6PDH wird maßgeblich durch die Geschwindigkeit ihres proteolytischen Abbaus und die Kompensation durch die Syntheserate der jeweiligen G6PDH-Variante bestimmt. Zellen, die während der Differenzierung und Reifung die Fähigkeit zur Proteinsynthese verlieren, wie Erythrozyten und Thrombozyten, sind deshalb stärker als andere Zellen von dem Defekt betroffen.

3.2.4.1.3 Hämolytische Anämien und Drogen-induzierte Hämolysen

Erstes Anzeichen für einen drastischen Abfall der oxidativen Belastungskapazität sind das Auftreten von Heinz-Körpern und die Bildung von sphäroidalen, kleinen, hypochromen Zellen mit rigidem Membranverhalten (sog. cross-bounded red blood cells). Der elastische Schermodulus der Membranen dieser Zellen, testbar mit Methoden wie der der Pipettenaspiration oder einer Filterverstopfungstechnik, ist auf das Doppelte erhöht. Treten Sauerstoffradikale in G6PDH-defekten Erythrozyten auf, fällt der GSH-Spiegel ab, wodurch eine Clusterung von Bande 3 (Abb. 3.2.10), einem integralen Membranprotein, bewirkt wird. Dadurch werden die Bindung autologer Antikörper und die Anlagerung von Komplement-C3-Komponenten initiiert. Komplement ist für die Erkennung oxidativ geschädigter Zellen durch Makrophagen essentiell, sie wird durch einen spezifischen Rezeptor (CR1) vermittelt. Für den molekularen Mechanismus der Phagozytose wurden mehrere Modelle vorgeschlagen [Arese et al. 1992, Kay 1996]). Bande 3 spielt dabei ebenso wie bei der Elimination aller anderen enzymopenisch veränderten roten Blutzellen aus dem Kreislauf die entscheidende Rolle. Die oxidative Schädigung wird durch die Bildung von Hemichromen (Mischung von Häm und denatu-

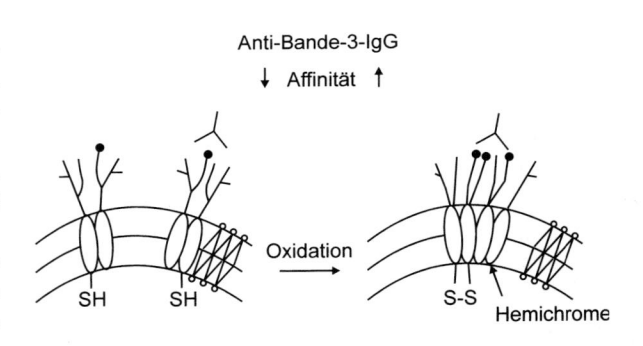

Abb. 3.2.10. Clusterung von Bande 3 bei oxidativer Belastung. Im reduzierten normalen Zustand liegt Bande 3 als Dimere in der Membran vor. Die Kohlenhydratepitope binden kein IgG. Oxidative Belastung bewirkt eine Aggregation der Bande-3-Moleküle als Cluster, die durch Disulfidbindungen verknüpft sind. Anlagerung von Hemichromen am N-Terminus, Demaskierung der Bindungsorte für IgG

riertem Globin) eingeleitet. Hemichrome wiederum können oxidativ wirkende Radikale generieren, wodurch die oxidative Schädigung der Membranen beschleunigt wird, da sie sich bevorzugt an die zytosolische Domäne der Bande 3 anlagern. Durch diese Verbindung werden die Oxidation von 2 empfindlichen Cysteinresten, die in dieser Domäne lokalisiert sind, begünstigt und die Clusterung von Bande 3 und die Bildung hochmolekularer Aggregate ausgelöst. Parallel zu diesen Membranveränderungen werden Bindungsstellen für natürliche zirkulierende Anti-Bande-3-Antikörper zugänglich, die eine hohe Affinität zur Antikörperbindung aufweisen. Durch die Bindung der Anti-Bande-3-Antikörper wird Komplement zur C3B-Fragmentbildung aktiviert. Die Komplement-gebundenen Zellen werden phagozytiert. Dieser Mechanismus geht mit einer Desialisierung, einer Freilegung von Galaktosylresten an der Zelloberfläche und Änderungen in der Phospholipidasymmetrie der Membranen einher [Horn et al. 1995].

Typisch für rote Blutzellen mit G6PDH-Varianten der Klassen I und II sind außerdem oxidativ bedingte Veränderungen des Zytoskeletts, der Membranproteine und eine Hemmung der Kalzium-ATPase. Die Folge davon ist ein Anstieg des intrazellulären Ca^{2+}-Spiegels. Dadurch werden das Calpainsystem und andere Ca^{2+}-abhängige Proteasen aktiviert. Es resultieren proteolytische Veränderungen, die denen bei alten Erythrozyten ähneln. Die oxidative Belastung vermindert auch die Reduktion von MetHb, wodurch die Hemichrombildung stimuliert und die Mikrovesikulation ausgelöst werden. Letztere kommt durch Veränderungen in der Spektrinlokalisation zustande, die durch eine gesteigerte Lipidperoxidation und Phospholipidabnahme in den Plasmamembranen der Erythrozyten eingeleitet wird. Der oxidativ bedingte Abfall der Phospholipide betrifft nicht proportional alle Phospholipidspezies. Besonders empfindlich reagieren Phosphatidylserin (PS) und die darin gebundene Arachidonsäure, gefolgt von Phosphoäthanolamin. Starker oxidativer Streß bewirkt eine Reorientierung des PS, es wird von der zytosolischen auf die Außenseite der Doppellipidschicht verlagert, wodurch der Abbau erleichtert und eine intravasale Hämolyse ausgelöst werden.

Erste Symptome einer akuten hämolytischen Krise sind Unwohlsein, Schwäche oder Lethargie, Übelkeit, Kopfschmerzen oder auch abdominale Schmerzen. Innerhalb weniger Stunden nach der Einnahme oxidativ wirkender Pharmaka (Tabelle 3.2.6) tritt eine intensive Gelbfärbung der Skleren und der Haut auf. Nachweisbar sind in den meisten Fällen eine Spleno- und Hepatomegalie sowie eine Hämoglobinurie. Eine typische hämolytische Krise hält 2–6 Tage an, danach setzt mit dem Anstieg der Retikulozyten bis zum 15. Tag die Erholungsphase ein. Retikulozytose fördert die Erholung, da die junge, vom Knochenmark ausgeschüttete Zellpopulation durch eine höhere G6PDH-Restaktivität charakterisiert ist. Die reifungsabhängige Abnahme der katalytischen Aktivität bleibt auch bei G6PDH-Varianten erhalten. Die Steilheit des Aktivitätsabfalls unterscheidet sich jedoch je nach Mutationslokalisation.

Tabelle 3.2.6 Kontraindizierte Pharmaka und Chemikalien für Patienten mit G6PDH-Enzymopathien (nach Beutler 1978)

Pharmaka	
Acetanilid	Pentachin
Methylenblau	Phenylazodiaminopyridin
Naladixinsäure	Sulfanilamid
Naphtalen	Sulfacetamid
Niridazol	Sulfapyridin
Nitrofurantoin	Sulfamethoxazol
Phenylhydrazin	Thiazolsulfon
Primachin	Toluidinblau
Pamachin	Trinitrotoluen

Infekt-induzierte Hämolyse

Akute hämolytische Krisen treten bei bakteriellen (z. B. Pneumonie, thyphoides Fieber, Rocky-Mountain-Fleckfieber) und verschiedenen viralen Infektionen auf. Oft sind sie der erste Hinweis für eine Infektion. Dabei reagieren Kinder allgemein sehr viel empfindlicher als Erwachsene. Generell hängt aber die Schwere der Hämolyse von den Eigenschaften der jeweiligen G6PDH-Variante ab.

Klinische Manifestation des Favismus

Favismus, der durch die oxidative Wirkung des Divicins zustandekommt, tritt nicht nur nach dem Essen einer Favabohnenmahlzeit auf, sondern kann auch über die Lunge bei einem Spaziergang durch ein blühendes Bohnenfeld ausgelöst werden. Er ist durch das plötzliche Einsetzen hämolytischer Episoden, insbesondere bei Trägern der Mittelmeer-Variante, charakterisiert. Träger von GdA^--Varianten reagieren weniger stark auf einen derartigen oxidativen Streß. Trotz einer relativ hohen G6PDH-Restaktivität von etwa 15% der Norm sind aber auch diese Erythrozyten oxidativ empfindlich, da unter dem Einfluß eines oxidativen Stresses die G6P-Affinität abnimmt.

Neugeborenenikterus

Die klinische Manifestation des Neugeborenenikterus wird bei G6PDH-Defektträgern durch eine Hemmung der Bilirubinausscheidung verursacht. Sie wird durch 2 Defizite beeinträchtigt, eine zu geringe G6PDH- und eine zu geringe Uridin-Diphosphoglukorunyltransferase-Aktivität in der Leber. Ein besonders häufiges Auftreten von G6PDH-Defekt-bedingten Fällen eines neonatalen Ikterus ist in Sardinien, Griechenland und Nigeria bekannt. Die Behandlung besteht in einer Phototherapie oder Austauschtransfusion des Blutes [Luzzatto 1987].

Chronische nichtsphärozytäre hämolytische Anämien (CNSHA)

Molekulare Ursachen, die bei Trägern von G6PDH-Enzymopathien CNSHA hervorrufen, sind immer Varianten, die der Klasse I zuzuordnen sind. Dazu zählen vorrangig Mutationen im Exon 10; diese G6PDH-Varianten sind durch hohe K_MG6P-Konstanten, häufig gekoppelt mit einem erniedrigten K_iNADPH, gekennzeichnet. Weiterhin zählen dazu alle bisher identifizierten Deletionsmutanten und Varianten mit separaten mehrfachen Aminosäuresubstitutionen. Diese Mutationen treten nur sporadisch auf. Sie können jedoch in Populationen mit sehr geringer Genfrequenz, wie z.B. bei G6PDH-Defektträgern deutscher Abstammung, dominieren.

Die Verkürzung der Halbwertszeit der roten Blutzellen wird durch die geringe katalytische Aktivität und die veränderten kinetischen Parameter bestimmt. In Extremfällen kann die scheinbare Halbwertszeit ^{51}Cr-markierter Zellen auf 2 Tage absinken. Der prozentuale Anteil der Retikulozyten ist bei ausreichender Regenerationsaktivität des Knochenmarks bis auf >20% erhöht. Die verjüngte erythroide Zellpopulation ist normochrom. Die Neugeborenen fallen bereits durch einen Neugeborenenikterus auf. Verstärkte Hämolysen treten zu Beginn jeder Infektionskrankheit auf und können zu lebensbedrohlichen Zuständen führen. Nicht selten sind dabei auch aplastische Krisen zu beobachten. Hohe körperliche Belastung verstärkt ebenfalls die Hämolyseneigung. In schweren Fällen ist die Konzentrationsfähigkeit im Schulunterricht beeinträchtigt, so daß längere Ruhepausen erforderlich sind.

Bei der Berufsausbildung ist auf Tätigkeiten, die nicht mit einer zusätzlichen toxischen oxidativen Belastung verknüpft sind, zu orientieren. Schichtarbeit und intensive längere Reisetätigkeit sind weitgehend zu vermeiden.

Komplikationen treten im Erwachsenenalter aus der sich entwickelnden sekundären Hämochromatose auf. Handelt es sich zugleich um heterozygote Merkmalsträger für eine primäre Hämochromatose, ist dieser Prozeß verstärkt.

Die therapeutische Anwendung oxidativ wirkender Pharmaka ist für diesen Patientenkreis kontraindiziert (Tabelle 3.2.6). Alkoholkonsum ist zu meiden. Bestimmend für die Lebenserwartung der Patienten ist die Hemmung der sekundären Hämochromatoseentwicklung durch eine entsprechende Eiseneluitonstherapie im Erwachsenenalter (s. dort).

Die Patienten adaptieren sich gut an einen Hämatokritwert zwischen 25 und 30%. Von Bluttransfusionen ist abzusehen, sofern nicht eine vitale Indikation bei einer drastischen hämolytischen Krise besteht.

3.2.4.1.4 Genetischer Polymorphismus, Populationsgenetik und Malaria

G6PDH Enzymopathien sind durch eine große genetische Variabilität charakterisiert. Die etwa 70 verschiedenen G6PDH-Varianten, die bisher identifiziert wurden, haben polymorphe Frequenzen in verschiedenen Populationen. Am weitesten verbreitet sind Varianten der Klasse II. Von den GdB⁻-Varianten dominieren die Mittelmeervariante in Populationen im Süden Europas, in Israel, Iran und Saudiarabien. Die Canton-Variante ist die häufigste in Südchina und Taiwan. GdA⁻-Varianten treten bevorzugt bei Schwarzafrikanern auf.

Haplotypanalysen sind eine geeignete Methode zum Studium eines gemeinsamen Ursprungs sowie zum Nachweis einer Drift und der Selektion von Mutationen. 6 stumme polymorphe Mutationen, die im G6PDH-Gen festgestellt wurden, können dafür genutzt werden. Sie sind, wie nachfolgend aufgezeigt, lokalisiert:

- 611C:G,
- 175C:T,
- 163C:T,
- 1116G:A,
- 1311C:T,
- 93T:C.

Diese Mutationen lassen sich durch DNA-Restriktionsanalysen gut identifizieren. Erste Hinweise über bevorzugt auftretende Mutationen existieren für Griechenland, Südchina und die Kanarischen Inseln [Beutler 1994].

Die geographische Verteilung der G6PDH-Varianten der Klasse II entspricht Regionen mit einem hohen Risiko für Malaria. Dies führte zu der Vermutung, daß sowohl heterozygote Frauen als auch hemizygote Männer mit derartigen G6PDH-Genmutationen über eine gewisse Resistenz gegenüber *Plasmodium-falciparum*-Infektionen verfügen, dem gefährlichsten Erreger der Malaria tropica [Luzzatto et al. 1986, Motulsky 1961]. Diese Schlußfolgerung läßt sich in vitro und in vivo bestätigen. 3 Faktoren sind wahrscheinlich für dieses Phänomen bestimmend.

1. Die Invasion der Merozoiten in die rote Blutzelle ist mit einem oxidativen Streß verbunden (Abb. 3.2.11). Der G6PDH-defekte Erythrozyt kann diese oxidative Belastung nicht wie die normale Zelle durch einen entsprechenden Anstieg der G6P-Oxidation über den OPPW, der mit einem Anstieg der NADPH-Bildung verbunden ist, kompensieren. Das spiegelt sich in einem raschen GSH-Abfall wider, der zur Clusterung der Bande 3 führt und die Elimination der infizierten Erythrozyten durch Makrophagen im Ringstadium einleitet [Arese et al. 1992]. Der besondere Vorteil von heterozygoten Merkmalsträgern, wenn sie nahezu eine Gleichverteilung von normalen und G6PDH-defekten Zellen in ihrem Zellmosaik aufweisen, besteht darin, daß sie insgesamt über eine höhere NADPH-Oxidaseaktivität und damit über eine höhere Phagozytosekapazität der Makrophagen im Vergleich zu Hemizygoten verfügen. Dessen Makrophagen sind oft durch einen verringerten oxidativen Burst charakterisiert; sie können deshalb nicht so effektiv *Plasmodium-falciparum*-infizierte rote Blutzellen im Ringstadium eliminieren.

2. Im Ringstadium produzieren die Parasiten noch kein Hämozoin. Hämozoin tritt erst im nachfolgenden Trophozoitenstadium auf, wenn die Parasiten für ihre Vermehrung im Schizontenstadium über eine ausreichende Eiweißquelle verfügen müssen. Dafür nutzen sie das Globin des Hämoglobins. Das dabei freiwerdende Häm wird durch einen spezifischen Entgiftungsmechanismus zu Hämozoin umgesetzt, das in der Futtervakuole in kristalliner Form ausfällt. Werden infizierte Erythrozyten, die sich im Trophozoiten- oder Schizontenstadium befinden, durch Makrophagen phagozytiert, so bewirkt das Hämozoin im Phagolysosom eine irreversible Hemmung des oxidativen Bursts. Sie ist die Ursache für die sich bei erwachsenen Patienten mit chronischen *Plasmodium-falciparum*-Infektionen entwickelnde Immunsuppression, die ein

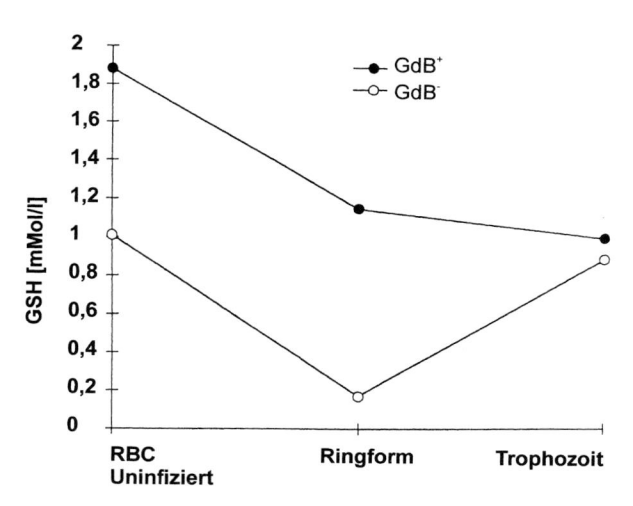

Abb. 3.2.11. Oxidative Belastung roter Blutzellen bei *Plasmodium-falciparum*-Invasion. Der Abfall des GSH-Spiegels bei Invasion des Merozoiten *Plasmodium falciparum* in die rote Blutzelle ist in Zellen mit GdB$^-$ und GdA$^-$-Varianten größer als in Kontrollzellen. Mit der GSH-Abnahme steigt die Phagozytoserate im Ringstadium an (nach Cappadoro 1998, mit Erlaubnis)

gehäuftes Auftreten opportunistischer Infektionen zur Folge hat, die häufig einen letalen Ausgang nehmen. Die Immunsuppression ist auf eine Hemmung der membranständigen NADPH-Oxidase der Makrophagen zurückzuführen. Bisherige experimentelle Erkenntnisse deuten darauf hin, daß der Mechanismus in einer Hemmung der PKC-Translokation von der zytosolischen in die membranständige aktive Form besteht. Diese Hemmung wird durch eine oxidative Schädigung ausgelöst, die durch die Freisetzung von Fe^{3+}-Ionen aus dem Hämozoin unter den Bedingungen eines niedrigen pH-Werts und einem Anstieg der Lipidperoxidation im Phagolysosom ausgelöst wird. Über die Haber-Weiss-Reaktion wird dadurch eine überstöchiometrische Bildung von Sauerstoffradikalen eingeleitet.

Warum ist bei GdB$^-$-Varianten dieser selektive Vorteil auf solche Mutationen beschränkt, die eine hohe G6P-Affinität aufweisen? Träger derartiger G6PDH-Varianten zeigen in Abwesenheit eines oxidativen Stresses nahezu keine Veränderungen des GSH-GSSG-Quotienten und eine normale oder wenig verkürzte Halbwertszeit der roten Blutzellen. Auf jede oxidative Belastung wie die der *Plasmodium-falciparum*-Infektion kann die Zelle jedoch nicht mit einer erforderlichen Erhöhung der NADPH-Bildung reagieren, da sich die G6PDH unter Berücksichtigung des intrazellulären G6P-Spiegels bereits im oder nahe dem Substratsättigungsbereich befindet. Der Vorteil besteht deshalb in folgendem: die intrazelluläre Reproduktion der Parasiten wird auf der Stufe der Ringform unterbrochen und die Entwicklung einer Immunsuppression wird verhindert. Die Patienten leiden nicht an einer CNSHA und entwickeln keine sekundäre Hämochromatose.

Der selektive Vorteil der GdA⁻-Varianten wird bisher noch nicht gut verstanden. Die Ergebnisse vorläufiger Experimente lassen die Schlußfolgerung zu, daß der oxidative Streß der *Plasmodium-falciparum*-Infektion trotz relativ hoher Restaktivität dadurch zur Clusterung von Bande 3 führt, daß die G6P-Affinität unter der oxidativen Belastung abnimmt. Eine Erhöhung der G6P-Oxidation tritt deshalb trotz Senkung des NADPH-NADP-Quotienten und damit verbundener Abnahme der NADPH-Hemmung der G6PDH nicht auf.

3.2.4.1.5 Diagnostik und Therapie von G6PDH-Enzymopathien

Die Möglichkeit, die klinische Manifestation des Krankheitsbildes erfolgreich zu beeinflussen, hängt vom Umfang des Verständnisses der molekularen und biochemischen Mechanismen ab, die durch die Enzymopathie verändert werden.

Die Diagnostik basiert primär auf der Bestimmung der G6PDH-Maximalaktivität roter Blutzellen in einer frisch abgenommenen Blutprobe. Sind die erythroide Zellpopulation verjüngt oder das Kind z. B. zuvor transfundiert worden, ist eine Reifungstrennung der Zellen in einem Dichtegradienten vorzunehmen, um die G6PDH-Aktivität im Erythrozyten richtig einzuschätzen. Bei G6PDH-Defektträgern stellt sich dabei ein anscheinend umgekehrtes Reifungsverhalten der G6PDH-Aktivität dar. Die verjüngten erythroiden Zellen des Patienten zeigen eine verminderte und die reifen, transfundierten Spendererythrozyten eine normale G6PDH-Aktivität.

Bei Patienten, bei denen keine CNSHA besteht, die jedoch durch hämolytische Krisen auffällig werden, ist für die weiterführende Diagnostik die Bestimmung der G6P-Affinität wichtig. Anamnestische Angaben zur Nationalität können für den Nachweis einer polymorph auftretenden G6PDH-Variante hilfreich sein. Die Variantenidentifikation erfolgt nach Anreicherung des betreffenden DNA-Fragments mittels PCR unter Einsatz entsprechender Primer und anschließende Sequenzierung oder nach Zugabe von Restriktionsenzymen, die spezifisch für den zu analysierenden Bindungsort sind, durch elektrophoretische Auftrennung der Fragmentlängen. Bei Patienten deutscher Abstammung tritt keine G6P-Mutation polymorph auf. Liegt eine G6PDH-Variante mit verminderter G6P-Affinität vor, ist eine DNA-Analyse von Exon 10 vorzunehmen. Ist sie erfolglos, muß die Identifikation der Mutation durch Sequenzierung der DNA von Exon 2–13 erfolgen.

Zielt die Diagnostik auf eine Einschätzung der oxidativen Belastungsfähigkeit des Erythrozyten eines hemizygoten Merkmalsträgers ab, ist die beste Methode dafür die mathematische Modellierung des Energieredoxstoffwechsels. Voraussetzung dafür ist die Kenntnis der kinetischen Konstanten der G6PDH-Variante und der G6PDH-Restaktivität im Erythrozyten. Die Grundlage der mathematischen Modellierung basiert auf der detaillierten Kenntnis der vorhandenen Stoffwechselwege des Erythrozyten und der Verfügbarkeit von kinetischen Modellen für die daran beteiligten Regulationsenzyme. Derartige theoretische Untersuchungen des Erythrozytenstoffwechsels beim Vorliegen eines G6PDH- oder anderen Enzymdefekts roter Blutzellen bieten mehrere Vorteile. Dazu zählen:

- Die Validität des Modells kann unter experimentellen Bedingungen durch Veränderung der enzymkinetischen Parameter getestet werden.
- Die experimentellen und klinischen Befunde können zu den primär vorhandenen Metabolitspiegeln in Beziehung gesetzt werden und sind nicht durch reifungsbedingte Veränderungen in Mischpopulationen verfälscht.
- Der Effekt variierender extrazellulärer Bedingungen ist anhand von Belastungsdiagrammen vorhersagbar.

Diese Aussagen sind für das Verständnis über den Mechanismus der Pathogenese von Vorteil und hilfreich für die Optimierung von einzuleitenden Maßnahmen der Prävention und Therapie.

Bisher vorgenommene theoretische Modellierungsstudien wurden für den Erythrozyten unter Berücksichtigung der Glykolyse einschließlich des 2,3-P_2G-Zyklus, des Pentosephosphatwegs sowie der Reaktionen des Glutathion- und Adeninnukleotidstoffwechsels vorgenommen (Abb. 3.2.1). Derartige mathematische Modellierungen erlauben in Kombination mit experimentellen Daten, den Schweregrad einer Stoffwechselerkrankung, der aus einer spezifischen Mutation resultiert, zu quantifizieren und die Komplexität der Stoffwechselveränderungen besser zu erfassen. 2 Belastungsparameter haben sich für derartige mathematische Modellierungsstudien bewährt:

- k_{ox} und
- k_{ATPase}.

Die oxidative Belastung k_{ox} läßt sich durch eine Reaktion 1. Ordnung für die Oxidation von GSH zu GSSG beschreiben. Der Parameter k_{ATPase} entspricht einem energetischen Belastungsparameter, der den ATP-Verbrauch der Erythrozyten durch vorrangig energieabhängige Membranprozesse beschreibt.

Die mathematische Modellierung erlaubt auch die Unterscheidung zwischen Kurz- und Langzeiteffekten. Im Fall der G6PDH-Enzymopathien sind damit auch Stoffwechselreaktionen in Übergangszuständen quantifizierbar, so z. B. die Auslösung einer intravasalen Hämolyse durch oxidativen Streß [Schuster et al. 1988, 1989].

Das Kurzzeitmodell beschreibt Veränderungen, die bei einer oxidativen Belastung der Zellen innerhalb 1 h eintreten, wo noch keine signifikanten Veränderungen der Enzym- und Proteinstruktur anzunehmen sind. Mit einem Abfall des GSH-Spiegels nimmt zeitabhängig das Risiko zur Inaktivierung und oxidativen Modifikation von SH-Enzymen zu. Diese Veränderungen sind durch ein Langzeitmodell berechenbar. Als einfacher Ausdruck kann dafür die Maximalaktivität von SH-Enzymen als Funktion des aktuellen GSH-GSSG Verhältnisses genutzt werden.

$$v^{act}_{max} = v_{max} \times \{[GSH]^2 : ([GSH]^2 + [GSSG] \times h)\} \quad (2)$$

v^{act}_{max} und v_{max} entsprechen den Maximalaktivitäten von SH-Enzymen mit und ohne oxidative Belastung; sie sind aus experimentellen Daten ableitbar. Abb. 3.2.3 zeigt die mathematische Modellierung des G6P-Umsatzes im OPPW für Erythrozyten von Kontrollpersonen und Trägern von G6PDH-Varianten der Klasse I (hoher $K_M G6P$) und II (geringer $K_M G6P$) im Langzeitmodell. Der Verlauf der Kurven belegt die quantitative Hemmung des OPPW bei G6PDH-Defektträgern, die mehr als eine Größenordnung beträgt, und die Einschränkung bzw. Unfähigkeit, ihn bei zunehmendem NADPH-Verbrauch zu steigern. Das Langzeitmodell erlaubt außerdem die Erfassung des Bifurkationspunkts, an dem das System von einem stabilen in einen instabilen Zustand übergeht. Er ist deutlich nach links zu geringerer oxidativer Belastung verschoben. Abb. 3.2.4 demonstriert die Auswirkungen einer oxidativen Belastung anhand des intrazellulären Anstiegs der GSSG-Konzentration im Langzeitmodell. Es wird deutlich, daß im Gegensatz zu normalen Erythrozyten die GSSG-Konzentration für G6PDH-defekte Zellen mit Varianten der Klasse I und II sehr viel steiler ansteigt. Dadurch erreichen sie sehr schnell die kritische GSSG-Konzentration von 0,17 mM. Der Kurvenverlauf im entsprechenden Langzeitmodell verdeutlicht, daß der kritische Wert für k_{ox} für Erythrozyten mit G6PDH-Varianten der Klasse I kaum gegenüber dem In-vivo-steady-state steigerbar ist. Dagegen tolerieren Zellen mit G6PDH-Varianten, deren $K_M G6P$ vermindert ist, etwa eine Verdreifachung der oxidativen Belastung. Der kritische Wert für k_{ox} ist ein sehr guter Parameter zur Einschätzung des Schweregrads einer G6PDH-Enzymopathie.

Eine weitere wichtige Schlußfolgerung aus mathematischen Modellierungsstudien ist die Erkenntnis, daß bei Enzymopathien die Unabhängigkeit in der Regulation der einzelnen Stoffwechselwege verlorengeht. Deshalb wirkt sich auch ein Anstieg der energetischen Belastung auf die oxidative Empfindlichkeit der Zellen aus. Abb. 3.2.5 demonstriert die Konsequenzen eines gesteigerten zellulären ATP-Verbrauchs auf die oxidative Empfindlichkeit G6PDH-defekter Erythrozyten anhand des GSSG-Konzentrationsanstiegs. Der kritische Wert für k_{ATPase} ist wiederum für G6PDH-Varianten der Klasse I deutlich geringer als für solche der Klasse II. Wahrscheinlich erklärt sich aus diesen Wechselbeziehungen die häufig in Erythrozyten von G6PDH-Defektträgern nachweisbare Abnahme der Adeninnukleotide und des Glutathionspiegels. Während einer oxidativen und energetischen Belastung werden Adeninnukleotide abgebaut und GSSG- bzw. GSH-Konjugate aus der Zelle heraustransportiert. Dieser Vorgang ist als ein Kompensationsmechanismus aufzufassen. Sowohl durch eine begrenzte Abnahme des Adeninnukleotidspiegels als auch den des Glutathions sind eine etwas höhere oxidative und auch energetische Belastungsfähigkeit der Zellen erreichbar.

Eine kontinuierliche Zuführung von Vitamin E ist für alle Patienten mit CNSHA zu empfehlen, die durch eine verminderte oxidative Belastungsfähigkeit charakterisiert sind, dazu zählen generell Träger von G6PDH-Varianten der Klasse I und z. T. auch der Klasse II. Vitamin E bietet einen Schutz vor hämolytischen Krisen, so daß Bluttransfusionen nicht erforderlich werden. Der Bilirubinspiegel und die Anzahl der Retikulozyten vermindern sich unter kontinuierlicher Vitamin-E-Zufuhr. Ist die oxidative Belastungsfähigkeit nicht drastisch vermindert, reicht die Meidung von Pharmaka und Vegetabilien, die hämolytische Krisen auslösen, aus.

3.2.4.2 Andere Defekte des Pentosephosphatwegs: 6-Phosphoglukonatdehydrogenase, 6-Phosphoglukonolaktonase, Glutathionperoxidase, Glutathionreduktase, Defekte der Glutathionsynthese

Die 2. biologische Oxidation im OPPW, die zur Bildung von NADPH führt, wird durch die 6-Phosphoglukonatdehydrogenase (6PGDH) katalysiert. Defekte sind für dieses Enzym beschrieben, aber wahrscheinlich ohne klinische Relevanz; denn Fälle mit Aktivitätsverlusten >95% sind unauffällig [Beutler et al. 1985]. Der Erbgang von 6PGDH-Defekten ist autosomal-dominant. Defekte der 6-Phosphoglukonolaktonase sind selten. In Kombination mit einer G6PDH- und 6PGDH-Enzymopathie wurde ein Mangel bei einem indischen Jungen festgestellt, der nicht zur Verkürzung der Halbwertszeit roter Blutzellen führte.

Glutathionperoxidasen sind Selenoenzyme, die glutathion- und selenabhängig den Abbau von Hydroperoxiden zu den entsprechenden Alkoholen katalysieren. Sie üben deshalb eine Schutzfunktion gegenüber oxidativen Belastungen aus. 4 Isoenzyme sind bekannt:

- ein zytoplasmatisches Enzym (cGPX),
- eine extrazelluläre oder Plasma-GpX (pGPX),
- die Phospholipidhydroperoxid-GpX (PHGPX) und
- ein gastrointestinales Enzym (giGPX) [Wijnen et al. 1978].

Die rote Blutzelle verfügt über cGPX und PHGPX. Sie enthalten alle im katalytischen Zentrum Glutamin, Tryptophan und Selenocystein. Die Aktivität der GPX-Enzyme ist von der Selenzufuhr abhängig. Selenocystein wird von einem TGA-Triplett kodiert, das bei Selenmangel als Stoppkodon fungiert, so daß eine verkürzte Polypeptidkette ohne katalytische Aktivität gebildet wird (Abb. 3.2.12). Um UGA in der mRNA als Selenocystein zu erkennen, ist ein spezifischer Translationsmechanismus erforderlich. [Ursini et al. 1995]. Zu ihm gehört ein SECIS-Element (*Sele*no*c*ysteine *i*nsertion *s*equence) am 3'-untranslatierten Ende, das von einem Translationsfaktor erkannt wird. An diesen bindet die Selenocysteyl-tRNA, die das Antikodon für UGA enthält. Dieser Komplex gelangt anschließend zum UGA-Kodon der ribosomal gebundenen mRNA. Selenocystein wird energieabhängig aus Serin, das an eine spezifische tRNA gebunden ist, durch eine Selenocysteinsynthase gebildet.

Verminderte Aktivitäten für die cGPX (Chromosom 3) sind in roten Blutzellen im Zusammenhang mit akuten Hämolysen insbesondere bei Personen aus dem Mittelmeerraum und Juden in der Literatur beschrieben; bisher konnte jedoch nicht bewiesen werden, inwieweit sie auf Strukturgenmutationen oder einen Selenmangel zurückzuführen sind [Gondo et al. 1992].

Die Glutathionreduktase (GR) hat die Aufgabe, das Redoxsystem GSH/GSSG in der reduzierten Form aufrechtzuerhalten. Dafür nutzt das Flavinenzym NADPH, das im OPPW gebildet wird. Hämolysen treten bei oxidativer Belastung nur bei einer extremen Verminderung der GR-Aktivität auf. Ein vollständiges Fehlen des Apoenzyms wur-

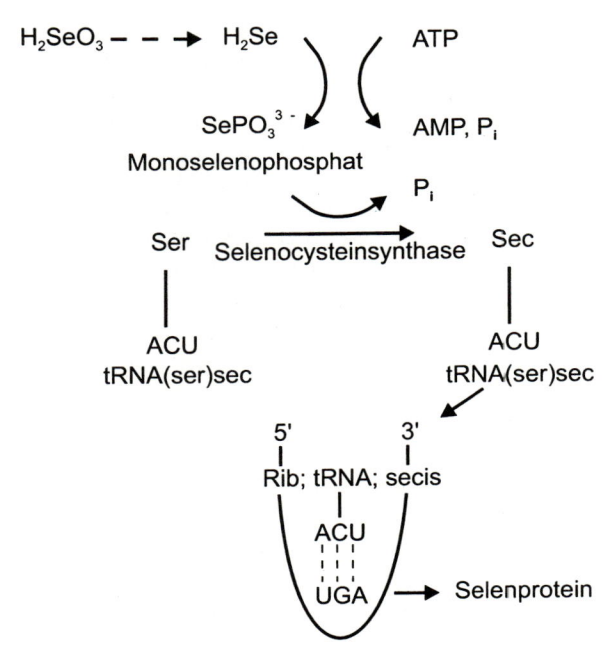

Abb. 3.2.12. Synthese von Selenproteinen, *SECIS* selenocysteine insertion sequence

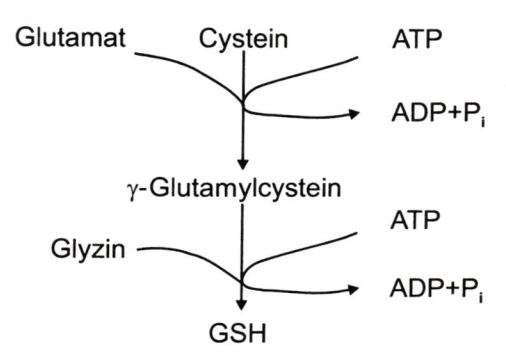

Abb. 3.2.13. Gluthationsynthese in der roten Blutzelle

de bisher nur bei 3 Familien beschrieben, ohne das die molekulare Ursache für das auf Chromosom 8 lokalisierte GR-Gen aufgeklärt werden konnte [Magnani u. Dallapiccola 1982]. Bei partiellen Aktivitätsverminderungen ist abzuklären, inwieweit sie aufgrund eines möglichen Riboflavinmangels ernährungsbedingt sind.

Glutathion bildet das wichtigste Schutzsystem roter Blutzellen gegenüber oxidativen Schäden. Die Konzentration beträgt 2 mM. Glutathion liegt in der Zelle zu 98% in reduzierter Form vor. Die Synthese von GSH erfolgt durch 2 ATP-abhängige Reaktionen, die durch die γ-Glutamylcysteinsynthetase und Glutathionsynthetase katalysiert werden (Abb. 3.2.13). Genetisch bedingte Defekte für eines dieser Enzyme verringern nur bei starker Aktivitätsabnahme die oxidative Belastungsfähigkeit roter Blutzellen. Sie werden autosomal-rezessiv vererbt. Die klinische Manifestation zeigt sich ähnlich wie bei G6PDH-Enzymopathien in akuten hämolytischen Schüben und Heinz-Körper-Bildung, selten in chronischen hämolytischen Anämien. Sie kann aber auch komplexer Natur sein; hierbei sind neurologische Dysfunktionen von Bedeutung, wie z. B. eine progressive spinozerebellare Ataxie [Beutler et al. 1990]. Sie können teilweise durch den Verlust der Feedback-Hemmung von GSH auf die γ-Glutamylcysteinbildung zustandekommen, da dadurch 5-Oxoprolin akkumuliert wird.

Ein Glutathionsynthetasedefekt kann sekundär auch einen Glutathion-S-Transferasemangel hervorrufen, da dieses Enzym ohne GSH-Schutz instabil ist und proteolytisch abgebaut wird [Beutler et al. 1986].

3.2.5 Enzymopathien von Glykolyseenzymen

3.2.5.1 Struktur und Funktion der Pyruvatkinase (PK) roter Blutzellen

Die Pyruvatkinase katalysiert in der Zelle die irreversible Umwandlung von Phosphoenolpyruvat (PEP) zu Pyruvat unter gleichzeitiger Substratphosphorylierung. Gewebsspezifisch und differenzierungsabhängig werden 4 Isoenzyme durch 2 verschiedene Gene kodiert [Marie et al. 1981, Noguchi et al. 1986, Noguchi et al. 1987, Tsutsumi et al. 1988]. Das PK-L/R-Gen exprimiert die Isoenzyme PK-L und PK-R. PK-L tritt in Hepatozyten, proximalen Tubulizellen der Niere und im Dünndarm auf. PK-R existiert ausschließlich in den roten Blutzellen. Das 2. Gen, PK-M, kodiert die Isoenzyme M1 und M2. PK-M1 ist typisch für Skelett- und Herzmuskel sowie Gehirnzellen. PK-M2 ist als evolutionär älteste PK-Form aufzufassen. Dieses Isoenzym tritt in allen embryonalen und Tumorgeweben auf. Aber nicht in allen Organen wird während der Differenzierung das PK-Isoenzym gewechselt. PK-M2 ist deshalb auch typisch für Leukozyten, Lungengewebe, Plazenta, Fett und Zellen der distalen Nierenabschnitte. Leukozyten und Erythrozyten entstehen im Knochenmark aus identischen multipotenten hämatopoetischen Stammzellen. Aber nur in der erythroiden Reihe tritt im Erythroblastenstadium ein Isoenzymwechsel von PK-M2 zu PK-R auf [Miwa u. Takegawa 1983]. PK-R ist reifungsabhängig. Dieser Prozeß ist mit posttranslationalen chemischen Modifikationen verbunden, die die PK-R im Erythrozyten stabilisieren. PK-R ist K^+- und Mg^{2+}-abhängig und weist allosterische Eigenschaften auf, die eine tetramere Struktur erfordern. Die Untereinheiten sind wie bei allen 4 Isoenzymen identisch. Unter Anwendung des Monod-Modells lassen sich 2 Konformationszustände annehmen, einer entspricht der inaktiven T-Form, die für PEP eine geringe und für K^+ keine Affinität hat. Die andere, die aktive R-Form, hat sowohl für K^+ als auch für PEP eine hohe Affinität. Aus kinetischen Daten ist darauf zu schließen, daß die K^+-Bindung essentiell für die Bindung des PEP ist. Die positiven Effektoren Fru-1,6-P_2, Fru-2,6-P_2 und 6-Phosphoglukonat heben die Kooperativität für PEP auf, da das R-T-Gleichgewicht zum R-Zustand verschoben wird. Die negativen Effektoren Alanin und ATP wirken entgegengesetzt. Das Monomer-Tetramer-Gleichgewicht wird durch das Verhältnis von Fru-1,6-P_2:ATP reguliert, das die Assoziations-Dissoziations-Beziehung bestimmt. Die PEP-Bindung scheint auch durch Thiol- und Histidinreste beeinflußt zu werden; denn Photooxidation der 3 vorhandenen Histidinreste vermindert ebenso wie oxidiertes Glutathion die PEP-Affinität, die katalytische Aktivität und die Hitzestabilität.

Röntgenkristallographische Daten existieren bisher nur für die PK-M1 des Katzenmuskels [Muirhead et al. 1986]. Das daraus abgeleitete Strukturmodell unterscheidet 4 als N, A, B und C bezeichnete Domänen. Die C-Domäne ist für die Wechselwirkungen zwischen den Untereinheiten verantwortlich. Alle allosterischen PK-Isoenzyme (PK-L, PK-R, PK-M2) weisen deshalb in diesem Bereich eine höhere Strukturhomologie als PK-M1 auf. Das aktive Zentrum liegt zwischen den Domänen A und B, die Aminosäuresequenz dieser Region ist für alle PK-Isoenzyme konservativ.

3.2.5.2 Pyruvatkinaseenzymopathien

1961 wurde die erste Pyruvatkinaseenzymopathie (PK-Enzymopathie) bei einem Patienten, der an einer CNSHA litt, beschrieben [Valentine et al. 1961]. Seit dem sind mehr als 400 Fälle publiziert [Abu-Mehlha et al. 1991, Baronciani u. Beutler 1993a,b, Baronciani u. Beutler 1995, Baronciani et al. 1995, Fujii u. Miwa 1990, Johnson et al. 1991, Kanno et al. 1991, 1992b, 1993a,b, 1994, Lenzner, Nürnberg et al. 1994, Lenzner et al. 1997a, Medicis et al. 1992, Neubauer et al. 1991, Tanaka u. Pagila 1971, Zanella et al. 1988, 1989]. PK-Defektträger wurden in allen Ländern Europas, der USA, Kanada, Japan, Mexiko, Türkei, Afrika und den Philippinen gefunden. Der Erbgang ist autosomal-rezessiv. PK-Enzymopathien sind auf Mutationen im PK-L/R-Gen zurückzuführen.

3.2.5.2.1 Stoffwechsel PK-defekter roter Blutzellen

Die PK-R ist ein Regulationsenzym, dessen Kontrollkoeffizient unter normalen zellulären Bedingungen nahe 0 ist. Erst eine Verringerung der katalytischen Aktivität >50% wirkt sich auf die Glykolyse und ATP-Bildung hemmend aus. Dabei tritt eine Erhöhung des Kontrollkoeffizienten auf, was sich in einer Akkumulation von PEP und einem Anstieg des 2,3-Bisphosphoglyzerat(2,3-P_2G)-Spiegels zeigt. Ein hoher Substratumsatz über den 2,3-P_2G-Zyklus vermindert den ATP-Gewinn zusätzlich, da dadurch die Phosphoglyzeratkinasereaktion (PGK) umgangen wird. Der erhöhte 2,3-P_2G-Spiegel verringert die Sauerstoffaffinität für Hämoglobin und fördert die O_2-Freisetzung im Gewebe. Auch bei niedrigen Hämatokritwerten wird deshalb keine Gewebshypoxie beobachtet.

Aus der herabgesetzten ATP-Generation folgt, daß der ATP-Spiegel der Zellen mit dem Verlust der oxidativen Phosphorylierung während der Reifung der Retikulozyten rasch abfällt. 2,3-P_2G-Anstieg und Wasserverlust führen zu einer Zunahme der inneren Viskosität, wodurch die Deformierbarkeit der roten Blutzellen und damit ihre Fließgeschwindigkeit in engen Kapillaren abnehmen. Das fördert die Elimination PK-defekter Zellen in der Milz. Deshalb sind nach Splenektomien gewöhnlich höhere Retikulozytenwerte bestimmbar, ohne daß eine Verlängerung der scheinbaren Haltwertszeit PK-defekter Zellen feststellbar ist. Der Mechanismus, durch den die Makrophagen PK-defekte rote Blutzellen erkennen und eliminieren, ist wiederum mit strukturellen und funktionellen Veränderungen der Bande 3 verknüpft. Ein experimenteller Beleg dafür ist der Nachweis, daß mit dem Schweregrad einer PK-Enzymopathie die Infizierbarkeit der roten Blutzellen durch *Plasmodium falciparum* abnimmt. Für den Invasionsprozeß der Merozoiten ist die Intaktheit der Bande 3 essentiell. Gezielte Analysen der Membranproteine unter Verwendung von Antikörpern gegen Bande 3 bestätigen, daß in PK-defekten Zellen ein proteolytischer Abbau von Bande 3 eintritt [Jacobasch u. Schulz, in Vorbereitung]. Der Abbau der Bande 3 in der transmembranen Region ist mit einer Änderung der Tertiärstruktur des integralen Proteins verbunden, wodurch die Bindung von IgG-Autoantikörpern initiiert und die Phagozytose eingeleitet werden. Der Mechanismus, durch den der partielle proteolytische Abbau von Bande 3 zustandekommt, ist noch nicht vollkommen verstanden. Auszugehen ist davon, daß in der roten Blutzelle ein ATP-Gradient existiert, durch den ein membranständiger ATP-Pool aufgebaut wird, durch den die energieabhängigen Reaktionen z. B. die Kationenpumpen und die Phosphorylierung des Zytoskeletts, der Membranproteine und der Polyphosphoinositide aufrechterhalten werden. Unterschreitet dieser ATP-Pool einen krititschen Wert, kommt es in PK-defekten Zellen zu einer Ca^{2+}-Akkumulation und zur Öffnung mehrerer Kaliumkanäle, wodurch der K^+-Efflux stark zunimmt. Eine Reihe experimenteller Daten, die allerdings nicht an intakten Zellen durchführbar waren, lassen vermuten, daß der Kationentransport mit funktionellen Eigenschaften der N-terminalen Domäne von Bande 3 verknüpft ist [Kay 1996] und ein proteolytischer Abbau von Bande 3 zu einer Verkürzung der Halbwertszeit roter Blutzellen führt. Anzunehmen ist, daß Ca^{2+} Calpain aktiviert und diese Protease Bande 3 abbaut [Hayashi et al. 1992]. Wahrscheinlich sind aber noch andere Proteasen roter Blutzellen sowohl an den posttranslationalen Veränderungen der PK-Mutanten als auch den daraus resultierenden Konsequenzen im Stoffwechsel beteiligt. Familienspezifische Unterschiede in den Proteasemustern roter Blutzellen haben für die klinische Manifestation von PK-Enzymopathien und möglicherweise auch anderer Enzymdefekten eine weit größere Bedeutung als bisher angenommen wurde. Vergleichende Untersuchungen für die in Mittel- und Nordeuropa dominierende PK-Variante (1529G:A, 510Arg:Gln) ergaben, daß trotz identischer Mutationen in beiden Allelen der Schweregrad der CNSHA von homozygoten PK-Defektträgern aus verschiedenen Familien große Unterschiede zeigt [Lenzner et al. 1997a]. Auch in ihrer Infizierbarkeit durch *Plasmodium falciparum* unterscheiden sie sich hoch signifikant. Parallel dazu korrelieren Veränderungen im IEF-Muster der PK-Varianten und in den Fragmentlängen der Polypeptidketten, die sich nach der Enzymreinigung mittels Immunaffinitätschromatographie erfassen lassen. Aus diesen Befunden ist die Schlußfolgerung abzuleiten, daß allein durch die Identifikation der Mutation bei einer PK-Enzymopathie nur bedingt auf den Schweregrad der Erkrankung geschlossen werden kann.

Für die Einschätzung der Konsequenzen, die sich aus PK-Enzymopathien für den Energie- und Redoxstoffwechsel ergeben, ist analog wie bei den G6PDH-Enzymopathien, die mathematische Modellierung anwendbar [Holzhütter et al. 1985]. Aus der Aufstellung von energetischen Belastungsdiagrammen für PK-defekte Erythrozyten, die durch unterschiedliche PK-Mutanten charakterisiert sind, lassen sich folgende Aussagen ableiten (Abb. 3.2.6 und 7):

- Je schwerer die CNSHA, desto stärker sind die Glykolyserate und der ATP-Spiegel herabgesetzt. Der kritische Wert für den energetischen Belastungsparameter k_{ATPase} ist ebenfalls entsprechend vermindert.
- In schweren Fällen erreicht der Kontrollkoeffizient der PK Werte, die denen anderer Regulationsenzyme, die normalerweise flußbestimmend sind, entsprechen. Dieser erhöht sich parallel zum Anstieg der energetischen Belastung.
- Aus der Akkumulation von 2,3-P_2G, resultiert eine starke Hemmung der Hexokinasereaktion. Sie ist die Ursache für eine verminderte oxidative Belastungskapazität und eine herabgesetzte Rate der Bildung von Phosphoribosylpyrophosphat PK-defekter roter Blutzellen.

3.2.5.2.2 Genese der Pyruvatkinaseisoenzyme, Mutationen des PK-L/R-Gens

Das PK-L/R-Gen liegt auf dem langen Arm von Chromosom 1 in Position q21 (Abb. 3.2.14). Es umfaßt 8408 bp, einschließlich der nichttranslatierten Sequenz am 3′-Ende, aber ohne den Promotor vor dem 1. Exon (R). Es besteht aus 12 Exons und 11 Introns [Cognet et al. 1987, Kanno et al. 1992a, Lenzner et al. 1997b, Noguchi et al. 1987, Tani et al. 1987, 1988]. Die Polypeptidkette der PK-R ist 524 Aminosäuren lang, die der PK-L um 34 Aminosäuren kürzer. Die Differenz in der Länge beider Isoenzyme resultiert aus der alternativen Nutzung von Exon 1, das 33 Aminosäuren, und Exon 2, das nur 2 Aminosäuren kodiert. Bisher wurden keine Mutationen in Exon 1 (R) und 2 (L) festgestellt. Die PK-Mutante eines Defektträgers tritt deshalb nicht nur in roten Blutzellen, sondern auch in allen Geweben auf, die PK-L exprimieren. Konsequenzen für den zellulären Stoffwechsel resultieren aus der Enzymopathie aber nur für die rote Blutzelle. Alle anderen betroffenen Gewebe sind fähig, den Defekt durch eine gesteigerte Syntheserate und/oder die Nutzung alternativer Stoffwechselwege zu kompensieren.

In Hepatozyten ist die PK-L durch Insulin und Glukose induzierbar und durch Glukagon und Glukokortikoide reprimierbar. Diese Regulation erfolgt auf Transkriptionsebene. An der Vermittlung der Hormoneffekte sind cis-regulatorische Elemente aus der Promotorregion beteiligt. 3 derartige Enhancer-Elemente, die eine Funktionseinheit mit synergistischer Aktivität darstellen, befinden sich im Intron R, das zwischen dem 1. und 2. Exon liegt. Es enthält die Enhancer-Elemente I, II und III. Für alle 3 Elemente wurden Wechselwirkungen und Transkriptionsfaktoren nachgewiesen. Für I ist es ein Protein, das als Faktor LF-B1 oder HNF1 bezeichnet wird. 2 andere Faktoren gehen spezifische Bindungen mit den Elementen II und III ein. Transkriptionsfaktor für das Element II ist HNF, auch als LF-H1 bezeichnet. Es vermittelt die Hemmung der PK-L-Transkription durch polyungesättigte Fettsäuren, durch deren Wirkung die Bildung der PK-L-mRNA herabgesetzt wird. Gleichzeitig wird die stimulierende Wirkung von Glukose und Insulin aufgehoben. Zwischen den Elementen I und II befindet sich noch eine Bindungssequenz für den Transkriptionsfaktor NF1 (Position 260: 5′-ACAGGGCTTCCAATGGAA-3′).

Der Abschnitt III ist das glukose- und insulinabhängige Element. Es ist zugleich auch ein cis-Element für polyungesättigte Fettsäuren (PUFA). Es enthält eine Palindromsequenz (-CACGGG-). Seine volle Wirksamkeit entfaltet dieses Element nur in Kooperation mit dem unmittelbar benachbarten DNA-Abschnitt II, der das PUFA-Element darstellt. Nur in dieser Orientierung wird der Promoter der PK durch c-AMP in seiner Aktivität gehemmt. Fällt eines dieser Elemente aus, wirkt c-AMP als Aktivator. Der Glukoseeffekt kann dagegen allein durch Element III vermittelt werden. In erythroiden Zellen tritt dagegen keine Aktivität dieser Enhancer-Einheit auf.

Das PK-M-Gen liegt auf Chromosom 15, Abschnitt q22 [Tsutsumi et al. 1988], PK-M_1 und PK-M_2 entstehen durch gewebsabhängiges alternatives Spleißen des primären Transkripts des M-Gens. Für die Synthese der PK-M1-mRNA wird Exon 9, für die der PK-M2-mRNA Exon 10 abgelesen [No-

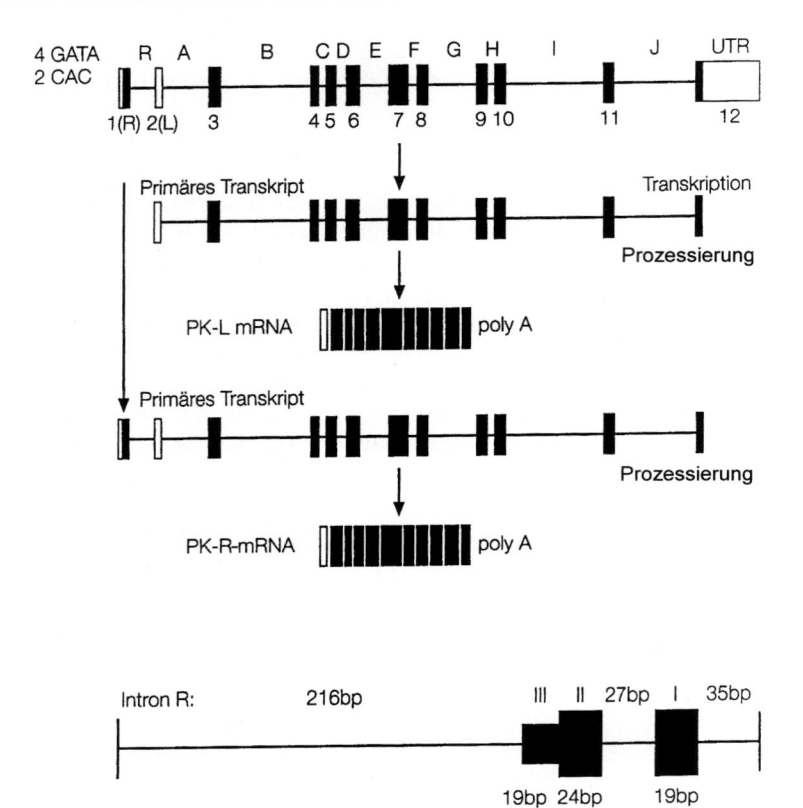

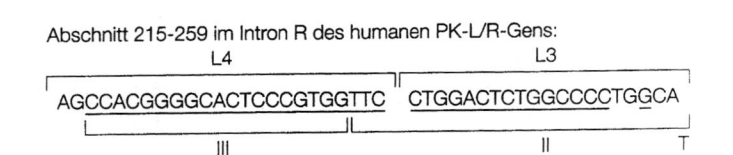

Abb. 3.2.14. Schematische Darstellung der Expression des Pyruvatkinase-L/R-Gens (nach Noguchi et al. 1987) und von Regulationselementen, *I, II, II* Enhancerelemente im Intron R

Abschnitt 215–259 im Intron R des humanen PK-L/R-Gens:

```
      L4                                    L3
AGCCACGGGGCACTCCCGTGGTTC    CTGGACTCTGGCCCCTGGCA
            III                    II        T
```

guchi et al. 1986]. Beide Exons unterscheiden sich nicht in der Anzahl der Nukleotide, so daß beide Isoenzyme aus 530 Aminosäuren aufgebaut sind. Enzymopathien im PK-M-Gen sind bisher nicht bekannt.

Die Mehrzahl der Patienten, die an PK-Enzymopathien leiden, weist PK-Mutanten auf, die eine verminderte katalytische Aktivität haben und deren allosterische Eigenschaften nahezu aufgehoben sind, was sich in erhöhten Affinitäten für das Substrat PEP widerspiegelt. Änderungen in der Affinität für ADP treten extrem selten auf.

PK-Mutanten unterscheiden sich außerdem in ihrer elektrophoretischen Mobilität und ihrer proteolytischen Angreifbarkeit. Nur etwa 10% der PK-Mutanten sind stabil und durch eine normale oder nur wenig verminderte katalytische Aktivität und Beibehaltung der allosterischen Eigenschaften charakterisiert. Entscheidend für die Ausprägung ei-

ner CNSHA, die durch diese PK-Mutanten hervorgerufen wird, ist ihr hoher K_MPEP. Die PEP-Affinität ist bis zu 1 Größenordnung vermindert. Die Daten der biochemischen Charakterisierung lassen auf eine große Anzahl unterschiedlicher Mutationen im PK-L/R-Gen schließen.

Die PK-L/R-cDNA wurde 1988 geklont und sequenziert; 1991 wurde die erste Mutation identifiziert und 1997 die komplette genomische Sequenz des humanen PK-L/R Gens aufgeklärt [Lenzner et al. 1997b]. Bisher wurden 74 unterschiedliche Mutationen festgestellt. Sie sind über die gesamte kodierende Sequenz verteilt. Eine bevorzugte Lokalisation läßt sich für die Exons 7–11 ableiten.

Die große Vielfalt in den Eigenschaften der PK-Mutanten ergibt sich aus der Tatsache, daß die Mehrzahl der Patienten compound heterozygot ist, d.h. jedes der 2 PK-Allele trägt unterschiedliche Mutationen. Die PK-Mutanten weisen deshalb 2 strukturell voneinander abweichende Untereinheiten auf. Von den 74 identifizierten Mutationen führen 50 zu Aminosäureaustauschen, bei je 2 resultieren Insertionen oder Deletionen von je einer Aminosäure; bei 5 Mutationen bildet sich ein Stoppkodon und damit eine verkürzte Polypeptidkette, bei 9 Mutationen wird aufgrund von Deletionen und Insertionen das Leseraster verschoben und 6 sind Spleißstellenmutationen. Eine große Deletion, die 1149 Basenpaare des Introns J umfaßt, bewirkt den Verlust der Kodierung von Exon 11. 2 Deletionsmutanten sind durch den Verlust einer Aminosäure in Exon 5 und 8 charakterisiert, da jeweils 3 Nukleotide in den entsprechenden DNA-Abschnitten fehlen. Bei den seltenen Insertionen handelt es sich jeweils um den Einschub eines Basenpaars. Überraschenderweise waren nur 3 der Mutationen (1151C:T, 1276C:T und 1436G:A) sowohl bei Patienten europäischer als auch asiatischer Abstammung feststellbar. Die größte Häufigkeit aller Mutationen im PK-L/R-Gen zeigt die Punktmutation 1529G:A: 510Arg:Glu; auf sie entfallen etwa 45% aller betroffenen Allele bei Patienten aus Deutschland, England sowie Amerikanern europäischer Abstammung [Lenzner et al. 1997a]. Diese Mutation war bisher bei keinem einzigen asiatischen PK-Defektträger nachweisbar. Aber auch innerhalb Europas zeichnen sich Unterschiede in der Häufigkeitsverteilung ab. So rangiert die Mutation 1529G:A bei Patienten aus Italien nur auf Platz 2, am häufigsten wurde dort die Mutation 1456C:T: 486Arg:Trp gefunden [Zanella et al. 1988]. In Japan dominiert die Mutation 1468 C:T, sie wurde bei Patienten in Europa nicht gefunden [Baronciani u. Beutler 1995, Baronciani et al. 1995, Kanno et al. 1994, Lenzner et al. 1994 und 1997a].

3.2.5.2.3 Struktur-Funktions-Beziehungen von PK-Varianten und -Mutanten

Keiner PK-Enzymopathie liegt als Ursache eine Regulatorgenmutante zugrunde, wenn die Spleißmutationen nicht in diese Betrachtungen mit einbezogen werden. Folglich sind die mit dem mutationsbedingten Aminosäureaustausch einhergehenden Eigenschaftsveränderungen für die zu beobachtenden Struktur- und Funktionsabweichungen bestimmend. Sie treten in konservierten Proteinabschnitten des Enzyms auf. Beispiele dafür sind der Austausch einer hydrophilen gegen eine hydrophobe Aminosäure (Arg:Trp, Ser:Phe) oder einer hydrophoben gegen eine hydrophile Aminosäure (Gly:Ser, Ala:Ser, Ala:Thr). Die Substitution von Arg:His ist mit Veränderungen der Dissoziationskonstanten verbunden. Die Folge eines Aminosäureaustausches können aber auch Ladungsveränderungen sein, so z.B. bei Asp:Asn oder Arg:Gln. Das letztere Beispiel trifft für die in Deutschland und England am häufigsten auftretende PK-Mutation in der Aminosäureposition 510 zu. Diese Polypeptidkette wird zwar in voller Länge synthetisiert, führt jedoch nicht zur Bildung einer stabilen tetrameren Struktur. Die Aminosäure 510 liegt in der C-Domäne des Enzyms und wird als wichtig für den Kontakt der Untereinheiten über Salzbrücken eingeschätzt. Die Konsequenz der Mutation ist der Verlust der allosterischen Eigenschaften, eine Abnahme der katalytischen Aktivität und ein vorzeitiger proteolytischer Abbau.

Es ist bemerkenswert, daß an 13 Aminosäureaustauschen Argininreste beteiligt sind und davon 7 in der Domäne C lokalisiert sind.

Einige Mutationen liegen auch nahe am aktiven Zentrum. Das trifft z.B. für die Serininsertion nach 401Cys und die Substitution 275Gly:Arg zu. Der Aminosäureaustausch von 314Ile:Thr wiederum hat Konsequenzen für die Positionen 312Lys und 315Glu, die für die Mg^{2+}-Bindung wichtig sind.

Auffallend für die selten auftretenden PK-Varianten und -Mutanten, die durch hohe K_MPEP-Konstanten charakterisiert sind, ist, daß die Aminosäureaustausche bevorzugt in Regionen der Domänen C und A lokalisiert sind, die für die K^+-Bindung verantwortlich sind. Da die K^+-Bindung essentiell für die des PEP ist, könnte eine Abnahme der K^+-Bindungsfähigkeit der Grund für die Veränderung der PEP-Affinität sein. Eine andere Ursache für einen Anstieg des K_MPEP läßt sich an der Erhöhung der allosterischen Konstante L_o erkennen, d.h. die Mutante liegt überwiegend in der T-Form vor. Diese Eigenschaftsänderung tritt z.B. bei der Substitution von 486Arg:Trp auf (Tabelle 3.2.7).

Tabelle 3.2.7. Kinetische Konstanten von Pyruvatkinasemutanten mit verminderter PEP-Affinität

Parameter [µmol/l]	Kontrolle	PK-Defekt	
		1	2
K_MPEP	225	2650	250
K_MADP	474	474	474
K_aFru-1,6-P_2	5	0,69	0,65
K_iATP	3390	1620	3500
L_o	19	1,3	1513
v_{max}PK [µmol/ml RBZ h]	250	250	70

3.2.5.2.4 Populationsgenetik der PK-Mutationen

4 verschiedene polymorphe Marker können für populationsgenetische Studien genutzt werden [Lenzner et al. 1994, Lenzner et al. 1997b]. Es sind dies der Mikrosattelit $(ATT)_n$ im Intron J, dessen 6 unterschiedliche Allele mit n=12, 13, 14, 15, 16 und 17 Wiederholungen auftreten. Im Intron I befinden sich die in den 2 Allelen vorkommenden Repeats $(T)_{10}$ und $(T)_{19}$. Stumme Basenaustausche sind die Substitutionen in den Positionen 1705A:C und 1992C:T.

Alle homozygoten Patienten für die Mutation 1529G:A weisen identische Haplotypen auf: $(ATT)_{14}$, $(T)_{10}$, 1705C und 1992C. Diese Befunde unterstreichen, daß das Auftreten dieser Mutation nicht durch einen Hot spot erklärbar ist, sondern es sich um eine bereits relativ lange existierende Mutation in diesen ethnischen Populationen handeln muß. Das bevorzugte Auftreten in Deutschland, England und den USA könnte ein Hinweis dafür sein, daß sie z.Z. der Völkerwanderung noch nicht existierte, aber seit der Besiedelung Amerikas durch Europäer bekannt ist.

3.2.5.2.5 Diagnostik und Therapie von PK-Enzymopathien

Bei einer unklaren angeborenen CNSHA, insbesondere bei Mädchen, ist an eine PK-Enzymopathie zu denken. Als Screening-Methode können die PEP- oder die 2,3-P_2G-Bestimmung herangezogen werden. Erhärtet sich die Verdachtsdiagnose, ist im stromafreien Hämolysat bei 3 unterschiedlichen PEP-Konzentrationen die PK-Aktivitätsbestimmung vorzunehmen und zum Reifegrad der Blutbilder (Retikulozyten, Erythroblasten, MCV) in Beziehung zu setzen. Dieses Vorgehen erlaubt auch Mutanten mit einem erhöhten K_MPEP zu erfassen. Bei Patienten deutscher und englischer Abstammung kann aufgrund der hohen Frequenz von 1529G:A-Mutationen das Screening auch durch genomische PCR-Restriktionsenzymanalyse erfolgen. Diese Methode ist für die pränatale Diagnostik in belasteten Familien einsetzbar, wenn bei den Eltern ein 1529G:A-Defekt vorliegt.

Eine effektive Therapie existiert bisher nicht. Trotz intensiver Bemühungen und kleinerer Erfolge in der Gentherapie am Modell einer PK-defekten Maus ist bisher kein Durchbruch bei der Einführung eines funktionsfähigen PK-Allels in hämatopoetische Stammzellen des Knochenmarks gelungen [Tani et al. 1994]. Eine Ursache dafür ist, daß die retrovirale Integration nur in einer aktiven Proliferationsphase erfolgreich ist, die Mehrzahl der hämatopoetischen Stammzellen sich aber in der G_0-Phase befindet. Durch Vorstimulation mit spezifischen hämatopoetischen Wachstumsfaktoren in Kombination mit Interleukin 3 und 6, CSF (Stammzellfaktor) und bFGF (basischer Fibroblastenwachstumsfaktor) ist die Rate der Genübertragung in hämatopoetische Progenitorzellen steigerbar. Eine 2. Schwierigkeit leitet sich daraus ab, daß der Regulationsmechanismus der molekularen Umschaltung von PK-M_2 zu PK-R bei der Differenzierung erythroider Zellen noch nicht aufgeklärt ist. Knochenmarktransplantationen sind noch mit zu großen Risiken verbunden, als daß sie zur Therapie bei schweren PK-Enzymopathien zu empfehlen sind.

Da die Bildung erythroider Zellen im Knochenmark um mehr als 2 Größenordnungen steigerbar ist und die Sauerstoffabgabe aufgrund des hohen 2,3-P_2G-Spiegels begünstigt ist, treten transfusionsbedürftige Zustände nur bei Fällen mit schwerer klinischer Manifestation auf. Kritisch ist dafür das Neugeborenen- und Kleinkindstadium und Situationen, die mit Infekten einhergehen.

Kontrainduziert sind bei allen PK-Defektträgern Pharmaka, die toxisch für das Knochenmark sind. Eine enorme Ausdehnung des Knochenmarks ist bei PK-Defektträgern häufig im Kopfbereich an der Ausbildung eines Turm- und eines löwenartigen Gesichtsschädels zu erkennen.

Die wichtigsten Maßnahmen im Kindesalter bestehen in der Vorbeugung von Infektionskrankheiten und in der Einhaltung eines ausgeglichenen Lebensrhythmuses mit ausreichenden Ruhepausen und in der Vermeidung großer körperlicher Anstrengungen. Die Zuführung von Eisenpräparaten ist kontraindiziert. Außerdem sollte der behandelnde Arzt mit dem Patienten und dessen Eltern rechtzeitig Gespräche über eine geeignete Berufsausbildung führen. Der Beruf darf nicht mit Stoffen, die für das Knochenmark und die Leber toxisch sind, verbunden sein und sollte nach Möglichkeit auch eine Schichtarbeit ausschließen.

Die wichtigste therapeutische Maßnahme im Erwachsenenalter ist, das Risiko zur Entwicklung einer sekundären Hämochromatose zu verringern. Sie geht mit einer Eisenüberladung der Parenchymzellen und der kardialen Myozyten einher, die zu einem Herzversagen führen. Die Konsequenzen der Eisenüberladung äußern sich in der Leber mit der Entwicklung einer Zirrhose und von Hepatomen, im Pankreas verursacht die Schädigung der β-Zellen die Entstehung eines Diabetes mellitus [Figueired et al. 1993, Li u. Olivieri 1994].

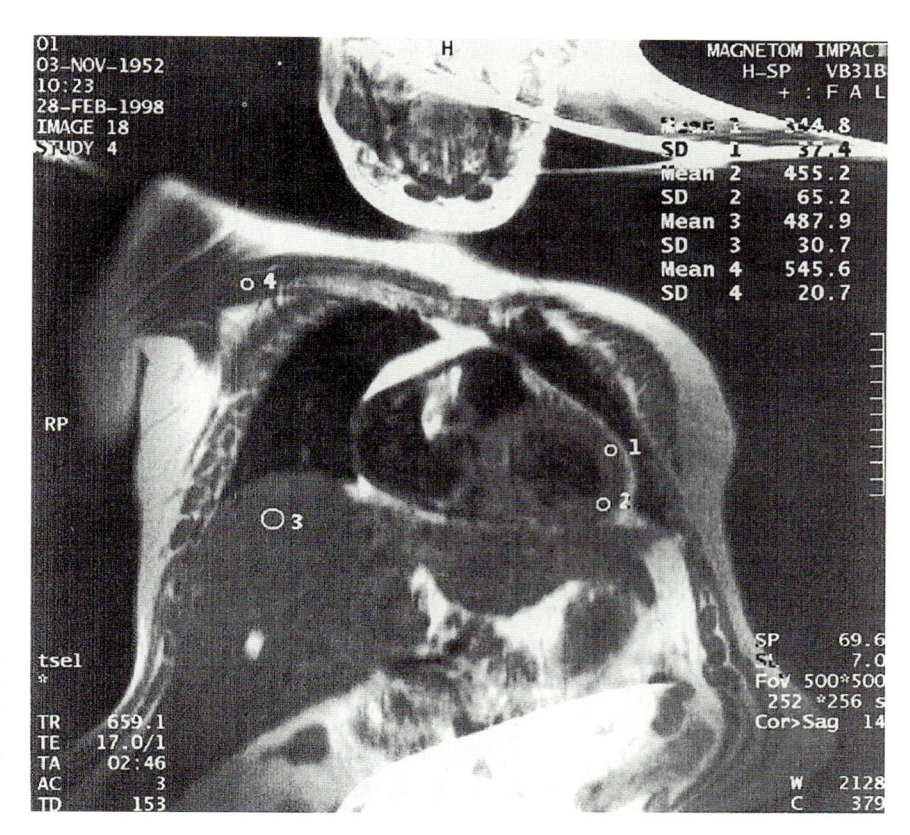

Abb. 3.2.15. NMR Aufnahme: Nachweis einer sekundären Hämochromatose bei einem PK-Defekt mit schwerer CNSHA. Eiseneinlagerung in Leber und Herz, Dilatation des Vorhofs, Leberzirrhose

Kardiopathien sind die gefährlichsten Folgen für die Lebenserwartung der Patienten. Sie äußern sich in einer linken Ventrikelvergrößerung und einem Funktionsabfall (Abb. 3.2.15). Die Gefahr der kardialen Eisenüberladung wird oft unterschätzt, da funktionelle Störungen erst auftreten, wenn der Eisenspiegel im Myokard einen kritischen Wert erreicht hat. Der klinische Zustand verschlechtert sich dann rasch und führt in wenigen Tagen bis Wochen zum Tod. Der dynamische Zustand der Eisenspeicher bietet jedoch die Möglichkeit, vorzeitig intrazellulär abgelagertes Eisen durch Chelation zu mobilisieren. Die bevorzugte Methode ist dafür die tägliche subkutane Desferrioxamintherapie. Erreicht die Eisenablagerung einen gefährlichen Grad, so daß ein hohes Risiko für ein Herz- und Leberversagen besteht, ist die aggressivere, aber effektive alternative Methode die kontinuierliche i.v. Chelationstherapie [Jensen et al. 1994, Kontoghiorghes u. Weinberg 1995].

Da insbesondere die Eisenspiegel des Herzens die Prognose des Patienten bestimmen, ist eine exakte Kenntnis über den Umfang der Eisenablagerungen erforderlich. Allgemein wird dafür der Plasmaferritinspiegel verwendet (Tabelle 3.2.8). Die Ferritinkonzentrationen reflektieren jedoch die Eisenüberladung des Gesamtorganismus, sie korrelieren nicht mit denen in kardialen Myozyten. Gegenwärtig ist die beste Methode zur Diagnostik einer Eisenüberladung in Herz und Leber die NMR-Technik [Giallongo et al. 1986]. Nebeneffekte der sekundären Hämochromatose sind eine Erhöhung des Infektrisikos und Zellmembranschäden durch die erhöhte Bildung freier Radikale [Figueired et al. 1993, Fu et al. 1995]. Diese oxidativen Effekte können durch Vitamin-E-Gaben abgeschwächt werden.

Tabelle 3.2.8. Anstieg des Plasmaferritinspiegels bei Pyruvatkinasedefektträgern als Ausdruck der sekundären Hämochromatoseentwicklung

Patienten	Schweregrad der CNSHA	Ferritin [µg/l]
Weiblich	Leicht	50–200
	Mittelschwer	200–800
	Schwer	800–2000
Kontrolle		47±26
Männlich	Leicht	85–400
	Mittelschwer	400–1000
	Schwer	1000–7500
Kontrolle		77±41

Im präterminalen Stadium der sekundären Hämochromatose ist die einzig mögliche Therapie eine kombinierte Herz-Leber-Transplantation [Kontoghiorghes u. Weinberg 1995].

3.2.5.3 Genetische Defekte der Hexokinase (HK) und Phosphofruktokinase (PFK)

HK und PKF sind Kontrollenzyme der Glykolyse. Sie katalysieren die irreversiblen Phosphorylierungsreaktionen von Glukose zu Glukose-6-Phosphat (G6P) bzw. von Fruktose-6-Phosphat (Fru-6-P) zu Fruktose-1,6-Bisphosphat (Fru-1,6-P_2). Von regulatorischer Bedeutung sind die Hemmungen der HK durch G6P und 2,3-P_2G, die kompetiv zu ATP sind. Die PFK ist ein allosterisches Enzym. Nahezu alle Effektoren, die die Glykolyserate positiv oder negativ beeinflussen, greifen an der PKF an. Inhibitoren stellen im Erythrozyten einen erhöhten Fru-6-P-Spiegel ein, der, da er mit G6P im Gleichgewicht steht, eine Rückhemmung auf die HK-Reaktion ausübt, so daß die Glykolyserate abfällt. Der umgekehrte Effekt resultiert aus der Wirkung von positiven Effektoren. Mit der PFK-Aktivierung sinken der Fru-6-P- und damit auch der G6P-Spiegel ab und die Phosphorylierungsrate von Glukose steigt an.

Enzymopathien dieser 2 Enzyme sind selten. Nur 16 Fälle mit HK- und 47 mit PFK-Defekten, die Ursachen einer CNSHA sind, wurden bisher in der Literatur beschrieben [Bianchi u. Magnani 1995, Fujii u. Miwa 1990, Paglia et al. 1981, Nichols et al. 1996, Rijksen et al. 1983, Sherman et al. 1994, Zanella et al. 1989]. Beide Enzyme weisen im Erythrozyten hohe Kontrollkoeffizienten auf, deshalb wirkt sich jeder Aktivitätsabfall dieser Schlüsselenzyme auf die Glykolyserate aus (Abb. 3.2.8). Für beide Enzyme existieren gewebsspezifische Isoenzyme. Störungen im Stoffwechsel anderer Gewebe ergeben sich deshalb nur, wenn das betroffene Isoenzym nicht durch Überexpression eines nicht mutierten Isoenzyms in dem betreffenden Gewebe kompensiert werden kann.

Für die Hexokinase existieren 3 Isoenzyme, die durch spezifische kinetische Konstanten und eine typische Gewebsverteilung charakterisiert sind. Alle HK-Isoenzyme sind Homotetramere, die Größe der Untereinheiten beträgt 100 000. Sie leiten sich aus einem gemeinsamen Vorläufer mit einem MG (Molekulargewicht) von 50 000 durch Genduplikation und Tandemverbindung ab. Trotzdem unterscheiden sich HK I und II funktionell voneinander, so daß auch spezifische Abweichungen bei diesem Prozeß mit eingeschlossen sein müssen. Für Typ I existieren 3 unterschiedliche posttranslationale Modifikationen, von denen in jungen erythroiden Zellen HK IB dominiert. Während der erythroiden Differenzierung und Reifung verändert sich das Isoenzymmuster. Mit der Induktion von HK III wird HK IB unterdrückt. Genetische Defekte sind für die Isoenzyme HK I und HK II bekannt. HK-II-Genmutationen können einen nicht insulinabhängigen Diabetes verursachen, HK-I-Defekte dagegen nur CNSHA. Das HK-I-Gen ist auf Chromosom 10 lokalisiert [Magnani u. Dallapiccola 1982]. Obwohl die meisten der atmenden Zellen ADP durch oxidative Phosphorylierung regenerieren, sind insbesondere Granulozyten, Lymphozyten und Thrombozyten mehr oder weniger von der Substratphosphorylierung des ATP in der Glykolyse abhängig. Da Leukozyten fähig sind, die Expression von HK III zu erhöhen, wirken sich HK-I-Defekte funktionell nur auf roten Blutzellen und Thrombozyten aus [Rijksen et al. 1983]. Patienten mit Restaktivitäten der HK I von 25% leiden an schweren CNSHA, mit Retikulozytosen um 50%. Die Glykolyserate, die ATP-Regeneration und die 2,3-P_2G-Bildung sind vermindert. 2 Mutationen von einem compound heterozygoten Merkmalsträger wurden bisher identifiziert. Ein Allel trägt die Punktmutation 1667T:C (529Leu:Ser). Das 2. Allel ist durch die Deletion eines 96 Basenpaare umfassenden Nukleotidabschnitts charakterisiert, der in der cDNA den Nukleotiden 577–672 entspricht [Bianchi u. Magnani 1995]. Diese Mutation schließt 657Asp mit ein, das ebenso wie Asp209 für die katalytische Aktivität erforderlich ist.

Die PFK-Isoenzyme werden durch 3 Gene kontrolliert. Homotetramere treten im Muskel (PFK-M_4), in der Leber (PFK-L_4) und in Thrombozyten (PKF-P_4) auf [Kahn et al. 1979]. Erythroide Zellen exprimieren 5 Isoenzymformen, L_4, M_3L, M_2L_2, ML_3 und L_4. Der hohe Anteil an L-Polypeptidketten (55%) ist für die allosterischen Eigenschaften der Erythrozyten-PFK bestimmend. Mutationen können sowohl die Gene, die L- oder M-Polypeptidketten kodieren, betreffen. Homozygotie für M-Gen-Mutationen manifestiert sich in der Glykogenspeicherkrankheit Typ VII mit Myopathie und einem hämolytischen Syndrom, L-Gen-Defekte verursachen nur CNSHA. Die Krankheitsbilder werden autosomal-rezessiv vererbt. In Abhängigkeit vom betroffenen Strukturgen dominiert in den Erythrozyten der Defektträger eine PFK-Form mit verringerter katalytischer Aktivität, die entweder in ihren Eigenschaften mehr einem M- oder einem L-Typ entspricht. PFK-M-Gendefekte wurden bei

Patienten aus Japan, Ashkenazi-Juden, Italien, Französisch Kanada, Schweiz und Schweden beschrieben [Fujii u. Miwa 1990, Nichols et al. 1996, Sherman et al. 1994].

Bei der Mehrzahl der PFK-M-Gendefekte bei Ashkenazi-Juden handelt es sich um die Spleißgenmutation $\delta 5$ und die Nukleotiddeletion C22 im Exon 22. 2 Mutationen, die die Retention von Intronabschnitten in der mRNA zur Folge haben, wurden bei einer schwedischen Familie identifiziert. 1127G:A führt zur Nichterkennung des 5'-Endes von Intron 13, wodurch 155 Nukleotide des Introns in der mRNA verbleiben; aus einer a:g-Substitution in Intron 16 resultiert eine Spleißstelle, wodurch 63 Nukleotide des Introns die mRNA verlängern.

Charakteristische Veränderungen im Metabolitmuster der Erythrozyten sind ein Abfall des Fru-1,6-P_2-, des Triosephosphat- und des 2,3-P_2G-Spiegels. Deshalb ist sowohl in HK- als auch in PFK-defekten roten Blutzellen die Sauerstoffdissoziationskurve des Hämoglobins nach links verschoben, d. h. es wird weniger Sauerstoff an die Gewebe abgegeben. Die Erkennung der HK- und PFK-defekten Zellen erfolgt analog wie bei PK-Enzymopathien. Für experimentelle Studien des erythrozytären PFK-Mangels wird ein Hundemodell des englischen Springerspaniels genutzt [Harvey u. Smith 1994].

3.2.5.4 Glukose-6-Phosphat-Isomerase(GPI)- und Triosephosphatisomerasedefekte (TIM)

Die GPI katalysiert die reversible Umwandlung von G6P in Fru-6-P, eine Reaktion, die thermodynamisch nahezu im Gleichgewicht ist (Abb. 3.2.1). PGI-Enzymopathien, die autosomal-rezessiv vererbt werden, sind nach G6PDH- und PK-Defekten die dritthäufigste Ursache hereditärer CNSHA. Der erste Fall wurde 1968 von Baughan et al. beschrieben. Die Genfrequenz des PGI-Defekts soll bei Schwarzafrikanern (0,269) höher als bei weißen Amerikanern sein (0,013) [Gracia et al. 1985]. Das GPI-Gen ist auf dem langen Arm des Chromosoms 19 lokalisiert [Sun et al. 1990, Xu et al. 1995a]. Es hat eine Länge von etwa 50 kb und umfaßt 18 Exons und 17 Introns. Die Polypeptidkette besteht aus 558 Aminosäuren. Die Aminosäuresequenz, die durch die Exons 8–11, 13 und 14 kodiert wird, ist im Gegensatz zu den anderen Abschnitten konservativ.

Da die GPI eine Gleichgewichtsreaktion katalysiert, wirkt sich eine Abnahme der katalytischen Ak-

Tabelle 3.2.9. Mutationen im Glukosephosphatisomerasegen

Nukleotidaustausch	Aminosäuresubstitution
247C:T	83Arg:Trp
475G:A	158Gly:Ser
671C:T	224Thr:Met
818G:A	273Arg:His
833C:T	278Ser:Leu
1039C:T	347Arg:Cys
1040G:A	347Arg:His
1459C:T	487Leu:Ph
1483G:A	495Glu:Lys
1538G:A	513Trp:Ter
1574T:C	524Ile:Thr

tivität nur bei einem drastischen Abfall auf die Glykolyserate aus. Aus Ergebnissen der mathematischen Modellierung ist zu schlußfolgern, daß im Erythrozyten das Enzym erst bei etwa 1% Restaktivität kritische Werte erreicht (Abb. 3.2.8). Aus einem Mausmodell, das durch eine stabile GPI-Variante charakterisiert ist, ergibt sich jedoch, daß die Tiere sterben, wenn die Enzymaktivität <10% beträgt [Merkle u. Pretsch 1993]. Da das Enzym nicht reifungsabhängig ist, die Mutanten jedoch instabil sind, muß in Abhängigkeit von Reifung und Alterung durch den intrazellulären proteolytischen Abbau der PGI-Mutanten auf ein Zellmosaik geschlossen werden. Dadurch kann ein Teil der roten Blutzellen sehr geringe katalytische Aktivitäten aufweisen.

11 verschiedene Punktmutationen wurden bisher identifiziert, darunter 2 Varianten, alle übrigen wurden für compound heterozygote Merkmalsträger beschrieben (Tabelle 3.2.9) [Alfinito et al. 1994, Huppke et al. 1997, Kahn et al. 1978, Walker et al. 1993, Xu u. Beutler 1994]. Alle entfallen auf konservierte Regionen. 347Arg, das in einer Mutante gegen Cys und in einer anderen gegen His ausgetauscht ist, befindet sich in unmittelbarer Nähe des 342Asp, das für die Struktur des aktiven Zentrums wichtig ist. Charakteristisch für mehrere PGI-Mutanten sind verminderte Konstanten für K_MFru-6-P und erhöhte für K_MG6P sowie veränderte elektrophoretische Mobilitäten. Pathologische Veränderungen für den Stoffwechsel PGI-defekter Zellen ergeben sich aus folgenden Wechselbeziehungen: Mit dem Erreichen einer kritischen PGI-Restaktivität steigt der G6P-Spiegel des Erythrozyten an und bewirkt eine Rückhemmung der Hexokinasereaktion. Weiterhin resultiert eine Hemmung der Glykolyse daraus, daß die Rekombination von Fru-6-P im Pentosephosphatweg vermindert ist. Daraus ergibt sich eine Akkumulation von Erythrose-4-P und 6-Phosphogluconat, Metaboli-

ten, die die Hemmung der Hexokinasereaktion verstärken. Die Konsequenz daraus ist eine verringerte Regeneration von ATP, 2,3-P_2G und GSH. Das hat zur Folge, daß die Erythrozyten weniger energetisch und oxidativ belastungsfähig sind und außerdem die Sigmoidität der Sauerstoffsättigungskurve des Hämoglobins abgeschwächt ist, was sich in einer geringeren O_2-Abgabe an die Gewebe widerspiegelt.

2 polymorphe Marker können für GPI-Populationsstudien eingesetzt werden: 489A:G und 1356G:C. Das 489G-Allel hat für schwarze Amerikaner eine Frequenz von 0,269 und für weiße eine von 0,013. Die Frequenz für 1356C ist für schwarze Amerikaner 0,034, bei weißen Amerikanern tritt sie nicht auf.

Das klinische Erscheinungsbild und die Lebenserwartung von PGI-Defektträgern werden nicht nur durch die hämatologische, sondern auch durch eine neurologische Symptomatik bestimmt. Interessant ist in diesem Zusammenhang, daß die cDNA der GPI identisch mit der für Neuroleukin (NLK) ist. Neuroleukin, ein Eiweiß, ist ein neurotropher Faktor für spinale und sensorische Neuronen und ein lymphokines Produkt für lektinstimulierte T-Zellen [Faik et al. 1988, Gurney et al. 1986]. Derartige Neuroleukine induzieren die Immunglobulinsekretion und verlängern die Lebenserwartung der embryonalen spinalen Neuronen, der motorischen Neuronen des Skeletts und der sensorischen Neuronen. Neuroleukin liegt in hoher Konzentration im Muskel, im Gehirn, im Herzen und in den Nieren vor. Isoformen des Neuroleukins lassen sich anhand unterschiedlicher Molekulargewichte unterscheiden; sie gehen wahrscheinlich auf abweichende posttranslationale Veränderungen zurück. Bisher existieren keine Befunde darüber, ob dieses Neuroleukin durch dasselbe Gen kodiert wird und sich daraus die neurologische Symptomatik bei GPI-Defektträgern erklärt. Da für die GPI jedoch keine Isoenzyme existieren, ist eine gemeinsame Ursache nicht auszuschließen.

Die Trioseisomerase (TPI) ist ein kleines dimeres Enzym mit hoher Aktivität; sie katalysiert die Gleichgewichtsreaktion zwischen den Triosephosphaten Glyzerinaldehyd-3-Phosphat (GAP) und Dihydroxyazetonphosphat (DHAP). Für die TPI existieren keine Isoenzyme. Das Enzym der roten Blutzelle ist auch nicht reifungsabhängig. Es lassen sich aber elektrophoretisch 3 Formen unterscheiden, sie reflektieren kleinere posttranslationale Modifikationen, die durch fortschreitende Desaminierung von Asn in den Positionen 15 und 71 während der Alterung zustandekommen [Yüksel u. Gracy 1986].

Das TPI-Gen ist auf Chromosom 12 lokalisiert, sein Kode ist hochkonserviert. Das Gen besteht aus 9 Exons. Für das Enzym sind sowohl die Aminosäuresequenz als auch Proteinstruktur, die sich auf röntgenkristallographische Daten stützt, bekannt [Joseph et al. 1990, Schliebs et al. 1996, Maquat et al. 1985]. Die TPI bildet eine einzige Schleife, die für die Katalyse essentiell ist.

Der erste TPI-Defekt wurde 1965 beschrieben [Schneider et al. 1965]. Er wird autosomal-rezessiv vererbt. Das Krankheitsbild ist meist sehr schwer und komplexer Natur [Clay et al. 1982, Eber et al. 1979, Harris et al. 1978, Rosa et al. 1985, Schneider et al. 1965, Skala et al. 1977, Valentine et al. 1966, Vives-Correns et al. 1978, Zanella et al. 1985]. Eine CNSHA ist das erste Symptom, das beim Neugeborenen auffällt, später treten neuromuskuläre Ausfälle, mentale Retardierung und eine erhöhte Infektanfälligkeit in den Vordergrund. Häufig kommt es zu respiratorischen Infekten. Sie könnten aufgrund der Hemmung der Lymphozytenproliferation und einer gestörten Granulozytenfunktion begünstigt werden. Die neurologische Symptomatik, die sich in Krämpfen äußert, verläuft ebenso wie die Kardiopathie progredient, die Degeneration der Muskelfasern schreitet fort. Die Letalität von TPI-Defektträgern, die weniger als 5% Restaktivität in den roten Blutzellen aufweisen, ist in den ersten 10 Lebensjahren sehr hoch. Bei dieser Bewertung handelt es sich um eine Durchschnittsaktivität, denn es ist wiederum wie beim GPI-Defekt von einem Zellmosaik auszugehen. Alle 12 bisher identifizierten TPI-Mutanten sind instabil, ihre Desaminierung bewirkt einen raschen intrazellulären proteolytischen Abbau. Erreicht die TPI-Aktivität kritische Werte (Abb. 3.2.8), die die rasche Gleichgewichtseinstellung der Triosephosphate verhindert, stauen sich DHAP und Fru-1,6-P_2 in der Zelle an. Zugleich verringert sich das GAP-Angebot und damit die Voraussetzung, in den nachfolgenden Reaktionen der Glykolyse ATP zu bilden. Der DHAP-Spiegel kann bis zu 3 Größenordnungen ansteigen, es wird vermutet, daß diese hohen Konzentrationen toxisch wirken, der Mechanismus ist jedoch unbekannt [Clay et al. 1982].

Differenzen in der TPI-Restaktivität, den kinetischen Konstanten für GAP und DHAP sowie Unterschiede in der elektrophoretischen Mobilität und Hitzestabilität lassen auf die Existenz verschiedener Mutationen schließen. Bisher wurden 11 Punktmutationen und eine Deletion gefunden (Tabelle 3.2.10). Aus dem Austausch von Glu:Asp resultiert eine Thermolabilität [Daar et al. 1986].

Tabelle 3.2.10. Mutationen im Triosephosphatisomerasegen

Nukleotidaustausch	Aminosäuresubstitution
2T:A	1Met:Lys
125G:A	42Cys:Tyr
218G:C	73Gly:Ala
315G:C	105Glu:Asp
367G:A	123Gly:Arg
436G:T	146Glu:Ter
463G:A	155Val:Met
511A:G	171Ile:Val
568C:T	190Arg:Ter
694G:A	232Val:Met
721T:C	241Phe:Leu
Del86–87	29Leu:Frameshift

Die Modellierung der strukturellen Veränderungen unter Nutzung der röntgenkristallographischen Daten zeigt, daß dafür der Verlust einer Seitenkettenmethylengruppe verantwortlich ist, die an der Kontaktseite der Untereinheiten liegt. Die Mutation verhindert die Bildung des Dimers und der hydrophoben Tasche im Substratbindungszentrum. Die Mutation im Kodon 189 führt zur Synthese einer verkürzten mRNA und Polypeptidkette, die statt 248 nur aus 188 Aminosäuren besteht und ebenfalls rasch abgebaut wird [Daar u. Maquat 1988].

Insgesamt wurden weltweit nur etwa 30 TPI-Defektträger beschrieben [Blacklow et al. 1991, Chang et al. 1993, Clark u. Szobolotzky 1982, Daar et al. 1986, Eber et al. 1991, Freycon et al. 1975, Holln et al. 1993, Rosa et al. 1985, Schneider u. Cohen-Solal 1996]. Diese geringe Zahl überrascht, da sie im Widerspruch zu den relativ hohen Heterozygotenfrequenzen steht, die denen von PK-Defektträgern entsprechen. Für Weiße werden 0,1–0,4%, für Schwarzafrikaner sogar 4,6% angegeben [Eber et al. 1984, Mohrenweiser u. Fielek 1982, Satoh et al. 1983]. Diese Diskrepanz erklärt sich wahrscheinlich aus der Schwere des Krankheitsbildes, so daß die Mehrzahl der TPI-Defektträger bereits intrauterin stirbt. Diese Interpretation wird durch experimentelle Erfahrungen mit einem TPI-Mausmodell gestützt. Häufige Schwangerschaftsunterbrechungen in der Anamnese können deshalb für die Verdachtsdiagnose eines TPI-Defekts einen Hinweis liefern [Bellingham et al. 1989, Clark u. Szobolotzky 1985].

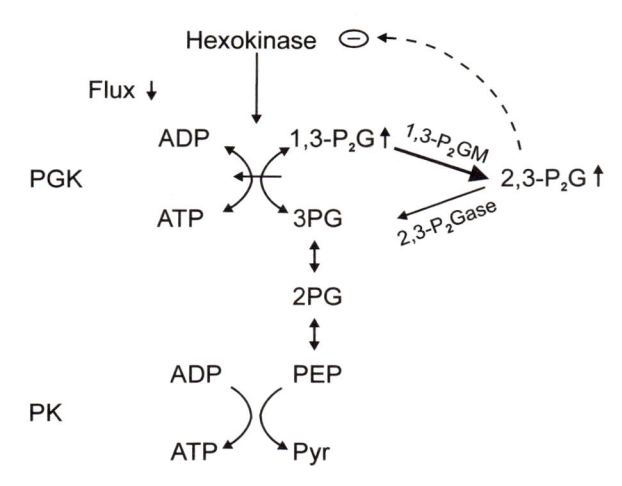

Abb. 3.2.16. Verminderte ATP-Bildung in Phosphoglyzeratkinase(*PGK*) -defekten Zellen durch gehemmten Glukoseabbau und verstärkten Substratumsatz über die Bisphosphoglyzeratmutase

3.2.5.5 Enzymopathien der Phosphoglyzeratkinase und des 2,3-Bisphosphoglyzeratwegs

Der Mensch verfügt über 2 funktionelle Loci für die Synthese der PGK [Fujii et al. 1992]. Die PGK-1 wird von einem X-chromosomalen Gen in allen somatischen Zellen kodiert, während die PGK-2 ausschließlich autosomal von einem Intron-armen Gen in der späten Spermatogenese exprimiert wird [Michelson et al. 1983]. PGK-Enzymopathien sind ausschließlich auf Mutationen im PGK-1-Gen zurückzuführen [Kraus et al. 1968, Valentine et al. 1969]. Die Genstruktur und die Aminosäuresequenz des Enzyms sind bekannt [Huang et al. 1980 a, b]. Das monomere aktive Enzym ist aus 416 Aminosäuren aufgebaut. Es katalysiert die erste reversible Substratphosphorylierung in der Glykolyse, in der 1,3-Bisphosphoglyzerat (1,3-P$_2$G) und ADP in 3-Phosphatglyzerat (3PG) und ATP umgesetzt werden (Abb. 3.2.16). Das klinische Bild der meisten PGK-Defektträger ist durch eine CNSHA geprägt, mitunter kombiniert mit neuromuskulären Symptomen [Bresolin et al. 1984]. Selten wird es allein durch eine Stoffwechsel-bedingte Muskelerkrankung bestimmt. Manche Defektträger sind auch klinisch unauffällig. Alle bekannten PGK-Varianten werden durch Punktmutationen verursacht [Cohen-Solal et al. 1994, Fujii u. Yoshida 1980, Guis et al. 1987, Maeda u. Yoshida 1991, Maeda et al. 1992]. Ihre Eigenschaften sind in Tabelle 3.2.11 zusammengefaßt. Die Variante PGKII mit relativ hoher Restaktivität wurde bei Hemizygoten im

Tabelle 3.2.11. Charakteristika von PGK-Varianten und klinische Manifestation des Enzymdefekts

Variante	Aminosäure-austausch	%v_{max}	Stabilität	Kinetische Konstanten K_MATP; 1,3-P_2G; 3PG	Elektrophoretische Mobilität	CNSHA	Zusätzliche Symptome
Matsue	88Leu:Pro	5	Gering	Erhöht	Langsam	+	m. d. ++
Shizoaka	157Gly:Val	10	Gering	–	–	+	Myoglobinurie, m. d. – –
Amiens	163Asp:Val	15	Gering	–	–	+	m. d. +
Uppsala	205Arg:Pro	5	Gering	Erhöht	Schnell	+	m. d. +
Tokyo	266Val:Met	15	Gering	Erhöht	Langsam	+	m. d. +
München	267Asp:Asn	20	Normal	Normal	Langsam	–	m. d. – –
Créteil	314Asp:Asn	3	Gering	Erhöht	Langsam	–	Rhabdomyolyse, m. d. – –
Michigan	315Cys:Arg	10	Gering	Erhöht	Schnell	+	m. d. +
PGK II	352Thr:Asn	100, Zitratbindung	–	–	Langsam	–	m. d. –

m. d., Muskeldystrophie.

Südpazifikraum gefunden, sie hat kaum eine klinische Relevanz. Eine leichte klinische Manifestation resultiert aus der Variante München. Die schwereren Erkrankungsfälle sind mit instabilen Varianten verknüpft, deren Restaktivitäten zwischen 2 und 10% der Norm liegen. Myoglobinurien treten bei Trägern der Variante New Jersey und Shiozoak auf, Rhabdomyolyse bei der französischen Variante Créteil [Cohen-Solal et al. 1994, Rosa et al. 1982]. In diesen Fällen sind die PGK-Aktivitäten in den Muskelzellen geringer als in den roten Blutzellen. Niedrige PGK-Aktivitäten in Leukozyten erhöhen das Infektionsrisiko. Das trifft für die PGK-Variante Matsue zu, deren Träger im Alter von 9 Jahren an den Komplikationen einer Pneumonie starb [Maeda u. Yoshida 1991].

PGK-Varianten unterscheiden sich nicht nur in der Stabilität, sondern auch in anderen Eigenschaften wie den kinetischen Parametern, der elektrophoretischen Mobilität und der pH-Abhängigkeit. Bei einigen Varianten ist das pH-Optimum zum sauren Bereich hin verschoben. Erhöhte K_M-Werte für ATP, 1,3-P_2G und 3PG ergeben sich immer dann, wenn die Aminosäuresubstitutionen nahe den Substratbindungsorten lokalisiert sind, das trifft für die Varianten Matsue, San Francisco, Uppsala und Tokyo zu. Für Struktur-Funktions-Beziehungen können Röntgenstrukturanalysen der Pferde-PGK genutzt werden, die über 97% Aminosäuresequenzidentität mit dem Enzym des Menschen hat.

Für den Energiestoffwechsel von PGK-defekten Erythrozyten sind eine verminderte Glykolyserate und ATP-Bildung typisch (Abb. 3.2.16). Mit der Zunahme des 1,3 P_2G-Umsatzes über 2,3-P_2G verringern sich der ATP-Spiegel und die Gesamtkonzentration der Adeninnukleotide, da jede Erhöhung der AMP-Konzentration die Abbaurate steigert. Die 1,3-P_2G- und 2,3-P_2G-Spiegel stauen sich auf das 4- bis 5fache. Die P_{50}-Werte für Hb sind deshalb erhöht und erleichtern die O_2-Abgabe an die Gewebe.

Die 2,3-Bisphosphoglyzeratmutase (BPGM) ist ein multifunktionelles Enzym. Es katalysiert beide Reaktionen des 2,3-Bisphosphoglyzeratzyklus, d.h. sowohl die Synthese als auch die Dephosphorylierung von 2,3-P_2G [Rapoport u. Luebering 1950]. Mit etwa 5% seiner Aktivität kann es auch die Funktion der Monophosphoglyzeratmutase ausüben (MPGM), die 3PG reversibel zu 2PG umsetzt. Beide Mutasen werden aber durch unterschiedliche Gene kodiert [Barichard et al. 1987]. Enzymopathien treten nur für die BPGM auf. Dieses Gen befindet sich auf Chromosom 7 in der Region q34–22. Die Polypeptidkette umfaßt 258 Aminosäuren [Joulin et al. 1986]. Die BPGM wird erst im späten Stadium der erythroiden Differenzierung in roten Blutzellen exprimiert, wo sie für den Gastransport von funktioneller Bedeutung ist. 2,3-P_2G ist der wichtigste allosterische Effektor des Hämoglobins. Seine Konzentration beträgt in Erythrozyten 5 mM, davon ist ein großer Anteil an die β-Ketten des Desoxy-Hb in einem molaren Verhältnis 2,3-P_2G-Hb-Tetramer ($α_2β_2$) gebunden. Diese Verbindung stabilisiert die Konformation mit geringer O_2-Affinität.

Ungefähr 20 Fälle mit niedrigen erythrozytären 2,3-P_2G-Spiegeln, vorwiegend französischer Abstammung, sind publiziert, aber nur bei wenigen von ihnen ist der Enzymdefekt identifiziert [Galacteros et al. 1984, Harkness et al. 1978, Travis et al. 1978]. Bei 4 Patienten aus einer französischen Familie konnte keine BPGM-Aktivität festgestellt werden, der 2,3-P_2G-Spiegel betrug nur 0,4% der

Norm. Die Defektträger erwiesen sich wie alle bisher identifizierten Fälle als compound heterozygot für die Varianten Créteil I und II. Ein Enzymverlust wird durch die Punktmutation 413C:T: 89Arg:Cys bewirkt. Die Deletion von C in der Nukleotidposition 205 oder 206 führt zu einer Rasterverschiebung, aus der eine verkürzte Polypeptidkette resultiert [Lemarchandel et al. 1992, Rosa et al. 1978].

Die BPGM ist ein Regulationsenzym mit einem hohen Kontrollkoeffizienten. Dadurch wird ein autosomal-dominanter Erbgang vorgetäuscht, da auch bei heterozygoten Merkmalsträgern eine klinische Manifestation in abgeschwächter Form feststellbar ist. Je geringer die BPGM-Aktivität, desto größer ist der Substratanteil, der über die PGK-Reaktion umgesetzt wird. Unter Berücksichtigung der Reversibilität von enzymatischen Reaktionen in der Glykolyse leiten sich daraus folgende Metabolitenveränderungen ab: ATP, Fru-1,6-P_2, Triosephosphate, 3PG, 2PG und PEP sind erhöht, ADP, 2,3-P_2G, Fru-6-P und G6P dagegen vermindert [Loos et al. 1976]. Der geringe 2,3-P_2G-Spiegel spiegelt sich, da der P_{50}-Wert für Hb abfällt, in einer Gewebshypoxie wider, wodurch eine Erythrozytose induziert wird, die das Krankheitsbild bestimmt.

3.2.5.6 Genetische Defekte der Aldolase, Laktatdehydrogenase, Enolase und des Nukleotidstoffwechsels

Aldolase spaltet Fru-1,6-P_2 in die 2 Triosephosphate GAP und DHAP. 3 Isoenzyme A, B und C lassen sich unterscheiden. Aldolase B wird nur in Hepatozyten exprimiert. Mutationen in diesem Strukturgen sind die Ursache der Fruktoseintoleranz. Aldolase A tritt in roten Blutzellen, Muskel und zusammen mit dem Isoenzym C im Gehirn auf. Alle 3 Isoenzyme sind intensiv untersucht worden.

Genetische Aldolasedefekte sind sehr selten. Bisher wurden nur 3 Fälle für das Isoenzym A, das sich auf Chromosom 16 befindet, beschrieben. Die klinische Symptomatik besteht in einer leichten bis mittelschweren CNSHA, mitunter auch mentaler Retardierung und Wachstumsverzögerung. Als Ursache des komplexeren klinischen Bildes wird eine Regulatorgenmutation vermutet, da außer einem Aktivitätsabfall keine strukturellen und funktionellen Veränderungen an dem mutierten Enzym feststellbar waren [Beutler et al. 1973, Miwa et al. 1971]. Bei den 2 in Japan gefundenen Aldolasedefektträgern handelt es sich um die Punktmutation 386A:G: 128Asp:Gly [Kishi et al. 1987, Takasaki et al. 1990]. Der Aminosäureaustausch hat eine Erhöhung des K_MFru-1,6-P um 1/2 Größenordnung und eine Proteininstabilität zur Folge. Asp128 ist in allen 3 Isoenzymen konserviert, was auf seine Bedeutung für die Erhaltung der Enzymstruktur und katalytische Funktion schließen läßt; durch das hydrophobere Gly in dieser Position werden ionische Wechselwirkungen in der Enzymstruktur dieses Bereichs abgeschwächt. Durch gezielte Mutagenese hergestellte Aldolasen, in denen Asp128 durch Glu oder Ser ausgetauscht wurde, waren thermoinstabil und wiesen eine geringere spezifische Aktivität und Affinität für Fru-1,6-P_2 auf. Typisch für einen Aldolasedefekt ist eine Akkumulation von Fru-1,6-P_2, die einen Hemmeffekt auf die G6PDH-Reaktion hervorruft, so daß nicht nur die Glykolyserate vermindert, sondern auch die oxidative Belastungsfähigkeit der Zelle herabgesetzt ist.

Die Laktatdehydrogenase (LDH) katalysiert die letzte reversible Reaktion der Glykolyse, in der Pyruvat zu Laktat reduziert wird. Das tetramere Enzym ist aus 2 verschiedenen Untereinheiten zusammengesetzt, H- und M-Polypeptidketten, deren Gene auf den Chromosomen 12 und 11 lokalisiert sind. LDH-Enzymopathien treten extrem selten auf. Defekte des M-Proteins verursachen eine Myopathie. Fälle mit Mutationen in der H-Polypeptidkette sind klinisch unauffällig, obwohl die LDH-Restaktivität <10% der Norm sein kann [Miwa et al. 1971, Sudo et al. 1990]. Identifiziert wurde die Substitution eines konservierten Arginins in Position 173, das an der Anionenbindung beteiligt ist, durch Histidin (G:A, Exon 4) [Joukyuu et al. 1989]. Aus dem Anstieg des NADH-NAD-Quotienten resultiert in LDH-defekten roten Blutzellen ein Konzentrationsanstieg von Fru-1,6-P_2 und Triosephosphaten. Eine Erhöhung des Pyruvatspiegels tritt nicht auf, da der Metabolit rasch in die extrazelluläre Flüssigkeit diffundiert.

Die Umsetzung von 2-Phosphoglyzerat zum energiereichen PEP wird durch die Enolase katalysiert. Der Mensch verfügt über 3 Isoenzyme der Enolase, Homodimere, die aus α-, β- oder γ-Polypeptidketten aufgebaut sind. Rote Blutzellen sind, wie die Mehrzahl der Gewebe, durch die Expression von α-Ketten gekennzeichnet. Das Gen für sie befindet sich auf Chromosom 1 [Giallongo et al. 1986]. Enolaseenzymopathien sind sehr selten, bisher sind 5 Fälle beschrieben [Boulard-Heitzmann et al. 1984, Lachant et al. 1986]. In einer Familie ließ sich der Defekt über 4 Generationen verfolgen. Der Erbgang ist autosomal-dominant. Diffe-

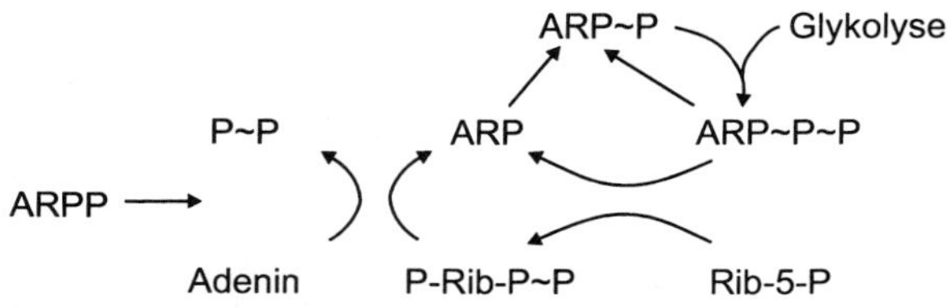

Abb. 3.2.17. Bergungsstoffwechsel der Purine, Guanin oder Hypoxanthin: analoge Umsetzung, katalysiert durch die Hypoxanthin-Guanin-Phosphoribosyl-Transferase

rentialdiagnostisch ist von Bedeutung, daß der Defekt eine Sphärozytose verursacht, die therapeutisch nicht auf eine Splenektomie anspricht.

Der Erythrozyt verfügt über einen konstanten Adeninnukleotid-Pool. Dieser wird über einen Bergungsstoffwechsel konstant gehalten, eine Purinsynthese ist nicht möglich (Abb. 3.2.17). Durch die Adenylatkinase (AK) stellt die rote Blutzelle stets einen hohen ATP-AMP-Quotienten ein. Jede Erhöhung des AMP-Spiegels initiiert den Abbau zu Inosin. Stoffwechselstörungen, die die ATP-Bildung verringern, führen, wie bei Defekten von Glykolyseenzymen erläutert, zur Verkürzung der Halbwertszeit der Zellen. Hämolytische Anämien unterschiedlichen Schweregrads leiten sich aber auch aus weiteren genetisch bedingten Stoffwechselstörungen ab, der Überproduktion der Adenosindesaminase (ADA) und Aktivitätsverlusten der Pyrimidin-5′-Nukleotidase (P5N) und AK. ADA katalysiert die Desamininierung von Inosin und 2-Desoxyadenosin zu 2-Desoxyinosin. Das Enzym existiert in 2 unterschiedlichen molekularen Formen, einer kleinen, die in roten Blutzellen, Milz und Magen dominiert und einer 8mal größeren (MG=298 000), die in Leber, Niere und Fibroblasten auftritt. Die kleine Form kann durch Assoziation mit einem ADA-Bindungsprotein in die große Enzymstruktur umgewandelt werden. Das ADA-Gen befindet sich auf Chromosom 20, das des Bindungsproteins auf Chromosom 6 [Miwa et al. 1978]. Mutationen im ADA-Gen, die autosomal-rezessiv vererbt werden und einen Abfall der katalytischen Aktivität hervorrufen, führen zu einer schweren Immundefizienz, haben aber keine Auswirkungen auf den Erythrozytenstoffwechsel. Nur die gewebsspezifische Überproduktion der ADA, die relativ selten vorkommt, induziert hämolytische Anämien [Rijksen et al. 1983]. Die Erhöhung kann bis zu 2 Größenordnungen betragen und bewirkt einen Abfall der Gesamtkonzentration der Adeninnukleotide um mehr als 50%, da die Synthese von AMP aus Adenosin vermindert, der Abbau von AMP jedoch erhöht ist. Die erhöhte ADA-Aktivität verhindert die Einstellung einer streng regulierten Balance zwischen Adenosinkinase und ADA und ermöglicht dadurch kein konstantes Adenosinangebot. Die ADA-Überproduktion ist auf einen erhöhten ADA-mRNA-Spiegel zurückzuführen, dessen Ursache bisher unklar ist; denn weder in den 5′-Promotorregionen noch in den regulatorischen Bereichen des 1. Introns wurden Veränderungen festgestellt. Der Erbgang dieser Anomalie ist dominant.

Die Pyrimidin-5′-Nukleotidase (P5N) ist im Retikulozyten für die Dephosphorylierung der Pyrimidinnukleotide verantwortlich, die aus dem RNA-Abbau anfallen. Bei einem Abfall der P5N-Aktivität werden die partiell abgebauten ribosomalen Nukleoproteine in der Zelle akkumuliert und aggregiert, da phosphorylierte Metaboliten nicht die Plasmamembran passieren können. Die Aggregate sind in gefärbten Blutausstrichen (Wright-Färbung) als basophile Tüpfelung erkennbar. Eine toxische Hemmung der P5N kann auch durch eine Bleivergiftung hervorgerufen werden. Hohe Pyrimidinnukleotidspiegel hemmen den Auswärtstransport von oxidiertem Glutathion (GSSG), vielleicht eine Ursache für die Verdopplung der Glutathionkonzentration in P5N-defekten Zellen [Chen u. Mitchell 1994, Kondo et al. 1987]. Ein weiterer Effekt ist die Hemmung der Phosphoribosylpyrophosphatsynthetase, wodurch der Bergungsstoffwechsel der Adeninnukleotide zusätzlich beeinträchtigt wird [Wiginton et al. 1986]. Den größten Anteil der Nukleotide stellen in P5N-defekten Zellen Pyrimidinnukleotide dar, während die Adeninnukleotide stark vermindert sind. Die Folge davon sind intravasale Hämolysen und eine gesteigerte Erythrophagozytose. P5N-Enzymopathien sind weit verbreitet, ungefähr 50 Fälle sind beschrieben [Hansen et al. 1983, Hirono et al. 1983, Paglia et al. 1983a, Valentine et al. 1974]. Die Mutanten differieren in der Restaktivität, den kinetischen Konstanten für die Substrate und den pH-Optima, sowie der Hitzestabilität und elektrophoretischen Mobilität. Molekulare Analysen liegen bisher nicht vor, es ist aber eine größere Anzahl unterschiedlicher Mutationen zu postulieren.

Für die Diagnostik ist der intrazelluläre Nachweis der Erhöhung von Konjugaten wie CDP-Cholin, CDP-Äthanolamin, UDP-Glukose sowie Pyrimidinmono-, -di- und Triphosphaten zu empfehlen [Miwa et al. 1978, Paglia 1978, Valentine et al. 1983, Pérignon et al. 1982].

Die Adenylatkinase katalysiert die wechselseitige Umwandlung der Adeninnukleotide. Es existieren 2 AK-Gene, eines auf Chromosom 9 und eines auf dem kurzen Arm von Chromosom 1. Defekte sind für beide Loci beschrieben, ihre klinische Relevanz ist aber zweifelhaft, da der Einbau von ^{14}C-Adenin in Adeninnukleotide unverändert bleibt. Außerdem sind die meisten Fälle zusätzlich mit anderen Defekten verknüpft, wie G6PDH-Enzymopathien oder Thalassämien [Lachant et al. 1991]. 2 Mutationen wurden bisher im AK-Gen identifiziert [Matsura et al. 1989, Miwa et al. 1983]. Im 1. Fall handelt es sich um einen g:a-Austausch im Intron 3 an einem Konsensusspaltort. Im 2. Fall resultiert in Position 128 eine Aminosäuresubstitution von Trp:Arg, die durch eine Punktmutation im Exon 6 (C:T) verursacht wird. Diese Mutante ist instabil und in ihren kinetischen Eigenschaften verändert.

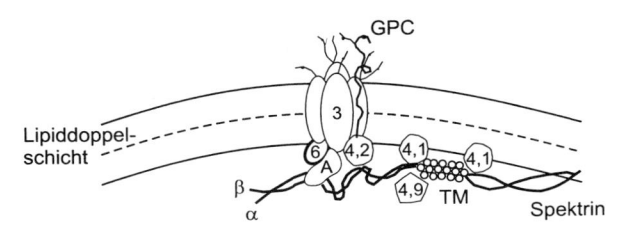

Abb. 3.2.18. Schema des Membran-Zytoskelett-Netzwerks, *A* Ankyrin, *TM* Tropomyosin, *GPC* Glykophorin

3.2.6 Hereditäre Sphärozytose und Elliptozytose

3.2.6.1 Strukturelle Anordnung von Komponenten der Erythrozytenmembran und des Zytoskeletts; Regulation ihrer Funktion

Die Plasmamembran der roten Blutzellen erfüllt mehrere Aufgaben: Durch ihre Ausstattung mit Pumpen und Kanälen ermöglicht sie die Aufrechterhaltung der spezifischen intrazellulären Ionen- und Metabolitenkonzentrationen. Weiterhin erleichtert sie den Transport von Glukose, GSSG und anderen Molekülen. Die Membran besteht aus einer Lipiddoppelschicht, die von integralen Proteinen durchzogen ist, und dem auf der zytosolischen Seite angeordneten zweidimensionalen Netzwerk des Zytoskeletts. Dessen Grundgerüst bilden Tetramere und Oligomere des Spektrins, die mit Protein 4.1 und kurzen Aktinfilamenten verbunden

sind. Spektrin ist auch an der Anheftung des Zytoskeletts an die Plasmamembran beteiligt. Sie erfolgt über Bindungen zwischen Spektrin und Ankyrin, Ankyrin und Bande 3 sowie Protein 4.1 und Glykophorin C (Abb. 3.2.18). Die strukturelle Anordnung erlaubt die Bildung der energetisch günstigen diskoiden Form der Erythrozyten und die Ausprägung rheologischer Eigenschaften, die für die Spezialisierung auf den Gastransport wichtig sind.

Für die zelluläre Deformierbarkeit spielen das Zytoskelett und in ihm das Spektrin eine besondere Rolle. Ein Verlust von Spektrin oder Aktin hebt die Deformierbarkeit auf. Durch helikale Spektrin-Repeat-Anordnungen (22 für α- und 17 für β-Spektrin) ist eine elastische, reversible Verformbarkeit realisierbar, durch die die Lipidorganisation und Beweglichkeit der integralen Membranproteine reguliert werden kann. Weitere Parameter, die Einfluß auf die Deformierbarkeit haben, sind die intrinsische Viskosität, die durch die MCHC (mittlere korpuskuläre Hämoglobinkonzentration), Ionen und Wasser bestimmt wird, sowie das Oberflächenvolumenverhältnis. Wird einer dieser Parameter verändert, resultiert eine strukturelle und funktionelle Entkopplung dieses Ensembles, die sich in zellulären Formveränderungen manifestiert (Abb. 3.2.19). Sie treten bei Anämien auf, die entweder durch Hämoglobinopathien oder genetische

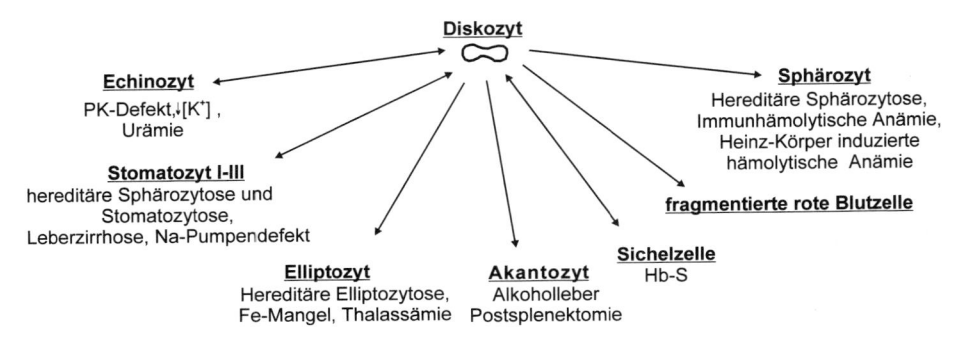

Abb. 3.2.19. Formen roter Blutzellen bei verschiedenen hämatologischen Erkrankungen

Tabelle 3.2.12. Komponenten der Erythrozytenmembran

Komponenten	Gewicht [%]	Lipiddoppelschicht	
		Innen [%]	Außen [%]
Proteine	55,0	–	–
Phospholipide:	28,0	–	–
Sphingomyelin	6,8	20	80
Phosphatidylcholin	7,0	25	75
Phosphatidyl-äthanolamin	7,4	80	20
Phosphatidylserin	4,3	100	0
Phosphatidsäure	1,0	–	–
Cholesterol	13,0	50	50
Glykolipide	3,0	–	–
Freie Fettsäuren	1,0	–	–

Defekte von Proteinen des Zytoskeletts und der Membran verursacht werden. Die pathologischen Formveränderungen verlangsamen die Mikrozirkulation im Kapillargebiet. Die Erythrozytenmembran besteht zu 55% aus Proteinen und Glykoproteinen, den Rest stellen Lipide. Die prozentuale Verteilung der Phospholipidspezies unterscheidet sich für die äußere und innere Hälfte der Lipiddoppelschicht. Innen dominieren saure Phospholipide, außen Cholin enthaltende und Glykolipide. Cholesterol ist in beiden Schichten gleichverteilt (Tabelle 3.2.12).

Die Mehrzahl der Membranproteine läßt sich in der SDS-PAGE auftrennen und anhand der Laufgeschwindigkeit nach Anfärbung klassifizieren (Tabelle 3.2.13). Zu den integralen Proteinen gehören Bande 3, Stomatin und die Glykoproteine Glykophorin A, B, C, D und E. Alle anderen Proteine sind Komponenten des Zytoskeletts. β-Spektrin, Ankyrin, Bande 3 und Protein 4.1 können reversibel phosphoryliert werden.

3.2.6.1.1 Integrale Proteine

25–30% aller Membranproteine entfallen auf Bande 3, von der jede rote Blutzelle etwa $1{,}2 \times 10^6$ Kopien enthält. Dieses Glykoprotein hat ein MG von 102 000 und durchspannt die Lipiddoppelschicht in 14 Helices. Bande 3 gehört zur Proteinfamilie der Anionenaustauscher, für die 4 Isoformen bekannt sind. AE1 wird in roten Blutzellen in den hämatopoetischen Stammzellen sowie in den basolateralen Membranen der distalen Tubuli und des Sammelrohrs der Niere exprimiert. Das AE1-Gen, das 17 kb umfaßt, befindet sich auf Chromosom 17 [Kay 1996]. Das AE2-Gen, das auf Chromosom 7 lokalisiert ist, wird in epithelialen und mesenchymalen Geweben exprimiert. Es tritt in den glatten Muskeln der Arterien, in Leber und Niere sowie in den B-Lymphoidzellen auf. Besonders hoch ist die AE2-mRNA in der basolateralen Membran des Chorioideusplexus und im Chorioideapapillom, wo AE2 in Wechselbeziehung zur K^+-Na^+-ATPase steht. Im Magen ist sie in der basolateralen Mem-

Tabelle 3.2.13 Proteine der Erythrozytenmembran und des Zytoskeletts

Gelbande	Protein	MG	Struktur	Krankheitsbild bei Defekt
1	α-Spektrin	281	Heterodimer/Tetramer/Oligomer	HE, HPP, HS
2	β-Spektrin	246		HE, HPP, HS
2,1	Ankyrin	206	Monomer	HS
2,9	α-Adducin	81	Tetramer	–
	β-Adducin	80		
3	AE1	102	Dimer/Tetramer	HS, HE-SOA, HAc, AD
4,1	Protein 4.1	66	Monomer	HE
4,2	Pallidin	77	Dimer oder Trimer	HS
4,9	Dematin	46	Trimer	–
	p55	53	Dimer	–
5	β-Aktin	42	Oligomer	–
	Tropomodulin	41	Monomer	–
6	GAPD	36	Tetramer	–
7	Stomatin	32	–	–
	Tropomyosin	28	Heterodimer	–
8	Protein8	–	–	–
Unterhalb der Bande 3 bei Anfärbung mit PAS	Glykophorin A	14	Dimer	–
	Glykophorin C	14		HE
	Glykophorin B	8	Dimer	–
	Glykophorin D	11	–	HE
	Glykophorin E	6	–	–

bran der Belegzellen identifizierbar, wo ein funktioneller Zusammenhang zu den Protonenpumpen postuliert wird. AE2 ist mit einem MG von 135 000 etwas größer als die Bande 3 roter Blutzellen. Die 3. Isoform, AE3, kommt im Herzen, im Gehirn und in den übrigen Magenabschnitten vor.

Für alle 3 AE-Gene wurden alternative mRNA-Transkripte identifiziert. Die cDNA der AE1 des Menschen umfaßt 4911 Nukleotide, die eine Polypeptidkette mit 911 Aminosäureresten kodieren kann. Das Bande-3-Protein der Niere ist kürzer. Ihm fehlen am N-Terminus 66 Aminosäurereste, da die AE1-mRNA der Niere die Exons 1–3 nicht enthält. Möglicherweise ist das eine Erklärung dafür, daß im erythroiden Promotor des AE1-Gens keine TATA- und CCAAT-Basen gefunden wurden, sondern nur Konsensussequenzen für Bindungsorte von zahlreichen Transkriptionsfaktoren. TATA- und CCMT-Basen wurden dagegen neben Bindungsstellen von Transkriptionsfaktoren im Intron zwischen Exon 3 und 4 identifiziert.

Die Funktion von Bande 3 in der Niere steht im Zusammenhang mit der Konstanthaltung des Säure-Basen-Haushalts. Bei respiratorischer Azidose steigt die Induktion von AE1 an. In der roten Blutzelle erfüllt Bande 3 4 Funktionen. Die C-terminale Hälfte bildet den Anionenkanal, mit dessen Hilfe der Austausch von Cl^- gegen HCO_3^- und der CO_2-Transport realisiert und der intrazelluläre pH-Wert kontrolliert werden. Am N-Terminus, der mit 360 Aminosäureresten länger als das C-terminale Ende ist, beide ragen ins Zytosol der Zelle, befinden sich Bindungsstellen für Hb, Hemichrome, Bande 4,1, Bande 4,2 und mehrere Glykolyseenzyme. Zu ihnen zählen GAPDH, PGK, Aldolase und PFK [Rosa et al. 1982]. Die Bindung dieser Enzyme geht mit einer Hemmung ihrer katalytischen Aktivität einher. Durch Phosphorylierung von Tyr8 möglicherweise auch Tyr21 durch eine Tyrosinkinase werden sie freigesetzt und damit wieder aktiv. Ob diese reversible Bindung von Glykolyseenzymen von physiologischer Relevanz ist, ist in der Literatur umstritten. Die 4. Aufgabe besteht in der Regulation der Elimination alter und geschädigter roter Blutzellen aus der Zirkulation durch Demaskierung entsprechender Erkennungsorte für das Immunsystem.

Über den N-Terminus von Bande 3 erfolgt auch die Verknüpfung mit den Proteinen des Zytoskeletts. Bande 3 hat in Verbindung mit Ankyrin auch Einfluß auf die mechanischen Eigenschaften des Erythrozyten. Wahrscheinlich sind diese an eine spezifische strukturelle Konformation von Bande 3 gebunden. AE1 liegt in der Membran nicht nur als Monomer vor, sondern kann zu Dimeren und Tetrameren assoziieren. Dadurch können sich 2 unterschiedliche tetramere Zustände einstellen, die der Bande 3 ähnlich wie dem Hb allosterische Funktionen erlauben. So ist z. B. die Bindungsaffinität von Ankyrin für das Bande-3-Tetramer wesentlich höher als für Dimere und Monomere. Es gilt als wahrscheinlich, daß sowohl die Regulation der Ligandenbindung als auch die des Anionentransports bestimmte strukturelle Voraussetzungen der Bande 3 erfordern. An der äußeren Oberfläche von Bande 3 ist an Asn in Position 642 eine Kohlenhydratkette gebunden, die Blutgruppenantigene trägt.

Die Analyse der topographischen Anordnung von Bande 3 wurde unter Nutzung monoklonaler Antikörper anhand proteolytischer Spaltprodukte vorgenommen. Erwartungsgemäß erwiesen sich die Transmembranbereiche als hochkonserviert und die zytoplasmatischen Domänen in Abhängigkeit von der AE-Isoform und biologischen Spezies als variabel. Essentiell für die Anionenbindung sind die Aminosäurereste Lys851, Cys843, His834, His819, Glu681 sowie Arg430 und 490. Cys843 wird außerdem mit Palmitat, Stearat, Oleat und Myristat azetyliert. Nahe diesem Cysteinrest liegt die konservierte Sequenz Phe-Thr-Gly-Ile-Gln-Ile-Ile-Cys-Leu-Ala-Val-Leu.

Im Gegensatz zur Bande 3 durchdringen die Glykophorine die Lipiddoppelschicht nur einmal [Croton et al. 1993] (Abb. 3.2.18). Dabei begrenzen die positiv geladenen Aminosäuren Lys und Arg den hydrophoben 34 Aminosäuren umfassenden intramembranösen Abschnitt von den Positionen 62–95 an der zytosolisch gelegenen Oberfläche der Innenschicht. Sie bilden ionische Bindungen mit den negativ geladenen Kopfgruppen der Phospholipide. Daran schließt sich das C-terminale Ende, das bei Glykophorin A 31 Aminosäuren umfaßt, an. Der N-terminale Abschnitt von GPA ragt aus der Oberfläche der Außenschicht heraus. An der Begrenzungsstelle zu dem Anteil, der in der Membran lokalisiert ist, befindet sich wiederum ein Arg-Rest. Daran schließen sich von Position 62–72 vorwiegend hydrophile Aminosäuren an, die in der Außenschicht der Lipiddoppelschicht eine Art Schlaufe bilden, ehe der hydrophile Abschnitt mit den Aminosäuren in Position 73–95 in einer α-helikalen Anordnung die Membran durchquert. In der Schlaufe bilden die negativ geladenen Glu70 und 72 mit den positiv geladenen His-Resten 66 und 67 ionische Bindungen, so daß eine Anordnung in der Lipidschicht möglich ist. An die N-terminale extrazelluläre Domäne sind 16 Kohlenhydrateinheiten gebunden. Davon sind 15 O-glykosidisch an Serin und Threonin und eine N-glykosidisch an Asparagin gebunden.

GPB und GPE leiten sich durch Genduplikation von GPA ab [High et al. 1989]. Das Gen befindet sich auf Chromosom 4 in Position 931. GPB und GPE tragen die Blutgruppenantigene MN und SS. Die Synthese von GPC und GPD leitet sich wahrscheinlich von derselben mRNA ab, wobei aber unterschiedliche Translationsstartorte genutzt werden, so daß GPC etwas größer als GPD ist, da es den vollständigen N-Terminus translatiert. Dieses Gen ist auf Chromosom 2 q14–q21 lokalisiert. GPC und GPD tragen die Gerbich-Antigene.

3.2.6.1.2 Zytoskelettproteine

Der größte Anteil der Zytoskelettproteine entfällt mit etwa 70% auf Spektrin. Spektrin ist aus 2 strukturell ähnlich aufgebauten Polypeptidketten zusammengesetzt α-Spektrin (Bande 1) und β-Spektrin (Bande 2). Beide Eiweiße werden durch verschiedene Gene kodiert. Das Gen für α-Spektrin befindet sich auf Chromosom 1q22–q22, das für β-Spektrin auf Chromosom 14q22–q24.2. Beide Polypeptidketten werden in 242×10^3 Kopien pro Zelle gebildet. α-Spektrin ist mit einem MG von 281 000 etwas größer als β-Spektrin (MG=246 000). Die Spektrinpolypeptidketten bilden durch antiparallele Anordnung der C- und N-terminalen Enden verzwirnte Ketten von etwa 100 nm Länge, die flexibel sind [Becker u. Lux 1995].

3.2.6.2 Prävalenz, Genetik und Erbgang der Sphärozytose und Elliptozytose

3.2.6.2.1 Hereditäre Sphärozytose (HS)

Die hereditäre Sphärozytose ist durch einen partiellen Membranverlust, der die zelluläre Oberfläche kontinuierlich verkleinert, charakterisiert. Dies geschieht durch Fragmentierung. Die Zellen nehmen dadurch eine zunehmend rundere Form an, werden osmotisch empfindlicher und rigider. Das macht sie für die Milzmakrophagen als artifiziell erkennbar, so daß der Abbau eingeleitet wird. HS ist die am häufigsten auftretende hereditäre hämolytische Anämie bei Nord- und Mitteleuropäern [Agre et al. 1985, Becker u. Lux 1995]. Die Prävalenz liegt bei 1:5000. Der Erbgang der HS ist von der Lokalisation der Mutation abhängig. Überwiegend werden die Defekte autosomal-dominant (75%) vererbt, seltener autosomal-rezessiv. Der rezessive Erbgang ist mit einer meist schweren klinischen Manifestation verbunden, Homozygotie ist fast immer letal. Der Grad der Anämie reicht von transfusionsbedürftigen bis zu kompensierten, unauffälligen Formen. HS kann einen Neugeborenenikterus hervorrufen und das Risiko für Gallenblasenerkrankungen erhöhen.

Bei nicht splenektomierten Patienten lassen sich 2 erythroide Populationen nachweisen; eine kleinere, osmotisch sehr empfindliche, bestehend aus hyperchromen Mikrosphärozyten, und eine größere Population mit weniger stark ausgeprägten Sphärozyten. Die Mikrosphärozyten entstehen bei der verlangsamten Milzpassage, da die Sphärozyten sich nicht zwischen den Endothelzellen, die die Barriere in den venösen Milzsinusoiden bilden, durchschlängeln können. Daraus resultiert ein lokaler pH Abfall, der zu einer Hemmung des erythrozytären HK-PFK-Systems und damit der Glykolyse führt. Die ATP-Bildung erfolgt vorwiegend durch 2,3-P_2G-Abbau. Der Verlust des polyvalenten Anions bewirkt durch kompensatorische Cl^--Aufnahme einen Anstieg der Osmolarität. Diese Stoffwechselveränderungen begünstigen die Sequestrierung von Sphärozyten in der Milz. Die kleine hyperchrome Mikrosphärozytenpopulation tritt nach Milzexstirpation nicht mehr auf. Darauf beruht der therapeutische Erfolg der Splenektomie.

3.2.6.2.2 Hereditäre Elliptozytose (HE)

Das Krankheitsbild ist morphologisch durch das Vorhandensein von mehr als 20% elliptisch geformter roter Blutzellen in einer Probe definiert, ihr Achsenverhältnis ist <0,78. Die hereditäre Elliptozytose ist kein einheitliches Krankheitsbild. Die Variabilität betrifft sowohl das durch die Mutation betroffene Gen als auch die biochemische und klinische Manifestation [Becker u. Lux 1995, Coetzer et al. 1987, Floyd et al. 1991]. Charakteristisch für alle Formen ist die Bildung von Elliptozyten und/oder Poikilozyten unter Bedingungen des Shear-Stresses, wie er in der Blutzirkulation auftritt. Offensichtlich geht bei diesen Zellen die Fähigkeit verloren, nach Formveränderungen wieder zur normalen diskoidalen Form zurückkehren zu können. Das bedeutet, daß durch die Defekte die horizontalen Proteinwechselwirkungen im Zytoskelett geschwächt sind. Dadurch tritt eine Destabilisierung der Membran auf. Es kommt zur Freisetzung von Vesikeln und damit einem Lipidverlust unter Verkleinerung der Membranoberfläche. Morphologisch lassen sich 3 Formen voneinander abgrenzen:

- diskoidale Elliptozyten;
- sphärozytäre elliptische Formen und
- Stomatozyten.

Stomatozyten dominieren bei den in Südostasien und Melanesien häufig auftretenden HE. Die sphärozytären Elliptozytosen stellen Übergangsformen zwischen der HE und der HS dar. Die Prävalenz der HE ist relativ groß, aber regional verschieden. Für die USA wird sie mit 3–5 pro 10 000 Neugeborene angegeben, in endemischen Malariagebieten ist sie höher. In Melanesien beträgt die Prävalenz 30%. Die klinische Manifestation reicht von unauffälligen bis zu sehr schweren Formen. Bei letzteren treten auch Sphärozyten und Poikilozyten im Blut auf. Sie sind durch Splenektomie zu therapieren. Primäre Ursachen für die HE sind Mutationen in den Genen für α-Spektrin (Chromosom 1q22–1q25), Protein 4,1 (1q34–p36), β-Spektrin (14q23–q24i2), Glykophorin C (2q14–q21) und Bande 3 (17q12–q21). Der Erbgang ist fast immer autosomal-dominant, nur die selten auftretende hereditäre Pyropoikilozytose (HPP) wird autosomal-rezessiv vererbt.

Spektrinmangel

Den mengenmäßig größten Anteil des Zytoskeletts stellt Spektrin. In Abb. 3.2.20 sind die Strukturen von α- und β-Spektrin und ihre Bindungsorte skizziert. α-Spektrin setzt sich aus 22 homologen Repeats zusammen, die je 106 Aminosäuren umfassen. Sie untergliedern sich in 5 Domänen αI–V. Den N-Terminus charakterisiert ein nicht homologes Element, das zusammen mit dem Repeat 1 das Kopfmolekül zur Selbstaggregation bildet. Außerdem verbinden sich der N-Terminus des α-Spektrins und der C-Terminus der β-Ketten zu einer vollständigen helikalen Spektrintrippelstruktur.

Die Assoziation wird durch definierte Nukleationsorte auf beiden Polypeptidketten in den Positionen α19–22 und β1–4 eingeleitet. Der C-Terminus enthält eine Ca^{2+}-bindende Region. Eine SH3-Domäne ist im Segment 10 lokalisiert [Becker u. Lux 1995].

Die trippelhelikale Struktur des β-Spektrins umfaßt, ausgehend vom N-Terminus, 17 Repeats, d.h. die Polypeptidkette ist antiparallel angeordnet. Unterschiedlich große Abschnitte dieser Segmente ordnen sich zu den Domänen βIV–I. Am C-Terminus befinden sich 4 Phosphorylierungsorte. Bindungsorte für andere Zytoskelettproteine sind

- der nicht homologe N-Terminus für Aktin und Protein 4.1 und
- die Region βI im Repeat 15 für Ankyrin.

Mutationen, die zu einem Mangel an α- und β-Spektrin und zur Ausbildung einer HS oder HE und/oder Pyropoikilozytose führen, können Punktmutationen sein, die ein Stoppkodon bilden,

Tabelle 3.2.14. Häufige Aminosäuresubstitutionen im α-Spektrin-Gen

Kodon	Basenaustausch	Aminosäuresubstitution
28	C:A	Arg:Ser
28	G:T	Arg:Leu
28	G:A	Arg:His
28	C:T	Arg:Cys
35	C:T	Arg:Trp
39	T:G	Arg:Ser
40	G:T	Gly:Val
43	C:T	Leu:Phe
45	G:C	Arg:Thr
46	G:T	Gly:Val
48	A:G	Lys:Arg
49	C:T	Leu:Phe
260	T:C	Leu:Pro
970	C:A	Ala:Asp

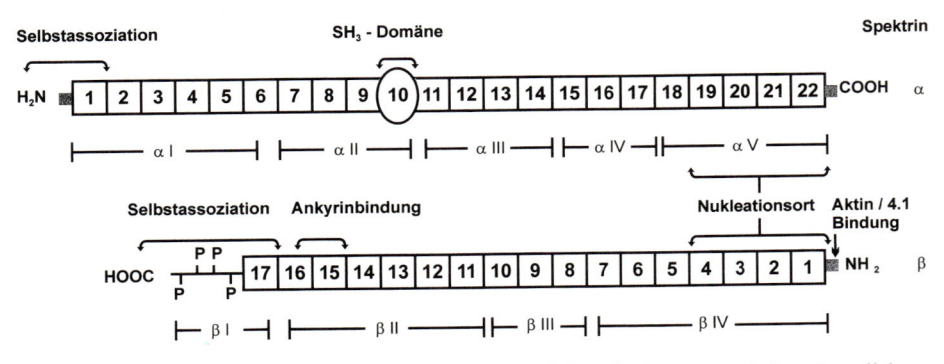

Abb. 3.2.20. Spektrinstrukturmodell (modifiziert nach Becker u. Lux [1995]), α- und β-Spektrin-Ketten sind antiparallel zueinander angeordnet

von dem das Signal zu einem vorzeitigen Abbruch der Polypeptidkette ausgeht. Kleinere Insertionen und Deletionen führen durch eine Veränderung des Leserasters zum gleichen Effekt. Mutationen, die z. B. Aminosäureaustausche an den konservierten Positionen 45Trp und 26Leu der β-Kette verursachen, verhindern die Assoziation der Moleküle, und diese werden dadurch proteolytisch angreifbar [Maillet et al. 1996]. HS werden vorrangig durch Punktmutationen, Deletionen sowie Insertionen von jeweils einem Nukleotid im N-terminalen Bereich hervorgerufen. HE und Pyropoikilozytosen gehen auf Punktmutationen im Nukleotidbereich von 2018–2069, Deletionen von 1–8 bp sowie 2-bp-Insertionen im Nukleotidbereich 6219–6272 zurück. Weitere Ursachen sind Punktmutationen im Intron 30, d. h. im Nukleotidbereich 6314 und 6364. Mutationen im α-Spektrin-Gen können ebenfalls Ursache der HE sein [Fournier et al. 1997, Parquet et al. 1994]. Mutationen im Bereich der Domäne αI beeinträchtigen die Assoziation mit der βI-Domäne und damit die Bildung tetramerer Strukturen. Je geringer der heterodimere Kontakt, desto stärker ist der Schweregrad der HE. Häufig handelt es sich um Punktmutationen, aus denen Aminosäureaustausche resultieren (Tabelle 3.2.14). Punktmutationen in der Position 28Arg der Domäne αI, bei denen es zum Austausch gegen die Aminosäuren Cys, Leu, Ser oder His kommt, heben die Tetramerbildung des Spektrins völlig auf. Sie rufen schwere transfusionsbedürftige HE hervor. Das Kodon 28 des α-Spektrin-Gens wird als Hot spot aufgefaßt. Im Vergleich dazu ergeben sich aus einer Insertion in Position 154 der Domäne αI, die eine Verdopplung von Leu an dieser Position zur Folge hat, nur eine geringe Hemmung der Spektrintetramerbildung und die Manifestation einer nur milden Anämie. Schwere poikilozytische Anämien werden durch Spleißmutationen im α-Spektrin-Gen verursacht. Durch einen Basenaustausch T:G entsteht an der 3′-Akzeptorspleißstelle des Exons 20 eine neue mRNA, die 12 intronische Nukleotidpaare upstream von Exon 20 enthält. Durch die Insertion entsteht ein neues Stoppkodon, das das Protein um etwa 2/3 auf 108 000 verkürzt. Dieses ist nicht mehr mit Membranproteinen vernetzbar, da es weder die SH3-Domäne noch den Nukleationsort aufweist (Abb. 3.2.20). Weniger stark ist die Proteinverkürzung (277 000) bei einer in Afrika gefundenen Mutation, bei der die mRNA das Exon 20 überspringt. Durch den Verlust der 31 Aminosäuren fehlt im Segment 10 die Helix B9. Diese Mutation führt in homozygoter Form zu einer schweren rezessiv vererbten Poikilozytose. Die Heterodimerbildung ist erwartungsgemäß auch negativ beeinflußbar, wenn eine Mutation im C-Terminus des β-Spektrins auftritt, die entweder aufgrund der Aminosäuresubstitution oder Verkürzung der Polypeptidkette die Wechselwirkung behindert.

Ankyrindefekte

Ankyrin ist ein Zytoskelettprotein mit einem MG von 206 000, dessen Gen auf Chromosom 8 in Position p11.2 lokalisiert ist [Peters u. Lux 1993]. Es wird in 100 000 Kopien pro Erythrozyt gebildet. Für Ankyrin sind 3 Isoproteine bekannt: ANK1, der Erythrozytentyp, tritt außerdem auch in Makrophagen, Endothelzellen, Muskel und Zerebellum auf. ANK2 entspricht einem neuronalen Protein und ANK3 wird in Hepatozyten, Megakaryozyten, Muskel und Melanozyten exprimiert. ANK1 ist durch 3 Domänen charakterisiert: eine Spektrindomäne, die die Aminosäuren 828–1382 umfaßt, eine Bande-3-Bindungsdomäne, die von den Aminosäuren 2–827 gebildet wird und eine Regulationsdomäne im Bereich der Aminosäuren 1383–1881. Obwohl jedes Spektrintetramer über 2 Bindungsorte in den β-Spektrinen verfügt, wird jeweils nur ein Ankyrin gebunden. Die Bande-3-Bindungsdomäne ist durch ein Repeat, bestehend aus 33 Aminosäuren, zusammengesetzt, das in 24 Wiederholungen vorliegt. Diese bindet den N-Terminus von Bande 3. Diese Wechselwirkung kann durch Defekte des Proteins 4.2 modelliert werden. Ankyrin zeigt auch Bindungsaffinitäten für Tubulin und die Na^+-K^+-ATPase. Die Regulationsdomäne enthält Kontrollelemente für ein alternatives Spleißen. Durch sie wird die Bildung der Isoformen reguliert, die sich im Elektrophärogramm als die Banden 2.2, 2.3 und 2.6 identifizieren lassen. Mutationen des Ankyringens sind eine sehr häufige Ursache der HS. Ihr Erbgang ist autosomal-dominant, in seltenen Fällen autosomal-rezessiv. Hervorzuheben ist eine Deletion, aus der eine Verminderung des mRNA-Spiegels resultiert. Obwohl in ihren Zellen die Synthese von α-Spektrin normal und die von β-Spektrin gesteigert ist, tritt sekundär ein Spektrinmangel auf. Dieser Befund läßt darauf schließen, daß Spektrin, wenn es nicht im Netzwerk des Zytoskeletts gebunden ist, leicht einem proteolytischen Abbau unterliegt.

Eine größere Anzahl von Mutationen ist seit wenigen Jahren bekannt [Del Giudice et al. 1996, Eber et al. 1996, Jarolim et al. 1995, Lux et al. 1990]. Die Mehrzahl der bisher nachgewiesenen Punktmutationen tritt polymorph auf. Sie sind

Tabelle 3.2.15. Ankyrinpolymorphismus

Kodon	Nukleotidaustausch	Frequenz
Intron 1	88 nt vor Startexon 2 g:a	0,01–0,03
105	C:T	0,27–0,33
150	A:G	0,02–0,03
199	G:A	0,13–0,21
Intron 9	7 nt nach Ende Exon 9 a:g	0,03
440	G:A	0,01–0,03
594	C:A	0–0,02
619	G:A (Arg:His)	0,01–0,02
691	C:T	0,24–0,26
783	C:T	0,24–0,25
801	G:A	0–0,01
971	C:G	0,27
1336	G:A	0,04
1367	C:T	0,03–0,06
1502	C:T	0,01–0,04
1592	G:A (Asp:Asn)	0,01
1755	G:A	0,19–0,21
1973	G:A (Arg:His)	0,22–0,23

Tabelle 3.2.16. Hereditäre Sphärozytose verursacht durch Ankyrinmutation

Kodon	Mutation	Konsequenz
Dominante HS		
Promotor 204 nt vor	Translationsstart c–g	Synthese vermindert
173	Deletion: CTCCCGGCCCTGCA-CATCGC	Frameshift
328	G:A	Asp:Asn
329	Deletion: AC*G*CAG:ACAG	Frameshift
573	Insertion: nt 1801C	Frameshift
573	Deletion: CTG:CG	Frameshift
Intron 16,	18 nt vor Startexon 17 c:a	Verändertes Spleißen
797–798	Deletion: tag T*TAG*TC:tag TC	Frameshift
1127	Deletion: CACAT:CAAT	Frameshift
1436	C:T	Arg:Term
Intron 38	34 nt vor Startexon 39 ccccc*g*ccg:ccc*t*cgccg	Verändertes Spleißen
1669	A:T	Glu:Ter
Rezessive HS		
Promotor	108 nt vor Translationsstart: cc*t*gg:cc*c*gg	Verminderte Synthese
463	G:A	Val:Ile, keine Bande-3-Bindung
1873	C:T	Arg:Trp

entweder stumm oder der Aminosäureaustausch ist ohne klinische Relevanz. Ihre Frequenzen unterscheiden sich nicht signifikant zwischen Kontrollpersonen und Patienten (Tabelle 3.2.15). Bei den Mutationen, die sich klinisch manifestieren, handelt es sich vorwiegend um Nukleotidinsertionen und -deletionen und Spleißmutationen, die zu einem vorzeitigen Abbruch der Ankyrinsynthese oder instabilen Polypeptidketten führen, die rasch abgebaut werden (Tabelle 3.2.16). Ein Beispiel für die Synthese einer verkürzten Ankyrinpolypeptidkette ist die Punktmutation 1669Glu:Ter [Jarolim et al. 1995]. Da die mRNA dieses Allels instabil ist, verringert sich auch die Ankyrinsynthese, wodurch sekundär eine Abnahme der Spektrinkonzentration bewirkt wird.

Mutationen im Ankyrin verursachen auch die seltene Temperatur-empfindliche hämolytische Anämie, die durch Fragmentierung der roten Blutzellen hervorgerufen wird.

Defekte von Protein 4.1

Das globuläre Phosphoprotein der Bande 4.1 mit einem MG von 80 000 gehört zu den Zytoskelettproteinen [Becker u. Lux 1995]. Das Gen befindet sich auf Chromosom 1 (1q33–34,2) [Baklouti et al. 1996]. Es weist 22 Exons auf. Die Translation startet im Exon 4 und erstreckt sich bis zum Nukleotid 105 im Exon 21. Protein 4.1 ist an einer wichtigen Verknüpfungsstelle von Membran und Zytoskelett angeordnet. Sein C-Terminus bindet an den zytosolischen Anteil der integralen Proteine Glykophorin C und A und Bande 3 (Abb. 3.2.18). Eine Verbindung besteht außerdem zu den Zytoskelettproteinen Aktin und Spektrin. Die Bindungsdomäne (MG=10 000) wird durch die Exons 10–17 kodiert. Die Bindung von Protein 4.1 an β-Spektrin verstärkt die sonst schwache Spektrin-Aktin-Bindung. Wechselwirkungen bestehen auch zu den Phospholipiden der Membran, zum Phosphatidylserin und zu den Polyphosphoinositiden. Durch diese Bindungen trägt Protein 4.1 maßgeblich zur Stabilität dieses Ensembles bei und spielt eine wichtige Rolle bei der Erhaltung der Erythrozytenform.

Elektrophoretisch lassen sich 2 Banden identifizieren: Protein 4.1a und 4.1b. Das kleinere Molekül entsteht durch reifungsabhängige Desaminierung von Asn502. Isoformen von Protein 4.1 können auch durch ein alternatives Spleißen der prämRNA entstehen. Von physiologischer Relevanz sind 2 gewebs- und differenzierungsabhängige Spleißmutationen. Sie führen entweder zur Vorverlagerung des N-Terminus oder zum Überspringen von Sequenzmotiven. Im ersten Fall wird die Translationsinitiation vom Exon 4 zum 17. Basenpaar des

Exons 2 vorverlagert, wodurch eine Isoform mit einem MG von 135 000 synthetisiert wird. Dieses Protein ist weder im Zytosol noch im Zytoskelett von Erythrozyten nachweisbar. Es ist ein typischer, früher Differenzierungsmarker, der nur in unreifen erythroiden Stadien vor der Bildung der BFU-E-Zellen auftritt. Das 2. Spleißmotiv umfaßt die 63 Nukleotide im Exon 16, die im Kodierungsbereich der Spektrin-Aktin-Bindungsdomäne liegen. Fehlt dieses 21er-Peptid im Protein 4.1, so kann es nicht in die Membran eingebaut werden und bleibt zytosolisch lokalisiert. Mit der erythroiden Differenzierung steigt die Translation von Protein 4.1 unter Einschluß von Exon 16 an, und es kann nunmehr als integrales Protein in der Membran angeordnet werden.

Mutationen im Protein-4.1-Gen sind eine der Ursachen der HE unterschiedlichen Schweregrads. Partielle Verluste von 30–40% werden relativ häufig bei Patienten in Nord- und Südeuropa, in Südafrika und bei weißen Amerikanern gefunden. Die mutierten Proteine sind überwiegend instabil und unterliegen einem mehr oder weniger schnellen Abbau. Der totale Verlust von Protein 4.1 führt zu einer schweren HE. Er kann durch Deletionen und Punktmutationen zustandekommen, die das Downstream-UAG aufheben. Mutationen im Bereich der Exons 14–17 bewirken trotz des nachweisbaren Protein 4.1 eine HE, da das artifizielle Protein nicht in die Membran eingebaut werden kann und damit funktionell ausfällt. Ein Beispiel dafür ist die Deletion im Kodon 447 oder 448. Dagegen können mutationsbedingte Verkürzungen des Proteins 4.1 auch asymptotisch verlaufen. Eine besondere Form der HE wird durch die Kombination von Mutationen im β-Spektrin und Protein-4.1-Gen verursacht. Ein Beispiel dafür ist Spektrin Nice (β'- und 4.1-Proteindefizit). Alle bisher nachgewiesenen Mutationen schwächen unterschiedlich stark die Verknüpfung des Zytoskeletts mit der Plasmamembran, dadurch entstehen elliptische Formen der roten Blutzellen, die zu verkürzten Halbwertzeiten führen.

Defekte von Bande 4.2 (Pallidinmangel)

Pallidin entspricht im Elektrophärogramm der Membranproteine der Bande 4.2. Das Protein ist aus 691 Aminosäuren aufgebaut. Das Gen, das sich auf dem Chromosom 15 befindet (15q21), besteht aus 13 Exons und 12 Introns. Jede rote Blutzelle enthält 500 000 Kopien Pallidin [Becker u. Lux 1995]. Pallidin bindet nicht nur an Ankyrin und Bande 3, sondern hat auch vertikal zum Zytoskelettnetzwerk einen Kontakt zu den Spektrinen, wodurch eine Stabilisierung der Wechselwirkungen zwischen den 3 Proteinen erzielt wird. Mutationen, die die Pallidinkonzentration vermindern, sind Ursachen der HS, da die Integrität in Struktur und Funktion der integralen Proteine nicht mehr erreicht wird. Elektronenmikroskopisch ist eine Verarmung an Intramembranpartikeln zu verzeichnen. Die Abnahme von Bande 4.2 kann unterschiedlich stark sein, im Extremfall bis <1% reichen und durch Punktmutationen verursacht werden (Tabelle 3.2.17). Der Erbgang ist autosomal-rezessiv.

Tabelle 3.2.17. Häufige Mutationen im Pallidingen (Bande 4,2)

Kodon	Basenaustausch	Aminosäuresubstitution
119	G:A	Trp:Thr
142	G:A	Ala:Thr
175	G:T	Asp:Tyr
317	C:T	Arg:Cys

Pallidindefekte sind häufig die Ursache von HS in Tunesien, Portugal und Japan. Aus Japan stammen auch Berichte über einen veränderten Transport von Phosphoenolpyruvat in Pallidinmangelzellen [Ideguchi et al. 1981, Yawata et al. 1994].

Zu unterscheiden von hereditären Pallidindefekten sind Konzentrationsabnahmen von Bande 4.2 bei genetisch bedingten Ankyrindefekten. Diese Beobachtung unterstreicht, daß die intakte Strukturierung von Zytoskelett und Membranproteinen für die Stabilität der einzelnen Komponenten eine große Rolle spielt.

Defekte der Bande 3

Bande 3 zählt zur Gruppe der Anionenaustauscher, die in mehreren Isoformen auftreten (AE0, AE1, AE2, AE3). Sie unterscheiden sich hauptsächlich in der Aminosäuresequenz der N-terminalen Domäne. Der Karboxylbereich der Transmembrandomäne ist in bezug auf Struktur und Funktion homolog. Bande 3 liegt pro Erythrozyt in 10^{10} Kopien vor. Das Gen für AE1 der roten Blutzelle liegt auf Chromosom 17q12–q21. Das Protein, das aus 911 Aminosäuren besteht und in 14 integralen Membransegmenten angeordnet ist, kann als Prototyp der Bande 3 aufgefaßt werden. Der N-Terminus, der etwa 400 Aminosäurereste umfaßt, ist mit dem Zytoskelett verbunden und hat Einfluß auf den Energiestoffwechsel der Zelle. Diese Domäne ist dagegen nicht an Alterungsvorgängen und dem

Anionentransport beteiligt. Entscheidend dafür ist die Membran-assoziierte Domäne, die etwa 500 Aminosäurereste, ausgehend vom C-Terminus, umfaßt [Arese al. 1992, Kay 1996, Passow 1986].

Sowohl der Oxidations- als auch der Energiestatus der Zelle beeinflussen die Struktur und die Funktion von Bande 3. Das integrale Protein ist durch eine spezifische strukturelle und funktionelle Altersabhängigkeit charakterisiert. Oxidation bewirkt eine Clusterung von Bande 3, erhöht die Bindung von autologem IgG, vermindert den Anionentransport und senkt die Bindungsfähigkeit des N-Terminus für glykolytische Enzyme. Oxidation simuliert dagegen keine Alterungsveränderungen. Bande 3 ist an Tyrosin- und Serinresten phosphorylierbar. 12 Tyrosinreste sind in der Anionentransportdomäne im Bereich von 398–911 und 11 in der zytoplasmatischen Domäne 1–398 lokalisiert. Sie werden durch eine Membran-assoziierte Tyrosinkinase phosphoryliert. Weitere ebenfalls membranständige Kinasen phosphorylieren Serinreste. Veränderungen im Phosphorylierungsmuster spielen sowohl für pathologische als auch Alterungsvorgänge eine große Rolle. Typisch für gealterte Zellen ist, daß die Tyrosinreste in der Bande 3 stärker phosphoryliert sind. Als altersempfindlich gilt der Aminosäurebereich 588–602, in dem 1 Tyrosin und 2 angrenzende Serinreste liegen. Hier tritt außerdem eine Desaminierung von Asparagin auf, was den Angriff einer Ca^{2+}-abhängigen Protease an Arginin- und Lysinresten erleichtert. Weiterhin wird ein spezifisches Alterungsprotein (senescent cell antigen: SCA) gebildet, das die Bindung von IgG-Antikörpern vermittelt. SCA wirkt als Signal zur Elimination von gealterten Erythrozyten durch Phagozytose. Alterungsabhängige Veränderungen manifestieren sich nicht nur in der Bande 3 der Erythrozyten, sondern auch der der Gehirnzellen. Dort sind sie besonders stark bei der Alzheimer-Erkrankung (AD) ausgeprägt. Gehirnzellmembranen von AD-Patienten sind durch distinkte posttranslationale Modifikationen der Bande 3 charakterisiert. Ihre Phosphorylierung ist um etwa 40% erhöht, die Effizienz des Anionentransports durch eine Abnahme des v_{max}-Werts herabgesetzt und der Glukosetransport verringert. Es ist ein gesteigerter Abbau der Bande 3 nachweisbar, der sich anhand kleinerer Fragmente von der Größe 45 000, 113 000 und 135 000 nachweisen läßt. Analoge Befunde lassen sich auch bei den Erythrozyten von AD-Patienten feststellen [Kay 1996].

Die große Bedeutung von strukturellen Veränderungen in der Membrandomäne der Bande 3 für pathologische Prozesse, sowohl des Erythrons als auch des Gesamtorganismus, läßt sich an Erkrankungen, die durch Bande-3-Genmutationen hervorgerufen werden, belegen. So bewirkt die Punktmutation 2603T:C, die zum 868Pro:Leu-Austausch führt, eine 2- bis 3mal höhere Anionentransportrate. Diese Mutation, die homozygot und heterozygot gefunden wurde, war sowohl in den Erythrozyten als auch Lymphozyten nachweisbar. Es ist deshalb zu vermuten, daß Bande 3 auch immunologische Vorgänge beeinflussen kann, denn transformierte Lymphozyten zeigen auch einen gesteigerten Anionentransport.

Die autosomal-rezessiv vererbbare neurologische Erkrankung Choreoacanthozytose ist auch auf Strukturveränderungen der Bande 3 zurückzuführen. Betroffen sind davon 150 Aminosäurereste in der Membrandomäne, die sowohl im Gehirn als auch in den roten Blutzellen auftreten.

Ein Polymorphismus besteht für die Memphis-Varianten der Bande 3, die die zelluläre Funktion wenig beeinflussen. Memphis I (56Lys:Glu) hat eine Prävalenz von 6–7%. Besonders häufig ist sie in Japan (29%), bei amerikanischen Indianern (25%) und Schwarzamerikanern (15%) zu finden. Die Memphis-II-Variante (854Pro:Leu) trägt vorwiegend das Di^a-Antigen, das bei Neugeborenen eine hämolytische Anämie hervorrufen kann. Memphis-II-Varianten mit 854Pro weisen dagegen ein Di^b-Antigen auf. Weitere Bande-3-Varianten, die bestimmte Blutgruppenantigene haben, sind der Waldner-Phänotyp (557Val:Met), das Redelberg-Blutgruppenantigen (548Pro:Leu), das WARR-Blutgruppenantigen (552Thr:Ile) und das Whright-Blutgruppenantigen (658Glu:Lys). Sie sind alle ohne klinische Relevanz. Bande-3-Gen-Mutationen bilden auch die Ursache zur Manifestation einer HS. 23 verschiedene Mutationen wurden bisher identifiziert [Jarolim et al. 1992, Jarolim et al. 1994]. Unter ihnen finden sich Aminosäureaustausche aufgrund einer Punktmutation, die Ausbildung von Stoppkodons als Folge von Punktmutationen, Insertionen und Deletionen (Tabelle 3.2.18). Die 3 bekannten Deletionsvarianten zeigen jeweils den Verlust von 1 bp. In 2 Fällen wurden Duplikationen identifiziert, die die Nukleotide 2455–2464 bzw. 69 bp im Nukleotidbereich 1493–1499 betreffen. Eine Besonderheit bildet die Mutante Prag, bei der eine Duplikation von 10 bp (CACCCAGATG) im Nukleotidbereich 2455–2464 auftritt. Die Zellen dieser HS zeigen einen verminderten transmembranalen Sulfatflux und eine deutliche Verringerung der Intramembranpartikel. Dieser Befund läßt darauf schließen, daß entweder die

Tabelle 3.2.18. Häufige Mutationen der Bande 3 (AE1)

Kodon	Mutation	Aminosäuresubstitution
40		Glu:Lys
56		Lys:Glu
150		Arg:Thr
327		Pro:Arg
419	C-Deletion	Frameshift
518		Arg:Cys
548		Pro:Leu
557		Val:Met
658		Glu:Lys
663/664	ATG-Deletion	Del:Leu
854		Pro:Leu
868		Pro:Leu
Stumme Mutationen		
38	GAC:GCC	Asp:Ala
417	CTG:TTG	
441	CTG:CTA	
510	AGC:AGT	
904	TAC:TAT	

mutierte Bande 3 nicht in die Plasmamembran eingebaut wird oder ein Membranverlust bereits vor der Freisetzung der Zellen aus dem Knochenmark in die Blutzirkulation eintritt. Eine weitere Bande-3-Variante weist eine Substitution von Argininresten auf. Diese Mutationen bewirken alle entweder eine Instabilität der Bande-3-mRNA oder des Bande-3-Proteins. Eine andere Besonderheit zeigen die Varianten Tuscaloosa (327Pro:Arg, 56Lys:Glu) und Monfiore (40Glu:Lys), die eine Abnahme der Bande 4.2 hervorrufen. Bande-3-Gen-Mutationen können auch das Krankheitsbild einer HE verursachen. Ein typisches Beispiel dafür ist die HE-Form Südostasiens. Die ihr zugrundeliegende Mutation ist eine Deletion von 9 Aminosäuren im Bereich des N-Terminus (400–408). Durch diesen Peptidverlust geht die tertiäre Struktur der Membrandomäne von Bande 3, die für die Erhaltung der Erythrozytenform bestimmend ist, verloren.

Zum Studium des Polymorphismus sind 5 Punktmutationen geeignet, die in 4 Fällen keinen Aminosäureaustausch zur Folge haben. Der Austausch von Asp zu Ala im Kodon 38 ist ebenfalls klinisch unauffällig [Eber, Gonzalez, Lux et al. 1996].

Glykophorindefekte

Die Glykophorine (GP) A–E stellen Glykoproteine mit einem hohen Kohlenhydratanteil dar, der vorrangig O-glykosidisch und nur zu einem geringen Teil N-glykosidisch gebunden ist. Auf den GP-Proteinanteil entfallen 2% der Membranmasse der Erythrozyten. Der N-Terminus dieses integralen Membranproteins liegt auf der äußeren Erythrozytenoberfläche, der lange C-Terminus ragt ins Zytosol und ist dort mit Protein 4.1 verknüpft. Die GP sind Träger von Blutgruppeneigenschaften. Die Blutgruppenantigene für MN sind an GPA, Ss an GPB, M an GPE und die Gerbich-Antigene Ge:3, 4 an GPC und Ge:2, 3, 4 an GPD gebunden.

GPA, GPB und GPE sind ebenso wie GPC und GPD strukturell homolog. Die Gene für GPA, GPB und GPE sind tandemartig auf Chromosom 4q31 im GYPA-Gen-Cluster lokalisiert. Die Kodierung von GPC und GPD erfolgt durch ein einziges Gen, es befindet sich auf Chromosom 2q14–q21 am GYPC-Locus. Die Gene sind relativ klein. Das GPC-Gen setzt sich aus 4 Exons und 3 Introns zusammen. GPC (128 Aminosäuren) und GPD unterscheiden sich in der Länge, GPD ist N-terminal um 21 Aminosäuren verkürzt. Diese Differenz ist darauf zurückzuführen, daß die Translation für GPC im 3. Drittel des Exons 1 beginnt und die des GPD erst im Exon 2 [Becker u. Lux 1995, Cotron et al. 1993, High et al. 1989].

Glykophorine sind erythroidspezifische Glykoproteine, die in unterschiedlichen Stadien der Erythropoese induziert werden. GPC und GPD werden bereits in den BFU-E- und CFU-E-Zellen exprimiert, GPA und GPB erst in den Proerythroblasten. Für die Regulation der Genexpression von GPC konnten 3 Bindungsorte für ein GATA-1-Protein identifiziert werden, ein weiterer für ein neues erythroid- und megakaryozytspezifisches Protein, NFE6, das an ein CTCCAGGGGG-Motiv des GPC-Promotors bindet.

Mutationen in den GP-Genen auf Chromosom 4 sind ohne klinische Relevanz. HE können sich aber bei GPC-Genmutationen des Chromosoms 2 manifestieren. Ihre Frequenz ist gering. Ein Anteil von 20–50% Elliptozyten ist für den Leach-Typ charakteristisch, bei dem weder GPC noch GPD nachweisbar sind. Er wird durch eine Deletion von 7 kb, die die Exons 3 und 4 einschließen, verursacht. Die Blutzellen dieser Patienten weisen außerdem eine Verminderung von Protein 4.1 bis zu 20% auf, die allein für die Ausbildung einer HE ausreichen würde.

Wesentlich stärker ist die HE bei einem Protein-4.1-Gen-Defekt ausgeprägt, der ebenfalls mit einer Abnahme der GPC- und GPD-Konzentration bis zu 70% einhergeht. Als Ursache eines weiteren Leach-Typs wurde die Kombination von 2 Defekten nachgewiesen, einer Punktmutation, die eine Aminosäuresubstitution 44Trp:Leu bewirkt, und einer Nukleotiddeletion, die das Leseraster verschiebt, wodurch das 56. Triplett zum Stoppkodon wird. Dieses verkürzte defekte GP zeigt noch eine Transmembrandomäne und einen kurzen zytosolischen C-Terminus, aber an der äußeren Oberfläche keinen N-terminalen Abschnitt mehr. Andere Deletionsvarianten stellen der Yus- und Ge-Typ dar, die durch den Verlust eines 3,4-kb-Abschnitts aus der Nukleotidsequenz des Exons 2 und 3 entstehen. Dem Yus-Protein fehlen die 19 Aminosäuren zwischen Position 17 und 35 und dem Ge-Typ 28, diejenigen, die der Aminosäuresequenz 36–63 entsprechen. Träger dieser Mutationen zeigen in den roten Blutzellen keine veränderten Konzentrationen für das Protein 4.1 und entwickeln auch keine HE.

Diese Befunde sind in Übereinstimmung mit Ergebnissen ektozytometrischer Analysen, die unter variierenden Streßbedingungen mit Erythrozytenschatten durchgeführt wurden. Nur der Leach-Typ, aber nicht Schatten des Yus- und Ge-Typs zeigen eine verminderte mechanische Stabilität und Deformierbarkeit. Es ist deshalb zu schlußfolgern, daß GPC-Genmutationen nur dann zur Entwicklung einer HE führen, wenn das defekte GPC-Protein unfähig zur Bindung von Protein 4.1 ist und dieses deshalb sekundär einer vorzeitigen Proteolyse unterliegt.

3.2.7 Ausblick

Genetisch bedingte Erkrankungen des Erythrons zählen zu den am längsten und intensivsten untersuchten und am weitesten aufgeklärten Anomalien. Rote Blutzellen bieten aufgrund der Begrenztheit ihrer Stoffwechselwege und damit auch Proteine dem Fehlen hormoneller und nervöser Einflüsse auf der Stufe der Erythrozyten und der relativ leichten Gewinnbarkeit definierter erythroider Populationen gute Voraussetzungen zur Aufklärung der Ätiopathogenese genetisch bedingter Erkrankungen. Viele physiologische Wechselwirkungen zwischen der Plasmamembran, dem Zytoskelett sowie dem Energie- und Redoxstoffwechsel, dem CO_2-Stoffwechsel und dem Sauerstofftransport wurden erst durch die Analyse pathologischer Zustände verdeutlicht. Die gewonnenen Erkenntnisse trugen wesentlich dazu bei, Regulationsprinzipien besser in ihrer Komplexität zu verstehen, auf pathologische Zustände anzuwenden und ableitbare Konsequenzen auch quantitativ zu erfassen. Dieses Wissen gilt es nun, in der individuellen genetischen Beratung und bei der Entscheidung von Maßnahmen zur Prophylaxe und Therapie in der klinischen Tätigkeit umzusetzen. Die fast immer vorliegende große Heterogenität an Mutationen bei den einzelnen Krankheitsbildern setzt die individuelle Behandlung in jedem Krankheitsfall voraus. Eine größere Aufmerksamkeit wird darüber hinaus zukünftig der intrazellulären Proteolyse von instabilen Mutanten gewidmet werden müssen, da auch identische Varianten individuell unterschiedlich schnell abgebaut werden können.

Nicht erfüllt haben sich trotz umfangreicher Einzelkenntnisse die Erwartungen zur Korrektur eines Defekts durch Gentherapie [Tani et al. 1994]. Auch für erythroidspezifische Proteine gelang sie bisher nicht, z.B. bei Hämoglobinopathien oder PK-Defekten. Eine Ursache für den ausgebliebenen Erfolg liegt in der noch unzureichenden Kenntnis der Regulationsvorgänge bei der Umschaltung von Enzym- und Proteinmustern in den erythroiden Differenzierungsstadien, insbesondere Erythrozyten-typischen. Deshalb gelang es auch nicht, einen Defekt dadurch zu kompensieren, daß eine frühe Isoform stabilisiert zum Persistieren im Erythrozyten gebracht wurde.

Die einzige z.Z. einsetzbare Methode zur Sicherung einer gesunden Nachkommenschaft bei genetisch bedingten Krankheitsbildern mit schwerer klinischer Symptomatik ist deshalb, vorausgesetzt die Eltern sind informativ, die In-vitro-Fertilisation. Hierbei können vor der Eieinpflanzung gezielte genetische Analysen in bezug auf die in der Familie vorliegende vererbbare Anomalie vorgenommen und Zellen mit dem entsprechenden „gesunden" Gen ausgewählt werden.

3.2.8 Literatur

Abu-Mehlha AM, Ahmed, MAM, Knox-Macaulay, Al-Sowayan SA, Elyahia A (1991) Erythrocyte pyruvate kinase deficiency in newborn of Eastern Saudi Arabia. Acta Haematol 85:192–194

Agre P, Casella JF, Zinkham, WH, McMillan C, Bennett V (1985) Partial deficiency of erythrocyte spectrin in hereditary spherocytosis. Nature 314:380–383

Alfinito F, Ferraro F, Rocco S et al. (1994) Glucose phosphate isomerase (GPI) „Morcone": a new variant from Italy. Eur J Haematol 52:263–266

Arese P, Mannu FR, Megow D, Turrini F (1992) Band 3 and erythrocyte removal. Progr Cell Res 2:229–238

Baklouti F, Huang S-C, Tang TK, Delaunay J, Marchesi VT, Benz EJ (1996) Asynchronous regulation of splicing events within protein 4,1 pre-mRNA during erythroid differentiation. Blood 87:3934–3941

Barichard F, Joulin V, Henry I et al. (1987) Chromosomal assignment of the human 2,3-bisphosphoglycerate mutase gene (BPGM) to region 7q34→7q22. Hum Genet 77:283–285

Baronciani L, Beutler E (1993a) Analysis of pyruvate kinase deficiency mutants that produce nonspherocytic hemocytic anemia. Proc Natl Acad Sci USA 90:4324–4327

Baronciani L, Beutler E (1993b) Analysis of pyruvate kinase (PK) mutations that produce nonspherocytic hemolytic anemia. Blood [Suppl 1] 82:97a

Baronciani L, Beutler E (1995) Molecular study of pyruvate kinase deficient patients with hereditary nonspherocytic hemolytic anemia. J Clin Invest 95:1702–1709

Baronciani L, Magalhaes IQ, Mahoney Jr DH, Westwood B, Adelike AD, Lappin TRJ, Beutler E (1995) Study of the molecular defects in pyruvate kinase deficient patients affected by nonsperocytic hemolytic anemia. Blood Cells Mol Dis 31:49–55

Baughan MA, Valentine WM, Paglia DE, Ways PO, Simons ER, De Marsh QB (1968) Hereditary hemolytic anemia associated with glucose phosphate isomerase (GPI) deficiency – a new enzyme defect of human erythrocytes. Blood 32:236–249

Becker PS, Lux SE (1995) Hereditary spherocytosis and hereditary elliptocytosis. In: Scriver CR, Beaudet A, Sly WS, Valle D (eds) The metabolic and molecular bases of inherited disease. McGraw-Hill, New York, pp 3513–3560

Bellingham AJ, Williams LHP, Lestas AN, Nicolaides KH (1989) Prenatal diagnosis of a red cell enzymopathy; triosephosphate isomerase deficiency. Lancet II:419–421

Beutler E (1978) Hemolytic anemia in disorders of red blood cell metabolism. Plenum Press, New York

Beutler E, Yoshida A (1988) Genetic variation of glucose-6-phosphate dehydrogenase: a catalog and future prospects. Medicine (Baltimore) 67:311–334

Beutler E, Scott S, Bishop A, Matsumoto F, Kuhl W (1973) Red cell aldolase deficiency and hemolytic anemia: a new syndrome. Trans Assoc Am Physicians 76:154–166

Beutler E, Blume KG, Kaplan JC, Löhr GW, Ramot B, Valentine WN (1977) International Committee for Standardization in Haematology: recommended methods for red cell enzyme analysis. Br J Haematol 35:331–339

Beutler E, Kuhl W, Gelbert T (1985) 6-Phosphogluconolactonase deficiency, a hereditary erythrocyte enzyme deficiency: possible interaction with glucose-6-phosphate dehydrogenase deficiency. Proc Natl Acad Sci USA 82:3876–3878

Beutler E, Gelbart T, Pegelow C (1986) Erythrocyte glutathione synthetase deficiencys leads not only to glutathione but also to glutathione S-transferase deficiency. J Clin Invest 77:38–41

Beutler E, Moroose R, Kramer L, Gelbart T, Forman L (1990) Gamma-glutamylcysteine synthetase deficiency and hemolytic anemia. Blood 75:271–273

Beutler E, Kuhl W, Gelbart T, Forman L (1991) DNA sequence abnormalities of human glucose-6-phosphate dehydrogenase variants. J Biol Chem 266:4145–4150

Beutler E, Westwood B, Prchal J, Vaca G, Bartsocas CS, Baronciani L (1992) New glucose-6-phosphate dehydrogenase mutants from various ethnic groups. Blood 80:255–256

Beutler E (1994) G6PD deficiency. Blood 84:3613–3636

Beutler E, Westwood B, Melemed A, Dal Borgo P, Margolis D (1995) Three new exon 10 Glucose-6-phosphate dehydrogenase mutations. Blood Cells Mol Dis 21:64–72

Bianchi M, Magnani M (1995) Hexokinase mutations that produce nonspherocytic hemolytic anemia. Blood Cells Mol Dis 21:2–8

Blacklow SC, Liu KD, Knowles JR (1991) Stepwise improvement in catalytic effectiveness: independence and interdependence in combinations of point mutations of a sluggish triosephosphate isomerase. Biochemistry 30:8470–8476

Boulard-Heitzmann P, Boulard M, Tallineau C et al. (1984) Decreased red cell enolase activity in a 40-year-old woman with compensated haemolysis. Scand J Haematol 33:401–404

Bresolin N, Miranda A, Chang HW, Shanske S, Salvatore D (1984) Phosphoglycerate kinase deficiency myopathy: biochemical and immunological studies of the mutant enzyme. Muscle Nerve 7:542–551

Cappadoro M, Giribaldi G, O'Brien E, Turrini F, Mannu F, Ulliers D, Simula G, Huzzatto L, Arese P (1998) Early phagocytosis of glucose-6-phosphate dehydrogenase (G6PW)-deficient erythrocytes parasitized by plasmodium fulciparum may explain malaria protection in G6PW deficiency. Blood 92:2527–2534

Chang M-L, Artymiuk PJ, Wu X, Holln S, Lammi A, Maquat LE (1993) Human triosephosphate isomerase deficiency resulting from mutation of phe-240. Am J Hum Genet 52:1260–1269

Chen EH, Mitchell BS (1994) Hereditary overexpression of adenosine deaminase in erythrocytes: studies in erythroid cell lines and transgenic mice. Blood 84:2346–2353

Clark ACL, Szobolotzky MA (1982) Triosephosphate isomerase deficiency: report of a family. Pediatr Res 16:960–963

Clark ACL, Szobolotzky MA (1985) Triosephosphate isomerase deficiency: prenatal diagnosis. J Pediatr 106:417–420

Clay SA, Shore NA, Landing BH (1982) Triosephosphate isomerase deficiency. Am J Dis Child 136:800–802

Coetzer T, Lawler J, Prchal J-T, Palek J (1987) Molecular determinants of clinical expression in hereditary elliptocytosis and pyropoikilocytosis. Blood 70:766–772

Cognet M, Lone YC, Vaulont S, Kahn A, Marie J (1987) Structure of the rat L-type pyruvate kinase gene. J Mol Biol 196:11–25

Cohen-Solal M, Valentin C, Plassa F, Guilemin G, Danze F, Jaisson F, Rosa R (1994) Identification of new mutations in two phosphoglycerate kinase (PGK) variants expressing different clinical syndromes: PGK Créteil and PGK Amiens. Blood 84:898–903

Croton JP, Le van Kim C, Colin Y (1993) Glycophorin C and related glycoproteins: structure, function and regulation. Seminars in Hematol 30:152–168

Daar IO, Maquat LE (1988) Prenature translation termination mediates triosephosphate isomerase mRNA degradation. Mol Cell Biol 8:802–813

Daar IO, Artymiuk PJ, Phillips DC, Maquat LE (1986) Human triosephosphate isomerase deficiency: a single amino acid substitution in a thermolabile enzyme. Proc Natl Acad Sci USA 83:7903–7907

De Flora A, Morelli A, Benatti U, Giuliano F (1975) An improved procedure for rapid isolation of glucose-6-phosphate dehydrogenase from human erythrocyte. Arch Biochem Biophys 169:362–363

Del Giudice EM, Hayette S, Bozon M et al. (1996) Ankyrin Napoli: a de novo deletional frameshift mutation in exon 16 of ankyrin gene (ANK1) associated with spherocytosis. Br J Haematol 93:828–834

Dern RJ, Beutler E, Alwing AS (1955) The hemolytic effect of primaquine sensitivity as a manifestation of a multiple drug sensitivity. J Lab Clin Med 45:30–39

Eber SW, Dünnwald M, Belohradsky BH, Bidlingmaier F, Schievelbein H, Weinmann HM, Krietsch WKG (1979) Hereditary deficiency of triosephosphate isomerase in four unrelated families. Eur J Clin Invest 9:195–202

Eber SW, Dünnwald M, Heinemann G, Hofstätter T, Weinmann HM, Belohradsky BH (1984) Prevalence of partial deficiency of red cell triose phosphate isomerase in Germany – a study of 3000 people. Hum Genet 67:336–339

Eber SW, Pekrum A, Bardosi A et al. (1991) Triosephosphate isomerase deficiency: haemolytic anaemia, myopathy with altered mitochondria and mental retardation due to a new variant with accelerated enzyme catabolism and diminished specific activity. Eur J Pediatr 150:761–766

Eber, SW, Gonzalez JM, Lux ML et al. (1996) Ankyrin-1 mutations are a major cause of dominant and recessive hereditary spherocytosis. Nat Genet 13:214–218

Faik P, Walker JIH, Redmill AM, Morgen MJ (1988) Mouse glucose-6-phosphate isomerase and neuroleukin have identical 3'sequences. Nature 332:455–456

Feng CS, Tsang SS, Mak YT (1993) Prevalence of pyruvate kinase deficiency among the Chinese: determination by the quantitative assay. Am J Hematol 43:271–273

Figueired MS, Baffa O, Barbieri Neto J, Zago MA (1993) Liver injury and generation of hydroxy free radicals in experimental secondary hemochromatosis. Res Exp Med 193:27–37

Filosa S, Calabrio V, Vallone D et al. (1992) Molecular basis of chronic nonspherocytic haemolytic anaemia: a new G6PD variant (393 Arg→His) with abnormal K_MG6P and marked instability. Br J Haematol 80:111–116

Floyd PB, Gallagher PG, Valentino LA, Davis M, Marchesi SL, Forget BG (1991) Heterogeneity of the molecular basis of hereditary pyropoikilocytosis and hereditary elliptocytosis associated with increased levels of the spectrin αI/74 kilo dalton tryptic peptide. Blood 78:1364–1372

Fournier CM, Nicolas G, Gallagher P, Dhermy D, Grandchamp B, Lecomte M-C (1997) Spectrin St Claude, a splicing mutation of the human α-spectrin gene associated with severe poikilocytic anemia. Blood 89:4584–4590

Freycon F, Lauras B, Bovier-Lapierre F, Dorche CL, Goddon R (1975) Hereditary hemolytic anaemia with triosephosphate isomerase deficiency. Pediatrics 30:55–65

Fu S, Hick LA, Sheil MM, Dean RT (1995) Structural identification of valine hydroperoxides and hydroxides on radical-damaged amino acid, peptide, and protein molecules. Free Radic Biol Med 19:281–292

Fujii H, Yoshida A (1980) Molecular abnormality of phosphoglycerate kinase Uppsala associated with chronic nonspherocytic hemolytic anemia. Proc Natl Acad Sci USA 77:5461–5465

Fujii H, Miwa S (1990) Recent progress in the molecular genetic analysis of erythroenzymopathy. Am J Hematol 34:301–310

Fujii H, Kanno H, Hirono A, Miwa S (1992) A single nucleotide substitution in the phosphoglycerate kinase (PGK)-1 gene occurred after the separation of PGK-1 and PGK-Hum Genet 89:583

Galacteros F, Rosa R, Prehu MO, Najean Y, Calvin MC (1984) Deficit én disphosphoglycérate mutase: nouveaux cas associés à une polyglobulie. Nouv Rev Fr Hematol 26:69–74

Giallongo A, Flo S, Moore R, Croce CM (1986) Molecular cloning and nucleotide sequence of a full-length c-DNA for human enolase. Proc Natl Acad Sci USA 83:6741–6745

Gondo H, Ideguchi H, Hayashi S, Shibuya T (1992) Acute hemolysis in glutathione peroxidase deficiency. Int J Haematol 55:215–218

Gracia SC, Moragon AC, Lopez-Fernandez ME (1985) Frequency of pyruvate kinase and glucose-6-phosphate dehydrogenase deficiency in a Spanish population. Hum Hered 29:310–313

Guis MS, Karadsheh N, Mentzer WC (1987) Phosphoglycerate kinase San Francisco: a new variant associated with hemolytic anemia but not with neuromuscular manifestation. Am J Hematol 25:175–182

Gurney ME, Heinrich SP, Lee MR, Yin HS (1986) Molecular cloning and expression of neuroleukin, a neurotropic factor for spinal and sensory neurons. Science 234:566–574

Hansen TWR, Seip M, Verdier CH, Ericson A (1983) Erythrocyte pyrimidine 5'-nucleotidase deficiency. Report of 2 new cases, with a review of the literature. Scand J Haematol 31:122–128

Harkness DR, Roth S, Goldman P, Kim C, Isaak RE (1978) Studies on a large kindred with hemolytic anemia and low erythrocyte 2,3DPG. In: Brewer GJ (ed) The red cell. Liss, New York, p 251

Harris SR, Paglia DE, Jaffé ER, Valentine W, Klein RL (1978) Triosephosphate isomerase deficiency in an adult. Clin Res 18:529–535

Harvey JW, Smith JE (1994) Hematology and clinical chemistry of English springer spaniel dogs with phosphofructokinase deficiency. Comp Haematol 4:70–75

Hayashi M, Saito Y, Kawashima S (1992) Calpain activation is essential for membrane fusion of erythrocytes in the presence of exogenous Ca^{++}. Biochem Biophys Res Commun 182:939–946

High S, Tanner MJA, MacDonald EB, Anstee DJ (1989) Rearrangements of the red cell membrane glycophorin C gene. Biochem J 262:7–54

Hirono A, Beutler E (1988) Molecular cloning and nucleotide sequence of cDNA from human glucose-6-phosphate dehydrogenase variant A (–). Proc Natl Acad Sci USA 85:3951–3954

Hirono A, Fujii H, Muyajima H, Kawakatsu T, Hiyoshi Y, Miwa S (1983) Three families with hereditary hemolytic anemia and pyrimidine 5'-nucleotidase deficiency: electrophoretic and kinetic studies. Clin Chim Acta 130:189–197

Hirono A, Kuhl W, Gebart T, Forman L, Fairbanks VF, Beutler E (1989) Identification of the binding domain for $NADP^+$ of human glucose-6-phosphate dehydrogenase by sequence analysis of mutants. Proc Natl Acad Sci USA 86:10.015–10.017

Hirono A, Fujii H, Shima M, Miwa S (1993) G6PD Nara: a new class 1 glucose-6-phosphate dehydrogenase with an eight amino acid deletion. Blood 82:3250–3252

Hirono A, Ishii A, Kere N, Fujii H, Hirono K, Miwa S (1995) Molecular analysis of glucose-6-phosphate dehydrogenase variants in the Solomon Islands. Am J Hum Genet 56:1243–1245

Holzhütter H-G, Jacobasch G, Bisdorff A (1985) Mathematical modelling of metabolic pathways affected by an enzyme deficiency. A mathematical model of glycolysis in

normal and pyruvate-kinase-deficient red blood cells. Eur J Biochem 149:101–111
Holln S, Fujii H, Hirono A et al. (1993) Hereditary triosephosphate isomerase (TPI) deficiency: two severely affected brothers one with and one without neurological symptoms. Hum Genet 92:486–490
Horn S, Bashani N, Peleg N, Gopas J (1995) Membrane glycoprotein modifications of G6PD deficient red blood cells. Eur J Clin Invest 25:32–38
Huang IY, Fujii H, Yoshida AC (1980a) Structure and function of normal and variant human phosphoglycerate kinase. Hemoglobin 4:601–609
Huang J-Y, Welch CD, Yoshida A (1980b) Complete amino acid sequence of human phosphoglycerate kinase. Cyanogen bromide peptides and complete amino acid sequence. J Biol Chem 255:6412–4620
Huppke P, Wünsch D, Pekrum A, Kind R, Winkler H, Schröter W, Lakomek M (1997) Glucose phosphate isomerase deficiency: biochemical and molecular genetic studies on the enzyme variants of two patients with severe haemolytic anemia. Eur J Pediatr 156:605–609
Ideguchi H, Hamasaki N, Ikehara Y (1981) Abnormal phosphoenolpyruvate transport in erythrocyte of hereditary spherocytosis. Blood 58:426–430
Jacobasch G, Rapoport S (1996) Hemolytic anemias due to erythrocyte enzyme deficiencies. Mol Aspects Med 17: 143–170
Jarolim P, Palek J, Rubin HL, Prehl JT, Korsgren C, Cohen CM (1992) Band3^{Tuscaloosa}, 327 Pro→Arg substitution in cytoplasmic domain of erythrocyte band 3 protein associated with spherocytic hemolytic anemia and partial deficiency of protein 4.2. Blood 80:523–529
Jarolim P, Rubin HL, Liu S-C et al. (1994) Duplication of 10 nucleotides in the erythroid band 3 (AE1) gene in a kindred with hereditary spherocytosis and band 3 protein deficiency (band 3 Prague). J Clin Invest 93:121–130
Jarolim P, Rubin HL, Brabec V, Palek J (1995) A nonsense mutation 1669 Glu→Ter within the regulatory domain of human erythroid ankyrin leads to a selective deficiency of the major ankyring isoform (Band 2.1) and a phenotype of autosomal dominant spherocytosis. J Clin Invest 95:991–947
Jensen PD, Jensen FT, Christensen T, Ellegaard J (1994) Non-invasive assessment of tissue iron overload in the liver by magnetic resonance imaging. Br J Haematol 87: 171–184
Johnson ML, Jones DP, Freeman JF, Wang W (1991) Biochemical and molecular characterization of variant pyruvate kinase enzymes and genes from three patients with red blood cell pyruvate kinase deficiency. Acta Haematol 86:79–85
Joseph D, Petsko GA, Karphis M (1990) Anatomy of a conformational change: hinged „Lid" motion of the triosephosphate isomerase loop. Science 249:1425–1428
Joukyuu R, Mizuno S, Amakawa T et al. (1989) Hereditary complete deficiency of lactate dehydrogenase H-subunit. Clin Chem 35:687–690
Joulin V, Peduzzi J, Romeo P-H et al. (1986) Molecular cloning and sequencing of the human erythrocyte 2,3-bisphosphoglycerate mutase cDNA: revised amino acid sequence. EMBO J 5:2275–2283
Kahn A, Buc H-A, Girot R, Cottreau D, Griselli C (1978) Molecular and functional anomalies in vitro new mutant glucose-phosphate-isomerase variants with enzyme deficiency and chronic hemolysis. Hum Genet 40:293–304
Kahn A, Meienhofer M-C, Cottreau D, Lagrange J-L, Dreyfus J-C (1979) Phosphofructokinase (PFK) isozymes in man. I. Studies of adult human tissues. Hum Genet 48:93–108
Kanno H, Fujii H, Hirono A, Miwa S (1991) cDNA cloning of human R-type pyruvate kinase and identification of a single amino acid substitution (Thr^{384}→Met) affecting enzymatic stability in a pyruvate kinase variant (PK Tokyo) associated with hereditary hemolytic anemia. Proc Natl Acad Sci USA 88:8218–8221
Kanno H, Fujii H, Miwa S (1992a) Structural analysis of human pyruvate kinase L-gene and identification of the promotor activity in erythroid cells. Biochem Biophys Res Commun 188:516–523
Kanno H, Fujii H, Hiron A, Omine M, Miwa S (1992b) Identical point mutations of the R-type pyruvate kinase (PK) cDNA found in unrelated PK variants associated with hereditary hemolytic anemia. Blood 79:1347–1350
Kanno H, Fujii H, Miwa S (1993a) Low substrate affinity of pyruvate kinase variant (PK Sapporo) caused by a single amino acid substitution (426 Arg→Gln) associated with hereditary hemolytic anemia. Blood 81:2439–2441
Kanno H, Wie DCC, Miwa S, Chan LC, Fujii H (1993b) Identification of a 5'-splice mutation and a missense mutation in homozygous pyruvate kinase deficiency cases found in Hong Kong. Blood [Suppl 1] 82:97a
Kanno H, Ballas SK, Miwa S, Fujii H, Bowman HS (1994) Molecular abnormality of erythrocyte pyruvate kinase deficiency in the Amish. Blood 83:2311–2316
Kay MMB (1996) Band 3 anion transporters in health and disease. Cell Mol Biol 42:905–1119
Kishi H, Mukai T, Hirono A, Fujii H, Miwa S, Hori K (1987) Human aldolase A deficiency associated with a hemolytic anemia: thermolabile aldolase due to a single base mutation. Proc Natl Acad Sci USA 84:8623–8627
Kondo I, Ohtsuka Y, Shimada M et al. (1987) Erythrocyte-oxidized glutathione transport in pyrimidine 5'-nucleotidase deficiency. Am J Hematol 26:37–45
Kontoghiorghes GJ, Weinberg ED (1995) Iron: mammalian defensive systems, mechanisms of disease, and chelation therapy approaches. Blood Rev 9:33–45
Kraus AP, Langston MF, Lynch BL (1968) Red cell phosphoglycerate kinase deficiency: a new case of non-spherocytic hemolytic anemia. Biochem Biophys Res Commun 30:173–177
Lachant NA, Jennings MA, Tanaka KR (1986) Partial erythrocyte enolase deficiency: a hereditary disorder with variable clinical expression. Blood 65:55a
Lachant NA, Zerez CR, Barredo J, Lee DW, Savely SM, Tanaka KR (1991) Hereditary erythrocyte adenylate kinase deficiency: a defect of multiple phosphotransferases? Blood 77:2774–2784
Lemarchandel V, Joulin V, Valentin C, Rosa R, Galactéros F, Rosa J, Cohen-Solal M (1992) Compound heterozygosity in a complete erythrocyte biphosphoglycerate mutase deficiency. Blood 80:2643–2649
Lenzner C, Jacobasch G, Reis A, Thiele B, Nürnberg P (1994) Trinucleotide repeat polymorphism at the PKLR locus. Hum Mol Genet 3:529
Lenzner C, Nürnberg P, Thiele B-J, Reis A, Brabec V, Sakalova A, Jacobasch G (1994) Mutations in the pyruvate kinase L gene in patients with hereditary hemolytic anemia. Blood 83:2817–2822
Lenzner C, Nürnberg P, Jacobasch G, Thiele B-J, Gerth C (1997a) Molecular analysis of pyruvate kinase deficient

patients from Central Europe with hereditary hemolytic anemia. Blood 89:1793–1799

Lenzner C, Nürnberg P, Jacobasch G, Thiele B-J (1997b) Complete genomic sequence of the human PK-L/R-gene includes four intragenic polymorphisms defining different haplotype backgrounds of normal and mutant PK-genes. DNA Seq J Seq Mapping 8:45–53

Li P, Olivieri N (1994) Iron overload cardiomyopathies: new insights into an old disease. Cardiovasc Drugs Ther 8:101–110

Li J-Y, Wan S-D, Ma Z-M, Zhao Y-H, Zhou G-P (1991) A new mutant erythrocyte pyrimidine 5′-nucleotidase characterized by fast electrophoretic mobility in a Chinese boy with chronic hemolytic anemia. Clin Chim Acta 200:43–48

Loos H, Roos D, Weening R, Houwerzill J (1976) Familial deficiency of glutathione reductase in human bloods cells. Blood 48:53–62

Lux SE, Tse WT, Menninger JC et al. (1990) Hereditary spherocytosis associated with deletion of human erythrocyte ankyrin gene of chromosome 8. Nature 345:736–739

Luzzatto L (1987) Glucose-6-phosphate dehydrogenase: genetic and haematological aspects. Cell Biochem Funct 5:101–107

Luzzatto L, O'Brien S, Usanga E, Wanachiwanawin W (1986) Origin of G6PD polymorphism: malaria and G6PDH deficiency. In: Yoshida A, Beutler E (eds) Glucose-6-phosphate dehydrogenase. Academic Press, Orlando, FL, p 181

MacDonald D, Two M, Mason P, Vulliamy T, Luzzatto L, Goff DK (1991) G6PD-deficiency in red blood cells. Nature 350:115

Maeda M, Yoshida A (1991) Molecular defect of a phosphoglycerate kinase variant (PGK-Matsue) associated with hemolytic anemia: LeuPro substitution caused by T/A→C/G transition in exon 3. Blood 6:1348–1352

Maeda M, Bawle EV, Kulkarni R, Beutler E, Yoshida A (1992) Molecular abnormalities of a phosphoglycerate kinase variant generated by spontaneous mutation. Blood 79:2759–2762

Magnani M, Dallapiccola B (1982) Regional mapping of the locus for hexokinase-1 (HK1). Hum Genet 62:181

Maillet P, Alloisio N, Morlé L, Delaunay J (1996) Spectrin mutations in hereditary elliptocytosis and hereditary spherocytosis. Hum Mutat 8:97–107

Maquat LE, Chilcote R, Ryan PM (1985) Human triosephosphate isomerase cDNA and protein structure. Studies of triosephosphate isomerase deficiency in man. J Biol Chem 260:3748–3753

Marie J, Simon MP, Dreyfus JC, Kahn A (1981) One gene, but two messenger RNA's encode liver L and red cell L′ pyruvate kinase subunits. Nature 292:70–72

Martini G, Toniolo D, Vulliamy T et al. (1986) Structural analysis of the X-linked gene encoding human glucose-6-phosphate dehydrogenase. EMBO J 5:1849–1855

Matsura S, Igarashi M, Tamizawa Y et al. (1989) Human adenylate kinase deficiency associated with hemolytic anemia: a single base substitution affecting solubility and catalytic activity of the cytosolic adenylate kinase. J Biol Chem 264:10.148–10.155

Medicis EDE, Ross P, Friedman R et al. (1992) Hereditary nonspherocytic hemolytic anemia due to pyruvate kinase deficiency: a prevalence study in Quebec (Canada). Hum Hered 42:179–183

Merkle S, Pretsch W (1993) Glucose-6-phosphate isomerase deficiency associated with nonspherocytic hemolytic anemia in the mouse: an animal model for the human disease. Blood 81:206–213

Michelson AM, Markham AF, Orkin SH (1983) Isolation and DNA sequence of a full-length cDNA clone for human X chromosome-encoded phosphoglycerate kinase. Proc Natl Acad Sci USA 80:472–476

Miwa S, Takegawa S (1983) Conversion of pyruvate kinase (PK) isoenzymes during development of normal and PK deficient erythroblasts. Biomed Biochem Acta 42:242–246

Miwa S, Nishina T, Kakehashi Y et al. (1971) Studies on erythrocyte metabolism in a case with hereditary deficiency of H-Subunit of lactate dehydrogenase. Acta Haematol Jpn 34:228–232

Miwa S, Fujii H, Matsumoto N, Nakatsuji T, Oda S, Asano H, Asano S (1978) A case of red-cell adenosine deaminase overproduction associated with hereditary hemolytic anemia found in Japan. Am J Hematol 5:107–115

Miwa S, Fujii H, Tani K et al. (1981) Two cases of red cell aldolase deficiency associated with hereditary hemolytic anemia in a Japanese family. Am J Hematol 11:425–437

Miwa S, Fujii H, Tani K, Takahashi K, Takizawa T, Igarashi T (1983) Red cell adenylate kinase deficiency with hereditary nonspherocytic hemolytic anemia. Clinical and biochemical studies. Amer J Hematol 14:325–333

Mohrenweiser HW, Fielek S (1982) Elevated frequency of carriers for triose phosphate isomerase deficiency in newborn infants. Pediatr Res 16:960–963

Motulsky AG (1961) Glucose-6-phosphate dehydrogenase deficiency disease of the newborn, and malaria. Lancet 1:1168–1169

Muirhead H, Clayden DA, Barford D et al. (1986) The structure of cat muscle pyruvate kinase. EMBO J 5:475–481

Neubauer B, Lakomek M, Winkler H, Parke M, Hofferbert S, Schröter W (1991) Point mutations in the L-type pyruvate kinase gene of two children with hemolytic anemia caused by pyruvate kinase deficiency. Blood 77:1871–1875

Nichols RC, Rudolphi O, Ek B, Exelbert R, Plotz PH, Raben N (1996) Glycogenosis type VII (Tarui disease) in a Swedish family two novel mutations in muscle phosphofructokinase gene (PFK-M) resulting in intron retentions. Am J Hum Genet 59:59–65

Noguchi T, Inoue H, Tanaka T (1986) The M_1 and M_2 type isoenzymes of rat pyruvate kinase are produced from the same gene by alternative RNA splicing. J Biol Chem 261:13.807–13.812

Noguchi T, Yamada K, Inoue H, Matsuda T, Tanaka T (1987) The L- and R-type isoenzymes of rat pyruvate kinase are produced from a single gene by use of different promotors. J Biol Chem 262:14.366–14.371

Paglia DE, Shende A, Lanzkowsky P, Valentine WN (1981) Hexokinase „New Hyde Park". A low activity erythrocyte isoenzyme in a Chinese kindred. Am J Hematol 10:107–117

Paglia DE, Valentine WN, Keitt AS, Brockway RA, Nakatani M (1983a) Pyrimidine nucleotidase deficiency with active phosphorylation of dTMP. Evidence for existence of thymidine nucleotidase in human erythrocytes. Blood 62:1147–1149

Paglia DE, Valentine WN, Nakatani M, Rauth BJ (1983b) Selective accumulation of cytosol CDP-choline as an isolated erythrocyte defect in chronic hemolysis. Proc Natl Acad Sci USA 80:3081–3085

Parquet N, Devaux J, Bolanger L et al. (1994) Identification of three novel spectrin αI/74 mutations in hereditary elliptocytosis; further support for a triple-stranded folding unit model of the spectrin heterodimer contact site. Blood 84:303–308

Passow H (1986) Molecular aspects of band 3 protein mediated anion transport across the red cell membrane. Rev Physiol Biochem Pharmacol 103:61–203

Pérignon J, Hamet M, Buc HA, Cartier PH, Derycke M (1982) Biochemical study of a case of hemolytic anemia with increased (85-fold) red cell adenosine deaminase. Clin Chim Acta 124:205–212

Persico MG, Viglietto G, Martino G et al. (1986) Isolation of human glucose-6-phosphate dehydrogenase (G6PD) cDNA clones: primary structure of the protein and unusual 5′ non-coding region. Nucleic Acids Res 14:2511–2522

Peters LL, Lux SE (1993) Ankyrins: structure and function in normal cells and hereditary spherocytes. Semin Hematol 30:85–118

Rapoport SM (1986) The reticulocyte. CRC Press, Boca Raton FL

Rapoport S, Luebering J (1950) The formation of 2,3-diphosphoglycerate in rabbit erythrocytes: the existence of a diphosphoglycerate mutase. J Biol Chem 183:507–516

Rapoport TA, Heinrich R, Rapoport SM (1976) The regulatory properties of glycolysis in erythrocytes in vivo and in vitro. Biochem J 154:449–469

Rijksen G, Akkerman JWN, Wall Bake AWL van den, Pott Hofstede D, Staal GEJ (1983) Generalized hexokinase deficiency in the blood cells of a patient with nonspherocytic hemolytic anemia. Blood 61:12–18

Rosa R, Prehu M-O, Beuzard Y, Rosa J (1978) The first case of a complete deficiency of diphosphoglycerate mutase in human erythrocytes. J Clin Invest 62:907–915

Rosa R, George C, Fardeau M, Calvin MC, Rapin M, Rosa J (1982) A new case of phosphoglycerate kinase deficiency: PGK Creteil associated with rhabdomyolysis and lacking hemolytic anemia. Blood 60:84–91

Rosa R, Prehu M-O, Calvin M-C, Badoual J, Alix D, Girod R (1985) Hereditary triosephosphate isomerase deficiency: seven new homozygous cases. Hum Genet 71:235–240

Satoh C, Neel JV, Yamashita A, Goriki K, Fujita M, Hamilton HB (1983) The frequency among Japanese of heterozygotes for triose phosphate isomerase deficiency variants of 11 enzymes. Am J Hum Genet 35:656–674

Schliebs W, Thani N, Eritja R, Wierenga R (1996) Active site properties of monomeric triosephosphate isomerase (mono TIM) as deduced from mutational and structural studies. Protein Sci 5:229–239

Schneider A, Cohen-Solal M (1996) Hematologically important mutations: triosephospate isomerase. Blood Cells Mol Dis 31:82–84

Schneider AS, Valentine WN, Hattori M, Heins HL (1965) Hereditary hemolytic anaemia with triosephosphate isomerase deficiency. N Engl J Med 272:229–235

Schuster R, Holzhütter H-G (1995) Use of mathematical models for predicting the metabolic effect of large-scale enzyme activity alterations. Application to enzyme deficiencies of red blood cells. Eur J Biochem 229:403–418

Schuster R, Holzhütter H-G, Jacobasch G (1988) Interrelations between glycolysis and the hexose monophosphate shunt in erythrocytes as studied on the basis of a mathematical model. Biosystems 22:19–36

Schuster R, Jacobasch G, Holzhütter H-G (1989) Mathematical modelling of metabolic pathways affected by an enzyme deficiency. Energy and redox metabolism of glucose-6-phosphate-deficient erythrocytes. Eur J Biochem 182:605–612

Sherman JB, Raben N, Nicastri C et al. (1994) Common mutations in the phosphofructokinase-M gene in Ashkenazi Jewish patients with glycogenesis VII and their population frequency. 55:305–313

Skala H, Dreyfus JC, Vives-Correns JL, Matsumoto F, Beutler E (1977) Triosephosphate isomerase deficiency. Biochem Med 18:226–234

Sudo K, Maekawa M, Ikawa S et al. (1990) A missense mutation found in human lactate dehydrogenase-B (H) variant gene. Biochem Biophys Res Commun 168:672–676

Sun AQ, Yuksel KU, Jacobson TM, Gracy RW (1990) Isolation and characterization of human glucose-6-phosphate isomerase isoforms containing two different size subunits. Arch Biochem Biophys 283:120–129

Takasaki Y, Takahashi I, Mukai T, Hori K (1990) Human aldolase A of a hemolytic anemia patient with Asp→Gly substitution: characteristics of an enzyme generated in E. coli transfected with the expression plasmid pHAAD 128G. J Biochem 108:153–157

Tanaka KR, Paglia DE (1971) Pyruvate kinase deficiency. Semin Hematol 8:376–396

Tani K, Fujii H, Tsutsumi H et al. (1987) Human liver type pyruvate kinase: cDNA cloning and chromosomal assignment. Biochem Biophys Res Commun 143:431–438

Tani K, Fujii H, Nagata S, Miwa S (1988) Human liver type pyruvate kinase: complete amino acid sequence and the expression in mammalian cells. Proc Natl Acad Sci USA 85:1792–1795

Tani K, Yoshikubo T, Ikebuchi K et al. (1994) Retrovirus-mediated gene transfer of human pyruvate kinase (PK) cDNA into murine hematopoietic cells: implications for gene therapy of human PK deficiency. Blood 83:2305–2310

Toniolo D, Martini G, Migeon BR, Dono R (1988) Expression of the G6PD locus on the human X chromosome is associated with demythylation of three CpG islands within 100 kb of DNA. EMBO J 7:401–406

Travis SF, Martinez J, Garvin J, Atwater J, Gillmer P (1978) Study of a kindred with partial deficiency of red cell 2,3-DPGM and composed hemolysis. Blood 51:1107–1116

Tsutsumi H, Tani K, Fujii H, Miwa S (1988) Expression of L- and M-type pyruvate kinase in human tissues. Genomics 2:86–89

Ursini F, Maiorino M, Brigelius-Flohé R, Aumann KD, Roveri A, Schomburg D, Flohé L (1995) The diversity of glutathione peroxidases. Methods Enzymol 252B:38–53

Valentine WN, Tanaka KR, Miwa S (1961) A specific erythrocyte glycolytic enzyme defect (pyruvate kinase) in three subjects with congenital nonspherocytic hemolytic anemia. Trans Assoc Am Physicians 74:100–110

Valentine WN, Schneider AS, Baughan MA, Paglia DE, Heins HL (1966) Hereditary hemolytic anemia with triosephosphate isomerase deficiency. Am J Med 41:27–41

Valentine WN, Hsieh H-S, Paglia DE, Anderson HM, Baughan MA, Jaffé ER, Garson OM (1969) Hereditary hemolytic anemia associated with phosphoglycerate kinase deficiency in erythrocytes and leukocytes. N Engl J Med 280:528–534

Valentine WN, Fink K, Paglia DE, Harris SR, Adams WS (1974) Hereditary hemolytic anemia with human erythrocyte pyrimidine 5'-nucleotidase deficiency. J Clin Invest 54:866–879

Vives-Correns JL, Rubinson-Skala H, Mateo M, Estella J, Felin E, Dreyfus JC (1978) Triosephosphate isomerase deficiency with hemolytic anaemia and severe neuromuscular disease: familial and biochemical studies of a case found in Spain. Hum Genet 42:171–180

Vulliamy TJ, D'Urso M, Battistuzzi G et al. (1988) Diverse point mutations in the human glucose-6-phosphate dehydrogenase gene cause enzyme deficiency and mild or severe hemolytic anemia. Proc Natl Acad Sci USA 85:5171–5175

Walker JIH, Layton DM, Bellingham AJ, Morgan MJ, Faik P (1993) DNA sequence abnormalities in human glucose-6-phosphate isomerase deficiency. Hum Mol Genet 2:327–329

WHO Scientific Group (1967) Standardization of procedure for the study of glucose-6-phosphate dehydrogenase 1967. WHO Tech Rep Ser 366:1–53

WHO Working Group (1989) Glucose-6-phosphate dehydrogenase deficiency. Bull WHO 67:601–611

Wiginton DA, Kaplan DJ, States JC et al. (1986) Complete sequence and structure of the gene for human adenosine deaminase. Biochemistry 25:8234–8244

Wijnen LMM, Monteba van Heuvel M, Pearson PL, Khan PM (1978) Assignment of a gene for glutathioneperoxidase (GPX_i) to human chromosom 3. Cytogenet Cell Genet 22:232–235

Wrigley NG, Heather JV, Bonsignore A, DeFlora A (1972) Human erythrocyte glucose-6-phosphate dehydrogenase; electron microscope studies on structure and interconversion of tetramers, dimers and monomers. J Mol Biol 68:483–499

Wu ZL, Yu WD, Chen SC (1985) Frequency of erythrocyte pyruvate kinase deficiency in Chinese infants. Am J Hematol 20:139–144

Xu W, Beutler E (1994) The characterization of gene mutations for human glucose phosphate isomerase deficiency associated with chronic hemolytic anemia. J Clin Invest 94:2326–2329

Xu W, Lee P, Beutler E (1995a) Human glucose phosphate isomerase: exon mapping and gene structure. Genomics 29:732–739

Xu W, Westwood B, Bartsocas CS, Malcorra-Azpiazu JJ, Indrak K, Beutler E (1995b) G6PD mutations and haplotypes in various ethnic groups. Blood 85:257–263

Yawata Y, Kanzaki A, Inoue T et al. (1994) Red cell membrane disorders in the Japanese population: clinical, biochemical, electron microscopic, and genetic studies. Int J Hematol 60:23–38

Yüksel KÜ, Gracy RW (1986) In vitro deamination of human triosephosphate isomerase. Arch Biochem Biophys 248:452–459

Zanella A, Mariana M, Colombo MB, Borgna-Pignatti C, DeStefano P, Morgese G, Sirchia G (1985) Triosephosphate isomerase deficiency: 2 new cases. Scand J Haematol 35:417–424

Zanella A, Colombo MB, Miniero R, Perroni L, Meloni T, Sirchia G (1988) Erythrocyte pyruvate kinase deficiency: 11 new cases. Br J Haematol 69:399–404

Zanella A, Colombo MB, Rossi F, Merati G, Sirehia G (1989) Congenital non-spherocytic haemolytic anaemias. Haematology 74:387–396

3.3 Akute intermittierende Porphyrie

Petro E. Petrides

Inhaltsverzeichnis

3.3.1	Übersicht	442
3.3.2	Einführung einschließlich eines kurzen historischen Abrisses	443
3.3.3	Grundlagen der Porphyrinbiosynthese	443
3.3.4	Beschreibung des Krankheitsbildes	446
3.3.4.1	Ätiologie	446
3.3.4.2	Pathobiochemie	446
3.3.4.2.1	Änderungen des Porphyrinstoffwechsels durch die Genmutation	446
3.3.4.2.2	Dysregulation des Porphyrinstoffwechsels durch porphyrinogene Substanzen	447
3.3.4.2.3	Klinische Symptomatik der Porphyrieattacken	447
3.3.4.2.4	Pathogenese der neurologischen Komplikationen	448
3.3.5	Molekularbiologische Grundlagen	448
3.3.5.1	Aufbau des PBG-D-Gens	448
3.3.5.2	Mutationsanalysen bei Patienten mit AIP	449
3.3.6	Konventionelle Diagnostik und Therapie	450
3.3.6.1	Konventionelle Diagnostik	450
3.3.6.2	Konventionelle Therapie	450
3.3.6.2.1	Enzymmanipulationstherapie	450
3.3.7	Molekulare Diagnostik und Therapie	450
3.3.7.1	Molekulare Diagnostik	450
3.3.7.2	Beispiel für Mutationsanalyse und Familienuntersuchungen	451
3.3.8	Ausblick (Entwicklungstendenzen, Einschätzung der Möglichkeiten einer kausalen Therapie)	452
3.3.9	Literatur	452

3.3.1 Übersicht

Die akute intermittierende Porphyrie (AIP) ist die häufigste akute Porphyrie. Symptomatische Patienten und asymptomatische Genträger weisen eine Reduktion der Aktivität des Enzyms Porphobilinogendesaminase (PBG-D) auf 50% auf, die für die Porphyrin- und auch die Hämoglobinsynthese ausreicht. Akute Porphyrieattacken treten auf, wenn die Hämsynthese durch Medikamente, Alkohol oder Infektionen gesteigert wird, die PBG-D die Vorstufen aufgrund ihrer Reduktion nicht adäquat umsetzen kann, so daß Porphobilinogen (PBG) und δ-ALA (δ-Aminolävulinat) akkumulieren, die in hohen Konzentrationen als neurotoxisch gelten. Die PBG-D kommt in 2 Isoenzymen vor (1 Gen → 2 Enzyme), von denen eines in allen Geweben und das andere nur in Erythroblasten nachweisbar ist. Porphyrieanfälle präsentieren sich klinisch als neuroviszerale Beschwerden (z.B. akutes Abdomen) oder neurologische Ausfälle, die einen tödlichen Verlauf nehmen können. Bei Patienten mit AIP ist deshalb eine freiwillige Familienanalyse zur Identifikation präsymptomatischer Genträger sinnvoll, die mit Notfallausweisen versorgt und ausführlich über ihre Krankheit sowie Faktoren, die Attacken auslösen können, informiert werden. Die Identifikation von Genträgern ist heute mit der molekularen Gendiagnostik, die auf dem Prinzip der Kombination einer PCR-Amplifikation mit der denaturierenden Gradientengelelektrophorese (DGGE) beruht, leicht durchführbar. Bei diesem Ansatz werden die einzelnen Exons und ihre Grenzen zu Introns amplifiziert und über ihre Wanderung in einem Harnstoff-Formamid-Gradienten-Gel auf Mutationen untersucht. Mit dieser Methode sind bisher etwa 135 Mutationen bei der klassischen (Mutation im ubiquitären und im Erythroblastenenzym erkennbar) und 5 Mutationen bei der varianten AIP (Mutation nur im ubiquitären, aber nicht im Erythroblastenenzym erkennbar) identifiziert worden. Bisher konnten keine direkten Genotyp-Phänotyp-Beziehungen zwischen dem Typ der Mutation und dem Auftreten bzw. dem Schweregrad klinischer Sym-

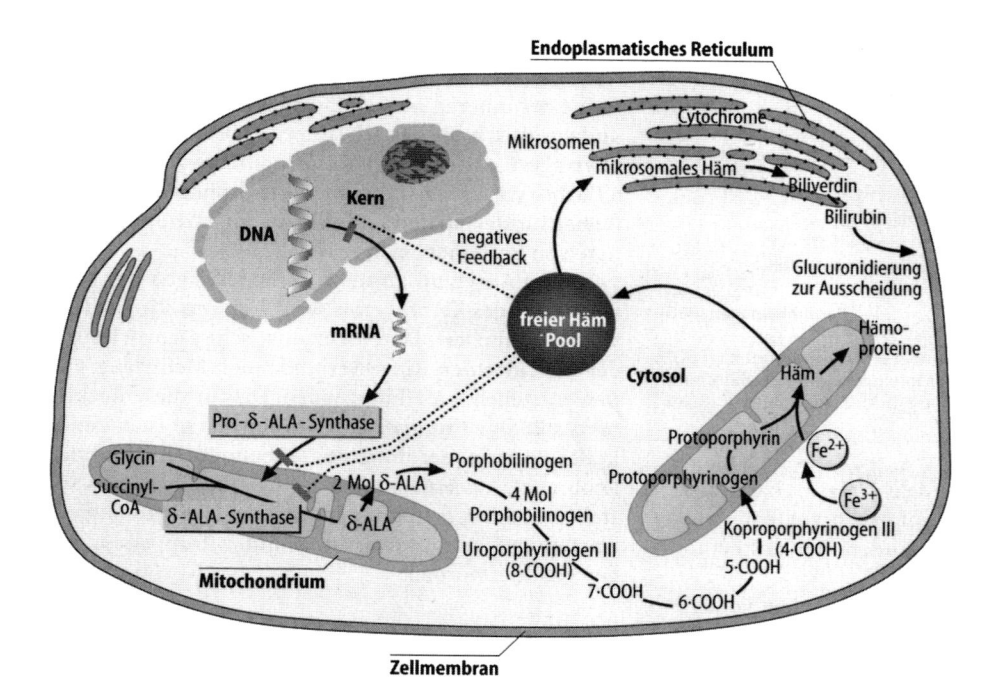

Abb. 3.3.1. Subzelluläre Verteilung der enzymatischen Schritte der Porphyrinsynthese. Zunächst findet im Mitochondrium unter dem Einfluß der δ-Aminolävulinat-Synthase (δ-ALA-Synthase) die Synthese von δ-Aminolävulinat (δ-ALA) statt. Nach Übertritt in das Zytosol entsteht daraus Porphobilinogen, das durch die PBG-D in Uroporphyrinogen III überführt wird. Nach Seitenkettenmodifikation findet der Abschluß der Porphyrinsynthese mit dem Einbau von Eisen (unter Bildung von Häm) wieder im Mitochondrium statt. Häm hemmt über verschiedene Rückkoppelungswege (*graue Rechtecke*) das erste Enzym seiner Synthese, nach Petrides (1998)

ptome gefunden werden. Dies spricht dafür, daß für die Penetranz zusätzliche, in Zukunft zu identifizierende Gene eine Rolle spielen müssen. Neue gentherapeutische Ansätze werden in Zukunft erlauben, gezielt Punktmutationen im PBG-D-Gen zu korrigieren.

3.3.2 Einführung einschließlich eines kurzen historischen Abrisses

Porphyrine werden auch als die Substanzen bezeichnet, die Pflanzen grün und Blut rot machen. Im Pflanzenreich ist ihre Photoreaktivität die Grundlage für die Photosynthese. Im Tierreich stellt diese Photoreaktivität die Voraussetzung für die Phototherapie bei Neugeborenen und Tumorerkrankungen, aber auch die Ursache der Photoeffekte bei (kutanen) Porphyrien dar. Porphyrine sind zyklische, konjugierte Moleküle, die sich gut für Redoxreaktionen eignen und durch den Besitz eines Metalls auch Sauerstoff binden können. Dies erklärt ihre Beteiligung am Sauerstoff- und Elektronentransport.

Porphyrien sind vererbbare Störungen der Biosynthese von Häm, das in 8 enzymatischen Schritten aus Glyzin und Sukzinyl-CoA gebildet wird. Jeder enzymatische Schritt kann von einem partiellen genetischen Defekt betroffen sein. Da die Gene aller Enzyme der Hämsynthese kloniert sind, kann die Molekularpathologie dieser Erkrankungen jetzt besser analysiert werden. Nach Verlauf und Symptomatik werden akute und chronische Porphyrien unterschieden. Die häufigste akute Porphyrie, die akute intermittierende Porphyrie (AIP), kommt durch einen partiellen Mangel an der Porphobilinogendesaminase (auch als Hydroxymethylbilan-Synthase bezeichnet) zustande, die 4 Moleküle PBG in ein Tetrapyrrol überführt. Sie tritt nach Untersuchungen an Blutspendern in Frankreich mit einer Inzidenz von 1:1700 auf (Nordmann et al. 1997). Die AIP manifestiert sich fast ausschließlich nach der Pubertät, Frauen werden öfter symptomatisch als Männer. Eine Reihe prominenter Menschen, unter ihnen Vincent van Gogh (Loftus u. Arnold, 1991) oder König Georg III von England (Warren et al. 1996) sollen an der akuten Porphyrie gelitten haben. Erste Berichte in der medizinischen Literatur sollen auf Hippokrates zurückgehen (Voswinckel 1990).

Abb. 3.3.2. Bildung von δ-Aminolävulinat (δ-ALA) aus Glyzin und Sukzinyl-CoA durch die δ-ALA-S1 oder S2, nach Petrides (1998)

3.3.3 Grundlagen der Porphyrinbiosynthese

Die Biosynthese der Porphyrine läuft partiell im Mitochondrium und partiell im Zytosol ab (Abb. 3.3.1). Ausgehend von Sukzinyl-CoA, einem Zwischenprodukt des Zitratzyklus, und Glyzin, der einfachsten Aminosäure, entsteht im Mitochondrium unter Abspaltung von CoA das labile Zwischenprodukt α-Amino-β-Ketoadipat, das als β-Ketosäure spontan zu δ-Aminolävulinat dekarboxyliert (Abb. 3.3.2). Dieser Schritt wird durch die mitochondriale δ-Aminolävulinat-Synthase katalysiert. Die δ-ALA-Synthase-Reaktion ist der geschwindigkeitsbestimmende Schritt der Porphyrinbiosynthese. Beim Menschen kodieren 2 Gene für 2 δ-ALA-Synthasen, von denen eine ubiquitär verbreitet ist, die andere nur in den Erythroblasten vorkommt. Über das knochenmarkspezifische Enzym ist auch eine Koordination der Porphyrinsynthese mit dem Eisenstoffwechsel möglich. Im Hepatozyten wird die Aktivität der δ-ALA-Synthase durch das Endprodukt Häm gehemmt. Daneben wird die Enzymaktivität auch durch Gabe von Glukose vermindert, was bei der Behandlung von Porphyrieattacken (s. unten) Anwendung findet. Nach Übertritt in das Zytosol kondensieren 2 Moleküle δ-Aminolävulinat zu Porphobilinogen (PBG), der Pyrrolvorstufe (Ring A in Abb. 3.3.3) der Porphyrine. Diese Reaktion wird durch die Porphobilinogensynthase katalysiert. Das Enzym kommt ebenfalls in 2 Isoenzymformen vor, von denen eine in allen Geweben, die andere nur in Erythroblasten nachweisbar ist. Anschließend kondensieren unter dem Einfluß der PBG-D sukzessive 3 weitere Porphobilinogene (Ringe B, C und D) unter Abspaltung von 4 Molekülen Ammoniak und Bildung des Zwischenprodukts Hydroxymethylbilan zum Tetrapyrrol (Abb. 3.3.4). Dieses Tetrapyrrol könnte auch als Oktamer von δ-Aminolävulinat angesehen werden. Bei der Kondensation von Ring

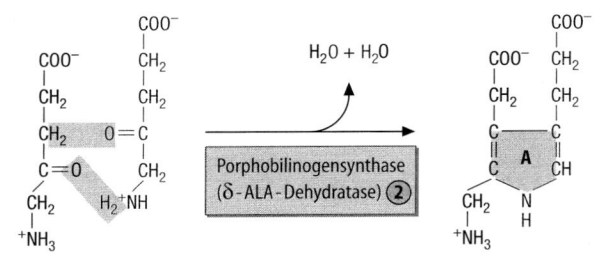

Abb. 3.3.3. Bildung des Monopyrrols Porphobilinogen (PBG) durch Kondensation von 2 Molekülen δ-Aminolävulinat durch die Porphobilinogensynthase, nach Petrides (1998)

D findet ein Austausch der Azetat- und Propionatseitenketten dieses Pyrrolrings statt, so daß das durch die asymmetrische Reihenfolge seiner Substituenten charakterisierte Uroporphyrinogen III entsteht. Von diesem Metaboliten zweigt im Pflanzenreich die Synthese von Kobalamin (Vitamin B_{12}) ab. Für die Isomerisierung der Substituenten ist die PBG-Isomerase verantwortlich. Nachfolgend werden die Azetatgruppen aller 4 Ringe unter dem Einfluß der zytosolischen Uroporphyrinogendekarboxylase zu Methylgruppen dekarboxyliert (Abb. 3.3.4). Das entstehende Koproporphyrinogen III tritt ins Mitochondrium über, in dem die Propio-

Abb. 3.3.4. Biosynthese von Häm durch sukzessive Kondensation von 4 Molekülen PBG, mehrfache Dekarboxylierung der Seitenketten, Dehydrierung des Ringsystems und anschließenden Einbau von zweiwertigem Eisen, nach Petrides (1998)

3.3 Akute intermittierende Porphyrie

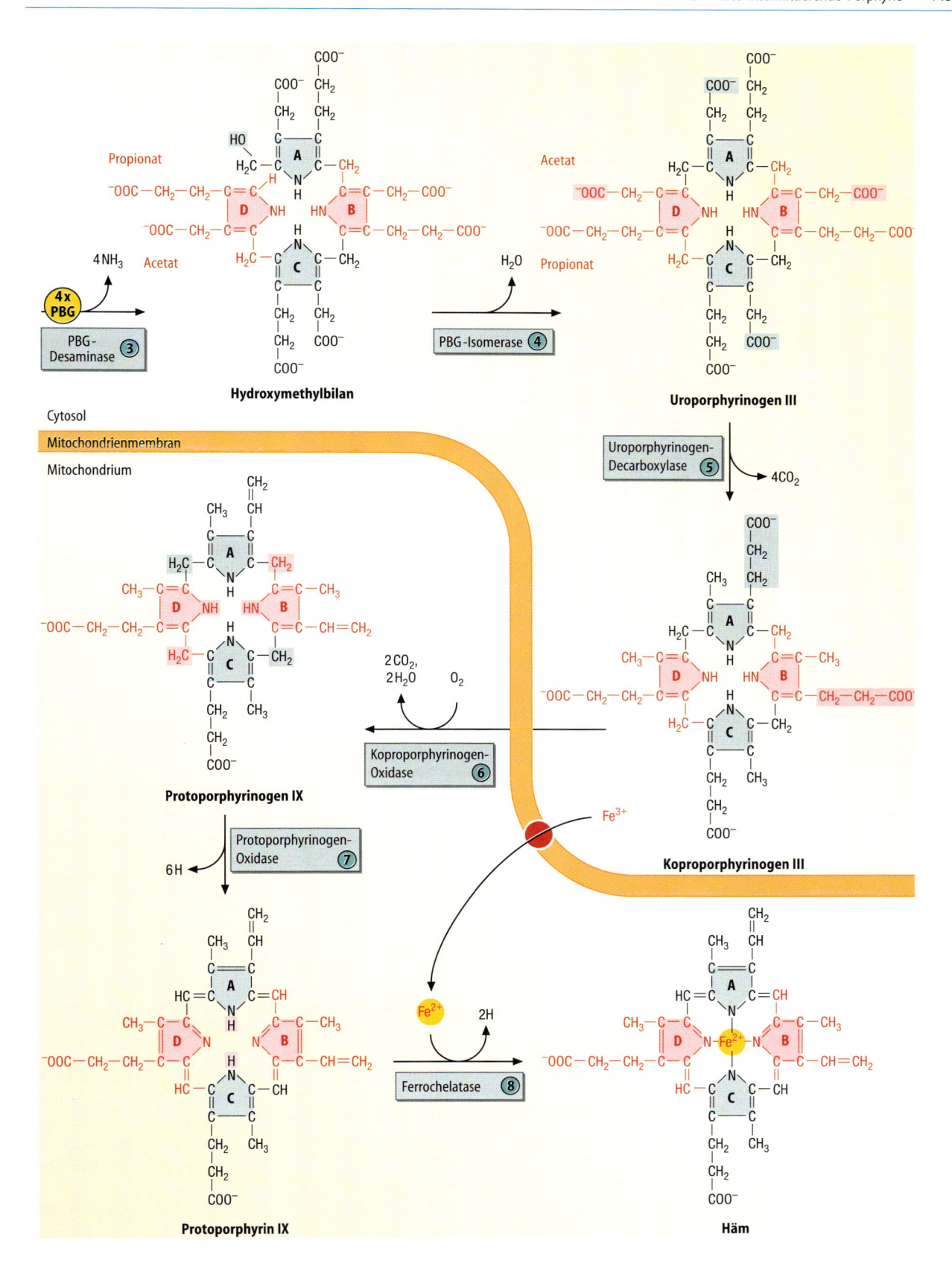

Hydroxymethylbilan → (PBG-Isomerase ④, −H$_2$O) → **Uroporphyrinogen III**

4×PBG → (PBG-Desaminase ③, −4NH$_3$) → Hydroxymethylbilan

Propionat / Acetat (Hydroxymethylbilan)
Acetat / Propionat (Uroporphyrinogen III)

Uroporphyrinogen III → (Uroporphyrinogen-Decarboxylase ⑤, −4CO$_2$) → **Koproporphyrinogen III**

Koproporphyrinogen III → (Koproporphyrinogen-Oxidase ⑥, −2CO$_2$, −2H$_2$O, +O$_2$) → **Protoporphyrinogen IX**

Protoporphyrinogen IX → (Protoporphyrinogen-Oxidase ⑦, −6H) → **Protoporphyrin IX**

Protoporphyrin IX + Fe^{2+} → (Ferrochelatase ⑧, −2H) → **Häm**

Fe^{3+} → Fe^{2+}

Cytosol / Mitochondrienmembran / Mitochondrium

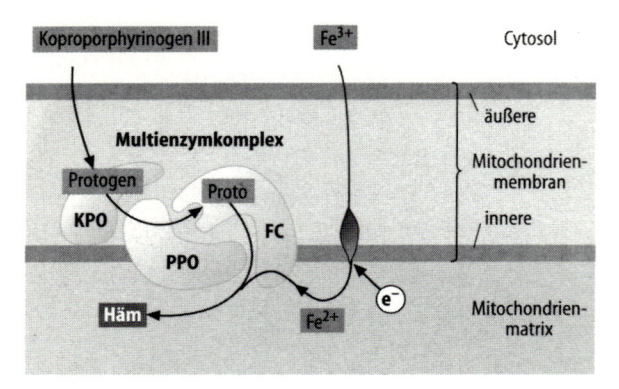

Abb. 3.3.5. Hypothetischer Multienzymkomplex für die letzten Schritte der Hämbiosynthese. Die Enzyme Koproporphyrinogenoxidase (*KPO*), Protoporphyrinogenoxidase (*PO*) und Ferrochelastase (*FC*) sitzen auf der inneren Mitochondrienmembran. Durch die Assozation dieser 3 Enzyme entsteht ein Kanal, der den Eintritt von Koproporphyrinogen in das Mitchondrium erlaubt [Proto(porphyrino)gen; Proto(porphyrin)], nach Petrides (1998)

natseitenketten der Ringe A und B zu Vinylseitenketten dehydriert und dekarboxliert werden. Das Porphyringerüst wird durch die Abspaltung von insgesamt 6 Karboxylgruppen zunehmend hydrophober, was für den späteren Einbau in das hydrophobe Innere von Proteinen wichtig ist. Über die Vinylgruppen kann eine kovalente Bindung des Porphyringerüsts an das Protein erfolgen. Im Anschluß an diese Veränderungen der Substituenten des Tetrapyrrols wird das Ringsystem selbst modifiziert. Durch enzymatische Dehydrierung der die einzelnen Ringe verbindenden Methylengruppen entstehen 4 Methingruppen. Die für diese Reaktion zuständige Protoporphyrinoxidase ist ein integrales Protein der inneren Mitochondrienmembran (Abb. 3.3.5). Der nachfolgende Ferrochelatase-katalysierte Einbau von zweiwertigem Eisen an der Matrixoberfläche der inneren Mitochondrienmembran vervollständigt die Biosynthese von Häm. In den Chloroplasten der Pflanzen wird statt Eisen Magnesium in das Porphyringerüst eingebaut.

3.3.4 Beschreibung des Krankheitsbildes

3.3.4.1 Ätiologie

Ursache der akuten intermittierenden Porphyrie ist eine Mutation im PBG-D-Gen, das auf dem langen Arm von Chromosom 11 (11q24) liegt (Einzelheiten s. unten). 97% der Mutationen werden vererbt, etwa 3% sind De-novo-Mutationen. Die mutationsbedingte Reduktion der Enzymaktivität (genetische Disposition) muß per se noch nicht zu Symptomen führen; erst wenn bestimmte Umweltkonstellationen – wie z. B. die Einnahme porphyrinogener Medikamente – dazu kommen, können eine Dysregulation des Stoffwechsels und damit klinische Symptome auftreten. Deshalb wird die AIP auch als pharmakogenetische Erkrankung bezeichnet.

Interessanterweise entwickeln nur 10–20% aller AIP-Genträger Symptome, die dann allerdings lebensdrohlichen Charakter annehmen können. Warum die übrigen Genträger Zeit ihres Lebens asymptomatisch bleiben, ist noch unklar. 4 wesentliche Faktoren können Porphyrieanfälle hervorrufen:
- Medikamente (eine ausführliche Zusammenstellung findet sich in der Roten Liste 1999, Editio Cantor, Aulendorf, im Anhang auf S. 539–540) wie z. B.
  – Barbiturate, Carbamazepin, Diclofenac;
  – Phenytoin, Griseofulvin;
  – Meprobamat;
  – Phenylbutazon;
  – Sulfonamidantibiotika;
  – Valproinsäure;
- endokrine Umstellungen (Menarche, Menopause, Einnahme von Sexualhormonen),
- Kalorienmangel (z. B. Beginn einer Nulldiät zur Gewichtsabnahme) und
- Streßsituationen wie Infekte, Operationen oder exzessiver Alkohol- oder Nikotingenuß. Der Einfluß von Streßsituationen wird wahrscheinlich über Zytokine vermittelt.

Bei einzelnen AIP-Patienten kann die auslösende Ursache nicht ermittelt werden.

3.3.4.2 Pathobiochemie

3.3.4.2.1 Änderungen des Porphyrinstoffwechsels durch die Genmutation

Durch die Mutation im PBG-D-Gen kommt es zu einer Reduktion der Enzymaktivität um mindestens 50%, was für die Porphyrinsynthese und damit auch die Hämoglobinsynthese ausreicht. Es kommt also per se nicht zu einer Stoffwechselbeeinflussung (Abb. 3.3.6 a).

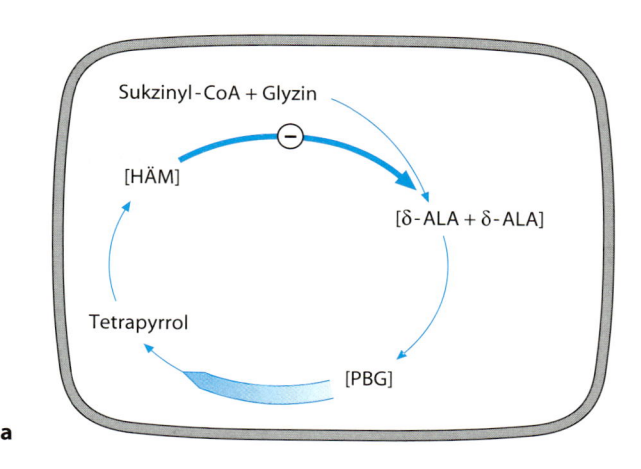

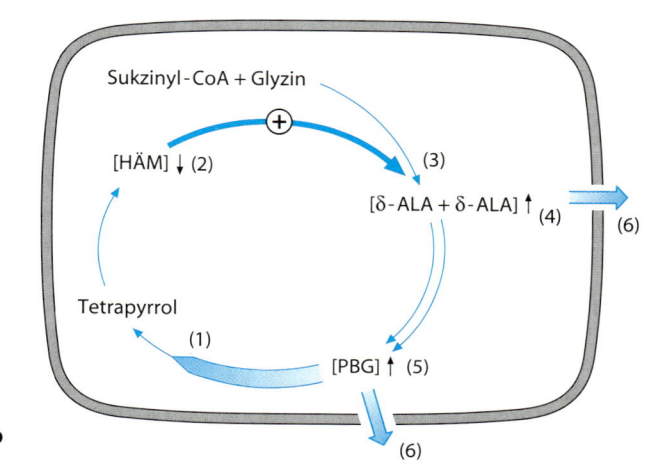

Abb. 3.3.6. a Reduktion der PBG-D-Aktivität (*1*) auf 50% durch eine Mutation bei der akut intermittierenden Porphyrie. Bei normalem Hämbedarf führt die reduzierte Aktivität nicht zu einer Stoffwechselstörung (**b**). Bei erhöhtem Hämbedarf (*2*) kommt es zu einer Enthemmung der Rückkopplung der δ-ALA-Synthase (*3*) und damit zur konsekutiven Anflutung von Porphyrinvorstufen (*4* und *5*), die durch die reduzierte PBG-D nicht mehr adäquat verwertet werden können und aus den Zellen austreten (*6*), nach Petrides (1998)

3.3.4.2.2 Dysregulation des Porphyrinstoffwechsels durch porphyrinogene Substanzen

Erst wenn die Hämkonzentration stark abfällt und dadurch die Hämsynthese entsprechend angekurbelt wird, kann es zu einer Stoffwechselentgleisung und damit zur Auslösung einer Porphyrieattacke kommen. Auslösende (porphyrinogene) Faktoren akuter Anfälle (die einige Tage, aber auch Monate dauern) sind Medikamente, Alkohol oder Infektionen. Die meisten Stoffe, die eine Porphyrieattacke verursachen, entziehen über eine Induktion der Synthese des Hämproteins Zytochrom P450 Häm dem intrazellulären Hämpool. Die damit verbundene Reduktion der Hämkonzentration bewirkt eine Aufhebung der Rückkopplungshemmung und damit Stimulation der δ-ALA-Synthase, des ersten Enzyms der Hämsynthese, die vermehrt δ-Aminolävulinat bildet (Abb. 3.3.2). Dieses wird durch die δ-ALA-Dehydratase vermehrt in Porphobilinogen umgewandelt. Jetzt wird der Enzymmangel auf der Stufe der PBG-D wirksam: das anflutende PBG kann aufgrund des „Flaschenhalses" nicht mit gleicher Geschwindigkeit weiterverwertet werden, so daß es akkumuliert und zusammen mit seiner Vorstufe δ-Aminolävulinat aus den Zellen austritt und den Organismus überflutet (Abb. 3.3.6b). Dadurch wird PBG auch in den Urin ausgeschieden und zu Porphobilin oxidiert. Zusammen mit oxidierten Nebenprodukten der Porphyrinsynthese kann dieser Stoff dem Urin eine rötliche Verfärbung verleihen.

3.3.4.2.3 Klinische Symptomatik der Porphyrieattacken

Die Anfälle präsentieren sich klinisch als akutes Abdomen oder neurologische Ausfälle, die einen letalen Verlauf nehmen können. Die Diagnose der Erkrankung bei den Patienten, die häufig über die

Nothilfe gesehen werden, ist deshalb außerordentlich wichtig, zumal durch eine Fehldiagnose mit der Gabe von porphyrinogenen Medikamenten der Zustand des Patienten weiter verschlechtert werden kann. Leitsymptome der akuten Porphyrie sind intermittierend (bei einzelnen Patienten aber auch chronisch) auftretende neurologische und psychiatrische Symptome:
- Bauchschmerzen,
- Tachykardie,
- periphere Lähmungen,
- Parästhesien,
- Erbrechen,
- Obstipation,
- Diarrhö,
- Muskelschwäche,
- Krämpfe,
- Atemlähmung,
- mentale Symptome (Verwirrtheit, Halluzination),
- Hochdruck,
- epileptische Anfälle und
- Koma.

Am häufigsten sind eine autonome Neuropathie, die abdominale Koliken (akutes Abdomen), Übelkeit, Erbrechen oder Obstipation verursacht, eine Tachykardie und ein labiler Hochdruck. Motorische Lähmungen wie die der Atemmuskulatur, können lebensbedrohlich werden (Bont et al. 1996). Neben den neuroviszeralen Beschwerden treten neuropsychiatrische Symptome wie Krampfanfälle, Koma, Angst, depressive Verstimmung, Halluzinationen, Lähmungen und Areflexien auf (Crimslik, 1997). Obwohl die abdominalen Beschwerden die Symptomatik dominieren, kann jeder Teil des Nervensystems betroffen sein. Die neurologischen Symptome sind i. allg. reversibel, müssen sich aber insbesondere bei zu später Erkennung der Erkrankung – nicht zurückbilden. Die Vielfalt der Symptome hat dazu geführt, daß diese Porphyrie auch als interdisziplinäre Erkrankung bezeichnet wird.

3.3.4.2.4 Pathogenese der neurologischen Komplikationen

Die Symptome der AIP werden auf eine neurologische Dysfunktion zurückgeführt, die mit Hilfe von Elektromyographie und Nervenleitgeschwindigkeitsmessung nachweisbar ist (Meyer et al. 1998). Im histologischen Bild finden sich bei autonomen und peripheren Nerven Störungen des Aufbaus der Myelinscheide sowie eine Vakuolisierung und ein Abbau von Axonen. Metaboliten der Hämsynthese wie Porphobilinogen bzw. dessen Vorstufe δ-Aminolävulinat oder auch ein Hämmangel werden als Ursachen für die neuropathologischen Veränderungen der akuten Porphyrien diskutiert, ohne daß die biochemischen Grundlagen bisher im einzelnen bekannt sind. Ein besseres Verständnis wird von Untersuchungen an Mäusen erwartet, bei denen die Aktivität der PBG-D durch Genmanipulation (Knockout-Mäuse) soweit reduziert ist, daß bei Medikamentenexposition neurologische Störungen auftreten. Bei diesen Versuchstieren finden sich eine erhöhte δ-ALA-Urinausscheidung und im histologischen Bild eine axonale Neuropathie (Lindberg et al. 1996).

3.3.5 Molekularbiologische Grundlagen

3.3.5.1 Aufbau des PBG-D-Gens

Das Gen für die PBG-D liegt beim Menschen auf dem langen Arm von Chromosom 11 (11q24). Es ist wie die aller anderen Enzyme der Porphyrinbiosynthese zwischenzeitlich kloniert worden und damit einer molekularen Analyse zugänglich. Das Gen umfaßt 10000 Basenpaare (10 kb) und enthält 15 Exons (proteinkodierende Regionen), die durch 14 Introns (nichtkodierende Regionen) unterbrochen werden. Für das PBG-D-Gen existieren 2 Promotoren: Der Promotor I, der „vor" dem Exon 1 (flankierende 5'-Region) liegt, ist in allen Geweben aktiv und führt zur Bildung einer Vorstufen-mRNA, aus der nicht nur die Introns 1–14, sondern auch Exon 2 durch Spleißen entfernt werden. Der Promotor II, der im Intron 1 liegt, ist nur in Erythroblasten aktiv und führt zur Bildung einer Vorstufen-mRNA, der das Exon 1 fehlt. Wie die fertige mRNA am Ribosom translatiert wird, wird durch das Startkodon (AUG) bestimmt: Da das erste AUG-Kodon erst im Exon 3 auftritt, fehlt dem fertigen Protein ebenfalls die Information für Exon 2 (Abb. 3.3.7). Somit werden gewebespezifisch 2 Enzymproteine gebildet, die sich durch den Besitz der in Exon 1 enthaltenen Information (17 Aminosäuren) voneinander unterscheiden (1 Gen, 2 Isoenzyme). Die Enzyme sind wahrscheinlich unterschiedlich regulierbar, was für die spezifischen Bedingungen der Hämsynthese im Knochenmark und in der Leber von Bedeutung ist.

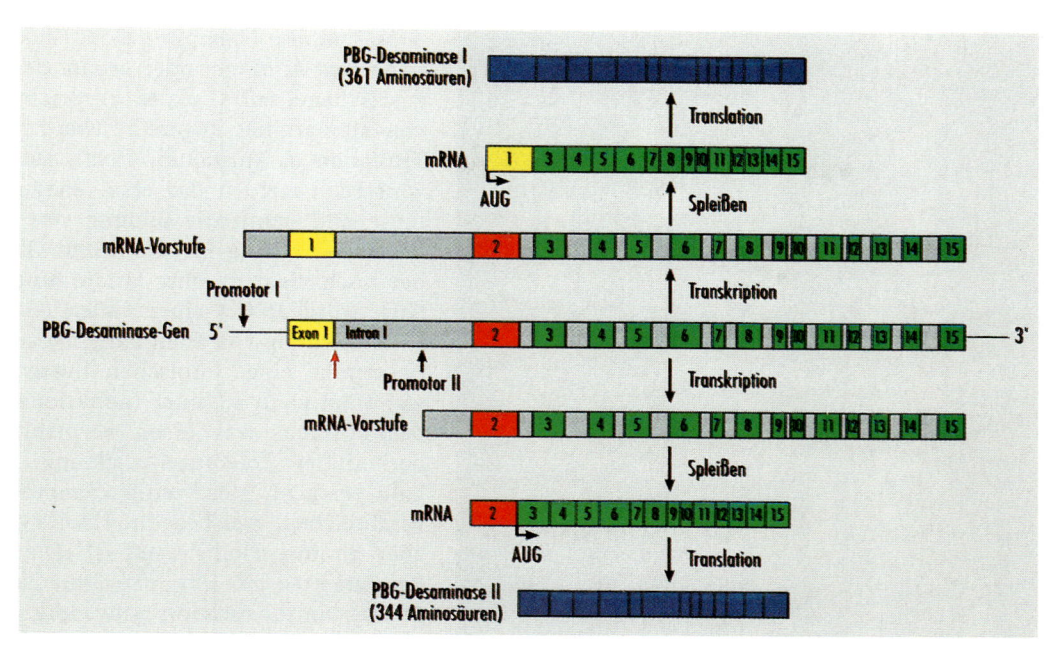

Abb. 3.3.7. Bildung von 2 Isoenzymen durch gewebespezifische Promotoren: das PBG-D-Gen enthält 15 Exons (*grün* bzw. *gelb/rot*) und 14 Introns (*grau*). Je nach Aktivität des Promotors werden unterschiedliche Vorstufen-mRNAs gebildet, aus denen durch Spleißen fertige mRNAs entstehen. Diese führen zur Synthese der ubiquitären PBG-D I und der nur in Erythroblasten vorkommenden PBG-D II (1 Gen, 2 Isoenzyme)

3.3.5.2 Mutationsanalysen bei Patienten mit AIP

Aufgrund von diesem komplexem Aufbau spielt es auch eine Rolle, in welchem Bereich des Gens Mutationen auftreten. Mutationsanalysen bei Patienten mit AIP haben gezeigt, daß über 135 verschiedene Mutationen im PBG-D-Gen auftreten können (Elder, 1998; Grandchamp, 1998). Mutationen im Exon 1 und Intron 1 führen zu Konsequenzen im ubiquitären Isoenzym I, nicht aber im Erythroblastenenzym. Mutationen im Exon 2 besitzen weder Folgen für das eine noch das andere Enzym, da dieses Exon in beiden Enzymen fehlt. Mutationen in den Exons 3–15 bzw. den Introns 3–14 betreffen dagegen beide Enzyme. Ist das Erythroblastenenzym nicht betroffen, liegt die variante Form der AIP vor, bei der die PBG-D-Aktivität im Erythrozyten normal ist (Groß et al. 1996). Bei Individuen mit dieser Konstellation kann die Enzymbestimmung im Erythrozyten deshalb nicht zur Diagnosesicherung herangezogen werden. Etwa 85% der bekannten Mutationen verursachen einen Verlust des Proteins, die übrigen 15% die Bildung eines stabilen Proteins mit Verlust der katalytischen Aktivität. Da die Struktur der PBG-D in der Evolution hochkonserviert ist, kann die dreidimensionale Struktur des *E.-coli*-Enzyms als Modell für das menschliche Enzym dienen. Dies erlaubt die Lokalisation der mutierten Aminosäuren im Enzymprotein (Abb. 3.3.8). Bisher konnten jedoch noch keine direkten Genotyp-Phänotyp-Beziehungen zwischen dem Typ der Mutation und dem Auftreten bzw. dem Schweregrad klinischer Symptome nachgewiesen werden. Dies spricht für die Existenz zusätzlicher, bisher noch nicht bekannter Gene, die für die Penetranz bzw. Art der klinischen Symptomatik verantwortlich sein müssen.

3.3.6 Konventionelle Diagnostik und Therapie

3.3.6.1 Konventionelle Diagnostik

Da eine rötliche Verfärbung des Urins nur bei etwa 25% der Patienten mit akuter Porphyrie auftritt, ist beim klinischen Verdacht auf eine akute Porphyrie die qualitative Untersuchung des Urins auf Porphobilinogen mit dem Schwarz-Watson-Test angezeigt (Petrides 1997). Zur Diagnosesicherung reicht eine Spontanurinprobe von etwa 20 ml aus. Für Verlaufskontrollen ist die quantitative Bestimmung von PBG und δ-Aminolävulinat im 24-h-Sammelurin erforderlich. Im schubfreien Intervall kann die Ausscheidung von PBG in den Urin

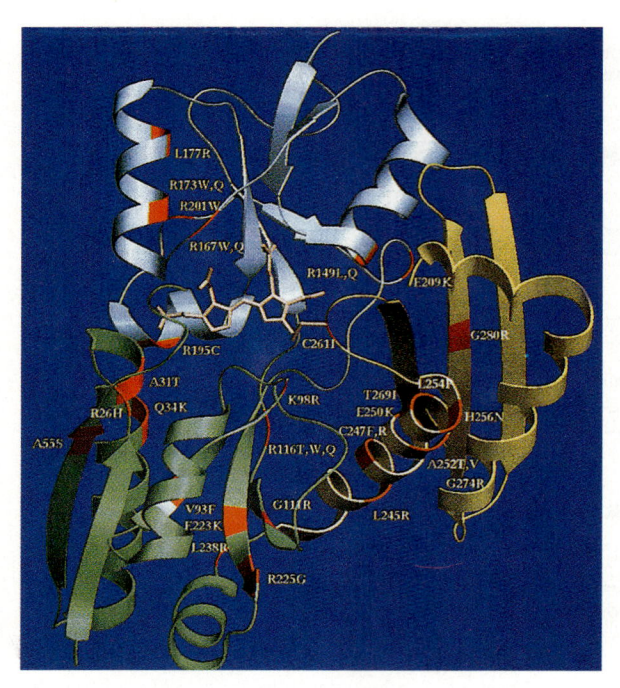

Abb. 3.3.8. Dreidimensionales Modell der *E.-coli*-PBG-D mit ausgewählten Mutationen (Aufnahme freundlicherweise überlassen von Dr. P. D. Brownlie, London)

ALA-Synthase hemmt (sog. Glukoseeffekt). Bei schweren Attacken oder wenn der Patient nicht ausreichend auf Glukose anspricht, ist die Gabe von Hämarginat angezeigt (Muthane et al. 1993; Tenhunen u. Mustajoki, 1998). Durch die Zufuhr vom Häm werden das erste Enzym der Hämsynthese und damit die Bildung von PBG gehemmt. Die Effektivitäten von Häm und Glukose sind bisher noch nicht in einer Studie miteinander verglichen worden. Bei einer Untersuchung führte die Verabreichung von Häm bei glukoserefraktären Patienten zu einer klinischen Besserung. Die Gabe von Häm kann zu einer Induktion der Hämoxygenase führen, was einen vermehrten Hämabbau herbeiführt (Toleranzentwicklung). Es wurde deshalb versucht, gleichzeitig Zinnprotoporphyrin zu verabreichen, welches die Hämoxygenase hemmt, aber photosensibilisierend ist (Dover et al. 1996). Bei Patienten mit Hyponatriämie ist eine vorsichtige Natriumsubstitution notwendig. Schmerzen, die häufig auftreten und schwer sein können, werden durch Pethidin behandelt, schweres Erbrechen mit Ondansetron. Wenn Tachykardie oder Hochdruck therapiepflichtig werden, ist die Gabe von Propanolol angezeigt (Gorchein, 1997).

völlig normal sein. Die Differentialdiagnose von anderen Formen der akuten Porphyrie erfolgt durch die Analyse von Stuhlporphyrinen (die bei der AIP normal sind). Die Diagnose kann durch die Bestimmung der PBG-D-Aktivität im Erythrozyten gesichert werden. Da bei der AIP die meisten Personen mit klinisch latenter Erkrankung normale Urin-PBG-Werte aufweisen, war die PBG-D-Bestimmung in Erythrozyten lange Zeit die geeignete Methode zum Nachweis von Genträgern dieser Erkrankung. Die Aktivität des Enzyms ist jedoch großen Schwankungen unterworfen, so daß die Identifikation von Genträgern nicht immer möglich ist (Lamon et al. 1979). Außerdem ist die PBG-D-Aktivität bei Individuen mit der varianten Form der AIP nicht verändert.

3.3.6.2 Konventionelle Therapie

3.3.6.2.1 Enzymmanipulationstherapie

Entscheidend sind die Identifikation der Noxe, die die akute Attacke provoziert hat, und deren sofortiges Absetzen. Milde Porphyrieattacken werden durch Gabe von Glukose behandelt, das die δ-

3.3.7 Molekulare Diagnostik und Therapie

3.3.7.1 Molekulare Diagnostik

In der molekularen Diagnostik sind in jüngster Zeit entscheidende Fortschritte erzielt worden. Die meisten der über 135 bisher identifizierten Mutationen sind für Porphyriefamilien typisch und werden deshalb auch als private Mutationen bezeichnet. 2 Mutationen kommen dagegen häufiger vor: Die Mutation in Position 198 im Exon 10, durch die aus einem Tryptophanrest ein Kettenabbruchsignal wird, wurde bei einer Analyse von 35 AIP-Patienten in Schweden bei allen Probanden nachgewiesen (Lundin et al. 1997). Ähnliches gilt für die Mutation in Position 116 (Arg:Trp) im Exon 8, die häufig bei holländischen AIP-Patienten vorkommt. 60% der bisher identifizierten Mutationen treten in den Exons 10, 12 und 14 auf. Es werden Punktmutationen (Missense-Mutationen, Spleißdefekte, Nonsense-Mutationen) sowie Basendeletionen oder -insertionen beobachtet. Für die Mutationsanalyse bei der AIP hat sich die Kombination von PCR (Polymerasekettenreaktion) und

DGGE (denaturierende Gradientengelelektrophorese) bisher am besten bewährt (Bourgeois et al. 1992; Gu et al. 1992, 1993, 1994; Puy et al. 1997; Nissen et al. 1997). Bei dieser Methode, wird die genomische DNA aus peripheren Lymphozyten isoliert; anschließend erfolgt eine PCR-Amplifikation aller kodierenden Exons des PBG-D-Gens, wobei die PCR-Produkte jeweils auch etwa 50 bp der Exon-Intron-Grenzen beinhalten. Bei der DGGE der einzelnen PCR-Produkte wird eine denaturierende Umgebung durch eine Kombination einer konstanten Temperatur von 60 °C mit einem linearen Gradienten aus 7 M Harnstoff und 40% Formamid (d. h. 100%) hergestellt. Wenn die doppelsträngige DNA während der Elektrophorese durch diesen Gradienten wandert, lösen sich bei einer bestimmten Konzentration des Denaturierungsmittels die beiden Einzelstränge voneinander, wodurch sie im Gel retardiert werden. Da diese Schmelztemperatur durch die DNA-Sequenz bestimmt wird, führen Mutationen zu einer früheren oder späteren Denaturierung und damit zu einer Verschiebung des Bandenmusters. Einer der beiden Amplifikations-Primer für die PCR enthält außerdem eine GC-reiche Sequenz (sog. GC-Klammer mit 35–50 bp) an seinem 5'-Ende, wodurch gewährleistet ist, daß die untersuchte DNA-Region in einer niedrigen Schmelzdomäne vorliegt (in der Mutationen am besten entdeckt werden) und daß die DNA noch teilweise als Doppelstrang vorliegt (erhöhte Auftrennung). Nach 4,5 h Elektrophorese wird das Gel mit Ethidiumbromid angefärbt. Ein abnormes Bandenmuster weist auf das Vorliegen einer Mutation hin: Bei Homozygoten findet sich in der DGGE-Analyse eine einzelne Bande, während Heterozygote am Vorliegen von 2–4 verschiedenen Banden erkennbar sind. Die Banden repräsentieren normale und mutierte Homo- bzw. Heteroduplexe aus normaler und mutierter DNA. In einer solchen Situation wird das mutationsverdächtige Exon unter Verwendung anderer Primer amplifiziert und anschließend sequenziert. Ist eine bestimmte Mutation bei einer Familie identifiziert, kann anschließend mit der PCR-DGGE-Methode eine Familienuntersuchung erfolgen.

3.3.7.2 Beispiel für Mutationsanalyse und Familienuntersuchungen

Dieses Vorgehen soll an einer Familie mit 18 Mitgliedern und 1 Patientin mit AIP, bei der im Jahr 1987 eine akute Porphyrie als Ursache eines lebensbedrohlichen Komas diagnostiziert worden war, erläutert werden (Mezger et al. 1987). Bei dieser Patientin lag die PBG-D-Aktivität im Erythrozyten im Normbereich. Dies wies auf das Vorliegen der seltenen, bisher nur bei einzelnen Familien in Holland und Skandinavien (Finnland und Schweden) beschriebenen AIP-Variante hin, bei der verschiedene Mutationen im Übergang von Exon 1 zu Intron 1 dazu führen, daß nur die Bildung des ubiquitären (Reduktion auf 50% Enzymaktivität), aber nicht des Erythrozytenenzyms betroffen ist (Grandchamp et al. 1989 a,b; Chen et al., 1994). Diese Mutation stört den Spleißvorgang, so daß das Enzym nicht mehr gebildet werden kann. PCR-Amplifikation und DGGE der Patienten-DNA zeigten ein abnormes Bandenmuster. Die anschließende Sequenzierung dieser Region ergab, daß eine derartige Mutation vorliegt (G:A-Transition im Nukleotid 1 von Intron 1, roter Pfeil in Abb. 3.3.7). Zur Familienanalyse wurden Lymphozyten aus dem Blut aller interessierten und lebenden Familienmitglieder gewonnen. Aus diesen wurde die DNA isoliert und der Abschnitt des PBG-D-Gens, der die Mutation enthält (oder auch nicht), durch PCR amplifiziert. Mit Hilfe der Gelelektrophorese mit Denaturierungsgradienten (DGGE) wurden die amplifizierten Fragmente innerhalb von Stunden getrennt (Abb. 3.3.9). Im Gegensatz zu homozygo-

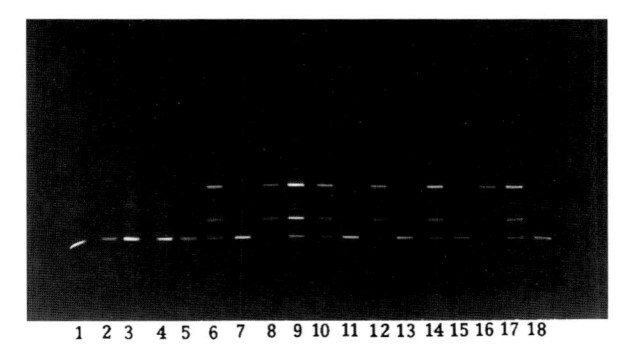

Abb. 3.3.9. PCR-DGGE-Analyse einer Patientin (Nr. 12) mit akut intermittierender Porphyrie und 17 Familienangehörigen zur Ermittlung von Genträgern: gesunde (homozygote) Individuen weisen 1 Bande auf, wohingegen die (heterozygote) Patientin und bisher asymptomatische Genträger 3 Banden zeigen, nach Petrides (1998)

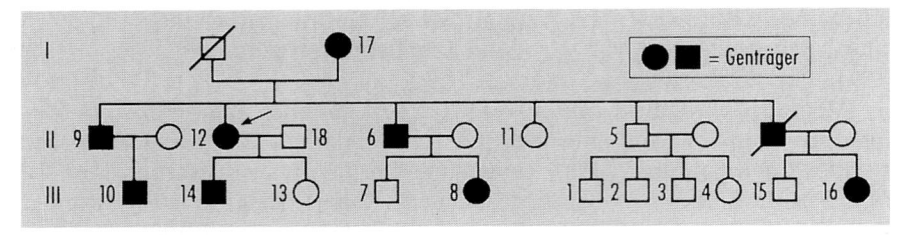

Abb. 3.3.10. Stammbaum der Familie der Patientin (*Pfeil*) mit akuter intermitterender Porphyrie (die Zahlen beziehen sich auf Abb. 3.3.9), nach Petrides (1998)

ten Gesunden, die 1 Bande aufweisen, zeigten die heterozygote Patientin (Nr. 12) und 7 Genträger 3 Banden. Die Patientin hat das defekte Gen von ihrer Mutter geerbt (Nr. 17), die es auch an 3 Brüder der Patientin (Nr. 6 und 9 sowie einen zwischenzeitlich Verstorbenen) weitergegeben hat (Abb. 3.3.10). Mit dieser Methode ist somit der schnelle und eindeutige Genträgernachweis möglich (Petrides, 1998). Die Genträger erhalten Notfallausweise und eine ausführliche Information über ihre Krankheit sowie über die Faktoren, die akute Attacken auslösen können.

3.3.8 Ausblick (Entwicklungstendenzen, Einschätzung der Möglichkeiten einer kausalen Therapie)

Mehrere Entwicklungen auf dem Gebiet der Molekularbiologie sind dabei, die Tür zu einem besseren Verständnis einer höchst interessanten Erkrankung, der akuten intermitterenden Porphyrie, aufzustoßen: Mutationsanalysen haben – wie bei anderen genetischen Erkrankungen – eine Vielzahl (etwa 135) verschiedener Mutationen im PBG-D-Gen als Ursache des Enzymdefekts aufgedeckt. Genotyp-Phänotyp-Analysen haben bisher keinen direkten Zusammenhang zwischen der Mutation und dem Auftreten bzw. dem Schwergrad klinischer Symptome gezeigt. Dies spricht für die Existenz anderer, noch unbekannter Gene, die die Penetranz und klinische Manifestation (neuroviszeral und/oder neuropsychiatrisch) der Erkrankung bestimmen. Damit ist die AIP sicherlich keine monogene Erkrankung. Diese Vermutung wird sich bestimmt auch für viele andere „monogene Erkrankungen" als gültig erweisen. Die Verfügbarkeit einer Knockout-Maus mit einem partiellen PBG-D-Defekt sollte uns in die Lage versetzen, die gefürchteten irreversiblen neurologischen Komplikationen der Erkrankung besser zu verstehen und damit wirkungsvoller zu behandeln. Ein auf biochemischen Kenntnissen beruhender Therapieansatz ist durch die Gabe von Glukose und/oder Hämarginat bereits möglich, aber aufgrund der Induktion hämabbauender Enzyme noch nicht optimal. Die Möglichkeit, die Mutation bei AIP-Patienten mit Hilfe der PCR-DGGE-Technik schnell zu identifizieren, erlaubt die Identifikation präsymptomatischer Genträger und ist deshalb eine sinnvolle präventive Maßnahme. Die Kenntnis der individuellen Mutation ist auch die Voraussetzung eines denkbaren kausalen Therapieansatzes mit Hilfe der chimären Oligonukleotidstrukturen, durch die gezielt endogene Reparatursysteme aktiviert werden.

3.3.9 Literatur

Bont, A, Steck, AJ, Meyer, UA: Die akuten hepatischen Porphyrien und ihre neurologischen Syndrome. Schweiz Med Wochenschr 126:6–14 (1996)

Bourgeois, F, Gu, XF, Deybach, JC, Te Velde, MP, Rooij, F, de, Nordmann, Y, Grandchamp, B: Denaturing gradient gel electrophoresis for rapid detection of latent carriers of a subtype of acute intermittent porphyria with normal erythrocyte porphobilinogen deaminase activity. Clin Chem 38:93–95 (1992)

Chen, CH, Astrin, KH, Lee, G et al.: Acute intermittent porphyria: identification and expression of exonic mutations in the hydroxymethylbilane synthase gene. An initiation codon missense mutation in the housekeeping transcript causes variant acute intermittent porphyria with normal expression of the erythroid specific enzyme. J Clin Invest 94:1927–1937 (1994)

Crimlisk, HL: The little imitator – porphyria: a neuropsychiatric disorder. J Neurol Neurosurg Psychiatry 62:319–328 (1997)

Dover, SB, Moore, MR, Fitzsimmons, EJ, Graham, A, McColl, KE: Tin protoporphyrin prolongs the biochemical remission produced by heme arginate in acute hepatic porphyria. Gastroenterology 105:500–506 (1993)

Elder, GH: Genetic defects in the porphyrias: types and significance. Clin Dermatol 16:225–233 (1998)

Gorchein, A: Drug treatment in porphyria. Br J Clin Pharmacol 44:427–434 (1997)

Grandchamp, B: Acute intermittent porphyria. Semin Liver Dis 18:17–24 (1998)

Grandchamp, B, Picat, C, Mignotte, V et al.: Tissue specific splicing mutation in acute intermittent porphyria. Proc Natl Acad Sci USA 86:661–664 (1989)

Grandchamp, B, Picat, C, Kauppinen, R et al.: Molecular analysis of acute intermittent porphyria in a Finnish family with normal erythrocyte porphobilinogen deaminase. Eur J Clin Invest 19:415–418 (1989)

Groß, U, Honcamp, M, Doss, MO: Heterogeneity of acute intermittent porphyria: a subtype with normal erythrocyte porphobilinogen deaminase activity in Germany. Eur J Clin Chem Clin Biochem 34:613–618 (1996)

Gu, XF, Rooij, F, de, Voortman, G, teVelde, K, Nordmann, Y, Grandchamp, B: High frequency of mutations in exon 10 of the porphobilinogen deaminase gene in patients with CRIM-positive subtype of acute intermittent porphyria. Am J Hum Genet 51:660–665 (1992)

Gu, XK, Roij, F, de, Lee, JS, Voortman, G, teVelde, K, Nordmann, Y, Grandchamp, B: High prevalence of a point mutation in the porphobilinogen deaminase gene in Dutch patients with acute intermittent porphyria. Hum Genet 91:128–130 (1993)

Gu, XF, Rooij, F, de, Voortman, G, teVelde, K, Deybach, JC, Nordmann, Y, Grandchamp, B: Detection of eleven mutations causing acute intermittent porphyria using denaturing gradient gel electrophoresis. Hum Genet 93:47–52 (1994)

Lamon, JM, Frykholm, BC, Tschudy, DP: Family evaluations in acute intermittent porphyria using red cell uroporphyrinogen I synthetase. J Med Genet 16:134–139 (1979)

Lindberg, RLP et al.: Porphobilinogen deaminase deficiency in mice causes a neuropathy resembling that of human hepatic porphyria. Nat Genet 12: 195–199 (1996)

Loftus, LS, Arnold, WN: Vincent van Gogh's illness: acute intermittent porphyria. BMJ 303:1589–1591 (1991)

Lundin G, Lee JS, Thunell S, Anvret M: Genetic investigation of the porphobilinogen deaminase gene in Swedish acute intermittent porphyria families. Hum Genet 100:63–66 (1997)

Meyer, UA, Schuurmans, MM, Lindberg, RLP: Acute porphyrias: pathogenesis of neurological manifestations. Semin Liver Dis 18:43–52 (1998)

Mezger, J, Holler, E, Jakob, K: Abdominelle Schmerzattacken und Hyponatriämie. Internist 28:615–619, 829 (1987)

Muthane, UB, Vengamma, B, Bharathi, KC, Mamatha, P: Porphyric neuropathy: prevention of progression using haem-arginate. J Intern Med 234:611–613 (1993)

Nissen H, Petersen NE, Mustajoki S, Hansen TS, Mustajoki P, Kauppinen R, Horder M: Diagnostic strategy, genetic diagnosis and identification of new mutations in intermittent porphyria by denaturing gradient gel electrophoresis. Human Mutation 9:122–130 (1997)

Nordmann Y, Puy H, Da Silva V et al.: Acute intermittent porphyria: prevalance of mutations in the porphobilinogen deaminase gene in blood donors in France. J Intern Med 242:213–217 (1997)

Petrides, PE: Die akute intermittierende Porphyrie. Dtsch Ärztebl 94:3407–3412 (1997)

Petrides, PE: Häm und Gallenfarbstoffe. In: Löffler, G, Petrides, PE (Hrsg) Biochemie und Pathobiochemie, 6. Aufl. Springer, Berlin Heidelberg New York, S 601–621 (1998)

Petrides, PE: Acute intermittent porphyria: mutation analysis and identification of gene carriers in a German kindred by PCR-DGGE analysis. Skin Pharmacol Appl Skin Physiol 11:374–380 (1998)

Puy H, Aquaron R, Lamoril J, Robreau AM, Nordmann Y, Deybach JC: Acute intermittent porphyria: rapid molecular diagnosis. Cell Mol Biol 43:37–45 (1997)

Rote Liste: Editio Cantor, Aulendorf, S 539–540 (1999)

Tenhunen, R, Mustajoki, P: Acute porphyria: treatment with heme. Semin Liver Dis 18:53–55 (1998)

Voswinckel PA: A constant source of surprises: acute porphyria. Two cases reported by Hippocrates and Sigmund Freud. Hist Psychiatry 1:159–168 (1990)

Warren, MJ, Jay, M, Hunt, DM et al.: The maddening business of King George III and porphyria. TIBS 21:229–234 (1996)

Ye SZ, Cole-Strauss A, Frank B, Kmiec EB: Targeted gene correction: a new strategy for molecular medicine. Mol Med Today 4:431–437 (1998)

3.4 Gendiagnostische Möglichkeiten der hereditären Hämochromatose

Peter Nielsen

Inhaltsverzeichnis

3.4.1	Einführung	454
3.4.1.1	Rolle von Eisen in biologischen Systemen	454
3.4.1.2	Regulation der zellulären Eisenhomöostase	456
3.4.1.3	Definition der hereditären Hämochromatose	457
3.4.1.4	Andere genetische Krankheiten mit Eisenüberladung	457
3.4.1.4.1	Porphyria cutanea tarda	458
3.4.1.4.2	Afrikanische Eisenüberladung	458
3.4.1.4.3	Neonatale Hämochromatose	459
3.4.1.4.4	Juvenile Hämochromatose	459
3.4.1.4.5	Hereditäres Hyperferritinämie-Katarakt Syndrom	459
3.4.1.4.6	Friedreich-Ataxie	459
3.4.1.4.7	Hereditäre Atransferrinämie bzw. Hypotransferrinämie	459
3.4.1.4.8	Hereditärer Zäruloplasminmangel	459
3.4.2	Beschreibung des Krankheitsbilds	460
3.4.2.1	Pathomechanismus der Eisentoxizität	460
3.4.2.2	Klinisches Bild der Hämochromatose	461
3.4.2.3	Therapie und Prognose der hereditären Hämochromatose	461
3.4.3	Molekularbiologische Grundlagen	462
3.4.4	Genetik	464
3.4.5	Klassische Diagnostik	466
3.4.5.1	Indirekte diagnostische Parameter	466
3.4.5.2	Direkte diagnostische Parameter	466
3.4.5.3	Nichtinvasive Messung der Gewebeeisenüberladung	467
3.4.6	Molekulare Diagnostik	468
3.4.6.1	PCR-Testsystem für die molekulare Analytik auf die HFE-Mutationen (C282Y und H63D)	468
3.4.6.2	Prävalenz der HFE-Mutationen in einem Kollektiv von Hämochromatosepatienten und Kontrollen aus Norddeutschland	469
3.4.6.2.1	Patienten	470
3.4.6.2.2	Familienmitglieder	470
3.4.6.2.3	Kontrollgruppe	470
3.4.7	Ausblick	471
3.4.8	Literatur	472

3.4.1 Einführung

Die hereditäre Hämochromatose (Synonyme: idiopathische, primäre Hämochromatose, erbliche Eisenspeicherkrankheit) ist eine genetisch bedingte Störung im Eisenstoffwechsel des Menschen. Ursache ist eine Fehlregulation der intestinalen Eisenabsorption, so daß trotz gefüllter Eisenspeicher erhöhte Mengen an Eisen aus der Nahrung aufgenommen werden. Die vergebliche Suche nach einem geeigneten Tiermodell hat die Aufklärung der Pathophysiologie der menschlichen Eisenüberladung lange erschwert. Vor kurzem wurde das wahrscheinlich zugrundeliegende Gen (HFE) auf Chromosom 6 lokalisiert. Eine definierte Punktmutation (C282Y) wird bei etwa 95% aller identifizierten Patienten gefunden.

3.4.1.1 Rolle von Eisen in biologischen Systemen

Eisen ist das sechsthäufigste Element im Universum und das vierthäufigste Element in der Erdkruste. Eisen gehört zu den Übergangselementen und bildet im wesentlichen 2 Oxidationsstufen aus, Fe(II) und Fe(III). Eisenionen bilden mit koordinierenden Liganden zahlreiche Komplexe mit der maximalen Koordinationszahl von 6 aus. In wässrigen Systemen sind die Fe^{2+}- und Fe^{3+}-Komplexe sehr leicht zu Elektronentransfer- oder Säure-Base-Reaktionen fähig, was ihre überaus große Bedeutung in biologischen Systemen erklärt. Eisen ist deshalb auch das mengenmäßig häufigste, essentielle Spurenelement im zellulären Metabolismus und Wachstum des Menschen (Bothwell et al. 1979, Brock et al. 1994). Der menschliche Körper enthält 3–5 g Eisen, hauptsächlich in Form von Hämoglobin (70%) und in einer Reihe von Häm- oder nicht-Hämeisenenzymen (11%) enthalten

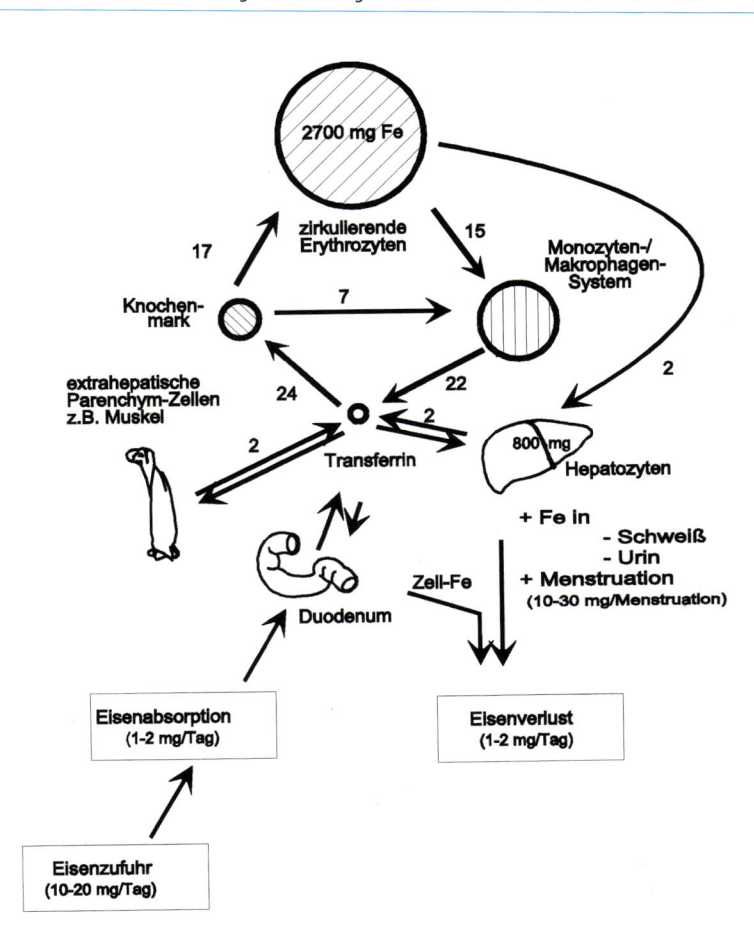

Abb. 3.4.1. Eisenbilanz beim Menschen mit normalen Eisenspeichern. Das Schema zeigt die Wege des Eisentransports beim Erwachsenen. Der Plasmaeisen-Pool besteht aus etwa 4 mg an Transferrin gebundenem Eisen, während der Turnover etwa 30 mg Eisen/Tag beträgt. Eisen in parenchymalem Gewebe liegt meist in Form von Häm (z. B. Muskulatur) bzw. als Ferritin oder Hämosiderin im Leberparenchym vor (berechnet für 70-kg-Mann, Zahlen bedeuten mg/Tag)

Tabelle 3.4.1. Zelluläre Proteine, die im Eisenstoffwechsel involviert sind

Protein	Literatur	Chromosom	Funktion
Transferrin (MG: 80 000)	Arosio et al. 1989	3	Bindet 2 Atome Fe(III) per Mol, transportiert Eisen im Plasma und in Zellen
Transferrinrezeptor (MG des Homodimers: 180 000)	Arosio et al. 1989	3	Bindet Diferri- und Monoferritransferrin bei neutralem pH; Apotransferrin bleibt bei saurem pH gebunden und wird bei neutralem pH wieder freigesetzt
Laktoferrin (MG: 80 000)	Arosio et al. 1989	3	In Milch und in anderen Körperflüssigkeiten; Funktion in der nichtspezifischen Immunantwort bei Infektionen
L-Ferritin (MG: 19 000)	Harrison u. Arosio 1996	11	Ferritinuntereinheit, katalysiert die Bildung des Fe(III)-Hydroxid-Cores
H-Ferritin (MG: 21 000)	Harrison u. Arosio 1996	19	Ferritinuntereinheit, Feroxidaseaktivität
Ferritin (MG ungefähr 480 000)	Harrison u. Arosio 1996	11/19	Heteropolymer bestehend aus 24 Unterheiten von L- und H-Ferritin, speichert bis zu 4500 Atome Fe/Mol
Iron regulatory protein-1 (IRP1), Synonym: zytosolische Akonitase	Hentze u. Kühn 1996	9	Reguliert die Synthese von Ferritin und des Transferrinrezeptors
Iron regulatory protein-2 (IRP2)	Hentze u. Kühn 1996	15	Reguliert die Synthese von Ferritin und des Transferrinrezeptors

bzw. als Depoteisen gespeichert in Ferritin und Hämosiderin (19%) (Abb. 3.4.1). Eisenabhängige Enzyme sind an allen wichtigen Stoffwechselzyklen beteiligt (Tabelle 3.4.1). Jede Zelle enthält eine Reihe von eisenhaltigen Proteinen und Enzymen. Insbesondere in der inneren Membran von Mitochondrien finden sich eisenabhängige Proteine, die Schlüsselfunktionen in der oxidativen Phosphorylierung ausüben.

3.4.1.2 Regulation der zellulären Eisenhomöostase

In der Zelle werden entsprechend dem Eisenangebot die Biosynthese des *Transferrinrezeptors* (TrR), der für die Aufnahme von Eisen in die Zelle sorgt, und die Biosynthese des Eisenspeicherproteins *Ferritin* reguliert. Dies geschieht dadurch, daß „iron regulatory proteins" (IRPs) an eine bestimmte Region binden, die als „*iron-responsive-element*" (IRE) (Abb. 3.4.2) bezeichnet wird. Diese IRE liegen in der 5′-nichttranslatierten Region (5′-UTR) der mRNA von humanem H-Ferritin bzw. in der 3′-UTR der TrR-mRNA. Es wurden 2 Proteine (IRP-1 und IRP-2) identifiziert, die an IREs binden. Bei Eisenmangel wird durch die Bindung die Initiation der Translation von Ferritin gehemmt. Die Wirkung auf die TfR-Biosynthese ist eine an-

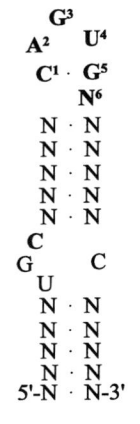

```
        G³
    A²      U⁴
    C¹  ·  G⁵
        N⁶
    N  ·  N
    N  ·  N
    N  ·  N
    N  ·  N
    N  ·  N
    C
    G       C
    U
    N  ·  N
    N  ·  N
    N  ·  N
 5'-N  ·  N-3'
```

Abb. 3.4.2. Eine der beiden möglichen Strukturen von IREs in eukaryotischer mRNA. Es gibt eine Wasserstoffbrückenbindungen zwischen Nukleotid 1 und 5 der Schleife. N^6 ist weniger streng konserviert, liegt aber niemals als G vor

dere. Im Eisenmangel binden die IRPs an das IRE in der 3′-UTR. Durch Hemmung des Nuklease-vermittelten Abbaus von mRNA wird dadurch die Stabilität der TrR-mRNA erhöht (Hentze u. Kühn 1996) (Abb. 3.4.3).

IRP-1 weist eine enzymatische Akonitaseaktivität auf und ist wahrscheinlich mit der lange bekannten zytosolischen Akonitase identisch. Die Akonitase ist mit einem intakten [4Fe-4S]-Zentrum aktiv und wird inaktiv, wenn eines der Eisenatome verlorengeht. Umgekehrt verhält es sich mit der mRNA-Bindungsfähigkeit von IRPs. Unter Eisenmangelbedingungen ist die Affinität zur Bindungsstelle sehr hoch.

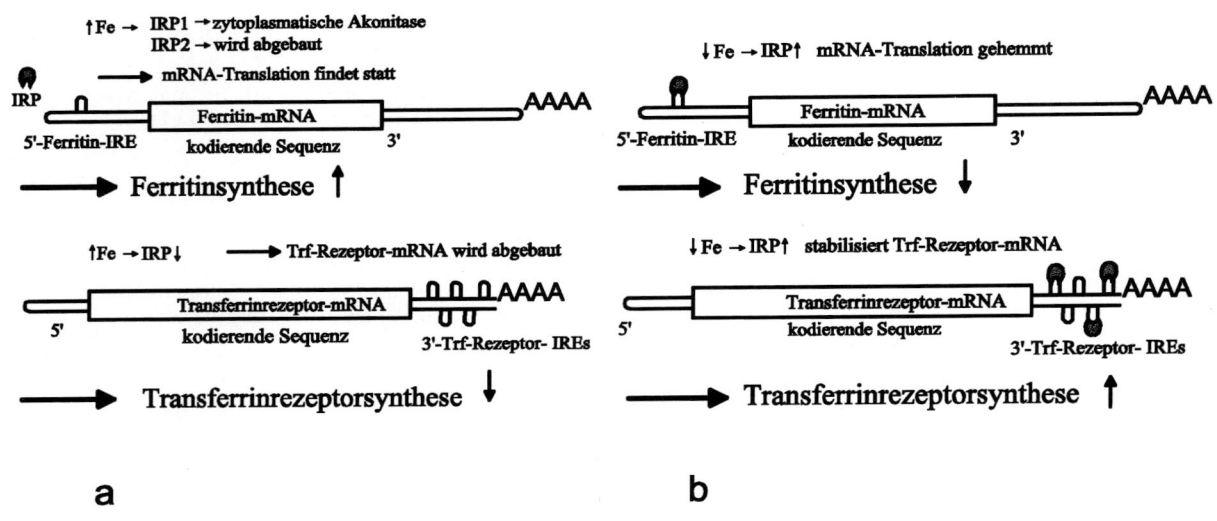

a

b

Abb. 3.4.3 a, b. „Iron-regulatory proteins" (*IRPs*), die „iron responsive elements" (*IREs*) erkennen und die zelluläre Aufnahme bzw. die Speicherung von Eisen regulieren. Sie erkennen und binden an die 5′- oder 3′-nicht-translatierten Regionen (UTR) von mRNA des Transferrinrezeptors bzw. des Ferritins. In Gegenwart von ausreichenden Mengen an zellulärem Eisen bindet *IRP1* nicht mehr an *IREs*, weist dann aber eine Akonitaseaktivität auf, während *IRP2* schnell abgebaut wird, **a** gefüllte Eisenspeicher, **b** entleerte Eisenspeicher

3.4.1.3 Definition der hereditären Hämochromatose

Der Begriff „*Hämochromatose*" wurde früher zur allgemeinen Bezeichnung einer Eisenüberladung bei unterschiedlichen Grunderkrankungen benutzt (von Recklinghausen 1889, Sheldon 1935). Die heute gängige Bezeichnung der hereditären (synonym: idiopathische, primäre) Hämochromatose sollte allein die HLA-assoziierte, genetisch bedingte Form der Eisenüberladung bezeichnen (Simon et al. 1977). Bedingt durch einen Gendefekt auf Chromosom 6 kommt es zu einer Fehlregulation der intestinalen Eisenabsorption, die zu einer inadäquaten Erhöhung der täglichen Eisenaufnahme von etwa 1–2 mg auf etwa 4–5 mg führt (Marx 1979, McLaren et al. 1991). Dieses überschüssige Eisen kann weder verwendet noch ausgeschieden werden und muß deshalb in verschiedenen Geweben (v. a. der Leber) abgelagert werden. Wenn die physiologischen Eisenspeicher gesättigt sind, kommt es parallel zum Lebensalter zu einer klinisch relevanten Eisenüberladung, die unbehandelt im höheren Lebensalter zum klinischen Vollbild des „Bronzediabetes" (Leberzirrhose, schwerer Diabetes, Hautkolorierung) führen kann. Durch eine frühzeitige Diagnose und Therapie können die eiseninduzierten, schweren Organschäden sicher verhindert werden. Ein historischer Überblick über wichtige Erkenntnisse zur Pathophysiologie, Epidemiologie und Therapie der erblichen Eisenspeicherkrankheit ist in Tabelle 3.4.2 gegeben.

Zu den sekundären Eisenüberladungen zählen die sog. „iron-loading anaemias", bei denen es infolge der Hyperplasie einer ineffektiven Erythropoese zu einer ständig gesteigerten intestinalen Eisenabsorption kommt. Hierdurch kann es – ähnlich wie bei einer hereditären Hämochromatose – langfristig zu einer parenchymalen Eisenüberladung kommen, die zu ähnlichen klinischen Symptomen wie die erbliche Eisenspeicherkrankheit führen kann.

Bei Posttransfusionssiderosen führt die ständige Zufuhr von Hämoglobineisen (250 mg Fe/500 ml Blut) zu einer Siderose primär der Makrophagen. Diese Form ist deshalb auf kurze und mittlere Sicht weniger gefährlich für den Patienten. Im Rahmen von Umverteilungsreaktionen kommt es jedoch langfristig auch zu einer substantiellen Siderose der Parenchymzellen, so daß die langfristige Prognose dieser Patienten ebenfalls von dem Grad der individuellen Eisenüberladung abhängig ist. Die homozygote β-Thalassämie ist ein Beispiel dafür, wie diese beiden Effekte (Steigerung der Eisenabsorption und Polytransfusionen) kombiniert vorliegen können.

3.4.1.4 Andere genetische Krankheiten mit Eisenüberladung

In den letzten Jahren sind einige neue Gene entdeckt, kloniert und charakterisiert worden, die offenbar wichtige Funktionen im Eisenstoffwechsel einnehmen und die in mutierter Form zu definierten Krankheitsbildern führen können (Tabelle 3.4.3).

Tabelle 3.4.2. Wichtige Erkenntnisse in der Erforschung der erblichen Eisenspeicherkrankheit (hereditäre Hämochromatose)

Jahr	Entdeckung	Beschreibung
1889	Recklinghausen FD von	Begriff „Hämochromatose" als pathologische Eisenablagerung in der Leber mit Leberzirrhose
1935	Sheldon JH	Hämochromatose als Krankheitsbild (Trias: Leberzirrhose, Diabetes, Hautkolorierung); Verdacht auf alkoholinduzierte Erkrankung
1964	Schumacher HR	Hämochromatose und Arthritis
1969	Williams R et al.	Einführung der Aderlaßtherapie
1975	Simon M	Hämochromatose ist HLA-assoziiert (A3, A3B7), autosomal-rezessiver Erbgang
1985	Niederau K et al.	Langzeitüberleben, Prognose bei Hämochromatose
1992	Gordeuk VR et al.	Nicht-HLA assoziierte genetische Eisenüberladung in Afrika
1996	Feder JN et al.	C282Y-Mutation im HFE als wahrscheinliche Ursache der hereditären Hämochromatose in etwa 90% der Patienten
1997		Mutiertes HFE-Protein bindet nicht an Transferrinrezeptor

Tabelle 3.4.3. Gene, die in mutierter Form den Eisenmetabolismus im Tiermodell und bei menschlichen Erkrankungen beeinflussen

Gen	Funktion	Phänotyp im Tier- bzw. Zellmodell	Phänotyp bei menschlichen Krankheiten
DCT1 (DMT1) (Gunshin et. al 1997)	Transport von Fe(II) durch Bürstensaummembran, endosomaler Eisentransport	mk-Maus (Fleming et al. 1997), mikrozytäre Anämie, intestinale Eisenmalabsorption; Belgrad-Ratte (Fleming et al. 1998), defekter endosomaler Eisentransport	? autosomal-rezessive therapieresistente Eisenmangelanämie (Buchanan u. Sheehan 1981, Hartman u. Baker 1996)
sla (Anderson et al. 1998)	Transport von Eisen durch die intestinale basolaterale Membran	sla-Maus (Anderson et al. 1998, Manis 1971); sex-linked anemia, mikrozytäre Anämie, intestinaler Mukosa-Plasma-Transfer gehemmt	?
Zäruloplasmin	Ferroxidaseaktivität, Eisentransport aus Zellen	Fet3p-Hefe-Homolog, Wachstumshemmung auf eisenarmem Medium (Askwith et al. 1994, 1998)	Azäruloplasminämie (Logan et al. 1994, Takahashi et al. 1996); fehlende Eisenmobilisierung, niedriges Serumeisen, Eisenüberladung im Gewebe
Transferrin (Arosio et al. 1989)	Eisentransport in Plasma und in Zellen hinein	hpx-Maus (Huggenvik et al. 1989): Hypotransferrinämie, mikrozytäre Anämie, parenchymale Eisenüberladung, gesteigerte Eisenaufnahme (Bernstein 1987, Craven et al. 1987)	Hypotransferrinämie (Fairbanks u. Beutler 1995, Goya et al. 1974) Anämie, parenchymale Eisenüberladung
L-Ferritin (Harrison u. Arosio 1996)	Eisenspeicherung	?	Hereditäre Hyperferritinämiekataraktsyndrom (Aguilar-Martinez et al. 1996, Girelli et al. 1995, Martin et al. 1998, Mumford et al. 1998)
Frataxin (Campuzano et al. 1996)	Mitochondrialer Eisentransport	Yfh1p-Hefe-Homolog: kein Wachstum auf nicht-fermentierbarem Kohlenstoffmedium bedingt durch mitochondriale Eisenüberladung (Babcock et al. 1997, Wilson u. Roof 1997)	Friedreich-Ataxie (Harding 1981, Lamarche et al. 1980, Rotig et al. 1997), Neurodegeneration und Kardiomyopathie
HFE/MS2 (Feder et al. 1996 1997, Lebron et al. 1998)	Bindet an Transferrinrezeptor (Feder et al. 1997, Lebron et al. 1998); ? reguliert intrazelluläre Eisenspiegel	β_2m$^{-/-}$-Maus (DeSousa et. al. 1994, Rothenberg u. Voland 1996, Santos et al. 1997), gesteigerte Eisenabsorption; parenchymale Eisenüberladung; HFE$^{-/-}$-Maus (Zhou et al. 1998): Eisenüberladung	Hereditäre Hämochromatose, gesteigerte Eisenaufnahme, parenchymale Eisenüberladung
hemox1,2 Typ 1 Typ 2	Hämoxigenasen: Abbau von zellulärem Häm zu Bilirubin, CO und freiem Eisen Schutz vor oxidativem Streß wichtig für Eisenrezyklierung bei oxidativem Streß	hemox1-Maus (Poss u. Tonegawa 1997): Anämie, Eisenüberladung im Gewebe; chronische Entzündung hemox2-Maus (Dennery et al. 1998): Lungensiderose	? ? idiopathische Lungensiderose (Dearborn 1997, Fairbanks u. Beutler 1995)

3.4.1.4.1 Porphyria cutanea tarda

Defekte der Uroporphyrinogendekarboxylase sind verantwortlich für diese häufigste Form der Porphyrie (Kushner et al. 1976). Betroffen sind v. a. die Leber (Akkumulation von Uroporphyrin) und die Haut (photosensitive, bullöse Dermatitis). Die Symptome beginnen meist im mittleren bis späteren Alter und werden durch bestimmte Faktoren wie z. B. Leberschädigung (Alkohol, Eisenüberladung, Östrogentherapie, virale Hepatitis) ausgelöst. Eine Eisenüberladung spielt dabei offenbar eine zentrale Rolle. In diesem Sinn verwundert es nicht, daß eine enge Korrelation zwischen dieser Porphyrieform und dem Vorhandensein der HFE-Mutation C282Y besteht (Roberts et al. 1997, Santos et al. 1997).

3.4.1.4.2 Afrikanische Eisenüberladung

Diese früher als „Bantu-Siderose" bezeichnete Krankheit wurde lange Zeit allein auf die nutritive

Eisenüberladung durch das traditionelle Trinken von großen Mengen selbstgebrauten Biers mit einem extrem hohen Eisengehalt (etwa 50 mg/l) zurückgeführt (Bothwell et al. 1964). Die histologische Eisenverteilung der Leber zeigt vorwiegend eine Eisenspeicherung in nicht-parenchymalen Zellen, ist also anders als bei der Hämochromatose. Neuere Arbeiten weisen darauf hin, daß möglicherweise ein genetischer Effekt eine wesentliche Rolle spielt, der nicht mit dem HLA-System assoziiert ist (Gordeuk et al. 1992, Moyo et al. 1998).

3.4.1.4.3 Neonatale Hämochromatose

Die neonatale Hämochromatose ist eine seltene, fast immer tödlich verlaufende Krankheit des Neugeborenen, die sich durch eine intrauterine Eisenbeladung parenchymaler Organe, besonders der Leber, auszeichnet.

Die meist vorhandene Leberzirrhose führt kurz nach der Geburt zum Tod (Goldfisher et al. 1981, Kniseley 1992). Es besteht keine Assoziation zum HLA-System, der betroffene Stoffwechseldefekt ist noch unbekannt. In einzelnen Fällen führte eine Lebertransplantation zu einer Lebensverlängerung.

3.4.1.4.4 Juvenile Hämochromatose

Die juvenile Hämochromatose ist eine seltene Form einer Eisenüberladung, die sich von der hereditären Hämochromatose durch einen frühzeitigen Beginn der klinischen Symptome, die größere Häufigkeit von kardialen Problemen und Hypogonadismus sowie den allgemein schwereren Verlauf unterscheidet. Todesfälle durch Herzversagen sind häufig (Kaltwasser et al. 1998). Bei der juvenilen Hämochromatose gibt es wahrscheinlich keine Assoziation mit dem HLA-System, die HFE-Mutationen fehlen (Camaschella et al. 1997, Kaltwasser et al. 1998). Es liegt hierbei also ein anderer Defekt als bei der Hämochromatose vor, was aufzeigt, daß neben HFE noch andere Proteine an der Regulation der Eisenabsorption beteiligt sein müssen.

3.4.1.4.5 Hereditäres Hyperferritinämie-Katarakt Syndrom

Dieses Syndrom wurde vor kurzem zur gleichen Zeit in Frankreich und Italien entdeckt (Aguilar-Martinez et al. 1996, Girelli et al. 1995, Martin et al. 1998, Mumford et al. 1998). Es ist durch einen familiengehäuften, frühzeitig einsetzenden, beidseitigen Katarakt und ein stark erhöhtes Serumferritin charakterisiert. Ursache ist eine Veränderung in der 5′ untranslatierten Region des IRE des L-Ferritin-Gens. Zur Zeit sind 6 verschiedene Mutationen im IRE bekannt, die zum selben Syndrom führen.

3.4.1.4.6 Friedreich-Ataxie

Die Friedreich-Ataxie (FA) ist eine autosomal-rezessiv vererbte neurodegenerative Erkrankung mit einer geschätzten Inzidenz von 1:50 000. Sie ist durch eine progressive Störung der Bewegungsabläufe und der Oberflächen- und Tiefensensibilität, eine hypertrophische Kardiomyopathie und durch ein erhöhtes Risiko für Diabetes mellitus charakterisiert (Harding 1981, Rotig et al. 1997). Die Symptome beginnen meist in der Pubertät, spätestens vor dem 25. Lebensjahr. Das mutierte Gen wurde kürzlich auf Chromosom 9 (9q13) identifiziert (Campuzano et al. 1996). Es kodiert für ein 210-AS-Protein, *Frataxin*. FA wird in 98% der Fälle durch eine Ausdehnung des „GAA-repeats" im 1. Intron des Frataxingens hervorgerufen. Die Funktion des Proteins ist nicht eindeutig geklärt, doch scheint Frataxin beim mitochondrialen Eisentransport eine entscheidende Rolle zu spielen (Babcock et al. 1997, Wilson et al. 1997); denn FA-Patienten zeigen eine myokardiale Siderose. In endokardialen Biopsien wurden verminderte Enzymaktivitäten des mitochondrialen FeS-Proteins und der Akonitase gefunden. Möglicherweise reguliert Frataxin ein mitochondriales Eisen-Carrier-System in der inneren Membran.

3.4.1.4.7 Hereditäre Atransferrinämie bzw. Hypotransferrinämie

Die Atransferrinämie ist eine extrem seltene Erkrankung, bei der die Serumspiegel für Transferrin und Eisen stark erniedrigt sind (Goya et al. 1974, Fairbanks u. Beutler 1995). Die intestinale Eisenabsorption ist erhöht, aber es wird nur wenig Eisen zum Ort der Erythropoese transportiert. Resultat ist eine schwere Parenchymsiderose verbunden mit einer stark hypochromen und mikrozytären Anämie. Die betreffende Genveränderung ist bisher nicht identifiziert. Im Tiermodell gibt es eine Transferrin-defiziente Maus, bei der die Transferrindefizienz durch einen Spleißdefekt in der Transferrin-mRNA bedingt ist (Huggenvik et al. 1989, Bernstein 1987, Craven et al. 1987).

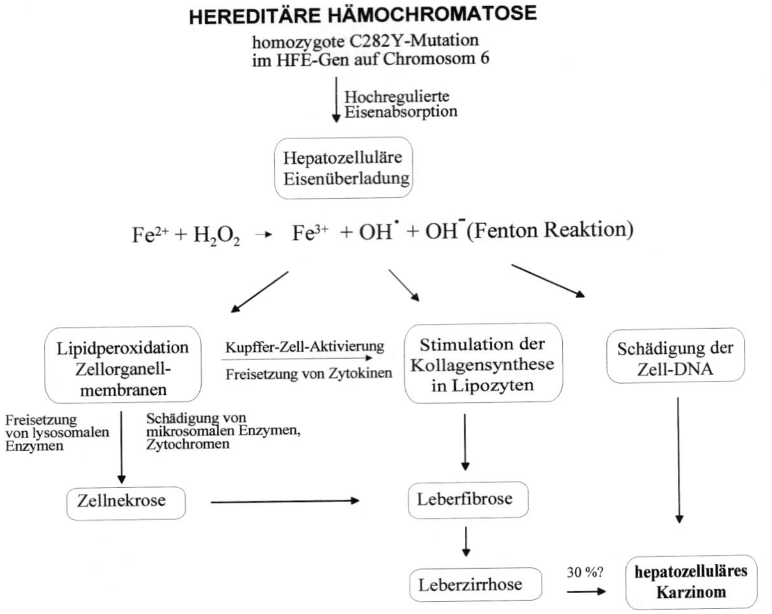

HEREDITÄRE HÄMOCHROMATOSE
homozygote C282Y-Mutation
im HFE-Gen auf Chromosom 6

↓ Hochregulierte Eisenabsorption

Hepatozelluläre Eisenüberladung

$Fe^{2+} + H_2O_2 \rightarrow Fe^{3+} + OH^{\bullet} + OH^{-}$ (Fenton Reaktion)

Lipidperoxidation Zellorganellmembranen → Kupffer-Zell-Aktivierung / Freisetzung von Zytokinen → Stimulation der Kollagensynthese in Lipozyten → Schädigung der Zell-DNA

Freisetzung von lysosomalen Enzymen | Schädigung von mikrosomalen Enzymen, Zytochromen

Zellnekrose → Leberfibrose → Leberzirrhose → 30 %? → hepatozelluläres Karzinom

Abb. 3.4.4. Mögliche Ereigniskaskade der Leberzellschädigung bei hereditärer Hämochromatose mit chronischer Eisenüberladung

3.4.1.4.8 Hereditärer Zäruloplasminmangel

Zäruloplasmin ist ein Kupfertransportprotein, welches auch für die Oxidation von Fe(II) zu Fe(III) zuständig ist. Es spielt dadurch offenbar eine wichtige Rolle bei Transport von Eisen aus Zellen heraus.

Ein Mangel an Zäruloplasmin führt zu einer Eisenakkumulation in verschiedenen Geweben. Das klinische Erscheinungsbild geht mit einer zerebellaren Ataxie, Demenz, Retinapigmentdegeneration, Diabetes und Hämochromatose einher (Logan et al. 1994, Takahashi et al. 1996). Eine schwere Eisenüberladung wird in Basalganglien, Hepatozyten und Pankreas gefunden. In den meisten Fällen zeigt sich auch eine milde hypochrome und mikrozytäre Anämie.

3.4.2 Beschreibung des Krankheitsbilds

3.4.2.1 Pathomechanismus der Eisentoxizität

Hinweise auf eine eiseninduzierte Zell- und Organschädigung ergeben sich aus Studien in Patienten mit genereller Eisenüberladung (primäre und sekundäre Hämosiderose), aus Versuchen mit experimenteller Eisenüberladung an Versuchstieren oder Zellkulturen oder nach Beobachtung von lokalen, intramuskulären Schäden nach der therapeutischen Injektionen von Eisenverbindungen an Mensch und Versuchstier.

Der genaue Mechanismus der toxischen Wirkung von Eisen auf verschiedene Gewebe ist im Detail nicht abschließend bekannt. In der Leber, die in fast allen Fällen einer Eisenüberladung frühzeitig betroffen ist, kann die eiseninduzierte Zellschädigung bekanntermaßen zu Leberfibrose, Leberzirrhose und in schweren Fällen auch zum primären Leberzellkarzinom führen. Auf molekularer Ebene ist möglicherweise die Oxidation von mehrfach ungesättigten Fettsäuren in Phospholipiden von Zell- oder Zellorganellmembranen der zentrale Schritt auf dem Weg zu einer chronischen Zellschädigung (Abb. 3.4.4). Durch diese Lipidperoxidation wird die Integrität von Zellen und Zellorganellen, z.B. Lysosomen, gestört. Auch der Ausfall von membrangebundenen Enzymen, die Freisetzung von lysosomalen Enzymen oder die toxische Wirkung von Abbauprodukten der Lipide können zu Zellschäden führen. Eisen spielt dabei in vitro und wahrscheinlich auch in vivo eine katalytische Rolle (Fenton-Reaktion) bei der Generation der hochreaktiven Hydroxylradikale ($^{\bullet}OH$), die üblicherweise als Haber-Weiss-Reaktion

$$H_2O_2 + O_2^- \Rightarrow O_2 + OH^- + {}^{\bullet}OH \qquad (1)$$

formuliert wird (Imlay et al. 1988).

Tabelle 3.4.4. Klinische Symptomatik bei hereditärer Hämochromatose

Klinische Symptome	Niederau et al. 1985 [%]	Adams et al. 1997 [%]	Eigene Daten 1998 [%]
Leberzirrhose	69	22	10
Diabetes	–	14	5
Arthropathie	43	29	35
Impotenz	55	40	5
Hautkolorierung	75	38	22
Asymptomatisch	–	27	35
Keine Eisenüberladung	–	–	15

3.4.2.2 Klinisches Bild der Hämochromatose

Bedingt durch die progressive Eiseneinlagerung in parenchymale Organe kann es meist im höheren Lebensalter (ab 40–50 Jahren) zu vielfältigen klinischen Symptomen kommen (Tabelle 3.4.4). Die Lebereisenkonzentration ist ein guter Anhaltspunkt für das Ausmaß der individuellen Eisenspeicherung. Es besteht eine Korrelation zwischen dem Lebereisengehalt und der Häufigkeit von Leberzirrhose, Diabetes und Hautpigmentierung. Dieser Zusammenhang ist für die Arthropathie, die v. a. die Metakarpophalangealgelenke der Finger betrifft und in einige Fällen erst nach erfolgter Eisenentzugstherapie erstmals auftritt, nicht gegeben.

Auffällig ist, daß die Häufigkeit von irreversiblen Schäden (Leberzirrhose, Diabetes) bei Diagnosestellung in den letzten Jahren stark rückläufig ist. In unserem eigenen Patientenkollektiv, welches in den letzten 8 Jahren diagnostiziert worden ist, fanden sich nur noch in etwa 10% der Fälle eine Leberzirrhose. Dies ist eindeutig auf die verbesserte Diagnostik zurückzuführen.

Heute fallen bei der Abklärung von Beschwerden und Krankheiten auf der Ebene Hausarzt/Krankenhaus meist erhöhte Laborwerte (Serum-Fe, Serumferritin) auf, bevor es zu schweren Organschäden kommt. Viele Patienten sind klinisch völlig asymptomatisch und zeigen nur eine leichte bis mittelgradige Eisenüberladung. Ein gewisser Teil (15–20%) der genotypisch homozygot Betroffenen ist im klassischen Sinn überhaupt nicht eisenüberladen. Dies war in früheren Patientenkollektiven anders, wo überhaupt nur die Fälle mit phänotypisch schwerer klinischer Ausprägung zur Diagnose kamen.

3.4.2.3 Therapie und Prognose der hereditären Hämochromatose

Die erschöpfende Aderlaßtherapie (etwa 500 ml Blutentzug=250 mg Eisen/Woche) ist die effektivste Behandlungsmöglichkeit bei der erblichen Eisenspeicherkrankheit. Es wird solange therapiert, bis sich eine leichte Eisenmangelanämie (Hb stabil <11 g/dl) einstellt. Nach einer Therapiepause von etwa 6–12 Monaten wird dann nach Wiederanstieg der empfindlichen Blutparameter (Serum-Fe, Transferrin-Fe-Sättigung) eine Erhaltungstherapie (3–6 Aderlässe/Jahr) durchgeführt, um die weiter überschüssig aufgenommenen Eisenmengen sofort wieder zu entfernen und somit einer Reakkumulation von Eisen dauerhaft entgegenzuwirken. Die Aderlaßtherapie ist sehr sicher und in fast allen Fällen als gut verträglich bekannt. Bei bereits schwerkranken Patienten, die eine Aderlaßtherapie anfangs nicht tolerieren, kann alternativ sehr erfolgreich eine Therapie mit dem Eisenchelator *Deferoxamine* durchgeführt werden.

Die unspezifischen Symptome wie Schwäche, Lethargie sowie Hautpigmentierung sprechen gut auf die Aderlaßtherapie an. Auch erhöhte Leberindikatorenzyme normalisieren sich oft rasch unter der Aderlaßtherapie, als Zeichen dafür, daß eine noch nicht irreversibel geschädigte Leber sich schnell erholen kann. Berichte, daß bei Hämochromatose auch eine Leberzirrhose reversibel sein soll, sind allerdings kaum glaubwürdig. Auch ein Diabetes mellitus, eine Arthopathie und auch Impotenz sind meist nicht reversibel, allerdings ist in vielen Fällen mit einer Stabilisierung der Krankheitssymptome zu rechnen. Liegt z. B. bereits eine Leberzirrhose bei Hämochromatose vor, so ist unter Aderlaßtherapie diese Organschädigung deutlich weniger progressiv als bei Leberzirrhosen anderer Ursache, z. B. aufgrund von chronischem Äthanolabusus.

Die Prognose bei unbehandelter hereditärer Hämochromatose mit vorliegenden schweren Organschäden (Leberzirrhose, Diabetes) ist schlecht. Einschränkend muß heute allerdings gesagt werden, daß möglicherweise nur ein Teil der genetisch betroffenen Probanden wirklich schwere Organschäden ausbildet. In der Vorinsulinära starben die klinisch betroffenen Patienten meist am diabetischen Koma (Sheldon 1935). Weitere häufige Todesursachen waren früher Kardiomyopathie und hepatozelluläres Karzinom. Durch die Einführung der Aderlaßtherapie hat sich die Lebenserwartung der Patienten mit Hämochromatose wesentlich verbessert (Finch u. Finch 1966, Niederau 1985).

2 umfangreiche Studien zur Langzeitprognose von Hämochromatosepatienten sind in der Literatur bekannt (Niederau et al. 1985, Adams et al. 1991). Die Studie aus Düsseldorf wurde unlängst aktualisiert (Niederau et al. 1996). Aus den Ergebnissen ergibt sich, daß die Überlebensrate von Hämochromatosepatienten gegenüber einer geschlechts- und altersangepaßten Gruppe von Normalpersonen erniedrigt ist. Wird allerdings nur die Gruppe der Patienten betrachtet, die bei der Diagnosestellung noch keine schweren Organschäden, wie Leberzirrhose oder Diabetes, aufwiesen, so ist deren Lebenserwartung im Vergleich zur Normalbevölkerung unbeeinflußt.

3.4.3 Molekularbiologische Grundlagen

In einer sehr aufwendigen Suchaktion wurde 1996 von der amerikanischen Fa. Mercator Genetics, die eigens zu diesem Zweck gegründet wurde, das wahrscheinliche Hämochromatosegen (HFE) mittels „positional cloning" lokalisiert und die für die Krankheit ursächliche Punktmutation identifiziert (Feder et al. 1996, 1997, 1998). Es wurden insgesamt 45 Genmarker benutzt, um jeweils 101 Patienten und 64 Kontrollen zu genotypisieren. Durch Haplotypanalyse wurde versucht, historische Rekombinationen aufzuspüren und ein Bild vom Ursprungschromosom (ancestral chromosome) zu erhalten. Chromosomen von 15 der Patienten entsprachen noch dem Ursprungschromosom. Diese wurden für die weitere Analyse herangezogen. Durch punktweise Analyse wurde eine Region des maximalen „linkage disequilibrium" identifiziert, die in allen diesen Chromosomen vorhanden war und die das Hämochromatosegen enthalten mußte. Diese Methode wurde bereits früher bei der Analyse von anderen Gendefekten erfolgreich eingesetzt (Hästbacka et al. 1994). In dieser minimalen Region von 250 kb wurden insgesamt 15 Gene identifiziert, darunter eines mit Aminosäuresequenzähnlichkeit zu HLA-A2. Auf der Suche nach Sequenzabweichungen in diesem Bereich, die häufiger in der Patientengruppe vorhanden waren, fand sich ein Basenaustausch in diesem MHC-Klasse-I-ähnlichen Gen. 85% aller Patientenchromosomen trugen diese Mutation gegenüber 3,2% aus der Kontrollgruppe. Wegen der Ähnlichkeit zu HLA-A-Genen wurde dieses neue Gen von den Erstbeschreibern HLA-H genannt. Dieser Name war aber bereits vorher vergeben, so daß nach kurzer Zeit die jetzt gültige Nomenklatur HFE eingeführt wurde.

Im HFE-Gen von Patienten mit Hämochromatose wurde eine Punktmutation gefunden, bei der eine Transition von Guanin 845 zu Adenin vorliegt. Dies führt im korrespondierenden Polypeptid zu einem Aminosäureaustausch von Cystein 282 zu Tyrosin (Cys282Tyr bzw. C282Y). Die Primärstruktur des zugehörigen Proteins ähnelt sehr dem Antigen-präsentierenden HLA-A-Protein,

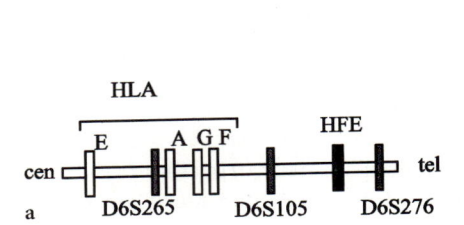

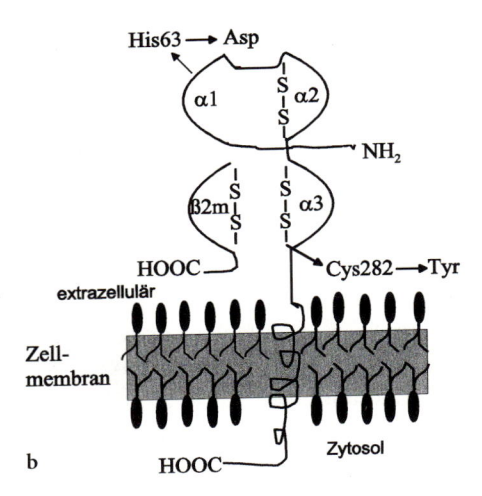

Abb. 3.4.5 a, b. HFE-Gen, **a** HFE-Gen im Bereich der MHC-Klasse-I-Antigene in der „human leukocyte antigen region" (*HLA*) auf Chromosom 6p21.3, *gefüllte Vierecke* Mikrosatellittenmarker, *offene Vierecke* HLA-Gene. Das HFE-Gen liegt danach 3 Mb telomer vom HLA-A. **b** Schematische Darstellung des HFE-Genprodukts in Analogie zu den bekannten MHC-Klasse-I-Proteinen mit einer α_1- und α_2-Domäne als peptidbindende Region, der Immunglobulin-ähnlichen α_3-Domäne, an der nichtkovalent β_2-Mikroglobulin bindet. Die C282Y-Mutation verhindert die Anbindung von β_2-Mikroglobulin

zeigt aber nicht dessen Polymorphismus. Von der Primärstruktur kann abgeleitet werden, daß das HFE-Protein β_2-Mikroglobulin nichtkovalent bindet (Abb. 3.4.5). Offenbar wird durch diese Mutation die Bindung von β_2-Mikroglobulin an das HFE-Genprodukt blockiert (Feder et al. 1996, Lebron et al. 1998). Dies stimmt sehr gut mit der Beobachtung überein, daß für β_2-Mikroglobulin defiziente Mäuse spontan eine Hämochromatose-ähnliche Eisenüberladung entwickeln (DeSousa et al. 1994, Rothenberg u. Voland 1996, Santos et al. 1997). Inzwischen gibt es auch eine HFE-Gen-Knockout-Maus, die bezüglich gesteigerter intestinaler Eisenaufnahme und parenchymaler Eisenüberladung genau der hereditären Hämochromatose beim Menschen entspricht (Zhou et al. 1998).

Der erste Hinweis auf die direkte Verknüpfung des HFE-Gens mit dem Eisenstoffwechsel ergab sich durch die Beobachtung, daß das HFE-Protein mit dem Transferrinrezeptor einen Komplex bildet und offenbar die Affinität des TfR zu Transferrin herabsetzt. Das C282Y-mutierte Protein zeigt diese Bindung und Wirkung nicht (Feder et al. 1996, Lebron et al. 1998).

Eine 2. Mutation im HFE-Gen, Histidin 63 zu Asparaginsäure (H63D) kommt zu etwa 15% in der Normalbevölkerung vor, offenbar aber nicht zusammen mit der C282Y-Mutation in einem Allel (Feder et al. 1996). Bei Personen mit klinischem Verdacht auf hereditäre Hämochromatose wurden in einigen Studien signifikant häufiger heterozygote Genträger für die C282Y-Mutation gefunden, die auch für die H63D-Mutation heterozygot waren. Möglicherweise führt diese Compound-Heterozygotie ebenfalls zu einer klinisch relevanten Eisenüberladung (Feder et al. 1996). Es bleibt abzuwarten, ob die H63D-Mutation im Rahmen der erblichen Eisenspeicherkrankheit bzw. bei Lebererkrankungen mit evtl. begleitender leichter Eisenüberladung eine pathophysiologische Relevanz besitzt und damit auch langfristig eine diagnostische Bedeutung gewinnen wird.

Die Nomenklatur für die HFE-Mutationen ist z. Z. wohl noch nicht endgültig festgelegt. Kürzlich wurde eine neue Zählweise für das Protein vorgeschlagen, die an der Aminosäure 1 des reifen Proteins beginnt. Dadurch ändern sich die Bezeichnung für die Mutationen Cys282 in Cys260 und His63 in His41 (Lebron et al. 1998).

Das HFE-Gen wird in allen Geweben exprimiert (Leber, Duodenum, Herz, Pankreas), die bei der Hämochromatose eine Rolle spielen (Feder et al. 1996). Der genaue Mechanismus, wie das HFE-Genprodukt in die Regulation der intestinalen Eisenabsorption eingreift, ist bisher ungeklärt. Das Nahrungseisen setzt sich aus 2 verschiedenen Eisen-Pools zusammen, dem Hämeisen- und dem nicht-Hämeisen-Pool. Der Hauptabsorptionsort für alle Eisenformen sind das Duodenum und das obere Jejunum. Hämeisen aus Fleisch wird über spezifische mukosale Bürstensaumrezeptoren gebunden und aufgenommen. Der geschwindigkeitsbestimmende Schritt in der Hämeisenabsorption ist der Abbau von Häm durch eine Hämoxygenase in der Mukosazelle. Aus dem Befund, daß die Applikation von hohen Dosen Hämeisen die Absorption von nicht-Hämeisen hemmt und umgekehrt, wird gefolgert, daß das aus Hämeisen freigesetzte Eisen in den gleichen intrazellulären Eisen-Pool eingespeist wird wie Eisen aus der nicht-Hämeisenabsorption. Für Laktoferrin existiert ebenfalls ein spezifischer Rezeptor, der für die gute Verwertung von Eisen aus der Muttermilch sorgt (Kawakami u. Lönnerdal 1991). Es gibt Hinweise, daß beim mukosalen Uptake von nicht-Hämeisen mehrere Aufnahmewege nebeneinander existieren (Abb. 3.4.6). So könnte es neben einem nicht-sättigbaren, niederaffinen Mechanismus einen sättigbaren Weg über einen hochaffinen, spezifischen Rezeptor mit einer linearen Aufnahme von Eisen, insbesondere bei höheren Eisenkonzentrationen, geben (Srai et al. 1988). Kürzlich wurde an der Ratte ein Transporter für divalente Kationen (divalent cation transporter, DCT1; zukünftiger Name wahrscheinlich divalent metal transporter, DMT1) gefunden und kloniert (Gunshin et al. 1997). Das 561-Aminosäuren-Protein bewirkt einen Protonen-vermittelten Kationentransport für Fe^{2+}, Zn^{2+}, Mn^{2+}, Co^{2+}, Cd^{2+}, Cu^{2+}, Ni^{2+} und Pb^{2+}. Die Genexpression findet in zahlreichen Geweben statt, v. a. im proximalen Duodenum. Ein Äquivalent ist beim Menschen z. Z. noch nicht beschrieben, doch es erscheint sehr naheliegend, daß dieser Kationentransporter einen generellen Absorptionsmechanismen für ionisches Eisen darstellen könnte.

DCT1 ist essentiell für den normalen intestinalen Eisentransport in der Ratte und der Maus. Es ist naheliegend, daß die Expression oder die Aktivität von DCT1 bei hereditärer Hämochromatose beeinträchtigt sein könnten. Denkbar wäre aber auch, daß die Wirkung von HFE bei Hämochromatosepatienten nur am basolateralen Abtransport von Eisen aus dem Enterozyten ins Blut (z. B. am Transferrinrezeptor) angreift bzw. beschleunigend wirkt und dadurch auch Eisen über den unveränderten DCT1 in die Darmmukosazelle aufgenommen wird.

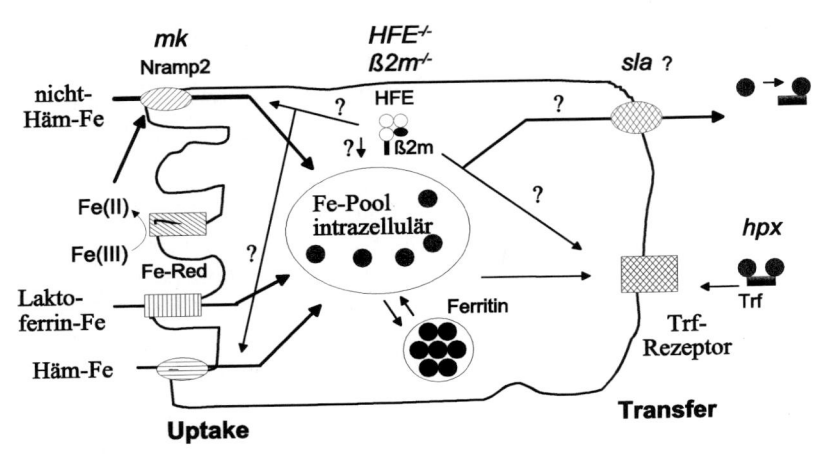

Abb. 3.4.6. Schema der intestinalen Eisenabsorption beim Menschen. Es sind Genprodukte und relevante Tiermodelle dargestellt (Mausmodelle: *mk* mikrozytäre Anämie, *sla* sex linked anemia; *hpx* Hypotransferrinämie; $\beta_2m^{-/-}$ β_2-Mikroglobulin-Knockout, $HFE^{-/-}$ HFE-Knockout)

Momentan ist unklar, was die genau physiologische Funktion von HFE beim Gesunden ist. Unklar ist auch, wie die große Variabilität der individuellen Eisenspeicherung bei verschiedenen Patienten mit Hämochromatose erklärt werden kann. Ob dies allein durch unterschiedliche äußere Faktoren (Nahrungseisenangebot) erklärbar ist oder ob zusätzliche genetische Faktoren beteiligt sind, bleibt abzuwarten.

3.4.4 Genetik

Die hereditäre Hämochromatose ist eine häufige, wenn nicht die häufigste, genetisch bedingte Krankheit der kaukasischen Bevölkerung Nordeuropas, Amerikas und Australiens. Die Homozygotenfrequenz (q^2) ist ungefähr 1:400 Personen in der Normalbevölkerung. Die Genfrequenz (q) beträgt 1:20, die Heterozygotenhäufigkeit (2pq, Hardy-Weinberg-Gleichgewicht) ist 1:10 Normalpersonen (Powell 1994). Die Häufigkeit der erblichen Eisenspeicherkrankheit ist damit weit größer als die der Phenylketonurie, der Zystischen Fibrose und der Muskeldystrophie zusammengenommen. Die Inzidenz der Hämochromatose ist z. B. in den USA größer als das Auftreten von Aids. Die Genhäufigkeit legt nahe, daß die heterozygote Form einen Selektionsvorteil in der Evolution geboten haben könnte. Denkbar wäre, daß eine leicht positive Eisenbilanz bei Heterozygoten während ausgedehnter Hungerphasen, bei häufigen Schwangerschaften oder bei verbesserter Abwehr gegen Infektionen hilfreich gewesen sein mag.

In nicht-kaukasischen Bevölkerungen (Uraustralier, Chinesen) ist die Häufigkeit deutlich geringer (Genfrequenz 0,38%) (Cullen et al. 1998). In diesen Völkern ist die Hämochromatosemutation wahrscheinlich durch Vermischung mit Kaukasiern schon in früher Zeit eingewandert.

Durch Studien von Marcel Simon in Frankreich wurde deutlich, daß es sich bei der hereditären Hämochromatose um eine autosomal-rezessiv vererbte Krankheit handelt (Simon et al. 1977). Dies ergab sich aus der Tatsache, daß eine starke Assoziation der Krankheit mit dem HLA-A3-Antigen auf Chromosom 6 besteht. 75% der Hämochromatosepatienten einer Serie waren A3-positiv gegenüber 25% in der Kontrollgruppe. Innerhalb von Familien konnte durch die HLA-Typisierung (A- und B-Locus) die Vererbung des Hämochromatosegens genau verfolgt werden. Weitere Studien führten zu der Annahme, daß es sich bei der Hämochromatose um eine singulär aufgetretene Veränderung der DNA handeln muß. Das Ursprungshämochromatosegen entstand wahrscheinlich in der Steinzeit auf einem Chromosom mit dem zufälligen HLA-Haplotyp A3 B7.

Durch seltene Rekombinationsereignisse ergibt sich heute bei einem Teil der Patienten die Situation, daß das Hämochromatoseallel nicht mit A3 assoziiert ist, sondern mit anderen A-Antigenen. Deshalb ist die HLA-Typisierung in der Normalbevölkerung keine geeignete Screening-Methode auf die Hämochromatose.

Es wurde versucht, den Urpatienten lokal einzugrenzen. Die wahrscheinlichste Annahme geht von einem keltischen Vorfahren in der Bretagne aus, und die Verbreitung der Krankheit in der kaukasi-

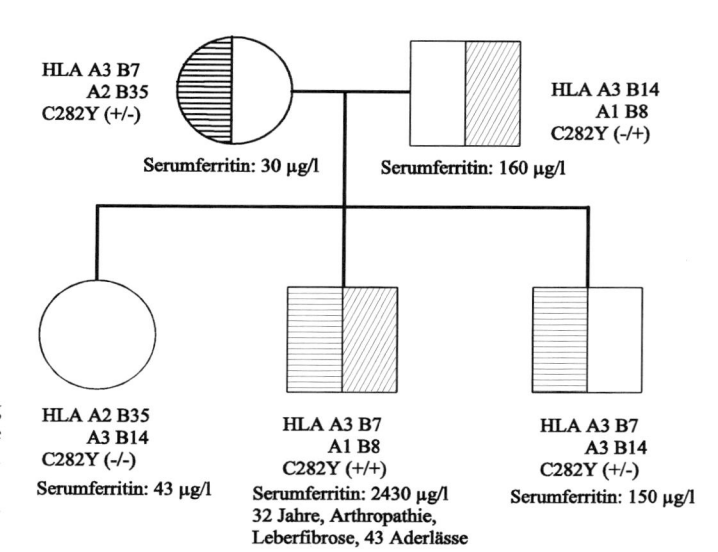

Abb. 3.4.7. Typischer autosomal-rezessiver Erbgang bei hereditärer Hämochromatose. Beide Elternteile sind heterozygote Genträger und asymptomatisch. Die Vererbung der Hämochromatoseallele wird angezeigt durch die HLA-Haplotypen oder neuerdings durch den C282Y-Genotyp

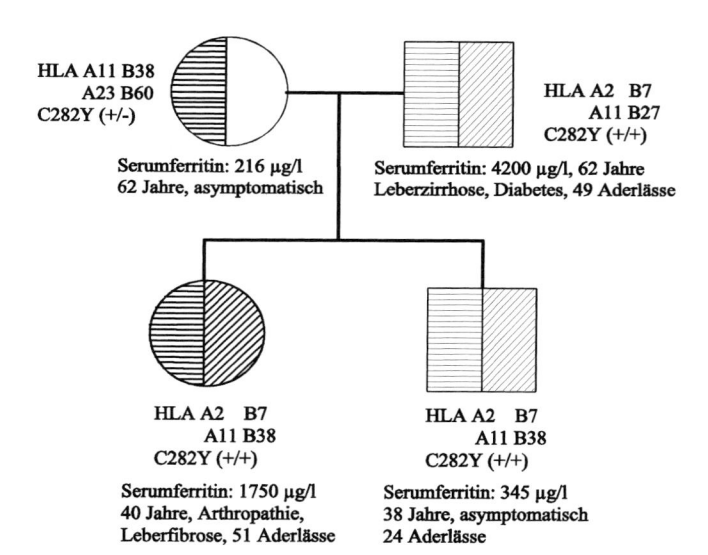

Abb. 3.4.8. Pseudoautosomal-dominante Vererbung der hereditären Hämochromatose in einer Familie, in der ein Elternteil Genträger (wie üblich), der andere Elternteil aber selbst homozygot betroffen ist. Für jedes Kind resultiert in diesem Fall eine Chance von 50%, homozygot (wie in dieser Familie beide Kinder) betroffen zu sein (Alter, Laborwerte jeweils bei Diagnosestellung)

schen Bevölkerung folgt der Keltenwanderung (Simon et al. 1980, Mercier et al. 1998).

Abb. 3.4.7 zeigt die autosomal-rezessive Vererbung in einem typischen Fall, in dem beide Elternteile des Patienten heterozygote Genträger sind. Für jedes der Geschwister resultiert nach dem Mendel-Erbgesetz eine Wahrscheinlichkeit von 25%, ebenfalls homozygot betroffen zu sein. Mit 25%iger Wahrscheinlichkeit ist ein Geschwisterteil reinerbig, zu 50% ein heterozygoter Genträger.

Die für Familienuntersuchungen bis vor kurzer Zeit so wertvolle HLA-Typisierung wird zukünftig auch aus Kostengründen wohl ganz zugunsten der direkten HFE-Mutationsdiagnostik (C282Y-Mutation) aufgegeben werden.

Ein Beispiel einer pseudoautosomal-dominanten Vererbung zeigt die Familie in Abb. 3.4.8. Hier sind der Vater und beide Kinder in homozygoter Form betroffen. Diese Konstellation ist möglich, wenn die Mutter auch zufällig Genträger für die Hämochromatose ist, so daß in der Elterngeneration 3 von 4 Chromosomen mutiert sind. Bei der Heterozygotenhäufigkeit von etwa 1:10 in der Normalbevölkerung ist diese Möglichkeit nicht einmal so unwahrscheinlich, so daß eine entsprechende Familienuntersuchung nicht nur auf die leiblichen Geschwister, sondern auch auf Kinder bzw. Eltern auszurichten ist.

3.4.5 Klassische Diagnostik

Beim Verdacht auf Eisenüberladung gibt es eine Reihe von indirekten und direkten Laborparametern, die zur Diagnosenstellung wichtig sind und in einem bestätigten Fall über das Maß der individuell vorliegenden Eisenüberladung Auskunft geben können. Indirekte Laborparameter sind als Folge der Eisenüberladung verändert. Direkte Parameter weisen bei der hereditären Hämochromatose unmittelbar den Gendefekt oder die Fehlfunktion des mutierten Proteins nach oder quantifizieren die exzessive Eisenspeicherung in verschiedenen Geweben.

3.4.5.1 Indirekte diagnostische Parameter

Die indirekten Parameter im Blut wie z. B. Serumeisen, Transferrineisensättigung, Transferrin oder die totale Eisenbindungskapazität sind empfindliche Parameter, die bereits frühzeitig im Krankheitsverlauf pathologisch verändert sind. Allerdings gibt es keine Korrelation mit dem Grad der vorliegenden Eisenüberladung. Das Serumferritin ist bei allen Formen von Eisenüberladung ein sehr wertvoller Parameter, weil sein Wert intraindividuell mit zunehmender Eisenüberladung ansteigt. Im Bereich Eisenmangel und bei normalen Eisenspeichern kann Serumferritin in guter Näherung sogar quantitativ in Speichereisen umgerechnet werden:

Ein Anstieg des Serumferritins um 1 µg/l entspricht 8 mg Speichereisen (Walters et al. 1973).

Bei Patienten mit Eisenüberladung ist allerdings zu beachten, daß die Korrelation zwischen Serumferritin und den individuell erhöhten Eisenspeichern im Einzelfall schlecht sein kann. Auch werden häufig falsch-erhöhte Werte (z. B. bei akutem Leberzellschaden, Entzündung, Tumor, usw.) gemessen. Anhand der umfassenden klinischen Erfahrung mit Hämochromatose ist bekannt, daß bei einem gegebenen Patienten die im Körper akkumulierte Speichereisenmasse mit der Zeit zunimmt. Bei der Bewertung der bei der Eisenüberladung veränderten Laborparameter ist somit das Lebensalter unbedingt zu berücksichtigen (Tabelle 3.4.5).

3.4.5.2 Direkte diagnostische Parameter

Bei den direkten diagnostischen Parametern war die klassische Referenzmethode zur Bestätigung einer Eisenüberladung bisher die Leberbiopsie. Bei einer Hämochromatose im Anfangsstadium findet sich eine betont parenchymale Speicherung von Eisen in Form von Berliner-Blau-anfärbbarem Ferritin- und Hämosidereineisen. Im Frühstadium sind Kupffer-Zellen und Sinusendothelzellen noch weitgehend eisenfrei. Bei schwergradiger Hämochromatose findet sich dann aber eine gleichmäßige Verteilung von überschüssigem Speichereisen.

Tabelle 3.4.5. Typische diagnostische Parameter bei hereditärer Hämochromatose

Grad der Eisenüberladung	Diagnostischer Parameter	Typische Werte	Normalbereich
Alle Stadien	C282Y-Mutation	(+/+); evtl. (+/−) in Verbindung mit H63D (+/−)	(−/−)
Frühes (leichtes) Stadium (Lebensalter: 20–30 Jahre)	Erhöhte ^{59}Fe-Absorption	>50%	10–50%
	Erhöhtes Serumeisen	>170 µg/dl	65–170 µg/dl
	Erhöhte Transferrineisensättigung	>52%	20–52%
	Leicht erhöhtes Serumferritin	100–300 µg/l	35–235 µg/l
	Normal bis leicht erhöhtes Lebereisen	0,5–1,0 mg/g	0,1–0,5 mg/g
Mittleres Stadium (Lebensalter: 30–40 Jahre)	Relativ erhöhte ^{59}Fe-Absorption	>40%	10–50%
	Erhöhtes Serumeisen	>170 µg/dl	65–170 µg/dl
	Erhöhte Transferrineisensättigung	>90%	20–52%
	Erniedrigte TEBK	<250 µg/dl	240–380 µg/dl
	Erhöhtes Serumferritin	>300 µg/l	35–235 µg/l
	Erhöhtes Lebereisen	1,0–2,0 mg/g	0,1–0,5 mg/g
Fortgeschrittenes (schweres) Stadium (Lebensalter: 40–60 Jahre)	Relativ erhöhte ^{59}Fe-Absorption	>30%	10–50%
	Erhöhtes Serumeisen	>200 µg/dl	65–170 µg/dl
	Erhöhte Transferrineisensättigung	100%	20–52%
	Erniedrigte TEBK	<250 µg/dl	240–380 µg/dl
	Stark erhöhtes Serumferritin	1000–10 000 µg/l	35–235 µg/l
	Erhöhtes Lebereisen	2,0–10,0 mg/g	0,1–0,5 mg/g

Histologisch ist eine Abschätzung der Siderose in Form eines Scoring-Systems möglich (Scheuer et al. 1962, Brissot et al. 1981). Die Diagnose einer Hämochromatose allein aus der Leberbiopsie ist allerdings bekanntermaßen problematisch (Bartolo 1998). Genauer ist die chemische Bestimmung von Eisen aus dem Biopsiematerial (Bassett et al. 1986, Bonkovsky et al. 1990). Die Lebereisenkonzentration ist das beste Maß zur Einschätzung der individuell vorliegenden Eisenüberladung. Wird das Lebensalter berücksichtigt, so läßt sich ein hepatischer Eisenindex errechnen, der bei Patienten mit homozygoter Hämochromatose in charakteristischer Weise erhöht ist und sich von dem bei Normalpersonen, heterozygoten Genträgern und Probanden mit äthanolischer leichter Lebersiderose unterscheidet.

Die Lebereisenkonzentration kann auch nichtinvasiv gemessen werden, so daß die invasive Leberbiopsie überflüssig wird. Im Rahmen von Studien können die Eisenablagerungen im Herzmuskel oder in der Darmmukosa analysiert werden. Die Eisenablagerung im Herzen ist bei Eisenüberladungserkrankungen deshalb von besonderer Bedeutung, weil ein Herzversagen die häufigste Todesursache sowohl bei der hereditären Hämochromatose als auch bei Posttransfusionssiderosen darstellt (Buja u. Roberts 1971, Cutler et al. 1980). Der genaue pathophysiologische Mechanismus, der zum klinischen Bild der Kardiomyopathie oder Arrhythmie führt, ist aber noch unklar. Wegen des invasiven Charakters der Untersuchung ist die Indikation für eine Herzmuskelbiopsie beim Verdacht auf hereditäre Hämochromatose natürlich sehr begrenzt gegeben.

Weniger belastend ist eine Biopsie aus Magen bzw. Duodenum. Es zeigt sich dabei ein deutlicher Unterschied zwischen Hämochromatose und sekundären Siderosen (Düllmann et al. 1991). Bei der Hämochromatose ist der Eisengehalt in Plasmazellen erhöht, nicht aber in Makrophagen der Darmschleimhaut; während sich bei Posttransfusionssiderosen eine massive makrophageale Eisenspeicherung findet. Genau diese Differentialdiagnose ist bei der Abklärung einer fraglichen Hämochromatose in der Praxis aber relativ unwichtig, denn Patienten mit sekundären Siderosen sind durch die Vorgeschichte (Polytransfusion, „ironloading anemia") eigentlich immer bekannt. Für die Routinediagnostik ist deswegen auch die Magen- bzw. Darmbiopsie eher ungeeignet.

Unter Verwendung einer ^{59}Fe-markierten Testverbindung und eines Ganzkörperzählers kann die Hochregulation der intestinalen Eisenabsorption bei Patienten mit hereditärer Hämochromatose in der Aufladephase direkt gemessen werden (Marx 1979, Heinrich 1983, McLaren et al. 1991). Ähnlich wie im Eisenmangel wird bei Hämochromatose aus einer Testdosis von <1 mg Fe typischerweise eine Ganzkörperretention von >50% gemessen, der Mukosa-Plasma-Transfer ist ebenfalls hoch (90–100%). Bei Patienten mit fortgeschrittener Eisenüberladung findet dann allerdings doch eine Herunterregulation statt (Absorption: 30–40% der Testdosis). Ein signifikanter Unterschied zu Normalpersonen bleibt jedoch immer noch erhalten.

3.4.5.3 Nichtinvasive Messung der Gewebeeisenüberladung

In den letzten Jahren sind 3 Methoden zur nichtinvasiven Lebereisenquantifizierung untersucht worden, Computertomographie (CT), Magnetreso-

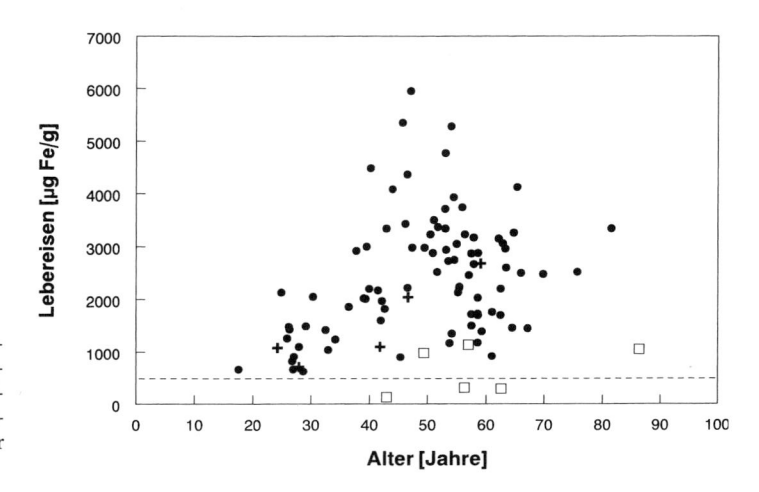

Abb. 3.4.9. Lebereisenkonzentration bei Hämochromatosepatienten mit typischer Eisenüberladung. *Gefüllte Kreise* homozygot für die C282Y-Mutation, *Kreuze* heterozygot für C282Y, *offenene Vierecke* homozygot für H63D, --- oberer Normalwert (500 µg/g)

nanztomographie (MRT) und SQUID-Biomagnetometrie (BM). In der Computertomographie zeigt sich eine schwere Lebersiderose durch einen Anstieg der CT-Nummern (Hounsfield-Units). Allerdings ist die Sensitivität im Bereich der leicht- bis mittelgradigen Lebersiderose sehr gering, und es ist kaum möglich, eine alkoholinduzierte Lebersiderose von einer frühen Hämochromatose zu unterscheiden (Guyader et al. 1989). Bei der Magnetresonanztomographie besteht eine inverse Korrelation zwischen der Eisenbeladung der Leber und der Signalintensität, und eine In-vivo-Lebereisenquantifizierung ist prinzipiell möglich (Kaltwasser et al. 1990).

Wir haben die SQUID-Biomagnetometrie zur nichtinvasiven Messung der Lebereisenkonzentration bei primären und sekundären Eisenüberladungen untersucht (Fischer et al. 1989, Fischer 1998, Nielsen et al. 1995). Bei der Messung wird die Störung eines von außen angelegten kleinen (20 mT), aber hochkonstanten Magnetfelds durch das paramagnetische Speichereisen in der Leber des Patienten aufgezeichnet und direkt in die Eisenkonzentration umgerechnet. Das Ergebnis der Untersuchung steht on-line zur Verfügung. Eine Kalibrierung mittels Leberbiopsien von entsprechenden eisenüberladenen Patienten ist eigentlich nicht notwendig, zeigt aber die Richtigkeit der Ergebnisse. Diese Technik erlaubt die schnelle und zuverlässige Messung der individuell vorhanden Lebereisenkonzentration und ersetzt damit die invasive Leberbiopsie in fast allen Fällen (Abb. 3.4.9).

3.4.6 Molekulare Diagnostik

Mit der Klonierung des HFE-Gens und der Identifikation der 2 wichtigen Mutationen (C282Y und H63D) sind alle Informationen zur Durchführung einer molekularen Diagnostik verfügbar. Die cDNA von HFE ist in der Gensequenzdatenbank (Genbank) des National Institute of Health (NIH) unter der Nummer U60.319 abgelegt und über die Adresse des National Center for Biotechnology Information (NCBI) im Internet erhältlich (http://inhouse.ncbi.nlm.nih.gov/cgi-bin/UniGene/seq?ORG=Hs&SID=417723).

Das Testsystem von Feder et al. (1996) ist evtl. in leicht vereinfachter Form von verschiedenen Autoren auch aus Deutschland verwendet worden (Arnold et al. 1998, Gottschalk et al. 1998). Nach der DNA-Isolierung aus Vollblut wird der Bereich um die betreffende Mutation durch Verwendung von spezifischen Primern mittels Polymerasekettenreaktion (PCR) amplifiziert und durch Restriktionsanalyse charakterisiert. Dabei müssen nicht unbedingt die in der Originalarbeit verwendeten Primer benutzt werden. Wir haben in unserem Labor seit April 1997 eine Methode im Einsatz, die auch in Labors einer portugiesischen (Porto et al. 1998) und schwedischen Arbeitsgruppe (Cardoso et al. 1998) verwendet wird. Inzwischen gibt es auch bereits einen kommerziellen Anbieter auf dem Deutschen Markt (Hain Diagnostika, Nehren), der eine PCR-Methode mit sog. reverser Hybridisierung anbietet, bei der amplifizierte DNA des Patienten an spezifische Gensonden bindet, die an Nitrozellulosestreifen immobilisiert sind. Es bleibt abzuwarten, welche Methode sich langfristig durchsetzen wird. Dabei wird zukünftig auch die Patentfrage eine Rolle spielen (Fa. Mercator Genetics), die bei den „hausgemachten" Testsystemen noch nicht beachtet worden ist.

Im folgenden werden die von uns verwendete PCR-Methode beschrieben und aktualisierte Ergebnisse aus einem Kollektiv von Hämochromatosepatienten und Normalpersonen aus dem Norddeutschen Raum dargestellt (Nielsen et al. 1998 a, b).

3.4.6.1 PCR-Testsystem für die molekulare Analytik auf die HFE-Mutationen (C282Y und H63D)

Genomische DNA von Patienten oder Freiwilligen wurde aus frischen oder bei –20 °C gefrorenen EDTA-Vollblutproben mit Hilfe des QIAamp-Blood-Kit (QIAGEN, Hilden, Germany) isoliert. Gereinigte DNA-Proben wurden in wässriger Lösung bei –20 °C gelagert. Die Genfragmente, die um die 2 HFE-Gen-Mutationen liegen, wurden mit der PCR amplifiziert. Dabei wurde ein Personal Cycler der Fa. Biometra, Göttingen, verwendet. Die spezifischen Primer für die C282Y-Mutation waren: vorwärts, 5′-GTGACCTCTTCAGTGACC; rückwärts, 5′-AATGAGGGGCTGATCCAG; bzw. für die H63D-Mutation: vorwärts, 5′-ATGGGTGCCTCAGAGCAG; rückwärts 5′-AGTCCAGAAGTCAACAGT. Die PCR-Mixtur (100 µl) enthielt 1fach Puffer (10 mM Tris-HCl, pH 8,8 bei 25 °C; 1,5 mM $MgCl_2$, 50 mM KCl,), 0,2 mM dNTP, 0,2 µM des jeweiligen Primers, 2,5 U Taq-DNA-Polymerase (Primezyme oder Dynazyme, Biometra, Göttingen) und 0,3–0,4 µg DNA. 35 PCR-Zyklen wurden durchgeführt (Annealing-Temperatur: 62 °C und 50 °C für die

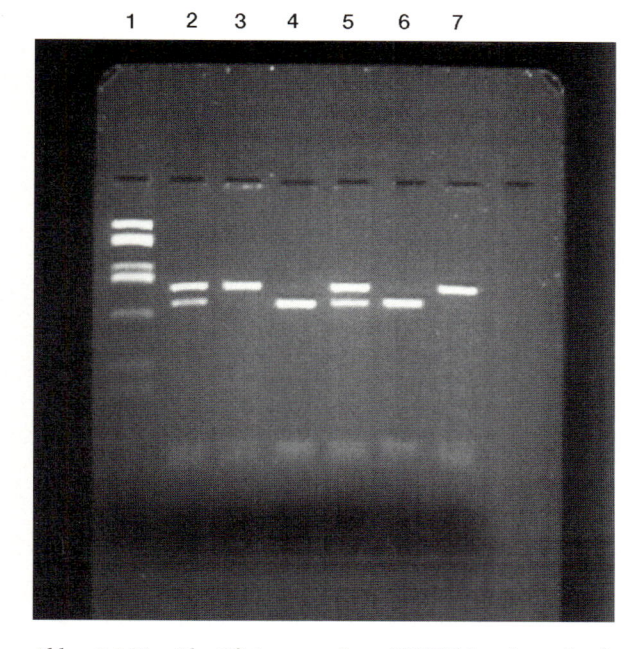

3.4 Gendiagnostische Möglichkeiten der hereditären Hämochromatose

Abb. 3.4.10. Identifizierung der C282Y-Mutation durch SnaBI-Digestion der PCR-Produkte. Benutzte Primer: 5'-GTGACCTCTTCAGTGACC-3' und 5'-AATGAGGGGCT-GATCCAG-3', Banden (von links): *1*, Molekülgrößenmarker; *2* und *5*, (+/–) = heterozygote C282Y-Mutation; *3*, *7*, (–/–) = normale Allele (Wildtyp); *4*, *6*, (+/+) = homozygote C282Y-Mutation

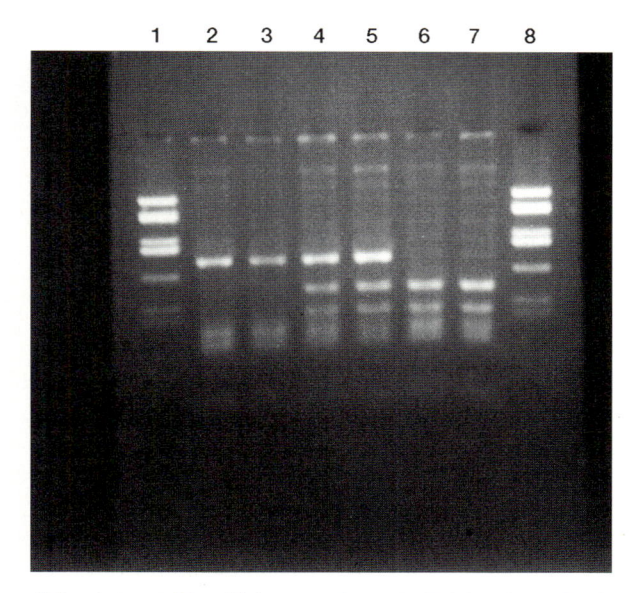

Abb. 3.4.11. Identifizierung der H63D-Mutation durch BclI-Digestion der PCR-Produkte. Benutzte Primer: 5'-ATGGGTGCCTCAGAGCAG; 5'-AGTCCAGAAGTCAACAGT. Banden (von links): *1*, *8* Molekülgrößenmarker; *2* und *3*, homozygote H63D-Mutation; *3* und *4*, heterozygote H63D-Mutation; *6* und *7*, (–/–) normale Allele (Wildtyp)

C282Y- bzw. die H63D-Mutation). 10 µl des amplifizierten Produkts wurden mit *Sna*BI (MBI Fermentas, St. Leon-Rot) für die C282Y-Mutation oder mit *Bcl*I (MBI Fermentas, St. Leon-Rot) für die H63D-Mutation nach Empfehlungen des jeweiligen Herstellers geschnitten. Die verdauten DNA-Produkte wurden auf vorgefertigten 4%-NuSieve-3:1-Agarosegelen (FMC, Rockland, ME-USA) in TBE-Puffer (0,089 M Tris-Borate, pH 8,3, 2 mM EDTA, Sigma, München) bei 150 V für 0,5–1,5 h elektrophoretisch getrennt und die Gele unter UV Licht fotografiert.

Die C282Y-Mutation erzeugt eine neue Schnittstelle für *Sna*BI. Ein Verdau der PCR-Produkte mit *Sna*BI erzeugt 2 Fragmente aus der mutierten DNA von 197 und 40 bp, während die ungeschnittene 237-bp-Bande, amplifiziert aus der Wildtyp-DNA, nicht geschnitten wird (Abb. 3.4.10). In der Praxis muß bei jedem Ansatz eine Referenzprobe mitlaufen, damit ein korrekter Verdau der PCR-Produkte sichergestellt ist.

Die H63D-Mutation entfernt eine Schnittstelle für den *Bcl*I-Verdau im 210-bp-PCR-Produkt der mutierten DNA, wohingegen normale DNA in 2 kleinere Fragmente (129 bp und 81 bp) geschnitten wird (Abb. 3.4.11).

3.4.6.2 Prävalenz der HFE-Mutationen in einem Kollektiv von Hämochromatosepatienten und Kontrollen aus Norddeutschland

Es wurde ein eigenes Kollektiv von unverwandten Patienten ($n=104$) aus dem Norddeutschen Raum untersucht, die vom klinischen, biochemischen und histopathologischen Standpunkt als homozygot eingestuft worden waren.

Homozygotie für die erbliche Eisenspeicherkrankheit wurde angenommen, wenn mindestens 3 der folgenden Kriterien erfüllt waren:
- Serumferritin >300 µg/l;
- Transferrineisensättigung >62%;
- Lebereisenkonzentration >1500 µg/g Leber;
- hepatischer Eisenindex (Lebereisenkonzentration/Lebensalter) >24 µg/g Jahr;
- mehr als 4 g Speichereisen mobilisierbar durch Aderlaßtherapie.

Ausgehend von jedem Patienten wurde eine Familienuntersuchung der Verwandten 1. Grads angestrebt. Dabei wurden weitere 42 Personen auf die HFE-Mutationen analysiert. Zusätzlich wurden 157 erwachsene Kontrollpersonen aus dem Norddeutschen Raum untersucht (Tabelle 3.4.6).

Tabelle 3.4.6. Biochemische Parameter von HFE-getesteten Patienten, Familienmitgliedern, Kontrollpersonen mit klinisch diagnostizierter hereditärer Hämochromatose aus dem Norddeutschen Raum

Probanden	n	Alter	Serumferritin[a] (35–235 µg/l)	Transferrinsättigung (20–52%)	Lebereisen[a] (0,1–0,5 mg/g)
Patienten[b]	104	49,3±13,1	1026 (2712, 388)	89±11	2,19 (3,61, 1,33)
Frauen	43	49,6±12,6	544 (1451, 204)	88±10	1,89 (3,18, 1,12)
Männer	35	48,7±12,6	1477 (3144, 694)	96±11	2,39 (3,81, 1,50)
Familienmitglieder[c]					
Homozygot	14	43,1±8,9	486 (1505, 157)	83±16	0,94 (2,17, 0,44)
Heterozygot	16	34,5±15,9	85 (237, 30)	38±14	0,29 (0,62, 0,14)
Wildtyp	7	46,4±14,4	113 (173, 73)	34±4	0,41 (0,87, 0,19)
Kontrollpersonen	157	42,3±17,1	49 (138, 17)	31±13	n.d.
Frauen	77	41,8±17,8	33 (90, 12)	29±14	n.d.
Männer	80	42,8±16,3	75 (183, 31)	33±11	n.d.
C282Y (+/−)	15	48,1±21,8	39 (121, 13)	35±18	n.d.
H63D (+/−)	34	39,5±17,8	38 (119, 12)	31±14	n.d.

[a] Geometrische Mittelwert (asymmetrische Breite); [b] Laborwerte angegeben vor Eisenentzugstherapie; [c] Klassifiziert nach der C282Y-Mutation.

3.4.6.2.1 Patienten

In der Patientengruppe waren 94,2% homozygot und 5,8% heterozygot für die C282Y-Mutation. Bezüglich der Eisenbeladung war kein Unterschied zwischen diesen beiden Untergruppen erkennbar. In 196 Chromosomen der homozygoten Patienten wurde keine H63D-Mutation gefunden. 4 von 6 Chromosomen der heterozygoten Patienten, die keine C282Y-Mutation aufwiesen (H63D-Risikochromosomen), zeigten die H63D-Mutation.

3.4.6.2.2 Familienmitglieder

In dieser Gruppe fanden sich 14 Personen mit homozygoter und 16 mit heterozygoter C282Y-Mutation. 6 von 35 Risikochromosomen trugen die H63D-Mutation, darunter waren 3 Personen mit kombinierter Heterozygotie. Im Vergleich mit heterozygoten C282Y-Trägern aus der Kontrollgruppe zeigten sich keinerlei Unterschiede in den Werten für die Transferrineisensättigung und das Serumferritin.

3.4.6.2.3 Kontrollgruppe

In der Kontrollgruppe von 157 unverwandten Personen fand sich kein Fall von Eisenüberladung und keine homozygote C282Y-Mutation. 15 von 314 Chromosomen wiesen die C282Y-Mutation auf, was einer Allelfrequenz von 4,8% entspricht. Wird unterstellt, daß diese Mutation die einzig notwendige Ursache für die hereditäre Hämochromatose ist, dann kann aus dieser Zahl eine Prävalenz für die homozygote Hämochromatose von 1:440 errechnet werden. Dies ist in sehr guter Übereinstimmung mit einer von uns durchgeführten Screening-Studie in 2812 prospektiven Blutspendern in Hamburg, bei der 7 Probanden mit Eisenüberladung gefunden wurden (Prävalenz 1:402) (Nielsen et al. 1995a).

Die große Häufigkeit der C282Y-Mutation in homozygoter Form in norddeutschen Patienten stimmt gut mit den Ergebnissen aus anderen Untersuchungen von kaukasischen Bevölkerungen überein (Feder et al. 1996, Merryweather-Clarke et al. 1997, Jazwinska et al. 1996, Jouanolle et al. 1997, Cardoso et al. 1998). Eine aktuelle Studie aus Frankfurt kommt zu einer vergleichbar hohen Zahl von C282Y-Homozygoten in Deutschland (Gottschalk et al. 1998). In nicht-kaukasischer Bevölkerungen (Uraustralier, Chinesen) ist die Häufigkeit sehr viel geringer (Allelfrequenz 0,38%) (Cullen et al. 1998), und die HFE-Mutationen sind wahrscheinlich durch Vermischung mit Kaukasiern schon in früher Zeit eingewandert.

In südeuropäischen Ländern wie Frankreich (nur bestimmte Regionen!), Italien und Griechenland scheint die Prävalenz der C282Y-Mutation ebenfalls deutlich niedriger zu liegen (50–70%) (Borot et al. 1997, Carella et al. 1997, Piperno et al. 1998). Dies könnte auf eine weitere Mutation hindeuten, die zur Eisenüberladung führt und nur in südeuropäischen Bevölkerungen vorkommt.

Ähnlich wie in anderen Studien wurde eine hohe Zahl von kombinierten Heterozygoten (C282Y/H63D) in der Gruppe der eisenüberladenen Patienten gefunden (Feder et al. 1996). Die Ursache für das auch hier wieder bestätigte komplette „linkage disequilibrium" zwischen der C282Y- und der H63D-Mutation ist weiter unklar.

Tabelle 3.4.7. Analyse der HFE Mutation in unverwandten Patienten mit hereditärer Hämochromatose, Familienmitgliedern bzw. Kontrollpersonen

Genotyp		Patienten	Familien-	Kontrollen
			mitglieder	
C282Y	H63D	n=104	n=40	n=157
+/+	−/−	98 (94,2%)	14 (35,0%)	0
+/+	+/−	0	0	0
+/+	+/+	0	0	0
+/−	−/−	3 (2,9%)	16 (40,0%)	14 (8,9%)
+/−	+/−	3 (2,9%)	3 (7,5%)	1 (0,6%)
+/−	+/+	0	0	0
−/−	−/−	0	4 (10,0%)	104 (66,2%)
−/−	+/−	0	3 (7,5%)	36 (22,9%)
−/−	+/+	0	0	2 (1,3%)

Tabelle 3.4.8. Individuelle biochemische Parameter des Eisenstoffwechsels bei Patienten mit Verdacht auf Eisenüberladung, die nicht homozygot für die C282Y-Mutation sind

Patient	Alter/Ge- schlecht) [J] (m/w)	Serum- eisen [µg/dl]	Tfs [%]	Serum- ferritin [µg/l]	Lebereisen [mg/g w.wt]
Kombinierte Heterozygote C282Y (+/−), H63D (+/−)					
U.B.	25/m	235	83	236	0,75
R.N.	40/m	206	61	488	1,1
H.K.	56/m	215	87	991	2,68
E.S.	55/w	210	93	1297	n.d.
H63D-Homozygote C282Y (−/−), H63D (+/+)					
M.B.	56/w	125	38	50	0,31
H.E.	49/m	132	39	322	0,98
M.G.	43/m	158	48	234	0,13
R.K.	63/m	91	28	152	0,29
L.S.	57/m	106	40	686	1,14
G.W.	86/w	234	78	524	1,05
M.S.	65/w	131	51	299	0,92

Werden die Werte für die Transferrinsättigung und das Serumferritin zwischen heterozygoten Trägern der C282Y-Mutation aus der Familien- und der Kontrollgruppe verglichen, ergeben sich keine signifikanten Unterschiede (Tabelle 3.4.6). Dies zeigt an, daß es offenbar keine Unterschiede zwischen den „erprobten" Hämochromatosegenen aus der Familiengruppe und den Zufallsgenen aus der Kontrollgruppe gibt. Dies ist ein Argument für die These, daß die C282Y-Mutation die einzige und hinreichend notwendige Ursache für die Hämochromatose ist. In Übereinstimmung mit anderen Untersuchungen zeigte sich in unserer Studie, daß es einige eisenüberladene Patienten gibt, die nicht homozygot für die C282Y-Mutation sind (Tabelle 3.4.8).

Bei der Abklärung von Probanden mit Verdacht auf Eisenüberladung fanden sich insgesamt auch 7 Probanden mit homozygoter H63D-Mutation. In allen diesen Fällen waren in der Vorgeschichte erhöhte Blutwerte (Serumeisen oder Serumferritin) bekannt, was bei unserer Untersuchung teilweise bestätigt wurde. In 2 Fällen zeigte sich eine leichtgradige Eisenüberladung, die eingangs definierten Kriterien für eine hereditäre Hämochromatose waren aber nicht erfüllt. In der Literatur wurden 2 Summarys mit 4 bzw. 6 H63D-homozygoten Patienten, die mittelgradig eisenüberladen waren, gefunden (Messerschmitt et al. 1998, Sham et al. 1998). Möglicherweise führt also auch diese Konstellation in Einzelfällen zu einer relevanten Eisenüberladung. Dies liefert ein weiteres Argument dafür, die H63D-Mutation in Verdachtsfällen auf hereditäre Hämochromatose immer mitzubestimmen.

Andererseits gibt es auch Patienten mit homozygoter C282Y-Mutation, die nur wenig oder nicht eisenüberladen sind. Diese Ausnahmen sprechen dafür, daß nichtgenetische Faktoren, wie z.B. die individuelle Ernährungsform oder Alkoholkonsum, eine Rolle spielen (Crawford et al. 1998, Powell 1994).

Zusammenfassend ergibt sich auch aus unseren eigenen Ergebnissen der hohe Stellenwert der HFE-Gendiagnostik in Probanden mit Verdacht auf Eisenüberladung. Bei allen Probanden, die nicht homozygot für die C282Y-Mutation sind, sollte unbedingt auch die H63D-Mutation getestet werden. Insgesamt zeichnet sich aber auch ab, daß die Gendiagnostik in einigen Fällen nicht definitiv sein wird und allein die Diagnose einer hereditären Hämochromatose nicht erbringen kann. Für die Diagnose und die Behandlungsnotwendigkeit ist auch weiterhin der Nachweis einer klinisch relevanten Lebersiderose im Vergleich zum Lebensalter notwendig.

3.4.7 Ausblick

Die erbliche Eisenspeicherkrankheit ist eine vergleichsweise häufige Erbkrankheit (jeder 400. betroffen) mit einer relativ hohen Dunkelziffer, bei der eine frühzeitige Diagnose und eine folgende Eisenentzugstherapie die Ausbildung von Organschäden sicher verhindern können. Bei der Häufigkeit der erblichen Eisenspeicherkrankheit ist die Durchführung eines genetischen Screening-Programms in der Normalbevölkerung in den USA bereits diskutiert worden. Dies erscheint allerdings ethisch problematisch, weil damit z. B. viele Personen erfaßt werden würden, die gesund sind und evtl. erst in einigen Jahrzehnten oder niemals klinisch relevante Organschäden ausbilden würden (Burke et al. 1998). Dieses genetische Screening würde also zu einer großen Verunsicherung, Stigmatisierung und Diskriminierung führen. Ein phänotypisches Screening-Programm, welches nach bereits erhöhten Laborwerten sucht, ist organisatorisch sehr aufwendig. Wir haben den Eisenstatus von 2812 Erstblutspendern untersucht und über ein gestaffeltes Untersuchungsprogramm (Serumeisen, Serumferritin, nichtinvasive Lebereisenquantifizierung mit dem Biosuszeptometer) 7 noch klinisch unauffällige Patienten mit homozygoter hereditärer Hämochromatose identifiziert (Nielsen et al. 1995a). Kürzlich wurde eine ähnliche Screening-Studie unter Mitarbeitern einer großen Firma in Düsseldorf veröffentlicht (Niederau et al. 1998).

In Hinblick auf das Eisenüberladungsrisiko der Normalbevölkerung erscheint es effizienter zu sein, bei Routineuntersuchungen auf der Ebene Hausarzt/Krankenhaus die Laborparameter „Serumeisen und Serumferritin" häufiger als heute üblich zu bestimmen und bei wiederholt erhöhten Werten eine zielgerichtete Abklärung in Richtung Hämochromatose zu betreiben.

Bei der Abklärung von Verdachtsfällen ist der Stellenwert der molekularen HFE-Diagnostik als sehr hoch einzuschätzen. Allerdings ist bereits jetzt schon klar, daß die z. Z. mögliche Gendiagnostik (C282Y, H63D) nicht in allen Fällen definitiv sein wird. Es gibt einzelne Fälle, die deutlich eisenüberladen, aber nicht homozygot für die C282Y-Mutation sind. Ferner gibt es eine größere Gruppe von Probanden, die genotypisch homozygot sind, aber keine klinischen Symptome aufweisen, teilweise sogar nur leichte Veränderungen der Eisenstoffwechselparameter zeigen und im klassischen Sinn nicht eisenüberladen sind. Es bleibt also in der Abklärung von Verdachtsfällen auch weiterhin wichtig, eine Information für den individuell vorliegenden Grad der Eisenüberladung zu erhalten. Wir sehen dazu die nichtinvasive Lebereisenquantifizierung als ideale Ergänzung zur Gendiagnostik an. Dies gilt insbesondere in die Zukunft gerichtet, wenn immer mehr junge Probanden zur Abklärung kommen, die klinisch asymptomatisch sind. Bei diesen Personen liegt wahrscheinlich auch noch kein klinisch relevanter, irreversibler Leberschaden vor, so daß die schnelle (Ergebnis liegt on-line vor), kostengünstige und v. a. nichtinvasive Methode der klassischen invasiven Leberbiopsie eindeutig überlegen ist.

Konkrete Überlegungen in Richtung Gentherapie bei hereditärer Hämochromatose gibt es meines Wissens z. Z. nicht. Starkes Argument dagegen ist die einfache, effizient wirksame und sichere Therapiemöglichkeit der erblichen Eisenspeicherkrankheit durch die weltweit übliche Aderlaßtherapie. Dabei wird initial in einer erschöpfenden Aderlaßserie das überschüssige Speichereisen komplett entfernt, um anschließend in einer Dauertherapie von (3–6 Aderlässen/Jahr) die Eisenstoffwechselparameter auf Dauer im Normalbereich zu halten.

Danksagung. Ein Teil der dargestellten Daten wird Grundlage einer medizinischen Doktorarbeit (S. Carpinteiro) an der Universität Hamburg bilden. Die technische Assistenz von R. Kongi wird dankbar anerkannt.

3.4.8 Literatur

Adams PC, Speechley M, Kertesz AE (1991) Long-term survival analysis in hereditary hemochromatosis. Gastroenterology 101:368–372

Adams PC, Deugnier Y, Moirand R, Brissot P (1997) The relationship between iron overload, clinical symptoms, and age in 410 patients with genetic hemochromatosis. Hepatology 25:162–166

Aguilar-Martinez P, Biron C, Masmejean C, Jeanjean P, Schved JF (1996) A novel mutation in the iron responsive element of ferritin L-subunit gene as a cause for hereditary hyperferritinemia-cataract syndrome. Blood 88:1895

Anderson GJ, Murphy TL, Cowley L, Evans BA, Halliday JW, McLaren GD (1998) Mapping the gene for sex-linked anemia: an inherited defect of intestinal iron absorption in the mouse. Genomics 48:34–39

Arnold C, Köck J, Weizsäcker F von, Blum HE (1998) Hereditäre Hämochromatose. Dtsch Med Wochenschr 123: 397–398

Arosio P, Cairo G, Levi S (1989) The molecular biology of iron-binding proteins. In: De Sousa M, Brock JH (eds) Iron in immunity, cancer and inflammation. John Wiley & Sons Ltd, Chichester, pp 55–79

Askwith C, Kaplan J (1998) Iron and copper transport in yeast and its relevance to human disease. TIBS 23:135–138

Askwith C, Eide D, Van Ho A et al. (1994) The FET3 gene of S. cerevisiae encodes a multicopper oxidase required for ferrous iron uptake. Cell 76:403–410

Babcock M, Silva D, Oaks R et al. (1997) Regulation of mitochondrial iron accumulation by Yfh1p, a putative homologue of frataxin. Science 276:1709–1712

Bartolo C, McAndrew PE, Sosolik RC, Cawley KA, Balcerzak SP, Brandt JT, Prior TW (1998) Differential diagnosis of hereditary hemochromatosis from other liver disorders by genetic analysis: gene mutation analysis of patients previously diagnosed with hemochromatosis by liver biopsy. Arch Pathol Lab Med 122:633–637

Bassett ML, Halliday JW, Powell LW (1986) Value of hepatic iron measurement in early hemochromatosis and determination of the critical iron level associated with fibrosis. Hepatology 6:24–29

Bernstein S (1987) Hereditary hypotransferrinemia with hemosiderosis, a murine disorder resembling human atransferrinemia. J Lab Clin Med 110:690–705

Bonkovsky HL, Slaker DP, Bills EB, Wolf DC (1990) Usefulness and limitation of laboratory and hepatic imaging studies in iron storage disease. Gastroenterology 99:1079–1091

Borot N, Roth M, Malfroy M, Demangel C, Vinel JP, Pascal JP, Coppin H (1997) Mutations in the MHC class I-like candidate gene for hemochromatosis in French patients. Immunogenetics 45:320–324

Bothwell TH, Seftel H, Jacobs P, Torrance JD (1964) Iron overload in Bantu subjects. Studies on the bioavailability of iron in Bantu beer. Am J Clin Nutr 14:47

Bothwell TH, Charlton RW, Cook JD, Finch CA (1979) Iron metabolism in man. Blackwell, Oxford London

Brissot P, Bourel M, Herry D et al. (1981) Assessment of liver iron content in 271 patients: a reevaluation of direct and indirect methods. Gastroenterology 80:557–565

Brock JH, Halliday JW, Pippard MJ, Powell LW (eds) (1994) Iron metabolism in health and disease. Saunders, Philadelphia

Buchanan GR, Sheehan RG (1981) Malabsorption and defective utilization of iron in three siblings. J Pediatr 98:723–728

Buja LM, Roberts WC (1971) Iron in the heart. Etiology and clinical significance. Am J Med 51:209–221

Burke W, Thomson E, Khoury MJ et al. (1998) Consensus statement. Hereditary hemochromatosis. Gene discovery and its implications for population-based screening. JAMA 280:172–178

Camaschella C, Roetto A, Ciciliano M et al. (1997) Juvenile and adultive impact of hemochromatosis are distinct genetic disorders. Eur J Hum Genet 5:371–375

Campuzano V, Montermini L, Molto MD et al. (1996) Friedreich's ataxia: autosomal recessive disease caused by an intronic GAA triplet repeat expansion. Science 271:1423–1427

Cardoso EMP, Stal P, Hagen K, Cabeda JM, Esin S, DeSousa M, Hultcrantz R (1998) HFE mutations in patients with hereditary haemochromatosis in Sweden. J Intern Med 243:203–208

Carella M, D'Ambrosi L, Totaro A et al. (1997) Mutation analysis of the HLA-H gene in Italian hemochromatosis patients. Am J Hum Genet 60:828–832

Craven CM, Alexander J, Eldridge M, Kushner JP, Bernstein S, Kaplan J (1987) Tissue distribution and clearance kinetics of non-transferrin-bound iron in the hypotransferrinemic mouse: a rodent model for hemochromatosis. Proc Natl Acad Sci USA 84:3457–3461

Crawford DH, Jazwinska EC, Cullen LM, Powell LW (1998) Expression of HLA-linked hemochromatosis in subjects homozygous or heterozygous for the C282Y mutation. Gastroenterology 114:1003–1008

Cullen LM, Gao X, Easteal S, Jazwinska EC (1998) The hemochromatosis 845 GA and 187 CG mutations: prevalence in non-Caucasian populations. Am J Hum Genet 62:1403–1407

Cutler DJ, Isner JM, Bracey AW et al. (1980) Hemochromatosis heart disease: an unemphasized cause of potentially reversible restrictive cardiomyopathy. Am J Med 69:923–928

De Sousa M, Reimao R, Lacerda R, Hugo P, Kaufmann SEH, Porto G (1994) Iron overload in β_2-microglobulin-deficient mice. Immunol Lett 39:105–111

Dearborn DG (1997) Pulmonary hemorrhage in infants and children. Curr Opin Pediatr 9:219–224

Dennery PA, Spitz DR, Yang G, Tatarov A, Lee CS, Shegog ML, Poss KD (1998) Oxygen toxicity and iron accumulation in the lungs of mice lacking heme oxigenase-2. J Clin Invest 101:1001–1011

Düllmann J, Wulfhekel U, Mohr A, Riecken K, Hausmann K (1991) Absence of macrophage and presence of plasmacellular iron storage in the terminal duodenum of patients with hereditary haemochromatosis. Virchows Archiv 418:241–247

Fairbanks VF, Beutler E (1995) Hereditary atransferrinemia and idiopathic pulmonary hemosiderosis. In: Beutler E, Lichtman MA, Coller BS (eds) Williams hematology, 5th edn. McGraw-Hill, New York, pp 524–528

Feder JN, Gnirke A, Thomas W et al. (1996) A novel MHC class I-like gene is mutated in patients with hereditary haemochromatosis. Nat Genet 13:399–408

Feder JN, Tsuchihashi Z, Irrinki A et al. (1997) The hemochromatosis founder mutation in HLA-H disrupts β_2-microglobulin interaction and cell surface expression. J Biol Chem 272:14.025–14.028

Feder JN, Penny DM, Irrinki A et al. (1998) The hemochromatosis gene product complexes with the transferrin receptor and lowers its affinity for ligand binding. Proc Natl Acad Sci USA 95:1472–1477

Finch SC, Finch CA (1955) Idiopathic hemochromatosis and iron storage disease. Medicine (Baltimore) 34:381–430

Fischer R (1998) Liver iron susceptometry. In: Andrä W, Nowak H (eds) Magnetism in medicine. Wiley-VCH, Berlin New York, pp 286–301

Fischer R, Engelhardt R, Heinrich HC, Kessler M, Nielsen P (1989) The calibration problem in liver iron susceptometry. In: Williamson SJ, Hoke M, Stroink G, Kotani M (eds) Advances in biomagnetism. Plenum Press, New York, pp 501–504

Fleming MD, Trenor CC, Su MA, Foemzler D, Beier DR, Dietrich WF, Andrews NC (1997) Microcytic anaemia mice have a mutation in Nramp2, a candidate iron transporter gene. Nat Genet 16:383–386

Fleming MD, Romano MA, Su MA, Garrick LM, Garrick MD, Andrews NC (1998) Nramp2 is mutated in the anemic Belgrade (b) rat: evidence of a role for Nramp2 in endosomal iron transport. Proc Natl Acad Sci USA 95:1148–1153

Girelli D, Corrocher R, Bisceglia L, Olivieri O, De Franceschi L, Zelante L, Gasparini P (1995) Molecular basis for the recently described hereditary hyperferritinemia-cataract syndrome: a mutation in the iron-responsive element of ferritin L-subunit gene (the „Verona mutation"). Blood 86:4050–4053

Goldfisher S, Grotsky HW, Chang CH et al. (1981) Idiopathic neonatal iron storage involving the liver, pancreas, heart, and endocrine and exocrine glands. Hepatology 1:58–64

Gordeuk VR, Mukiibi J, Hasstedt SJ et al. (1992) Iron overload in Afrika. Interaction between a gene and dietary iron content. N Engl J Med 326:95

Gottschalk R, Seidl C, Löffler T, Seifried E, Hoelzer D, Kaltwasser JP (1998) HFE codon 63/282 (H63D/C282Y) dimorphism in German patients with genetic hemochromatosis. Tissue Antigens 51:270-275

Goya N, Miyazaky S, Kodate S, Ushio B (1974) A family of congenital atransferrinemia. Blood 40:239-245

Gunshin H, Mackenzie B, Berger UV et al. (1997) Cloning and characterization of a mammalian proton-coupled metal-ion transporter. Nature 388:482-488

Guyader D, Gandon Y, Deugnier Y et al. (1989) Evaluation of computed tomography in the assessment of liver iron overload. A study of 46 cases of idiopathic hemochromatosis. Gastroenterology 97:737-734

Harding AE (1981). Friedreich's ataxia: a clinical and genetic study of 90 families with an analysis of early diagnostic criteria and intrafamilial clustering of clinical features. Brain 104:589-620

Harrison PM, Arosio P (1996) The ferritins: molecular properties, iron storage function and cellular regulation. Biochem Biophys Acta 1275:161-203

Hartman KR, Barker JA (1996) Microcytic anemia with iron malabsorption: an inherited disorder of iron metabolism. Am J Hematol 51:269-275

Hashimoto K, Hirai M, Kurosawa Y (1997) Identification of a mouse homolog for the human hereditary haemochromatosis candidate gene. Biochem Biophys Res Commun 230:35-39

Hästbacka J, Chapelle A de la, Mahtani MM et al. (1994) The diastrophic dysplasia gene encodes a novel sulfate transporter: positional cloning by fine-structure linkage disequilibrium mapping. Cell 78:1073-1087

Heinrich HC (1983) Diagnostik, Ätiologie und Therapie des Eisenmangels unter besonderer Berücksichtigung der ^{59}Fe-Retentionsmessung im Gesamtkörper-Radioaktivitätsdetektor. Nuklearmediziner 2:137-269

Hentze MW, Kühn L (1996) Molecular control of vertebrate iron metabolism: mRNA-based regulatory circuits operated by iron, nitric oxide, and oxidative stress. Proc Natl Acad Sci USA 93:8175-8182

Hentze MW, Caughman SW, Rouault TA, Barriocanal JG, Dancis A, Harford JB, Klausner RD (1987) Identification of the iron-responsive element for the translational regulation of human ferritin mRNA. Science 238:1570-1572

Huebers H, Huebers E, Forth W, Rummel W (1973) Iron absorption and iron-binding proteins in intestinal mucosa of mice with sex-linked anaemia. Hoppe-Seylers Z Physiol Chem 354:1156-1158

Huggenvik JI, Craven CM, Idzerda RL, Bernstein S, Kaplan J, McKnight GS (1989) A splicing defect in the mouse transferrin gene leads to congenital atransferrinemia. Blood 74:482-486

Imlay JA, Chin SM, Linn S (1988) Toxic DNA damage by hydrogen peroxide through the Fenton reaction in vivo and in vitro. Science 240:640-642

Jazwinska EC, Cullen LM, Busfield F et al. (1996) Haemochromatosis and HLA-H. Nat Genet 14:249-251

Jouanolle AM, Fergelot P, Gandon G, Yaouang J, LeGall JY, David V (1997) A candidate gene for hemochromatosis: frequency of the C282Y and H63D mutations. Hum Genet 100:544-547

Kaltwasser JP, Gottschalk R, Schalk KP, Hartl W (1990) Non-invasive quantification of liver iron-overload by magnetic resonance imaging. Br J Haematol 74:360-363

Kaltwasser JP, Gottschalk R, Seidl CH (1998) Severe juvenile haemochromatosis (JH) missing HFE gene variants: implications for a second gene locus leading to iron overload. Br J Haematol 102:1111-1122

Kawakami H, Lönnerdal B (1991) Isolation and function of a rezeptor for human lactoferrin in human fetal intestinal brush-border membranes. Am J Physiol 261:G841-G846

Kniseley AS (1992) Neonatal hemochromatosis. Adv Pediatr 39:383-403

Kühn LC (1989) The transferrin receptor: a key function in iron metabolism. Schweiz Med Wochenschr 119, 1319-1326

Kushner JP, Barbuto AJ, Lee GR (1976) An inherited enzymatic defect in porphyria cutanea tarda. Decreased uroporhyrinogen decarboxylase activity. J Clin Invest 58:1089-1097

Lamarche JB, Cote M, Lemieux B (1980) The cardiomyopathy of Friedreich's ataxia: morphological observations in 3 cases. Can J Neurol Sci 7:389-396

Lebron JA, Bennett MJ, Vaughn DE et al. (1998) Crystal structure of the hemochromatosis protein HFE and characterization of its interaction with transferrin receptor. Cell 93:111-123

Logan JI, Harveyson KB, Wisdom GB, Hughes AE, Archbold GP (1994) Hereditary ceruloplasmin deficiency, dementia and diabetes mellitus. QJM 87:663-670

Manis J (1971) Intestinal iron-transport defect in the mouse with sex-linked anaemia. Am J Physiol 220:135-139

Martin ME, Fargion S, Brissot P, Pellat B, Beaumont C (1998) A point mutation in the bulge of the iron-responsive element of the L-ferritin gene in two families with the hereditary hyperferritinemia-cataract syndrome. Blood 91:319-323

Marx JJM (1979) Mucosal uptake, mucosal transfer and retention of iron, measured by whole-body counting. Scand J Haematol 23:293-302

McLaren GD, Nathanson MH, Jacobs A, Trevett D, Thomson W (1991) Regulation of intestinal iron absorption and mucosa iron kinetics in hereditary hemochromatosis. J Lab Clin Med 117:390-401

Mercier G, Bathelier C, Lucotte G (1998) Frequency of the C282Y mutation of hemochromatosis in five French populations. Blood Cells Mol Dis 24:165-166

Merryweather-Clarke AT, Pointon JJ, Shearman JD, Robson KJ (1997) Global prevalence of putative haemochromatosis mutations. J Med Genet 34:275-278

Messerschmitt C, Davion T, Capron JC et al. (1998) Phenotype/genotype correlation in patients homozygous for the HFE H63D mutation. Blood [Suppl 1] 92:22b

Moyo VM, Mandishona E, Hasstedt SJ et al. (1998). Evidence of genetic transmission in African iron overload. Blood 91:1076-1082

Mumford AD, Vulliamy T, Lindsay J, Watson A (1998) Hereditary hyperferritinemia-cataract syndrome: two novel mutations in the L-ferritin iron-responsive element. Blood 91:367-368

Niederau C, Fischer R, Sonnenberg A, Stremmel W, Trampisch HJ, Strohmeyer G (1985) Survival and causes of death in cirrhotic and non-cirrhotic patients with primary haemochromatosis. N Engl J Med 313:1256-1262

Niederau C, Strohmeyer G, Stremmel W (1994) Epidemiology, clinical spectrum, and prognosis of hemochromatosis. Adv Exp Med Biol 356:293-302

Niederau C, Fischer R, Pürschel A, Stremmel W, Häussinger D, Strohmeyer G (1996) Long-term survival in patients with hereditary hemochromatosis. Gastroenterology 110:1107-1119

Niederau C, Niederau CM, Lange S et al. (1998) Screening for hemochromatosis and iron deficiency in employees and primary care patients in Western Germany. Ann Intern Med 128:337–345

Nielsen P, Benn H-P, Peters C et al. (1995a) Iron status in prospective blood donors. Infusionsther Transfusionsmed [Suppl] 22:142–144

Nielsen P, Fischer R, Tondüry P, Gabbe EE, Janka GE (1995b) Liver iron stores in patients with posttransfusional siderosis under iron chelation with deferoxamine or deferiprone. Br J Haematol 91:827–833

Nielsen P, Fischer R, Engelhardt R, Dresow B, Gabbe EE (1998a) Neue Möglichkeiten in der Diagnose der hereditären Hämochromatose. Dtsch Arztebl 95:A2912–2921

Nielsen P, Carpinteiro S, Fischer R, Cabeda JM, Porto G, Gabbe EE (1998b) Prevalence of the C282Y- and the H63D-mutations in the HFE-gene in patients with hereditary haemochromatosis and in control subjects from Northern Germany. Br J Haematol 103:842–845

Piperno A, Sampietro M, Pietrangelo A et al. (1998) Heterogeneity of hemochromatosis in Italy. Gastroenterology 114:996–1002

Porto G, Alves H, Rodrigues P et al. (1998) Major histocompatibility complex class I associations in iron overload: evidence for a new link between HFE H63D mutation, HLA-A29, and non-classical form of hemochromatosis. Immunogenetics 47:404–410

Poss KD, Tonegawa S (1997) Heme oxygenase 1 is required for mammalian iron reutilization. Proc Natl Acad Sci USA 94:10.919–10.924

Powell LW (1994) Primary iron overload. In: Brock JH, Halliday JW, Pippard MJ, Powell LW (eds) Iron metabolism in health and disease. Saunders, Philadelphia, pp 227–270

Recklinghausen FD von (1889) Ueber Haemochromatose. Berl Klin Wochenschr 26:925

Roberts AG, Whatley SD, Morgan RR, Worwood M, Elder GH (1997) Increased frequency of the haemochromatosis Cys282Tyr mutation in sporadic porphyria cutanea tarda. Lancet 349:321–323

Rothenberg BE, Voland JR (1996) β_2m knockout mice develop parenchymal iron overload: a putative role for class 1 genes of the major histocompatibility complex in iron metabolism. Proc Natl Acad Sci USA 93:1529–1534

Rotig A, Lonlay P, Chretien D et al. (1997) Aconitase and mitochondrial iron-sulphur protein deficiency in Friedreich ataxia. Nat Genet 17:215–217

Santos M, Schilham MW, Rademakers LHPM, Marx JJM, De Sousa M, Clevers H (1996) Defective iron homeostasis in β_2-microglobulin knockout mice recapitulates hereditary hemochromatosis in man. J Exp Med 184:1975–1985

Santos M, Clevers H, Marx JJM (1997) Mutations of the hereditary hemochromatosis candidate gene HLA-H in porphyria cutanea tarda. N Engl J Med 336:1327–1328

Scheuer PJ, Williams R, Muir AR (1962) Hepatic pathology in relatives of patients with haemochromatosis. J Pathol 84:3–64

Schumacher HR (1964) Hemochromatosis and arthritis. Arthritis Rheum 7:41–50

Sham R, Ou C-Y, Braggins C, Phatak P (1998) Clinical characteristics of patients with hereditary hemochromatosis who are H63D homozygotes. Blood [Suppl 1] 92:23b

Sheldon JH (1935) Haemochromatosis. Oxford University Press, Oxfrod

Simon M, Alexandre JL, Bourel M, LeMarec B, Scordia C (1977) Heredity of idiopathic hemochromatosis: a study of 106 families. Clin Genet 11:327–341

Simon M, Alexandre JL, Fauchet R et al. (1980). The genetics of hemochromatose. In: Steinberg AG, Bearn AG, Motulsky et al. (eds) Progress in medical genetics. Saunders, Philadelphia

Srai AKS, Debnam ES, Boss M, Epstein O (1988) Age-related changes in the kinetics if iron absorption across the guinea pig proximal intestine in vivo. Biol Neonate 53:53–59

Takahashi Y, Miyajima H, Shirabe S, Nagataki S, Suenaga A, Gitlin JD (1996) Characterization of a nonsense mutation in the ceruloplasmin gene resulting in diabetes and neurodegenerative disease. Hum Mol Genet 5:81–84

Walters GO, Miller FM, Woorwood M (1973) Serum ferritin concentration and iron stores in normal subjects. J Clin Pathol 26:770–772

Williams R, Smith PM, Spicer EJF, Barr M, Sherlock S (1969) Venesection therapy in idiopathic hemochromatosis. An analysis of 40 treated and 18 untreated patients. QJM 38:1–16

Wilson RB, Roof DM (1997) Respiratory deficiency due to loss of mitochondrial DNA in yeast lacking the frataxin homologue. Nat Genet 16:352–357

Zhou XY, Tomatsu S, Fleming RE et al. (1998) HFE gene knockout produces mouse model of hereditary hemochromatosis. Proc Natl Acad Sci USA 95:2492–2497

4 Repeat-Sequenz-Expansions-Syndrome

4.1 Molekulargenetische Grundlagen des fra(X)-Syndroms – Diagnostik und therapeutische Hilfen

Peter Steinbach

Inhaltsverzeichnis

4.1.1	Einführung	479
4.1.1.1	Geschichte des fra(X)-Syndroms	479
4.1.1.1.1	Das fragile X-Chromosom	480
4.1.1.1.2	Segregations- und Kopplungsanalyse	480
4.1.1.1.3	Isolierung des FMR1-Gens	481
4.1.1.2	Andere Formen X-chromosomaler geistiger Behinderung	481
4.1.2	Klinischer Phänotyp	482
4.1.2.1	Somatische Merkmale	482
4.1.2.2	Intellektuelle und kognitive Defizite	483
4.1.2.3	Besonderheiten bei Überträgerinnen	483
4.1.3	Molekulargenetik	484
4.1.3.1	Das FMR1-Gen und seine Funktion	484
4.1.3.1.1	FMR1-Protein	484
4.1.3.1.2	Die Expression des FMR1-Gens	486
4.1.3.1.3	FMR1-Protein an „lernenden" Synapsen im Hippocampus	488
4.1.3.1.4	Regulation des FMR1-Gens	489
4.1.3.2	Mutationen und molekulare Pathogenese	490
4.1.3.2.1	Deletionen und Punktmutationen	490
4.1.3.2.2	Fra(X)-Mutationen	491
4.1.3.2.3	Molekulare Pathogenese	492
4.1.3.3	Instabilität und Stabilität des CGG-Repeats	493
4.1.3.3.1	Mutationsdynamik und Founder-Chromosomen	493
4.1.3.3.2	Somatische Mosaike	494
4.1.3.3.3	Repeat-Stabilität bei DNA-Methylierung	494
4.1.3.3.4	Mechanismen der Repeat-Instabilität und DNA-Reparatur	496
4.1.4	Vererbung des fra(X)-Syndroms	497
4.1.4.1	Antizipation	497
4.1.4.2	Parentaler Effekt	498
4.1.4.3	Genetische Risiken der Träger von fra(X)-Mutationen	498
4.1.5	Diagnostik	499
4.1.5.1	Problematik des zytogenetischen Tests	499
4.1.5.2	Molekulargenetische Diagnostik	500
4.1.5.2.1	Indikationen	500
4.1.5.2.2	Nachweis von Prä- und Vollmutationen	500
4.1.5.3	Immunochemische Diagnostik	503
4.1.6	Therapeutische Hilfen	504
4.1.6.1	Genetische Beratung	504
4.1.6.2	Psychosoziale Hilfen	504
4.1.6.3	Gibt es zukünftig eine kausale Therapie?	504
4.1.7	Selbsthilfegruppen und Internetadressen	505
4.1.8	Literatur	505

4.1.1 Einführung

Dieser Beitrag befaßt sich mit einer der häufigsten Ursachen erblicher geistiger Behinderung, dem fra(X)-Syndrom, in Deutschland auch bekannt als Martin-Bell-Syndrom und als Marker-X-Syndrom. Obwohl der klinische Phänotyp und die besondere Vererbung schon im Jahr 1943 detailliert beschrieben wurden und inzwischen weit über 1000 Veröffentlichungen erschienen sind, bestehen bis zum heutigen Tag bei vielen Personen, die beruflich mit dieser Behinderung zu tun haben, erhebliche Wissenslücken und unklare Vorstellungen. Die meisten Familien, in denen das fra(X)-Syndrom aufgetreten ist, sind vermutlich nicht über dessen Ursachen und die Vererbung aufgeklärt. Damit bleiben ihnen die Hilfen der genetischen Beratung durch fachkundige Humangenetiker und die Möglichkeiten einer adäquaten Behandlung vorenthalten. Bei den meisten betroffenen Kindern und Erwachsenen wurde vermutlich immer noch keine spezifische Diagnose gestellt, obwohl die molekularbiologischen Grundlagen des fra(X)-Syndroms weitgehend bekannt sind und schon seit Jahren sehr gute, zuverlässige Möglichkeiten der Diagnostik bestehen und angeboten werden. Mit dieser aktuellen Übersicht wollen wir zum Abbau der Informationsdefizite beitragen.

4.1.1.1 Geschichte des fra(X)-Syndroms

Die Erstbeschreibung des fra(X)-Syndroms findet sich in der Veröffentlichung von Martin u. Bell (1943). Die Autoren untersuchten eine Familie mit offensichtlich X-chromosomal vererbter geistiger Behinderung. Es gab damals 11 betroffene männliche und 2 betroffene weibliche Probanden sowie mindestens 10 gesunde Überträger, 8 weibliche und 2 männliche. Die Betroffenen gehörten der 4. und 5. Generation an. Unter ihren Vorfahren fanden sich lediglich unauffällige Überträger.

4.1.1.1.1 Das fragile X-Chromosom

Die Abgrenzung des „Martin-Bell-Syndroms" als eigenständige Entität innerhalb der heterogenen Gruppe X-chromosomaler Erkrankungen mit geistiger Beeinträchtigung als anscheinend alleiniges Merkmal ergab sich aus der Assoziation mit dem sog. „fragilen X-Chromosom". Im Jahr 1969 beschrieb Lubs eine Familie, in der alle 4 geistig behinderten Männer ein aberrantes X-Chromosom mit einer Sekundärkonstriktion am distalen Ende des langen Chromosomenarms zeigten (Abb. 4.1.1). Dieses „Marker-X-Chromosom" fand sich auch bei 2 Überträgerinnen. Über viele Jahre blieb diese Familie eine zwar interessante, aber isolierte und nicht reproduzierbare Beobachtung, bis weitere Marker-X-Familien in Frankreich und Australien entdeckt wurden (Giraud et al. 1976, Harvey et al. 1977). Sutherland (1977) fand heraus, daß das Marker-X in der Bande Xq27.3 eine heritable fragile Stelle trägt, die heute FRAXA genannt wird. Die Fragilität des X-Chromosoms tritt aber erst auf, wenn Zellen unter geeigneten, induzierenden Bedingungen kultiviert werden. Die Induktion gelingt z.B. in folatarmem Kulturmedium und in anderen Situationen, die direkt oder indirekt zur Inhibition der Thymidylatsynthetase führen (Jacky u. Sutherland 1983). Nach erfolgreicher Induktion finden sich bei der anschließenden Chromosomenanalyse in einem Teil der analysierten Mitosen Lücken („Gaps") und Brüche am FRAXA-Locus des fragilen X-Chromosoms (Abb. 4.1.1). Mit Hilfe chromosomaler Tests wurden viele 100 Familien mit X-gebundener geistiger Behinderung dem fra(X)-Syndrom zugeordnet. Dazu gehörten die zuerst von Martin u. Bell beschriebene Familie (Richards et al. 1981) sowie eine Familie, die Escalanté et al. (1971) untersuchten. In letzterer wurde erstmals die Makroorchidie beim fra(X)-Syndrom beschrieben. Zu Beginn der 80er Jahre war die Existenz einer Form der X-chromosomalen geistigen Behinderung mit charakteristischen fazialen Merkmalen und Makroorchidie, assoziiert mit einer chromosomalen fragilen Stelle, als neue klinische und zytogenetische Entität gesichert. In dieser Zeit erschienen die ersten Übersichtsartikel (Schwinger u. Froster-Iskenius 1983, Turner u. Jacobs 1983, De Arce u. Kearns 1984, Sutherland 1985, Nussbaum u. Ledbetter 1986). Seither finden 2jährig internationale Workshops zum fra(X)-Syndrom statt.

4.1.1.1.2 Segregations- und Kopplungsanalyse

Wie schon von Martin u. Bell (1943) erkannt, entspricht die X-chromosomale Vererbung des fra(X)-Syndroms keinem klassischen Mendel-Erbgang. Zusätzlich besteht das Problem der Identifikation asymptomatischer weiblicher Überträger, die neben betroffenen Überträgerinnen vorkommen. Erst klassische und komplexe Segregationsanalysen (Sherman et al. 1984, 1985) ergaben ein verläßliches Bild genetisch-epidemiologischer Daten des fra(X)-Syndroms und eine objektivere Grundlage für die humangenetische Beratung: Unter den männlichen Trägern einer Mutation am genetischen Locus des fra(X)-Syndroms sind nur etwa 80% geistig behindert, jeder 5. Hemizygote bleibt asymptomatisch. Von den heterozygoten Überträgerinnen ist etwa jede 3. geistig beeinträchtigt. Alle Mütter betroffener Knaben sind Überträgerinnen, obwohl aufgrund der in dieser Zeit bekannten Gesetzmäßigkeiten der Populationsgenetik eine hohe Neumutationsrate zu erwarten war. Das Risiko einer Überträgerin, geistig behinderte Söhne und Töchter zu bekommen, wird aber nicht allein durch ihren Genotyp bestimmt, denn bei betroffenen Überträgerinnen ist es größer als bei nicht betroffenen. Für die stets unauffälligen, obligat heterozygoten Töchter männlicher Überträger

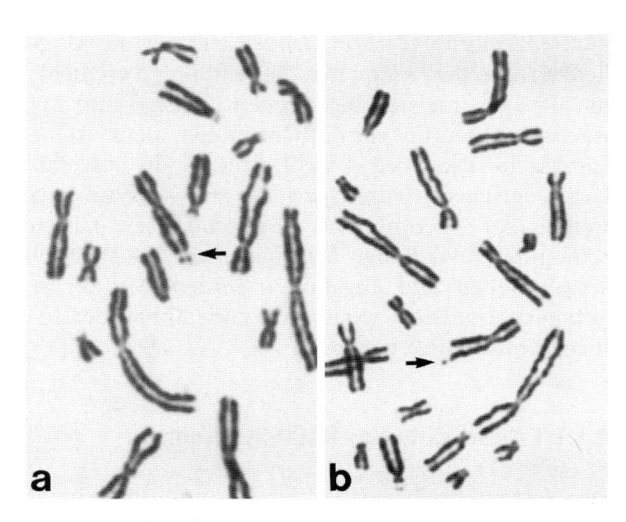

Abb. 4.1.1 a, b. Partielle Metaphasen, *Pfeil* Manifestation der fragilen Stelle FRAXA des X-Chromosoms

besteht eine paradoxe Situation: Unter ihren Kindern tritt die geistige Behinderung etwa 3mal häufiger auf als bei den Kindern der ebenfalls unauffälligen heterozygoten Mütter normaler männlicher Überträger. Wie wir heute wissen, ist dieses „Sherman-Paradox" (Nussbaum u. Ledbetter 1986) die beim fra(X)-Syndrom vorkommende Variante der genetischen Antizipation und beruht auf einer besonderen, dynamischen Eigenschaft der zugrundeliegenden Genmutation (Fu et al. 1991, Heitz et al. 1992).

Nach ersten Hinweisen auf einen genetischen Locus des fra(X)-Syndroms in der Nähe der X-chromosomalen Gene der Glukose-6-Phosphat-Dehydrogenase (Filippi et al. 1983) und der Hämophilie B (Camerino et al. 1983) führten weitere umfangreiche Kopplungsanalysen zur Feinkartierung des fra(X)-Genorts zwischen genetischen Markern auf dem langen Arm des X-Chromosoms (Brown et al. 1988, Thibodeau et al. 1988, Suthers et al. 1991). In-situ-Hybridisierungen von DNA-Sonden auf fragilen X-Chromosomen zeigten eine enge physikalische Kopplung des genetischen Locus mit der fragilen Stelle FRAXA und somit die mögliche Identität beider chromosomaler Loci auf molekularer Ebene.

4.1.1.1.3 Isolierung des FMR1-Gens

Warren et al. (1990) etablierten Somazellhybridlinien mit Translokationsbruchpunkten an der fragilen Stelle und verschiedenen Austauschen kleiner DNA-Segmente zwischen Mensch- und Nagerchromosomen. Die Bruchereignisse waren durch Induktion der fragilen Stelle FRAXA hervorgerufen worden. Einzelne Zellklone enthielten entweder nur das menschliche Chromosomensegment Xpter–q27.3 oder das Segment Xq27.3–qter. Die Bruchpunkte an der fragilen Stelle wurden auf der physikalischen Karte der fra(X)-Chromosomen-Region kartiert (Poustka et al. 1991). Unter Anwendung aller Strategien der Positionsklonierung konnte die gesamte Region des X-Chromosoms mit der fragilen Stelle isoliert werden (Bell et al. 1991, Dietrich et al. 1991, Heitz et al. 1991, Verkerk et al. 1991, Yu et al. 1991). Innerhalb dieser Region zeigten fra(X)-Patienten eine abnormale DNA-Methylierung an einer einzelnen, großen CpG-Insel (Bell et al. 1991, Vincent et al. 1991). In deren Nachbarschaft wurde eine instabile DNA-Sequenz gefunden. Ein spezifisches DNA-Fragment war sowohl bei normalen männlichen Überträgern als auch bei deren Töchtern verlängert. Geistig behinderte Patienten zeigten noch größere Fragmente und die zuvor entdeckte aberrante Methylierung (Oberlé et al. 1991, Kremer et al. 1991a). Verkerk et al. (1991) isolierten aus einer cDNA-Bibliothek, hergestellt aus mRNA des fetalen Gehirns, das Gen FMR1 („*fragile X linked mental retardation gene 1*"). Das 1. Exon enthält eine variable repetitive Sequenz aus tandemartig wiederholten CGG-Trinukleotiden. Diese Sequenz wird „CGG-Repeat" genannt. Sie ist bei Überträgern und Patienten mutativ verlängert und entspricht der DNA-Sequenz der fragilen Stelle FRAXA (Kremer et al. 1991b, Usdin u. Woodford 1995). Aus diesem Grund ziehen wir heute die dem international gebräuchlichen „fragile X syndrome" analoge Bezeichnung „fra(X)-Syndrom" der älteren Nomenklatur „Marker-X-Syndrom" vor.

Jede Mutation, die zum Ausfall des FMR1-Gen-Produkts führt, ist eine hinreichende Ursache des fra(X)-Syndroms (s. Kapitel 4.1.3.2 „Mutationen und molekulare Pathogenese"). Der Nachweis von FMR1-Mutationen ist die Grundlage der seit 1991 möglichen zuverlässigen molekulargenetischen Diagnostik des fra(X)-Syndroms (s. Kapitel 4.1.5 „Diagnostik"). Auf dieser Basis wurde die Prävalenz des fra(X)-Syndroms unter männlichen und weiblichen Individuen neu geschätzt. Sie beträgt etwa 1:4000 (Turner et al. 1996, Morton et al. 1997).

4.1.1.2 Andere Formen X-chromosomaler geistiger Behinderung

Außer dem fra(X)-Syndrom gibt es zahlreiche andere X-chromosomal vererbte Syndrome mit geistiger Behinderung. Unter diesen waren bereits im Jahr 1996 über 40 familiäre Formen „unspezifischer" geistiger Retardierungen aufgeführt, die mit fortlaufenden MRX-Nummern bezeichnet werden (OMIM 1996). Hier weisen die Betroffenen außer der geistigen Beeinträchtigung und damit assoziierten Verhaltensmerkmalen keine somatischen Besonderheiten auf, die eine Zuordnung von Probanden verschiedener Familien zur gleichen Erkrankungsform oder gar eine Syndromabgrenzung ermöglichen (Lubs et al. 1996). Kopplungsanalysen ergaben jedoch eine Wahrscheinlichkeit von mindestens 66% (entsprechend einem LOD-Score 2.0), daß ein entsprechender genetischer MRX-Locus existiert.

Vom fra(X)-Syndrom genetisch abzugrenzen ist ferner eine erheblich seltenere X-chromosomale geistige Behinderung, die mit einer fragilen Stelle am Locus FRAXE in Xq28 assoziiert ist (Knight et al. 1993, 1994; Hamel et al. 1994; Mulley et al. 1995; Murray et al. 1996). Zytogenetische und molekulargenetische Untersuchungen in Familien mit geistig behinderten Probanden hatten zur Identifikation dieser ebenfalls Folat-sensitiven fragilen Stelle geführt, die distal von FRAXA lokalisiert ist (Sutherland u. Baker 1992). Bei den männlichen und weiblichen FRAXE-positiven Probanden besteht in der Regel eine relativ geringe Beeinträchtigung, und die Betroffenen sind meistens nicht in ärztlicher Behandlung. Im Gegensatz zum fra(X)-Syndrom gibt es in FRAXE-Familien einen hohen Anteil unauffälliger Überträger. Die FRAXE-assoziierte Behinderung kann von betroffenen Männern direkt an Töchter weitervererbt werden (Hamel et al. 1994), was beim fra(X)-Syndrom nicht möglich ist (s. Kapitel 4.1.1.1.2 „Segregations- und Kopplungsanalyse" und 4.1.4 „Vererbung des fra(X)-Syndroms"). Die molekulare Ursache der Fragilität am FRAXE-Locus entspricht der anderer Folat-sensitiver fragiler Stellen: Es liegt ein verlängertes Triplett-Repeat zugrunde, hier eine ununterbrochene Kette von GCC-Trinukleotiden. Auf normalen X-Chromosomen kommen 4–39 GCC-Tripletts vor (Zhong et al. 1996), auf fragilen X-Chromosomen des Typs E sind es über 200, und die Verlängerung ist meist mit DNA-Methylierung verknüpft (Knight et al. 1993). Das GCC-Repeat am FRAXE-Locus ist Bestandteil des erst kürzlich identifizierten Gens FMR2 (Chakrabarti et al. 1996, Gécz et al. 1996, Gu et al. 1996). Es wird u.a. im adulten Gehirn exprimiert, ist bei geistig beeinträchtigten Probanden mit verlängertem Repeat und methylierter Sequenz jedoch inaktiv (Gu et al. 1996, Gécz et al. 1997). FMR2 ist demzufolge vermutlich an der Entstehung der geistigen Retardierung beteiligt, jedoch zusammen mit anderen Faktoren. Im Gegensatz zum fra(X)-Syndrom besteht keine vollständige Assoziation zwischen der FMR2-Gen-Veränderung und der klinischen Manifestation.

FRAXF ist eine weitere Folat-sensitive X-chromosomale fragile Stelle in der Bande Xq28, distal von FRAXE. Wiederum liegt ein expandiertes und in diesem mutierten Zustand methyliertes Repeat zugrunde. Es besteht aus GCC-Tripletts, zwischen denen einzelne GTCs vorkommen (Hirst et al. 1993a, Parrish et al. 1994). Obwohl auch diese fragile Stelle in Familien mit geistiger Beeinträchtigung entdeckt wurde, trägt FRAXF wahrscheinlich nicht zur Manifestation irgendeines Syndroms bei.

4.1.2 Klinischer Phänotyp

Das fra(X)-Syndrom manifestiert sich bei männlichen und weiblichen Probanden, und zwar sowohl mit somatischen Merkmalen als auch mit unterschiedlichen Beeinträchtigungen der intellektuellen und kognitiven Fähigkeiten (z.B. Fryns 1989, Hagerman 1989, Hagerman u. Silverman 1991, Butler et al. 1991). Letztere sind mit auffälligen Verhaltensmustern sowie Schwierigkeiten bei der sozialen Anpassung bis hin zu beträchtlichen Störungen der Persönlichkeitsentwicklung verknüpft. Jedes 5. betroffene Kleinkind hat eine Epilepsie. Bei der Geburt sind gewöhnlich noch keine Symptome vorhanden, die auf ein fra(X)-Syndrom hinweisen. Im Kindesalter stellt sich ein Entwicklungsrückstand ein, der manchmal erst bei der Einschulung offensichtlich wird.

4.1.2.1 Somatische Merkmale

Manche Kinder und Erwachsene mit fra(X)-Syndrom unterscheiden sich äußerlich nicht sehr von ihren gesunden Altersgenossen. In der Regel weisen Betroffene jedoch Merkmale auf, die bei der Diagnosenstellung hilfreich sein können, bei Erwachsenen aber deutlicher ausgeprägt sind als bei Kindern. Dazu gehören faziale Dysmorphiezeichen. Die Ohren sind oft groß, manchmal abstehend. Das Gesicht ist von länglicher, schmaler Form. Die Stirn springt hervor, so daß die Augen relativ zurückliegen. Das Kinn hat oft eine viereckige Form und steht ebenfalls hervor. Der Kopfumfang ist altersgemäß, häufig größer als die 50. Perzentile. Die Endgröße der erwachsenen Patienten liegt ebenfalls im Normalbereich der jeweiligen Population, auch wenn das Wachstum im Kindesalter beschleunigt ist (De Vries et al. 1995).

Bei etwa 80% der betroffenen Männer besteht eine Makroorchidie, die vor der Pubertät bereits bei 20% vorliegt. Die körperlichen Merkmale beinhalten ferner Symptome einer Bindegewebsdysplasie. Oft besteht eine Gelenkschlaffheit mit Gangstörungen. Das Risiko eines Mitralklappenprolapses ist vermutlich erhöht. Weitere, beim fra(X)-Syndrom häufigere somatische Merkmale sind Strabismus, Myopie und Skoliose. Eine kleine Gruppe betroffener Männer zeigt äußere Merkmale, die an ein Prader-Willi-Syndrom erinnern, und zwar Minderwuchs, Fettleibigkeit sowie kurze Hände und Füße. Die bei diesem Syndrom im Kindesalter bestehenden Ernährungsprobleme treten beim fra(X)-Syndrom aber nicht auf (De Vries et al. 1993).

Es gibt nur wenige Autopsien des Gehirns von fra(X)-Patienten. Die Befunde beinhalten unspezifische Merkmale wie Hirnatrophie, Dilatation der Ventrikel und abnorme Konfigurationen der Dendriten pyramidaler Neuronen (z. B. Hinton et al. 1991, Comery et al. 1997). Kernspintomographische Analysen bei männlichen und weiblichen Probanden mit fra(X)-Syndrom zeigen im Vergleich zu Kontrollen eine Vergrößerung des Nukleus caudatus und bei den männlichen Patienten zusätzlich vergrößerte laterale Ventrikel (Reiss et al. 1995a, Jakala et al. 1997).

4.1.2.2 Intellektuelle und kognitive Defizite

Das fra(X)-Syndrom ist eine der häufigsten Ursachen geistiger Retardierung. Die Bandbreite der Beeinträchtigungen ist erheblich und reicht von einer diskreten, allgemeinen Lernbehinderung mit normalem oder grenzwertigem IQ bis hin zur schwergradigen geistigen Retardierung. Dies gilt sowohl für männliche als auch für weibliche Probanden. Mit zunehmendem Alter wurde eine allmähliche Abnahme der IQ-Werte beobachtet (Fisch et al. 1996, Wright-Talamante et al. 1996). Diese Verminderung läßt sich in allen Lebensphasen nachweisen.

Bei den meisten betroffenen Kindern bestehen Sprech- und Sprachstörungen. Aufgrund der Sprachentwicklungsverzögerung sprechen sie erst spät und können mit 2 Jahren oft nur kurze Sätze bilden. Die Sprache von fra(X)-Patienten wird als zwanghaft, narrativ und „wirr" beschrieben, letzteres weil sie laut, schnell und arrhythmisch sprechen, bei oraler und verbaler Dyspraxie. Sie schweifen häufig vom Thema ab, geben impulsive Antworten und neigen zur Perseveration. Als charakteristisch werden auch ein schlechtes Kurzzeitgedächtnis beschrieben, ferner eine mangelhafte Anpassungsfähigkeit. Die Lernbereitschaft kann manchmal erst nach mehrstündiger Anwesenheit in einer Fördereinrichtung eintreten. Die Lernbehinderung äußert sich v. a. in einer Rechenschwäche, die stärker ausgeprägt ist als die Schwächen in anderen Funktionsbereichen. Bei fast allen männlichen und vielen weiblichen Probanden ist das Lernen durch Aufmerksamkeitsdefizite und ausgeprägtes hyperkinetisches Verhalten beeinträchtigt. Sie sind sehr unaufmerksam, leicht abgelenkt, impulsiv und sowohl verbal als auch motorisch hyperaktiv. Einige betroffene männliche und weibliche Individuen haben zusätzlich emotionale Probleme. Sie sind sehr ängstlich, meiden Blick- und Körperkontakt. Es können sogar panische Attacken auftreten, ebenso Anfälle von Wut und Trotz, z. B. bei Überforderung. Manche der Betroffenen leiden an Depressionen. Bei einem relativ großen Anteil der Knaben und auch bei einigen Mädchen mit fra(X)-Syndrom sind alle Symptome des frühkindlichen Autismus ausgeprägt.

Es gibt aber auch fra(X)-Patienten, deren Verhalten als sozial engagiert und freundlich beschrieben wird, deren Kommunikationsfähigkeit relativ gut entwickelt ist, die recht aufmerksam sind und sich für ihre Umgebung interessieren. Jeder einzelne fra(X)-Patient ist in seinen individuellen Stärken und Schwächen einmalig und benötigt ein individuelles Förderprogramm, basierend auf vorausgegangener multidisziplinärer Evaluation und laufenden Kontrollen seiner Leistungsfähigkeit.

4.1.2.3 Besonderheiten bei Überträgerinnen

Bei Frauen und Mädchen mit fra(X)-Syndrom ist das Spektrum der möglichen intellektuellen Beeinträchtigungen breiter als bei männlichen Probanden, wobei die Intelligenzminderung im Durchschnitt nicht so stark ausgeprägt ist. Die Hauptursache dieser Variabilität ist die zufällige Inaktivierung eines der beiden X-Chromosomen in somatischen weiblichen Zellen (Rousseau et al. 1991b, Abrams et al. 1994, Reiss et al. 1995b), dem auch das FMR1-Gen unterliegt (Kirchgessner et al. 1995). Das mutierte FMR1-Gen betroffener Probanden ist in allen Zellen inaktiv (s. Kapitel 4.1.3.1.2 „Die Expression des FMR1-Gens"). Somit wird das Protein bei diesen Probandinnen nur in den somatischen Zellen gebildet, in denen das normale X-Chromosom aktiv ist. Von dort kann es jedoch nicht zu einer Zelle transportiert werden, in der es nicht vorhanden ist. Diese fehlende metabolische Kooperation unterscheidet das fra(X)-Syndrom von vielen X-chromosomal vererbten Stoffwechseldefekten und ist besonders kritisch für die Plastizität des Gehirns, dessen Neuronen in sich ständig an die Erfordernisse anpassenden Netzwerken verschaltet sind und funktionell miteinander interagieren.

Es wurde vermutet, daß bei den intellektuell normalen Überträgerinnen die Menopause häufiger vor dem 40. Lebensjahr beginnt als bei anderen Frauen (Schwartz et al. 1994). Ein vorzeitiges Nachlassen der Ovarialfunktion und die Erhöhung des Gonadotropinspiegels bei den noch relativ jungen Frauen könnte eine erhöhte Rate dizygoter Zwillingsschwangerschaften erklären (Turner et al. 1994). Aufgrund neuerer epidemiologischer Daten trägt die fra(X)-Prämutation allerdings nicht wesentlich zum Auftreten der vorzeitigen Menopause bei (Kenneson et al. 1997). Die Menarche der Überträgerinnen tritt zum normalen Zeitpunkt ein (Burgess et al. 1996).

4.1.3 Molekulargenetik

Dem fra(X)-Syndrom liegen Veränderungen des Gens FMR1 zugrunde. Die normale Struktur dieses Gens und seine zellphysiologischen Aufgaben wurden weitgehend aufgeklärt und die neuen Erkenntnisse trugen wesentlich zum Verständnis der molekularen Pathogenese des Syndroms bei. Durch Mutation des FMR1-Gens wird eine Abfolge verschiedener pathogenetischer Störungen ausgelöst, die schließlich in der Manifestation eines klinischen Phänotyps mündet.

4.1.3.1 Das FMR1-Gen und seine Funktion

Abb. 4.1.2 zeigt schematisch die genomische Struktur des FMR1-Gens. Es erstreckt sich über insgesamt 38 kb in der Bande Xq27.3 des X-Chromosoms und besteht aus 17 Exons (Eichler et al. 1993). Am 5′-Ende in Exon 1 und am 3′-Ende in Exon 17 befindet sich jeweils eine relativ große Region, die nicht in FMR1-Protein translatiert wird. In der 5′-nichttranslatierten Region befindet sich die repetitive Sequenz aus tandemartig wiederholten CGG-Trinukleotiden, das „CGG-Repeat" (s. Kapitel 3.2.1.1.3 „Isolierung des FMR1-Gens").

Die mRNA ist etwa 4,8 kb groß. Das primäre Transkript wird im 3′-Bereich auf mehrere alternative Arten gespleißt (Verkerk et al. 1993, Ashley et al. 1993), wobei der Translationsleserahmen in allen alternativen Spleißprodukten erhalten bleibt (Eichler et al. 1993). Theoretisch sind 48 verschiedene Proteinisoformen mit unterschiedlichen Karboxylenden möglich, die jedoch nicht alle vorkommen. Bei Immunoblotanalysen werden mehrere Isoformen dargestellt, wobei höchstens quantitative Unterschiede zwischen verschiedenen Geweben bestehen (Khandjian et al. 1995, Verheij et al. 1995). Das FMR1-Gen unterliegt der X-Inaktivierung und wird bei Frauen nur auf dem aktiven X-Chromosom transkribiert.

4.1.3.1.1 FMR1-Protein

Die Aminosäuresequenz des FMR1-Proteins (FMRP) ist bei Vertebraten hochkonserviert (Ashley et al. 1993, Siomi et al. 1995, Price et al. 1996) und enthält Sequenzmotive RNA-bindender Domänen. Im mittleren Abschnitt befinden sich 2 K-homologe (KH) Domänen. Der C-terminale Abschnitt enthält eine RGG-Box (Abb. 4.1.2).

Die KH-Domäne wurde zuerst im menschlichen hnRNP-K-Protein gefunden (Siomi et al. 1993a)

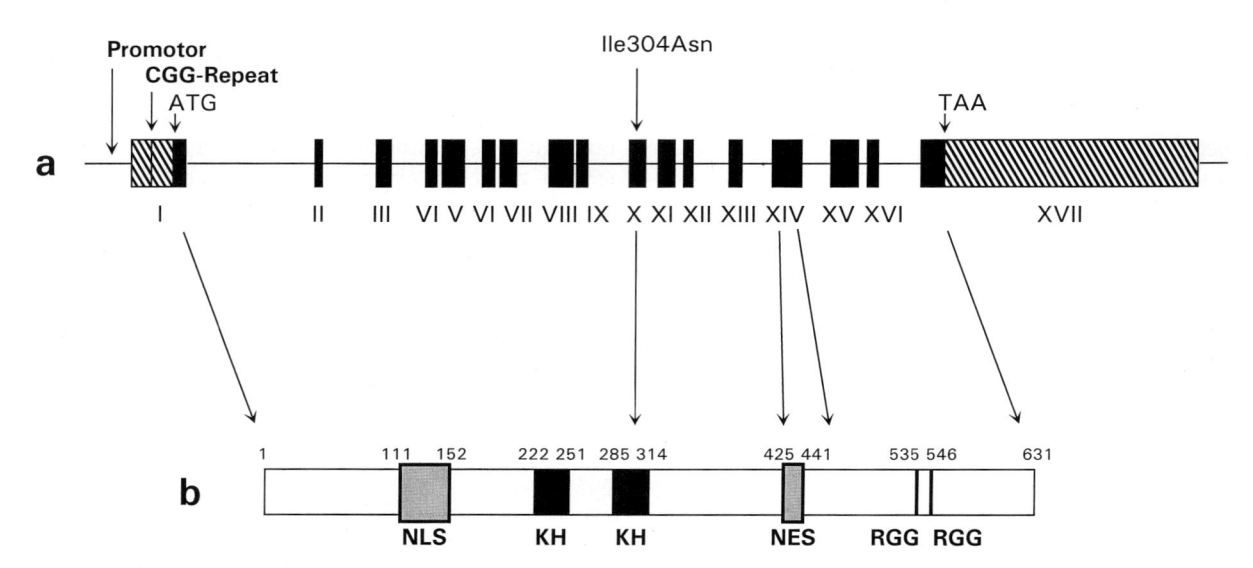

Abb. 4.1.2 a, b. Das FMR1-Gen, **a** Genstruktur, **b** Protein (mit Signalstrukturen). Darstellung nach Eichler et al. (1993), Siomi et al. (1994, 1995), Eberhart et al. (1996)

und anschließend in einfacher oder mehrfacher Kopie in verschiedenen anderen Proteinen, deren einzige gemeinsame Eigenschaft darin besteht, daß sie ihre Funktion in enger Assoziation mit RNA ausüben. Alle Proteine mit KH-Domänen spielen eine wichtige Rolle bei der Regulation des zellulären RNA-Metabolismus. Höchstwahrscheinlich binden KH-Domänen direkt einzelsträngige RNA. Mutationen, welche die Faltungsstruktur einer KH-Domäne verändern, führen zu phänotypischen Manifestationen, die schwerwiegender sind als der komplette Verlust des mutierten Gens (Siomi et al. 1994).

Die RGG-Box ist eine Arginin- (R) und Glycinreiche (G) Domäne, in der das RGG-Tripeptid vorkommt. Sie findet sich ebenfalls bei vielen RNA bindenden nukleären Proteinen. Ihre RNA-Bindungsaktivität wurde direkt nachgewiesen (Kiledjian u. Dreyfuss 1992, Dreyfuss et al. 1993). In-vitro-Experimente zeigen, daß auch FMRP RNA binden kann (Ashley et al. 1993, Siomi et al. 1993b, Verheij et al. 1993). Vermutlich bindet FMRP die eigene mRNA und insbesondere die RNAs vieler, aber bei weitem nicht aller im Gehirn exprimierten Strukturgene (Brown et al. 1998) Bindungsstudien mit gentechnologisch verkürzten FMR1-Proteinen, denen die RGG-Box fehlte, zeigen, daß dieses Sequenzmotiv für die Interaktion mit RNA essentiell ist (Siomi et al. 1994, Price et al. 1996).

Der Hauptanteil des zellulären FMRP befindet sich im Zytoplasma (Verheij et al. 1993, Devys et al. 1993). Immunochemische Analysen mit Antikörpern gegen FMRP, gegen ribosomales Protein und gegen ribosomale RNA zeigen die Kolokalisation von FMRP mit zytoplasmatischen Ribosomen (Khandjian et al. 1996). Bei der Ultrazentrifugation von Zellhomogenaten im Saccharosegradienten sedimentiert FMRP mit der Fraktion der aktiv translatierenden Ribosomen (Tamanini et al. 1993). Nach Dissoziation der Ribosomen verbleibt FMRP an der 60S-Untereinheit. Es wird erst nach RNAse-Spaltung oder bei hoher Salzkonzentration freigesetzt, wobei letzteres reversibel ist. Wahrscheinlich ist FMRP, wie ein Translationsfaktor, als nicht-integraler Bestandteil an RNA der ribosomalen 60S-Untereinheit gebunden. Neuere Analysen an permanten Mauszellen und an HeLa-Zellen zeigen eine Bindung fast des gesamten zytoplasmatischen FMRPs an die mRNA aktiver Polyribosomen (Corbin et al. 1997). Die Affinität der Bindung von FMRP an RNA der ribosomalen 60S-Untereinheit ist bei mutativer Veränderung der RNA-bindenden KH-Domänen vermindert. Die I304N-Missense-Mutation der RNA bindenden KH-Domäne (De Boulle et al. 1993) erlaubt zwar eine Bindung an mRNA, jedoch keine Assoziation des resultierenden Ribonukleoproteins zu Polyribosomen und keine Translation der gebundenen mRNA (Feng et al. 1998).

Ein geringer Teil des zellulären FMRP befindet sich im Zellkern und ist dort immunochemisch nachweisbar (Verheij et al. 1993). Es gibt eine nukleäre Isoform, in der die von Exon 14 kodierten Aminosäuren fehlen (Sittler et al. 1996). Alle durch In-vitro-Translation erzeugten Verkürzungen am C-Terminus mit Verlust des von Exon 14 kodierten Bereichs haben eine nukleäre Lokalisation des FMRP zur Folge. Ein entsprechendes Resultat wurde durch den gezielten Austausch bestimmter Aminosäurereste in dieser Region erzielt (Bardoni et al. 1997). Die N-terminalen 184 Aminosäuren enthalten Gruppen basischer Arginin- und Lysinreste, die ein nukleäres Lokalisationssignal (NLS) darstellen (Abb. 4.1.2). Da FMRP jedoch hauptsächlich im Zytoplasma vorkommt, wird die „nukleäre Adresse" des NLS normalerweise durch eine andere Information „überschrieben". Die ersten 17 der in Exon 14 kodierten Aminosäuren enthalten ein funktionelles nukleäres Exportsignal (NES). Wird ein beliebiges Protein, das diese Signalsequenz enthält, in den Zellkern injiziert, so gelangt es innerhalb kurzer Zeit durch aktiven Transport ins Zytoplasma (Fischer et al. 1995, Wen et al. 1995, Eberhart et al. 1996). Somit hat das FMR1-Protein vermutlich die Funktion eines nukleozytoplasmatischen RNA-Transportproteins. Dazu publizierten Eberhart et al. (1996) folgende plausible Modellvorstellung:

Das NLS des neusynthetisierten FMRP könnte, z.B. mittels spezifischer Rezeptoren, aktiviert sein, so daß das Protein in den Zellkern gelangt. Dort wird es wahrscheinlich zusammen mit anderen Proteinen, z.B. mit dem Protein des FXR2-Gens (Coy et al. 1995, Zhang et al. 1995), in ein Ribonukleoproteinpartikel (RNP) eingebaut, wobei FMRP mit bestimmten mRNAs interagiert. In dieser strukturellen Umgebung könnte das NES des FMRP aktiviert sein und das RNP mit der gebundenen mRNA ins Zytoplasma transportiert werden, wo das FMR1-Protein schließlich als Bestandteil des aktiven Translationsapparats auftritt.

Damit wird dem FMRP eine Funktion als Translationsfaktor zugeschrieben. Das ist eine globale Funktion, die für alle Zellen wichtig ist, nicht nur während der Zellproliferation und bei Regenerationsprozessen. Für spezifische Funktionen enddifferenzierter Zellen, insbesondere im Nervengewebe, könnte FMRP als Translationsfaktor unbedingt notwendig sein. Eine solche Funktion des FMRP spiegelt sich in einem zell- und gewebespezifischen Expressionsmuster des FMR1-Gens wider.

4.1.3.1.2 Die Expression des FMR1-Gens

Das FMR1-Gen des Menschen und das homologe Gen der Maus (Fmr1) werden in allen bisher untersuchten embryonalen und adulten Geweben exprimiert. Dies zeigen übereinstimmende Resultate von RNA-in-situ-Hybridisierungen (Bächner et al. 1993a, b) und immunhistochemischen (Devys et al. 1993, Willemsen et al. 1995) sowie Immunoblotanalysen (Verheij et al. 1995). Aber im Gegensatz zu den ebenfalls ubiquitär exprimierten Haushaltsgenen ist das Expressionsniveau des FMR1-Gens in den verschiedenen Geweben sehr unterschiedlich, und innerhalb der einzelnen Gewebe bestehen zellspezifische Expressionsmuster (Abb. 4.1.3, 4.1.4). Ferner unterscheidet sich das Gleichgewichtsniveau des FMRP normaler adulter Gewebe deutlich vom erhöhten intrazellulären FMRP-Spiegel während der Embryonalentwicklung und in anderen Situationen des Zellwachstums und der Differenzierung.

Im adulten Leben finden sich RNA und Protein des FMR1-Gens hauptsächlich im Gehirn und im Testis (Abitbol et al. 1993, Bächner et al. 1993a, Devys et al. 1993, Hergersberg et al. 1995, Khandjian et al. 1995,). Die geringsten Mengen liegen in den verschiedenen Muskelgeweben (Herz, Skelettmuskel, glatte Muskulatur) und in der Haut vor. Im Gehirn wird FMR1 am stärksten in Neuronen des Hippocampus und im Zerebellum exprimiert, während Gliazellen nur sehr wenig FMRP enthalten (Abb. 4.1.3). Im Testis findet sich eine auffällig erhöhte Genexpression, und zwar in den Spermatogonien (Abb. 4.1.4). Im peripheren Blut enthalten nur die T-Lymphozyten immunochemisch nachweisbares FMRP.

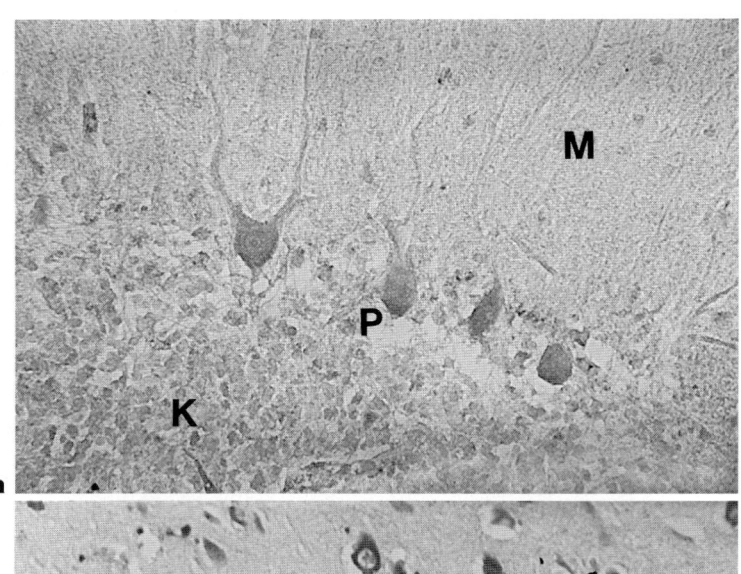

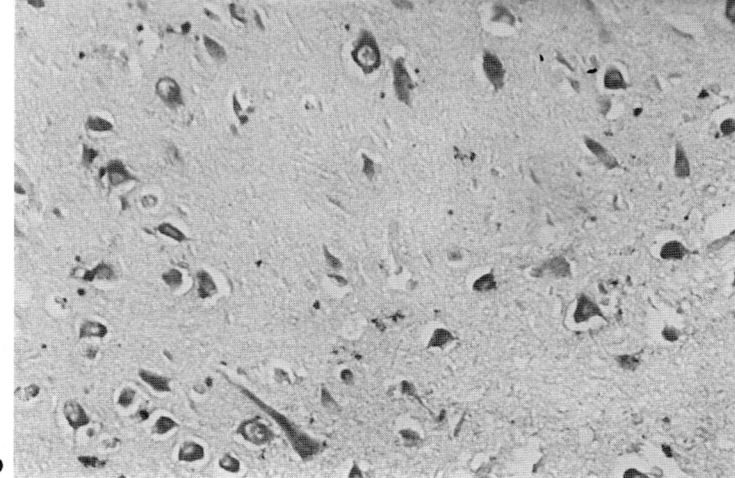

Abb. 4.1.3a, b. Immunhistochemischer Nachweis der neuronalen Expression von FMR1-Protein (FMRP) im Gehirn des Menschen (Beispiele). **a** In der Kleinhirnrinde wird FMRP bevorzugt in den Purkinje-Zellen (*P*) und in der Körnerschicht (*K*), jedoch kaum in der Molekularschicht (*M*) exprimiert. **b** In der grauen Substanz der Großhirnrinde findet sich FMRP im Zytoplasma zahlreicher Nervenzellen. Vergrößerung ca. 150fach. [Die Paraffinschnitte wurden uns freundlicherweise überlassen von Prof. Dr. med. T. Mattfeldt, Abt. Pathologie der Universität Ulm. Immunhistochemischer FMRP-Nachweis nach Willemsen et al. (1995): Dipl.-Biol. Ulrike Salat, Abteilung Medizinische Genetik der Universität Ulm]

Während der Embryogenese sind die Unterschiede zwischen den verschiedenen Geweben weit weniger deutlich als im adulten Leben. Am 12. und 14. Entwicklungstag der Maus zeigen unsere RNA-in-situ-Hybridisierungen und die Expressionsstudien anderer Arbeitsgruppen (Hinds et al. 1993) eine beträchtliche Aktivität des Fmr1-Gens in allen Geweben. Allerdings ist die Transkriptionsrate in den weiblichen und männlichen Gonaden noch erheblich größer (Bächner et al. 1993a). Sie betrifft die diploiden Stammzellen der Oogonien und Spermatogonien und besteht jeweils zum Zeitpunkt der Keimzellproliferation. Diese erfolgt im weiblichen Geschlecht nur während der fetalen Entwicklung, im männlichen Geschlecht jedoch lebenslang während der gametogenen Proliferationszyklen in den Tubuli des reifen Testis (Abb. 4.1.4). In reifen Spermatiden und Spermatozoen sowie in Sertoli-Zellen ist dagegen kein FMRP nachzuweisen (Devys et al. 1993).

Auch in anderen Situationen, die mit Zellwachstum, Zellteilung oder dem Umbau von Gewebestrukturen verbunden sind, findet sich eine erhöhte Menge an FMRP in Zellen, die dieses Protein sonst kaum exprimieren (Devys et al. 1993). Im Herzmuskel eines Patienten mit schwerer ischämischer Kardiopathie war ausschließlich im Bereich der Hyperplasie eine starke FMRP-Expression der Myozyten nachzuweisen. Auch während der Wundheilung tritt – anders als in der gesunden Haut – FMRP in den proliferierenden Hautzellen auf. Das gleiche trifft für in vitro proliferierende Hautfibroblasten zu, ferner für Zellen, die durch Serumfaktoren oder virale Infektion zur Proliferation gebracht wurden (Khandjian et al. 1995). In Primärkulturen epithelialer Nierenzellen junger Mäuse wird FMRP zwar auch während der Zellvermehrung gebildet, aber die FMRP-Menge nimmt noch erheblich zu, wenn diese Zellen ihre Proliferationsfähigkeit verlieren, die Synthese von Fmr1-mRNA reduzieren und in die Ruhephase des Zellzyklus eintreten. In den ruhenden Zellen besteht eine inverse Korrelation zwischen der mRNA- und der Proteinmenge (Khandjian et al. 1995). In Neuronen und anderen mitotisch inaktiven Zellen liegt ein vergleichbarer Zustand vor. Vermutlich reflektiert die Menge an FMRP sowohl die Leistungsfähigkeit als auch die jeweilige aktuelle Aktivität des zellulären Proteinbiosyntheseapparats. Letztere ist nicht nur während des Wachstums aller Zelltypen erhöht, sondern in manchen Zellen auch im enddifferenzierten Zustand, z. B. in

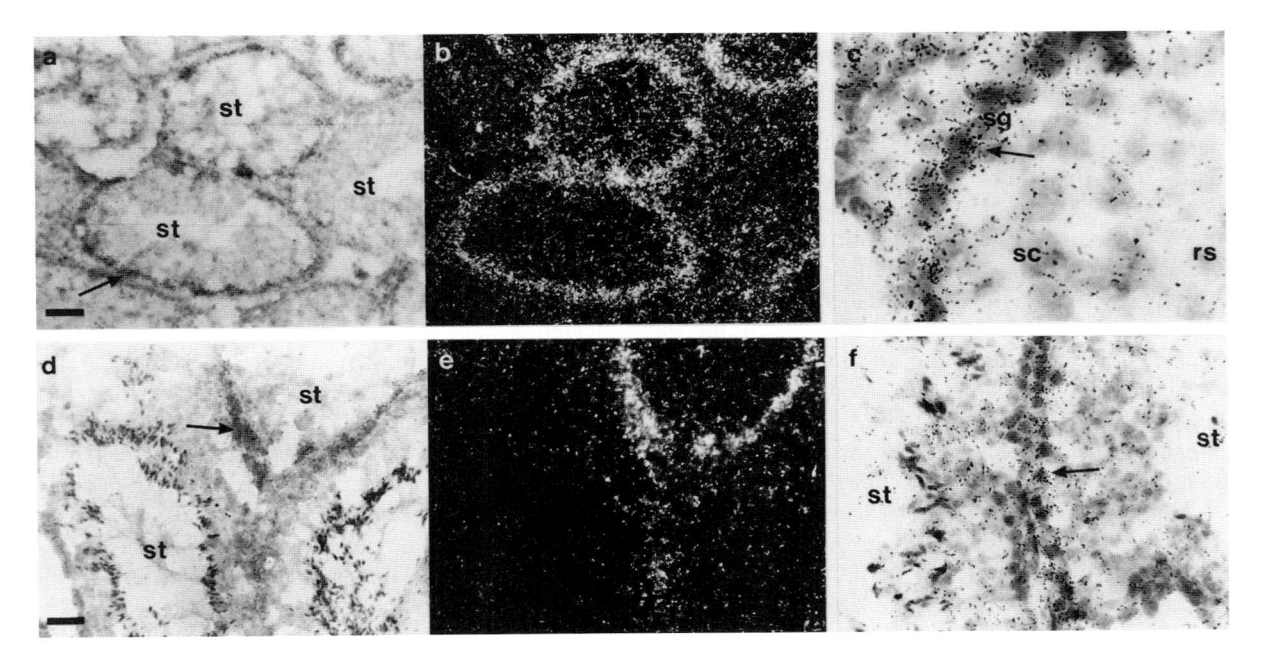

Abb. 4.1.4 a–f. Nachweis von Fmr1-mRNA in proliferierenden Spermatogonien adulter Mäuse durch RNA-in-situ-Hybridisierung. Querschnitte durch Hodenkanälchen (*st*). **a, c, d, f** Hellfeld mit dunklen Hybridisierungssignalen. **b, e** Dunkelfeld mit hellen Signalen. Maßstab: etwa 50 μm, *sg* Spermatogonien, *st* Tubuli semniferi, *sc* Sertolizellen, *rs* runde Spermatiden, *Pfeil* Keimepithel mit Spermatogonien. Anders als im Testis des Menschen durchlaufen die Tubuli semniferi bei Nagern einen Reifungszyklus. Eine erhöhte Fmr1-Transkription wird in den Stadien beobachtet, in denen die Spermatogonien proliferieren (**a–e**), jedoch nicht in anderen Stadien (**f**)

hochdifferenzierten Neuronen des zerebralen Kortex und des Zerebellums.

Untersuchungen der Struktur des FMR1-Proteins und seiner subzellulären Lokalisation weisen auf eine globale Funktion dieses RNA bindenden Ribonukleoproteins als nukleo-zytoplasmatischen RNA-Transporter und Bestandteil des aktiven zellulären Translationsapparats hin. Diese globale Aufgabe kann in manchen Zellen vermutlich auch von anderen RNA bindenden Proteinen übernommen werden. Für die Ausübung spezifischer Funktionen anderer Zellen ist das FMR1-Protein allerdings unerläßlich. Wie von einem Protein zu erwarten, dessen Ausfall zu geistiger Behinderung führt, gilt letzteres offensichtlich für Neuronen in Hirnbereichen mit Gedächtnisfunktion.

4.1.3.1.3 FMR1-Protein an „lernenden" Synapsen im Hippocampus

Ein gut funktionierendes Gedächtnis, in dem erlernte Kenntnisse und Fähigkeiten gespeichert sind, ist Voraussetzung für intelligentes Verhalten. Erst vor wenigen Jahren wurde erstmals gezeigt, daß erlernte Verhaltensänderungen mit Veränderungen synaptischer Verbindungen von Neuronen in bestimmten Hirnbereichen einhergehen. Unser Gehirn ist in der Lage, sich zeitlebens an neue Erfordernisse anzupassen. Diese als Neuroplastizität bezeichnete Fähigkeit ist mit der Umgestaltung und Vermehrung synaptischer Nervenzellverbindungen verknüpft, also mit der Umorganisation neuronaler Netzwerke (Bliss u. Collingridge 1993). Beim kognitiven Lernen werden im Hippocampus, dem für Gedächtnisprozesse wichtigen Bereich des zerebralen Kortex, bestimmte Rezeptoren an den dendritischen Synapsen glutamaterger Neuronen stimuliert. Wird eine Nervenzelle gleichzeitig an mehreren Synapsen durch eintreffende „Input"-Signale stimuliert, nimmt die Empfindlichkeit dieser Verbindungen zu, wobei die Synapsenstärke über längere Zeit vergrößert bleibt. Dieses zuerst im Hippocampus entdeckte Phänomen wird als Langzeitpotenzierung (LTP) bezeichnet. Zuvor ineffektive Mengen des chemischen Transmitters Glutamat reichen nunmehr zur Aktivierung postsynaptischer Rezeptoren und zur Induktion zahlreicher Aktionspotentiale an den Dendriten der Empfängerzelle aus. Die Umstrukturierung neuronaler Schaltkreise durch plastische Veränderungen von Synapsen ist ohne Zweifel ein bedeutender neurochemischer Lernmechanismus. Die Langzeitpotenzierung der synaptischen Signalübertragung ist das Ergebnis einer Kaskade vieler, bei weitem nicht vollständig bekannter zellphysiologischer und genetischer Prozesse. An strukturellen und funktionellen Veränderungen von Synapsen sind insbesondere Proteine beteiligt, deren Synthese durch Stimulation synaptischer Rezeptoren hochreguliert wird.

Erregende Synapsen befinden sich meist nicht am Soma der Nervenzelle, sondern an kleinen dornartigen Fortsätzen der baumartig verzweigten Dendriten. Möglicherweise begrenzen solche Dendritendornen die Langzeitpotenzierung auf bestimmte Synapsen. Im Zytoplasma der Dendritendornen, oft in unmittelbarer Nähe der postsynaptischen Zellmembran, befinden sich Aggregate von Polyribosomen, die einen spezifischen Teil des neuronalen Proteinsyntheseapparats darstellen. Weit entfernt vom Zellkern werden hier bestimmte Proteine synthetisiert, nachdem die dazu notwendigen mRNAs vom Zellkern aus gezielt an die distalen Translationsorte adressiert und transportiert wurden. Der Aufwand und die Komplexität eines solchen Transportprozesses unterstreichen die besondere Bedeutung der distal translatierten Proteine für die biologische Funktion der betreffenden Synapse.

Bei Aktivierung metabotroper Glutamatrezeptoren im Hippocampus von Ratten und bei der Langzeitpotenzierung der betreffenden Synapsen assoziieren bestimmte mRNAs – als Vorzeichen induzierter lokaler subsynaptischer Proteinbiosynthese – sehr schnell an postsynaptischen Polyribosomen. Das erste dieser Rattenproteine wurde kürzlich mittels cDNA-Klonierung der postsynaptisch aggregierenden mRNAs identifiziert. Das homologe Protein des Menschen stammt vom FMR1-Gen des fra(X)-Syndroms (Weiler et al. 1997). Über eine spezifische essentielle Funktion des FMR1-Proteins im Zusammenhang mit lerninduzierten synaptischen Veränderungen können bislang nur Vermutungen angestellt werden: Seine Anwesenheit in Dendritendornen aktiver glutamaterger Synapsen könnte für die Dendritenstruktur, für den Aufbau neuer Synapsen, für die synaptische Plastizität und letztlich für die Entwicklung von Intelligenz bedeutsam sein.

Erste Aufschlüsse ergaben morphologische Untersuchungen der Großhirnrinde verstorbener Probanden mit fra(X)-Syndrom und der FMR1-„Knockout" Maus (Comery et al. 1997). Beide spiegeln die Situation wider, die sich bei Ausfall des FMR1-Proteins ergibt. Die Knockout-Maus, das Tiermodell des fra(X)-Syndroms, entstammt einer gentechnisch veränderten embryonalen Stammzelle, in der das FMR1-Gen durch homologe Rekombination mit einem genetischen Konstrukt funktionsunfähig gemacht worden war (Bakker et al. 1994, Oostra und Hoogeveen 1997). Bei Abwesenheit von FMR1-Protein werden grobe Veränderungen der Dendritendornen gefunden. Die normalerweise relativ kurzen Dornen sind auffällig lang und dünn, oft korkenzieherartig gewunden. Gleichzeitig ist ihre Dichte (Anzahl pro Dendrit) abnorm erhöht. Dieser pathologische Zustand ähnelt dem frühen Stadium in der Entwicklung des normalen Neokortex, die durch eine physiologische Überproduktion zunächst noch unreifer Synapsen auf vielen langen und dünnen Dendritendornen gekennzeichnet ist. Erst wenn das normale Gehirn seine Funktion aufnimmt und sich den Erfordernissen seines Gebrauchs anpaßt, wird ein großer Teil der zunächst angelegten Synapsen eliminiert (*Pruning*), während die verbleibenden unter aktiver Stimulation strukturell ausreifen und verstärkt werden. Für diesen durch Lernen induzierten Entwicklungsprozeß scheint das FMR1-Protein unabdingbar zu sein.

Die glutamatergen Synapsen, durch deren Stimulation die lokale FMR1-Protein-Synthese induziert wird, lösen eine cAMP-abhängige Phosphorylierungskaskade aus, einen wichtigen, an der Langzeitpotenzierung beteiligten Signalübertragungsweg. Wie Berry-Kravis u. Ciurlionis (1998) zeigen, führt eine durch Transfektion mit geeigneten Expressionsvektoren erzeugte Überexpression an FMR1-mRNA und FMR1-Protein in neuronalen Zellen zum Anstieg der cAMP-Produktion. Demgegenüber ist in Thrombozyten und in lymphoblastoiden Zellen von fra(X)-Probanden kein cAMP nachzuweisen. Es besteht eine direkte Beziehung zwischen der FMR1-Expression und dem zellulären cAMP-Spiegel. Das mRNA bindende und transportierende FMR1-Protein könnte somit an der Bereitstellung der mRNA für Proteine der cAMP-abhängigen Phosphorylierungskaskade beteiligt sein. Allerdings wurde bisher noch keine mRNA identifiziert, die durch FMR1-Protein transportiert wird und bei Ausfall dieses Proteins im neuronalen Zytoplasma und an Synapsen fehlt (Steward et al. 1998).

Das Protein des FMR1-Gens tritt in verschiedenen, ubiquitär exprimierten Isoformen auf und hat vielleicht mehrere, darunter auch zellspezifische Funktionen. Wir wissen bislang nicht, welche Funktion des FMR1-Proteins in Hirnbereichen mit Gedächtnisfunktion für die Entwicklung normaler intellektueller Fähigkeiten essentiell ist. Die Suche danach hat mit der Entdeckung von FMR1-Protein als reguliertem und regulierendem Bestandteil des Translationsapparats glutamaterger dendritischer Synapsen erst begonnen. Zu Beginn des Jahres 1999 ist FMR1 ein wichtiges Thema neurowissenschaftlicher Forschung.

4.1.3.1.4 Regulation des FMR1-Gens

Beim fra(X)-Syndrom ist die Funktion des FMR1-Proteins beeinträchtigt, und zwar fast immer infolge einer Regulationsstörung mit Ausfall der Transkription. Alle Sequenzelemente, die für eine korrekte, vollständige Initiation der FMR1-Transkription benötigt werden, befinden sich in einem 2,8 kb großen DNA-Abschnitt, der die 5'-flankierende Region und das CGG-Repeat enthält. Ein Konstrukt bestehend aus diesem DNA-Fragment und einem lacZ-Reportergen wurde in transgene Mäuse eingebracht. Dort entsprach das Expressionsmuster des lacZ-Gens exakt dem zuvor beschriebenen Muster der FMR1-Expression (Hergersberg et al. 1995). Meijer et al. (1994) entdeckten bei einem fra(X)-Patienten eine 1,6 kb große Deletion unmittelbar 5' vom CGG-Repeat eines FMR1-Gens, das nicht transkribiert wurde. Diese Deletion umfaßte den Bereich, in dem aufgrund von In-vitro-Analysen (Hwu et al. 1993) die für die Transkriptionsinitiation erforderlichen *cis*-regulatorischen Sequenzen zu vermuten waren.

Diese regulatorischen Sequenzelemente wurden kürzlich von uns und von anderen identifiziert (Schwemmle et al. 1997, Drouin et al. 1997). Wir konnten in lebenden Zellen mit aktiv transkribierten FMR1-Genen an diesen Stellen die Bindung von Transkriptionsfaktoren nachweisen. Innerhalb von 300 bp 5' von der Cap-Stelle befinden sich zwar viele Konsensussequenzen, an denen Proteinfaktoren binden könnten, aber an nur 4 Stellen läßt sich eine solche Protein-DNA-Interaktion in vivo nachweisen. Die an der Regulation der Transkription des FMR1-Gens beteiligten Proteine werden dadurch auf nur wenige Faktoren eingegrenzt. Zu ihnen gehören vermutlich der konstitutive Transkriptionsfaktor Sp1 und sehr wahrscheinlich auch das zelluläre Onkogen c-myc, welches u. a. die normale Zellproliferation steuert. Auf unbekannte Weise wird auch die FMRP-Translation reguliert. Bei der Enddifferenzierung können Zellen einen hohen zytoplasmatischen FMRP-Spiegel anlegen, obwohl die RNA-Synthese reduziert ist (Khandjian et al. 1996).

4.1.3.2 Mutationen und molekulare Pathogenese

Die kausale Beteiligung des FMR1-Gens an der klinischen Manifestation des fra(X)-Syndroms wurde durch den Nachweis von Mutationen bestätigt, die ausschließlich bei diesem Syndrom vorkommen und fast immer zum Verlust der Genfunktion führen. In seltenen Fällen lag eine größere Deletion zugrunde, die entweder das gesamte FMR1-Gen oder nur den proximalen, für die Genfunktion unbedingt notwendigen Abschnitt betraf. Auch wenige Fälle einer de novo entstandenen intragenischen Mutation sind bekannt, bei der kein FMR1-Protein gebildet wird. Nur in einem Ausnahmefall war das FMR1-Protein infolge einer De-novo-Missense-Mutation verändert (s. Kapitel 4.1.3.2.1 „Deletionen und Punktmutationen"). Fast alle fra(X)-Patienten haben im 1. Exon ein abnorm verlängertes CGG-Repeat. Dies ist die Hauptursache des fra(X)-Syndroms, die sich als fragiles X-Chromosom manifestiert. Deshalb werden Expansionen des CGG-Repeats hier als fra(X)-Mutation bezeichnet und den anderen FMR1-Genveränderungen gegenübergestellt (s. Kapitel 4.1.3.2.2 „Fra(X)-Mutationen"). Allen kausalen Genveränderungen beim fra(X)-Syndrom ist gemeinsam, daß sie entweder zum kompletten Verlust des zellulären FMR1-Proteins führen (loss of function) oder die Funktion dieses Proteins beeinträchtigen.

4.1.3.2.1 Deletionen und Punktmutationen

Bald nach der Einführung direkter molekulargenetischer Tests zur Diagnostik des fra(X)-Syndroms (s. Kapitel 4.1.5.2 „Molekulargenetische Diagnostik") wurden männliche Probanden identifiziert, bei denen kein fragiles X-Chromosom vorliegt. Ihnen fehlt die DNA-Sequenz, mit der die verwendeten FMR1-Gen-Sonden hybridisieren. Da die Sonden aus der unmittelbaren Nachbarschaft des CGG-Repeats stammen oder das Repeat umspannen, ist bei allen diesen Probanden ein mehr oder weniger großer DNA-Abschnitt mit dem CGG-Repeat und 5′-regulatorischen Elementen des Promotors verlorengegangen. Es kann kein Genprodukt gebildet werden (Tabelle 4.1.1). Durch den so verursachten vollständigen Verlust der Genfunktion erklärt sich der klinische Phänotyp der Probanden. Die meisten Deletionen des FMR1-Gens sind De-novo-Mutationen. Aber es gibt auch familiäre Fälle, wobei ein Fall mit paternaler Transmission belegt, daß die Expression von FMRP bei der Vermehrung der Spermatogonien keine notwendige Voraussetzung für die männliche Fertilität ist.

Lugenbeel et al. (1995) entdeckten eine De-novo-Deletion eines einzelnen Nukleotids sowie eine maternal vererbte Spleißmutation im FMR1-Gen bei 2 Patienten mit typischen klinischen Merkmalen des fra(X)-Syndroms. Der entscheidende Hinweis auf eine Loss-of-function-FMR1-Mutation kam aus immunochemischen Tests, bei denen kein FMR1-Protein nachweisbar war. Die Mutationen wurden anschließend mittels Heteroduplexanalyse lokalisiert. Beim 1. Patienten fehlte ein Adenosinrest im Exon 5, woraus ein vorzeitiges Stoppsignal im veränderten Leserahmen der normal transkribierten mRNA resultierte. Beim 2. Probanden war in Exon 2 ein GG- durch ein TA-Dinukleotid ersetzt. Diese Mutation betraf eine Spleißakzeptorstelle mit der Folge, daß 2 aberrante alternative Spleißprodukte auftraten, in denen entweder nur das Exon 2 oder die Exons 2 und 3 fehlten. Bei der ersten Spleißvariante

Tabelle 4.1.1. FMR1-Deletionen bei männlichen Probanden mit fra(X)-typischem Phänotyp

Fall	Herkunft	Größe	DXS548	Promotor	$(CGG)_n$	Translatierte Sequenz
1	De novo	~250 kb	-	-	-	- (bis Exon 9)
2	De novo	~2,5 mb	-	-	-	-
3	De novo	⩾3 mb	-	-	-	-
4	Großvater	1,6 kb	+	-	-	+
5	De novo	~250 kb	+	-	-	- (bis Exon 8)
6a	De novo	660 bp	+	-	-	+
6b	De novo	⩾35 kb	+	-	-	- (bis Exon 11)
7	Mutter	>9 mb	-	-	-	-
8	Mutter	>2 mb	-	-	-	-
9	Mutter	>2 mb	-	-	-	-
10	De novo	>2 Mb	-	-	-	-

1 Wöhrle et al. (1992b), *2* Gedeon et al. (1992), *3* Tarleton et al. (1993), *4* Meijer et al. (1994), *5* Gu et al. (1994), *6a, b* Hirst et al. (1995), *7* Quan et al. (1995), *8–10* Abteilung Medizinische Genetik der Universität Ulm, bisher unveröffentlicht; *DXS548* Markerlocus (CA-Repeat) etwa 150 kb 5′ vom CGG-Repeat, *Minuszeichen* fehlende Sequenz, *Pluszeichen* vorhandene Sequenz.

ist der Translationsleserahmen verändert. Im Immunoblot war keine der beiden erwarteten verkürzten FMRP-Isoformen nachzuweisen. Kürzlich beschrieben Wang et al. (1997) bei 3 nicht miteinander verwandten Probanden jeweils eine C→T-Punktmutation im 10. Intron des FMR1-Gens. In den mutierten Transkripten fehlte das 10. Exon vollständig. Auch hierdurch kommt es zu einem veränderten Translationsleserahmen mit vorzeitigem Stoppsignal, bei dem u. a. die 2. KH-Domäne und beide RGG-Boxen verlorengehen.

Bei 1 männlichen Probanden mit extrem ausgeprägter klinischer Symptomatik fanden De Boulle et al. (1993) im Exon 10 des FMR1-Gens eine Missense-Mutation, die zum Austausch eines Isoleucinrests durch Asparaginsäure führt (Abb. 4.1.2). Dadurch werden die Faltung der 2. KH-Domäne verändert und die RNA-Bindungsfunktion des FMR1-Proteins erheblich beeinträchtigt (Siomi et al. 1994).

4.1.3.2.2 Fra(X)-Mutationen

Bei fast allen Probanden mit fra(X)-Syndrom ist das CGG-Repeat in der 5′-nichttranslatierten Region des FMR1-Gens abnorm verlängert. In der Normalpopulation variiert die Triplettzahl zwischen 6 und 60, wobei Repeats mit 30 Tripletts in Deutschland am häufigsten vorkommen (Gläser u. Steinbach 1997). In den meisten Repeats sind 2 AGGs vorhanden, und zwar als 9. und 19. Trinukleotid (Kunst u. Warren 1994). Am 3′-Ende des Repeats kommen längere ununterbrochene CGG-Abschnitte vor (Abb. 4.1.5). In Familien mit fra(X)-Syndrom treten 2 verschiedene Arten von fra(X)-Mutationen auf, die als Prämutation und Vollmutation bezeichnet werden.

Prämutationen kommen bei den meisten unauffälligen männlichen und bei vielen unauffälligen weiblichen Übertragern vor. Es handelt sich um CGG-Repeats, die mindestens 60, aber nicht mehr als 220 Tripletts enthalten. Wie von Francois Rousseau, Quebec, auf der „Fragile X Conference 1998" berichtet, liegt die Populationsfrequenz dieser Allele bei 1:555. Die Bezeichnung „Prämutation" wurde eingeführt, weil diese Genveränderung ohne Auswirkungen auf die intellektuelle Entwicklung bleibt (Pembrey et al. 1984), jedoch eine Vorstufe der krankheitsverursachenden Vollmutation ist, bei der die Triplettzahl über 220 liegt. Damit sind Prämutationen durch ihr instabiles Verhalten bei der Weitergabe an die nachfolgenden Generationen definiert.

Ein Problem besteht aber darin, daß sich in vielen Fällen aus der Triplettanzahl allein nicht ablei-

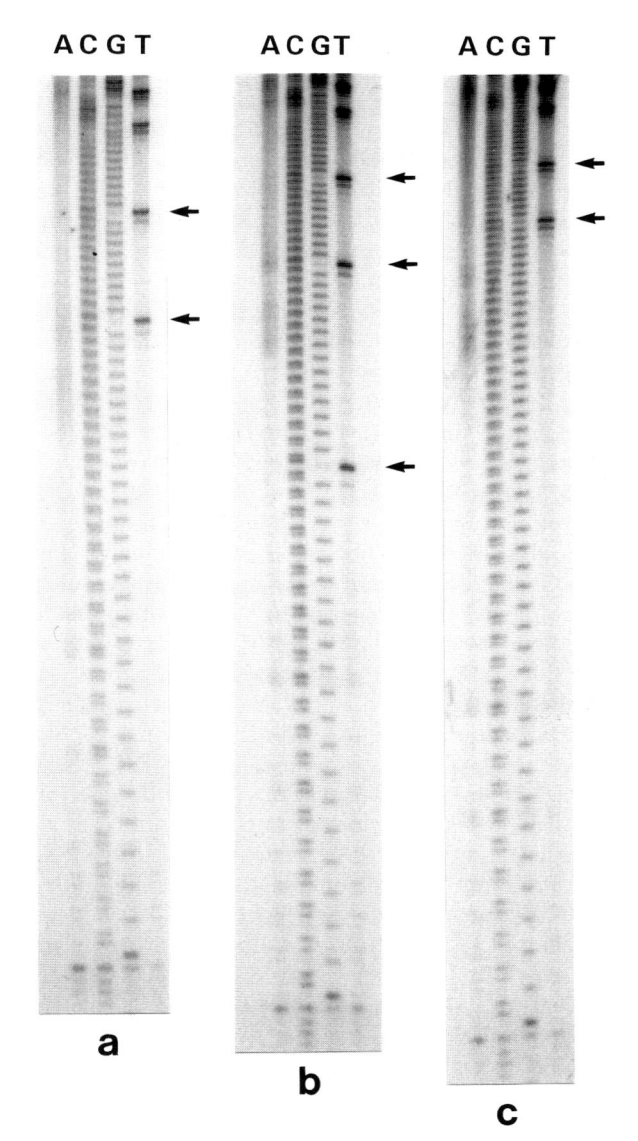

Abb. 4.1.5 a–c. Sequenz und Polarität des CGG-Repeats. Dargestellt ist jeweils das Sequenzmuster des $(CCG)_n$-Strangs. Unterbrechungen der Kette reiner CGG-Einheiten durch AGG-Tripletts (*Pfeile*) entsprechen einer CCT-Sequenz im komplementären Strang und finden sich im 5′-Abschnitt des CGG-Repeats. Die Sequenzen sind wie folgt: **a** 5′-$(CGG)_9$-AGG-$(CGG)_9$-AGG-$(CGG)_{29}$ bei einem Grauzonenallel mit 49 Tripletts, **b** 5′-$(CGG)_9$-AGG-$(CGG)_9$-AGG-$(CGG)_{14}$-AGG-$(CGG)_{20}$-3′ bei einem Grauzonenallel mit 55 Tripletts, **c** 5′-$(CGG)_9$-AGG-$(CGG)_7$-AGG-$(CGG)_{43}$ bei einer Prämutation mit 61 Tripletts (Sequenzierung Dipl. Biol. Dieter Gläser, Abteilung Medizinische Genetik der Universität Ulm)

ten läßt, ob bereits eine hinreichend instabile Vorstufe der Vollmutation vorliegt (Hirst et al. 1994, Reiss et al. 1994). Das kürzeste Repeat, aus dem in einer fra(X)-Familie bereits in der nächsten Generation eine Vollmutation entstand, hatte 60 Tripletts (Heitz et al. 1992). Geringfügige Veränderungen der Triplettanzahl bei der Weitergabe an Nachkommen, auch als „instabile Transmission" bezeichnet, werden manchmal bereits bei Repeats mit 45 oder mehr Tripletts beobachtet. Somit können einige Allele mit 45–59 Tripletts ebenfalls Prämutationen sein, aus denen in späteren Generationen infolge instabiler Transmissionen eine Vollmutation entsteht. Hirst et al. (1994) fanden z. B. ein 56 Tripletts großes Repeat, das bei mehreren Transmissionen zur Vollmutation expandiert war. Wegen dieser prognostischen Unsicherheit wird der Bereich der Repeat-Länge von 45–59 als „Grauzone" bezeichnet. Etwa 2,5% aller CGG-Repeats der Normalbevölkerung sind Grauzonenallele (z. B. Jacobs et al. 1993).

Vollmutationen kennzeichnen die fragilen X-Chromosomen aller betroffenen männlichen und weiblichen Probanden sowie einen Teil der nicht betroffenen Überträgerinnen. Die Allelfrequenz liegt bei 1:400. Vollmutierte CGG-Repeats enthalten über 220 Tripletts, wobei diese Zahl meist erheblich überschritten wird. Die Repeat-Expansion zur Vollmutation ist fast immer mit einer Methylierung des vollmutierten CGG-Repeats und seiner umgebenden DNA-Sequenzen verknüpft, die vermutlich jedes einzelne CpG-Dinukleotid betrifft (Hornstra et al. 1993, Schwemmle et al. 1997, Stöger et al. 1997). Wahrscheinlich erfolgt die Methylierung erst nach der Verlängerung des Repeats (Malter et al. 1997). Innerhalb des methylierten Genabschnitts, dessen Größe nicht genau bekannt ist, befindet sich der Promotor des FMR1-Gens.

Die molekulare Ursache der chromosomalen Fragilität von FRAXA, FRAXE und anderen Stellen mit verlängerter CGG- oder CCG-Triplett-Sequenz (vgl. Kapitel 4.1.1.1.1 „Fragiles X-Chromosom" und 4.1.1.2 „Andere Formen X-chromosomaler geistiger Behinderung") ist bisher nicht verstanden (Dobkin et al. 1996). Der verantwortliche Mechanismus sollte durch Folatmangel induzierbar sein, sich nur auf CG-reiche Triplett-Repeats und nicht auf CTG-Repeats entsprechender Länge auswirken, und unabhängig von der Methylierung sein. Vermutlich ist die Chromatinstruktur verantwortlich. Bei expandierter CGG-Sequenz ist die Ausbildung von Nukleosomenstrukturen unterdrückt (Merzenberg 1996, Wang et al. 1996) während bei expandierten CTG-Repeats im DMPK-Gen der Myotonen Dystrophie die höchste jemals gemessene Nukleosomendichte vorliegt (Wang u. Griffith 1995).

4.1.3.2.3 Molekulare Pathogenese

Das fra(X)-Syndrom entsteht, wenn das FMR1-Protein in allen oder einem hohen Anteil der Zellen fehlt oder abnormes FMRP gebildet wird, das seine normale RNA bindende Funktion nicht ausüben kann. Der Funktionsverlust kann direkt durch Deletion des FMR1-Gens oder seines Promotors, ferner durch Frameshift- oder Spleißmutationen verursacht sein, bei denen aus der FMR1-mRNA kein immunochemisch nachweisbares Protein entsteht. In den meisten Fällen liegt eine vollständige fra(X)-Mutation zugrunde, die indirekt zur kompletten oder partiellen Inaktivierung der FMR1-Gen-Expression führt (Pieretti et al. 1991). Hier ist auf dem gegenwärtigen Stand des Wissens folgende Chronologie der pathogenetischen Ereignisse wahrscheinlich:

Am Anfang steht die Expansion eines prämutierten Repeats zur Vollmutation. Dies geschieht ausschließlich bei maternaler Vererbung, und zwar entweder in der Oogenese oder während der frühen postzygotischen Entwicklung oder in beiden Phasen. In der Oogenese sind beide FMR1-Allele unmethyliert. Dies gilt auch, wenn ein vollständig expandiertes CGG-Repeat vorliegt (Malter et al. 1997). Die Hypermethylierung der vollständigen fra(X)-Mutation stellt einen nachfolgenden pathogenetischen Schritt dar. De-novo-Methylierung ist höchstwahrscheinlich nur in einer begrenzten Phase der Embryogenese möglich und erfolgt vermutlich zum Zeitpunkt der Differenzierung der somatischen Gewebe des Embryos (Razin u. Cedar 1993, Razin u. Shemer 1995). Die Methylierung des vollmutierten Allels findet im Embryo selbst früher statt als im Trophoblasten (Sutcliffe et al. 1992). Wenn CGG-Repeats ausnahmsweise auch im späteren Leben instabil sind und erst dann expandieren, bleiben sie unmethyliert (Wöhrle et al. 1997). Vermutlich ist die Neumethylierung vollmutierter Allele von der Repeat-Länge abhängig. Der wahrscheinlichste Auslöser besteht darin, daß CGG-Repeats nach Überschreiten einer kritischen Länge haarnadelförmige DNA-Strukturen (*Loops*) mit C-C Fehlpaarungen von CpG-Sequenzen innerhalb eines Haarnadelstamms (*Stem*) ausbilden (Chen et al. 1995, Pearson u. Sinden 1996, Mariappan et al. 1996, Smith 1998). Die fehlgepaarten Cytosine stellen außergewöhnlich effiziente Substrate der De-novo-Methylierung dar, denn innerhalb solcher Strukturen werden CpG-Dinukleotide gegenüber normaler Duplex-DNA bevorzugt methyliert (Smith et al. 1994, Kho et al. 1998). Die Methylierung expandierter CGG-Repeats ist mit einer umfangreichen Umstrukturierung des X-chromosomalen Chromatins (Eberhart u. Warren 1996) sowie mit einer Verschiebung des Replikationszeitpunkts in die späte S-Phase des Zellzyklus verknüpft. Diese Veränderungen betreffen einen Chromosomenabschnitt der mindestens 400 kb 5' von FRAXA beginnt und sich 3' davon noch mindestens über 350 kb erstreckt (Subramanian et al. 1996, Hansen et al. 1997).

FMR1-Allele mit vollständig expandiertem CGG-Repeat bleiben nur selten unmethyliert und werden dann transkribiert (Sutcliffe et al. 1992, Hagerman et al. 1994, Wöhrle et al. 1997). Bei Methylierung der Promotorregion erfolgt jedoch keine RNA-Synthese, was den Ausfall der zellulären FMRP-Synthese nach sich zieht. In normalen Zellen wird die Transkription des FMR1-Gens durch Proteinfaktoren initiiert und gesteuert. Die meisten dieser Faktoren können nicht an den entsprechenden *cis*-regulatorischen DNA-Elementen binden, wenn letztere methyliert sind (Schwemmle et al. 1997, Drouin et al. 1997). Die Bindung könnte durch die Methylierung selbst verhindert werden, aber auch durch die zuvor beschriebenen Chromatinveränderungen, die immer mit der Hypermethylierung zusammen auftreten. Die Manifestation des klinischen Phänotyps korreliert in jedem Fall mit der DNA-Methylierung des FMR1-Gens.

Die geistige Beeinträchtigung tritt nicht auf, wenn noch etwa 40% des normalen FMRP-Spiegels vorhanden sind (Rousseau et al. 1994a, Hagerman et al. 1994). Dies ist bei männlichen Patienten möglich, wenn ein entsprechendes somatisches Mosaik vorliegt, in dem ein Teil der Zellen entweder eine Prämutation oder ein vollmutiertes, aber nicht methyliertes Allel aufweist. Ferner gibt es normale männliche Überträger mit Vollmutationen, die anscheinend in allen Zellen unmethyliert sind. Jedoch ist auch hier die FMRP-Menge reduziert. FMR1-Transkripte, die 5' vom Startkodon ein CGG-Repeat mit mehr als 200 Tripletts enthalten, werden nicht optimal translatiert. Vielleicht wird nach der Translationsinitiation am 5'-Cap der mRNA das 3' zur expandierten Triplettsequenz gelegene Startkodon dann nicht effektiv gefunden (Feng et al. 1995).

4.1.3.3 Instabilität und Stabilität des CGG-Repeats

Die Vollmutation bei betroffenen Probanden ist nie das Ergebnis eines einzigen mutativen Ereignisses. Stets sind mehrere Repeat-Verlängerungen vorausgegangen, wobei in fra(X)-Familien bei Trägern einer Prämutation nur die letzten Schritte eines Mutationsprozesses direkt nachzuweisen sind, der offensichtlich bereits in weit zurückliegenden Generationen begonnen hat. Durch welche genetischen Veränderungen einer normalen, ursprünglich stabilen Repeat-Sequenz kann eine solche Folge mutativer Ereignisse initiiert werden?

4.1.3.3.1 Mutationsdynamik und Founder-Chromosomen

Analysen polymorpher DNA-Sequenzen (Marker) in der Nähe des CGG-Repeats zeigen in fast allen untersuchten Populationen eine allelische Assoziation von fra(X)-Mutation mit bestimmten Haplotypen des chromosomalen Hintergrunds (Richards et al. 1992, Hirst et al. 1993b, Oudet et al. 1993, Malmgren et al. 1994, Gunter et al. 1998). Solche Risikohaplotypen sind auf X-Chromosomen mit normalen CGG-Repeats erheblich seltener und kommen fast ausschließlich zusammen mit Repeats vor, die mehr als 35 Tripletts lang sind (Montagnon et al. 1994). Folgender Mutationsprozeß erscheint plausibel: Die initiale Veränderung der Sequenz des Repeats hat dessen Instabilität (d. h. Mutationsrate) erhöht. In dieser neuen Situation besteht die Tendenz zur Verlängerung des Repeats auf unverändertem, relativ konserviertem chromosomalem Hintergrund. Über viele Generationen entstehen allmählich längere und zunehmend instabilere Repeats, wobei die Assoziation mit dem Haplotyp flankierender genetischer Marker so erhalten bleibt, wie er auf dem Founder-Chromosom zum Zeitpunkt der initialen Repeat-Veränderung vorlag. Auf diese Weise wird vermutlich ein Pool instabiler prämutierter CGG-Repeats gespeist, aus dem immer wieder neue Vollmutationen hervorgehen (Morton u. Macpherson 1992, Macpherson et al. 1994).

Die DNA-Sequenz von CGG-Repeats gibt Aufschlüsse darüber, welcher Art die initialen Mutationen gewesen sein könnten (Snow et al. 1994). Die Kette reiner CGG-Wiederholungen wird meist von 1 oder 2 AGG-Tripletts unterbrochen (Verkerk et al. 1991, Kunst u. Warren 1994). Eine typische Repeat-Sequenz ist $5'-(CGG)_9-AGG-(CGG)_9-AGG-(CGG)_n-3'$, mit einer variablen Zahl $n \geqslant 10$. Die Veränderung der Länge instabiler Repeats erfolgt immer im 3'-Bereich und betrifft den dort befindlichen größten Abschnitt reiner CGG-Wiederholungen (Zhong et al. 1995). Somit ergibt sich eine polare Repeat-Struktur, bestehend aus einem relativ instabilen 3′-Bereich, dessen Instabilität proportional seiner Länge ist, und einem stabilen 5′-Bereich, dessen Stabilität vermutlich auf AGG-Unterbrechungen beruht (Eichler et al. 1995 a, b). Unterbrechungen der reinen CGG-Sequenz erhöhen den Schwellenwert der Repeat-Länge, oberhalb dessen die Ausbildung hinreichend stabiler haarnadelförmiger Einzelstrangkonfigurationen möglich ist (McMurray 1995). Ein A→C-Basenaustausch innerhalb des Repeats, bei dem ein AGG-Triplett zu einem CGG-Triplett mutiert, kann hingegen den 3′-Bereich reiner CGG-Wiederholungen verlängern, dessen Instabilität erhöhen und den zuvor beschriebenen Mutationsprozeß auslösen, der letztlich zur Manifestation des fra(X)-Syndroms führt.

Bei einem relativ hohen Anteil von fra(X)-Mutationen kommt das expandierte CGG-Repeat jedoch nicht zusammen mit einem der Risikohaplotypen vor. Hier besteht eine Vielfalt verschiedener Haplotypen, die größer ist als die normaler X-Chromosomen. Diese Befunde weisen auf alternative Möglichkeiten der Entstehung von Prämutationen hin, bei der Zwischenstufen intermediärer Repeat-Längen übersprungen werden (*Leap-frog*-Hypothese, Macpherson et al. 1994, Eichler et al. 1996). Ursache dieser Mutationen könnte eine allgemeine Instabilität repetitiver Sequenzen auf der Grundlage insuffizienter DNA-Reparatur sein (vgl. Kapitel 4.1.3.3.4 „Mechanismen der Repeat-Instabilität und DNA-Reparatur"). Tatsächlich sind auf fragilen X-Chromosomen, die keinen Risikohaplotyp aufweisen, auch repetitive Sequenzen polymorpher CA-Repeats oft deutlich länger als auf normalen X-Chromosomen (Zhong et al. 1995).

Eine Mutation wird als „dynamisch" bezeichnet, wenn die Mutationsrate der veränderten DNA-Sequenz größer ist als die der Ausgangssequenz (Richards u. Sutherland 1992 a). Dies gilt in typischer Weise für alle expandierten Triplett-Repeats, deren Mutationsrate mit zunehmender Repeat-Länge ansteigt. Entsprechend nimmt die Wahrscheinlichkeit der instabilen Transmissionen an Nachkommen und die Rate der somatischen Mutationen zu. Die biologische Ursache dieses instabilen Verhaltens ist offensichtlich die repetitive Sequenz selbst, die aufgrund der vielen Wiederholungen ein- und desselben Sequenzmotivs anfällig für Paarungfehler bei der Rekombination und der DNA-Replikation ist (Kunkel 1993, Richards u. Sutherland 1994, Eichler et al. 1994, Hirst 1995). Diese plausible Erklärung reicht jedoch nicht aus, um allen Phänomenen des fra(X)-Syndroms gerecht zu werden. Dazu gehört auch das Verhalten des CGG-Repeats bei mitotischen Zellteilungen (Steinbach et al. 1998).

4.1.3.3.2 Somatische Mosaike

Bei fast allen Probanden mit einer Vollmutation besteht ein somatisches Mosaik von Zellen mit unterschiedlich langen CGG-Repeats (Wöhrle et al. 1993), das bei der Southern-Analyse in der Regel verschieden große Banden ergibt, wobei jede Bande vergrößerte, Repeat-tragende Restriktionsfragmente enthält (Abb. 4.1.6). Solche Mosaike können erst nach der Bildung einer Zygote entstanden sein und zeigen ein mitotisch instabiles Verhalten des ererbten CGG-Repeats. Die Mosaikmuster sind bereits im frühen fetalen Leben von fra(X)-Patienten nachzuweisen (Devys et al. 1992, Wöhrle et al. 1992 a). Überraschenderweise sind sie in allen fetalen Geweben identisch ausgeprägt (Wöhrle et al. 1993, 1995), was nur möglich ist, wenn das somatische Mosaik schon zu einem viel früheren Entwicklungszeitpunkt entstand und die expandierten Repeats mitotisch außerordentlich stabil sind. Die Musteridentität in den verschiedenen fetalen Geweben könnte darauf beruhen, daß die Zellen, aus denen der Embryo selber entsteht, vor ihrer Aufteilung auf die verschiedenen Gewebe erheblich untereinander vermischt werden, wodurch eine gleichmäßige Verteilung der Stammzellen aller somatischen Gewebe resultiert (Soriano u. Jänisch 1986).

Die Mosaikbefunde an fra(X)-Feten scheinen zunächst widersprüchlich zu sein, da sie sowohl eine postzygotische mitotische Instabilität des CGG-Repeats als auch eine außerordentlich hohe Stabilität in den fetalen Geweben anzeigen. Eine Auflösung dieses Widerspruchs ergibt sich unter der Annahme, daß auf eine frühe embryonale Phase der Instabilität eine Phase folgt, in der die zuvor entstandenen Mosaikmuster expandierter Repeat-Sequenzen fixiert werden. Letzteres geschieht vermutlich bei der Neumethylierung vollmutierter Repeats.

4.1.3.3.3 Repeat-Stabilität bei DNA-Methylierung

Im Gegensatz zur Vollmutation des fra(X)-Syndroms zeigen die expandierten CTG-Repeats des DMPK-Gens der Myotonen Dystrophie die bei solchen repetitiven Sequenzen erwartete hohe somatische Instabilität. Auch dieses Triplett-Repeat befindet sich in einer nichttranslatierten Genregion (Brook et al. 1992). Die Verlängerung bei Patienten mit schwerer klinischer Ausprägung der Myotonen Dystrophie entspricht in ihrem Ausmaß der einer Vollmutation des fra(X)-Syndroms, führt jedoch zu einer deutlichen Instabilität der repetitiven Tri-

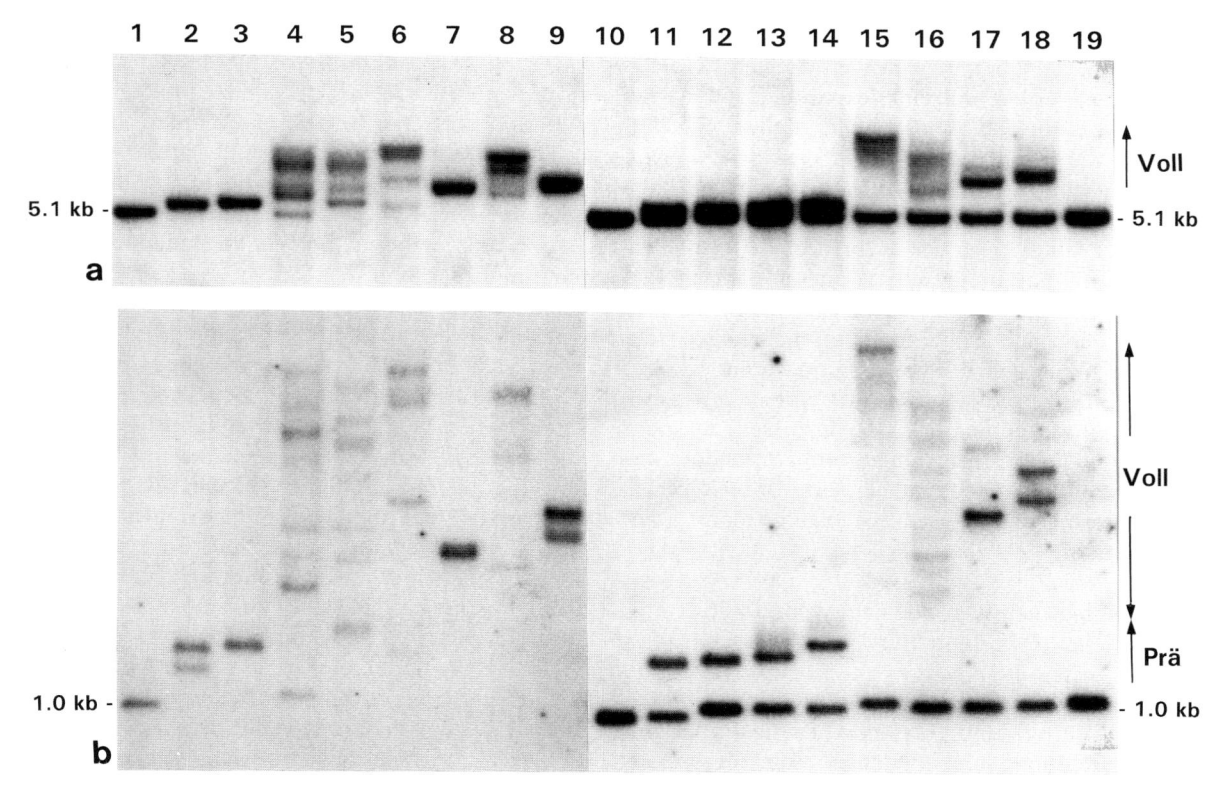

Abb. 4.1.6 a, b. Nachweis von fra(X)-Mutationen und somatischen Mosaiken durch Southern-Analyse. Genomische DNA wurde mit den Restriktionsenzymen *Hind*III (**a**) sowie *Pst*I (**b**) gespalten. Die Hybridisierung der Restriktionsfragmente mit dem CGG-Repeat erfolgte mit Sonden aus dem FMR1-Gen (Ox1.9, Ox0.55). Die Größe der normalen Fragmente ist jeweils in/kb angegeben. Bei fra(X)-Mutationen sind die Fragmente infolge der Expansion des CGG-Repeats vergrößert und liegen entweder im Prämutationsbereich (*Prä*) oder im Bereich der Vollmutationen (*Voll*). In den Spuren *1–19* wurden jeweils Restriktionsfragmente folgender Individuen elektrophoretisch aufgetrennt: *1* männliche Kontrollperson, *2–3* männliche Überträger mit Prämutation, *4–9* männliche Probanden mit verschiedenen Mustern vollständig expandierter Fragmente (somatische Mosaike), wobei in Spur *4* zusätzlich ein normales Fragment vorkommt und bei *5* und *6* jeweils zusätzlich ein prämutiertes Fragment vorliegt, *10, 19* weibliche Kontrollpersonen, *11–14* Überträgerinnen mit normalem und prämutiertem Fragment, *15–18* Überträgerinnen mit normalem Fragment und verschiedenen vollmutierten Fragmenten

plett-Sequenz (Wöhrle et al. 1995). Bereits von der 16. Entwicklungswoche an können die Repeat-Längen in verschiedenen fetalen Geweben sehr unterschiedlich sein. Bei der Zellproliferation in vitro und vermutlich auch während des gesamten Lebens betroffener Individuen wird das ursprünglich ererbte expandierte CTG-Repeat weiter verändert. Dabei nehmen sowohl die Gesamtlänge der CTG-Repeats als auch die Variabilität der Länge kontinuierlich zu, so daß eine breite statistische Verteilung der Repeat-Längen um einen Mittelwert herum resultiert.

Die CTG-Repeats der Myotonen Dystrophie enthalten keine CpG-Dinukleotide und werden deshalb höchstwahrscheinlich auch nicht methyliert (Smith 1998). Dagegen ist in den mitotisch stabilen vollmutierten CGG-Repeats des fra(X)-Syndroms jedes einzelne CpG-Dinukleotid methyliert (Hansen et al. 1992, Hornstra et al. 1993). Vermutlich verdanken sie ihre hohe Stabilität der Hypermethylierung.

Zur Bestätigung dieser Hypothese untersuchten wir beim fra(X)-Syndrom die Stabilität expandierter CGG-Repeats, die ausnahmsweise unmethyliert geblieben sind (Wöhrle et al. 1997). Einige fra(X)-Männer haben nicht nur methylierte, sondern auch unmethylierte vollmutierte CGG-Repeats. Es kommen sogar unauffällige männliche Überträger mit einer Vollmutation vor, bei der überhaupt keine Methylierung nachzuweisen ist (Hagerman et al. 1994, Smeets et al. 1995). Wie unsere Befunde zeigen, sind alle unmethylierten expandierten CGG-Repeats mitotisch instabil, und zwar genau in der erwarteten und von der Myotonen Dystrophie bekannten Weise. Der Grad der Instabilität nimmt mit der Länge des unmethylierten CGG-Repeats zu. Werden einzelne expandierte CGG-Repeats durch Fusion menschlicher Zellen mit permanent wachsenden Mauszellen und anschließende Klonierung der Hybridzellen separiert, so kann die mitotische Stabilität des Repeats während der In-vitro-Proliferation der Hybridzellen untersucht werden. In diesem System verhalten sich methylierte vollmutierte Repeats in vielen Experimenten stabil. Auch nach längerer Zellvermehrung ist das ursprünglich isolierte Repeat kaum verändert. Unmethylierte vollmutierte Repeats verhalten sich oft anders. Aus ihnen können längere, seltener auch kürzere Sequenzen entstehen, wobei sich die Repeat-Instabilität manchmal als eine diffuse Verteilung verschiedener Repeat-Längen manifestiert (Gläser et al. 1999).

4.1.3.3.4 Mechanismen der Repeat-Instabilität und DNA-Reparatur

Eine plausible Erklärung für die Repeat-stabilisierende Wirkung der DNA-Methylierung findet sich bei Betrachtung der möglichen molekularen Mechanismen, die zur Verlängerung von Triplett-Repeat-Sequenzen führen. Dabei ist die für die Sequenzstabilität verantwortliche DNA-Reparatur von besonderer Bedeutung (Heale u. Petes 1995).

Die Vollmutation des fra(X)-Syndroms entsteht nur in Verbindung mit der Weitergabe des betreffenden X-Chromosoms an Kinder. Deshalb wurde zunächst vermutet, die Repeat-Verlängerung könne nur in der Meiose erfolgen (Nussbaum u. Ledbetter 1986). Inzwischen ist jedoch klar, daß Expansionen von Triplett-Repeats meistens, wenn nicht ausschließlich, bei der DNA-Replikation stattfinden. Der ursprünglich propagierte meiotische Expansionsmechanismus, die illegitime Rekombination durch „ungleiches Cross-over" zwischen fehlerhaft gepaarten Schwesterchromatiden, ist mit den vorliegenden genetischen Daten unvereinbar. Ein anderer Mechanismus, der allgemein als „Polymerase slippage" oder „DNA slippage" bekannt ist, basiert auf einer Verschiebung von DNA-Einzelsträngen während der Replikation. Die Folge ist, daß bei der Reassoziation des Elternstrangs mit dem neu synthetisierten Tochterstrang Paarungsfehler auftreten. Es entstehen Heteroduplices, in denen einzelne Bereiche ungepaart bleiben. Dann kann ein bereits fertiggestellter Abschnitt noch einmal synthetisiert oder ein noch nicht synthetisierter Bereich durch „Überspringen" des als Matrize dienenden ungepaarten Elternstrangs ausgelassen werden (z.B. Richards u. Sutherland 1994, Lovett u. Feschenko 1996). Starke Repeat-Verlängerungen, wie sie bei der Entstehung einer Vollmutation auftreten, setzen eine entsprechend große Strangverschiebung voraus. Letztere ist jedoch energetisch ungünstig und entsprechend unwahrscheinlich, weil zahlreiche Wasserstoffbrücken gelöst werden müssen. Solche Verschiebungen sind nur möglich, wenn der Unterschied der Bindungsenergien zwischen Duplex und Heteroduplex minimal ist. Diese Bedingung kann erfüllt werden, wenn sich bei der Strangverschiebung besondere DNA-Strukturen mit zusätzlichen Wasserstoffbrücken ergeben. Höchstwahrscheinlich bilden beide Einzelstränge von CGG-Repeats nach Überschreiten einer kritischen Repeat-Länge stabile haarnadelförmige Strukturen aus, mit normalen G-C-Paarungen und weiteren Wasserstoffbrücken in C-C- oder G-G-Fehlpaarungen innerhalb des gleichen Strangs (Chen et al. 1995, Mariappan et al. 1996). Diese energetisch günstigen Strukturen können bei der DNA-Replikation eine größere und hinreichend langlebige Strangverschiebung ermöglichen, die zur Repeat-Verlängerung führt. Die Expansion kann z.B. durch zusätzliche DNA-Synthese entlang eines infolge Strangverschiebung ungepaarten Abschnitts des Elternstrangs erfolgen. Eine weitere Möglichkeit besteht in einer erneuten Initiation der DNA-Replikation an einsträngigen Abschnitten (Loops) von Haarnadelstrukturen des Elternstrangs. Ausführlichere Beschreibungen dieser Mechanismen und Modellvorstellungen finden sich in den Veröffentlichungen von McMurray (1995), Chen et al. (1998) sowie Steinbach et al. (1998).

Die Repeat-Verlängerung bei der DNA-Replikation betrifft primär nur den neu synthetisierten Tochterstrang. Allele mit mutativ expandiertem Repeat in beiden DNA-Strängen entstehen erst durch postreplikative Korrektur des Elternstrangs. Die DNA-Heteroduplex(Mismatch)-Reparatur ist prinzipiell in der Lage, nach der DNA-Replikation den (korrekten) Elternstrang zu erkennen und nach diesem Muster einen fehlerhaft synthetisierten neuen DNA-Strang zu korrigieren. Dieses Reparatursystem, das aus vielen verschiedenen Proteinfaktoren besteht, benötigt unbedingt Signale, anhand derer der korrekte Elternstrang identifiziert werden kann, und dies sind höchstwahrscheinlich Methylgruppen methylierter CpG-Dinukleotide in der Nähe des fehlgepaarten DNA-Abschnitts (Modrich 1991, 1994; Cleaver 1994). Nach der DNA-Replikation finden sich Methylsignale zunächst ausschließlich auf dem Elternstrang, sind also ein spezifisches Merkmal der vom Reparatursystem gesuchten korrekten DNA-Sequenz. Dieser Mechanismus kann aber nicht effektiv sein, wenn ein größerer DNA-Abschnitt unmethyliert ist. In den unmethylierten, postreplikativ fehlerhaft reassoziierten Triplett-Repeats kommt es bei der DNA-Reparatur vermutlich regelmäßig zur Strangverwechslung mit der Folge, daß irrtümlich der korrekte Elternstrang nach dem Muster des längeren Tochterstrangs repariert wird.

In der Oogenese sind beide Allele des FMR1-Gens unmethyliert. Vermutlich trifft dies auch auf die frühe postzygotische Entwicklungsphase zu, die durch eine allgemeine Untermethylierung des Genoms gekennzeichnet ist (Razin u. Cedar 1993, Razin u. Shemer 1995). In dieser Phase entstehen die somatischen Mosaike der Probanden mit vollständiger fra(X)-Mutation. Bei der anschließenden Gewebedifferenzierung finden De-novo-Methylierungen statt, insbesondere der CpG-reichen Promotorregionen. In diesem Zusammenhang werden vermutlich auch die aberrant strukturierten vollmutierten CGG-Repeats methyliert und stabilisiert, so daß das zu diesem Zeitpunkt bestehende Spektrum verschiedener Repeat-Längen im Verlauf des Lebens keinen größeren Veränderungen mehr unterworfen ist.

4.1.4 Vererbung des fra(X)-Syndroms

Bis zur Isolierung des FMR1-Gens galt für alle bekannten Genveränderungen das Mendel-Prinzip, das eine Mutation als stabile Veränderung der Gensequenz betrachtet, die unverändert an die nächste Generation weitergegeben wird. Beim fra(X)-Syndrom gilt dies nur in den seltenen Fällen, in denen das FMR1-Gen eine Deletion oder eine klassische Punktmutation aufweist (s. Kapitel 4.1.3.2.1 „Deletionen und Punktmutationen"). Bei den Expansionen des CGG-Repeats handelt es sich um instabile, dynamische Mutationen. Jede Transmission an die nächste Generation kann mit einer erneuten Veränderung der mutierten Sequenz verbunden sein. Aus diesem besonderen, bei verlängerten Triplett-Repeat-Sequenzen ganz allgemein beobachteten Verhalten und aus der spezifischen Eigenschaft des CGG-Repeats, nur im unmethylierten Zustand instabil zu sein, ergeben sich einzigartige Vererbungsmuster (Abb. 4.1.7).

4.1.4.1 Antizipation

Das vollmutierte X-Chromosom eines männlichen Probanden stammt stets von der Mutter. Im Gegensatz zu anderen X-chromosomalen Erbkrankheiten, bei denen eine signifikante Anzahl der Betroffenen eine Neumutation manifestiert, ist hier die Mutter immer Überträgerin. Das vollmutierte CGG-Repeat ist nie das Ergebnis einer De-novo-Mutation eines normalen Allels. Die Entstehungsgeschichte einer Vollmutation läßt sich vielmehr auf einen unauffälligen männlichen oder weiblichen Vorfahren mit einer Prämutation zurückverfolgen. Prämutierte CGG-Repeats enthalten 60–220 Tripletts, sind unmethyliert und instabil.

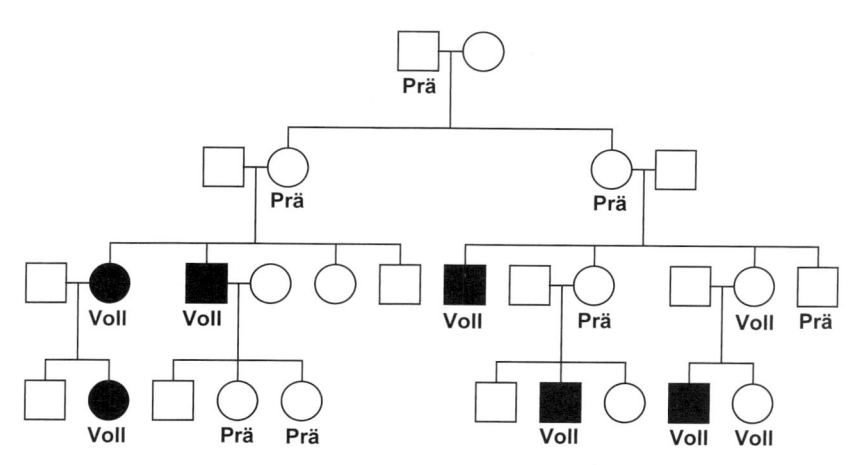

Abb. 4.1.7. Fiktiver Stammbaum einer Familie mit Segregation von fra(X)-Mutationen. Alle betroffenen männlichen (*schwarzes Quadrat*) und weiblichen Individuen (*schwarzer Kreis*) haben eine Vollmutation (*Voll*), deren Vorstufe, die Prämutation (*Prä*), bei nicht beeinträchtigten männlichen und weiblichen Überträgern vorkommt. Weibliche Träger einer Vollmutation können ebenfalls unbeeinträchtigt sein. Unter den Nachkommen männlicher Überträger tritt die Vollmutation nicht auf, auch dann nicht, wenn der Überträger betroffen ist und bereits eine Vollmutation aufweist

Tabelle 4.1.2. Häufigkeit (*p*) der Vollmutation bei Kindern von Überträgerinnen mit fra(X)-Mutation in Abhängigkeit von der Triplettzahl des maternalen CGG-Repeats

Repeat-Länge[a]	p^a	Repeat-Länge[b]	p^b
45–59[c]	–	–	–
61–70	0,115	55–72	0,063
71–80	0,141	73–88	0,340
81–90	0,246	–	–
91–100	0,45	89–105	0,465
>100	0,5	>105	0,5

[a] Daten kombiniert aus Snow et al. (1993) und Murray et al. (1997); [b] Daten aus Heitz et al. (1992); [c] Für die Grauzone kann kein *p*-Wert berechnet werden.

Bei der Weitergabe an die nächste Generation verändert sich die Repeat-Länge. Dies geschieht um so häufiger, je länger das Repeat ist. Ausnahmsweise kann eine Prämutation bis in den Bereich der Repeat-Länge normaler Allele verkürzt werden (Vits et al. 1994). Erheblich häufiger sind jedoch Verlängerungen, welche die Instabilität weiter erhöhen (Mutationsdynamik). Bei einem Repeat mit weniger als 60 Tripletts wurde bisher noch nicht beobachtet, daß bereits in der nächsten Generation eine Vollmutation auftrat (Fisch et al. 1995). Im Bereich zwischen 60 und 100 Tripletts steigt das Risiko einer Überträgerin jedoch auf 100% an, bei Weitergabe des mutierten Gens einen Sohn oder eine Tochter mit Vollmutation zu bekommen (Tabelle 4.1.2). Weil die Länge einer Prämutation im Verlauf der Generationen fast immer zunimmt, wird auch der Anteil der betroffenen Geschwister von Generation zu Generation größer. Dieses Phänomen, das man bei allen Syndromen mit mutativer Expansion eines Triplett-Repeats beobachtet, wird als Antizipation bezeichnet. Beim fra(X)-Syndrom wurde es, solange die molekulare Ursache nicht bekannt war, „Sherman-Paradox" genannt (Nussbaum u. Ledbetter 1986).

4.1.4.2 Parentaler Effekt

Die Verlängerung einer Prämutation zur Vollmutation tritt ausschließlich bei maternaler Vererbung auf. Dieser parentale Effekt wurde bereits bei den Segregationsanalysen entdeckt (Sherman et al. 1984, 1985). Männliche Überträger mit einer Prämutation vererben ihr X-Chromosom an jede Tochter. Alle sind ausnahmslos unauffällige Überträgerinnen und haben Prämutationen, deren Repeat-Länge nicht selten von der ihres Vaters abweicht. Entsprechende Unterschiede finden sich bereits in den paternalen Keimzellen (Nolin et al. 1994, Mornet et al. 1996). Diese Instabilität einer paternalen Prämutation ist jedoch nie mit einer Expansion zur Vollmutation verknüpft.

Betroffene Männer mit Vollmutation sind fertil. Unter deren Töchtern fand sich bisher keine mit einem fra(X)-Syndrom. Sie erbten von ihrem Vater alle eine Prämutation (Hori et al. 1993, Lachiewicz et al. 1996). Im Sperma von fra(X)-Männern mit einer Vollmutation in somatischen Geweben wurden ausschließlich unmethylierte Prämutationen gefunden (z. B. Reyniers et al. 1993, Rousseau et al. 1994a). Dieses Phänomen ist bislang unerklärt, denn, anders als zunächst vermutet, ist die Vollmutation bei männlichen Probanden nicht auf die somatischen Gewebe beschränkt, sondern kommt vermutlich auch in den Keimzellen des fetalen Testis vor. In der 13. Entwicklungswoche waren bei einem fra(X)-Feten mit Vollmutation in allen Geweben auch im Testis keine Zellen mit einer Prämutation nachzuweisen. Einige wenige Keimzellen mit einer Prämutation unbekannter Herkunft fanden sich hingegen im Testis eines 17 Wochen alten Fetus mit Vollmutation (Malter et al. 1997). Es ist denkbar, daß im Verlauf der fetalen Entwicklung auf Kosten der zunächst vorhandenen vollmutierten Zellen immer mehr Keimzellen mit einer Prämutation entstehen.

Es ist nicht bekannt, welche Eigenschaften und Mechanismen die Entstehung einer Vollmutation auf paternal ererbten X-Chromosomen verhindern. Es spricht jedoch vieles dafür, daß dieser mutative Schritt nur dann möglich ist, wenn das Repeat instabil ist. Dies trifft für hinreichend lange und unmethylierte CGG-Repeats zu (Wöhrle et al. 1997). Vielleicht sind Prämutationen auf paternal ererbten X-Chromosomen durch allelspezifische, die Effektivität der DNA-Reparatur erhöhende Methylierungssignale stabilisiert und vor einer Expansion zur Vollmutation geschützt (Wöhrle et al. 1996). Vielleicht sind besondere, bislang unbekannte, auf die männliche Gametogenese beschränkte Mechanismen verantwortlich, die expandierte instabile Repeats verkürzen oder „ausfiltern" (Bächner et al. 1993b, Malter et al. 1997).

4.1.4.3 Genetische Risiken der Träger von fra(X)-Mutationen

Expansionen des CGG-Repeats kommen bei männlichen und weiblichen Individuen vor. Diese können unauffällig oder betroffen sein. Es kann eine Prämutation oder eine Vollmutation vorliegen. Sowohl die Wahrscheinlichkeit, selbst Symptome des fra(X)-Syndroms zu entwickeln, als auch das Risiko, betroffene Kinder zu bekommen, hängt von der jeweils gegebenen Situation ab.

Männliche Überträger mit einer Prämutation bleiben ohne Beeinträchtigung. Dies gilt auch für deren Töchter, die immer die paternale Prämutation ererben. Eine Vollmutation tritt in keinem Fall auf.

Die meisten *Männer mit einer Vollmutation* sind betroffen. Sie haben in der Regel keine Nachkommen, sind aber fertil. Die Bandbreite ihrer intellektuellen Leistungsfähigkeit ist groß. Sie reicht von schwergradiger geistiger Retardierung bis in den Bereich normaler IQ-Werte und hängt u. a. davon ab, ob unmethylierte vollmutierte Allele vorkommen und wie groß der Anteil dieser transkriptionsaktiven Gene ist. Einige Männer mit Vollmutation zeigen keine Stigmen des fra(X)-Syndroms, und es findet sich kein Hinweis auf Methylierung. Diese Männer bilden eine reduzierte, aber signifikante Menge an normalem FMR1-Protein. Unter Töchtern dieser Männer gibt es bislang keinen Fall eines fra(X)-Syndroms.

Ebenso wie Männer mit Prämutationen bleiben auch *Überträgerinnen mit einer Prämutation* ohne geistige und körperliche Merkmale des fra(X)-Syndroms (Riess et al. 1993). Unter ihren Söhnen und Töchtern kann jedoch das fra(X)-Syndrom auftreten. Der Anteil (*p*) der Kinder mit einer Vollmutation hängt hauptsächlich von der Repeat-Länge der maternalen Prämutation ab (Tabelle 4.1.2). Ferner spielt die Substruktur des Repeats eine Rolle (vgl. Kapitel 4.1.3.3.1 „Mutationsdynamik und Founder-Chromosomen").

Unter den *Überträgerinnen mit einer Vollmutation* sind manche in keiner Hinsicht betroffen. Bei über der Hälfte dieser Frauen bestehen jedoch eine mehr oder weniger ausgeprägte Lernschwäche, intellektuelle und kognitive Defizite bei grenzwertigem IQ oder eine geistige Behinderung mit IQ-Werten <70, oft verknüpft mit körperlichen Merkmalen des fra(X)-Syndroms (Taylor et al. 1994, Rousseau et al. 1994b). Der Anteil der Probandinnen mit IQ-Werten <85 liegt bei 60% (De Vries et al. 1996). Die geistige Behinderung kann aber auch sehr ausgeprägt sein. Das Ausmaß der Beeinträchtigung wird hauptsächlich durch die Größe des Anteils somatischer Zellen bestimmt, in denen das vollmutierte Repeat auf dem aktiven X-Chromosom liegt. Die Vollmutation kommt mit hoher Wahrscheinlichkeit auch in den Oozyten vor (Malter et al. 1997). Von seltenen Einzelfällen abgesehen haben alle Kinder, die das mutierte X-Chromosom einer Überträgerin mit Vollmutation ererben, wiederum eine Vollmutation. Demzufolge tritt das fra(X)-Syndrom bei 50% der Söhne und etwa 25–30% der Töchter auf.

4.1.5 Diagnostik

Eine zuverlässige und frühe Diagnostik ist die beste Voraussetzung für eine adäquate therapeutische Hilfe und bildet die Basis für eine fachkundige, am spezifischen Problem orientierte humangenetische Beratung. Zwar gibt es bei allen Formen der Lernschwäche die Möglichkeit einer ungezielten, multidisziplinären Frühförderung, aber diese Hilfen könnten wahrscheinlich noch viel erfolgreicher sein, wenn Diagnose und Krankheitsursache bekannt sind. Dann bestehen bessere Möglichkeiten, die spezifischen Merkmale dieser geistigen Beeinträchtigung zu evaluieren, bessere therapeutische Strategien zu entwickeln und deren Auswirkungen an klar definierten Probandengruppen zu erforschen, wie dies schon in einigen Institutionen, v. a. in den USA, geschieht. In manchen Ländern ist der diagnostische Nachweis einer neuronalen Störung Voraussetzung für die Aufnahme von fra(X)-Knaben und -Mädchen in sonderpädagogische Fördereinrichtungen.

Bei allen verantwortungsbewußten Humangenetikern besteht Einigkeit, daß die Weitergabe der Diagnose einer genetisch bedingten Erkrankung an Patienten und Familien unmittelbar im Zusammenhang mit genetischer Beratung stehen sollte (s. Kapitel 4.1.6.1 „Genetische Beratung"). Dies gilt auch für die Patientenorganisationen, u. a. der „National Fragile X Foundation", der weltweit größten und einflußreichsten amerikanischen Selbsthilfegruppe. Auch Humangenetiker in Deutschland haben sich zur Einhaltung einer entsprechenden Richtlinie verpflichtet (Berufsverband Medizinische Genetik e.V. 1989). Die Indikationen zur Durchführung einer Genotypdiagnostik beim fra(X)-Syndrom finden sich in Kapitel 4.1.5.2.1 „Indikationen".

4.1.5.1 Problematik des zytogenetischen Tests

Bis zum Jahr 1990 basierte die Diagnostik des fra(X)-Syndroms ausschließlich auf dem Nachweis des fragilen X-Chromosoms mit zytogenetischen Methoden. Dieses Verfahren ist ziemlich aufwendig und nur dann erfolgreich, wenn es gelingt, durch geeignete Bedingungen während der Zellkultur chromosomale Fragilität in Gestalt von „Gaps" und Brüchen an der sonst unsichtbaren fragilen Stelle zu induzieren. Zusätzliche Schwierigkeiten und Frustrationen bestehen darin, daß

- die meisten Überträgerinnen kein fragiles X-Chromosom exprimieren und somit auch nach dem zytogenetischen Test immer noch keine verläßliche Auskunft über ihren Status erhalten können, und
- männliche Überträger einer Prämutation in keinem Fall auf diese Weise identifiziert werden.

Eine weitere, besondere Problematik des zytogenetischen Tests sind zu hohe Raten sowohl falsch-negativer als auch falsch-positiver Befunde (z.B. Kennerknecht et al. 1991). Etliche Behinderte, die kein fra(X)-Syndrom haben, wurden aufgrund eines fälschlicherweise als fra(X)-positiv interpretierten Chromosomenbefunds unter falscher Diagnose geführt und werden vermutlich weiter entsprechend therapiert. Die Prävalenz des fra(X)-Syndroms wurde, basierend auf zytogenetischen Tests, mindestens 3fach überschätzt (Turner et al. 1996, Morton et al. 1997).

4.1.5.2 Molekulargenetische Diagnostik

Die einzige Möglichkeit, alle fra(X)-Mutationen sicher zu identifizieren, ist die direkte DNA-Diagnostik. Diese wird von medizinisch-genetischen Labors durchgeführt. Sie beinhaltet sowohl Southern- als auch PCR-Analysen und wird in besonderen Situationen durch weitere Untersuchungen ergänzt.

4.1.5.2.1 Indikationen

Der direkte Test wird allgemein angeboten für alle männlichen und weiblichen Patienten mit geistiger Behinderung oder Lernschwäche, für die keine andere Ursache gefunden werden konnte, ferner für alle männlichen und weiblichen Probanden mit Autismus oder autistoiden Verhaltensweisen sowie für alle männlichen und weiblichen Angehörigen eines Betroffenen mit fra(X)-Syndrom oder ungeklärter geistiger Behinderung. In der Schwangerschaft steht der Test zur vorgeburtlichen Diagnostik bei Frauen mit gesichertem Überträgerstatus zur Verfügung.

4.1.5.2.2 Nachweis von Prä- und Vollmutationen

Die fra(X)-Mutationen, Prämutation und Vollmutation, sind Verlängerungen des CGG-Repeats im FMR1-Gen. Entsprechend wird primär die Länge des CGG-Repeats bestimmt (Abb. 4.1.6) und häufig gleichzeitig der Methylierungsstatus des FMR1-Promotors (Abb. 4.1.8). Letzteres kann für die Unterscheidung zwischen Prä- und Vollmutationen hilfreich sein und Informationen liefern, die für die Prognose von Bedeutung sind (Steinbach et al. 1993).

Die Isolierung der benötigten DNA erfolgt in der Regel aus den (kernhaltigen) Leukozyten des peripheren Bluts, und zwar nach isotonischer Lyse der (kernlosen) Erythrozyten. Die meisten Labors bevorzugen EDTA-Blut. Zur vorgeburtlichen Diagnostik wird fetale DNA aus zuvor kultivierten Fruchtwasserzellen oder direkt aus frisch biopsierten und mikroskopisch präparierten Chorionzotten gewonnen. Die anschließende Untersuchung erfolgt mit 2 verschiedenen Techniken. Alle Labors benutzen die Southern-Analyse, die meisten zusätzlich die Technik der Polymerasekettenreaktion (PCR). Mit der Southern-Analyse werden Vollmutationen und Prämutationen mit der höchsten Zuverlässigkeit entdeckt. Ferner kann mit dieser Technik gleichzeitig der Methylierungsstatus bestimmt werden. Auch das Bandenmuster der expandierten Fragmente gibt dem erfahrenen Untersucher wertvolle Information über die sehr häufigen somatischen Mosaike und über die Stabilität der expandierten Repeats. Die PCR-Technik erlaubt die exakte, auf 1 Triplett genaue Bestimmung der Länge von Repeats im Normalbereich, in der Grauzone sowie im Bereich der Prämutationen und ist Voraussetzung für die Analyse der Repeat-Substruktur.

Southern-Analyse

Bei dieser Methode wird die DNA mit Restriktionsendonuklease (z.B. *Hind*III, *Pst*I, *Eco*RI, *Eag*I) gespalten. Die Fragmente werden im Agarosegel elektrophoretisch aufgetrennt, denaturiert und auf Nylonfilter übertragen (geblottet). Restriktionsfragmente, die das CGG-Repeat enthalten, werden durch Hybridisierung der an den Filter gebundenen DNA mit einer geeigneten, markierten FMR1-Gen-Sonde (z.B. StB12.3, Ox1.9, pfxa7, Ox0.55, pfxa3) sichtbar gemacht (Richard u. Sutherland 1992b). Vermutlich ist die Sensibilität bei radioaktiver Markierung am größten. Liegt ein expandiertes CGG-Repeat vor, so sind die markierten Re-

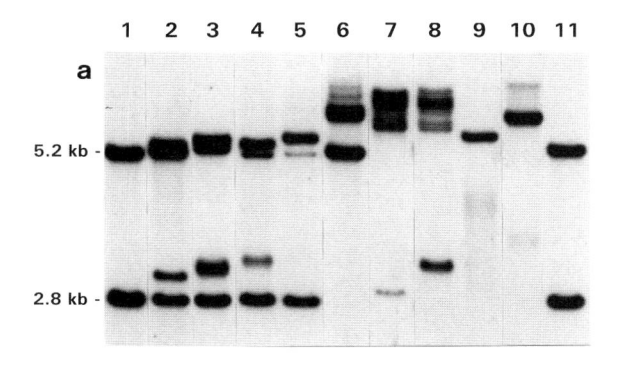

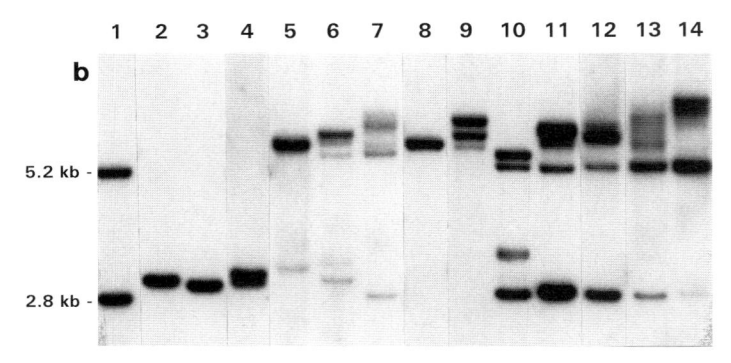

Abb. 4.1.8 a, b. Untersuchungen der Promotormethylierung bei fra(X)-Mutationen durch Southern-Analyse genomischer DNA nach Doppelspaltung mit *Eco*RI und dem Methylierungs-sensitiven Restriktionsenzym *Eag*I. Das genomische *Eco*RI-Fragment mit dem CGG-Repeat ist 5,2 kb groß und enthält Promotorsequenzen, zu denen die *Eag*I-Stelle gehört. Letztere wird nur geschnitten, wenn sie unmethyliert ist. Dann detektiert die Sonde Ox1.9 anstelle eines 5,2-kb-*Eco*RI-Fragments ein 2,8 kb großes *Eag*I/*Eco*RI-Fragment. Bei weiblichen Kontrollpersonen finden sich beide Signale (**a** Spur *1, 11*; **b** Spur *1*). Das 2,8-kb-Fragment stammt vom aktiven X-Chromosom, auf dem die *Eag*I-Stelle unmethyliert ist. Das 5,2-kb-Signal kennzeichnet das inaktive X-Chromosom, auf dem der FMR1-Promotor methyliert ist. Expandierte, methylierte Fragmente sind größer als 5,2 kb. Expandierte unmethylierte Fragmente sind größer als 2,8 kb. Es werden Befunde bei folgenden Individuen gezeigt: *Überträgerinnen mit prämutiertem Fragment*, das auf dem aktiven X-Chromosom stets unmethyliert ist (**a** *2–5* und **b** *10*) und sowohl oberhalb der 2,8-kb-Bande als auch über der 5,2-kb-Bande (inaktives X) nachweisbar ist, sofern nicht eines der beiden X-Chromosomen bevorzugt inaktiviert wurde (z. B. **a** *5*); *Überträgerinnen und Probandinnen mit vollmutierten Fragmenten*, die sowohl auf dem aktiven als auch auf dem inaktiven X-Chromosom methyliert sind, weshalb die Expansionen ausschließlich oberhalb der 5,2-kb-Bande sichtbar sind (**a** *6*, **b** *11–14*). Bei bevorzugter Inaktivierung des normalen X-Chromosoms fehlt die 2,8-kb-Bande (**a** *6*); *männliche Überträger mit Prämutationsfragment* (**b** *2–4*), wobei infolge der Repeat-Instabilität auch mehrere unmethylierte Prämutationsfragmente auftreten können (**b** *4*); *männliche Probanden mit methylierten, vollmutierten Fragmenten* (**a** *7–10*, **b** *5–9*), wobei zusätzlich zu den methylierten Fragmenten unmethylierte normale (**a** *7*, **b** *7*), unmethylierte prämutierte (**a** *8*, **b** *5–6*) und sogar unmethylierte vollmutierte Fragmente vorliegen können (**a** *9–10*)

striktionsfragmente um den entsprechenden Betrag (Δ) gegenüber dem jeweiligen Normalfragment vergrößert. Bei Vollmutationen (>220 Tripletts) ist der Δ-Wert in der Regel >0,5 kb, die expandierten Fragmente sind meist methyliert, und fast immer finden sich mehrere expandierte Fragmente als Kennzeichen eines somatischen Mosaiks (Abb. 4.1.6, 4.1.8). Bei Prämutationen (60 bis etwa 220 Tripletts) ist der Größenunterschied zum Normalfragment entsprechend geringer, so daß für eine zuverlässigere Identifikation dieser fra(X)-Mutation und eine genauere Abschätzung der Repeat-Länge eine höhere Auflösung (Trennschärfe) der Banden erforderlich ist. Diese wird durch Verwendung eines Restriktionsenzyms erzielt, dessen Schnittstellen relativ nah am CGG-Repeat liegen (z. B. *Pst*I, Abb. 4.1.6b). Bei Doppelspaltungen mit *Eco*RI und *Eag*I (Abb. 4.1.8) werden die Mutationsmuster bei mittlerer Auflösung der Banden dargestellt und zusätzlich der Methylierungsstatus jedes einzelnen expandierten DNA-Fragments bestimmt. Manchmal besteht ein somatisches Methylierungsmosaik.

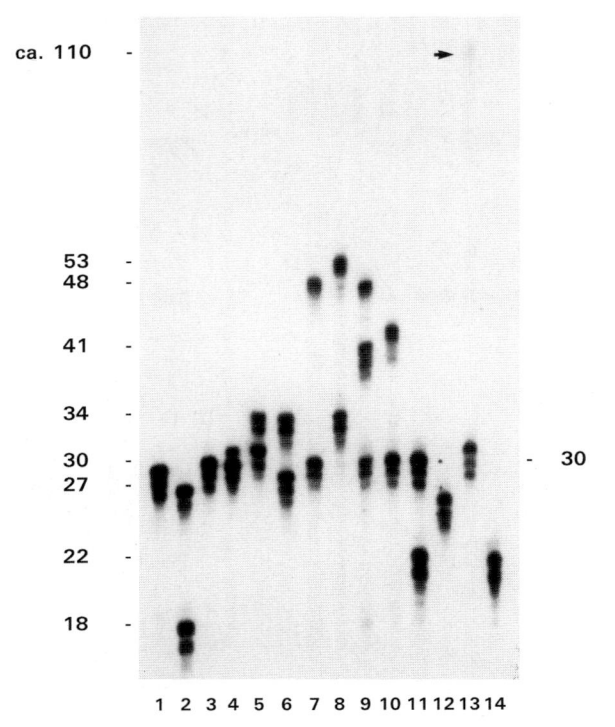

Abb. 4.1.9. PCR-Analyse zur Bestimmung der Länge des CGG-Repeats. Die Anzahl der Tripletts ist seitlich angegeben. Das häufigste Normalallel des FMR1-Gens enthält 30 Tripletts. Die amplifizierten PCR-Fragmente wurden im Polyacrylamidgel elektrophoretisch aufgetrennt, auf Nylonfilter geblottet und durch Hybridisierung mit dem radioaktiv markierten Oligonukleotid $(CGG)_5$ sichtbar gemacht. Mit zunehmender Repeat-Länge wird eine Abschwächung der Signalintensität beobachtet. Spur *9* enthält die Fragmente von 3 verschiedenen, simultan amplifizierten Längenstandards mit 30, 41 und 48 Tripletts. Spur *13* zeigt den Befund bei einer Überträgerin mit normalem (31 Tripletts) und prämutiertem Repeat (ca. 110 Tripletts, *Pfeil*). Alle anderen Spuren enthalten PCR-Fragmente normaler weiblicher Kontrollpersonen mit 2 gleichen oder 2 verschiedenen Allelen. In den Spuren *7* und *8* finden sich je ein normales und ein Grauzonenallel mit 49 bzw. 53 Tripletts (Analyse: Dipl. Biol. Dieter Gläser, Abteilung Medizinische Genetik der Universität Ulm)

PCR-Analyse

Durch PCR wird ein sehr kurzes DNA-Fragment, welches das CGG-Repeat enthält, aus der genomischen DNA kopiert und in vitro amplifiziert. Dies gelingt mit 2 Oligonukleotiden, die spezifisch zu beiden Seiten des Repeats binden und dann von einer DNA-Polymerase jeweils in 3′-Richtung über die repetitive Sequenz hinweg verlängert werden. Nach elektrophoretischer Auftrennung in einem Sequenziergel läßt sich aus der Länge des PCR-Produkts die Anzahl der Tripletts im CGG-Repeat direkt ablesen (Abb. 4.1.9). Allerdings erfordert die PCR-Amplifikation des CGG-Repeats wegen dessen Neigung zur Ausbildung sehr stabiler, komplexer Strukturen den Einsatz modifizierter Nukleotidtriphosphate mit dem Nachteil, daß die PCR-Produkte nicht auf einfache Weise detektierbar sind. Sie werden daher entweder bereits bei der PCR direkt markiert oder nach Übertragung vom Sequenziergel auf Nylonfilter durch Hybridisierung mit einem markierten Oligonukleotid, z.B. $(CGG)_5$, sichtbar gemacht. Diese Hybridisierung kompensiert den ungünstigen Effekt der PCR, bei der längere Repeats deutlich ineffektiver amplifiziert werden als kürzere.

PCR-Analysen stellen Vollmutationen allerdings nur unzuverlässig dar. Bei einer Überträgerin mit Vollmutation sieht das PCR-Ergebnis daher oft so aus wie bei einer Frau, die in beiden FMR1-Genen gleich große CGG-Repeats trägt. In den somatischen Mosaiken Betroffener können neben vollmutierten auch prämutierte und sogar normale Allele vorkommen (Abb. 4.1.8 c). Hier sind ebenfalls Fehldiagnosen zu befürchten, wenn die DNA-Diagnostik allein auf der PCR-Analyse beruht.

Nachweis von AGG-Unterbrechungen im CGG-Repeat

Frauen, in deren Familie ein fra(X)-Syndrom oder ein Fall geistiger Behinderung unklarer Genese vorkommt, können Überträgerinnen einer fra(X)-Mutation sein. Oft soll im Rahmen einer Schwangerschaft mittels DNA-Diagnostik geklärt werden, ob bei der Ratsuchenden eine Verlängerung des CGG-Repeats vorliegt, die bereits in der nächsten Generation zu einem fra(X)-Syndrom führen kann. In dieser Situation tritt dann aber nicht selten ein Problem auf, für das es bislang keine kurzfristige und zufriedenstellende Lösungsmöglichkeit gibt: Etwa 5% aller normalen weiblichen Individuen tragen ein CGG-Repeat mit 45–59 Tripletts, also ein Grauzonenallel (s. Kapitel 4.1.3.2.2 „Fra(X)-Mutationen"). Hier kann die diagnostische Fragestellung nicht hinreichend zuverlässig beantwortet werden. Insbesondere Frauen mit Repeats von 50–59 Tripletts haben möglicherweise ein Risiko, ausnahmsweise ein Kind mit fra(X)-Syndrom zu bekommen. Da die instabilen Prämutationen bei paternalen und maternalen Transmissionen nicht nur verlängert, sondern auch verkürzt werden können, kann ein Grauzonenallel ein Hinweis darauf sein, daß bei anderen Familienangehörigen eine Prämutation mit mehr als 60 Tripletts auftreten wird oder bereits aufgetreten ist.

Die bisher einzige Möglichkeit einer weiteren Klärung, ob sich ein Grauzonenallel wie ein stabiles Normalallel oder wie eine instabile Prämutation verhalten wird, besteht darin, Anzahl und Position der AGG-Tripletts zu bestimmen, welche die Sequenz der CGG-Wiederholungen in der Regel unterbrechen und dann vermutlich stabilisieren (vgl. Kapitel 4.1.3.3.1 „Mutationsdynamik und Founder-Chromosomen"). Bei männlichen Probanden gelingt diese Bestimmung relativ schnell und problemlos durch direkte Sequenzierung von PCR-Fragmenten des Repeats (Abb. 4.1.5). Bei weiblichen Personen besteht diese Möglichkeit nicht, denn die Trennung der PCR-Fragmente mit den repetitiven Sequenzen ist hier sehr schwierig wenn nicht gar unmöglich, und eine vorherige Trennung der beiden X-Chromosomen mit somazellgenetischen Methoden zu aufwendig. Die von Zhong et al. (1995) beschriebene Methode der Partialspaltung von PCR-Produkten mit dem Restriktionsenzym *Mln*I wurde bisher ebenfalls nur bei männlichen Individuen angewendet.

Pränatale Diagnostik

Ein vorgeburtlicher Test auf fra(X)-Mutationen ist nur angezeigt, wenn die Schwangere Trägerin eines FMR1-Gens mit verlängertem CGG-Repeat ist und somit ein Risiko besteht, daß beim erwarteten Kind eine Vollmutation vorliegt (s. Tabelle 4.1.2). Dies ist ab 60 Tripletts der Fall. In der Grauzone (45–59 Tripletts) kann ein solches Risiko aber weder angegeben noch ausgeschlossen werden. Ziel der vorgeburtlichen DNA-Analyse ist der Ausschluß oder Nachweis einer Vollmutation bei männlichen und weiblichen Feten, deren DNA aus kultivierten Fruchtwasserzellen oder aus Chorionzotten stammt. Dies geschieht mit den zuvor beschriebenen Methoden. Zusätzlich wird sichergestellt, daß die untersuchte DNA fetaler Herkunft und nicht maternal kontaminiert ist. Bei der Untersuchung von Chorionzotten-DNA kann das Resultat schon nach etwa 10 Tagen vorliegen. Zu diesem frühen Zeitpunkt ist der Promotor vollmutierter FMR1-Gene in Chorionzotten meist noch nicht methyliert, so daß dieses sonst fast immer vorhandene zusätzliche Merkmal der Vollmutation hier nicht mit zur Beurteilung herangezogen werden kann (Oberlé et al. 1991). Dadurch entstehen allerdings kaum Probleme, sofern der Untersucher das biologische Phänomen kennt und beachtet. Die Anzüchtung zur Vermehrung von Chorionzellen ist nicht erforderlich und aus Gründen der diagnostischen Sicherheit abzulehnen: Unmethylierte Vollmutationen sind mitotisch instabil. Im Verlauf der Zellproliferation treten beliebige Veränderungen der Repeat-Längen auf und bei der Southern-Analyse ergibt sich möglicherweise ein breiter, diffuser Schmier, der leichter übersehen werden kann (Wöhrle et al. 1997). Bei Zellen mit längeren unmethylierten Repeats beobachten wir einen deutlichen Selektionsnachteil gegenüber Zellen mit kürzeren Allelen, so daß in einer solchen Zellkultur letztlich nur noch Zellen mit relativ kurzen unmethylierten Repeats vorhanden waren, die einer Prämutation entsprechen.

4.1.5.3 Immunochemische Diagnostik

Bei einigen Probanden bleibt, obwohl ein normales CGG-Repeat auf intaktem genomischem Restriktionsfragment und ein normaler Chromosomensatz nachgewiesen wurden, ein dringender Verdacht auf ein fra(X)-Syndrom bestehen. In dieser Situation ist bei männlichen Probanden ein immunochemischer Nachweis des FMR1-Proteins (FMRP) angezeigt, mit dem sich ein Ausfall des Proteins unabhängig von der zugrundeliegenden Genveränderung nachweisen läßt (Lugenbeel et al. 1995). Mit nur 1 Ausnahme hatten alle beim fra(X)-Syndrom bisher entdeckten kausalen FMR1-Mutationen diese Eigenschaft.

Für den immunochemischen Nachweis von FMRP und zur Abschätzung der zellulären FMRP-Produktion stehen monoklonale Antikörper zur Verfügung, die sowohl bei Immuno(Western)-Blot-Analysen als auch in der Immunhistochemie angewendet wurden (Devys et al. 1993, Lugenbeel et al. 1995). Als Untersuchungsmaterial sind Zellen und Gewebe geeignet, in denen FMRP bei normalen Individuen hinreichend stark exprimiert wird. Dazu gehören u.a. die T-Lymphozyten des peripheren Bluts. Dies eröffnet eine Möglichkeit, die FMRP-Expression an konventionellen Blutausstrichen zu testen (Willemsen et al. 1995). Nach bisherigen Erfahrungen ist dieser Test bei männlichen Probanden nur hinreichend zuverlässig, wenn die Präparate unmittelbar nach der Blutentnahme angefertigt wurden. Die immunochemischen Verfahren sind eine wertvolle Ergänzung der DNA-Diagnostik und werden diese zukünftig wahrscheinlich in weiteren Situationen ergänzen oder sogar ersetzen (Willemsen et al. 1997).

4.1.6 Therapeutische Hilfen

Wenn in einer Familie das fra(X)-Syndrom aufgetreten ist, ergeben sich für die betroffenen Personen und ihre Angehörigen menschliche Probleme und viele Fragen. In diesem Zusammenhang ist die Inanspruchnahme einer genetischen Beratung sowie anderer medizinischer und pädagogischer Hilfen von großer Bedeutung.

4.1.6.1 Genetische Beratung

Genetische Berater sind ausgebildete Humangenetiker, die mit der Familie und den betreuenden Ärzten zusammenarbeiten und versuchen, bei der Bewältigung der Probleme zu helfen, die sich beim Auftreten und der Diagnostik einer genetisch bedingten Erkrankung ergeben (vgl. Berufsverband Medizinische Genetik e.V. 1990). Diese Aufgabe der genetischen Beratung kann in den anderen Bereichen der Medizin i. allg. nicht erfüllt werden. Die genetische Beratung ist ein Kommunikationsprozeß. Die Ratsuchenden werden in einer auch für Laien verständlichen Weise umfassend über die biologischen und medizinischen Gegebenheiten einschließlich der Diagnose, des möglichen Krankheitsverlaufs und verfügbarer Therapien informiert. Ziel des gegenseitigen Informationsaustauschs ist, daß die Ratsuchenden die aufgetretenen Probleme verstehen und für ihre Lebens- und Familienplanung richtig einzuschätzen lernen. Es werden Entscheidungsalternativen der Problembewältigung aufgezeigt, evtl. weitere Untersuchungen veranlaßt und bei Bedarf auch psychosoziale Hilfen im jeweils benötigten Umfang vermittelt.

Die Erhebung der Familienanamnese, basierend auf den Informationen der Ratsuchenden und ärztlicher Befunde, und die Klärung sowie Einschätzung genetischer Risiken (s. Kapitel 4.1.4.3 „Genetische Risiken der Träger von fra(X)-Mutationen") sind regelmäßige Bestandteile der genetischen Beratung. Hierzu ist gerade beim fra(X)-Syndrom eine spezifische Fachkompetenz des Beraters erforderlich. Besondere Schwierigkeiten können bei der genetischen Beratung betroffener Überträgerinnen auftreten.

4.1.6.2 Psychosoziale Hilfen

Das fra(X)-Syndrom ist nicht heilbar, es gibt jedoch viele medizinische und pädagogische Verfahren zur Behandlung der Beeinträchtigung und zur Förderung der intellektuellen und kognitiven Leistungsfähigkeit (Hagerman 1989, Hagerman u. Silverman 1991, Bundesarbeitsgemeinschaft für Rehabilitation 1994). Diese müssen an die beim fra(X)-Syndrom sehr unterschiedlichen individuellen Bedürfnisse der Patienten angepaßt werden, die i. allg. durch kinderpsychiatrische, pädiatrische und neurologische Untersuchungen zu ermitteln sind. Das individuelle Förderprogramm der fra(X)-Patienten kann Krankengymnastik, Ergotherapie und Musiktherapie zur Stützung der Motorik und Wahrnehmungsverarbeitung, eine logopädische Betreuung bei sprachlicher Behinderung und Sprechstörungen sowie psychotherapeutische Maßnahmen bei Verhaltensstörungen beinhalten. Auch eine medikamentöse Behandlung kann indiziert sein, z. B. bei Hyperaktivität und Unaufmerksamkeit, bei stark aggressivem Verhalten, erheblichen Angstzuständen und anderen schweren emotionalen Problemen.

Die schulische Förderung erfolgt im Rahmen der Sonderpädagogik. Speziell für lernbehinderte Knaben und Mädchen mit fra(X)-Syndrom wurden in den letzten Jahren Lehrpläne und didaktische Programme entwickelt, welche auf die speziellen Bedürfnisse dieser Gruppe abgestimmt sind. Zur Unterstützung der betroffenen Familien stehen Frühförderungsstellen, psychosoziale Beratungsstellen und Selbsthilfegruppen zur Verfügung.

4.1.6.3 Gibt es zukünftig eine kausale Therapie?

Die Aufklärung der molekularbiologischen Grundlagen erblicher Erkrankungen des Menschen hat das grundlagenwissenschaftliche Ziel, die Ursachen und Mechanismen zu verstehen, die zur phänotypischen Manifestation der Krankheit führen. Damit sind die Aufgaben der medizinischen Molekularbiologie aber nicht erschöpft, denn dies sind erst die Voraussetzungen zur Entwicklung neuer, kausal-therapeutischer Konzepte und Eingriffe in den pathogenetischen Prozeß, um die klinische Manifestation nachhaltig zu mildern oder gar zu verhindern.

Wir wissen bereits ziemlich genau, warum ein fra(X)-Syndrom entsteht. Wir kennen die verantwortlichen Genveränderungen und verstehen ihre Auswirkungen auf die Expression des Genprodukts FMRP, von dem in möglichst vielen Nervenzellen ein Mindestanteil benötigt wird, um eine normale Funktion des Gehirns zu gewährleisten und Schäden zu verhindern, die eine geistige Beeinträchtigung zur Folge haben. Aber es ist auch klar, daß FMRP bereits zur Verfügung stehen muß, bevor es zu irreversiblen Entwicklungsstörungen gekommen ist. Dies geschieht beim fra(X)-Syndrom und vielen anderen neurodegenerativen Erkrankungen bereits im vorgeburtlichen Leben. Deshalb müßte eine kausale Therapie, um wirksam sein zu können, bereits zu diesem frühen Entwicklungszeitpunkt angreifen. Das ist eine besondere Schwierigkeit, aber auch eine große Herausforderung. Die Grundidee ist nur theoretisch einfach und heißt „fetale Gentherapie":

Man bringe ein gentechnisches Konstrukt mit einem dauerhaft aktiven und normal regulierten FMR1-Gen in die somatischen Stammzellen des Zentralnervensystems betroffener Feten, und zwar entweder durch homologe Rekombination und festen Einbau an spezifischer Stelle des zellulären Genoms oder als autonom replizierendes Episom, z.B. als zusätzliches künstliches Minichromosom. Bedeutende Schritte auf dem Weg zu einer Verwirklichung dieser Idee wurden vollzogen (Isner et al. 1996, Harrington et al. 1997). Auch gibt es bereits ein Tiermodell des fra(X)-Syndroms, an dem gentherapeutische Strategien auf zellulärer Ebene erprobt werden können (Bakker et al. 1994, Kooy et al. 1996). Aber es bestehen noch immense technische und ethische Probleme (Rehmann-Sutter und Müller 1995). Sie betreffen die fetale Gentherapie i. allg. und ihren evtl. Einsatz bei neurodegenerativen Erkrankungen im besonderen. Derzeit bestehen noch große Zweifel, ob es eine Gentherapie beim fra(X)-Syndrom jemals geben kann. Die kürzlich erstmals gelungene Reaktivierung vollmutierter FMR1-Gene durch Demethylierung permanent proliferierender Lymphoplasten mit 5-Azacytidin (Chiurazzi et al. 1998) bietet keinen Ansatz für eine kausale Gentherapie. Die Wirksamkeit dieses demethylierenden Medikaments erfordert mehrere DNA-Replikationszyklen. Bereits diese Bedingung ist bei den zu therapierenden Neuronen im zerebralen Kortex nicht gegeben, da diese sich nicht mehr durch Zellteilung vermehren.

4.1.7 Selbsthilfegruppen und Internetadressen

- Interessengemeinschaft Fragiles-X e.V. (Zeitschrift: FraX-Info, Herausgeber Elke Offenhäuser, Gartenäcker 20, D-74635 Kupferzell)
  - Goethering 42, D-24576 Bad Bramstedt, Telefon: 0049-4192/4053
  - Wängimattweg 51, CH-8142 Uiticon-Waldegg, Telefon: 0041-1/4911709
  - Haiderstraße 18, Postfach 36, A-4190 Bad Leonfelde, Telefon: 0043-7213/8423
  - http://www.bbi-halle.de.frax
- Fragile X Association of Australia, 15 Bowen Place, Cherrybrool, NSW, Australia, Telefon: 0061-19/987-012, http://www.ozemail.com.au/~fragilex
- The National Fragile X Foundation (USA), 1441 York Street, Suite 303, Denver, Colorado 80206, USA, Telefon: 001-303/333-6155, 001-800/688-8765, Fax: 001-303/333-4369, http://www.nfxf.org, http://www.fraxa.org
- Datenbank „Online Mendelian Inheritance in Man": http://www3.ncbi.nlm.nih.gov/omim/
- Society for Neuroscience Brain Briefings, Fragile-X: http://www.sfn.org/briefings/fragile.x.html
- Fragile-X: Basic Information, RJ Hagerman, Denver, CO: http://TheArc.org/faqs/fragqa.html
- FMRP-Test, Erasmus Universität Rotterdam: http://www. eur. nl/FGG/CH1/fragx/
- Informationen der Abteilung Medizinische Genetik, Ulm, für Patienten und Ärzte: http://www.uni-ulm.de/klinik/antgen/medgenet/docs/frax/frafram.htm, http://www.uni-ulm.de/klinik/antgen/medgenet/docs/frax.htm

Danksagung. Für die Unterstützung bei der Abfassung des Manuskripts und die kritische Durchsicht des Textes bedankt sich der Autor in erster Linie bei Herrn Professor Dr. med. Walther Vogel, Ärztlicher Direktor der Abteilung Medizinische Genetik der Universität Ulm, sowie bei seinen wissenschaftlichen Kollegen Dr. biol. hum. Gotthold Barbi, Dr. med. Sylvia Bochum, Dipl. Biol. Dieter Gläser, Prof. Dr. med. Horst Hameister, Prof. Dr. med. Ingo Kennerknecht, Dipl. Biol. Ulrike Salat, Dr. med. Sabine Schwemmle, Dr. biol. hum. Doris Wöhrle und Dr. med. Michael Wolf. Frau Renate Weber leistete über viele Jahre hervorragende medizinisch-technische Hilfe.

4.1.8 Literatur

Abitbol M, Menini C, Delezoide AL et al. (1993) Nucleus basalis magnocellularis and hippocampus are the major sites of FMR-1 expression in the human fetal brain. Nat Genet 4:147-152

Abrams MT, Reiss AL, Freund LS et al. (1994) Molecular-neurobehavioral associations in females with the fragile X full mutation. Am J Med Genet 51:317-327

Ashley CT, Sutcliffe JS, Kunst CB et al. (1993) Human and murine FMR-1: alternative splicing and translational initiation downstream of the CGG-repeat. Nat Genet 4:244–251

Bächner D, Manca A, Steinbach P et al. (1993a) Enhanced expression of the murine FMR1 gene during germ cell proliferation suggests a special function in both the male and the female gonad. Hum Mol Genet 2:2043–2050

Bächner D, Steinbach P, Wöhrle D et al. (1993b) Enhanced Fmr-1 expression in testis. Nat Genet 4:115–116

Bakker CE, Verheij C, Willemsen R et al. (1994) Fmr1 knock out mice: A model to study fragile X mental retardation. Cell 78:23–33

Bardoni B, Sittler A, Shen Y, Mandel JL (1997) Analysis of domains affecting intracellular localization of the FMRP protein. Neurobiol Dis 4:329–336

Bell MV, Hirst MC, Nakahori Y et al. (1991) Physical mapping across the fragile X: hypermethylation and clinical expression of the fragile X syndrome. Cell 64:861–866

Berry-Kravis E, Ciurlionis R (1998) Overexpression of fragile X gene (FMR-1) transcripts increases cAMP production in neural cells. J Neurosci Res 51:41–48

Berufsverband Medizinische Genetik e.V. (1989) Richtlinien zur Durchführung molekulargenetischer diagnostischer Leistungen. Med Genet 1:4

Berufsverband Medizinische Genetik e.V. (1990) Grundsätze genetischer Beratung. Med Genet 2:5

Bliss TVP, Collingridge GL (1993) A synaptic model of memory: long-term potentiation in the hippocampus. Nature 361:31–39

Brook JA, McCurrach ME, Harley HG et al. (1992) Molecular basis of myotonic dystrophy: expansion of a trinucleotide (CTG) repeat at the 3' end of a transcript encoding a protein kinase family member. Cell 68:799–808

Brown WT, Gross A, Chan C et al. (1988) Multilocus analysis of the fragile X syndrome. Hum Genet 78:201–205

Brown V, Small K, Lakkis L et al. (1998) Purified recombinant Fmrp exhibits selective RNA binding as an intrinsing property of the fragile X mental retardation protein. J Biol Chem 273:15.521–15.527

Bundesarbeitsgemeinschaft für Rehabilitation (1994) Rehabilitation Behinderter. Schädigung – Diagnostik – Therapie – Nachsorge. Wegweiser für Ärzte und weitere Fachkräfte der Rehabilitation. Deutscher Ärzte-Verlag, Köln

Burgess B, Partington M, Turner G, Robinson H (1996) Normal age of menarche in fragile X syndrome. Am J Med Genet 64:376

Butler MG, Mangrum T, Gupta R, Singh D (1991) A 15-item checklist for screening mentally retarded males for the fragile X syndrome. Clin Genet 39:347–354

Camerino G, Mattei MG, Mattei JF, Jaye M, Mandel JL (1983) Close linkage of fragile-X mental retardation syndrome to haemophilia B and transmission through a normal male. Nature 306:701–704

Chakrabarti L, Knight SJL, Flannery AV, Davies KE (1996) A candidate gene for mild mental handicap at the FRAXE fragile site. Hum Mol Genet 5:275–282

Chen X, Mariappan SV, Catasti P et al. (1995) Hairpins are formed by the single DNA strands of the fragile X triplet repeats: structure and biological implications. Proc Natl Acad Sci USA 92:5199–5203

Chen X, Mariappan SV, Moyzis RK, Bradbury EM, Gupta G (1998) Hairpin induced slippage and hyper-methylation of the fragile X DNA triplets. J Biomol Struct Dyn 15:745–756

Chiurazzi P, Pomponi MG, Willemsen R et al. (1998) In vitro reactivation of the FMR1 gene involved in fragile X syndrome. Hum Mol Genet 7:109–113

Cleaver JE (1994) It was a good year for DNA repair. Cell 76:1–4

Comery TA, Harris JB, Willems PJ et al. (1997) Abnormal dendritic spines in fragile X knockout mice: maturation and pruning deficits. Proc Natl Acad Sci USA 94:5401–5404

Corbin F, Bouillon M, Fortin A et al. (1997) The fragile X mental retardation protein is associated with poly(A)$^+$ mRNA in actively translating polyribosomes. Hum Mol Genet 6:1465–1472

Coy JF, Sedlacek Z, Bächner D et al. (1995) Highly conserved 3' UTR and expression pattern of FXR1 points to a divergent gene regulation of FXR1 and FMR1. Hum Mol Genet 4:2209–2218

De Arce MA, Kearns A (1984) The fragile X chromosome: the patients and their chromosomes. J Med Genet 21:84–91

De Boulle K, Verkerk AJ, Reyniers E et al. (1993) A point mutation in the FMR1 gene associated with fragile X mental retardation. Nat Genet 3:31–35

De Vries BBA, Fryns JP, Butler MG et al. (1993) Clinical and molecular studies in fragile X patients with Prader-Willi-like phenotype. J Med Genet 30:761–766

De Vries BBA, Robinson H, Stolte-Dijkstra I et al. (1995) General overgrowth in the fragile X syndrome: variability in the phenotypic expression of the FMR1 gene mutation. J Med Genet 32:764–769

De Vries BBA, Jansen CC, Duits AA et al. (1996) Variable FMR1 gene methylation of large expansions leads to variable phenotype in three males from one fragile X family. J Med Genet 33:1007–1010

Devys D, Biancalana V, Rousseau F et al. (1992) Analysis of full fragile X mutations in fetal tissues and monozygotic twins indicate that abnormal methylation and somatic heterogeneity are established early in development. Am J Med Genet 43:208–216

Devys D, Lutz Y, Rouyer N, Bellocq JP, Mandel JL (1993) The FMR1 protein is cytoplasmic, most abundant in neurons and appears normal in carriers of fragile X premutation. Nat Genet 4:335–340

Dietrich A, Kioschis P, Monaco AP et al. (1991) Molecular cloning and analysis of the fragile X region in man. Nucleic Acids Res 19:2567–2572

Dobkin C, Zhong N, Brown WT (1996) The molecular basis of fragile sites (letter). Am J Hum Genet 59:478

Dreyfuss G, Matunis MJ, Pinol-Roma S, Burd GG (1993) hnRNP proteins and the biogenesis of mRNA. Annu Rev Biochem 62:289–321

Drouin R, Angers M, Dallaire N et al. (1997) Structural and functional characterization of the human FMR1 promoter reveals similarities with the hnRNP-A2 promoter region. Hum Mol Genet 6:2051–2060

Eberhart DE, Warren ST (1996) Nuclease sensitivity of permeabilized cells confirms altered chromatin formation at the fragile X locus. Somat Cell Mol Genet 22:435–441

Eberhart DE, Malter HE, Feng Y, Warren ST (1996) The fragile X mental retardation protein is a ribonucleoprotein containing both nuclear localisation and nuclear export signals. Hum Mol Genet 8:1089–1091

Eichler EE, Richards S, Gibbs RA, Nelson DL (1993) Fine structure of the human FMR1 gene. Hum Mol Genet 2:1147–1153

Eichler EE, Holden JJ, Popovich BW et al. (1994) Length of uninterrupted CGG repeats determines instability in the FMR1 gene. Nat Genet 8:88–94

Eichler EE, Kunst CD, Lugenbeel KA et al. (1995a) Evolution of the cryptic FMR1 CGG repeat. Nat Genet 11:301–308

Eichler EE, Hammond HA, Mcpherson JN et al. (1995b) Population survey of the human FMR1 CGG repeat substructure suggest biased polarity for the loss of AGG interruptions. Hum Mol Genet 4:2199–2208

Eichler EE, Macpherson JN, Murray A et al. (1996) Haplotype and interspersion analysis of the FMR1 CGG repeat identifies two different mutational pathways for the origin of the fragile X syndrome. Hum Mol Genet 5:319–330

Escalanté JA, Grunspun H, Frota-Pessoa O (1971) Severe sex-linked mental retardation. J Genet Hum 19:137

Feng Y, Zhang F, Lokey LK et al. (1995) Translational suppression by trinucleotide repeat expansion at FMR1. Science 268:731–734

Feng Y, Absher D, Eberhart DE et al. (1997) FMRP associates with polyribosomes as an mRNP, and the I304 N mutation of severe fragile X syndrome abolishes this association. Mol Cell 1:109–118

Filippi G, Rinaldi A, Archidiacono N, Rocchi M, Balasz I (1983) Brief report: linkage between G6PD and fragile X syndrome. Am J Med Genet 15:112–119

Fisch GS, Snow K, Thibodeau SN et al. (1995) The fragile X premutation in carriers and its effect on mutation size in offspring. Am J Hum Genet 56:1147–1155

Fisch G, Simensen R, Tarleton J et al. (1996) Longitudinal study of cognitive abilities and adaptive behavior levels in fragile X males: a prospective multicenter analysis. Am J Med Genet 64:356–361

Fischer U, Huber J, Boelens WC, Mattaj IW, Luhrmann R (1995) The HIV-1 Rev activation domain is a nuclear export signal that excesses an export pathway used by specific cellular RNAs. Cell 82:475–483

Fryns JP (1989) X-linked mental retardation and the fragile X syndrome: a clinical approach. In: Davies KE (ed) The fragile X syndrome. Oxford University Press, Oxford, pp 1–39

Fu YH, Kuhl DP, Pizzuti A et al. (1991) Variation of the CGG repeat at the fragile X site results in genetic instability: resolution of the Sherman paradox. Cell 67:1047–1058

Gécz J, Gedeon AK, Sutherland GR, Mulley JC (1996) Identification of the gene FMR2, associated with FRAXE mental retardation. Nat Genet 13:105–108

Gécz J, Oostra BA, Hockey A et al. (1997) FMR2 expression in families with FRAXE mental retardation. Hum Mol Genet 6:435–441

Gedeon AK, Baker E, Robinson H et al. (1992) Fragile X syndrome without CCG amplification has an FMR1 deletion. Nat Genet 1:341–344

Giraud F, Aymé S, Mattei JF, Mattei MG (1976) Constitutional chromosomal breakage. Hum Genet 34:125–136

Gläser D, Steinbach P (1997) Erweiterung der molekulargenetischen Diagnostik beim fra(X)-Syndrom als qualitätssichernde Maßnahme. Med Genet 9:143–146

Gläser D, Wöhrle D, Salat U et al. (1999) Mitotic behavior of expanded CGG repeats studied on cultured cells: further evidence for methylation-mediated triplet repeat stability in fragile X syndrome Am J Med Genet, in press

Gu Y, Lugenbeel KA, Vockley JG, Grody WW, Nelson DL (1994) A de novo deletion in FMR1 in a patient with developmental delay. Hum Mol Genet 3:1705–1706

Gu Y, Shen Y, Gibbs RA, Nelson DL (1996) Identification of FMR2, a novel gene associated with the FRAXE CCG repeat and CpG island. Nat Genet 13:109–113

Gunter C, Paradee W, Crawford DC et al. (1998) Re-examination of factors associated with expansion of CGG repeats using a single nucleotide polymorphism in FMR1. Hum Mol Genet 7:1935–1946

Hagerman RJ (1989) Behaviour and treatment of the fragile X syndrome. In: Davies KE (ed) The fragile X syndrome. Oxford University Press, Oxford, pp 56–75

Hagerman RJ, Silverman AC (1991) Fragile X syndrome: diagnosis, treatment and research. John Hopkins University Press, Baltimore London

Hagerman RJ, Hull CE, Safanda JF et al. (1994) High functioning fragile X males: demonstration of an unmethylated fully expanded FMR-1 mutation associated with protein expression. Am J Med Genet 51:298–308

Hamel BCJ, Smits AP, Graaf E de et al. (1994) Segregation of FRAXE in a large family: clinical, psychometric, cytogenetic and molecular data. Am J Hum Genet 55:923–931

Hansen RS, Gartler SM, Scott CR et al. (1992) Methylation analysis of CGG sites in the CpG island of the human FMR1 gene. Hum Mol Genet 1:571–578

Hansen RS, Canfield TK, Fjeld AD et al. (1997) A variable domain of delayed replication in FRAXA fragile X syndrome: X inactivation-like spread of late replication. Proc Natl Acad Sci USA 94:4587–4592

Harrington JL, Van Bokkelen G, Mays RW, Gustashaw K, Willard HF (1997) Formation of de novo centromeres and construction of first-generation human artificial microchromosomes. Nat Genet 15:345–355

Harvey J, Judge C, Wiener S (1977) Familial X-linked mental retardation with an X chromosome abnormality. J Med Genet 14:46–50

Heale SM, Petes TD (1995) The stabilization of repetitive tracts of DNA by variant repeats requires a functional DNA mismatch repair system. Cell 83:539–545

Heitz D, Rousseau F, Devys D et al. (1991) Isolation of sequences that span the fragile X and identification of a fragile X-related CpG island. Science 251:1236–1239

Heitz D, Devys D, Imbert G et al. (1992) Inheritance of the fragile X syndrome: size of the fragile X premutation is a major determinant of the transition to full mutation. J Med Genet 29:794–801

Hergersberg M, Matsuo K, Gassmann M et al. (1995) Tissue-specific expression of a FMR1/β-galactosidase fusion gene in transgenic mice. Hum Mol Genet 4:359–366

Hinds H, Ashley CT, Sutcliffe JS et al. (1993) Tissue specific expression of FMR1 provides evidence for a functional role in fragile X syndrome. Nat Genet 3:36–43

Hinton VJ, Brown WT, Wisniewski K, Rudelli RD (1991) Analysis of neocortex in three males with the fragile X syndrome. Am J Med Genet 41:289–294

Hirst MC (1995) FMR1 triplet arrays: paying the price for perfection. J Med Genet 32:761–763

Hirst MC, Barnicoat A, Flynn G et al. (1993a) The identification of a third fragile site, FRAXF, in Xq27-28 distal to both FRAXA and FRAXE. Hum Mol Genet 2:197–200

Hirst MC, Knight SJL, Christodoulou Z et al. (1993b) Origin of the fragile X premutation. J Med Genet 30:647–650

Hirst MC, Grewal PK, Davies KE (1994) Precursor arrays for triplet repeat expansion at the fragile X locus. Hum Mol Genet 3:1553–1560

Hirst M, Grewal P, Flannery A et al. (1995) Two new cases of FMR1 deletion associated with mental impairment. Am J Hum Genet 56:67–74

Hori T, Yamauchi M, Seki N, Tsuji S, Kondo I (1993) Heritable unstable DNA sequences and hypermethylation associated with fragile X syndrome in Japanese families. Clin Genet 43:34–38

Hornstra IK, Nelson DL, Warren ST (1993) High resolution methylation analysis of the FMR1 gene trinucleotide repeat region in fragile X syndrome. Hum Mol Genet 2:1659–1265

Hwu WL, Lee YM, Lee SC, Wang TR (1993) In vitro DNA methylation inhibits FMR1 promoter. Biochem Biophys Res Commun 193:324–329

Isner JM, Pieczek A, Schainfeld R et al. (1996) Clinical evidence of angiogenesis after gene transfer of phVEGF165 in patients with ischaemic limb. Lancet 348:370–374

Jakala P, Hanninen T, Ryynanen M et al. (1997) Fragile-X: neuropsychological test performance, CGG triplet repeat length, and hippocampal volumes. J Clin Invest 100:331–338

Jacky PB, Sutherland GR (1983) Thymidylate synthetase inhibition and fragile site expression in lymphocytes. Am J Hum Genet 35:1276–1283

Jacobs PA, Bullman H, Macpherson J et al. (1993) Population studies of the fragile X: a molecular approach. J Med Genet 30:454–459

Kennerknecht I, Barbi G, Dahl N, Steinbach P (1991) How can the frequency of false-negative findings in prenatal diagnoses of fra(X) be reduced? Experience with first trimester chorionic villi sampling. Am J Med Genet 38:467–475

Kenneson A, Cramer DW, Warren ST (1997) Fragile X premutations are not a major cause of early menopause. Am J Hum Genet 61:1362–1369

Khandjian EW, Fortin A, Thibodeau A et al. (1995) A heterogeneous set of FMR1 proteins is widely distributed in mouse tissues and is modulated in cell culture. Hum Mol Genet 4:783–789

Khandjian EW, Corbin F, Woerly S, Rousseau F (1996) The fragile X mental retardation protein is associated with ribosomes. Nat Genet 12:91–93

Kho MR, Baker DJ, Laayoun A, Smith SS (1998) Stalling of human DNA (cytosine-5) methyltransferase at single-strand conformers from a site of dynamic mutation. J Mol Biol 275:67–79

Kiledjian M, Dreyfuss G (1992) Primary structure and binding activity of the hnRNP U protein: binding RNA through RGG box. EMBO J 11:2655–2664

Kirchgessner CU, Warren ST, Willard HF (1995) X inactivation of the FMR1 fragile X mental retardation gene. J Med Genet 32:925–929

Knight SJL, Flannery AV, Hirst MC et al. (1993) Trinucleotide repeat amplification and hypermethylation of a CpG island in FRAXE mental retardation. Cell 74:127–134

Knight SJL, Voelckel MA, Hirst MC et al. (1994) Triplet repeat expansion at the FRAXE locus and X-linked mild mental handicap. Am J Hum Genet 55:81–86

Kooy RF, D'Hooge R, Reyniers E et al. (1996) Transgenic mouse model for the fragile X syndrome. Am J Med Genet 64:241–245

Kremer EJ, Yu S, Pritchard M et al. (1991a) Isolation of a human DNA sequence which spans the fragile X. Am J Hum Genet 49:656–661

Kremer EJ, Pritchard M, Lynch M et al. (1991b) Mapping of DNA instability in the fragile X to a trinucleotide repeat sequence p(CGG)$_n$. Science 252:1711–1718

Kunkel TA (1993) Slippery DNA and disease. Nature 365:207–208

Kunst CB, Warren ST (1994) Cryptic and polar variation of the fragile X repeat could result in predisposing normal alleles. Cell 77:853–861

Lachiewicz AM, Spiridigliozzi GA, McConkie-Rosell A et al. (1996) A fragile X male with a broad smear on Southern blot analysis representing 100–500 CGG repeats and no methylation at the EagI site of the FMR-1 gene. Am J Med Genet 64:278–282

Lovett ST, Feschenko VV (1996) Stabilization of diverged tandem repeats by mismatch repair: evidence for deletion formation via misaligned replication intermediate. Proc Natl Acad Sci USA 93:7120–7124

Lubs HA (1969) A marker X chromosome. Am J Hum Genet 21:231–244

Lubs HA, Chiurazzi P, Arena JF et al. (1996) XLMR genes: update 1996. Am J Med Genet 64:147–157

Lugenbeel KA, Peier AM, Carson NL, Chudley AE, Nelson DL (1995) Intragenic loss of function mutations demonstrate the primary role of FMR1 in fragile X syndrome. Nat Genet 10:483–485

Macpherson JN, Brillman H, Youings SA, Jacobs PA (1994) Insert size and flanking haplotype in fragile X and normal populations: possible multiple origins for the fragile X mutation. Hum Mel Genet 3:399–405

Malmgren H, Gustavson KH, Oudet C et al. (1994) Strong founder effect for the fragile X syndrome in Sweden. Eur J Hum Genet 2:103–109

Malter HE, Iber JC, Willemsen R et al. (1997) Characterization of the full fragile X syndrome mutation in fetal gametes. Nat Genet 15:165–169

Mariappan SVS, Castati P, Chen X et al. (1996) Solutation structures of the individual single strands of the fragile X DNA triplets $(GCC)_n \bullet (\Gamma\Gamma X)_n$. Nucleic Acids Res 24:784–792

Martin JB, Bell J (1943) A pedigree of mental defect showing sex linkage. J Neurol Psychiatry 6:154–157

McMurray CT (1995) Mechanisms of DNA expansion. Chromosoma 104:2–13

Meijer H, Graaf E de, Merckx DM et al.(1994) A deletion of 1.6 kb proximal to the CGG repeat of the FMR1 gene causes the clinical phenotype of the fragile X syndrome. Hum Mol Genet 3:615–620

Merzenberg S (1996) On the formation of nucleosomes within the FMR1 trinucleotide repeat. Am J Hum Genet 59:252–253

Modrich P (1991) Mechanisms and biological effects of mismatch repair. Annu Rev Genet 25:229–253

Modrich P (1994) Mismatch repair, genetic instability, and cancer. Science 266:1959–1960

Montagnon M, Bogyo A, Deluchat C et al. (1994) Transition from normal to premutated alleles in fragile X syndrome results from a multistep process. Eur J Hum Genet 2:125–131

Mornet E, Chateau C, Hirst MC et al. (1996) Analysis of germline variations at the FMR1 CGG repeat shows variation in the normal-premutation borderline range. Hum Mol Genet 5:821–825

Morton NE, Macpherson JN (1992) Population genetics of the fragile X syndrome: multiallelic model for the FMR1 locus. Proc Natl Acad Sci USA 89:4215–4217

Morton JE, Bundey S, Webb TP et al. (1997) Fragile X syndrome is less common than previously estimated. J Med Genet 34:1–5

Mulley JC, Yu S, Loesch DZ et al. (1995) FRAXE and mental retardation. J Med Genet 32:162–169

Murray JC, Macpherson JN, Pound MC et al. (1997) The role of size, sequence and haplotype in the stability of FRAXA and FRAXE alleles during transmission. Hum Mol Genet 6:173–184

Nolin SL, Glicksman A, Houck GE, Brown WT, Dobkin CS (1994) Mosaicism of fragile X affected males. Am J Med Genet 51:509–512

Nussbaum RL, Ledbetter DH (1986) Fragile X syndrome: a unique mutation in man. Annu Rev Genet 20:109–145

Oberlé I, Rousseau F, Heitz D et al. (1991) Amazing instability of a 550 bp DNA segment and abnormal methylation in fragile X syndrome. Science 252:1097–1102

OMIM (TM) Online Mendelian Inheritance in Man (1996) Center for Medical Genetics, Johns Hopkins University (Baltimore, MD) and National Center for Biotechnology Information, National Library of Medicine (Bethesda, MD). Word Wide Web URL: http://www3.ncbi.nlm.nih.gov/omim/

Oostra BA, Hoogeveen AT (1997) Animal model for fragile X syndrome. Ann Med 29:563–567

Oudet C, Mornet E, Serre JL et al. (1993) Linkage disequilibrium between the fragile X mutation and two closely linked CA repeats suggests that fragile X chromosomes are derived from a small number of founder chromosomes. Am J Hum Genet 53:297–304

Parrish JE, Oostra BA, Verkerk AJ et al. (1994) Isolation of a GCC repeat showing expansion in FRAXF, a fragile site distal to FRAXA and FRAXE. Nat Genet 8:229–235

Pearson EC, Sinden RR (1996) Alternative structures in duplex DNA formed within the trinucleotide repeats of myotonic dystrophy and fragile X loci. Biochemistry 35:5041–5053

Pembrey ME, Winter RM, Davies KE (1984) A premutation that generates the definite mutation by recombination explains the inheritance of the Martin Bell syndrome (fragile X). J Med Genet 21:299

Pieretti M, Zhang FP, Yu FP et al. (1991) Absence of expression of the FMR-1 gene in fragile X syndrome. Cell 66:817–822

Poustka A, Dietrich A, Langenstein G et al. (1991) Physical map of human Xq27-qter: localizing the region of the fragile X mutation. Proc Natl Acad Sci USA 88:8302–8306

Price DK, Zhang F, Ashley CT, Warren ST (1996) The chicken FMR1 gene is highly conserved with CTT 5′ untranslated repeat and encodes an RNA-binding protein. Genomics 31:3–12

Quan F, Zonana J, Gunter K et al. (1995) An atypical case of fragile X syndrome caused by a deletion that includes the FMR1 gene. Am J Hum Genet 56:1042–1051

Razin A, Cedar H (1993) DNA methylation and embryogenesis. In: Jost JP, Saluz HP (eds) DNA methylation: molecular biology and biological significance. Birkhäuser, Basel

Razin A, Shemer R (1995) DNA methylation in early development. Hum Mol Genet 4:1751–1755

Rehmann-Sutter C, Müller H (1995) Ethik und Gentherapie. Zum praktischen Diskurs um die molekulare Medizin. Attempto, Tübingen

Reiss AL, Freund L, Abrams MT, Boehm C, Kazazian H (1993) Neurobehavioral effects of the fragile X premutation in adult women: a controlled study. Am J Hum Genet 52:884–894

Reiss AL, Kazazian HH jr, Krebs M et al. (1994) Frequency and stability of the fragile X premutation. Hum Mol Genet 3:393–398

Reiss AL, Abrams MT, Greenlaw R, Freund L, Denckla MB (1995a) Neurodevelopmental effects of the FMR1 full mutation in humans. Nat Med 1:159–167

Reiss AL, Freund LS, Baumgardner TL, Abrams MT, Denckla MB (1995b) Contribution of the FMR1 gene mutation to human intellectual dysfunction. Nat Genet 11:331–334

Reyniers E, Vits L, De Boulle K et al. (1993) The full mutation in the FMR-1 gene of male fragile X patients is absent in their sperm. Nat Genet 4:143–146

Richards RI, Sutherland GR (1992a) Dynamic mutations: a new class of mutations causing human disease. Cell 70:709–712

Richards RI, Sutherland GR (1992b) Fragile X syndrome: the molecular picture comes into focus. Trends Genet 8:249–254

Richards RI, Sutherland GR (1994) Simple repeat DNA is not replicated simply. Nat Genet 6:114–116

Richards RI, Holman K, Friend K et al. (1992) Evidence of founder chromosomes in fragile X syndrome. Nat Genet 1:257–260

Rousseau F, Vincent A, Rivella S et al. (1991a) Four chromosomal breakpoints and four new probes mark out a 10 cM region encompassing the FRAXA locus. Am J Hum Genet 48:108–116

Rousseau F, Heitz D, Biancalana V et al. (1991b) Direct diagnosis by DNA analysis of the fragile X syndrome of mental retardation. N Engl J Med 325:1673–1681

Rousseau F, Robb LJ, Rouillard P, Kaloustion VM der (1994a) No mental retardation in a man with 40% abnormal methylation at the FMR-1 locus and transmission of sperm cell mutations as premutations. Hum Mol Genet 3:927–30

Rousseau F, Heitz D, Tarleton J et al. (1994b) A multicenter study on genotype-phenotype correlations in the fragile X syndrome, using direct diagnosis with probe StB12.3: the first 2.253 cases. Am J Hum Genet 55:225–237

Rousseau F, Rouillard P, Morel ML Khandjian EW, Morgan K (1995) Prevalence of carriers of premutation-size alleles of the FMR1 gene – and implications for the population genetics of the fragile X syndrome. Am J Hum Genet 57:1006–1018

Schwartz C, Dean J, Howard-Peebles PN et al. (1994) Obstetrical and gynecological complications in fragile X carriers: a multicenter study. Am J Med Genet 51:400–402

Schwemmle S, Graaf E de, Deissler H et al. (1997) Characterization of FMR1 promoter elements by in vivo footprinting analysis. Am J Hum Genet 60:1354–1362

Schwinger E, Froster-Iskenius U (1983) Das Marker-X-Syndrom. Klinik und Genetik. Enke, Stuttgart

Sherman SL, Morton NE, Jacobs PA Turner G (1984) The marker (X) syndrome: a cytogenetic and genetic analysis. Ann Hum Genet 48:21–37

Sherman SL, Jacobs PA, Morton NE et al. (1985) Further segregation analysis of the fragile (X) syndrome with special reference to transmitting males. Hum Genet 69:289–299

Siomi H, Matunis MJ, Michael WM, Dreyfuss G (1993a) The pre-mRNA binding K protein contains a novel evolutionary conserved motif. Nucleic Acids Res 21:1193–1198

Siomi H, Siomi MC, Nussbaum RL, Dreyfuss G (1993b) The protein product of the fragile X gene, FMR1, has characteristics of an RNA-binding protein. Cell 74:291–298

Siomi H, Choi M, Siomi MC, Nussbaum RL, Dreyfuss G (1994) Essential role for KH domains in RNA binding: impaired RNA binding by a mutation in the KH domain of FMR1 that causes fragile X syndrome. Cell 77:33–39

Siomi MC, Siomi H, Sauer WH et al. (1995) FXR1, an autosomal homologue of the fragile X mental retardation gene. EMBO J 14:2401–2408

Sittler A, Devys D, Weber C, Mandel JL (1996) Alternative splicing of exon 14 determines nuclear and cytoplasmic localisation of fmr1 protein isoforms. Hum Mol Genet 5:95–102

Smeets HJM, Smits AP, Verheij CE et al. (1995) Normal phenotype in two brothers with full FMR1 mutation. Hum Mol Genet 4:2103–2108

Smith SS (1998) Stalling of DNA methyltransferase in chromosome stability and chromosome remodelling (review). Int J Mol Med 1:147–156

Smith SS, Laayoun A, Lingeman RG, Baker DJ, Riley J (1994) Hypermethylation of telomere-like foldbacks at codon 12 of the human c-Ha-ras gene and the trinucleotide repeat of the FMR-1 gene of fragile X. J Mol Biol 243:143–151

Snow K, Tester DJ, Kruckeberg KE, Schaid DJ, Thibodeau SN (1994) Sequence analysis of the fragile X trinucleotide repeat: implications for the origin of the fragile X mutation. Hum Mol Genet 3:1543–1551

Soriano P, Jaenisch R (1986) Retroviruses as probes for mammalian development: allocation of cells to the somatic and germ cell lineages. Cell 46:19–29

Steinbach P, Wöhrle D, Tariverdian G et al. (1993) Molecular analysis of mutations in the gene FMR-1 segregating in fragile X families. Hum Genet 92:491–498

Steinbach P, Wöhrle D, Gläser D, Vogel W (1998) Systems for the study of triplet repeat instability: cultured mammalian cells. In: Wells RD, Warren ST (eds) Genetic instabilities and hereditary diseases. Academic Press, New York London, pp 509–528

Stöger R, Kajimura TM, Brown WT, Laird CD (1997) Epigenetic variation illustrated by DNA methylation patterns of the fragile-X gene FMR1. Hum Mol Genet 6:1791–1801

Steward O, Bakker CE, Willems PJ, Oostra BA (1998) No evidence for disruption of normal patterns of mRNA localization in dendrites or dendritic transport of recently synthesized mRNA in FMR1 knockout mice, a model for human fragile-X mental retardation syndrome. Neuroreport 9:477–481

Subramanian PS, Nelson DL, Chinault AC (1996) Large domains of apparent delayed replication timing associated with triplet repeat expansion at FRAXA and FRAXE. Am J Hum Genet 59:407–416

Sutcliffe JS, Nelson DL, Zhang F et al. (1992) DNA methylation represses FMR-1 transcription in fragile X syndrome. Hum Mol Genet 1:397–400

Sutherland GR (1977) Fragile sites on human chromosomes: Demonstration of their dependence on the type of tissue culture medium. Science 197:256–266

Sutherland GR, Baker E (1992) Characterization of a new rare fragile site easily confused with the fragile X. Hum Mol Genet 1:111–113

Suthers GK, Mulley JC, Voelckel MA et al. (1991) Genetic mapping of new DNA probes at Xq27 defines a strategy for DNA studies in the fragile X syndrome. Am J Hum Genet 48:460–467

Tamanini, Meijer N, Verheij C et al. (1993) FMRP is associated to the ribosomes via RNA. Hum Mol Genet 2:809–813

Tarleton J, Richie R, Schwartz C et al. (1993) An extensive de novo deletion removing FMR1 in a patient with mental retardation and the fragile X syndrome phenotype. Hum Mol Genet 2:1973–1974

Taylor AK, Safanda JF, Fall MZ et al. (1994) Molecular predictors of cognitive involvement in female carriers of the fragile X syndrome. JAMA 271:507–514

Thibodeau SN, Dorkins HR, Faulk KR et al. (1988) Linkage analysis using multiple DNA polymorphic markers in normal families and in families with fragile X syndrome. Hum Genet 79:219–227

Turner G, Jacobs PA (1983) Marker (X) linked mental retardation. In: Harris M, Hirschhorn K (eds) Advances in human genetics, vol 13. Plenum Press, New York, pp 83–112

Turner G, Robinson H, Wake S, Martin N (1994) Dizygous twinning and premature menopause in fragile X syndrome. Lancet 344:1500

Turner G, Webb T, Wake S, Robinson H (1996) Prevalence of fragile X syndrome. Am J Med Genet 64:196–197

Usdin K, Woodford KJ (1995) CGG repeats associated with DNA instability and chromosome fragility form structures that block DNA synthesis in vitro. Nucleic Acids Res 23:4202–4209

Verheij C, Bakker CE, Graaf E de et al. (1993) Characterization and localization of the FMR1 gene product associated with fragile X syndrome. Nature 363:722–724

Verheij C, Graaf E de, Bakker CE et al. (1995) Characterization of FMR1 proteins isolated from different tissues. Hum Mol Genet 4:895–901

Verkerk AJMH, Pieretti M, Sutcliffe JS et al. (1991) Identification of a gene (FMR-1) containing a CGG repeat coincident with a breakpoint cluster region exhibiting length variation in fragile X syndrome. Cell 65:905–914

Verkerk AJ, Graaf E de, Boulle K de et al. (1993) Alternative splicing in the fragile X gene FMR-1. Hum Mol Genet 2:399–404

Vincent A, Heitz D, Petit C, Kretz C, Oberlé I, Mandel JL (1991) Abnormal pattern detected in fragile X patients by pulsed field gel electrophoresis. Nature 329:624–626

Vits L, Boulle K de, Reyniers E et al. (1994) Apparent regression of the CGG repeat in FMR1 to an allele of normal size. Hum Genet 94:523–526

Wang YH, Griffith J (1995) Expanded CTG triplet blocks from the myotonic dystrophy gene create the strongest known natural nucleosome positioning elements. Genomics 25:570–573

Wang YH, Gellibolian R, Shimizu M, Wells RD, Griffith J (1996) Long CCG triplet repeat blocks exclude nucleosomes: a possible mechanism for the nature of fragile sites in chromosomes. J Mol Biol 263:511–516

Wang YC, Lin ML, Lin SJ, Li YC, Li SY (1997) Novel point mutation within intron 10 of FMR-1 gene causing fragile X syndrome. Hum Mutat 10:393–399

Warren ST, Knight SJL, Peters JF, Stayton CL, Consalez GG, Zhang F (1990) Isolation of the human chromosomal band Xq28 with somatic cell hybrids by fragile site breakage. Proc Natl Acad Sci USA 87:3856–3860

Weiler IJ, Irwin SA, Klintsova AY et al. (1997) Fragile X mental retardation protein is translated near synapses in response to neurotransmitter activation. Proc Natl Acad Sci USA 94:5395–5400

Wen W, Meinkoth J, Tsien R, Taylor SS (1995) Identification of a signal for rapid export of proteins from the nucleus. Cell 82:463–473

Willemsen R, Mohkamsing S, Vries B de et al. (1995) Rapid antibody test for fragile X syndrome. Lancet 345:1147–1150

Willemsen R, Los F, Mohkamsing S et al. (1997) Rapid antibody test for prenatal diagnosis of fragile X syndrome on amniotic fluid cells: a new appraisal. J Med Genet 34:250–251

Wöhrle D, Hirst MC, Kennerknecht I, Davies KE, Steinbach P (1992a) Genotype mosaicism in fragile X fetal tissues. Hum Genet 89:114–116

Wöhrle D, Kotzot D, Hirst MC et al. (1992b) A microdeletion of less than 250 kb, including the proximal part of the FMR-1 gene and the fragile-X site, in a male with the clinical phenotype of the fragile-X syndrome. Am J Hum Genet 51:299–306

Wöhrle D, Hennig I, Vogel W, Steinbach P (1993) Mitotic stability of fragile X mutations in differentiated cells indicates early post-conceptional trinucleotide repeat expansion. Nat Genet 4:140–142

Wöhrle D, Kennerknecht I, Wolf M et al. (1995) Heterogeneity of DM kinase repeat expansion in different fetal tissues and further expansion during cell proliferation in vitro: evidence for a causal involvement of methyl-directed DNA mismatch repair in triplet repeat stability. Hum Mol Genet 4:1147–1153

Wöhrle D, Schwemmle S, Steinbach P (1996) DNA methylation and triplet repeat stability. Am J Med Genet 64:1–8

Wöhrle D, Salat U, Gläser D et al. (1997) Unusual patterns of mutations in high functioning fragile X males and other cases may result from instability of expanded CGG repeats in the absence of methylation. J Med Genet 35:103–111

Wright-Talamante C, Cheema A, Riddle JE et al. (1996) A controlled study of longitudinal IQ changes in females and males with fragile X syndrome. Am J Med Genet 64:350–355

Yu S, Pritchard M, Kremer E et al. (1991) Fragile X genotype characterized by an unstable region of DNA. Science 252:1179–1181

Zhang Y, O'Connor JP, Siomi MC et al. (1995) The fragile X mental retardation syndrome protein interacts with novel homologs FXR1 and FXR2. EMBO J 14:5358–5366

Zhong N, Ju W, Curley D et al. (1996) A survey of FRAXE allele sizes in three populations. Am J Med Genet 64:415–419

Zhong N, Yang W, Dobkin C, Brown WT (1995) Fragile X gene instability: anchoring AGGs and linked microsatellites. Am J Hum Genet 57:351–361

4.2 Molekulare Grundlagen neurologischer Trinukleotidblockexpansionssyndrome

Jörg T. Epplen und Andrea Haupt

Inhaltsverzeichnis

4.2.1	Zur Genomevolution und -funktion: repetitio est mater...	512
4.2.2	Trinukleotidblockexpansionserkrankungen (TBEE)	515
4.2.2.1	TBEE Typ 1 [(CAG)$_n$-Expansionserkrankungen]	516
4.2.2.2	TBEE Typ 2	517
4.2.3	Klinische und humangenetische Anwendungsaspekte	517
4.2.4	Morbus Huntington (Huntington's disease, HD)	518
4.2.4.1	Vererbung, epidemiologische und klinische Aspekte	518
4.2.4.2	Molekularbiologie	518
4.2.4.3	Huntington-Zentrum Nordrhein-Westfalen (HZ NRW)	522
4.2.5	Spinozerebelläre Ataxien	524
4.2.5.1	Vererbung, klinische und epidemiologische Aspekte	524
4.2.5.2	Molekulare Genetik	524
4.2.5.2.1	SCA1	525
4.2.5.2.2	SCA2	525
4.2.5.2.3	SCA3	526
4.2.5.2.4	SCA6	526
4.2.5.2.5	SCA7	527
4.2.6	Dentatorubro-Pallidoluysische Atrophie (Haw-River-Syndrom)	527
4.2.6.1	Vererbung, epidemiologische und klinische Aspekte	527
4.2.6.2	Molekularbiologie	527
4.2.7	Spinobulbäre Muskelatrophie	528
4.2.7.1	Vererbung, epidemiologische und klinische Aspekte	528
4.2.7.2	Molekularbiologie	528
4.2.8	Myotone Dystrophie (MD)	529
4.2.8.1	Vererbung, epidemiologische und klinische Aspekte	529
4.2.8.2	Molekularbiologie	529
4.2.9	Friedreich-Ataxie (FA)	532
4.2.9.1	Vererbung, epidemiologische und klinische Aspekte	532
4.2.9.2	Molekularbiologie	532
4.2.10	X-chromosomale mentale Retardierungssyndrome (FRAXA/FRAXE)	533
4.2.10.1	Fragiles X-Syndrom	534
4.2.10.1.1	Vererbung, epidemiologische und klinische Aspekte	534
4.2.10.1.2	Molekularbiologie	534
4.2.10.2	FRAXE	536
4.2.11	Schlußbemerkung	537
4.2.12	Literatur	538

4.2.1 Zur Genomevolution und -funktion: repetitio est mater...

In allen untersuchten Eukaryoten inklusive der Spezies *Homo sapiens* sowie auch in vielen Prokaryoten kommen repetitive DNA-Sequenzen in teilweise sehr verschiedenen Organisationsformen vor (Epplen et al. 1997b). Dieses Phänomen der Redundanz in den modernen Genomen hat sich bisher gegenüber allen experimentellen Strategien und theoretischen Erklärungsversuchen als refraktär erwiesen. Auf der Basis gut bekannter evolutionärer Ereignisse wie Gen- und Genomduplikation (Ohno 1970) ist die Entstehung mehrerer Genkopien oder gar ganzer Familien sinntragender DNA-Abschnitte ohne weiteres abzuleiten. Durch mehrere Genkopien (Redundanz) kann einerseits besser sichergestellt werden, daß im komplexen System eines Organismus oder einer Zelle die lebensnotwendigen Proteine und damit Stoffwechselwege bzw. Strukturen auf jeden Fall zur Verfügung stehen. Selbst wenn einzelne Komponenten nicht einwandfrei funktionieren, schafft die Redundanz eine gesicherte Funktion (zur Theorie s. „*Automaton*" mit vielen redundanten Komponenten, deren Signale von einem Mehrheitsentscheidungsorgan analysiert und weitergeleitet werden; Neumann u. Burks 1966). Diese Erwägungen erscheinen gerade auch bei der inhärenten Fehlerhaftigkeit biologischer Systeme plausibel. Andererseits stehen überzählige Kopien für evolutionäre Neu- und Weiterentwicklungen zur Verfügung, da der Fortpflanzungserfolg (*fitness*) der Nachkommen eines Organismus und einer Art durch die Existenz einer einzelnen, einwandfrei funktionierenden Genkopie ausreichend abgesichert ist.

Repetitive DNA-Sequenzen gehören in ihrer großen Masse aber jenem Genomanteil an, der als „evolutionärer Trödel" (junk DNA; Ohno 1970) umschrieben wurde. Repetitive DNA kann zur besseren Übersicht in verschiedene Kategorien eingeteilt werden. Lange und kurze (Short) interspergierte Nukleotidelemente (LINEs, SINEs; Singer 1982) werden konzeptionell auch als egoistische DNA-Sequenzen betrachtet, da sie nicht zur Physiologie und zum Phänotyp des Wirbeltierorganismus beitragen (Orgel u. Crick 1980; Doolittle u. Sapienza 1980). Derartige Elemente sind in der Evolution mehrmals aus ganz verschiedenen Genomeinheiten entstanden, weil sie besonders effiziente Möglichkeiten zur Selbstvervielfältigung und Verteilung haben, ähnlich den sog. springenden Genelementen, den (Retro-)Transposons (Singer 1982). Weniger augenscheinlich ist die Entstehung von tandemartig repetierten, vergleichsweise kurzen Sequenzmotiven, den sog. Mini- und Mikrosatelliten (Jeffreys et al. 1985; Tautz 1993). Ohne ihre natürliche Bedeutung wirklich ergründet zu haben, werden Minisatelliten verbreitet in der genetischen Identifikation des Einzelindividuums und in der Bestimmung von Verwandtschaftsbeziehungen angewendet (hauptsächlich Abstammungsanalysen, z.B. bei fraglichen Vaterschaften; Jeffreys et al. 1985). Besonders effiziente Werkzeuge der Genomforschung sind die Tandem-repetitiven Elemente mit Sequenzmotivlängen von 1–6 Basen, die oftmals polymorphen Mikrosatelliten, wie z.B. CACACACACACACA=(CA)$_6$. Mikrosatelliten sind aufgrund ihrer Kartierungsinformation aus den verschiedenen Genomprojekten gar nicht mehr wegzudenken. Trotz der intensiven Nutzung für verschiedene Forschungs- und Diagnostikanwendungen sind das Entstehen und die Weiterentwicklung (Evolution) von Tandemelementen in den Genomen noch weitgehend unklar. Vermehrte Aufmerksamkeit wird diesen Tandem-repetitiven DNA-Blöcken unter den medizinisch orientierten Molekulargenetikern und auch von einigen Klinikern entgegengebracht, seit bekannt ist, daß bestimmte Mikro- und Minisatellitensequenzen in paradigmatischen Fällen bei signifikanter Verlängerung auch humanpathogenetische Bedeutung erlangen können. Hierbei handelt es sich hauptsächlich um Expansionen polymorpher Trinukleotidblöcke [Trinukleotidblockexpansionen (TBE)], die einen völlig neuartigen Mutationsmechanismus darstellen. Vor der nachfolgenden Diskussion der sog. Trinukleotidblockexpansionserkrankungen (TBEE) versuchen wir, Antworten auf eine Reihe grundlagenwissenschaftlicher Fragen zu geben:

- Wie ist die unterschiedliche genomische Häufigkeit verschiedener Trinukleotidblöcke zu erklären?
- Welche dieser Blöcke stellen lediglich informative Marker in der Wüste des Genoms für die Forschung und Diagnostik dar?
- Welche molekularen Mechanismen könnten der Entstehung von TBE zugrundeliegen?

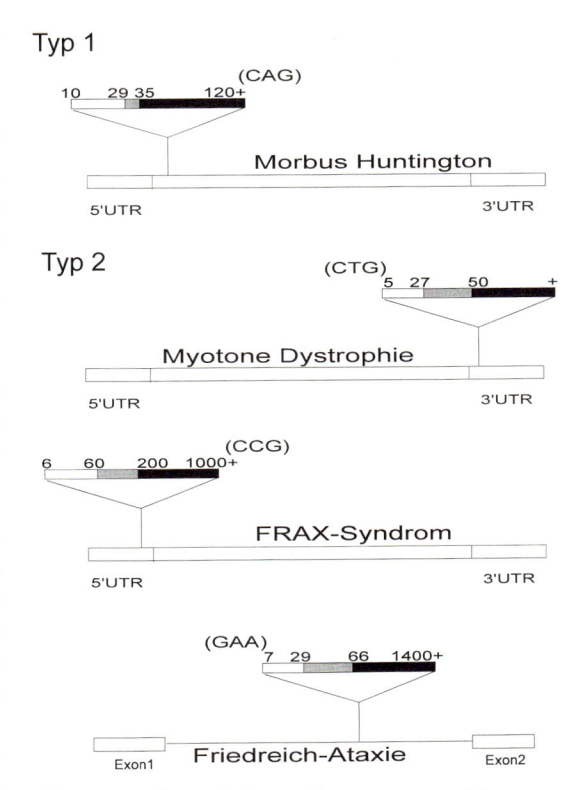

Abb. 4.2.1. Schematische Zeichnung ausgewählter menschlicher Gene, die nach kritischen Verlängerungen des simplen repetitiven Blocks Trinukleotidexpansionserkrankungen (TBEE) vom Typ 1 und 2 hervorrufen können, *weiß* physiologische Trinukleotidblocklängen, *grau* intermediäre Längen, *schwarz* zu TBEE führende Bereiche. [*Weiße Balken* in der reifen mRNA enthaltene Genanteile unabhängig von ihrer Translation; 5'- und 3'-UTR jeweilige untranslatierte Abschnitte]

Nur 12 der 4^3 (=64) möglichen Triplettmotive in simplen repetitiven DNA-Blocks sind prinzipiell unterschiedlich (AAA, AAC, AAG, AAT, ACC, ACG, ACT, AGC, AGG, ATC, CCC, CCG). Alle anderen der 64 systematisch möglichen Dreiermotive sind in Tandem-repetitiver DNA entweder durch Veränderung des Rasterschubs um 1 oder 2 Positionen oder auf dem komplementären Strang enthalten. Die Häufigkeit und die Verbreitung simpler repetitiver Sequenzen in den Genomen sind sehr ungleichmäßig. Daher sind diese Trinukleotidblöcke in den DNA-Datenbanken in sehr unterschiedlichem Ausmaß repräsentiert (Epplen u. Riess 1996). In absteigender Frequenz sind derzeit in den DNA-Sequenzdatenbanken zu finden: (AAA)>>(AAT)>>(AGC)>(AAG)>(AAC)>(AGG)>(ATC)>(ACT)>(ACC)>(CCG)>(CCC)>(ACG). Unmittelbar einleuchtend ist hierbei einerseits die Häufigkeit von Poly(A)-Blöcken als Ausdruck von Poly(A)$^+$-Schwänzen der mRNAs, die über reverse Transkription und Retrotransposition von der mRNA-Ebene als Pseudogene zurück ins Genom gelangt sind. Erklärbar ist andererseits auch die niedrigere Frequenz aller CpG-Dinukleotide enthaltenden Dreiermotive. Nach CpG-Methylierung stellen sie Brennpunkte für Mutationen durch spontane Demethylierung des ^{5m}Cytosins dar (Folge ist ein Cytosin:Thymidin-Austausch; Cooper u. Krawczak 1993). Zudem schlägt sich der relative AT-Basenüberschuß in den meisten bekannten Genomen auch in der Frequenz der simplen repetitiven Motive nieder. Bei TBEE wurden bisher lediglich verlängerte CAG$_n$- [als Tandem-Trakt identisch mit (AGC)$_n$-, (CTG-)$_n$], (CCG)$_n$- [identisch mit (CGG)$_n$-, (GGC)$_n$-] und (AAG)$_n$-Blöcke [identisch mit (CTT)$_n$-] beobachtet (Abb. 4.2.1). Insgesamt ist allerdings nur eine begrenzte Anzahl gezielter Untersuchungen auf Expansionen der einzelnen Trinukleotidblockmotive durchgeführt worden, so daß andere Motive durchaus noch für weitere Krankheitsbilder in Frage kommen. Bei der bekanntermaßen reduzierten Klonierbarkeit langer, simpler repetitiver DNA-Blöcke im prokaryotischen Wirt *Escherichia coli* könnten sich bestimmte Motive der Vervielfältigung und Sequenzanalyse eher entziehen als andere. Lange, GC-reiche Abschnitte stellen zudem erhebliche Hindernisse für deren mutationsfreie Vervielfältigung in *E.-coli*-Stämmen dar, besonders wenn sie repetitive Strukturen aufweisen.

Die Entdeckung von TBEE macht deutlich, daß zumindest bestimmte simple repetitive Strukturen funktionelle Relevanz im menschlichen Genom besitzen. Gegenwärtig ist noch völlig offen, warum Krankheitsbilder infolge von TBE bisher ausschließlich beim Menschen beobachtet worden sind. Die genauen Mechanismen für TBE und für die Erzeugung der physiologischen Vielgestaltigkeit (Polymorphie) von Mikrosatelliten sind unbekannt. Dennoch ist es eigentlich nicht vorstellbar, daß beide Mutationsmechanismen gleich ablaufen und lediglich quantitativ sehr unterschiedliche Endergebnisse in der Länge der simplen repetitiven Sequenz haben. Die ausgeprägte Polymorphie der simplen repetitiven Trinukleotide auf Populationsniveau (Deka et al. 1996; Kunst et al. 1996) scheint primär keine differentiellen physiologischen Konsequenzen für das Individuum zu haben. Erst wenn locusspezifische Schwellenwerte für die TBE in bestimmten Loci überschritten sind, kommt es bei den TBEE zur Ausprägung von Krankheitssymptomen. Jedoch ist keinesfalls jede exprimierte TBE mit Krankheitsauslösung gleichzusetzen (s. z.B. Breschel et al. 1997). Evtl. sind noch unbekannte Sekundärstrukturen (stabilisierende Konformationen; Gordenin et al. 1997) oder andere sequenzinhärente Eigenschaften für eine extreme Expansion von Trinukleotidblocks notwendig. Zur weiteren Abklärung dieser Frage müssen durch neue Experimentalansätze Einsichten in die molekularen Abläufe bei den TBE gewonnen werden. Hierbei kann man sich vielleicht zusätzliche Informationen von den Expansionen minisatellitenartiger Sequenzen erhoffen, die bei progressiver Myoklonusepilepsie 1 betroffen sind (EPM1; Lafrenire et al. 1997) oder in einer der fragilen Stellen auf Chromosom 16 (FRA16B-Phänotyp) liegen (Tabelle 4.2.1). Expansionen von Homopolymeren identischer Aminosäuren wie z.B. Polyalanin beim Krankheitsbild der Synpolydaktylie (Muragaki et al. 1996) könnten ebenfalls Krankheitsursachen allgemeinerer Art darstellen (Warren 1997). Aus den nahezu klassischen Modellvorstellungen zur Mikrosatellitenexpansion wie slipped strand mispairing und realignment während der Replikation (s. z.B. Kang et al. 1995) haben

Tabelle 4.2.1. Minisatellitenexpansionskrankheiten

Erkrankung[a]	Minisatellitenlänge (in Minisatellitengrundeinheiten)		Genprodukt
	Motiv	Normal — Mutation	
EPM1	cccgccccgcg	2–3 — 50–75	Cystatin B
FRA16B	AT-reich	7–12 — Bis 2000	?

[a] Abkürzungen der Erkrankungen sind im Text erläutert.

sich keine wirklich weiterführenden Klärungsansätze erarbeiten lassen (Epplen et al. 1997b). Grundlegendere Einsichten zur Erzeugung genomischer Variabilität in Mini- und Mikrosatellitensequenzen könnten sich aus der detaillierten Analyse von bestimmten DNA-Reparaturmutanten in einfachen Modellorganismen ergeben (z. B. Hefe; Gordenin et al. 1997). Da natürlich vorkommende Tiermodelle für TBEE bisher nicht bekannt sind, wird versucht, sich dem Phänomen durch transgene Mäuse- und Rattenmodelle mit expandierten Trinukleotidblockgenen anzunähern, allerdings bisher mit eher bescheidenem Erfolg.

In den folgenden Abschnitten (Kapitel 4.2.2–4.2.3) soll zunächst ein Überblick über Gemeinsamkeiten der klinischen und genetischen Merkmale und die Klassifizierung der bislang bekannten TBEE sowie ausgewählte Anwendungsaspekte gegeben werden. In weiteren Kapiteln (4.2.4–4.2.10) werden die spezifischen Besonderheiten der molekulargenetisch definierten Krankheitsbilder einzeln abgehandelt.

4.2.2 Trinukleotidblockexpansionserkrankungen (TBEE)

Gegenwärtig werden 12 neurogenetische Erkrankungen zu den Trinukleotidexpansionssyndromen gezählt (s. Übersichten Ashley u. Warren 1995; Paulson u. Fischbeck 1996). Es handelt sich um Morbus Huntington (HD), die spinozerebellären Ataxien Typ 1–3 [genetisch identisch mit der Machado-Joseph-Erkrankung (MJD)], 6 und 7 (SCA1–3, 6, 7), spinobulbäre Muskelatrophie (SBMA), Dentatorubro-Pallidoluysische Atrophie (DRPLA, genetisch identisch mit dem extrem seltenen Haw-River-Syndrom), myotone Dystrophie (MD), Friedreich-Ataxie (FA), Fragiles X-Syndrom (FraX) mit dem Genlocus *FRAXA* sowie eine weitere X-chromosomale Form mentaler Retardierung mit der fragilen Stelle *FRAXE*. Aller Voraussicht nach wird diese Gruppe in nächster Zukunft weiter wachsen; möglicherweise werden sich auch Krankheitsbilder ohne primär neurologische Symptomatik als Expansionserkrankungen erweisen. Für einige wenige Syndrome, wie die Spastische Paraplegie, sind zwar schon TBE bekannt, jedoch die verantwortlichen Gene noch nicht identifiziert (Nicolsen et al. 1997).

Die bislang bekannten TBE-Syndrome zeigen sowohl im klinischen Erscheinungsbild als auch aus genetischer Sicht einige charakteristische Gemeinsamkeiten (s. Übersichten Ashley u. Warren 1995; Paulson u. Fischbeck 1996). Alle TBEE betreffen einzelne oder mehrere Regionen des Zentralnervensystems (ZNS). Die meisten TBEE sind progrediente neurodegenerative Prozesse mit großer Variabilität im Manifestationsalter, in der Ausprägung klinischer Symptome und im Verlauf der Erkrankung. Die Trinukleotidelemente im Bereich der zugrundeliegenden Gene sind „in physiologischer Kurzform" auch bei gesunden Kontrollpersonen vorhanden. Physiologischerweise zeigen sie auf Populationsniveau meist eine ausgeprägte Längenpolymorphie innerhalb bestimmter Grenzen.

Tabelle 4.2.2. Trinukleotidblockexpansionserkrankungen (TBEE), Triplettmotive, kritische Triplettmotivlängen und beeinflußte Genprodukte

Erkrankung[a]	Triplettmotiv	Trinukleotidblocklänge (in Tripletteinheiten)			Genprodukt
		Normal	Intermediär[b]	Mutation	
HD	CAG	10–35	29–35	36–121	Huntingtin
SCA1	CAG	6–39	–	41–81	Ataxin-1
SCA2	CAG	15–31	–	34–59	Ataxin-2
SCA3/MJD	CAG	12–40	–	61–84	Ataxin-3
SCA6	CAG	4–16	–	21–27	Ataxin-6
SCA7	CAG	7–17	–	38–130	Ataxin-7
SBMA	CAG	11–34	–	38–66	Androgenrezeptor
DRPLA	CAG	7–25	–	49–88	Atrophin-1
MD	CTG	5–37	50–180	200–>3000	DMPK?
FraXA	CGG	6–52	60–230	230–>2000	FMR-1
FraXE	(GCC)	7–35	130–150	200–>750	FMR-2
FA	(GAA)	7–29	38–65	>65	Frataxin

[a] Abkürzungen der Erkrankungen sind im Text erläutert; [b] Intermediäre Allellängen können zur weiteren Expansion in nachfolgenden Generationen neigen.

Bei betroffenen Personen sind die Trinukleotidblöcke über definierte Schwellenwerte verlängert (Tabelle 4.2.2). Statistisch wird eine Korrelation zwischen dem Ausmaß der Trinukleotidverlängerung und dem Manifestationsalter bzw. dem Ausprägungsgrad vieler dieser Erkrankungen gefunden. Je größer die Expansion, desto mehr verschiebt sich die Manifestation ins jüngere Alter bzw. desto gravierender ist die Symptomatik. Die klinische Variabilität ist aber nur zu einem gewissen Anteil durch die Triplettanzahl festgelegt. Daneben sind zusätzliche Faktoren anzunehmen (genetischer Hintergrund, möglicherweise Umwelteinflüsse). Für den Einzelfall ist aus der Triplettanzahl keine Prognose bezüglich Erkrankungsalter und -verlauf ableitbar.

Trinukleotidwiederholungen im Bereich der normalen Allellängen werden in der Regel stabil weitervererbt. Dagegen besitzen die expandierten, Krankheits-assoziierten Triplettelemente eine deutlich erhöhte Mutabilität bei der Weitergabe an die folgenden Generationen. Es wird deshalb auch von dynamischen Mutationen gesprochen (Richards u. Sutherland 1992). In vielen Fällen führen diese Mutationsereignisse zu einer Vermehrung der Trinukleotideinheiten. Die Zusammenhänge zwischen der Triplettanzahl und der klinischen Symptomatik einerseits und der Tendenz zur wachsenden Expansion in der Generationenfolge andererseits erklären das klinisch beobachtete Phänomen der Antizipation: Abweichend von der stabilen Weitergabe einer einmal entstandenen Mutation nach den Mendel-Regeln werden hierbei ein sinkendes Erkrankungsalter und/oder ein zunehmender Schweregrad in aufeinanderfolgenden Generationen einer Familie beobachtet (Harding 1981b).

Vor dem Hintergrund dieser Gemeinsamkeiten sind die TBEE in 2 Gruppen zu unterteilen. Die TBE-Syndrome vom Typ 1 werden durch eine Verlängerung von repetitiven Elementen mit dem Grundmotiv CAG ausgelöst; beim Typ 2 finden sich andere Grundmotive (Paulson u. Fischbeck 1996). Zwischenformen von TBE, die weder eindeutig dem Typ 1 noch dem Typ 2 zuzuordnen sind, könnten sich hinter teilweise extensiv verlängerten $(CAG)_n$-Blöcken in den 3'- und 5'- untranslatierten Anteilen von mRNAs verbergen (Potter 1997). Die pathophysiologische Bedeutung dieser TBE ist derzeit aber noch völlig unklar.

4.2.2.1 TBEE Typ 1 [$(CAG)_n$-Expansionserkrankungen]

Zu den Typ-1- oder $(CAG)_n$-Expansionserkrankungen zählen HD, SCA (1–3, 6 und 7), SBMA und DRPLA (Ashley u. Warren 1995; Paulson u. Fischbeck 1996). Übereinstimmend handelt es sich um progrediente, neurodegenerative Erkrankungen, die sich meist im Erwachsenenalter manifestieren und autosomal-dominant oder X-chromosomal (SBMA) vererbt werden. Anders als bei den Typ-2-Erkrankungen ist ihre Symptomatik nahezu ausschließlich auf das ZNS beschränkt. Das wiederholte $(CAG)_n$-Motiv ist innerhalb der kodierenden Region des zugrundeliegenden Gens lokalisiert und wird im exprimierten Protein in eine längere Abfolge von Glutaminresten übersetzt. Bei der Expansion kommt es zumeist zu einem moderaten Längenanstieg auf maximal etwa das 2- bis 3fache des physiologischerweise vorkommenden Längenbereichs, nicht aber zu exzessiven Verlängerungen wie bei den Typ-2-Erkrankungen. Die meiotische Instabilität expandierter Allele zeigt bei vielen der bereits näher charakterisierten TBEE eine deutliche Abhängigkeit vom Geschlecht des betroffenen Elternteils. Größere Veränderungen der Triplettanzahl werden bei einigen $(CAG)_n$-Expansionserkrankungen deutlich gehäuft bei paternaler Transmission beobachtet. Patienten mit Krankheitsmanifestation bereits im Kindes- oder Jugendalter können massive Triplettverlängerungen aufweisen und haben das veränderte Allel zumeist von ihrem Vater geerbt.

Die expandierten Trinukleotidblocks werden in der reifen mRNA exprimiert und scheinen auf Proteinebene in den Pathomechanismus einzugreifen (Paulson u. Fischbeck 1996). Transkription und Translation sind nach dem gegenwärtigen Kenntnisstand eher nicht beeinflußt. Die Mutationen verändern bestimmte Eigenschaften des betreffenden Proteins und führen offensichtlich zur Entstehung neuartiger Funktionen (gain of function), die der Nervenzelldegeneration zugrundeliegen. Die meisten der den CAG-Expansionssyndromen zugrundeliegenden Gene werden nicht nur in vielen ZNS-Bereichen, sondern in einer Vielzahl weiterer Gewebstypen außerhalb des Nervensystems exprimiert. Warum es trotzdem nur in ganz umschriebenen Hirnregionen zum selektiven Untergang von Neuronen kommt, ist noch weitgehend unklar. Aufgrund des einheitlichen Expansionsprinzips werden für alle Typ-1-Erkrankungen verwandte Pathomechanismen vermutet (Ashley u. Warren 1995; Paulson u. Fischbeck 1996).

4.2.2.2 TBEE Typ 2

Die TBE-Syndrome vom Typ 2 zeigen untereinander weniger deutliche Übereinstimmungen als die Typ-1-Erkrankungen (Ashley u. Warren 1995; Paulson u. Fischbeck 1996). Zu dieser Gruppe gehören MD, FA, das FraX-Syndrom sowie die mentale Retardierung FRAXE. Es handelt sich um Multisystemerkrankungen mit Manifestationen auch außerhalb des ZNS. Neben neurodegenerativen Prozessen sind dabei gestörte Abläufe in der Individualentwicklung von Bedeutung. Die expandierten Trinukleotidblöcke sind außerhalb der kodierenden Regionen der beteiligten Gene lokalisiert und werden nicht in simple Aminosäureabfolgen übersetzt. Die TBE sind wesentlich umfangreicher als bei $(CAG)_n$-Erkrankungen und umfassen meist mehrere 100 Wiederholungen des Grundmotivs. Der zugrundeliegende Pathomechanismus scheint nicht in einer veränderten Proteinfunktion, sondern in einer veränderten Genexpression zu bestehen. Auch bei einigen der Typ-2-Erkrankungen ist die meiotische Instabilität vom Geschlecht des übertragenden Elternteils abhängig: Massive Expansionen, die den schwersten Ausprägungsgraden der Krankheitsbilder zugrundeliegen, erfolgen bei MD und FraX nahezu ausschließlich bei maternaler Transmission. Neben der meiotischen Instabilität ist bei den TBEE Typ 2 auch eine deutliche mitotische Instabilität zu beobachten, die zur Entstehung ausgeprägter somatischer Mosaike führt.

4.2.3 Klinische und humangenetische Anwendungsaspekte

Unmittelbare klinische Anwendung hat die Aufklärung der genetischen Ursachen in der Diagnostik der TBEE erlangt. Die direkten Untersuchungsmöglichkeiten der Triplettverlängerungen z. B. mittels der PCR-Methode (bevorzugt bei TBEE Typ 1) oder Southern-Blot-Hybridisierung (bevorzugt für den Fragmentlängenzuwachs bei TBEE Typ 2) sind technisch vergleichsweise einfach durchzuführen und besitzen heute eine zentrale Position in der Diagnosestellung und differentialdiagnostischen Abgrenzung von TBEE. Beispielsweise ermöglicht die Gendiagnostik die eindeutige Typisierung der klinisch nicht differenzierbaren bzw. stark überlappenden hereditären Ataxien. Erst dadurch ist das komplette klinische Spektrum der phänotypisch sehr variablen Ataxieformen voll zu erfassen. Auch bei den seltenen, „sporadischen" Erkrankungsfällen (etwa 3% bei HD; wenige Fälle bei SCA) ist nun eine direkte Diagnosesicherung möglich.

Für den gezielten Einsatz der molekulargenetischen Untersuchungsmethoden ist die exakte klinische Befunderhebung unabdingbare Voraussetzung. Eine enge Interaktion und Kooperation zwischen Klinik und Humangenetik sind darüber hinaus erforderlich, um eine angemessene und umfassende Betreuung der Patienten und ihrer Familien gewährleisten zu können. Im Rahmen jeder molekulargenetischen Diagnosestellung sollte eine ausführliche humangenetische Beratung der Patienten (und ggf. ihrer Angehörigen) angeboten werden. Neben der Diagnosesicherung gewinnt die präsymptomatische Diagnostik bei klinisch gesunden Nachkommen von Patienten mit spätmanifestierenden Erkrankungen zunehmende Bedeutung. Jeder prädiktive Gentest muß in einen humangenetischen Beratungsprozeß eingebunden sein. Diese Beratung soll den Ratsuchenden unterstützen, mögliche persönliche und familiäre Konsequenzen des Gentests abzuwägen und zu einer selbstverantwortlichen Entscheidung darüber zu gelangen, welches nicht mehr auszulöschende Wissen er über seine genetischen Anlagen erlangen will.

Für die TBEE stehen bislang keine wirksamen, kausalen Therapieverfahren oder Präventionsmaßnahmen zur Verfügung. Symptomatische Behandlungsmethoden (z. B. Krankengymnastik, Logopädie, Medikamente gegen Bewegungs- und affektive Störungen) können die Beschwerden zwar mildern, den Krankheitsverlauf jedoch nicht aufhalten. Die Identifizierung der verantwortlichen Gene weckt Hoffnung auf die Entwicklung effizienter Therapieansätze, stellt jedoch nur den ersten Schritt im Verständnis der molekularen Wirkmechanismen dar. Die zellulären Funktionen der beteiligten Gene und Genprodukte sowie die pathogenetischen Zusammenhänge sind noch weitgehend unbekannt. Der Charakterisierung der Gene und Mutationen müssen deshalb biochemische Untersuchungen zur mutationsbedingten Fehlfunktion der abgeleiteten Proteine folgen. Auch die bereits angesprochenen, experimentell erzeugten transgenen Tiermodelle bieten Zugangswege zur Analyse der pathophysiologischen Abläufe und – als Zukunftsperspektive – zur Entwicklung und Erprobung von (Gen-)Therapieverfahren.

Angesichts der Tragweite der mit den TBEE (bzw. anderen neurogenetischen Erkrankungen) verbundenen Problematik erweist sich gegenwärtig eine speziell auf das jeweilige Krankheitsbild ausgerichtete, ganzheitlich orientierte Betreuung der betroffenen Familien in spezialisierten (überregionalen) Zentren als sehr vorteilhaft. Hier stehen interdisziplinäre Teams aus klinisch tätigen Ärzten, Humangenetikern und Beratern aus weiteren Sparten (Psychologen, Psychotherapeuten, Sozialpädagogen) zur Verfügung. Am Beispiel der Erfahrungen im Huntington-Zentrum NRW werden in Kapitel 4.2.4.3 „Huntington-Zentrum Nordrhein-Westfalen (HZ NRW)" einige Aspekte der genetischen Beratung und psychosozialen Betreuung von HD-Patienten und deren Familien herausgearbeitet.

4.2.4 Morbus Huntington (Huntington's disease, HD)

4.2.4.1 Vererbung, epidemiologische und klinische Aspekte

HD ist eine autosomal-dominant vererbte Erkrankung, die mit Bewegungsstörungen und psychischer Symptomatik von variabler Ausprägung einhergeht (Harper 1991). Die Häufigkeit liegt in der kaukasischen Bevölkerung bei etwa 3–7 von 100000 Personen. Die Krankheit manifestiert sich in den meisten Fällen (>70%) zwischen dem 35. und 45. Lebensjahr, wesentlich seltener bereits im Kindesalter oder erst nach dem 65. Lebensjahr. Die mittlere Erkrankungsdauer beträgt etwa 15 Jahre, kann aber ebenso wie die Ausprägung der Symptomatik erheblich variieren. Bei später Krankheitsmanifestation (nach dem 50. Lebensjahr) ist der Erkrankungsverlauf meist milder und langsamer progredient als bei jüngeren Betroffenen. Die Symptomatik umfaßt Störungen sowohl der willkürlichen als auch der unwillkürlichen Motorik. Nach einem Initialstadium mit verstärkter Bewegungsunruhe und milder Dysarthrie kommt es zur progredienten, generalisierten Chorea mit unwillkürlichem, kontinuierlichem „Grimassieren" der Gesichtsmuskulatur und einschießenden Bewegungen von Hals-, Rumpf- und Extremitätenmuskulatur. Störungen der Koordination von Willkürbewegungen, okulomotorische Dysfunktionen, Gang- und Sprechstörungen sowie Dysphagie verstärken sich ebenfalls im Krankheitsverlauf. Insbesondere im Spätstadium treten häufig Bradykinesie, Rigidität und Dystonien in den Vordergrund. Auch die wenigen klinischen HD-Spezialisten sind immer wieder erstaunt, wie variabel sich die neurologischen Symptome gestalten. Die psychiatrische Symptomatik kann den neurologischen Zeichen mit depressiver Verstimmung, Reizbarkeit und Wahnvorstellungen vorangehen. Kognitiver Abbau mit Persönlichkeitsveränderungen, Gedächtnis- und Aufmerksamkeitsstörungen treten häufig hinzu. Pathologisch-anatomisch ist ein ausgedehnter Nervenzelluntergang im Nucleus caudatus und Putamen festzustellen; zusätzlich kann eine Atrophie des Kortex und weiterer Hirnregionen vorliegen (Harper 1991).

Die genetische Grundlage von HD ist bereits etwas länger bekannt als die der meisten anderen Typ-1-TBEE (Ashley u. Warren 1995; Paulson u. Fischbeck 1996). HD ist zudem in den meisten untersuchten Bevölkerungen weiter verbreitet als die anderen Erkrankungen der Gruppe. Aus diesen Gründen stehen für HD bereits wesentlich ausgedehntere empirische Datensammlungen zu epidemiologischen Fragestellungen und zu Genotyp-Phänotyp-Beziehungen sowie umfangreichere Untersuchungen zur molekularen Pathogenese zur Verfügung (Übersichten s. Ashley u. Warren 1995; Nance 1996; Nasir et al. 1996; Paulson u. Fischbeck 1996). Teilweise ergeben sich daraus Rückschlüsse auf ähnliche Zusammenhänge bei den anderen Krankheitsbildern bzw. Anstöße zu parallelen, vergleichenden Untersuchungen, so daß der HD-Forschung auf dem Gebiet der (Typ-1-)TBEE eine gewisse Pionierfunktion zukommt. Durch die umfangreichen Erfahrungen in der humangenetischen Familienberatung, Diagnosestellung und Patientenbetreuung hat die Vorgehensweise bei HD darüber hinaus Modellcharakter, nicht nur für andere TBEE, sondern auch für weitere neurodegenerative Erbkrankheiten erlangt.

4.2.4.2 Molekularbiologie

Die kausale Pathogenese bei HD hat ihren pathophysiologischen Ausgangspunkt in einem verlängerten $(CAG)_n$-Trakt im Huntingtingen auf Chromosom 4p16.3, das ursprünglich auch als *IT15*(Interesting transcript # 15)-Gen bezeichnet wurde (The Huntington's Disease Collaborative Research Group 1993). Normalallele umfassen 10–35 Triplettwiederholungen. Die Allele von HD-Betroffenen reichen von 36 bis weit über 100 CAG-Einheiten (Andrew et al. 1993; Brinkmann et al. 1997; Duyao et al. 1993; The Huntington's Disease Collaborative Research Group 1993; Kremer et al. 1994; Rubinsztein et al. 1996; Snell et al. 1993). Bei den hier und im folgenden genannten Längenangaben des $(CAG)_n$-Blocks ist zu berücksichtigen, daß aufgrund unterschiedlicher Methoden zu $(CAG)_n$-Längenbestimmungen in verschiedenen Labors z. T. etwas abweichende Werte resultieren können. 6 Trinukleotide 3'-wärts vom $(CAG)_n$-Block befindet sich ein kurzer, polymorpher $(CCG)_n$-Trakt von 7-12 Einheiten, der für Oligoprolin kodiert. Die ursprünglich verwendeten Nachweismethoden hatten sowohl den $(CAG)_n$- als auch den $(CCG)_n$-Trakt eingeschlossen und damit kombinierte Längenvariationen ergeben, während die heute bevorzugten Techniken ausschließlich die Länge des $(CAG)_n$-Blocks erfassen und daher eine exaktere Längenbestimmung ermöglichen.

Vor der genaueren Kenntnis des Gendefekts war bei HD komplette Penetranz angenommen worden (Harper 1991). Ausgedehnte Studien haben jedoch gezeigt, daß bei Allelen aus einem Übergangsbereich inkomplette Penetranz zu beobachten ist (Brinkman et al. 1997; Rubinsztein et al. 1996). Bei Trägern von Allelen im Bereich von 36-41 CAG-Einheiten kommt es in den meisten Fällen im Lauf des Lebens zur Krankheitsmanifestation; einige Personen bleiben jedoch bis ins hohe Alter (über 75-80 Jahre) symptomfrei (Brinkman et al. 1997; Rubinsztein et al. 1996). Ab einer $(CAG)_n$-Anzahl von 42 manifestiert sich die Erkrankung mit 100%iger Penetranz innerhalb der normalen Lebensspanne (Brinkman et al. 1997). Beim Vorliegen von Allelen aus dem Übergangsbereich ergab sich für Personen aus Familien mit HD-Neumutationen eine geringere Penetranz als für Angehörige von HD-Familien, was auf den Einfluß familiärer Faktoren auf die Krankheitsmanifestation hindeuten könnte (McNeil et al. 1997). Statistisch besteht eine gesicherte Korrelation zwischen $(CAG)_n$-Anzahl und Erkrankungsalter bzw. -verlauf (Andrew et al. 1993; Duyao et al. 1993; Lucotte et al. 1995; Snell et al. 1994). Gerade bei den am häufigsten bei HD vorliegenden Allelgrößen von 40-50 Triplets (etwa 90%) kann das Manifestationsalter aber um mehrere Jahrzehnte schwanken. Kürzlich wurden erstmals aussagekräftige Wahrscheinlichkeitsangaben für das Manifestationsalter bei gegebenen $(CAG)_n$-Längen zwischen 42 und 50 Trinukleotideinheiten errechnet (Brinkman et al. 1997). Neben der Länge des $(CAG)_n$-Trakts werden weitere Einflußfaktoren auf das Erkrankungsalter vermutet. Familienuntersuchungen sprechen für Effekte der nicht-mutierten Huntingtinenkopie bzw. eines eng benachbarten Gens auf dem homologen Chromosom (Farrer et al. 1993). Weitere Hinweise ergaben sich auf einen Zusammenhang mit Varianten des GluR6-Kainat-Rezeptors (Rubinsztein et al. 1997).

Auf somatischer Ebene scheint der $(CAG)_n$-Block weitgehend stabil zu sein (MacDonald et al. 1993; Zühlke et al. 1993), obwohl auch geringgradige Abweichungen von dieser Regel beobachtet worden sind (Aronin et al. 1995). Bei Weitergabe zwischen den Generationen kommen dagegen sowohl Expansionen wie Kontraktionen vor. Bei Normalallelen ist die Mutationshäufigkeit sehr niedrig, bei den expandierten Allelen beträgt sie ca. 70% (Kremer et al. 1995; Zühlke et al. 1993). Insgesamt sind bei paternaler Transmission Expansionen wesentlich häufiger und ausgeprägter als bei maternaler Weitergabe, übereinstimmend mit der Beobachtung, daß juvenile HD-Fälle praktisch immer von väterlichen expandierten Allelen verursacht werden (Kremer et al. 1995; Snell et al. 1993; Trottier et al. 1994; Zühlke et al. 1993). Als intermediär werden Allele bezeichnet, die selbst nicht krankheitsauslösend sind (also weniger als 36 CAG-Einheiten umfassen), aber aufgrund meiotischer Instabilität durch Expansion in den pathologischen Bereich hinein in der nachfolgenden Generation zur HD-Manifestation führen können (Goldberg et al. 1993). Solche Neumutationen liegen etwa 3% aller HD-Fälle zugrunde und treten fast ausschließlich bei paternaler Transmission auf (Goldberg et al. 1993; Nance 1996). Verglichen mit der Allgemeinbevölkerung zeigen intermediäre Allele höhere Mutabilität bei Personen, in deren Familie bereits sporadische HD-Fälle aufgetreten sind. Die Stabilität des Trinukleotidtrakts könnte also wiederum durch familienspezifische Faktoren beeinflußt sein; dabei scheint der Sequenzabschnitt zwischen dem $(CAG)_n$-Block und dem angrenzenden $(CCG)_n$-Segment von Bedeutung zu sein (Chong et al. 1997). In Übereinstimmung mit der in Familienuntersuchungen beobachteten meiotischen Instabilität von expandierten gegenüber Normalallelen werden in Spermien-DNA von HD-Patienten heterogene Größen des $(CAG)_n$-Trakts gefunden, während die Länge des Blocks bei Kontrollpersonen konstant ist (MacDonald et al. 1993). Analysen auf der Ebene von Einzelspermien demonstrieren darüber hinaus die Längenabhängigkeit der Instabilität des $(CAG)_n$-Blocks: Bei Allelen mit 15-18 CAG-Einheiten werden selten Längenvariationen gefunden. In Spermienzellen von Individuen mit 30, 36 bzw. 38-51 CAG-Einheiten steigt die Mutationshäufigkeit von 11% über 53% auf über 90% an; dabei sind zunehmend Expansionen mit ansteigender Größe zu beobachten (Leeflang et al. 1995).

Bestimmte Aspekte der Genotyp-Phänotyp-Beziehung bei HD, wie z. B. die exakte Abgrenzung des Spektrums von Normal- und Krankheits-assoziierten Allelen und die reduzierte Penetranz im Übergangsbereich, wurden erst erkennbar, als ausgedehnte empirische Datensätze verfügbar waren (Nance 1996). Aufgrund der niedrigeren Inzidenz sind vergleichbare epidemiologische Datengrundlagen bei den anderen (CAG)$_n$-TBEE z.T. nicht zu erheben; die Möglichkeit entsprechender Zusammenhänge bei den anderen TBEE sollte aber in bezug auf die klinische Anwendung, insbesondere zur prädiktiven Gendiagnostik unbedingt berücksichtigt werden.

Das Huntingtingen umfaßt insgesamt 180–200 kb in 67 Exons (Ambrose et al. 1994). Das abgleitete Protein, als Huntingtin bezeichnet, hat ein Molekulargewicht (MG) von etwa 350000 und wird ubiquitär im ZNS und allen untersuchten somatischen Geweben exprimiert (Trottier et al. 1995). Huntingtin ist vorzugsweise zytoplasmatisch lokalisiert; in Neuronen erscheint es z.T. auch im Nukleus, assoziiert mit Mikrotubuli und intrazellulären Vesikeln (Gutekunst et al. 1995; Hoogeveen et al. 1993; de Rooij et al. 1996; Trottier et al. 1995). Auf Transkriptionsebene sind 2 unterschiedlich polyadenylierte mRNA-Formen mit unterschiedlichem relativem Anteil in verschiedenen Geweben bekannt (Ambrose et al. 1994). Sowohl die Normalallele als auch die Allele mit verlängertem (CAG)$_n$-Trakt werden transkribiert und zu Protein translatiert (Gutekunst et al. 1995; Trottier et al. 1995).

Als Ausgangspunkt für weitere Forschungen stellt die Identifizierung des Huntingtingens einen großen Fortschritt dar; gegenwärtig ist jedoch noch weitgehend unklar, worin seine physiologische Funktion besteht und auf welche Weise die Verlängerung des (CAG)$_n$-Blocks zur Entstehung von Krankheitssymptomen führt. Die Polyglutamin- und Polyprolinabschnitte im aminoterminalen Anteil von Huntingtin hatten ursprünglich eine Funktion als Transkriptionsfaktor vermuten lassen, da ähnliche Segmente bei einigen dieser Faktoren beschrieben wurden (Paulson u. Fischbeck 1996). Nach allen bisherigen Studien ist aber eine derartige Funktion des Huntingtins eher unwahrscheinlich.

Untersuchungen an transgenen Mäusen geben starke Anhaltspunkte, daß für die Entstehung von Krankheitssymptomen nicht allein das Vorliegen des expandierten Triplettblocks, sondern dessen Expression auf Proteinebene ausschlaggebend ist. Bei initialen Versuchen zur Erzeugung transgener Mäuse war eine vollständige humane Huntingtin-cDNA mit 44 CAG-Einheiten eingesetzt worden, die ausschließlich zur Expression als mRNA, nicht jedoch als Protein führte. Verhalten und histopathologische Befunde der Tiere waren im Alter von 18 Monaten unverändert (Goldberg et al. 1996a). In weiteren Versuchen wurden transgene Mäuse mit einem Konstrukt aus dem 5′-Bereich des menschlichen Gens untersucht. Das Konstrukt enthielt Promotoranteile und Exon 1 des Huntingtingens mit mehr als 100 CAG-Wiederholungen und wurde sowohl auf mRNA- als auch auf Proteinebene exprimiert. Verschiedene transgene Mäuselinien zeigten eine progrediente neurologische Symptomatik, die verschiedene Parallelen zu HD aufwies und choreatische Bewegungsstörungen, Stereotypien, Tremor und epileptische Anfälle umfaßte (Mangiarini et al. 1996). Neuere Studien zur Instabilität des (CAG)$_n$-Trakts im transgenen Mausmodell ergaben hohe Mutabilität sowohl auf somatischer als auch auf meiotischer Ebene. Die Längenveränderungen betrugen zumeist nur wenige Einheiten; dabei bestand eine Tendenz zur Expansion in männlichen und zur Kontraktion in weiblichen Meiosen (Mangiarini et al. 1997).

Die Ausschaltung des Huntingtingens bei sog. Knockout-Mäusen führt im homozygoten Zustand ungefähr am 8. Tag der Embryonalentwicklung zum Tod des Fetus. Dabei sind eine abnormale Gastrulation, ausbleibende Somitenformation und Organogenese zu beobachten. Das Huntingtingen scheint also – zumindest bei der Maus – eine kritische Rolle im frühen Embryonalstadium zu besitzen (Duyao et al. 1995; Nasir et al. 1995; Zeitlin et al. 1995). In embryonalen Gewebsregionen, in denen im Normalzustand Huntingtinprotein exprimiert wird, tritt bei der Gendisruption eine gesteigerte Apoptose auf (Zeitlin et al. 1995). Dies könnte bedeuten, daß Huntingtin durch Blockierung von apoptotischen Vorgängen für das Gleichgewicht zwischen programmiertem Zelltod bzw. Überleben von Zellen im Gewebsverband von Bedeutung ist. In einer der Studien zu Huntingtin-Knockout-Mäusen waren bei heterozygoten Tieren diskrete Verhaltensänderungen mit gesteigerter motorischer Aktivität und kognitiven Defiziten zu erkennen; HD-ähnliche Symptome wie Bewegungsstörungen oder Ataxie traten jedoch nicht auf. Detaillierte morphometrische Analysen ergaben Nervenzellverluste im Nucleus subthalamicus (Nasir et al. 1995). In anderen Studien erschienen die heterozygoten Mäuse phänotypisch völlig unauffällig und zeigten keine signifikanten neuropathologischen Veränderungen (Duyao et al. 1995). Die abweichenden Ergebnisse in den verschiedenen Untersuchungen könnten zum einen durch die unterschiedlichen Strategien zur Gendisruption bedingt sein, zum anderen könnte der unterschiedliche genetische Hintergrund in verschiedenen Mäusestämmen eine Rolle spielen.

Beim Menschen zeigen sich im klinischen Phänotyp von HD keine offensichtlichen Unterschiede zwischen heterozygoten Genträgern und Individuen mit homozygoter $(CAG)_n$-Expansion im Huntingtingen (Kremer et al. 1994). Personen, bei denen eine der beiden Huntingtingenkopien durch eine chromosomale, balancierte Translokation unterbrochen ist, weisen keine HD-Symptomatik auf (Ambrose et al. 1994). In Kombination mit den letalen Effekten bei homozygoter Gendisruption im Mausmodell liefern diese Beobachtungen starke Argumente dafür, daß HD nicht durch einen mutationsbedingten kompletten Funktionsverlust (loss of function) von Huntingtin zu erklären ist. Besser mit den bisherigen Befunden zu vereinbaren ist die Annahme, daß die Expansion des Polyglutamintrakts neue, veränderte Funktionen des Huntingtinproteins bewirkt (gain of function). Einerseits wären hierbei völlig neuartige Eigenschaften des Proteins möglich; andererseits könnten physiologischerweise bestehende Funktionen verstärkt werden. Die vermuteten Funktionsänderungen sind wohl sehr komplex und beeinflussen verschiedene zelluläre Vorgänge in unterschiedlicher Weise. Wie der Vergleich mit den veränderten Eigenschaften des Androgenrezeptors bei der SBMA zeigt (s. Kapitel 4.2.7 „Spinobulbäre Muskelatrophie"), kann auch ein partieller Funktionsverlust des Huntingtinproteins nicht ausgeschlossen werden. Vergleiche mit den anderen, inzwischen bekannten Typ-1-TBEE sprechen dafür, daß die neurodegenerative Wirkung des expandierten Polyglutamintrakts nicht allein durch dessen absolute Länge festgelegt ist, sondern vom Kontext des jeweils betroffenen Proteins abhängt. So liegen beispielsweise bei SCA6 Krankheits-assoziierte Längen des $(CAG)_n$-Trakts im Bereich für Normalallele bei anderen Typ-1-TBEE (s. Kapitel 4.2.5 „Spinozerebelläre Ataxien").

Noch weitgehend unbeantwortet ist die Frage, wie es bei HD trotz weit verbreiteter Expression des mutierten Huntingtinproteins zu einem selektiven Zelluntergang in umschriebenen ZNS-Regionen kommt. Eine mögliche Erklärung wäre, daß die Spezifität des Zellverlusts durch zusätzliche, interagierende Proteine mit begrenztem Expressionsmuster bedingt ist, die in bestimmten Zellen zur selektiven Vulnerabilität durch Effekte des mutierten Huntingtingens führen. Es sind bereits mehrere, im folgenden beschriebene Proteine bekannt, die mit Huntingtin interagieren. Welche dieser Interaktionen kritische Bedeutung für die molekulare Pathogenese von HD besitzen, ist bislang unklar. In einigen Fällen wird ein modulierender Effekt der Länge des Polyglutamintrakts auf die Funktionen und molekularen Interaktionen des Huntingtinproteins deutlich.

Huntingtin wird durch die Cysteinprotease Apopain gespalten (Goldberg et al. 1996b). Apopain hat eine Schlüsselfunktion bei der Apoptose und initiiert eine Kaskade von proteolytischen Vorgängen, die schließlich zum apoptotischen Zelltod führen. Auch die Spaltung von Huntingtinprotein findet in Zellkulturexperimenten gleichzeitig mit der Aktivierung von Apopain statt und fällt zeitlich mit dem Einsetzen der Apoptose zusammen. Die Spaltungsrate steigt mit wachsender Länge des $(CAG)_n$-Trakts an. Allerdings wird auch unverändertes Huntingtin in der Apoptose gespalten, so daß es sich hier um die Verstärkung einer bereits existierenden zellulären Funktion handeln könnte. Gemeinsam mit den oben diskutierten Beobachtungen zum apoptotischen Zelltod beim Ausschalten des Huntingtingens im Mausmodell sprechen diese Befunde für eine Funktion von Huntingtin bei der Regulation der Apoptose. Eine verstärkte Spaltung von Huntingtin durch Verlängerung des Glutamintrakts könnte zur Fehlregulation des Apoptosemechanismus und zur Verschiebung des Gleichgewichts zwischen Zelluntergang und Überleben von vulnerablen Zellen führen. Dies steht im Einklang mit früheren Beobachtungen, daß Apoptose am neuronalen Zelltod bei HD beteiligt ist (Portera-Cailliau et al. 1995).

Ein weiteres interagierendes Protein ist das Enzym GAPDH (Glyzerinaldehydphosphatdehydrogenase), das mittels Affinitätsreinigung identifiziert wurde (Burke et al. 1996). GAPDH, ein ubiquitär exprimiertes Schlüsselenzym der Glykolyse, ist wie Huntingtin zytoplasmatisch lokalisiert. GAPDH bindet ebenfalls bereits an unverändertes Huntingtin; durch Verlängerung des Glutamintrakts scheint die Bindung verstärkt zu werden. Interessant ist, daß für GAPDH auch eine Bindung an synthetische Polyglutamintrakte, Atrophin (das Genprodukt bei DRPLA), den Androgenrezeptor (das Genprodukt bei SBMA) sowie Ataxin-1 (das SCA1-Protein) nachgewiesen wurde (Burke et al. 1996; Koshy et al. 1996). Damit ergeben sich vorläufige Hinweise auf eine gemeinsame molekulare Pathogenese der Typ-1-TBEE, an der GAPDH beteiligt sein könnte. Auch für die Interaktion mit GAPDH besteht darüber hinaus ein Bezugspunkt zu Apoptosemechanismen, da eine verstärkte Expression von GAPDH während der Apoptose in Zellkulturexperimenten beschrieben wurde (Nasir et al. 1996). Die durch GAPDH angedeutete Beziehung zum Glukose- bzw. Energiestoffwechsel steht im Einklang mit bereits seit langem bestehenden Hinweisen auf Störungen im Energiemetabolismus bei HD und anderen neurodegenerativen Erkrankungen. Bei HD-Patienten ist die Glukoseaufnahme in die Basalganglien herabgesetzt, und bei Anlageträgern kann dieses Phänomen bereits präsymptomatisch in positronenemissionstomographischen Aufnahmen nachweisbar sein (Nasir et al. 1996).

Mit Hilfe des Yeast-two-hybrid-Systems wurde eine Bindung des bislang unbekannten Proteins HAP1 (Huntingtin associated protein 1) an das aminoterminale Ende von Huntingtin nachgewiesen (Li et al. 1995). Die Bindung wird wiederum durch Verlängerung des Glutamintrakts verstärkt. HAP1 wird vorwiegend im Gehirn exprimiert. Außer in Kortex und Striatum wird HAP1 aber auch in Hirnregionen gefunden, die bei HD nicht vom neurodegenerativen Zelluntergang betroffen sind (u. a. Zerebellum und Hirnstamm), so daß zusätzliche Faktoren für die Selektivität des Nervenzellverlusts angenommen werden müssen.

Ein weiteres interagierendes Protein wurde als HIP1 (bzw. HIP-I; Huntingtin interacting protein 1) bezeichnet (Wanker et al. 1997; Kalchman et al. 1997). Sowohl im Yeast-two-hybrid-System als auch in vitro bindet HIP1 an das aminoterminale Ende von Huntingtin. HIP1 wird vorwiegend im ZNS exprimiert und ist in verschiedenen Hirnregionen, aber auch in peripheren Geweben nachweisbar. Bei subzellulärer Fraktionierung wird HIP1 wie Huntingtin in der Membranfraktion von Neuronen angereichert. Die Interaktion mit Huntingtin wird durch Expansion des Glutamintrakts vermindert (Kalchman et al. 1997), so daß in bezug auf HIP1 eine Störung der normalen Funktion von Huntingtin pathogenetisch relevant sein könnte. HIP1 besitzt Sequenzähnlichkeit mit einem Protein, das in *Saccharomyces cerevisiae* für den Aufbau und die Funktion des Zytoskeletts essentiell ist. Falls auch HIP1 eine Funktion im Filamentnetzwerk der Zelle besitzt, könnte demnach ein Verlust der normalen Interaktion mit Huntingtin für Defekte der Zytoskelett- bzw. Membranintegrität in Neuronen verantwortlich sein.

Ebenfalls im Yeast-two-hybrid-System identifiziert wurde HIP-2 (Huntingtin-interacting protein 2), ein Ubiquitin-konjugierendes Enzym, das ursprünglich auch als hE2-25K bezeichnet wurde (Kalchmann et al. 1996). Die Kopplung von Ubiquitin an Zielproteine durch spezifische Ubiquitin-konjugierende Enzyme hat eine zentrale Funktion im regulierten Katabolismus von Proteinen. HIP-2 wird im ZNS stark exprimiert; ein Protein von etwas größerem Molekulargewicht ist mit Anti-HIP-2-Antikörpern selektiv in Hirnregionen nachweisbar, die bei HD Zelluntergang aufweisen. Die Bindung von HIP-2 an Huntingtin scheint unabhängig von der Länge des $(CAG)_n$-Blocks zu sein. Huntingtin wird durch HIP-2 ubiquitiniert und stellt bislang dessen einziges bekanntes Substrat dar. Bei verschiedenen neurodegenerativen Erkrankungen wurden Veränderungen im Ubiquitinierungssystem beobachtet. Auch bei HD ergeben sich Hinweise auf eine mögliche pathogenetische Bedeutung der Ubiquitinierung, da eine Erhöhung der Anzahl Ubiquitin-reaktiver Neuriten beschrieben wurde (Kalchman et al. 1996; Nasir et al. 1996). Insofern könnten Erkenntnisse zur Interaktion mit HIP-2 wesentlich zum Verständnis des physiologischen und pathophysiogischen Metabolismus von Huntingtin beitragen.

4.2.4.3 Huntington-Zentrum Nordrhein-Westfalen (HZ NRW)

Anhand der Erfahrungen im HZ NRW in Bochum werden hier einige Aspekte der Betreuung und humangenetischen Beratung von HD-Patienten und

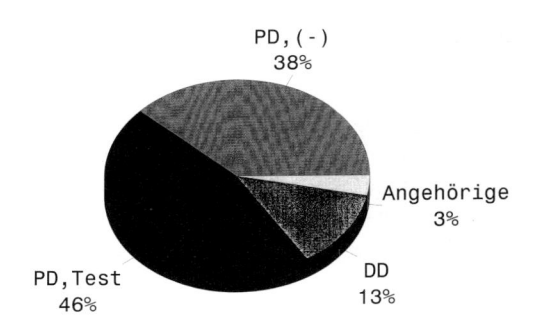

Abb. 4.2.2. Genetische Beratung und DNA-Test. Nur wenig mehr als die Hälfte der ratsuchenden Risikopersonen ohne Symptome (präsymptomatische Diagnostik, *PD*) entscheiden sich letztendlich für den direkten Gentest für *HD* (*PD, Test*). Der Verzicht auf den DNA-Test [*PD, (–)*] kann temporär sein. Soweit die Gründe den Beratern bekannt werden, ist die Motivation hierfür individuell sehr verschieden. Einzelne Risikopersonen möchten trotz bereits durchgeführten Tests das Ergebnis nicht erfahren. Humangenetische Beratungen im Rahmen der Differentialdiagnostik (*DD*) und bei Angehörigen ohne HD-Risiko spielen im Huntington-Zentrum NRW zahlenmäßig eine untergeordnete Rolle

deren Familien dargestellt. Das HZ NRW wurde 1993 gegründet (Epplen u. Przuntek 1998). Im St.-Josef-Hospital in Bochum steht eine speziell eingerichtete Station mit einem guten Dutzend Betten ausschließlich den HD-Patienten zur Verfügung. Im Rahmen der ambulanten Versorgung wird auch ein 24-h-Notfalltelefon bereitgehalten. Die Abteilung für Molekulare Humangenetik beschäftigt sich mit der direkten (und indirekten) DNA-Diagnostik bei Patienten und Risikopersonen (klinisch gesunde Nachkommen von HD-Patienten). Gleichzeitig werden mehrere Fragestellungen in der grundlagenwissenschaftlichen Forschung (auf DNA- und Proteinebene) bearbeitet. Kernstück des humangenetischen Ansatzes ist die Klienten-orientierte Beratung (für die präsymptomatische Analyse immer in mehreren zeitlich getrennten Sitzungen) inklusive der psychologischen und sozialpädagogischen Betreuung durch eine spezialisierte Psychologin sowie einen einschlägig erfahrenen Sozialpädagogen des St.-Josef-Hospitals. Seit 1993 bis Ende Juni 1997 wurden im HZ NRW 276 Risikopersonen bzw. Patienten – meist zusammen mit weiteren Familienangehörigen – humangenetisch beraten. Häufigstes Anliegen der Ratsuchenden ist die Frage nach Durchführung des prädiktiven Gentests (Abb. 4.2.2). Beinahe die Hälfte der Risikopersonen verzichtet aber im Lauf der Beratung auf die DNA-Diagnose bzw. die Mitteilung des Testergebnisses. Differentialdiagnostische Fragestellungen bei klinisch manifester Symptomatik spielen in der Humangenetik nur bei etwa 13% der Ratsuchenden eine Rolle. Differentialdiagnostische Erwägungen sind naturgemäß vermehrt im klinischen Bereich und bei niedergelassenen Neurologen und Psychiatern angesiedelt. Im HZ NRW wurden mehr als 1000 Gentests mit differentialdiagnostischer Indikation für auswärtige Kliniken und niedergelassene Ärzte durchgeführt (Abb. 4.2.3). In über 70% der angeforderten differentialdiagnostischen Tests bestätigt sich die Diagnose.

Das im folgenden dargestellte Beratungskonzept zur prädiktiven Diagnostik bei Risikopersonen für HD soll einen Eindruck von der Vorgehensweise in der humangenetischen Familienberatung vermitteln. Ein internationales Gremium aus Fachleuten (Ärzten, Psychotherapeuten, Psychologen, Sozialpädagogen sowie -arbeitern), betroffenen Patienten sowie deren Angehörigen – vertreten durch Selbsthilfegruppen – hat Richtlinien erarbeitet, nach denen die präsymptomatische Diagnostik in einem Zeitplan mit Mindestfristen für jeden Beratungsabschnitt vorzunehmen ist. Dieser Zeitplan sah bis vor einigen Monaten vor, daß zwischen der Erstberatung und der Ergebnismitteilung ein halbes Jahr vergehen sollte. In der Praxis hat sich allmählich erwiesen, daß die vorgegebene Halbjahresfrist für einige Risikopersonen eher zu hoch angesetzt war, so daß man sich auf ca. 3 Monate Beratungsablauf verständigt hat. In vielen Fällen werden diese Fristen je nach den Bedürfnissen und der selbst gewählten Zeiteinteilung der Klienten erheblich überschritten. Gelegentlich wird die Ergebnismitteilung auf unbestimmte Zeit verschoben. In der Erstberatung werden im wesentlichen Informationen über den Krankheitsverlauf, die Genetik, die symptomatische Therapie und Möglichkeiten der neurologischen Frühdiagnostik gegeben. Es werden die weitreichenden persönlichen und familiären Konsequenzen des Gentests angesprochen und die individuelle Motivation für den Test erörtert. Bei vielen Ratsuchenden steht hierbei der Wunsch im Vordergrund, die quälende Ungewißheit über den Genträgerstatus zu beenden. Daneben spielen Entscheidungen zur Familienplanung oder sonstigen persönlichen Lebensplanung (u.a. Berufswahl/-wechsel, finanzielle Gesichtspunkte wie Hauskauf, Firmengründung usw.) die vorherrschende Rolle. Ist ein genetischer Test tatsächlich die beste Entscheidung in der individuellen Situation und auch für die überschaubare Zukunft? Neben den möglichen individuellen Konfliktsituationen wird besonders auch die Unwiderruflichkeit des Wissens um das Testergebnis erörtert. Versicherungsfragen (z.B. Lebensversicherungen, Erwerbsunfähigkeit) sollten geregelt werden, bevor durch die Risikoperson eine Entscheidung für den

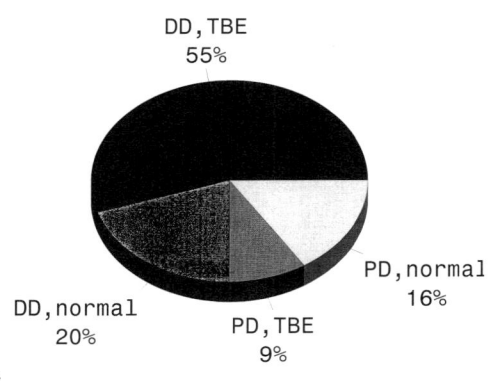

$n = 1.066$

Abb. 4.2.3. DNA-Diagnosen im Huntington-Zentrum NRW. Nahezu 3/4 der differentialdiagnostischen DNA-Tests (*DD*) erbringen die Bestätigung der Diagnose Morbus Huntington (*TBE* Trinukleotidblockexpansion). Dagegen ergibt die Mehrzahl der präsymptomatischen DNA-Tests (*PD*) keine Verlängerung des $(CAG)_n$-Blocks im Huntingtingen (*normal*)

Gentest gefällt wird. Eine Vertrauensperson (Partner/-in, Freund/-in) des Ratsuchenden wird nach Möglichkeit mit in die Gespräche einbezogen. Während des gesamten Beratungsablaufs stehen die Psychologin und der Sozialpädagoge als zusätzliche Ansprechpartner zur Verfügung. Gegebenfalls kann bereits frühzeitig eine langfristige Weiterbetreuung in die Wege geleitet werden (z. B. durch einen Psychotherapeuten, entsprechend ausgebildeten Hausarzt usw.), sofern später Bedarf besteht. Eine besondere Problematik ergibt sich, wenn neben dem Ratsuchenden weitere Personen vom Test sekundär betroffen werden: Dies gilt z. B. für Personen mit 25%igem Risiko, deren direkte Vorfahren die präsymptomatische Diagnostik ablehnen, oder in besonderen Maß für die selten durchgeführte Pränataldiagnostik, bei der die (evtl. selbst noch nicht getesteten) Eltern eine Entscheidung für ihr ungeborenes Kind fällen.

Da der direkte HD-Gentest erst seit 1993 möglich ist, fehlen noch aussagekräftige Langzeitstudien zu den psychologischen und sozialen Folgen der prädiktiven DNA-Diagnostik. Die langfristige Nachbetreuung der Ratsuchenden (auch in Kooperation mit der Klinik und der HD-Selbsthilfegruppe) wird zu Erkenntnissen hierüber beitragen. Insgesamt gesehen kann das bei HD entwickelte Betreuungskonzept als Modell für weitere TBEE (bzw. andere neurogenetische Erkrankungen) dienen. Je nach den spezifischen Erfordernissen bei den jeweiligen Krankheitsbildern muß das Konzept hierbei entsprechend modifiziert und angepaßt werden.

4.2.5 Spinozerebelläre Ataxien

4.2.5.1 Vererbung, klinische und epidemiologische Aspekte

Die hier ausführlicher beschriebenen SCA-Formen werden autosomal-dominant vererbt und deshalb auch manchmal unter dem Begriff ADCAs (autosomal dominantly inherited cerebellar ataxias) subsumiert. Sie umfassen eine genetisch und klinisch heterogene Gruppe neurodegenerativer Erkrankungen, die durch progrediente Ataxie (Gleichgewichts-, Gangstörungen), Dysarthrie, okulomotorische Störungen und variable Kombinationen weiterer Symptome (z. B. Spastizität, extrapyramidale Symptome, periphere Neuropathie) gekennzeichnet sind (s. z. B. Harding 1981b, 1982; Schöls et al. 1997a). Histopathologisch zeigen sich Degenerationen im Bereich des Zerebellum sowie seinen Afferenzen und Efferenzen (Robitaille et al. 1995). Aufgrund der phänotypisch weitgehend überlappenden Erscheinungsbilder blieben bisherige Versuche zur Subklassifikation nach klinischen und auch histopathologischen Kriterien eher unbefriedigend (Harding 1981a,b, 1982; Schöls et al. 1997a).

4.2.5.2 Molekulare Genetik

In den letzten Jahren wurden instabile Expansionen von $(CAG)_n$-Blöcken in den kodierenden Regionen der verantwortlichen Gene als genetische Ursachen mehrerer SCA-Typen beschrieben [SCA1-3 (MJD), 6, 7]. Alle molekulargenetisch bereits näher definierten SCA-Formen werden durch verlängerte $(CAG)_n$-Blöcke bzw. deren translatierte Polyglutamintrakte hervorgerufen (Ashley u. Warren 1995; Paulson u. Fischbeck 1996). Darüber hinaus konnte die Lokalisation der verantwortlichen Gene für zusätzliche SCA-Formen molekulargenetisch eingegrenzt werden: für SCA4 auf Chromosom 16q (Flanigan et al. 1996) und für SCA5 auf Chromosom 11 (Ranum et al. 1994b).

Das Manifestationsalter für die verschiedenen SCA-Formen ist meist zwischen dem 30. und 40. Lebensjahr, kann aber auch schon vor dem 20. oder nach dem 60. Lebensjahr liegen. SCA6 zeigt eine deutlich spätere Manifestation, oft erst nach dem 50. Lebensjahr. Bei allen untersuchten SCA-Formen besteht eine inverse Korrelation der $(CAG)_n$-Block-Länge mit dem Erkrankungsalter. Dabei wirken sich allerdings die $(CAG)_n$-Längenzunahmen im pathologischen Bereich im Mittel

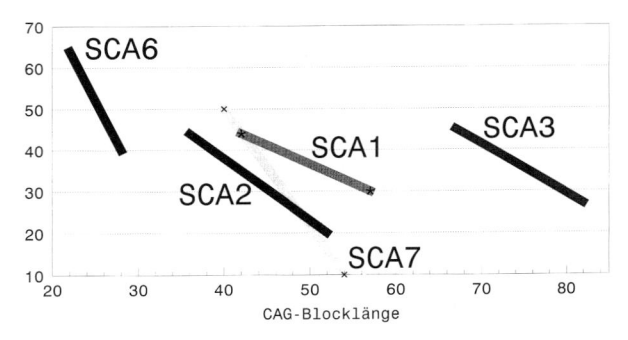

Abb. 4.2.4. Einfluß von unterschiedlichen Trinukleotidblockexpansionen auf das Manifestationsalter bei den verschiedenen SCA-Formen. Während eine zusätzliche CAG-Einheit bei SCA6 den stärksten Effekt auf ein früheres Manifestationsalter hat, ist die Auswirkung bei SCA1 am geringsten

unterschiedlich stark auf Verschiebungen des Manifestationsalters aus (Abb. 4.2.4) [SCA1 (Jodice et al. 1994; Orr et al. 1993; Ranum et al. 1994a), SCA2 (Cancel et al. 1997; Imbert et al. 1996; Pulst et al. 1996; Riess et al. 1997b; Sanpei et al. 1996; Schöls et al. 1998a), SCA3 (Dürr et al. 1996b; Kawaguchi et al. 1994; Maruyama et al. 1995; Schöls et al. 1995a, 1995b; Takiyama et al. 1995), SCA6 (Schöls et al. 1997a, 1998b; Zhuchenko et al. 1997)]. Sowohl bei SCA1 (Jodice et al. 1994; Ranum et al. 1994a), SCA2 (Cancel et al. 1997) als auch bei SCA3 (Ranum et al. 1995; Schöls et al. 1995a; Takiyama et al. 1995) ist eine Korrelation der $(CAG)_n$-Block-Länge mit dem Krankheitsverlauf bzw. dem Auftreten bestimmter Symptome gegeben. Insgesamt sind dennoch zusätzliche genetische und Umweltfaktoren zu vermuten, um das volle Spektrum der Variabilität bei den SCA-Subtypen zu erklären.

Mittels DNA-Diagnostik ergibt sich eine solide Basis für eine neue Klassifikation innerhalb der SCA. Weiterhin kann jetzt auch geklärt werden, ob z.B. distinkte klinische Phänotypen existieren bzw. ob charakteristische Merkmale bei genetisch definierten Subtypen erfaßbar sind. Interessanterweise ist kein einziges der (Begleit-)Symptome spezifisch für einen bestimmten SCA-Typ. Lediglich gewisse Kombinationen von Befunden können Hinweise auf Subtypen geben (Dürr et al. 1996b; Schöls et al. 1997a).

4.2.5.2.1 SCA1

1993 wurde bei SCA1 als erster ADCA erkannt, daß der TBE-Mechanismus kausalpathogenetisch wirksam ist (Orr et al. 1993; Burke et al. 1993). Die polymorphen Normalallele beinhalten $(CAG)_n$-Trakte von 6–39 Trinukleotiden, bei betroffenen Patienten beträgt deren Länge 41–81 Einheiten (Orr et al. 1993; Ranum et al. 1994a). In der Normalpopulation ist der $(CAG)_n$-Trakt fast immer durch 1–3 (CAT)-Tripletts unterbrochen. Diese Störung der perfekten Tandemsequenz fehlt in den expandierten Allelen. Die Vermutung liegt daher nahe, daß dieser Komplexitätsverlust zur erhöhten Instabilität führt. Bei maternaler Transmission wird der $(CAG)_n$-Trakt überwiegend unverändert weitergegeben oder er nimmt in seiner Länge sogar noch ab. Bei paternalen Transmissionen sind Expansionen häufiger, ein Effekt, der der paternalen Transmission bei juvenilen Fällen zugrundeliegt (Chung et al. 1993). Eine Abweichung von der 1:1-Segregation wurde ebenso (Riess et al. 1997a) wie gametische Instabilität festgestellt (Chung et al. 1993).

Das *SCA1*-Gen erstreckt sich über eine Länge von 450 kb und umfaßt 9 Exons. Der offene Leserahmen kodiert für ein 87 000 schweres Protein, welches Ataxin-1 genannt wird. Die ausgedehnte 5′-UTR besteht aus bis zu 7 in verschiedenen Geweben alternativ gespleißten Exons. Auch die große 3′-UTR zeigt komplexe transkriptionale und translationale Regulation (Banfi et al. 1994a). Die reife mRNA ist ubiquitär exprimiert (Banfi et al. 1994b). Der verlängerte $(CAG)_n$-Trakt erscheint im reifen Protein als Polyglutamin (Servadio et al. 1995). Die Genexpression erfolgt sowohl im ZNS als auch in verschiedenen somatischen Geweben. In Neuronen ist das Protein im Zellkern lokalisiert, in peripheren Geweben wird es vorwiegend im Zytoplasma gefunden. In Purkinje-Zellen ist in beiden zellulären Kompartimenten SCA1-Protein nachweisbar (Servadio et al. 1995). Während der Embryonalentwicklung der Maus findet im zerebellären Kortex und in den sich entwickelnden Somiten eine verstärkte Transkription statt (Banfi et al. 1994a). Bei transgenen Mäusen mit einem $(CAG)_{82}$-Block im *SCA1*-Gen kommt es zur Degeneration von Purkinje-Zellen und ataktischen Bewegungsstörungen, wohingegen transgene Mäuse mit einem $(CAG)_n$-Trakt normaler Länge unbeeinflußt erscheinen (Burright et al. 1995).

Ataxin-1 interagiert wie andere Genprodukte bei TBEE Typ 1 mit dem Enzym GAPDH (Koshy et al. 1997). Diese Interaktion ist eher unabhängig von der Länge des Glutamintrakts. Im Yeast-two-hybrid-System werden auch Homo- und Heterodimere von normalem und mutiertem Ataxin-1 ausgebildet (Koshy et al. 1997). Die Multimerisierung ist unabhängig von der $(CAG)_n$-Expansion, und die verantwortliche Region scheint außerhalb des Polyglutamintrakts zu liegen (Burright et al. 1997).

4.2.5.2.2 SCA2

Das für SCA2 verantwortliche Gen mit dem instabilen $(CAG)_n$-Trakt (Imbert et al. 1996; Pulst et al. 1996; Sanpei et al. 1996) ist auf Chromosom 12q24.1 lokalisiert. Die Normalallele umfassen 15–31 Trinukleotideinheiten und sind vergleichsweise wenig polymorph (94% der Allele haben einen $(CAG)_{22}$-Block). Der $(CAG)_n$-Trakt in den *SCA2*-Normalallelen ist von 1–3 CAA-Einheiten unterbrochen, die ebenfalls für die Aminosäure Glutamin kodieren. Patienten zeigen perfekt organisierte, ununterbrochene Allele mit 34–59 CAG-Trinukleotideinheiten (Imbert et al. 1996; Pulst et al.

1996; Riess et al. 1997b; Sanpei et al. 1996). Diese mutierten Allele sind sowohl bei paternalen als auch bei maternalen Transmissionen instabil und neigen verstärkt zur Expansion (Cancel et al. 1997). Weiterhin wurde bei SCA2-Patienten auch eine ausgeprägte gonadale Instabilität gefunden (Cancel et al. 1997). Das reife Protein hat ein MG von 150 000 und ist zytoplasmatisch lokalisiert. Die etwa 4,5 kb lange mRNA wird in vielen Hirnregionen und peripheren Geweben transkribiert (Imbert et al. 1996).

4.2.5.2.3 SCA3

Die Geschichte der molekulargenetischen Ursachenaufklärung der SCA3 ist besonders aufschlußreich, auch für die gegenwärtige experimentelle Vorgehensweise bei der Suche nach neuen TBEE. Bei SCA3 liegt dieselbe TBE vor wie bei der klinisch zunächst als separate Entität angesehenen MJD (Schöls et al. 1995b). Bei MJD sind ein eigentümliches Hervortreten der Augen mit Lidretraktion (bulging eyes), muskuläre Dystonie und faziolinguale Faszikulationen bekannt, Symptome, die bei allen anderen SCA-Patienten selten beobachtet werden. MJD wurde ursprünglich in Patienten mit Herkunft von den portugiesischen Azoren klinisch beschrieben (Nakano et al. 1972; Rosenberg et al. 1976), später jedoch als SCA-Ursache in Patienten mit unterschiedlichem ethnischem Ursprung erkannt. In MJD-Familien wurde eine instabile TBE in einem Gen auf Chromosom 14q32.1 gefunden (Kawaguchi et al. 1994). In der Folge wurde dieselbe TBE auch bei SCA3-Patienten nachgewiesen (Schöls et al. 1995b). SCA3, die häufigste SCA-Form bei deutschen Patienten (Schöls et al. 1995a), ist damit genetisch identisch mit MJD (Schöls et al. 1995a). Die $(CAG)_n$-Expansion im *MJD1/SCA3*-Gen ist am 3'-Ende der kodierenden Sequenz lokalisiert (Kawaguchi et al. 1994). Der simple repetitive Trinukleotidblock ist nicht vollkommen perfekt organisiert, sondern von einem CAG-CAA-Austausch-Polymorphismus unterbrochen. Normalallele beherbergen 12–40 CAG-Einheiten. Expandierte Allele sind durch Blöcke von 61–84 CAG-Einheiten gekennzeichnet (Maruyama et al. 1995; Ranum et al. 1995; Takiyama et al. 1995). Das Manifestationsalter scheint sowohl von der $(CAG)_n$-Anzahl als auch von zusätzlichen familiären Faktoren beeinflußt zu werden (DeStefano et al. 1996). Bei paternaler Transmission sind häufiger größere Expansionen beobachtet worden (Igarashi et al. 1996; Maruyama et al. 1995; Takiyama et al. 1995). Andererseits wurde aber auch das Fehlen von signifikanten Unterschieden bei maternaler und paternaler Transmission beschrieben (Dürr et al. 1996b). Es gibt Hinweise, daß noch ungeklärte interallelische Interaktionen an der Expansion des $(CAG)_n$-Trakts beteiligt sind (Igarashi et al. 1996). Sowohl somatische als auch gonadale Mosaike expandierter Allele sind bekannt (Cancel et al. 1995). Zunächst wurde auch eine Distorsion zugunsten der Transmission mutierter Allele bei MJD (73%) in männlichen Meiosen beobachtet (Ikeuchi et al. 1996). Andererseits besteht die Segregationsdistortion in einem anderen Untersuchungskollektiv in der maternalen Transmission (Riess et al. 1997a). Interessanterweise liegt sowohl bei japanischen als auch bei kaukasischen Patienten eine Assoziation mit einem seltenen Haplotyp von *MJD1/SCA3*-benachbarten DNA-Markern vor. Daher erscheinen ein sog. Gründer(founder)-Effekt oder eine spezifische Prädisposition zur $(CAG)_n$-Expansion möglich (Stevanin et al. 1995; Takiyama et al. 1995).

Das *MJD1/SCA3*-Gen kodiert für ein kleines hydrophiles Protein von 359 Aminosäuren. Sowohl bei MJD-Patienten als auch bei Kontrollpersonen wird das Gen in allen untersuchten Hirnregionen exprimiert (Nishiyama et al. 1996). Die *MJD1*-mRNA ist bevorzugt in Neuronen lokalisiert, aber auch in Gliazellen nachweisbar. Die Expression des expandierten $(CAG)_n$-Trakts im *MJD1/SCA3*-Gen führt in Zellkultur zur Induktion von Apoptose (Ikeda et al. 1996). Der programmierte Zelltod tritt nur bei einer Expression des Proteins (inklusive Polyglutaminblock) ein. Transgene Mausmodelle mit einer Expression des $(CAG)_n$-Trakts auf Proteinebene zeigen phänotypisch Ataxie und Zerebellumatrophie, die primär die Purkinje-Zellen betrifft. Andere Zellen werden wahrscheinlich eher sekundär in Mitleidenschaft gezogen (Ikeda et al. 1996). Im Unterschied zu den meisten anderen $(CAG)_n$-TBEE sind homozygote Genträger bei der SCA3 phänotypisch schwerer betroffen (Takiyama et al. 1995). Daher muß hier zusätzlich ein dominant-negativer Effekt der Mutation diskutiert werden.

4.2.5.2.4 SCA6

Histologisch stehen bei der SCA6 degenerative Veränderungen im Kortex des Zerebellums im Vordergrund, in deren Folge sich die eher milde, langsam progrediente Ataxie entwickelt. Der $(CAG)_n$-Trakt befindet sich bei der SCA6 im *CACNA1A*-Gen auf Chromosom 19p13 (Zhuchenko et al. 1997). Es kodiert für die a_{1a}-Untereinheit eines spannungsgesteuerten Kalziumkanals. Verschiedene Punktmutationen in diesem Gen waren bereits zuvor identifiziert worden und können interessanterweise entweder zur milde verlaufenden, hereditären paroxysmalen Ataxie oder einer seltenen Migräneform, der familiären hemiplegischen Migräne führen (Ophoff et al. 1996). Damit stellt sich die Frage, wie der pleiotrope Effekt verschiedener Mutationen in diesem Gen auf den Untergang spezifischer Neuronenpopulationen zu erklären ist. Das *SCA6*-Gen umspannt insgesamt 300 kb und wird aus 47 Exons in eine etwa 8,5 kb lange mRNA transkribiert. Vor allem im Gehirn sind in geringerem Ausmaß auch längere und kürzere alternative Transkripte nachweisbar. Besonders stark ist die mRNA in Purkinje-Zellen exprimiert. Das Genprodukt scheint für die Funktion und das Überleben dieses Zelltyps essentiell zu sein (Zhuchenko et al. 1997). Durch alternatives Spleißen können aus diesem Gen mindestens 6 Proteinisoformen der α_{1A}-Untereinheit entstehen: In 3 dieser Isoformen ist der $(CAG)_n$-Block enthalten und kodiert für den expandierten Glutamintrakt (Zhuchenko et al. 1997). Die polymorphen Normalallele umfassen 4–16 Trinukleotideinheiten, expandierte Allele bestehen aus $(CAG)_{21-27}$-Blöcken (Schöls et al. 1998a; Zhuchenko et al. 1997). Diese expandierten Blockgrößen liegen insgesamt also im physiologischen Längenbereich der Normalallele bei anderen TBEE vom Typ 1. Damit stellt sich die Frage, ob der Pathomechanismus bei den Typ-1-TBEE als völlig einheitlich anzusehen ist. Sicherlich müssen die expandierten Polyglutaminblöcke zur Klärung dieses Problems im Zusammenhang mit der Sekundär- und Tertiärstruktur des Gesamtproteins beurteilt werden.

Weiterhin haben sich kürzlich auch erste Einsichten in die Beziehungen zwischen Punktmutationen im *CACNA1A*-Gen und geringgradigen Verlängerungen in dessen Trinukleotidblock ergeben (Jodice et al. 1997): In bestimmten Familien kann eine $(CAG)_{23}$-Expansion ohne weitere Punktmutation als paroxysmale Ataxie symptomatisch werden. Andererseits waren in einer weiteren Familie ein $(CAG)_{20}$-Block mit paroxysmaler Ataxie und ein $(CAG)_{25}$-Trakt mit progredienter zerebellärer Ataxie verknüpft. Diese Ergebnisse zeigen, daß es sich bei der paroxysmalen Ataxie und der SCA6 um dieselbe Erkrankung handelt, die eine hohe phänotypische Variabilität aufweist (Jodice et al. 1997).

4.2.5.2.5 SCA7

Bei der SCA7 ist die spinozerebelläre Ataxie mit retinaler Degeneration assoziiert. Das verantwortliche Gen ist auf Chromosom 3p lokalisiert (Benomar et al. 1995) und enthält bei Gesunden zwischen 7 und 17 CAG-Trinukleotideinheiten (David et al. 1997). Ähnlich wie bei HD ist bei SCA7-Patienten der CAG-Block auf 38–130 Trinukleotide verlängert (Tabelle 4.2.2). Besonders eindrucksvoll ist die instabile Weitergabe der TBE, bei Vätern noch ausgeprägter als bei Müttern.

4.2.6 Dentatorubro-Pallidoluysische Atrophie (Haw-River-Syndrom)

4.2.6.1 Vererbung, epidemiologische und klinische Aspekte

Die DRPLA wird autosomal-dominant vererbt. Sie tritt wesentlich häufiger in Japan als in europäischen Ländern oder Nordamerika auf (Warner et al. 1994). Das Manifestationsalter reicht von der Kindheit bis ins späte Erwachsenenalter. Die variable Symptomatik umfaßt Kleinhirnataxie, Choreoathetose, Dystonie und Demenz (Naito u. Oyanagi 1982). Bei Manifestation im Kindes- und Jugendalter treten eine progrediente Myoklonusepilepsie und mentale Retardierung auf (Takahashi et al. 1988). Die Bezeichnung der Erkrankung bezieht sich auf die histopathologisch zu beobachtende Nervenzelldegeneration im Bereich der dentatorubralen und pallidoluysischen Systeme.

4.2.6.2 Molekularbiologie

Das verantwortliche Gen auf Chromosom 12p13 enthält einen Triplettblock, der physiologischerweise aus 7–25 CAG-Einheiten besteht und bei betroffenen Personen auf 49 bis über 75 Einheiten verlängert ist (Ashley u. Warren 1995; Koide et al. 1994; Nagafuchi et al. 1994b; Paulson u. Fischbeck 1996). Auch bei der DRPLA gehen zunehmende Expansionen des $(CAG)_n$-Blocks mit sinkendem Erkrankungsalter und stärkerem klinischen Ausprägungsgrad einher (Koide et al. 1994; Nagafuchi et al. 1994b).

Meiotische Instabilität im *DRPLA*-Gen ist sowohl bei paternaler als auch bei maternaler Übertragung zu beobachten. Bei paternalen Transmissionen sind Expansionen des $(CAG)_n$-Trakts ausgeprägter und häufiger als bei maternaler Weitergabe (Koide et al. 1994; Nagafuchi et al. 1994b). Wie bei MJD wurden bei der DRPLA signifikante Abweichungen von der erwarteten Allelsegregation normaler und veränderter Allele in Familienuntersuchungen beschrieben: In mehr als 60% der Transmissionen wurde das *DRPLA*-Allel mit dem expandierten $(CAG)_n$-Trakt weitergegeben (Ikeuchi et al. 1996). Der Vergleich unterschiedlicher Hirnregionen sowie verschiedener peripherer Gewebe zeigt bei der DRPLA darüber hinaus eine ausgeprägtere somatische Instabilität des expandierten $(CAG)_n$-Trakts, wobei im ZNS größere Expansionen und stärkere Längenvariationen vorliegen (Ueno et al. 1995).

Ein 4,5 kb großes Transkript des *DRPLA*-Gens wird nicht nur im ZNS, sondern auch in allen untersuchten Geweben exprimiert. Der $(CAG)_n$-Trakt ist im 5. der insgesamt 10 Exons lokalisiert; das abgeleitete Protein, als Atrophin-1 bezeichnet, hat eine Größe von 1184 Aminosäuren (Nagafuchi et al. 1994a). Atrophin-1 ist als Protein mit einem MG von etwa 190000a in verschiedenen Hirnregionen nachweisbar und vorwiegend im Zytoplasma von Neuronen lokalisiert. Auch Atrophin-1 mit dem verlängerten Polyglutamintrakt und einem etwas größeren MG von etwa 205000a ist im ZNS von DRPLA-Patienten detektierbar (Yazawa et al. 1995). Wie das Huntingtinprotein bindet Atrophin-1 in vitro an GAPDH (Burke et al. 1996), so daß ähnliche Wege in der Kausalpathogenese möglich erscheinen wie bei den anderen $(CAG)_n$-TBEE.

Das Haw-River-Syndrom ist von der DRPLA als distinktes Krankheitsbild klinisch abzugrenzen. Es wurde bisher nur in einer einzigen großen afroamerikanischen Familie beschrieben. Im Unterschied zum Vollbild der DRPLA fehlen Myoklonien, andererseits ist das Haw-River-Syndrom durch einige histopathologische Besonderheiten charakterisiert (Burke et al. 1994). Da das Haw-River-Syndrom wie die DRPLA durch eine $(CAG)_n$-Block-Expansion auf 63–68 Trinukleotideinheiten im *DRPLA*-Gen verursacht wird, könnten die phänotypischen Unterschiede durch Einflüsse modifizierender Gene bzw. des genetischen Hintergrunds bedingt sein (Burke et al. 1994).

4.2.7 Spinobulbäre Muskelatrophie

4.2.7.1 Vererbung, epidemiologische und klinische Aspekte

Die SBMA (auch als Kennedy-Erkrankung bezeichnet) ist eine X-chromosomal-rezessiv vererbte motorische Neuropathie mit Manifestation im Erwachsenenalter. Sie ist durch Schwäche, Atrophie und Faszikulationen v. a. proximaler Muskelgruppen und bulbäre Beteiligung (Dysarthrie, Dysphagie, Faszikulationen der Gesichtsmuskulatur) gekennzeichnet (Kennedy et al. 1968; La Spada et al. 1992). Zusätzlich liegen häufig Zeichen von Androgeninsensitivität vor (Gynäkomastie, Hodenatrophie, reduzierte Fertilität). Im histopathologischen Bild ist eine Degeneration von motorischen Vorderhornzellen, motorischen Ganglienzellen im Hirnstamm sowie Hinterwurzelganglienzellen zu beobachten.

4.2.7.2 Molekularbiologie

Der SBMA liegt eine $(CAG)_n$-Expansion im Androgenrezeptorgen zugrunde (La Spada et al. 1991). Bereits seit der Kartierung des vermuteten Genorts der SBMA und des Androgenrezeptorgens in dieselbe genomische Region auf Chromosom Xq11–q12 war dieses Gen aufgrund der charakteristischen endokrinologischen Symptomatik der SBMA als aussichtsreiches Kandidatengen erschienen (Ashley u. Warren 1995; Paulson u. Fischbeck 1996).

Im ersten von insgesamt 8 Exons des Androgenrezeptorgens befindet sich ein Trinukleotidblock mit 11–34 CAG-Einheiten, kodierend für einen Polyglutamintrakt mit 11–34 Aminosäuren (Gottlieb et al. 1997; La Spada et al. 1991). Bei SBMA-Patienten ist der Block auf 38–66 Glutaminreste verlängert. Dabei wird eine enge Korrelation zwischen der Länge der Expansion und dem Erkrankungsalter deutlich (Doyu et al. 1992; La Spada et al. 1992). Während Normalallele meiotisch stabil bleiben, sind bei etwa 25% der Transmissionen expandierter Allele Veränderungen der Länge, meist um wenige CAG-Einheiten und bevorzugt bei paternaler Weitergabe, zu beobachten. In der Mehrheit dieser Fälle kommt es zur weiteren Expansion des Allels (Biancala et al. 1992; La Spada et al. 1992). Auch die Analyse von Spermien-DNA eines betroffenen Individuums zeigte eine signifikant erhöhte Mutabilität im Vergleich zu Trägern des

Normalallels sowie ein deutliches Überwiegen von Expansionen (Zhang et al. 1994; 1995). Somatische Instabilität ist dagegen nicht nachweisbar (Spiegel et al. 1996).

Der Androgenrezeptor ist als Transkriptionsfaktor an verschiedenen Stellen der Regulation der Genexpression beteiligt (Griffin 1992; La Spada et al. 1991; Ashley u. Warren 1995). Innerhalb des ZNS wird der Androgenrezeptor in den bei der SBMA betroffenen spinalen und bulbären Motoneuronen verstärkt exprimiert. Der pathophysiologische Zusammenhang zur Degeneration spezifischer Nervenzellpopulationen ist noch weitgehend unklar. Punktmutationen im Androgenrezeptorgen sind für ein klinisch klar abgrenzbares Krankheitsbild, die testikuläre Feminisierung, verantwortlich (Griffin 1992). Durch komplette Inaktivierung bzw. das Fehlen funktioneller Androgenrezeptoren kommt es zu einem Androgeninsensitivitätssyndrom mit Ausbildung eines weiblichen Phänotyps bei 46,XY-Karyotyp. Die Minderung der Androgenwirkung ist also wesentlich ausgeprägter als bei der SBMA; die neurologischen Manifestationen der SBMA fehlen dagegen beim Androgeninsensitivitätssyndrom völlig. Der Vergleich der beiden Krankheitsbilder läßt darauf schließen, daß die Verlängerung des Glutamintrakts bei der SBMA nicht nur eine Funktionsminderung (loss of function), sondern daneben auch veränderte zusätzliche Eigenschaften des Androgenrezeptors (gain of function) hervorruft (Ashley u. Warren 1995; Neuschmid-Kaspar et al. 1996). Experimentelle Belege für eine Funktionsminderung liefern allerdings Hormonbindungsstudien an Gewebe von SBMA-Patienten (MacLean et al. 1995). Zellkulturuntersuchungen gaben darüber hinaus Hinweise auf veränderte regulatorische Funktionen des Rezeptors bei der Kontrolle der Genexpression (Kazemi-Esfarjani et al. 1995; Mhatre et al. 1993). Durch regulatorische Einflüsse auf die Expression verschiedener Gene könnte dies die gleichzeitige partielle Hemmung der Androgensensitivität und die Aktivierung neurotoxischer Prozesse erklären.

4.2.8 Myotone Dystrophie (MD)

4.2.8.1 Vererbung, epidemiologische und klinische Aspekte

Die MD ist eine Multisystemerkrankung mit erheblicher phänotypischer Variabilität (Harper 1989). Der Erbgang ist autosomal-dominant; die Prävalenz liegt bei etwa 1:8000 Personen. Im voll ausgeprägten Krankheitsbild besteht eine Myopathie, die mit progredienter Muskelschwäche und -atrophie sowie myotoner Reaktion einhergeht (Harper 1989). Hinzutreten können vielfältige Begleitsymptome wie Katarakt, kardiale Arrhythmien oder Reizleitungsstörungen, Hodenatrophie und verschiedene endokrine Veränderungen (z. B. Störungen der Insulinsekretion bzw. Diabetes mellitus). Vom äußeren Aspekt her fällt häufig eine Stirnglatze auf. Einige Patienten zeigen eine kognitive Beeinträchtigung. Bei einzelnen Patienten liegen nur minimale Symptome vor, beispielsweise können Katarakte als isoliertes klinisches Merkmal auftreten. Das Manifestationsalter kann ebenfalls extrem variieren und reicht von der Geburt bis ins hohe Lebensalter. In den meisten Fällen werden erste Symptome im Jugend- oder Erwachsenenalter bemerkt. Die kongenitale bzw. infantile Form der MD unterscheidet sich deutlich von der adulten Verlaufsform und ist durch mentale Retardierung sowie schwere muskuläre Hypotonie und Muskelatrophie („floppy infant") gekennzeichnet (Harper 1989). Bei der kongenitalen MD ist fast immer die Mutter der übertragende Elternteil (Harper 1989; Harper et al. 1992; Tsilfidis et al. 1992). Sowohl in bezug auf das Erkrankungsalter als auch den Ausprägungsgrad der Symptomatik ist in vielen betroffenen Familien eine ausgeprägte genetische Antizipation zu beobachten, etwa in Form von Minimalsymptomatik in der großelterlichen Generation, typischer adulter Erkrankung bei der Mutter und kongenitaler Manifestation eines Kinds (Harper et al. 1992). Die Muskelbiopsie zeigt bei der MD unspezifische myopathische Veränderungen wie Faseratrophie und Zentralisation der Zellkerne; bei der kongenitalen MD liegen Merkmale unreifen Muskelgewebes vor (Harper 1989).

4.2.8.2 Molekularbiologie

Die genetische Grundlage der MD besteht in der instabilen Expansion eines polymorphen $(CTG)_n$-Trinukleotidblocks auf Chromosom 19q13.3 (Brook et al. 1992; Fu et al. 1992; Mahadevan et al. 1992). Der $(CTG)_n$-Block befindet sich in einer äußerst genreichen genomischen Region und ist in der 3'-untranslatierten Region eines Gens angesiedelt, das für eine Serin-Threonin-Proteinkinase kodiert (DMPK) (Brook et al. 1992; Fu et al. 1992; Mahadevan et al. 1992). Gegenwärtig ist noch unklar, ob weitere im Bereich des *DMPK*-Gen-Clusters lokalisierte Gene pathogenetische Bedeutung für die MD haben (s. u. sowie Übersicht Harris et al. 1996).

Bei gesunden Kontrollpersonen werden Allele mit 5–37 CTG-Einheiten gefunden. Krankheits-assoziierte Allele reichen von etwa 50 bis über 3000 Triplettwiederholungen (Harris et al. 1996). Es besteht eine gesicherte Korrelation der $(CTG)_n$-Anzahl sowohl mit dem Manifestationsalter als auch mit dem Schweregrad der klinischen Symptomatik (Brook et al. 1992; Harley et al. 1993; Mahadevan et al. 1992). Der kongenitalen MD liegen die größten Expansionen, oft über 1500 Einheiten, zugrunde (Harley et al. 1993; Tsilfidis et al. 1992). Derart ausgeprägte Verlängerungen entstehen in der überwiegenden Mehrheit bei maternaler Transmission von großen Allelen (Harley et al. 1993; Tsilfidis et al. 1992). Neben der Allelgröße scheinen aber noch zusätzliche Faktoren für den Schweregrad der kongenitalen MD verantwortlich zu sein (Barcelo et al. 1994). Allele im Bereich von etwa 50–150 CTG-Einheiten führen häufig nicht zur klinischen Manifestation oder nur zu einer sehr milden Krankheitsausprägung (z.B. leichte Katarakt; Harper et al. 1992). Es besteht aber eine starke Tendenz zur weiteren Expansion in der nachfolgenden Generation (Harper et al. 1992; Harris et al. 1996). Deshalb wurden Allele dieses Längenbereichs auch als Protomutation bezeichnet.

Bei der Transmission von expandierten $(CTG)_n$-Blöcken im unteren Längenbereich besteht sowohl bei der mütterlichen als auch der väterlichen Transmission eine Tendenz zur Verlängerung des Triplettblocks (Harris et al. 1996; Lavedan et al. 1993). Die weitere Expansion ist abhängig von der Ausgangslänge. Bei der paternalen Transmission langer Blöcke kommt es z.T. auch zur Längenreduktion, mitunter sogar zu Rückmutationen in den physiologischen Bereich (Abeliovich et al. 1993; Brunner et al. 1993). Daher wird eine Selektionsbarriere in der Spermatogenese gegen lange $(CTG)_n$-Blöcke diskutiert. Die genannten Befunde stehen im Einklang mit direkten Untersuchungen von DNA aus Spermatozyten von MD-Patienten. Dabei wurden sowohl Expansionen als auch Kontraktionen beobachtet (Jansen et al. 1994). Bei Individuen mit einem kleinen oder intermediären $(CTG)_n$-Block besteht eine gewisse Tendenz zur Expansion, in der Regel jedoch nicht über 1000 CTG-Einheiten.

Somatische Mosaike entstehen vermutlich früh in der Embryonalentwicklung (Anvret et al. 1993; Jansen et al. 1994; Lavedan et al. 1993; Wong et al. 1995). Die stärksten Expansionen wurden in Muskelgewebe nachgewiesen (Anvret et al. 1993). Mit steigendem Alter nehmen die somatischen Expansionen weiter zu (Wong et al. 1995). Dies spricht für eine fortbestehende mitotische (somatische) Instabilität des $(CTG)_n$-Blocks, die für die ausgeprägte Variabilität und Progredienz der Erkrankung mit verantwortlich sein könnte.

Die expandierten $(CTG)_n$-Blöcke stehen sowohl in der kaukasischen als auch in der japanischen Bevölkerung im vollständigen Kopplungsungleichgewicht mit einem benachbarten Insertionspolymorphismus (Deka et al. 1996; Imbert et al. 1993; Lavedan et al. 1994). Dieses Kopplungsungleichgewicht fehlt in den untersuchten afrikanischen Populationen. Als Ursache für den Zusammenhang zwischen der *MD*-Mutation und dem Polymorphismus werden ein Gründereffekt (founder effect) oder wiederholte Mutationen aus einem Reservoir bestimmter prädisponierender Allele diskutiert (Deka et al. 1996; Imbert et al. 1993). In der Vererbung des $(CTG)_n$-Blocks wurde eine Distorsion der Segregation zugunsten von Normalallelen von über 19 Einheiten beschrieben (Carey et al. 1994). Diese Verschiebung ist jedoch auf der Ebene der DNA-Analyse von Einzelspermien nicht nachweisbar (Leeflang et al. 1996). Durch Frauen scheinen bevorzugt größere Normalallele [<30 CTG-Einheiten] weitergegeben zu werden (Chakraborty et al. 1996). Auf der Ebene der Population könnte diese präferentielle Transmission zur Erhaltung prädisponierender Allele führen, die später zu Vollmutationen expandieren können. Dieser Effekt könnte die Auswirkungen der reduzierten Lebenserwartung und Fertilität bei der MD kompensieren und trotz herabgesetzter Reproduktionsfähigkeit (fitness) der Betroffenen zur Erhaltung der Erkrankung in der betreffenden Population über längere evolutionäre Zeiträume beitragen.

Über den pathogenetischen Zusammenhang zwischen der TBE und dem extrem komplexen, hochvariablen klinischen Bild der MD ist noch wenig bekannt. Das DMPK-Protein könnte als Proteinkinase multiple regulatorische Funktionen ausüben, was zur Pleiotropie des an sich einheitlichen Mutationstyps und zur Komplexität des klinischen Phänotyps beitragen würde (Harris et al. 1996). Wie bereits oben angesprochen, spielt bei der Variabilität der Krankheitsausprägung möglicherweise auch die somatische Heterogenität des $(CTG)_n$-Blocks eine Rolle. Da die bisherigen Befunde zur Expression und Funktion der DMPK z.T. jedoch widersprüchlich sind bzw. eher gegen ihre alleinige ursächliche Bedeutung bei der MD sprechen, wird zunehmend eine Beteiligung weiterer, benachbarter Gene diskutiert (Harris et al. 1996). Eine Dysfunktion mehrerer Gene erscheint aufgrund der komplexen, multisystemischen Ausprägung der MD sehr plausibel. Ursächlich könnte ein übergreifender „Feldeffekt" der $(CTG)_n$-Expansion sein (field effect; Harris et al. 1996). Hierbei könnten z. B. ausgedehntere Veränderungen der DNA- bzw. Chromatinstruktur eine Rolle spielen und die Regulation der Genexpression bzw. die Prozessierung der hnRNA-Transkripte verschiedener Gene des Gen-Clusters beeinflussen.

Auch zu differentiellen Effekten von unterschiedlichen $(CTG)_n$-Blöcken auf die lokale Chromatinstruktur liegen experimentelle Befunde vor. So stellen expandierte $(CTG)_n$-Blöcke die stärksten bekannten Nukleosomenpositionierungselemente dar, d. h. sie fördern die Anlagerung von Histonproteinen und die Bildung von Nukleosomen (Wang et al. 1994; Wang u. Griffith 1995). Dieser Nukleosomenstabilisierungseffekt nimmt mit steigender Länge des Triplettblocks zu und könnte durch Störung der Zugänglichkeit der DNA für eine Blockade der Transkription verantwortlich sein. In Muskel-DNA von MD-Patienten mit langen $(CTG)_n$-Blöcken trat Nukleaseresistenz an einer normalerweise nukleasehypersensitiven Stelle im Bereich des $(CAG)_n$-Trakts auf, was ebenfalls durch eine Beeinflussung der Chromatinstrukturen zu erklären wäre (Otten et al. 1995).

Das *DMPK*-Gen umfaßt 15 Exons in einem genomischen Bereich von etwa 14 kb und kodiert für ein Protein von 624 Aminosäuren (Mahadevan et al. 1993; Shaw et al. 1993). Die stärkste Expression wird in Skelett- und Herzmuskel beobachtet (Jansen et al. 1992). Durch alternatives Spleißen entstehen verschiedene Isoformen der reifen mRNA; einige dieser Isoformen sind spezifisch für Muskelgewebe der Fetal- bzw. Neugeborenenzeit (Jansen et al. 1992; Fu et al. 1992, 1993). Immunhistochemisch wurde eine DMPK-Isoform mit einem MG von 53 000 in neuromuskulären und myotendinösen Junktionen des Skelettmuskels nachgewiesen (van der Ven et al. 1993). In der triadischen Region des Skelettmuskels findet sich eine Isoform mit einem MG von 64 000; im Gehirn wurde eine weitere Isoform mit einem MG von etwa 79 000 beschrieben (Dunne et al. 1996).

Zur Expression des *DMPK*-Gens liegen gegenwärtig kontroverse Befunde vor, was z. T. durch Untersuchung verschiedener Gewebe (Erwachsene/ Neugeborene) und Kontrollgewebe bzw. unterschiedliche Nachweismethoden erklärbar sein könnte. Die meisten Studien haben eine Reduktion der *DMPK*-mRNA bei MD-Patienten ergeben (Fu et al. 1993), wobei sowohl eine verminderte RNA-Synthese als auch eine reduzierte mRNA-Prozessierung beschrieben wurden (Carango et al. 1993). Untersuchungen an Patienten mit kongenitaler MD zeigten dagegen erhöhte RNA-Mengen des *DMPK*-Gens, insbesondere des expandierten Allels (Sabourin et al. 1993). In Muskelbiopsien von MD-Patienten war in einer weiteren Studie nur eine leichte, unspezifische Reduktion der *DMPK*-Transkripte in der Gesamt-RNA-Fraktion zu vermerken. Dagegen lag eine deutliche Erniedrigung der Poly(A)$^+$-mRNA sowohl des mutierten als auch des Normalallels vor, was einen dominant-negativen Effekt der $(CTG)_n$-Expansion auf den RNA-Metabolismus beider Allele vermuten ließ (Wang et al. 1995). In Muskelgewebe und Fibroblasten bestanden keine Unterschiede in der zytoplasmatischen Lokalisation von *DMPK*-Transkripten bei MD-Patienten im Vergleich zu gesunden Kontrollpersonen. Ausschließlich bei Patienten trat dagegen eine fokale Akkumulation von Transkripten des expandierten Allels im Zellkern auf (Taneja et al. 1995). In DNA-Bindungsstudien wurden verschiedene Zellkernproteine identifiziert, die spezifisch an DNA-Segmente mit $(CTG)_n$-Blöcken binden. Darüber hinaus wurde auch ein zytoplasmatisches Protein nachgewiesen, das den komplementären $(CUG)_n$-Triplettblock auf RNA-Ebene bindet und somit an regulatorischen Effekten auf mRNA-Stabilität sowie -Prozessierung beteiligt sein könnte (Timchenko et al. 1996).

Befunde zur Überexpression bzw. Ausschaltung des *DMPK*-Gens im Mausmodell lassen eine bloße Expressionssteigerung bzw. Haploinsuffizienz des Gens im Sinn eines Dosiseffekts als alleinige auslösende Ursache des komplexen MD-Phänotyps eher unwahrscheinlich erscheinen. Auch hierbei ergaben sich in den bisher vorliegenden Untersuchungen teilweise abweichende Ergebnisse. In einer Studie kam es bei Deletion des *DMPK*-Gen auf beiden Chromosomen nur zu minimalen und inkonsistenten Größenveränderungen in Muskelfasern von Kopf- und Nackenmuskulatur der betroffenen Mäuse (Jansen et al. 1996). Die Überexpression des Gens führte zur erhöhten neonatalen Mortalität sowie einer hypertrophen Kardiomyopathie, die klar von den kardialen Veränderungen bei MD abgrenzbar ist. Weder durch isolierte Senkung noch durch Erhöhung der *DMPK*-Gen-Expression ließ sich also eine MD-typische Symptomatik erzeugen. In einem anderen Mäusestamm mit homozygoter Disruption des *DMPK*-Gens entwickelte sich eine spät manifestierende progrediente Myopathie mit einigen pathologischen

Ähnlichkeiten zur MD des Menschen (Reddy et al. 1996). Histopathologisch wurden Muskelfaserdegeneration, Fibrose und erhebliche Größenvariationen der Muskelfasern gefunden. Dies deutet auf eine essentielle Bedeutung des DMPK-Proteins für die Struktur und die Funktion des Skelettmuskels hin und gibt Hinweise darauf, daß ein Mangel an DMPK zur Symptomatik der MD zumindest beitragen könnte (Reddy et al. 1996).

In verschiedenen transgenen Mäusestämmen mit TBE im 3'-Bereich des *DMPK*-Gens war eine deutliche somatische und meiotische Instabilität des $(CTG)_n$-Blocks zu beobachten (Monckton et al. 1997; Gourdon et al. 1997). Bei transgenen Tieren mit einem $(CTG)_{162}$-Block wurden zudem Segregations-Distorsions-Effekte sowie geschlechtsabhängige Unterschiede der Mutabilität deutlich, die modifizierende genetische Faktoren wahrscheinlich machen (Monckton et al. 1997).

Im Bereich des *DMPK*-Gen-Clusters werden gegenwärtig mindestens 2 weitere benachbarte Gene als Kandidatengene für die Pathogenese der MD diskutiert (Harris et al. 1996). Beweise oder direkte Hinweise auf einen Einfluß des $(CTG)_n$-Blocks auf ihre Funktion liegen allerdings bisher noch nicht vor. Unmittelbar 3'-wärts vom $(CTG)_n$-Trakt ist ein Gen lokalisiert, das sowohl bei MD-Patienten als auch bei gesunden Kontrollpersonen u. a. in der Skelettmuskulatur, im Myokard und im Gehirn exprimiert wird. Das Gen kodiert für ein Homöodomänenprotein, das folglich als DM locus associated homeodomain protein (DMAHP) bezeichnet wurde (Boucher et al. 1995). Homöodomänenproteine sind Transkriptionsfaktoren und greifen durch Bindung an DNA oder RNA in die Regulation der Genexpression ein. In der entgegengesetzten Richtung, 5'-wärts von *MDK*-Gen, befindet sich ein weiterer interessanter Genkandidat für die MD, das sog. *59*-Gen (Shaw et al. 1993). Es ist durch ein Expressionsmuster u. a. in Gehirn, Leber, Testis und Herz gekennzeichnet, was ebenfalls einen Zusammenhang mit der MD-Symptomatik plausibel erscheinen läßt. Insgesamt gesehen bleibt demnach bei der MD zunächst die Frage nach dem primär beeinflußten genomischen Bereich (ein Gen oder ein ganzes Gen-Cluster?) eindeutig zu beantworten, bevor die weitere kausale Pathogenese dieses monogen vererbten, aber äußerst komplexen Krankheitsbilds weiter abgeklärt werden kann.

4.2.9 Friedreich-Ataxie (FA)

4.2.9.1 Vererbung, epidemiologische und klinische Aspekte

Als einzige der bislang bekannten TBEE folgt die FA einem autosomal-rezessiven Erbgang. Mit einer Prävalenz von etwa 2:100 000 Einwohnern ist die FA die häufigste Erkrankung aus dem Formenkreis der hereditären Ataxien; die daraus abgeleitete Häufigkeit heterozygoter Anlageträger liegt bei etwa 1:120 Einwohner (Campuzano et al. 1996).

Die klinische Symptomatik (s. Übersicht bei Harding 1981a; Schöls et al. 1997b) umfaßt spinale Ataxie, motorische Koordinationsstörungen, Dysarthrie und Nystagmus als Zeichen der zerebellären Beteiligung, Hohlfußbildung und Kyphoskoliose. Vibrations- und Lageempfinden sind deutlich vermindert, und es kommt häufig zu einem Verlust der Muskeleigenreflexe an den Beinen. Fast alle Patienten entwickeln eine hypertrophe Kardiomyopathie. Oft treten daneben Diabetes mellitus oder Störungen der Insulinsekretion auf. Die Krankheit setzt meist bereits im Kindes- oder Jugendalter zwischen dem 8. und 15. Lebensjahr ein. Bei langsamer Progredienz und einer Krankheitsdauer von etwa 15–30 Jahren kommt es zu zunehmend schwerer Behinderung. Histopathologisch werden eine Degeneration der Hinterstränge und Hinterwurzeln des Rückenmarks sowie der spinozerebellären Bahnen, Pyramidenbahnen und motorischen Vorderhornzellen gefunden. In geringerem Ausmaß können u. a. auch Kleinhirn, Brücke und Medulla oblongata betroffen sein.

4.2.9.2 Molekularbiologie

Als genetische Ursache der FA wurde vor kurzem die Expansion eines $(GAA)_n$-Trakts im Bereich des *X25*-Gens auf Chromosom 9q13 identifiziert (Campuzano et al. 1996). Der $(GAA)_n$-Block befindet sich im 1. Intron, ca. 1,4 kb 3'-wärts der kodierenden Region von Exon 1 und ist im Bereich eines repetitiven *SINE*(Alu)-Elements lokalisiert. Bei nicht betroffenen Individuen zeigt der $(GAA)_n$-Trakt eine Längenpolymorphie zwischen 7 und 29 Einheiten und wird stabil vererbt (Dürr et al. 1996a; Epplen et al. 1997a). Bei der überwiegenden Mehrheit der FA-Patienten bzw. -Genträger ist der Block dagegen auf mehr als 120 bis auf über 1700 Einheiten des Basismotivs verlängert; am häufigsten werden Allele im Längenbereich zwischen etwa 800 und 1000 Wiederholungen gefunden (Campuzano et al. 1996; Dürr et al. 1996a; Filla et al. 1996). Als bislang kürzestes krankheitsauslösendes Allel wurde ein GAA-Block mit 66 Einheiten identifiziert (Epplen et al. 1997a). Anstelle der Expansion liegen bei weniger als 5% der Patienten Punktmutationen des *X25*-Gens im heterozygoten Zustand vor (Campuzano et al. 1996). Der bislang fehlende Mutationsnachweis bei einzelnen Patienten bzw. Familien spricht für eine mögliche genetische Heterogenität der FA (Filla et al. 1996; Epplen et al. 1997a). Die Länge der beiden expandierten Allele zeigt eine inverse Korrelation mit dem Erkrankungsalter; die bessere Korrelation scheint dabei zur Länge des jeweils kürzeren Allels zu bestehen. Patienten mit Diabetes mellitus oder Kardiomyopathie besitzen im Mittel deutlich größere Expansionen (Filla et al. 1996). Auch bei Patienten mit atypisch später Manifestation der FA waren Verlängerungen des (GAA)$_n$-Trakts nachweisbar. Die Expansionsgrößen liegen dabei im Mittel signifikant niedriger als bei früher Manifestation (Filla et al. 1996). Bei expandierten Allelen besteht eine deutliche meiotische Instabilität. Dabei ist eine Längenvariation im Mittel um etwa 150–200 GAA-Einheiten zu beobachten (Campuzano et al. 1996; Dürr et al. 1996a; Filla et al. 1996; Pianese et al. 1997). Bei paternalen Transmissionen scheint eher eine Tendenz zu Kontraktionen zu bestehen. In Übereinstimmung damit deuten Analysen von Sperma-DNA auf eine Allelverkürzung in der Mehrheit der männlichen Keimzellen hin (Pianese et al. 1997). Untersuchungen an Lymphozyten-DNA gaben Hinweise auf einen gewissen Grad an somatischer Instabilität der expandierten Blöcke. Es liegen aber noch keine umfassenderen Befunde über andere Gewebe vor (Campuzano et al. 1996).

Das *X25*-Gen kodiert für ein 210 Aminosäuren großes Protein mit noch unbekannter Funktion, das als Frataxin bezeichnet wird (Campuzano et al. 1996). Das Gen umfaßt 7 Exons, die z. T. alternativ benutzt werden. Auf RNA-Ebene wird ein vorherrschendes Transkript von 1,3 kb gefunden, das den ersten 5 Exons des Gens zu entsprechen scheint. Die Expression ist am stärksten im Herzmuskel, geringer in Leber, Skelettmuskel und Pankreas und minimal in anderen Geweben. Innerhalb des ZNS wird die stärkste Expression im Rückenmark, niedrigere Raten im Zerebellum und eine nur sehr geringe Expression im zerebralen Kortex nachgewiesen (Campuzano et al. 1996). Sowohl innerhalb als auch außerhalb des ZNS ist die stärkste Expression also in den Regionen nach-

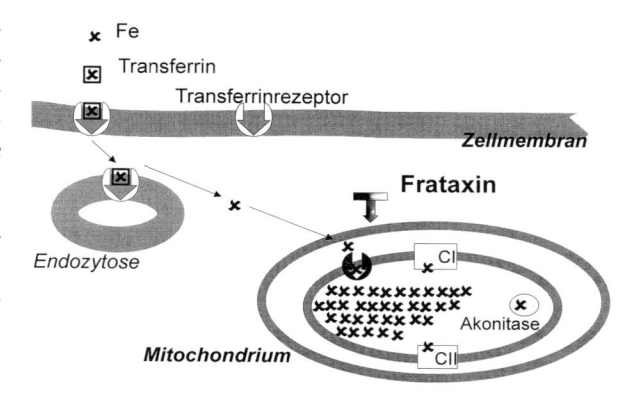

Abb. 4.2.5. Friedreich-Ataxie (FA), eine Mitochondriopathie. Die kausale Pathogenese der FA erscheint durch die übermäßige Anhäufung von Eisen (*Fe*) in den Mitochondrien bestimmter Organe erklärbar. Frataxin kann als regulatorisches Molekül (eines Rezeptors) für den Eisentransport in die Mitochondrien angesehen werden. Infolge der mitochondrialen Fe-Anhäufung kann es zu oxidativem Streß sowie zur Destabilisierung von Fe-Komplexen der Atmungskette (*CI*, *CII*) und den pathologischen Folgen für die Zellen kommen

weisbar, die primär von der Degeneration bzw. der Fehlfunktion betroffen sind. Bei FA-Patienten wurden eine starke Reduzierung bzw. ein völliges Fehlen der *X25*-mRNA beobachtet (Campuzano et al. 1996; Bidichandani et al. 1997). Noch unbekannt ist, ob hierbei eine Blockade auf Ebene der Transkription oder eine Störung der mRNA-Prozessierung zugrundeliegen und welche nachgeschalteten Mechanismen davon betroffen sind. Nach dem gegenwärtigen Kenntnisstand ist es sehr unwahrscheinlich, daß das Friedreich-Ataxie-Gen identisch ist mit STM7, einer neuartigen Phosphatidylinositol-4-Phosphat-5-Kinase (Carvajal et al. 1996).

Im Hefegenom wurde ein homologes Gen zum Frataxin identifiziert, das ein mitochondriales Protein kodiert, welches in der Eisenhomöostase und Atmungskette involviert ist (Babcock et al. 1997). Die FA kann daher zumindest teilweise als eine mitochondriale Erkrankung angesehen werden (s. Abb. 4.2.5; Rötig et al. 1997).

4.2.10 X-chromosomale mentale Retardierungssyndrome (FRAXA/FRAXE)

Ungefähr 100 fragile Chromosomenstellen sind seit Ende der 60er Jahre für das menschliche Erbgut dokumentiert worden. Die meisten fragilen Stellen sind in jenen Chromosomenbanden angesiedelt, die sich in der differentiellen Giemsa-Färbung hell darstellen (Holmquist 1990). Diese Chromosomenbrüche sind in der Regel nur unter besonderen Bedingungen der experimentellen Zytogenetik zu beobachten (verschiedene Zellkulturzusätze, die die Chromosomenkondensation differentiell beeinflussen). Die meisten Träger von fragilen Stellen auf den Autosomen sind symptomfrei. Die Verbindung der nachfolgenden Retardierungssyndrome mit fragilen Stellen auf dem menschlichen X-Chromosom muß daher in bezug auf das zytogenetische Phänomen als Ausnahme angesehen werden.

4.2.10.1 Fragiles X-Syndrom

4.2.10.1.1 Vererbung, epidemiologische und klinische Aspekte

Das Fragile X-Syndrom (FraX) gehört zu den häufigsten erblichen Ursachen mentaler Retardierung und betrifft etwa 1 von 1000–2000 Männern (Warren u. Ashley 1995). Bei Frauen scheint es etwas seltener zu sein. Die Bezeichnung leitet sich aus der mit diesem Syndrom assoziierten zytogenetischen Auffälligkeit her, die früher als alleiniger diagnostischer Marker gedient hat: Im Endabschnitt des langen Arms des X-Chromosoms, im Bereich von Xq27.3, sind bei FraX-Patienten häufig eine Einschnürung und teilweise Ablösung des distal gelegenen Endstücks zu beobachten.

Klinisch führt das FraX-Syndrom zu milder bis erheblicher mentaler Retardierung und kann sowohl Männer als auch Frauen betreffen. Dysmorphe Stigmata sind häufig eher diskret ausgeprägt und treten oft erst im späteren Jugend- oder im Erwachsenenalter vollständig in Erscheinung, so daß eine klinische Diagnosestellung sehr schwierig sein kann (Warren u. Ashley 1995). Charakteristisch sind ein schmales, längliches Gesicht mit großen, manchmal abstehenden Ohren, prominenter Stirn und prominentem Kinn sowie Makroorchie (nach der Pubertät). Histopathologisch wurden verschiedene Strukturauffälligkeiten im ZNS beschrieben, es ist aber keine distinkte, spezifische Anomalie der Hirnentwicklung beim FraX-Syndrom bekannt.

4.2.10.1.2 Molekularbiologie

Dem FraX-Syndrom liegt die Expansion eines polymorphen $(CGG)_n$-Trakts im Bereich des Fragile-X-mental-retardation-1(*FMR1*)-Gens, auch als *FRAXA*-Locus bezeichnet, zugrunde (Oberlé et al. 1991; Verkerk et al. 1991; Yu et al. 1991). Der instabile Block befindet sich hierbei im 5'-Bereich des Gens, außerhalb der kodierenden Region. Bei gesunden Kontrollpersonen liegen 6–52 CGG-Einheiten vor (Fu et al. 1991; Kunst et al. 1996). Bei betroffenen Patienten werden 230 bis weit über 1000 Einheiten des Trinukleotidmotivs gefunden. Dieser Längenbereich wird als Vollmutation bezeichnet; das Ausmaß der Expansion korreliert dabei mit dem phänotypischen Ausprägungsgrad des Syndroms (Fu et al. 1991). Allele mit 60–230 CGG-Einheiten werden bei klinisch asymptomatischen Überträgern des FraX-Syndroms gefunden (Warren u. Ashley 1995). Während männliche Überträger Allele dieses Längenbereichs in der Regel ohne größere Veränderungen an ihre Nachkommen weitergeben, kommt es bei Nachkommen weiblicher Überträger mit hoher Wahrscheinlichkeit zur Expansion des $(CGG)_n$-Blocks (Fu et al. 1991). Deshalb wird hier auch der Begriff Prämutation verwendet. Je länger das mütterliche Prämutationsallel ist, desto häufiger kommt es zur Vererbung der Vollmutation. Nach Transmission durch übertragende Frauen führt dieser Vererbungsmodus in aufeinanderfolgenden Generationen einer Familie zur deutlichen Erhöhung des Erkrankungsrisikos – ein Phänomen, das früher als Sherman-Paradox bezeichnet wurde und eine Form der genetischen Antizipation darstellt (Fu et al. 1991; Sherman et al. 1985).

Bei Vollmutationen kommt es in der Regel zur Methylierung des $(CGG)_n$-Blocks und einer CpG-Insel, die im Promotorbereich des *FMR1*-Gens, 250 Basenpaare 5'-wärts des Trinukleotidblocks, lokalisiert ist (Warren u. Ashley 1995). Die Hypermethylierung korreliert mit einem vollständigen Fehlen der Genexpression auf RNA- und Proteinebene und führt somit zur funktionellen Inaktivierung des Gens (Pieretti et al. 1991). Prämutationen bleiben wie Normalallele unmethyliert und zeigen eine normale Expression auf Proteinebene. Die Ausschaltung der Genexpression und damit das Fehlen des Genprodukts scheinen also die direkte Ursache der phänotypischen Ausprägung des Syndroms zu sein, nicht allein die Expansion des $(CGG)_n$-Trakts. Hierfür spricht, daß bei einzelnen Patienten anstelle der TBE entweder Deletionen oder Punktmutationen im *FMR1*-Gen der Erkrankung zugrundeliegen (De Boulle et al. 1993; Gedeon et al. 1992; Wöhrle et al. 1992). Zudem wurden Fälle beschrieben, in denen es trotz Vorliegens der Vollmutation nicht zur Hypermethylierung im Promotorbereich des *FMR1*-Gens kommt. So sind einzelne, phänotypisch gesunde Männer bekannt, die Expansionen des (CGG)$_n$-Trakts und – offensichtlich direkt damit korrelierend – eine zytogenetisch fragile Stelle im Bereich des *FRAXA*-Locus besitzen, andererseits aber keine Hypermethylierung des (CGG)$_n$-Blocks und unveränderte *FMR1*-RNA-Spiegel und -Proteinexpression aufweisen (Smeets et al. 1995). Für eine zentrale pathogenetische Bedeutung der Expressionsblockade spricht ebenfalls die Auswirkung der homozygoten Inaktivierung des *FMR1*-Gens im Mausmodell (Knockout-Mäuse). Betroffene Tiere zeigen wesentliche Merkmale des FraX-Syndroms wie kognitive Beeinträchtigung, Hyperaktivität und eine Vergrößerung der Testes (Consortium D-BFX 1994).

Es sind verschiedene Formen somatischer Mosaike der *FraX*-Mutation bekannt, die z. T. ebenfalls auf einen Zusammenhang zwischen der Methylierung und der phänotypischen Manifestation hindeuten (Warren u. Ashley 1995). Generell liegen bei Trägern der Vollmutation somatische Mosaike aus Allelen unterschiedlicher Länge vor. Diese Differenzen innerhalb des Längenspektrums der Vollmutation zwischen verschiedenen Zellen bzw. Geweben entstehen vermutlich früh in der Embryonalentwicklung (Fu et al. 1991). Daneben gibt es Mosaike, bei denen Zellen mit vollständig methylierten Vollmutationen und inaktiviertem *FMR1*-Gen und Zellen mit unmethylierter Prämutation und funktionell aktivem *FMR1*-Gen nebeneinander vorkommen. Seltener können neben der Voll- oder Prämutation in einigen Zellen auch Normalallele vorhanden sein. Die phänotypische Ausprägung kann bei solchen Mutationsmosaiken stark variieren. Vermutlich ist sie vom Anteil der betroffenen Zellen in den kritischen Gewebstypen abhängig. Einen anderen Typ somatischer Mosaike stellen Methylierungsmosaike dar, bei denen die Triplettanzahl im Bereich der Vollmutation liegt, die expandierten Blöcke jedoch nicht in allen Zellen methyliert sind. Hierbei scheint der Phänotyp der betroffenen Männer vom Grad der Methylierung abhängig zu sein; Patienten mit nur geringer DNA-Methylierung zeigten eine wesentlich mildere intellektuelle Beeinträchtigung (McConkie-Rosell et al. 1993).

Auch bei Frauen mit heterozygot vorhandener Vollmutation kommt es in einem erheblichen Anteil zur phänotypischen Manifestation. Etwa 50–70% dieser Frauen zeigen eine deutlichere Beeinträchtigung der intellektuellen Fähigkeiten (de Vries et al. 1996). Wie bei anderen X-chromosomalen Erkrankungen beeinflußt die zufällige Inaktivierung (Lyonisierung) jeweils eines X-Chromosoms das Verhältnis zwischen der Expression des Normalallels und der des mutierten Allels. Bei Trägerinnen der *FRAX*-Vollmutation besteht ein Zusammenhang zwischen dem Ausmaß der mentalen Retardierung und dem Anteil der Vollmutationsallele auf dem aktivem X-Chromosom (de Vries et al. 1996). Zu berücksichtigen ist dabei allerdings, daß das X-Inaktivierungsmuster in den untersuchten Blutleukozyten oder anderen peripheren Zellen sicherlich nicht vollständig repräsentativ das in den kritischen ZNS-Regionen vorliegende wiedergibt.

Neben Expansionen werden bei der Weitergabe an die nachfolgende Generation auch Reduktionen der (CGG)$_n$-Traktlänge beobachtet. Kontraktionen sind bei maternaler Weitergabe eher seltener, überwiegen jedoch bei paternaler Transmission von Prämutationen (Warren u. Ashley 1995). Männliche Träger der Vollmutation übertragen nur Prämutationen an ihre Nachkommen und weisen ausschließlich Prämutationsallele in der DNA von Spermienzellen auf (Reyniers et al. 1993). Dies war als Hinweis darauf gewertet worden, daß die Expansion zur Vollmutation bei maternaler Transmission nicht in der mütterlichen Keimbahn stattfindet, sondern erst postzygotisch, nach der Trennung von Keimbahn- und somatischen Zellen des männlichen Embryos. Untersuchungen an menschlichen Feten mit *FRAX*-Vollmutation (Malter et al. 1997) zeigten im Testisgewebe eines 13 Wochen alten männlichen Feten ausschließlich Vollmutationen; ebenso in Eizellen von weiblichen Feten. Diese Befunde sprechen also stark für eine Expansion zur Vollmutation bereits in der mütterlichen Eizelle oder sehr früh postzygotisch, vor der Trennung von Keimbahn- und somatischen Zellen. Bei einem 17 Wochen alten männlichen Fetus waren neben der Vollmutation auch einige Keimzellen mit Prämutationsallelen vorhanden, was auf eine zunehmende Selektion zugunsten kürzerer Allele in männlichen Keimzellen hindeuten könnte. Eineiige Zwillinge, die für die (CGG)$_n$-Blöcke diskordant sind, unterstützen eher die Argumentation für eine frühe postzygotische Expansion (Kruyer et al. 1994).

Der expandierte (CGG)$_n$-Trakt steht im Kopplungsungleichgewicht mit bestimmten Haplotypen benachbarter DNA-Marker. Dies läßt vermuten, daß alle vorliegenden Expansionen durch eine begrenzte Anzahl von Mutationsereignissen aus einer kleinen Gruppe von Vorläuferchromosomen hervorgegangen sind (Oudet et al. 1993; Richards et al. 1992). Der (CGG)$_n$-Block auf Normalallelen hat eine kryptische Struktur, d.h. er ist durch mehrere zwischengelagerte AGG-Tripletts unterbrochen (Verkerk et al. 1991). Diese fehlen bei Prä- und Vollmutationen sowie bei kürzeren Allelen aus dem Normalbereich, die eine gesteigerte meiotische Instabilität aufweisen (Eichler et al. 1994; Kunst u. Warren 1994). Das Ausmaß der Instabilität scheint dabei von der Länge des ununterbrochenen $(CGG)_n$-Blocks abhängig zu sein (Eichler et al. 1994). Auf Chromosomen mit der *FRAX*-Prä- oder -Vollmutation sind solche Haplotypen überrepräsentiert, die auf Normalchromosomen mit längeren, perfekten $(CGG)_n$-Blocks assoziiert sind. Aus Normalallelen mit langen perfekten $(CGG)_n$-Trakten könnten also die vermuteten prädisponierenden Vorläuferallele hervorgehen (Kunst u. Warren 1994).

Das *FMR1*-Gen umfaßt 17 Exons, die in einem genomischen Bereich von etwa 38 kb angeordnet sind; der $(CGG)_n$-Trakt befindet sich im ersten, untranslatierten Exon des Gens (Eichler et al. 1993). Auf RNA-Ebene wird eine weit verbreitete Expression beobachtet, u.a. in ZNS-Neuronen (v.a. in Anteilen des limbischen Sytems), in Testes und im Ovar (Hinds et al. 1993). Die Expression im ZNS ist bereits früh in der Embryonalentwicklung nachweisbar; eine besonders starke RNA-Expression wird in Neuronen des Nucleus basalis magnocellularis und des Hippocampus gefunden (Abitbol et al. 1993). Expression in Spermatogonien in adultem Testisgewebe hat eine funktionelle Bedeutung bei der Keimzellproliferation vermuten lassen (Bachner et al. 1993). Alternatives Spleißen führt zu mindestens 12 verschiedenen Isoformen des FMR1-Proteins mit Molekulargewichten von 70000–80000, die sich insbesondere in den C-terminalen Bereichen unterscheiden und differierende Funktionen ausüben können (Ashley et al. 1993a, Verheij et al. 1995). Auch auf Proteinebene in Nervenzellen wurde eine deutliche Expression nachgewiesen. Das Protein scheint vorwiegend zytoplasmatisch, nur in einem geringen Anteil der Zellen auch im Kern lokalisiert zu sein (Devys et al. 1993; Verheij et al. 1995). Für die Lokalisation im Zytoplasma oder im Zellkern wurden unterschiedliche Proteindomänen verantwortlich gemacht, die in verschiedenen Spleißvarianten anzutreffen sind (Eberhart et al. 1996; Sittler et al. 1996). Das FMR1-Protein ist ein RNA-Bindungsprotein, dessen genaue Funktion noch ungeklärt ist (Siomi et al. 1993; Warren u. Ashley 1995). Es umfaßt mehrere typische Motive von RNA-bindenden Proteinen; experimentelle Befunde deuten auf 2 RNA-Bindungsstellen pro Molekül hin. Das FMR1-Protein bindet neben seiner eigenen RNA an etwa 4% der Transkripte aus fetalem menschlichen Gehirn (Ashley et al. 1993b). Der Ausfall dieser vielfältigen Interaktionen durch das mutationsbedingte Fehlen des FMR1-Proteins könnte somit die pleiotropen Effekte der *FRAX*-Mutation verständlich machen. Eine mit einem schweren klinischen Phänotyp assoziierte Punktmutation ist im Bereich einer der RNA-Bindungsdomänen lokalisiert und verdeutlicht die funktionelle Relevanz dieses Proteinbereichs. FMR1-Protein mit dem entsprechenden Aminosäureaustausch zeigt eine verminderte RNA-Bindungsfähigkeit (Siomi et al. 1994). Das FMR1-Protein ist als nichtintegrales ribosomales Protein mit zytoplasmatischen Ribosomen assoziiert (Khandjian et al. 1996) und in Ribonukleoproteinpartikeln nachweisbar (Eberhart et al. 1996). Die Assoziation mit dem Ribosom scheint über RNA-Bindung zu erfolgen (Tamanini et al. 1996). Es ergeben sich also Anhaltspunkte, daß Störungen der Translationsmaschinerie bzw. durch den Ausfall des FMR1-Proteins bedingte Veränderungen der Translation bestimmter RNAs am Pathomechanismus des FraX-Syndroms beteiligt sein könnten.

4.2.10.2 FRAXE

Mit unterschiedlicher Häufigigkeit treten neben dem *FRAXA*-Locus weitere, zytogenetisch darstellbare fragile Stellen auf dem X-Chromosom auf. Etwa 600 kb weiter telomerwärts vom *FMR1*-Gen befindet sich im Bereich von Xq28 die wesentlich seltener vorkommende fragile Stelle FRAXE, die bei betroffenen Individuen mit milder geistiger Retardierung einhergeht (Warren u. Ashley 1995). Auch hier liegt ein instabiler $(CGG)_n$-Trakt zugrunde: Normalallele umfassen 7–35 $(GCC)_n$-Einheiten, bei betroffenen Personen liegen 200–750 Einheiten vor. Bei weiblichen Überträgerinnen wurden Allele mit 130–150 Einheiten beschrieben (Knight et al. 1993). Stärkere Expansionen des $(GCC)_n$-Trakts werden häufiger bei maternaler Transmission beobachtet, können aber auch bei paternaler Transmission auftreten. Im Bereich des $(GCC)_n$-Blocks wurde kürzlich das *FMR2*-Gen identifiziert (Gecz et al. 1996; Gu et al. 1996). Bei Expansion des Trinukleotidtrakts auf mehr als 150 Einheiten kommt es zur Methylierung einer CpG-Insel etwa 1 kb 5′-wärts des $(GCC)_n$-Blocks (Knight et al. 1993) sowie zur Aufhebung der Transkription des *FMR2*-Gens (Gecz et al. 1996; Gu et al. 1996), korrelierend mit dem klinischen Bild der mentalen Retardierung. Expansionen des

$(GCC)_n$-Trakts sowie fehlende Expression des *FMR2*-Gens zumindest in Fibroblasten wurden allerdings auch bei Männern ohne phänotypische Krankheitsmanifestation beschrieben, so daß die Genotyp-Phänotyp-Beziehung bei Mutationen des *FRAXE*-Locus letztlich noch unklar ist (Gecz et al. 1997).

Das *FMR2*-Gen wird u. a. in Gehirn und Plazenta transkribiert. Das Genprodukt besitzt Sequenzähnlichkeit zu einem Protein, das an Translokationsvorgängen bei der akuten lymphatischen Leukämie beteiligt ist (Gecz et al. 1996; Gu et al. 1996). Ein alternatives Transkript des *FMR2*-Gens, das auch als *Ox19* bezeichnet wurde, liegt einem verkürzten Protein zugrunde (Chakrabarti et al. 1996; Gecz et al. 1997). Expansionen in beiden fragilen X-Chromosomen-Stellen, *FRAXA* und *FRAXE*, führen zur verzögerten Replikation ausgedehnter DNA-Domänen (Subramanian et al. 1996), ein weiteres Zeichen genetischer Inaktivität.

4.2.11 Schlußbemerkung

Zu den grundlegend neuen Erkenntnissen, die im Rahmen der Analyse der TBEE (und der Minisatellitenexpansionssyndrome) gewonnen werden, gehören Einsichten in die vielfältigen Redundanzphänomene im menschlichen Genom, in neue Mutationsmechanismen sowie die Komplexität von Genotyp-Phänotyp-Beziehungen. Durch die Anwendung in der Diagnostik neurogenetischer Erkrankungen hat die Charakterisierung der TBEE darüber hinaus unmittelbare und weitreichende Folgen für die Klinik. Bislang wirkt sich das neue Verständnis der TBEE v. a. auf die Disziplinen der Neurologie, Psychiatrie und Pädiatrie aus. Die Differentialdiagnostik ist bei den besprochenen Erkrankungen in den letzten 5 Jahren abrupt auf eine solide Basis gestellt worden, und die Diagnosesicherheit ist optimiert. Mittels der direkten DNA-Diagnostik ist erstmalig eine sichere präsymptomatische Voraussage spät manifestierender Leiden für Nachkommen betroffener Patienten möglich. Somit eröffnet sich in diesem Bereich aber auch das ganze Spektrum der ethischen Probleme einer in Zukunft umfassend anwendbaren prädiktiven genetischen Medizin. Im Rahmen der zunehmenden Genetisierung der Medizin muß den psychosozialen Auswirkungen für den Einzelnen zentrale Aufmerksamkeit gewidmet werden. Diese Wachsamkeit ist um so stärker in Frage gestellt, je mehr molekulargenetische Tests in einem rein unter kommerziellen Gesichtspunkten betriebenen Umfeld durchgeführt werden, ohne daß die erprobten Leitlinien der humangenetischen Beratung und Begleitung der Patienten und Klienten entsprechend berücksichtigt werden. Wie am Beispiel des HZ NRW ausgeführt [Kapitel 4.2.4.3 „Huntington-Zentrum Nordrhein-Westfalen (HZ NRW")], kann die Betreuung der Patienten, Risikopersonen und ihrer Familien in spezialisierten interdisziplinären Zentren ganzheitlich organisiert werden. Neben der Patienten-orientierten Arbeit (und solider Grundlagenforschung) werden in derartigen Zentren erstmals kontrollierte und aussagekräftige Therapiestudien für die bekannten TBEE durchführbar sein.

Klassische genetische Konzepte wie dominante Vererbung, Penetranz, Expressivität und genetische Heterogenität sind bei den TBEE einer Analyse auf molekularer Ebene zugänglich und in Ansätzen bereits erklärbar. Die Erkenntnisse zu den molekularen Wirkmechanismen der TBEE werfen u. a. die Frage auf, ob den TBE vergleichbare dynamische Mutationen auch an der Veranlagung zu den häufigen multifaktoriell bedingten „Volkskrankheiten" beteiligt sind, die nicht nach den klassischen Mendel-Regeln, sondern mit komplexen Vererbungsmustern weitergegeben werden. Durch Längenvariation von repetitiven Elementen bewirkte graduelle Expressions- oder Wirkungsunterschiede könnten in vielfältige regulatorische Netzwerke eingreifen und funktionelle Auswirkungen auf krankheitsrelevante Faktoren haben. TBE, Minisatellitenexpansionen oder andere Veränderungen repetitiver DNA-Elemente könnten somit prinzipiell Implikationen für jedes beliebige klinische Gebiet besitzen. Die methodischen Voraussetzungen für eine effiziente Analyse des Zusammenhangs von Krankheitsmerkmalen mit variablen Ausprägungsformen repetitiver DNA-Strukturen stehen heute zur Verfügung: Hunderte von bisher nicht näher charakterisierten Trinukleotid-Minisatelliten-Loci aus den Datenbanken des Menschen können mit genomweiten Screening-Verfahren (Hofferbert et al. 1997) analysiert werden. Durch solche Untersuchungen wird zu klären sein, welche repetitiven DNA-Sequenzen für genetische Krankheitsprädispositionen (mit-)verantwortlich sind und inwieweit somit das Prinzip der genomischen Redundanz zur phänotypischen Variabilität des Menschen beiträgt.

4.2.12 Literatur

Abeliovich D, Lerer I, Pashut-Lavon I, Shmueli E, Raas-Rothschild A, Frydman M (1993) Negative expansion of the myotonic dystrophy unstable sequence. Am J Hum Genet 52:1175–1181

Abitbol M, Menini C, Delezoide A-L, Rhyner T, Vekemans M, Mallet J (1993) Nucleus basalis magnocellularis and hippocampus are the major sites of FMR-1 expression in the human fetal brain. Nat Genet 4:147–153

Ambrose CM, Duyao MP, Barnes G et al. (1994) Structure and expression of the Huntington's disease gene: evidence against simple inactivation due to an expanded CAG repeat. Somat Cell Mol Genet 20:27–38

Andrew SE, Goldberg YP, Kremer B et al. (1993) The relationship between trinucleotide (CAG) repeat length and clinical features of Huntington's disease. Nat Genet 4:398–403

Anvret M, Ahlberg G, Grandell U, Hedberg B, Johnson K, Edstrom L (1993) Larger expansions of the CTG repeat in muscle compared to lymphocytes from patients with myotonic dystrophy. Hum Mol Genet 2:1397–1400

Aronin N, Chase K, Young C et al. (1995) CAG expansion affects the expression of mutant Huntingtin in the Huntington's disease brain. Neuron 15:1193–1201

Ashley CT, Warren ST (1995) Trinucleotide repeat expansions. Annu Rev Genet 29:710–728

Ashley CT, Sutcliffe JS, Kunst CB et al. (1993a) Human and murine FMR-1: alternative splicing and translational initiation downstream of the CGG-repeat. Nat Genet 4:244–251

Ashley CT, Wilkinson KD, Reines D, Warren ST (1993b) FMR1 protein: conserved RNP family domains and selective RNA binding. Science 262:563–566

Babcock M, Silva D de, Oaks R et al. (1997) Regulation of mitochondrial iron accumulation by Yfh1p, a putative homolog of frataxin. Science 276:1709–1712

Bachner D, Steinbach P, Wöhrle D et al. (1993) Enhanced Fmr-1 expression in testis. Nat Genet 4:115–116

Banfi S, Servadio A, Chung M et al. (1994a) Cloning and developmental expression analysis of the murine homolog of the spinocerebellar ataxia type 1 gene (Sca1). Hum Mol Genet 5:33–40

Banfi S, Servadio A, Chung M et al. (1994b) Identification and characterization of the gene causing type 1 spinocerebellar ataxia. Nat Genet 7:513–520

Barcelo JM, Pluscauskas M, MacKenzie AE, Tsilfidis C, Narang M, Korneluk RG (1994) Additive influence of maternal and offspring DM-kinase gene CTG repeat lengths in the genesis of congenital myotonic dystrophy. Am J Hum Genet 54:1124–1125

Benomar A, Krols L, Stevanin G et al. (1995) The gene for autosomal dominant cerebellar ataxia with pigmentary macular dystrophy maps to chromosome 3p12–p21.1. Nat Genet 10:84–88

Biancala V, Serville F, Pommier J, Hanauer A, Mandel JL (1992) Moderate instability of the trinucleotide repeat in spinobulbar muscular atrophy. Hum Mol Genet 1:255–258

Bidichandani SI, Ashizawa T, Patel PI (1997) Atypical Friedreich ataxia caused by compound heterozygosity for a novel missense mutation and the GAA triplet-repeat expansion. Am J Hum Genet 60:1251–1256

Boucher CA, King SK, Carey N (1995) A novel homeodomain-encoding gene is associated with a large CPG island interrupted by the myotonic dystrophy unstable (CTG)n repeat. Hum Mol Genet 4:1919–1925

Breschel TS, McInnis MG, Margolis RL et al. (1997) A novel, heritable, expanding CTG repeat in an intron of the SEF21 gene on chromosome 18q21.1. Hum Mol Genet 11:1855–1863

Brinkman RR, Mezei MM, Theilmann J, Almqvist E, Hayden MR (1997) The likelihood of being affected with Huntington disease by a particular age, for a specific CAG size. Am J Hum Genet 60:1202–1210

Brook JD, McCurrach ME, Harley HG et al. (1992) Molecular basis of myotonic dystrophy: expansion of a trinucleotide (CTG) repeat at the 3-prime end of a transcript encoding a protein kinase family member. Cell 68:799–808

Brunner HG, Jansen G, Nillesen W et al. (1993) Reverse mutation in myotonic dystrophy. N Engl J Med 328:476–480

Burke JR, Wingfield MS, Lewis KE et al. (1993) Expansion of an unstable trinucleotide CAG repeat in spinocerebellar ataxia type 1. Nat Genet 4:221–226

Burke JR, Wingfield MS, Lewis KE et al. (1994) The Haw River syndrome: dentatorubropallidoluysian atrophy (DRPLA) in an African-American family. Nat Genet 7:521–524

Burke JR, Enghild JJ, Martin ME et al. (1996) Huntingtin and DRPLA proteins selectively interact with the enzyme GAPDH. Nat Med 2:347–350

Burright EN, Clark HB, Servadio A et al. (1995) SCA1 transgenic mice: a model for neurodegeneration caused by an expanded CAG trinucleotide repeat. Cell 82:937–948

Burright EN, Davidson JD, Duvick LA, Koshy B, Zoghbi HY, Orr HT (1997) Identification of a self-association region within the SCA1 gene product, ataxin 1. Hum Mol Genet 6:513–518

Campuzano V, Montermini L, Molt MD et al. (1996) Friedreich's ataxia: autosomal recessive disease caused by an intronic GAA triplet repeat expansion. Science 271:1423–1427

Cancel G, Abbas N, Stevanin G et al. (1995) Marked phenotypic heterogeneity asosciated with expansion of a CAG repeat sequence at the spinocerebellar ataxia 3/Machado-Joseph disease locus. Am J Hum Genet 57:809–816

Cancel G, Dürr A, Didierjean O et al. (1997) Molecular and clinical correlations in spinocerebellar ataxia 2: a study of 32 families. Hum Mol Genet 6:709–715

Carango O, Noble JE, Marks HG, Funanage VL (1993) Absence of myotonic dystrophy protein kinase (DMPK) mRNA as a result of a triplet repeat expansion in myotonic dystrophy. Genomics 18:340–348

Carey N, Johnson K, Nokelainen P et al. (1994) Meiotic drive at the myotonic dystrophy locus? Nat Genet 6:117–118

Carvajal JJ, Pook MA, Santos M dos et al. (1996) The Friedreich's ataxia gene encodes a novel phosphatidylinositol-4-phosphate 5-kinase. Nat Genet 14:157–162

Chakrabarti L, Knight SJL, Flannery AV, Davies KE (1996) A candidate gene for mild handicap at the FRAXE fragile site. Hum Mol Genet 5:275–282

Chakraborty R, Stivers DN, Deka R, Yu LM, Shriver MD, Ferell RE (1996) Segregation distortion of the CTG repeats at the myotonic dystrophy locus. Am J Hum Genet 59:109–118

Chong SS, Almqvist E, Telenius H et al. (1997) Contribution of DNA sequence and CAG size to mutation frequencies of intermediate alleles for Huntington disease: evidence from single sperm analyses. Hum Mol Genet 6:301–309

Chung M Ranum LPW, Duvick LA, Servadio A, Zoghbi HY, Orr HT (1993) Evidence for a mechanism predisposing to intergenerational CAG repeat instability in spinocerebellar ataxia type 1. Nat Genet 5:254–258

Consortium D-BFX (1994) FMR1 knockout mice: a model to study fragile X mental retardation. Cell 78:23–33

Cooper DN, Krawczak M (1993) Human gene mutation. BIOS Scientific Publishers, Oxford

David G, Abbas N, Stevanin G et al. (1997) Cloning of the *SCA7* gene reveals a highly unstable CAG repeat expansion. Nat Genet 17:65–70

De Boulle K, Verkerk AJMH, Reyniers E et al. (1993) A point mutation in the *FMR-1* gene associated with fragile X mental retardation. Nat Genet 3:31–35

De Rooij KE, Dorsman JC, Smoor MA, Den Dunnen JT, Van Ommen G-JB (1996) Subcellular localization of the Huntington's disease gene product in cell lines by immunofluorescence and biochemical subcellular fractionation. Hum Mol Genet 5:1093–1099

De Vries BBA, Wiegers AM, Smits APT et al. (1996) Mental status of females with an *FMR1* gene full mutation. Am J Hum Genet 58:1025–1032

Deka R, Majumder PP, Shriver MD et al. (1996) Distribution and evolution of CTG repeats at the myotonin protein kinase gene in human populations. Genome Res 6:142–154

DeStefano AL, Cupples LA, Maciel P et al. (1996) A familial factor independent of CAG repeat length influences age at onset of Machado-Joseph disease. Am J Hum Genet 59:119–127

Devys D, Lutz Y, Rouyer N, Bellocq J-P, Mandel J-L (1993) The FMR-1 protein is cytoplasmic, most abundant in neurons and appears normal in carriers of a fragile X premutation. Nat Genet 4:335–340

Doolittle WF, Sapienza C (1980) Selfish genes, the phenotype paradigm and genome evolution. Nature 284:601–603

Doyu M, Sobue G, Mukai E, Kachi T, Yasuda T, Mitsuma T, Takahashi A (1992) Severity of X-linked recessive bulbospinal neuronopathy correlates with the size of the tandem CAG repeat in androgen receptor gene. Ann Neurol 32:707–710

Dunne PW, Ma L, Casey DL, Harati Y, Epstein HF (1996) Localization of myotonic dystrophy protein kinase in skeletal muscle and its alteration with disease. Cell Motil Cytoskeleton 33:52–63

Dürr A, Cossee M, Agid Y et al. (1996a) Clinical and genetic abnormalities in patients with Friedreich's ataxia. N Engl J Med 335:1169–1175

Dürr A, Stevanin G, Cancel G et al. (1996b) Spinocerebellar ataxia 3 and Machado-Joseph disease: clinical, molecular, and neuropathological features. Ann Neurol 39:490–499

Duyao M, Ambrose C, Myers R et al. (1993) Trinucleotide repeat length instability and age of onset in Huntington's disease. Nat Genet 4:387–392

Duyao MP, Auerbach Ab, Ryan A et al. (1995) Inactivation of the mouse Huntington's disease gene homolog *Hdh*. Science 269:407–410

Eberhart DE, Malter HE, Feng Y, Warren ST (1996) The fragile X mental retardation protein is a ribonucleoprotein containing both nuclear localization and nuclear export signals. Hum Mol Genet 5:1083–1091

Eichler EE, Richards S, Gibbs RA, Nelson DL (1993) Fine structure of the human *FMR1* gene. Hum Mol Genet 2:1147–1153

Eichler EE, Holden JJA, Popovich BW et al. (1994) Length of uninterrupted CGG repeats determines instability in the *FMR1* gene. Nat Genet 8:88–95

Epplen JT, Riess O (1996) Repetitive sequences in DNA. In: Bishop M, Rawlings C (eds) DNA and protein sequence analysis – a practical approach (IRL Press, Oxford, pp 185–195

Epplen JT, Przuntek H (1998) Morbus Huntington. Dtsch Arztebl 95:32–36

Epplen C, Epplen JT, Frank G, Miterski B, Santos EJM, Schöls L (1997a) Differential stability of the $(GAA)_n$ tract in the Friedreich Ataxia (*STM7*) gene. Hum Genet 99:834–836

Epplen C, Santos EJM, Mäueler W, Helden P van, Epplen JT (1997b) On simple repetitive DNA and complex diseases. Electrophoresis 18:1577–1585

Farrer LA, Cupples LA, Wiater P, Conneally PM, Gusella JF, Myers RH (1993) The normal Huntington disease (HD) allele, or a closely linked gene, influences age at onset of HD. Am J Hum Genet 53:125–130

Filla A, Michele G de, Cavalcanti F, Pianese L, Monticelli A, Campanella G, Cocozza S (1996) The relationship between trinucleotide (GAA) repeat length and clinical features in Friedreich ataxia. Am J Hum Genet 59:554–560

Flanigan K, Gardner K, Alderson K et al. (1996) Autosomal dominant spinocerebellar ataxia with sensory axonal neuropathy (SCA4): clinical description and genetic localization to chromosome 16q22.1. Am J Hum Genet 59:392–399

Fu Y-H, Friedman DL, Richards S et al. (1993) Decreased expression of myotonin-protein kinase messenger RNA and protein in adult form of myotonic dystrophy. Science 260:235–238

Fu Y-H, Kuhl DPA, Pizzuti A et al. (1991) Variation of the CGG repeat at the fragile X site results in genetic instability: resolution of the Sherman paradox. Cell 67:1047–1058

Fu Y-H, Pizzuti A, Fenwick RG Jr et al (1992) An unstable triplet repeat in a gene related to myotonic muscular dystrophy. Science 255:1256–1258

Gecz J, Gedeon AK, Sutherland GR, Mulley JC (1996) Identification of the gene *FMR2*, associated with *FRAXE* mental retardation. Nat Genet 13:105–108

Gecz J, Oostra BA, Hockey A et al. (1997) *FMR2* expression in *FRAXE* mental retardation. Hum Mol Genet 6:435–441

Gedeon AK, Baker E, Robinson H et al. (1992) Fragile X syndrome without CCG amplification has an *FMR1* deletion. Nat Genet 1:341–344

Goldberg YP, Andrew SE, Theilmann J et al. (1993) Familial predisposition to recurrent mutations causing Huntington's disease: genetic risk to sibs of sporadic cases. J Med Genet 30:987–990

Goldberg YP, Kalchman MA, Metzler M et al. (1996a) Absence of disease phenotype and intergenerational stability of the CAG repeat in transgenic mice expressing the human Huntington disease transcript. Hum Mol Genet 5:177–185

Goldberg YP, Nicholson DW, Rasper DM et al. (1996b) Cleavage of huntingtin by apopain, a proapoptotic cysteine protease, is modulated by the polyglutamine tract. Nat Genet 13:442–449

Gordenin DA, Kunkel TA, Resnick MA (1997) Repeat expansion – all in a flap? Nat Genet 16:116–118

Gottlieb B, Trifiro M, Lumbroso R, Pinsky L (1997) The androgen receptor gene mutations database. Nucleic Acids Res 25:158–162

Gourdon G, Radvanyi F, Lia A-S et al. (1997) Moderate intergenerational and somatic instability of a 55-CTG repeat in transgenic mice. Nat Genet 15:190–192

Griffin JE (1992) Androgen resistance – the clinical and molecular spectrum. N Engl J Med 326:611–618

Gu Y, Shen Y, Gibbs RA, Nelson DL (1996) Identification of FMR2, associated with the FRAXE CCG repeat and CpG island. Nat Genet 13:109–113

Gutekunst C-A, Levey AI, Heilman CJ et al. (1995) Identification and localization of huntingtin in brain and human lymphoblastoid cell lines with anti-fusion protein antibodies. Proc Natl Acad Sci USA 92:8710–8714

Harding AE (1981a) Friedreich's ataxia: a clinical and genetic study of 90 families with an analysis of early diagnostic criteria and intrafamilial clustering of clinical features. Brain 104:589–620

Harding AE (1981b) Genetic aspects of autosomal dominant late onset cerebellar ataxia. J Med Genet 18:436–441

Harding AE (1982) The clinical features and classification of the late onset autosomal dominant cerebellar ataxias. Brain 105:1–28

Harley HG, Rundle SA, MacMillan JC et al. (1993) Size of the unstable CTG repeat sequence in relation to phenotype and parental transmission in myotonic dystrophy. Am J Hum Genet 52:1164–1174

Harper PS (1989) Myotonic dystrophy, 2nd edn. Saunders, Philadelphia

Harper PS (1991) Huntington's disease. Saunders, Philadelphia

Harper PS, Harley HG, Reardon W, Shaw DJ (1992) Anticipation in myotonic dystrophy: new light on an old problem. Am J Hum Genet 51:10–16

Harris S, Moncrieff C, Johnson K (1996) Myotonic dystrophy: will the real gene please step forward! Hum Mol Genet 5:1417–1423

Hinds HL, Ashley CT, Sutcliffe JS et al. (1993) Tissue specific expression of FMR-1 provides evidence for a functional role in fragile X syndrome. Nat Genet 3:36–43

Hofferbert S, Schanen NC, Chehab F, Francke U (1997) Trinucleotide repeats in the human genome: size distributions for all possible triplets and detection of expanded disease alleles in a group of Huntington disease individuals by the repeat expansion detection method. Hum Mol Genet 6:77–83

Holmquist GP (1990) DNA sequences in G- and R-bands: evolution and molecular ecology. In: Fredga K, Kihlmann BA, Bennett MD (eds) Chromosomes today, vol 10. Cambridge University Press, Cambridge, pp 21–32

Hoogeveen AT, Willemsen R, Meyer N et al. (1993) Characterization and localization of the Huntington disease gene product. Hum Mol Genet 2:2069–2073

Igarashi S, Takiyama Y, Cancel G et al. (1996) Intergenerational instability of the CAG repeat of the gene for Machado-Joseph disease (MJD1) is affected by the genotype of the normal chromosome: implications for the molecular mechanisms of the instability of the CAG repeat. Hum Mol Genet 5:923–932

Ikeda H, Yamaguchi M, Sugai S, Aze Y, Narumiya S, Kakizuka A (1996) Expanded polyglutamine in the Machado-Joseph disease protein induces cell death in vitro and in vivo. Nat Genet 13:196–202

Ikeuchi T, Igarashi S, Takiyama Y et al. (1996) Non-mendelian transmission in dentatorubral-pallidoluysian atrophy and Machado-Joseph disease: the mutant allele is preferentially transmitted in male meiosis. Am J Hum Genet 58:730–733

Imbert G, Kretz C, Johnson K, Mandel J-L (1993) Origin of the expansion mutation in myotonic dystrophy. Nat Genet 4:72–76

Imbert G, Saudou F, Yvert G et al. (1996) Cloning of the gene for spinocerebellar ataxia 2 reveals a locus with high sensitivity to expanded CAG/glutamine repeats. Nat Genet 14:285–291

Jansen G, Mahadevan M, Amemiya C et al. (1992) Characterization of the myotonic dystrophy region predicts multiple protein isoform-encoding mRNAs. Nat Genet 1:261–266

Jansen G, Willems P, Coerwinkel M et al. (1994) Gonosomal mosaicism in myotonic dystrophy patients: involvement of mitotic events in $(CTG)_n$ repeat variation and selection against extreme expansion in sperm. Am J Hum Genet 54:575–585

Jansen G, Groenen PJTA, Bachner D et al. (1996) Abnormal myotonic dystrophy protein kinase levels produce only mild myopathy in mice. Nat Genet 13:316–322

Jeffreys AJ, Wilson V, Thein SL (1985) Hypervariable minisatellite regions in human DNA. Nature 314:67–73

Jodice C, Malaspina P, Persichetti F et al. (1994) Effect of trinucleotide repeat length and parental sex on phenotypic variation in spinocerebellar ataxia type 1. Am J Hum Genet 54:959–965

Jodice C, Mantuano E, Veneziano L et al. (1997) Episodic ataxia type 2 (EA2) and spinocerebellar ataxia type 6 (SCA6) due to CAG repeat expansion in the CACNA1A gene on chromosome 19p. Hum Mol Genet 11:1973–1978

Kalchmann MA, Graham RK, Xia G et al. (1996) Huntingtin is ubiquitinated and interacts with a specific ubiquitin-conjugating enzyme. J Biol Chem 271:19.385–19.394

Kalchmann MA, Koide HB, McCutcheon K et al. (1997) HIP1, a human homologue of S. cerevisiae Slap2, interacts with membrane associated huntingtin in the brain. Nat Genet 16:44–53

Kang S, Jaworski A, Oshima K, Wells RD (1995) Expansion and deletion of CTG repeats from human disease genes are determined by the direction of replication in E. coli. Nat Genet 10:213–218

Kawaguchi Y, Okamoto T, Taniwaki M et al. (1994) CAG expansions in a novel gene for Machado-Joseph disease at chromosome 14q32.1. Nat Genet 8:221–228

Kazemi-Esfarjani P, Trifiro MA, Pinsky L (1995) Evidence for a repressive function of the long polyglutamine tract in the human androgen receptor: possible pathogenetic relevance for the $(CAG)_n$-expanded neuronopathies. Hum Mol Genet 4:523–527

Kennedy WR, Alter M, Sung JH (1968) Progressive proximal spinal and bulbar muscular atrophy of late onset: a sex-linked recessive trait. Neurology 18:671–680

Khandjian EW, Corbin F, Woerly S, Rousseau F (1996) The fragile X mental retardation protein is associated with ribosomes. Nat Genet 12:91–93

Knight SJL, Flannery AV, Hirst MC et al. (1993) Trinucleotide repeat expansion and hypermethylation of a CpG island in FRAXE mental retardation. Cell 74:127–134

Koide R, Ikeuchi T, Onodera O et al. (1994) Unstable expansion of CAG repeat in hereditary dentatorubral-pallidoluysian atrophy (DRPLA). Nat Genet 6:9–13

Koshy B, Matilla T, Burright EN, Merry DE, Fischbeck KH, Orr HT, Zoghbi HY (1996) Spinocerebellar ataxia type-1 and spinobulbar muscular atrophy gene products interact with glyceraldehyde 3-phosphate dehydrogenase. Hum Mol Genet 5:1311–1318

Kremer B, Almqvist E, Theilmann J, Telenius H, Goldberg YP, Hayden MR (1995) Sex-dependent mechanisms for expansions and contraction of the CAG repeat on affected Huntington disease chromosomes. Am J Hum Genet 57:343–350

Kremer B, Goldberg YP, Andrew SE et al. (1994) A worldwide study of the Huntington's disease mutation: the sensitivity and specificity of measuring CAG repeats. N Engl J Med 330:1401–1406

Kruyer H, Mila M, Glover G, Carbonell P, Ballesta F, Estivill X (1994) Fragile X syndrome and the $(CGG)_n$ mutation: two families with discordant MZ twins. Am J Hum Genet 54:437–442

Kunst CB, Warren ST (1994) Cryptic and polar variation of the fragile X repeat could result in predisposing normal alleles. Cell 77:853–861

Kunst CB, Zerylnick C, Karickhoff L et al. (1996) FMR1 in global populations. Am J Hum Genet 58:513–522

La Spada AR, Wilson EM, Lubahn DB, Harding AE, Fischbeck KH (1991) Androgen receptor gene mutations in X-linked spinal and bulbar muscular atrophy. Nature 352:77–79

La Spada AR, Roling DB, Harding AE et al. (1992) Meiotic stability and genotype-phenotype correlation of the trinucleotide repeat in X-linked spinal and bulbar muscular atrophy. Nat Genet 2:301–304

Lafrenire RG, Rochefort DL, Chrétien N et al. (1997) Unstable insertion in the 5′ flanking region of the cystatin B gene is the most common mutation in progressive myoclonus epilepsy type 1, EPM1. Nat Genet 15:298–302

Lavedan C, Hofmann-Radvanyi H et al. (1993) Myotonic dystrophy: size- and sex-dependent dynamics of CTG meiotic instability, and somatic mosaicism. Am J Hum Genet 52:875–883

Lavedan C, Hofmann-Radvanyi H, Boileau C et al. (1994) French myotonic dystrophy families show expansion of a CTG repeat in complete linkage disequilibrium with an intragenic 1 kb insertion. J Med Genet 31:33–36

Leeflang EP, Zhang L, Tavare S et al. (1995) Single sperm analysis of the trinucleotide repeats in the Huntington's disease gene: quantification of the mutation frequency spectrum. Hum Mol Genet 4:1519–1526

Leeflang EP, McPeek MS, Arnheim N (1996) Analysis of meiotic segregation, using single-sperm typing: meiotic drive at the myotonic dystrophy locus. Am J Hum Genet 59:896–904

Li X-J, Li S-H, Sharp AH et al. (1995) A huntingtin-associated protein enriched in brain and implications for pathology. Nature 378:398–402

Lucotte G, Turpin JC, Riess O, Epplen JT, Siedlaczk I, Loirat F, Hazout S (1995) Confidence intervals for predicted age of onset, given the size of $(CAG)_n$ repeat, in Huntington's disease. Hum Genet 95:231–232

MacDonald ME, Barnes G, Srinidhi J et al. (1993) Gametic but not somatic instability of CAG repeat length in Huntington's disease. J Med Genet 30:982–986

MacLean HE, Choi W-T, Rekaris G, Warne GL, Zalac JD (1995) Abnormal androgen receptor binding affinity in subjects with Kennedy's disease (spinal and bulbar muscular atrophy). J Clin Endocrinol Metab 80:508–516

Mahadevan M, Tsilfidis C, Sabourin L et al. (1992) Myotonic dystrophy mutation: an unstable CTG repeat in the 3-prime untranslated region of the gene. Science 255:1253–1255

Mahadevan MS, Amemiya C, Jansen G et al. (1993) Structure and genomic sequence of the myotonic dystrophy (DM kinase) gene. Hum Mol Genet 2:299–304

Malter HE, Iber JC, Willemsen R et al. (1997) Characterization of the full fragile X syndrome mutation in fetal gametes. Nat Genet 15:165–169

Mangiarini L, Sathasivam K, Seller M et al. (1996) Exon 1 of the HD gene with an expanded CAG repeat is sufficient to cause a progressive neurological phenotype in transgenic mice. Cell 87:493–506

Mangiarini L, Sathasivam K, Mahal A, Mott R, Seller M, Bates GP (1997) Instability of highly expanded CAG repeats in mice transgenic for the Huntington's disease mutation. Nat Genet 15:197–200

Maruyama H, Nakamura S, Matsuyama Z et al. (1995) Molecular features of the CAG repeats and clinical manifestation of Machado-Joseph disease. Hum Mol Genet 4:807–812

McConkie-Rosell A, Lachiewicz AM, Spiridigliozzi GA et al. (1993) Evidence that methylation of the *FMR-1* locus is responsible for variable phenotypic expression of the fragile X syndrome. Am J Hum Genet 53:800–809

McNeil SM, Novelletto A, Srinidhi J et al. (1997) Reduced penetrance of the Huntington's disease mutation. Hum Mol Genet 6:775–779

Mhatre AN, Trifiro MA, Kaufman M, Kazemi-Esfarjani P, Figlewicz D, Rouleau G, Pinsky L (1993) Reduced transcriptional regulatory competence of the androgen receptor in X-linked spinal and bulbar muscular atrophy. Nat Genet 5:184–188

Monckton DG, Coolbaugh MI, Ashizawa KT, Siciliano MJ, Caskey CT (1997) Hypermutable myotonic dystrophy CTG repeats in transgenic mice. Nat Genet 15:193–196

Muragaki Y, Mundlos S, Upton J, Olsen BR (1996) Altered growth and branching patterns in synpolydactyly caused by mutations in HOXD13. Science 272:548–551

Nagafuchi S, Yanagisawa H, Oshaki E, Shirayama T, Tadokoro K, Inoue T, Yamada M (1994a) Structure and expression of the gene responsible for the triplet repeat disorder dentatorubral and pallidoluysian atrophy (*DRPLA*). Nat Genet 8:177–182

Nagafuchi S, Yanagisawa H, Sato K et al. (1994b) Dentatorubral and pallidoluysian atrophy expansion of an unstable CAG trinucleotide on chromosome 12p. Nat Genet 6:14–18

Naito H, Oyanagi S (1982) Familial myoclonus epilepsy and choreoathetosis: hereditary dentato-rubral-pallidoluysian atrophy. Neurology 32:798–807

Nakano KK, Dawson DM, Spence A (1972) Machado disease: a hereditary disease in Portuguese emigrants to Massachusetts. Neurology 32:798–807

Nance MA (1996) Huntington disease – another chapter rewritten. Am J Hum Genet 59:1–6

Nasir J, Floresco SB, O'Kusky JR et al. (1995) Targeted disruption of the Huntington's disease gene results in embryonic lethality and behavioral and morphological changes in heterozygotes. Cell 81:811–823

Nasir J, Goldberg YP, Hayden MR (1996) Huntington disease: new insights into the relationship between CAG expansion and disease. Hum Mol Genet 5: 1431–1435

Neumann VJ, Burks AW (1966) Theory of self-reproducing automata. University of Illinois Press, Urbana, IL

Neuschmid-Kaspar F, Gast A, Peterzierl H et al. (1996) CAG-repeat expansion in androgen receptor in Kennedy's disease is not a loss of function mutation. Mol Cell Endocrinol 117:149–156

Nielsen JE, Koefoed P, Abell K et al. (1997) CAG repeat expansion in autosomal dominant pure spastic paraplegia linked to chromosome 2p21–p24. Hum Mol Genet 11:1811–1816

Nishiyama K, Murayama S, Goto J et al. (1996) Regional and cellular expression of the Machado-Joseph disease gene in brains of normal and affected individuals. Ann Neurol 40:776–781

Oberlé I, Rousseau F, Heitz D et al. (1991) Instability of a 550-base pair DNA segment and abnormal methylation in fragile X syndrome. Science 252:1097–1102

Ohno S (1970) Evolution by genome duplication. Springer, Berlin Heidelberg New York

Ophoff RA, Terwindt GM, Vergouwe MN et al. (1996) Familial hemiplegic migraine and episodic ataxia type-2 are caused by mutations in the $Ca^{(2+)}$ channel gene *CACNL1A4*. Cell 87:543–552

Orgel LE, Crick FHC (1980) Selfish DNA: the ultimate parasite. Nature 284:604–607

Orr HT, Chung M, Banfi S et al. (1993) Expansion of an unstable trinucleotide CAG repeat in spinocerebellar ataxia type 1. Nat Genet 4:221–226

Otten AD, Tapscott SJ (1995) Triplet repeat expansion in myotonic dystrophy alters the adjacent chromatin structure. Proc Natl Acad Sci USA 92:5465–5469

Oudet C, Mornet E, Serre JL et al. (1993) Linkage disequilibrium between the fragile X mutation and two closely linked CA repeats suggests that fragile X chromosomes are derived from a small number of founder chromosomes. Am J Hum Genet 52:297–304

Paulsen HL, Fischbeck KH (1996) Trinucleotide repeats in neurogenetic disorders. Annu Rev Neurosci 19:79–107

Pianese L, Cavalcanti F, Michele G de et al. (1997) The effect of parental gender on the GAA dynamic mutation in the *FRDA* gene. Am J Hum Genet 60:460–463

Pieretti M, Zhang F, Fu Y-H, Warren ST, Oostra BA, Caskey CT, Nelson DL (1991) Absence of expression of the *FMR-1* gene in fragile X syndrome. Cell 66:817–822

Portera-Cailliau C, Hedreen JC, Price DL, Koliatsos VE (1995) Evidence for apoptotic cell death in Huntington disease and excitotoxic animal models. J Neurosci 15:3775–3787

Potter NT (1997) Meiotic instability associated with the CAGR1 trinucleotide repeat at 13q13. J Med Genet 34:411–413

Pulst S-M, Nechiporuk A, Nechiporuk T et al. (1996) Moderate expansion of a normally biallelic trinucleotide repeat in spinocerebellar ataxia type 2. Nat Genet 14:269–276

Ranum LPW, Chung M, Banfi S et al. (1994a) Molecular and clinical correlations in spinocerebellar ataxia type I: evidence for familial effects on the age at onset. Am J Hum Genet 55:244–252

Ranum LPW, Schut LJ, Lundgren JK, Orr HT, Livingston DM (1994b) Spinocerebellar type 5 in a family decended from the grandparents of President Lincoln maps to chromosome 11. Nat Genet 8:280–284

Ranum LPW, Lundgren JK, Schut LJ et al. (1995) Spinocerebellar ataxia type 1 and Machado-Joseph disease: incidence of CAG expansions among adult-onset ataxia patients from 311 families with dominant, recessive, or sporadic ataxia. Am J Hum Genet 57:603–608

Reddy S, Smith DB, Rich MM et al. (1996) Mice lacking the myotonic dystrophy protein kinase develop a late onset progressive myopathy. Nat Genet 13:325–335

Reyniers E, Vits L, De Boulle K et al. (1993) The full mutation in the *FMR-1* gene of male fragile X patients is absent in their sperm. Nat Genet 4:143–148

Richards RI, Sutherland GR (1992) Dynamic mutations: a new class of mutations causing human disease. Cell 70:709–712

Richards RI, Holman K, Friend K et al. (1992) Evidence of founder chromosomes in fragile X syndrome. Nat Genet 1:257–260

Riess O, Epplen JT, Amoiridis G, Przuntek H, Schöls L (1997a) Transmission distortion of the mutant allele in spinocereballar ataxia. Hum Genet 99:282–284

Riess O, Laccone FA, Gispert S et al. (1997b) *SCA2* trinucleotide expansion in German SCA patients. Neurogenet 1:59–64

Robitaille Y, Schut L, Kish SJ (1995) Structural and immunocytochemical features of olivo-pontocerebellar atrophy caused by the spinocerebellar ataxia type 1 (SCA-1) mutation define a unique phenotype. Acta Neuropathol 90:572–581

Rosenberg RN, Nyhan WL, Bay C, Shore P (1976) Autosomal dominant striatonigral degeneration: a clinical, pathologic, and biochemical study of a new genetic disorder. Neurology 30:319–322

Rötig A, Lonlay P de, Chretien D et al. (1997) Aconitase and mitochondrial iron-sulphur protein deficiency in Friedreich ataxia. Nat Genet 17:215–217

Rubinsztein DC, Leggo J, Coles R et al. (1996) Phenotypic characterization of individuals with 30–40 CAG repeats in the Huntington disease (*HD*) gene reveals HD cases with 36 repeats and apparently normal elderly individuals with 36–39 repeats. Am J Hum Genet 59:16–22

Rubinsztein DC, Leggo J, Chiano M, Dodge A, Norbury G, Rosser E, Craufurd D (1997) Genotypes at the GluR6 kainate receptor locus are associated with variation in the age of onset of Huntington disease. Proc Natl Acad Sci USA 94:3872–3876

Sabourin LA, Mahadevan MS, Narang M, Lee DSC, Surh LC, Korneluk RG (1993) Effect of the myotonic dystrophy (DM) mutation on mRNA levels of the *DM* gene. Nat Genet 4:233–238

Sanpei K, Takano H, Igarashi S et al. (1996) Identification of the spinocerebellar ataxia type 2 gene using a direct identification of repeat expansion and cloning technique, DIRECT. Nat Genet 14:277–284

Schöls L, Amoiridis G, Langkafel M et al. (1995a) Machado-Joseph disease mutations as the genetic basis of most spinocerebellar ataxias in Germany. J Neurol Neurosurg Psychiatry 59:449–450

Schöls L, Vieira-Saecker AMM, Schöls S, Przuntek H, Epplen JT, Riess O (1995b) Trinucleotide expansion within the *MJD1* gene presents clinically as spinocerebellar ataxia and occurs most frequently in German SCA patients. Hum Mol Genet 4:1001–1005

Schöls L, Amoiridis G, Büttner T, Przuntek H, Epplen JT, Riess O (1997a) Spinocerebellar ataxias type 1, 2, 3 and

Schöls L, Epplen JT, Amoiridis G, Frank G, Przuntek H, Epplen C (1997b) Friedreich ataxia: revision of the phenotype according to molecular genetics. Brain 120:2131–2140

Schöls L, Auburger G, Vorgerd M et al. (1998a) Spinocerebellar ataxia type 2: genotype and phenotype in German kindreds. Neurogenet, in press

Schöls L, Krüger R, Amoiridis G, Przuntek H, Epplen JT, Riess O (1998b) Spinocerebellar ataxia type 6: genotype and phenotype in German kindreds. J Neurol Neurosurg Psychiatry 64:67–73

Servadio A, Koshy B, Armstrong D, Antalffy B, Orr HT, Zoghbi HY (1995) Expression analysis of the ataxin-1 protein in tissues from normal and spinocerebellar ataxia type 1 individuals. Nat Genet 10:94–98

Shaw DJ, McCurrach M, Rundle SA et al. (1993) Genomic organization and transcriptional units at the myotonic dystrophy locus. Genomics 18:673–679

Sherman SL, Jacobs PA, Morton NE et al. (1985) Further segregation analysis of the fragile X syndrome with special reference to transmitting males. Hum Genet 69:289–299

Singer MF (1982) SINES and LINES: highly repeated short and long interspersed sequences in mammalian genomes. Cell 28:433–434

Siomi H, Siomi M C, Nussbaum RL, Dreyfuss G (1993) The protein product of the fragile X gene, *FMR1*, has characteristics of an RNA-binding protein. Cell 74:291–298

Siomi H, Choi M, Siomi MC, Nussbaum RL, Dreyfuss G (1994) Essential role for KH domains in RNA binding: impaired RNA binding by a mutation in the KH domain of *FMR1* that causes fragile X syndrome. Cell 77:33–39

Sittler A, Devys D, Weber C, Mandel J-L (1996) Alternative splicing of exon 14 determines nuclear or cytoplasmic localisation of fmr1 protein isoforms. Hum Mol Genet 5:95–102

Smeets HJM, Smits APT, Verheij CE et al. (1995) Normal phenotype in two brothers with a full *FMR1* mutation. Hum Mol Genet 4:2103–2108

Snell RG, MacMillan JC, Cheadle JP et al. (1993) Relationship between trinucleotide repeat expansion and phenotypic variation in Huntington's disease. Nat Genet 4:393–397

Spiegel R, La Spada AR, Kress W, Fischbeck KH, Schmid W (1996) Somatic stability of the expanded CAG trinucleotide repeat in X-linked spinal and bulbar muscular atrophy. Hum Mutat 8:32–37

Stevanin G, Cancel G, Didierjean O et al. (1995) Linkage disequilibrium at the Machado-Joseph disease/spinal cerebellar ataxia 3 locus: evidence for a common founder effect in French and Portuguese-Brazilian families as well as a second ancestral Portuguese-Azorean mutation. Am J Hum Genet 57:1247–1250

Subramanian PS, Nelson DL, Chinault AC (1996) Large domains of apparent delayed replication timing associated with triplet repeat expansion at FRAXA and FRAXE. Am J Hum Genet 59:407–416

Takahashi H, Ohama E, Naito H, Takeda S, Nakashima S, Makifuchi T, Ikuta F (1988) Hereditary dentato-rubral-pallidoluysian atrophy: clinical and pathological variants in a family. Neurology 38:1065–1070

Takiyama Y, Igarashi S, Rogaeva EA et al. (1995) Evidence for inter-generational instability in the CAG repeat in the *MJD1* gene and for conserved haplotypes at flanking markers amongst Japanese and Caucasian subjects with Machado-Joseph disease. Hum Mol Genet 4:1137–1146

Tamanini F, Meijer N, Verheij C, Willems PJ, Galjaard H, Oostra BA, Hoogeveen AT (1996) FMRP is associated to the ribosomes via RNA. Hum Mol Genet 5:809–813

Tautz D (1993) Notes on the definition and nomenclature of tandemly repetitive DNA sequences. In: Pena SDJ, Chakraborty R, Epplen JT, Jeffreys AJ (eds) DNA fingerprinting: state of the science. Birkhäuser, Basel, pp 21–28

The Huntington's Disease Collaborative Research Group (1993) A novel gene containing a trinucleotide repeat that is expanded and unstable on Huntington's disease chromosomes. Cell 72:971–983

Timchenko LT, Miller JW, Timchenko NA et al. (1996) Identification of a $(CUG)_n$ triplet repeat RNA-binding protein and its expression in myotonic dystrophy. Nucleic Acids Res 24:4407–4414

Trottier Y, Biancalana V, Mandel J-L (1994) Instability of CAG repeats in Huntington's disease: relation to parental transmission and age of onset. J Med Genet 31:377–382

Trottier Y, Devys D, Imbert G et al. (1995) Cellular localization of the Huntington's disease protein and discrimination of the normal and mutated form. Nat Genet 10:104–110

Tsilfidis C, MacKenzie AE, Mettler G, Barcelo J, Korneluk RG (1992) Correlation between CTG trinucleotide repeat length and frequency of severe congenital myotonic dystrophy. Nat Genet. 1:192–195

Ueno S, Kondoh K, Kotani Y et al. (1995) Somatic mosaicism of CAG repeat in dentatorubral-pallidoluysian atrophy (DRPLA). Hum Mol Genet 4:663–666

Van der Ven PFM, Jansen G, Kuppevelt THMSM van et al. (1993) Myotonic dystrophy kinase is a component of neuromuscular junctions. Hum Mol Genet 2:1889–1894

Verheij C, Graaff E de, Bakker CE et al. (1995) Characterization of FMR1 proteins isolated from different tissues. Hum Mol Genet 4:895–901

Verkerk AJMH, Pieretti M, Sutcliffe JS et al. (1991) Identification of a gene (*FMR-1*) containing a CGG repeat coincident with a breakpoint cluster region exhibiting length variation in fragile X syndrome. Cell 65:905–914

Wang Y-H, Griffith J (1995) Expanded CTG triplet blocks from the myotonic dystrophy gene create the strongest known natural nucleosome positioning elements. Genomics 25:570–573

Wang Y-H, Amirhaeri S, Kang S, Wells RD, Griffith JD (1994) Preferential nucleosome assembly at DNA triplet repeats from the myotonic dystrophy gene. Science 265:669–671

Wang J, Pegoraro E, Menegazzo E et al. (1995) Myotonic dystrophy: evidence for a possible dominant-negative RNA mutation. Hum Mol Genet 4:599–606

Wanker EE, Rovira C, Scherzinger E et al. (1997) HIP-I: a huntingtin interacting protein isolated by the yeast two-hybrid system. Hum Mol Genet 6:487–495

Warner TT, Williams L, Harding AE (1994) DRPLA in Europe. Nat Genet 6:225

Warren ST (1997) Polyalanine expansion in synpolydactyly might result from unequal crossing-over of *HOXD13*. Science 275:408–409

Warren ST, Ashley CT (1995) Triplet repeat expansion mutations: the example of fragile X syndrome. Annu Rev Neurosci 18:77–99

Wöhrle D, Kotzot D, Hirst MC et al. (1992) A microdeletion of less than 250 kb, including the proximal part of the *FMR-1* gene and the fragile-X site, in a male with the clinical phenotype of fragile-X syndrome. Am J Hum Genet 51:299–306

Wong L-JC, Ashizawa T, Monckton DG, Caskey CT, Richards CS (1995) Somatic heterogeneity of the CTG repeat in myotonic dystrophy is age and size dependent. Am J Hum Genet 56:114–122

Yazawa I, Nukina N, Hashida H, Goto J, Yamada M, Kanazawa I (1995) Abnormal gene product identified in hereditary dentatorubral-pallidoluysian atrophy (DRPLA) brain. Nat Genet 10:99–103

Yu S, Pritchard M, Kremer E et al. (1991) Fragile X genotype characterized by an unstable region of DNA. Science 252:1179–1181

Zeitlin S, Liu J-P, Chapman DL, Papaioannu VE, Efstratiadis A (1995) Increased apoptosis and early embryonic lethality in mice nullizygous for the Huntington's disease gene homologue. Nat Genet 11:155–163

Zhang L, Leeflang EP, Yu JY, Arnheim N (1994) Studying human mutations by sperm typing: instability of CAG trinucleotide repeats in the human androgen receptor gene. Nat Genet 7:531–535

Zhang L, Fischbeck KH, Arnheim N (1995) CAG repeat length variation in sperm from a patient with Kennedy's disease. Hum Mol Genet 4:303–305

Zhuchenko O, Bailey J, Bonnen P et al. (1997) Autosomal dominant cerebellar ataxia (SCA6) associated with small polyglutamine expansions in the a_{1A}-voltage dependent calcium channel. Nat Genet 15:62–69

Zühlke C, Riess O, Bockel B, Lange H, Thies U (1993) Mitotic stability and meiotic variability of the $(CAG)_n$ repeat in the Huntington disease gene. Hum Mol Genet 2:2063–2067

5 Mikrodeletionssyndrome

5.1 Prader-Willi-Syndrom und Angelman-Syndrom

Bernhard Horsthemke, Karin Buiting, Bärbel Dittrich
und Gabriele Gillessen-Kaesbach

Inhaltsverzeichnis

5.1.1	Einführung	547
5.1.2	Krankheitsbilder	548
5.1.3	Molekularbiologische Grundlagen	551
5.1.4	Genetische Grundlagen	551
5.1.4.1	Genetische Mechanismen	551
5.1.4.1.1	Deletion 15q11–q13	551
5.1.4.1.2	Uniparentale Disomie	553
5.1.4.1.3	Imprinting-Defekt	554
5.1.4.1.4	Genmutationen	556
5.1.4.2	Genotyp-Phänotyp-Korrelation	556
5.1.5	Diagnostik und Therapie	557
5.1.6	Adressen der PWS- und AS-Selbsthilfegruppen	559
5.1.7	Literatur	560

5.1.1 Einführung

Das Prader-Willi-Syndrom (PWS) und das Angelman-Syndrom (AS) sind distinkte neurogenetische Erkrankungen, die hier zusammen behandelt werden, weil die betroffenen Gene eng benachbart auf dem Chromosom 15 lokalisiert sind und dem genomischen Imprinting unterliegen. Genomisches Imprinting (deutsch: Prägung) bezeichnet einen epigenetischen Prozeß, bei dem bestimmte Chromosomenabschnitte in der männlichen und weiblichen Keimbahn spezifisch markiert werden, so daß in somatischen Zellen entweder nur das väterliche oder nur das mütterliche Allel eines Gens aktiv ist. Infolgedessen unterscheiden sich das väterliche und das mütterliche Genom funktionell, und beide werden für die normale embryonale Entwicklung benötigt (McGrath u. Solter, 1984; Surani et al., 1986). Die elterlichen Kopien geprägter Regionen unterscheiden sich nicht nur hinsichtlich des Expressionsmusters bestimmter Gene, sondern auch hinsichtlich der DNA-Modifikation sowie des Zeitpunkts der Replikation innerhalb des Zellzyklus, wobei die paternalen Kopien in der Regel früher replizieren als die maternalen (Kitsberg et al., 1993; Knoll et al., 1994). Bei der DNA-Modifikation handelt es sich um die Methylierung von CpG-Dinukleotiden am 5'-Kohlenstoff des Cytosinrests. Der Promotorbereich aktiver Genkopien ist meistens unmethyliert, während er bei inaktiven Genkopien methyliert vorliegt. An anderen Stellen innerhalb und außerhalb von Genen können umgekehrt auch aktive Allele methyliert und inaktive unmethyliert sein (Stöger et al., 1993). Hierbei könnte es sich um „silencer" handeln, die im methylierten Zustand inaktiv sind.

Wie in Abb. 5.1.1 gezeigt, ist Imprinting ein zyklischer Prozeß, der 3 Schritte beinhaltet (Barlow 1995).

- In der Keimbahn werden die väterliche Prägung des väterlichen Chromosoms und die mütterliche Prägungs des mütterlichen Chromosoms entfernt und neu etabliert (Imprint-Umschaltung). In den Keimzellen männlicher Individuen sind die Chromosomen dann väterlich, in den Keimzellen weiblicher Individuen mütterlich geprägt.
- In der postzygotischen Entwicklung wird die Prägung mit jeder Zellteilung repliziert und an die Tochterzellen weitergegeben (Imprint-Replikation), d.h. die Prägung des Matrizen-Strangs wird auf den neusynthetisierten Tochterstrang kopiert. DNA-Methylierungsmuster werden wahrscheinlich von der Erhaltungsmethylase repliziert, die hemimethylierte DNA erkennt. Die Imprint-Replikation könnte eine allelische Interaktion der geprägten Chromosomenabschnitte beinhalten, denn es wurde beobachtet, daß sich die homologen Kopien solcher Chromosomenabschnitte in der späten S-Phase des Zellzyklus paaren (LaSalle u. Lalande, 1996).

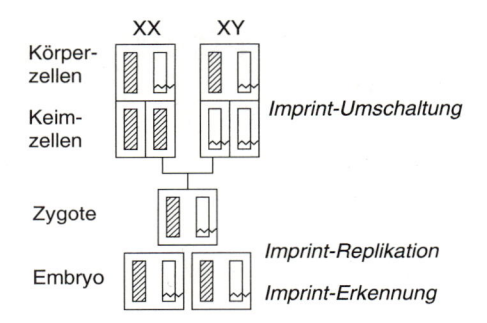

Abb. 5.1.1. Genomisches Imprinting. Genomisches Imprinting (Prägung) ist ein epigenetischer Prozeß, der 3 Schritte beinhaltet: Umschaltung, Replikation und Erkennung. Der Einfachheit halber ist nur ein Chromosomenpaar gezeigt. Die mütterliche Prägung ist *schraffiert*, die väterliche Prägung *weiß* dargestellt. Die *Wellenlinie* stellt ein Transkript dar, das nur vom väterlichen Chromosom exprimiert wird

- Im Interphasekern wird die Prägung von der Transkriptionsmaschinerie erkannt und zur Regulation elternspezifischer Genexpression benutzt, so daß entweder nur das väterliche oder nur das mütterliche Allel eines geprägten Gens aktiv ist. Die monoallelische Expression solcher Gene ist der Grund für die abnormale Entwicklung von Teratomen (embryonale Tumoren mit ausschließlich mütterlichem Genom) und Blasenmolen (Trophoblastenmaterial mit ausschließlich väterlichem Genom) sowie von Embryonen, in denen beide Kopien bestimmter Chromosomenpaare von nur einem Elternteil abstammen (Uniparentale Disomie, UPD).

Das Säugetiergenom enthält vermutlich 100–200 elternspezifisch exprimierte Gene (Solter, 1988; Hayashizaki et al., 1994), von denen bislang lediglich 2 Dutzend bekannt sind. Die Gene scheinen nicht willkürlich im Genom verteilt zu sein, sondern in Clustern aufzutreten. Dies deutet darauf hin, daß die primäre Kontrolle des Imprintings nicht auf der Ebene einzelner Gene, sondern auf der Ebene von Chromosomendomänen stattfindet. Chromosomen, die elternspezifisch exprimierte Gene tragen, fallen durch den phänotypischen Effekt von UPD auf (Cattanach et al., 1995; Ledbetter u. Engel, 1995). Klinisch auffällig beim Menschen sind die maternale UPD(7) (Wachstumsretardierung), paternale UPD(11) (Beckwith-Wiedemann-Syndrom), maternale UPD(14) (Wachstumsretardierung), maternale UPD(15) (Prader-Willi-Syndrom) und die paternale UPD(15) (Angelman-Syndrom). Auf Chromosom 15 wurden bislang 4 Gene identifiziert, die dem Imprinting unterliegen (Abb. 5.1.2): *ZNF127* (Zinkfingerprotein 127), *SNRPN* (small nuclear ribonucleoprotein N) und *IPW* (imprinted in Prader-Willi syndrome region) werden in allen adulten Geweben nur vom väterlichen Chromosom exprimiert (Nakao et al., 1994; Reed u. Leff, 1994; Wevrick et al., 1994; Glenn et al., 1996a). *UBE3A* (Ubiquitin-Protein-Ligase) wird meist biallelisch (Nakao et al., 1994), in einigen Gehirnzellen aber monoallelisch vom mütterlichen Chromosom exprimiert (Beaudet et al., 1997; Wagstaff et al., 1997). Diese Gene könnten beim Prader-Willi- bzw. Angelman-Syndrom eine Rolle spielen (s. Kapitel 5.1.3 „Molekularbiologische Grundlagen" und 5.1.4 „Genetische Grundlagen").

5.1.2 Krankheitsbilder

Seit der Erstbeschreibung durch A. Prader, A. Labhart und H. Willi im Jahr 1956 wurde in der Literatur über mehr als 700 Patienten mit Prader-Wil-

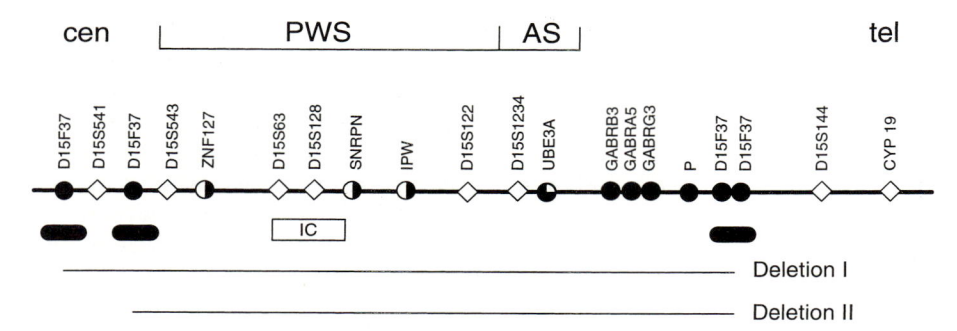

Abb. 5.1.2. Schematische Übersicht über die PWS- und AS-Region auf Chromosom 15. Diagnostisch relevante DNA-Marker sind als *Rauten* dargestellt, *schwarze Kreise* biallelisch exprimierte Gene, *halbausgefüllte Kreise* väterlich exprimierte Gene. Das *UBE3A*-Gen wird in bestimmten Gehirnzellen vom mütterlichen Chromosom, ansonsten biallelisch exprimiert. *IC* kennzeichnet das Imprinting-Zentrum, *dicke schwarze Balken* die Bruchpunkt-Cluster-Regionen

li-Syndrom berichtet (Butler et al., 1990; Donaldson et al., 1994). Das PWS tritt bei etwa 1/10 000–1/30 000 Neugeborenen auf (Cassidy, 1984). Die altersabhängige klinische Symptomatik läßt sich 4 Entwicklungsphasen zuordnen.

- In der 1. Phase (fetale und neonatale Periode) fallen verminderte Kindsbewegungen während der Schwangerschaft, Fütterungsprobleme, ausgeprägte Muskelhypotonie sowie eine Genitalhypoplasie auf (Abb. 5.1.3 a).
- In der 2. Phase, die sich vom 1. bis zum 4. Lebensjahr erstreckt, zeigen sich eine Dystrophie, Entwicklungsverzögerung einschließlich verlangsamter Sprachentwicklung, vermehrt visköser Speichel, eine faziale Dysmorphie, sowie bei einem Teil der Patienten eine Hypopigmentierung.
- Die 3. Phase, die das Kindes- und Jugendalter kennzeichnet, ist durch einen deutlich vermehrten Appetit mit sich daraus entwickelnder Adipositas, Minderwuchs, Akromikrie, Skoliose, Karies, plötzliches Einschlafen, zwanghaftes Hautkratzen sowie eine vermehrte Stimmungslabilität charakterisiert (Abb. 5.1.3 b).
- In der 4. Phase, im Erwachsenenalter, treten psychische Probleme in den Vordergrund, die sich aus einem geringen Selbstwertgefühl vieler Patienten, einer inkompletten sexuellen Entwicklung und nicht zuletzt dem ausgeprägten Nahrungstrieb und einem unzulänglichen Umgang mit Geld ergeben (Abb. 5.1.3 c).

Eine Hilfe bei der klinischen Einschätzung stellen die von Holm et al. (1993) entwickelten diagnostischen Kriterien dar. Bei der Bewertung der 8 Haupt- und 11 Nebenkriterien wird zwischen Patienten im Alter von 0–36 Monaten und zwischen Patienten von 3 Jahren bis zum Erwachsenenalter unterschieden. Hauptkriterien werden mit 1, Nebenkriterien mit einem halben Punkt bewertet. Für Patienten unter 3 Jahren sind 5 Kriterien obligat, von denen 4 Hauptkriterien sein müssen. Bei Patienten über 3 Jahren sind 8 Punkte, davon 5 Hauptkriterien, für die klinische Diagnose notwendig.

- Hauptkriterien sind:
  1. Muskuläre Hypotonie,
  2. Fütterungsprobleme,
  3. massive Gewichtszunahme nach dem 12. Lebensmonat,
  4. charakteristisches Gesicht mit Dolichozephalie, engem bifrontalen Durchmesser, mandelförmigen Augen und herabgezogenen Mundwinkeln,
  5. Hypogonadismus,
  6. Entwicklungsverzögerung,
  7. übermäßiger Appetit,
  8. Deletion im Bereich 15q11–13.

- Nebenkriterien sind:
  1. Verminderte Kindsbewegungen während der Schwangerschaft,
  2. Verhaltensauffälligkeiten,
  3. Schlafapnoen,
  4. Kleinwuchs,
  5. Hypopigmentierung,
  6. kleine Hände und Füße,
  7. schmale Hände,
  8. Fehlsichtigkeit,
  9. zäher Speichel,
  10. Artikulationsprobleme,
  11. Hautkratzen.

Das Prader-Willi-Syndrom wird häufig überdiagnostiziert, da eine muskuläre Hypotonie beim jungen Säugling und eine Adipositas und mentale Retardierung bei älteren Patienten bei vielen Krankheitsbildern eine Rolle spielen. Differentialdiagnostisch sind im Säuglingsalter insbesondere eine spinale Muskelatrophie, eine kongenitale Form der myotonen Dystrophie, Stoffwechselerkrankungen sowie das Zellweger-Syndrom zu erwähnen. Bei älteren Kindern finden sich ähnliche klinische Zeichen wie bei PWS u.a. bei folgenden Erkrankungen: Bardet-Biedl-Syndrom, Alström-Syndrom, Cohen-Syndrom, Pseudohypoparathyreoidismus oder dem Fragilen X-Syndrom.

Im Jahr 1965 beschrieb H. Angelman erstmalig 3 Kinder mit „happy puppet syndrome", das heute als Angelman-Syndrom bezeichnet wird. Eine typische Patientin ist in Abb. 5.1.3 d gezeigt. Die Inzidenz ist mit 1/10 000–1/30 000 ähnlich hoch wie für das Prader-Willi-Syndrom. Alle Patienten zeigen eine verzögerte Entwicklung, eine schwere mentale Retardierung und eine Ataxie. Eine aktive Sprache ist meist nicht vorhanden. Die typischen kraniofazialen Auffälligkeiten wie eine Mikrozephalie, eine Prognathie und ein weiter Zahnabstand entwickeln sich erst in der frühen Kindheit. Häufig sind Krampfanfälle und ein abnormales Elektroenzephalogramm (EEG). Die EEG-Veränderungen äußern sich in großamplitudigen Slow-wave-Abläufen (4–6c/s) und einem Spike-wave-Muster gemischt mit großen Amplituden (Boyd et al., 1988). Charakteristisch sind ferner das freundliche Verhalten und häufiges Lachen. Bei einem Teil der Patienten zeigt sich eine Hypopigmentierung. Im Gegensatz zum Prader-Willi-Syndrom wird das Angelman-Syndrom eher unterdiagnosti-

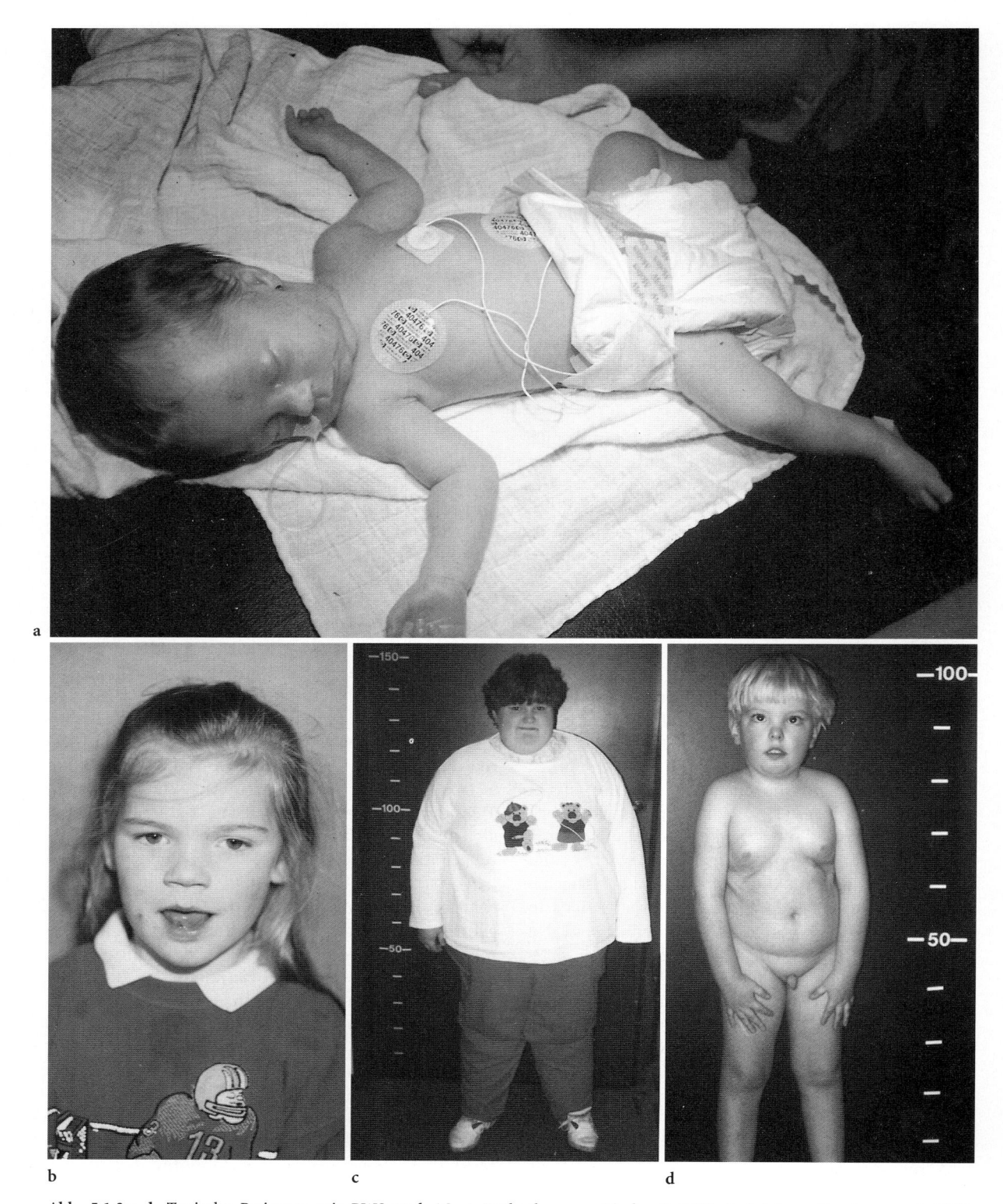

Abb. 5.1.3 a–d. Typische Patienten mit PWS und AS. **a** Frühgeborenes Kind mit PWS. **b** 5 Jahre alter Junge mit PWS. **c** 17jähriges Mädchen mit PWS. **d** 7jähriges Mädchen mit AS

ziert. Gerade in der Neugeborenen- und frühkindlichen Phase ist die klinische Diagnose schwierig, da sich der charakteristische Phänotyp erst im Lauf der ersten Lebensjahre entwickelt.

5.1.3 Molekularbiologische Grundlagen

Weder beim Prader-Willi- noch beim Angelman-Syndrom ist der biochemische oder zelluläre Defekt genau bekannt. Beiden Erkrankungen liegen vermutlich zentralnervöse Störungen zugrunde. Bei einigen Patienten mit Angelman-Syndrom wurden kürzlich Mutationen im Gen für die Ubiquitin-Protein-Ligase (*UBE3A*) identifiziert (Kishino et al., 1997; Matsuura et al., 1997), die zum Verlust der Enzymaktivität führen. Das Enzym spielt beim intrazellulären Proteinabbau eine Rolle (Abb. 5.1.4). Ubiquitin ist ein hochkonserviertes und in allen Zellen vorkommendes Peptid aus 76 Aminosäuren. Es wird durch die ATP-verbrauchende kovalente Verknüpfung seines C-Terminus mit einem Cysteinrest des Ubiquitin-aktivierenden Enzyms E1 aktiviert und dann auf einen Cysteinrest des Ubiquitin-konjugierenden Enzyms E2 übertragen. Die Ubiquitin-Protein-Ligase katalysiert die Übertragung des Ubiquitin von E2 auf das Zielprotein, das dann durch das Proteasom abgebaut wird. Warum ein Defekt der Ubiquitinylierung und des Proteinabbaus zum Angelman-Syndrom führt, ist unklar. Hinsichtlich des neurologischen Phänotyps des Angelman-Syndroms sei erwähnt, daß Mutationen im *E2*-Gen bei *Drosophila* zu Störungen der Axonführung und der neuronalen Verschaltung führen.

Beim Prader-Willi-Syndrom macht es die Symptomatik sehr wahrscheinlich, daß in erster Linie der Hypothalamus betroffen ist. Histologische oder biochemische Veränderungen im Hypothalamus von PWS-Patienten konnten bislang aber nicht nachgewiesen werden. Im kritischen Bereich auf Chromosom 15 liegt das Gen für *SNRPN* (Öczelik et al., 1992), das am Spleißen von prä-mRNA beteiligt ist. Bislang wurden jedoch keine Patienten mit Mutationen in diesem Gen identifiziert. Es ist theoretisch denkbar, daß das Spleißen wichtiger neuronaler Transkripte durch einen Funktionsverlust von *SNRPN* gestört wird, so daß ein oder mehrere Proteine nicht gebildet werden. Neben dem *SNRPN*-Gen könnten auch das *ZNF127*- und das *IPW*-Gen eine Rolle spielen. *ZNF127* kodiert für ein Zinkfingerprotein unbekannter Funktion. Die Funktion des *IPW*-Gens ist ebenfalls unbekannt. Es kodiert für eine RNA ohne offenes Leseraster, also vermutlich eine regulatorische RNA.

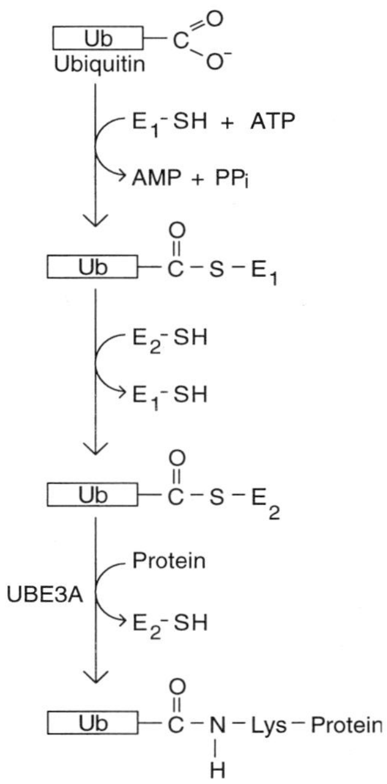

Abb. 5.1.4. Enzymatische Schritte bei der Ubiquitinylierung von Proteinen

5.1.4 Genetische Grundlagen

Dem Prader-Willi- und dem Angelman-Syndrom können verschiedene genetische Mechanismen zugrundeliegen: eine Deletion 15q11–q13, eine uniparentale Disomie 15, ein Imprinting-Defekt oder eine Genmutation (nur bei AS). Die Mechanismen sind in Abb. 5.1.5 gezeigt und im folgenden näher erläutert.

5.1.4.1 Genetische Mechanismen

5.1.4.1.1 Deletion 15q11–q13

Mit Hilfe einer hochauflösenden Chromosomenanalyse haben Ledbetter et al. (1981) zum ersten Mal eine Deletion 15q11–q13 bei Patienten mit PWS nachgewiesen. Kaplan et al. (1987), Magenis et al. (1987) und Pembrey et al. (1989) haben gezeigt, daß eine Deletion im Bereich 15q11–q13

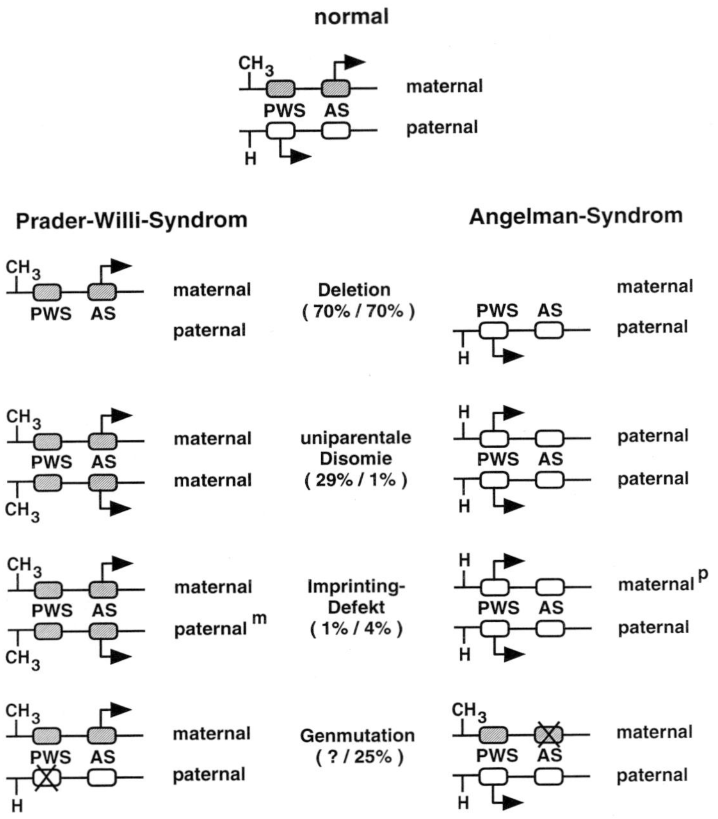

Abb. 5.1.5. Molekulare Klassifizierung von Patienten. *Pfeile* Genaktivität, CH_3, H methyliertes bzw. unmethyliertes CpG-Dinukleotid, *schraffiert* mütterliche Prägung, *weiß* väterliche Prägung

auch bei Patienten mit Angelman-Syndrom zu finden ist. Die Deletion ist zytogenetisch nur nachzuweisen, wenn die Auflösung über 550 Banden pro haploidem Genom beträgt. Durch die Untersuchung einer großen Anzahl von Patienten in vielen Labors ist festgestellt worden, daß eine De-novo-Deletion 15q11–q13 mit etwa 70% die häufigste Ursache für das Prader-Willi- (Robinson et al., 1991) und das Angelman-Syndrom ist (Chan et al., 1993). Bei den Deletionen handelt es sich meistens um eine interstitielle Deletion, weniger häufig um eine unbalancierte Translokation. Die unbalancierten Translokationen sind entweder de novo entstanden oder das Resultat der Segregation einer balancierten Translokation. Interessanterweise scheint eine balancierte Translokation auch das Risiko für das Auftreten einer interstitiellen Deletion zu erhöhen: Horsthemke et al. (1996) haben kürzlich 2 nicht verwandte Familien beschrieben, in denen der Vater jeweils eine balancierte Translokation mit einem Bruchpunkt am Chromsom 15 im Bereich 15q11–q13 hat. In beiden Familien wurde ein Kind mit einem PWS aufgrund einer interstitiellen Deletion in 15q11–q13 geboren, die sich bei einer konventionellen Chromosomenuntersuchung nach Amniozentese zunächst nicht darstellen ließ. Ursache für die Entstehung der Deletion war wahrscheinlich ein ungleiches Cross-over zwischen einem Translokationschromosom und dem normalen Chromosom 15.

Die typischen Deletionen umfassen etwa 3–4 Mb und entstehen durch inter- oder intrachromosomales Cross-over (Carrozzo et al., 1997). Die Cross-over erfolgen wahrscheinlich zwischen den verschiedenen Kopien einer Genfamilie (*D15F37*; Buiting et al., 1972), die sich am proximalen und am distalen Ende von 15q11–q13 befinden (Abb. 5.1.2). Die Funktion der Genfamilie ist bisher unbekannt. Deletionen unter Einschluß von *D15S541* werden Klasse-I-Deletionen genannt. Wenn der Marker *D15S541* nicht beteiligt ist, spricht man von Klasse-II-Deletionen (Knoll et al., 1989; Christian et al., 1995). Beide molekulare Klassen treten sowohl bei AS als auch bei PWS auf. Der Unterschied zwischen den Deletionen bei AS und PWS liegt nicht in ihrer Größe, sondern in ihrem elterlichen Ursprung: Deletionen bei AS sind strikt mütterlicher Herkunft, wohingegen Deletionen bei PWS immer väterlicher Herkunft sind (Knoll et al., 1989). Die strikte Korrelation zwischen dem

Krankheitsbild und dem elterlichen Ursprung der Deletion läßt sich dadurch erklären, daß die Gene für PWS und AS nur vom väterlichen bzw. mütterlichen Chromosom 15 exprimiert werden. Die Expression muß nicht notwendigerweise in allen Geweben monoallelisch sein. Wie schon in Kapitel 5.1.1 „Einführung" erwähnt, wird das AS-Gen (*UBE3A*) in den meisten Geweben biallelisch exprimiert und nur in bestimmten Hirnzellen ausschließlich vom mütterlichen Chromosom.

Bei einer paternalen Deletion geht die einzige aktive Kopie des/der PWS-Gen(e) verloren sowie die stumme Kopie des AS-Gens (Abb. 5.1.5). Dies führt zu einem vollständigen Funktionsverlust des/der PWS-Gen(e). Bei einer maternalen Deletion gehen, zumindest in bestimmten Hirnzellen, die einzige aktive Kopie des AS-Gens sowie die stumme Kopie des/der PWS-Gen(e) verloren. Dies führt zu einem vollständigen Funktionsverlust des AS-Gens in den Zellen, die dieses Gen monoallelisch vom mütterlichen Chromosom exprimieren. Bei einigen wenigen Patienten wurden Deletionen gefunden, die kleiner als die typischen Deletionen sind. Diese haben zur Definition des kritischen Bereichs für die PWS-Gene und für das AS-Gen geführt (Abb. 5.1.2).

5.1.4.1.2 Uniparentale Disomie

Wie in der Einführung erwähnt, führt eine maternale UPD(15) zum PWS und eine paternale UPD(15) zum AS. Dies wurde erstmals von Nicholls et al. (1989) für PWS und von Malcolm et al. (1991) für AS gezeigt. Nachfolgende Untersuchungen an einer größeren Patientenzahl in verschiedenen Labors haben ergeben, daß fast alle Patienten mit PWS ohne Deletion eine maternale UPD aufweisen (29% aller PWS-Patienten; Mascari et al., 1992), aber nur sehr wenige AS-Patienten eine paternale UPD (1% aller AS-Patienten). Bei Patienten mit PWS aufgrund einer maternalen UPD liegen zwar 2 Kopien des/der PWS-Gen(e) vor, aber beide Kopien sind stumm (Abb. 5.1.5), so daß ein vollständiger Funktionsverlust dieser Gene vorliegt. Das AS-Gen wird vermutlich in allen Zellen biallelisch exprimiert, obwohl dies noch nicht nachgewiesen wurde. Eine paternale UPD resultiert in einem vollständigen Funktionsverlust des AS-Gens in den Zellen, die dieses Gen normalerweise monoallelisch vom mütterlichen Chromosom exprimieren. Paternal exprimierte Gene wie *SNRPN* und *IPW* werden wahrscheinlich biallelisch exprimiert.

Grundlage für die Entstehung einer UPD ist eine Chromosomenfehlverteilung in der Meiose, in

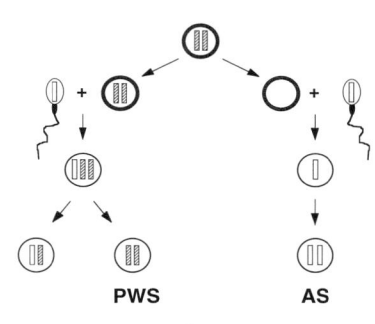

Abb. 5.1.6. Entstehung von uniparentaler Disomie durch postzygotische Korrektur einer Chromosomenfehlverteilung in der weiblichen Meiose. Der Einfachheit halber ist nur ein Chromosomenpaar gezeigt. *Schraffiert* mütterliche Prägung, *weiß* väterliche Prägung, *dick umrandeter Kreis* weibliche Keimzellen, *oval* männliche Keimzellen, *dünn umrandeter Kreis* Zygote sowie embryonale Zellen

der der Chromosomensatz halbiert wird. Abb. 5.1.6 zeigt eine Fehlverteilung des Chromosoms 15 in der mütterlichen Meiose. Als Folge dieser Fehlverteilung hat eine Eizelle statt eines Chromosoms 15 entweder 2 oder kein Chromosom 15. Die Befruchtung einer Eizelle mit 2 Chromosomen 15 durch ein Spermium führt zu einer Zygote mit Trisomie 15. Dieser Zustand kann sich durch Verlust eines Chromosoms 15 normalisieren („trisomy rescue"), wodurch ein Zellmosaik entsteht. In 2/3 aller Fälle wird eines der überzähligen mütterlichen Chromosomen verlorengehen, so daß dann in dieser Zellinie ein normaler Karyotyp resultiert. In 1/3 aller Fälle wird das väterliche Chromosom verlorengehen, so daß eine maternale UPD vorliegt, die zum PWS führt. Ist die Fehlverteilung in der Meiose I erfolgt, in der die homologen Chromosomen getrennt werden, resultiert eine Heterodisomie. Bei einer Heterodisomie finden sich 2 unterschiedliche Chromosomen eines Elternteils. Ist die Fehlverteilung in der Meiose II erfolgt, in der die Chromatiden getrennt werden, resultiert eine Isodisomie. In diesem Fall handelt es sich um 2 identische Chromosomen eines Elternteils. Bei einem Cross-over vor der Fehlverteilung wechseln sich Bereiche von Hetero- und Isodisomie ab.

Die Befruchtung einer Eizelle, in der das Chromosom 15 fehlt, führt zu einer Zygote mit einer Monosomie 15. Dieser Zustand kann sich durch Duplikation des Chromosoms 15 normalisieren („monosomy rescue"), wodurch ein Zellmosaik entsteht. In diesem Fall resultiert immer eine Isodisomie für das ganze Chromosom. Die paternale UPD führt zum Angelman-Syndrom.

Für den hier skizzierten Entstehungsmechanismus einer UPD gibt es direkte und indirekte Hinweise. Wie von der Trisomie 21 bekannt ist, steigt das Risiko für eine Chromosomenfehlverteilung mit dem mütterlichen Alter. Da auch der UPD eine Chromosomenfehlverteilung zugrundeliegt, überrascht es nicht, daß auch bei der UPD(15) ein erhöhtes mütterliches Alter gefunden wurde. (Robinson et al., 1993; Gillessen-Kaesbach et al., 1995a; Robinson et al., 1996). Während bei 30jährigen Frauen das Risiko für eine UPD(15) <1/100 000 Neugeborenen liegt, beträgt es bei Frauen zwischen 40 und 44 Jahren ungefähr 1/3400 Neugeborene. Das Risiko für eine UPD(15) ist auch beim Vorliegen einer Robertson-Translokation, an der ein Chromosom 15 beteiligt ist, signifikant erhöht, da eine solche Translokation mit der Chromosomenverteilung in der Meiose interferiert. Ferner sind einige Fälle bekannt, in denen bei einer Chorionzottenbiopsie eine Trisomie 15 im Mosaik und bei nachfolgender Amniozentese ein scheinbar normaler Karyotyp gefunden wurde. Molekulargenetische Untersuchungen ergaben dann eine UPD (Cassidy et al., 1992; Purvis-Smith et al., 1992; Slater et al., 1997).

5.1.4.1.3 Imprinting-Defekt

In den letzten Jahren wurde eine kleine Gruppe von Patienten identifiziert (1% bei PWS und 4% bei AS), deren Chromosomen 15 scheinbar normaler biparentaler Herkunft sind, bei denen aber beide Chromosomen eine mütterliche (PWS) oder eine väterliche Prägung (AS) aufweisen (Glenn et al., 1993b; Reis et al., 1994; Buiting et al., 1994). Infolge der falschen Prägung sind die PWS-Gene auf dem väterlichen und das AS-Gen auf dem mütterlichen Chromosom stumm (Abb. 5.1.5). Der Effekt ist ähnlich wie bei der UPD. Dieser Zustand kann auch als funktionelle UPD bezeichnet werden. Das Vorhandensein einer falschen Prägung geht offensichtlich auf einen Fehler zurück, der entweder bei der Imprint-Umschaltung oder der Imprint-Replikation entsteht. Dieser Fehler könnte seine Ursache in einer Mutation cis-regulatorischer Elemente auf dem falsch geprägten Chromosom oder in einer Mutation eines Gens für einen transwirkenden Faktor haben. Der Nachweis von Mikrodeletionen zwischen *D15S63* und *SNRPN* bei einigen Patienten (Abb. 5.1.7) hat zur Identifizierung eines Imprinting-Zentrums (IC) geführt, das die Imprint-Umschaltung in cis reguliert (Sutcliffe et al., 1994; Buiting et al., 1995; Saitoh et al., 1996). Obwohl es nur sehr wenige Patienten mit diesem Defekt gibt, sind diese Veränderungen für die Analyse des Imprinting-Prozesses besonders instruktiv.

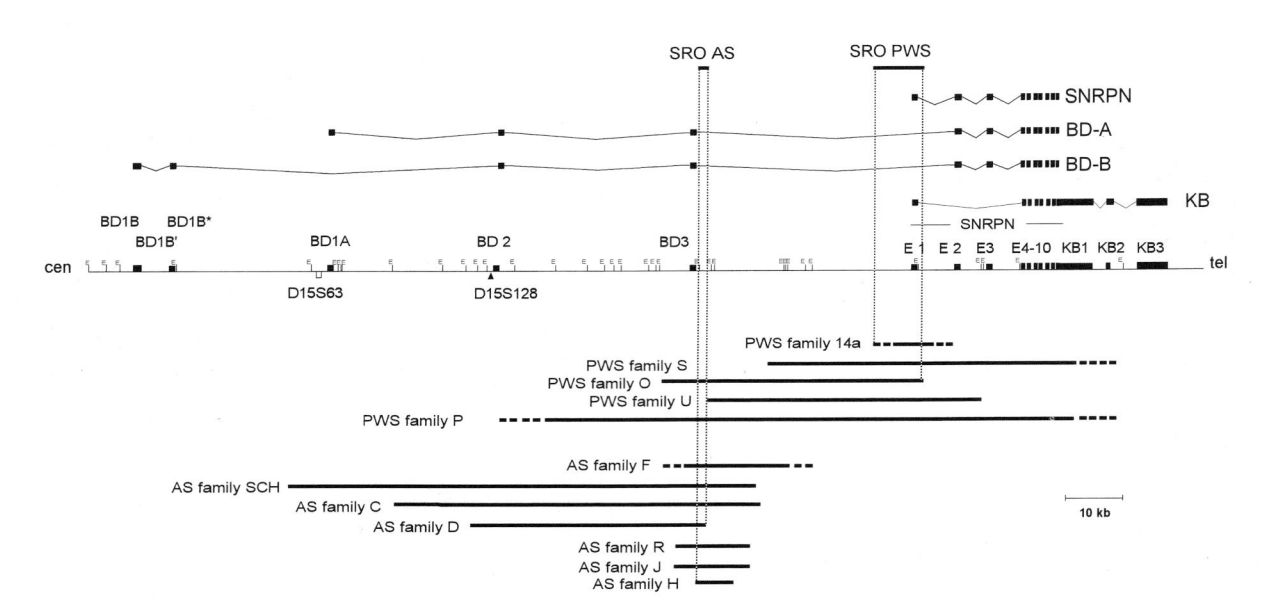

Abb. 5.1.7. Imprinting-Zentrum-Deletionen. In der Mitte der Abbildung ist die physikalische Karte um *D15S63* und *SNRPN* dargestellt. Restriktionsschnittstellen für EcoRI sind mit E gekennzeichnet. Das *SNRPN*-Gen besteht aus 10 Exons (E1–E3) sowie mehreren alternativen 5′- und 3′-Exons (BD1–3 und KB1–3), die für die BD-A-, BD-B- und KB-Transkripte verwendet werden. Die *Linien* unterhalb der Karte zeigen das Ausmaß der Mikrodeletionen in PWS- und AS-Familien mit einen Imprinting-Defekt an. Der kürzeste überlappende Bereich der AS- und PWS-Deletion ist als *SRO* („shortest region of deletion overlap") gekennzeichnet

Mutationen des Imprinting-Zentrums üben keinen simplen Positionseffekt auf benachbarte Loci aus. In den Familien mit AS wurden sie auf dem mütterlichen Chromosom 15 der Patienten und auf dem väterlichen Chromosom 15 der phänotypisch normalen Mütter gefunden. In einigen Fällen ist die Mutation bei der Mutter im Mosaik vorhanden. In einer Familie konnte nachgewiesen werden, daß die Mutation mit dem mütterlichen Chromosom des Großvaters an die Mutter vererbt wurde. In den Familien mit PWS wurde die Mutation auf dem väterlichen Chromosom der Patienten und auf dem mütterlichen Chromosom der phänotypisch normalen Väter gefunden. In einigen Fällen war die Vererbung der Mutation mit dem mütterlichen Chromosom der Großmutter an den Vater nachweisbar (Sutcliffe et al., 1994; Buiting et al., 1995; Saitoh et al., 1996; Dittrich et al., 1996a). Diese Daten lassen vermuten, daß IC-Mutationen die Imprint-Umschaltung in der Keimbahn blokkieren. Sie können stumm durch die Keimbahn eines Geschlechts vererbt werden und manifestieren sich erst nach Vererbung durch die Keimbahn des anderen Geschlechts. Wie in Abb. 5.1.8 gezeigt, verhindert eine AS-IC-Mutation auf dem mütterlichen Chromosom nicht die Umschaltung der Prägung von mütterlich nach väterlich in der männlichen Keimbahn (s. Großvater der Familie mit AS), wohl aber die Umschaltung der Prägung von väterlich nach mütterlich in der weiblichen Keimbahn (s. Mutter). Ein Kind, das dieses mütterliche Chromosom mit einem väterlichen Imprint erbt, hat demzufolge 2 Chromosomen 15 mit einer väterlichen Prägung (funktionelle paternale UPD) und entwickelt ein AS. Saitoh et al. (1996) haben gezeigt, daß *SNRPN* und *IPW*, die normalerweise monoallelisch vom väterlichen Chromosom 15 exprimiert werden, in diesen Patienten biallelisch aktiv sind. Eine PWS-IC-Mutation auf dem mütterlichen Chromosom verhindert die Umschaltung von mütterlich nach väterlich in der männlichen Keimbahn (s. Vater der Familie mit PWS). Ein Kind, das dieses väterliche Chromosom mit einer mütterlichen Prägung erbt, hat eine funktionelle maternale UPD und entwickelt ein PWS.

Ein näherer Blick auf die IC-Deletionen (Abb. 5.1.7) läßt vermuten, daß das IC eine zweiteilige Struktur hat: einen zentromerischen Teil, der bei Familien mit AS, und einen telomerischen Teil, der bei Patienten mit PWS deletiert ist. Kürzlich wurden Transkripte identifiziert, die die IC-Region überspannen (Dittrich et al., 1996a). Eine DNA-Sequenz in der Nähe von *D15S63* und eine verwandte Sequenz 30 kb zentromerisch dienen als alternative Startpunkte dieser Transkripte, die aus einer distinkten 5'-untranslatierten Region (Exons BD1–3) und den *SNRPN*-Exons 2–10 bestehen (Abb. 5.1.7). Die 5'-Exons (BD1B und BD1A) dieser Transkripte sind unterschiedliche, genutzt werden aber Exon BD2 und BD3. BD1B' und BD1B* sind alternative Exons des BD1B-Transkripts. Die BD-Transkripte werden nur vom väterlichen Chromosom exprimiert und sind nur in einer sehr geringen Kopienzahl vorhanden. Sie werden hauptsächlich im Gehirn, Herz, Hoden und Eierstock gefunden.

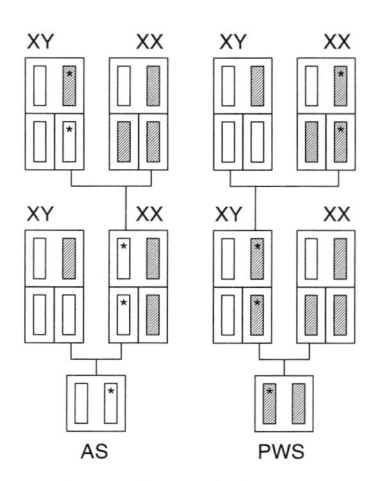

Abb. 5.1.8. Vererbung von IC-Mutation und ihre Auswirkung. *Schraffiert* mütterliche Prägung, *weiß* väterliche Prägung. Die in AS-Familien beobachtete IC-Mutation (*Stern*) verhindert nicht die Imprint-Umschaltung von maternal nach paternal in der großväterlichen Keimbahn, sondern nur von paternal nach maternal in der mütterlichen Keimbahn. Die in PWS-Familien beobachtete IC-Mutation verhindert die Imprint-Umschaltung von maternal nach paternal in der väterlichen Keimbahn

In 6 von 7 Patienten mit AS mit einer IC-Deletion ist das Exon BD3 deletiert (Abb. 5.1.7). In einer Familie (AS-H) beginnt eine 6-kb-Deletion nur 288 bp distal von BD3 und könnte mit der Expression oder dem Spleißen der BD-Transkripte interferieren. Diese Befunde lassen vermuten, daß die BD-Transkripte oder eine regulatorische Sequenz in der Nähe von BD3 an der Imprint-Umschaltung von väterlich nach mütterlich in der weiblichen Keimbahn beteiligt sind. Bei allen Patienten mit PWS mit einer IC-Deletion ist das *SNRPN*-Exon 1 betroffen. Dies läßt vermuten, daß das *SNRPN*-Transkript oder eine regulatorische Sequenz in der Nähe von Exon 1 an der Imprint-Umschaltung von mütterlich nach väterlich in der männlichen Keimbahn beteiligt ist.

Bei 2 und mehr betroffenen Geschwisterkindern mit einem Imprinting-Defekt ist immer eine familiäre IC-Mutation nachzuweisen (Horsthemke et al., 1997). Bei Patienten mit einem sporadischen PWS mit einem Imprinting-Defekt wurde eine IC-Mutation nur in einigen Fällen gefunden. Interessanterweise gibt es einige Patienten, die dasselbe väterliche (PWS) oder mütterliche (AS) Chromosom geerbt haben wie ein normales Geschwisterkind (Bürger et al. 1997, Buiting et al. 1998). In diesen Fällen ist eine familiäre IC-Mutation ausgeschlossen, und andere Mechanismen müssen in Erwägung gezogen werden. Der Imprinting-Defekt könnte Folge eines Umschaltfehlers einer einzelnen Keimzelle oder Folge eines Fehlers bei der postzygotischen Imprint-Replikation sein. Die Mutation ist in diesen Fällen entweder auf eine unentdeckt gebliebene strukturelle Mutation des IC zurückzuführen oder aber eine Epimutation (Holliday, 1987), d.h. ein Imprintfehler ohne eine zugrundeliegende DNA-Sequenzveränderung. Schließlich wäre auch eine Paramutation (Brink et al., 1973) denkbar, die aus dem interchromosomalen Transfer eines epigenetischen Zustands von einem Allel auf das andere resultiert. Dieser Prozeß ist mechanistisch mit der homologen Rekombination verwandt und involviert wahrscheinlich hemimethylierte Chromatiden (Holliday, 1987; Colot et al., 1996). In diesem Zusammenhang ist interessant, daß LaSalle u. Lalande (1996) eine Paarung der homologen Chromosomen 15 in der späten S-Phase des Zellzyklus beobachtet haben. Diese Paarung erfolgt spezifisch im Bereich 15q11–q13 und könnte zu einer erhöhten mitotischen Rekombination während der postzygotischen Entwicklung beitragen. Alternativ zu den 3 erwähnten Möglichkeiten wäre eine Mutation in trans in Erwägung zu ziehen. Bislang ist jedoch keine Familie mit AS oder PWS identifiziert worden, bei denen der Defekt nicht zu 15q11–q13 gekoppelt ist. Deshalb scheint eine trans-wirkende Mutation unwahrscheinlich.

5.1.4.1.4 Genmutationen

Ungefähr 25% aller Patienten mit AS weisen weder eine Deletion noch eine UPD noch einen Imprinting-Defekt auf. Wahrscheinlich liegt bei Patienten dieser Gruppe eine Mutation im AS-Gen vor. Wie schon in Kapitel 5.1.3 „Molekularbiologische Grundlagen" erwähnt, sind bei einigen dieser Patienten mit AS Mutationen im *UBE3A*-Gen identifiziert worden (Kishino et al., 1997; Matsuura et al., 1997). Dabei handelte es sich meist um Nonsense-Mutationen. Liegt die Mutation auf dem mütterlichen Chromosom (Abb. 5.1.5), wird in den Zellen, die *UBE3A* monoallelisch vom mütterlichen Allel exprimieren, kein funktionsfähiges Enzym gebildet.

Im Gegensatz zum AS kann das PWS scheinbar nicht durch die Mutation eines einzelnen Gens verursacht werden, denn nahezu alle Patienten weisen entweder eine Deletion, eine UPD oder einen Imprinting-Defekt auf (Abb. 5.1.5). Bei einigen Patienten mit partiellem PWS-Phänotyp wurde das *SNRPN*-Gen sequenziert, aber es wurden keine Mutationen gefunden. Das Vollbild des PWS scheint also durch den Funktionsverlust mehrerer Gene im Bereich 15q11–q13 verursacht zu werden. Zur Zeit wird an einer Bestandsaufnahme aller Gene in dieser Region gearbeitet, um die PWS-Gene zu identifizieren.

5.1.4.2 Genotyp-Phänotyp-Korrelation

Trotz der grundlegend verschiedenen genetischen Mechanismen, die zum PWS bzw. zum AS führen, gibt es erstaunlicherweise wenig klinische Unterschiede zwischen Patienten mit einer Deletion, einer UPD, einem Imprinting-Defekt und (bei AS) einer Genmutation. Mehrere Arbeiten haben sich intensiv mit möglichen klinischen Unterschieden bei PWS Patienten mit und ohne Deletion beschäftigt (Butler et al., 1986, Wenger et al. 1987, Wiesner et al. 1987, Robinson et al., 1991; Gillessen-Kaesbach et al., 1995a; Mitchell et al., 1996; Cassidy et al. 1997). Bei den Patienten mit PWS ohne Deletion wurde in der Regel nicht zwischen einer UPD und einem Imprinting-Defekt unterschieden, aber angesichts der relativen Häufigkeit einer UPD gegenüber einem Imprinting-Defekt umfaßt diese Gruppe von Patienten hauptsächlich Patienten mit einer UPD. Beide Patientengruppen unterscheiden sich nicht hinsichtlich der folgenden Parameter: Kindsbewegungen, Art und Zeitpunkt der Entbindung, Länge und Kopfumfang bei der Geburt, muskuläre Hypotonie, neonatale Fütterungsprobleme, angeborene Fehlbildungen, hoher Gaumen, vermehrt visköser Speichel, pathologische ophthalmologische Befunde (Refraktionsanomalien oder Strabismus), Karies, Skoliose, Diabetes mellitus Typ II, Kryptorchismus bzw. hypoplastische kleine Labien sowie Körpergröße, Gewicht und Kopfumfang zum Zeitpunkt der Untersuchung. Ebenso sind bei der mentalen Retardierung, der Sprachentwicklung, der Artikulation, des plötzlichen Einschlafens während des Tags, der Prävalenz eines zerebralen Krampfleidens sowie bei Verhaltensproblemen wie Aggression, zwanghaftes Benehmen mit Neigung zur Perseveration und depressive Verstimmungen keine signifikanten Unterschiede zwischen beiden Gruppen zu beobachten.

Signifikante Unterschiede bestehen lediglich bei der Hypopigmentierung, dem Geburtgewicht, der Dauer der Sondenernährung sowie dem mütterlichen Alter bei der Geburt. Das erhöhte mütterliche Alter bei Patienten mit PWS ohne Deletion spiegelt die Rolle der Chromosomenfehlverteilung bei der Entstehung der UPD wider (s. Kapitel 5.1.4.1.2 „Uniparentale Disomie"). Die Hypopigmentierung läßt sich ansatzweise durch die Existenz des *P*-Gens im PWS- bzw. AS-Deletionsbereich erklären (Abb. 5.1.2). Das Gen kodiert vermutlich für einen membrangebundenen Tyrosintransporter, der Tyrosin, die Ausgangssubstanz für die Biosynthese von Melanin, innerhalb der Melanozyten vom Zytoplasma in die Eumelanosomen transportiert (Rinchik et al., 1993). Das Gen unterliegt nicht dem Imprinting, d.h. es wird von beiden Kopien exprimiert. Bei einer Deletion könnte es durch einen Gendosiseffekt zu einer Reduktion in der Zahl der Tyrosintransporter und damit zu einer Konzentrationsabnahme des Tyrosins in den Eumelanosomen kommen. Mutationen in diesem Gen führen zum Tyrosinase-positiven okulokutanen Albinismus beim Menschen und „pink eyed dilution" bei der Maus (Rinchik et al., 1993). Hat ein Patient mit AS oder PWS mit einer Deletion eine *P*-Gen-Mutation auf dem anderen Allel, die normalerweise rezessiv ist, entwickeln diese Patienten einen Albinismus (Rinchik et al., 1993). Ein okulokutaner Albinismus könnte auch bei einer uniparentalen Isodisomie auftreten, wenn der entsprechende Elternteil Träger einer *P*-Gen-Mutation ist. In diesem Fall führt die UPD zu einer homozygoten Mutation.

Kinder mit PWS weisen ein niedrigeres Geburtsgewicht als gesunde Kinder auf, wobei das Gewicht von PWS-Kindern mit einer Deletion niedriger ist als das von PWS-Kindern ohne Deletion (Robinson et al., 1991; Gillessen-Kaesbach et al., 1995a). Außerdem müssen sie im Durchschnitt länger mit der Sonde ernährt werden (Mitchell et al., 1996). Der Grund für diese Unterschiede ist unklar. Es ist möglich, daß bei einer mütterlichen UPD die beiden Kopien der PWS-Region nicht funktionell identisch sind, sondern daß einige der PWS-Gene auf einem der beiden Chromosomen 15 partiell aktiv sind.

Angesichts der kleinen Fallzahl von Patienten mit AS mit einer UPD läßt sich keine statistisch signifikante Aussage zu möglichen phänotypischen Unterschieden zwischen Patienten mit AS mit einer Deletion und einer UPD machen. Einzelfallbeschreibungen von Patienten mit AS mit einer UPD lassen aber vermuten, daß das Krankheitsbild bei diesen Patienten etwas milder ist (Bottani et al., 1994; Gillessen-Kaesbach et al., 1995b; Williams et al., 1995, Prasad u. Wagstaff, 1997; Tonk et al., 1997). Demnach scheinen Patienten mit AS mit UPD eine mildere Ataxie, weniger Krampfanfälle und etwas bessere kognitive Fähigkeiten zu haben. Patienten mit AS mit einem Imprinting-Defekt leiden seltener an einer Mikrozephalie (Bürger et al., 1996; Saitoh et al. 1997). Patienten mit PWS mit einem Imprinting-Defekt dagegen zeigen ein typisches Krankheitsbild (Saitoh et al., 1997). Da Patienten mit AS und PWS mit einem Imprinting-Defekt 2 Kopien des *P*-Gens besitzen, sind diese Patienten in der Regel nicht hypopigmentiert.

5.1.5 Diagnostik und Therapie

Das Prader-Willi- und das Angelman-Syndrom treten in der Regel sporadisch auf. Bei einer typischen Deletion oder UPD, die bei den meisten Patienten vorliegen, haben Eltern mit einem unauffälligen Chromosomenbefund kein erhöhtes Wiederholungsrisiko. Eine elterliche Translokation mit Beteiligung eines Chromosoms 15 kann jedoch das Risiko für diese Aberrationen erhöhen. Familiäre IC- oder *UBE3A*-Mutationen, die selten sind, sind mit einem 50%igen Wiederholungsrisiko verbunden. Aufgrund des Imprintings können diese Mutationen auch bei phänotypisch normalen Familienmitgliedern vorhanden sein, so daß auch bei weiter entfernten Verwandten mit einem Auftreten von PWS oder AS gerechnet werden muß (s. z.B. Wagstaff et al., 1992). Für die genaue Bestimmung des Wiederholungsrisikos muß also die molekulare Ätiologie geklärt werden.

Die Verdachtsdiagnose PWS oder AS wird zunächst aufgrund der klinischen Befunde gestellt. Bei Neugeborenen ist die Diagnosestellung manchmal schwierig, da sich das charakteristische Krankheitsbild noch nicht vollständig entwickelt hat. Bei einer ausgeprägten Muskelhypotonie im Neugeborenenalter sollte immer auch an ein PWS gedacht werden, an dem ein signifikanter Prozentsatz dieser Kinder leidet (Gillessen-Kaesbach et al., 1995c). Bei älteren Kindern mit mentaler Retardierung und massiver Adipositas wird häufig fälschlicherweise ein PWS diagnostiziert.

Es ist am effizientesten und kostengünstigsten (ASHG/ACMG, 1996; Monaghan et al., 1997), in

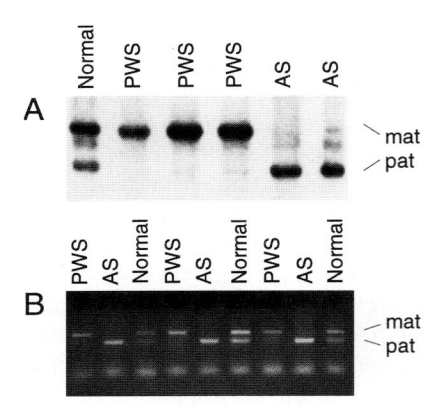

Abb. 5.1.9 A, B. Methylierungstest. **A** Southern-Blot-Analyse. Genomische DNA wurde mit HindIII+HpaII verdaut, gelelektrophoretisch aufgetrennt, geblottet und mit PW71B (*D15S63*) hybridisiert. **B** PCR-Test. Genomische DNA wurde mit Natriumbisulfit behandelt und mit spezifischen Primern für den *SNRPN*-Locus amplifiziert

der Labordiagnostik mit einer Standardchromosomenanalyse und der Bestimmung des Methylierungstatus im Bereich 15q11–q13 zu beginnen. Am *D15S63*-Locus und im Exon-1-Bereich von *SNRPN* sind CpG-Dinukleotide auf dem väterlichen Chromosom unmethyliert und auf dem mütterlichen Chromosom methyliert (Dittrich et al., 1992, 1993, 1996b; Glenn et al., 1993b, 1996; Sutcliffe et al., 1994; Kubota et al., 1996a; Zeschnigk et al., 1997a). Für *D15S63* gelten diese Methylierungsunterschiede im extraembryonalen Gewebe nicht (CVS, Plazenta), so daß für pränatale Tests nur der *SNRPN*-Locus Anwendung finden sollte (Kubota et al., 1996b). Elternspezifische DNA-Methylierungsunterschiede gibt es auch am *ZNF127/DN34*-Locus (Driscoll et al., 1992), diese sind jedoch nicht immer verläßlich nachweisbar. Bei einer Deletion, einer UPD und einem Imprinting-Defekt zeigt sich bei *D15S63* und *SNRPN* immer ein uniparentales Methylierungsmuster (Abb. 5.1.5). Da diese Aberrationen bei mehr als 99% von PWS-Patienten und bei etwa 75% von AS-Patienten vorliegen, lassen sich über den Methylierungsstatus fast alle PWS-Patienten und 3/4 aller AS-Patienten erfassen.

Der Methylierungsstatus wird routinemäßig mit Hilfe methylierungssensitiver Restriktionsenzyme wie HpaII (*D15S63*) oder NotI (*SNRPN*) bestimmt. Nach einer Doppelverdauung mit einem dieser Enzyme und einem flankierend schneidendem Enzym wird die DNA gelelektrophoretisch aufgetrennt, geblottet und mit einer geeigneten Sonde hybridisiert. Ein typisches Ergebnis ist in Abb. 5.1.9a gezeigt. Normalpersonen haben eine große (mütterliche) und eine kleine (väterliche) Bande. Das Fehlen der väterlichen Bande beweist das Vorliegen von PWS, das Fehlen der mütterlichen Bande das Vorliegen von AS.

Bei einem normalen Methylierungsbefund ist das Vorliegen eines PWS sehr unwahrscheinlich, und es müssen differentialdiagnostische Überlegungen angestellt werden. Bei 3 Patienten wurde eine balancierte De-novo-Translokation mit einen Bruchpunkt im *SNRPN*-Gen bzw. zwischen *SNRPN* und *IPW* beschrieben (Schulze et al., 1996; Sun et al., 1996; Conroy et al., 1997). Diese Translokationen fallen bei einer Standardchromosomenanalyse auf, jedoch nicht im Methylierungstest. Der Phänotyp dieser Patienten ist allerdings nicht ganz typisch für ein PWS. Findet sich beim Verdacht auf ein AS ein normales Methylierungsmuster, könnte eine Mutation im *UBE3A*-Gen vorliegen. In einem solchen Fall muß deshalb eine Mutationsanalyse dieses Gens durchgeführt werden.

Im Erprobungsstadium befinden sich z. Z. Methylierungs-PCR-Tests (Kubota et al., 1997; Zeschnigk et al., 1997b). Hierfür wird die DNA mit Natriumbisulfit behandelt, das unmethyliertes Cytosin in Uracil umwandelt, während methyliertes Cytosin erhalten bleibt. Auf diese Weise können allelische Methylierungsunterschiede in allelische Sequenzunterschiede umgewandelt werden. Durch Verwendung spezifischer PCR-Primer lassen sich dann das ursprünglich methylierte und das ursprünglich unmethylierte Allel spezifisch amplifizieren. Ein typisches Ergebnis eines *SNRPN*-Methylierungs-PCR-Tests ist in Abb. 5.1.9b gezeigt. Die Primer wurden so gewählt, daß das PCR-Produkt des ursprünglich methylierten Allels größer ist. Bei Normalpersonen entstehen beide PCR-Produkte. Das Fehlen eines Produkts ist diagnostisch für ein PWS bzw. ein AS.

Wenn nur der klinische Verdacht eines PWS oder AS bestätigt werden soll, sind zusätzlich zum Methylierungstest keine weiteren Laboruntersuchungen notwendig. Wie in Kapitel 5.1.4.2 „Genotyp-Phänotyp-Korrelation" ausgeführt, gibt es keine größeren klinischen Unterschiede zwischen Patienten mit unterschiedlicher molekularer Ätiologie, so daß sich aus dieser Kenntnis keine spezifischen prognostischen Hinweise ergeben. Soll aber das Wiederholungsrisiko ermittelt werden, muß geklärt werden, ob bei dem Patienten eine Deletion, eine UPD, ein Imprinting-Defekt oder (bei AS) eine Genmutation vorliegt und ob die Eltern einen normalen Karyotyp aufweisen. Da weder eine Standard- noch eine hochauflösende Chromosomenanalyse eine verläßliche Aussage

Tabelle 5.1.1. Molekulare Klassen und Wiederholungsrisiken bei PWS und AS. Bei einer Pränataldiagnostik wird zusätzlich zu den hier genannten spezifischen Untersuchungen in jedem Fall eine Chromosomenanalyse durchgeführt

Molekulare Klasse	Wiederholungsrisiko	Pränataldiagnostik
Typische Deletion		
Normaler elterlicher Karyotyp	Nicht erhöht	Nicht empfohlen
Familiäre Translokation	Erhöht	FISH an CVS-Material oder Amnionzellen
UPD		
Normaler elterlicher Karyotyp	Nicht erhöht	Nicht empfohlen
Familiäre Translokation	Erhöht	*SNRPN*-Methylierung an CVS-Material oder Amnionzellen
Imprinting-Defekt		
Imprinting-Zentrum-Mutation	50%	Direkter Nachweis der Mutation oder *SNRPN*-Methylierung an CVS-Material
Keine nachweisbare Mutation	0–50%	*SNRPN*-Methylierung an CVS-Material oder Amnionzellen
Genmutation (AS)		
Familiär	50%	Mutationsnachweis
De novo	Nicht erhöht	Gegebenenfalls Mutationsnachweis zum Ausschluß eines Keimbahnmosaiks

über das Vorliegen einer Deletion ermöglicht, wird zunächst eine Fluoreszenz-in situ-Hybridisierung (FISH) der Chromosomen mit 2 Sonden (an *SNRPN* und *GABRB3*) durchgeführt. Bei einer Deletion beider Loci liegt mit großer Wahrscheinlichkeit eine typische Deletion vor. Beim PWS kann es vorkommen, daß nur *SNRPN* deletiert ist. Hierbei kann es sich um eine IC-Deletion mit einem Imprinting-Defekt handeln. In diesem Fall würden eine FISH-Untersuchung des Vaters durchgeführt sowie mit Hilfe von Mikrosatellitenmarkern die elterliche Herkunft der beiden Chromosomen untersucht werden. Eine Mikrosatellitenanalyse wird auch beim Ausschluß einer FISH-Deletion durchgeführt. Für diese Analyse wird zusätzlich zur DNA des Patienten auch DNA der Eltern benötigt. Einige der z.Z. verwendete Mikrosatellitenloci sind in Abb. 5.1.2 dargestellt. Es sollten nach Möglichkeit jeweils mindestens 2 Loci sowohl innerhalb als auch außerhalb (z.B. *D15S144*, *CYP19* oder *FES*) des PWS- und AS-Bereichs informativ sein. Diese Untersuchung läßt erkennen, ob eine UPD (Iso- oder Heterodisomie) oder biparentale Chromosomen vorliegen. Biparentale Chromosomen in Verbindung mit einem abnormalen Methylierungsergebnis weisen auf einen Imprinting-Defekt hin. Zur Abklärung, ob es sich dabei um eine familiäre IC-Mutation mit Wiederholungsrisiko oder ein De-novo-Ereignis ohne Wiederholungsrisiko handelt, sollten diese Fälle an ein Forschungslabor zur weiteren molekularen Analyse überwiesen werden. Für eine Pränataldiagnose kommen je nach Situation der *SNRPN*-Methylierungs-Test, eine FISH-Untersuchung oder eine Mikrosatellitenanalyse in Frage (s. Tabelle 5.1.1).

Weder für das PWS noch für das AS ist eine kausale Therapie möglich. Untersuchungen der longitudinalen Wachstumshormonsekretion konnten zeigen, daß die nächtliche Ausschüttung von Wachstumshormon bei vielen Patienten mit PWS vermindert ist (Lee et al., 1987; Angulo et al., 1992; Ritzen et al., 1992). Aufgrund dieser Ergebnisse wurden im Rahmen von Pilotstudien Kinder mit PWS mit Wachtumshormon behandelt (0,1 mg/kg und Tag). Bei diesen Kindern, die täglich mit Wachstumshormon behandelt werden, zeigt sich nicht nur eine verbesserte Wachstumsrate, sondern es erfolgte auch eine eindrucksvolle Umwandlung von Körperfett in Muskulatur bedingt durch die anabole Wirkung des Hormons (Angulo et al., 1992; Kamel et al., 1995).

5.1.6 Adressen der PWS- und AS-Selbsthilfegruppen

- Prader-Willi-Syndrom Vereinigung Deutschland e. V. (Telefon: 0234–495378, Fax: 0234–476263)
  Vorstandsvorsitzender: Udo Roßmannek
  Fahrenheitstraße 32
  D-44879 Bochum
- Angelman-Syndrom e. V. (Telefon: 030–8178438, Fax: 030–6149172)
  Karen und Heinz Bewersdorf
  Prettauer Pfad 8
  D-12207 Berlin

Danksagung. Die Autoren danken Robert D. Nicholls, André Reis, Stephanie Groß, Christina Lich, Claudia Färber, E. Passarge, den erwähnten Patienten und ihren Familien sowie der Prader-Willi-Syndrom Vereinigung Deutschland für die Zusammenarbeit. Die eigenen Arbeiten wurden von der Deutschen Forschungsgemeinschaft und der Human Frontier Science Program Organization unterstützt.

5.1.7 Literatur

Angelman H (1965) „Puppet children": a report of three cases. Dev Med Child Neurol 7:681–683

Angulo M, Castro-Magana M, Uy J, Rosenfeld W (1992) Growth hormone evaluation and treatment in Prader-Willi syndrome. Cell Biol 61:171–174

ASHG/ACMG (1996) Diagnostic testing for Prader-Willi and Angelman syndromes: report of the ASHG/ACMG Test and Technology Transfer Committee. Am J Hum Genet 58:1085–1088

Barlow DP (1995) Gametic imprinting in mammals. Science 270:1610–1613

Beaudet A, Matsuura T, Fang P et al. (1997) Truncating mutations in E6-AP ubiquitin-protein ligase (UBE3 A) cause sporadic and inherited Angelman syndrome. Med Genet 9:12

Bottani A, Robinson WP, DeLozier-Blanchet CD et al. (1994) Angelman syndrome due to paternal uniparental disomy of chromosome 15: a milder phenotype? Am J Med Genet 51:35–40

Boyd SG, Harden A, Patton MA (1988) The EEG in early diagnosis of the Angelman (happy puppet) syndrome. Eur J Pediatr 147:508–513

Brink RA (1973) Paramutation. Annu Rev Genet 7:129–152

Buiting K, Greger V, Brownstein BH et al. (1992) A putative gene family in 15q11–13 and 16p11.2: possible implications for Prader-Willi and Angelman syndromes. Proc Natl Acad Sci USA 89:5457–5461

Buiting K, Dittrich B, Robinson WP, Guitart M, Abeliovich D, Lerer I, Horsthemke B (1994) Detection of aberrant DNA methylation in unique Prader-Willi syndrome patients and its diagnostic implications. Hum Mol Genet 3:893–895

Buiting K, Saitoh S, Gross S, Dittrich B, Schwartz S, Nicholls RD, Horsthemke B (1995) Inherited microdeletions in the Angelman and Prader-Willi syndromes define an imprinting centre on human chromosome 15. Nat Genet 9:395–400

Buiting K, Dittrich B, Groß S et al. (1998) Sporadic imprinting defects in Prader-Willi syndrome and Angelman syndrome: implications for imprint-switch models, genetic counseling, and prenatal diagnosis. Am J Hum Genet 63:170–180

Bürger J, Kunze J, Sperling K, Reis A (1996) Phenotypic differences in Angelman syndrome patients: imprinting mutations show less frequently microcephaly and hypopigmentation than deletion. Am J Med Genet 66:221–226

Bürger J, Buiting K, Dittrich B et al. (1997) Different mechanisms and recurrence risks of imprinting defects in Angelman syndrome. Am J Hum Genet 61:88–93

Butler MG, Meany FJ, Palmer CG (1986) Clinical and cytogenetic survey of 39 individuals with Prader-Labhart-Willi syndrome. Am J Med Genet 23:793–809

Carrozzo R, Rossi E, Christian SL et al. (1997) Inter- and intrachromosomal rearrangements are both involved in the origin of 15q11–q13 deletions in Prader-Willi syndrome. Am J Hum Genet 61:228–230

Cassidy SB, Lai L-W, Erickson RP, Magnuson L, Thomas E, Gendron R, Herrmann J (1992) Trisomy 15 with loss of the paternal 15 as a cause of Prader-Willi syndrome due to maternal disomy. Am J Hum Genet 51:701–708

Cassidy SB, Forsythe M, Heeger S, Nicholls RD, Schork N, Benn P, Schwartz S (1997) Comparison of phenotype between patients with Prader-Willi syndrome due to deletion 15q and uniparental disomy 15. Am J Med Genet 68:433–440

Cattanach BM, Barr J, Jones J (1995) Use of chromosome rearrangements for investigations into imprinting in the mouse. In: Ohlsson R, Hall K, Ritzen M (eds) Genomic imprinting – causes and consequences. Cambridge University Press, Cambridge, pp 327–341

Chan CTJ, Clayton-Smith J, Cheng X-J, Buxton JL, Webb T, Pembrey ME, Malcolm S (1993) Molecular mechanisms in Angelman syndrome: a survey of 93 patients. J Med Genet 30:895–902

Christian SL, Robinson WP, Huang B et al. (1995) Molecular characterization of two proximal deletion breakpoint regions in Prader-Willi and Angelman syndrome patients. Am J Hum Genet 57:40–48

Colot V, Rossignol JL (1996) Interchromosomal transfer of epigenetic states in ascobolus: transfer of DNA methylation is mechanistically related to homologous recombination. Cell 86:855–864

Conroy JM, Grebe TA, Becker LA et al. (1997) Balanced translocation 46,XY,t(2;15)(q37.2;q11.2) associated with atypical Prader-Willi syndrome. Am J Hum Genet 61:388–394

Dittrich B, Robinson WP, Knoblauch H, Buiting K, Schmidt K, Gillessen-Kaesbach G, Horsthemke B (1992) Molecular diagnosis of the Prader-Willi and Angelman syndromes by detection of parent-of-origin specific DNA methylation in 15q11–13. Hum Genet 90:313–315

Dittrich B, Buiting K, Groß S, Horsthemke B (1993) Characterization of a methylation imprint in the Prader-Willi syndrome region. Hum Mol Genet 2:1995–1999

Dittrich B, Buiting K, Korn B et al. (1996a) Imprint switching on human chromosome 15 may involve alternative transcripts of the SNRPN gene. Nat Genet 14:163–170

Dittrich B, Buiting K, Horsthemke B (1996b) PW71 methylation test for Prader-Willi and Angelman syndromes. Am J Med Genet 61:196–197

Donaldson MDC, Chu CE, Cooke A, Wilson A, Greene SA, Stephenson JPB (1994) The Prader-Willi syndrome. Arch Dis Child 70:58–63

Driscoll DJ, Waters MF, Williams CA, Zori RT, Glenn CC, Avidano KM, Nicholls RD (1992) A DNA methylation imprint, determined by the sex of the parent, distinguishes the Angelman and Prader-Willi syndromes. Genomics 13:917–924

Gillessen-Kaesbach G, Robinson W, Lohmann D, Kaya-Westerloh S, Passarge E, Horsthemke B (1995a) Genotype-phenotype correlation in a series of 167 deletion and non-deletion patients with Prader-Willi syndrome. Hum Genet 96:638–643

Gillessen-Kaesbach G, Albrecht B, Passarge E, Horsthemke B (1995b) Further patient with Angelman syndrome due to paternal disomy of chromosome 15 and a milder phenotype. Am J Med Genet 56:328–329

Gillessen-Kaesbach G, Groß S, Kaya-Westerloh S, Passarge E, Horsthemke B (1995c) DNA methylation based testing of 450 patients suspected of having Prader-Willi syndrome. J Med Genet 32:88–92

Glenn CC, Porter KA, Jong MTC, Nicholls RD, Driscoll DJ (1993a) Functional imprinting and epigenetic modification of the human SNRPN gene. Hum Mol Genet 2:2001–2005

Glenn CC, Nicholls RD, Robinson WP et al. (1993b) Modification of 15q11–q13 DNA methylation imprints in unique Angelman and Prader-Willi patients. Hum Mol Genet 2:1377–1382

Glenn CC, Saitoh S, Jong MTC, Filbrandt MM, Surti U, Driscoll DJ, Nicholls RD (1996) Gene structure, DNA methylation and imprinted expression of the human *SNRPN* gene. Am J Hum Genet 58:335–346

Hayashizaki Y, Shibata H, Hirotsune S et al. (1994) Identification of an imprinted U2af binding protein related sequence on mouse chromosome 11 using the RLGS method. Nat Genet 6:33–40

Holliday R (1987) The inheritance of epigenetic defects. Science 238:163–170

Holm VA, Cassidy SB, Butler MG, Hanchett JM, Greenswag LR, Whitman BY, Greenberg F (1993) Prader-Willi syndrome: consensus criteria. Pediatrics 91:398–402

Horsthemke B, Maat-Kievit A, Sleegers E et al. (1996) Familial translocations involving 15q11–q13 can give rise to interstitial deletions causing Prader-Willi or Angelman syndrome. J Med Genet 33:848–851

Horsthemke B, Dittrich B, Buiting K (1997) Imprinting mutations on human chromosome 15. Hum Mutat 10:329–337

Kamel A, Margery V, Norstedt G, Thoren M, Lindgren AC, Bronnegard M, Marcus C (1995) Growth hormone (GH) treatment up-regulates GH receptor mRNA levels in adipocytes from patients with GH deficiency and Prader-Willi syndrome. Pediatr Res 38:3:418–421

Kaplan LC, Wharton R, Elias E, Mandell F, Donlon T, Latt SA (1987) Clinical heterogeneity associated with deletions in the long arm of chromosome 15: report of 3 new cases and their possible significance. Am J Med Genet 28:45–53

Kishino T, Lalande M, Wagstaff J (1997) UBE3A/E6–AP mutations cause Angelman syndrome. Nat Genet 15:70–73

Kitsberg D, Selig S, Brandeis M et al. (1993) Allele-specific replication timing of imprinted gene regions. Nature 364:459–463

Knoll JHM, Nicholls RD, Magenis RE, Graham JM Jr, Lalande M, Latt SA (1989) Angelman and Prader-Willi syndrome share a common chromosome 15 deletion but differ in parental origin of the deletion. Am J Med Genet 32:285–290

Knoll JHM, Cheng S-D, Lalande M (1994) Allele specificity of DNA replication timing in the Angelman/Prader-Willi syndrome imprinted chromosomal region. Nat Genet 6:41–46

Kubota T, Sutcliffe JS, Aradhya S et al. (1996a) Validation studies of *SNRPN* methylation as a diagnostic test for Prader-Willi syndrome. Am J Med Genet 66:77–80

Kubota T, Aradya S, Macha M et al. (1996b) Analysis of parent of origin specific DNA methylation at *SNRPN* and *PW71* in tissues: implication for prenatal diagnosis. J Med Genet 33:1011–104

Kubota T, Das S, Christian SL, Baylin SB, Herman JG, Ledbetter DH (1997) Methylation-specific PCR simplifies imprinting analysis. Nat Genet 16:16–17

LaSalle JM, Lalande M (1996) Homologous association of oppositely imprinted chromosomal domains. Science 272:725–728

Ledbetter DH, Engel E (1995) Uniparental disomy in humans: development of an imprinting map and its implications for prenatal diagnosis. Hum Mol Genet 4:1757–1764

Ledbetter D, Riccardi VM, Airhart SD, Strobel RJ, Keenan BS, Crawford JD (1981) Deletions of chromosome 15 as a cause of the Prader-Willi syndrome. N Engl J Med 304:325–329

Lee PDK, Brannam CI, Hintz RL, Rosenfeld RG (1987) Growth hormone treatment of short stature in Prader-Willi syndrome. J Pediatr Endocrinol 2:31–34

Magenis RE, Brown MG, Lacy DA, Budden S, LaFranchi S (1987) Is Angelman syndrome an alternate result of del(15)(q11q13)? Am J Med Genet 28:829–838

Malcolm S, Clayton-Smith J, Nichols M et al. (1991) Uniparental paternal disomy in Angelman's syndrome. Lancet 337:694–697

Mascari MJ, Gottlieb W, Rogan PK, Butler MG, Waller DA, Nicholls RD (1992) The frequency of uniparental disomy in Prader-Willi syndrome. N Engl J Med 326:1599–1607

Matsuura T, Sutcliffe JS, Fang P et al. (1997) De novo truncating mutations in E6-AP ubiquitin-protein ligase gene (UBE3A) in Angelman syndrome. Nat Genet 15:74–77

McGrath J, Solter D (1984) Completion of mouse embryogenesis requires both the maternal and paternal genomes. Cell 37:179–183

Mitchell J, Schinzel A, Langlois S et al. (1996) Comparison of phenotype in uniparental disomy and deletion Prader-Willi syndrome: sex specific differences. Am J Med Genet 65:133–136

Monaghan KG, Van Dyke DL, Feldman G, Wiktor A, Weiss L (1997) Diagnostic testing: a cost analysis for Prader-Willi and Angelman syndromes. Am J Hum Genet 60:244–247

Nakao M, Sutcliffe JS, Durtschi B et al. (1994) Imprinting analysis of three genes in the Prader-Willi/Angelman region: *SNRPN*, E6-associated protein, and *PAR-2* (*D15S225E*). Hum Mol Genet 3:309–315

Nicholls RD, Knoll JHM, Butler MG, Karam S, Lalande M (1989) Genetic imprinting suggested by maternal heterodisomy in non-deletion Prader-Willi syndrome. Nature 342:281–285

Özcelik T, Leff S, Robinson W et al. (1992) Small nuclear ribonucleoprotein polypeptide N (*SNRPN*), an expressed gene in the Prader-Willi syndrome critical region. Nat Genet 2:265–269

Pembrey M, Fennell SJ, Berghe J van den et al. (1989) The association of Angelman's syndrome with deletions within 15q11–13. J Med Genet 26:73–77

Prader A, Labhart A, Willi H (1956) Ein Syndrom von Adipositas, Kleinwuchs, Kryptorchismus und Oligophrenie nach myatonieartigem Zustand im Neugeborenenalter. Schweiz Med Wochenschr 86:1260–1261

Prasad C, Wagstaff J (1997) Genotype and phenotype in Angelman syndrome caused by paternal UPD 15. Am J Med Genet 70:328–329

Purvis-Smith SG, Saville T, Manass S et al. (1992) Uniparental disomy resulting from „correction" of an initial trisomy 15. Am J Hum Genet 50:1348–1350

Reed M, Leff S (1994) Maternal imprinting of human *SNRPN*, a gene deleted in Prader-Willi syndrome. Nat Genet 6:163–167

Reis A, Dittrich B, Greger V et al. (1994) Imprinting mutations suggested by abnormal DNA methylation patterns in familial Angelman and Prader-Willi syndromes. Am J Hum Genet 54:741–747

Rinchik EM, Bultman SJ, Horsthemke B et al. (1993) A gene for the mouse pink-eyed dilution locus and for human type II oculocutaneous albinism. Nature 361:72–76

Ritzen ME, Bolme P, Hall K (1992) Endocrine physiology and therapy in Prader-Willi syndrome. Cell Biol 61:154–169

Robinson WP, Bottani A, Yagang X et al. (1991) Molecular, cytogenetic, and clinical investigations of Prader-Willi syndrome patients. Am J Hum Genet 49:1219–1234

Robinson WP, Lorda-Sanchez I, Malcolm S et al. (1993) Increased parental ages and uniparental disomy 15: a paternal age effect? Eur J Hum Genet 1:280–286

Robinson WP, Langlois S, Schuffenhauer S et al. (1996) Cytogenetic and age-dependent risk factors associated with uniparental disomy 15. Prenat Diagn 16:837–844

Saitoh S, Buiting K, Rogan, PK et al. (1996) Minimal definition of the imprinting center and fixation of a chromosome 15q11-13 epigenotype by imprinting mutations. Proc Natl Acad Sci USA 93:7811–7815

Saitoh S, Buiting K, Cassidy SB et al. (1997) Clinical spectrum and molecular diagnosis of Angelman and Prader-Willi syndrome patients with an imprinting mutation. Am J Med Genet 68:195–206

Schulze A, Hansen C, Skakkebaek NE, Brondum-Nielsen K, Ledbetter DH, Tommerup N (1996) Exclusion of *SNRPN* as a major determinant of Prader-Willi syndrome by a translocation breakpoint. Nat Genet 12:452–454

Slater H, Vaux C, Pertile M, Burgess T, Petrovic V (1997) Prenatal diagnosis of Prader-Willi syndrome using PW71 methylation analysis – Uniparental disomy and the significance of residual trisomy. Prenat Diagn 17:2:109–113

Solter D (1988) Differential imprinting and expression of maternal and paternal genomes. Annu Rev Genet 22:127–146

Stöger R, Kubicka P, Liu CG, Kafri T, Razin A, Cedar H, Barlow DP (1993) Maternal-specific methylation of the imprinted mouse Igf2r locus identifies the expressed locus as carrying the imprinting signal. Cell 73:61–71

Sun Y, Nicholls RD, Butler MG, Saitoh S, Hainline BE, Palmer CG (1996) Breakage in the *SNRPN* locus in a balanced 46,XY,t(15;19) Prader-Willi syndrome patient. Hum Mol Genet 5:517–524

Surani MAH, Barton SC, Norris ML (1986) Nuclear transplantation in the mouse: heritable differences between parental genomes after activation of the embryonic genome. Cell 45:127–136

Sutcliffe JS, Nakao M, Mutirangura A et al. (1994) Deletions of a differentially methylated CpG island at the *SNRPN* gene define a putative imprinting control region. Nat Genet 8:52–58

Tonk, V Schultz RA, Christian SL, Kubota T, Ledbetter D (1996) Robertsonian (15q;15q) translocation in a child with Angelman syndrome. Am J Med Genet 66:426–428

Wagstaff J, Knoll JHM, Glatt KA, Shugart YY, Sommer A, Lalande M (1992) Maternal but not paternal transmission of 15q11-q13-linked nondeletion Angelman syndrome leads to phenotypic expression. Nat Genet 1:291–294

Wagstaff J, Lalande M, Kishino T (1997) UBE3A/E6–AP mutations cause Angelman syndrome. Med Genet 9:12

Wevrick R, Kerns JA, Francke U (1994) Identification of a novel paternally expressed gene in the Prader-Willi syndrome region. Hum Mol Genet 3:1877–1882

Williams CA, Zori RT, Hendrickson J, Stalker H, Marum T, Whidden E, Drsicoll DJ (1995) Angelman syndrome. Curr Probl Pediatr 25:216–231

Zeschnigk M, Schmitz B, Dittrich B, Buiting K, Horsthemke B, Doerfler W (1997a) Imprinted segments in the human genome: different DNA methylation patterns in the Prader-Willi/Angelman syndrome region as determined by the genomic sequencing method. Hum Mol Genet 6:387–395

Zeschnigk M, Lich C, Buiting K, Doerfler W, Horsthemke B (1997b) A single tube PCR test for the diagnosis of Angelman and Prader-Willi syndrome based on allelic methylation differences at the *SNRPN* locus. Eur J Hum Genet 5:94–98

Übersicht über wesentliche Beiträge zur Molekularen Medizin Band 6

ALTMAN, SIDNEY [GEB. 1939]

Kanadischer Biochemiker, der mit T.R. Cech (s. dort) 1989 den Nobelpreis für Chemie erhielt. Er konnte zeigen, daß bestimmte Enzyme aus einem Protein und einem RNA-Anteil bestehen. 1983 wies er nach, daß in einigen Fällen die RNA-Komponente allein die katalytische Spaltung des Substrats bewirken kann. Diese katalytisch wirksamen Ribonukleinsäuren wurden als Ribozyme bezeichnet. Mit dieser Entdeckung wurde die bis dahin bestehende Lehrmeinung widerlegt, daß biologisch-chemische Reaktionen nur durch Proteine katalysiert werden können

ARBER, WERNER [GEB. 1929]

Schweizerischer Mikrobiologe. Bei Untersuchungen des Abwehrsystems bestimmter Bakterien entdeckte er die Restriktionsenzyme, mit denen die DNA in bestimmte Bruchstücke gespalten werden kann. Diese Technik besitzt für die Gentechnologie große Bedeutung. 1978 erhielt er für seine Arbeiten zusammen mit D. Nathans (s. dort) und H.O. Smith (s. dort) den Nobelpreis für Physiologie oder Medizin

ASTBURY, WILLIAM THOMAS [1898–1961]

Englischer Physiker (Schüler von William Bragg), der durch seine Untersuchungen mit Hilfe röntgenstrukturanalytischer Methoden grundlegend zur Kenntnis über Faserstrukturen beigetragen hat. 1938 führte er erste Röntgenbeugungsuntersuchungen an DNA durch. Wegbereiter für kristallstrukturanalytische Untersuchungen an Biomakromolekülen (Proteine, Nukleinsäuren)

AVERY, OSWALD THEODORE [1877–1955]

Kanadischer Bakteriologe. Er bewies 1944 mit seinen Transformationsversuchen an Pneumokokken (*Streptococcus pneumoniae*), indem er die kapselbildende Eigenschaft auf kapselfreie Pneumokokken übertrug, die Bedeutung der DNA als genetisches Material. Er begründete damit die moderne Molekulargenetik. 1952 bestätigte A.D. Hershey mit seinen Untersuchungen zur Bakteriophagenvermehrung die Versuche von Avery

BALTIMORE, DAVID [GEB. 1938]

Amerikanischer Mikrobiologe. Er wies im Zusammenhang mit Untersuchungen über die Wechselwirkungen von Tumorviren mit dem genetischen Material der Zelle die Reverse Transkriptase nach. Dieses Enzym kann den bis dahin bekannten Informationsfluß von DNA über RNA zum Protein teilweise umkehren. Die RNA wird in DNA rückübersetzt. Zusammen mit R. Dulbecco (s. dort) und H.M. Temin (s. dort) erhielt er 1975 für diese Entdeckung den Nobelpreis für Physiologie oder Medizin

BEADLE, GEORGE WELLS [1903–1989]

Amerikanischer Biologe, der zusammen mit E.L. Tatum (s. dort) an mutierten Wildformen des Schimmelpilzes (*Neurospora crassa*) entdeckte, daß die Funktion der Gene in der Kontrolle der Bildung jeweils 1 Enzyms besteht (1-Gen-1-Enzym-Hypothese; 1940/41). Er erhielt zusammen mit E.L. Tatum (s. dort) und J. Lederberg (s. dort) 1958 den Nobelpreis für Physiologie oder Medizin

BERG, PAUL [GEB. 1926]

Amerikanischer Biochemiker und Molekularbiologe; führte grundlegende Arbeiten über die Biochemie von Nukleinsäuren durch [In-vitro-Rekombination von DNA, erstmalige kovalente Verknüpfung von DNA-Molekülen verschiedener Organismen (Ligierung)]. Er trug damit wesentlich zur Entwicklung der modernen Gentechnologie (genetic engineering) bei und erhielt für seine Arbeiten zusammen mit W. Gilbert (s. dort) und F. Sanger (s. dort) 1980 den Nobelpreis für Chemie

---

Handbuch der Molekularen Medizin, Band 6
Ausgewählte monogen bedingte Erbkrankheiten, Teil 1
D. Ganten / K. Ruckpaul (Hrsg.)
© Springer-Verlag Berlin Heidelberg 2000

BERZELIUS, JÖNS JAKOB [1779–1849]

Freiherr von: Schwedischer Chemiker, Lehrer von L. Gmelin und F. Wöhler. Ein herausragender Chemiker der Neuzeit, der durch seinen Einfluß über ein halbes Jahrhundert die Entwicklung der Chemie in Europa prägte. Er führte die heute gebräuchliche chemische Nomenklatur und Zeichen ein sowie u. a. die Begriffe organische Chemie und Katalyse

BISHOP, MICHAEL J. [GEB. 1936]

Amerikanischer Mikrobiologe und Mediziner, der 1989 zusammen mit H.E. Varmus (s. dort) den Nobelpreis für Physiologie oder Medizin für grundlegende Arbeiten über den Zusammenhang zwischen zellulären und retroviralen Onkogenen erhielt. Dadurch wurden wichtige Erkenntnisse für die Steuerung des Zellwachstums durch Protoonkogene und Antionkogene und deren Fehlsteuerung bei viralen und nicht-viralen Krebsgeschwülsten möglich

BOVERI, THEODOR [1862–1915]

Deutscher Zoologe, Zytogenetiker und Embryologe. Er lieferte bahnbrechende Beiträge zur Vererbungs- und Entwicklungslehre. Er erkannte die Konstanz der Chromosomen und die besondere Bedeutung der Chromosomen als Träger des Erbguts und begründete damit auf einer morphologisch-deskriptiven Ebene die Chromosomentheorie der Vererbung

BOYER, HERBERT, W. [GEB. 1936]

Amerikanischer Biochemiker, dem es unter Nutzung von Restriktionsenzymen und Anwendung origineller Methoden gelang, DNA-Abschnitte von einem Organismus in die DNA eines anderen Organismus einzufügen (1973). Mit Stanley Cohen (s. dort) gilt Boyer als Mitbegründer der Gentechnik

BRACHET, JEAN [1909–1988]

Belgischer Biochemiker, dessen Hauptarbeitsgebiet Nukleinsäuren waren. Zunächst interessierte ihn deren subzelluläre Lokalisation. Mit anderen wies er DNA und RNA in tierischen und pflanzlichen Zellen nach und charakterisierte DNA als einen Bestandteil des Gens. Aus der besonders hohen Konzentration von RNA während der Wachstums- und Differenzierungsphase schloß er auf einen funktionellen Zusammenhang zwischen RNA und Proteinsynthese. Nach Beendigung des 2. Weltkriegs setzte Brachet seine Untersuchungen fort und kam zum entscheidenden Ergebnis, daß spezifische DNA-Moleküle oder Teile davon als Matrize für RNA dienen und daß spezifische RNA-Moleküle als Matrize für spezifische Proteine dienen (1959). Durch Chantrenne, Burny und Marbaix gelang dann einige Jahre später in Brachets Institut die Isolierung der mRNA

BRENNER, SYDNEY [GEB. 1927]

Englischer Molekularbiologe. Zusammen mit F. Jacob (s. dort) und M. Meselson entdeckte er 1961, daß die genetische Information von der DNA zum Ribosom durch eine instabile RNA, die mRNA, übertragen wird

BRIDGES, CALVIN BLACKMAN [1889–1939]

Amerikanischer Biologe und Genetiker, enger Mitarbeiter von Morgan (s. dort) und Mitbegründer der Chromosomentheorie. Untersuchte die Genetik von *Drosophila* und führte insbesondere Arbeiten zur Aufklärung der geschlechtsgebundenen Vererbung durch

BRIGGS, ROBERT WILLIAM [1911–1983]

Amerikanischer Entwicklungsbiologe, dem zusammen mit T.J. King und J.B. Gurdon 1953 die erste Transplantation eines Zellkerns gelang

CECH, THOMAS ROBERT [GEB. 1947]

Amerikanischer Biochemiker, der 1981 bei der Erforschung des Ciliaten *Tetrahymena pyriformis* die katalytischen Eigenschaften von Ribonukleinsäuren entdeckte und damit die RNA-Katalyse als neues Arbeitsgebiet für die Biochemie erschloß. Für diese Leistung erhielt er 1989 zusammen mit S. Altman den Nobelpreis für Chemie

CHARGAFF, ERWIN [GEB. 1905]

Österreichisch-amerikanischer Biochemiker, der nach Arbeiten über die Blutgerinnung und Lipoproteine Ende der 40er Jahre die Basenzusammensetzung von Nukleinsäuren mit Hilfe chromatographischer Verfahren untersuchte. Daraus entwickelte er die Chargaff-Regeln, die eine notwendige Paarung von Adenin mit Thymin und von Guanin mit Cytosin postulierten. Diese Erkenntnis bildete eine wesentliche Voraussetzung für die Aufstellung des Doppelhelixmodells von J.D. Watson (s. dort) und F.H.C. Crick (s. dort)

COHEN, STANLEY [GEB. 1922]

Amerikanischer Biochemiker, der ab 1959 hormonartige Polypeptidwachstumsfaktoren untersuchte, die Signalwirkungen auf die Entwicklung bestimmter Zellen und Gewebe ausüben. Im Zug dieser Untersuchungen entdeckte er den epidermal growth factor (EGF). Zusammen mit R. Levi-Montalcini (s. dort) erhielt er 1986 den Nobelpreis für Physiologie oder Medizin für seine Beiträge zum Verständnis der Steuerungsmechanismen von Zell- und Gewebewachstum

CRICK, FRANCIS HARRY COMPTON [GEB. 1916]

Britischer Biochemiker, der zusammen mit J.D. Watson (s. dort) unter Benutzung der von R. Franklin (s. dort) und M.H.F. Wilkins aus der Röntgenstrukturanalyse erhaltenen Beugungsdaten ein Modell der räumlichen Spiralstruktur (Doppelhelixstruktur) der DNA aufstellte. Zusammen mit Watson und Wilkins erhielt er 1962 für diese Leistung den Nobelpreis für Physiologie oder Medizin

DARWIN, CHARLES ROBERT [1809-1882]

Englischer Naturforscher und Biologe. Einer der bedeutendsten Biologen der Geschichte, begründete die auf natürlicher Selektion beruhende Evolutionstheorie. 1859 veröffentlichte Darwin sein berühmtes Werk „On the origin of species by means of natural selection, or the preservation of favoured races in the struggle for life". Er brach damit mit der Theorie von J.B. Lamarck von der Vererbung erworbener Eigenschaften. Mit seiner Selektionstheorie schuf Darwin die Grundlage der modernen (synthetischen) Evolutionstheorie, die genetische und populationsökologische Erkenntnisse einbezieht. Die Evolutionstheorie Darwins löste eine Umwälzung in Naturwissenschaft und Philosophie aus, indem sie an die Stelle deterministischer und religiöser Vorstellung Erblichkeit, Veränderlichkeit und natürliche Auslese setzte

DELBRÜCK, MAX LUDWIG HENNING [1906-1981]

Deutsch-amerikanischer Physiker und Molekularbiologe. Nach Ausbildung bei Bohr in Kopenhagen, Pauli in Zürich und Meitner in Berlin bearbeitete er seit 1937 in den USA u.a. die Natur des Photorezeptors. Er erkannte die Bakteriophagen als geeignete Modelle zur Aufklärung der Genstruktur und entdeckte 1943 mit S.E. Luria (s. dort) die zufällige und ungerichtete Natur spontaner Mutationen. 1946 wies er zusammen mit W.T. Bailey (unabhängig von A.D. Hershey; s. dort) die genetische Rekombination von Bakteriophagen in mischinfizierten Bakterien nach. Gilt durch seine mit Luria durchgeführten Arbeiten zur Aufklärung des Vermehrungszyklus von Bakteriophagen als Mitbegründer der Bakteriengenetik und Molekularbiologie. Zusammen mit Luria und Hershey erhielt er 1969 den Nobelpreis für Physiologie oder Medizin für den Nachweis der genetischen Rekombination bei Phagen

DULBECCO, RENATO [GEB. 1914]

Italienisch-amerikanischer Biologe. Er erforschte die Wechselwirkung von DNA-Tumorviren mit lebenden Zellen und konnte die Lyse der befallenen Zelle bzw. eine genetische Transformation nachweisen. Zusammen mit D. Baltimore (s. dort) und H.M. Temin (s. dort) erhielt er 1975 den Nobelpreis für Physiologie oder Medizin

FRANKLIN, ROSALIND ELSIE [1920-1958]

Englische Biochemikerin; führte röntgenkristallographische Untersuchungen von Biomakromolekülen durch, wies bei Kristallen des Tabakmosaikvirus eine röhrenförmige Helixstruktur nach und erarbeitete 1953 zusammen mit M.H.F. Wilkins (s. dort) durch röntgenanalytische Untersuchungen an Nukleinsäuren die Grundlage zur Aufklärung der Doppelhelixstruktur von DNA durch J.D. Watson (s. dort) und F.H.C. Crick (s. dort)

GALTON, FRANCIS [1822-1911]

Britischer Arzt und Naturforscher, Vetter von Charles Darwin (s. dort), arbeitete auf dem Gebiet der Vererbung. Von ihm entwickelte statistische Methoden und Merkmalsanalysen bildeten die Grundlage für die mathematische Berechnung von Genfrequenzen. Führte die Daktyloskopie in den polizeilichen Erkennungsdienst ein. Er prägte den Begriff Eugenik

GARROD, ARCHIBALD [1857-1936]

Englischer Kinderarzt. Seine klinischen Forschungen widmete er (von 1894-1899) angeborenen Herzfehlern beim Down-Syndrom. Anschließend wandte er sich der Analyse von Harnpigmenten zu. Nachdem er 1898 auf seinen ersten Fall von Alkaptonurie gestoßen war, beschrieb er eine einfache Methode zur Extraktion von Homogentisinsäure aus dem Urin. 1899 stellte er am Beispiel von alkaptonurischen Zwillingen fest, daß die Krankheit angeboren und rezessiv vererbbar ist.

Darüber hinaus beschrieb er eine Reihe weiterer angeborener Stoffwechseldefekte wie: Cystinurie, Porphyrie und Pentosurie

GILBERT, WALTER [GEB. 1932]

Amerikanischer Physiker und Molekularbiologe, der 1979 zusammen mit A. Maxam eine Methode zur Sequenzierung von DNA (Maxam-Gilbert-Methode) entwickelte; 1978 gelang es ihm, das aus Ratten gewonnene Insulingen in das β-Laktamase-Gen von *Escherichia coli* einzubauen und dadurch auf gentechnologischem Weg die Herstellung von Insulin zu ermöglichen

GURDON, JOHN BERTRAND [GEB. 1933]

Englischer Biologe dem gleichzeitig mit R.W. Briggs (s. dort) und T.J. King Anfang der 50er Jahre die erste Kerntransplantation gelang und der sich später in den 70er Jahren mit der Kontrolle der Genexpression während der tierischen Entwicklung befaßte

HERSHEY, ALFRED DAY [GEB. 1908]

Amerikanischer Molekularbiologe, der in seinen Arbeiten über Genetik und Vermehrungsmechanismen bei Bakteriophagen 1952 zeigen konnte, daß die DNA und nicht die Proteine Träger der Erbinformation ist. Er bestätigte damit frühere Versuche von D.T. Avery (s. dort). 1969 erhielt er für seine Arbeiten zur Phagengenetik und -vermehrung zusammen mit M. Delbrück (s. dort) und S.E. Luria (s. dort) den Nobelpreis für Physiologie oder Medizin

HOAGLAND, MAHLON [GEB. 1921]

Amerikanischer Biochemiker. Er isolierte zusammen mit P.C. Zamecnik in den 50er Jahren tRNA (Transfer-RNA) und entdeckte deren Funktion (Mechanismus der Aminosäureaktivierung) bei der Synthese von Proteinen aus Aminosäuren. Er trug damit wesentlich zum Verständnis des Zusammenwirkens von enzymatischen Einzelschritten zur Proteinbiosynthese bei

HODGKIN, DOROTHY MARY [1910–1994]

Britische Chemikerin, die mittels Röntgenstrukturanalyse die Struktur zahlreicher biochemischer Verbindungen aufklärte: z.B. Penizillin (1949), Steroide, Herzglykoside und Gallensäuren. 1953 gelang ihr die Strukturermittlung des Insulins (Peptidhormon mit 51 Aminosäuren). Dafür und insbesondere für die Aufklärung der Struktur des Cobalamins (Vitamin B_{12}) (1955) erhielt sie 1964 den Nobelpreis für Chemie

HOLLEY, ROBERT WILLIAM [1922–1993]

Amerikanischer Biochemiker, dessen Arbeiten zusammen mit denen von N.G. Khorana (s. dort) und M.W. Nirenberg (s. dort) für die Entschlüsselung des genetischen Kodes 1968 mit dem Nobelpreis für Physiologie oder Medizin ausgezeichnet wurden. Holley untersuchte die molekularbiologischen Prozesse bei der Zellteilung und den Mechanismus der Informationsübertragung von Nukleinsäuren auf Proteine. 1960 isolierte er die Alanin-tRNA der Hefe, bestimmte 1964 deren vollständige Nukleotidsequenz (Sequenzierung der ersten t-RNA) und schlug 1965 für sie als Sekundärstruktur die „Kleeblattstruktur" vor

JACOB, FRANCOIS [GEB. 1920]

Französischer Physiologe und Genetiker. Er erhielt 1965 zusammen mit A. Lwoff (s. dort) und J. Monod (s. dort) den Nobelpreis für Physiologie oder Medizin für molekulargenetische Arbeiten an Bakterien, insbesondere für die Entdeckung gemeinsam regulierter Gene (Operon). Am Laktoseoperon entdeckten sie die dazugehörigen Regulatorgene sowie die regulatorisch wirksamen Signalelemente (Operator, Promotor)

KENDREW, JOHN COWDERY [GEB. 1917]

Britischer Biochemiker und Molekularbiologe, der mit Hilfe der Röntgenstrukturanalyse die dreidimensionale Struktur des Myoglobins aufklärte und 1957 die α-Helix als Sekundärstrukturelement der Polypeptidkette erkannte. Zusammen mit M.F. Perutz (s. dort) erhielt er 1962 den Nobelpreis für Chemie

KHORANA, NAR GOBIND [GEB. 1922]

Indisch-amerikanischer Biochemiker, der zusammen mit R.W. Holley (s. dort) und M.W. Nirenberg (s. dort) 1968 den Nobelpreis für Physiologie oder Medizin für die Entschlüsselung des genetischen Kodes erhielt. Seine Untersuchungen (1965/66) der Informationsübertragung von künstlich synthetisierten Polynukleotiden auf Proteine trugen wesentlich zur Entschlüsselung des genetischen Kodes bei. 1967 klärte er die Sequenz der Phenylalanin-tRNA auf und entwickelte als erster Methoden zur organisch-chemisch-enzymatischen Totalsynthese von Genen [1970: Alanin-tRNA-Gen;

1973: Tyrosin-tRNA-Gen; 1976: Gen für Suppressor-tRNA (Tyr)]

KORNBERG, ARTHUR [GEB. 1918]

Amerikanischer Biochemiker, der nach Forschungstätigkeit in verschiedenen Laboratorien u.a. auch bei S. Ochoa (s. dort) 1956 aus *Escherichia coli* die DNA-Polymerase I isolierte. Er charakterisierte eine Reihe weiterer an der DNA-Synthese beteiligter Enzyme und leistete durch die Aufklärung vieler Einzelschritte der DNA-Replikation und -Reparatur bedeutende Beiträge zur Enzymologie von DNA und damit zu Mechanismen der Vererbung i. allg. Ihm gelang die erste enzymatische In-vitro-DNA-Synthese und damit der Nachweis der Template-Funktion der DNA. 1959 erhielt er zusammen mit S. Ochoa den Nobelpreis für Physiologie oder Medizin

KOSSEL, ALBRECHT LUDWIG [1853–1927]

Deutscher Biochemiker und Physiologe, einer der Wegbereiter der Nukleinsäureforschung. Er isolierte ab 1879 die 1869 von J.F. Miescher (s. dort) entdeckten Nukleoproteine und wies als deren Basenbestandteile Cytosin, Thymin, Adenin und Guanin nach und fand 1893 als weiteren Bestandteil ein Kohlenhydrat, das P. Levene (s. dort) 1929 als Ribose identifizierte und in Desoxyribose (DNA) und Ribose (RNA) differenzieren konnte. Für seine wissenschaftlichen Leistungen erhielt er 1910 den Nobelpreis für Physiologie oder Medizin

LEDERBERG, JOSHUA [GEB. 1925]

Amerikanischer Mikrobiologe, der zusammen mit E.L. Tatum (s. dort) durch Kreuzungsversuche an Bakterienstämmen zeigte, daß sich auch Bakterien geschlechtlich vermehren. 1952 wies er nach, daß Bakteriophagen DNA von einem Bakterium auf ein anderes übertragen können (Transduktion). Er führte die Bezeichnung „Plasmide" für extrachromosomale Erbfaktoren in Bakterien ein. Zusammen mit E.L. Tatum und G.W. Beadle (s. dort) erhielt er 1958 den Nobelpreis für Physiologie oder Medizin

LEVENE, PHOEBUS AARON THEODOR [1869–1940]

Russisch-amerikanischer Chemiker, dessen Arbeiten in engem Zusammenhang mit denen von Miescher (s. dort) stehen. Er isolierte und identifizierte die Kohlenhydratkomponenten der Nukleinsäuren und wies den unterschiedlichen Zuckerbestandteil bei Ribonukleinsäuren und Desoxyribonukleinsäuren nach. Er klärte den kettenartigen Aufbau der Nukleinsäuren aus aneinandergereihten Nukleotiden auf und postulierte die Phosphodiesterbindung zwischen den Pentosen der Nukleoside

LEVI-MONTALCINI, RITA [GEB. 1909]

Italienisch-amerikanische Neurobiologin, die in den 70er Jahren hervorragende Beiträge zum Verständis der zellulären Informationsübertragung und von Steuerungsmechanismen des Zell- und Gewebewachstums geleistet hat. Sie entdeckte den epidermal growth factor (EGF) und isolierte aus Schlangengift den nerve growth factor (NGF; ein Polypeptid mit 120 Aminosäuren). Für die Isolierung und Charakterisierung des NGF erhielt sie 1986 zusammen mit S. Cohen (s. dort) den Nobelpreis für Physiologie oder Medizin

LURIA, SALVADOR EDWARD [1912–1991]

Italienisch-amerikanischer Mikrobiologe. Zusammen mit M.L.H. Delbrück (s. dort) und A.D. Hershey (s. dort) erhielt er für seine Arbeiten zur Strahlenbiologie und Bakteriengenetik und insbesondere für seinen Beitrag zur Klärung des Vermehrungsmechanismus von Bakteriophagen und Aufklärung ihres Genoms 1969 den Nobelpreis für Physiologie oder Medizin

LWOFF, ANDRÉ [1902–1994]

Französischer Mikrobiologe, dessen Arbeiten auf die Analyse von Wechselbeziehungen zwischen Zelle und Virus gerichtet waren. Mit Jacob (s. dort) und Monod (s. dort) erhielt er 1965 den Nobelpreis für Physiologie oder Medizin für den Nachweis von Regulatorgenen, welche die Aktivität von anderen Genen hemmen oder fördern

LYSSENKO, TROFIN DENISSOWITSCH [1898–1976]

Sowjetischer Agrarbiologe, der durch Züchtungsversuche, gestützt auf Mitschurin (s. dort), eine Vererbung von durch Umwelteinflüsse erworbenen Eigenschaften nachzuweisen versuchte, um damit dem dialektischen Materialismus eine wissenschaftliche Grundlage für die direkte, erblich fixierbare Einflußnahme auf Lebewesen zu geben. Seine Theorie hat in der Sowjetunion und den sozialistischen Ländern die Entwicklung der biologischen Forschung über viele Jahre gehemmt und wird heute allgemein abgelehnt

McClintock, Barbara [1902–1992]

Amerikanische Botanikerin und Genetikerin, die 1983 den Nobelpreis für Physiologie oder Medizin erhielt für ihre 1957 an Mais und anderen Pflanzen gemachte Entdeckung von Kontrollelementen (controlling elements), die sie als bewegliche Abschnitte des Genoms deutete (lange vor dem Nachweis transponierbarer genetischer Elemente auf molekularer Ebene). Ihre Entdeckung hat zu neuen Einsichten über die Bildung von Genen und ihrer Veränderung während der Evolution geführt und genetische Phänomene erklärbar gemacht, die bei der Übertragung von Antibiotikaresistenz von einem Bakterium auf ein anderes eine Rolle spielen

Mendel, Gregor (Ordensname) eigentlich Johann [1822–1884]

Österreichischer Botaniker und Genetiker. Anhand von mehr als 10 000 Kreuzungsversuchen mit Erbsen und Bohnen entdeckte er (1865) die grundlegenden Regeln der Vererbung (Mendel-Regeln). Anerkennung fanden seine Arbeiten erst nach seinem Tod durch Neuentdeckung (1900) der von ihm gefundenen Gesetze durch C. E. Correns, E. von Tschernak und H. de Vries

Merrifield, Robert Bruce [geb. 1921]

Amerikanischer Biochemiker, der 1962 ein Verfahren zur chemischen Synthese von Peptiden und Proteinen an einer festen Matrix (z. B. Polystyrol) entwickelte (Festphasensynthese). 1969 gelang mit dieser Technik erstmals die Synthese eines enzymatisch aktiven Proteins mit 124 Aminosäuren, der Ribonuklease. Später wurde dieses Verfahren auch für die Synthese von Polynukleotiden eingesetzt. Für diese Leistung erhielt Merrifield 1984 den Nobelpreis für Chemie

Miescher, Johann Friedrich [1844–1895]

Schweizerischer Biochemiker. Entdeckte die Regulation der Atmung durch die CO_2-Konzentration im Blut. Bereitete den Boden für die biochemische Grundlage der Informationsübertragung von DNA auf Proteine durch Isolierung von Nukleinsäure und Histonen aus Leukozytenkernen

Mitschurin, Iwan Wladimirowitsch [1855–1935]

Russischer Botaniker und Pflanzenzüchter. Durch Pfropfungsversuche glaubte er nachgewiesen zu haben, daß junge Pflanzenteile durch alte beeinflußbar sind. Auf seinen heute widerlegten Arbeiten basieren Ideen verschiedener sowjetischer Wissenschaftler besonders von T.D. Lyssenko (s. dort)

Monod, Jacques Lucien [1910–1976]

Französischer Biochemiker, der zusammen mit Jacob (s. dort) und Lwoff (s. dort) 1965 den Nobelpreis für Physiologie oder Medizin für die Erforschung der Genregulationsvorgänge erhielt. In grundlegenden Arbeiten trug er zur Aufklärung des Mechanismus der Genexpression bei, der 1961 als Operonmodell oder Jacob-Monod-Modell veröffentlicht wurde. Er entwickelte die Hypothese von der Notwendigkeit einer instabilen mRNA als Zwischenprodukt bei der Enzymsynthese und prägte den Begriff der allosterischen Umwandlung von Proteinen

Morgan, Thomas Hunt [1866–1945]

Amerikanischer Genetiker. Führte 1907 die Taufliege (*Drosophila melanogaster*) als Versuchstier in die Genetik ein. Er entdeckte die an Geschlechtschromosomen gebundene Vererbung sowie die lineare Anordnung der Gene auf den Chromosmen und ermittelte ihre relative Lage zueinander durch die Cross-over-Methode. Durch Etablierung der Chromosomentheorie zusammen mit C.B. Bridges (s. dort), A.H. Sturtevant (s. dort) und H.J. Muller (s. dort) begründete er die amerikanische Schule der modernen Genetik. Er versuchte die Erkenntnisse der modernen Genetik mit der Abstammungslehre zu verbinden und gilt als Mitbegründer der Synthetischen Evolutionstheorie. 1933 erhielt er den Nobelpreis für Physiologie oder Medizin

Muller, Hermann Joseph [1890–1967]

Amerikanischer Zoologe und Genetiker, der 1926 als erster künstlich Mutationen mit Röntgenstrahlen an der Taufliege (*Drosophila melanogaster*) erzeugte und damit die Mutagenität von Röntgenstrahlen bewies. Für diese Leistung erhielt er 1946 den Nobelpreis für Physiologie oder Medizin. Umstritten sind seine Ansichten über Eugenik (Verbesserung der Menschen durch Befruchtung von Frauen mit dem Samen genialer Männer)

Mullis, Kary Banks [geb. 1944]

Amerikanischer Chemiker, der 1993 zusammen mit M. Smith (s. dort) den Nobelpreis für Chemie für die bahnbrechende Entwicklung (1983) der Polymerasekettenreaktion (PCR) erhielt. Sehr geringe Mengen von DNA lassen sich mit Hilfe des Enzyms Polymerase mit diesem Verfahren vervielfältigen. Dadurch ist es möglich, analysierfähige Mengen der DNA für Genetik, Mikrobiologie und Gerichtsmedizin zu gewinnen

NATHANS, DANIEL [GEB. 1928]

Amerikanischer Mikrobiologe und Biochemiker, erhielt 1978 zusammen mit W. Arber (s. dort) und H.O. Smith den Nobelpreis für Physiologie oder Medizin. Ab 1956 führte er Arbeiten zur Proteinsynthese durch und identifizierte 1960 den das Wachstum der Polypeptidkette regulierenden Verlängerungsfaktor. Er leistete Pionierarbeit in der Anwendung der von W. Arber entdeckten Restriktionsenzyme bei der Genlokalisation, insbesondere bei der Erstellung einer detaillierten Genkarte des tumorerzeugenden Simian-40-Virus (1977)

NIRENBERG, MARSHALL WARREN [GEB. 1927]

Amerikanischer Biochemiker, der für die Entschlüsselung des genetischen Kodes zusammen mit Khorana (s. dort) und Holley (s. dort) 1968 den Nobelpreis für Physiologie oder Medizin erhielt. 1961 führte er zusammen mit Matthaei mit Hilfe einer künstlich hergestellten mRNA (Polyuridylsäure) die erste zellfreie Peptidsynthese Polyphenylalanin durch und entdeckte 1964 zusammen mit P. Leder die sog. Bindereaktion. Durch beide Reaktionen schuf er die Voraussetzung zur Entschlüsselung des genetischen Kodes

OCHOA, SEVERO [1905–1993]

Spanisch-amerikanischer Biochemiker, der im Rahmen seiner Forschungen über Stoffwechselvorgänge, Photosynthese und Proteinbiosynthese die oxidative Phosphorylierung entdeckte und die Speicherung der durch den Abbau von Nahrungsstoffen gewonnenen Energie in der Zelle in Form von energiereichen Phosphatverbindungen nachwies. 1955 isolierte er die Polynukleotidphosphorylase, mit deren Hilfe er später die Ribonukleinsäure in vitro synthetisierte. Er war an der Entschlüsselung des genetischen Kodes beteiligt und erhielt 1959 zusammen mit A. Kornberg (s. dort) den Nobelpreis für Physiologie oder Medizin

PAULING, LINUS CARL [1901–1994]

Amerikanischer Chemiker, der die α-Helix-Struktur entdeckte und mittels Röntgenstrukturanalyse in zahlreichen Proteinen nachwies. Zahlreiche Arbeiten zur Koordinationslehre, Molekülorbitaltheorie und quantenmechanischen Untersuchungen der chemischen Bindungstypen (Mitbegründer der Quantenchemie) weisen ihn als einen der bedeutendsten Chemiker des 20. Jahrhunderts aus. Für seine Arbeiten über die Natur der chemischen Bindung erhielt er 1954 den Nobelpreis für Chemie und für seinen Einsatz gegen die Anwendung der Kernwaffe 1962 den Friedensnobelpreis

PERUTZ, MAX FERDINAND [GEB. 1914]

Österreichisch-englischer Chemiker, der von 1947 ab röntgenographische Strukturuntersuchungen von Proteinen (insbesondere von Hämoglobin) durchführte und für die Aufklärung der Tertiärstruktur von Hämoglobin 1962 zusammen mit J.C. Kendrew (s. dort) den Nobelpreis für Chemie erhielt

ROBERTS, RICHARD JAHN [GEB. 1943]

Englischer Chemiker. 1977 wies er am Erbgut des Adenovirus nach, daß Gene diskontinuierlich aus Exons und Introns aufgebaut sein können. Zusammen mit P.A. Sharp (s. dort) erhielt er 1993 für diese Entdeckung den Nobelpreis für Physiologie oder Medizin

SANGER, FREDERICK [GEB. 1918]

Englischer Biochemiker. Arbeitete von 1945–1953 an der Aufklärung der Primärstruktur des Insulins, wobei er grundlegende Methoden für die Sequenzierung von Aminosäuresequenzen einführte wie z.B. die Markierung mit Dinitrofluorbenzol. Er erhielt für diese Arbeiten 1958 den Nobelpreis für Chemie. Die Entwicklung weiterer Methoden in den 60er Jahren zur Sequenzanalyse von RNA (Fingerprintmethode) und in den 70er Jahren zur Sequenzierung von DNA (1978 Publikation der DNA-Sequenz des Bakteriophagen X 174) wurden 1980 zum weiteren Mal mit dem Nobelpreis für Chemie ausgezeichnet, zusammen mit P. Berg (s. dort) und W. Gilbert (s. dort)

SHARP, PHILLIP ALLEN [GEB. 1944]

Amerikanischer Chemiker und Molekularbiologe. Er entdeckte unabhängig von R.J. Roberts (s. dort), mit dem er 1993 zusammen den Nobelpreis für Physiologie oder Medizin erhielt, daß Gene mosaikartig, diskontinuierlich aufgebaut sind

SMITH, HAMILTON OTHANEL [GEB. 1931]

Amerikanischer Biochemiker und Mikrobiologe. Zusammen mit W. Arber (s. dort) und D. Nathans

(s. dort) erhielt er für seine 1968–1970 durchgeführten Arbeiten über Restriktionsenzyme, womit er die Untersuchungen von W. Arber bestätigte, 1978 den Nobelpreis für Physiologie oder Medizin

Smith, Michael [geb. 1932]

Britisch-kanadischer Biochemiker, der 1993 zusammen mit Mullis (s. dort) den Nobelpreis für Chemie für seine Arbeiten zur ortsspezifischen künstlichen Mutagenese erhielt. Darunter sind gezielte Veränderungen des genetischen Materials durch Einschleusung synthetisierter Erbinformationen in eine Zelle zu verstehen. Erstmals gelang ihm eine solche Mutation bei einem Bakteriophagen. 1982 konnte er ein gezielt verändertes Enzym in größeren Mengen gewinnen. Diese Methode ist in der Biotechnologie für das „protein design" von großer Bedeutung

Sturtevant, Alfred Henry [1891–1970]

Amerikanischer Genetiker, der zusammen mit T.H. Morgan (s. dort), C.B. Bridges (s. dort) und H.J. Muller (s. dort) die Chromosomentheorie etablierte und damit die amerikanische Schule der modernen Genetik mitbegründete. Sein Interesse galt v. a. der Evolutionstheorie, die er mit der Genetik zu verbinden suchte. In seinen Arbeiten beschäftigte er sich u. a. mit der genetischen Analyse von Hybriden zwischen *Drosophila melanogaster* und *Drosophila simulans*

Sutton, Walter Stanborough [1877–1916]

Amerikanischer Genetiker und Arzt. Er bewies an Zellen von Heuschrecken, daß das Verhalten von Chromosomen während der Teilung für beobachtete Vererbungsphänomene verantwortlich ist und wies damit unabhängig von T. Boveri (s. dort) die Bedeutung der Chromosomen als Träger des Erbguts nach

Tatum, Edward Lawrie [1909–1975]

Amerikanischer Biochemiker und Genetiker, der zusammen mit G.W. Beadle durch Forschungen ab 1937 an Mutanten des Schimmelpilzes *Neurospora crassa* (durch Röntgenbestrahlung ausgelöste Mutanten) zeigen konnte, daß jede biochemische Reaktion bzw. jedes Enzym durch ein Gen kontrolliert wird. 1958 erhielt er zusammen mit G.W. Beadle (s. dort) und J. Lederberg (s. dort) den Nobelpreis für Physiologie oder Medizin

Temin, Howard Martin [1934–1994]

Amerikanischer Biologe, der 1975 zusammen mit D. Baltimore (s. dort) und R. Dulbecco (s. dort) den Nobelpreis für Physiologie oder Medizin für die Aufklärung des chemischen Mechanismus der Virusreplikation durch Entdeckung des für diesen Prozeß verantwortlichen Enzyms – der Reversen Transkriptase – erhielt

Timofeev-Ressovsky, Nikolai, Vladimirovitsch [1900–1981]

Sowjetischer Zoologe und Biophysiker. Nach Arbeiten im Institut für experimentelle Biologie in Moskau traf er im Kaiser-Wilhelm-Institut für Hirnforschung in Berlin-Buch auf K.G. Zimmer und arbeitete nach 1945 an verschiedenen Einrichtungen der Akademie der Wissenschaften bzw. Akademie der medizinischen Wissenschaften in der Sowjetunion. Seine Arbeiten lagen auf dem Gebiet der Genetik, der allgemeinen Biologie und der Strahlenbiologie, wo er sich mit durch ionisierende Strahlung ausgelöste Mutationen beschäftigte. Er war Mitautor des von M. Delbrück und K. G. Zimmer veröffentlichten Buchs „Über die Natur der Genmutation und der Genstruktur". Er gilt als bedeutender Strahlengenetiker, Mutations- und Evolutionsforscher und Mitbegründer der Synthetischen Evolutionstheorie

Varmus, Harold Eliot [geb. 1939]

Amerikanischer Mediziner und Mikrobiologe, der 1989 zusammen mit M.J. Bishop (s. dort) den Nobelpreis für Physiologie oder Medizin für die Entdeckung des zellulären Ursprungs der retroviralen Onkogene erhielt. Er konnte nachweisen, daß die genetische Information, die zur Induktion eines Tumors durch ein Virus notwendig ist, in allen normalen Zellen des Tiers oder des Menschen vor der Infektion mit dem Virus schon vorhanden ist

Watson, James Dewey [geb. 1928]

Amerikanischer Biochemiker, der zusammen mit Crick (s. dort) auf der Grundlage von R. Franklin (s. dort) und M.H.F. Wilkins (s. dort) erhaltenen Röntgenbeugungsdaten von DNA-Kristallen 1953 das Doppelhelixmodell der Desoxyribonukleinsäure aufstellte. Hierfür erhielt er mit Crick und Wilkins 1962 den Nobelpreis für Physiologie oder Medizin. Außerdem klärte er 1952 den Aufbau der Proteinhülle des Tabakmosaikvirus auf

WILKINS, SIR MAURICE HUGH FREDERICK [GEB. 1916]

Englischer Biochemiker, dessen röntgenstrukturanalytische Untersuchungen von Nukleinsäuren zusammen mit den Forschungsergebnissen von R. Franklin (s. dort) die Grundlage für die von Crick (s. dort) und Watson (s. dort) abgeleitete Doppelhelixstruktur der DNA bildeten. Für diese Leistung erhielten Crick, Watson und Wilkins 1962 den Nobelpreis für Physiologie oder Medizin. Frühere Arbeiten von Wilkins beschäftigten sich mit der Uranisotopentrennung, was ihn zur Mitarbeit am „Manhattan-Projekt" zur Herstellung der amerikanischen Atombombe in Berkeley führte

WILSON, EDMUND BECHER [1856–1939]

Amerikanischer Zoologe, der neben entwicklungsgeschichtlichen Arbeiten 1910 die Geschlechtschromosomen bei Insekten entdeckte

ZAMECNIK, PAUL CHARLES [GEB. 1912]

Amerikanischer Biochemiker, der zusammen mit M.B. Hoagland im Rahmen seiner Untersuchungen über Proteinsynthese und Nukleinsäurestoffwechsel den Nachweis erbrachte, daß Transfer-RNA (tRNA) aktivierte Aminosäure bei der Proteinbiosynthese überträgt

ZIMMER, KARL GÜNTER [1911–1988]

Deutscher Physiker, verfaßte nach photochemischen Untersuchungen mit N.W. Timofeeff-Ressovsky (s. dort) und M. Delbrück (s. dort) 1935 das Buch „*Über die Natur der Genmutation und der Genstruktur*". Am Kaiser-Wilhelm-Institut für Hirnforschung in Berlin-Buch führte er Untersuchungen über biologische Wirkungen von ionisierenden Strahlen durch, die zu einer systematischen Beschreibung von Dosis-Wirkungs-Beziehungen durch die Treffertheorie führten (1943). Spätere Untersuchungen führten ihn zur Molekularbiologie und zur physikochemischen Untersuchung an Bakteriophagen und DNA-Molekülen

Sachverzeichnis

A

ABC-Protein 176
Abetalipoproteinämie (ABL)
- Ätiologie/Pathomechanismus 346, 347
- Krankheitsverlauf 345, 346
- molekulare Ursachen 347, 348
- Therapie 347
Abstammungsanalyse 513
ACTH-Stimulationstest 247
Acyl-CoA-Cholesterol-Acyltransferase (ACAT) 337
Acyl-CoA-Dehydrogenasemangel, mittelkettiger/multipler 271, 272
Acyl-CoA-Oxidase 236
- Defizienz 241, 249
ADA 294
- Gen 296, 297
ADCA („autosomal dominantly inherited cerebellar ataxias") 524
Adenin-Phosphoribosyl-Transferase (APRT) 278, 279
- Aktivität 288, 290
- Mangel 288
- - Diagnostik 292
- - Krankheitsbild 289
- - partieller 290
- - Pathobiochemie 290
- - Pathophysiologie 289
- - Therapie 292
- - Tiermodelle 291
- Untereinheit 290
Adenosindesaminase (ADA) 289
- Aktivität 298, 299
- Inhibitor 295
- Mangel 292
- - Krankheitsbild 293
- - Molekulargenetik/molekulare Pathologie 296
- - Pathobiochemie 295, 296
- - Pathophysiologie 293–295
- Muster 295
- Therapie 297–300
- Tiermodelle 297
- Transkription 296
Adenosinkinase 289, 294
S-Adenosylhomocystein 294
Adenosylkobalamin 263
S-Adenosylmethionin 294
Adenylatdesaminase 296
Adenylsukzinat 280
Aderlaßtherapie 461

Adipositas 549
Adrenoleukodystrophie 176
- neonatale 240
- X-gebundene (X-ALD) 240, 244, 247–249
AGG-Unterbrechung 502, 503
Ahornsirupkrankheit (MSUD)
- Akutbehandlung/Dauerbehandlung 163
- Ätiologie 161, 162
- Häufigkeit 162
- Molekularbiologie 165
- Neurotoxizität 164, 165
- Symptomatik 162
- Therapie/Verlauf 162, 163
- Varianten 163, 164
AIP (*siehe* Porphyrie, akute intermittierende)
Akanthozytose 345, 348
Akatalasämie 241
Aktin-bindende Region 12
α-Aktinin 129
Aktivatorprotein 203
Alanin-Glyoxalat-Aminotransferase 237
- Defizienz 250
Aldehydoxidase 308, 309
Aldolase, Defekt 423–425
ALD-Protein 240
alkalische Phosphatase 294
Alkyldihydroxyazetonphosphat-synthase (alkyl-DHAP Synthase) 236
5T-Allel 186
Alloisoleucin 162, 164
Allopurinol 287, 292
Amine, biogene, Substitution 155
α-Amino-β-Ketodipat 443
Aminohydrolase 296
δAminolävulinat 442
- Synthase 443
Aminosäuren, verzweigtkettige, Abbaustörungen 259–266
Aminosäuresubstitution 184
AMPD1 (*siehe* Myoadenylatdesaminase)
- Gen 305, 306
Amyelinisierungsneuropathie 99
Amyloidose 349
Amyotrophie
- Armplexusamyotrophie, hereditäre 103

- HNA („hereditary neuralgic amyotrophy") 97
Anämie 357
- chronisch nichtsphärozytäre hämolytische (CNSHA) 406
- *Fanconi*-Anämie 375
- hämolytische 296, 384, 404, 405
- *Heinz*-Körper-Anämie, kongenitale 384–387
- megaloblastische 281
Anderson-Erkrankung 348, 349
Androgenrezeptor 529
Angelman-Syndrom 547
- Diagnostik/Therapie 557–559
- Genetik 551–557
- Krankheitsbild 548–551
- Molekularbiologie 551
- Selbsthilfegruppen 559
Anionenkanal 177
Ankyrindefekte 430, 431
Anti-D-Prophylaxe 375
Antikörper, autologer 384
Antizipation 8, 35, 37, 497, 498, 534
Apolipoprotein (Apo)
- ApoAI-Defizienz 349, 350
- ApoB/E-Rezeptor 338
- ApoB48-Mangel 345
- ApoB100, familiär defektes (FDB) 342, 345
- - Ätiologie/Pathomechanismus 343, 344
- - Krankheitsverlauf 343
- - Morphologie 344
- - Therapie 344
- ApoCII 353, 354
- ApoE 360
- - Polymorphismus 343
Apopain 521
Apoptose 5, 108
APRT (*siehe* Adenin-Phosphoribosyl-Transferase)
- Gen 286, 290, 291
Armplexusamyotrophie, hereditäre 103
Arrest, biosynthetischer 184
Arrhythmie 4
Arthritis 281
Arthrogryposis multiplex congenita, spinale Muskelatrophie 69
Arthropathie 461
Arylsulfatase 204, 214
- Pseudodefizienz 215

Ashkenazi-Juden 179, 213
Aspartattranscarbamoylase (ATC) 310
Aspartoacylase 257
– Mangel 267
Ataxie
– *Friedreich*-Ataxie (*siehe dort*)
– spinozerebelläre (*siehe* SCA)
– zerebelläre 241
Atherom 335
Atmung, paradoxe 63
Atmungskette 133
ATPase 177
ATP-Sulfurylase 157
ATP-Synthase 133
Atransferrinämie 459
Atrophie
– Dentatorubro-Pallidolysische 527, 528
– frontotemporale 266
– Muskelatrophie (*siehe dort*)
– Optikusatrophie 98
Atrophin-1 528
Aufmerksamkeitsdefizit 483
Augenmuskelschwäche 136
Ausdauerschwäche 135
Austin-Erkrankung 215
Autismus, frühkindlicher 483, 500
Autoaggression 281, 286, 288
Automatom 512
autonome Störung 94
Autopsie, Gehirn 483
Axone, hypomyelinisierte 100
Axonopathie, primäre 100
N-Azetylasparaginase-Mangel 267
Azetyl-CoA-Mangel 264
Azoospermie, obstruktive 186

B
Bande 3, Defekt 432–434
Bande 4.2, Defekt 432
Bantu-Siderose 458, 459
Barbiturate 446
Bart's Hydrops fetalis 377, 379, 380
Barth-Syndrom 262
Basalganglien, Zerstörung 266
Basiskost, fett-modifizierte 337
Bauchschmerzen 352
Becker-Kiener, Muskeldystrophie (BMD) 5, 6
Behinderung, geistige 479
– X-gebundene 480–482
Beratung, genetische 40, 42, 44, 50, 56, 84–86, 112, 499
Bernheimer-Seitelberger-Erkrankung 207
Bethlem-Myopathie 9
Betreuung, psychosoziale 22
BH_4
– Gabe 156
– Test 158
Bibba-Variante 384
Bindegewebsdysplasie 483
Biotinidase 257
Biotinstoffwechsel, Störung 264–266

2,3-Bisphosphoglyzeratweg, Enzymopathie 421–423
Block, atrioventrikulärer 237
Blut-Hirn-Schranke 157
Bluttransfusion, fetomaternale 375
Bohr-Effekt 373
Bronzediabetes 457
Bruchpunkt 21
Bulbärparalyse, progressive 83

C
C282Y 462, 468, 469
CAC-NA1A-Gen 526
Calpain 7
cAMP 489
Canavan-Erkrankung 267, 268
Carbamazepin 446
Carbaminoformation 373
Carbamoylphosphatsynthetase (CPS) I/II 310, 311
CAVD (kongenitale Aplasie der Vas deferens) 186, 187
CD25 107
„central-core disease"
– Ätiologie/Pathomechanismus 126
– Diagnostik, molekulare 127
– Einführung/Historie 125
– Klinik/Verlauf 125
– Morphologie 125, 126
– Therapie 126
CETP-Defizienz (Cholesterolestertransferproteindefizienz) 359–361
CF (*siehe* Mukoviszidose)
CFTR-Gen
– Mutationen 179, 180
– – Expressionsstörungen 180–183
– – Leitfähigkeitsstörung 184, 185
– – Regulationsstörungen 184
– – Reifungsstörung 183, 184, 188
– Struktur/Expression 174–176
CFTR-Protein, Struktur/Funktion 176–179
CGG-Repeat 490
– Instabilität/Stabilität 493–497
– Mutationsdynamik 493, 494
CH 93
Chaperone 183
Charcot 92
Charcot-Marie-Tooth-Syndrom 93
– neuronale Form 96
chemiosmotische Hypothese 133
Chenodesoxycholsäure 236
Chlorid 372
– Interaktion mit Hämoglobin 373
Chloridkanal, muskelspezifischer 46
Chloridleitfähigkeit 178
Cholesterol
– Ablagerung 336
– freies 337
– Synthese 258, 269
Cholesterolester 337, 354
Cholesterolestertransferproteindefizienz (CETP-Defizienz) 359–361
Cholesterylester
– Ablagerung 350

– Cholesterylesterspeicherkrankheit 361, 362
Cholsäure 236
Chondrodysplasia punctata, rhizomale (RCDP) 238, 240
– Genetik 249
– Therapie 246
Choreathetose 281
Chromatinstruktur 531
Chromosom, Metaphasechromosom 113
„chylomicron retention disease" 348, 349
Chylomikronämiesyndrom, familiäres (LPL-Defizienz) 351
– Ätiologie/Pathomechanismus 352–354
– Krankheitsverlauf 352
– Morphologie 354
– Pathomechanismus 354, 355
– Therapie 355
CID (kombinierte Immundefizienz) 292, 293, 298
CLC-Chloridkanäle 47
– Mutationen 47, 48
CLCN1-Gen 47
– Mutationen 48–50
CMMoL (chronisch myelomonozytäre Leukämie) 375
CMT1A
– Duplikation 102
– REP-Elemente 103
CMT4 93
CNSHA (chronisch nichtsphärozytäre hämolytische Anämie) 406
„compound"-Heterozygotie 463
Connexon 110
Costeff-Syndrom 262
CPEO (chronisch progrediente externe Ophthalmoplegie) 137
CpG-Dinukleotide 514
CPS (Carbamoylphosphatsynthetase) I/II 310, 311
CPT-I/II –Gen 257
„cross-over" 103
– ungleiches 103
$(CTG)_n$-Sequenz 36
Curschmann-Steinert-Erkrankung (myotone Dystrophie)
– Diagnostik
– – molekulare 40, 41
– – prädiktive 41
– – pränatale 41
– Differentialdiagnose 34, 41
– formale Genetik
– – Antizipation 35
– – Epidemiologie 35, 36
– – Heterogenität 35
– – Vererbung 34
– mit instabilen Trinukleotidsequenzen 39, 40
– Klassifikation 33
– Molekulargenetik
– – Antizipation, meiotische Instabilität, $(CTG)_n$-Sequenz 37

– – DMPK-Genprodukt 38, 39
– – Epidemiologie, (CTG)$_n$-Polymorphismus 38
– – somatische Heterogenität, mitotische Instabilität, (CTG)$_n$-Sequenz 37, 38
– – Kopplungsanalysen 36
– – Mausmodelle 39
– – Phänotyp-Genotyp-Korrelation 36, 37
– Therapie 34
– Verlaufsform
– – klassische 32, 33
– – kongenitale 34, 131
– – milde 33
Cx32 (Connexin 32) 101
– pathogene Mutationen 104–106, 111
– Struktur/Funktion 110, 111
Cystathionin-β-Synthase 165
– Mangel 166, 167
„Cystic Fibrosis Genetic Analysis Consortium" 179
Cytidindesaminase 312
Cytidintriphosphatsynthetase 311
Cytochrom b/C 134
^{5m}Cytosin 514

D
Datenbank 340, 514
Deferoxamine 461
Degeneration, axonale 100
Déjérine 93
Déjérine-Sottas-Syndrom 93
Deletion 13, 497, 549
– Analyse 16, 17
– mitochondriale 139–14∧1
– reziproke 103
Demenz 136, 137
Demyelinisierung
– Hyperphenylalaninämie 154
– segmentale 99
– zerebrale 240
Dendrit 483
Dendritendorn 488
Deoxy-HBS-Molekül, Aggregation 383
Depression 483
DGGE (denaturierende Gradientengelelektrophorese) 442, 450
DHPDH-Gen 321
DHPR-Mangel 155
Diabetes mellitus 136, 174, 338, 374, 457, 532
Diät, diätetische Beratung 355
Diättherapie 248
Dichloracetat 141
Diclofenac 446
Dihydrobiopterinreduktase 151
Dihydroorotase (DHO) 310
Dihydropyridinurie 311, 322
Dihydropyrimidase (DHP), Mangel 322
Dihydropyrimidindehydrogenase (DHPDH)-Mangel 311

– Diagnostik 321
– Krankheitsbild 320
– Molekulargenetik/molekulare Pathologie 321
– Pathobiochemie 320, 321
– Pathophysiologie 320
– Therapie 321
2,8-Dihydroxyadenin 289
2,8-Dihydroxy-adenin(2,8-DHA)-Urolithiasis 288, 289, 291
Dihydroxyazetonphosphatacyltransferase (DHAPAT) 236
Dihydroxycholestansäure 236
2,3-Diphosphoglyzerat (2,3-DPG) 372–374
Disomie, uniparenterale 548, 553, 554
„displacement-loop" 134
Disulfidbrücke 110
„divalent cation transporter" (DCT1) 464
DMAHP-Gen 39, 56
DMPK-Gen 36, 40, 42, 56
– assoziierte Gene 39
– Genprodukt 38, 39
DNA-Analyse
– Bruchpunkt 21
– Deletionen 16, 17
– Gendosis 21
– Insertionen 17, 18
– Kopplungsanalyse 21
DNA
– „contings" 9, 10
– – transkribierte Bereiche 10
– Methylierung 481, 494–496
– Reparatur 496, 497
dopaminerges System 286
DSS 93
Duchenne, Muskeldystrophie (DMD) 3–5
– Mutationsträgerinnen, symptomatische 6
– Tiermodelle 14
Duffy-Genort 108
Dysarthrie 281
Dysmorphie, kraniofaziale 238
Dysmorphiezeichen, faziale 482
Dysmyelinisierung 157, 164
Dyspnoe, Ruhedyspnoe 95
Dyspraxie 483
Dystroglykan 11
Dystrophie, myotone (DM, *siehe* Curschmann-Steinert-Erkrankung)
Dystrophin
– assoziierte Proteine/-Komplex 6, 11, 14
– C-/M-/P-Dystrophin 11
– „dystrophin related protein" 12
– Protein 11
– verwandte Proteine 12
Dystrophin-Gen 9–11
– Exondeletion/-Insertion 13
– Punktmutationen 13, 14
Dystrophinopathie, molekulare Pathologie 12–14

E
EBV-Infektion 112
EGR2 93
Einschlußkörper, parakristalline 137
Eisen
– Absorption, intestinale 463
– Bilanz 455
– Chelatbildner 377
– Homöostase 456, 457, 533
– Überladung 380, 454
– – afrikanische (*Bantu*-Siderose) 458, 459
Eisenindex, hepatischer 467, 469
Eisenspeicherkrankheit, erbliche (*siehe* Hämochromatose, hereditäre)
Ekto-ATPase 294
5'-Ektonukleotidase 294, 295
Elektronentransportkette 133
Elektrophorese, Pulsfeldgelelektrophorese 102
Elektroretinogramm 4
Elliptozytose, hereditäre
– Prävalenz/Genetik/Erbgang 428–435
Embryonalentwicklung 107, 486
Emery-Dreyfuss, Muskeldystrophie 9
MD (myotone Muskeldystrophie) 8, 494, 515
– Molekularbiologie 529–532
– Vererbung/Epidemiologie/Klinik 529
emotionale Probleme 483
Endosomen 201
Endozytose, Topologie 201–203
Energiemangelsyndrom 135, 141
Energiestoffwechsel, oxidativer 133
– Erkrankungen 135–138
Entwicklungsstörung 361
Enzephalomyopathie, mitochondriale 136
Enzyme
– Diagnostik 15
– Ersatztherapie 224, 225, 298
– Manipulationstherapie 450
Enzymopathien
– Glykolyseenzyme 411–425
– klinische Manifestation 397–399
– Pentosephosphatweg 399–411
Epikanthus 238
Epithelmembran 178
Erbanlageträgerinnendiagnostik 21, 22
Erbrechen, ketonämisches 272
Erhaltungstherapie 461
Ernährung 349
– fettreduzierte 344
Erythroleukämie 375
Erythropoese, ineffektive 377, 380
Erythrozyten
– Erythropoese 394–397
– Membran
– – Defekte/Enzymopathien 397–435
– – Regulation/Anordnung 425–428
– Struktur/Funktion 394, 394

– Zytoskelett, Regulation / Anordnung 425–428
Escherischia coli 514
ETF-Gen 257
ETF-QO-Gen 257
Etherphospholipide, Biosynthese 236, 237
Exohydrolasen 203
Exon 10
Exportsignal, nukleäres 485
Expressionsblockade 535
Expressivität 537
extrapyramidales System 136

F
δF508 175, 179
Faber-Erkrankung 217, 218
Fabry-Erkrankung 205, 212
Facies thalassaemica 380
Familienuntersuchung 451, 452
Fanconi-Anämie 375
Favismus 405
Fazio-Londe-Syndrom 83
FCMD (*Fukuyama*-Form, kongenitale Muskeldystrophie) 7
FDB (*siehe* Apolipoprotein B100, familiär defektes)
Feldeffekt 531
Feminisierung, testikuläre 529
Fenton-Reaktion 460
Ferritin 455, 466
Ferrochelatase 446
Fettsäure
– β-Oxidation 236
– freie 141
– überlangkettige 235, 236
Fettsäureoxidation, Störung 269, 270
– Klinik / Diagnose 270, 271
– langkettige / mittelkettige 271
– Therapie 271
Fettzufuhr, reduzierte 355
FHC (*siehe* Hypercholesterinämie, familiäre)
Fibrate 344
Fibroblasten 339
Fischaugenkrankheit 357–359
„fitness" 513
„floppy infant" 529
FMR1-Gen 535
– Deletion / Punktmutation 490, 491
– Expression 486–488
– Funktion 484
– Isolierung 481
– Mutationen / molekulare Pathogenese 490
– Regulation 489
FMR1-Protein 484–486
– Hippocampus 488, 489
– Nachweis 503
Folinsäure 156
Fölling 153
Fördereinrichtung, sonderpädagogische 499
Founder-Chromosome 493, 494
fra(X)-Syndrom 40, 515
– Diagnostik 499
– – immunochemische 503
– – molekulargenetische 500–503
– Geschichte 479–482
– intellektuelle / kognitive Defizite 483
– Molekularbiologie 534–536
– Molekulargenetik 484–497
– Mutation 491, 492
– molekulare Pathogenese 492, 493
– Phänotyp 482
– Selbsthilfegruppen / Internetadressen 505
– somatische Merkmale 482, 483
– Therapie 504, 505
– Tiermodelle 488
– Überträgerinnen, Besonderheiten 483, 484
– Vererbung 497–499, 534
Fragilität, chromosomale 500
Frataxin 458, 459, 533
FRAXA / FRAXE 533, 534, 536, 537
Friedreich-Ataxie 40, 459, 515
– Molekularbiologie 532, 533
– Vererbung / Epidemiologie / Klinik 532
Fruchttod, intrauteriner 378
Fruchtwasserzellen 503
FSHD (facioskapulohumerale Muskeldystrophie) 8, 9
CMD (kongenitale Muskeldystrophie) 7, 8
– *Fukuyama*-Form (FCMD) 7
– klassische Form 7
Fumarase-Mangel 268
Fumarazidurie 268
F-Zellen, selektives Überleben 375

G
G6PDH-Gen 400–404
„gain of function" 521
Galaktosialidose 211, 212
α-Galaktosidase A 212, 213
GM1-β-Galaktosidase 210
Galaktosylzeramid 201
Galaktozerebrosidase 216
Gametogenese, männliche 498
Ganglioside 196, 200
– GM2 204
„gap junction" 110
GAPDH 521
gas-3 107
Gasaustausch 373
Gaucher-Erkrankung 215, 216
GCDH-Gen 257
GC-Klammer 451
Gedächtnis 488
Gefäßverschlußkrisen 383
gems („gemini of the coiled bodies") 74
Gendosis 21
Genomduplikation 513
„genomic imprinting" 8
Genomprojekt 513
Genotypdiagnostik 499
Genprodukte 10
Gentherapie 341, 342
– ex-vivo 341, 342
– in-vivo 342
– somatische 115, 142, 298, 389
Gentransfer 299
Gentypanalyse, direkte, myotone Dystrophie 40
Georg III von England 443
Gewebsschäden 383
Gicht 281, 283, 285, 290
Gliedergürteldystrophie (LGMD) 6, 7
Globin-Gen
– α-Globin-Gen, Deletion 378
– β-Globin-Gen-Komplex 370, 374, 380
– fetales, pharmakologische Reaktivierung 389
Globin-Häm-Interaktion, Destabilisierung 385
δ-Globin-Kette 374
Globin-Ketten-Imbalance
α- / non-α-Globin-Ketten-Imbalance 375
Globoidzellleukodystrophie 216
Globosid 201, 207
Globotetraosylzeramid 206
Globotriaosylzeramid 201, 205
Glukokortikoide 23
Glukose-6-Phosphat-Dehydrogenase (G6PDH) 318
– Enzymopathien 399–408
– – Diagnostik / Therapie 408, 409
– G6PDH-Gen 400–404
Glukose-6-Phosphat-Isomerase, Defekt 419–421
Glukosylzeramid 200, 215
Glutamat 488
Glutamin 279
Glutarazidurie Typ I 266, 267
Glutaryl-CoA-Dehydrogenase 266
Glutathionperoxidase, Defekt 410, 411
Glutathionreduktase, Defekt 410, 411
Glutathionsynthese, Defekt 410, 411
Glykocholat 236
Glykokalix 196, 201
Glykolipid GA2 206, 207
Glykolyse 396
Glykophorindefekt 434, 435
Glykosaminoglykane 206
Glykosphingolipide 196
– Biosynthese, Inhibitoren 225, 226
Glykosyltransferasen 200
Glyoxalatstoffwechsel 237
GM1-Gangliosidose 210
GM2-Aktivator 203, 205, 208
GM2-Gangliosidosen 205
– AB-Variante 208
– B-Variante 206, 207
– O-Variante 207
– Tiermodelle 208, 209
Gnomenwaden 4
Gomori-Tichromfärbung 138
Gonaden 487
Gowers-Manöver 4, 65

Gradientengelelektrophorese, denaturierende (DGGE) 442, 450
Grauzonenallel 502
Griseofulvin 446
Gründereffekt 179
Grundlagenforschung 537
GTP-CH-Mangel 155
Guanindesaminase 294
Guanosintriphosphatcyclooxygenase 151

H
H63D 463, 468, 469, 471
Haarnadelstruktur 496
Hämarginat 450
Hämochromatose
- hereditäre
- - Definition 457
- - Diagnostik
- - - klassische 465–468
- - - molekulare 468–471
- - Einführung 454–457
- - Genetik 464, 465
- - klinisches Bild 460, 461
- - molekularbiologische Grundlagen 462–464
- - Mutationen 468, 469
- - Pathomechanismus 460
- - Therapie/Prognose 461, 462
- juvenile 459
- neonatale 459
Hämoglobinfunktion 372
- Chlorid-Interaktion 373
- 2,3-Diphosphoglyzerat (2,3-DPG) Interaktion 373, 374
- homotrope/heterotrope Interaktion 373
Hämoglobinstruktur
- Primärstruktur 369, 370
- Sekundärstruktur 370
- - Veränderung 386
- Tertiär-/Quartärstruktur 370–372
Hämoglobinsynthese, ontogenetische Aspekte 376
Hämoglobinvarianten
- adultes (HbA/HbA₂) 374
- embryonale 375
- fetales 374, 375
- - hereditäre Persistenz 382
- instabile (kongenitale Heinz-Körper-Anämie) 384–387
Hämolyse
- Drogen-induzierte 404, 405
- Infekt-induzierte 405
Hämosiderin 456
Hämosiderose 377, 380
Hämoxygenase 450
Hämtasche 371
HAP1 522
Haploinsuffizienz 531
Haplotyp 535
Harnsäure 283, 286, 287
- Konzentration 294
Harnsteine 292
Hassall-Körperchen 293

Hautfibroblasten 487
Hautkolorierung 457
Hautzellen 487
Haw-River-Syndrom 515, 527, 528
Hb-Bart's Hydrops fetalis 377, 379, 380
HbH-Krankheit 378
HCS-Gen 257
HDL-Cholesterol-Spiegel 335, 349, 358, 360
HDL-Mangel, familiärer 350, 351
„heavy"-Strand 134
Heinz-Körper-Anämie, kongenitale
- Diagnostik 386, 387
- Genetik 386
- Pathogenese 384–386
Heparinstimulation 355
Hepatosplenomegalie 350, 352, 361
Herzinfarkt 336
Herzkrankheit 349
Herzrhythmusstörung 237
Heteroduplex 496
- Analyse 114, 115
Heterogenität
- allelische 180
- genetische 537
Heterotopie, neuronale 238
Heterozygotenvorteil 179
Hexamerstruktur 110
Hexokinase, Defekt 418, 419
Hexosaminidase
- A 204
- β 205
Hinterstränge, Degeneration 532
Hinterwurzel, Degeneration 532
HIP-I/II 522
Hippocampus 488, 489, 536
Hirayama, juvenile distale spinale Muskelatrophie 82
Hirnverkalkung 157
Hirosaki-Variante 384
Histiozyten 351
Histologie, klassische 20
HLA-Haplotyp A3 B7 464
HLA-Identität 298
HMG-CoA-Lyase
- Gen 25
- Mangel 272, 273
HMG-CoA-Reduktase 336
HMSN (hereditäre motorische und sensible Neuropathie)
- autosomal-rezessiv vererbte 93
- Diagnostik, molekulare
- - Heteroduplexanalyse 114, 115
- - in-situ-Hybridisierung 113, 114
- - Southern-Hybridisierung 112, 113
- - SSCP („single strand conformation polymorphism") 114, 115
- mit Neigung zu Druckläsionen (HNPP, „hereditary neuropathy with liability to pressure palsies") 94, 97, 98, 101
- Epidemiologie 94
- Genetik 101–111

- genetische Beratung 112
- Genotyp-Phänotyp-Korrelation 111
- HMSNX 95, 96
- Klassifikation 92–94
- Lebenserwartung 95
- Prävalenz 94
- Therapie 111, 112
- - Gentherapie, somatische 115
- Typ I 94
- - autosomal-rezessiv vererbte 95, 100
- - Erkrankungsalter 94
- - Morphologie 99, 100
- - rezessive Formen 107
- - X-gekoppelte 103–106
- Typ II 94, 96, 97
- - Genetik 106
- - Morphologie 100
- Typ III 97
- - Genetik 106, 107
- - Morphologie 100
- Typ IV (Refsum-Erkrankung) 98
- Typ V 98
- Typ VI 98
- Typ VII 98, 99
- Verlauf 95
HMSN-Lom 107
HMSNX2-X3 (CMTX2-X3) 106
HNA („hereditary neuralgic amyotrophy") 97
Holokarboxylase-Synthetase-Mangel 264, 265
Homocystein, Remethylierung 165
Homocystinurie 165
- Cystathionin-β-Synthase-Mangel 166, 167
- Neurotoxizität 166
- Remethylierungseffekt 168, 169
Homöodomänenprotein 532
Homotetramere 109
Homovallininmandelsäure 156
Hornhauttrübung 349, 350, 357
HPFH (hereditäre Persistenz der fetalen Hämoglobinsynthese) 375, 380
HPRT (siehe Hypoxanthin-Guanin-Phosphoribosyl-Transferase)
Humangenetik 517
Hund, muskeldystropher (CXMD) 14
Huntington-Erkrankung 40, 515
- Molekularbiologie 518–522
- Vererbung/Epidemiologie/Klinik 518
Huntington-Zentrum 518, 522–524
- Notfalltelefon 523
Hybridzelle 496
Hydrolasen 196, 201
Hydrops fetalis 377, 379, 380
Hydroxurea 375
8-Hydroxyadenin 289
4-Hydroxybutyrazidurie 267
D-2-Hydroxyglutarazidurie 268, 269
L-2-Hydroxyglutarazidurie 268
Hydroxymethylbilan 443
Hydroxyurea 384, 389
Hypercholesterinämie, familiäre (FHC)

- Ätiologie/Pathomechanismus 336, 337
- Krankheitsverlauf 335, 336
- molekulare Diagnostik 340, 341
- molekulare Ursachen 338–340
- Morphologie 337
- Therapie
- – klassische 337, 338
- – molekulare (Gentherapie) 341, 342

Hyperferritinämie-Katarakt-Syndrom 458, 549
Hyperhomocystinämie 165
- Arteriosklerose 168, 169
hyperkinetisches Verhalten 483
Hypermethylierung 495, 534
Hyperoxalurie Typ I 237
- Genetik 250
- Therapie 247
Hyperphenylalaninämie
- Behandlung 154, 155
- Diätbeendigung/Lockerung 154
- Genotyp-Phenotyp-Korrelation 159
- Gentherapie 169, 170
- Inzidenz 151
- materne 160, 161
- Molekularbiologie 158–160
- Neugeborenenscreening 155, 157, 158
- Neurotoxizität 156, 157
- persistierende 151
- pränatale Diagnostik 160
Hyperthermie, maligne 125
Hyperurikämie 281, 283, 287
Hypobetalipoproteinämie
- familiäre 345
- mit verkürztem ApoB 345
Hypogammaglobulinämie 293, 297
Hypoglykämie, hypoglykämisch hypoketotisches Koma 270
Hypogonadismus 549
Hypomyelinisierungsneuropathie, kongenitale (CH) 99
- Morphologie 101
Hypopigmentierung 549
Hypotonie 235, 549
Hypourikämie 302
Hypourikosämie 302
Hypoxanthin 283, 284
Hypoxanthin-Guanin-Phosphoribosyl-Transferase (HPRT) 278, 279, 301
- Mangel 280, 281
- – Diagnostik 286, 287
- – Krankheitsbild 281–283
- – Molekulargenetik/molekulare Pathologie 284–286
- – partieller 281, 287
- – Pathobiochemie 283, 284
- – Pathophysiologie 283
- – Therapie 287
- Monomer 284
- Mutation 284–286
- Tiermodelle 286

I
ICD-Gen 257
Idiotie, familiäre amaurotische 206
Ikterus, Neugeborenenikterus 406
Ileus, Mekoniumileus 174
Immortalisierung 112
Immundefizienz 295
- kombinierte (CID) 292, 293, 298
Immunhistochemie, Muskeldystrophie 20
Immunität
- humorale 299
- – Anomalitäten 300
- – Verlust 297
- zelluläre 300
Immunoblotanalyse 486
„imprinting" 547, 554–556
5-OH-Indolessigsäure 156
Infertilität 174
Insertion 13
- Analyse 17, 18
- Polymorphismus 530
Instabilität, postzygotisch mitotische 494
integrale Proteine 426–428
Interkonversion 280
Intermediärstoffwechsel 258
Interphase-FISH 113
Ionenaustauscherharz 338
IQ-Wert 483, 499
IRE („iron-responsive-element") 456
„iron-regulatory protein" 456
Isovalerianazidämie 259–261

K
Kalziumkanal 5
Kandidatengen 532
Kaninchen, WHHL („watanabe heritable hyperlipidemic") 341
Karboxylasemangel, multipler 264–266
kardiologische Behandlung 23
Kardiomyopathie 4, 136, 137, 270, 380, 533
Karnitin 141
Karnitin-Acylkarnitin-Carier 269
Karnitin-Palmitoyl-Transferase-I 269, 271
Katarakt 238
Katze, muskeldystrophe (mdx-Katze) 14
Kaukasier 470
Kearns-Sayre-Syndrom 137
Keimzellmosaike 4, 22
Kennedy-Erkrankung 40, 83, 84, 515, 528, 529
Ketogenese, Störung 272, 273
2-Ketoglutarazidurie
Ketoisocaproat 162
Ketolyse, Störung 272, 273
2-Ketosäure-Dehydrogenase 161
3-Ketothiolasemangel 273
Kleinwuchs 136, 137, 549
Klonieren, positionelles 175
Knochenmark

- Hyperplasie 380
- Hypoplasie 377
Knochenmarktransplantation 225, 248, 377
- Spender, HLA-identischer/haploidentischer 298, 299
Kobalamin 263, 443
Kollagen, endoneurales 99
Kollagenablagerung 100
Koma, hypoglykämisch hypoketotisches 270
Komplementationsgruppe 248, 249
Komplementierung, intramitochondriale 139
Kooperation, metabolische 483
Kopplungsanalyse 9, 21, 36, 480, 481
Kopplungsungleichgewicht 535
Koproporphyrinogen III 443
Korneatrübung 357
Krabbe-Erkrankung 216, 217
Krankengymnastik 22
Kreatininkinase (CK) 4, 303
- erhöhte 21
Kristallurie 287
3-KT-Gen 257
Kugelberg-Welander, spinale Muskelatrophie 65, 66
Kurzzeitgedächtnis 483

L
Laktatdehydrogenase, Defekt 423–425
Laktoferrin 463
Laktosylzeramid 200, 201
Laminin-α_2-Gen 7
LCAD-Gen 257
LCR (Locuskontrollregion) 380, 389
LDL
- Aphorese 338
- Katabolismus 347
- modifiziertes/oxidiertes 337
LDL-Cholesterol-Spiegel 338, 343
LDL-Rezeptor 335, 338–340
- Analyse 340, 341
- Mutation 340
Lebensplanung 523
Leber-Optikusatrophie (LHON) 138
Leberschaden 174
Lebertransplantation, orthotope 338
Leberzellkarzinom 460
Leberzirrhose 380, 457
Lecithin-Cholesterol-Acyltransferase (LCAT) 349
- familiäre Defizienz 357–359
Leitfähigkeitsstörung 184, 185
Lernbehinderung 483, 499
Lesch-Nyhan-Syndrom 279–288
Leserahmen, Hypothese vom offenen 13
Leserastermutation 180
Leukämie
- chronisch myelomonozytäre (CMMoL) 375
- Erythroleukämie 375
Leukodystrophie
- Adrenoleukodystrophie 176, 240

- Globoidzellleukodystrophie 216
- metachromatische 205, 214, 215
LGMD („limb girdle muscular dystrophy") 6, 7
Liftase 204
„light"-Strand 134
LINEs 513
Lipämie, retinale 352
Lipase 269
- hepatische 349
- lysosomale saure, Defizienz 361, 362
Lipidperoxidation 460
Lipoproteinlipase 349
Lipoprotein(a)-Spiegel 338
Locuskontrollregion (LCR) 380, 389
„loss of function" 521
LPL-Defizienz (siehe Chylomikronämiesyndrom, familäres)
Lymphom, selektives 293
Lymphopenie 292, 297, 299
Lyonisierung 535
Lysosomen 196, 201

M
Machado-Joseph-Erkrankung 515
Makroorchie 480, 482
Makrophagen 337
Makrozytose, erythrozytäre 281
Makuladystrophie, Stargardt 176
Malabsorption 345
Malaria 379, 406–408
„male-to-male"-Vererbung 112
Malonazidurie 268
Marie 92
Martin-Bell-Syndrom 479
Maus/-Modell
- akute intermittierende Porphyrie 448
- $\beta_2 m^{-/-}$-Maus 458
- FMR1-Maus 488
- HMSN 1 101
- Homocystinurie 167
- mk-Maus 458
- Mukoviszidose 188
- Muskelatrophie 79
- Muskeldystrophie (mdx-Maus) 14
- PAH-defiziente Mäuse 169
- sla-Maus 458
- Trembler(TR)-Maus 108
MCAD-Gen 257
McLeod-Syndrom 9
MCM-Gen 257
Meiose, meiotische Instabilität 37
Mekoniumileus 174
MELAS-Syndrom 137, 141
Membrandefekte, klinische Manifestation 397–399
Membranläsion 5
Mendel-Prinzip 497, 516
Menopause 483
Meprobamat 446
Merosin 7
MERRF (Myoklonusepilepsie mit „ragged-red fibers") 137, 138

Metaphasechromosom 113
Methämoglobin 384
Methioninsynthase 166
- Mangel 168
Methylcrotonylglyzinurie 261, 262
5,10-Methylentetrahydrofolat-Reduktase 166
- Mangel 168
- thermolabile Form 168, 169
3-Methylglutaconazidurien 262
Methylkobalaminsynthese 263
Methylmalonatazidämien 263
Mevalonatkinase 257
- Defizienz 241
Mevalonazidurie 269
β_2-Mikroglobulin 462
Mikrosatellit 513
- Polymorphismus 179
Minisatellit 513
MITE („mariner transposon like element") 103
Mitochondrien 133
- Aggregation 137
- Genom 133–135
Mitochondriopathien 133–142
- Definition 135
Mitose, mitotische Instabilität 37, 38
Molybdänkofaktormangel 306, 307, 309, 310
Morbus (siehe Syndrome/Morbus)
Morquio-Typ-B-Erkrankung 210, 211
Mosaik
- Keimzellmosaik 4, 22
- somatische 103, 114, 493, 494, 517
Motoneuron 136
MPZ 101
- pathogene Mutationen 104–106
- Punktmutation 109
MRT (Magnetresonanztomographie) 467
MSUD (siehe Ahornsirupkrankheit)
MTP (mikrosomales Triglyzeridtransferprotein) 346, 347
- Gen 257
Mukopolysaccharidose 209
Mukoviszidose
- CFTR-Gen 174 ff.
- Diagnosealter 186
- Genotyp-Phänotyp-Korrelation 185
- Infektionsanfälligkeit 173
- Krankheitsbild 173, 174
- Therapie, Perspektiven 188, 189
- Tiermodelle 187, 188
Multisystemerkrankung 529
„muscle-eye-brain disease" 7
Muskelatrophie, spinale (SMA)
- Diagnostik 61, 62, 84
- Differentialdiagnose 66–68
- Epidemiologie 61
- Genetik, proximale SMA
- - autosomal-dominante 70
- - autosomal-rezessive 70
- - Heterogenität 71, 72
- - intrafamiläre Variabilität 70, 71
- genetische Beratung 84–86

- - Heterozygotentest 84, 85
- - Pränataldiagnostik 85, 86
- Häufigkeit 60, 61
- Klassifikation/Prognose 62, 63
- molekulargenetische Grundlagen, pathophysiologische Zusammenhänge
- - Kandidatengene 72, 73
- - NAIP-Gen 73
- - SMN-Gen 73–79
- nicht-proximale 79
- - Bulbärparalyse, progressive 83
- - distale 80–82
- - juvenile distale (Typ Hirayama) 82
- - skapuloperoneale/skapulohumerale 82, 83
- - spinobulbäre Atrophie (Typ Kennedy) 40, 83, 84, 515, 528, 529
- - Übersicht 80
- Sonderformen 66–70
- - mit Arthrogryposis multiplex congenita 69
- - diaphragmatische SMA 68, 69
- - mit olivopontozerebellärer Atrophie (OPCA) 69
- - mit Organfehlbildungen 69, 70
- - peronäale progressive 92
- Therapie 66
- Typ I (schwere infantile SMA, Typ Werdnig-Hoffmann) 63, 64
- Typ II (intermediäre SMA, „chronic childhood" SMA) 64, 65
- Typ III (juvenile SMA, Typ Kugelberg-Welander) 65, 66
- Typ IV (adulte SMA) 66
Muskelbiopsie 20–22, 61, 62
Muskeldystrophie
- Becker-Kiener (BMD) 5, 6
- Diagnostik
- - Erbanlageträgerinnendiagnostik 21, 22
- - klinische Untersuchung 15, 16
- - Muskelbiopsie 20, 21
- - Nukleinsäureanalyse 16–20
- - Vorgeburtdiagnostik 22
- Duchenne (DMD) 3–5, 14
- Emery-Dreyfuss 9
- facioskapulohumerale (FSHD) 8, 9
- Gliedergürteldystrophie (LGMD) 6, 7
- kongenitale (CMD) 7, 8
- myotone (MD) 8, 494, 515, 529–532
- Therapie
- - Gentherapie 23, 24
- - medikamentöse 23
- - Myoblastentransfer 23
- - palliative 22, 23
Muskeleigenreflex 94
Muskelkranke, Deutsche Gesellschaft für 22
Muskelmitochondrien 135
Muskelschwäche
- proximale 135
- proximale neurogene 138

Mutationen
- Leserastermutation 180
- „missense"-Mutation 13
- „nonsense"-Mutation 13
- Prämutation 498
- Punktmutationen 13, 18, 19, 534
- Sekundärmutation 183
- Spleißmutation 180–182
- Stoppmutation 180
Mutationsanalyse 273
Myelinprotein
- peripheres 22 (siehe PMP22)
- Zero (siehe MPZ)
Myelinverdickung, tomakulöse 101
Myoadenylatdesaminase (AMPD1)-Mangel
- Krankheitsbild 303, 304
- Molekulargenetik / molekulare Pathologie 305, 306
- Pathobiochemie 304, 305
- Pathophysiologie 304
- Therapie 306
Myoblasten 131
Myoblastentransfer 23
„myo-granules" 127
Myokardinfarkt 344
Myoklonusepilepsie 1, 514
Myopathien 531
- Bethlem-Myopathie 9
- kongenitale 124, 125
- – „central core disease" 125–127
- – myotubuläre 129, 131, 132
- – Nemaline-Myopathie 127–129
- – zentronukleäre 129–131
- mitochondriale 133–142
- proximale myotone Myopathie (siehe PROMM)
Myotonie / myotone Syndrome
- dystrophe 32–44
- generalisierte Becker (GM) 44
- – Diagnose / Differentialdiagnose 45, 46
- – genetische Beratung 50
- – Molekulargenetik 46–50
- – Vererbung, genetische Epidemiologie 46
- – Verlauf / Prognose / Therapie 45
- Myotonia chondrodystrophica (Schwartz-Jampel-Syndrom) 43, 44
- Myotonia congenita Thomsen (MC) 44
- – Diagnose / Differentialdiagnose 45, 46
- – genetische Beratung 50
- – Molekulargenetik 46–50
- – Vererbung, genetische Epidemiologie 46
- – Verlauf / Prognose / Therapie 45
- nicht dystrophe 44–56
- Klassifikation 32
Myotuben 131
Myotubularin 132
Myozyten 487

N
NADH-Dehydrogenase 134
NADH-Ubichinon-Oxidoreduktase 138
Nahrungsfettzufuhr 351
NAIP-Gen 73
NARP 138
Natriumkanal, muskelspezifischer 52, 53
Nebennieren, Kalzifikation 361
„nemaline rods" 128, 129
Nemaline-Myopathie
- Ätiologie / Pathomechanismus 128, 129
- Diagnostik, molekulare 129
- Einführung / Historie 127
- Genetik / genetische Ursachen 129
- Klinik / Verlauf 127, 128
- Morphologie 128
- Therapie 129
Neokortex 489
Nephrokalzinose 237
Nephrolithiasis 281, 291
nephrotisches Syndrom 357
Nervenleitgeschwindigkeit 95
Netzwerk
- neuronales 488
- regulatorisches 537
Neugeborenenikterus 406
Neugeborenenscreening 155, 157, 158
Pteridin 158
Neumethylierung 492
Neuralrohrdefekt 169
Neurone 483
Neuropathie 350
- Amyelinisierungsneuropathie 99
- hereditäre motorische und sensible (siehe HMSN)
- Hypomyelinisierungsneuropathie, kongenitale (CH) 99
- periphere 241
- tomakulöse 94, 103
- Vincristinneuropathie 112
Neuroplastizität 488
Neurotoxizität / neurotoxische Prozesse 529
- Ahornsirupkrankheit 164, 165
- Homocystinurie 167
- Hyperphenylalaninämie 156
Niemann-Pick-Erkrankung 213, 214
Nierentransplantation 289
Nucleus basalis magnocellularis 536
Nucleus caudatus 283
Nucleus subthalamicus 520
Nukleinsäureanalyse
- DNA-Analyse 16–19, 21
- RNA-Analyse 19–21
Nukleosidkinase 294
Nukleosom 531
5'-Nukleotidase 294
Nukleotidstoffwechsel, Defekte 423–425
Nulldiät 446

O
Ohrläppchen, deformiertes 238
Oligonukleotidstruktur, chimäre 452
Oozyten 499
Ophthalmoplegie, chronisch progrediente externe (CPEO) 137
Optikusatrophie
- Leber (LHON) 138
- Neuropathie 98
Organoazidopathie
- Biochemie / Molekulargenetik 257–259
- Diagnostik 255
- Krankheitsbilder 254, 255
- Therapie 255, 256
- – Notfallbehandlung 256
Organschäden 383
Orotat-Phosphoribosyl-Transferase (OPRT) 311, 314, 315
Orotidin-5'-Monophosphat-Dekarboxylase (ODC) 311, 314
Orotsäureurie 311–318
- Typ II 315
orthopädische Betreuung 23
β-Oxidation 236

P
P2-Protein 101
P5N (siehe Pyrimidin-5'-Nukleotidase)
Pankreasinsuffizienz 174
Pankreatitis 174, 352, 354
Paralyse, hyperkaliämische periodische (HyperPP) 50
- Diagnose / Differentialdiagnose / Therapie 52
- genetische Beratung 55, 56
- Molekulargenetik 52–55
- Quarter-Horse 55
- Vererbung / genetische Epidemiologie 52
- Verlauf / Prognose 51, 52
Paramyotonia congenita Eulenburg (PC) 50
- Diagnostik / Differentialdiagnose 51
- genetische Beratung 55, 56
- Molekulargenetik 52–55
- Vererbung / genetische Epidemiologie 52
- Verlauf / Prognose / Therapie 51
Paraplegie, spastische 515
parentaler-Effekt 498
Parese, atrophische 94
PASII 107
Patientenorganisation 499
PBG-D-Gen 446
- Aufbau 448, 449
- Mutationen 449, 450
PCC-Gen 257
PCR (Polymerasekettenreaktion) 16, 17, 468, 502 515
- PCR-SSCP („single strand conformation polymorphism") 18, 114, 115
- RT-PCR 19
- Sequenzierung, direkte 18, 19
PDI (Proteindisulfidisomerase) 347

Pearson-Syndrom 137
Penetranz 537
– komplette 519
Pentosephosphatweg, Enzymopathien 399–411
Peroxysomen
– Funktion 236–238
– peroxysomale Krankheiten 235, 238–242
– – Diagnostik/Klassifikation 242–246
– – Therapie 246–248
„peroxysome-targeting-signal-type-1" (PTS1) 249
Perseveration 483
Phenylalaninhydroxylase 151–153
– Mangel (*siehe* Hyperphenylalaninämie)
Phenylalanintoleranz 155, 159, 161
Phenylazetat 153
Phenylbutazon 446
Phenylketonurie (PKU) 151
Phenylpropionsäurebelastungstest 271
Phenylpyruvat 151
Phenytoin 446
Phosphofruktokinase, Defekt 418, 419
Phosphatidylinositol-4-Phosphat-5-Kinase 533
6-Phosphoglukonatdehydrogenase, Defekt 410, 411
6-Phosphoglukonolaktonase, Defekt 410, 411
Phosphoglyzeratkinase, Enzymopathie 421–423
Phosphoribose 284
Phosphoribosylamin 279
Phosphorylierung 179
Physiotherapie 112
Phytanoyl-CoA-Hydroxylase 238
Phytansäure 236
– α-Oxidation 237–239
Plaques 337
Plasmalogene 235, 237, 242
Plastizität, Gehirn 483
PMP22 (peripheres Myelinprotein 22) 101, 107, 108
– Gendosiseffekte 102, 103
– pathogene Mutationen 104–106
– Punktmutation 108, 109
PNP (*siehe* Purinnukleosidphosphorylase)
– Gen 301, 302
Poly(A)⁺-Schwanz 514
Polyglutamintrakt 521
„polymerase slippage" 496
Polymorphie 514
Polypyrimidintrakt 186
Polyribosomen 485
– postsynaptische 488
Pompe-Erkrankung 196
„porcine stress syndrome" 127
Pore, hydrophile 110
Porphobilin 447
Porphobilinogen 442

Porphobilinogendesaminase (PBG-D) 442
Porphobilinogensynthase 443
Porphyria cutanea tarda 458
Porphyrie, akute intermittierende (AIP) 442
– Ätiologie 446
– Diagnostik 450–452
– Einführung 443–446
– Mutationsanalysen 449–452
– neurologische Komplikationen 448
– Pathobiochemie 446–448
– Porphyrieattacken 447, 448
– Therapie 450–452
Porphyrine 443
– Biosynthese, Grundlagen 443–446
Positionsklonierung 481
Prader-Willi-Syndrom 482, 547
– Diagnostik/Therapie 557–559
– Genetik 551–557
– Krankheitsbild 548–551
– Molekularbiologie 551
– Selbsthilfegruppen 559
Prämutation 498
pränatale Diagnostik 503
Pristansäure 236
Proliferation, paradoxe 109
proliferatives Potential 5
PROMM (proximale myotone Myopathie)
– Diagnose/Differentialdiagnose 42
– genetische Beratung 42
– Molekulargenetik 42
– Vererbung/genetische Epidemiologie 42
– Verlauf/Prognose/Therapie 41
Promotor 10, 503, 520
Propionazidämie 262, 263
Proteasom 183
„protective protein" 210, 211
Protein 4.1, Defekt 431, 432
Proteinbelastungstest 158
Proteindisulfidisomerase (PDI) 347
Proteinersatztherapie 188
Proteinisoform 484
Proteinkinase 8, 530
Proteinphosphorylierung 132
Proteintyrosinphosphatase 131
Proteinurie 357
PRPP-Amido-Transferase 283
PRPP-Synthetase 279, 306
pseudoautosomal dominante Vererbung 465
Pseudomonas aeruginosa 173
6-PTS-Mangel 155
Pulsfeldgelelektrophorese 102
Punktmutationen 13, 497, 534
– Analyse 18, 19
Pupillenstörung 97
Purin-/-Stoffwechsel 278–280, 288
– de-novo-Synthese 279, 280
– hereditäre Störungen 280–310
Purininterkonversion 294
Purinnukleosidphosphorylase (PNP) 289, 294

– Mangel 279, 293, 293
– – Diagnostik 302, 303
– – Krankheitsbild 300
– – Molekulargenetik/molekulare Pathologie 301, 302
– – Pathobiochemie 301
– – Pathophysiologie 300, 301
– – Therapie 303
– – Tiermodelle 301, 302
Purinnukleotidzyklus 304
Putamen 283
Pyridoxin-Polyneuropathie 167
Pyrimidin-/-Stoffwechsel 278, 310–312
– de-novo-Synthese 310, 312, 314
– hereditäre Störungen 313–321
Pyrimidin-5'-Nukleotidase-Mangel (P5N) 311
– Diagnostik 319
– Krankheitsbild 318
– Molekulargenetik/molekulare Pathologie 319
– Pathobiochemie 318, 319
– Pathophysiologie 318
– Therapie 320
Pyrimidinmonophosphatkinase 318
Pyrimidinsubstitutionstherapie 317
Pyruvatkinase
– Enzymopathien 412
– – Diagnostik/Therapie 416–418
– – Genese/Mutationen 413–415
– – Populationsgenetik 416
– – Stoffwechsel, Erythrozyten 412, 413
– – Struktur-Funktions-Beziehungen 415
– Struktur/Funktion 411
Pyruvoyltetrahydrobiopterinsyntase 151

Q
Questembert-Variante 384

R
„ragged-red fibers" 135
RCDP (rhizomale Chondrodysplasia punctata) 238, 240
– Genetik 249
– Therapie 246
Rechenschwäche 483
Reflex, Muskeleigenreflex 94
Refsum-Erkrankung 98, 237, 238, 241
– Genetik 249, 250
– Therapie 246, 247
Regulationsstörungen 184
Reifungsstörung 183, 184, 188
„repeat"-Stabilität 494–496
Reportergen, retrovirales 115
respiratorische Insuffizienz 4
Restaktivität, enzymatische 210, 214, 221–223
Retardierung, geistige 4, 96, 499
Retikulozyten 396
Retina 136
Retinitis pigmentosa 138, 241

– Neuropathie 98, 99
Retinopathie, proliferative 383
Retrovirus, rekombinantes 341
Rezeptorallel, mutiertes 340
RGG-Box 485
Rhabdomyolyse 270
rheologische Veränderung 352
Ribonukleosiddiphosphatreduktase 311
Ribonukleotidreduktase 294
Risikofaktoren, Herzerkrankungen 338
RNA-Analyse 19–22
Ruhedyspnoe 95
Ryanodinrezeptor 126

S
Saccharomyces cerevisiae 522
Salvage-Stoffwechsel 280, 289
Salzverlust 174
Samenleiteraplasie 187
Sandhoff-Erkrankung 205–209
Saposin 204
Sarkoglykan 11
Sarkoglykanopathie 6, 12–14
SCA (spinozerebellare Ataxie) 40
– molekulare Genetik 524, 525
– SCA1 525
– SCA2 525, 526
– SCA3 526
– SCA6 526, 527
– SCA7 527
– Vererbung / Klinik / Epidemiologie 524
SCAD-Gen 257
SCHAD-Gen 257
Schilddrüse, hypoplastische 293
Schmerz 97
Schmidt-Lanterman-Inzisuren 111
Schwartz-Jampel-Syndrom (Myotonia chondrodystrophica) 43, 44
Schwarz-Watson-Test 450
Schweißfußgeruch 261
Schweißtest, Mukoviszidose 174
Schwerhörigkeit 137
SCN4A-Gen 53
– Mutationen 54, 55
Segregation, mitotische 139
Segregationsanalyse 480, 481
Segregations-Distorsions-Effekt 532
Sehnenxanthom 335
Sekundärmutation 183
Selbsthilfegruppen, Muskeldystrophie 22
Selbstverstümmelung 281, 286, 288
Selektionsnachteil 503
Sequenzierung, direkte 503
Serin-Threonin-Proteinkinase 529
Sertoli-Zellen 487
Sherman-Paradox 481, 498, 534
Sialidase 209, 212
Sichelzellkrankheit 382
– Diagnostik 384
– Pathophysiologie / klinisches Bild 383, 384

Signaltransduktionskette 131, 132
SINEs 513
SIP1 („SMN interacting protein") 74
Skoliose 64, 97
„slipped strand mispairing 514
SMN-Gen
– Genotyp-Phänotyp-Korrelation 75, 76
– Hybridgene 76, 77
– molokulargenetische Diagnostik 73, 74
– Neumutationen, rezessive 78, 79
– Proteinstruktur / Funktion 74, 75
– Mausmodell 79
– SMA, schwere Manifestation 77, 78
snRNP 74, 75
SNRPN 548
Sottas 93
Southern-Hybridisierung 17, 112, 113, 495, 500–502, 517
Spastik, Neuropathie 98
Speichereisen 466
Speicherkrankheiten, lysosomale 196
Spektrinmangel 429, 430
Sperma 498
Spermatiden 487
Spermatogonien 487
Sphärozytose, hereditäre
– Prävalenz / Genetik / Erbgang 428
Sphingolipidaktivatorprotein 202–204
– Defizienz 218–220
Sphingolipide
– Biosynthese / intrazelluläre Topologie 198–200
– Katabolismus 201, 202
– Struktur / Funktion 196–198
Sphingolipidosen 195–226
– molekulare Diagnostik 223, 224
– Pathogenese 220–223
– Therapie 224
– – Enzymersatztherapie 224, 225
– – Gentherapie 225
– – Knochenmarktransplantation 225
Sphingomyelin 213
– Zyklus 214
Sphingomyelinase, saure 213
Sphingosin 196, 201
Spleißen 13, 180–182
– alternatives 175, 483
Sprech- / Sprachstörung 483
SQUID-Biomagnetometrie 467
SR13 107
SSAD-Gen 257
SSCP („single strand conformation polymorphism") 18, 114, 115
Stammzelle 299
Stargardt-Makuladystrophie 176
Statine 338, 344
Stearrhö 345, 348, 361
STM7 533
Stoffwechselerkrankungen
– Genetik 138–141
– Therapie 141, 142
Stoffwechselkrise, neonatale 254
Stoppmutation 180

Storchenbeine 94
Störung, temperatursensitive 183
Streßsituation 446
3D-Struktur 109
Substitutionstherapie, adrenale 247
Sukzinatsemialdehyddehydrogenase 267
Sulfatasedefizienz, multiple 215
Sulfatid 201
Sulfatidaktivator (SAP-B) 204
Sulfitoxidase 309
Sulfonamidantibiotika 446
Sun Prairie-Variante 384
Symmetrieregel 372
Synapsen, lernende 488, 489
Syndrome / Morbus
– *Anderson*-Erkrankung 348, 349
– *Angelman*-Syndrom 547–559
– *Austin*-Erkrankung 215
– *Barth*-Syndrom 262
– *Bernheimer-Seitelberger*-Erkrankung 207
– *Canavan*-Erkrankung 267, 268
– *Charcot-Marie-Tooth*-Syndrom 93, 96
– *Costeff*-Syndrom 262
– *Curschmann-Steinert*-Erkrankung (myotone Dystrophie) 32–41
– *Déjérine-Sottas*-Syndrom 93
– *Faber*-Erkrankung 217, 218
– *Fabry*-Erkrankung 205, 212
– *Fazio-Londe*-Syndrom 83
– *Gaucher*-Erkrankung 215, 216
– *Haw-River*-Syndrom 515, 527, 528
– *Huntington*-Erkrankung 40, 515, 518–524
– *Kearns-Sayre*-Syndrom 137
– *Kennedy*-Erkrankung 40, 83, 84, 515, 528, 529
– *Krabbe*-Erkrankung 216, 217
– *Lesch-Nyhan*-Syndrom 279–288
– *Machado-Joseph*-Erkrankung 515
– *Martin-Bell*-Syndrom 479
– *McLeod*-Syndrom 9
– *Morquio*-Typ-B-Erkrankung 210, 211
– *Niemann-Pick*-Erkrankung 213, 214
– *Pearson*-Syndrom 137
– *Pompe*-Erkrankung 196
– *Prader-Willi*-Syndrom 482, 547–559
– *Refsum*-Erkrankung 98, 237, 238, 241, 246, 247, 249, 250
– *Sandhoff*-Erkrankung 205–209
– *Schwartz-Jampel*-Syndrom (Myotonia chondrodystrophica) 43, 44
– *Tangier*-Krankheit 350, 351
– *Tay-Sachs*-Erkrankung 205–209
– *Vialetto-van-Laere*-Syndrom 83
– *Wolman*-Erkrankung 361, 362
– *Zellweger*-Syndrom 235, 237, 246, 248, 249
– – Pseudo-*Zellweger*-Syndrom 241, 242
Synpolydaktylie 514
Syntrophin 11

T

Tandemduplikation 102
Tandem-MS 254
Tangier-Krankheit 350, 351
Taubheit 96
Taurocholat 236
Tay-Sachs-Erkrankung 205–209
„teased fibre" 99
Terminationssignal, vorzeitiges 181
Tetrahydrobiopterinmangel 155, 156
Thalassämiesyndrome 376
– α-Thalassämie 381–383
– – Diagnose 379, 380
– – molekulare Anatomie 378
– – molekulare Pathologie 378, 379
– β-Thalassämie 387
– – molekulare Anatomie 380
– – molekulare Pathologie 380–382
– – Molekulargenetik 382
– – symptomatische heterozygote 382
– major/minor 380
– molekulare Basis 377, 378, 388
– Pathogenese 377
– Thalassaemia intermedia 380
– Varianten 387, 388
Thiokinase 269
Thiolase 236
– Defizienz 241
Thymidinmonophosphatkinase 311
Thymidylatsynthetase 311
Tonsillen, hyperplastische, orangefarbene 350
Tooth 92
Tophus 281
Torino-Variante 384
Torpedo californica 14
Transferrin 455
– Eisensättigung 466
Transferrinrezeptor 455
Transkriptionsfaktoren 107
Transkriptionsterminationsfaktor 135
Translation, mitochondriale 139
Transmembrandomäne 177
Transposom 513
Tremor 97
Trendelenburg-Zeichen 4
Triglyzeride, mittelkettige 355
Triglyzeridhydrolyse 356
Triglyzeridlipase, hepatische, familiäre Defizienz 356
Triglyzeridtransferprotein, mikrosomales (MTP) 346, 347
Trihydroxycholestansäure 236
„trinucleotide repeat disorders" 8
Trinukleotidblockexpansion/-Erkrankung (TBEE) 513
– TBEE Typ 1 516
– TBEE Typ 2 517
Trinukleotidblockmotive 514
Triosephosphatisomerase, Defekt 419–421
Trippel-DNA-Struktur 134
Trophoblast 492
α-Tropomyosin 129

U

Ubichinon 134, 141
Ubiquitin-Protein-Ligase 551
Ubiquittinierung 522
Ulzeration 95
UMP-Synthetase (UMPS) 311
– Aktivität 313, 317
– Gen 315, 316
– Mangel (Orotsäureurie)
– – Diagnostik 316
– – Krankheitbild 313
– – Molekulargenetik/molekulare Pathologie 315, 316
– – Pathobiochemie 314, 315
– – Pathophysiologie 314
– – Therapie 317, 318
– – Tiermodelle 316
Uratnephropathie 287
Uratsteine 292
Uridin-Kinase 312
Uridinphosphorylase 312
Urolithiasis, 2,8-Dihydroxy-adenin(2,8-DHA)-Urolithiasis 288, 289, 291
Uroporphyrinogen III 443
Utrophin 12

V

Valproinsäure 446
van Gogh, Vincent 443
Variabilität, phänotypische 537
Vas deferens, kongenitale Aplasie (CAVD) 186, 187
Vektorsystem, mitochondrienspezifisches 142
Ventilationshilfe 22
Verdauung, lysosomale, Mechanismen 203–205
Verkalkung, Gehirn 157
vestibuläres System 136
Vialetto-van-Laere-Syndrom 83
Vitamin A 348
Vitamin B_{12} 263
Vitamin C/K 141
Vitamin E 348
– Substitution 347
VLCAD-Gen 257
VLDL 337
– Katabolismus 347
Volkskrankheit 537
Vorgeburtdiagnostik, Muskeldystrophie 22
Vorläuferallel 536

W

Wachstumsstörungen 348
Werdnig-Hoffmann, spinale Muskelatrophie 63, 64
Western-Blot 20
WHHL („watanabe heritable hyperlipidemic") Kaninchen 341
Wolman-Erkrankung 361, 362
Wundheilung 487

X

X25-Gen 532
X-ALD (X-gebundene Adrenoleukodystrophie) 240, 244
– Genetik 249
– Therapie 247, 248
Xanthelasma 336
Xanthin 283, 284
Xanthindehydrogenase 308
Xanthinoxidase 289, 306
Xanthinsteine 282, 310
Xanthinurie 279
– Diagnostik 309, 310
– Krankheitsbild 306, 307
– Molekulargenetik/molekulare Pathologie 309
– Pathobiochemie 308, 309
– Pathophysiologie 307, 308
– Therapie 310
– Tiermodell 309
Xanthinoxidase 308
Xanthom
– eruptives 354
– kutanes 336
– planes 349
– Sehnenxanthom 335
X-Box 378
X-Chromosom
– fragiles 480
– Inaktivierung 285, 287, 483, 484
XDH-Gen 309
XO 294

Y

„yeast-two-hybrid"System 522

Z

Zäruloplasminmangel, hereditärer 459, 460
Z-Box 378
Zelladhäsionsmoleküle 109
Zellweger-Syndrom 235, 237
– Genetik 248, 249
– Pseudo-*Zellweger*-Syndrom 241, 242
– Therapie 246
Zellzyklus 487
Zentralnervensystem 5, 107
Zeramid 201
Zeramidase, saure 217
zerebrohepatorenales Syndrom 235
Zinnprotoporphyrin 450
Zirrhose, biliäre 174
Zitronensäurezyklus 258
Zwiebelschalenkonfiguration 99
Zwillingsschwangerschaft 483
zystische Fibrose (*siehe* Mukoviszidose)
Zytochrom P450 447
zytogenetischer Test, Problematik 499, 500
Zytokine 446
Zytopathie, mitochondriale 136
– Einteilung 136, 137
– häufige Krankheiten 137, 138
Zytoskelett 12, 522
– Proteine 428